本书获国家社科基金艺术学重大项目"中华传统艺术的当代传承研究"（项目编号：19ZD01）资助

中国古典艺术伦理学资料汇编（一）

梁晓萍 ◎ 编

中国社会科学出版社

图书在版编目(CIP)数据

中国古典艺术伦理学资料汇编：一、二、三／梁晓萍编．—北京：中国社会科学出版社，2023.4
ISBN 978-7-5227-1904-7

Ⅰ.①中… Ⅱ.①梁… Ⅲ.①古典艺术—伦理学—资料—汇编—中国 Ⅳ.①B82-056

中国国家版本馆CIP数据核字(2023)第085531号

出 版 人	赵剑英
责任编辑	宫京蕾
责任校对	杨　林
责任印制	郝美娜

出　　版	中国社会科学出版社
社　　址	北京鼓楼西大街甲158号
邮　　编	100720
网　　址	http：//www.csspw.cn
发 行 部	010-84083685
门 市 部	010-84029450
经　　销	新华书店及其他书店

印刷装订	北京君升印刷有限公司
版　　次	2023年4月第1版
印　　次	2023年4月第1次印刷

开　　本	710×1000　1/16
印　　张	72
插　　页	6
字　　数	1180千字
定　　价	398.00元（全3册）

凡购买中国社会科学出版社图书，如有质量问题请与本社营销中心联系调换
电话：010-84083683
版权所有　侵权必究

《山西大学建校 120 周年学术文库》总序

喜迎双甲子，奋进新征程。在山西大学百廿校庆之时，出版这套《山西大学建校 120 周年学术文库》，以此记录并见证学校充满挑战与奋斗、饱含智慧与激情的光辉岁月，展现山大人的精学苦研与广博思想。

大学，是萌发新思想、创造新知识的学术殿堂。求真问理、传道授业是大学的责任。一百二十年来，一代又一代山大人始终以探究真理为宗旨，以创造新知为使命。无论是创校初期名家云集、鼓荡相习，还是抗战烽火中辗转迁徙、筚路蓝缕；无论是新中国成立后"为完成祖国交给我们的任务而奋斗"，还是改革开放以后融入科教强国建设的时代洪流，山大人都坚守初心、笃志求学，立足大地、体察众生，荟萃思想、传承文脉，成就了百年学府的勤奋严谨与信实创新。

大学之大，在于大学者，在于栋梁材。十年树木，百年树人。一百二十年的山大，赓续着教学相长、师生互信、知智共生的优良传统。在知识的传授中，师生的思想得以融通激发；在深入社会的广泛研习中，来自现实的经验得以归纳总结；在无数次的探索与思考中，那些模糊的概念被澄明、假设的命题被证实、现实的困惑被破解……新知识、新思想、新理论，一一呈现于《山西大学建校 120 周年学术文库》。

"问题之研究，须以学理为根据。"文库的研究成果有着翔实的史料支撑、清晰的问题意识、科学的研究方法、严谨的逻辑结构，既有基于社会实践的田野资料佐证，也有源自哲学思辨的深刻与超越，展示了山大学者"沉潜刚克、高明柔克"的学术风格，体现了山大人的厚积薄发和卓越追求。

习近平总书记在 2016 年哲学社会科学工作座谈会上指出："一个国家的发展水平，既取决于自然科学发展水平，也取决于哲学社会科学发展水平。一个没有发达的自然科学的国家不可能走在世界前列，一个没有繁荣的哲学社会科学的国家也不可能走在世界前列。"立足国际视野，秉持家国情怀。在加快"双一流"建设、实现高质量内涵式发展的征程中，山大人深知自己肩负着探究自然奥秘、引领技术前沿的神圣责任，承担着繁荣发展哲学社会科学的光荣使命。

  百廿再出发，明朝更璀璨。令德湖畔、丁香花开，欣逢盛世、高歌前行。山大学子、山大学人将以建校 120 周年为契机，沿着历史的足迹，继续秉持"中西会通、求真至善、登崇俊良、自强报国"的办学传统，知行合一、厚德载物，守正创新、引领未来。向着建设高水平综合性研究型大学、跻身中国优秀知名大学行列的目标迈进，为实现中华民族伟大复兴的中国梦贡献智慧与力量。

凡　　例

　　本书旨在收集整理中国古典艺术伦理文献。所选内容包括：

　　（一）记载对史传、诗歌、音乐、诗文、戏曲、小说、绘画、书法、建筑文本等进行伦理批评的史料。

　　（二）有关品、评、述艺术家伦理思想的文献。

　　（三）记载艺术创作伦理的相关内容。

　　（四）记载艺术表演伦理的相关文献。

　　（五）所收文献以对中国古典艺术伦理思想产生重大影响的历史语境，即历史演进的朝代更替为基本顺序，全部文献分为先秦、两汉、魏晋南北朝、隋唐、宋、金元、明、清八个部分。

　　（六）所收文献按著作名或作者立目，每一朝代的中国古典艺术伦理文献按著作或作者产生的先后顺序排列，生卒年均不明者一般置于本部分最后。

　　（七）每一部分进行这一时期艺术伦理思想的简介；每一条目下也有著作或作者简介。

　　（八）条目标题一般以段中核心句为主，若句子过长，则进行适当裁剪或自拟。

　　（九）每条文献后附出处；版本择权威而定。

　　（十）采用简体字横排。

前　　言

一、中国古典艺术伦理文献整理的必要性。

艺术是人类通过造像而表意的物性文本与精神产品，是上层建筑意识形态的有机组成和社会镜像的积极反映，自从康德提出审美无利害的观点以来，艺术便获得了以其自律而存在的理论支撑，自此，关于艺术伦理便形成了两种相互对立的观点：一是反对以伦理道德影响和制约艺术，认为艺术是独立于政治、经济、宗教等社会内容的审美活动，即强调艺术因自律而与善无关；一是认为艺术需要恪守和表现伦理道德，受其规约与评判，即强调艺术的伦理之善。前者受启于康德与西方形式主义传统，为现当代艺术理论所广泛认同；后者则体现出一种更为广阔的艺术存在场域观，中国古典艺术理论常以此为自觉选择。这两种艺术伦理观各有其长，然若推至极端，则均会出现艺术的不良反应，前者可能会因过分强调审美而忽略了艺术应该承载的其他功能，遮蔽了其本来存在的可以以"象"与"趣"而感人动人的实绩效果；后者则难免使艺术沦为伦理道德工具而失去其存在的实际意义。因此，当今世界范围内，各国的艺术理论界都体现出摒弃偏见，还艺术多功能的中肯愿望。

20世纪以来，随着人类面临的有关战争、瘟疫、生态、心理等疾病和困境的出现与加剧，世界范围内关于艺术伦理的研究越来越多了起来，尤其是近20年以来，随着追逐商品化、庸俗化、碎片化、单面化的大众艺术的广为流播，如何使艺术这一关涉人类现实生活、精神生活和理想生活的特殊领域肩负起独特的精神修复使命，成为我们务必要认真思考的问题。在刚刚过去的抗击新冠肺炎疫情的"斗争"中，中华民族体现出了惊人的力量，在这一过程中，关注人之良善道德的颂扬与人伦关系重建的艺术发挥了一定的积极作用，成为人类战胜疫情中重要的精神资源。其实，在以"美善相兼"为价值传统的中国古代，作为指向"善"的艺术伦理具有深厚的认识基础，"美教化，厚人伦"一直是中国人在审视艺术时的自觉考量，并且留下了许多艺术伦理方面的思考文字。这些艺术伦理思考，在艺术内蕴的丰富，个体人格的养成，主体修养的培育，集体情愫的滋养，家国情怀的孕育，社会使命的给付以及世界大同理想的塑造等方面，均有独特的思考，并因此而成为人类艺术伦理之库中的独特宝藏，认真梳理这些艺术宝藏，并使之成为今天人们可以借鉴的有效资源，也便成为一种有意义的工作。

二、中国古典艺术伦理思想简叙。

中国古典艺术伦理思想根植于中国古代特定的社会历史环境，体现了中国古人独特的社会道德智慧。以宗（家）族血缘关系为核心的社会结构、天下一定的家国同构情状、农业为主的自然经济、漫长的君主制度等，形成了中国古代君臣、父子、夫妻三对最基本的伦理关系，中国古代的艺术便积极参与了这些关系的调节，形成了美善相兼、礼乐同治、重教化与经国的文艺伦理思想。

先秦时期被雅斯贝尔斯誉为思想叠现的"轴心时代"的有机构成，这一时期，"在中国，孔子和老子非常活跃，中国所有的哲学流派，包括墨子、庄子和诸子百家都出现了。……在这数世纪内，这些名字所包含的一切，几乎同时在中国、印度和西方这三个互不知晓的地区发展起来"[①]，经过不约而同的"超越的突破"，形成了各自独特的理性思考和哲学传统。在中国先秦时期，因袭损益夏商周三代文化，尤其是借鉴了周代文化的诸子百家，各有其独特的艺术伦理思想，儒、道、法、墨等各因道德反思而形成了其不同的艺术伦理观，这些思想一起构筑了中国古代艺术伦理的基本结构和主要走向，其中，周代重德、昭德、安德的德行传统以及儒家重视教化的艺术伦理观则成为中国主流的艺术伦理思想，影响了直至今天的艺术创作与艺术欣赏。先秦时代的其他史传类艺术文本中也处处彰显着中国古代先民的伦理智慧，其中"天人合一"的生命哲思、艺术与情性的相生相合、自然比德和乐以明德的德行观点等，同样构成了中国艺术伦理的基本框架。

如果说先秦是中国古代艺术伦理思想的发轫与奠定期，秦至两汉则为中国古代艺术伦理思想的过渡和初步发展期。这一时期是中国历史上

---

① 雅斯贝尔斯：《历史的起源与目标》，华夏出版社1989年版，第8页。

第一个大一统的时期，为巩固大一统的皇权，秦实行法治，疏于德治，仅二世便亡。汉代总结秦亡之教训，推崇儒术，构建了三纲五常的伦理规范，并形成了中国历史上第一部以官方身份出台的、系统性的、神学化的道德经典《白虎通》。这一时期的艺术伦理承继先秦而来，并形成了初步的确立与强化之势。汉代的文学、音乐、建筑等艺术被视为教化的重要载体，如《毛诗序》视诗歌为规范人之情性的工具，强调诗以言志的道德功能和主文谲谏的教化风格，其"赋、比、兴"的提出，成为上承孔子"兴、观、群、怨"说的主要思想。《史记》以别样的标准筛选进入传记和历史的人物，强调道德与文章并重，成为后人纷纷效仿的艺术伦理观。

魏晋南北朝时期是中国历史上一个极其特殊的时期，人与艺术的自觉是这一时期的亮点。这一时期，援道入儒、糅合儒道的玄学出现，并围绕"名教"与"自然"展开了热烈的论争，形成了"名教本于自然""越名教而任自然""名教即自然"三个重要的影响艺术活动的伦理学命题；而佛、道两家的兴盛则带动了宗教出世主义与儒家伦理世俗主义的并驾齐驱，并对这一时期的艺术创作形成了一定的伦理规约。这一时期，出现了诸多艺术理论著作，《文心雕龙》《典论·论文》《文赋》《诗品》等，不仅发展了文艺与道德关系的理论，还将"经国"之功赋予文艺；葛洪更进一步明确了德行与文艺的紧密关系，指出"德行"与"文章"，同为君子的根本，故"教化"、改造风俗、讽刺过失等应当是文艺的应有之用。

隋唐五代是中国封建社会由鼎盛而转衰微的时期，是艺术的普遍繁荣和深刻变化期，也是艺术伦理思想的儒、道、释三足鼎立与积极融合期，还是"救时"与"劝俗"艺术伦理观格外被崇尚的时期。初唐陈子昂、盛唐至中唐的李、杜、白、韩、柳等诗文家、晚唐小李、杜，以及画界、音乐界、书法界等艺术家，均或以风骨纠正时弊，或主章艺术"为时""为事"而作，或主张艺术"补察时政"，"泄导人情"，或主张"文以明道"，总之，道、释文化及其思想在唐代占据着重要的地位，但儒家的伦理思想依然全方位地影响着唐代艺术，艺以载道依然是唐代艺术伦理思想的主流。

宋代是中国艺术伦理思想的成熟阶段。这一时期，以儒家为正统，吸收道、释的思想并不断融合，中国伦理学界出现了一个新的理论产物——

"理学"，儒家学说被推至极端，获得了至尊的地位，其基本立场与基本观念，本体论、认识论、道德观均被进行了体系性的建构。纲常学说由于本体性的建构而上升为"天理"，"气本""理本"与"心本"的理论争鸣则使伦理思想得以充分绽放其光芒，在这一背景孕育下的艺术伦理思想也释放出特别而浓重的"味道"，艺术与"道"的关系备受关注，中国艺术史上第一个"文以载道"的口号正式提出，并成为后来深刻影响中国文艺的重要理论命题。当然，宋代艺术与"道"的关系也在发生着变化，尤其随着心学的崛起，"道"的内涵发生着变化，艺术伦理思想中"情"的成分渐次增加，在一定程度上调适了早期以"道"统"艺"的理论偏激。

明清时期，尤明中叶后，中国封建制度渐次衰落，资本主义开始萌芽，中国古代伦理思想进入了一个全面反思、批判与总结的时期，醒思特征异常突出，甚可与先秦时期相比；理学遭遇严重挑战，传统的纲常思想受到质疑，平等观念向尊卑观念发起冲击，致用思想受人推崇，新的义利观、理欲观、情理观、公私观等纷纷出现，传统伦理思想的制约性开始松动，近代伦理思想渐露光芒。艺术伦理思想也因之而发生了巨大的变化，并进入重要的转型阶段。这一时期，内外环境的改变，促使文艺以致用的思想格外凸显，"明道之谓文，立教之谓文，可以辅俗化民之谓文"，"文须有益于天下"，即如倡导戏曲"娱乐"之功能的李渔也不忘戏曲警世、抑恶的政道功用；对于书、画、新型文体小说等的要求同样如此，尤其随着国门的被迫打开，艺术开启民智、救亡图存的呼声越来越高，成为明清时期艺术伦理思想的重要组成。

三、中国古典艺术伦理文献编选的原则。

艺术伦理不等于艺术与伦理的简单相加，不是现实生活中一般的伦理道德在艺术上的粗暴叠加，也不是将伦理道德像油漆一样涂抹至艺术身上，从现实生活的一般伦理道德至艺术伦理，是一个善意的有机结合的过程，在这一过程中，艺术并非被动的存在，而是要经过创造性的编排、加工、改造、联结，伦理道德则以暗潜的方式压缩于艺术的形式当中，遇到合适的情境再被激发出来。不过，在实际的艺术伦理活动中，尤其是在艺术欣赏与批评过程中，由于个体的差异，常常也会出现以伦理道德审视艺术和基于艺术而评判伦理价值两种路径，前者常显得生硬甚至荒谬，譬如李渔评论并改编《琵琶记》，其改"赵五娘独行"为"与小二同行"的原因是为保全五娘的贞洁;而丘濬则将剧作命名为《五伦全备记》,视艺术为其时伦理道德观点的直接铺陈处。本书为中国古典艺术伦理文献的汇编,在选择文献时既兼顾当代艺术整体观,又不忽视中国古代艺术的具体生态语境,以包容的心态、谨慎的态度进行选择。

梁晓萍

2021 年 2 月

龙城

总目录

先　　秦 ··· (1)
　《左传》··· (2)
　《国语》·· (23)
　《尚书》·· (31)
　《论语》·· (32)
　《墨子》·· (38)
　《孟子》·· (45)
　《老子》·· (48)
　《庄子》·· (50)
　《周易》·· (58)
　《荀子》·· (59)
　《韩非子》··· (76)
　《礼记》·· (83)
　《吕氏春秋》··· (126)
两　　汉 ··· (151)
　贾　谊 ·· (152)
　《淮南子》·· (161)
　董仲舒 ·· (182)
　司马迁 ·· (200)
　刘　向 ·· (254)
　扬　雄 ·· (281)
　桓　谭 ·· (286)
　王　充 ·· (288)
　班　固 ·· (307)

许　慎 …………………………………………………（353）

《毛诗序》………………………………………………（355）

王　逸 …………………………………………………（356）

郑　玄 …………………………………………………（358）

蔡　邕 …………………………………………………（359）

魏晋南北朝 …………………………………………（363）

曹　丕 …………………………………………………（364）

曹　植 …………………………………………………（365）

阮　籍 …………………………………………………（367）

嵇　康 …………………………………………………（371）

刘　劭 …………………………………………………（380）

钟　繇 …………………………………………………（383）

成公绥 …………………………………………………（384）

陆　机 …………………………………………………（385）

左　思 …………………………………………………（387）

索　靖 …………………………………………………（388）

卫　恒 …………………………………………………（389）

卫　铄 …………………………………………………（390）

王　廙 …………………………………………………（391）

郭　璞 …………………………………………………（391）

葛　洪 …………………………………………………（392）

王羲之 …………………………………………………（400）

顾恺之 …………………………………………………（402）

宗　炳 …………………………………………………（403）

王　微 …………………………………………………（404）

刘义庆 …………………………………………………（405）

王僧虔 …………………………………………………（416）

谢　赫 …………………………………………………（417）

刘　勰 …………………………………………………（419）

萧　衍 …………………………………………………（450）

陶弘景 …………………………………………………（453）

钟　嵘 …………………………………………………（454）

萧　统	(463)
庾肩吾	(464)
颜之推	(465)
姚　最	(468)
刘　子	(469)
隋　唐	**(477)**
王　通	(478)
虞世南	(489)
李百药	(489)
孔颖达	(490)
魏　征	(492)
令狐德棻	(494)
刘知几	(495)
皎　然	(502)
张怀瓘	(504)
独孤及	(507)
柳　冕	(509)
梁　肃	(513)
裴　度	(517)
韩　愈	(518)
柳宗元	(524)
白居易	(530)
刘禹锡	(538)
李　翱	(539)
皇甫湜	(544)
贾　岛	(546)
张彦远	(548)
司空图	(549)
皮日休	(550)
朱景玄	(555)
徐　铉	(556)

宋　代 …………………………………………………………（558）
　田　锡 …………………………………………………………（559）
　柳　开 …………………………………………………………（560）
　王禹偁 …………………………………………………………（566）
　赵　湘 …………………………………………………………（569）
　孙　僅 …………………………………………………………（572）
　杨　亿 …………………………………………………………（573）
　智　圆 …………………………………………………………（573）
　穆　修 …………………………………………………………（575）
　范仲淹 …………………………………………………………（576）
　孙　复 …………………………………………………………（580）
　石　介 …………………………………………………………（581）
　欧阳修 …………………………………………………………（587）
　张方平 …………………………………………………………（597）
　苏舜钦 …………………………………………………………（598）
　李　觏 …………………………………………………………（600）
　苏　洵 …………………………………………………………（602）
　邵　雍 …………………………………………………………（605）
　周敦颐 …………………………………………………………（608）
　郭若虚 …………………………………………………………（609）
　曾　巩 …………………………………………………………（611）
　司马光 …………………………………………………………（616）
　张　载 …………………………………………………………（619）
　王安石 …………………………………………………………（621）
　王　令 …………………………………………………………（626）
　程　颢 …………………………………………………………（629）
　程　颐 …………………………………………………………（630）
　苏　轼 …………………………………………………………（634）
　苏　辙 …………………………………………………………（644）
　朱长文 …………………………………………………………（645）
　黄　裳 …………………………………………………………（649）
　黄庭坚 …………………………………………………………（653）

游　酢	(657)
吕南公	(657)
刘　弇	(662)
秦　观	(664)
陈师道	(667)
晁补之	(668)
杨　时	(669)
张　耒	(672)
李　廌	(677)
李　复	(679)
华　镇	(680)
毕仲游	(682)
李　錞	(683)
韩　拙	(684)
陈　旸	(686)
尹　焞	(687)
唐　庚	(688)
谢　逸	(689)
汪　藻	(690)
李　纲	(692)
吕本中	(694)
朱　松	(695)
胡　寅	(697)
郑　樵	(698)
汪应辰	(700)
张　戒	(701)
黄　彻	(704)
王　灼	(705)
洪　迈	(706)
陆　游	(707)
周必大	(709)
杨万里	(711)

陈　骙 ………………………………………………（713）
朱　熹 ………………………………………………（715）
张　栻 ………………………………………………（728）
薛季宣 ………………………………………………（729）
陆九渊 ………………………………………………（732）
杨　简 ………………………………………………（736）
陈　亮 ………………………………………………（740）
叶　适 ………………………………………………（744）
真德秀 ………………………………………………（749）
魏了翁 ………………………………………………（755）
王　柏 ………………………………………………（762）
文天祥 ………………………………………………（764）

金　元 …………………………………………………（768）
王若虚 ………………………………………………（769）
元好问 ………………………………………………（770）
刘　祁 ………………………………………………（775）
谢枋得 ………………………………………………（776）
熊　禾 ………………………………………………（778）
家铉翁 ………………………………………………（779）
郝　经 ………………………………………………（780）
袁　桷 ………………………………………………（781）
刘将孙 ………………………………………………（782）
杨维桢 ………………………………………………（784）

明　代 …………………………………………………（785）
宋　濂 ………………………………………………（786）
刘　基 ………………………………………………（792）
贝　琼 ………………………………………………（793）
王　祎 ………………………………………………（794）
曾　鼎 ………………………………………………（796）
桂彦良 ………………………………………………（796）
苏伯衡 ………………………………………………（797）
王　履 ………………………………………………（797）

高 启	(798)
朱 同	(799)
练子宁	(799)
高 棅	(800)
方孝孺	(801)
杨士奇	(803)
黄 淮	(804)
陈敬宗	(805)
朱 权	(805)
朱有燉	(807)
彭 时	(807)
曹 安	(808)
陈献章	(809)
吴 宽	(810)
程敏政	(812)
李东阳	(812)
王 鏊	(814)
杨循吉	(816)
都 穆	(816)
祝允明	(816)
文征明	(817)
王阳明	(818)
李梦阳	(822)
汪 芝	(825)
徐祯卿	(825)
何景明	(827)
安 磐	(828)
俞 弁	(829)
杨 慎	(829)
胡 侍	(830)
谢 榛	(831)
王 畿	(834)

李开先	(835)
王文禄	(837)
朱厚熿	(838)
何良俊	(839)
费　瀛	(841)
唐顺之	(842)
归有光	(844)
王慎中	(845)
茅　坤	(847)
李攀龙	(848)
徐师曾	(849)
杨表正	(849)
徐　渭	(850)
张佳胤	(852)
王世贞	(852)
李　贽	(853)
张凤翼	(857)
艾　穆	(857)
袁　黄	(858)
吕　坤	(859)
焦　竑	(863)
王骥德	(864)
汤有光	(865)
周之标	(865)
紫柏真可	(867)
屠　隆	(867)
憨山德清	(870)
李维桢	(870)
项　穆	(871)
汤显祖	(876)
赵南星	(877)
胡应麟	(878)

江盈科	(879)
董其昌	(880)
范允临	(881)
袁宗道	(882)
庄元臣	(883)
陶望龄	(884)
许学夷	(885)
顾起元	(887)
李日华	(888)
汪廷讷	(890)
袁宏道	(890)
恽　向	(891)
袁中道	(892)
杨士修	(893)
高　濂	(894)
钟　惺	(895)
冯梦龙	(896)
唐志契	(897)
凌濛初	(898)
顾凝远	(899)
陈仁锡	(899)
徐上瀛	(899)
艾南英	(903)
谭友夏	(904)
张　琦	(904)
陆时雍	(905)
吴应箕	(906)
祁彪佳	(907)
彭　宾	(907)
陈子龙	(908)
陈　瑚	(909)
邓云霄	(910)

汤传楹 …………………………………………………（910）
　　王　彝 …………………………………………………（911）
　　蔡　羽 …………………………………………………（911）
　　吴从先 …………………………………………………（912）
　　冷　谦 …………………………………………………（913）
　　蒋大器 …………………………………………………（914）
　　汤临初 …………………………………………………（915）
　　黄龙山 …………………………………………………（916）
　　徐树丕 …………………………………………………（916）
　　沈　襄 …………………………………………………（916）
　　黄子肃 …………………………………………………（917）
　　刘仕义 …………………………………………………（917）
　　张蔚然 …………………………………………………（918）
　　祝廷心 …………………………………………………（918）
　　黄　漳 …………………………………………………（919）
　　刘　风 …………………………………………………（919）
　　周立勋 …………………………………………………（920）
　　王梦简 …………………………………………………（920）
　　徐　沁 …………………………………………………（921）
　　无碍居士 ………………………………………………（921）
　　无名氏 …………………………………………………（922）
　　无名氏 …………………………………………………（922）
清　代 ……………………………………………………（924）
　　钱谦益 …………………………………………………（925）
　　邹式金 …………………………………………………（927）
　　贺贻孙 …………………………………………………（928）
　　金圣叹 …………………………………………………（929）
　　黄宗羲 …………………………………………………（935）
　　李　渔 …………………………………………………（941）
　　吴　乔 …………………………………………………（954）
　　黄周星 …………………………………………………（954）
　　周亮工 …………………………………………………（955）

徐　增	（956）
高　珩	（957）
顾炎武	（958）
归　庄	（961）
陈　忱	（962）
尤　侗	（963）
王夫之	（964）
魏　禧	（982）
叶　燮	（984）
朱彝尊	（996）
王士祯	（997）
宋　荦	（999）
邵长蘅	（1000）
石　涛	（1000）
廖　燕	（1004）
孔尚任	（1004）
费锡璜	（1007）
何世璂	（1008）
张竹坡	（1008）
沈德潜	（1012）
薛　雪	（1014）
李重华	（1014）
邹一桂	（1015）
程廷祚	（1017）
黄子云	（1019）
郑板桥	（1020）
徐大椿	（1021）
刘大櫆	（1022）
吴敬梓	（1023）
袁守定	（1024）
汪师韩	（1025）
爱新觉罗·弘历	（1026）

曹雪芹 …………………………………………………………（1026）
袁　枚 …………………………………………………………（1027）
戴　震 …………………………………………………………（1033）
纪　昀 …………………………………………………………（1058）
钱大昕 …………………………………………………………（1060）
姚　鼐 …………………………………………………………（1061）
翁方纲 …………………………………………………………（1063）
李调元 …………………………………………………………（1064）
沈宗骞 …………………………………………………………（1065）
章学诚 …………………………………………………………（1067）
崔　述 …………………………………………………………（1075）
恽　敬 …………………………………………………………（1076）
张惠言 …………………………………………………………（1077）
焦　循 …………………………………………………………（1078）
李黼平 …………………………………………………………（1079）
方东树 …………………………………………………………（1079）
包世臣 …………………………………………………………（1081）
潘德舆 …………………………………………………………（1081）
梅曾亮 …………………………………………………………（1082）
魏　源 …………………………………………………………（1083）
梁廷楠 …………………………………………………………（1083）
何绍基 …………………………………………………………（1084）
丁　佩 …………………………………………………………（1086）
曾国藩 …………………………………………………………（1087）
刘熙载 …………………………………………………………（1088）
谢章铤 …………………………………………………………（1090）
邓　绎 …………………………………………………………（1091）
王闿运 …………………………………………………………（1091）
杨恩寿 …………………………………………………………（1092）
朱庭珍 …………………………………………………………（1093）
林　纾 …………………………………………………………（1094）
严　复 …………………………………………………………（1095）

康有为	(1096)
蔡元培	(1097)
梁启超	(1097)
王国维	(1098)
吴　梅	(1103)
姚　光	(1104)
沈云龙	(1104)
朱一玄	(1105)
吴雷发	(1106)
后　　记	(1109)

本册目录

先　　秦 ·· (1)
　《左传》 ·· (2)
　《国语》 ·· (23)
　《尚书》 ·· (31)
　《论语》 ·· (32)
　《墨子》 ·· (38)
　《孟子》 ·· (45)
　《老子》 ·· (48)
　《庄子》 ·· (50)
　《周易》 ·· (58)
　《荀子》 ·· (59)
　《韩非子》 ·· (76)
　《礼记》 ·· (83)
　《吕氏春秋》 ·· (126)

两　　汉 ·· (151)
　贾　谊 ·· (152)
　《淮南子》 ·· (161)
　董仲舒 ·· (182)
　司马迁 ·· (200)
　刘　向 ·· (254)
　扬　雄 ·· (281)
　桓　谭 ·· (286)
　王　充 ·· (288)

班　固 …………………………………………………………（307）

许　慎 …………………………………………………………（353）

《毛诗序》………………………………………………………（355）

王　逸 …………………………………………………………（356）

郑　玄 …………………………………………………………（358）

蔡　邕 …………………………………………………………（359）

魏晋南北朝 ……………………………………………………（363）

曹　丕 …………………………………………………………（364）

曹　植 …………………………………………………………（365）

阮　籍 …………………………………………………………（367）

嵇　康 …………………………………………………………（371）

刘　劭 …………………………………………………………（380）

钟　繇 …………………………………………………………（383）

成公绥 …………………………………………………………（384）

陆　机 …………………………………………………………（385）

左　思 …………………………………………………………（387）

索　靖 …………………………………………………………（388）

卫　恒 …………………………………………………………（389）

卫　铄 …………………………………………………………（390）

王　廙 …………………………………………………………（391）

郭　璞 …………………………………………………………（391）

葛　洪 …………………………………………………………（392）

王羲之 …………………………………………………………（400）

顾恺之 …………………………………………………………（402）

宗　炳 …………………………………………………………（403）

王　微 …………………………………………………………（404）

刘义庆 …………………………………………………………（405）

王僧虔 …………………………………………………………（416）

谢　赫 …………………………………………………………（417）

刘　勰 …………………………………………………………（419）

萧　衍 …………………………………………………………（450）

陶弘景 …………………………………………………（453）
钟　嵘 …………………………………………………（454）
萧　统 …………………………………………………（463）
庾肩吾 …………………………………………………（464）
颜之推 …………………………………………………（465）
姚　最 …………………………………………………（468）
刘　子 …………………………………………………（469）

先　秦

先秦指秦朝（公元前 221 年）建立之前的历史时期。历史地看，先秦艺术包含远古、夏、商、西周、春秋战国五个阶段的艺术，呈现出多元并存的灿烂景观。

先秦艺术是一种关涉生命精神自由和谐状态的艺术，具有抽象的形而上学特性；多主张人的内在精神修养和超越性的天道观念形成一种"天人合一"的诗意的生命境界。先秦艺术不仅仅是一种外在的感性表现形式，其自然而然地与伦理道德相连，具有极其深刻的对艺术功能之思。先秦艺术伦理以一种深刻的哲思方式得到表达，不仅关注于具体的器物、艺术、自然等层面，更通过艺术与情性的统一来反思其之所以存在的意义，从而达到一种自由和谐的生命状态，进而通达于"道"。纵向地看，先秦艺术伦理的演进与不同阶段的哲学观念、文化观念与宗教信仰等紧密相关，从原始巫术到原始宗教和政治合一，从礼乐制度到诸子人格，从国家政治到日常生活世俗化，无论是政治伦理还是个体人格伦理或世俗生活伦理，古人精神世界的发展演进均在艺术伦理的思想演进中获得了形象的揭示。横向而言，先秦时期的艺术伦理思想主要体现为儒家、道家、法家、墨家等诸子百家关于礼乐制度等的不同记述，根据各自的宇宙、政治、文化理想，诸家提出了各自不同的伦理观念、艺术思想和理想美政。

《左传》

《左传》，原名《左氏春秋》，相传为春秋末年左丘明所著。《左传》是儒家重要经典之一，与《公羊传》《谷梁传》合称"春秋三传"。《左传》起自鲁隐公元年（前722），迄于鲁哀公二十七年（前468），以《春秋》为本，通过记述春秋时期的具体史实来说明《春秋》的纲目，全书内容包括典章制度、社会风俗、天文地理、历法时令、古代文献、神话传说、歌谣言语等。

舞所以节八音而行八风

九月，考仲子之宫，将万焉。公问羽数于众仲。对曰："天子用八，诸侯用六，大夫四，士二。夫舞所以节八音而行八风，故自八以下。"公从之。于是初献六羽，始用六佾也。

（先秦）《左传》隐公五年，郭丹、程小青、李彬源译注，中华书局2012年版

三辰旂旗，昭其明也

夏四月，取郜大鼎于宋。戊申，纳于大庙。非礼也。臧哀伯谏曰："君人者将昭德塞违，以临照百官，犹惧或失之。故昭令德以示子孙。是以清庙茅屋，大路越席，大羹不致，粢食不凿，昭其俭也。衮、冕、黻、珽、带、裳、幅、舄，衡、紞、纮、綖，昭其度也。藻、率、鞞、鞛、鞶、厉、游、缨，昭其数也。火、龙、黼、黻，昭其文也。五色比象，昭其物也。钖、鸾、和、铃，昭其声也。三辰旂旗，昭其明也。夫德，俭而有度，登降有数。文、物以纪之，声、明以发之，以临照百官，百官于是乎戒惧，而不敢易纪律。今灭德立违，而置其赂器于大庙，以明示百官，百官象之，其又何诛焉？国家之败，由官邪也。官之失德，宠赂章也。郜鼎在庙，章孰甚焉？武王克商，迁九鼎于雒邑，义士犹或非之，而况将昭违乱之赂器于大庙，其若之何？"公不听。

（先秦）《左传》桓公二年，郭丹、程小青、李彬源译注，中华书局2012年版

乐祸也

冬，王子颓享五大夫，乐及遍舞。郑伯闻之，见虢叔，曰："寡人闻之，哀乐失时，殃咎必至。今王子颓歌舞不倦，乐祸也。夫司寇行戮，君为之不举，而况敢乐祸乎！奸王之位，祸孰大焉？临祸忘忧，忧必及之。盍纳王乎？"虢公曰："寡人之愿也。"

（先秦）《左传》庄公二十年，郭丹、程小青、李彬源译注，中华书局 2012 年版

衣，身之章也

大子帅师，公衣之偏衣，佩之金玦。狐突御戎，先友为右，梁馀子养御罕夷，先丹木为右。羊舌大夫为尉。先友曰："衣身之偏，握兵之要，在此行也，子其勉之。偏躬无慝，兵要远灾，亲以无灾，又何患焉！"狐突叹曰："时，事之征也；衣，身之章也；佩，衷之旗也。故敬其事，则命以始；服其身，则衣之纯；用其衷，则佩之度。今命以时卒，閟其事也；衣之尨服，远其躬也；佩以金玦，弃其衷也。服以远之，时以閟之；尨，凉；冬，杀；金，寒；玦，离；胡可恃也？虽欲勉之，狄可尽乎？"梁馀子养曰："帅师者受命于庙，受脤于社，有常服矣。不获而尨，命可知也。死而不孝，不如逃之。"罕夷曰："尨奇无常，金玦不复，虽复何为，君有心矣。"先丹木曰："是服也。狂夫阻之。曰'尽敌而反'，敌可尽乎！虽尽敌，犹有内谗，不如违之。"狐突欲行。羊舌大夫曰："不可。违命不孝，弃事不忠。虽知其寒，恶不可取，子其死之。"

（先秦）《左传》闵公二年，郭丹、程小青、李彬源译注，中华书局 2012 年版

服之不衷，身之灾也

郑子华之弟子臧出奔宋，好聚鹬冠。郑伯闻而恶之，使盗诱之。八月，盗杀之于陈、宋之间。君子曰："服之不衷，身之灾也。《诗》曰：'彼己之子，不称其服。'子臧之服，不称也夫。《诗》曰，'自诒伊戚。'其子臧之谓矣。《夏书》曰'地平天成'，称也。"

（先秦）《左传》僖公二十四年，郭丹、程小青、李彬源译注，中华书局 2012 年版

九功之德皆可歌也

晋郤缺言于赵宣子曰："日卫不睦，故取其地。今已睦矣，可以归之。叛而不讨，何以示威？服而不柔，何以示怀？非威非怀，何以示德？无德，何以主盟？子为正卿，以主诸侯，而不务德，将若之何？《夏书》曰：'戒之用休，董之用威，劝之以《九歌》，勿使坏。'九功之德皆可歌也，谓之九歌。六府、三事，谓之九功。水、火、金、木、土、谷，谓之六府；正德、利用、厚生，谓之三事。义而行之，谓之德、礼。无礼不乐，所由叛也。若吾子之德，莫可歌也，其谁来之？盍使睦者歌吾子乎？"宣子说之。

(先秦)《左传》文公七年，郭丹、程小青、李彬源译注，中华书局2012年版

重之以大器

秦伯使西乞术来聘，且言将伐晋。襄仲辞玉，曰："君不忘先君之好，照临鲁国，镇抚其社稷，重之以大器，寡君敢辞玉。"对曰："不腆敝器，不足辞也。"主人三辞。宾答曰："寡君愿徼福于周公、鲁公以事君，不腆先君之敝器，使下臣致诸执事，以为瑞节，要结好命，所以藉寡君之命，结二国之好，是以敢致之。"襄仲曰："不有君子，其能国乎？国无陋矣。"厚贿之。

(先秦)《左传》文公十二年，郭丹、程小青、李彬源译注，中华书局2012年版

伐鼓于朝

六月辛丑朔，日有食之，鼓、用牲于社，非礼也。日有食之，天子不举，伐鼓于社，诸侯用币于社，伐鼓于朝，以昭事神、训民、事君，示有等威。古之道也。

(先秦)《左传》文公十五年，郭丹、程小青、李彬源译注，中华书局2012年版

鼎之轻重，未可问也

楚子伐陆浑之戎，遂至于洛，观兵于周疆。定王使王孙满劳楚子。楚

子问鼎之大小轻重焉。对曰："在德不在鼎。昔夏之方有德也，远方图物，贡金九牧，铸鼎象物，百物而为之备，使民知神、奸。故民入川泽山林，不逢不若。魑魅魍魉，莫能逢之。用能协于上下，以承天休。桀有昏德，鼎迁于商，载祀六百。商纣暴虐，鼎迁于周。德之休明，虽小，重也。其奸回昏乱，虽大，轻也。天祚明德，有所厎止。成王定鼎于郏鄏，卜世三十，卜年七百，天所命也。周德虽衰，天命未改，鼎之轻重，未可问也。"

（先秦）《左传》宣公三年，郭丹、程小青、李彬源译注，中华书局2012年版

夫文，止戈为武

丙辰，楚重至于邲，遂次于衡雍。潘党曰："君盍筑武军，而收晋尸以为京观？臣闻克敌必示子孙，以无忘武功。"楚子曰："非尔所知也。夫文，止戈为武。武王克商。作《颂》曰：'载戢干戈，载櫜弓矢。我求懿德，肆于时夏，允王保之。'又作《武》，其卒章曰'耆定尔功'。其三曰：'铺时绎思，我徂求定。'其六曰：'绥万邦，屡丰年。'夫武，禁暴、戢兵、保大、定功、安民、和众、丰财者也，故使子孙无忘其章。今我使二国暴骨，暴矣；观兵以威诸侯，兵不戢矣。暴而不戢，安能保大？犹有晋在，焉得定功？所违民欲犹多，民何安焉？无德而强争诸侯，何以和众？利人之几，而安人之乱，以为己荣，何以丰财？武有七德，我无一焉，何以示子孙？其为先君宫，告成事而已。武非吾功也。古者明王伐不敬，取其鲸鲵而封之，以为大戮，于是乎有京观，以惩淫慝。今罪无所，而民皆尽忠以死君命，又可以为京观乎？"祀于河，作先君宫，告成事而还。

（先秦）《左传》宣公十二年，郭丹、程小青、李彬源译注，中华书局2012年版

器以藏礼

既，卫人赏之以邑。辞，请曲县、繁缨以朝，许之。仲尼闻之曰："惜也，不如多与之邑。唯器与名，不可以假人，君之所司也。名以出信，信以守器，器以藏礼，礼以行义，义以生利，利以平民，政之大节也。若以假人，与人政也。政亡，则国家从之，弗可止也已。"

（先秦）《左传》成公二年，郭丹、程小青、李彬源译注，中华书局2012年版

山崩川竭，君为之降服彻乐

梁山崩，晋侯以传召伯宗。伯宗辟重，曰："辟传！"重人曰："待我，不如捷之速也。"问其所，曰："绛人也。"问绛事焉，曰："梁山崩，将召伯宗谋之。"问："将若之何？"曰："山有朽壤而崩，可若何？国主山川。故山崩川竭，君为之不举，降服，乘缦，彻乐，出次，祝币，史辞以礼焉。其如此而已，虽伯宗若之何？"伯宗请见之，不可。遂以告而从之。

（先秦）《左传》成公五年，郭丹、程小青、李彬源译注，中华书局2012年版

赋《韩奕》《绿衣》

夏，季文子如宋致女，复命，公享之。赋《韩奕》之五章。穆姜出于房，再拜，曰："大夫勤辱，不忘先君，以及嗣君，施及未亡人。先君犹有望也！敢拜大夫之重勤。"又赋《绿衣》之卒章而入。

（先秦）《左传》成公九年，郭丹、程小青、李彬源译注，中华书局2012年版

重之以备乐

晋郤至如楚聘，且莅盟。楚子享之，子反相，为地室而县焉。郤至将登，金奏作于下，惊而走出。子反曰："日云莫矣，寡君须矣，吾子其入也！"宾曰："君不忘先君之好，施及下臣，贶之以大礼，重之以备乐。如天之福，两君相见，何以代此。下臣不敢。"子反曰："如天之福，两君相见，无亦唯是一矢以相加遗，焉用乐？寡君须矣，吾子其入也！"宾曰："若让之以一矢，祸之大者，其何福之为？世之治也，诸侯间于天子之事，则相朝也，于是乎有享宴之礼。享以训共俭，宴以示慈惠。共俭以行礼，而慈惠以布政。政以礼成，民是以息。百官承事，朝而不夕，此公侯之所以扞城其民也。故《诗》曰：'赳赳武夫，公侯干城。'及其乱也，诸侯贪冒，侵欲不忌，争寻常以尽其民，略其武夫，以为己腹心股肱爪牙。故《诗》曰：'赳赳武夫，公侯腹心。'天下有道，则公侯能为民干城，而制其腹心。乱则反之。今吾子之言，乱之道也，不可以为法。然吾子，主也，至敢不从？"遂入，卒事。归，以语范文子。文子曰："无礼

必食言，吾死无日矣夫！"

（先秦）《左传》成公十二年，郭丹、程小青、李彬源译注，中华书局2012年版

先君之礼，藉之以乐

穆叔如晋，报知武子之聘也。晋侯享之，金奏《肆夏》之三，不拜。工歌《文王》之三，又不拜。歌《鹿鸣》之三，三拜。韩献子使行人子员问之，曰："子以君命，辱于敝邑。先君之礼，藉之以乐，以辱吾子。吾子舍其大，而重拜其细，敢问何礼也？"对曰："三《夏》，天子所以享元侯也，使臣弗敢与闻。《文王》，两君相见之乐也，使臣不敢及。《鹿鸣》，君所以嘉寡君也，敢不拜嘉？《四牡》，君所以劳使臣也，敢不重拜？《皇皇者华》，君教使臣曰：'必咨于周。'臣闻之：'访问于善为咨，咨亲为询，咨礼为度，咨事为诹，咨难为谋。'臣获五善，敢不重拜？"

（先秦）《左传》襄公四年，郭丹、程小青、李彬源译注，中华书局2012年版

君子以为知礼

晋范宣子来聘，且拜公之辱，告将用师于郑。公享之，宣子赋《摽有梅》。季武子曰："谁敢哉！今譬于草木，寡君在君，君之臭味也。欢以承命，何时之有？"武子赋《角弓》。宾将出，武子赋《彤弓》。宣子曰："城濮之役，我先君文公献功于衡雍，受彤弓于襄王，以为子孙藏。匄也，先君守官之嗣也，敢不承命？"君子以为知礼。

（先秦）《左传》襄公八年，郭丹、程小青、李彬源译注，中华书局2012年版

君冠，必以金石之乐节之

公送晋侯，晋侯以公宴于河上，问公年。季武子对曰："会于沙随之岁，寡君以生。"晋侯曰："十二年矣！是谓一终，一星终也。国君十五而生子。冠而生子，礼也。君可以冠矣！大夫盍为冠具？"武子对曰："君冠，必以裸享之礼行之，以金石之乐节之，以先君之祧处之。今寡君在行，未可具也。请及兄弟之国而假备焉。"晋侯曰："诺。"公还，及卫，冠于成公之庙，假钟磬焉，礼也。

（先秦）《左传》襄公九年，郭丹、程小青、李彬源译注，中华书局2012年版

乐以安德

晋侯以乐之半赐魏绛，曰："子教寡人和诸戎狄，以正诸华。八年之中，九合诸侯，如乐之和，无所不谐。请与子乐之。"辞曰："夫和戎狄，国之福也；八年之中，九合诸侯，诸侯无慝，君之灵也，二三子之劳也，臣何力之有焉？抑臣愿君安其乐而思其终也！《诗》曰：'乐只君子，殿天子之邦。乐只君子，福禄攸同。便蕃左右，亦是帅从。'夫乐以安德，义以处之，礼以行之，信以守之，仁以厉之，而后可以殿邦国，同福禄，来远人，所谓乐也。《书》曰：'居安思危。'思则有备，有备无患，敢以此规。"公曰："子之教，敢不承命。抑微子，寡人无以待戎，不能济河。夫赏，国之典也，藏在盟府，不可废也，子其受之！"魏绛于是乎始有金石之乐，礼也。

（先秦）《左传》襄公十一年，郭丹、程小青、李彬源译注，中华书局2012年版

史为书，瞽为诗

师旷侍于晋侯。晋侯曰："卫人出其君，不亦甚乎？"对曰："或者其君实甚。良君将赏善而刑淫，养民如子，盖之如天，容之如地。民奉其君，爱之如父母，仰之如日月，敬之如神明，畏之如雷霆，其可出乎？夫君，神之主而民之望也。若困民之主，匮神乏祀，百姓绝望，社稷无主，将安用之？弗去何为？天生民而立之君，使司牧之，勿使失性。有君而为之贰，使师保之，勿使过度。是故天子有公，诸侯有卿，卿置侧室，大夫有贰宗，士有朋友，庶人、工、商、皂、隶、牧、圉皆有亲昵，以相辅佐也。善则赏之，过则匡之，患则救之，失则革之。自王以下，各有父兄子弟，以补察其政。史为书，瞽为诗，工诵箴谏，大夫规诲，士传言，庶人谤，商旅于市，百工献艺。故《夏书》曰：'遒人以木铎徇于路。官师相规，工执艺事以谏。'正月孟春，于是乎有之，谏失常也。天之爱民甚矣。岂其使一人肆于民上，以从其淫，而弃天地之性？必不然矣。"

（先秦）《左传》襄公十四年，郭丹、程小青、李彬源译注，中华书局2012年版

若犹有人，岂其以千乘之相易淫乐之矇

师慧过宋朝，将私焉。其相曰："朝也。"慧曰："无人焉。"相曰："朝也，何故无人？"慧曰："必无人焉。若犹有人，岂其以千乘之相易淫乐之矇？必无人焉故也。"子罕闻之，固请而归之。

（先秦）《左传》襄公十五年，郭丹、程小青、李彬源译注，中华书局2012年版

歌诗必类

晋侯与诸侯宴于温，使诸大夫舞，曰："歌诗必类！"齐高厚之诗不类。荀偃怒，且曰："诸侯有异志矣！"使诸大夫盟高厚，高厚逃归。于是，叔孙豹、晋荀偃、宋向戌、卫宁殖、郑公孙虿、小邾之大夫盟，曰："同讨不庭。"

冬，穆叔如晋聘，且言齐故。晋人曰："以寡君之未禘祀，与民之未息。不然，不敢忘。"穆叔曰："以齐人之朝夕释憾于敝邑之地，是以大请！敝邑之急，朝不及夕，引领西望曰：'庶几乎！'比执事之间，恐无及也！"见中行献子，赋《圻父》。献子曰："偃知罪矣！敢不从执事以同恤社稷，而使鲁及此。"见范宣子，赋《鸿雁》之卒章。宣子曰："匄在此，敢使鲁无鸠乎？"

（先秦）《左传》襄公十六年，郭丹、程小青、李彬源译注，中华书局2012年版

诅有祝，祸之本也

宋皇国父为大宰，为平公筑台，妨于农功。子罕请俟农功之毕，公弗许。筑者讴曰："泽门之皙，实兴我役。邑中之黔，实慰我心。"子罕闻之，亲执扑，以行筑者，而抶其不勉者，曰："吾侪小人，皆有阖庐以辟燥湿寒暑。今君为一台而不速成，何以为役？"讴者乃止。或问其故，子罕曰："宋国区区，而且诅有祝，祸之本也。"

（先秦）《左传》襄公十七年，郭丹、程小青、李彬源译注，中华书局2012年版

南风不竞，多死声

晋人闻有楚师，师旷曰："不害。吾骤歌北风，又歌南风。南风不竞，多死声。楚必无功。"董叔曰："天道多在西北，南师不时，必无

功。"叔向曰:"在其君之德也。"

(先秦)《左传》襄公十八年,郭丹、程小青、李彬源译注,中华书局 2012 年版

昭明德而惩无礼也

季武子如晋拜师,晋侯享之。范宣子为政,赋《黍苗》。季武子兴,再拜稽首,曰:"小国之仰大国也,如百谷之仰膏雨焉!若常膏之,其天下辑睦,岂唯敝邑?"赋《六月》。

季武子以所得于齐之兵,作林钟而铭鲁功焉。臧武仲谓季孙曰:"非礼也。夫铭,天子令德,诸侯言时计功,大夫称伐。今称伐则下等也;计功,则借人也,言时,则妨民多矣,何以为铭?且夫大伐小,取其所得,以作彝器,铭其功烈,以示子孙,昭明德而惩无礼也。今将借人之力以救其死,若之何铭之?小国幸于大国,而昭所获焉以怒之,亡之道也。"

齐及晋平,盟于大隧。故穆叔会范宣子于柯。穆叔见叔向,赋《载驰》之四章。叔向曰:"肸敢不承命。"穆叔归,曰:"齐犹未也,不可以不惧。"乃城武城。

(先秦)《左传》襄公十九年,郭丹、程小青、李彬源译注,中华书局 2012 年版

赋《常棣》《鱼丽》等

冬,季武子如宋,报向戌之聘也。褚师段逆之以受享,赋《常棣》之七章以卒。宋人重贿之。归,复命,公享之。赋《鱼丽》之卒章。公赋《南山有台》。武子去所,曰:"臣不堪也。"

(先秦)《左传》襄公二十年,郭丹、程小青、李彬源译注,中华书局 2012 年版

礼,政之舆也

会于商任,锢栾氏也。齐侯、卫侯不敬。叔向曰:"二君者必不免。会朝,礼之经也;礼,政之舆也;政,身之守也。怠礼,失政;失政,不立,是以乱也。"

(先秦)《左传》襄公二十一年,郭丹、程小青、李彬源译注,中华书局 2012 年版

礼，为邻国阙

二十三年春，杞孝公卒，晋悼夫人丧之。平公不彻乐，非礼也。礼，为邻国阙。

（先秦）《左传》襄公二十三年，郭丹、程小青、李彬源译注，中华书局2012年版

言之无文，行而不远

仲尼曰："《志》有之：'言以足志，文以足言。'不言，谁知其志？言之无文，行而不远。晋为伯，郑入陈，非文辞不为功。慎辞也！"

（先秦）《左传》襄公二十五年，郭丹、程小青、李彬源译注，中华书局2012年版

赋《嘉乐》《蓼萧》等

秋七月，齐侯、郑伯为卫侯故如晋，晋侯兼享之。晋侯赋《嘉乐》。国景子相齐侯，赋《蓼萧》。子展相郑伯，赋《缁衣》。叔向命晋侯拜二君曰："寡君敢拜齐君之安我先君之宗祧也，敢拜郑君之不贰也。"国子使晏平仲私于叔向，曰："晋君宣其明德于诸侯，恤其患而补其阙，正其违而治其烦，所以为盟主也。今为臣执君，若之何？"叔向告赵文子，文子以告晋侯。晋侯言卫侯之罪，使叔向告二君。国子赋《辔之柔矣》，子展赋《将仲子兮》，晋侯乃许归卫侯。叔向曰："郑七穆，罕氏其后亡者也。子展俭而壹。"

（先秦）《左传》襄公二十六年，郭丹、程小青、李彬源译注，中华书局2012年版

服美不称，必以恶终

齐庆封来聘，其车美。孟孙谓叔孙曰："庆季之车，不亦美乎？"叔孙曰："豹闻之：'服美不称，必以恶终。'美车何为？"叔孙与庆封食，不敬。为赋《相鼠》，亦不知也。

（先秦）《左传》襄公二十七年，郭丹、程小青、李彬源译注，中华书局2012年版

赋《草虫》《鹑之贲贲》等

郑伯享赵孟于垂陇，子展、伯有、子西、子产、子大叔、二子石从。赵孟曰："七子从君，以宠武也。请皆赋，以卒君贶，武亦以观七子之志。"子展赋《草虫》，赵孟曰："善哉！民之主也。抑武也不足以当之。"伯有赋《鹑之贲贲》，赵孟曰："床笫之言不逾阈，况在野乎？非使人之所得闻也。"子西赋《黍苗》之四章，赵孟曰："寡君在，武何能焉？"子产赋《隰桑》，赵孟曰："武请受其卒章。"子大叔赋《野有蔓草》，赵孟曰："吾子之惠也。"印段赋《蟋蟀》，赵孟曰："善哉，保家之主也！吾有望矣。"公孙段赋《桑扈》，赵孟曰："'匪交匪敖'，福将焉往？若保是言也，欲辞福禄，得乎？"

楚薳罢如晋莅盟，晋将享之。将出，赋《既醉》。叔向曰："薳氏之有后于楚国也，宜哉！承君命，不忘敏。子荡将知政矣。敏以事君，必能养民。政其焉往？"

（先秦）《左传》襄公二十七年，郭丹、程小青、李彬源译注，中华书局2012年版

请观于周乐

请观于周乐。使工为之歌《周南》《召南》，曰："美哉！始基之矣，犹未也，然勤而不怨矣。"为之歌《邶》《鄘》《卫》，曰："美哉，渊乎！忧而不困者也。吾闻卫康叔、武公之德如是，是其《卫风》乎？"为之歌《王》，曰："美哉！思而不惧，其周之东乎？"为之歌《郑》，曰："美哉！其细已甚，民弗堪也，是其先亡乎！"为之歌《齐》，曰："美哉，泱泱乎！大风也哉！表东海者，其大公乎！国未可量也。"为之歌《豳》，曰："美哉，荡乎！乐而不淫，其周公之东乎！"为之歌《秦》，曰："此之谓夏声。夫能夏则大，大之至也，其周之旧乎！"为之歌《魏》，曰："美哉，沨沨乎！大而婉，险而易行，以德辅此，则明主也。"为之歌《唐》，曰："思深哉！其有陶唐氏之遗民乎！不然，何忧之远也？非令德之后，谁能若是？"为之歌《陈》，曰："国无主，其能久乎！"自《郐》以下，无讥焉。为之歌《小雅》，曰："美哉！思而不贰，怨而不言，其周德之衰乎？犹有先王之遗民焉。"为之歌《大雅》，曰："广哉，熙熙乎！曲而有直体，其文王之德乎！"为之歌《颂》，曰："至矣哉！直而不

倨，曲而不屈，迩而不逼，远而不携，迁而不淫，复而不厌，哀而不愁，乐而不荒，用而不匮，广而不宣，施而不费，取而不贪，处而不底，行而不流。五声和，八风平。节有度，守有序，盛德之所同也。"

见舞《象箾》《南籥》者，曰："美哉！犹有憾。"见舞《大武》者，曰："美哉！周之盛也，其若此乎！"见舞《韶濩》者，曰："圣人之弘也，而犹有惭德，圣人之难也。"见舞《大夏》者，曰："美哉！勤而不德，非禹其谁能修之？"见舞《韶箾》者，曰："德至矣哉，大矣！如天之无不帱也，如地之无不载也，虽甚盛德，其蔑以加于此矣。观止矣！若有他乐，吾不敢请已！"

（先秦）《左传》襄公二十九年，郭丹、程小青、李彬源译注，中华书局2012年版

天下诵而歌舞之

卫侯在楚，北宫文子见令尹围之威仪，言于卫侯曰："令尹似君矣，将有他志。虽获其志，不能终也。《诗》云：'靡不有初，鲜克有终。'终之实难，令尹其将不免。"公曰："子何以知之？"对曰："《诗》云：'敬慎威仪，惟民之则。'令尹无威仪，民无则焉。民所不则，以在民上，不可以终。"公曰："善哉！何谓威仪？"对曰："有威而可畏谓之威，有仪而可像谓之仪。君有君之威仪，其臣畏而爱之，则而象之，故能有其国家，令闻长世。臣有臣之威仪，其下畏而爱之，故能守其官职，保族宜家。顺是以下皆如是，是以上下能相固也。《卫诗》曰：'威仪棣棣，不可选也。'言君臣、上下、父子、兄弟、内外、大小皆有威仪也。《周诗》曰：'朋友攸摄，摄以威仪。'言朋友之道，必相教训以威仪也。《周书》数文王之德，曰：'大国畏其力，小国怀其德。'言畏而爱之也。《诗》云：'不识不知，顺帝之则。'言则而象之也。纣囚文王七年，诸侯皆从之囚，纣于是乎惧而归之，可谓爱之。文王伐崇，再驾而降为臣，蛮夷帅服，可谓畏之。文王之功，天下诵而歌舞之，可谓则之。文王之行，至今为法，可谓象之。有威仪也。故君子在位可畏，施舍可爱，进退可度，周旋可则，容止可观，作事可法，德行可象，声气可乐，动作有文，言语有章，以临其下，谓之有威仪也。"

（先秦）《左传》襄公三十一年，郭丹、程小青、李彬源译注，中华书局2012年版

赋《大明》

令尹享赵孟，赋《大明》之首章。赵孟赋《小宛》之二章。事毕，赵孟谓叔向曰："令尹自以为王矣，何如？"对曰："王弱，令尹强，其可哉！虽可，不终。"赵孟曰："何故？"对曰："强以克弱而安之，强不义也。不义而强，其毙必速。《诗》曰：'赫赫宗周，褒姒灭之。'强不义也。令尹为王，必求诸侯。晋少懦矣，诸侯将往。若获诸侯，其虐滋甚。民弗堪也，将何以终？夫以强取，不义而克，必以为道。道以淫虐，弗可久已矣！"

（先秦）《左传》昭公元年，郭丹、程小青、李彬源译注，中华书局2012年版

赋《瓠叶》《鹊巢》等

夏四月，赵孟、叔孙豹、曹大夫入于郑，郑伯兼享之。子皮戒赵孟，礼终，赵孟赋《瓠叶》。子皮遂戒穆叔，且告之。穆叔曰："赵孟欲一献，子其从之！"子皮曰："敢乎？"穆叔曰："夫人之所欲也，又何不敢？"及享，具五献之笾豆于幕下。赵孟辞，私于子产曰："武请于冢宰矣。"乃用一献。赵孟为客，礼终乃宴。穆叔赋《鹊巢》。赵孟曰："武不堪也。"又赋《采蘩》，曰："小国为蘩，大国省穑而用之，其何实非命？"子皮赋《野有死麕》之卒章。赵孟赋《常棣》，且曰："吾兄弟比以安，龙也可使无吠。"穆叔、子皮及曹大夫兴，拜，举兕爵，曰："小国赖子，知免于戾矣。"饮酒乐。赵孟出，曰："吾不复此矣。"

（先秦）《左传》昭公元年，郭丹、程小青、李彬源译注，中华书局2012年版

先王之乐，所以节百事也

晋侯求医于秦。秦伯使医和视之，曰："疾不可为也。是谓近女室，疾如蛊。非鬼非食，惑以丧志。良臣将死，天命不佑。"公曰："女不可近乎？"对曰："节之。先王之乐，所以节百事也，故有五节。迟速本末以相及，中声以降，五降之后，不容弹矣。于是有烦手淫声，慆堙心耳，乃忘平和，君子弗德也。物亦如之，至于烦，乃舍已也，无以生疾。君子之近琴瑟，以仪节也，非以慆心也。天有六气，降生五味，发为五色，征

为五声。淫生六疾。六气曰阴、阳、风、雨、晦、明也，分为四时，序为五节，过则为灾：阴淫寒疾，阳淫热疾，风淫末疾，雨淫腹疾，晦淫惑疾，明淫心疾。女，阳物而晦时，淫则生内热惑蛊之疾。今君不节、不时，能无及此乎？"

（先秦）《左传》昭公元年，郭丹、程小青、李彬源译注，中华书局2012年版

周礼尽在鲁矣

二年春，晋侯使韩宣子来聘，且告为政而来见，礼也。观书于大史氏，见《易》《象》与《鲁春秋》，曰："周礼尽在鲁矣。吾乃今知周公之德与周之所以王也。"公享之，季武子赋《绵》之卒章。韩子赋《角弓》。季武子拜，曰："敢拜子之弥缝敝邑，寡君有望矣。"武子赋《节》之卒章。既享，宴于季氏，有嘉树焉，宣子誉之。武子曰："宿敢不封殖此树，以无忘《角弓》。"遂赋《甘棠》。宣子曰："起不堪也，无以及召公。"

自齐聘于卫。卫侯享之，北宫文子赋《淇澳》，宣子赋《木瓜》。

（先秦）《左传》昭公二年，郭丹、程小青、李彬源译注，中华书局2012年版

服以旌礼

晋荀盈如齐逆女，还，六月，卒于戏阳。殡于绛，未葬。晋侯饮酒，乐。膳宰屠蒯趋入，请佐公使尊，许之。而遂酌以饮工，曰："女为君耳，将司聪也。辰在子卯，谓之疾日。君彻宴乐，学人舍业，为疾故也。君之卿佐，是谓股肱。股肱或亏，何痛如之？女弗闻而乐，是不聪也。"又饮外嬖嬖叔，曰："女为君目，将司明也。服以旌礼，礼以行事，事有其物，物有其容。今君之容，非其物也，而女不见。是不明也。"亦自饮也，曰："味以行气，气以实志，志以定言，言以出令。臣实司味，二御失官，而君弗命，臣之罪也。"公说，彻酒。

（先秦）《左传》昭公九年，郭丹、程小青、李彬源译注，中华书局2012年版

朝有著定

单子会韩宣子于戚，视下言徐。叔向曰："单子其将死乎！朝有著

定，会有表，衣有襘，带有结。会朝之言必闻于表著之位，所以昭事序也。视不过结襘之中，所以道容貌也。言以命之，容貌以明之，失则有阙。今单子为王官伯，而命事于会，视不登带，言不过步，貌不道容，而言不昭矣。不道，不共；不昭，不从。无守气矣。"

（先秦）《左传》昭公十一年，郭丹、程小青、李彬源译注，中华书局2012年版

赋《蓼萧》

夏，宋华定来聘，通嗣君也。享之，为赋《蓼萧》，弗知，又不答赋。昭子曰："必亡。宴语之不怀，宠光之不宣，令德之不知，同福之不受，将何以在？"

（先秦）《左传》昭公十二年，郭丹、程小青、李彬源译注，中华书局2012年版

黄裳元吉

南蒯之将叛也，其乡人或知之，过之而叹，且言曰："恤恤乎，湫乎攸乎！深思而浅谋，迩身而远志，家臣而君图，有人矣哉！"南蒯枚筮之，遇《坤》之《比》，曰："黄裳元吉。"以为大吉也，示子服惠伯，曰："即欲有事，何如？"惠伯曰："吾尝学此矣，忠信之事则可，不然必败。外强内温，忠也。和以率贞，信也。故曰'黄裳元吉'。黄，中之色也。裳，下之饰也。元，善之长也。中不忠，不得其色。下不共，不得其饰。事不善，不得其极。外内倡和为忠，率事以信为共，供养三德为善，非此三者弗当。且夫《易》，不可以占险，将何事也？且可饰乎？中美能黄，上美为元，下美则裳，参成可筮。犹有阙也，筮虽吉，未也。"

（先秦）《左传》昭公十二年，郭丹、程小青、李彬源译注，中华书局2012年版

四国皆有分，我独无有

楚子狩于州来，次于颍尾，使荡侯、潘子、司马督、嚣尹午、陵尹喜师师围徐以惧吴。楚子次于乾溪，以为之援。雨雪，王皮冠，秦复陶，翠被，豹舄，执鞭以出，仆析父从。右尹子革夕，王见之，去冠、被，舍鞭，与之语曰："昔我先王熊绎与吕伋、王孙牟、燮父、禽父，并事康

王，四国皆有分，我独无有。今吾使人于周，求鼎以为分，王其与我乎？"对曰："与君王哉！昔我先王熊绎，辟在荆山，筚路蓝缕，以处草莽。跋涉山林，以事天子。唯是桃弧、棘矢，以共御王事。齐，王舅也。晋及鲁、卫，王母弟也。楚是以无分，而彼皆有。今周与四国服事君王，将唯命是从，岂其爱鼎？"王曰："昔我皇祖伯父昆吾，旧许是宅。今郑人贪赖其田，而不我与。我若求之，其与我乎？"对曰："与君王哉！周不爱鼎，郑敢爱田？"王曰："昔诸侯远我而畏晋，今我大城陈、蔡、不羹，赋皆千乘，子与有劳焉。诸侯其畏我乎？"对曰："畏君王哉！是四国者，专足畏也，又加之以楚，敢不畏君王哉！"工尹路请曰："君王命剥圭以为鏚柲，敢请命。"王入视之。析父谓子革："吾子，楚国之望也！今与王言如响，国其若之何？"子革曰："摩厉以须，王出，吾刃将斩矣。"王出，复语。左史倚相趋过。王曰："是良史也，子善视之。是能读《三坟》《五典》《八索》《九丘》。"对曰："臣尝问焉。昔穆王欲肆其心，周行天下，将皆必有车辙马迹焉。祭公谋父作《祈招》之诗，以止王心，王是以获没于祗宫。臣问其诗而不知也。若问远焉，其焉能知之？"王曰："子能乎？"对曰："能。其诗曰：'祈招之愔愔，式昭德音。思我王度，式如玉，式如金。形民之力，而无醉饱之心。'"王揖而入，馈不食，寝不寐，数日，不能自克，以及于难。仲尼曰："古也有志：'克己复礼，仁也。'信善哉！楚灵王若能如是，岂其辱于乾溪？"

（先秦）《左传》昭公十二年，郭丹、程小青、李彬源译注，中华书局2012年版

赤黑之祲，非祭祥也

十五年春，将禘于武公，戒百官。梓慎曰："禘之日，其有咎乎！吾见赤黑之祲，非祭祥也，丧氛也。其在莅事乎？"二月癸酉，禘，叔弓莅事，篇入而卒。去乐，卒事，礼也。

（先秦）《左传》昭公十五年，郭丹、程小青、李彬源译注，中华书局2012年版

旌之以车服，明之以文章

十二月，晋荀跞如周，葬穆后，籍谈为介。既葬，除丧，以文伯宴，樽以鲁壶。王曰："伯氏，诸侯皆有以镇抚室，晋独无有，何也？"文伯

揖籍谈，对曰："诸侯之封也，皆受明器于王室，以镇抚其社稷，故能荐彝器于王。晋居深山，戎狄之与邻，而远于王室。王灵不及，拜戎不暇，其何以献器？"王曰："叔氏，而忘诸乎？叔父唐叔，成王之母弟也，其反无分乎？密须之鼓，与其大路，文所以大蒐也。阙巩之甲，武所以克商也。唐叔受之以处参虚，匡有戎狄。其后襄之二路，金戚钺，秬鬯，彤弓，虎贲，文公受之，以有南阳之田，抚征东夏，非分而何？夫有勋而不废，有绩而载，奉之以土田，抚之以彝器，旌之以车服，明之以文章，子孙不忘，所谓福也。福祚之不登，叔父焉在？且昔而高祖孙伯黡司晋之典籍，以为大政，故曰籍氏。及辛有之二子董之晋，于是乎有董史。女，司典之后也，何故忘之？"籍谈不能对。宾出，王曰："籍父其无后乎！数典而忘其祖。"

（先秦）《左传》昭公十五年，郭丹、程小青、李彬源译注，中华书局2012年版

彝器之来，嘉功之由

籍谈归，以告叔向。叔向曰："王其不终乎！吾闻之：'所乐必卒焉。'今王乐忧，若卒以忧，不可谓终。王一岁而有三年之丧二焉，于是乎以丧宾宴，又求彝器，乐忧甚矣，且非礼也。彝器之来，嘉功之由，非由丧也。三年之丧，虽贵遂服，礼也。王虽弗遂，宴乐以早，亦非礼也。礼，王之大经也。一动而失二礼，无大经矣。言以考典，典以志经，忘经而多言举典，将焉用之？"

（先秦）《左传》昭公十五年，郭丹、程小青、李彬源译注，中华书局2012年版

君子请皆赋，起亦以知郑志

夏四月，郑六卿饯宣子于郊。宣子曰："二三君子请皆赋，起亦以知郑志。"子齹赋《野有蔓草》。宣子曰："孺子善哉！吾有望矣。"子产赋郑之《羔裘》。宣子曰："起不堪也。"子大叔赋《褰裳》。宣子曰："起在此，敢勤子至于他人乎？"子大叔拜。宣子曰："善哉，子之言是！不有是事，其能终乎？"子游赋《风雨》，子旗赋《有女同车》，子柳赋《萚兮》。宣子喜曰："郑其庶乎！二三君子以君命贶起，赋不出郑志，皆昵燕好也。二三君子数世之主也，可以无惧矣。"宣子皆献马焉，而赋

《我将》。子产拜，使五卿皆拜，曰："吾子靖乱，敢不拜德？"

（先秦）《左传》昭公十六年，郭丹、程小青、李彬源译注，中华书局2012年版

赋《采叔》

十七年春，小邾穆公来朝，公与之燕。季平子赋《采叔》，穆公赋《菁菁者莪》。昭子曰："不有以国，其能久乎？"

（先秦）《左传》昭公十六年，郭丹、程小青、李彬源译注，中华书局2012年版

辰不集于房，瞽奏鼓

夏六月甲戌朔，日有食之。祝史请所用币。昭子曰："日有食之，天子不举，伐鼓于社；诸侯用币于社，伐鼓于朝，礼也。"平子御之，曰："止也。唯正月朔，慝未作，日有食之，于是乎有伐鼓用币，礼也。其余则否。"大史曰："在此月也。日过分而未至，三辰有灾，于是乎百官降物，君不举，辟移时，乐奏鼓，祝用币，史用辞。故《夏书》曰：'辰不集于房，瞽奏鼓，啬夫驰，庶人走。'此月朔之谓也。当夏四月，是谓孟夏。"平子弗从。昭子退曰："夫子将有异志，不君君矣。"

（先秦）《左传》昭公十七年，郭丹、程小青、李彬源译注，中华书局2012年版

和五声也，以平其心，成其政也

齐侯至自田，晏子侍于遄台，子犹驰而造焉。公曰："唯据与我和夫！"晏子对曰："据亦同也，焉得为和？"公曰："和与同异乎？"对曰："异。和如羹焉，水火醯醢盐梅以烹鱼肉，燀之以薪。宰夫和之，齐之以味，济其不及，以泄其过。君子食之，以平其心。君臣亦然。君所谓可而有否焉，臣献其否以成其可。君所谓否而有可焉，臣献其可以去其否。是以政平而不干，民无争心。故《诗》曰：'亦有和羹，既戒既平。鬷嘏无言，时靡有争。'先王之济五味，和五声也，以平其心，成其政也。声亦如味，一气，二体，三类，四物，五声，六律，七音，八风，九歌，以相成也；清浊，小大，短长，疾徐，哀乐，刚柔，迟速，高下，出入，周疏，以相济也。君子听之，以平其心。心平，德和。故《诗》曰：'德音

不瑕.'今据不然。君所谓可，据亦曰可；君所谓否，据亦曰否。若以水济水，谁能食之？若琴瑟之专一，谁能听之？同之不可也如是。"

（先秦）《左传》昭公二十年，郭丹、程小青、李彬源译注，中华书局2012年版

乐，天子之职也

二十一年春，天王将铸无射。泠州鸠曰："王其以心疾死乎！夫乐，天子之职也。夫音，乐之舆也；而钟，音之器也。天子省风以作乐，器以钟之，舆以行之。小者不窕，大者不摦，则和于物，物和则嘉成。故和声入于耳而藏于心，心亿则乐。窕则不咸，摦则不容，心是以感，感实生疾。今钟摦矣，王心弗堪，其能久乎？"

（先秦）《左传》昭公二十一年，郭丹、程小青、李彬源译注，中华书局2012年版

哀乐而乐哀，皆丧心也

宋公享昭子，赋《新宫》。昭子赋《车辖》。明日宴，饮酒，乐，宋公使昭子右坐，语相泣也。乐祁佐，退而告人曰："今兹君与叔孙其皆死乎？吾闻之：'哀乐而乐哀，皆丧心也。'心之精爽，是谓魂魄。魂魄去之，何以能久？"

（先秦）《左传》昭公二十五年，郭丹、程小青、李彬源译注，中华书局2012年版

哀乐不失，乃能协于天地之性

子大叔见赵简子，简子问揖让、周旋之礼焉。对曰："是仪也，非礼也。"简子曰："敢问何谓礼？"对曰："吉也闻诸先大夫子产曰：'夫礼，天之经也。地之义也，民之行也。'天地之经，而民实则之。则天之明，因地之性，生其六气，用其五行。气为五味，发为五色，章为五声，淫则昏乱，民失其性。是故为礼以奉之：为六畜、五牲、三牺，以奉五味；为九文、六采、五章，以奉五色；为九歌、八风、七音、六律，以奉五声；为君臣、上下，以则地义；为夫妇、外内，以经二物；为父子、兄弟、姑姊、甥舅、昏媾、姻亚，以象天明，为政事、庸力、行务，以从四时；为刑罚、威狱，使民畏忌，以类其震曜杀戮；为温慈、惠和，以效天之生殖

长育。民有好、恶、喜、怒、哀、乐，生于六气。是故审则宜类，以制六志。哀有哭泣，乐有歌舞，喜有施舍，怒有战斗；喜生于好，怒生于恶。是故审行信令，祸福赏罚，以制死生。生，好物也；死，恶物也；好物，乐也；恶物，哀也。哀乐不失，乃能协于天地之性，是以长久。"简子曰："甚哉，礼之大也！"对曰："礼，上下之纪，天地之经纬也，民之所以生也，是以先王尚之。故人之能自曲直以赴礼者，谓之成人。大，不亦宜乎？"简子曰："鞅也请终身守此言也。"

（先秦）《左传》昭公二十五年，郭丹、程小青、李彬源译注，中华书局2012年版

而有令德，故昭之以分物

及皋鼬，将长蔡于卫。卫侯使祝佗私于苌弘曰："闻诸道路，不知信否。若闻蔡将先卫，信乎？"苌弘曰："信。蔡叔，康叔之兄也，先卫，不亦可乎？"子鱼曰："以先王观之，则尚德也。昔武王克商，成王定之，选建明德，以蕃屏周。故周公相王室，以尹天下，于周为睦。分鲁公以大路，大旂，夏后氏之璜，封父之繁弱，殷民六族，条氏、徐氏、萧氏、索氏、长勺氏、尾勺氏。使帅其宗氏，辑其分族，将其类丑，以法则周公，用即命于周。是使之职事于鲁，以昭周公之明德。分之土田倍敦，祝、宗、卜、史，备物、典策，官司、彝器；因商奄之民，命以《伯禽》而封于少皞之虚。分康叔以大路、少帛、綪茷、旃旌、大吕，殷民七族：陶氏、施氏、繁氏、锜氏、樊氏、饥氏、终葵氏，封畛土略，自武父以南，及圃田之北竟，取于有阎之土，以共王职。取于相土之东都，以会王之东蒐。聃季授土，陶叔授民，命以《康诰》而封于殷虚。皆启以商政，疆以周索。分唐叔以大路，密须之鼓，阙巩，沽洗，怀姓九宗，职官五正。命以《唐诰》而封于夏虚，启以夏政，疆以戎索。三者皆叔也，而有令德，故昭之以分物。不然，文、武、成、康之伯犹多，而不获是分也，唯不尚年也。管蔡启商，惎间王室。王于是乎杀管叔而放蔡叔，以车七乘，徒七十人。其子蔡仲，改行帅德，周公举之，以为己卿士。见诸王而命之以蔡，其命书云：'王曰：胡！无若尔考之违王命也。'若之何其使蔡先卫也？武王之母弟八人，周公为大宰，康叔为司寇，聃季为司空，五叔无官，岂尚年哉？曹，文之昭也；晋，武之穆也。曹为伯甸，非尚年也。今将尚之，是反先王也。晋文公为践土之盟，卫成公不在，夷叔，其

母弟也，犹先蔡。其载书云：'王若曰，晋重、鲁申、卫武、蔡甲午、郑捷、齐潘、宋王臣、莒期。'藏在周府，可覆视也。吾子欲覆文、武之略，而不正其德，将如之何？"苌弘说，告刘子，与范献子谋之，乃长卫侯于盟。

（先秦）《左传》定公四年，郭丹、程小青、李彬源译注，中华书局2012年版

秦哀公为之赋《无衣》

初，伍员与申包胥友。其亡也，谓申包胥曰："我必复楚国。"申包胥曰："勉之！子能复之，我必能兴之。"及昭王在随，申包胥如秦乞师，曰："吴为封豕、长蛇，以荐食上国，虐始于楚。寡君失守社稷，越在草莽。使下臣告急，曰：'夷德无厌，若邻于君，疆场之患也。逮吴之未定，君其取分焉。若楚之遂亡，君之土也。若以君灵抚之，世以事君。'"秦伯使辞焉，曰："寡人闻命矣。子姑就馆，将图而告。"对曰："寡君越在草莽，未获所伏。下臣何敢即安？"立，依于庭墙而哭，日夜不绝声，勺饮不入口七日。秦哀公为之赋《无衣》，九顿首而坐，秦师乃出。

（先秦）《左传》定公四年，郭丹、程小青、李彬源译注，中华书局2012年版

嘉乐不野合

齐侯将享公，孔丘谓梁丘据曰："齐、鲁之故，吾子何不闻焉？事既成矣，而又享之，是勤执事也。且牺、象不出门，嘉乐不野合。飨而既具，是弃礼也。若其不具，用秕稗也。用秕稗，君辱；弃礼，名恶，子盍图之！夫享，所以昭德也。不昭，不如其已也。"乃不果享。

（先秦）《左传》定公十年，郭丹、程小青、李彬源译注，中华书局2012年版

命其徒歌《虞殡》

为郊战故，公会吴子伐齐。五月，克博。壬申，至于嬴。中军从王，胥门巢将上军，王子姑曹将下军，展如将右军。齐国书将中军，高无㔻将上军，宗楼将下军。陈僖子谓其弟书："尔死，我必得志。"宗子阳与闾

丘明相厉也。桑掩胥御国子，公孙夏曰："二子必死。"将战，公孙夏命其徒歌《虞殡》。陈子行命其徒具含玉。公孙挥命其徒曰："人寻约，吴发短。"东郭书曰："三战必死，于此三矣。"使问弦多以琴，曰："吾不复见子矣。"陈书曰："此行也，吾闻鼓而已，不闻金矣。"

（先秦）《左传》哀公十一年，郭丹、程小青、李彬源译注，中华书局2012年版

《国语》

《国语》是我国第一部国别体史书，其作者迄今尚未有定论。《国语》记载了上起周穆王十二年（前990）西征犬戎（约前947），下至智伯被灭（前453）的历史。《国语》偏重记言，以人物间的对话刻画人物形象，在内容上有很强的伦理倾向。

天子听政百工谏

故天子听政，使公卿至于列士献诗，瞽献曲，史献书，师箴，瞍赋，矇诵，百工谏，庶人传语，近臣尽规，亲戚补察，瞽史教诲，耆艾修之，而后王斟酌焉，是以事行而不悖。

（先秦）《国语·周语上·邵公谏厉王弭谤》，陈桐生译注，中华书局2016年版

歌舞不息，乐祸也

王处于郑三年。王子颓饮三大夫酒，子国为客，乐及遍儛。郑厉公见虢叔，曰："吾闻之，司寇行戮，君为之不举，而况敢乐祸乎！今吾闻子颓歌舞不息，乐祸也。夫出王而代其位，祸孰大焉！临祸忘忧，是谓乐祸。祸必及之，盍纳王乎？"虢叔许诺。郑伯将王自圉门入，虢叔自北门入，杀子颓及三大夫，王乃入也。

（先秦）《国语·周语上·郑厉公与虢叔杀子颓纳惠王》，陈桐生译注，中华书局2016年版

为车服、旗章以旌之

犹恐其有坠失也，故为车服、旗章以旌之，为赘、币、瑞、节以镇

之，为班爵、贵贱以列之，为令闻嘉誉以声之。

（先秦）《国语·周语上·内史过论晋惠公必无后》，陈桐生译注，中华书局 2016 年版

死生之服物采章

亦唯是死生之服物采章，以临长百姓而轻重布之，王何异之有？

（先秦）《国语·周语中·襄王拒晋文公请隧》，陈桐生译注，中华书局 2016 年版

服物昭庸

服物昭庸，采饰显明，文章比象，周旋序顺，容貌有崇，威仪有则，五味实气，五色精心，五声昭德，五义纪宜，饮食可飨，和同可观，财用可嘉，则顺而德建。

（先秦）《国语·周语中·定王论不用全烝之故》，陈桐生译注，中华书局 2016 年版

昊天有成命，颂之盛德也

"且其语说《昊天有成命》，颂之盛德也。其诗曰：'昊天有成命，二后受之，成王不敢康。夙夜基命宥密，于缉熙！亶厥心，肆其靖之。'是道成王之德也。成王能明文昭，能定武烈者也。夫道成命者，而称昊天，翼其上也。二后受之，让于德也。成王不敢康，敬百姓也。夙夜，恭也；基，始也。命，信也。宥，宽也。密，宁也。缉，明也。熙，广也。亶，厚也。肆，固也。靖，和也。其始也，翼上德让，而敬百姓。其中也，恭俭信宽，帅归于宁。其终也，广厚其心，以固和之。始于德让，中于信宽，终于固和，故曰成。单子俭敬让咨，以应成德。单若不兴，子孙必蕃，后世不忘。"

（先秦）《国语·周语下·晋羊舌肸聘周论单靖公敬俭让咨》，陈桐生译注，中华书局 2016 年版

政象乐，乐从和

二十三年，王将铸无射，而为之大林。单穆公曰："不可。作重币以绝民资，又铸大钟以鲜其继。若积聚既丧，又鲜其继，生何以殖？且夫钟

不过以动声，若无射有林，耳弗及也。夫钟声以为耳也，耳所不及，非钟声也。犹目所不见，不可以为目也。夫目之察度也，不过步武尺寸之间；其察色也，不过墨丈寻常之间。耳之察和也，在清浊之间；其察清浊也，不过一人之所胜。是故先王之制钟也，大不出钧，重不过石。律度量衡于是乎生，小大器用于是乎出，故圣人慎之。今王作钟也，听之弗及，比之不度，钟声不可以知和，制度不可以出节，无益于乐，而鲜民财，将焉用之！"

"夫乐不过以听耳，而美不过以观目。若听乐而震，观美而眩，患莫甚焉。夫耳目，心之枢机也，故必听和而视正。听和则聪，视正则明。聪则言听，明则德昭。听言昭德，则能思虑纯固。以言德于民，民歆而德之，则归心焉。上得民心，以殖义方，是以作无不济，求无不获，然则能乐。夫耳内和声，而口出美言，以为宪令，而布诸民，正之以度量，民以心力，从之不倦，成事不贰，乐之至也。口内味而耳内声，声味生气。气在口为言，在目为明。言以信名，明以时动。名以成政，动以殖生。政成生殖，乐之至也。若视听不和，而有震眩，则味入不精，不精则气佚，气佚则不和。于是乎有狂悖之言，有眩惑之明，有转易之名，有过慝之度。出令不信，刑政放纷，动不顺时，民无据依，不知所力，各有离心。上失其民，作则不济，求则不获，其何以能乐？三年之中，而有离民之器二焉，国其危哉！"

王弗听，问之伶州鸠。对曰："臣之守官弗及也。臣闻之，琴瑟尚宫，钟尚羽，石尚角，匏竹利制，大不逾宫，细不过羽。夫宫，音之主也，第以及羽。圣人保乐而爱财，财以备器，乐以殖财，故乐器重者从细，轻者从大。是以金尚羽，石尚角，瓦丝尚宫，匏竹尚议，革木一声。"

"夫政象乐，乐从和，和从平。声以和乐，律以平声。金石以动之，丝竹以行之，诗以道之，歌以咏之，匏以宣之，瓦以赞之，革木以节之。物得其常曰乐极，极之所集曰声，声应相保曰和，细大不逾曰平。如是，而铸之金，磨之石，系之丝木，越之匏竹，节之鼓而行之，以遂八风。于是乎气无滞阴，亦无散阳，阴阳序次，风雨时至，嘉生繁祉，人民和利，物备而乐成，上下不罢，故曰乐正。今细过其主妨于正，用物过度妨于财，正害财匮妨于乐。细抑大陵，不容于耳，非和也。听声越远，非平也。妨正匮财，声不和平，非宗官之所司也。"

"夫有和平之声，则有蕃殖之财。于是乎道之以中德，咏之以中音，德音不愆，以合神人，神是以宁，民是以听。若夫匮财用，罢民力，以逞淫心，听之不和，比之不度，无益于教而离民怒神，非臣之所闻也。"

王不听，卒铸大钟。二十四年，钟成，伶人告和。王谓伶州鸠曰："钟果和矣。"对曰："未可知也。"王曰："何故？"对曰："上作器，民备乐之，则为和。今财亡民罢，莫不怨恨，臣不知其和也。且民所曹好，鲜其不济也。其所曹恶，鲜其不废也。故谚曰：'众心成城，众口铄金。'三年之中，而害金再兴焉，惧一之废也。"王曰："尔老耄矣，何知？"二十五年，王崩，钟不和。

（先秦）《国语·周语下·单穆公谏景王铸大钟》，陈桐生译注，中华书局2016年版

律所以立均出度也

王将铸无射，问律于伶州鸠。对曰："律所以立均出度也。古之神瞽考中声而量之以制，度律均钟，百官轨仪，纪之以三，平之以六，成于十二，天之道也。夫六，中之色也，故名之曰黄钟，所以宣养六气、九德也。由是第之：二曰太蔟，所以金奏赞阳出滞也。三曰姑洗，所以修洁百物，考神纳宾也。四曰蕤宾，所以安靖神人，献酬交酢也。五曰夷则，所以咏歌九则，平民无贰也。六曰无射，所以宣布哲人之令德，示民轨仪也。为之六间，以扬沉伏，而黜散越也。元间大吕，助宣物也。二间夹钟，出四隙之细也。三间仲吕，宣中气也。四间林钟，和展百事，俾莫不任肃纯恪也。五间南吕，赞阳秀也。六间应钟，均利器用，俾应复也。"

"律吕不易，无奸物也。细钧有钟无镈，昭其大也。大钧有镈无钟，甚大无镈，鸣其细也。大昭小鸣，和之道也。和平则久，久固则纯，纯明则终，终复则乐，所以成政也，故先王贵之。"

王曰："七律者何？"对曰："昔武王伐殷，岁在鹑火，月在天驷，日在析木之津，辰在斗柄，星在天鼋。量与日辰之位，皆在北维。颛顼之所建也，帝喾受之。我姬氏出自天鼋，及析木者，有建星及牵牛焉，则我皇妣大姜之侄伯陵之后逄公之所凭神也。岁之所在，则我有周之分野也。月之所在，辰马农祥也，我太祖后稷之所经纬也。王欲合是五位三所而用之。自鹑及驷七列也，南北之揆七同也，凡人神以数合之，以声昭之。数合声和，然后可同也。故以七同其数而以律和其声，于是乎有七律。"

"王以二月癸亥夜陈，未毕而雨。以夷则之上宫毕，当辰。辰在戌上，故长夷则之上宫，名之曰'羽'，所以藩屏民则也。王以黄钟之下宫，布戎于牧之野，故谓之'厉'，所以厉六师也。以太蔟之下宫，布令于商，昭显文德，底纣之多罪，故谓之'宣'，所以宣三王之德也。反及赢内，以无射之上宫，布宪施舍于百姓，故谓之赢乱，所以优柔容民也。"

（先秦）《国语·周语下·景王问钟律于伶州鸠》，陈桐生译注，中华书局2016年版

车服，表之章也

文公欲弛孟文子之宅，使谓之曰："吾欲利子于外之宽者。"对曰："夫位，政之建也；署，位之表也；车服，表之章也；宅，章之次也；禄，次之食也。君议五者以建政，为不易之故也。今有司来命易臣之署与其车服，而曰：'将易而次，为宽利也。'夫署，所以朝夕虔君命也。臣立先臣之署，服其车服，为利故而易其次，是辱君命也，不敢闻命。若罪也，则请纳禄与车服而违署，唯里人所命次。"公弗取。臧文仲闻之曰："孟孙善守矣，其可以盖穆伯而守其后于鲁乎！"

（先秦）《国语·鲁语上·文公欲弛孟文子与邱敬子之宅》，陈桐生译注，中华书局2016年版

乐及鹿鸣之三，而后拜乐三

叔孙穆子聘于晋，晋悼公飨之，乐及《鹿鸣》之三，而后拜乐三。晋侯使行人问焉，曰："子以君命镇抚弊邑，不腆先君之礼，以辱从者，不腆之乐以节之。吾子舍其大而加礼于其细，敢问何礼也？"

对曰："寡君使豹来继先君之好，君以诸侯之故，贶使臣以大礼。夫先乐金奏《肆夏樊》《遏》《渠》，天子所以飨元侯也；夫歌《文王》《大明》《緜》，则两君相见之乐也。皆昭令德以合好也，皆非使臣之所敢闻也。臣以为肄业及之，故不敢拜。今伶箫咏歌及《鹿鸣》之三，君之所以贶使臣，臣敢不拜贶。夫《鹿鸣》，君之所以嘉先君之好也，敢不拜嘉。《四牡》，君之所以章使臣之勤也，敢不拜章。《皇皇者华》，君教使臣曰'每怀靡及'，诹、谋、度、询，必咨于周。敢不拜教。臣闻之曰：'怀和为每怀，咨才为诹，咨事为谋，咨义为度，咨亲为询，忠信为周。'

君贶使臣以大礼,重之以六德,敢不重拜。"

(先秦)《国语·鲁语下·叔孙穆子聘于晋》,陈桐生译注,中华书局2016年版

夫服,心之文也

虢之会,楚公子围二人执戈先焉。蔡公孙归生与郑罕虎见叔孙穆子,穆子曰:"楚公子甚美,不大夫矣,抑君也。"郑子皮曰:"有执戈之前,吾惑之。"蔡子家曰:"楚,大国也;公子围,其令尹也。有执戈之前,不亦可乎?"穆子曰:"不然。天子有虎贲,习武训也;诸侯有旅贲,御灾害也;大夫有贰车,备承事也;士有陪乘,告奔走也。今大夫而设诸侯之服,有其心矣。若无其心,而敢设服以见诸侯之大夫乎?将不入矣。夫服,心之文也。如龟焉,灼其中,必文于外。若楚公子不为君,必死,不合诸侯矣。"公子围反,杀郏敖而代之。

(先秦)《国语·鲁语下·叔孙穆子知楚公子围有篡国之心》,陈桐生译注,中华书局2016年版

诗所以合意,歌所以咏诗也

公父文伯之母欲室文伯,飨其宗老,而为赋《绿衣》之三章。老请守龟卜室之族。师亥闻之曰:"善哉!男女之飨,不及宗臣;宗室之谋,不过宗人。谋而不犯,微而昭矣。诗所以合意,歌所以咏诗也。今诗以合室,歌以咏之,度于法矣。"

(先秦)《国语·鲁语下·公父文伯之母欲室文伯》,陈桐生译注,中华书局2016年版

伐备钟鼓,声其罪也

宋人弑昭公,赵宣子请师于灵公以伐宋,公曰:"非晋国之急也。"对曰:"大者天地,其次君臣,所以为明训也。今宋人弑其君,是反天地而逆民则也,天必诛焉。晋为盟主,而不修天罚,将惧及焉。"公许之。乃发令于太庙,召军吏而戒乐正,令三军之钟鼓必备。赵同曰:"国有大役,不镇抚民而备钟鼓,何也?"宣子曰:"大罪伐之,小罪惮之。侵袭之事,陵也。是故伐备钟鼓,声其罪也;战以錞于、丁宁,儆其民也。袭侵密声,为暂事也。今宋人弑其君,罪莫大焉!明声之,犹恐其不闻也。

吾备钟鼓，为君故也。"乃使旁告于诸侯，治兵振旅，鸣钟鼓，以至于宋。

（先秦）《国语·晋语五·赵宣子请师伐宋》，陈桐生译注，中华书局2016年版

风听胪言于市

赵文子冠，见栾武子，武子曰："美哉！昔吾逮事庄主，华则荣矣，实之不知，请务实乎。"

见范文子，文子曰："而今可以戒矣，夫贤者宠至而益戒，不足者为宠骄。故兴王赏谏臣，逸王罚之。吾闻古之王者，政德既成，又听于民，于是乎使工诵谏于朝，在列者献诗使勿兜，风听胪言于市，辨袄祥于谣，考百事于朝，问谤誉于路，有邪而正之，尽戒之术也。先王疾是骄也。"

（先秦）《国语·晋语六·赵文子冠》，陈桐生译注，中华书局2016年版

乐以开山川之风也

平公说新声，师旷曰："公室其将卑乎！君之明兆于衰矣。夫乐以开山川之风也，以耀德于广远也。风德以广之，风山川以远之，风物以听之，修诗以咏之，修礼以节之。夫德广远而有时节，是以远服而迩不迁。"

（先秦）《国语·晋语八·师旷论乐》，陈桐生译注，中华书局2016年版

室美夫

智襄子为室美，士茁夕焉。智伯曰："室美夫！"对曰："美则美矣，抑臣亦有惧也。"智伯曰："何惧？"对曰："臣以秉笔事君。志有之曰：'高山峻原，不生草木。松柏之地，其土不肥。'今土木胜，臣惧其不安人也。"室成，三年而智氏亡。

（先秦）《国语·晋语九·士茁谓土木胜惧其不安人》，陈桐生译注，中华书局2016年版

教之诗礼乐

问于申叔时，叔时曰："教之'春秋'，而为之耸善而抑恶焉，以戒

劝其心；教之'世'，而为之昭明德而废幽昏焉，以休惧其动；教之'诗'，而为之导广显德，以耀明其志；教之'礼'，使知上下之则；教之'乐'，以疏其秽而镇其浮；教之'令'，使访物官；教之'语'，使明其德，而知先王之务用明德于民也；教之'故志'，使知废兴者而戒惧焉；教之'训典'，使知族类，行比义焉。"

"若是而不从，动而不悛，则文咏物以行之，求贤良以翼之。悛而不摄，则身勤之，多训典刑以纳之，务慎悖笃以固之。摄而不彻，则明施舍以导之忠，明久长以导之信，明度量以导之义，明等级以导之礼，明恭俭以导之孝，明敬戒以导之事，明慈爱以导之仁，明昭利以导之文，明除害以导之武，明精意以导之罚，明正德以导之赏，明齐肃以耀之临。若是而不济，不可为也。"

"且夫诵诗以辅相之，威仪以先后之，体貌以左右之，明行以宣翼之，制节义以动行之，恭敬以临监之，勤勉以劝之，孝顺以纳之，忠信以发之，德音以扬之。教备而不从者，非人也。其可兴乎！夫子践位则退，自退则敬，否则赧。"

（先秦）《国语·楚语上·申叔时论傅太子之道》，陈桐生译注，中华书局 2016 年版

台美夫

灵王为章华之台，与伍举升焉，曰："台美夫！"对曰："臣闻国君服宠以为美，安民以为乐，听德以为聪，致远以为明。不闻其以土木之崇高、彤镂为美，而以金石匏竹之昌大、嚣庶为乐；不闻其以观大、视侈、淫色以为明，而以察清浊为聪。

夫美也者，上下、内外、小大、远近皆无害焉，故曰美。若于目观则美，缩于财用则匮，是聚民利以自封而瘠民也，胡美之为？天子之贵也，唯其以公侯为官正，而以伯子男为师旅。其有美名也，唯其施令德于远近，而小大安之也。

故先王之为台榭也，榭不过讲军实，台不过望氛祥。故榭度于大卒之居，台度于临观之高。其所不夺稼地，其为不匮财用，其事不烦官业，其日不废时务，瘠硗之地，于是乎为之；城守之木，于是乎用之；官僚之暇，于是乎临；四时之隙，于是乎成。故《周诗》曰：'经始灵台，经之营之。庶民攻之，不日成之。经始勿亟，庶民子来。王在灵囿，麀鹿攸伏。'夫为台榭，

将以教民利也，不知其以匮之也。若君谓此台美而为之正，楚其殆矣！"

（先秦）《国语·楚语上·伍举论台美而楚殆》，陈桐生译注，中华书局2016年版

旌之以服，书之以文

地有高下，天有晦明，民有君臣，国有都鄙，古之制也。先王惧其不帅，故制之以义，旌之以服，行之以礼，辩之以名，书之以文，道之以言。既其失也，易物之由。

（先秦）《国语·楚语上·范无宇论国为大城未有利者》，陈桐生译注，中华书局2016年版

蒙不失诵，以训御之

昔卫武公年数九十有五矣，犹箴儆于国，曰："自卿以下至于师长士，苟在朝者，无谓我老耄而舍我，必恭恪于朝，朝夕以交戒我；闻一二之言，必诵志而纳之，以训导我。"在舆有旅贲之规，位宁有官师之典，倚几有诵训之谏，居寝有亵御之箴，临事有瞽史之导，宴居有师工之诵。史不失书，蒙不失诵，以训御之，于是乎作《懿》戒以自儆也。及其没也，谓之睿圣武公。

（先秦）《国语·楚语上·左史倚相儆申公子亹》，陈桐生译注，中华书局2013年版

和声以听之

明德以昭之，和声以听之。

（先秦）《国语·楚语下·观射父论祀牲》，陈桐生译注，中华书局2013年版

《尚书》

《尚书》，最初名为《书》，是一部追述古代事迹著作的汇编，因是儒家"五经"之一，又称《书经》。《尚书》有《今文尚书》和《古文尚书》之分，现在通行的《十三经注疏》本《尚书》，就是《今文尚书》和《古文尚书》的合编本。本次汇编选取《今文尚书》。

尧典

舜让于德，弗嗣。正月上日，受终于文祖。在璇玑玉衡，以齐七政。肆类于上帝，禋于六宗，望于山川，遍于群神。辑五瑞。既月乃日，觐四岳群牧，班瑞于群后。岁二月，东巡守，至于岱宗，柴。望秩于山川，肆觐东后。协时月正日，同律度量衡。修五礼、五玉、三帛、二生、一死贽。如五器，卒乃复。

二十有八载，帝乃殂落。百姓如丧考妣，三载，四海遏密八音。

月正元日，舜格于文祖，询于四岳，辟四门，明四目，达四聪。"咨，十有二牧！"曰，"食哉惟时！柔远能迩，惇德允元，而难任人，蛮夷率服。"

舜曰："咨，四岳！有能奋庸熙帝之载，使宅百揆亮采，惠畴？"

佥曰："伯禹作司空。"

帝曰："俞，咨！禹，汝平水土，惟时懋哉！"

禹拜稽首，让于稷、契暨皋陶。

帝曰："夔！命汝典乐，教胄子，直而温，宽而栗，刚而无虐，简而无傲。诗言志，歌永言，声依永，律和声。八音克谐，无相夺伦，神人以和。"

夔曰："于！予击石拊石，百兽率舞。"

(先秦)《尚书·虞书》，王世舜、王翠叶译注，中华书局2012年版

《论语》

《论语》作为儒家经典之一，是孔子弟子及再传弟子记录孔子及其弟子言行而编成的语录文集，成书于战国前期，内容涉及政治、教育、文学、哲学以及立身处世的道理等多方面，博大精深，包罗万象。主要包括三个既各自独立又紧密相依的范畴：伦理道德范畴"仁"，社会政治范畴"礼"，认识方法论范畴"中庸"。

礼之用，和为贵

有子曰："礼之用，和为贵。先王之道，斯为美，小大由之。有所不

行。知和而和，不以礼节之，亦不可行也。"

（先秦）《论语》，陈晓芬译注，中华书局2016年版

为政

子曰："诗三百，一言以蔽之，曰：'思无邪。'"

子曰："君子不器。"

子曰："攻乎异端，斯害也已！"

（先秦）《论语》，陈晓芬译注，中华书局2016年版

八佾

孔子谓季氏："八佾舞于庭，是可忍也，孰不可忍也？"

三家者以《雍》彻，子曰："'相维辟公，天子穆穆'，奚取于三家之堂？"

子曰："人而不仁，如礼何？人而不仁，如乐何？"

子曰："君子无所争，必也射乎！揖让而升，下而饮。其争也君子。"

子夏问曰："'巧笑倩兮，美目盼兮，素以为绚兮。'何谓也？"子曰："绘事后素。"曰："礼后乎？"子曰："起予者商也，始可与言《诗》已矣。"

子曰："周监于二代，郁郁乎文哉！吾从周。"

子曰："《关雎》乐而不淫，哀而不伤。"

子语鲁大师乐，曰："乐其可知也：始作，翕如也；从之，纯如也，皦如也，绎如也，以成。"

子谓《韶》："尽美矣，又尽善也。"谓《武》："尽美矣，未尽善也。"

（先秦）《论语》，陈晓芬译注，中华书局2016年版

公冶长

子贡曰："夫子之文章，可得而闻也；夫子之言性与天道，不可得而闻也。"

子曰："臧文仲居蔡，山节藻棁，何如其知也？"

（先秦）《论语》，陈晓芬译注，中华书局2016年版

雍也

子曰:"质胜文则野,文胜质则史。文质彬彬,然后君子。"
子曰:"君子博学于文,约之以礼,亦可以弗畔矣夫。"
(先秦)《论语》,陈晓芬译注,中华书局2016年版

述而

子曰:"志于道,据于德,依于仁,游于艺。"
子于是日哭,则不歌。
子在齐闻《韶》,三月不知肉味,曰:"不图为乐之至于斯也。"
子曰:"加我数年,五十以学《易》,可以无大过矣。"
子所雅言,《诗》《书》、执礼,皆雅言也。
子以四教:文,行,忠,信。
子与人歌而善,必使反之,而后和之。
(先秦)《论语》,陈晓芬译注,中华书局2016年版

泰伯

子曰:"兴于诗,立于礼,成于乐。"
子曰:"师挚之始,《关雎》之乱,洋洋乎盈耳哉!"
子曰:"禹,吾无间然矣。菲饮食而致孝乎鬼神,恶衣服而致美乎黼冕,卑宫室而尽力乎沟洫。禹,吾无间然矣。"
(先秦)《论语》,陈晓芬译注,中华书局2016年版

子罕

太宰问于子贡曰:"夫子圣者与,何其多能也?"子贡曰:"固天纵之将圣,又多能也。"子闻之,曰:"太宰知我乎!吾少也贱,故多能鄙事。君子多乎哉?不多也。"
牢曰:"子云:'吾不试,故艺。'"
子见齐衰者、冕衣裳者与瞽者,见之,虽少,必作,过之必趋。
颜渊喟然叹曰:"仰之弥高,钻之弥坚。瞻之在前,忽焉在后。夫子循循然善诱人,博我以文,约我以礼,欲罢不能。既竭吾才,如有所立卓尔,虽欲从之,末由也已。"

子曰："吾自卫反鲁，然后乐正，《雅》《颂》各得其所。"

(先秦)《论语》，陈晓芬译注，中华书局 2016 年版

乡党

君子不以绀緅饰，红紫不以为亵服。

当暑，袗絺绤，必表而出之。

缁衣，羔裘；素衣，麑裘；黄衣，狐裘。

亵裘长，短右袂。

必有寝衣，长一身有半。

狐貉之厚以居。

去丧，无所不佩。

非帷裳，必杀之。

羔裘玄冠不以吊。

吉月，必朝服而朝。

见齐衰者，虽狎必变。见冕者与瞽者，虽亵必以貌。凶服者式之，式负版者。

(先秦)《论语》，陈晓芬译注，中华书局 2016 年版

先进

子曰："先进于礼乐，野人也；后进于礼乐，君子也。如用之，则吾从先进。"

南容三复白圭，孔子以其兄之子妻之。

子曰："由之瑟奚为于丘之门？"门人不敬子路，子曰："由也升堂矣，未入于室也。"

子路、曾皙、冉有、公西华侍坐。子曰："以吾一日长乎尔，毋吾以也。居则曰：'不吾知也'如或知尔，则何以哉？"……"点，尔何如？"鼓瑟希，铿尔，舍瑟而作，对曰："异乎三子者之撰。"子曰："何伤乎？亦各言其志也。"曰："暮春者，春服既成，冠者五六人，童子六七人，浴乎沂，风乎舞雩，咏而归。"夫子喟然叹曰："吾与点也！"

(先秦)《论语》，陈晓芬译注，中华书局 2016 年版

颜渊

棘子成曰："君子质而已矣，何以文为？"子贡曰："惜乎，夫子之说

君子也！驷不及舌。文犹质也，质犹文也。虎豹之鞟犹犬羊之鞟。"

子曰："博学于文，约之以礼，亦可以弗畔矣夫。"

曾子曰："君子以文会友，以友辅仁。"

（先秦）《论语》，陈晓芬译注，中华书局2016年版

子路

子路曰："卫君待子而为政，子将奚先？"子曰："必也正名乎！"子路曰："有是哉，子之迂也！奚其正？"子曰："野哉由也！君子于其所不知，盖阙如也。名不正，则言不顺；言不顺，则事不成；事不成，则礼乐不兴；礼乐不兴，则刑罚不中；刑罚不中，则民无所措手足。故君子名之必可言也，言之必可行也。君子于其言，无所苟而已矣。"

子曰："诵《诗》三百，授之以政，不达；使于四方，不能专对；虽多，亦奚以为？"

（先秦）《论语》，陈晓芬译注，中华书局2016年版

宪问

子路问成人。子曰："若臧武仲之知，公绰之不欲，卞庄子之勇，冉求之艺，文之以礼乐，亦可以为成人矣。"曰："今之成人者何必然？见利思义，见危授命，久要不忘平生之言，亦可以为成人矣。"

子击磬于卫，有荷蒉而过孔氏之门者，曰："有心哉，击磬乎！"既而曰："鄙哉，硁硁乎！莫己知也，斯己而已矣。深则厉，浅则揭。"子曰："果哉！末之难矣。"

（先秦）《论语》，陈晓芬译注，中华书局2016年版

卫灵公

颜渊问为邦。子曰："行夏之时，乘殷之辂，服周之冕，乐则《韶》《舞》。放郑声，远佞人。郑声淫，佞人殆。"

子曰："君子义以为质，礼以行之，孙以出之，信以成之。君子哉！"

子曰："君子不以言举人，不以人废言。"

（先秦）《论语》，陈晓芬译注，中华书局2016年版

季氏

孔子曰："天下有道，则礼乐征伐自天子出；天下无道，则礼乐征伐

自诸侯出。自诸侯出,盖十世希不失矣;自大夫出,五世希不失矣;陪臣执国命,三世希不失矣。天下有道,则政不在大夫;天下有道,则庶人不议。"

孔子曰:"益者三乐,损者三乐。乐节礼乐,乐道人之善,乐多贤友,益矣。乐骄乐,乐佚游,乐宴乐,损矣。"

陈亢问于伯鱼曰:"子亦有异闻乎?"对曰:"未也。尝独立,鲤趋而过庭,曰:'学诗乎?'对曰:'未也。''不学诗,无以言。'鲤退而学诗。他日,又独立,鲤趋而过庭,曰:'学礼乎?'对曰:'未也。''不学礼,无以立。'鲤退而学礼。闻斯二者。"陈亢退而喜曰:"问一得三,闻诗,闻礼,又闻君子之远其子也。"

(先秦)《论语》,陈晓芬译注,中华书局2016年版

阳货

子之武城,闻弦歌之声。夫子莞尔而笑,曰:"割鸡焉用牛刀?"子游对曰:"昔者偃也闻诸夫子曰:'君子学道则爱人,小人学道则易使也。'"子曰:"二三子!偃之言是也。前言戏之耳。"

子曰:"小子何莫学夫诗?诗,可以兴,可以观,可以群,可以怨。迩之事父,远之事君,多识于鸟兽草木之名。"

子谓伯鱼曰:"女为《周南》《召南》矣乎?人而不为《周南》《召南》,其犹正墙面而立也与?"

子曰:"礼云礼云,玉帛云乎哉?乐云乐云,钟鼓云乎哉?"

子曰:"恶紫之夺朱也,恶郑声之乱雅乐也,恶利口之覆邦家者。"

宰我问:"三年之丧,期已久矣。君子三年不为礼,礼必坏。三年不为乐,乐必崩。旧谷既没,新谷既升,钻燧改火,期可已矣。"子曰:"食夫稻,衣夫锦,于女安乎?"曰:"安!""女安,则为之!夫君子之居丧,食旨不甘,闻乐不乐,居处不安,故不为也。今女安,则为之!"宰我出,子曰:"予之不仁也!子生三年,然后免于父母之怀。夫三年之丧,天下之通丧也。予也有三年之爱于其父母乎!"

(先秦)《论语》,陈晓芬译注,中华书局2016年版

子张

子夏曰:"虽小道,必有可观者焉,致远恐泥,是以君子不为也。"

子夏曰："百工居肆以成其事，君子学以致其道。"

子游曰："子夏之门人小子，当洒扫应对进退，则可矣，抑末也。本之则无，如之何？"子夏闻之，曰："噫！言游过矣！君子之道，孰先传焉？孰后倦焉？譬诸草木，区以别矣。君子之道，焉可诬也？有始有卒者，其惟圣人乎！"

（先秦）《论语》，陈晓芬译注，中华书局2016年版

尧曰

孔子曰："不知命，无以为君子也。不知礼，无以立也。不知言，无以知人也。"

（先秦）《论语》，陈晓芬译注，中华书局2016年版

《墨子》

《墨子》是战国百家中墨家的经典，由墨子自著及其弟子记述墨子言论两部分组成。是其弟子根据墨子生平事迹的史料，收集其语录完成。《墨子》文章由小及大，遣词造句口语化，提倡兼爱、非攻、尚贤、非乐等，涉及哲学、逻辑学、军事学、工程学、力学、几何学、光学等内容。

圣王不为乐

程繁问于子墨子曰："夫子曰：'圣王不为乐。'昔诸侯倦于听治，息于钟鼓之乐；士大夫倦于听治，息于竽瑟之乐；农夫春耕、夏耘、秋敛、冬藏，息于聆缶之乐。今夫子曰：'圣王不为乐。'此譬之犹马驾而不税，弓张而不弛，无乃非有血气者之所不能至邪！"

子墨子曰："昔者尧舜有茅茨者，且以为礼，且以为乐。汤放桀于大水，环天下自立以为王，事成功立，无大后患，因先王之乐，又自作乐，命曰《护》，又修《九招》，武王胜殷杀纣，环天下自立以为王，事成功立，无大后患，因先王之乐，又自作乐，命曰《象》。周成王因先王之乐，又自作乐，命曰《驺虞》。周成王之治天下也，不若武王；武王之治天下也，不若成汤；成汤之治天下也，不若尧舜。故其乐逾繁者，其治逾寡。自此观之，乐非所以治天下也。"

程繁曰："子曰：'圣王无乐。'此亦乐已，若之何其谓圣王无乐也？"子墨子曰："圣王之命也，多寡之，食之利也。以知饥而食之者，智也，因为无智矣。今圣有乐而少，此亦无也。"

（先秦）《墨子·三辩》，方勇译注，中华书局2011年版

为乐，非也

子墨子言曰："仁之事者，必务求兴天下之利，除天下之害，将以为法乎天下，利人乎即为，不利人乎即止。且夫仁者之为天下度也，非为其目之所美，耳之所乐，口之所甘，身体之所安，以此亏夺民衣食之财，仁者弗为也。"是故子墨子之所以非乐者，非以大钟、鸣鼓、琴瑟、竽笙之声，以为不乐也；非以刻镂、华文章之色，以为不美也；非以犓豢煎炙之味，以为不甘也；非以高台、厚榭、邃野之居，以为不安也。虽身知其安也，口知其甘也，目知其美也，耳知其乐也，然上考之不中圣王之事；下度之，不中万民之利。是故子墨子曰："为乐，非也！"

今王公大人，虽无造为乐器，以为事乎国家，非直掊潦水，拆壤坦而为之也，将必厚措敛乎万民，以为大钟、鸣鼓、琴瑟、竽笙之声。古者圣王亦尝厚措敛乎万民，以为舟车。既以成矣，曰："吾将恶许用之？"曰："舟用之水，车用之陆，君子息其足焉，小人休其肩背焉。"故万民出财赍而予之，不敢以为戚恨者，何也？以其反中民之利。然则乐器反中民之利，亦若此，即我弗敢非也；然则当用乐器，譬之若圣王之为舟车也，即我弗敢非也。

民有三患，饥者不得食，寒者不得衣，劳者不得息。三者，民之巨患也。然即当为之撞巨钟、击鸣鼓、弹琴瑟、吹竽笙而扬干戚，民衣食之财，将安可得乎？即我以为未必然也。意舍此。今有大国即攻小国，有大家即伐小家，强劫弱，众暴寡，诈欺愚，贵傲贱，寇乱盗贼并兴，不可禁止也。然即当为之撞巨钟、击鸣鼓、弹琴瑟、吹竽笙而扬干戚，天下之乱也，将安可得而治与？即我未必然也。是故子墨子曰："姑尝厚措敛乎万民，以为大钟、鸣鼓、琴瑟、竽笙之声，以求兴天下之利，除天下之害而无补也。"是故子墨子曰："为乐，非也！"

今王公大人，唯毋处高台厚榭之上而视之，钟犹是延鼎也，弗撞击，将何乐得焉哉！其说将必撞击之，惟勿撞击，将必不使老与迟者。老与迟者，耳目不聪明，股肱不毕强，声不和调，明不转朴。将必使当

年，因其耳目之聪明，股肱之毕强，声之和调，眉之转朴。使丈夫为之，废丈夫耕稼树艺之时；使妇人为之，废妇人纺绩织纴之事。今王公大人，唯毋为乐，亏夺民衣食之财，以拊乐如此多也。是故子墨子曰："为乐，非也！"

今大钟、鸣鼓、琴瑟、竽笙之声，既已具矣，大人锈然奏而独听之，将何乐得焉哉？其说将必与贱人，不与君子。与君子听之，废君子听治；与贱人听之，废贱人之从事。今王公大人，惟毋为乐，亏夺民之衣食之财，以拊乐如此多也。是故子墨子曰："为乐，非也！"

昔者齐康公，兴乐万，万人不可衣短褐，不可食糠糟，曰："食饮不美，面目颜色，不足视也；衣服不美，身体从容丑羸，不足观也。"是以食必粱肉，衣必文绣。此掌不从事乎衣食之财，而掌食乎人者也。是故子墨子曰：今王公大人，惟毋为乐，亏夺民衣食之财，以拊乐如此多也。是故子墨子曰："为乐，非也！"

今人固与禽兽、麋鹿、蜚鸟、贞虫异者也。今之禽兽、麋鹿、蜚鸟、贞虫，因其羽毛，以为衣裘；因其蹄蚤，以为绔屦；困其水草，以为饮食。故唯使雄不耕稼树艺，雌亦不纺积织纴，衣食之财，固已具矣。今人与此异者也，赖其力者生，不赖其力者不生。君子不强听治，即刑政乱；贱人不强从事，即财用不足。今天下之士君子，以吾言不然；然即姑尝数天下分事，而观乐之害。王公大人，蚤朝晏退，听狱治政，此其分事也。士君子竭股肱之力，殚其思虑之智，内治官府，外收敛关市、山林、泽梁之利，以实仓廪府库，此其分事也。农夫蚤出暮入，耕稼树艺，多聚叔粟，此其分事也。妇人夙兴夜寐，纺绩织纴，多治麻丝葛绪，捆布参，此其分事也。今惟毋在乎王公大人，说乐而听之，即必不能蚤朝晏退，听狱治政，是故国家乱而社稷危矣。今惟毋在乎士君子，说乐而听之，即必不能竭股肱之力，殚其思虑之智，内治官府，外收敛关市、山林、泽梁之利，以实仓廪府库，是故仓廪府库不实。今惟毋在乎农夫，说乐而听之，即必不能蚤出暮入，耕稼树艺，多聚叔粟，是故叔粟不足。今惟毋在乎妇人，说乐而听之，即不必能夙兴夜寐，纺绩织纴，治麻丝葛绪，捆布参，是故布参不兴。曰：孰为大人之听治，而废国家之从事？曰："乐也。"是故子墨子曰："为乐，非也！"

何以知其然也？曰：先王之书，汤之官刑有之。曰："其恒舞于宫，是谓巫风。其刑：君子出丝二卫，小人否，似二伯。《黄径》乃言曰：鸣乎！舞佯佯，黄言孔章，上帝弗常，九有以亡。上帝不顺，降之百殃，其家必坏丧。"察九有之所以亡者，徒从饰乐也。于《武观》曰："启乃淫溢康乐，野于饮食，将将铭苋磬以力。湛浊于酒，渝食于野，万舞翼翼，章闻于大，天用弗式。"故上者，天鬼弗戒，下者，万民弗利。是故子墨子曰："今天下士君子，请将欲求兴天下之利，除天下之害，当在乐之为物，将不可不禁而止也。"

（先秦）《墨子·非乐上》，方勇译注，中华书局 2011 年版

且夫繁饰礼乐以淫人

且夫繁饰礼乐以淫人，久丧伪哀以谩亲，立命缓贫而高浩居，倍本弃事而安怠傲，贪于饮食，惰于作务，陷于饥寒，危于冻馁，无以违之。是若人气，瓶鼠藏，而羝羊视，贲彘起。君子笑之，怒曰："散人焉知良儒！"夫夏乞麦禾，五谷既收，大丧是随，子姓皆从，得厌饮食。毕治数丧，足以至矣。因人之家翠以为，恃人之野以为尊，富人有丧，乃大说喜，曰："此衣食之端也！"

儒者曰："君子必服古言，然后仁。"应之曰：所谓古之言服者，皆尝新矣，而古人言之服之，则非君子也？然则必服非君子之服，言非君子之言，而后仁乎？

又曰："君子循而不作。"应之曰：古者羿作弓，伃作甲，奚仲作车，巧垂作舟；然则今之鲍、函、车、匠，皆君子也，而羿、伃、奚仲、巧垂，皆小人邪？且其所循，人必或作之；然则其所循，皆小人道也。又曰："君子胜不逐奔，掩函弗射，施则助之胥车。"应之曰："若皆仁人也，则无说而相与；仁人以其取舍、是非之理相告，无故从有故也，弗知从有知也，无辞必服，见善必迁，何故相？若两暴交争，其胜者欲不逐奔，掩函弗射，施则助之胥车，虽尽能，犹且不得为君子也，意暴残之国也。圣将为世除害，兴师诛罚，胜将因用儒术令士卒曰：'毋逐奔，掩函勿射，施则助之胥车。'暴乱之人也得活，天下害不除，是为群残父母而深贱世也，不义莫大矣！"

又曰："君子若钟，击之则鸣，弗击不鸣。"应之曰："夫仁人，事上竭忠，事亲得孝，务善则美，有过则谏，此为人臣之道也。今击之则鸣，弗击不鸣，隐知豫力，恬漠待问而后对，虽有君亲之大利，弗问不言；若将有大寇乱，盗贼将作，若机辟将发也，他人不知，己独知之，

虽其君、亲皆在，不问不言。是夫大乱之贼也。以是为人臣不忠，为子不孝，事兄不弟，交遇人不贞良。夫执后不言，之朝，物见利使己，虽恐后言；君若言而未有利焉，则高拱下视，会噎为深，曰：'唯其未之学也。'用谁急，遗行远矣。"夫一道术学业仁义者，皆大以治人，小以任官，远施周偏，近以修身，不义不处，非理不行，务兴天下之利，曲直周旋，利则止，此君子之道也。以所闻孔某之行，则本与此相反谬也！

齐景公问晏子曰："孔子为人何如？"晏子不对。公又复问，不对。景公曰："以孔某语寡人者众矣，俱以贤人也，今寡人问之，而子不对，何也？"晏子对曰："婴不肖，不足以知贤人。虽然，婴闻所谓贤人者，入人之国，必务合其君臣之亲，而弭其上下之怨。孔某之荆，知白公之谋，而奉之以石乞，君身几灭，而白公僇。婴闻贤人得上不虚，得下不危，言听于君必利人，教行下必于上，是以言明而易知也，行明而易从也。行义可明乎民，谋虑可通乎君臣。今孔某深虑同谋以奉贼，劳思尽知以行邪，劝下乱上，教臣杀君，非贤人之行也。入人之国，而与人之贼，非义之类也。知人不忠，趣之为乱，非仁义之也。逃人而后谋，避人而后言，行义不可明于民，谋虑不可通于君臣，婴不知孔某之有异于白公也，是以不对。"景公曰："呜呼！贶寡人者众矣，非夫子，则吾终身不知孔某之与白公同也。"孔某之齐见景公，景公说，欲封之以尼溪，以告晏子。晏子曰："不可！夫儒，浩居而自顺者也，不可以教下；好乐而淫人，不可使亲治；立命而怠事，不可使守职；宗丧循哀，不可使慈民；机服勉容，不可使导众。孔某盛容修饰以蛊世，弦歌鼓舞以聚徒，繁登降之礼以示仪，务趋翔之节以观众；博学不可使议世，劳思不可以补民；累寿不能尽其学，当年不能行其礼，积财不能赡其乐。繁饰邪术，以营世君；盛为声乐，以淫遇民。其道不可以期世，其学不可以导众。今君封之，以利齐俗，非所以导国先众。"公曰："善。"于是厚其礼，留其封，敬见而不问其道。孔某乃恚，怒于景公与晏子，乃树鸱夷子皮于田常之门，告南郭惠子以所欲为。归于鲁，有顷，间齐将伐鲁，告子贡曰："赐乎！举大事于今之时矣！"乃遣子贡之齐，因南郭惠子以见田常，劝之伐吴，以教高、国、鲍、晏，使毋得害田常之乱。劝越伐吴，三年之内，齐、吴破国之难，伏尸以言术数，孔某之诛也。

孔某穷于蔡、陈之间，藜羹不糂。十日，子路为享豚，孔某不问肉之所由来而食；号人衣以酤酒，孔某不问酒之所由来而饮。哀公迎孔子，席不端弗坐，割不正弗食。子路进请曰："何其与陈、蔡反也？"孔某曰："来，吾语女：曩与女为苟生，今与女为苟义。"夫饥约，则不辞妄取以活身；赢饱，则伪行以自饰。污邪诈伪，孰大于此？

（先秦）《墨子·非儒下》，方勇译注，中华书局2011年版

行不在服

公孟子戴章甫，搢忽，儒服，而以见子墨子，曰："君子服然后行乎？其行然后服乎？"子墨子曰："行不在服。"公孟子曰："何以知其然也？"子墨子曰："昔者齐桓公高冠博带，金剑木盾，以治其国，其国治。昔者晋文公大布之衣，牂羊之裘，韦以带剑，以治其国，其国国治。昔者晋文公大布之衣，牂羊之裘，韦以带剑，以治其国，其国治。昔者楚庄王鲜冠组缨，绛衣博袍，以治其国，其国治。昔者越王勾践剪发文身，以治其国，其国治。此四君者其服不同，其行犹一也。翟以是知行之不在服也。"公孟子曰："善！吾闻之曰：宿善者不祥。请舍忽、易章甫，复见夫子，可乎？"子墨子曰："请因以相见也。若必将舍忽、易章甫而后相见，然则行果在服也。"

公孟子曰："君子必古言服，然后仁。"子墨子曰："昔者商王纣，卿士费仲，为天下之暴人；箕子、微子，为天下之圣人。此同言，而或仁不仁也。周公旦为天下之圣人，关叔为天下之暴人，此同服，或仁或不仁。然则不在古服与古言矣。且子法周而未法夏也，子之古，非古也。"

公孟子谓子墨子曰："昔者圣王之列也，上圣立为天子，其次立为卿大夫。今孔子博于《诗》《书》，察于礼乐，详于万物，若使孔子当圣王，则岂不以孔子为天子哉！"子墨子曰："夫知者，必尊天事鬼，爱人节用，合焉为知矣。今子曰'知孔子博于《诗》《书》，察于礼乐，详于万物'，而曰可以为天子，是数人之齿，而以为富。"

公孟子曰："贫富寿夭，齰然在天，不可损益。"又曰："君子必学。"子墨子曰："教人学而执有命，是犹命人葆而去其冠也。"

公孟子谓子墨子曰："有义不义，无祥不祥。"子墨子曰："古圣王皆以鬼神为神明，而为祸福，执有祥不祥，是以政治而国安也。自桀纣以下皆以鬼神为不神明，不能为祸辐，执无祥不祥，是以政乱而国危也。故先

王之书子亦有之曰：'其傲也出，于子不祥。'此言为不善之有罚，为善之有赏。"

子墨子谓公孟子曰："丧礼，君与父母、妻、后子死，三年丧服；伯父、叔父、兄弟期；族人五月；姑、姊、舅、甥有数月之丧。或以不丧之间，诵《诗三百》，弦《诗三百》，歌《诗三百》，舞《诗三百》。若用子之言，则君子何日以听治？庶人何日以从事？"公孟子曰："国乱则治之，国治则为礼乐；国治则从事，国富则为礼乐。"子墨子曰："国之治，治之废，则国之治亦废。国之富也，从事故富也；从事废，则国之富亦废。故虽治国，劝之无魇，然后可也。今子曰，国治则为礼乐，乱则治之，是譬犹噎而穿井也，死而求医也。古者三代暴王桀、纣、幽、厉，蕱为声乐，不顾其民，是以身为刑戮，国为戾虚者，皆从此道也。"

子墨子曰问于儒者："何故为乐？"曰："乐以为乐也。"子墨子曰："子未我应也。今我问曰：'何故为室？'曰：'冬避寒焉，夏避暑焉，室以为男女之别也。'则子告我为室之故矣。今我问曰：'何故为乐？'曰：'乐以为乐也。'是犹曰：'何故为室？'曰：'室以为室也。'"

子墨子谓程子曰："儒之道足以丧天下者四政焉。儒以天为不明，以鬼为不神，天、鬼不说，此足以丧天下。又厚葬久丧，重为棺椁，多为衣衾，送死若徙，三年哭泣，扶后起，杖后行，耳无闻，目无见，此足以丧天下。又弦歌鼓舞，习为声乐，此足以丧天下。又以命为有，贫富寿夭，治乱安危有极矣，不可损益也。为上者行之，必不听治矣；为下者行之，必不从事矣。此足以丧天下。"程子曰："甚矣，先生之毁儒也。"子墨子曰："儒固无此若四政者，而我言之，则是毁也。今儒固有此四政者，而我言之，则非毁也，告闻也。"程子无辞而出。子墨子曰："迷之！"反，后坐。进复曰："乡者先生之言有可闻者焉。若先生之言，则是不誉禹，不毁桀、纣也。"子墨子曰："不然。夫应孰辞，称议而为之，敏也。厚攻则厚吾，薄攻则薄吾。应孰辞而称议，是犹荷辕而击蛾也。"

有游于子墨子之门者，子墨子曰："盍学乎？"对曰："吾族人无学者。"子墨子曰："不然。夫好美者，岂曰吾族人莫之好，故不好哉？夫欲富贵者，岂曰我族人莫之欲，故不欲哉？好美、欲富贵者，不视人犹强为之，夫义，天下之大器也，何以视人？必强为之？"

告子谓子墨子曰："我治国为政。"子墨子曰："政者，口言之，身必行之。今子口言之，而身不行，是子之身乱也。子不能治子之身，恶能治国政？子姑亡子之身乱之矣！"

（先秦）《墨子·公孟》，方勇译注，中华书局2011年版

国家喜音湛湎，则语之非乐

子墨子游，魏越曰："既得见四方之君，子则将先语？"子墨子曰："凡入国，必择务而从事焉。国家昏乱，则语之尚贤、尚同；国家贫，则语之节用、节葬，国家喜音湛湎，则语之非乐、非命；国家淫僻无礼，则语之尊天事鬼；国家务夺侵凌，则语之兼爱、非攻，故曰择务而从事焉。"

（先秦）《墨子·鲁问》，方勇译注，中华书局2011年版

《孟子》

《孟子》是儒家的经典著作，由战国中期孟子及其弟子万章、公孙丑等著。《孟子》最早见于赵岐《孟子题辞》："此书，孟子之所作也，故总谓之《孟子》。"该书被南宋朱熹列为"四书"之一。书中记载有孟子及其弟子的政治、教育、哲学、伦理等思想观点和政治活动。

今之乐由古之乐也

庄暴见孟子，曰："暴见于王，王语暴以好乐，暴未有以对也。"曰："好乐何如？"

孟子曰："王之好乐甚，则齐国其庶几乎！"

他日见于王曰："王尝语庄子以好乐，有诸？"

王变乎色，曰："寡人非能好先王之乐也，直好世俗之乐耳。"

曰："王之好乐甚，则齐其庶几乎！今之乐由古之乐也。"

曰："可得闻与？"

曰："独乐乐，与人乐乐，孰乐？"

曰："不若与人。"

曰："与少乐乐，与众乐乐，孰乐？"

曰："不若与众。"

"臣请为王言乐：今王鼓乐于此，百姓闻王钟鼓之声，管籥之音，举疾首蹙頞而相告曰：'吾王之好鼓乐，夫何使我至于此极也？父子不相见，兄弟妻子离散。'今王田猎于此，百姓闻王车马之音，见羽旄之美，举疾首蹙頞而相告曰：'吾王之好田猎，夫何使我至于此极也？父子不相见，兄弟妻子离散。'此无他，不与民同乐也。今王鼓乐于此，百姓闻王钟鼓之声，管籥之音，举欣欣然有喜色而相告曰：'吾王庶几无疾病与？何以能鼓乐也？'今王田猎于此，百姓闻王车马之音，见羽旄之美，举欣欣然有喜色而相告曰：'吾王庶几无疾病与？何以能田猎也？'此无他，与民同乐也。今王与百姓同乐，则王矣。"

（先秦）《孟子·梁惠王下 凡十六章》，方勇译注，中华书局 2015 年版

闻其乐而知其德

"伯夷、伊尹于孔子，若是班乎？"

曰："否。自有生民以来，未有孔子也。"

曰："然则有同与？"

曰："有。得百里之地而君之，皆能以朝诸侯有天下。行一不义、杀一不辜而得天下，皆不为也。是则同。"

曰："敢问其所以异？"

曰："宰我、子贡、有若智足以知圣人。汙，不至阿其所好。宰我曰：'以予观于夫子，贤于尧舜远矣。'子贡曰：'见其礼而知其政，闻其乐而知其德。由百世之后，等百世之王，莫之能违也。自生民以来，未有夫子也。'有若曰：'岂惟民哉？麒麟之于走兽，凤凰之于飞鸟，太山之于丘垤，河海之于行潦，类也。圣人之于民，亦类也。出于其类，拔乎其萃，自生民以来，未有盛于孔子也。'"

（先秦）《孟子·公孙丑上 凡九章》，方勇译注，中华书局 2015 年版

金声而玉振之

孟子曰："伯夷，圣之清者也；伊尹，圣之任者也；柳下惠，圣之和者也；孔子，圣之时者也。孔子之谓集大成。集大成也者，金声而玉振之也。金声也者，始条理也；玉振之也者，终条理也。始条理者，智之事

也;终条理者,圣之事也。智,譬则巧也;圣,譬则力也。由射于百步之外也,其至,尔力也;其中,非尔力也。"

(先秦)《孟子·万章下 凡九章》,方勇译注,中华书局2015年版

为此诗者,其知道乎

公都子曰:"告子曰:'性无善无不善也。'或曰:'性可以为善,可以为不善;是故文武兴,则民好善;幽厉兴,则民好暴。'或曰:'有性善,有性不善;是故以尧为君而有象,以瞽瞍为父而有舜;以纣为兄之子且以为君,而有微子启、王子比干。'今曰'性善',然则彼皆非与?"

孟子曰:"乃若其情,则可以为善矣,乃所谓善也。若夫为不善,非才之罪也。恻隐之心,人皆有之;羞恶之心,人皆有之;恭敬之心,人皆有之;是非之心,人皆有之。恻隐之心,仁也;羞恶之心,义也;恭敬之心,礼也;是非之心,智也。仁义礼智,非由外铄我也,我固有之也,弗思耳矣。故曰:'求则得之,舍则失之。'或相倍蓰而无算者,不能尽其才者也。诗曰:'天生蒸民,有物有则。民之秉夷,好是懿德。'孔子曰:'为此诗者,其知道乎!故有物必有则,民之秉夷也,故好是懿德。'"

(先秦)《孟子·告子上 凡二十章》,方勇译注,中华书局2015年版

高叟之为诗也

公孙丑问曰:"高子曰:'小弁,小人之诗也。'"

孟子曰:"何以言之?"曰:"怨。"

曰:"固哉,高叟之为诗也!有人于此,越人关弓而射之,则己谈笑而道之;无他,疏之也。其兄关弓而射之,则己垂涕泣而道之;无他,戚之也。小弁之怨,亲亲也。亲亲,仁也。固矣夫,高叟之为诗也!"曰:"凯风何以不怨?"

曰:"凯风,亲之过小者也;小弁,亲之过大者也。亲之过大而不怨,是愈疏也;亲之过小而怨,是不可矶也。愈疏,不孝也;不可矶,亦不孝也。孔子曰:'舜其至孝矣,五十而慕。'"

(先秦)《孟子·告子下 凡十六章》,方勇译注,中华书局2015年版

禹之声,尚文王之声

高子曰:"禹之声,尚文王之声。"

孟子曰："何以言之？"

曰："以追蠡。"

曰："是奚足哉？城门之轨，两马之力与？"

（先秦）《孟子·尽心下 凡三十八章》，方勇译注，中华书局2015年版

恶郑声，恐其乱乐也

万章曰："一乡皆称原人焉，无所往而不为原人，孔子以为德之贼，何哉？"

曰："非之无举也，刺之无刺也；同乎流俗，合乎污世；居之似忠信，行之似廉洁；众皆悦之，自以为是，而不可与入尧舜之道，故曰德之贼也。孔子曰：'恶似而非者：恶莠，恐其乱苗也；恶佞，恐其乱义也；恶利口，恐其乱信也；恶郑声，恐其乱乐也；恶紫，恐其乱朱也；恶乡原，恐其乱德也。'君子反经而已矣。经正，则庶民兴；庶民兴，斯无邪慝矣。"

（先秦）《孟子·尽心下 凡三十八章》，方勇译注，中华书局2015年版

《老子》

《老子》又称《道德真经》《道德经》《五千言》《老子五千文》，是春秋时期老子的哲学作品，是道家哲学思想的重要来源。《老子》文本以哲学意义之"道德"为纲宗，论述修身、治国之道，文意深奥，被誉为"万经之王"，对传统哲学、科学、政治、宗教等产生了深刻影响。

音声相和

天下皆知美之为美，斯恶已。皆知善之为善，斯不善已。故有无相生，难易相成，长短相形，高下相盈，音声相和，前后相随。是以圣人处无为之事，行不言之教；万物作焉而不辞，生而不有，为而不恃，功成而弗居。夫唯弗居，是以不去。

（先秦）《老子》二章，汤漳平、王朝华译注，中华书局2014年版

五音令人耳聋

五色令人目盲；五音令人耳聋；五味令人口爽；驰骋畋猎，令人心发狂；难得之货，令人行妨。是以圣人为腹不为目，故去彼取此。

（先秦）《老子》十二章，汤漳平、王朝华译注，中华书局2014年版

见素抱朴，少私寡欲

绝圣弃智，民利百倍；绝仁弃义，民复孝慈；绝巧弃利，盗贼无有。此三者以为文不足，故令有所属；见素抱朴，少私寡欲；绝学无忧。

（先秦）《老子》十九章，汤漳平、王朝华译注，中华书局2014年版

乐与饵，过客止

执大象，天下往。往而不害，安平太。乐与饵，过客止，道之出口，淡乎其无味，视之不足见，听之不足闻，用之不足既。

（先秦）《老子》三十五章，汤漳平、王朝华译注，中华书局2014年版

美言可以市尊

道者万物之奥。善人之宝，不善人之所保。美言可以市，尊行可以加人。人之不善，何弃之有？故立天子，置三公，虽有拱璧以先驷马，不如坐进此道。古之所以贵此道者何？不曰：求以得，有罪以免邪？故为天下贵。

（先秦）《老子》六十二章，汤漳平、王朝华译注，中华书局2014年版

信言不美，美言不信

信言不美，美言不信。善者不辩，辩者不善。知者不博，博者不知。圣人不积，既以为人，己愈有，既以与人，己愈多。故天之道，利而不害；人之道，为而弗争。

（先秦）《老子》八十一章，汤漳平、王朝华译注，中华书局2014年版

《庄子》

《庄子》又名《南华经》，是战国中期庄子及其后学所著道家经文。《庄子》一书内容丰富，博大精深，涉及哲学、政治、社会、艺术等诸多方面，对中国文学、审美的发展有着深远影响。《庄子》、《老子》与《周易》合称"三玄"。

养生主

庖丁为文惠君解牛，手之所触，肩之所倚，足之所履，膝之所踦，砉然响然，奏刀騞然，莫不中音。合于《桑林》之舞，乃中《经首》之会。

文惠君曰："嘻，善哉！技盖至此乎？"庖丁释刀对曰："臣之所好者道也，进乎技矣。始臣之解牛之时，所见无非全牛者；三年之后，未尝见全牛也；方今之时，臣以神遇而不以目视，官知止而神欲行。依乎天理，批大郤，导大窾，因其固然。技经肯綮之未尝，而况大軱乎！良庖岁更刀，割也；族庖月更刀，折也；今臣之刀十九年矣，所解数千牛矣，而刀刃若新发于硎。彼节者有间而刀刃者无厚，以无厚入有间，恢恢乎其于游刃必有余地矣。是以十九年而刀刃若新发于硎。虽然，每至于族，吾见其难为，怵然为戒，视为止，行为迟，动刀甚微，謋然已解，如土委地。提刀而立，为之而四顾，为之踌躇满志，善刀而藏之。"文惠君曰："善哉！吾闻庖丁之言，得养生焉。"

（先秦）《庄子·内篇》，方勇译注，中华书局2015年版

骈拇

是故骈于明者，乱五色，淫文章，青黄黼黻之煌煌非乎？而离朱是已！多于聪者，乱五声，淫六律，金石丝竹黄钟大吕之声非乎？而师旷是已！枝于仁者，擢德塞性以收名声，使天下簧鼓以奉不及之法非乎？而曾、史是已！骈于辩者，累瓦结绳窜句，游心于坚白同异之间，而敝跬誉无用之言非乎？而杨、墨是已！故此皆多骈旁枝之道，非天下之至正也。

且夫属其性乎仁义者，虽通如曾、史，非吾所谓臧也；属其性于五味，虽通如俞儿，非吾所谓臧也；属其性乎五声，虽通如师旷，非吾所谓

聪也；属其性乎五色，虽通如离朱，非吾所谓明也。吾所谓臧者，非所谓仁义之谓也，臧于其德而已矣；吾所谓臧者，非所谓仁义之谓也，任其性命之情而已矣；吾所谓聪者，非谓其闻彼也，自闻而已矣；吾所谓明者，非谓其见彼也，自见而已矣。夫不自见而见彼，不自得而得彼者，是得人之得而不自得其得者也，适人之适而不自适其适者也。夫适人之适而不自适其适，虽盗跖与伯夷，是同为淫僻也。余愧乎道德，是以上不敢为仁义之操，而下不敢为淫僻之行也。

(先秦)《庄子·外篇》，方勇译注，中华书局2015年版

在宥

而且说明邪，是淫于色也；说聪邪，是淫于声也；说仁邪，是乱于德也；说义邪，是悖于理也；说礼邪，是相于技也；说乐邪，是相于淫也；说圣邪，是相于艺也；说知邪，是相于疵也。天下将安其性命之情，之八者，存可也，亡可也。天下将不安其性命之情，之八者，乃始脔卷㹨囊而乱天下也。而天下乃始尊之惜之。甚矣，天下之惑也！岂直过也而去之邪！乃齐戒以言之，跪坐以进之，鼓歌以儛舞之。吾若是何哉！

(先秦)《庄子·外篇》，方勇译注，中华书局2015年版

天地

百年之木，破为牺尊，青黄而文之，其断在沟中。比牺尊于沟中之断，则美恶有间矣，其于失性一也。跖与曾、史，行义有间矣，然其失性均也。且夫失性有五：一曰五色乱目，使目不明；二曰五声乱耳，使耳不聪；三曰五臭薰鼻，困惾中颡；四曰五味浊口，使口厉爽；五曰趣舍滑心，使性飞扬。此五者，皆生之害也。而杨、墨乃始离跂自以为得，非吾所谓得也。夫得者困，可以为得乎？则鸠鸮之在于笼也，亦可以为得矣。且夫趣舍声色以柴其内，皮弁鹬冠搢笏绅修以约其外。内支盈于柴栅，外重缱缴，睆睆然在缱缴之中，而自以为得，则是罪人交臂历指而虎豹在于囊槛，亦可以为得矣！

(先秦)《庄子·外篇》，方勇译注，中华书局2015年版

天运

北门成问于黄帝曰："帝张《咸池》之乐于洞庭之野，吾始闻之惧，

复闻之怠，卒闻之而惑，荡荡默默，乃不自得。"帝曰："汝殆其然哉！吾奏之以人，征之以天，行之以礼义，建之以太清。四时迭起，万物循生。一盛一衰，文武伦经。一清一浊，阴阳调和，流光其声。蛰虫始作，吾惊之以雷霆。其卒无尾，其始无首。一死一生，一偾一起，所常无穷，而一不可待。汝故惧也。吾又奏之以阴阳之和，烛之以日月之明。其声能短能长，能柔能刚，变化齐一，不主故常。在谷满谷，在坑满坑。涂郤守神，以物为量。其声挥绰，其名高明。是故鬼神守其幽，日月星辰行其纪。吾止之于有穷，流之于无止。子欲虑之而不能知也，望之而不能见也，逐之而不能及也。傥然立于四虚之道，倚于槁梧而吟：'目知穷乎所欲见，力屈乎所欲逐，吾既不及，已夫！'形充空虚，乃至委蛇。汝委蛇，故怠。吾又奏之以无怠之声，调之以自然之命。故若混逐丛生，林乐而无形，布挥而不曳，幽昏而无声。动于无方，居于窈冥，或谓之死，或谓之生；或谓之实，或谓之荣。行流散徙，不主常声。世疑之，稽于圣人。圣也者，达于情而遂于命也。天机不张而五官皆备。此之谓天乐，无言而心说。故有焱氏为之颂曰：'听之不闻其声，视之不见其形，充满天地，苞裹六极。'汝欲听之而无接焉，而故惑也。乐也者，始于惧，惧故祟；吾又次之以怠，怠故遁；卒之于惑，惑故愚；愚故道，道可载而与之俱也。"

孔子谓老聃曰："丘治《诗》《书》《礼》《乐》《易》《春秋》六经，自以为久矣，孰知其故矣，以奸者七十二君，论先王之道而明周、召之迹，一君无所钩用。甚矣！夫人之难说也？道之难明邪？"老子曰："幸矣，子之不遇治世之君！夫六经，先王之陈迹也，岂其所以迹哉！今子之所言，犹迹也。夫迹，履之所出，而迹岂履哉！夫白鶂之相视，眸子不运而风化；虫，雄鸣于上风，雌应于下风而风化。类自为雌雄，故风化。性不可易，命不可变，时不可止，道不可壅。苟得于道，无自而不可；失焉者，无自而可。"孔子不出三月，复见，曰："丘得之矣。乌鹊孺，鱼傅沫，细要者化，有弟而兄啼。久矣，夫丘不与化为人！不与化为人，安能化人。"老子曰："可，丘得之矣！"

（先秦）《庄子·外篇》，方勇译注，中华书局 2015 年版

至乐

天下有至乐无有哉？有可以活身者无有哉？今奚为奚据？奚避奚处？

奚就奚去？奚乐奚恶？夫天下之所尊者，富贵寿善也；所乐者，身安厚味美服好色音声也；所下者，贫贱夭恶也；所苦者，身不得安逸，口不得厚味，形不得美服，目不得好色，耳不得音声。若不得者，则大忧以惧，其为形也亦愚哉！夫富者，苦身疾作，多积财而不得尽用，其为形也亦外矣！夫贵者，夜以继日，思虑善否，其为形也亦疏矣！人之生也，与忧俱生。寿者惛惛，久忧不死，何之苦也！其为形也亦远矣！烈士为天下见善矣，未足以活身。吾未知善之诚善邪？诚不善邪？若以为善矣，不足活身；以为不善矣，足以活人。故曰："忠谏不听，蹲循勿争。"故夫子胥争之，以残其形；不争，名亦不成。诚有善无有哉？今俗之所为与其所乐，吾又未知乐之果乐邪？果不乐邪？吾观夫俗之所乐，举群趣者，硁硁然如将不得已，而皆曰乐者，吾未之乐也，亦未之不乐也。果有乐无有哉？吾以无为诚乐矣，又俗之所大苦也。故曰："至乐无乐，至誉无誉。"天下是非果未可定也。虽然，无为可以定是非。至乐活身，唯无为几存。请尝试言之：天无为以之清，地无为以之宁。故两无为相合，万物皆化生。芒乎芴乎，而无从出乎！芴乎芒乎，而无有象乎！万物职职，皆从无为殖。故曰："天地无为也而无不为也。"人也孰能得无为哉！

庄子妻死，惠子吊之，庄子则方箕踞鼓盆而歌。惠子曰："与人居，长子、老、身死，不哭亦足矣，又鼓盆而歌，不亦甚乎！"庄子曰："不然。是其始死也，我独何能无概！然察其始而本无生；非徒无生也，而本无形；非徒无形也，而本无气。杂乎芒芴之间，变而有气，气变而有形，形变而有生。今又变而之死。是相与为春秋冬夏四时行也。人且偃然寝于巨室，而我噭噭然随而哭之，自以为不通乎命，故止也。"

颜渊东之齐，孔子有忧色。子贡下席而问曰："小子敢问：回东之齐，夫子有忧色，何邪？"孔子曰："善哉汝问。昔者管子有言，丘甚善之，曰'褚小者不可以怀大，绠短者不可以汲深'。夫若是者，以为命有所成而形有所适也，夫不可损益。吾恐回与齐侯言尧、舜、黄帝之道，而重以燧人、神农之言。彼将内求于己而不得，不得则惑，人惑则死。且女独不闻邪？昔者海鸟止于鲁郊，鲁侯御而觞之于庙，奏《九韶》以为乐，具太牢以为膳。鸟乃眩视忧悲，不敢食一脔，不敢饮一杯，三日而死。此以己养养鸟也，非以鸟养养鸟也。夫以鸟养养鸟者，宜栖之深林，游之坛陆，浮之江湖，食之鳅鲦，随行列而止，逶迤而处。彼唯人言之恶闻，奚以夫挠挠为乎！《咸池》《九韶》之乐，张之洞庭之野，鸟闻之而飞，兽闻之而走，鱼闻之而下入，人卒闻之，相与还而观之。鱼处水而生，人处水而死。彼必相与异，其好恶故异也。故先圣不一其能，不同其事。名止于实，义设于适，是之谓条达而福持。"

（先秦）《庄子·外篇》，方勇译注，中华书局2015年版

山木

孔子穷于陈蔡之间，七日不火食。左据槁木，右击槁枝，而歌猋氏之风，有其具而无其数，有其声而无宫角。木声与人声，犁然有当于人之心。颜回端拱还目而窥之。仲尼恐其广己而造大也，爱己而造哀也，曰："回，无受天损易，无受人益难。无始而非卒也，人与天一也。夫今之歌者其谁乎！"回曰："敢问无受天损易。"仲尼曰："饥渴寒暑，穷桎不行，天地之行也，运物之泄也，言与之偕逝之谓也。为人臣者，不敢去之。执臣之道犹若是，而况乎所以待天乎？""何谓无受人益难？"仲尼曰："始用四达，爵禄并至而不穷。物之所利，乃非己也，吾命有在外者也。君子不为盗，贤人不为窃，吾若取之何哉？故曰：鸟莫知于鷾鸸，目之所不宜处不给视，虽落其实，弃之而走。其畏人也而袭诸人间。社稷存焉尔！""何谓无始而非卒？"仲尼曰："化其万物而不知其禅之者，焉知其所终？焉知其所始？正而待之而已耳。""何谓人与天一邪？"仲尼曰："有人，天也；有天，亦天也。人之不能有天，性也。圣人晏然体逝而终矣！"

（先秦）《庄子·外篇》，方勇译注，中华书局2015年版

田子方

庄子见鲁哀公，哀公曰："鲁多儒士，少为先生方者。"庄子曰："鲁少儒。"哀公曰："举鲁国而儒服，何谓少乎？"庄子曰："周闻之：儒者冠圜冠者知天时，履句履者知地形，缓佩玦者事至而断。君子有其道者，未必为其服也；为其服者，未必知其道也。公固以为不然，何不号于国中曰：'无此道而为此服者，其罪死！'"于是哀公号之五日，而鲁国无敢儒服者。独有一丈夫，儒服而立乎公门。公即召而问以国事，千转万变而不穷。庄子曰："以鲁国而儒者一人耳，可谓多乎？"

（先秦）《庄子·外篇》，方勇译注，中华书局2015年版

智北游

知北游于玄水之上，登隐弅之丘，而适遭无为谓焉。知谓无为谓曰：

"予欲有问乎若：何思何虑则知道？何处何服则安道？何从何道则得道？"三问而无为谓不答也。非不答，不知答也。知不得问，反于白水之南，登狐阕之上，而睹狂屈焉。知以之言也问乎狂屈。狂屈曰："唉！予知之，将语若。"中欲言而忘其所欲言。知不得问，反于帝宫，见黄帝而问焉。黄帝曰："无思无虑始知道，无处无服始安道，无从无道始得道。"知问黄帝曰："我与若知之，彼与彼不知也，其孰是邪？"黄帝曰："彼无为谓真是也，狂屈似之，我与汝终不近也。夫知者不言，言者不知，故圣人行不言之教。道不可致，德不可至。仁可为也，义可亏也，礼相伪也。故曰：'失道而后德，失德而后仁，失仁而后义，失义而后礼。'礼者，道之华而乱之首也。故曰：'为道者日损，损之又损之，以至于无为。无为而无不为也。'今已为物也，欲复归根，不亦难乎！其易也其唯大人乎！生也死之徒，死也生之始，孰知其纪！人之生，气之聚也。聚则为生，散则为死。若死生为徒，吾又何患！故万物一也。是其所美者为神奇，其所恶者为臭腐。臭腐复化为神奇，神奇复化为臭腐。故曰：'通天下一气耳。'圣人故贵一。"知谓黄帝曰："吾问无为谓，无为谓不应我，非不我应，不知应我也；吾问狂屈，狂屈中欲告我而不我告，非不我告，中欲告而忘之也；今予问乎若，若知之，奚故不近？"黄帝曰："彼其真是也，以其不知也；此其似之也，以其忘之也；予与若终不近也，以其知之也。"狂屈闻之，以黄帝为知言。

天地有大美而不言，四时有明法而不议，万物有成理而不说。圣人者，原天地之美而达万物之理。是故至人无为，大圣不作，观于天地之谓也。今彼神明至精，与彼百化。物已死生方圆，莫知其根也。扁然而万物，自古以固存。六合为巨，未离其内；秋豪为小，待之成体；天下莫不沈浮，终身不故；阴阳四时运行，各得其序；惛然若亡而存；油然不形而神；万物畜而不知：此之谓本根，可以观于天矣！

大马之捶钩者，年八十矣，而不失豪芒。大马曰："子巧与！有道与？"曰："臣有守也。臣之年二十而好捶钩，于物无视也，非钩无察也。"是用之者假不用者也，以长得其用，而况乎无不用者乎！物孰不资焉！

(先秦)《庄子·外篇》，方勇译注，中华书局2015年版

庚桑楚

蹍市人之足，则辞以放骜，兄则以妪，大亲则已矣。故曰，至礼有不

人，至义不物，至知不谋，至仁无亲，至信辟金。彻志之勃，解心之谬，去德之累，达道之塞。贵富显严名利六者，勃志也；容动色理气意六者，谬心也；恶欲喜怒哀乐六者，累德也；去就取与知能六者，塞道也。此四六者不荡胸中则正，正则静，静则明，明则虚，虚则无为而无不为也。

（先秦）《庄子·杂篇》，方勇译注，中华书局2015年版

外物

儒以《诗》《礼》发冢，大儒胪传曰："东方作矣，事之何若？"小儒曰："未解裙襦，口中有珠。""《诗》固有之曰：'青青之麦，生于陵陂。生不布施，死何含珠为？'接其鬓，压其顪，儒以金椎控其颐，徐别其颊，无伤口中珠。"

（先秦）《庄子·杂篇》，方勇译注，中华书局2015年版

让王

曾子居卫，缊袍无表，颜色肿哙，手足胼胝，三日不举火，十年不制衣。正冠而缨绝，捉衿而肘见，纳屦而踵决。曳纵而歌《商颂》，声满天地，若出金石。天子不得臣，诸侯不得友。故养志者忘形，养形者忘利，致道者忘心矣。

孔子穷于陈蔡之间，七日不火食，藜羹不糁，颜色甚惫，而弦歌于室。颜回择菜，子路、子贡相与言曰："夫子再逐于鲁，削迹于卫，伐树于宋，穷于商周，围于陈蔡。杀夫子者无罪，藉夫子者无禁。弦歌鼓琴，未尝绝音，君子之无耻也若此乎？"颜回无以应，入告孔子。孔子推琴，喟然而叹曰："由与赐，细人也。召而来，吾语之。"子路、子贡入。子路曰："如此者，可谓穷矣！"孔子曰："是何言也！君子通于道之谓通，穷于道之谓穷。今丘抱仁义之道以遭乱世之患，其何穷之为？故内省而不穷于道，临难而不失其德。天寒既至，霜雪既降，吾是以知松柏之茂也。陈蔡之隘，于丘其幸乎。"孔子削然反琴而弦歌，子路扢然执干而舞。子贡曰："吾不知天之高也，地之下也。"古之得道者，穷亦乐，通亦乐，所乐非穷通也。道德于此，则穷通为寒暑风雨之序矣。故许由娱于颍阳，而共伯得乎丘首。

（先秦）《庄子·杂篇》，方勇译注，中华书局2015年版

天下

　　天下之治方术者多矣，皆以其有为不可加矣！古之所谓道术者，果恶乎在？曰："无乎不在。"曰："神何由降？明何由出？""圣有所生，王有所成，皆原于一。"不离于宗，谓之天人；不离于精，谓之神人；不离于真，谓之至人。以天为宗，以德为本，以道为门，兆于变化，谓之圣人；以仁为恩，以义为理，以礼为行，以乐为和，熏然慈仁，谓之君子；以法为分，以名为表，以参为验，以稽为决，其数一二三四是也，百官以此相齿；以事为常，以衣食为主，蕃息畜藏，老弱孤寡为意，皆有以养，民之理也。古之人其备乎！配神明，醇天地，育万物，和天下，泽及百姓，明于本数，系于末度，六通四辟，小大精粗，其运无乎不在。其明而在数度者，旧法、世传之史尚多有之；其在于《诗》《书》《礼》《乐》者，邹鲁之士、搢绅先生多能明之。《诗》以道志，《书》以道事，《礼》以道行，《乐》以道和，《易》以道阴阳，《春秋》以道名分。其数散于天下而设于中国者，百家之学时或称而道之。

　　天下大乱，贤圣不明，道德不一。天下多得一察焉以自好。譬如耳目鼻口，皆有所明，不能相通。犹百家众技也，皆有所长，时有所用。虽然，不该不遍，一曲之士也。判天地之美，析万物之理，察古人之全。寡能备于天地之美，称神明之容。是故内圣外王之道，暗而不明，郁而不发，天下之人各为其所欲焉以自为方。悲夫！百家往而不反，必不合矣！后世之学者，不幸不见天地之纯，古人之大体。道术将为天下裂。

　　不侈于后世，不靡于万物，不晖于数度，以绳墨自矫，而备世之急。古之道术有在于是者，墨翟、禽滑厘闻其风而说之。为之大过，已之大顺。作为《非乐》，命之曰《节用》。生不歌，死无服。墨子泛爱兼利而非斗，其道不怒。又好学而博，不异，不与先王同，毁古之礼乐。黄帝有《咸池》，尧有《大章》，舜有《大韶》，禹有《大夏》，汤有《大濩》，文王有《辟雍》之乐，武王、周公作《武》。古之丧礼，贵贱有仪，上下有等。天子棺椁七重，诸侯五重，大夫三重，士再重。今墨子独生不歌，死不服，桐棺三寸而无椁，以为法式。以此教人，恐不爱人；以此自行，固不爱己。未败墨子道。虽然，歌而非歌，哭而非哭，乐而非乐，是果类乎？其生也勤，其死也薄，其道大觳。使人忧，使人悲，其行难为也。恐其不可以为圣人之道，反天下之心。天下不堪。墨子虽独能任，奈天下何！离于天下，其去王也远矣！墨子称道曰："昔禹之湮洪水，决江河而通四夷九州也。名山三百，支川三千，小者无数。禹亲自操橐耜而九杂天下之川。腓无胈，胫无毛，沐甚雨，栉疾风，置万国。禹大圣也，而形劳天下也如此。"使后世之墨者，多以裘褐为衣，以跂蹻为服，日夜不休，以自苦为极，曰："不能如此，非禹之道也，不足谓墨。"相里勤之弟子，五侯之徒，南方之墨者若获、已齿、邓陵子之属，俱诵《墨经》，而倍谲不同，相谓别墨。以坚白同异之辩相訾，以奇偶不仵之辞相应，以巨子为圣人。皆愿为之尸，冀得为其后世，至今不决。墨翟、禽滑厘之意则是，其行则非也。将使后世之墨者，必以自苦腓无胈、胫无毛相进而已矣。乱之上也，治之下也。虽然，墨子真天下之好也，将求之不得也，虽枯槁不舍也，才士也夫！

（先秦）《庄子·杂篇》，方勇译注，中华书局2015年版

《周易》

《周易》即《易经》，"三易"之一，是传统经典之一，相传系周文王姬昌所作，内容包括《经》和《传》两个部分。《经》主要是六十四卦和三百八十四爻，卦和爻各有说明，作为占卜之用。《传》包含解释卦辞和爻辞的七种文辞共十篇，统称《十翼》，相传为孔子所撰。《周易》是中华民族思想智慧的结晶，被誉为"大道之源"，乃"群经之首，设教之书"。

坤

六五，黄裳，元吉。
（先秦）《周易》，杨天才、张善文译注，中华书局2011年版

离

六二，黄离，元吉。
九三，日昃之离，不鼓缶而歌，则大耋之嗟，凶。
（先秦）《周易》，杨天才、张善文译注，中华书局2011年版

夬

《夬》：扬于王庭，孚号。有厉，告自邑。不利即戎，利有攸往。

(先秦)《周易》，杨天才、张善文译注，中华书局2011年版

系辞上

显诸仁，藏诸用，鼓万物而不与圣人同忧，盛德大业至矣哉！

(先秦)《周易》，杨天才、张善文译注，中华书局2011年版

说卦

昔者圣人之作易也，将以顺性命之理。是以立天之道，曰阴与阳；立地之道，曰柔与刚；立人之道，曰仁与义。兼三才而两之，故易六画而成卦。分阴分阳，迭用柔刚，故易六位而成章。

(先秦)《周易》，杨天才、张善文译注，中华书局2011年版

序卦

物不可苟合而已，故受之以《贲》。《贲》者，饰也。致饰然后亨则尽矣，故受之以《剥》。《剥》者，剥也。物不可以终尽，剥，穷上反下，故受之以《复》。复则不妄矣，故受之以《无妄》。有无妄然后可畜，故受之以《大畜》。物畜然后可养，故受之以《颐》。《颐》者，养也。不养则不可动，故受之以《大过》。物不可以终过，故受之以《坎》。《坎》者，陷也。陷必有所丽，故受之以《离》。《离》者，丽也。

(先秦)《周易》，杨天才、张善文译注，中华书局2011年版

《荀子》

《荀子》是战国后期儒家学派重要的著作，是战国时期荀子及其弟子整理或记录他人言行的哲学著作。《荀子》本儒家崇礼、正名之说而主性恶，提出"人定胜天"的思想，影响深远。

礼乐法而不说，诗书故而不切

昔者瓠巴鼓瑟，而流鱼出听；伯牙鼓琴，而六马仰秣。故声无小而不闻，行无隐而不形。玉在山而草木润，渊生珠而崖不枯。为善不积邪，安有不闻者乎！

学恶乎始？恶乎终？曰：其数则始乎诵经，终乎读礼；其义则始乎为士，终乎为圣人。真积力久则入。学至乎没而后止也。故学数有终，若其义则不可须臾舍也。为之人也，舍之禽兽也。故书者、政事之纪也；诗者、中声之所止也；礼者、法之大分，类之纲纪也。故学至乎礼而止矣。夫是之谓道德之极。礼之敬文也，乐之中和也，诗书之博也，春秋之微也，在天地之间者毕矣。

君子之学也，入乎耳，着乎心，布乎四体，形乎动静。端而言，蝡而动，一可以为法则。小人之学也，入乎耳，出乎口；口耳之间，则四寸耳，曷足以美七尺之躯哉！古之学者为己，今之学者为人。君子之学也，以美其身；小人之学也，以为禽犊。故不问而告谓之傲，问一而告二谓之囋。傲、非也，囋、非也；君子如向矣。

学莫便乎近其人。礼乐法而不说，诗书故而不切，春秋约而不速。方其人之习君子之说，则尊以遍矣，周于世矣。故曰：学莫便乎近其人。

学之经莫速乎好其人，隆礼次之。上不能好其人，下不能隆礼，安特将学杂识志，顺诗书而已耳。则末世穷年，不免为陋儒而已。将原先王，本仁义，则礼正其经纬蹊径也。若挈裘领，诎五指而顿之，顺者不可胜数也。不道礼宪，以诗书为之，譬之犹以指测河也，以戈舂黍也，以锥餐壶也，不可以得之矣。故隆礼，虽未明，法士也；不隆礼，虽察辩，散儒也。

问楛者，勿告也；告楛者，勿问也；说楛者，勿听也。有争气者，勿与辩也。故必由其道至，然后接之；非其道则避之。故礼恭，而后可与言道之方；辞顺，而后可与言道之理；色从而后可与言道之致。故未可与言而言，谓之傲；可与言而不言，谓之隐；不观气色而言，谓瞽。故君子不傲、不隐、不瞽，谨顺其身。诗曰："匪交匪舒，天子所予。"此之谓也。

君子知夫不全不粹之不足以为美也，故诵数以贯之，思索以通之，为其人以处之，除其害者以持养之。使目非是无欲见也，使口非是无欲言也，使心非是无欲虑也。及至其致好之也，目好之五色，耳好之五声，口好之五味，心利之有天下。是故权利不能倾也，群众不能移也，天下不能荡也。生乎由是，死乎由是，夫是之谓德操。德操然后能定，能定然后能应。能定能应，夫是之谓成人。天见其明，地见其光，君子贵其全也。

（先秦）《荀子·劝学》，方勇、李波译注，中华书局2015年版

故诗书礼乐之道归是矣

圣人也者，道之管也：天下之道管是矣，百王之道一是矣。故诗书礼乐之道归是矣。诗言是其志也，书言是其事也，礼言是其行也，乐言是其和也，春秋言是其微也，故风之所以为不逐者，取是以节之也，小雅之所以为小雅者，取是而文之也，大雅之所以为大雅者，取是而光之也，颂之所以为至者，取是而通之也。天下之道毕是矣。乡是者臧，倍是者亡；乡是如不臧，倍是如不亡者，自古及今，未尝有也。

客有道曰："孔子曰：'周公其盛乎！身贵而愈恭，家富而愈俭，胜敌而愈戒。'"

应之曰："是殆非周公之行，非孔子之言也。武王崩，成王幼，周公屏成王而及武王，履天子之籍，负扆而立，诸侯趋走堂下。当是时也，夫又谁为恭矣哉！兼制天下立七十一国，姬姓独居五十三人焉；周之子孙，苟不狂惑者，莫不为天下之显诸侯。孰谓周公俭哉！武王之诛纣也，行之日以兵忌，东面而迎太岁，至汜而汜，至怀而坏，至共头而山隧。霍叔惧曰：'出三日而五灾至，无乃不可乎？'周公曰：'刳比干而囚箕子，飞廉、恶来知政，夫又恶有不可焉！'遂选马而进，朝食于戚，暮宿于百泉，旦厌于牧之野。鼓之而纣卒易乡，遂乘殷人而诛纣。盖杀者非周人，因殷人也。故无首虏之获，无蹈难之赏。反而定三革，偃五兵，合天下，立声乐，于是《武》《象》起而《韶》《护》废矣。四海之内，莫不变心易虑以化顺之。故外阖不闭，跨天下而无蕲。当是时也，夫又谁为戒矣哉！"

造父者，天下之善御者也，无舆马则无所见其能。羿者，天下之善射者也，无弓矢则无所见其巧。大儒者，善调一天下者也，无百里之地，则无所见其功。舆固马选矣，而不能以至远，一日而千里，则非造父也。弓调矢直矣，而不能射远中微，则非羿也。用百里之地，而不能以调一天下，制强暴，则非大儒也。

(先秦)《荀子·儒效》，方勇、李波译注，中华书局2015年版

论礼乐，正身行，广教化，美风俗

王者之人：饰动以礼义，听断以类，明振毫末，举措应变而不穷，夫是之谓有原。是王者之人也。

王者之制：道不过三代，法不贰后王；道过三代谓之荡，法贰后王谓之不雅。衣服有制，宫室有度，人徒有数，丧祭械用皆有等宜。声、则非雅声者举废，色、则凡非旧文者举息，械用，则凡非旧器者举毁，夫是之谓复古，是王者之制也。

王者之论：无德不贵，无能不官，无功不赏，无罪不罚。朝无幸位，民无幸生。尚贤使能，而等位不遗；析愿禁悍，而刑罚不过。百姓晓然皆知夫为善于家，而取赏于朝也；为不善于幽，而蒙刑于显也。夫是之谓定论。是王者之论也。

圣王之用也，上察于天，下错于地，塞备天地之间，加施万物之上，微而明，短而长，狭而广，神明博大以至约。故曰：一与一是为人者，谓之圣人。

序官：宰爵知宾客、祭祀、飨食牺牲之牢数。司徒知百宗、城郭、立器之数。司马知师旅、甲兵、乘白之数。修宪命，审诗商，禁淫声，以时顺修，使夷俗邪音不敢乱雅，大师之事也。修堤梁，通沟浍，行水潦，安水臧，以时决塞，岁虽凶败水旱，使民有所耘艾，司空之事也。相高下，视肥硗，序五种，省农功，谨蓄藏，以时顺修，使农夫朴力而寡能，治田之事也。修火宪，养山林薮泽草木、鱼鳖、百索，以时禁发，使国家足用，而财物不屈，虞师之事也。顺州里，定廛宅，养六畜，闲树艺，劝教化，趋孝弟，以时顺修，使百姓顺命，安乐处乡，乡师之事也。论百工，审时事，辨功苦，尚完利，便备用，使雕琢文采不敢专造于家，工师之事也。相阴阳，占祲兆，钻龟陈卦，主攘择五卜，知其吉凶妖祥，伛巫跛击之事也。修采清，易道路，谨盗贼，平室律，以时顺修，使宾旅安而货财通，治市之事也。抃急禁悍，防淫除邪，戮之以五刑，使暴悍以变，奸邪不作，司寇之事也。本政教，正法则，兼听而时稽之，度其功劳，论其庆赏，以时慎修，使百吏免尽，而众庶不偷，冢宰之事也。论礼乐，正身行，广教化，美风俗，兼覆而调一之，辟公之事也。全道德，致隆高，綦文理，一天下，振毫末，使天下莫不顺比从服，天王之事也。故政事乱，则冢宰之罪也；国家失俗，则辟公之过也；天下不一，诸侯俗反，则天王非其人也。

（先秦）《荀子·王制》，方勇、李波译注，中华书局2015年版

德必称位，位必称禄，禄必称用

礼者，贵贱有等；长幼有差，贫富轻重皆有称者也。故天子袾裷衣

冕，诸侯玄裷衣冕，大夫裨冕，士皮弁服。德必称位，位必称禄，禄必称用，由士以上则必以礼乐节之，众庶百姓则必以法数制之。量地而立国，计利而畜民，度人力而授事，使民必胜事，事必出利，利足以生民，皆使衣食百用出入相揜，必时臧余，谓之称数。故自天子通于庶人，事无大小多少，由是推之。故曰："朝无幸位，民无幸生。"此之谓也。轻田野之赋，平关市之征，省商贾之数，罕兴力役，无夺农时，如是则国富矣。夫是之谓以政裕民。

人之生不能无群，群而无分则争，争则乱，乱则穷矣。故无分者，人之大害也；有分者，天下之本利也；而人君者，所以管分之枢要也。故美之者，是美天下之本也；安之者，是安天下之本也；贵之者，是贵天下之本也。古者先王分割而等异之也，故使或美，或恶，或厚，或薄，或佚或乐，或劬或劳，非特以为淫泰夸丽之声，将以明仁之文，通仁之顺也。故为之雕琢、刻镂、黼黻文章，使足以辨贵贱而已，不求其观；为之钟鼓、管磬、琴瑟、竽笙，使足以辨吉凶、合欢、定和而已，不求其余；为之宫室、台榭，使足以避燥湿、养德、辨轻重而已，不求其外。诗曰："雕琢其章，金玉其相，亹亹我王，纲纪四方。"此之谓也。

若夫重色而衣之，重味而食之，重财物而制之，合天下而君之，非特以为淫泰也，固以为主天下，治万变，材万物，养万民，兼制天下者，为莫若仁人之善也夫。故其知虑足以治之，其仁厚足以安之，其德音足以化之，得之则治，失之则乱。百姓诚赖其知也，故相率而为之劳苦以务佚之，以养其知也；诚美其厚也，故为之出死断亡以覆救之，以养其厚也；诚美其德也，故为之雕琢、刻镂、黼黻、文章以藩饰之，以养其德也。故仁人在上，百姓贵之如帝，亲之如父母，为之出死断亡而愉者，无它故焉，其所是焉诚美，其所得焉诚大，其所利焉诚多。《诗》曰："我任我辇，我车我牛，我行既集，盖云归哉！"此之谓也。

天下之公患，乱伤之也。胡不尝试相与求乱之者谁也？我以墨子之"非乐"也，则使天下乱；墨子之"节用"也，则使天下贫，非将堕之也，说不免焉。墨子大有天下，小有一国，将蹙然衣粗食恶，忧戚而非乐。若是则瘠，瘠则不足欲；不足欲则赏不行。墨子大有天下，小有一国，将少人徒，省官职，上功劳苦，与百姓均事业，齐功劳。若是则不威；不威则罚不行。赏不行，则贤者不可得而进也；罚不行，则不肖者不可得而退也。贤者不可得而进也，不肖者不可得而退也，则能不能不可得而官也。若是，则万物失宜，事变失应，上失天时，下失地利，中失人和，天下敖然，若烧若焦，墨子虽为之衣褐带索，啜菽饮水，恶能足之乎？既以伐其本，竭其原，而焦天下矣。

故先王圣人为之不然：知夫为人主上者，不美不饰之不足以一民也，不富不厚之不足以管下也，不威不强之不足以禁暴胜悍也，故必将撞大钟，击鸣鼓，吹笙竽，弹琴瑟，以塞其耳；必将雕琢刻镂，黼黻文章，以塞其目；必将刍豢稻粱，五味芬芳，以塞其口。然后众人徒，备官职，渐庆赏，严刑罚，以戒其心。使天下生民之属，皆知己之所愿欲之举在是于也，故其赏行；皆知己之所畏恐之举在是于也，故其罚威。赏行罚威，则贤者可得而进也，不肖者可得而退也，能不能可得而官也。若是则万物得宜，事变得应，上得天时，下得地利，中得人和，则财货浑浑如泉源，汸汸如河海，暴暴如丘山，不时焚烧，无所臧之。夫天下何患乎不足也？故儒术诚行，则天下大而富，使有功，撞钟击鼓而和。《诗》曰："钟鼓喤喤，管磬玱玱，降福穰穰，降福简简，威仪反反。既醉既饱，福禄来反。"此之谓也。故墨术诚行，则天下尚俭而弥贫，非斗而日争，劳苦顿萃，而愈无功，愀然忧戚非乐，而日不和。《诗》曰："天方荐瘥，丧乱弘多，民言无嘉，憯莫惩嗟。"此之谓也。

故不教而诛，则刑繁而邪不胜；教而不诛，则奸民不惩；诛而不赏，则勤厉之民不劝；诛赏而不类，则下疑俗险而百姓不一。故先王明礼义以壹之，致忠信以爱之，尚贤使能以次之，爵服庆赏以申重之，时其事，轻其任，以调齐之，潢然兼覆之，养长之，如保赤子。若是，故奸邪不作，盗贼不起，而化善者劝勉矣。是何邪？则其道易，其塞固，其政令一，其防表明。故曰：上一则下一矣，上二则下二矣。辟之若中木枝叶必类本。此之谓也。

（先秦）《荀子·富国》，方勇、李波译注，中华书局2015年版

目欲綦色，耳欲綦声，人情之所必不免也

国危则无乐君，国安则无忧民。乱则国危，治则国安。今君人者，急逐乐而缓治国，岂不过甚矣哉！譬之是由好声色，而恬无耳目也，岂不哀哉！夫人之情，目欲綦色，耳欲綦声，口欲綦味，鼻欲綦臭，心欲綦佚。此五綦者，人情之所必不免也。养五綦者有具。无其具，则五綦

者不可得而致也。万乘之国，可谓广大富厚矣，加有治辨强固之道焉，若是则恬愉无患难矣，然后养五綦之具具也。故百乐者，生于治国者也；忧患者，生于乱国者也。急逐乐而缓治国者，非知乐者也。故明君者，必将先治其国，然后百乐得其中。闇君者，必将急逐乐而缓治国，故忧患不可胜校也，必至于身死国亡然后止也，岂不哀哉！将以为乐，乃得忧焉；将以为安，乃得危焉；将以为福，乃得死亡焉，岂不哀哉！于乎！君人者，亦可以察若言矣。故治国有道，人主有职。若夫贯日而治详，一日而曲列之，是所使夫百吏官人为也，不足以是伤游玩安燕之乐。若夫论一相以兼率之，使臣下百吏莫不宿道乡方而务，是夫人主之职也。若是则一天下，名配尧禹。之主者，守至约而详，事至佚而功，垂衣裳，不下簟席之上，而海内之人莫不愿得以为帝王。夫是之谓至约，乐莫大焉。

羿、蠭门者，善服射者也；王良、造父者，善服驭者也。聪明君子者，善服人者也。人服而埶从之，人不服而埶去之，故王者已于服人矣。故人主欲得善射，射远中微，则莫若羿、蠭门矣；欲得善驭，及速致远，则莫若王良、造父矣。欲得调壹天下，制秦楚，则莫若聪明君子矣。其用知甚简，其为事不劳，而功名致大，甚易处而綦可乐也。故明君以为宝，而愚者以为难。夫贵为天子，富有天下，名为圣王，兼制人，人莫得而制也，是人情之所同欲也，而王者兼而有是者也。重色而衣之，重味而食之，重财物而制之，合天下而君之，饮食甚厚，声乐甚大，台谢甚高，园囿甚广，臣使诸侯，一天下，是又人情之所同欲也，而天子之礼制如是者也。制度以陈，政令以挟，官人失要则死，公侯失礼则幽，四方之国，有侈离之德则必灭，名声若日月，功绩如天地，天下之人应之如景向，是又人情之所同欲也，而王者兼而有是者也。故人之情，口好味，而臭味莫美焉；耳好声，而声乐莫大焉；目好色，而文章致繁，妇女莫众焉；形体好佚，而安重闲静莫愉焉；心好利，而谷禄莫厚焉。合天下之所同愿兼而有之，睪牢天下而制之若制子孙，人苟不狂惑戆陋者，其谁能睹是而不乐也哉！欲是之主，并肩而存；能建是之士，不世绝；千岁而不合，何也？曰：人主不公，人臣不忠也。人主则外贤而偏举，人臣则争职而妒贤，是其所以不合之故也。人主胡不广焉，无恤亲疏，无偏贵贱，惟诚能之求？若是，则人臣轻职业让贤，而安随其后。如是，则舜禹还至，王业还起；功壹天下，名配舜禹，物由有可乐，如是其美焉者乎！呜呼！君人者，亦可以察若言矣。杨朱哭衢涂，曰："此夫过举跬步，而觉跌千里者夫！"哀哭之。此亦荣辱、安危、存亡之衢已，此其为可哀，甚于衢涂。呜呼！哀哉！君人者，千岁而不觉也。

　　伤国者，何也？曰：以小人尚民而威，以非所取于民而巧，是伤国之大灾也。大国之主也，而好见小利，是伤国。其于声色、台榭、园囿也，愈厌而好新，是伤国。不好修正其所以有，啖啖常欲人之有，是伤国。三邪者在匈中，而又好以权谋倾覆之人，断事其外，若是，则权轻名辱，社稷必危，是伤国者也。大国之主也，不隆本行，不敬旧法，而好诈故，若是，则夫朝廷群臣，亦从而成俗于不隆礼义而好倾覆也。朝廷群臣之俗若是，则夫众庶百姓亦从而成俗于不隆礼义而好贪利矣。君臣上下之俗，莫不若是，则地虽广，权必轻；人虽众，兵必弱；刑罚虽繁，令不下通。夫是之谓危国，是伤国者也。

　　（先秦）《荀子·王霸》，方勇、李波译注，中华书局2015年版

雕琢刻镂，皆有等差，是所以藩饰之也

　　道者，何也？曰：君之所道也。君者，何也？曰：能群也。能群也者，何也？曰：善生养人者也，善班治人者也，善显设人者也，善藩饰人者也。善生养人者人亲之，善班治人者人安之，善显设人者人乐之，善藩饰人者人荣之。四统者俱，而天下归之，夫是之谓能群。不能生养人者，人不亲也；不能班治人者，人不安也；不能显设人者，人不乐也；不能藩饰人者，人不荣也。四统者亡，而天下去之，夫是之谓匹夫。故曰：道存则国存，道亡则国亡。省工贾，众农夫，禁盗贼，除奸邪：是所以生养之也。天子三公，诸侯一相，大夫擅官，士保职，莫不法度而公：是所以班治之也。论德而定次，量能而授官，皆使人载其事，而各得其所宜，上贤使之为三公，次贤使之为诸侯，下贤使之为士大夫：是所以显设之也。修冠弁衣裳，黼黻文章，雕琢刻镂，皆有等差：是所以藩饰之也。故由天子至于庶人也，莫不骋其能，得其志，安乐其事，是所同也；衣暖而食充，居安而游乐，事时制明而用足，是又所同也。若夫重色而成文章，重味而成珍备，是所衍也。圣王财衍，以明辨异，上以饰贤良而明贵贱，下以饰长幼而明亲疏。上在王公之朝，下在百姓之家，天下晓然皆知其所以为异也，将以明分达治而保万世也。故天子诸侯无靡费之用，士大夫无流淫之行，百吏官人无怠慢之

事，众庶百姓无奸怪之俗，无盗贼之罪，其能以称义遍矣。故曰：治则衍及百姓，乱则不足及王公。此之谓也。

为人主者，莫不欲强而恶弱，欲安而恶危，欲荣而恶辱，是禹桀之所同也。要此三欲，辟此三恶，果何道而便？曰：在慎取相，道莫径是矣。故知而不仁，不可；仁而不知，不可；既知且仁，是人主之宝也，王霸之佐也。不急得，不知；得而不用，不仁。无其人而幸有其功，愚莫大焉。今人主有大患：使贤者为之，则与不肖者规之；使知者虑之，则与愚者论之；使修士行之，则与污邪之人疑之，虽欲成功，得乎哉！譬之，是犹立直木而恐其景之枉也，惑莫大焉！语曰：好女之色，恶者之孽也；公正之士，众人之痤也；修道之人，污邪之贼也。今使污邪之人，论其怨贼，而求其无偏，得乎哉！譬之，是犹立枉木而求其景之直也，乱莫大焉。

故古之人为之不然：其取人有道，其用人有法。取人之道，参之以礼；用人之法，禁之以等。行义动静，度之以礼；知虑取舍，稽之以成；日月积久，校之以功，故卑不得以临尊，轻不得以县重，愚不得以谋知，是以万举而不过也。故校之以礼，而观其能安敬也；与之举措迁移，而观其能应变也；与之安燕，而观其能无流慆也；接之以声色、权利、忿怒、患险，而观其能无离守也。彼诚有之者，与诚无之者，若白黑然，可诎邪哉！故伯乐不可欺以马，而君子不可欺以人，此明王之道也。

（先秦）《荀子·君道》，方勇、李波译注，中华书局2015年版

故君子安礼乐利

恭敬、礼也；调和、乐也；谨慎、利也；斗怒、害也。故君子安礼乐利，谨慎而无斗怒，是以百举而不过也。小人反是。

（先秦）《荀子·臣道》，方勇、李波译注，中华书局2015年版

观其风俗，其声乐不流污，其服不佻

刑范正，金锡美，工冶巧，火齐得，剖刑而莫邪已。然而不剥脱，不砥厉，则不可以断绳。剥脱之，砥厉之，则劙盘盂，刎牛马，忽然耳。彼国者，亦强国之剖刑已。然而不教诲，不调一，则入不可以守，出不可以战。教诲之，调一之，则兵劲城固，敌国不敢婴也。彼国者亦有砥厉，礼

义节奏是也。故人之命在天，国之命在礼。人君者，隆礼尊贤而王，重法爱民而霸，好利多诈而危，权谋倾覆幽险而亡。

应侯问孙卿子曰："入秦何见？"

孙卿子曰："其固塞险，形埶便，山林川谷美，天材之利多，是形胜也。入境，观其风俗，其百姓朴，其声乐不流污，其服不佻，甚畏有司而顺，古之民也。及都邑官府，其百吏肃然，莫不恭俭、敦敬、忠信而不楛，古之吏也。入其国，观其士大夫，出于其门，入于公门；出于公门，归于其家，无有私事也；不比周，不朋党，倜然莫不明通而公也，古之士大夫也。观其朝廷，其朝闲，听决百事不留，恬然如无治者，古之朝也。故四世有胜，非幸也，数也。是所见也。故曰：佚而治，约而详，不烦而功，治之至也，秦类之矣。虽然，则有其諰矣。兼是数具者而尽有之，然而县之以王者之功名，则倜倜然其不及远矣！是何也？则其殆无儒邪！故曰粹而王，驳而霸，无一焉而亡。此亦秦之所短也。"

（先秦）《荀子·强国》，方勇、李波译注，中华书局2015年版

衣被则服五采

曰："老者不堪其劳而休也。"

是又畏事者之议也。天子者埶至重而形至佚，心至愉而志无所诎，而形不为劳，尊无上矣。衣被则服五采，杂间色，重文绣，加饰之以珠玉；食饮则重大牢而备珍怪，期臭味，曼而馈，伐皋而食，雍而彻乎五祀，执荐者百余人，侍西房；居则设张容，负依而坐，诸侯趋走乎堂下；出户而巫觋有事，出门而宗祝有事，乘大路趋越席以养安，侧载睪芷以养鼻，前有错衡以养目，和鸾之声，步中武象，趋中韶护以养耳，三公奉轭、持纳，诸侯持轮、挟舆、先马，大侯编后，大夫次之，小侯元士次之，庶士介而夹道，庶人隐窜，莫敢视望。居如大神，动如天帝。持老养衰，犹有善于是者与？不老者、休也，休犹有安乐恬愉如是者乎？故曰：诸侯有老，天子无老。

子宋子曰："人之情，欲寡，而皆以己之情，为欲多，是过也。"故率其群徒，辨其谈说，明其譬称，将使人知情之欲寡也。

应之曰："然则亦以人之情为目不欲綦色，耳不欲綦声，口不欲綦味，鼻不欲綦臭，形不欲綦佚，此五綦者，亦以人之情为不欲乎？"

曰："人之情，欲是已。"

曰："若是，则说必不行矣。以人之情为欲，此五綦者而不欲多，譬之，是犹以人之情为欲富贵而不欲货也，好美而恶西施也。古之人为之不然。以人之情为欲多而不欲寡，故赏以富厚而罚以杀损也。是百王之所同也。故上贤禄天下，次贤禄一国，下贤禄田邑，愿悫之民完衣食。今子宋子以是之情为欲寡而不欲多也，然则先王以人之所不欲者赏，而以人之欲者罚邪？乱莫大焉。今子宋子严然而好说，聚人徒，立师学，成文典，然而说不免于以至治为至乱也，岂不过甚矣哉！"

(先秦)《荀子·正论》，方勇、李波译注，中华书局2015年版

君子之所以为惮诡其所喜乐之文也

礼起于何也？曰：人生而有欲，欲而不得，则不能无求。求而无度量分界，则不能不争；争则乱，乱则穷。先王恶其乱也，故制礼义以分之，以养人之欲，给人之求。使欲必不穷于物，物必不屈于欲。两者相持而长，是礼之所起也。

故礼者养也。刍豢稻粱，五味调香，所以养口也；椒兰芬苾，所以养鼻也；雕琢刻镂，黼黻文章，所以养目也；钟鼓管磬，琴瑟竽笙，所以养耳也；疏房檖䫉，越席床笫几筵，所以养体也。故礼者养也。

君子既得其养，又好其别。曷谓别？曰：贵贱有等，长幼有差，贫富轻重皆有称者也。故天子大路越席，所以养体也；侧载睪芷，所以养鼻也；前有错衡，所以养目也；和鸾之声，步中武象，趋中韶护，所以养耳也；龙旗九斿，所以养信也；寝兕持虎，蛟韅、丝末、弥龙，所以养威也；故大路之马必信至，教顺，然后乘之，所以养安也。孰知夫出死要节之所以养生也！孰知夫出费用之所以养财也！孰知夫恭敬辞让之所以养安也！孰知夫礼义文理之所以养情也！故人苟生之为见，若者必死；苟利之为见，若者必害；苟怠惰偷懦之为安，若者必危；苟情说之为乐，若者必灭。故人一之于礼义，则两得之矣；一之于情性，则两丧之矣。故儒者将使人两得之者也，墨者将使人两丧之者也，是儒墨之分也。

大飨，尚玄尊，俎生鱼，先大羹，贵食饮之本也。飨，尚玄尊而用酒醴，先黍稷而饭稻粱。祭，齐大羹而饱庶羞，贵本而亲用也。贵本之谓文，亲用之谓理，两者合而成文，以归大一，夫是之谓大隆。故尊之尚玄酒也，俎之尚生鱼也，豆之先大羹也，一也。利爵之不醮也，成事之俎不

尝也，三臭之不食也，一也。大昏之未发齐也，太庙之未入尸也，始卒之未小敛也，一也。大路之素未集也，郊之麻绕也，丧服之先散麻也，一也。三年之丧，哭之不反也，清庙之歌，一唱而三叹也，县一钟，尚拊膈，朱弦而通越也，一也。

礼者，断长续短，损有余，益不足，达爱敬之文，而滋成行义之美者也。故文饰、粗恶，声乐、哭泣，恬愉、忧戚；是反也；然而礼兼而用之，时举而代御。故文饰、声乐、恬愉，所以持平奉吉也；粗恶、哭泣、忧戚，所以持险奉凶也。故其立文饰也，不至于窕冶；其立粗恶也，不至于瘠弃；其立声乐、恬愉也，不至于流淫、惰慢；其立哭泣、哀戚也，不至于隘慑伤生，是礼之中流也。

故情貌之变，足以别吉凶，明贵贱亲疏之节，期止矣。外是，奸也；虽难，君子贱之。故量食而食之，量要而带之，相高以毁瘠，是奸人之道，非礼义之文也，非孝子之情也，将以有为者也。故说豫、娩泽，忧戚、萃恶，是吉凶忧愉之情发于颜色者也。歌谣、謸笑、哭泣、谛号，是吉凶忧愉之情发于声音者也。刍豢、稻粱、酒醴、饐鬻、鱼肉、菽藿、酒浆，是吉凶忧愉之情发于食饮者也。卑绖、黼黻、文织、资粗、衰绖、菲缌、菅屦，是吉凶忧愉之情发于衣服者也。疏房、檖貌、越席、床笫、几筵，属茨、倚庐、席薪、枕块，是吉凶忧愉之情发于居处者也。两情者，人生固有端焉。若夫断之继之，博之浅之，益之损之，类之尽之，盛之美之，使本末终始，莫不顺比，足以为万世则，则是礼也。非顺孰修为之君子，莫之能知也。

祭者、志意思慕之情也。愅诡唈僾而不能无时至焉。故人之欢欣和合之时，则夫忠臣孝子亦愅诡而有所至矣。彼其所至者，甚大动也；案屈然已，则其于志意之情者惆然不嗛，其于礼节者阙然不具。故先王案为之立文，尊尊亲亲之义至矣。故曰：祭者、志意思慕之情也。忠信爱敬之至矣，礼节文貌之盛矣，苟非圣人，莫之能知也。圣人明知之，士君子安行之，官人以为守，百姓以成俗；其在君子以为人道也，其在百姓以为鬼事也。故钟鼓管磬，琴瑟竽笙，韶夏护武，汋桓箾简象，是君子之所以为愅诡其所喜乐之文也。齐衰、苴杖、居庐、食粥、席薪、枕块，是君子之所以为愅诡其所哀痛之文也。师旅有制，刑法有等，莫不称罪，是君子之所以为愅诡其所敦恶之文也。卜筮视日、斋戒、修涂、几筵、馈荐、告祝，如或飨之。物取而皆祭之，如或尝之。毋利举爵，主人有尊，如或觞之。

宾出，主人拜送，反易服，即位而哭，如或去之。哀夫！敬夫！事死如事生，事亡如事存，状乎无形，影然而成文。

（先秦）《荀子·礼论》，方勇、李波译注，中华书局2015年版

先王导之以礼乐，而民和睦

夫乐者、乐也，人情之所必不免也。故人不能无乐，乐则必发于声音，形于动静；而人之道，声音动静，性术之变尽是矣。故人不能不乐，乐则不能无形，形而不为道，则不能无乱。先王恶其乱也，故制《雅》《颂》之声以道之，使其声足以乐而不流，使其文足以辨而不諰，使其曲直繁省廉肉节奏，足以感动人之善心，使夫邪污之气无由得接焉。是先王立乐之方也，而墨子非之奈何！

故乐在宗庙之中，君臣上下同听之，则莫不和敬；闺门之内，父子兄弟同听之，则莫不和亲；乡里族长之中，长少同听之，则莫不和顺。故乐者审一以定和者也，比物以饰节者也，合奏以成文者也；足以率一道，足以治万变。是先王立乐之术也，而墨子非之奈何！

故听其《雅》《颂》之声，而志意得广焉；执其干戚，习其俯仰屈伸，而容貌得庄焉；行其缀兆，要其节奏，而行列得正焉，进退得齐焉。故乐者、出所以征诛也，入所以揖让也；征诛揖让，其义一也。出所以征诛，则莫不听从；入所以揖让，则莫不从服。故乐者、天下之大齐也，中和之纪也，人情之所必不免也。是先王立乐之术也，而墨子非之奈何！

且乐者，先王之所以饰喜也；军旅铁钺者，先王之所以饰怒也。先王喜怒皆得其齐焉。是故喜而天下和之，怒而暴乱畏之。先王之道，礼乐正其盛者也。而墨子非之。故曰：墨子之于道也，犹瞽之于白黑也，犹聋之于清浊也，犹欲之楚而北求之也。

夫声乐之入人也深，其化人也速，故先王谨为之文。乐中平则民和而不流，乐肃庄则民齐而不乱。民和齐则兵劲城固，敌国不敢婴也。如是，则百姓莫不安其处，乐其乡，以至足其上矣。然后名声于是白，光辉于是大，四海之民莫不愿得以为师，是王者之始也。乐姚冶以险，则民流僈鄙贱矣；流僈则乱，鄙贱则争；乱争则兵弱城犯，敌国危之如是，则百姓不安其处，不乐其乡，不足其上矣。故礼乐废而邪音起者，危削侮辱之本也。故先王贵礼乐而贱邪音。其在序官也，曰："修宪命，审诗商，禁淫声，以时顺修，使夷俗邪音不敢乱雅，太师之事也。"

墨子曰："乐者，圣王之所非也，而儒者为之过也。"君子以为不然。乐者，圣王之所乐也，而可以善民心，其感人深，其移风易俗。故先王导之以礼乐，而民和睦。夫民有好恶之情，而无喜怒之应则乱；先王恶其乱也，故修其行，正其乐，而天下顺焉。故齐衰之服，哭泣之声，使人之心悲。带甲婴胄，歌于行伍，使人之心伤；姚冶之容，郑卫之音，使人之心淫；绅、端、章甫，舞《韶》歌《武》，使人之心庄。故君子耳不听淫声，目不视邪色，口不出恶言，此三者，君子慎之。

凡奸声感人而逆气应之，逆气成象而乱生焉；正声感人而顺气应之，顺气成象而治生焉。唱和有应，善恶相象，故君子慎其所去就也。君子以钟鼓道志，以琴瑟乐心；动以干戚，饰以羽旄，从以磬管。故其清明象天，其广大象地，其俯仰周旋有似于四时。故乐行而志清，礼修而行成，耳目聪明，血气和平，移风易俗，天下皆宁，美善相乐。故曰：乐者、乐也。君子乐得其道，小人乐得其欲；以道制欲，则乐而不乱；以欲忘道，则惑而不乐。故乐者，所以道乐也，金石丝竹，所以道德也；乐行而民乡方矣。故乐也者，治人之盛者也，而墨子非之。

且乐也者，和之不可变者也；礼也者，理之不可易者也。乐合同，礼别异，礼乐之统，管乎人心矣。穷本极变，乐之情也；着诚去伪，礼之经也。墨子非之，几遇刑也。明王已没，莫之正也。愚者学之，危其身也。君子明乐，乃其德也。乱世恶善，不此听也。于乎哀哉！不得成也。弟子勉学，无所营也。

声乐之象：鼓大丽，钟统实，磬廉制，竽笙箫和，筦籥发猛，埙篪翁博，瑟易良，琴妇好，歌清尽，舞意天道兼。鼓其乐之君邪。故鼓似天，钟似地，磬似水，竽笙箫和筦籥，似星辰日月，鞉柷、拊鞷、椌楬似万物。曷以知舞之意？曰：目不自见，耳不自闻也，然而治俯仰、诎信、进退、迟速，莫不廉制，尽筋骨之力，以要钟鼓俯会之节，而靡有悖逆者，众积意𧦝𧦝乎！

吾观于乡，而知王道之易易也。主人亲速宾及介，而众宾皆从之。至于门外，主人拜宾及介，而众宾皆入；贵贱之义别矣。三揖至于阶，三让以宾升。拜至、献、酬，辞让之节繁，及介省矣。至于众宾，升受、坐祭、立饮，不酢而降；隆杀之义辨矣。工入，升歌三终，主人献之；笙入三终，主人献之；间歌三终，合乐三终，工告乐备，遂出。二人扬觯，乃立司正，焉知其能和乐而不流也。宾酬主人，主人酬介，介酬众宾，少长以齿，终于沃洗者，焉知其能弟长而无遗也。降，说屦升坐，修爵无数。饮酒之节，朝不废朝，莫不废夕。宾出，主人拜送，节文终遂，焉知其能安燕而不乱也。贵贱明，隆杀辨，和乐而不流，弟长而无遗，安燕而不乱，此五行者，足以正身安国矣。彼国安而天下安。故曰：吾观于乡，而知王道之易易也。

乱世之征：其服组，其容妇。其俗淫，其志利，其行杂，其声乐险，其文章匿而采，其养生无度，其送死瘠墨，贱礼义而贵勇力，贫则为盗，富则为贼；治世反是也。

（先秦）《荀子·乐论》，方勇、李波译注，中华书局2015年版

虽无万物之美而可以养乐

心平愉，则色不及佣而可以养目，声不及佣而可以养耳，蔬食菜羹而可以养口，粗布之衣，粗䌷之履，而可以养体。屋室、庐庾、葭藁蓐、尚几筵，而可以养形。故虽无万物之美而可以养乐，无埶列之位而可以养名。如是而加天下焉，其为天下多，其私乐少矣。夫是之谓重己役物。

（先秦）《荀子·正名》，方勇、李波译注，中华书局2015年版

生而有耳目之欲，有好声色焉

人之性恶，其善者伪也。今人之性，生而有好利焉，顺是，故争夺生而辞让亡焉；生而有疾恶焉，顺是，故残贼生而忠信亡焉；生而有耳目之欲，有好声色焉，顺是，故淫乱生而礼义文理亡焉。然则从人之性，顺人之情，必出于争夺，合于犯分乱理，而归于暴。故必将有师法之化，礼义之道，然后出于辞让，合于文理，而归于治。用此观之，人之性恶明矣，其善者伪也。

孟子曰："今人之性善，将皆失丧其性故也。"

曰：若是则过矣。今人之性，生而离其朴，离其资，必失而丧之。用此观之，然则人之性恶明矣。所谓性善者，不离其朴而美之，不离其资而利之也。使夫资朴之于美，心意之于善，若夫可以见之明不离目，可以听之聪不离耳，故曰目明而耳聪也。今人之性，饥而欲饱，寒而欲暖，劳而欲休，此人之情性也。今人见长而不敢先食者，将有所让也；劳而不敢求息者，将有所代也。夫子之让乎父，弟之让乎兄，子之代乎父，弟之代乎兄，此二行者，皆反于性而悖于情也；然而孝子之道，礼义之文理也。故

顺情性则不辞让矣，辞让则悖于情性矣。用此观之，人之性恶明矣，其善者伪也。

问者曰："人之性恶，则礼义恶生？"

应之曰：凡礼义者，是生于圣人之伪，非故生于人之性也。故陶人埏埴而为器，然则器生于陶人之伪，非故生于人之性也。故工人斲木而成器，然则器生于工人之伪，非故生于人之性也。圣人积思虑，习伪故，以生礼义而起法度，然则礼义法度者，是生于圣人之伪，非故生于人之性也。若夫目好色，耳好听，口好味，心好利，骨体肤理好愉佚，是皆生于人之情性者也；感而自然，不待事而后生之者也。夫感而不能然，必且待事而后然者，谓之生于伪。是性伪之所生，其不同之征也。

尧问于舜曰："人情何如？"舜对曰："人情甚不美，又何问焉！妻子具而孝衰于亲，嗜欲得而信衰于友，爵禄盈而忠衰于君。人之情乎！人之情乎！甚不美，又何问焉！唯贤者为不然。"

（先秦）《荀子·性恶》，方勇、李波译注，中华书局2015年版

仁义礼乐，其致一也

天子山冕，诸侯玄冠，大夫裨冕，士韦弁，礼也。

天子御珽，诸侯御荼，大夫服笏，礼也。

天子雕弓，诸侯彤弓，大夫黑弓，礼也。

诸侯相见，卿为介，以其教士毕行，使仁居守。

聘人以珪，问士以璧，召人以瑗，绝人以玦，反绝以环。

《聘礼》志曰："币厚则伤德，财侈则殄礼。"礼云礼云，玉帛云乎哉！《诗》曰："物其指矣，唯其偕矣。"不时宜，不敬文，不欢欣，虽指非礼也。

赐予其宫室，犹用庆赏于国家也；忿怒其臣妾，犹用刑罚于万民也。

亲亲、故故、庸庸、劳劳，仁之杀也；贵贵、尊尊、贤贤、老老、长长、义之伦也。行之得其节，礼之序也。仁、爱也，故亲；义、理也，故行；礼、节也，故成。仁有里，义有门；仁、非其里而处之，非仁也；义、非其门而由之，非义也。推恩而不理，不成仁；遂理而不敢，不成义；审节而不和，不成礼；和而不发，不成乐。故曰：仁义礼乐，其致一也。君子处仁以义，然后仁也；行义以礼，然后义也；制礼反本成末，然后礼也。三者皆通，然后道也。

货财曰赙，舆马曰赗，衣服曰襚，玩好曰赠，玉贝曰唅。赙赗、所以佐生也，赠襚、所以送死也。送死不及柩尸，吊生不及悲哀，非礼也。故吉行五十，奔丧百里，赗赠及事，礼之大也。

聘、问也。享、献也。私觌、私见也。

言语之美，穆穆皇皇。朝廷之美，济济锵锵。

和鸾之声，步中武象，趋中韶护。君子听律习容而后出。

人之于文学也，犹玉之于琢磨也。诗曰："如切如磋，如琢如磨。"谓学问也。和之璧，井里之厥也，玉人琢之，为天子宝。子赣季路故鄙人也，被文学，服礼义，为天下列士。

子贡问于孔子曰："赐倦于学矣，愿息事君。"孔子曰："诗云：'温恭朝夕，执事有恪。'事君难，事君焉可息哉！""然则，赐愿息事亲。"孔子曰："诗云：'孝子不匮，永锡尔类。'事亲难，事亲焉可息哉！""然则赐愿息于妻子。"孔子曰："诗云：'刑于寡妻，至于兄弟，以御于家邦。'妻子难，妻子焉可息哉！""然则赐愿息于朋友。"孔子曰："诗云：'朋友攸摄，摄以威仪。'朋友难，朋友焉可息哉！""然则赐愿息耕。"孔子曰："诗云：'昼尔于茅，宵尔索绹，亟其乘屋，其始播百谷。'耕难，耕焉可息哉！""然则赐无息者乎？"孔子曰："望其圹，皋如也，颠如也，鬲如也，此则知所息矣。"子贡曰："大哉！死乎！君子息焉，小人休焉。"

国风之好色也，传曰："盈其欲而不愆其止。其诚可比于金石，其声可内于宗庙。"小雅不以于污上，自引而居下，疾今之政以思往者，其言有文焉，其声有哀焉。

（先秦）《荀子·大略》，方勇、李波译注，中华书局2015年版

夫玉者，君子比德焉

子贡问于孔子曰："君子之所以贵玉而贱珉者，何也？为夫玉之少而珉之多邪？"孔子曰："恶！赐！是何言也！夫君子岂多而贱之，少而贵之哉！夫玉者，君子比德焉。温润而泽，仁也；栗而理，知也；坚刚而不屈，义也；廉而不刿，行也；折而不挠，勇也；瑕适并见，情也；扣之，其声清扬而远闻，其止辍然，辞也。故虽有珉之雕雕，不若玉之章章。诗曰：'言念君子，温其如玉。'此之谓也。"

（先秦）《荀子·法行》，方勇、李波译注，中华书局2015年版

《韩非子》

　　《韩非子》是战国时期思想家、法家集大成者韩非的著作总集，是法家学派的代表著作，由后人辑集而成。该书的核心是以君主专制为基础的法、术、势等思想，强调以法治国，以利用人，对秦汉以后中国封建社会制度的建立产生了重大影响。

不务听治而好五音，则穷身之事也

　　十过：一曰行小忠，则大忠之贼也。二曰顾小利，则大利之残也。三曰行僻自用，无礼诸侯，则亡身之至也。四曰不务听治而好五音，则穷身之事也。五曰贪愎喜利，则灭国杀身之本也。六曰耽于女乐，不顾国政，则亡国之祸也。七曰离内远游而忽于谏士，则危身之道也。八曰过而不听于忠臣，而独行其意，则灭高名为人笑之始也。九曰内不量力，外恃诸侯，则削国之患也。十曰国小无礼，不用谏臣，则绝世之势也。

　　奚谓好音？昔者卫灵公将之晋，至濮水之上，税车而放马，设舍以宿。夜分，而闻鼓新声者而说之。他人问左右，尽报弗闻。乃召师涓而告之，曰："有鼓新声者，使人问左右，尽报弗闻。其状似鬼神，子为我听而写之。"师涓曰："诺。"因静坐抚琴而写之。师涓明日报曰："臣得之矣，而未习也，请复一宿习之。"灵公曰："诺。"因复留宿。明日而习之，遂去之晋。晋平公觞之于施夷之台。酒酣，灵公起。公曰："有新声，愿请以示。"平公曰："善。"乃召师涓，令坐师旷之旁，援琴鼓之。未终，师旷抚止之，曰："此亡国之声，不可遂也。"平公曰："此道奚出？"师旷曰："此师延之所作，与纣为靡靡之乐也。及武王伐纣，师延东走，至于濮水而自投。故闻此声者，必于水之上。先闻此声者，其国必削，不可遂。"平公曰："寡人所好者，音也，子其使遂之。"师涓鼓动究之。平公问师旷："此所谓何声也？"师旷曰："此所谓清商也。"公曰："清商固最悲乎？"师旷曰："不如清徵。"公曰："清徵可得而闻乎？"师旷曰："不可。古之听清徵者，皆有德义之君也。今吾君德薄，不足以听。"平公曰："寡人之所好者，音也，愿试听之。"师旷不得已，援琴而鼓。一奏之，有玄鹤二八，道南方来，集于郎门之垝；再奏之，而列。三奏之，延颈而鸣，舒翼而舞，音中宫商之声，声闻于天。平公大说，坐者皆喜。平公提觞而起为师旷寿，反坐而问曰："音莫悲于清徵乎？"师旷曰："不如清角。"平公曰："清角可得而闻乎？"师旷曰："不可。昔者黄帝合鬼神于泰山之上，驾象车而六蛟龙，毕方并鎋，蚩尤居前，风伯进扫，雨师洒道，虎狼在前，鬼神在后，腾蛇伏地，凤皇覆上，大合鬼神，作为清角。今吾君德薄，不足听之。听之，将恐有败。"平公曰："寡人老矣，所好者音也，愿遂听之。"师旷不得已而鼓之。一奏之，有玄云从西北方起；再奏之，大风至，大雨随之，裂帷幕，破俎豆，隳廊瓦。坐者散走，平公恐惧伏于廊室之间。晋国大旱，赤地三年。平公之身遂癃病。故曰：不务听治，而好五音不已，则穷身之事也。

奚谓耽于女乐？昔者戎王使由余聘于秦，穆公问之曰："寡人尝闻道而未得目见之也，原闻古之明主得国失国常何以？"由余对曰："臣尝得闻之矣，常以俭得之，以奢失之。"穆公曰："寡人不辱而问道于子，子以俭对寡人何也？"由余对曰："臣闻昔者尧有天下，饭于土簋，饮于土铏。其地南至交趾，北至幽都，东西至日月所出入者，莫不实服。尧禅天下，虞舜受之，作为食器，斩山木而财子，削锯修其迹，流漆墨其上，输之于宫以为食器。诸侯以为益侈，国之不服者十三。舜禅天下而传之于禹，禹作为祭器，墨染其外，而硃画书其内，缦帛为茵，将席颇缘，觞酌有采，而樽俎有饰。此弥侈矣，而国之不服者三十三。夏后氏没，殷人受之，作为大路，而建旒九，食器雕琢，觞酌刻镂，白壁垩墀，茵席雕文。此弥侈矣，而国之不服者五十三。君子皆知文章矣，而欲服者弥少。臣故曰：俭其道也。"由余出，公乃召内史廖而告之，曰："寡人：'闻邻国有圣人，敌国之忧也。'今由余，圣人也，寡人患之，吾将余何？"内史廖曰："臣闻戎王之居，僻陋而道远，未闻中国之声。君其遗之女乐，以乱其政，而后为由余请期，以疏其谏。彼君臣有间而后可图也。"君曰："诺。"乃使内史廖以女乐二八遗戎王，因为由余请期。戎王许诺，见其女乐而说之，设酒张饮，日以听乐，终几不迁，牛马半死。由余归，因谏戎王，戎王弗听，由余遂去之秦。秦穆公迎而拜之上卿，问其兵势与其地形。既以得之，举兵而伐之，兼国十二，开地千里。故曰：耽于女乐，不顾国政，则亡国之祸也。

（先秦）《韩非子·十过》，高华平、王齐洲、张三夕译注，中华书局2015年版

好宫室台榭陂池，事车服器玩，可亡也

凡人主之国小而家大，权轻而臣重者，可亡也。简法禁而务谋虑，荒封内而恃交援者，可亡也。群臣为学，门子好辩，商贾外积，小民内困者，可亡也。好宫室台榭陂池，事车服器玩，好罢露百姓，煎靡货财者，可亡也。用时日，事鬼神，信卜筮而好祭祀者，可亡也。听以爵不以众言参验，用一人为门户者，可亡也。官职可以重求，爵禄可以货得者，可亡也。缓心而无成，柔茹而寡断，好恶无决而无所定立者，可亡也。饕贪而无厌，近利而好得者，可亡也。喜淫辞而不周于法，好辩说而不求其用，滥于文丽而不顾其功者，可亡也。浅薄而易见，漏泄而无藏，不能周密而通群臣之语者，可亡也。很刚而不和，愎谏而好胜，不顾社稷而轻为自信者，可亡也。恃交援而简近邻，怙强大之救而侮所迫之国者，可亡也。羁旅侨士，重帑在外，上间谋计，下与民事者，可亡也。民信其相，下不能其上，主爱信之而弗能废者，可亡也。境内之杰不事，而求封外之士，不以功伐课试，而好以名问举错，羁旅起贵以陵故常者，可亡也。轻其适正，庶子称衡，太子未定而主即世者，可亡也。大心而无悔，国乱而自多，不料境内之资而易其邻敌者，可亡也。国小而不处卑，力少而不畏强，无礼而侮大邻，贪愎而拙交者，可亡也。太子已置，而娶于强敌以为后妻，则太子危，如是，则群臣易虑者，可亡也。怯慑而弱守，蚤见而心柔懦，知有谓可，断而弗敢行者，可亡也。出君在外而国更置，质太子未反而君易子，如是则国携；国携者，可亡也。挫辱大臣而狎其身，刑戮小民而逆其使，怀怒思耻而专习则贼生，贼生者，可亡也。大臣两重，父兄众强，内党外援以争事势者，可亡也。婢妾之言听，爱玩之智用，外内悲惋而数行不法者，可亡也。简侮大臣，无礼父兄，劳苦百姓，杀戮不辜者，可亡也。好以智矫法，时以行杂公，法禁变易，号令数下者，可亡也。无地固，城郭恶，无畜积，财物寡，无守战之备而轻攻伐者，可亡也。种类不寿，主数即世，婴儿为君，大臣专制，树羁旅以为党，数割地以待交者，可亡也。太子尊显，徒属众强，多大国之交，而威势蚤具者，可亡也。变褊而心急，轻疾而易动发，心悁忿而不訾前后者，可亡也。主多怒而好用兵，简本教而轻战攻者，可亡也。贵臣相妒，大臣隆盛，外藉敌国，内困百姓，以攻怨雠，而人主弗诛者，可亡也。君不肖而侧室贤，太子轻而庶子伉，官吏弱而人民桀，如此则国躁；国躁者，可亡也。藏怒

而弗发，悬罪而弗诛，使群臣阴赠而愈忧惧，而久未可知者，可亡也。出军命将太重，边地任守太尊，专制擅命，径为而无所请者，可亡也。后妻淫乱，主母畜秽，外内混通，男女无别，是谓两主；两主者，可亡也，后妻贱而婢妾贵，太子卑而庶子尊，相室轻而典谒重，如此则内外乖；内外乖者，可亡也。大臣甚贵，偏党众强，壅塞主断而重擅国者，可亡也。私门之官用，马府之世绌，乡曲之善举者，可亡也。官职之劳废，贵私行而贱公功者，可亡也。公家虚而大臣实，正户贫而寄寓富，耕战之士困，末作之民利者，可亡也。见大利而不趋，闻祸端而不备，浅薄于争守之事，而务以仁义自饰者，可亡也。不为人主之孝，而慕匹夫之孝，不顾社稷之利，而听主母之令，女子用国，刑余用事者，可亡也。辞辩而不法，心智而无术，主多能而不以法度从事者，可亡也。亲臣进而故人退，不肖事而贤良伏，无功贵而劳苦贱，如是则下怨；下怨者，可亡也。父兄大臣禄秩过功，章服侵等，宫室供养太侈，而人主弗禁，则臣心无穷，臣心无穷者，可亡也。公胥公孙与民同门，暴憿其邻者，可亡也。

（先秦）《韩非子·亡征》，高华平、王齐洲、张三夕译注，中华书局2015年版

圣人不引五色，不淫于声乐

礼者，所以貌情也，群义之文章也，君臣父子之交也，贵贱贤不肖之所以别也。中心怀而不谕，故疾趋卑拜而明之；实心爱而不知，故好言繁辞以信之。礼者，外饰之所以谕内也。故曰：礼以貌情也。凡人之为外物动也，不知其为身之礼也。众人之为礼也，以尊他人也，故时劝时衰。君子之为礼，以为其身；以为其身，故神之为上礼；上礼神而众人贰，故不能相应；不能相应，故曰："上礼为之而莫之应。"众人虽贰，圣人之复恭敬尽手足之礼也不衰。故曰："攘臂而仍之。"

礼为情貌者也，文为质饰者也。夫君子取情而去貌，好质而恶饰。夫恃貌而论情者，其情恶也；须饰而论质者，其质衰也。何以论之？和氏之璧，不饰以五采；隋侯之珠，不饰以银黄。其质至美，物不足以饰之。夫物之待饰而后行者，其质不美也。是以父子之间，其礼朴而不明，故曰："理薄也。"凡物不并盛，阴阳是也；理相夺予，威德是也；实厚者貌薄，父子之礼是也。由是观之，礼繁者，实心衰也。然则为礼者，事通人之朴心者也。众人之为礼也，人应则轻欢，不应则责怨。今为礼者事通人之朴

心而资之以相责之分，能毋争乎？有争则乱，故曰："夫礼者，忠信之薄也，而乱之首乎。"

人有福，则富贵至；富贵至，则衣食美；衣食美，则骄心生；骄心生，则行邪僻而动弃理。行邪僻，则身夭死；动弃理，则无成功。夫内有死夭之难而外无成功之名者，大祸也。而祸本生于有福。故曰："福兮祸之所伏。"

人有欲，则计会乱；计会乱，而有欲甚；有欲甚，则邪心胜；邪心胜，则事经绝；事经绝，则祸难生。由是观之，祸难生于邪心，邪心诱于可欲。可欲之类，进则教良民为奸，退则令善人有祸。奸起，则上侵弱君；祸至，则民人多伤。然则可欲之类，上侵弱君而下伤人民。夫上侵弱君而下伤人民者，大罪也。故曰："祸莫大于可欲。"是以圣人不引五色，不淫于声乐；明君贱玩好而去淫丽。

书之所谓"大道"也者，端道也。所谓"貌施"也者，邪道也。所谓"径大"也者，佳丽也。佳丽也者，邪道之分也。"朝甚除"也者，狱讼繁也。狱讼繁，则田荒；田荒，则府仓虚；府仓虚，则国贫；国贫，而民俗淫侈；民俗淫侈，则衣食之业绝；衣食之业绝，则民不得无饰巧诈；饰巧诈，则知采文；知采文之谓"服文采"。狱讼繁仓廪虚，而有以淫侈为俗，则国之伤也，若以利剑刺之。故曰："带利剑。"诸夫饰智故以至于伤国者，其私家必富；私家必富，故曰："资货有余。"国有若是者，则愚民不得无术而效之；效之，则小盗生。由是观之，大奸作则小盗随，大奸唱则小盗和。竽也者，五声之长者也，故竽先则钟瑟皆随，竽唱则诸乐皆和。今大奸作则俗之民唱，俗之民唱则小盗必和。故"服文采，带利剑，厌饮食，而货资有馀者，是之谓盗竽矣"。

（先秦）《韩非子·解老》，高华平、王齐洲、张三夕译注，中华书局2015年版

大器晚成，大音希声

翟人有献丰狐、玄豹之皮于晋文公。文公受客皮而叹曰："此以皮之美自为罪。"夫治国者以名号为罪，徐偃王是也；以城与地为罪，虞、虢是也。故曰："罪莫大于可欲。"

王寿负书而行，见徐冯于周涂。冯曰："事者，为也；为生于时，知者无常事。书者，言也；言生于知，知者不藏书。今子何独负之而行？"

于是王寿因焚其书而舞之。故知者不以言谈教，而慧者不以藏书箧。此世之所过也，而王寿复之，是学不学也。故曰："学不学，复归众人之所过也。"

空窍者，神明之户牖也。耳目竭于声色，精神竭于外貌，故中无主。中无主，则祸福虽如丘山，无从识之。故曰："不出于户，可以知天下；不窥于牖，可以知天道。"此言神明之不离其实也。

楚庄王莅政三年，无令发，无政为也。右司马御座而与王隐曰："有鸟止南方之阜，三年不翅，不飞不鸣，嘿然无声，此为何名？"王曰："三年不翅，将以长羽翼；不飞不鸣，将以观民则。虽无飞，飞必冲天；虽无鸣，鸣必惊人。子释之，不谷知之矣。"处半年，乃自听政。所废者十，所起者九，诛大臣五，举处士六，而邦大治。举兵诛齐，败之徐州，胜晋于河雍，合诸侯于宋，遂霸天下。庄王不为小害善，故有大名；不蚤见示，故有大功。故曰："大器晚成，大音希声。"

（先秦）《韩非子·喻老》，高华平、王齐洲、张三夕译注，中华书局2015年版

儒以文乱法

儒以文乱法，侠以武犯禁，而人主兼礼之，此所以乱也。夫离法者罪，而诸先王以文学取；犯禁者诛，而群侠以私剑养。故法之所非，君之所取；吏之所诛，上之所养也。法、趣、上、下，四相反也，而无所定，虽有十黄帝不能治也。故行仁义者非所誉，誉之则害功；文学者非所用，用之则乱法。楚之有直躬，其父窃羊，而谒之吏。令尹曰："杀之！"以为直于君而曲于父，报而罪之。以是观之，夫君之直臣，父子暴子也。鲁人从君战，三战三北。仲尼问其故，对曰："吾有老父，身死莫之养也。"仲尼以为孝，举而上之。以是观之，夫父之孝子，君之背臣。故令尹诛而楚奸不上闻，仲尼赏而鲁民易降北。上下之利，若是其异也，而人主兼举匹夫之行，而求致社稷之福，必不几矣。

古者苍颉之作书也，自环者谓之私，背私谓之公，公私之相背也，乃苍颉固以知之矣。今以为同利者，不察之患也，然则为匹夫计者，莫如修行义而习文学。行义修则见信，见信则受事；文学习则为明师，为明师则显荣：此匹夫之美也。然则无功而受事，无爵而显荣，为有政如此，则国必乱，主必危矣。故不相容之事，不两立也。斩敌者受赏，而高慈惠之

行；拔城者受爵禄，而信廉爱之说；坚甲厉兵以备难，而美荐绅之饰；富国以农，距敌恃卒，而贵文学之士；废敬上畏法之民，而养游侠私剑之属。举行如此，治强不可得也。国平养儒侠，难至用介士，所利非所用，所用非所利。是故服事者简其业，而于游学者日众，是世之所以乱也。

今人主之于言也，说其辩而不求其当焉；其用于行也，美其声而不责其功。是以天下之众，其谈言者务为辨而不周于用，故举先王言仁义者盈廷，而政不免于乱；行身者竞于为高而不合于功，故智士退处岩穴，归禄不受，而兵不免于弱，政不免于乱，此其故何也？民之所誉，上之所礼，乱国之术也。今境内之民皆言治，藏商、管之法者家有之，而国贫，言耕者众，执耒者寡也；境内皆言兵，藏孙、吴之书者家有之，而兵愈弱，言战者多，被甲者少也。故明主用其力，不听其言；赏其功，伐禁无用。故民尽死力以从其上。夫耕之用力也劳，而民为之者，曰：可得以富也。战之事也危，而民为之者，曰：可得以贵也。今修文学，习言谈，则无耕之劳而有富之实，无战之危而有贵之尊，则人孰不为也？是以百人事智而一人用力。事智者众，则法败；用力者寡，则国贫：此世之所以乱也。故明主之国，无书简之文，以法为教；无先王之语，以吏为师；无私剑之捍，以斩首为勇。是境内之民，其言谈者必轨于法，动作者归之于功，为勇者尽之于军。是故无事则国富，有事则兵强，此之谓王资。既畜王资而承敌国之衅超五帝侔三王者，必此法也。

今则不然，士民纵恣于内，言谈者为势于外，外内称恶，以待强敌，不亦殆乎！故群臣之言外事者，非有分于从衡之党，则有仇雠之忠，而借力于国也。从者，合众弱以攻一强也；而衡者，事一强以攻众弱也：皆非所以持国也。今人臣之言衡者，皆曰："不事大，则遇敌受祸矣。"事大未必有实，则举图而委，效玺而请兵矣。献图则地削，效玺则名卑，地削则国削，名卑则政乱矣。事大为衡，未见其利也，而亡地乱政矣。人臣之言从者，皆曰："不救小而伐大，则失天下，失天下则国危，国危而主卑。"救小未必有实，则起兵而敌大矣。救小未必能存，而交大未必不有疏，有疏则为强国制矣。出兵则军败，退守则城拔。救小为从，未见其利，而亡地败军矣。是故事强，则以外权士官于内；求小，则以内重求利于外。国利未立，封土厚禄至矣；主上虽卑，人臣尊矣；国地虽削，私家富矣。事成，则以权长重；事败，则以富退处。人主之于其听说也于其臣，事未成则爵禄已尊矣；事败而弗诛，则游说之士孰不为用缴之说而徼幸其后？故破国亡主以听言谈者之浮说。此其故何也？是人君不明乎公私之利，不察当否之言，而诛罚不必其后也。皆曰："外事，大可以王，小可以安。"夫王者，能攻人者也；而安，则不可攻也。强，则能攻人者也；治，则不可攻也。治强不可责于外，内政之有也。今不行法术于内，而事智于外，则不至于治强矣。

鄙谚曰："长袖善舞，多钱善贾。"此言多资之易为工也。故治强易为谋，弱乱难为计。故用于秦者，十变而谋希失；用于燕者，一变而计希得。非用于秦者必智，用于燕者必愚也，盖治乱之资异也。故周去秦为从，期年而举；卫离魏为衡，半岁而亡。是周灭于从，卫亡于衡也。使周、卫缓其从衡之计，而严其境内之治，明其法禁，必其赏罚，尽其地力以多其积，致其民死以坚其城守，天下得其地则其利少，攻其国则其伤大，万乘之国莫敢自顿于坚城之下，而使强敌裁其弊也，此必不亡之术也。舍必不亡之术而道必灭之事，治国者之过也。智困于内而政乱于外，则亡不可振也。

是故乱国之俗：其学者，则称先王之道以籍仁义，盛容服而饰辩说，以疑当世之法，而贰人主之心。其言古者，为设诈称，借于外力，以成其私，而遗社稷之利。其带剑者，聚徒属，立节操，以显其名，而犯五官之禁。其患御者，积于私门，尽货赂，而用重人之谒，退汗马之劳。其商工之民，修治苦窳之器，聚弗靡之财，蓄积待时，而侔农夫之利。此五者，邦之蠹也。人主不除此五蠹之民，不养耿介之士，则海内虽有破亡之国，削灭之朝，亦勿怪矣。

（先秦）《韩非子·五蠹》，高华平、王齐洲、张三夕译注，中华书局2015年版

《礼记》

《礼记》又名《小戴礼记》《小戴记》，是西汉礼学家戴圣对秦汉以前各种礼仪著作加以辑录编纂而成。作为中国古代一部重要的典章制度选集，《礼记》体现了先秦儒家的哲学思想、教育思想、政治思想和美学思想，是研究先秦社会的重要资料。《礼记》是"三礼"之一，"五经"之一，"十三经"之一。"四书"中的《大学》《中庸》皆选自《礼记》。

曲礼上

为人子者：父母存，冠衣不纯素。孤子当室，冠衣不纯采。

齐者不乐不吊。

适墓不登垄，助葬必执绋。临丧不笑。揖人必违其位。望柩不歌。入临不翔。当食不叹。邻有丧，舂不相。里有殡，不巷歌。适墓不歌。哭日不歌。送丧不由径，送葬不辟涂潦。临丧则必有哀色，执绋不笑，临乐不叹；介胄，则有不可犯之色。故君子戒慎，不失色于人。

兵车不式。武车绥旌，德车结旌。

史载笔，士载言。前有水，则载青旌。前有尘埃，则载鸣鸢。前有车骑，则载飞鸿。前有士师，则载虎皮。前有挚兽，则载貔貅。行：前朱鸟而后玄武，左青龙而右白虎。招摇在上，急缮其怒。进退有度，左右有局，各司其局。

(先秦)《礼记译解》，王文锦译解，中华书局2016年版

曲礼下

大夫士去国，祭器不逾竟。大夫寓祭器于大夫，士寓祭器于士。大夫、士去国：逾竟，为坛位乡国而哭。素衣，素裳，素冠，彻缘，鞮屦，素幂，乘髦马。不蚤鬋。不祭食，不说人以无罪；妇人不当御。三月而复服。

岁凶，年谷不登，君膳不祭肺，马不食谷，驰道不除，祭事不县。大夫不食粱，士饮酒不乐。

君无故，玉不去身；大夫无故不彻县，士无故不彻琴瑟。

天子有后，有夫人，有世妇，有嫔，有妻，有妾。天子建天官，先六大：曰大宰、大宗、大史、大祝、大士、大卜，典司六典。天子之五官：曰司徒、司马、司空、司士、司寇，典司五众。天子之六府：曰司土、司木、司水、司草、司器、司货，典司六职。天子之六工：曰土工、金工、石工、木工、兽工、草工，典制六材。五官致贡曰享。

(先秦)《礼记译解》，王文锦译解，中华书局2016年版

檀弓上

问于郰曼父之母，然后得合葬于防。邻有丧，舂不相；里有殡，不巷

歌。丧冠不緌。

夏后氏尚黑；大事敛用昏，戎事乘骊，牲用玄。殷人尚白；大事敛用日中，戎事乘翰，牲用白。周人尚赤；大事敛用日出，戎事乘騵，牲用骍。

孔子既祥，五日弹琴而不成声，十日而成笙歌。

有子盖既祥而丝屦组缨。

大公封于营丘，比及五世，皆反葬于周。君子曰："乐乐其所自生，礼不忘其本。古之人有言曰：狐死正丘首。仁也。"

大功废业。或曰："大功，诵可也。"

古者，冠缩缝，今也，衡缝；故丧冠之反吉，非古也。

衰，与其不当物也，宁无衰。齐衰不以边坐，大功不以服勤。

孔子蚤作，负手曳杖，消摇于门，歌曰："泰山其颓乎？梁木其坏乎？哲人其萎乎？"既歌而入，当户而坐。子贡闻之曰："泰山其颓，则吾将安仰？梁木其坏、哲人其萎，则吾将安放？夫子殆将病也。"遂趋而入。夫子曰："赐！尔来何迟也？夏后氏殡于东阶之上，则犹在阼也；殷人殡于两楹之间，则与宾主夹之也；周人殡于西阶之上，则犹宾之也。而丘也殷人也。予畴昔之夜，梦坐奠于两楹之间。夫明王不兴，而天下其孰能宗予？予殆将死也。"盖寝疾七日而没。

孔子之丧，公西赤为志焉：饰棺、墙，置翣设披，周也；设崇，殷也；绸练设旐，夏也。

子张之丧，公明仪为志焉；褚幕丹质，蚁结于四隅，殷士也。

曾子袭裘而吊，子游裼裘而吊。曾子指子游而示人曰："夫夫也，为习于礼者，如之何其裼裘而吊也？"主人既小敛、袒、括发；子游趋而出，袭裘带绖而入。曾子曰："我过矣，我过矣，夫夫是也。"

子夏既除丧而见，予之琴，和之不和，弹之而不成声。作而曰："哀未忘也。先王制礼，而弗敢过也。"子张既除丧而见，予之琴，和之而和，弹之而成声，作而曰："先王制礼不敢不至焉。"

孔子曰："之死而致死之，不仁而不可为也；之死而致生之，不知而不可为也。是故，竹不成用，瓦不成味，木不成斫，琴瑟张而不平，竽笙备而不和，有钟磬而无簨虡，其曰明器，神明之也。"

仲宪言于曾子曰："夏后氏用明器，示民无知也；殷人用祭器，示民有知也；周人兼用之，示民疑也。"曾子曰："其不然乎！其不然乎！夫明器，鬼器也；祭器，人器也；夫古之人，胡为而死其亲乎？"

县子琐曰："吾闻之：古者不降，上下各以其亲。滕伯文为孟虎齐衰，其叔父也；为孟皮齐衰，其叔父也。"

夫子曰："始死，羔裘玄冠者，易之而已。"羔裘玄冠，夫子不以吊。

练，练衣黄里、縓缘，葛要绖，绳屦无絇，角瑱，鹿裘衡长袪，袪裼之可也。

天子之哭诸侯也，爵弁绖缁衣；或曰：使有司哭之，为之不以乐食。

天子之殡也，菆涂龙輴以椁，加斧于椁上，毕涂屋，天子之礼也。

祥而缟，是月禫，徙月乐。

(先秦)《礼记译解》，王文锦译解，中华书局 2016 年版

檀弓下

丧礼，哀戚之至也。节哀，顺变也；君子念始之者也。复，尽爱之道也，有祷祠之心焉；望反诸幽，求诸鬼神之道也；北面，求诸幽之义也。拜稽颡，哀戚之至隐也；稽颡，隐之甚也。饭用米贝，弗忍虚也；不以食道，用美焉尔。铭，明旌也，以死者为不可别已，故以其旗识之。爱之，斯录之矣；敬之，斯尽其道焉耳。重，主道也，殷主缀重焉；周主重彻焉。奠以素器，以生者有哀素之心也；唯祭祀之礼，主人自尽焉尔；岂知神之所飨，亦以主人有齐敬之心也。辟踊，哀之至也，有算，为之节文也。袒、括发，变也；愠，哀之变也。去饰，去美也；袒、括发，去饰之甚也。有所袒、有所袭，哀之节也。弁绖葛而葬，与神交之道也，有敬心焉。周人弁而葬，殷人冔而葬。歠主人、主妇室老，为其病也，君命食之也。反哭升堂，反诸其所作也；主妇入于室，反诸其所养也。反哭之吊也，哀之至也。反而亡焉，失之矣，于是为甚。殷既封而吊，周反哭而吊。孔子曰："殷已悫，吾从周。"葬于北方北首，三代之达礼也，之幽之故也。既封，主人赠，而祝宿虞尸。既反哭，主人与有司视虞牲，有司以几筵舍奠于墓左，反，日中而虞。葬日虞，弗忍一日离也。是月也，以虞易奠。卒哭曰成事，是日也，以吉祭易丧祭，明日，祔于祖父。其变而之吉祭也，比至于祔，必于是日也接，不忍一日末有所归也。殷练而祔，周卒哭而祔。孔子善殷。

有子与子游立，见孺子慕者，有子谓子游曰："予壹不知夫丧之踊也，予欲去之久矣。情在于斯，其是也夫？"子游曰："礼：有微情者，

有以故兴物者；有直情而径行者，戎狄之道也。礼道则不然，人喜则斯陶，陶斯咏，咏斯犹，犹斯舞，舞斯愠，愠斯戚，戚斯叹，叹斯辟，辟斯踊矣。品节斯，斯之谓礼。人死，斯恶之矣，无能也，斯倍之矣。是故制绞衾、设蒌翣，为使人勿恶也。始死，脯醢之奠；将行，遣而行之；既葬而食之，未有见其飨之者也。自上世以来，未之有舍也，为使人勿倍也。故子之所刺于礼者，亦非礼之訾也。"

知悼子卒，未葬；平公饮酒，师旷、李调侍，鼓钟。杜蒉自外来，闻钟声，曰："安在？"曰："在寝。"杜蒉入寝，历阶而升，酌，曰："旷饮斯。"又酌，曰："调饮斯。"又酌，堂上北面坐饮之。降，趋而出。平公呼而进之曰："蒉，曩者尔心或开予，是以不与尔言；尔饮旷何也？"曰："子卯不乐；知悼子在堂，斯其为子卯也大矣。旷也大师也，不以诏，是以饮之也。""尔饮调何也？"曰："调也君之亵臣也，为一饮一食，忘君之疾，是以饮之也。""尔饮何也？"曰："蒉也宰夫也，非刀匕是共，又敢与知防，是以饮之也。"平公曰："寡人亦有过焉，酌而饮寡人。"杜蒉洗而扬觯。公谓侍者曰："如我死，则必无废斯爵也。"至于今，既毕献，斯扬觯，谓之杜举。

仲遂卒于垂；壬午犹绎，万入去籥。仲尼曰："非礼也，卿卒不绎。"

天子崩三日，祝先服；五日，官长服；七日，国中男女服；三月，天下服。虞人致百祀之木，可以为棺椁者斩之；不至者，废其祀，刎其人。

晋献文子成室，晋大夫发焉。张老曰："美哉轮焉！美哉奂焉！歌于斯，哭于斯，聚国族于斯。"文子曰："武也得歌于斯，哭于斯，聚国族于斯，是全要领以从先大夫于九京也。"北面再拜稽首。君子谓之善颂善祷。

孔子之故人曰原壤，其母死，夫子助之沐椁。原壤登木曰："久矣予之不托于音也。"歌曰："狸首之斑然，执女手之卷然。"夫子为弗闻也者而过之，从者曰："子未可以已乎？"夫子曰："丘闻之：亲者毋失其为亲也，故者毋失其为故也。"

叔仲皮学子柳。叔仲皮死，其妻鲁人也，衣衰而缪绖。叔仲衍以告，请緆衰而环绖，曰："昔者吾丧姑姊妹亦如斯，末吾禁也。"退，使其妻緆衰而环绖。

成人有其兄死而不为衰者，闻子皋将为成宰，遂为衰。成人曰："蚕则绩而蟹有匡，范则冠而蝉有緌，兄则死而子皋为之衰。"

(先秦)《礼记译解》，王文锦译解，中华书局2016年版

王制

制：三公，一命卷；若有加，则赐也。不过九命。次国之君，不过七命；小国之君，不过五命。大国之卿，不过三命；下卿再命，小国之卿与下大夫一命。

天子五年一巡守：岁二月，东巡守至于岱宗，柴而望祀山川；觐诸侯；问百年者就见之。命大师陈诗以观民风，命市纳贾以观民之所好恶，志淫好辟。命典礼考时月，定日，同律，礼乐制度衣服正之。山川神只，有不举者，为不敬；不敬者，君削以地。宗庙，有不顺者为不孝；不孝者，君绌以爵。变礼易乐者，为不从；不从者，君流。革制度衣服者，为畔；畔者，君讨。有功德于民者，加地进律。五月，南巡守至于南岳，如东巡守之礼。八月，西巡守至于西岳，如南巡守之礼。十有一月，北巡守至于北岳，如西巡守之礼。归，假于祖祢，用特。

天子社稷皆大牢，诸侯社稷皆少牢。大夫、士宗庙之祭，有田则祭，无田则荐。庶人春荐韭，夏荐麦，秋荐黍，冬荐稻。韭以卵，麦以鱼，黍以豚，稻以雁。祭天地之牛，角茧栗；宗庙之牛，角握；宾客之牛，角尺。诸侯无故不杀牛，大夫无故不杀羊，士无故不杀犬豕，庶人无故不食珍。庶羞不逾牲，燕衣不逾祭服，寝不逾庙。

司徒修六礼以节民性，明七教以兴民德，齐八政以防淫，一道德以同俗，养耆老以致孝，恤孤独以逮不足，上贤以崇德，简不肖以绌恶。

命乡论秀士，升之司徒，曰选士。司徒论选士之秀者而升之学，曰俊士。升于司徒者，不征于乡；升于学者，不征于司徒，曰造士。乐正崇四术，立四教，顺先王《诗》《书》《礼》《乐》以造士。春秋教以《礼》《乐》，冬夏教以《诗》《书》。王大子、王子、群后之大子、卿、大夫、元士之适子、国之俊选，皆造焉。凡入学以齿。

将出学，小胥、大胥、小乐正简不帅教者以告于大乐正。大乐正以告于王。王命三公、九卿、大夫、元士皆入学。不变，王亲视学。不变，王三日不举，屏之远方。西方曰棘，东方曰寄，终身不齿。

析言破律，乱名改作，执左道以乱政，杀。作淫声、异服、奇技、奇器以疑众，杀。行伪而坚，言伪而辩，学非而博，顺非而泽，以疑众，杀。假于鬼神、时日、卜筮以疑众，杀。此四诛者，不以听。凡执禁以齐众，不赦过。

有圭璧金璋，不粥于市；命服命车，不粥于市；宗庙之器，不粥于市；牺牲不粥于市；戎器不粥于市。用器不中度，不粥于市。兵车不中度，不粥于市。布帛精粗不中数、幅广狭不中量，不粥于市。奸色乱正色，不粥于市。锦文珠玉成器，不粥于市。衣服饮食，不粥于市。五谷不时，果实未熟，不粥于市。木不中伐，不粥于市。禽兽鱼鳖不中杀，不粥于市。关执禁以讥，禁异服，识异言。

有虞氏皇而祭，深衣而养老。夏后氏收而祭，燕衣而养老。殷人冔而祭，缟衣而养老。周人冕而祭，玄衣而养老。凡三王养老皆引年。

六礼：冠、昏、丧、祭、乡、相见。七教：父子、兄弟、夫妇、君臣、长幼、朋友、宾客。八政：饮食、衣服、事为、异别、度、量、数、制。

(先秦)《礼记译解》，王文锦译解，中华书局2016年版

月令

孟春之月，日在营室，昏参中，旦尾中。其日甲乙。其帝大皞，其神句芒。其虫鳞。其音角，律中大蔟。其数八。其味酸，其臭膻。其祀户，祭先脾。东风解冻，蛰虫始振，鱼上冰，獭祭鱼，鸿雁来。天子居青阳左个。乘鸾路，驾仓龙，载青旂，衣青衣，服仓玉，食麦与羊，其器疏以达。是月也，以立春。先立春三日，大史谒之天子曰："某日立春，盛德在木。"天子乃齐。立春之日，天子亲帅三公、九卿、诸侯、大夫以迎春于东郊。还反，赏公卿、诸侯、大夫于朝。命相布德和令，行庆施惠，下及兆民。庆赐遂行，毋有不当。乃命大史守典奉法，司天日月星辰之行，宿离不贷，毋失经纪，以初为常。是月也，天子乃以元日祈谷于上帝。乃择元辰，天子亲载耒耜，措之参保介之御间，帅三公、九卿、诸侯、大夫，躬耕帝藉。天子三推，三公五推，卿诸侯九推。反，执爵于大寝，三公、九卿、诸侯、大夫皆御，命曰：劳酒。是月也，天气下降，地气上腾，天地和同，草木萌动。王命布农事，命田舍东郊，皆修封疆，审端经术。善相丘陵阪险原隰土地所宜，五谷所殖，以教道民，必躬亲之。田事既饬，先定准直，农乃不惑。是月也，命乐正入学习舞。乃修祭典。命祀山林川泽，牺牲毋用牝。禁止伐木。毋覆巢，毋杀孩虫、胎、夭、飞鸟。毋麑，毋卵。毋聚大众，毋置城郭。掩骼埋胔。是月也，不可以称兵，称兵必天殃。兵戎不起，不可从我始。毋变天之道，毋绝地之理，毋乱人之纪。孟

春行夏令，则雨水不时，草木蚤落，国时有恐。行秋令则其民大疫，飙风暴雨总至，藜莠蓬蒿并兴。行冬令则水潦为败，雪霜大挚，首种不入。

仲春之月，日在奎，昏弧中，旦建星中。其日甲乙，其帝大皞，其神句芒。其虫鳞。其音角，律中夹钟。其数八。其味酸，其臭膻，其祀户，祭先脾。始雨水，桃始华，仓庚鸣，鹰化为鸠。天子居青阳大庙，乘鸾路，驾仓龙，载青旂，衣青衣，服仓玉，食麦与羊，其器疏以达。是月也，安萌芽，养幼少，存诸孤。择元日，命民社。命有司省囹圄，去桎梏，毋肆掠，止狱讼。是月也，玄鸟至。至之日，以大牢祠于高禖。天子亲往，后妃帅九嫔御。乃礼天子所御，带以弓韣，授以弓矢，于高禖之前。是月也，日夜分。雷乃发声，始电，蛰虫咸动，启户始出。先雷三日，奋木铎以令兆民曰："雷将发声，有不戒其容止者，生子不备，必有凶灾。"日夜分，则同度量，钧衡石，角斗甬，正权概。是月也，耕者少舍。乃修阖扇，寝庙毕备。毋作大事，以妨农之事。是月也，毋竭川泽，毋漉陂池，毋焚山林。天子乃鲜羔开冰，先荐寝庙。上丁，命乐正习舞，释菜。天子乃帅三公、九卿、诸侯、大夫亲往视之。仲丁，又命乐正入学习舞。是月也，祀不用牺牲，用圭璧，更皮币。仲春行秋令，则其国大水，寒气总至，寇戎来征。行冬令，则阳气不胜，麦乃不熟，民多相掠。行夏令，则国乃大旱，暖气早来，虫螟为害。

季春之月，日在胃，昏七星中，旦牵牛中。其日甲乙。其帝大皞，其神句芒。其虫鳞。其音角，律中姑洗。其数八。其味酸，其臭膻。其祀户，祭先脾。桐始华，田鼠化为鴽，虹始见，萍始生。天子居青阳右个，乘鸾路，驾仓龙，载青旂，衣青衣，服仓玉。食麦与羊，其器疏以达。是月也，天子乃荐鞠衣于先帝。命舟牧覆舟，五覆五反。乃告舟备具于天子焉，天子始乘舟。荐鲔于寝庙，乃为麦祈实。是月也，生气方盛，阳气发泄，句者毕出，萌者尽达。不可以内。天子布德行惠，命有司发仓廪，赐贫穷，振乏绝，开府库，出币帛，周天下。勉诸侯，聘名士，礼贤者。是月也，命司空曰："时雨将降，下水上腾，循行国邑，周视原野，修利堤防，道达沟渎，开通道路，毋有障塞。田猎罝罘、罗网、毕翳、餧兽之药，毋出九门。"是月也，命野虞毋伐桑柘。鸣鸠拂其羽，戴胜降于桑。具曲植籧筐。后妃齐戒，亲东乡躬桑。禁妇女毋观，省妇使以劝蚕事。蚕事既登，分茧称丝效功，以共郊庙之服，无有敢惰。是月也，命工师令百工审五库之量：金铁，皮革筋，角齿，羽箭干，脂胶丹漆，毋或不良。百工咸理，监工日号；毋悖于时，毋或作为淫巧以荡上心。是月之末，择吉日，大合乐，天子乃率三公、九卿、诸侯、大夫亲往视之。是月也，乃合累牛腾马，游牝于牧。牺牲驹犊，举，书其数。命国难，九门磔攘，以毕春气。季春行冬令，则寒气时发，草木皆肃，国有大恐。行夏令，则民多疾疫，时雨不降，山林不收。行秋令，则天多沉阴，淫雨蚤降，兵革并起。

孟夏之月，日在毕，昏翼中，旦婺女中。其日丙丁。其帝炎帝，其神祝融。其虫羽。其音征，律中中吕。其数七。其味苦，其臭焦。其祀灶，祭先肺。蝼蝈鸣，蚯蚓出，王瓜生，苦菜秀。天子居明堂左个，乘朱路，驾赤骝，载赤旂，衣朱衣，服赤玉。食菽与鸡，其器高以粗。是月也，以立夏。先立夏三日，大史谒之天子曰："某日立夏，盛德在火。"天子乃齐。立夏之日，天子亲帅三公、九卿、大夫以迎夏于南郊。还反，行赏，封诸侯。庆赐遂行，无不欣说。乃命乐师，习合礼乐。命太尉，赞桀俊，遂贤良，举长大，行爵出禄，必当其位。是月也，继长增高，毋有坏堕，毋起土功，毋发大众，毋伐大树。是月也，天子始絺。命野虞出行田原，为天子劳农劝民，毋或失时。命司徒巡行县鄙，命农勉作，毋休于都。是月也，驱兽毋害五谷，毋大田猎。农乃登麦，天子乃以彘尝麦，先荐寝庙。是月也，聚畜百药。靡草死，麦秋至。断薄刑，决小罪，出轻系。蚕事毕，后妃献茧。乃收茧税，以桑为均，贵贱长幼如一，以给郊庙之服。是月也，天子饮酎，用礼乐。孟夏行秋令，则苦雨数来，五谷不滋，四鄙入保。行冬令，则草木蚤枯，后乃大水，败其城郭。行春令，则蝗虫为灾，暴风来格，秀草不实。

仲夏之月，日在东井，昏亢中，旦危中。其日丙丁。其帝炎帝，其神祝融。其虫羽。其音征，律中蕤宾。其数七。其味苦，其臭焦。其祀灶，祭先肺。小暑至，螳螂生，䴗始鸣，反舌无声。天子居明堂太庙，乘朱路，驾赤骝，载赤旂，衣朱衣，服赤玉，食菽与鸡，其器高以粗。养壮佼。是月也，命乐师修鞀鞞鼓，均琴瑟管箫，执干戚戈羽，调竽笙篪簧，饬钟磬柷敔。命有司为民祈祀山川百源，大雩帝，用盛乐。乃命百县，雩祀百辟卿士有益于民者，以祈谷实。农乃登黍。是月也，天子乃以雏尝黍，羞以含桃，先荐寝庙。令民毋艾蓝以染，毋烧灰，毋暴布。门闾毋闭，关市毋索。挺重囚，益其食。游牝别群，则絷腾驹，班马政。是月也，日长至，阴阳争，死生分。君子齐戒，处必掩身，毋躁。止声色，毋或进。薄滋味，毋致和。节嗜欲，定心气，百官静事毋刑，以定晏阴之所成。鹿角解，蝉始鸣。半夏生，木堇荣。是月也，毋用火南方。可以居高明，可以远眺望，可以升山陵，可以处台榭。仲夏行冬令，则雹冻伤谷，道路不通，暴兵来至。行春令，则五谷晚熟，百螣时起，其国乃饥。行秋令，则草木零落，果实早成，民殃于疫。

季夏之月，日在柳，昏火中，旦奎中。其日丙丁。其帝炎帝，其神祝融。其虫羽。其音徵，律中林钟。其数七。其味苦，其臭焦。其祀灶，祭先肺。温风始至，蟋蟀居壁，鹰乃学习，腐草为萤。天子居明堂右个，乘朱路，驾赤骝，载赤旂，衣朱衣，服赤玉。食菽与鸡，其器高以粗。命渔师伐蛟取鼍，登龟取鼋。命泽人纳材苇。是月也，命四监大合百县之秩刍，以养牺牲。令民无不咸出其力，以共皇天上帝名山大川四方之神，以祠宗庙社稷之灵，以为民祈福。是月也，命妇官染采，黼黻文章，必以法故，无或差贷。黑黄仓赤，莫不质良，毋敢诈伪，以给郊庙祭祀之服，以为旗章，以别贵贱等给之度。是月也，树木方盛，乃命虞人入山行木，毋有斩伐。不可以兴土功，不可以合诸侯，不可以起兵动众，毋举大事，以摇养气。毋发令而待，以妨神农之事也。水潦盛昌，神农将持功，举大事则有天殃。是月也，土润溽暑，大雨时行，烧薙行水，利以杀草，如以热汤。可以粪田畴，可以美土疆。季夏行春令，则谷实鲜落，国多风欬，民乃迁徙。行秋令，则丘隰水潦，禾稼不熟，乃多女灾。行冬令，则风寒不时，鹰隼蚤鸷，四鄙入保。

中央土。其日戊己。其帝黄帝，其神后土。其虫倮，其音宫，律中黄钟之宫。其数五。其味甘，其臭香。其祠中溜，祭先心。天子居大庙大室，乘大路，驾黄骝，载黄旂，衣黄衣，服黄玉，食稷与牛，其器圜以闳。

孟秋之月，日在翼，昏建星中，旦毕中。其日庚辛。其帝少皞，其神蓐收。其虫毛。其音商，律中夷则。其数九。其味辛，其臭腥。其祀门，祭先肝。凉风至，白露降，寒蝉鸣。鹰乃祭鸟，用始行戮。天子居总章左个，乘戎路，驾白骆，载白旂，衣白衣，服白玉，食麻与犬，其器廉以深。是月也，以立秋。先立秋三日，大史谒之天子曰："某日立秋，盛德在金。"天子乃齐。立秋之日，天子亲帅三公、九卿、诸侯、大夫，以迎秋于西郊。还反，赏军帅武人于朝。天子乃命将帅，选士厉兵，简练桀俊，专任有功，以征不义。诘诛暴慢，以明好恶，顺彼远方。是月也，命有司修法制，缮囹圄，具桎梏，禁止奸，慎罪邪，务搏执。命理瞻伤，察创，视折，审断。决狱讼，必端平。戮有罪，严断刑。天地始肃，不可以赢。是月也，农乃登谷。天子尝新，先荐寝庙。命百官，始收敛。完堤防，谨壅塞，以备水潦。修宫室，坏墙垣，补城郭。是月也，毋以封诸侯、立大官。毋以割地、行大使、出大币。孟秋行冬令，则阴气大胜，介虫败谷，戎兵乃来。行春令，则其国乃旱，阳气复还，五谷无实。行夏令，则国多火灾，寒热不节，民多疟疾。

仲秋之月，日在角，昏牵牛中，旦觜觿中。其日庚辛，其帝少皞，其神蓐收。其虫毛。其音商，律中南吕。其数九。其味辛，其臭腥。其祀门，祭先肝。盲风至，鸿雁来，玄鸟归，群鸟养羞。天子居总章大庙，乘戎路，驾白骆，载白旂，衣白衣，服白玉，食麻与犬，其器廉以深。是月也，养衰老，授几杖，行糜粥饮食。乃命司服，具饬衣裳，文绣有恒，制有小大，度有长短。衣服有量，必循其故，冠带有常。乃命有司，申严百刑，斩杀必当，毋或枉桡。枉桡不当，反受其殃。是月也，乃命宰祝，循行牺牲，视全具，案刍豢，瞻肥瘠，察物色。必比类，量小大，视长短，皆中度。五者备当，上帝其飨。天子乃难，以达秋气。以犬尝麻，先荐寝庙。是月也，可以筑城郭，建都邑，穿窦窖，修囷仓。乃命有司，趣民收敛，务畜菜，多积聚。乃劝种麦，毋或失时。其有失时，行罪无疑。是月也，日夜分，雷始收声。蛰虫坏户，杀气浸盛，阳气日衰，水始涸。日夜分，则同度量，平权衡，正钧石，角斗甬。是月也，易关市，来商旅，纳货贿，以便民事。四方来集，远乡皆至，则财不匮，上无乏用，百事乃遂。凡举大事，毋逆大数，必顺其时，慎因其类。仲秋行春令，则秋雨不降，草木生荣，国乃有恐。行夏令，则其国乃旱，蛰虫不藏，五谷复生。行冬令，则风灾数起，收雷先行，草木蚤死。

季秋之月，日在房，昏虚中，旦柳中。其日庚辛。其帝少皞，其神蓐收。其虫毛。其音商，律中无射。其数九。其味辛，其臭腥。其祀门，祭先肝。鸿雁来宾，爵入大水为蛤。鞠有黄华，豺乃祭兽戮禽。天子居总章右个，乘戎路，驾白骆，载白旂，衣白衣，服白玉。食麻与犬，其器廉以深。是月也，申严号令。命百官贵贱无不务内，以会天地之藏，无有宣出。乃命冢宰，农事备收，举五谷之要，藏帝藉之收于神仓，祗敬必饬。是月也，霜始降，则百工休。乃命有司曰："寒气总至，民力不堪，其皆入室。"上丁，命乐正入学习吹。是月也，大飨帝、尝，牺牲告备于天子。合诸侯，制百县，为来岁受朔日，与诸侯所税于民轻重之法，贡职之数，以远近土地所宜为度，以给郊庙之事，无有所私。是月也，天子乃教于田猎，以习五戎，班马政。命仆及七驺咸驾，载旌旐，授车以级，整设于屏外。司徒搢扑，北面誓之。天子乃厉饰，执弓挟矢以猎，命主祠祭禽于四方。是月也，草木黄落，乃伐薪为炭。蛰虫咸俯在内，皆墐其户。乃趣狱刑，毋留有罪。收禄秩之不当、供养之不宜者。是月也，天子乃以犬尝稻，先荐寝庙。季秋行夏令，则其国大水，冬藏殃败，民多鼽嚏。行冬令，则国多盗贼，边境不宁，土地分裂。行春令，则暖风来至，民气解惰，师兴不居。

孟冬之月，日在尾，昏危中，旦七星中。其日壬癸。其帝颛顼，其神玄冥。其虫介。其音羽，律中应钟。其数六。其味咸，其臭朽。其祀行，祭先肾。水始冰，地始冻。雉入大水为蜃。虹藏不见。天子居玄堂左个，乘玄路，驾铁骊，载玄旐，衣黑衣，服玄玉，食黍与彘，其器闳以奄。是月也，以立冬。先立冬三日，太史谒之天子曰："某日立冬，盛德在水。"天子乃齐。立冬之日，天子亲帅三公、九卿、大夫以迎冬于北郊，还反，赏死事，恤孤寡。是月也，命大史衅龟策，占兆审卦吉凶，是察阿党，则罪无有掩蔽。是月也，天子始裘。命有司曰："天气上腾，地气下降，天地不通，闭塞而成冬。命百官谨盖藏。"命司徒循行积聚，无有不敛。坏城郭，戒门闾，修键闭，慎管龠，固封疆，备边竟，完要塞，谨关梁，塞徯径。饬丧纪，辨衣裳，审棺椁之薄厚，茔丘垄之大小、高卑、厚薄之度，贵贱之等级。是月也，命工师效功，陈祭器，按度程，毋或作为淫巧以荡上心。必功致为上。物勒工名，以考其诚。功有不当，必行其罪，以穷其情。是月也，大饮烝。天子乃祈来年于天宗，大割祠于公社及门闾。腊先祖五祀，劳农以休息之。天子乃命将帅讲武，习射御角力。是月也，乃命水虞渔师，收水泉池泽之赋。毋或敢侵削众庶兆民，以为天子取怨于下。其有若此者，行罪无赦。孟冬行春令，则冻闭不密，地气上泄，民多流亡。行夏令，则国多暴风，方冬不寒，蛰虫复出。行秋令，则雪霜不时，小兵时起，土地侵削。

仲冬之月，日在斗，昏东壁中，旦轸中。其日壬癸。其帝颛顼，其神玄冥。其虫介。其音羽，律中黄钟。其数六。其味咸，其臭朽。其祀行，祭先肾。冰益壮，地始坼。鹖旦不鸣，虎始交。天子居玄堂大庙，乘玄路，驾铁骊，载玄旐，衣黑衣，服玄玉。食黍与彘，其器闳以奄。饬死事。命有司曰："土事毋作，慎毋发盖，毋发室屋，及起大众，以固而闭。地气且泄，是谓发天地之房，诸蛰则死，民必疾疫，又随以丧。命之曰畅月。"是月也，命奄尹，申宫令，审门闾，谨房室，必重闭。省妇事毋得淫，虽有贵戚近习，毋有不禁。乃命大酋，秫稻必齐，麹蘖必时，湛炽必洁，水泉必香，陶器必良，火齐必得，兼用六物。大酋监之，毋有差贷。天子命有司祈祀四海大川名源渊泽井泉。是月也，农有不收藏积聚者、马牛畜兽有放佚者，取之不诘。山林薮泽，有能取蔬食、田猎禽兽者，野虞教道之；其有相侵夺者，罪之不赦。是月也，日短至。阴阳争，诸生荡。君子齐戒，处必掩身。身欲宁，去声色，禁耆欲。安形性，事欲静，以待阴阳之所定。芸始生，荔挺出，蚯蚓结，麋角解，水泉动。日短至，则伐木，取竹箭。是月也，可以罢官之无事、去器之无用者。涂阙廷门闾，筑囹圄，此所以助天地之闭藏也。仲冬行夏令，则其国乃旱，氛雾冥冥，雷乃发声。行秋令，则天时雨汁，瓜瓠不成，国有大兵。行春令，则蝗虫为败，水泉咸竭，民多疥疠。

季冬之月，日在婺女，昏娄中，旦氐中。其日壬癸。其帝颛顼，其神玄冥。其虫介。其音羽，律中大吕。其数六。其味咸，其臭朽。其祀行，祭先肾。雁北乡，鹊始巢。雉雊，鸡乳。天子居玄堂右个。乘玄路，驾铁骊，载玄旂，衣黑衣，服玄玉。食黍与彘，其器闳以奄。命有司大难，旁磔，出土牛，以送寒气。征鸟厉疾。乃毕山川之祀，及帝之大臣，天子神只。是月也，命渔师始渔，天子亲往，乃尝鱼，先荐寝庙。冰方盛，水泽腹坚。命取冰，冰以入。令告民，出五种。命农计耦耕事，修耒耜，具田器。命乐师大合吹而罢。乃命四监收秩薪柴，以共郊庙及百祀之薪燎。是月也，日穷于次，月穷于纪，星回于天。数将几终，岁且更始。专而农民，毋有所使。天子乃与公、卿、大夫，共饬国典，论时令，以待来岁之宜。乃命太史次诸侯之列，赋之牺牲，以共皇天、上帝、社稷之飨。乃命同姓之邦，共寝庙之刍豢。命宰历卿大夫至于庶民土田之数，而赋牺牲，以共山林名川之祀。凡在天下九州岛之民者，无不咸献其力，以共皇天、上帝、社稷、寝庙、山林、名川之祀。季冬行秋令，则白露早降，介虫为妖，四鄙入保。行春令，则胎夭多伤，国多固疾，命之曰逆。行夏令，则水潦败国，时雪不降，冰冻消释。

（先秦）《礼记译解》，王文锦译解，中华书局2016年版

曾子问

曾子问曰："君薨而世子生，如之何？"孔子曰："卿、大夫、士从摄主，北面，于西阶南。大祝裨冕，执束帛，升自西阶尽等，不升堂，命毋哭。祝声三，告曰：'某之子生，敢告。'升，奠币于殡东几上，哭，降。众主人、卿、大夫、士，房中，皆哭不踊。尽一哀，反位。遂朝奠。小宰升举币。三日，众主人、卿、大夫、士，如初位，北面。大宰、大宗、大祝皆裨冕。少师奉子以衰；祝先，子从，宰宗人从。入门，哭者止，子升自西阶。殡前北面。祝立于殡东南隅。祝声三曰：'某之子某，从执事，敢见。'子拜稽颡哭。祝、宰、宗人、众主人、卿、大夫、士，哭踊三者三，降东反位，皆袒，子踊，房中亦踊三者三。袭衰，杖，奠出。大宰命祝史，以名遍告于五祀山川。"

孔子曰："诸侯适天子，必告于祖，奠于祢。冕而出视朝，命祝史告于社稷、宗庙、山川。乃命国家五官而后行，道而出。告者，五日而遍，过是，非礼也。凡告，用牲币。反，亦如之。诸侯相见，必告于祢，朝服而出视朝。命祝史告于五庙所过山川。亦命国家五官，道而出。反，必亲告于祖祢。乃命祝史告至于前所告者，而后听朝而入。"

曾子问曰："将冠子，冠者至，揖让而入，闻齐衰大功之丧，如之何？"孔子曰："内丧则废，外丧则冠而不醴，彻馔而扫，即位而哭。如冠者未至，则废。如将冠子而未及期日，而有齐衰、大功、小功之丧，则因丧服而冠。""除丧不改冠乎？"孔子曰："天子赐诸侯大夫冕弁服于大庙，归设奠，服赐服，于斯乎有冠醮，无冠醴。父没而冠，则已冠扫地而祭于祢；已祭，而见伯父、叔父，而后飨冠者。"

曾子问曰："祭如之何则不行旅酬之事矣？"孔子曰："闻之：小祥者，主人练祭而不旅，奠酬于宾，宾弗举，礼也。昔者，鲁昭公练而举酬行旅，非礼也；孝公大祥，奠酬弗举，亦非礼也。"

曾子问曰："大功之丧，可以与于馈奠之事乎？"孔子曰："岂大功耳！自斩衰以下皆可，礼也。"曾子曰："不以轻服而重相为乎？"孔子曰："非此之谓也。天子、诸侯之丧，斩衰者奠；大夫，齐衰者奠；士则朋友奠；不足，则取于大功以下者；不足，则反之。"曾子问曰："小功可以与于祭乎？"孔子曰："何必小功耳！自斩衰以下与祭，礼也。"曾子曰："不以轻丧而重祭乎？"孔子曰："天子、诸侯之丧祭也，不斩衰者不与祭；大夫，齐衰者与祭；士，祭不足，则取于兄弟大功以下者。"曾子问曰："相识，有丧服可以与于祭乎？"孔子曰："缌不祭，又何助于人。"曾子问曰："废丧服，可以与于馈奠之事乎？"孔子曰："说衰与奠，非礼也；以摈相可也。"

孔子曰："嫁女之家，三夜不息烛，思相离也。取妇之家，三日不举乐，思嗣亲也。三月而庙见，称来妇也。择日而祭于祢，成妇之义也。"

子游问曰："丧慈母如母，礼与？"孔子曰："非礼也。古者，男子外有傅，内有慈母，君命所使教子也，何服之有？昔者，鲁昭公少丧其母，有慈母良，及其死也，公弗忍也，欲丧之，有司以闻，曰：'古之礼，慈母无服，今也君为之服，是逆古之礼而乱国法也；若终行之，则有司将书之以遗后世。无乃不可乎！'公曰：'古者天子练冠以燕居。'公弗忍也，遂练冠以丧慈母。丧慈母，自鲁昭公始也。"

曾子问曰："诸侯旅见天子，入门，不得终礼，废者几？"孔子曰："四。"请问之。曰："大庙火，日食，后之丧，雨沾服失容，则废。如诸侯皆在而日食，则从天子救日，各以其方色与其兵。大庙火，则从天子救火，不以方色与兵。"曾子问曰："诸侯相见，揖让入门，不得终礼，废者几？"孔子曰："六。"请问之。曰："天子崩，大庙火，日食，后夫人之丧，雨沾服失容，则废。"

(先秦)《礼记译解》，王文锦译解，中华书局2016年版

文王世子

凡学世子及学士，必时。春夏学干戈，秋冬学羽籥，皆于东序。小乐正学干，大胥赞之。籥师学戈，籥师丞赞之。胥鼓南。春诵夏弦，大师诏之。瞽宗秋学礼，执礼者诏之；冬读书，典书者诏之。礼在瞽宗，书在上庠。凡祭与养老，乞言，合语之礼，皆小乐正诏之于东序。大乐正学舞干戚，语说，命乞言，皆大乐正授数，大司成论说在东序。凡侍坐于大司成者，远近间三席，可以问。终则负墙，列事未尽，不问。凡学，春官释奠于其先师，秋冬亦如之。凡始立学者，必释奠于先圣先师；及行事，必以币。凡释奠者，必有合也，有国故则否。凡大合乐，必遂养老。凡语于郊者，必取贤敛才焉。或以德进，或以事举，或以言扬。曲艺皆誓之，以待又语。三而一有焉，乃进其等，以其序，谓之郊人，远之。于成均以及取爵于上尊也。始立学者，既兴器用币，然后释菜不舞不授器，乃退。傧于

东序，一献，无介语可也。教世子。

　　凡三王教世子必以礼乐。乐，所以修内也；礼，所以修外也。礼乐交错于中，发形于外，是故其成也怿，恭敬而温文。立大傅、少傅以养之，欲其知父子、君臣之道也。大傅审父子、君臣之道以示之；少傅奉世子，以观大傅之德行而审喻之。大傅在前，少傅在后；入则有保，出则有师，是以教喻而德成也。师也者，教之以事而喻诸德者也；保也者，慎其身以辅翼之而归诸道者也。《记》曰："虞、夏、商、周，有师保，有疑丞。"设四辅及三公。不必备，唯其人。语使能也。君子曰德，德成而教尊，教尊而官正，官正而国治，君之谓也。仲尼曰："昔者周公摄政，践阼而治，抗世子法于伯禽，所以善成王也。闻之曰：为人臣者，杀其身有益于君则为之，况于其身以善其君乎？周公优为之！"是故知为人子，然后可以为人父；知为人臣，然后可以为人君；知事人，然后能使人。成王幼，不能莅阼，以为世子，则无为也，是故抗世子法于伯禽，使之与成王居，欲令成王之知父子、君臣、长幼之义也。君之于世子也，亲则父也，尊则君也。有父之亲，有君之尊，然后兼天下而有之。是故，养世子不可不慎也。行一物而三善皆得者，唯世子而已。其齿于学之谓也。故世子齿于学，国人观之曰："将君我而与我齿让何也？"曰："有父在则礼然，然而众知父子之道矣。"其二曰："将君我而与我齿让何也？"曰："有君在则礼然，然而众着于君臣之义也。"其三曰："将君我而与我齿让何也？"曰："长长也，然而众知长幼之节矣。"故父在斯为子，君在斯谓之臣，居子与臣之节，所以尊君亲亲也。故学之为父子焉，学之为君臣焉，学之为长幼焉，父子、君臣、长幼之道得，而国治。语曰："乐正司业，父师司成，一有元良，万国以贞。"世子之谓也。周公践阼。

　　天子视学，大昕鼓征，所以警众也。众至，然后天子至。乃命有司行事。兴秩节，祭先师先圣焉。有司卒事，反命。始之养也：适东序，释奠于先老，遂设三老五更群老之席位焉。适馔省醴，养老之珍，具；遂发咏焉，退修之以孝养也。反，登歌清庙，既歌而语，以成之也。言父子、君臣、长幼之道，合德音之致，礼之大者也。下管《象》，舞《大武》。大合众以事，达有神，兴有德也。正君臣之位、贵贱之等焉，而上下之义行矣。有司告以乐阕，王乃命公侯伯子男及群吏曰："反！养老幼于东序。"终之以仁也。是故圣人之记事也，虑之以大，爱之以敬，行之以礼，修之以孝养，纪之以义，终之以仁。是故古之人一举事而众皆知其德之备也。

古之君子，举大事，必慎其终始，而众安得不喻焉？《兑命》曰："念终始典于学。"

(先秦)《礼记译解》，王文锦译解，中华书局2016年版

礼运

祝嘏莫敢易其常古，是谓大假。祝嘏辞说，藏于宗祝巫史，非礼也，是谓幽国。醆斝及尸君，非礼也，是谓僭君。冕弁兵革藏于私家，非礼也，是谓胁君。大夫具官，祭器不假，声乐皆具，非礼也，是谓乱国。故仕于公曰臣，仕于家曰仆。三年之丧，与新有昏者，期不使。以衰裳入朝，与家仆杂居齐齿，非礼也，是谓君与臣同国。故天子有田以处其子孙，诸侯有国以处其子孙，大夫有采以处其子孙，是谓制度。故天子适诸侯，必舍其祖朝，而不以礼籍入，是谓天子坏法乱纪。诸侯非问疾吊丧而入诸臣之家，是谓君臣为谑。是故，礼者君之大柄也，所以别嫌明微，傧鬼神，考制度，别仁义，所以治政安君也。故政不正，则君位危；君位危，则大臣倍，小臣窃。刑肃而俗敝，则法无常；法无常，而礼无列；礼无列，则士不事也。刑肃而俗敝，则民弗归也，是谓疵国。

故人者，其天地之德，阴阳之交，鬼神之会，五行之秀气也。故天秉阳，垂日星；地秉阴，窍于山川。播五行于四时，和而后月生也。是以三五而盈，三五而阙。五行之动，迭相竭也，五行、四时、十二月，还相为本也；五声、六律、十二管，还相为宫也；五味、六和、十二食，还相为质也；五色、六章、十二衣，还相为质也。故人者，天地之心也，五行之端也，食味别声被色而生者也。

四体既正，肤革充盈，人之肥也。父子笃，兄弟睦，夫妇和，家之肥也。大臣法，小臣廉，官职相序，君臣相正，国之肥也。天子以德为车、以乐为御，诸侯以礼相与，大夫以法相序，士以信相考，百姓以睦相守，天下之肥也。是谓大顺。大顺者，所以养生送死、事鬼神之常也。故事大积焉而不苑，并行而不缪，细行而不失。深而通，茂而有间。连而不相及也，动而不相害也，此顺之至也。故明于顺，然后能守危也。

(先秦)《礼记译解》，王文锦译解，中华书局2016年版

礼器

礼器是故大备。大备，盛德也。礼释回，增美质；措则正，施则行。

其在人也，如竹箭之有筠也；如松柏之有心也。二者居天下之大端矣。故贯四时而不改柯易叶。故君子有礼，则外谐而内无怨，故物无不怀仁，鬼神飨德。

先王之立礼也，有本有文。忠信，礼之本也；义理，礼之文也。无本不正，无文不行。

有以大为贵者：宫室之量，器皿之度，棺椁之厚，丘封之大。此以大为贵也。

有以小为贵者：宗庙之祭，贵者献以爵，贱者献以散，尊者举觯，卑者举角；五献之尊，门外缶，门内壶，君尊瓦甒。此以小为贵也。

有以高为贵者：天子之堂九尺，诸侯七尺，大夫五尺，士三尺；天子、诸侯台门。此以高为贵也。

礼有以文为贵者：天子龙衮，诸侯黼，大夫黻，士玄衣纁裳；天子之冕，朱绿藻十有二旒，诸侯九，上大夫七，下大夫五，士三。此以文为贵也。

有以素为贵者：至敬无文，父党无容，大圭不琢，大羹不和，大路素而越席，牺尊疏布幂，樿杓。此以素为贵也。

孔子曰："礼，不可不省也。"礼不同，不丰、不杀，此之谓也。盖言称也。

是故，君子大牢而祭，谓之礼；匹士大牢而祭，谓之攘。管仲镂簋朱纮，山节藻棁，君子以为滥矣。晏平仲祀其先人，豚肩不揜豆；浣衣濯冠以朝，君子以为隘矣。是故君子之行礼也，不可不慎也；众之纪也，纪散而众乱。孔子曰："我战则克，祭则受福。"盖得其道矣。

君子曰：礼之近人情者，非其至者也。郊血，大飨腥，三献爓，一献孰。是故君子之于礼也，非作而致其情也，此有由始也。是故七介以相见也，不然则已悫。三辞三让而至，不然则已蹙。故鲁人将有事于上帝，必先有事于頖宫；晋人将有事于河，必先有事于恶池；齐人将有事于泰山，必先有事于配林。三月系，七日戒，三日宿，慎之至也。故礼有摈诏，乐有相步，温之至也。

天道至教，圣人至德。庙堂之上，罍尊在阼，牺尊在西。庙堂之下，县鼓在西，应鼓在东。君在阼，夫人在房。大明生于东，月生于西，此阴阳之分、夫妇之位也。君西酌牺象，夫人东酌罍尊。礼交动乎上，乐交应乎下，和之至也。

礼也者，反其所自生；乐也者，乐其所自成。是故先王之制礼也以节事，修乐以道志。故观其礼乐，而治乱可知也。蘧伯玉曰："君子之人达，故观其器，而知其工之巧；观其发，而知其人之知。"故曰："君子慎其所以与人者。"

大飨，其王事与！三牲、鱼、腊，四海九州岛之美味也；笾豆之荐，四时之和气也。内金，示和也。束帛加璧，尊德也。龟为前列，先知也。金次之，见情也。丹漆丝纩竹箭，与众共财也。其余无常货，各以其国之所有，则致远物也。其出也，《肆夏》而送之，盖重礼也。

祀帝于郊，敬之至也。宗庙之祭，仁之至也。丧礼，忠之至也。备服器，仁之至也。宾客之用币，义之至也。故君子欲观仁义之道，礼其本也。

君子曰："甘受和，白受采；忠信之人，可以学礼。苟无忠信之人，则礼不虚道。是以得其人之为贵也。"

（先秦）《礼记译解》，王文锦译解，中华书局2016年版

效特牲

飨、禘有乐，而食、尝无乐，阴阳之义也。凡饮，养阳气也；凡食，养阴气也。故春禘而秋尝；春飨孤子，秋食耆老，其义一也。而食、尝无乐。饮，养阳气也，故有乐；食，养阴气也，故无声。凡声，阳也。

宾入大门而奏《肆夏》，示易以敬也。卒爵而乐阕，孔子屡叹之。奠酬而工升歌，发德也。歌者在上，匏竹在下，贵人声也。乐由阳来者也，礼由阴作者也，阴阳和而万物得。

庭燎之百，由齐桓公始也。大夫之奏《肆夏》也，由赵文子始也。

诸侯之宫县，而祭以白牡，击玉磬，朱干设钖，冕而舞《大武》，乘大路，诸侯之僭礼也。台门而旅树，反坫，绣黼，丹朱中衣，大夫之僭礼也。故天子微，诸侯僭；大夫强，诸侯胁。于此相贵以等，相觌以货，相赂以利，而天下之礼乱矣。诸侯不敢祖天子，大夫不敢祖诸侯。而公庙之设于私家，非礼也，由三桓始也。

孔子曰："射之以乐也，何以听，何以射？"孔子曰："士，使之射，不能，则辞以疾。县弧之义也。"

天子适四方，先柴。郊之祭也，迎长日之至也，大报天而主日也。兆于南郊，就阳位也。扫地而祭，于其质也。器用陶匏，以象天地之性也。

于郊，故谓之郊。牲用骍，尚赤也；用犊，贵诚也。郊之用辛也，周之始郊日以至。卜郊，受命于祖庙，作龟于祢宫，尊祖亲考之义也。卜之日，王立于泽，亲听誓命，受教谏之义也。献命库门之内，戒百官也。大庙之命，戒百姓也。祭之日，王皮弁以听祭报，示民严上也。丧者不哭，不敢凶服，氾扫反道，乡为田烛。弗命而民听上。祭之日，王被衮以象天，戴冕，璪十有二旒，则天数也。乘素车，贵其质也。旗十有二旒，龙章而设日月，以象天也。天垂象，圣人则之。郊所以明天道也。帝牛不吉，以为稷牛。帝牛必在涤三月，稷牛唯具。所以别事天神与人鬼也。万物本乎天，人本乎祖，此所以配上帝也。郊之祭也，大报本反始也。

天子大蜡八。伊耆氏始为蜡，蜡也者，索也。岁十二月，合聚万物而索飨之也。蜡之祭也：主先啬，而祭司啬也。祭百种以报啬也。飨农及邮表畷，禽兽，仁之至、义之尽也。古之君子，使之必报之。迎猫，为其食田鼠也；迎虎，为其食田豕也，迎而祭之也。祭坊与水庸，事也。曰"土反其宅，水归其壑，昆虫毋作，草木归其泽。"皮弁素服而祭。素服，以送终也。葛带榛杖，丧杀也。蜡之祭，仁之至、义之尽也。黄衣黄冠而祭，息田夫也。野夫黄冠；黄冠，草服也。大罗氏，天子之掌鸟兽者也，诸侯贡属焉。草笠而至，尊野服也。罗氏致鹿与女，而诏客告也。以戒诸侯曰："好田好女者亡其国。天子树瓜华，不敛藏之种也。"八蜡以记四方。四方年不顺成，八蜡不通，以谨民财也。顺成之方，其蜡乃通，以移民也。既蜡而收，民息已。故既蜡，君子不兴功。

恒豆之菹，水草之和气也；其醢，陆产之物也。加豆，陆产也；其醢，水物也。笾豆之荐，水土之品也，不敢用常亵味而贵多品，所以交于神明之义也，非食味之道也。先王之荐，可食也而不可耆也。卷冕路车，可陈也而不可好也。《武》壮而不可乐也。宗庙之威，而不可安也。宗庙之器，可用也而不可便其利也，所以交于神明者，不可以同于所安乐之义也。酒醴之美，玄酒明水之尚，贵五味之本也。黼黻文绣之美，疏布之尚，反女功之始也。莞簟之安，而蒲越稿鞂之尚，明之也。大羹不和，贵其质也。大圭不琢，美其质也。丹漆雕几之美，素车之乘，尊其朴也，贵其质而已矣。所以交于神明者，不可同于所安亵之甚也。如是而后宜。鼎俎奇而笾豆偶，阴阳之义也。黄目，郁气之上尊也。黄者中也；目者气之清明者也。言酌于中而清明于外也，祭天，扫地而祭焉，于其质而已矣。醯醢之美，而煎盐之尚，贵天产也。割刀之用，而鸾刀之贵，贵其义也。

声和而后断也。

冠义：始冠之，缁布之冠也。大古冠布，齐则缁之。其緌也，孔子曰："吾未之闻也。"冠而敝之可也。适子冠于阼，以着代也。醮于客位，加有成也。三加弥尊，喻其志也。冠而字之，敬其名也。委貌，周道也。章甫，殷道也。毋追，夏后氏之道也。周弁，殷冔，夏收。三王共皮弁素积。无大夫冠礼，而有其昏礼。古者，五十而后爵，何大夫冠礼之有？诸侯之有冠礼，夏之末造也。天子之元子，士也。天下无生而贵者也。继世以立诸侯，象贤也。以官爵人，德之杀也。死而谥，今也；古者生无爵，死无谥。

天地合而后万物兴焉。夫昏礼，万世之始也。取于异姓，所以附远厚别也。币必诚，辞无不腆。告之以直信；信，事人也；信，妇德也。壹与之齐，终身不改。故夫死不嫁。男子亲迎，男先于女，刚柔之义也。天先乎地，君先乎臣，其义一也。执挚以相见，敬章别也。男女有别，然后父子亲，父子亲然后义生，义生然后礼作，礼作然后万物安。无别无义，禽兽之道也。婿亲御授绥，亲之也。亲之也者，亲之也。敬而亲之，先王之所以得天下也。出乎大门而先，男帅女，女从男，夫妇之义由此始也。妇人，从人者也；幼从父兄，嫁从夫，夫死从子。夫也者，夫也；夫也者，以知帅人者也。玄冕斋戒，鬼神阴阳也。将以为社稷主，为先祖后，而可以不致敬乎？共牢而食，同尊卑也。故妇人无爵，从夫之爵，坐以夫之齿。器用陶匏，尚礼然也。三王作牢用陶匏。厥明，妇盥馈。舅姑卒食，妇馂余，私之也。舅姑降自西阶，妇降自阼阶，授之室也。昏礼不用乐，幽阴之义也。乐，阳气也。昏礼不贺，人之序也。

有虞氏之祭也，尚用气；血腥爓祭，用气也。殷人尚声，臭味未成，涤荡其声；乐三阕，然后出迎牲。声音之号，所以诏告于天地之间也。周人尚臭，灌用鬯臭，郁合鬯；臭，阴达于渊泉。灌以圭璋，用玉气也。既灌，然后迎牲，致阴气也。萧合黍稷；臭，阳达于墙屋。故既奠，然后焫萧合膻芗。凡祭，慎诸此。魂气归于天，形魄归于地。故祭，求诸阴阳之义也。殷人先求诸阳，周人先求诸阴。

齐之玄也，以阴幽思也。故君子三日齐，必见其所祭者。

（先秦）《礼记译解》，王文锦译解，中华书局2016年版

内则

后王命冢宰，降德于众兆民。子事父母，鸡初鸣，咸盥漱，栉縰笄

总，拂髦冠绥缨，端韠绅，搢笏。左右佩用，左佩纷帨、刀、砺、小觽、金燧，右佩玦、捍、管、遰、大觽、木燧，偪，屦着綦。妇事舅姑，如事父母。鸡初鸣，咸盥漱，栉縰，笄总，衣绅。左佩纷帨、刀、砺、小觽、金燧，右佩箴、管、线、纩，施縏袠，大觽、木燧、衿缨，綦屦。以适父母舅姑之所，及所，下气怡声，问衣燠寒，疾痛苛痒，而敬抑搔之。出入，则或先或后，而敬扶持之。进盥，少者奉盘，长者奉水，请沃盥，盥卒授巾。问所欲而敬进之，柔色以温之，饘酏、酒醴、芼羹、菽麦、蕡稻、黍粱、秫唯所欲，枣、栗、饴、蜜以甘之，堇、荁、枌、榆、免、薨、滫、瀡以滑之，脂膏以膏之，父母舅姑必尝之而后退。

凡三王养老皆引年，八十者一子不从政，九十者其家不从政；瞽亦如之。凡父母在，子虽老不坐。有虞氏养国老于上庠，养庶老于下庠；夏后氏养国老于东序，养庶老于西序；殷人养国老于右学，养庶老于左学；周人养国老于东胶，养庶老于虞庠，虞庠在国之西郊。有虞氏皇而祭，深衣而养老；夏后氏收而祭，燕衣而养老；殷人冔而祭，缟衣而养老；周人冕而祭，玄衣而养老。

子能食食，教以右手。能言，男唯女俞。男鞶革，女鞶丝。

六年教之数与方名。七年男女不同席，不共食。八年出入门户及即席饮食，必后长者，始教之让。九年教之数日。十年出就外傅，居宿于外，学书计，衣不帛襦裤，礼帅初，朝夕学幼仪，请肄简谅。十有三年学乐，诵《诗》，舞《勺》，成童舞《象》，学射御。二十而冠，始学礼，可以衣裘帛，舞《大夏》，惇行孝弟，博学不教，内而不出。三十而有室，始理男事，博学无方，孙友视志。四十始仕，方物出谋发虑，道合则服从，不可则去。五十命为大夫，服官政。七十致事。凡男拜尚左手。

（先秦）《礼记译解》，王文锦译解，中华书局2016年版

玉藻

天子玉藻，十有二旒，前后邃延，龙卷以祭。玄端而朝日于东门之外，听朔于南门之外，闰月则阖门左扉，立于其中。皮弁以日视朝，遂以食，日中而馂，奏而食。日少牢，朔月大牢；五饮：上水、浆、酒、醴、酏。卒食，玄端而居。动则左史书之，言则右史书之，御瞽几声之上下。年不顺成，则天子素服，乘素车，食无乐。

诸侯玄端以祭，裨冕以朝，皮弁以听朔于大庙，朝服以日视朝于内

朝。朝，辨色始入。君日出而视之，退适路寝，听政，使人视大夫，大夫退，然后适小寝寝，释服。又朝服以食，特牲三俎祭肺，夕深衣，祭牢肉，朔月少牢，五俎四簋，子卯稷食菜羹，夫人与君同庖。

天子搢挺，方正于天下也，诸侯荼，前诎后直，让于天子也，大夫前诎后诎，无所不让也。

始冠缁布冠，自诸侯下达，冠而敝之可也。玄冠朱组缨，天子之冠也。缁布冠缋緌，诸侯之冠也。玄冠丹组缨，诸侯之齐冠也。玄冠綦组缨，士之齐冠也。缟冠玄武，子姓之冠也。缟冠素纰，既祥之冠也。垂緌五寸，惰游之士也，玄冠缟武，不齿之服也。居冠属武，自天子下达，有事然后緌。五十不散送，亲没不髦，大帛不緌。衣冠紫緌，自鲁桓公始也。

朝玄端，夕深衣。深衣三袪，缝齐倍要，衽当旁，袂可以回肘。长中继掩尺。袷二寸，袪尺二寸，缘广寸半。

以帛裏布，非礼也。士不衣织，无君者不贰采。衣正色，裳间色。非列采不入公门，振絺绤不入公门，表裘不入公门，袭裘不入公门。

纩为茧，缊为袍，禅为䌹，帛为褶。

朝服之以缟也，自季康子始也。孔子曰："朝服而朝，卒朔然后服之。"曰："国家未道，则不充其服焉。"

唯君有黼裘以誓省，大裘非古也。君衣狐白裘，锦衣以裼之。君之右虎裘，厥左狼裘。士不衣狐白。君子狐青裘豹褎，玄绡衣以裼之；麛裘青豻褎，绞衣以裼之；羔裘豹饰，缁衣以裼之；狐裘，黄衣以裼之。锦衣狐裘，诸侯之服也。犬羊之裘不裼。

不文饰也，不裼。裘之裼也，见美也。吊则袭，不尽饰也；君在则裼，尽饰也。服之袭也，充美也，是故尸袭，执玉、龟袭。无事则裼，弗敢充也。

笏，天子以球玉；诸侯以象；大夫以鱼须文竹；士竹本，象可也。见于天子与射，无说笏，入大庙说笏，非古也。小功不说笏，当事免则说之。既搢必盥，虽有执于朝，弗有盥矣。凡有指画于君前，用笏造，受命于君前，则书于笏，笏毕用也，因饰焉。笏度二尺有六寸，其中博三寸，其杀六分而去一。

韠：君朱，大夫素，士爵韦。圜杀直，天子直，公侯前后方，大夫前方后挫角，士前后正。韠，下广二尺，上广一尺，长三尺，其颈五寸，肩革带博二寸。一命缊韨幽衡，再命赤韨幽衡，三命赤韨葱衡。

天子素带朱里终辟，而素带终辟，大夫素带辟垂，士练带率下辟，居士锦带，弟子缟带。并纽约，用组、三寸，长齐于带，绅长制，士三尺，有司二尺有五寸。子游曰："参分带下，绅居二焉，绅韨结三齐。"大夫大带四寸。杂带，君朱绿；大夫玄华，士缁辟，二寸，再缭四寸。凡带，有率无箴功，肆束及带勤者，有事则收之，走则拥之。

王后袆衣，夫人揄狄；君命屈狄，再命袆衣，一命襢衣，士褖衣。唯世妇命于奠茧，其它则皆从男子。

古之君子必佩玉，右徵角，左宫羽。趋以《采齐》，行以《肆夏》，周还中规，折还中矩，进则揖之，退则扬之，然后玉锵鸣也。故君子在车，则闻鸾和之声，行则鸣佩玉，是以非辟之心，无自入也。君在不佩玉，左结佩，右设佩，居则设佩，朝则结佩。齐则綪结佩而爵韠。

凡带必有佩玉，唯丧否。佩玉有冲牙。君子无故玉不去身，君子于玉比德焉。天子佩白玉而玄组绶，公侯佩山玄玉而朱组绶，大夫佩水苍玉而纯组绶，世子佩瑜玉而綦组绶，士佩瓀玟而缊组绶。孔子佩象环五寸，而綦组绶。

童子之节也，缁布衣锦缘，锦绅，并纽锦，束发皆朱锦也。童子不裘不帛，不屦絇，无缌服。听事不麻，无事则立主人之北面，见先生，从人而入。

（先秦）《礼记译解》，王文锦译解，中华书局2016年版

明堂位

是以鲁君，孟春乘大路，载弧韣；旗十有二旒，日月之章；祀帝于郊，配以后稷。天子之礼也。季夏六月，以禘礼祀周公于大庙，牲用白牡；尊用牺象山罍；郁尊用黄目；灌用玉瓒大圭；荐用玉豆雕篹；爵用玉琖，仍雕，加以璧散璧角；俎用梡嶡；升歌《清庙》，下管《象》；朱干玉戚，冕而舞《大武》；皮弁素积，裼而舞《大夏》。《昧》，东夷之乐也；《任》，南蛮之乐也。纳夷蛮之乐于大庙，言广鲁于天下也。君卷冕立于阼，夫人副袆立于房中。君肉袒迎牲于门；夫人荐豆笾。卿、大夫赞君，命妇赞夫人：各扬其职。百官废职服大刑，而天下大服。是故，夏礿、秋尝、冬烝，春社、秋省而遂大蜡，天子之祭也。

大庙，天子明堂。库门，天子皋门。雉门，天子应门。振木铎于朝，

天子之政也。山节藻棁，复庙重檐，刮楹达乡，反坫出尊，崇坫康圭，疏屏；天子之庙饰也。

鸾车，有虞氏之路也。钩车，夏后氏之路也。大路，殷路也。乘路，周路也。

有虞氏之旂，夏后氏之绥，殷之大白，周之大赤。

夏后氏骆马，黑鬣。殷人白马，黑首。周人黄马，蕃鬣。夏后氏，牲尚黑，殷白牡，周骍刚。

泰，有虞氏之尊也；山罍，夏后氏之尊也；著，殷尊也；牺象，周尊也。

爵，夏后氏以盏，殷以斝，周以爵。

灌尊，夏后氏以鸡夷。殷以斝，周以黄目。其勺，夏后氏以龙勺，殷以疏勺，周以蒲勺。

土鼓、蒉桴、苇籥，伊耆氏之乐也；拊搏、玉磬、揩击、大琴、大瑟、中琴、小瑟，四代之乐器也。

鲁公之庙，文世室也。武公之庙，武世室也。

米廪，有虞氏之庠也；序，夏后氏之序也；瞽宗，殷学也；頖宫，周学也。

崇鼎、贯鼎、大璜、封父龟，天子之器也；越棘、大弓，天子之戎器也。

夏后氏之鼓，足，殷楹鼓，周县鼓。垂之和钟，叔之离磬，女娲之笙簧。夏后氏之龙簨虡，殷之崇牙，周之璧翣。

有虞氏之两敦，夏后氏之四连，殷之六瑚，周之八簋。俎，有虞氏以梡，夏后氏以嶡，殷以椇，周以房俎。夏后氏以楬豆，殷玉豆，周献豆。

有虞氏服韨，夏后氏山，殷火，周龙章。

有虞氏之绥，夏后氏之绸练，殷之崇牙，周之璧翣。

凡四代之服、器、官，鲁兼用之。是故鲁，王礼也，天下传之久矣。君臣未尝相弑也，礼乐、刑法、政俗，未尝相变也，天下以为有道之国。是故天下资礼乐焉。

（先秦）《礼记译解》，王文锦译解，中华书局2016年版

少仪

毋拔来，毋报往，毋渎神，毋循枉，毋测未至。士依于德，游于艺；

工依于法，游于说。毋訾衣服成器，毋身质言语。

言语之美，穆穆皇皇；朝廷之美，济济翔翔；祭祀之美，齐齐皇皇；车马之美，匪匪翼翼；鸾和之美，肃肃雍雍。

（先秦）《礼记译解》，王文锦译解，中华书局2016年版

学记

大学始教，皮弁祭菜，示敬道也；《宵雅》肄三，官其始也；入学鼓箧，孙其业也；夏楚二物，收其威也；未卜禘不视学，游其志也；时观而弗语，存其心也；幼者听而弗问，学不躐等也。此七者，教之大伦也。《记》曰："凡学官先事，士先志。"其此之谓乎！

大学之教也时，教必有正业，退息必有居学。不学操缦，不能安弦；不学博依，不能安诗；不学杂服，不能安礼；不兴其艺，不能乐学。故君子之于学也，藏焉，修焉，息焉，游焉。夫然，故安其学而亲其师，乐其友而信其道。是以虽离师辅而不反也。《兑命》曰："敬孙务时敏，厥修乃来。"其此之谓乎！

古之学者：比物丑类。鼓无当于五声，五声弗得不和。水无当于五色，五色弗得不章。学无当于五官。五官弗得不治。师无当于五服，五服弗得不亲。

（先秦）《礼记译解》，王文锦译解，中华书局2016年版

乐记

凡音之起，由人心生也。人心之动，物使之然也。感于物而动，故形于声。声相应，故生变；变成方，谓之音；比音而乐之，及干戚羽旄，谓之乐。

乐者，音之所由生也；其本在人心之感于物也。是故其哀心感者，其声噍以杀。其乐心感者，其声啴以缓。其喜心感者，其声发以散。其怒心感者，其声粗以厉。其敬心感者，其声直以廉。其爱心感者，其声和以柔。六者，非性也，感于物而后动。是故先王慎所以感之者。故礼以道其志，乐以和其声，政以一其行，刑以防其奸。礼乐刑政，其极一也；所以同民心而出治道也。

凡音者，生人心者也。情动于中，故形于声。声成文，谓之音。是故治世之音安以乐，其政和。乱世之音怨以怒，其政乖。亡国之音哀以思，

其民困。声音之道，与政通矣。宫为君，商为臣，角为民，徵为事，羽为物。五者不乱，则无怗滞之音矣。宫乱则荒，其君骄。商乱则陂，其官坏。角乱则忧，其民怨。徵乱则哀，其事勤。羽乱则危，其财匮。五者皆乱，迭相陵，谓之慢。如此，则国之灭亡无日矣。郑卫之音，乱世之音也，比于慢矣。桑间濮上之音，亡国之音也，其政散，其民流，诬上行私而不可止也。

凡音者，生于人心者也。乐者，通伦理者也。是故知声而不知音者，禽兽是也；知音而不知乐者，众庶是也。唯君子为能知乐。是故审声以知音，审音以知乐，审乐以知政，而治道备矣。是故不知声者不可与言音，不知音者不可与言乐。知乐则几于礼矣。礼乐皆得，谓之有德。德者，得也。

是故乐之隆，非极音也。食飨之礼，非致味也。《清庙》之瑟，朱弦而疏越，壹倡而三叹，有遗音者矣。大飨之礼，尚玄酒而俎腥鱼，大羹不和，有遗味者矣。是故先王之制礼乐也，非以极口腹耳目之欲也，将以教民平好恶而反人道之正也。

人生而静，天之性也；感于物而动，性之欲也。物至知知，然后好恶形焉。好恶无节于内，知诱于外，不能反躬，天理灭矣。夫物之感人无穷，而人之好恶无节，则是物至而人化物也。人化物也者，灭天理而穷人欲者也。于是有悖逆诈伪之心，有淫泆作乱之事。是故强者胁弱，众者暴寡，知者诈愚，勇者苦怯，疾病不养，老幼孤独不得其所，此大乱之道也。

是故先王之制礼乐，人为之节；衰麻哭泣，所以节丧纪也；钟鼓干戚，所以和安乐也；昏姻冠笄，所以别男女也；射乡食飨，所以正交接也。礼节民心，乐和民声，政以行之，刑以防之，礼乐刑政，四达而不悖，则王道备矣。

乐者为同，礼者为异。同则相亲，异则相敬，乐胜则流，礼胜则离。合情饰貌者礼乐之事也。礼义立，则贵贱等矣；乐文同，则上下和矣；好恶着，则贤不肖别矣。刑禁暴，爵举贤，则政均矣。仁以爱之，义以正之，如此，则民治行矣。

乐由中出，礼自外作。乐由中出故静，礼自外作故文。大乐必易，大礼必简。乐至则无怨，礼至则不争。揖让而治天下者，礼乐之谓也。暴民不作，诸侯宾服，兵革不试，五刑不用，百姓无患，天子不怒，如此，则乐达矣。合父子之亲，明长幼之序，以敬四海之内，天子如此，则礼行矣。

大乐与天地同和，大礼与天地同节。和故百物不失，节故祀天祭地，明则有礼乐，幽则有鬼神。如此，则四海之内，合敬同爱矣。礼者殊事合敬者也；乐者异文合爱者也。礼乐之情同，故明王以相沿也。故事与时并，名与功偕。

故钟鼓管磬，羽籥干戚，乐之器也。屈伸俯仰，缀兆舒疾，乐之文也。簠簋俎豆，制度文章，礼之器也。升降上下，周还裼袭，礼之文也。故知礼乐之情者能作，识礼乐之文者能述。作者之谓圣，述者之谓明；明圣者，述作之谓也。

乐者，天地之和也；礼者，天地之序也。和故百物皆化；序故群物皆别。乐由天作，礼以地制。过制则乱，过作则暴。明于天地，然后能兴礼乐也。

论伦无患，乐之情也；欣喜欢爱，乐之官也。中正无邪，礼之质也，庄敬恭顺。礼之制也。若夫礼乐之施于金石，越于声音，用于宗庙社稷，事乎山川鬼神，则此所与民同也。

王者功成作乐，治定制礼。其功大者其乐备，其治辩者其礼具。干戚之舞非备乐也，孰享而祀非达礼也。五帝殊时，不相沿乐；三王异世，不相袭礼。乐极则忧，礼粗则偏矣。及夫敦乐而无忧，礼备而不偏者，其唯大圣乎！

天高地下，万物散殊，而礼制行矣。流而不息，合同而化，而乐兴焉。春作夏长，仁也；秋敛冬藏，义也。仁近于乐，义近于礼。乐者敦和，率神而从天，礼者别宜，居鬼而从地。故圣人作乐以应天，制礼以配地。礼乐明备，天地官矣。

天尊地卑，君臣定矣。卑高已陈，贵贱位矣。动静有常，小大殊矣。方以类聚，物以群分，则性命不同矣。在天成象，在地成形；如此，则礼者天地之别也。地气上齐，天气下降，阴阳相摩，天地相荡，鼓之以雷霆，奋之以风雨，动之以四时，暖之以日月，而百化兴焉。如此，则乐者天地之和也。

化不时则不生，男女无辨则乱升；天地之情也。及夫礼乐之极乎天而蟠乎地，行乎阴阳而通乎鬼神；穷高极远而测深厚。乐着大始，而礼居成物。着不息者天也，着不动者地也。一动一静者天地之间也。故圣人曰礼乐云。

昔者，舜作五弦之琴以歌《南风》，夔始制乐以赏诸侯。故天子之为乐也，以赏诸侯之有德者也。德盛而教尊，五谷时熟，然后赏之以乐。故其治民劳者，其舞行缀远；其治民逸者，其舞行缀短。故观其舞，知其德；闻其谥，知其行也。《大章》，章之也。《咸池》，备矣。《韶》，继也。《夏》，大也。殷周之乐，尽矣。

天地之道，寒暑不时则疾，风雨不节则饥。教者，民之寒暑也；教不时则伤世。事者民之风雨也；事不节则无功。然则先王之为乐也，以法治也，善则行象德矣。

夫豢豕为酒，非以为祸也，而狱讼益繁，则酒之流生祸也。是故先王因为酒礼，壹献之礼，宾主百拜，终日饮酒而不得醉焉；此先王之所以备酒祸也。故酒食者所以合欢也；乐者，所以象德也；礼者，所以缀淫也。是故先王有大事，必有礼以哀之；有大福，必有礼以乐之。哀乐之分，皆以礼终。乐也者，圣人之所乐也，而可以善民心，其感人深，其移风易俗，故先王着其教焉。

夫民有血气心知之性，而无哀乐喜怒之常，应感起物而动，然后心术形焉。是故志微噍杀之音作，而民思忧。啴谐慢易、繁文简节之音作，而民康乐。粗厉猛起、奋末广贲之音作，而民刚毅。廉直、劲正、庄诚之音作，而民肃敬。宽裕肉好、顺成和动之音作，而民慈爱。流辟邪散、狄成涤滥之音作，而民淫乱。

是故先王本之情性，稽之度数，制之礼义。合生气之和，道五常之行，使之阳而不散，阴而不密，刚气不怒，柔气不慑，四畅交于中而发作于外，皆安其位而不相夺也；然后立之学等，广其节奏，省其文采，以绳德厚。律小大之称，比终始之序，以象事行。使亲疏贵贱、长幼男女之理，皆形见于乐，故曰："乐观其深矣。"

土敝则草木不长，水烦则鱼鳖不大，气衰则生物不遂，世乱则礼慝而乐淫。是故其声哀而不庄，乐而不安，慢易以犯节，流湎以忘本。广则容奸，狭则思欲，感条畅之气而灭平和之德。是以君子贱之也。

凡奸声感人，而逆气应之；逆气成象，而淫乐兴焉。正声感人，而顺气应之；顺气成象，而和乐兴焉。倡和有应，回邪曲直，各归其分；而万物之理，各以其类相动也。

是故君子反情以和其志，比类以成其行。奸声乱色，不留聪明；淫乐慝礼，不接心术。惰慢邪辟之气不设于身体，使耳目鼻口、心知百体皆由顺正以行其义。然后发以声音，而文以琴瑟，动以干戚，饰以羽旄，从以箫管。奋至德之光，动四气之和，以着万物之理。是故清明象天，广大象地，终始象四时，周还象风雨。五色成文而不乱，八风从律而不奸，百度得数而有常。小大相成，终始相生。倡和清浊，迭相为经。故乐行而伦清，耳目聪明，血气和平，移风易俗，天下皆宁。

故曰："乐者，乐也。"君子乐得其道，小人乐得其欲。以道制欲，则乐而不乱；以欲忘道，则惑而不乐。是故君子反情以和其志，广乐以成其教。乐行而民乡方，可以观德矣。德者性之端也。乐者德之华也。金石丝竹，乐之器也。诗言其志也，歌咏其声也，舞动其容也。三者本于心，然后乐气从之。是故情深而文明，气盛而化神。和顺积中而英华发外，唯乐不可以为伪。

乐者，心之动也；声者，乐之象也。文采节奏，声之饰也。君子动其本，乐其象，然后治其饰。是故先鼓以警戒，三步以见方，再始以着往，复乱以饬归。奋疾而不拔，极幽而不隐。独乐其志，不厌其道；备举其道，不私其欲。是故情见而义立，乐终而德尊。君子以好善，小人以听过。故曰："生民之道，乐为大焉。"

乐也者，施也；礼也者报也。乐，乐其所自生；而礼，反其所自始。乐章德，礼报情反始也。

所谓大辂者，天子之车也。龙旗九旒，天子之旌也。青黑缘者，天子之宝龟也。从之以牛羊之群，则所以赠诸侯也。

乐也者，情之不可变者也。礼也者，理之不可易者也。乐统同，礼辨异，礼乐之说，管乎人情矣。穷本知变，乐之情也；着诚去伪，礼之经也。礼乐负天地之情，达神明之德，降兴上下之神，而凝是精粗之体，领父子君臣之节。

是故大人举礼乐，则天地将为昭焉。天地欣合，阴阳相得，煦妪覆育万物，然后草木茂，区萌达，羽翼奋，角觡生，蛰虫昭苏，羽者妪伏，毛者孕鬻，胎生者不殰，而卵生者不殈，则乐之道归焉耳。

乐者，非谓黄钟、大吕、弦歌、干扬也，乐之末节也，故童者舞之。铺筵席，陈尊俎，列笾豆，以升降为礼者，礼之末节也，故有司掌之。乐师辨乎声诗，故北面而弦；宗祝辨乎宗庙之礼，故后尸；商祝辨乎丧礼，故后主人。是故德成而上，艺成而下；行成而先，事成而后。是故先王有上有下，有先有后，然后可以有制于天下也。

魏文侯问于子夏曰："吾端冕而听古乐，则唯恐卧；听郑卫之音，则不知倦。敢问古乐之如彼何也？新乐之如此何也？"子夏对曰："今夫古乐，进旅退旅，和正以广。弦匏笙簧，会守拊鼓，始奏以文，复乱以武，治乱以相，讯疾以雅。君子于是语，于是道古，修身及家，平均天下。此古乐之发也。今夫新乐，进俯退俯，奸声以滥，溺而不止；及优侏儒，糅杂子女，不知父子。乐终不可以语，不可以道古。此新乐之发也。今君之所问者乐也，所好者音也！夫乐者，与音相近而不同。"

文侯曰："敢问何如？"子夏对曰："夫古者，天地顺而四时当，民有德而五谷昌，疾疢不作而无妖祥，此之谓大当。然后圣人作为父子君臣，以为纪纲。纪纲既正，天下大定。天下大定，然后正六律，和五声，弦歌《诗·颂》。此之谓德音，德音之谓乐。《诗》云：'莫其德音，其德克明。克明克类，克长克君，王此大邦；克顺克俾，俾于文王，其德靡悔。既受帝祉，施于孙子。'此之谓也。今君之所好者，其溺音乎？"

文侯曰："敢问溺音何从出也？"子夏对曰："郑音好滥淫志，宋音燕女溺志，卫音趋数烦志，齐音敖辟乔志；此四者皆淫于色而害于德，是以祭祀弗用也。《诗》云：'肃雍和鸣，先祖是听。'夫肃肃，敬也；雍雍，和也。夫敬以和，何事不行？为人君者谨其所好恶而已矣。君好之，则臣为之。上行之，则民从之。《诗》云：'诱民孔易。'此之谓也。然后，圣人作为鼗、鼓、椌、楬、埙、篪，此六者德音之音也。然后钟磬竽瑟以和之，干戚旄狄以舞之，此所以祭先王之庙也，所以献酬酳酢也，所以官序贵贱各得其宜也，所以示后世有尊卑长幼之序也。钟声铿，铿以立号，号以立横，横以立武。君子听钟声则思武臣。石声磬，磬以立辨，辨以致死。君子听磬声则思死封疆之臣。丝声哀，哀以立廉，廉以立志。君子听琴瑟之声则思志义之臣。竹声滥，滥以立会，会以聚众。君子听竽笙箫管之声，则思畜聚之臣。鼓鼙之声讙，讙以立动，动以进众。君子听鼓鼙之声，则思将帅之臣。君子之听音，非听其铿锵而已也，彼亦有所合之也。"

宾牟贾侍坐于孔子，孔子与之言及乐，曰："夫《武》之备戒之已久，何也？"对曰："病不得众也。""咏叹之，淫液之，何也？"对曰："恐不逮事也。""发扬蹈厉之已蚤，何也？"对曰："及时事也。""《武》

坐致右宪左，何也？"对曰："非《武》坐也。""声淫及商，何也？"对曰："非《武》音也。"子曰："若非《武》音，则何音也？"对曰："有司失其传也。若非有司失其传，则武王之志荒矣。"子曰："唯！丘之闻诸苌弘，亦若吾子之言是也。"

宾牟贾起，免席而请曰："夫《武》之备戒之已久，则既闻命矣，敢问：迟之迟而又久，何也？"子曰："居！吾语汝。夫乐者，象成者也；揔干而山立，武王之事也；发扬蹈厉，大公之志也。《武》乱皆坐，周、召之治也。且夫《武》，始而北出，再成而灭商。三成而南，四成而南国是疆，五成而分周公左召公右，六成复缀以崇。天子夹振之而驷伐，盛威于中国也。分夹而进，事早济也，久立于缀，以待诸侯之至也。且女独未闻牧野之语乎？武王克殷反商。未及下车而封黄帝之后于蓟，封帝尧之后于祝，封帝舜之后于陈。下车而封夏后氏之后于杞，投殷之后于宋。封王子比干之墓，释箕子之囚，使之行商容而复其位。庶民弛政，庶士倍禄。济河而西，马散之华山之阳，而弗复乘；牛散之桃林之野，而弗复服。车甲衅而藏之府库，而弗复用。倒载干戈，包之以虎皮；将帅之士，使为诸侯；名之曰建櫜。然后知武王之不复用兵也。散军而郊射，左射《狸首》，右射《驺虞》，而贯革之射息也。裨冕搢笏，而虎贲之士说剑也。祀乎明堂而民知孝。朝觐然后诸侯知所以臣，耕藉然后诸侯知所以敬。五者，天下之大教也。食三老五更于大学，天子袒而割牲，执酱而馈，执爵而酳，冕而总干，所以教诸侯之弟也。若此则周道四达，礼乐交通。则夫《武》之迟久，不亦宜乎！"

君子曰：礼乐不可斯须去身。致乐以治心，则易直子谅之心油然生矣。易直子谅之心生则乐，乐则安，安则久，久则天，天则神。天则不言而信，神则不怒而威，致乐以治心者也。致礼以治躬则庄敬，庄敬则严威。心中斯须不和不乐，而鄙诈之心入之矣。外貌斯须不庄不敬，而易慢之心入之矣。故乐也者，动于内者也；礼也者，动于外者也。乐极和，礼极顺，内和而外顺，则民瞻其颜色而弗与争也；望其容貌，而民不生易慢焉。故德辉动于内，而民莫不承听；理发诸外，而民莫不承顺。故曰：致礼乐之道，举而错之，天下无难矣。

乐也者，动于内者也；礼也者，动于外者也。故礼主其减，乐主其盈。礼减而进，以进为文；乐盈而反，以反为文。礼减而不进则销，乐盈而不反则放；故礼有报而乐有反。礼得其报则乐，乐得其反则安；礼之报，乐之反，其义一也。

夫乐者，乐也，人情之所不能免也。乐必发于声音，形于动静，人之道也。声音动静，性术之变，尽于此矣。故人不耐无乐，乐不耐无形。形而不为道，不耐无乱。先王耻其乱，故制《雅》《颂》之声以道之，使其声足乐而不流，使其文足论而不息，使其曲直繁瘠、廉肉节奏足以感动人之善心而已矣。不使放心邪气得接焉，是先王立乐之方也。

是故乐在宗庙之中，君臣上下同听之则莫不和敬；在族长乡里之中，长幼同听之则莫不和顺；在闺门之内，父子兄弟同听之则莫不和亲。故乐者审一以定和，比物以饰节；节奏合以成文。所以合和父子君臣，附亲万民也，是先王立乐之方也。

故听其《雅》《颂》之声，志意得广焉；执其干戚，习其俯仰诎伸，容貌得庄焉；行其缀兆，要其节奏，行列得正焉，进退得齐焉。故乐者天地之命，中和之纪，人情之所不能免也。

夫乐者，先王之所以饰喜也，军旅铁钺者，先王之所以饰怒也。故先王之喜怒，皆得其侪焉。喜则天下和之，怒则暴乱者畏之。先王之道，礼乐可谓盛矣。

子赣见师乙而问焉，曰："赐闻声歌各有宜也，如赐者，宜何歌也？"师乙曰："乙，贱工也，何足以问所宜。请诵其所闻，而吾子自执焉。宽而静、柔而正者，宜歌《颂》；广大而静、疏达而信者，宜歌《大雅》；恭俭而好礼者，宜歌《小雅》；正直而静，廉而谦者，宜歌《风》；肆直而慈爱者，宜歌《商》；温良而能断者，宜歌《齐》。夫歌者，直己而陈德也。动己而天地应焉，四时和焉，星辰理焉，万物育焉。故《商》者，五帝之遗声也。商人识之，故谓之《商》；《齐》者，三代之遗声也，齐人识之，故谓之《齐》。明乎《商》之音者，临事而屡断，明乎《齐》之音者，见利而让。临事而屡断，勇也；见利而让，义也。有勇有义，非歌孰能保此？故歌者，上如抗，下如队，曲如折，止如槁木，倨中矩，句中钩，累累乎端如贯珠。故歌之为言也，长言之也。说之，故言之；言之不足，故长言之；长言之不足，故嗟叹之；嗟叹之不足，故不知手之舞之，足之蹈之也。"——《子贡问乐》。

(先秦)《礼记译解》，王文锦译解，中华书局2016年版

杂记上

大夫卜宅与葬日，有司麻衣、布衰、布带，因丧屦，缁布冠不蕤。占

者皮弁。如筮，则史练冠长衣以筮。占者朝服。

复：诸侯以褒衣冕服，爵弁服，夫人税衣揄狄，狄税素沙。内子以鞠衣，褒衣，素沙。下大夫以襢衣，其余如士。复西上。

有三年之练冠，则以大功之麻易之；唯杖屦不易。

有父母之丧，尚功衰，而附兄弟之殇则练冠。附于殇，称阳童某甫，不名，神也。

凡异居，始闻兄弟之丧，唯以哭对，可也。其始麻，散带绖。未服麻而奔丧，及主人之未成绖也：疏者，与主人皆成之；亲者，终其麻带绖之日数。

女君死，则妾为女君之党服。摄女君，则不为先女君之党服。

诸侯相禭以后路与冕服，先路与褒衣不以禭。

大白冠，缁布之冠，皆不蕤。委武玄缟而后蕤。

大夫冕而祭于公，弁而祭于己。士弁而祭于公，冠而祭于己。士弁而亲迎，然则士弁而祭于己可也。

子羔之袭也：茧衣裳与税衣纁袡为一，素端一，皮弁一，爵弁一，玄冕一。曾子曰："不袭妇服。"

公袭，卷衣一，玄端一，朝服一，素积一，纁裳一，爵弁二，玄冕一，褒衣一。朱绿带，申加大带于上。

（先秦）《礼记译解》，王文锦译解，中华书局2016年版

杂记下

祥，主人之除也，于夕为期，朝服。祥因其故服。

子游曰："既祥，虽不当缟者必缟，然后反服。"

当袒，大夫至，虽当踊，绝踊而拜之，反改成踊，乃袭。于士，既事成踊，袭而后拜之，不改成踊。

父有服，宫中子不与于乐。母有服，声闻焉不举乐。妻有服，不举乐于其侧。大功将至，辟琴瑟。小功至，不绝乐。

麻者不绅，执玉不麻。麻不加于采。

卿大夫疾，君问之无算；士壹问之。君于卿大夫，比葬不食肉，比卒哭不举乐；为士，比殡不举乐。

（先秦）《礼记译解》，王文锦译解，中华书局2016年版

祭统

贤者之祭也，必受其福。非世所谓福也。福者，备也；备者，百顺之名也。无所不顺者，谓之备。言：内尽于己，而外顺于道也。忠臣以事其君，孝子以事其亲，其本一也。上则顺于鬼神，外则顺于君长，内则以孝于亲。如此之谓备。唯贤者能备，能备然后能祭。是故贤者之祭也，致其诚信与其忠敬，奉之以物，道之以礼，安之以乐，参之以时，明荐之而已矣，不求其为。此孝子之心也。

及时将祭，君子乃齐。齐之为言齐也。齐不齐以致齐者也。是以君子非有大事也，非有恭敬也，则不齐。不齐则于物无防也，嗜欲无止也。及其将齐也，防其邪物，讫其嗜欲，耳不听乐。故记曰"齐者不乐"，言不敢散其志也。心不苟虑，必依于道；手足不苟动，必依于礼。是故君子之齐也，专致其精明之德也。故散齐七日以定之，致齐三日以齐之。定之之谓齐。齐者精明之至也，然后可以交于神明也。

是故，先期旬有一日，宫宰宿夫人，夫人亦散齐七日，致齐三日。君致齐于外，夫人致齐于内，然后会于大庙。君纯冕立于阼，夫人副袆立于东房。君执圭瓒祼尸，大宗执璋瓒亚祼。及迎牲，君执纼，卿大夫从士执刍。宗妇执盎从夫人荐涚水。君执鸾刀羞哜，夫人荐豆，此之谓夫妇亲之。

及入舞，君执干戚就舞位，君为东上，冕而揔干，率其群臣，以乐皇尸。是故天子之祭也，与天下乐之；诸侯之祭也，与竟内乐之。冕而揔干，率其群臣，以乐皇尸，此与竟内乐之之义也。

夫祭有三重焉：献之属，莫重于祼，声莫重于升歌，舞莫重于《武宿夜》，此周道也。凡三道者，所以假于外而以增君子之志也，故与志进退；志轻则亦轻，志重则亦重。轻其志而求外之重也，虽圣人弗能得也。是故君子之祭也，必身自尽也，所以明重也。道之以礼，以奉三重，而荐诸皇尸，此圣人之道也。

夫鼎有铭，铭者，自名也。自名以称扬其先祖之美，而明着之后世者也。为先祖者，莫不有美焉，莫不有恶焉，铭之义，称美而不称恶，此孝子孝孙之心也。唯贤者能之。铭者，论撰其先祖之有德善，功烈勋劳庆赏声名列于天下，而酌之祭器；自成其名焉，以祀其先祖者也。显扬先祖，所以崇孝也。身比焉，顺也。明示后世，教也。夫铭者，壹称而上下皆得焉耳矣。是故君子之观于铭也，既美其所称，又美其所为。为之者，明足以见之，仁足以与之，知足以利之，可谓贤矣。贤而勿伐，可谓恭矣。

昔者，周公旦有勋劳于天下。周公既没，成王、康王追念周公之所以勋劳者，而欲尊鲁；故赐之以重祭。外祭，则郊社是也；内祭，则大尝禘是也。夫大尝禘，升歌《清庙》，下而管《象》；朱干玉戚，以舞《大武》；八佾，以舞《大夏》；此天子之乐也。康周公，故以赐鲁也。子孙纂之，至于今不废，所以明周公之德而又以重其国也。

（先秦）《礼记译解》，王文锦译解，中华书局2016年版

经解

孔子曰："入其国，其教可知也。其为人也：温柔敦厚，《诗》教也；疏通知远，《书》教也；广博易良，《乐》教也；洁静精微，《易》教也；恭俭庄敬，《礼》教也；属辞比事，《春秋》教也。故《诗》之失，愚；《书》之失，诬；《乐》之失，奢；《易》之失，贼；《礼》之失，烦；《春秋》之失，乱。其为人也：温柔敦厚而不愚，则深于《诗》者也；疏通知远而不诬，则深于《书》者也；广博易良而不奢，则深于《乐》者也；洁静精微而不贼，则深于《易》者也；恭俭庄敬而不烦，则深于《礼》者也；属辞比事而不乱，则深于《春秋》者也。"

天子者，与天地参。故德配天地，兼利万物，与日月并明，明照四海而不遗微小。其在朝廷，则道仁圣礼义之序；燕处，则听《雅》《颂》之音；行步，则有环佩之声；升车，则有鸾和之音。居处有礼，进退有度，百官得其宜，万事得其序。《诗》云："淑人君子，其仪不忒。其仪不忒，正是四国。"此之谓也。

（先秦）《礼记译解》，王文锦译解，中华书局2016年版

仲尼燕居

仲尼燕居，子张、子贡、言游侍，纵言至于礼。子曰："居！女三人者，吾语女礼，使女以礼周流无不遍也。"子贡越席而对曰："敢问何如？"子曰："敬而不中礼，谓之野；恭而不中礼，谓之给；勇而不中礼，谓之逆。"子曰："给夺慈仁。"子曰："师，尔过；而商也不及。子产犹众人之母也，能食之不能教也。"子贡越席而对曰："敢问将何以为此中者也？"子曰："礼乎礼！夫礼所以制中也。"

子贡退，言游进曰："敢问礼也者，领恶而全好者与？"子曰："然。"

"然则何如？"子曰："郊社之义，所以仁鬼神也；尝禘之礼，所以仁昭穆也；馈奠之礼，所以仁死丧也；射乡之礼，所以仁乡党也；食飨之礼，所以仁宾客也。"子曰："明乎郊社之义、尝禘之礼，治国其如指诸掌而已乎！是故，以之居处有礼，故长幼辨也。以之闺门之内有礼，故三族和也。以之朝廷有礼，故官爵序也。以之田猎有礼，故戎事闲也。以之军旅有礼，故武功成也。是故，宫室得其度，量鼎得其象，味得其时，乐得其节，车得其式，鬼神得其飨，丧纪得其哀，辨说得其党，官得其体，政事得其施；加于身而错于前，凡众之动得其宜。"

子曰："礼者何也？即事之治也。君子有其事，必有其治。治国而无礼，譬犹瞽之无相与？伥伥其何之？譬如终夜有求于幽室之中，非烛何见？若无礼则手足无所错，耳目无所加，进退揖让无所制。是故，以之居处，长幼失其别；闺门，三族失其和；朝廷，官爵失其序；田猎，戎事失其策；军旅，武功失其制；宫室，失其度；量鼎，失其象；味，失其时；乐，失其节；车，失其式；鬼神，失其飨；丧纪，失其哀；辩说，失其党；官，失其体；政事，失其施；加于身而错于前，凡众之动，失其宜。如此，则无以祖洽于众也。"

子曰："慎听之，女三人者，吾语女礼，犹有九焉，大飨有四焉。苟知此矣，虽在畎亩之中事之，圣人已。两君相见，揖让而入门，入门而县兴；揖让而升堂，升堂而乐阕。下管《象》《武》，《夏》籥序兴。陈其荐俎，序其礼乐，备其百官。如此，而后君子知仁焉。行中规，还中矩，和鸾中《采齐》，客出以《雍》，彻以《振羽》。是故，君子无物而不在礼矣。入门而金作，示情也。升歌《清庙》，示德也。下而管《象》，示事也。是故古之君子，不必亲相与言也，以礼乐相示而已。"

子曰："礼也者，理也；乐也者，节也。君子无理不动，无节不作。不能《诗》，于礼缪；不能乐，于礼素；薄于德，于礼虚。"子曰："制度在礼，文为在礼，行之，其在人乎！"子贡越席而对曰："敢问夔其穷与？"子曰："古之人与？古之人也。达于礼而不达于乐，谓之素；达于乐而不达于礼，谓之偏。夫夔，达于乐而不达于礼，是以传此名也，古之人也。"

子张问政，子曰："师乎！前，吾语女乎？君子明于礼乐，举而错之而已。"子张复问。子曰："师，尔以为必铺几筵，升降酌献酬酢，然后谓之礼乎？尔以为必行缀兆。兴羽籥，作钟鼓，然后谓之乐乎？言而履之，礼也。行而乐之，乐也。君子力此二者以南面而立，夫是以天下太平也。诸侯朝，万物服体，而百官莫敢不承事矣。礼之所兴，众之所治也；礼之所废，众之所乱也。目巧之室，则有奥阼，席则有上下，车则有左右，行则有随，立则有序，古之义也。室而无奥阼，则乱于堂室也。席而无上下，则乱于席上也。车而无左右，则乱于车也。行而无随，则乱于涂也。立而无序，则乱于位也。昔圣帝明王诸侯，辨贵贱、长幼、远近、男女、外内，莫敢相逾越，皆由此涂出也。"三子者，既得闻此言也于夫子，昭然若发蒙矣。

（先秦）《礼记译解》，王文锦译解，中华书局2016年版

孔子闲居

孔子闲居，子夏侍。子夏曰："敢问《诗》云：'凯弟君子，民之父母'，何如斯可谓民之父母矣？"孔子曰："夫民之父母乎，必达于礼乐之原，以致五至，而行三无，以横于天下。四方有败，必先知之。此之谓民之父母矣。"

子夏曰："民之父母，既得而闻之矣；敢问何谓五至？"孔子曰："志之所至，诗亦至焉。诗之所至，礼亦至焉。礼之所至，乐亦至焉。乐之所至，哀亦至焉。哀乐相生。是故，正明目而视之，不可得而见也；倾耳而听之，不可得而闻也；志气塞乎天地，此之谓五至。"

子夏曰："五至既得而闻之矣，敢问何谓三无？"孔子曰："无声之乐，无体之礼，无服之丧，此之谓三无。"

子夏曰："三无既得略而闻之矣，敢问何诗近之？"孔子曰："'夙夜其命宥密'，无声之乐也。'威仪逮逮，不可选也'，无体之礼也。'凡民有丧，匍匐救之'，无服之丧也。"

子夏曰："言则大矣！美矣！盛矣！言尽于此而已乎？"孔子曰："何为其然也！君子之服之也，犹有五起焉。"子夏曰："何如？"子曰："无声之乐，气志不违；无体之礼，威仪迟迟；无服之丧，内恕孔悲。无声之乐，气志既得；无体之礼，威仪翼翼；无服之丧，施及四国。无声之乐，气志既从；无体之礼，上下和同；无服之丧，以畜万邦。无声之乐，日闻四方；无体之礼，日就月将；无服之丧，纯德孔明。无声之乐，气志既起；无体之礼，施及四海；无服之丧，施于孙子。"

子夏曰："三王之德，参于天地，敢问何如斯可谓参于天地矣？"

孔子曰："奉三无私以劳天下。"子夏曰："敢问何谓三无私?"孔子曰："天无私覆,地无私载,日月无私照。奉斯三者以劳天下,此之谓三无私。其在《诗》曰:'帝命不违,至于汤齐。汤降不迟,圣敬日齐。昭假迟迟,上帝是祗。帝命式于九围。'是汤之德也。天有四时,春秋冬夏,风雨霜露,无非教也。地载神气,神气风霆,风霆流形,庶物露生,无非教也。清明在躬,气志如神,嗜欲将至,有开必先。天降时雨,山川出云。其在《诗》曰:'嵩高惟岳,峻极于天。惟岳降神,生甫及申。惟申及甫,惟周之翰。四国于蕃,四方于宣。'此文武之德也。三代之王也,必先令闻,《诗》云:'明明天子,令闻不已。'三代之德也。'弛其文德,协此四国。'大王之德也。"子夏蹶然而起,负墙而立曰:"弟子敢不承乎!"

(先秦)《礼记译解》,王文锦译解,中华书局2016年版

坊记

子云:"夫礼者,所以章疑别微,以为民坊者也。故贵贱有等,衣服有别,朝廷有位,则民有所让。"

(先秦)《礼记译解》,王文锦译解,中华书局2016年版

中庸

君子之道,费而隐。夫妇之愚,可以与知焉,及其至也,虽圣人亦有所不知焉;夫妇之不肖,可以能行焉,及其至也,虽圣人亦有所不能焉。天地之大也,人犹有所憾。故君子语大,天下莫能载焉;语小,天下莫能破焉。《诗》云:"鸢飞戾天;鱼跃于渊。"言其上下察也。君子之道,造端乎夫妇,及其至也,察乎天地。

君子之道,辟如行远必自迩,辟如登高必自卑。《诗》曰:"妻子好合,如鼓瑟琴。兄弟既翕,和乐且耽。宜尔室家,乐尔妻帑。"子曰:"父母其顺矣乎。"

子曰:"舜其大孝也与!德为圣人,尊为天子,富有四海之内。宗庙飨之,子孙保之。故大德必得其位,必得其禄,必得其名,必得其寿。故天之生物,必因其材而笃焉。故栽者培之,倾者覆之。《诗》曰:'嘉乐君子,宪宪令德。宜民宜人,受禄于天。保佑命之,自天申之。'故大德者必受命。"

子曰："武王、周公，其达孝矣乎！夫孝者，善继人之志，善述人之事者也。春秋修其祖庙，陈其宗器，设其裳衣，荐其时食。宗庙之礼，所以序昭穆也；序爵，所以辨贵贱也；序事，所以辨贤也；旅酬下为上，所以逮贱也；燕毛，所以序齿也。践其位，行其礼，奏其乐，敬其所尊，爱其所亲，事死如事生，事亡如事存，孝之至也。郊社之礼，所以事上帝也。宗庙之礼，所以祀乎其先也。明乎郊社之礼，禘尝之义，治国其如示诸掌乎！"

凡为天下国家有九经，曰修身也，尊贤也，亲亲也，敬大臣也，体群臣也，子庶民也，来百工也，柔远人也，怀诸侯也。修身则道立，尊贤则不惑，亲亲则诸父昆弟不怨，敬大臣则不眩，体群臣则士之报礼重，子庶民则百姓劝，来百工则财用足，柔远人则四方归之，怀诸侯则天下畏之。

齐明盛服，非礼不动，所以修身也。去谗远色，贱货而贵德，所以劝贤也。尊其位，重其禄，同其好恶，所以劝亲亲也。官盛任使，所以劝大臣也。忠信重禄，所以劝士也。时使薄敛，所以劝百姓也。日省月试，既禀称事，所以劝百工也。送往迎来，嘉善而矜不能，所以柔远人也。继绝世，举废国，治乱持危，朝聘以时，厚往而薄来，所以怀诸侯也。

《诗》曰"维天之命，于穆不已"，盖曰天之所以为天也。"于乎不显，文王之德之纯"，盖曰文王之所以为文也，纯亦不已。

子曰："愚而好自用，贱而好自专，生乎今之世，反古之道。如此者灾及其身者也。"非天子，不议礼，不制度，不考文。今天下车同轨，书同文，行同伦。虽有其位，苟无其德，不敢作礼乐焉；虽有其德，苟无其位，亦不敢作礼乐焉。子曰："吾说夏礼，杞不足征也；吾学殷礼，有宋存焉；吾学周礼，今用之。吾从周。"

《诗》曰"衣锦尚絅"，恶其文之著也。故君子之道，暗然而日章；小人之道，的然而日亡。君子之道，淡而不厌，简而文，温而理，知远之近，知风之自，知微之显。可与入德矣。

《诗》云："潜虽伏矣，亦孔之昭！"故君子内省不疚，无恶于志。君子之所不可及者，其唯人之所不见乎？

《诗》云："相在尔室，尚不愧于屋漏。"故君子不动而敬，不言而信。

《诗》曰："奏假无言，时靡有争。"是故君子不赏而民劝，不怒而民威于铁钺。

《诗》曰:"不显惟德,百辟其刑之。"是故君子笃恭而天下平。

《诗》云:"予怀明德,不大声以色。"子曰:"声色之于以化民,末也。"

《诗》曰:"德輶如毛。"毛犹有伦。"上天之载,无声无臭。"至矣!

(先秦)《礼记译解》,王文锦译解,中华书局 2016 年版

表记

子曰:"仁之难成久矣,惟君子能之。是故君子不以其所能者病人,不以人之所不能者愧人。是故圣人之制行也,不制以己,使民有所劝勉愧耻,以行其言。礼以节之,信以结之,容貌以文之,衣服以移之,朋友以极之,欲民之有壹也。《小雅》曰:'不愧于人,不畏于天。'是故君子服其服,则文以君子之容;有其容,则文以君子之辞;遂其辞,则实以君子之德。是故君子耻服其服而无其容,耻有其容而无其辞,耻有其辞而无其德,耻有其德而无其行。是故君子衰绖则有哀色;端冕则有敬色;甲胄则有不可辱之色。《诗》云:'惟鹈在梁,不濡其翼;彼记之子,不称其服。'"

(先秦)《礼记译解》,王文锦译解,中华书局 2016 年版

问丧

或问曰:"冠者不肉袒,何也?"曰:"冠,至尊也,不居肉袒之体也,故为之免以代之也。然则秃者不免,伛者不袒,跛者不踊,非不悲也;身有锢疾,不可以备礼也。故曰:丧礼唯哀为主矣。女子哭泣悲哀,击胸伤心;男子哭泣悲哀,稽颡触地,无容,哀之至也。"

或问曰:"免者以何为也?"曰:"不冠者之所服也。《礼》曰:'童子不缌,唯当室缌。'缌者其免也,当室则免而杖矣。"

(先秦)《礼记译解》,王文锦译解,中华书局 2016 年版

深衣

古者深衣,盖有制度,以应规、矩、绳、权、衡。短毋见肤,长毋被土。续衽,钩边。要缝半下;袼之高下,可以运肘;袂之长短,反诎之及肘。带下毋厌髀,上毋厌胁,当无骨者。

制:十有二幅以应十有二月,袂圜以应规;曲袷如矩以应方;负绳及踝以应直;下齐如权衡以应平。故规者,行举手以为容;负绳抱方者,以

直其政，方其义也。故《易》曰："坤六二之动，直以方也。"下齐如权衡者，以安志而平心也。五法已施，故圣人服之。故规矩取其无私，绳取其直，权衡取其平，故先王贵之。故可以为文，可以为武，可以摈相，可以治军旅，完且弗费，善衣之次也。

具父母、大父母，衣纯以缋；具父母，衣纯以青。如孤子，衣纯以素。纯袂、缘、纯边，广各寸半。

（先秦）《礼记译解》，王文锦译解，中华书局2016年版

儒行

温良者，仁之本也；敬慎者，仁之地也；宽裕者，仁之作也；孙接者，仁之能也；礼节者，仁之貌也；言谈者，仁之文也；歌乐者，仁之和也；分散者，仁之施也；儒皆兼此而有之，犹且不敢言仁也。其尊让有如此者。

（先秦）《礼记译解》，王文锦译解，中华书局2016年版

冠义

凡人之所以为人者，礼义也。礼义之始，在于正容体、齐颜色、顺辞令。容体正，颜色齐，辞令顺，而后礼义备。以正君臣、亲父子、和长幼。君臣正，父子亲，长幼和，而后礼义立。故冠而后服备，服备而后容体正、颜色齐、辞令顺。故曰："冠者，礼之始也。"是故古者圣王重冠。

（先秦）《礼记译解》，王文锦译解，中华书局2016年版

昏义

是故男教不修，阳事不得，适见于天，日为之食；妇顺不修，阴事不得，适见于天，月为之食。是故日食则天子素服而修六官之职，荡天下之阳事；月食则后素服而修六宫之职，荡天下之阴事。故天子与后，犹日之与月、阴之与阳，相须而后成者也。天子修男教，父道也；后修女顺，母道也。故曰，天子之与后，犹父之与母也。故为天王服斩衰，服父之义也；为后服资衰，服母之义也。

（先秦）《礼记译解》，王文锦译解，中华书局2016年版

乡饮酒义

乡饮酒之礼，六十者坐，五十者立侍，以听政役，所以明尊长也。六

十者三豆，七十者四豆，八十者五豆，九十者六豆，所以明养老也。民知尊长养老，而后乃能入孝弟。民入孝弟，出尊长养老，而后成教，成教而后国可安也。君子之所谓孝者，非家至而日见之也；合诸乡射，教之乡饮酒之礼，而孝弟之行立矣。孔子曰："吾观于乡，而知王道之易易也。"

主人亲速宾及介，而众宾自从之。至于门外，主人拜宾及介，而众宾自入；贵贱之义别矣。

三揖至于阶，三让以宾升，拜至、献、酬、辞让之节繁。及介省矣。至于众宾升受，坐祭，立饮。不酢而降；隆杀之义辨矣。

工入，升歌三终，主人献之；笙入三终，主人献之；间歌三终，合乐三终，工告乐备，遂出。一人扬觯，乃立司正焉，知其能和乐而不流也。

（先秦）《礼记译解》，王文锦译解，中华书局2016年版

射义

古者诸侯之射也，必先行燕礼；卿、大夫、士之射也，必先行乡饮酒之礼。故燕礼者，所以明君臣之义也；乡饮酒之礼者，所以明长幼之序也。

故射者，进退周还必中礼，内志正，外体直，然后持弓矢审固；持弓矢审固，然后可以言中，此可以观德行矣。

其节，天子以《驺虞》为节；诸侯以《狸首》为节；卿大夫以《采蘋》为节；士以《采蘩》为节。《驺虞》者，乐官备也，《狸首》者，乐会时也；《采蘋》者，乐循法也；《采蘩》者，乐不失职也。是故天子以备官为节；诸侯以时会天子为节；卿大夫以循法为节；士以不失职为节。故明乎其节之志，以不失其事，则功成而德行立，德行立则无暴乱之祸矣。功成则国安。故曰，射者，所以观盛德也。

是故古者天子以射选诸侯、卿、大夫、士。射者，男子之事也，因而饰之以礼乐也。故事之尽礼乐，而可数为，以立德行者，莫若射，故圣王务焉。

是故古者天子之制，诸侯岁献贡士于天子，天子试之于射宫。其容体比于礼，其节比于乐，而中多者，得与于祭。其容体不比于礼，其节不比于乐，而中少者，不得与于祭。数与于祭而君有庆；数不与于祭而君有让。数有庆而益地；数有让而削地。故曰，射者，射为诸侯也。是以诸侯君臣尽志于射，以习礼乐。夫君臣习礼乐而以流亡者，未之有也。

故《诗》曰:"曾孙侯氏,四正具举;大夫君子,凡以庶士,小大莫处,御于君所,以燕以射,则燕则誉。"言君臣相与尽志于射,以习礼乐,则安则誉也。是以天子制之,而诸侯务焉。此天子之所以养诸侯,而兵不用,诸侯自为正之具也。

孔子曰:"射者何以射?何以听?循声而发,发而不失正鹄者,其唯贤者乎!若夫不肖之人,则彼将安能以中?"《诗》云:"发彼有的,以祈尔爵。"祈,求也;求中以辞爵也。酒者,所以养老也,所以养病也;求中以辞爵者,辞养也。

(先秦)《礼记译解》,王文锦译解,中华书局2016年版

聘义

子贡问于孔子曰:"敢问君子贵玉而贱珉者何也?为玉之寡而珉之多与?"孔子曰:"非为珉之多故贱之也、玉之寡故贵之也。夫昔者君子比德于玉焉:温润而泽,仁也;缜密以栗,知也;廉而不刿,义也;垂之如队,礼也;叩之其声清越以长,其终诎然,乐也;瑕不掩瑜、瑜不掩瑕,忠也;孚尹旁达,信也;气如白虹,天也;精神见于山川,地也;圭璋特达,德也。天下莫不贵者,道也。《诗》云:'言念君子,温其如玉。'故君子贵之也。"

(先秦)《礼记译解》,王文锦译解,中华书局2016年版

《吕氏春秋》

《吕氏春秋》又名《吕览》,成书于秦始皇统一中国前夕,是在秦国丞相吕不韦的主持下集合门客集体编撰而成的一部古代类百科全书式的传世巨著。此书"兼儒墨,合名法",熔诸子百家学说于一炉,提倡在君主集权下实行"无为而治,顺其自然,无为而无不为"。

孟春

一曰:孟春之月,日在营室,昏参中,旦尾中。其日甲乙,其帝太皞,其神句芒,其虫鳞,其音角,律中太蔟,其数八,其味酸,其臭膻,其祀户,祭先脾。东风解冻,蛰虫始振,鱼上冰,獭祭鱼,候雁北。天子

居青阳左个，乘鸾辂，驾苍龙，载青旂，衣青衣，服青玉，食麦与羊，其器疏以达。是月也，以立春……是月也，命乐正入学习舞。

(先秦)《吕氏春秋》，陆玖译注，中华书局 2011 年版

本生

二曰：始生之者，天也；养成之者，人也。能养天之所生而勿撄之谓天子……今有声于此，耳听之必慊已，听之则使人聋，必弗听。有色于此，目视之必慊已，视之则使人盲，必弗视。有味于此，口食之必慊已，食之则使人喑，必弗食。是故圣人之于声色滋味也，利于性则取之，害于性则舍之，此全性之道也。世之贵富者，其于声色滋味也，多惑者。日夜求，幸而得之则遁焉。遁焉，性恶得不伤？……靡曼皓齿，郑卫之音，务以自乐，命之曰"伐性之斧"。三患者，贵富之所致也。故古之人有不肯贵富者矣，由重生故也；非夸以名也，为其实也。则此论之不可不察也。

(先秦)《吕氏春秋》，陆玖译注，中华书局 2011 年版

重己

三曰：倕，至巧也。人不爱倕之指，而爱己之指，有之利故也。人不爱昆山之玉、江汉之珠，而爱己之一苍璧小玑，有之利故也。……昔先圣王之为苑囿园池也，足以观望劳形而已矣；其为宫室台榭也，足以辟燥湿而已矣；其为舆马衣裘也，足以逸身暖骸而已矣；其为饮食酏醴也，足以适味充虚而已矣；其为声色音乐也，足以安性自娱而已矣。五者，圣王之所以养性也，非好俭而恶费也，节乎性也。

(先秦)《吕氏春秋》，陆玖译注，中华书局 2011 年版

去私

五曰：天无私覆也，地无私载也，日月无私烛也，四时无私行也。行其德而万物得遂长焉。黄帝言曰："声禁重，色禁重，衣禁重，香禁重，味禁重，室禁重。"尧有子十人，不与其子而授舜；舜有子九人，不与其子而授禹：至公也。

(先秦)《吕氏春秋》，陆玖译注，中华书局 2011 年版

仲春

一曰：仲春之月，日在奎，昏弧中，旦建星中。其日甲乙，其帝太

晖，其神包芒，其虫鳞，其音角，律中夹钟，其数八，其味酸，其臭膻，其祀户，祭先脾。始雨水，桃李华，苍庚鸣，鹰化为鸠。天子居青阳太庙，乘鸾辂，驾苍龙，载青旂，衣青衣，服青玉，食麦与羊，其器疏以达……上丁，命乐正入舞舍采，天子乃率三公、九卿、诸侯，亲往视之。中丁，又命乐正入学习乐。

（先秦）《吕氏春秋》，陆玖译注，中华书局2011年版

贵生

二曰：圣人深虑天下，莫贵于生。夫耳目鼻口，生之役也。耳虽欲声，目虽欲色，鼻虽欲芬香，口虽欲滋味，害于生则止。在四官者不欲，利于生者则弗为。由此观之，耳目鼻口不得擅行，必有所制。

（先秦）《吕氏春秋》，陆玖译注，中华书局2011年版

情欲

三曰：天生人而使有贪有欲。欲有情，情有节。圣人修节以止欲，故不过行其情也。故耳之欲五声，目之欲五色，口之欲五味，情也。此三者，贵贱、愚智、贤不肖欲之若一，虽神农、黄帝，其与桀、纣同。圣人之所以异者，得其情也。由贵生动，则得其情矣；不由贵生动，则失其情矣。此二者，死生存亡之本也……百病怒起，乱难时至。以此君人，为身大忧。耳不乐声，目不乐色，口不甘味，与死无择。古人得道者，生以寿长，声色滋味能久乐之，奚故？论早定也。论早定则知早啬，知早啬则精不竭。秋早寒则冬必暖矣，春多雨则夏必旱矣。天地不能两，而况于人类乎？

（先秦）《吕氏春秋》，陆玖译注，中华书局2011年版

当染

四曰：墨子见染素丝者而叹曰："染于苍则苍，染于黄则黄，所以入者变，其色亦变，五入而以为五色矣。"故染不可不慎也。非独染丝然也，国亦有染。舜染于许由、伯阳，禹染于皋陶、伯益，汤染于伊尹、仲虺，武王染于太公望、周公旦。此四王者，所染当，故王天下，立为天子，功名蔽天地。举天下之仁义显人，必称此四王者。夏桀染于干辛、岐踵戎，殷纣染于崇侯、恶来，周厉王染于虢公长父、荣夷终，

幽王染于虢公鼓、祭公敦。此四王者，所染不当，故国残身死，为天下僇。举天下之不义辱人，必称此四王者。齐桓公染于管仲、鲍叔，晋文公染于咎犯、郄偃，荆庄王染于孙叔敖、沈尹蒸，吴王阖庐染于伍员、文之仪，越王勾践染于范蠡、大夫种。此五君者，所染当，故霸诸侯，功名传于后世。

（先秦）《吕氏春秋》，陆玖译注，中华书局2011年版

功名

五曰：由其道，功名之不可得逃，犹表之与影，若呼之与响……故当今之世，有仁人在焉，不可而不此务；有贤主，不可而不此事。贤不肖不可以不相分，若命之不可易，若美恶之不可移。桀、纣贵为天子，富有天下，能尽害天下之民，而不能得贤名之。关龙逢、王子比干能以要领之死争其上之过，而不能与之贤名。名固不可以相分，必由其理。

（先秦）《吕氏春秋》，陆玖译注，中华书局2011年版

季春

一曰：季春之月，日在胃，昏七星中，旦牵牛中，其日甲乙，其帝太皞，其神句芒，其虫鳞，其音角，律中姑洗，其数八，其味酸，其臭膻，其祀户，祭先脾。桐始华，田鼠化为鴽，虹始见，萍始生。天子居青阳右个，乘鸾辂，驾苍龙，载青旂，衣青衣，服青玉，食麦与羊，其器疏以达。是月也，天子乃荐鞠衣于先帝，命舟牧覆舟，五覆五反，乃告舟备具于天子焉……是月之末，择吉日，大合乐，天子乃率三公、九卿、诸侯、大夫，亲往视之。

（先秦）《吕氏春秋》，陆玖译注，中华书局2011年版

先己

三曰：汤问于伊尹曰："欲取天下，若何？"伊尹对曰："欲取天下，天下不可取；可取，身将先取。"凡事之本，必先治身，啬其大宝。用其新，弃其陈，腠理遂通。精气日新，邪气尽去，及其天年。此之谓真人。昔者，先圣王成其身而天下成，治其身而天下治。故善响者不于响于声，善影者不于影于形，为天下者不于天下于身。《诗》曰："淑人君子，其仪不忒。其仪不忒，正是四国。"言正诸身也。故反其道而身善矣；行义

则人善矣；乐备君道而百官已治矣，万民已利矣。三者之成也，在于无为。无为之道曰胜天，义曰利身，君曰勿身……当今之世，巧谋并行，诈术递用，攻战不休，亡国辱主愈众，所事者末也。夏后相启与有扈战于甘泽而不胜。六卿请复之，夏后相启曰："不可。吾地不浅，吾民不寡，战而不胜，是吾德薄而教不善也。"于是乎处不重席，食不贰味，琴瑟不张，钟鼓不修，子女不饬，亲亲长长，尊贤使能。期年而有扈氏服。故欲胜人者，必先自胜；欲论人者，必先自论；欲知人者，必先自知。《诗》曰："执辔如组。"孔子曰："审此言也，可以为天下。"子贡曰："何其躁也！"孔子曰："非谓其躁也，谓其为之于此，而成文于彼也。"圣人组修其身而成文于天下矣。故子华子曰："丘陵成而穴者安矣，大水深渊成而鱼鳖安矣，松柏成而涂之人已荫矣。"

（先秦）《吕氏春秋》，陆玖译注，中华书局2011年版

圜道

五曰：天道圜，地道方。圣王法之，所以立上下……今五音之无不应也，其分审也。宫、徵、商、羽、角，各处其处，音皆调均，不可以相违，此所以无不受也。贤主之立官有似于此。百官各处其职、治其事以待主，主无不安矣；以此治国，国无不利矣；以此备患，患无由至矣。

（先秦）《吕氏春秋》，陆玖译注，中华书局2011年版

孟夏

一曰：孟夏之月，日在毕，昏翼中，旦婺女中。其日丙丁，其帝炎帝，其神祝融，其虫羽，其音徵，律中仲吕，其数七，其性礼，其事视，其味苦，其臭焦，其祀灶，祭先肺。蝼蝈鸣，蚯蚓出，王菩生，苦菜秀。天子居明堂左个，乘朱辂，驾赤骝，载赤旂，衣赤衣，服赤玉，食菽与鸡，其器高以觕。是月也，以立夏。先立夏三日，太史谒之天子曰："某日立夏，盛德在火。"天子乃斋。立夏之日，天子亲率三公九卿大夫，以迎夏于南郊。还，乃行赏，封侯、庆赐，无不欣说。乃命乐师习合礼乐。命太尉赞杰俊，遂贤良，举长大；行爵出禄。必当其位……是月也，天子饮酎，用礼乐。行之是令，而甘雨至三旬。

（先秦）《吕氏春秋》，陆玖译注，中华书局2011年版

仲夏

一曰：仲夏之月，日在东井，昏亢中，旦危中。其日丙丁，其帝炎帝，其神祝融，其虫羽，其音徵，律中蕤宾，其数七，其味苦，其臭焦，其祀灶，祭先肺。小暑至，螳螂生，䴗始鸣，反舌无声。天子居明堂太庙，乘朱辂、驾赤骝，载赤旂，衣朱衣，服赤玉，食菽与鸡，其器高以觕，养壮狡。是月也，命乐师修鼗鞞鼓，均琴瑟管箫，执干戚戈羽，调竽笙埙篪，饬钟磬柷敔。命有司为民祈祀山川百原，大雩帝，用盛乐。乃命百县雩祭祀百辟卿士有益于民者，以祈谷实。

（先秦）《吕氏春秋》，陆玖译注，中华书局2011年版

大乐

二曰：音乐之所由来者远矣。生于度量，本于太一。太一出两仪，两仪出阴阳。阴阳变化，一上一下，合而成章。浑浑沌沌，离则复合，合则复离，是谓天常。天地车轮，终则复始，极则复反，莫不咸当。日月星辰，或疾或徐，日月不同，以尽其行。四时代兴，或暑或寒，或短或长，或柔或刚。万物所出，造于太一，化于阴阳。萌芽始震，凝㵞以形。形体有处，莫不有声。声出于和，和出于适。和适先王定乐，由此而生。天下太平，万物安宁。皆化其上，乐乃可成。成乐有具，必节嗜欲。嗜欲不辟，乐乃可务。务乐有术，必由平出。平出于公，公出于道。故惟得道之人，其可与言乐乎！亡国戮民，非无乐也，其乐不乐。溺者非不笑也，罪人非不歌也，狂者非不武也，乱世之乐有似于此。君臣失位，父子失处，夫妇失宜，民人呻吟，其以为乐也，若之何哉？凡乐，天地之和，阴阳之调也。始生人者，天也人，无事焉。天使人有欲，人弗得不求；天使人有恶，人弗得不辟。欲与恶，所受于天也，人不得与焉，不可变，不可易。世之学者，有非乐者矣，安由出哉？大乐，君臣、父子、长少之所欢欣而说也。欢欣生于平，平生于道。道也者，视之不见，听之不闻，不可为状。有知不见之见、不闻之闻、无状之状者，则几于知之矣。道也者，至精也，不可为形，不可为名，强为之，谓之太一。故一也者制令，两也者从听。先圣择两法一，是以知万物之情。故能以一听政者，乐君臣，和远近，说黔首，合宗亲；能以一治其身者，免于灾，终其寿，全其天；能以一治其国者，奸邪去，贤者至，成大化；能以一治天下者，寒暑适，风雨

时，为圣人。故知一则明，明两则狂。

（先秦）《吕氏春秋》，陆玖译注，中华书局2011年版

侈乐

三曰：人莫不以其生生，而不知其所以生；人莫不以其知知，而不知其所以知。知其所以知之谓知道；不知其所以知之谓弃宝。弃宝者必离其咎。世之人主，多以珠玉戈剑为宝，愈多而民愈怨，国人愈危，身愈危累，则失宝之情矣。乱世之乐与此同。为木革之声则若雷，为金石之声则若霆，为丝竹歌舞之声则若噪。以此骇心气、动耳目、摇荡生则可矣，以此为乐则不乐。故乐愈侈，而民愈郁，国愈乱，主愈卑，则亦失乐之情矣。凡古圣王之所为贵乐者，为其乐也。夏桀、殷纣作为侈乐，大鼓、钟、磬、管、箫之音，以巨为美，以众为观；诽诡殊瑰，耳所未尝闻，目所未尝见，务以相过，不用度量。宋之衰也，作为千钟；齐之衰也，作为大吕；楚之衰也，作为巫音。侈则侈矣，自有道者观之，则失乐之情。失乐之情，其乐不乐。乐不乐者，其民必怨，其生必伤。其生之与乐也，若冰之于炎日，反以自兵。此生乎不知乐之情，而以侈为务故也。乐之有情，譬之若肌肤形体之有情性也。有情性则必有性养矣。寒、温、劳、逸、饥、饱，此六者非适也。凡养也者，瞻非适而以之适者也。能以久处其适，则生长矣。生也者，其身固静，感而后知，或使之也。遂而不返，制乎嗜欲；制乎嗜欲无穷，则必失其天矣。且夫嗜欲无穷，则必有贪鄙悖乱之心、淫佚奸诈之事矣。故强者劫弱，众者暴寡，勇者凌怯，壮者傲幼，从此生矣。

（先秦）《吕氏春秋》，陆玖译注，中华书局2011年版

适音

四曰：耳之情欲声，心不乐，五音在前弗听；目之情欲色，心弗乐，五色在前弗视；鼻之情欲芬香，心弗乐，芬香在前弗嗅；口之情欲滋味，心弗乐，五味在前弗食。欲之者，耳目鼻口也；乐之弗乐者，心也。心必和平然后乐。心必乐，然后耳目鼻口有以欲之。故乐之务在于和心，和心在于行适。夫乐有适，心亦有适。人之情：欲寿而恶夭，欲安而恶危，欲荣而恶辱，欲逸而恶劳。四欲得，四恶除，则心适矣。四欲之得也，在于胜理。胜理以治身，则生全以；生全则寿长矣。胜理以

治国，则法立；法立则天下服矣。故适心之务在于胜理。夫音亦有适：太巨则志荡，以荡听巨则耳不容，不容则横塞，横塞则振；太小则志嫌，以嫌听小则耳不充，不充则不詹，不詹则窕；太清则志危，以危听清则耳溪极，溪极则不鉴，不鉴则竭；太浊则志下，以下听浊则耳不收，不收则不抟，不抟则怒。故太巨、太小、太清、太浊，皆非适也。何谓适？衷，音之适也。何谓衷？大不出钧，重不过石，小大轻重之衷也。黄钟之宫，音之本也，清浊之衷也。衷也者，适也。以适听适则和矣。乐无太，平和者是也。故治世之音安以乐，其政平也；乱世之音怨以怒，其政乖也；亡国之音悲以哀，其政险也。凡音乐，通乎政而移风平俗者也。俗定而音乐化之矣。故有道之世，观其音而知其俗矣，观其政而知其主矣。故先王必托于音乐以论其教。清庙之瑟，朱弦而疏越，一唱而三叹，有进乎音者矣。大飨之礼，上玄尊而俎生鱼，大羹不和，有进乎味者也。故先王之制礼乐也，非特以欢耳目、极口腹之欲也，将以教民平好恶、行理义也。

（先秦）《吕氏春秋》，陆玖译注，中华书局2011年版

古乐

五曰：乐所由来者尚也，必不可废。有节，有侈，有正，有淫矣。贤者以昌，不肖者以亡。昔古朱襄氏之治天下也，多风而阳气畜积，万物散解，果实不成，故士达作为五弦瑟，以来阴气，以定群生。昔葛天氏之乐，三人操牛尾，投足以歌八阕：一曰《载民》，二曰《玄鸟》，三曰《遂草木》，四曰《奋五谷》，五曰《敬天常》，六曰《达帝功》，七曰《依地德》，八曰《总万物之极》。昔阴康氏之始，阴多，滞伏而湛积，水道壅塞，不行其序，民气郁阏而滞著，筋骨瑟缩不达，故作为舞以宣导之。昔黄帝令伶伦作为律。伶伦自大夏之西，乃之阮隃之阴，取竹于嶰谿之谷，以生空窍厚钧者，断两节间——其长三寸九分——而吹之，以为黄钟之宫，吹曰舍少。次制十二筒，以之阮隃之下，听凤皇之鸣，以别十二律。其雄鸣为六，雌鸣亦六，以比黄钟之宫，适合；黄钟之宫皆可以生之。故曰：黄钟之宫，律吕之本。黄帝又命伶伦与荣将铸十二钟，以和五音，以施英韶。以仲春之月，乙卯之日，日在奎，始奏之，命之曰《咸池》。帝颛顼生自若水，实处空桑，乃登为帝。惟天之合，正风乃行，其音若熙熙凄凄锵锵。帝颛顼好其音，乃令飞龙作，效八风之音，命之曰

《承云》，以祭上帝。乃令鳝先为乐倡。鳝乃偃寝，以其尾鼓其腹，其音英英。帝喾命咸黑作为声，歌《九招》《六列》《六英》。有倕作为鼙、鼓、钟、磬、吹苓、管、埙、篪、鼗、椎、钟。帝喾乃令人抃，或鼓鼙、击钟磬、吹苓、展管篪。因令凤鸟、天翟舞之。帝喾大喜，乃以康帝德。帝尧立，乃命质为乐。质乃效山林谿谷之音以歌，乃以麋鞈各置缶而鼓之，乃拊石击石，以象上帝玉磬之音，以致舞百兽。瞽叟乃拌五弦之瑟，作以为十五弦之瑟。命之曰《大章》，以祭上帝。舜立，命延，乃拌瞽叟之所为瑟，益之八弦，以为二十三弦之瑟。帝舜乃令质修《九招》《六列》《六英》，以明帝德。禹立，勤劳天下，日夜不懈。通大川，决壅塞，凿龙门，降通漻水以导河，疏三江五湖，注之东海，以利黔首。于是命皋陶作为《夏籥》九成，以昭其功。殷汤即位，夏为无道，暴虐万民，侵削诸侯，不用轨度，天下患之。汤于是率六州以讨桀罪。功名大成，黔首安宁。汤乃命伊尹作为《大护》，歌《晨露》，修《九招》《六列》，以见其善。周文王处岐，诸侯去殷三淫而翼文王。散宜生曰："殷可伐也。"文王弗许。周公旦乃作诗曰："文王在上，於昭于天。周虽旧邦，其命维新。"以绳文王之德。武王即位，以六师伐殷。六师未至，以锐兵克之于牧野。归，乃荐俘馘于京太室，乃命周公为作《大武》。成王立，殷民反，王命周公践伐之。商人服象，为虐于东夷。周公遂以师逐之，至于江南。乃为《三象》，以嘉其德。故乐之所由来者尚矣，非独为一世之所造也。

（先秦）《吕氏春秋》，陆玖译注，中华书局2011年版

季夏

一曰：季夏之月，日在柳，昏心中，旦奎中。其日丙丁，其帝炎帝，其神祝融，其虫羽，其音徵，律中林钟。其数七，其味苦，其臭焦，其祀灶，祭先肺。凉风始至，蟋蟀居宇，鹰乃学习，腐草化为萤。天子居明堂右个，乘朱辂，驾赤骝，载赤旂，衣朱衣，服赤玉，食菽与鸡，其器高以觕。是月也，令渔师伐蛟取鼍，升龟取鼋。乃命虞人入材苇。是月也，令四监大夫合百县之秩刍，以养牺牲。令民无不咸出其力，以供皇天上帝、名山大川、四方之神，以祀宗庙社稷之灵，为民祈福。是月也，命妇官染采，黼黻文章，必以法故，无或差忒，黄黑苍赤，莫不质良，勿敢伪诈，以给郊庙祭祀之服，以为旗章，以别贵贱等级之度……中央土，其日戊

己，其帝黄帝，其神后土，其虫倮，其音宫，律中黄钟之宫，其数五，其味甘，其臭香，其祀中霤，祭先心，天子居太庙太室，乘大辂，驾黄骝，载黄旂，衣黄衣，服黄玉，食稷与牛，其器圜以閎。

（先秦）《吕氏春秋》，陆玖译注，中华书局 2011 年版

音律

二曰：黄钟生林钟，林钟生太蔟，太蔟生南吕，南吕生姑洗，姑洗生应钟，应钟生蕤宾，蕤宾生大吕，大吕生夷则，夷则生夹钟，夹钟生无射，无射生仲吕。三分所生，益之一分以上生。三分所生，去其一分以下生。黄钟、大吕、太蔟、夹钟、姑洗、仲吕、蕤宾为上，林钟、夷则、南吕、无射、应钟为下。大圣至理之世，天地之气，合而生风。日至则月钟其风，以生十二律。仲冬日短至，则生黄钟。季冬生大吕。孟春生太蔟。仲春生夹钟。季春生姑洗。孟夏生仲吕。仲夏日长至。则生蕤宾。季夏生林钟。孟秋生夷则。仲秋生南吕。季秋生无射。孟冬生应钟。天地之风气正，则十二律定矣。黄钟之月，土事无作，慎无发盖，以固天闭地，阳气且泄。大吕之月，数将几终，岁且更起，而农民，无有所使。太蔟之月，阳气始生，草木繁动，令农发土，无或失时。夹钟之月，宽裕和平，行德去刑，无或作事，以害群生。姑洗之月，达道通路，沟渎修利，申之此令，嘉气趣至。仲吕之月，无聚大众，巡劝农事，草木方长，无携民心。蕤宾之月，阳气在上，安壮养侠，本朝不静，草木早槁。林钟之月，草木盛满，阴将始刑，无发大事，以将阳气。夷则之月，修法饬刑，选士厉兵，诘诛不义，以怀远方。南吕之月，蛰虫入穴，趣农收聚，无敢懈怠，以多为务。无射之月，疾断有罪，当法勿赦，无留狱讼，以亟以故。应钟之月，阴阳不通，闭而为冬，修别丧纪，审民所终。

（先秦）《吕氏春秋》，陆玖译注，中华书局 2011 年版

音初

三曰：夏后氏孔甲田于东阳萯山。天大风，晦盲，孔甲迷惑，入于民室。主人方乳，或曰："后来，是良日也，之子是必大吉。"或曰："不胜也，之子是必有殃。"后乃取其子以归，曰："以为余子，谁敢殃之？"子长成人，幕动坼橑，斧斫斩其足，遂为守门者。孔甲曰："呜呼！有疾，命矣夫！"乃作为《破斧》之歌，实始为东音。禹行功，见涂山之女。禹未之遇而巡省南土。涂山氏之女乃令其妾候禹于涂山之

阳。女乃作歌，歌曰："候人兮猗"，实始作为南音。周公及召公取风焉，以为《周南》《召南》。周昭王亲将征荆。辛馀靡长且多力，为王右。还反涉汉，梁败，王及蔡公抎于汉中。辛馀靡振王北济，又反振蔡公。周公乃侯之于西翟，实为长公。殷整甲徙宅西河，犹思故处，实始作为西音。长公继是音以处西山，秦缪公取风焉，实始作为秦音。有娀氏有二佚女，为之九成之台，饮食必以鼓。帝令燕往视之，鸣若谥隘。二女爱而争搏之，覆以玉筐。少选，发而视之，燕遗二卵，北飞，遂不反。二女作歌，一终曰："燕燕往飞"，实始作为北音。凡音者，产乎人心者也。感于心则荡乎音，音成于外而化乎内。是故闻其声而知其风，察其风而知其志，观其志而知其德。盛衰、贤不肖、君子小人皆形于乐，不可隐匿。故曰：乐之为观也，深矣。土弊则草木不长，水烦则鱼鳖不大，世浊则礼烦而乐淫。郑卫之声、桑间之音，此乱国之所好，衰德之所说。流辟、诔越、慆滥之音出，则滔荡之气、邪慢之心感矣；感则百奸众辟从此产矣。故君子反道以修德；正德以出乐；和乐以成顺。乐和而民乡方矣。

(先秦)《吕氏春秋》，陆玖译注，中华书局2011年版

制乐

四曰：欲观至乐，必于至治。其治厚者其乐治厚，其治薄者其乐治薄，乱世则慢以乐矣。今室闭户牖，动天地，一室也。

(先秦)《吕氏春秋》，陆玖译注，中华书局2011年版

明理

五曰：五帝三王之于乐尽之矣。乱国之主未尝知乐者，是常主也。夫有天赏得为主，而未尝得主之实，此之谓大悲。是正坐于夕室也，其所谓正乃不正矣……故乱世之主，乌闻至乐？不闻至乐，其乐不乐。

(先秦)《吕氏春秋》，陆玖译注，中华书局2011年版

孟秋

一曰：孟秋之月，日在翼，昏斗中，旦毕忠。其日庚辛，其帝少皞，其神蓐收，其虫毛，其音商，律中夷则，其数九，其味辛，其臭腥，其祀门，祭先肝。凉风至，白露降，寒蝉鸣，鹰乃祭鸟，始用刑戮。天子居总

章左个，乘戎路，驾白骆，载白旂，衣白衣，服白玉，食麻与犬，其器廉以深。

（先秦）《吕氏春秋》，陆玖译注，中华书局 2011 年版

仲秋

一曰：仲秋之月，日在角，昏牵牛中，旦觜嶲中。其日庚辛，其帝少皞，其神蓐收，其虫毛，其音商，律中南吕。其数九，其味辛，其臭腥，其祀门，祭先肝。凉风生，候雁来，玄鸟归，群鸟养羞。天子居总章太庙，乘戎路，驾白骆，载白旂，衣白衣，服白玉，食麻与犬，其器廉以深。是月也，养衰老，授几杖，行糜粥饮食。乃命司服具饬衣裳，文绣有常，制有小大，度有短长，衣服有量，必循其故，冠带有常。

（先秦）《吕氏春秋》，陆玖译注，中华书局 2011 年版

季秋

一曰：季秋之月，日在房，昏虚中，旦柳中。其日庚辛，其帝少皞，其神蓐收，其虫毛，其音商，律中无射。其数九，其味辛，其臭腥，其祀门，祭先肝。候雁来，宾爵入大水为蛤。菊有黄华，豺则祭兽戮禽。天子居总章右个，乘戎路，驾白骆，载白旂，衣白衣，服白玉，食麻与犬，其器廉以深。是月也，申严号令，命百官贵贱无不务入，以会天地之藏，无有宣出。命冢宰，农事备收，举五种之要。藏帝籍之收于神仓，祗敬必饬。是月也，霜始降，则百工休，乃命有司曰："寒气总至，民力不堪，其皆入室。"上丁，入学习吹。是月也，大飨帝，尝牺牲，告备于天子。

（先秦）《吕氏春秋》，陆玖译注，中华书局 2011 年版

顺民

二曰：先王先顺民心，故功名成。夫以德得民心以立大功名者，上世多有之矣。失民心而立功名者，未之曾有也。得民必有道，万乘之国，百户之邑，民无有不说。取民之所说而民取矣，民之所说岂众哉？此取民之要也……越王苦会稽之耻，欲深得民心，以致必死于吴。身不安枕席，口不甘厚味，目不视靡曼，耳不听钟鼓。三年苦身劳力，焦唇干肺，内亲群臣，下养百姓，以来其心。有甘脆不足分，弗敢食；有酒流之江，与民同

之。身亲耕而食，妻亲织而衣。味禁珍，衣禁袭，色禁二。

（先秦）《吕氏春秋》，陆玖译注，中华书局2011年版

精通

五曰：人或谓兔丝无根。兔丝非无根也，其根不属也，伏苓是……宋之庖丁好解牛，所见无非死牛者，三年而不见生牛，用刀十九年，刃若新磨研，顺其理，诚乎牛也。钟子期夜闻击磬者而悲，使人召而问之曰："子何击磬之悲也？"答曰："臣之父不幸而杀人，不得生；臣之母得生，而为公家为酒；臣之身得生，而为公家击磬。臣不睹臣之母三年矣。昔为舍氏睹臣之母，量所以赎之则无有，而身固公家之财也，是故悲也。"钟子期叹嗟曰："悲夫！悲夫！心非臂也，臂非椎、非石也。悲存乎心而木石应之。"故君子诚乎此而谕乎彼，感乎己而发乎人，岂必强说乎哉？周有申喜者，亡其母，闻乞人歌于门下而悲之，动于颜色，谓门者内乞人之歌者，自觉而问焉，曰："何故而乞？"与之语，盖其母也。故父母之于子也，子之于父母也，一体而两分，同气而异息。若草莽之有华实也，若树木之有根心也。虽异处而相通，隐志相及，痛疾相救，忧思相感，生则相欢，死则相哀，此之谓骨肉之亲。神出于忠而应乎心，两精相得，岂待言哉？

（先秦）《吕氏春秋》，陆玖译注，中华书局2011年版

孟冬

一曰：孟冬之月，日在尾，昏危中，旦七星中。其日壬癸，其帝颛顼，其神玄冥，其虫介，其音羽，律中应钟。其数六，其味咸，其臭朽，其祀行，祭先肾。水始冰，地始冻，雉入大水为蜃。虹藏不见。天子居玄堂左个，乘玄辂，驾铁骊，载玄旂，衣黑衣，服玄玉，食黍与彘，其器宏以弇。是月也，以立冬……是月也，天子始裘，命有司曰："天气上腾，地气下降，天地不通，闭而成冬。"命百官谨盖藏。命司徒循行积聚，无有不敛；附城郭，戒门闾，修楗闭，慎关龠，固封玺，备边境，完要塞，谨关梁，塞蹊径，饬丧纪，辨衣裳，审棺椁之厚薄，营丘垄之小大、高卑、薄厚之度，贵贱之等级。是月也，工师效功，陈祭器，按度程，无或作为淫巧，以荡上心，必功致为上。物勒工名，以考其诚；工有不当，必行其罪，以穷其情。是月也，大饮蒸，天子乃祈来年于天宗。

（先秦）《吕氏春秋》，陆玖译注，中华书局2011年版

仲冬

一曰：仲冬之月，日在斗，昏东壁中，旦轸中。其日壬癸，其帝颛顼，其神玄冥，其虫介，其音羽，律中黄钟。其数六，其味咸，其臭朽，其祀行，祭先肾。冰益壮，地始坼，鹖鴠不鸣，虎始交。天子居玄堂太庙，乘玄辂，驾铁骊，载玄旂，衣黑衣，服玄玉，食黍与彘，其器宏以弇。

(先秦)《吕氏春秋》，陆玖译注，中华书局2011年版

长见

五曰：智所以相过，以其长见与短见也。今之于古也，犹古之于后世也；今之于后世，亦犹今之于古也。故审知今则可知古，知古则可知后，古今前后一也。故圣人上知千岁，下知千岁也……晋平公铸为大钟，使工听之，皆以为调矣。师旷曰："不调，请更铸之。"平公曰："工皆以为调矣。"师旷曰："后世有知音者，将知钟之不调也，臣窃为君耻之。"至于师涓而果知钟之不调也。是师旷欲善调钟，以为后世之知音者也。

(先秦)《吕氏春秋》，陆玖译注，中华书局2011年版

季冬

一曰：季冬之月，日在婺女，昏娄中，旦氐中。其日壬癸，其帝颛顼，其神玄冥，其虫介，其音羽，律中大吕，其数六，其味咸，其臭朽，其祀行，祭先肾。雁北乡，鹊始巢，雉雊鸡乳，天子居玄堂右个，乘玄骆，驾铁骊，载玄旂，衣黑衣，服玄玉，食黍与彘，其器宏以弇。命有司大傩，旁磔，出土牛，以送寒气。征鸟厉疾，乃毕行山川之祀，及帝之大臣、天地之神祇。是月也，命渔师始渔，天子亲往，乃尝鱼，先荐寝庙。冰方盛，水泽复，命取冰。冰已入，令告民出五种。命司农计耦耕事，修耒耜，具田器。命乐师大合吹而罢。

(先秦)《吕氏春秋》，陆玖译注，中华书局2011年版

介立

三曰：以贵富有人易，以贫贱有人难。今晋文公出亡，周流天下，穷矣，贱矣，而介子推不去，有以有之也。反国有万乘，而介子推去之，无

以有之也。能其难，不能其易，此文公之所以不王也。晋文公反国，介子推不肯受赏，自为赋诗曰："有龙于飞，周遍天下。五蛇从之，为之丞辅。龙反其乡，得其处所。四蛇从之，得其露雨。一蛇羞之，桥死于中野。"悬书公门，而伏于山下。文公闻之曰："譆！此必介子推也。"避舍变服，令士庶人曰："有能得介子推者，爵上卿，田百万。"或遇之山中，负釜盖簦，问焉，曰："请问介子推安在？"应之曰："夫介子推苟不欲见而欲隐，吾独焉知之？"遂背而行，终身不见。

（先秦）《吕氏春秋》，陆玖译注，中华书局2011年版

应同

二曰：凡帝王者之将兴也，天必先见祥乎下民。黄帝之时，天先见大螾大蝼。黄帝曰："土气胜。"土气胜，故其色尚黄，其事则土。及禹之时，天先见草木秋冬不杀。禹曰："木气胜。"木气胜，故其色尚青，其事则木。及汤之时，天先见金刃生于水。汤曰："金气胜。"金气胜，故其色尚白，其事则金。及文王之时，天先见火赤乌衔丹书集于周社。文王曰："火气胜。"火气胜，故其色尚赤，其事则火。代火者必将水，天且先见水气胜。水气胜，故其色尚黑，其事则水。水气至而不知数备，将徙于土。天为者时，而不助农于下。类固相召，气同则合，声比则应。鼓宫而宫动，鼓角而角动……故凡用意不可不精。夫精，五帝三王之所以成也。成齐类同皆有合，故尧为善而众善至，桀为非而众非来。《商箴》云："天降灾布祥，并有其职。"以言祸福人或召之也。

（先秦）《吕氏春秋》，陆玖译注，中华书局2011年版

去尤

三曰：世之听者，多有所尤。多有所尤，则听必悖矣。所以尤者多故，其要必因人所喜，与因人所恶……鲁有恶者，其父出而见商咄，反而告其邻曰："商咄不若吾子矣。"且其子至恶也，商咄至美也。彼以至美不如至恶，尤乎爱也。故知美之恶，知恶之美，然后能知美恶矣。《庄子》曰："以瓦投者翔，以钩投者战，以黄金投者殆。其祥一也，而有所殆者，必外有所重者也。外有所重者泄，盖内掘。"鲁人可谓外有重矣。解在乎齐人之欲得金也，及秦墨者之相妒也，皆有所乎尤也。

（先秦）《吕氏春秋》，陆玖译注，中华书局2011年版

听言

四曰：听言不可不察，不察则善不善不分。善不善不分，乱莫大焉。三代分善不善，故王。今天下弥衰，圣王之道废绝。世主多盛其欢乐，大其钟鼓，侈其台榭苑囿，以夺人财；轻用民死，以行其忿。老弱冻馁，夭瘠壮狡，汔尽穷屈，加以死虏。攻无罪之国以索地，诛不辜之民以求利，而欲宗庙之安也，社稷之不危也，不亦难乎？今人曰："某氏多货，其室培湿，守狗死，其势可穴也。"则必非之矣。曰："某国饥，其城郭庳，其守具寡，可袭而篡之。"则不非之。乃不知类矣。《周书》曰："往者不可及，来者不可待，贤明其世，谓之天子。"故当今之世，有能分善不善者，其王不难矣。善不善本于义，不于爱。爱利之为道大矣。

(先秦)《吕氏春秋》，陆玖译注，中华书局2011年版

务本

六曰：尝试观上古记，三王之佐，其名无不荣者，其实无不安者，功大也。《诗》云："有渰凄凄，兴云祁祁。雨我公田，遂及我私。"三王之佐，皆能以公及其私矣。俗主之佐，其欲名实也，与三王之佐同，而其名无不辱者，其实无不危者，无公故也。皆患其身不贵于国也，而不患其主之不贵于天下也；皆患其家之不富也，而不患其国之不大也。此所以欲荣而愈辱，欲安而益危。安危荣辱之本在于主，主之本在于宗庙，宗庙之本在于民，民之治乱在于有司。《易》曰："复自道，何其咎，吉。"以言本无异，则动卒有喜。今处官则荒乱，临财则贪得，列近则持谀，将众则罢怯，以此厚望于主，岂不难哉……古之事君者，必先服能，然后任；必反情，然后受。主虽过与，臣不徒取。《大雅》曰："上帝临汝，无贰尔心。"以言忠臣之行也。解在郑君之问被瞻之义也，薄疑应卫嗣君以无重税。此二士者，皆近知本矣。

(先秦)《吕氏春秋》，陆玖译注，中华书局2011年版

谕大

七曰：昔舜欲旗古今而不成，既足以成帝矣；禹欲帝而不成，既足以正殊俗矣；汤欲继禹而不成，既足以服四荒矣；武王欲及汤而不成，既足以王道矣；五伯欲继三王而不成，既足以为诸侯长矣；孔丘、墨翟欲行大

道于世而不成，既足以成显名矣。夫大义之不成，既有成矣已。《夏书》曰："天子之德广运，乃神，乃武乃文。"故务在事，事在大。地大则有常祥、不庭、歧毋、群抵、天翟、不周，山大则有虎、豹、熊、螇蛆，水大则有蛟、龙、鼋、鼍、鳣、鲔。《商书》曰："五世之庙，可以观怪。万夫之长，可以生谋。"空中之无泽陂也，井中之无大鱼也，新林之无长木也。凡谋物之成也，必由广大众多长久，信也。

（先秦）《吕氏春秋》，陆玖译注，中华书局2011年版

孝行

一曰：凡为天下，治国家，必务本而后末。所谓本者，非耕耘种植之谓，务其人也。务其人，非贫而富之，寡而众之，务其本也。务本莫贵于孝。人主孝，则名章荣，下服听，天下誉；人臣孝，则事君忠，处官廉，临难死；士民孝，则耕芸疾，守战固，不罢北。夫孝，三皇五帝之本务，而万事之纪也。夫执一术而百善至，百邪去，天下从者，其惟孝也！故论人必先以所亲，而后及所疏；必先以所重，而后及所轻……养有五道：修宫室、安床第、节饮食、养体之道也；树五色，施五采，列文章，养目之道也；正六律，和五声，杂八音，养耳之道也；熟五谷，烹六畜，和煎调，养口之道也；和颜色，说言语，敬进退，养志之道也。此五者，代进而厚用之，可谓善养矣。

（先秦）《吕氏春秋》，陆玖译注，中华书局2011年版

本味

二曰：求之其本，经旬必得；求之其末，劳而无功。功名之立，由事之本也，得贤之化也。非贤，其孰知乎事化？故曰其本在得贤……凡贤人之德，有以知之也。伯牙鼓琴，钟子期听之。方鼓琴而志在太山，钟子期曰："善哉乎鼓琴！巍巍乎若太山。"少选之间，而志在流水，钟子期又曰："善哉乎鼓琴！汤汤乎若流水。"钟子期死，伯牙破琴绝弦，终身不复鼓琴，以为世无足复为鼓琴者。非独琴若此也，贤者亦然。

（先秦）《吕氏春秋》，陆玖译注，中华书局2011年版

慎人

六曰：功名大立，天也。为是故，因不慎其人，不可……舜之耕

渔，其贤不肖与为天子同。其未遇时也，以其徒属堀地财，取水利，编蒲苇，结罘网，手足胼胝不居，然后免于冻馁之患。其遇时也，登为天子，贤士归之，万民誉之，丈夫女子，振振殷殷，无不戴说。舜自为诗曰："普天之下，莫非王土；率土之滨，莫非王臣。"所以见尽有之也。尽有之，贤非加也；尽无之，贤非损也……孔子穷于陈、蔡之间，七日不尝食，藜羹不糁。宰予备矣，孔子弦歌于室，颜回择菜于外。子路与子贡相与而言曰："夫子逐于鲁，削迹于卫，伐树于宋，穷于陈、蔡。杀夫子者无罪，藉夫子者不禁，夫子弦歌鼓舞，未尝绝音。盖君子之无所丑也若此乎？"颜回无以对，入以告孔子。孔子愀然推琴，喟然而叹曰："由与赐小人也。召，吾语之。"子路与子贡入，子贡曰："如此者，可谓穷矣！"孔子曰："是何言也？君子达于道之谓达，穷于道之谓穷。今丘也拘仁义之道，以遭乱世之患，其所也，何穷之谓？故内省而不疚于道，临难而不失其德，大寒既至，霜雪既降，吾是以知松柏之茂也。昔桓公得之莒，文公得之曹，越王得之会稽。陈、蔡之厄，于丘其幸乎！"孔子烈然返瑟而弦，子路抗然执干而舞。子贡曰："吾不知天之高也，不知地之下也。"古之得道者，穷亦乐，达亦乐，所乐非穷达也。道得于此，则穷达一也，为寒暑风雨之序矣。故许由虞乎颍阳，而共伯得乎共首。

（先秦）《吕氏春秋》，陆玖译注，中华书局2011年版

遇合

七曰：凡遇，合也。时不合，必待合而后行。故比翼之鸟死乎木，比目之鱼死乎海……故君子不处幸，不为苟，必审诸己然后任，任然后动。凡能听说者，必达乎论议者也。世主之能识论议者寡，所遇恶得不苟？凡能听音者，必达于五声。人之能知五声者寡，所善恶得不苟？客有以吹籁见越王者，羽、角、宫、徵、商不缪，越王不善；为野音，而反善之。说之道亦有如此者也。

（先秦）《吕氏春秋》，陆玖译注，中华书局2011年版

先识

一曰：凡国之亡也，有道者必先去，古今一也。地从于城，城从于民，民从于贤。故贤主得贤者而民得，民得而城得，城得而地得……中

山之俗，以昼为夜，以夜继日，男女切倚，固无休息，康乐，歌谣好悲，其主弗知恶，此亡国之风也。臣故曰中山次之。居二年，中山果亡。

（先秦）《吕氏春秋》，陆玖译注，中华书局2011年版

乐成

五曰：大智不形，大器晚成，大音希声。禹之决江水也，民聚瓦砾。事已成，功已立，为万世利。禹之所见者远也，而民莫之知。故民不可与虑化举始，而可以乐成功。孔子始用于鲁，鲁人鹥诵之曰："麛裘而鞞，投之无戾。鞞而麛裘。投之无邮。"用三年，男子行乎涂右，女子行乎涂左，财物之遗者，民莫之举。大智之用，固难逾也。子产始治郑，使田有封洫，都鄙有服。民相与诵曰："我有田畴，而子产赋之。我有衣冠，而子产贮之。孰杀子产，吾其与之。"后三年，民又诵之曰："我有田畴，而子产殖之。我有子弟，而子产诲之。子产若死，其使谁嗣之？"使郑简、鲁哀当民之诽訾也，而因弗遂用，则国必无功矣，子产、孔子必无能矣。非徒不能也，虽罪施，于民可也。

（先秦）《吕氏春秋》，陆玖译注，中华书局2011年版

察微

六曰：使治乱存亡若高山之与深溪，若白垩之与黑漆，则无所用智，虽愚犹可矣。且治乱存亡则不然。如可知，如可不知；如可见，如可不见……邱昭伯怒，伤之于昭公，曰："禘于襄公之庙也，舞者二人而已，其馀尽舞于季氏。季氏之舞道，无上久矣。弗诛，必危社稷。"公怒，不审，乃使邱昭伯将师徒以攻季氏，遂入其宫。仲孙氏、叔孙氏相与谋曰："无季氏，则吾族也死亡无日矣。"遂起甲以往，陷西北隅以入之，三家为一，邱昭伯不胜而死。

（先秦）《吕氏春秋》，陆玖译注，中华书局2011年版

君守

二曰：得道者必静，静者无知，知乃无知，可以言君道也。故曰中欲不出谓之扃，外欲不入谓之闭……郑大师文终日鼓瑟而兴，再拜其瑟前曰："我效于子，效于不穷也。"故若大师文者，以其兽者先之，所以中

之也。故思虑自心伤也，智差自亡也，奋能自殃，其有处自狂也。

(先秦)《吕氏春秋》，陆玖译注，中华书局2011年版

重言

二曰：人主之言，不可不慎……古之天子，其重言如此，故言无遗者。成王与唐叔虞燕居，援梧叶以为珪。而授唐叔虞曰："余以此封女。"叔虞喜，以告周公。周公以请曰："天子其封虞邪？"成王曰："余一人与虞戏也。"周公对曰："臣闻之，天子无戏言。天子言，则史书之，工诵之，士称之。"于是遂封叔虞于晋。周公旦可谓善说矣，一称而令成王益重言，明爱弟之义，有辅王室之固……齐桓公与管仲谋伐莒，谋未发而闻于国，桓公怪之，曰："与仲父谋伐莒，谋未发而闻于国，其故何也？"管仲曰："国必有圣人也。"桓公曰："嘻！日之役者，有执蹠癄而上视者，意者其是邪！"乃令复役，无得相代。少顷，东郭牙至。管仲曰："此必是已。"乃令宾者延之而上，分级而立。管子曰："子邪言伐莒者？"对曰："然。"管仲曰："我不言伐莒，子何故言伐莒？"对曰："臣闻君子善谋，小人善意。臣窃意之也。"管仲曰："我不言伐莒，子何以意之？"对曰："臣闻君子有三色：显然喜乐者，钟鼓之色也；湫然清静者，衰绖之色也；艴然充盈、手足矜者，兵革之色也。日者臣望君之在台上也，艴然充盈、手足矜者，兵革之色也。君呿而不唫，所言者'莒'也；君举臂而指，所当者莒也。臣窃以虑诸侯之不服者，其惟莒乎！臣故言之。"凡耳之闻，以声也。今不闻其声，而以其容与臂，是东郭牙不以耳听而闻也。桓公、管仲虽善匿，弗能隐矣。

(先秦)《吕氏春秋》，陆玖译注，中华书局2011年版

淫辞

五曰：非辞无以相期，从辞则乱。乱辞之中又有辞焉，心之谓也。言不欺心，则近之矣。凡言者以谕心也。言心相离，而上无以参之，则下多所言非所行也，所行非所言也。言行相诡，不祥莫大焉……惠子为魏惠王为法。为法已成，以示诸民人，民人皆善之。献之惠王，惠王善之，以示翟翦，翟翦曰："善也。"惠王曰："可行邪？"翟翦曰："不可。"惠王曰："善而不可行，何故？"翟翦对曰："今举大木者，前乎舆讴，后亦应之，此其于举大木者善矣。岂无郑、卫之音哉？然不若此其宜也。夫国亦

木之大者也。"

（先秦）《吕氏春秋》，陆玖译注，中华书局2011年版

不屈

六曰：察士以为得道则未也，虽然，其应物也，辞难穷矣。辞虽穷，其为祸福犹未可知。察而以达理明义，则察为福矣；察而以饰非惑愚，则察为祸矣。古者之贵善御也，以逐暴禁邪也……白圭新与惠子相见也，惠子说之以强，白圭无以应。惠子出，白圭告人曰："人有新取妇者，妇至，宜安矜烟视媚行。竖子操蕉火而钜，新妇曰：'蕉火大钜。'入于门，门中有敛陷，新妇曰：'塞之！将伤人之足。'此非不便之家氏也，然而有大甚者。今惠子之遇我尚新，其说我有大甚者。"惠子闻之，曰："不然。《诗》曰：'恺悌君子，民之父母。'恺者大也，悌者长也。君子之德，长且大者，则为民父母。父母之教子也，岂待久哉？何事比我于新妇乎？《诗》岂曰'恺悌新妇'哉？"诽污因污，诽辟因辟，是诽者与所非同也。白圭曰：惠子之遇我尚新，其说我有大甚者。惠子闻而诽之，因自以为为之父母，其非有甚于白圭亦有大甚者。

（先秦）《吕氏春秋》，陆玖译注，中华书局2011年版

上德

三曰：为天下及国，莫如以德，莫如行义……严罚厚赏，此衰世之政也。三苗不服，禹请攻之，舜曰："以德可也。"行德三年，而三苗服。孔子闻之，曰："通乎德之情，则孟门、太行不为险矣。故曰德之速，疾乎以邮传命。"周明堂金在其后，有以见先德后武也。舜其犹此乎！其臧武通于周矣。

（先秦）《吕氏春秋》，陆玖译注，中华书局2011年版

为欲

六曰：使民无欲，上虽贤，犹不能用。夫无欲者，其视为天子也，与为舆隶同；其视有天下也，与无立锥之地同；其视为彭祖也，与为殇子同。天子，至贵也；天下，至富也；彭祖，至寿也。诚无欲，则是三者不足以劝。舆隶，至贱也；无立锥之地，至贫也；殇子，至夭也。诚无欲，则是三者不足以禁……蛮夷反舌殊俗异习之国，其衣服冠带、宫室居处、

舟车器械、声色滋味皆异，其为欲使一也。三王不能革，不能革而功成者，顺其天也；桀、纣不能离。不能离而国亡者，逆其天也。

(先秦)《吕氏春秋》，陆玖译注，中华书局2011年版

知分

三曰：达士者，达乎死生之分，达乎死生之分。则利害存亡弗能惑矣……古圣人不以感私伤神，俞然而以待耳。晏子与崔杼盟。其辞曰："不与崔氏而与公孙氏者，受其不祥！"晏子俯而饮血，仰而呼天曰："不与公孙氏而与崔氏者，受此不祥！"崔杼不说，直兵造胸，句兵钩颈，谓晏子曰："子变子言，则齐国吾与子共之；子不变子言，则今是已！"晏子曰："崔子，子独不为夫《诗》乎！《诗》曰：'莫莫葛藟，延于条枚。凯弟君子，求福不回。'婴且可以回而求福乎？子惟之矣！"崔杼曰："此贤者，不可杀也。"罢兵而去。晏子援绥而乘，其仆将驰，晏子抚其仆之手曰："安之！毋失节！疾不必生，徐不必死。鹿生于山，而命悬于厨。今婴之命有所悬矣。"晏子可谓知命矣，命也者。

(先秦)《吕氏春秋》，陆玖译注，中华书局2011年版

召类

四曰：类同相召，气同则合，声比则应。故鼓宫而宫应，鼓角而角动。以龙致雨，以形逐影。祸福之所自来，众人以为命，焉不知其所由……赵简子将袭卫，使史默往睹之，期以一月。六月而后反，赵简子曰："何其久也？"史默曰："谋利而得害，犹弗察也。今蘧伯玉为相，史鳅佐焉，孔子为客，子贡使令于君前，甚听。《易》曰：'涣其群，元吉。'涣者贤也，群者众也，元者吉之始也。'涣其群元吉'者，其佐多贤也。"赵简子按兵而不动。

(先秦)《吕氏春秋》，陆玖译注，中华书局2011年版

达郁

五曰：凡人三百六十节，九窍、五藏、六府。肌肤欲其比也，血脉欲其通也，筋骨欲其固也，心志欲其和也，精气欲其行也。若此则病无所居，而恶无由生矣。病之留、恶之生也，精气郁也。故水郁则为污，树郁则为蠹，草郁则为蒉。国亦有郁。主德不通，民欲不达，此国之郁

也。国郁处久，则百恶并起，而万灾丛至矣。上下之相忍也，由此出矣。故圣王之贵豪士于忠臣也，为其敢直言而决郁塞也。周厉王虐民，国人皆谤。召公以告，曰："民不堪命矣！"王使卫巫监谤者，得则杀之。国莫敢言，道路以目。王喜，以告召公，曰："吾能弭谤矣！"召公曰："是障之也，非弭之也。防民之口，甚于防川。川壅而溃，败人必多。夫民犹是也。是故治川者决之使导，治民者宣之使言。是故天子听政，使公卿列士正谏，好学博闻献诗，矇箴，师诵，庶人传语，近臣尽规，亲戚补察，而后王斟酌焉。是以下无遗善，上无过举。今王塞下之口，而遂上之过，恐为社稷忧。"王弗听也。三年，国人流王于彘。此郁之败也。郁者不阳也。

（先秦）《吕氏春秋》，陆玖译注，中华书局 2011 年版

骄恣

七曰：亡国之主，必自骄，必自智，必轻物。自骄则简士，自智则专独，轻物则无备。无备召祸，专独位危，简士壅塞……齐宣王为大室，大益百亩，堂上三百户。以齐之大，具之三年而未能成。群臣莫敢谏王。春居问于宣王曰："荆王释先王之礼乐，而乐为轻，敢问荆国为有主乎？"王曰："为无主。""贤臣以千数而莫敢谏，敢问荆国为有臣乎？"王曰："为无臣。""今王为大室，其大益百亩，堂上三百户。以齐国之大，具之三年而弗能成。群臣莫敢谏，敢问王为有臣乎？"王曰："为无臣。"春居曰："臣请辟矣！"趋而出。王曰："春子！春子！反！何谏寡人之晚也？寡人请今止之。"遽召掌书曰："书之！寡人不肖，而好为大室。春子止寡人。"

（先秦）《吕氏春秋》，陆玖译注，中华书局 2011 年版

观表

八曰：凡论人心，观事传，不可不熟，不可不深。……邴成子为鲁聘于晋，过卫，右宰谷臣止而觞之。陈乐而不乐，酒酣而送之以璧。顾反，过而弗辞。其仆曰："向者右宰谷臣之觞吾子也甚欢，今侯涨过而弗辞？"邴成子曰："夫止而觞我，与我欢也。陈乐而不乐，告我忧也。酒酣而送我以璧，寄之我也。若由是观之，卫其有乱乎！"

（先秦）《吕氏春秋》，陆玖译注，中华书局 2011 年版

求人

五曰：身定、国安、天下治，必贤人。古之有天下也者七十一圣，观于《春秋》，自鲁隐公以至哀公十有二世，其所以得之，所以失之，其术一也：得贤人，国无不安，名无不荣；失贤人，国无不危，名无不辱。先王之索贤人，无不以也。极卑极贱，极远极劳……晋人欲攻郑，令叔向聘焉，视其有人与无人。子产为之诗曰："子惠思我，褰裳涉洧，子不我思，岂无他士！"叔向归曰："郑有人，子产在焉，不可攻也。秦、荆近，其诗有异心，不可攻也。"晋人乃辍攻郑。孔子曰："《诗》云：'无竞惟人。'子产一称而郑国免。"

（先秦）《吕氏春秋》，陆玖译注，中华书局2011年版

察传

六曰：夫得言不可以不察。数传而白为黑，黑为白。故狗似玃，玃似母猴，母猴似人，人之与狗则远矣。此愚者之所以大过也。闻而审，则为福矣，闻而不审，不若无闻矣。齐桓公闻管子于鲍叔，楚庄闻孙叔敖于沈尹筮，审之也。故国霸诸侯也。吴王闻越王句践于太宰嚭，智伯闻赵襄子于张武，不审也，故国亡身死也。凡闻言必熟论，其于人必验之以理。鲁哀公问于孔子曰："乐正夔一足，信乎？"孔子曰："昔者舜欲以乐传教于天下，乃令重黎举夔于草莽之中而进之，舜以为乐正。夔于是正六律，和五声，以通八风，而天下大服。重黎又欲益求人，舜曰：'夫乐，天地之精也，得失之节也，故唯圣人为能和。乐之本也。夔能和之以平天下，若夔者一而足矣。'故曰'夔一足'，非'一足'也。"

（先秦）《吕氏春秋》，陆玖译注，中华书局2011年版

贵直

一曰：贤主所贵莫如士。所以贵士，为其直言也。言直则枉者见矣。人主之患，欲闻枉而恶直言。是障其源而欲其水也，水奚自至？是贱其所欲而贵其所恶也，所欲奚自来……狐援说齐湣王曰："殷之鼎陈于周之廷，其社盖于周之屏，其干戚之音在人之游。亡国之音不得至于庙，亡国之社不得见于天，亡国之器陈于廷，所以为戒。王必勉之！其无使齐之大吕陈之廷，无使太公之社盖之屏，无使齐音充人之游。"齐王不受。狐援

出而哭国三日，其辞曰："先出也，衣绤纻；后出也，满囹圄。吾今见民之洋洋然东走而不知所处。"齐王问吏曰："哭国之法若何？"吏曰："斮。"王曰："行法！"吏陈斧质于东闾，不欲杀之，而欲去之。狐援闻而蹶往过之。吏曰："哭国之法斮，先生之老欤？昏欤？"狐援曰："曷为昏哉？"于是乃言曰："有人自南方来，鲋入而鲵居，使人之朝为草而国为墟。殷有比干，吴有子胥，齐有狐援。已不用若言，又斮之东闾，每斮者以吾参夫二子者乎！"狐援非乐斮也，国已乱矣，上已悖矣，哀社稷与民人，故出若言。出若言非平论也，将以救败也，固嫌于危。此触子之所以去之也，达子之所以死之也。

（先秦）《吕氏春秋》，陆玖译注，中华书局2011年版

两　　汉

　　两汉上承先秦诸子思想和礼乐的理性伦理思想，下启魏晋时期艺术美和伦理的全面自觉，往往被视为两大美学和伦理高峰之间的过渡阶段。

　　两汉时期，由于封建大一统帝国要求一种经世致用的整体性知识，所以，政治、哲学、伦理、艺术往往成为一个统一知识系统，显现出一种人文与社会主题多元、边界模糊的杂合特征，艺术往往具有鲜明的政治伦理特性。从这个时期的艺术伦理思想来看，两汉以"经学"为主导，坚持"君子六艺"的知识体系，政治伦理特性明显。从汉武帝"罢黜百家、表彰六经"开始，汉代艺术就与国家政治建构的合法性、伦理道德的规范性密不可分。汉代艺术伦理资料的整理，涉及思想家对诗、骚、赋等文学的伦理政治性价值的认识；关涉律历、礼乐等对音乐的哲思，并与自然、伦理政治、本体性、艺术形式联系在一起；还体现为书法艺术从"百工之术"之实用性的"俗"向士人雅好之艺术性的"雅"之转变等诸多内容。

贾 谊

贾谊（前200—前168），洛阳（今河南洛阳东）人，西汉初年著名政论家、文学家，长于散文、辞赋，世称贾生。代表作有《过秦论》《论积贮疏》《陈政事疏》等。其政论文集汇编《新书》代表了汉初政论散文的最高成就。

藩伤

既已令之为藩臣矣，为人臣下矣，而厚其力，重其权，使有骄心而难服从也，何异于善砥镆铘而予射子？自祸必矣。爱之，故使饱粱肉之味，玩金石之声，臣民之众，土地之博，足以奉养宿卫其身。

（西汉）贾谊《新书》，方向东译注，中华书局2012年版

等齐

人之情不异，面目状貌同类，贵贱之别，非天根着于形容也。所持以别贵贱明尊卑者，等级、势力、衣服、号令也……君臣同伦，异等同服，则上恶能不眩其下？孔子曰："长民者衣服不贰，从容有常，以齐其民，则民德一。"诗云："彼都人士，狐裘黄裳，行归于周，万民之望。"孔子曰："为上可望而知也，为下可类而志也。"则君不疑于其臣，而臣不惑于其君。

（西汉）贾谊《新书》，方向东译注，中华书局2012年版

服疑

衣服疑者，是谓争先；泽厚疑者，是谓争赏；权力疑者，是谓争强；等级无限，是谓争尊。

制服之道，取至适至和以予民，至美至神进之帝。奇服文章，以等上下而差贵贱。是以高下异，则名号异，则权力异，则事势异，则旗章异，则符瑞异，则礼宠异，则秩禄异，则冠履异，则衣带异，则环佩异，则车马异，则妻妾异，则泽厚异，则宫室异，则床席异，则器皿异，则饮食异，则祭祀异，则死丧异。故高则此品周高，下则此品周下。加人者品此

临之，埤人者品此承之；迁则品此者进，绌则品此者损，贵周丰，贱周谦；贵贱有级，服位有等。等级既设，各处其检，人循其度。擅退则让，上僭则诛。建法以习之，设官以牧之。是以天下见其服而知贵贱，望其章而知其势，使人定其心，各著其目。

（西汉）贾谊《新书》，方向东译注，中华书局 2012 年版

审微

礼，天子之乐，宫县；诸侯之乐，轩县；大夫直县；士有琴瑟。叔孙于奚者，卫之大夫也。曲县者，卫君之乐体也。繁缨者，君之驾饰也。齐人攻卫，叔孙于奚率师逆之，大败齐师，卫于是赏以温。叔孙于奚辞温，而请曲县繁缨以朝，卫君许之。孔子闻之曰："惜乎！不如多与之邑。夫乐者，所以载国；国者，所以载君。彼乐亡而礼从之，礼亡而政从之，政亡而国从之，国亡而君从之。惜乎！不如多予之邑。"

（西汉）贾谊《新书》，方向东译注，中华书局 2012 年版

瑰玮

夫雕文刻镂，周用之物繁多，纤微苦窳之器，日变而起，民弃完坚，而务雕镂纤巧，以相竞高。作之宜一日，今十日不轻能成；用一岁，今半岁而弊。作之费日挟巧，用之易弊。不耕而多食农人之食，是天下之所以困贫而不足也。故以末予民，民大贫；以本予民，民大富。

黼黻文绣纂组害女工，且夫百人作之，不能衣一人，方且万里，不轻能具，天下之力，势安得不寒？世以俗侈相耀，人慕其所不如，悚迫于俗愿，其所未至，以相竞高，而上非有制度也。今虽刑余鬻妾下贱，衣服得过诸侯，拟天子，是使天下公得冒主，而夫人务侈也。冒主务侈，则天下寒而衣服不足矣。故以文绣衣民，而民愈寒，以褋民，民必暖，而有余布帛之饶矣。

夫奇巧末技商贩游食之民，形佚乐而心县愆，志苟得而行淫侈，则用不足而蓄积少矣。即遇凶旱，必先困穷迫身，则苦饥甚焉。今驱民而归之农，皆着于本，则天下各食于力，末技游食之民，转而缘南亩，则民安性劝业，而无县愆之心，无苟得之志，行恭俭蓄积，而人乐其所矣，故曰苦民而民益乐也。

世淫侈矣，饰知巧以相诈利者为知士，敢犯法禁昧大奸者为识理，故

邪人务而日起，奸诈繁而不可止，罪不得生，人积下众多而无时已。君臣相冒，上下无辨，此生于无制度也。今去淫侈之俗，行节俭之术，使车舆有度，衣服器械各有制数。制数已定，故君臣绝尤，而上下分明矣。擅退则让，上僭者诛，故淫侈不得生，知巧诈谋无为起，所谓愚，故曰使愚而民愈不罹县网。

（西汉）贾谊《新书》，方向东译注，中华书局2012年版

孽产子

民卖产子，得为之绣衣编经履偏诸缘，入之闲中，是古者天子后之服也，后之所以庙而不以燕也，而众庶得以衣弃妾。白縠之表，薄纨之里，缉以偏诸，美者黼绣，是古者天子之服也，今富人大贾召客者得以被墙。古者以天下奉一帝一后而节适，今富人大贾屋壁得为帝服，贾妇优倡下贱产子得为后饰，然而天下不屈者，殆未有也。且帝之身，自衣皂绨，而靡贾侈贵，墙得被绣，后以缘其领，孽妾以缘其履，此臣之所谓踳也。

（西汉）贾谊《新书》，方向东译注，中华书局2012年版

匈奴

建国者曰："匈奴不敬，辞言不顺，负其众庶，时为寇盗，挠边境，扰中国，数行不义，为我狡猾，为此奈何？"对曰："臣闻强国战智，王者战义，帝者战德。故汤祝网而汉阴降，舜舞干羽而南蛮服。今汉帝中国也，宜以厚德怀服四夷，举明义博示远方，则舟车之所至，人力之所及，莫不为畜，又孰敢纷然不承帝意？"

匈奴之来者，家长已上，固必衣绣，家少者必衣文锦，将为银车五乘，大雕画之，驾四马，载绿盖，从数骑，御骖乘。且虽单于之出入也，不轻都此矣。令匈奴降者，时时得此而赐之耳。一国闻之者见之者，希心而相告，人人冀幸，以为吾至亦可以得此，将以坏其目。一饵……降者之杰也，若使者至也，上必使人有所召客焉。令得召其知识，胡人之欲观者勿禁。令妇人傅白墨黑，绣衣而侍其堂者二三十人，或薄或撑，为其胡戏，以相饭。上使乐府幸假之但乐，吹箫鼓鼗，倒挈面者更进，舞者蹈者时作。少闲击鼓，舞其偶人昔时乃为戎乐携手胥强上客之，后妇人先后扶侍之者固十余人，使降者时或得此而乐之耳。一国闻之者见之者，希盱相告，人人忬忬，唯恐其后来至也，将以此坏其耳。一饵。……上即飨胡人

也，大觳抵也，客胡使也，力士武士固近侍傍，胡婴儿得近侍侧，胡贵人更进得佐酒前，上乃幸自御此薄，使付酒钱，时人偶之。为闲则出绣衣具带服宾余，时以赐之……故牵其耳，牵其目，牵其口，牵其腹，四者已牵，又引其心，安得不来下胡抑抁也。此谓五饵。

（西汉）贾谊《新书》，方向东译注，中华书局2012年版

傅职

或称春秋，而为之耸善而抑恶，以革劝其心。教之礼，使知上下之则；或为之称诗而广道显德，以驯明其志；教之乐，以疏其秽而填其浮气；教之语，使明于上世，而知先王之务明德于民也；教之故志，使知废兴者而戒惧焉；教之任术，使能纪万官之职任，而知治化之仪；教之训典，使知族类疏戚，而隐比驯焉。此所谓学太子以圣人之德者也。

天子不谕于先圣人之德，不知君国畜民之道，不见礼义之正，不察应事之理，不博古之典传，不偶于威仪之数，诗书礼乐无经，天子学业之不法，凡此其属太师之任也。古者齐太公职之。

天子处位不端，受业不敬，教诲讽诵诗书礼乐之不经不法不古，言语不序，音声不中律，将学趋让进退即席不以礼，登降揖让无容，视瞻俯仰周旋无节，妄咳唾数顾趋行，色不比顺，隐琴肆瑟，凡此其属太保之任也。古者燕召公职之。

天子居处出入不以礼，衣服冠带不以制，御器在侧不以度，杂彩从美不以章，忿怒说喜不以义，赋与噍让不以节，小行小礼小义小道，不从少师之教；凡此其属少傅之任也。

干戚戈羽之舞，管钥琴瑟之会，号呼歌谣，声音不中律，燕乐雅讼逆乐序，凡此其属，诏工之任也。

（西汉）贾谊《新书》，方向东译注，中华书局2012年版

保傅

及太子既冠成人，免于保傅之严，则有司直之史，有亏膳之宰。天子有过，史必书之。史之义，不得书过则死，而宰收其膳。宰之义，不得收膳则死。于是有进善之旌，有诽谤之木，有敢谏之鼓。瞽史诵诗，工诵箴谏，大夫进谋，士传民语。习与智长，故切而不愧，化与心成，故中道若性，是殷周之所以长有道也。

三代之礼，天子春朝朝日，秋暮夕月，所以明有敬也。春秋入学，坐国老执酱而亲馈之，所以明有孝也。行以鸾和，步中采茨，趋中肆夏，所以明有度也。其于禽兽也，见其生，不忍其死，闻其声，不尝其肉，故远庖厨，所以长恩且明有仁也。食以礼，彻以乐，失度则史书之，工诵之，三公进而读之，宰夫减其膳，是天子不得为非也。明堂之位曰：笃仁而好学，多闻而道顺。

（西汉）贾谊《新书》，方向东译注，中华书局2012年版

辅佐

奉常，典天以掌宗庙社稷之祀，天神、地祇、人鬼，凡山川四望国之诸祭，吉凶妖祥占相之事序，礼乐丧纪，国之礼仪，毕居其宜，以识宗室，观民风俗，审诗商命，禁邪言，息淫声，于四时之交，有事于南郊，以报祈天明。故历天时不得，事鬼神不序，经礼仪人伦不正，奉常之任也。

（西汉）贾谊《新书》，方向东译注，中华书局2012年版

礼

礼者，臣下所以承其上也。故诗云："一发五犯，吁嗟乎驺虞。"驺者，天子之囿也；虞者，囿之司兽者也。天子佐舆十乘，以明贵也；贰牲而食，以优饱也。虞人翼五犯以待一发，所以复中也。人臣于其所尊敬，不敢以节待，敬之至也。甚尊其主，敬慎其所掌职，而志厚尽矣。作此诗者，以其事深见良臣顺上之志也。良臣顺上之志者可谓义矣，故其叹之也，长曰吁嗟乎。

礼者，所以节义而没不还。故飨饮之礼，先爵于卑贱，而后贵者始羞。殽膳下浃，而乐人始奏。觞不下遍，君不尝羞。殽不下浃，上不举乐。故礼者，所以恤下也。由余曰："干肉不腐，则左右亲。苞苴时有，筐筐时至，则群臣附。官无蔚藏，腌陈时发，则戴其上。"诗曰："投我以木瓜，报之以琼琚，匪报也，永以为好也。"上少投之，则下以躯偿矣，弗敢谓报，愿长以为好。古之蓄其下者，其施报如此。国无九年之蓄，谓之不足；无六年之蓄，谓之急；无三年之蓄，国非其国也。民三年耕，必余一年之食，九年而余三年之食，三十岁相通。而有十年之积，虽有凶旱水溢，民无饥馑。然后天子备味而食，日举以乐。诸侯食珍，不

失，钟鼓之县可使乐也。乐也者，上下同之。故礼，国有饥人，人主不飧；国有冻人，人主不裘。报囚之日，人主不举乐。岁凶，谷不登，台扉不涂，榭彻干侯，马不食谷，驰道不除，食减膳，飨祭有阙。故礼者自行之义，养民之道也。受计之礼，主所亲拜者二：闻生民之数则拜之，闻登谷则拜之。诗曰："君子乐胥，受天之祜。"胥者，相也；祜，大福也。夫忧民之忧者，民必忧其忧；乐民之乐者，民亦乐其乐。与士民若此者，受天之福矣。

（西汉）贾谊《新书》，方向东译注，中华书局2012年版

容经

古者圣王，居有法则，动有文章，位执戒辅，鸣玉以行。鸣玉者，佩玉也，上有双珩，下有双璜，冲牙蠙珠，以纳其闲，琚瑀以杂之。行以采茨，趋以肆夏，步中规，折中矩。登车则马行而鸾鸣，鸾鸣而和应，声曰和，和则敬。故诗曰："和鸾噰噰，万福攸同。"言动以纪度，则万福之所聚也。故曰：明君在位可畏，施舍可爱，进退可度，周旋可则，容貌可观，作事可法，德行可象，声气可乐，动作有文，言语有章，以承其上，以接其等，以临其下，以畜其民……故诗曰："威仪棣棣，不可选也。"棣棣，富也；不可选，众也。言接君臣上下，父子兄弟，内外大小品事之各有容志也。

语曰："审乎明王，执中履衡。"言秉中适而据乎宜。故威胜德则淳，德胜威则施。威之与德，交若缪缱。且畏且怀，君道正矣。质胜文则野，文胜质则史，文质彬彬，然后君子。

古之为路舆也，盖圜以象天，二十八橑以象列星，轸方以象地，三十辐以象月。故仰则观天文，俯则察地理，前视则睹鸾和之声，四时之运。此舆教之道也。

（西汉）贾谊《新书》，方向东译注，中华书局2012年版

春秋

楚王欲淫，邹君乃遗之技乐美女四人，穆公朝观，而夕毕以妻死事之孤，故妇人年弗称者弗蓄，节于身而弗众也。王舆不衣皮帛，御马不食禾菽。无淫僻之事，无骄熙之行。食不众味，衣不杂采。自刻以广民，亲贤以定国，亲民如子。邹国之治，路不拾遗，臣下顺从，若手之投心。是故

以邹子之细，鲁卫不敢轻，齐楚不能胁。邹穆公死，邹之百姓，若失慈父，行哭三月。四境之邻于邹者，士民乡方而道哭，抱手而忧行。酤家不雠其酒，屠者罢列而归，傲童不讴歌，舂筑者不相杵，妇女抉珠瑱，丈夫释玦轩，琴瑟无音，期年而后始复。故爱出者爱反，福往者福来。易曰："鸣鹤在阴，其子和之。"其此之谓乎！故曰："天子有道，守在四夷；诸侯有道，守在四邻。"

（西汉）贾谊《新书》，方向东译注，中华书局2012年版

官人

师至，则清朝而侍，小事不进。友至，则清殿而侍，声乐技艺之人不并见。大臣奏事，则俳优侏儒逃隐，声乐技艺之人不并奏。左右在侧，声乐不见。侍御者在侧，子女不杂处。故君乐雅乐，则友大臣可以侍；君乐燕乐，则左右侍御者可以侍；君开北房，从薰服之乐，则厮役从。清晨听治，罢朝而论议，从容泽燕。夕时开北房，从薰服之乐，是以听治论议，从容泽燕，矜庄皆殊序，然后帝王之业可得而行也。

（西汉）贾谊《新书》，方向东译注，中华书局2012年版

六术

德有六理，何谓六理？道、德、性、神、明、命，此六者，德之理也。六理无不生也，已生而六理存乎所生之内，是以阴阳天地人，尽以六理为内度，内度成业，故谓之六法。六法藏内，变流而外遂，外遂六术，故谓之六行。是以阴阳各有六月之节，而天地有六合之事，人有仁义礼智信之行。行和则乐兴，乐兴则六，此之谓六行。阴阳天地之动也，不失六行，故能合六法。人谨修六行，则亦可以合六法矣。

然而人虽有六行，微细难识，唯先王能审之。凡人弗能自至，是故必待先王之教，乃知所从事。是以先王为天下设教，因人所有以之为训，道人之情，以之为真，是故内本六法，外体六行，以与诗、书、易、春秋、礼、乐六者之术，以为大义，谓之六艺。令人缘之以自修，修成则得六行矣。六行不正，反合六法。艺之所以六者，法六法而体六行故也，故曰六则备矣。

六者非独为六艺本也，他事亦皆以六为度。声音之道，以六为首，以阴阳之节为度，是故一岁十二月分而为阴阳，各六月，是以声音之器十二

钟，钟当一月，其六钟阴声，六钟阳声，声之术律是而出，故谓之六律。六律和五声之调，以发阴阳天地人之清声，而内合六行六法之道。是故五声宫、商、角、徵、羽，唱和相应而调和，调和而成理谓之音。声五也，必六而备，故曰声与音六。夫律之者，象测之也，所测者六，故曰六律。

六亲有次，不可相踰，相踰则宗族扰乱，不能相亲。是故先王设为昭穆三庙，以禁其乱。何为三庙？上室为昭，中室为穆，下室为孙嗣令子。各以其次，上下更居，三庙以别，亲疏有制。丧服称亲疏以为重轻，亲者重，疏者轻，故复有麤衰、齐衰、大红、细红、緦麻备六，各服其所当服。夫服则有殊，此先王之所以禁乱也。

（西汉）贾谊《新书》，方向东译注，中华书局2012年版

道德说

德有六理，何谓六理？曰道、德、性、神、明、命。此六者，德之理也。诸生者皆生于德之所生，而能象人德者，独玉也。写德体，六理尽见于玉也，各有状，是故以玉效德之六理。泽者鉴也，谓之道；腒如窃膏，谓之德；湛而润，厚而胶，谓之性；康若泺流，谓之神；光辉谓之明；礐乎坚哉，谓之命。此之谓六理。

六理、六美，德之所以生阴阳天地人与万物也，固为所生者法也。故曰：道此之谓道，德此之谓德，行此之谓行，所谓行此者德也。是故着此竹帛谓之《书》，《书》者此之著者也，《诗》者此之志者也，《易》者此之占者也，《春秋》者此之纪者也，《礼》者此之体者也，《乐》者此之乐者也，祭祀鬼神为此福者也，博学辩议为此辞者也。

神者，道德神气发于性也。康若泺流，不可物效也，变化无所不为，物理及诸变之起，皆神之所化也，故曰"康若泺流谓之神"，"神生变，通以之化"。

《书》者，著德之理于竹帛而陈之，令人观焉，以著所从事，故曰："《书》者，此之著者也。"《诗》者，志德之理，而明其指，令人缘之以自成也，故曰："《诗》者，此之志者也。"《易》者，察人之精德之理与弗循，而占其吉凶，故曰"《易》者，此之占者也。"《春秋》者，守往事之合德之理与不合，而纪其成败，以为来事师法，故曰："《春秋》者，此之纪者也。"《礼》者，体德理而为之节文，成人事，故曰："《礼》者，此之体者也。"《乐》者，《书》《诗》《易》《春秋》《礼》五者之道

备，则合于德矣，合则驩然大乐矣，故曰："《乐》者，此之乐者也。"人能修德之理，则安利之，谓福。莫不慕福，弗能必得，而人心以为鬼神能与于利害，是故具牺牲俎豆粢盛，斋戒而祭鬼神，欲以佐成福，故曰祭祀鬼神，为此福者也。德之理尽施于人，其在人也，内而难见，是以先王举德之颂而为辞语，以明其理，陈之天下，令人观焉。垂之后世，辩议以审察之，以转相告。是故弟子随师而问，博学以达其知，而明其辞以立其诚，故曰博学辩议，为此辞者也。

德毕施物，物虽有之，微细难识。夫玉者，真德象也。六理在玉，明而易见也。是以举玉以谕物之所受于德者，与玉一体也。

（西汉）贾谊《新书》，方向东译注，中华书局2012年版

礼容语下

既而叔向告人曰："吾闻之曰：'一姓不再兴。'今周有单子以为臣，周其复兴乎？昔史佚有言曰：'动莫若敬，居莫若俭，德莫若让，事莫若资。'今单子皆有焉。夫宫室不崇，器无虫镂，俭也；身恭除洁，外内肃给，敬也；燕好享赐，虽欢不踰等，让也；宾之礼事，称上而差，资也。若是而加之以无私，重之以不佹，能辟怨矣。居俭动敬德让事资而能辟怨，以为卿佐，其有不兴乎？

夫昊天有成命，颂之盛德也。其诗曰：'昊天有成命，二后受之，成王不敢康，夙夜基命宥谧。'谧者，宁也，亿也。命者，制令也。基者，经也，势也。夙，早也。康，安也。后，王也。二后，文王、武王。成王者，武王之子，文王之孙也。文王有大德，而功未就，武王有大功，而治未成。及成王承嗣，仁以临民，故称昊天焉。不敢怠安，蚤兴夜寐，以继文王之业，布文陈纪，经制度，设牺牲，使四海之内，懿然葆德，各遵其道，故曰有成承顺武王之功，奉扬文王之德。九州之民，四荒之国，歌谣文武之烈，絫九译而请朝，致贡职以供祀，故曰二后受之。

（西汉）贾谊《新书》，方向东译注，中华书局2012年版

胎教

易曰："正其本而万物理，失之毫厘，差以千里，故君子慎始。"春秋之元，诗之关雎，礼之冠婚，易之乾坤，皆慎始敬终云尔。

青史氏之记曰："古者胎教之道，王后有身，七月而就蒌室，太师持

铜而御户左，太宰持斗而御户右，太卜持蓍龟而御堂下，诸官皆以其职御于门内。比三月者，王后所求声音非礼乐，则太师抚乐而称不习。所求滋味者非正味，则太宰荷斗而不敢煎调，而曰："不敢以侍王太子。"太子生而泣，太师吹铜曰："声中某律。"太宰曰："滋味上某。"太卜曰："命云某。"

（西汉）贾谊《新书》，方向东译注，中华书局2012年版

《淮南子》

《淮南子》又名《淮南鸿烈》《刘安子》，是西汉皇族淮南王刘安及其门客收集史料集体编写而成的一部哲学著作。《淮南子》在继承先秦道家思想的基础上，综合了诸子百家学说中的精华部分，对后世研究秦汉时期文化起到了不可替代的作用。

原道训

是故清静者，德之至也；而柔弱者，道之要也。虚无恬愉者，万物之用也；肃然应感，殷然反本，则沦于无形矣。所谓无形者，一之谓也。所谓一者，无匹合于天下者也。卓然独立，块然独处；上通九天，下贯九野；员不中规，方不中矩；大浑而为一叶，累而无根；怀囊天地，为道关门；穆忞隐闵，纯德独存；布施而不既，用之而不勤。是故视之不见其形，听之不闻其声，循之不得其身；无形而有形生焉，无声而五音鸣焉，无味而五味形焉，无色而五色成焉。是故有生于无，实出于虚；天下为之圈，则名实同居。音之数不过五，而五音之变不可胜听也。味之和不过五，而五味之化不可胜尝也。色之数不过五，而五色之变不可胜观也，故音者，宫立而五音形矣。味者，甘立而五味亭矣；色者，白立而五色成矣；道者，一立而万物生矣。

所谓乐者，岂必处京台章华，游云梦沙丘，耳听《九韶》《六莹》，口味煎熬芬芳，驰骋夷道，钓射鹔鹩之谓乐乎？吾所谓乐者，人得其得者也。夫得其得者，不以奢为乐，不以廉为悲，与阴俱闭，与阳俱开。故子夏心战而臞，得道而肥，圣人不以身役物，不以欲滑和。是故其为欢不忻忻，其为悲不慇慇。万方百变，消摇而无所定，吾独慷慨遗物而与道同

出，是故有以自得之也。乔本之下，空穴之中，足以适情，无以自得也。虽以天下为家，万民为臣妾，不足以养生也。能至于无乐者，则无不乐，无不乐则至极乐矣。

夫建钟鼓，列管弦，席旃茵，傅旄象，耳听朝歌北鄙靡靡之乐，齐靡曼之色，陈酒行觞，夜以继日，强弩弋高鸟，走犬逐狡兔：此其为乐也，炎炎赫赫，怵然若有所诱慕。解车休马，罢酒撤乐，而心忽然若有所丧，怅然若有所亡也。是何则？不以内乐外，而以外乐内；乐作而喜，曲终而悲；悲喜转而相生，精神乱营，不得须臾平。察其所以，不得其形，而日以伤生，失其得者也。是故内不得于中，禀授于外而以自饰也；不浸于肌肤，不侠于骨髓，不留于心志，不滞于五藏。故从外入者，无主于中，不止；从中出者，无应于外，不行。故听善言便计，虽愚者知说之；称至德高行，虽不肖者知慕之。说之者众，而用之者鲜；慕之者多，而行之者寡。所以然者何也？不能反诸性也，夫内不开于中而强学问者，不入于耳而不著于心，此何以异于聋者之歌也？效人为之而无以自乐也，声出于口，则越而散矣。夫心者，五藏之主也，所以制使四支，流行血气，驰骋于是非之境，而出入于百事之门户者也。是故不得于心而有经天下之气，是犹无耳而欲调钟鼓，无目而欲喜文章也，亦必不耳胜其任矣。

所谓自得者，全其身者也；全其身，则与道为一矣。故虽游于江浔海裔，驰要褭，建翠盖，目观《掉羽》《武象》之乐，耳听滔朗奇丽《激》《挣》之音，扬郑、卫之浩乐，结《激楚》之遗风，射沼滨之高鸟，逐苑圃之走兽，此齐民之所以淫泆流湎；圣人处之，不足以营其精神，乱其气志，使心怵然失其情性。处穷僻之乡，侧溪谷之间，隐于榛薄之中，环堵之室，茨之以生茅，蓬户瓮牖，揉桑为枢；上漏下湿，润浸北房，雪霜滚灖，浸潭苁蒋；逍遥于广泽之中，而仿洋于山峡之旁，此齐民之所为形植黎黑，忧悲而不得志也；圣人处之，不为愁悴怨怼，而不失其所以自乐也。是何也？则内有以通于天机，而不以贵贱贫富劳逸失其志德者也。故夫乌之哑哑，鹊之喳喳，岂尝为寒暑燥湿变其声哉！

（西汉）《淮南子》，陈广忠译注，中华书局2012年版

俶真训

周室衰而王道废，儒墨乃始列道而议，分徒而讼，于是博学以疑圣，华诬以胁众，弦歌鼓舞，缘饰《诗》《书》，以买名誉于天下。繁登降之

礼，饰绂冕之服，聚众不足以极其变，积财不足以赡其费。

故《诗》云："采采卷耳，不盈倾筐，嗟我怀人，寘彼周行。"以言慕远世也。

(西汉)《淮南子》，陈广忠译注，中华书局2012年版

天文训

何谓五星？东方，木也，其帝太太皞，其佐句芒，执规而治春；其神为岁星，其兽苍龙，其音角，其日甲乙。南方，火也，其帝炎帝，其佐朱明，执衡而治夏；其神为荧惑，其兽朱鸟，其音徵，其日丙丁。中央，土也，其帝黄帝，其佐后土，执绳而制四方；其神为镇星，其兽黄龙，其音宫，其日戊己。西方，金也，其帝少昊，其佐蓐收，执矩而治秋；其神为太白，其兽白虎，其音商，其日庚辛。北方，水也，其帝颛顼，其佐玄冥，执权而治冬；其神为辰星，其兽玄武，其音羽，其日壬癸。太阴在四仲，则岁星行三宿，太阴在四钩，则岁星行二宿，二八十六，三四十二，故十二岁而行二十八宿。日行十二分度之一，岁行三十度十六分度之七，十二岁而周。

何谓八风？距日冬至四十五日，条风至；条风至四十五日，明庶风至；明庶风至四十五日，清明风至；清明风至四十五日，景风至；景风至四十五日，凉风至；凉风至四十五日，阊阖风至；阊阖风至四十五日，不周风至；不周风至四十五日，广莫风至。条风至，则出轻系，去稽留；明庶风至，则正封疆，修田畴；清明风至，则出币帛，使诸侯；景风至，则爵有位，赏有功；凉风至，则报地德，祀四郊；阊阖风至，则收悬垂，琴瑟不张；不周风至，则修宫室，缮边城；广莫风至，则闭关梁，决刑罚。

阴阳刑德有七舍。何谓七舍？室、堂、庭、门、巷、术、野。十二月德居室三十日，先日至十五日，后日至十五日，而徙所居各三十日。德在室则刑在野，德在堂则刑在术，德在庭则刑在巷，阴阳相德，则刑德合门。八月、二月，阴阳气均，日夜分平，故曰刑德合门。德南则生，刑南则杀，故曰二月会而万物生，八月会而草木死，两维之间，九十一度十六分度之五而升，日行一度，十五日为一节，以生二十四时之变。斗指子，则冬至，音比黄钟。加十五日指癸，则小寒，音比应钟。加十五日指丑，则大寒，音比无射。加十五日指报德之维，则越阴在地，故曰距日冬至四十六日而立春，阳气冻解，音比南吕。加十五日指寅，则雨水，音比夷

则。加十五日指甲,则雷惊蛰,音比林钟。加十五日指卯中绳,故曰春分则雷行,音比蕤宾。加十五日指乙,则清明风至,音比仲吕。加十日指辰,则谷雨,音比姑洗。加十五日指常羊之维,则春分尽,故曰有四十六日而立夏,大风济,音比夹钟。加十五日指巳,则小满,音比太蔟。加十五日指丙,则芒种,音比大吕。加十五日指午,则阳气极,故曰有四十六日而夏至,音比黄钟。加十五指丁,则小暑,音比大吕。加十五日指未,则大暑,音比太蔟。加十五日指背阳之维,则夏分尽,故曰有四十六日而立秋,凉风至,音比夹钟。加十五日指申,则处暑,音比姑洗。加十五日指庚,则白露降,音比仲吕。加十五日指酉中绳,故曰秋分雷臧,蛰虫北向,音比蕤宾。加十五日指辛,则寒露,音比林钟。加十五日指戌,则霜降,音比夷则。加十五日指蹄通之维,则秋分尽,故曰有四十六日而立冬,草木毕死,音比南吕。加十五日指亥,则小雪,音比无射。加十五日指壬,则大雪,音比应钟。加十五日指子。故曰:阳生于子,阴生于午。阳生于子,故十一月日冬至,鹊始加巢,人气钟首。阴生于午,故五月为小刑,荠麦亭历枯,冬生草木必死。

斗杓为小岁,正月建寅,月从左行十二辰。咸池为太岁,二月建卯,月从右行四仲,终而复始。太岁迎者辱,背者强,左者衰,右者昌,小岁东南则生,西北则杀,不可迎也,而可背也,不可左也,而可右也,其此之谓也。大时者,咸池也。小时者,月建也。天维建元,常以寅始起,右徙一岁而移,十二岁而大周天,终而复始。淮南元年冬,太一在丙子,冬至甲午,立春丙子。二阴一阳成气二,二阳一阴成气三,合气而为音,合阴而为阳,合阳而为律,故曰五音六律。音自倍而为日,律自倍而为辰,故日十而辰十二。月日行十三度七十六分度之二十六,二十九日九百四十分日之四百九十九而为月,而以十二月为岁。岁有余十日九百四十分日之八百二十七,故十九岁而七闰。日冬至子午,夏至卯酉,冬至加三日,则夏至之日也。岁迁六日,终而复始,壬午冬至,甲子受制,木用事,火烟青。七十二日,丙子受制,火用事,火烟赤。七十二日,戊子受制,土用事,火烟黄。七十二日,庚子受制,金用事,火烟白。七十二日,壬子受制,水用事,火烟黑。七十二日而岁终,庚子受制。岁迁六日,以数推之,七十岁而复至甲子。甲子受制,则行柔惠,挺群禁,开阖扇,通障塞,毋伐木。丙子受制,则举贤良,赏有功,立封侯,出货财。戊子受制,则养老鳏寡,行稃鬻,施恩泽。庚子受制,则缮墙垣,修城郭,审群禁，饰兵甲，儆百官，诛不法。壬子受制，则闭门闾，大搜客，断刑罚，杀当罪，息关梁，禁外徙。

帝张四维，运之以斗，月徙一辰，复反其所。正月指寅，十二月指丑，一岁而匝，终而复始。指寅，则万物螾螾也，律受太蔟。太蔟者，蔟而未出也。指卯，卯则茂茂然，律受夹钟。夹钟者，种始荚也。指辰，辰则振之也，律受姑洗。姑洗者，陈去而新来也。指巳，巳则生已定也，律受仲吕。仲吕者，中充大也。指午，午者，忤也，律受蕤宾。蕤宾者，安而服也。指未，未，昧也，律受林钟。林钟者，引而止也。指申，申者，呻之也，律受夷则。夷则者，易其则也，德以去矣。指酉，酉者，饱也，律受南吕。南吕者，任包大也。指戌，戌者，灭也，律受无射。无射，入无厌也。指亥，亥者，阂也，律受应钟。应钟者，应其钟也。指子，子者，兹也，律受黄钟。黄钟者，钟已黄也。指丑，丑者，纽也，律受大吕。大吕者，旅旅而去也。其加卯酉，则阴阳分，日夜平矣。故曰规生矩杀，衡长权藏，绳居中央，为四时根。

道曰规，道始于一，一而不生，故分而为阴阳，阴阳合和而万物生。故曰"一生二，二生三，三生万物。"天地三月而为一时，故祭祀三饭以为礼，丧纪三踊以为节，兵重三罕以为制。以三参物，三三如九，故黄钟之律九寸而宫音调，因而九之，九九八十一，故黄钟之数立焉。黄者，土德之色；钟者，气之所钟也。日冬至德气为土，土色黄，故曰黄钟。律之数六，分为雌雄，故曰十二钟，以副十二月。十二各以三成，故置一而十一，三之，为积分为十七万七千一百四十七，黄钟大数立焉。凡十二律，黄钟为宫，太蔟为商，姑洗为角，林钟为徵，南吕为羽。物以三成，音以五立，三与五如八，故卵生者八窍。律之初生也，写凤之音，故音以八生。黄钟为宫，宫者，音之君也。故黄钟位子，其数八十一，主十一月。下生林钟。林钟之数五十四，主六月，上生太蔟。太蔟之数七十二，主正月，下生南吕。南吕之数四十八，主八月，上生姑洗。姑洗之数六十四，主三月，下生应钟。应钟之数四十二，主十月，上生蕤宾，蕤宾之数五十七，主五月，上生大吕。大吕之数七十六，主十二月，下生夷则。夷则之数五十一，主七月。上生夹钟。夹钟之数六十八，主二月，下生无射。无射之数四十五，主九月，上生仲吕。仲吕之数六十，主四月，极不生。徵生宫，宫生商，商生羽，羽生角，角生姑洗，姑洗生应钟，比于正音，故为和。应钟生蕤宾，不比正音，故为缪。日冬至，音比林钟，浸以浊。日夏至，音比黄钟，浸以清。以十二律应二十四时之变，甲子，仲吕之徵也；丙子，夹钟之羽也；戊子，黄钟之宫也；庚子，无射之商也；壬子，夷则之角也。古之为度量轻重，生乎天道。黄钟之律修九寸，物以三生，三九二十七，故幅广二尺七寸。音以八相生，故人修八尺，寻自倍，故八尺而为寻。有形则有声，音之数五，以五乘八，五八四十，故四丈而为匹。匹者，中人之度也。秋分蔈定，蔈定而禾熟。律之数十二，故十二蔈而当一粟，十二粟而当一寸。律以当辰，音以当日，日之数十，故十寸而为尺，十尺而为丈。其以为量，十二粟而而当一分，十二分而当一铢，十二铢而当半两。衡有左右，因倍之，故二十四铢为一两，天有四时，以成一岁，因而四之，四四十六，故十六两而为一斤。三月而为一时，三十日为一月，故三十斤为一钧。四时而为一岁，故四钧为一石。其以为音也，一律而生五音，十二律而为六十音，因而六之，六六三十六，故三百六十音以当一岁之日。

故律历之数，天地之道也。下生者倍，以三除之；上生者四，以三除之。太阴元始建于甲寅，一终而建甲戌，二终而建甲午，三终而复得甲寅之元。岁徙一辰，立春之后，得其辰而迁其所顺。

（西汉）《淮南子》，陈广忠译注，中华书局2012年版

地形训

音有五声，宫其主也；色有五章，黄其主也；味有五变，甘其主也；位有五材，土其主也。是故炼土生木，炼木生火，炼火生云，炼云生水，炼水反土。炼甘生酸，炼酸生辛，炼辛生苦，炼苦生咸，炼咸反甘。变宫生徵，变徵生商，变商生羽，变羽生角，变角生宫。是故以水和土，以土和火，以火化金，以金治木，木得反土。五行相治，所以成器用。

（西汉）《淮南子》，陈广忠译注，中华书局2012年版

时则训

孟春之月，招摇指寅，昏参中，旦尾中。其位东方，其日甲乙，盛德在木，其虫鳞，其音角，律中太蔟，其数八，其味酸，其臭膻，其祀户，祭先脾。东风解冻，蛰虫始振苏，鱼上负冰，獭祭鱼，候雁北。天子衣青衣，乘苍龙，服苍玉，建青旗，食麦与羊，服八风水，爨其燧火。东宫御女青色，衣青采，鼓琴瑟，其兵矛，其畜羊，朝于青阳左个，以出春令。

布德施惠，行庆赏，省徭赋。

仲春之月，招摇指卯，昏弧中，旦建星中。其位东方，其日甲乙，其虫鳞，其音角，律中夹钟，其数八，其味酸，其臭膻，其祀户，祭先脾。始雨水，桃李始华，苍庚鸣，鹰化为鸠。天子衣青衣，乘苍龙，服苍玉，建青旗，食麦与羊，服八风水，爨萁燧火，东宫御女青色，衣青采，鼓琴瑟，其兵矛，其畜羊，朝于青阳太庙。

季春之月，招摇指辰，昏七星中，旦牵牛中，其位东方，其日甲乙，其虫鳞，其音角，律中姑洗，其数八，其味酸，其臭膻，其祀户，祭先脾。桐始华，田鼠化为鴽，虹始见，萍始生。天子衣青衣，乘苍龙，服苍玉，建青旗，食麦与羊，服八风水，爨萁燧火，东宫御女青色，衣青采，鼓琴瑟。……择下旬吉日，大合药，致欢欣。

孟夏之月，招摇指巳，昏翼中，旦婺女中，其位南方，其日丙丁，盛德在火，其虫羽，其音徵，律中仲吕，其数七，其味苦，其臭焦，其祀灶，祭先肺。蝼蝈鸣，丘蚓出，王瓜生，苦菜秀。天子衣赤衣，乘赤骝，服赤玉，建赤旗，食菽与鸡，服八风水，爨柘燧火。南宫御女赤色，衣赤采，吹竽笙。

仲夏之月，招摇指午，昏亢中，旦危中，其位南方，其日丙丁，其虫羽，其音徵，律中蕤宾，其数七，其味苦，其臭焦，其祀灶，祭先肺。小暑至，螳螂生，鵙始鸣，反舌无声。天子衣赤衣，乘赤骝，服赤玉，载赤旗，食菽与鸡，服八风水，爨柘燧火。南宫御女赤色，衣赤采，吹竽笙。其兵戟，其畜鸡，朝于明堂太庙。命乐师，修鞀召鼙琴瑟管箫，调竽篪，饰钟磬，执干戚弋羽，命有司，为民祈祀山川百源，大雩帝，用盛乐。……命妇官染采，黼黻文章，青黄白黑，莫不质良，以给宗庙之服，必宜以明。

孟秋之月，招摇指申，昏斗中，旦毕中，其位西方，其日庚辛，盛德在金，其虫毛，其音商，律中夷则，其数九，其味辛，其臭腥，其祀门，祭先肝。凉风至，白露降，寒蝉鸣，鹰乃祭鸟，用始行戮。天子衣白衣，乘白骆，服白玉，建白旗，食麻与犬，服八风水，爨柘燧火，西宫御女白色，衣白采，撞白钟，其兵弋，其畜狗。

仲秋之月，招摇指酉，昏牵牛中，旦觜嶲中。其位西方，其日庚辛，其虫毛，其音商，律中南吕，其数九，其味辛，其臭腥，其祀门，祭先肝。凉风至，候雁来，玄鸟归，群鸟翔。天子衣白衣，乘白骆，服白玉，建白旗，食麻与犬，服八风水，爨柘燧火，西宫御女白色，衣白采，撞白钟，其兵戈，其畜犬。

季秋之月，招摇指戌，昏虚中，旦柳中，其位西方，其日庚辛，其虫毛，其音商，律中无射，其数九，其味辛，其臭腥，其祀门，祭先肝。候雁来，宾雀入大水为蛤，菊有黄华，豺乃祭兽戮禽。天子衣白衣，乘白骆，服白玉，建白旗，食麻与犬，服八风水，爨柘燧火，西宫御女白色，衣白采，撞白钟，其兵戈，其畜犬，朝于总章右个。命有司，申严号令，百官贵贱，无不务入，以会天地之藏，无有宣出。乃命冢宰，农事备收，举五谷之要，藏帝籍之收于神仓。是月也，霜始降，百工休，乃命有司曰：寒气总至，民力不堪，其皆入室，上丁入学习吹，大飨帝，尝牺牲，合诸侯，制百县。

孟冬之月，招摇指亥，昏危中，旦七星中，其位北方，其日壬癸，盛德在水，其虫介，其音羽，律中应钟，其数六。其味碱，其臭腐，其祀井，祭先肾。水始冰，地始冻，雉入大水为蜃，虹藏不见。天子衣黑衣，乘玄骊，服玄玉，建玄旗，食黍与彘，服八风水，爨松燧火。北宫御女黑色，衣黑采，击磬石，其兵铄，其畜彘，朝于玄堂左个，以出冬令。

仲冬之月，招摇指子，昏壁中，旦轸中，其位北方，其日壬癸，其虫介，其音羽，律中黄钟，其数六，其味碱，其臭腐，其祀井，祭先肾。冰益壮，地始坼，鹖旦不鸣，虎始交。天子衣黑衣，乘铁骊，服玄玉，建玄旗，食黍与彘，服八风水，爨松燧火。北宫御女黑色，衣黑采，击磬石。

季冬之月，招摇指丑，昏娄中，旦氐中，其位北方，其日壬癸，其虫介，其音羽，律中大吕，其数六，其味碱，其臭腐，其祀井，祭先肾。雁北向，鹊加巢，雉雊，鸡呼卵。天子衣黑衣，乘铁骊，服玄玉，建玄旗，食麦与彘，服八风水，爨松燧火。北宫御女黑色，衣黑采，击磬石。其兵铄，其畜彘。……命乐师大合吹而罢。

(西汉)《淮南子》，陈广忠译注，中华书局2012年版

览冥训

昔者，师旷奏白雪之音，而神物为之下降，风雨暴至。平公癃病，晋国赤地。庶女叫天，雷电下击，景公台陨，支体伤折，海水大出。夫瞽师、庶女，位贱尚菜，权轻飞羽，然而专精厉意，委务积神，上通九天，激厉至精。由此观之，上天之诛也，虽在圹虚幽间，辽远隐匿，重袭石

室，界障险阻，其无所逃之，亦明矣。

昔雍门子以哭见于孟尝君，已而陈辞通意，抚心发声。孟尝君为之增欷歇唈，流涕狼戾不可止。精神形于内，而外谕哀于人心，此不传之道。使俗人不得其君形者而效其容，必为人笑。故蒲且子之连鸟于百仞之上，而詹何之鹜鱼于大渊之中，此皆得清净之道，太浩之和也。

今失调弦者，叩宫宫应，弹角角动，此同声相和者也。夫有改调一弦，其于五音无所比，鼓之而二十五弦皆应，此未始异于声，而音之君已形也。故通于太和者，昏若纯醉而甘卧以游其中，而不知其所由至也。

（西汉）《淮南子》，陈广忠译注，中华书局2012年版

精神训

今夫穷鄙之社也，叩盆拊瓴，相和而歌，自以为乐矣。尝试为之击建鼓，撞巨钟，乃性仍仍然，知其盆瓴之足羞也。藏《诗》《书》，修文学，而不知至论之旨，则拊盆叩瓴之徒也。夫以天下为者，学之建鼓矣。尊势厚利，人之所贪也；使之左据天下图，而右手刎其喉，愚夫不为。由此观之，生尊于天下也。

（西汉）《淮南子》，陈广忠译注，中华书局2012年版

本经训

阴阳之情，莫不有血气之感，男女群居杂处而无别，是以贵礼。性命之情，淫而相胁，以不得已则不和，是以贵乐。是故仁义礼乐者，可以救败，而非通治之至也。夫仁者，所以救争也；义者，所以救失也；礼者，所以救淫也；乐者，所以救忧也。神明定于天下，而心反其初；心反其初，而民心善；民心善而天地阴阳从而包之，则财足而人赡矣；贪鄙忿争不得生焉。由此观之，则仁义不用矣。道德定于天下而民纯朴，则目不营于色，耳不淫于声，坐俳而歌谣，被发而浮游，虽有毛嫱、西施之色，不知说也。掉羽、武象，不知乐也，淫洪无别，不得生焉。由此观之，礼乐不用也。是故德衰然后仁生，行沮然后义立，和失然后声调，礼淫然后容饰。是故知神明然后知道德之不足为也，知道德然后知仁义之不足行也。知仁义然后知礼乐之不足修也。今背其本而求其末，释其要而索之于详，未可与言至也。

天地之大，可以矩表识也；星月之行，可以历推得也；雷震之声，可

以鼓钟写也。风雨之变，可以音律知也。是故大可睹者，可得而量也；明可见者，可得而蔽也；声可闻者，可得而调也；色可察者，可得而别也。夫至大，天地弗能含也；至微，神明弗能领也。及至建律历，别五色，异清浊，味甘苦，则朴散而为器矣。立仁义，修礼乐，则德迁而为伪矣。及伪之生也，饰智以惊愚，设诈以巧上，天下有能持之者，有能治之者也。

晚世学者，不知道之所一体，德之所总要，取成之迹，相与危坐而说之，鼓歌而舞之，故博学多闻，而不免于惑。诗云："不敢暴虎，不敢冯河。人知其一，不知其他。"此之谓也。

凡乱之所由生者，皆在流遁。流遁之所生者五：大构驾，兴宫室，延楼栈道，鸡栖井干；标株樽栌，以相支持，木巧之饰，盘纡刻俨，嬴镂雕琢，诡文回波，淌游瀸减，菱杼紾抱，芒繁乱泽，巧伪纷挐，以相摧错，此遁于木也。凿汙池之深，肆畛崖之远，来溪谷之流，饰曲岸之际，积牒旋石，以纯修碕，抑减怒濑，以扬激波，曲拂遭洄，以像禺浯，益树莲菱，以食鳖鱼，鸿鹄梁鹔鹴，稻粱饶余，龙舟鹢首，浮吹以娱，此遁于水也。高筑城郭，设树险阻，崇台榭之隆，侈苑囿之大，以穷要妙之望，魏阙之高，上际青云，大厦曾加，拟于昆仑，修为墙垣，甬道相连，残高增下，积土为山，接径历远，直道夷险，终日驰骛，而无迹蹈之患，此遁于土也。大钟鼎，美重器，华虫疏镂，以相缪紾，寝兕伏虎，蟠龙连组；焜昱错眩，照耀辉煌，偃蹇寥纠，曲成文章，雕琢之饰，锻锡文铙，乍晦乍明，抑微灭瑕，霜文沈居，若篲篷篠，缠锦经冗，似数而疏，此遁于金也。煎熬焚炙，调齐和之适，以穷荆、吴甘酸之变，焚林而猎，烧燎大木，鼓橐吹埵，以销铜铁，靡流坚锻，无厌足目，山无峻干，林无柘梓，燎木以为炭，燔草而为灰，野莽白素，不得其时，上掩天光，下殄地财，此遁于火也。此五者，一足以亡天下矣。

夫声色五味，远国珍怪，瑰异奇物，足以变心易志，摇荡精神，感动血气者，不可胜计也。夫天地之生财也，本不过五。圣人节五行，则治不荒。凡人之性，心和欲得则乐，乐斯动，动斯蹈，蹈斯荡，荡斯歌，歌斯舞，歌舞节则禽兽跳矣。人之性，心有忧丧则悲，悲则哀，哀斯愤，愤斯怒，怒斯动，动则手足不静。人之性有侵犯则怒，怒则血充，血充则气激，气激则发怒，发怒则有所释憾矣。故钟鼓管箫，干戚羽旄，所以饰喜也；衰绖苴杖，哭踊有节，所以饰哀也；兵革羽旄，金鼓斧钺，所以饰怒也。必有其质，乃为之文。古者圣人在上，政教平，仁爱洽，上下同心，君臣辑睦，衣食有余，家给人足，父慈子孝，兄良弟顺，生者不怨，死者不恨，天下和洽，人得其愿。夫人相乐，无所发贶，故圣人为之作乐以和节之。末世之政，田渔重税，关市急征，泽梁毕禁，网罟无所布，耒耜无以设，民力竭于徭役，财用殚于会赋，居者无食，行者无粮，老者不养，死者不葬，赘妻鬻子，以给上求，犹弗能澹，愚夫蠢妇皆有流连之心，凄怆之志，乃使始为之撞大钟，击鸣鼓，吹竽笙，弹琴瑟，失乐之本矣。古者上求薄而民用给，君施其德，臣尽其忠，父行其慈，子竭其孝，各致其爱而无憾恨其间。夫三年之丧，非强而致之，听乐不乐，食旨不甘，思慕之心，未能绝也。……故兵者，所以讨暴，非所以为暴也；乐者，所以致和，非所以为淫也；丧者，所以尽哀，非所以为伪也。故事亲有道矣，而爱为务；朝廷有容矣，而敬为上；处丧有礼矣，而哀为主；用兵有术矣，而义为本。本立而道行，本伤而道废。

(西汉)《淮南子》，陈广忠译注，中华书局2012年版

主术训

夫荣启期一弹，而孔子三日乐，感于和；邹忌一徽，而威王终夕悲，感于忧。动诸琴瑟，形诸音声，而能使人为之哀乐，县法设赏而不能移风易俗者，其诚心弗施也。宁戚商歌车下，桓公喟然而寤。至精入人深矣。故曰：乐听其音，则知其俗；见其俗，则知其化。孔子学鼓琴于师襄，而谕文王之志，见微以知明矣。延陵季子听鲁乐，而知殷、夏之风，论近以识远也。作之上古，施及千岁，而文不灭；况于并世化民乎！……古圣王至精形于内，而好憎忘于外，出言以副情，发号以明旨，陈之以礼乐，风之以歌谣，业贯万世而不壅，横扃四方而不穷，禽兽昆虫，与之陶化，又况于执法施令乎！

乐生于音，音生于律，律生于风，此声之宗也。法生于义，义生于众适，众适合于人心，此治之要也。

故古之君人者，其惨怛于民也。国有饥者，食不重味；民有寒者，而冬不被裘。岁登民丰，乃始县钟鼓，陈干戚，君臣上下，同心而乐之，国无哀人。故古之为金石管弦者，所以宣乐也；兵革斧钺者，所以饰怒也；觞酌俎豆，酬酢之礼，所以效善也；衰绖菅屦，辟踊哭泣，所以谕哀也。此皆有充于内而成像于外。及至乱主，取民则不裁其力，求于下则不量其积，男女不得事耕织之业，以供上之求，力勤财匮，君臣相疾也。故民至

于焦唇沸肝，有今无储，而乃始撞大钟，击鸣鼓，吹竽笙，弹琴瑟，是犹贯甲胄而入宗庙，被罗纨而从军旅，失乐之所由生矣。

古者天子听朝，公卿正谏，博士诵诗，瞽箴师诵，庶人传语，史书其过，宰彻其膳。犹以为未足也，故尧置敢谏之鼓，舜立诽谤之木，汤有司直之人，武王立戒慎之鞀。过若豪厘，而既已备之也。夫圣人之于善也，无小而不举；其于过也，无微而不改。尧、舜、禹、汤、文、武，皆坦然天下而南面焉。当此之时，馨鼓而食，奏《雍》而彻，已饭而祭灶，行不用巫祝，鬼神弗敢祟，山川弗敢祸，可谓至贵矣。然而战战栗栗，日慎一日。由此观之，则圣人之心小矣。《诗》云："惟此文王，小心翼翼，昭事上帝，聿怀多福。"其斯之谓欤！……《春秋》二百四十二年，亡国五十二，弑君三十六，采善锄丑，以成王道，论亦博矣。然而围于匡，颜色不变，弦歌不辍，临死亡之地，犯患难之危，据义行理而志不慑，分亦明矣。然为鲁司寇，听狱必为断，作为《春秋》，不道鬼神，不敢专已。

（西汉）《淮南子》，陈广忠译注，中华书局2012年版

缪称训

锦绣登庙，贵文也；圭璋在前，尚质也。文不胜质，之谓君子。

圣人之行，无所合，无所离，譬若鼓，无所与调，无所不比。丝管金石，小大修短有叙，异声而和；君臣上下，官职有差，殊事而调。夫织者日以进，耕者日以却，事相反，成功一也。申喜闻乞人之歌而悲，出而视之，其母也。艾陵之战也，夫差曰："夷声阳，句吴其庶乎！"同是声而取信焉异。有诸情也。故心哀而歌不乐，心乐而哭不哀。夫子曰："弦则是也，其声非也。"文者，所以接物也，情系于中而欲发外者也。以文灭情，则失情；以情灭文，则失文。文情理通，则凤麟极矣。言至德之怀远也。

义载乎宜之谓君子，宜遗乎义之谓小人。通智得而不劳，其次劳而不病，其下病而不劳。古人味而弗贪也，今人贪而弗味。歌之修其音也，音之不足于其美者也。金石丝竹，助而奏之，犹未足以至于极也。人能尊道行义，喜怒取予，欲如草之从风。……宁戚击牛角而歌，桓公举以大政；雍门子以哭见孟尝君，涕流沾缨。歌哭，众人之所能为也，一发声，入人耳，感人心，情之至者也。故唐、虞之法可效也。其谕人心，不可及也。简公以懦杀，子阳以猛劫，皆不得其道者也。故歌而不比于律者，其清浊

一也；绳之外与绳之内，皆失直者也。

治国譬若张瑟，大弦絚，则小弦绝矣。故急辔数策者，非千里之御也。有声之声，不过百里；无声之声，施于四海。

（西汉）《淮南子》，陈广忠译注，中华书局2012年版

齐俗训

率性而行谓之道，得其天性谓之德。性失然后贵仁，道失然后贵义。是故仁义立而道德迁矣，礼乐饰则纯朴散矣，是非形则百姓眩矣，珠玉尊则天下争矣。凡此四者，衰世之造也，末世之用也。

古者，民童蒙不知东西，貌不羡乎情，而言不溢乎行。其衣致暖而无文，其兵戈铢而无刃，其歌乐而无转，其哭哀而无声。凿井而饮，耕田而食。

咸池、承云，九韶、六英，人之所乐也；鸟兽闻之而惊。

古者非不知繁升降槃还之礼也，蹀采齐、肆夏之容也，以为旷日烦民而无所用，故制礼足以佐实喻意而已矣。古者非不能陈钟鼓，盛管箫，扬干戚，奋羽旄，以为费财乱政，制乐足以合欢宣意而已，喜不羡于音。

乱国则不然，言与行相悖，情与貌相反，礼饰以烦，乐优以淫，崇死以害生，久丧以招行，是以风俗浊于世，而诽誉萌于朝。

有虞氏之祀，其社用土，祀中霤，葬成亩，其乐咸池、承云、九韶，其服尚黄；夏后氏其社用松，祀户，葬墙置翣，其乐夏籥、九成、六佾、六列、六英，其服尚青；殷人之礼，其社用石，祀门，葬树松，其乐大濩、晨露，其服尚白；周人之礼，其社用栗，祀灶，葬树柏，其乐大武、三象、棘下，其服尚赤。礼乐相诡，服制相反，然而皆不失亲疏之恩，上下之伦。

故当舜之时，有苗不服，于是舜修政偃兵，执干戚而舞之。禹之时，天下大雨，禹令民聚土积薪，择丘陵而处之。武王伐纣，载尸而行，海内未定，故不为三所之丧始。禹遭洪水之患，陂塘之事，故朝死而暮葬。此皆圣人之所以应时耦变，见形而施宜者也。今之修干戚而笑镭插，知三年非一日，是从牛非马，以徵笑羽也。以此应化，无以异于弹一弦而会棘下。夫以一世之变，欲以耦化应时，譬犹冬被葛而夏被裘。

夫能与化推移为人者，至贵在焉尔。故狐梁之歌可随也，其所以歌者，不可为也；圣人之法可观也，其所以作法，不可原也；辩士之言可听

也，其所以言，不可形也；淳均之剑不可爱也，而欧冶之巧可贵也。

故百家之言，指奏相反，其合道一体也。譬若丝、竹、金、石之会乐同也，其曲家异而不失于体；伯乐、韩风、秦牙、管青，所相各异，其知马一也。

故瑟无弦，虽师文不能以成曲；徒弦，则不能悲。故弦，悲之具也；而非所以为悲。若夫工匠之为连𨰻、运开，阴闭、眩错，入于冥冥之眇，神调之极，游乎心手众虚之间，而莫与物为际者，父不能以教子。瞽师之放意相物，写神愈舞，而形乎弦者，兄不能以喻弟。今夫为平者准也，为直者绳也。若夫不在于绳准之中，可以平直者，此不共之术也。故叩宫而宫应，弹角而角动，此同音之相应也。其于五音无所比，而二十五弦皆应，此不传之道也。故萧条者，形之君；而寂寞者，音之主也。

（西汉）《淮南子》，陈广忠译注，中华书局2012年版

汜论训

尧《大章》，舜《九韶》，禹《大夏》，汤《大濩》，周《武象》，此乐之不同者也。故五帝异道，而德覆天下；三王殊事，而名施后世。此皆因时变而制礼乐者。譬犹师旷之施瑟柱也，所推移上下者，无寸尺之度，而靡不中音，故通于礼乐之情者能作音，有本主于中，而以知榘彟之所周者也。……末世之事，善则著之，是故礼乐未始有常也。

故圣人制礼乐，而不制于礼乐。治国有常，而利民为本；政教有经，而令行为上。苟利于民，不必法古；苟周于事，不必循旧。夫夏、商之衰也，不变法而亡；三代之起也，不相袭而王。故圣人法与时变，礼与俗化。衣服器械，各便其用；法度制令，各因其宜。故变古未可非，而循俗未足多也。百川异源，而皆归于海；百家殊业，而皆务于治。王道缺而《诗》作，周室废，礼义坏，而《春秋》作。《诗》《春秋》，学之美者也，皆衰世之造也，儒者循之，以教导于世，岂若三代之盛哉！以《诗》《春秋》为古之道而贵之，又有未作《诗》《春秋》之时。夫道其缺也，不若道其全也。诵先王之《诗》《书》，不若闻得其言，闻得其言，不若得其所以言，得其所以言者，言弗能言也。

故圣人所由曰道，所为曰事。道犹金石，一调不更；事犹琴瑟，每弦改调。故法制礼义者，治人之具也，而非所以为治也。故仁以为经，义以为纪，此万世不更者也。……夫神农、伏羲不施赏罚而民不为非，然而立

政者不能废法而治民；舜执干戚而服有苗，然而征伐者不能释甲兵而制强暴。由此观之，法度者，所以论民俗而节缓急也；器械者，因时变而制宜适也。

譬犹不知音者之歌也，浊之则郁而无转，清之则燋而不讴，及至韩娥、秦青、薛谈之讴，侯同、曼声之歌，愤于志，积于内，盈而发音，则莫不比于律而和于人心。何则？中有所本主，以定清浊，不受于外，而自为仪表也。

夫弦歌鼓舞以为乐，盘旋揖让以修礼，厚葬久丧以送死，孔子之所立也，而墨子非之。……禹之时，以五音听治，悬钟鼓磬铎，置鞀，以待四方之士，为号曰："教寡人以道者击鼓，谕寡人以义者击钟，告寡人以事者振铎，语寡人以忧者击磬，有狱讼者摇鞀。"当此之时，一馈而十起，一沐而三捉发，以劳天下之民。此而不能达善效忠者，则才不足也。……逮至暴乱已胜，海内大定，继文之业，立武之功，履天子之图籍，造刘氏之貌冠，总邹、鲁之儒、墨，通先圣之遗教，戴天子之旗，乘大路，建九斿，撞大钟，击鸣鼓，奏《咸池》，扬干戚。当此之时，有立武者见疑，一世之间，而文武代为雌雄，有时而用也。

（西汉）《淮南子》，陈广忠译注，中华书局2012年版

诠言训

圣人胜心，众人胜欲。君子行正气，小人行邪气。内便于性，外合于义，循理而动，不系于物者，正气也。重于滋味，淫于声色，发于喜怒，不顾后患者，邪气也。邪与正相伤，欲与性相害，不可两立。一置一废。故圣人损欲而从事于性。目好色，耳好声，口好味，接而说之，不知利害，嗜欲也。食之不宁于体，听之不合于道，视之不便于性。三官交争，以义为制者，心也。

圣人无去之心，而心无丑；无取之美，而美不失。

鼓不灭于声，故能有声；镜不没于形，故能有形；金石有声，弗叩弗鸣；管箫有音，弗吹无声。圣人内藏，不为物先倡，事来而制，物至而应。饰其外者伤其内，扶其情者害其神，见其文者蔽其质，无须臾忘为质者，必困于性。百步之中，不忘其容者，必累其形。故羽翼美者伤骨骸，枝叶美者害根茎，能两美者，天下无之也。

故不得已而歌者，不事为悲；不得已而舞者，不矜为丽。歌舞而不事

为悲丽者，皆无有根心者。

舜弹五弦之琴，而歌《南风》之诗，以治天下。周公殽臑不收于前，钟鼓不解于县，以辅成王而海内平。……譬如张琴，小弦虽急，大弦必缓。

非易不可以治大，非简不可以合众。大乐必易，大礼必简。易故能天，简故能地。大乐无怨，大礼不责，四海之内，莫不系统，故能帝也。……大道无形，大仁无亲，大辩无声，大廉不嗛，大勇不矜。五者无弃，而几向方矣。

《诗》之失僻，乐之失刺，礼之失责。徵音非无羽声也，羽音非无徵声也，五音莫不有声，而以徵羽定名者，以胜者也。

（西汉）《淮南子》，陈广忠译注，中华书局2012年版

兵略训

夫物之所以相形者微，唯圣人达其至。故鼓不与于五音，而为五音主；水不与于五味，而为五味调；将军不与于五官之事，而为五官督。故能调五音者，不与五音者也；能调五味者，不与五味者也；能治五官之事者，不可揆度者也。……夫景不为曲物直，响不为清音浊。

若苦者必得其乐，劳者必得其利，斩首之功必全，死事之后必赏，四者既信于民矣，主虽射云中之鸟，而钓深渊之鱼，弹琴瑟，声钟竽，敦六博，投高壶，兵犹且强，令犹且行也。

（西汉）《淮南子》，陈广忠译注，中华书局2012年版

说山训

詹公之钓，千岁之鲤不能避；曾子攀枢车，引楯者为之止也；老母行歌而动申喜，精之至也；瓠巴鼓瑟，而淫鱼出听；伯牙鼓琴，驷马仰秣；介子歌龙蛇，而文君垂泣。

物莫不因其所有，而用其所无。以为不信，视籁与竽。……圣人终身言治，所用者非其言也，用所以言也。歌者有诗，然使人善之者，非其诗也。

君子行义，不为莫知而止休。夫玉润泽而有光，其声舒扬，涣乎其有似也。无内无外，不匿瑕秽，近之而濡，望之而隧。夫照镜见眸子，微察秋豪，明照晦冥。故和氏之璧，随侯之珠，出于山渊之精，君子服之，顺

祥以安宁，侯王宝之，为天下正。

钟之与磬也，近之则钟音充，远之则磬音章，物固有近不若远，远不若近者。

求美则不得美，不求美则美矣；求丑则不得丑，求不丑则有丑矣；不求美又不求丑，则无美无丑矣。是谓玄同。

欲学歌讴者，必先徵羽乐风；欲美和者，必先始于《阳阿》《采菱》。此皆学其所不学，而欲至其所欲学者。

（西汉）《淮南子》，陈广忠译注，中华书局 2012 年版

说林训

视于无形，则得其所见矣；听于无声，则得其所闻矣。至味不慊，至言不文，至乐不笑，至音不叫，大匠不斫，大豆不具，大勇不斗，得道而德从之矣。譬若黄钟之比宫，太簇之比商，无更调焉。

舞者举节，坐者不期而抃皆如一，所极同也。

古之所为不可更，则推车至今无蝉匷，使但吹竽，使工厌窍，虽中节而不可听。……佳人不同体，美人不同面，而皆说于目；梨橘枣栗不同味，而皆调于口。

君子有酒，鄙人鼓缶，虽不见好，亦不见丑。

异音者不可听以一律，异形者不可合于一体。

趋舍之相合，犹金石之一调，相去千岁，合一音也。

西施、毛嫱，状貌不可同，世称其好，美钧也。……徵羽之操，不入鄙人之耳；掺和切适，举坐而善。

（西汉）《淮南子》，陈广忠译注，中华书局 2012 年版

人间训

孔子读《易》，至《损》《益》，未尝不愤然而叹，曰："益损者，其王者之事与！事或欲与利之，适足以害之；或欲害之，乃反以利之。利害之反，祸福之门户，不可不察也。"

或明礼义、推体而不行，或解构妄言而反当。何以明之？孔子行游，马失，食农夫之稼，野人怒，取马而系之。子贡往说之，卑辞而不能得也。孔子曰："夫以人之所不能听说人，譬以大牢享野兽，以《九韶》乐飞鸟也。予之罪也，非彼人之过也。"乃使马圉往说之。至，见野人曰：

"予耕于东海，至于西海，吾马之失，安得不食子之苗？"野人大喜，解而与之。说若此其无方也，而反行。事有所至，而巧不若拙。故圣人量凿而正枘。夫歌《采菱》，发《阳阿》，鄙人听之，不若此《延路》《阳局》。非歌者拙也，听者异也。故交画不畅，连环不解，物之不通者，圣人不争也。

今万人调钟，不能比之律；诚得知者，一人而足矣。

（西汉）《淮南子》，陈广忠译注，中华书局2012年版

修务训

故秦、楚、燕、魏之歌也，异转而皆乐；九夷八狄之哭也，殊声而皆悲；一也。夫歌者，乐之徵也；哭者，悲之效也。愤于中则应于外，故在所以感。

曼颊皓齿，形夸骨佳，不待脂粉芳泽而性可说者，西施、阳文也；啳睽哆噅，蘧蒢戚施，虽粉白黛黑弗能为美者，嫫母、仳倠也。

夫宋画吴冶，刻刑镂法，乱修曲出，其为微妙，尧、舜之圣不能及。蔡之幼女，卫之稚质，梱纂组，杂奇彩，抑墨质，扬赤文，禹、汤之智不能逮。

今夫盲者目不能别昼夜，分白黑，然而搏琴抚弦，参弹复徽，攫援摽拂，手若蔑蒙，不失一弦。使未尝鼓瑟者，虽有离朱之明，攫掇之捷，犹不能屈伸其指。何则？服习积贯之所致。

夫无规矩，虽奚仲不能以定方圆；无准绳，虽鲁般不能定曲直。是故钟子期死而伯牙绝弦破琴，知世莫赏也；惠施死而庄子寝说言，见世莫可为语者也。

夫以徵为羽，非弦之罪；以苦为甘，非味之过。……邯郸师有出新曲者，讬之李奇，诸人皆争学之。后知其非也，而皆弃其曲，此未始知音者也。

今剑或绝侧赢文，啮缺卷铦，而称以顶襄之剑，则贵人争带之；琴或拨剌枉桡，阔解漏越，而称为楚庄之琴，侧室争鼓之。苗山之鋋，羊头之销，虽水断龙舟，陆剸兕甲，莫之服带。山桐之琴，涧梓之腹，虽鸣廉修营，唐牙莫之鼓也。通人则不然。服剑者期于铦利，而不期于墨阳、莫邪；乘马者期于千里，而不期于骅骝、绿耳；鼓琴者期于鸣廉修营，而不期于滥胁、号钟；诵《诗》《书》者期于通道略物，而不期于《洪范》

《商颂》。

昔晋平公令官为钟。钟成，而示师旷。师旷曰："钟音不调。"平公曰："寡人以示工，工皆以为调。而以为不调，何也？"师旷曰："使后世无知音者则已，若有知音者，必知钟之不调。"故师旷之欲善调钟也，以为后之有知音者也。……今夫毛嫱、西施，天下之美人，若使之衔腐鼠，蒙獭皮，衣豹裘，带死蛇，则布衣韦带之人过者，莫不左右睥睨而掩鼻。尝试使之施芳泽，正娥眉，设笄珥，衣阿锡，曳齐纨，粉白黛黑，佩玉环，揄步，杂芝若，笼蒙目视，冶由笑，目流眺，口曾挠，奇牙出，靥䩉摇，则虽王公大人，有严志颉颃之行者，无不惮悇痒心而悦其色矣。

今鼓舞者，绕身若环，曾挠摩地，扶旋猗那，动容转曲，便媚拟神。身若秋药被风，发若结旌，骋驰若骛；木熙者，举梧檟，据句枉，蝯自纵，好茂叶，龙夭矫，燕枝拘，援丰条，舞扶疏，龙从鸟集，搏援攫肆，薆蒙踊跃。且夫观者莫不为之损心酸足，彼乃始徐行微笑，被衣修擢。夫鼓舞者非柔纵，而木熙者非眇劲，淹浸渍渐摩使然也。

(西汉)《淮南子》，陈广忠译注，中华书局2012年版

泰族训

故寒暑燥湿，以类相从；声响疾徐，以音应也。

故神明之事，不可以智巧为也，不可以筋力致也。天地所包，阴阳所呕，雨露所濡，化生万物，瑶碧玉珠，翡翠玳瑁，文彩明朗，润泽若濡，摩而不玩，外而不渝，奚仲不能旅，鲁般不能造，此谓之大巧。

夫物有以自然，而后人事有治也。故良匠不能斫金，巧冶不能铄木，金之势不可斫；而木性不可铄也。埏埴而为器，窬木而为舟，铄铁而为刃，铸金而为钟，因其可也。驾马服牛，令鸡司夜，令狗守门，因其自然也。民有好色之性，故有大婚之礼；有饮食之性，故有大飨之谊；有喜乐之性，故有钟鼓管弦之音；有悲哀之性，故有衰绖哭踊之节。故先王之制法也，因民之所好而为之节文者也。因其好色而制婚姻之礼，故男女有别；因其喜音而正《雅》《颂》之声，故风俗不流；因其宁家室、乐妻子，教之以顺，故父子有亲；因其喜朋友而教之以悌，故长幼有序。然后修朝聘以明贵贱，飨饮习射以明长幼，时搜振旅以习用兵也，入学庠序以修人伦。此皆人之所有于性，而圣人之所匠成也。

中考乎人德，以制礼乐，行仁义之道，以治人伦而除暴乱之祸。乃澄

列金木水火土之性，故立父子之亲而成家；别清浊五音六律相生之数，以立君臣之义而成国；察四时季孟之序，以立长幼之礼而成官。

夫物未尝有张而不驰，成而不毁者也。惟圣人能盛而不衰，盈而不亏。神农之初作琴也，以归神；及其淫也，反其天心。夔之初作乐也，皆合六律而调五音，以通八风；及其衰也，以沉湎淫康，不顾政治，至于灭亡。苍颉之初作书，以辩治百官，领理万事，愚者得以不忘，智者得以志远；至其衰也，为奸刻伪书，以解有罪，以杀不辜。

故《易》之失也，卦；《书》之失也，敷；乐之失也，淫；《诗》之失也，辟；礼之失也，责；《春秋》之失也，刺。……五行异气而皆适调，六艺异科而皆同道。温惠柔良者，《诗》之风也；淳庞敦厚者，《书》之教也；清明条达者，《易》之义也；恭俭尊让者，礼之为也；宽裕简易者，乐之化也；刺几辩义者，《春秋》之靡也。故《易》之失，鬼；乐之失，淫；《诗》之失，愚；《书》之失，拘；礼之失，忮；《春秋》之失，訾。六者，圣人兼用而财制之。失本则乱，得本则治。其美在和，其失在权。

《关雎》兴于鸟，而君子美之，为其雌雄之不乖居也；《鹿鸣》兴于兽，君子大之，取其见食而相呼也；泓之战，军败君获，而《春秋》大之，取其不鼓不成列也；宋伯姬坐烧而死，《春秋》大之，取其不逾礼而行也。成功立事，岂足多哉！方指所言而取一概焉尔。

故张瑟者，小弦急而大弦缓；立事者，贱者劳而贵者逸。舜为天子，弹五弦之琴，歌《南风》之诗，而天下治。周公肴膈不收于前，钟鼓不解于悬，而四夷服。

三代之法不亡，而世不治者，无三代之智也；六律具存，而莫能听者，无师旷之耳也。故法虽在，必待圣而后治；律虽具，必待耳而后听。

故不高宫室者，非爱木也；不大钟鼎者，非爱金也。直行性命之情，而制度可以为万民仪。

今目悦五色，口嚼滋味，耳淫五声，七窍交争以害其性，日引邪欲而浇其身夫调和，身弗能治，奈天下何！故自养得其节，则养民得其心矣。……周处酆镐之地，方不过百里，而誓纣牧之野，入据殷国，朝成汤之庙，表商容之闾，封比干之墓，解箕子之囚。乃折枹毁鼓，偃五兵，纵牛马，搢笏而朝天下，百姓歌讴而乐之，诸侯执禽而朝之，得民心也。

且聋者，耳形具而无能闻也；盲者，目形存而无能见也。夫言者，所以通已于人也；闻者，所以通人于己也，喑者不言，聋者不闻，既喑且聋，人道不通。

五帝三王之道，天下之纲纪，治之仪表也。今商鞅之启塞，申子之三符，韩非之孤愤，张仪、苏秦之从衡，皆掇取之权，一切之术也。非治之大本，事之恒常，可博闻而世传者也。子囊北而全楚，北不可以为庸；弦高诞而存郑，诞不可以为常。今夫《雅》《颂》之声，皆发于词，本于情，故君臣以睦，父子以亲，故《韶》《夏》之乐也，声浸乎金石，润乎草木。今取怨思之声，施之于弦管，闻其音者，不淫则悲，淫则乱男女之辨，悲则感怨思之气。岂所谓乐哉！

赵王迁流于房陵，思故乡，作《山水》之讴，闻者莫不殒涕。荆轲西刺秦王，高渐离、宋意为击筑而歌于易水之上，闻者瞋目裂眦，发植穿冠。因以此声为乐而入宗庙，岂古之所谓乐哉！故弁冕辂舆，可服而不可好也；大羹之和，可食而不可尝也；朱弦漏越，一唱而三叹，可听而不可快也。故无声者，正其可听者也；其无味者，正其足味者也。吠声清于耳，兼味快于口，非其贵也。故事不本于道德者，不可以为仪；言不合乎先王者，不可以为道；音不调乎《雅》《颂》者，不可以为乐。故五子之言，所以便说掇取也，非天下之通义也。……师延为平公鼓朝歌北鄙之音，师旷曰："此亡国之乐也。"大息而抚之，所以防淫辟之风也。

故民知书而德衰，知数而厚衰，知券契而信衰，知机械而实衰也。巧诈藏于胸中，则纯白不备，而神德不全矣。琴不鸣，而二十五弦各以其声应；轴不运，而三十辐各以其力旋。弦有缓急小大，然后成曲；车有劳逸动静，而后能致远。使有声者，乃无声者也；能致千里者，乃不动者也。

（西汉）《淮南子》，陈广忠译注，中华书局 2012 年版

要略

夫作为书论者，所以纪纲道德，经纬人事，上考之天，下揆之地，中通诸理，虽未能抽引玄妙之中才，繁然足以观终始矣。

夫五音之数不过宫商角徵羽，然而五弦之琴不可鼓也。必有细大驾和，而后可以成曲。

（西汉）《淮南子》，陈广忠译注，中华书局 2012 年版

董仲舒

董仲舒（约前179—约前104），广川（今河北景县广川大董故庄）人，西汉哲学家，儒客大家。《春秋繁露》是其所作的政治哲学著作，该书发挥"春秋大一统"之旨，阐述了以阴阳五行、天人感应为核心的哲学—神学理论，为汉代中央集权的封建统治制度，奠定了理论基础。

楚庄王

"楚庄王杀陈夏征舒，《春秋》贬其文，不予专讨也；灵王杀齐庆封，而直称楚子，何也？"曰："庄王之行贤，而征舒之罪重，以贤君讨重罪，其于人心善，若不贬，庸知其非正经？《春秋》常于其嫌得者，见其不得也。是故齐桓不予专地而封，晋文不予致王而朝，楚庄弗予专杀而讨，三者不得，则诸侯之得，殆此矣，此楚灵之所以称子而讨也。"《春秋》之辞多所况，是文约而法明也。

问者曰："不予诸侯之专封，复见于陈蔡之灭；不予诸侯之专讨，独不复见庆封之杀，何也？"曰："《春秋》之用辞，已明者去之，未明者着之。今诸侯之不得专讨，固已明矣，而庆封之罪，未有所见也，故称楚子，以伯讨之，着其罪之宜死，以为天下大禁，曰：人臣之行，贬主之位，乱国之臣，虽不篡杀，其罪皆宜死。比于此，其云尔也。"

《春秋》曰："晋伐鲜虞。"奚恶乎晋，而同夷狄也？曰："《春秋》尊礼而重信，信重于地，礼尊于身。何以知其然也？宋伯姬疑礼而死于火，齐桓公疑信而亏其地，《春秋》贤而举之，以为天下法。曰礼而信，礼无不答，施无不报，天之数也。今我君臣同姓适女，女无良心，礼以不答，有恐畏我，何其不夷狄也！公子庆父之乱，鲁危殆亡，而齐桓安之，于彼无亲，尚来忧我，如何与同姓而残贼遇我。《诗》云：'宛彼鸣鸠，翰飞戾天。我心忧伤，念彼先人。明发不昧，有怀二人。'人皆有此心也。今晋不以同姓忧我，而强大厌我，我心望焉，故言之不好，谓之晋而已，婉辞也。"

《春秋》之道，奉天而法古。是故虽有巧手，弗修规矩，不能正方圆；虽有察耳，不吹六律，不能定五音；虽有知心，不览先王，不能平天下；然则先王之遗道，亦天下之规矩六律已！故圣者法天，贤者法圣，此其大数也；得大数而治，失大数而乱，此治乱之分也；所闻天下无二道，故圣人异治同理也，古今通达，故先贤传其法于后世也。

《春秋》之于世事也，善复古，讥易常，欲其法先王也。然而介以一言曰："王者必改制。"自僻者得此以为辞，曰："古苟可循，先王之道，何莫相因。"世迷是闻，以疑正道而信邪言，甚可患也。答之曰："人有闻诸侯之君射狸首之乐者，于是自断狸首，县而射之，曰：'安在于乐也？'此闻其名，而不知其实者也。"

"今所谓'新王必改制'者，非改其道，非变其理，受命于天，易姓更王，非继前王而王也，若一因前制，修故业，而无有所改，是与继前王而王者无以别。受命之君，天之所大显也；事父者承意，事君者仪志，事天亦然；今天大显已，物袭所代，而率与同，则不显不明，非天志，故必徙居处，更称号，改正朔，易服色者，无他焉，不敢不顺天志，而明自显也。若夫大纲，人伦道理，政治教化，习俗文义尽如故，亦何改哉！故王者有改制之名，无易道之实。孔子曰：'无为而治者，其舜乎！'言其王尧之道而已，此非不易之效与！"

问者曰："物改而天授，显矣，其必更作乐，何也？"曰："乐异乎是，制为应天改之，乐为应人作之，彼之所受命者，必民之所同乐也。是故大改制于初，所以明天命也；更作乐于终，所以见天功也；缘天下之所新乐，而为之文，且以和政，且以兴德，天下未遍合和，王者不虚作乐，乐者，盈于内而动发于外者也，应其治时，制礼作乐以成之，成者本末质文，皆以具矣。是故作乐者，必反天下之所始乐于己以为本。舜时，民乐其昭尧之业也，故《韶》，韶者，昭也；禹之时，民乐其三圣相继，故《夏》，夏者，大也；汤之时，民乐其救之于患害也，故《頀》，頀者，救也；文王之时，民乐其兴师征伐也，故《武》，武者，伐也。四者天下同乐之，一也，其所同乐之端，不可一也。作乐之法，必反本之所乐，所乐不同事，乐安得不世异！是故舜作《韶》而禹作《夏》，汤作《頀》而文王作《武》，四乐殊名，则各顺其民始乐于己也，吾见其效矣。《诗》云：'文王受命，有此武功；既伐于崇，作邑于丰。'乐之风也。又曰：'王赫斯怒，爰整其旅。'当是时，纣为无道，诸侯大乱，民乐文王之怒，而歌咏之也。周人德已洽天下，反本以为乐，谓之《大武》，言民所始乐者，武也云尔。故凡乐者，作之于终，而名之以始，重本之义也。由此观之，正朔服色之改，受命应天，制礼作乐之异，人心之动也，二者离而复合，所为一也。"

（西汉）董仲舒《春秋繁露》，张世亮、钟肇鹏、周桂钿译注，中华书局2012年版

玉杯

《春秋》讥文公以丧取。难者曰："丧之法，不过三年，三年之丧，二十五月。今按经：文公乃四十一月方取，取时无丧，出其法也久矣，何以谓之丧取？"曰："《春秋》之论事，莫重于志。今取必纳币，纳币之月在丧分，故谓之丧取也。且文公秋祫祭，以冬纳币，皆失于太蚤，《春秋》不讥其前，而顾讥其后，必以三年之丧，肌肤之情也，虽从俗而不能终，犹宜未平于心，今全无悼远之志，反思念取事，是《春秋》之所甚疾也，故讥不出三年，于首而已讥以丧取也，不别先后，贱其无人心也。"

缘此以论礼，礼之所重者，在其志，志敬而节具，则君子予之知礼；志和而音雅，则君子予之知乐；志哀而居约，则君子予之知丧。故曰非虚加之，重志之谓也。志为质，物为文，文着于质，质不居文，文安施质；质文两备，然后其礼成；文质偏行，不得有我尔之名；俱不能备，而偏行之，宁有质而无文，虽弗予能礼，尚少善之，介葛卢来是也；有文无质，非直不予，乃少恶之，谓州公寔来是也。

然则《春秋》之序道也，先质而后文，右志而左物，故曰："礼云礼云，玉帛云乎哉！"推而前之，亦宜曰：朝云朝云，辞令云乎哉！"乐云乐云，钟鼓云乎哉！"引而后之，亦宜曰：丧云丧云，衣服云乎哉！是故孔子立新王之道，明其贵志以反和，见其好诚以灭伪，其有继周之弊，故若此也。

《春秋》之法：以人随君，以君随天。曰：缘民臣之心，不可一日无君，一日不可无君，而犹三年称子者，为君心之未当立也，此非以人随君耶！孝子之心，三年不当，而踰年即位者，与天数俱终始也，此非以君随天邪！故屈民而伸君，屈君而伸天，《春秋》之大义也。

君子知在位者不能以恶服人也，是故简六艺以赡养之。《诗》《书》序其志，《礼》《乐》纯其美，《易》《春秋》明其知，六学皆大，而各有

所长。《诗》道志，故长于质；《礼》制节，故长于文；《乐》咏德，故长于风；《书》著功，故长于事；《易》本天地，故长于数；《春秋》正是非，故长于治人；能兼得其所长，而不能遍举其详也。故人主大节则知闇，大博则业厌，二者异失同贬，其伤必至，不可不察也。

《春秋》之好微与，其贵志也。《春秋》修本末之义，达变故之应，通生死之志，遂人道之极者也。

问者曰："人弑其君，重卿在而弗能讨者，非一国也。灵公弑，赵盾不在，不在之与在，恶有厚薄，《春秋》责在而不讨贼者，弗系臣子尔也；责不在而不讨贼者，乃加弑焉，何其责厚恶之薄，薄恶之厚也？"曰："《春秋》之道，视人所惑，为立说以大明之。"

（西汉）董仲舒《春秋繁露》，张世亮、钟肇鹏、周桂钿译注，中华书局2012年版

竹林

《春秋》之常辞也，不予夷狄，而予中国为礼，至邲之战，偏然反之，何也？曰："《春秋》无通辞，从变而移，今晋变而为夷狄，楚变而为君子，故移其辞以从其事。夫庄王之舍郑，有可贵之美，晋人不知其善，而欲击之，所救已解，如挑与之战，此无善善之心，而轻救民之意也，是以贱之，而不使得与贤者为礼。秦穆侮蹇叔而大败，郑文轻众而丧师，《春秋》之敬贤重民如是。是故战攻侵伐，虽数百起，必一二书，伤其害所重也。"问者曰："其书战伐甚谨，其恶战伐无辞，何也？"曰："会同之事，大者主小，战伐之事，后者主先，苟不恶，何为使起之者居下，是其恶战伐之辞已！且《春秋》之法，凶年不修旧，意在无苦民尔；苦民尚恶之，况伤民乎！伤民尚痛之，况杀民乎！故曰：凶年修旧则讥，造邑则讳，是害民之小者，恶之小也；害民之大者，恶之大也，今战伐之于民，其为害几何！考意而观指，则《春秋》之所恶者，不任德而任力，驱民而残贼之；其所好者，设而勿用，仁义以服之也。诗云：'弛其文德，洽此四国。'此《春秋》之所善也。夫德不足以亲近，而文不足以来远，而断断以战伐为之者，此固《春秋》所甚疾已，皆非义也。"

难者曰："《春秋》之书战伐也，有恶有善也，恶轴击而善偏战，耻伐丧而荣复雠，奈何以《春秋》为无义战而尽恶之也？"曰："凡《春秋》之记灾异也，虽亩有数茎，犹谓之无麦苗也；今天下之大，三百年之久，战

攻侵伐，不可胜数，而复雠者有二焉，是何以异于无麦苗之有数茎哉！不足以难之，故谓之无义战也。以无义战为不可，则无麦苗亦不可也；以无麦苗为可，则无义战亦可矣。若《春秋》之于偏战也，善其偏，不善其战，有以效其然也。《春秋》爱人，而战者杀人，君子奚说善杀其所爱哉！"

《春秋》之道，固有常有变，变用于变，常用于常，各止其科，非相妨也。

《春秋》记天下之得失，而见所以然之故，甚幽而明，无传而着，不可不察也。夫泰山之为大，弗察弗见，而况微眇者乎！故按《春秋》而适往事，穷其端而视其故，得志之君子、有喜之人，不可不慎也。

（西汉）董仲舒《春秋繁露》，张世亮、钟肇鹏、周桂钿译注，中华书局2012年版

玉英

是故《春秋》之道，以元之深，正天之端，以天之端，正王之政，以王之政，正诸侯之即位，以诸侯之即位，正竟内之治，五者俱正，而化大行。

《诗》云："德輶如毛。"言其易也。

《春秋》理百物，辨品类，别嫌微，修本末者也。

由此观之，《春秋》之所善、善也，所不善、亦不善也，不可不两省也。

《经》曰："宋督弑其君与夷。"《传》言："庄公冯杀之。"不可及于《经》，何也？曰："非不可及于《经》，其及之端眇，不足以类钩之，故难知也。"《传》曰："臧孙许与晋却克同时而聘乎齐。""按《经》无有，岂不微哉！不书其往，而有避也。今此《传》而言庄公冯，而于《经》不书，亦以有避也。是以不书聘乎齐，避所羞也；不书庄公冯杀，避所善也。是故让者，《春秋》之所善，宣公不与其子，而与其弟，其弟亦不与子，而反之兄子，虽不中法，皆有让高，不可弃也，故君子为之讳。不居正之谓避其后也，乱移之宋督，以存善志，此亦《春秋》之义善无遗也，若直书其篡，则宣缪之高灭，而善之无所见矣。"

故《春秋》之道，博而要，详而反一也。

《春秋》之于所贤也，固顺其志，而一其辞，章其义而褒其美。

（西汉）董仲舒《春秋繁露》，张世亮、钟肇鹏、周桂钿译注，中华书局2012年版

精华

《春秋》慎辞，谨于名伦等物者也。

曰："四者各有所处，得其处，则皆是也，失其处，则皆非也。《春秋》固有常义，又有应变。无遂事者，谓平生安宁也；专之可也者，谓救危除患也；进退在大夫者，谓将率用兵也；徐行不反者，谓不以亲害尊，不以私妨公也；此之谓将得其私知其指。"

春秋之听狱也，必本其事而原其志。志邪者，不待成；首恶者，罪特重；本直者，其论轻。

曰："所闻'《诗》无达诂，《易》无达占，《春秋》无达辞'。从变从义，而一以奉人。仁人录其同姓之祸，固宜异操。"

古之人有言曰："不知来，视诸往。"今《春秋》之为学也，道往而明来者也，然而其辞体天之微，效难知也，弗能察，寂若无，能察之，无物不在。是故为《春秋》者，得一端而多连之，见一空而博贯之，则天下尽矣。……以所任贤，谓之主尊国安，所任非其人，谓之主卑国危，万世必然，无所疑也。其在《易》曰："鼎折足，覆公餗。"夫鼎折足者，任非其人也，覆公餗者，国家倾也。是故任非其人，而国家不倾者，自古至今，未尝闻也。故吾按《春秋》而观成败，乃切悁悁于前世之兴亡也，任贤臣者，国家之兴也。夫知不足以知贤，无可奈何矣；知之不能任，大者以死亡，小者以乱危，其若是何邪？

（西汉）董仲舒《春秋繁露》，张世亮、钟肇鹏、周桂钿译注，中华书局2012年版

王道

诛恶而不得遗细大，诸侯不得为匹夫兴师，不得执天子之大夫，执天子之大夫，与伐国同罪，执凡伯言伐；献八佾，讳八言六；郑鲁易地，讳易言假；晋文再致天子，讳致言狩；桓公存邢卫杞，不见《春秋》，内心予之行，法绝而不予，止乱之道也，非诸侯所当为也。

作南门，刻桷丹楹，作雉门及两观，筑三台，新延厩，讥骄溢不恤下也。故臧孙辰请籴于齐，孔子曰："君子为国，必有三年之积，一年不熟，乃请籴，失君之职也。"

《春秋》记纤芥之失，反之王道，追古贵信，结言而已，不至用牲盟

而后成约，故曰："齐侯卫侯苟命于蒲。"……齐顷公吊死视疾；孔父正色而立于朝，人莫过而致难乎其君；齐国佐不辱君命，而尊齐侯；此《春秋》之救文以质也。救文以质，见天下诸侯所以失其国者亦有焉，潞子欲合中国之礼义，离乎夷狄，未合乎中国，所以亡也。

《春秋》明此存亡道可观也，观乎蒲社，知骄溢之罚；观乎许田，知诸侯不得专封；观乎齐桓、晋文、宋襄、楚庄，知任贤奉上之功；观乎鲁隐、祭仲、叔武、孔父、荀息、仇牧、吴季子、公子目夷，知忠臣之效；观乎楚公子比，知臣子之道，效死之义；观乎潞子，知无辅自诅之败；观乎公在楚，知臣子之恩；观乎漏言，知忠道之绝；观乎献六羽，知上下之差；观乎宋伯姬，知贞妇之信；观乎吴王夫差，知强陵弱；亲乎晋献公，知逆理近色之过；观乎楚昭王之伐蔡，知无义之反；观乎晋厉之妄杀无罪，知行暴之报；观乎陈佗、宋闵，知妒淫之祸；观乎虞公、梁亡，知贪财枉法之穷；观乎楚灵，知苦民之壤；观乎鲁庄之起台，知骄奢淫佚之失；观乎卫侯朔，知不即召之罪；观乎执凡伯，知犯上之法；观乎晋郤缺之伐邾娄，知臣下作福之诛；观乎公子翚，知臣窥君之意；观乎世卿，知移权之败。

（西汉）董仲舒《春秋繁露》，张世亮、钟肇鹏、周桂钿译注，中华书局2012年版

盟会要

至意虽难喻，盖圣人者，贵除天下之患，贵除天下之患，故《春秋》重而书天下之患遍矣，以为本于见天下之所以致患，其意欲以除天下之患，何谓哉？天下者无患，然后性可善，性可善，然后清廉之化流，清廉之化流，然后王道举，礼乐兴，其心在此矣。

（西汉）董仲舒《春秋繁露》，张世亮、钟肇鹏、周桂钿译注，中华书局2012年版

正贯

《春秋》，大义之所本耶！……如是则言虽约，说必布矣；事虽小，功必大矣；声响盛化铉于物，散入于理；德在天地，神明休集，并行而不竭，盈于四海而讼咏。《书》曰："八音克谐，无相夺伦，神人以和。"乃是谓也，故明于情性，乃可与论为政，不然，虽劳无功，夙夜是寤，思虑

惓心，犹不能睹，故天下有非者。

（西汉）董仲舒《春秋繁露》，张世亮、钟肇鹏、周桂钿译注，中华书局2012年版

重政

撮以为一，进义诛恶，绝之本，而以其施，此与汤武同而有异，汤武用之，治往故。《春秋》明得失，差贵贱，本之天王之所失天下者，使诸侯得以大乱之说，而后引而反之，故曰：博而明，深而切矣。

（西汉）董仲舒《春秋繁露》，张世亮、钟肇鹏、周桂钿译注，中华书局2012年版

服制像

天地之生万物也以养人，故其可适者，以养身体；其可威者，以为容服；礼之所为兴也。剑之在左，青龙之象也；刀之在右，白虎之象也；韨之在前，赤鸟之象也；冠之在首，玄武之象也；四者、人之盛饰也。夫能通古今，别然不然，乃能服此也。盖玄武者，貌之最严有威者也，其像在后，其服反居首，武之至而不用矣。圣人之所以超然，虽欲从之，未由也已！夫执介胄而后能拒敌者，故非圣人之所贵也，君子显之于服，而勇武者消其志于貌也矣。故文德为贵，而威武为下，此天下之所以永全也。于《春秋》何以言之？孔父义形于色，而奸臣不敢容邪；虞有宫之奇，而献公为之不寐；晋厉之强，中国以寝尸流血不已。故武王克殷，裨冕而搢笏，虎贲之士说剑，安在勇猛必在武杀然后威，是以君子所服为上矣，故望之俨然者，亦已至矣，岂可不察乎！

（西汉）董仲舒《春秋繁露》，张世亮、钟肇鹏、周桂钿译注，中华书局2012年版

俞序

仲尼之作《春秋》也，上探正天端，王公之位，万民之所欲，下明得失，起贤才，以待后圣，故引史记，理往事，正是非，见王公。史记十二公之间，皆衰世之事，故门人惑，孔子曰："吾因其行事，而加乎王心焉，以为见之空言，不如行事博深切明。"子贡、闵子、公肩子言其切而为国家资也。其为切，而至于杀君亡国，奔走不得保社稷，其所以然，是

皆不明于道，不览于《春秋》也。故卫子夏言："有国家者，不可不学《春秋》，不学《春秋》，则无以见前后旁侧之危，则不知国之大柄，君之重任也。故或胁穷失国，掩杀于位，一朝至尔，苟能述《春秋》之法，致行其道，岂徒除祸哉！乃尧舜之德也。"故世子曰："功及子孙，光辉百世，圣人之德，莫美于恕。"故予先言："《春秋》详己而略人，因其国而容天下。"

故善宋襄公不厄人，不由其道而胜，不如由其道而败，《春秋》贵之，将以变习俗，而成王化也。故子夏言："《春秋》重人，诸讥皆本此，或奢侈使人愤怨，或暴虐贼害人，终皆祸及身。"故子池言："鲁庄筑台，丹楹刻桷；晋厉之刑刻意者；皆不得以寿终。"上奢侈，刑又急，皆不内恕，求备于人。故次以《春秋》，缘人情，赦小过，而《传》明之曰：君子辞也。孔子明得失，见成败，疾时世之不仁，失王道之体，故缘人情，赦小过，《传》又明之曰：君子辞也。孔子曰："吾因行事，加吾王心焉，假其位号，以正人伦，因其成败，以明顺逆。"

（西汉）董仲舒《春秋繁露》，张世亮、钟肇鹏、周桂钿译注，中华书局2012年版

立元神

何谓本？曰：天地人，万物之本也，天生之，地养之，人成之；天生之以孝悌，地养之以衣食，人成之以礼乐，三者相为手足，合以成体，不可一无也；无孝悌，则亡其所以生，无衣食，则亡其所以养，无礼乐，则亡其所以成也；三者皆亡，则民如麋鹿，各从其欲，家自为俗，父不能使子，君不能使臣，虽有城郭，名曰虚邑，如此，其君河决而僵，莫之危而自危，莫之丧而自亡，是谓自然之罚，自然之罚至，裹袭石室，分障险阻，犹不能逃之也。明主贤君，必于其信，是故肃慎三本，郊祀致敬，共事祖祢，举显孝悌，表异孝行，所以奉天本也；秉耒躬耕，采桑亲蚕，垦草殖谷，开辟以足衣食，所以奉地本也；立辟雍庠序，修孝悌敬让，明以教化，感以礼乐，所以奉人本也；三者皆奉，则民如子弟，不敢自专，邦如父母，不待恩而爱，不须严而使，虽野居露宿，厚于宫室。

（西汉）董仲舒《春秋繁露》，张世亮、钟肇鹏、周桂钿译注，中华书局2012年版

保位权

民无所好，君无以权也；民无所恶，君无以畏也；无以权，无以畏，则君无以禁制也；无以禁制，则比肩齐势，而无以为贵矣。故圣人之治国也，因天地之性情、孔窍之所利，以立尊卑之制，以等贵贱之差，设官府爵禄，利五味，盛五色，调五声，以诱其耳目；自令清瘻昭然殊体，荣辱踔然相驳，以感动其心。

（西汉）董仲舒《春秋繁露》，张世亮、钟肇鹏、周桂钿译注，中华书局2012年版

三代改制质文

《春秋》曰："王正月。"传曰："王者庸谓？谓文王也。曷为先言王而后言正月？王正月也。何以谓之王正月？曰：王者必受命而后王，王者必改正朔，易服色，制礼乐，一统于天下，所以明易姓非继人，通以己受之于天也。王者受命而王，制此月以应变，故作科以奉天地，故谓之王正月也。"

王者改制作科奈何？曰：当十二色，历各法而正色，逆数三而复，绌三之前，曰五帝，帝迭首一色，顺数五而相复，礼乐各以其法象其宜，顺数四而相复，咸作国号，颉宫邑，易官名，制礼作乐。

故汤受命而王，应天变夏，作殷号，时正白统，亲夏、故虞，绌唐，谓之帝尧，以神农为赤帝，作宫邑于下洛之阳，名相官曰尹，作《濩乐》，制质礼以奉天。文王受命而王，应天变殷，作周号，时正赤统，亲殷、故夏，绌虞，谓之帝舜，以轩辕为黄帝，推神农以为九皇，作宫邑于丰，名相官曰宰，作《武乐》，制文礼以奉天。武王受命，作宫邑于鄗，制爵五等，作《象乐》，继文以奉天。周公辅成王受命，作宫邑于洛阳，成文武之制，作《汋乐》以奉天。

殷汤之后称邑，示天之变反命，故天子命无常，唯命是德庆。故《春秋》应天作新王之事，时正黑统，王鲁，尚黑，绌夏、亲周、故宋，乐宜亲《招武》，故以虞录亲，爵制宜商，合伯子男为一等。

然则其略说奈何？曰：三正以黑统初，正日月朔于营室，斗建寅，天统气始通化物，物见萌达，其色黑，故朝正服黑，首服藻黑，正路舆质黑，马黑，大节绶帻尚黑，旗黑，大宝玉黑，郊牲黑，牺牲角卵，冠于

阼，昏礼逆于庭，丧礼殡于东阶之上，祭牲黑牡，荐尚肝，乐器黑质，法不刑有怀任新产，是月不杀，听朔废刑发德，具存二王之后也，亲赤统，故日分平明，平明朝正。

正白统奈何？曰：正白统者，历正日月朔于虚，斗建丑，天统气始蜕化物，物初芽，其色白，故朝正服白，首服藻白，正路舆质白，马白，大节绶帻尚白，旗白，大宝玉白，郊牲白，牺牲角茧，冠于堂，昏礼逆于堂，丧事殡于楹柱之间，祭牲白牡，荐尚肺，乐器白质，法不刑有身怀任，是月不杀，听朔废刑发德，具存二王之后也，亲黑统，故日分鸣晨，鸣晨朝正。

正赤统奈何？曰：正赤统者，历正日月朔于牵牛，斗建子，天统气始施化物，物始动，其色赤，故朝正服赤，首服藻赤，正路舆质赤，马赤，大节绶帻尚赤，旗赤，大宝玉赤，郊牲骍，牺牲角栗，冠于房，昏礼逆于户，丧礼殡于西阶之上，祭牲骍牡，荐尚心，乐器赤质，法不刑有身，重怀藏以养微，是月不杀，听朔废刑发德，具存二王之后也，亲白统，故日分夜半，夜半朝正。

曰：三统五端，化四方之本也，天始废始施，地必待中，是故三代必居中国，法天奉本，执端要以统天下，朝诸侯也。是以朝正之义，天子纯统色衣，诸侯统衣缠缘纽，大夫士以冠参，近夷以绥，遐方各衣其服而朝，所以明乎天统之义也。其谓统三正者，曰：正者、正也，统致其气，万物皆应而正，统正，其余皆正。

《春秋》当新王者奈何？曰：王者之法必正号，绌王谓之帝，封其后以小国，使奉祀之；下存二王之后以大国，使服其服，行其礼乐，称客而朝；故同时称帝者五，称王者三，所以昭五端，通三统也。是故周人之王，尚推神农为九皇，而改号轩辕，谓之黄帝，因存帝颛顼、帝喾、帝尧之帝号，绌虞，而号舜曰帝舜，录五帝以小国；下存禹之后于杞，存汤之后于宋，以方百里，爵号公，皆使服其服，行其礼乐，称先王客而朝。

《春秋》何三等？曰：王者以制，一商一夏，一质一文，商质者主天，夏文者主地，《春秋》者主人，故三等也。

主天法商而王，其道佚阳，亲亲而多仁朴；故立嗣予子，笃母弟，妾以子贵；昏冠之礼，字子以父，别眣夫妇，对坐而食；丧礼别葬；祭礼先臊，夫妻昭穆别位；制爵三等，禄士二品；制郊宫，明堂员，其屋高严侈员；惟祭器员，玉厚九分，白藻五丝，衣制大上，首服严员；鸾舆尊，盖法天列象，垂四鸾，乐载鼓，用锡舞，舞溢员；先毛血而后用声；正刑多隐，亲戚多讳；封禅于尚位。

主地法夏而王，其道进阴，尊尊而多义节，故立嗣与孙，笃世子，妾不以子称贵号；昏冠之礼，字子以母，别眳夫妇，同坐而食；丧礼合葬；祭礼先亨，妇从夫为昭穆；制爵五等，禄士三品；制郊宫，明堂方，其屋卑污方，祭器方，玉厚八分，白藻四丝，衣制大下，首服卑退；鸾舆卑，法地周象载，垂二鸾，乐设鼓，用纤施舞，舞溢方；先亨而后用声；正刑天法；封坛于下位。

主天法质而王，其道佚阳，亲亲而多质爱，故立嗣予子，笃母弟，妾以子贵；昏冠之礼，字子以父，别眳夫妇，对坐而食；丧礼别葬，祭礼先嘉疏，夫妇昭穆别位；制爵三等，禄士二品；制郊宫，明堂内员外椭，其屋如倚靡员椭，祭器椭，玉厚七分，白藻三丝；衣长前袵，首服员转；鸾舆尊，盖备天列象，垂四鸾，乐程鼓，用羽钥舞，舞溢椭，先用玉声而后烹；正刑多隐，亲戚多赦；封坛于左位。

主地法文而王，其道进阴，尊尊而多礼文，故立嗣予孙，笃世子，妾不以子称贵号；昏冠之礼，字子以母，别眳夫妻，同坐而食；丧礼合葬，祭礼先秬鬯，妇从夫为昭穆；制爵五等，禄士三品；制郊宫，明堂内方外衡，其屋习而衡，祭器衡同，作秩机，玉厚六分，白藻三丝；衣长后袵，首服习而垂流，鸾舆卑，备地周象载，垂二鸾，乐县鼓，用万舞，舞溢衡；先烹而后用乐，正刑天法，封坛于左位。

（西汉）董仲舒《春秋繁露》，张世亮、钟肇鹏、周桂钿译注，中华书局2012年版

服制

率得十六万国，三分之，则各度爵而制服，量禄而用财，饮食有量，衣服有制，宫室有度，畜产人徒有数，舟车甲器有禁；生有轩冕之服位贵禄田宅之分，死有棺椁绞衾圹袭之度。虽有贤才美体，无其爵，不敢服其服；虽有富家多赀，无其禄，不敢用其财。天子服有文章，不得以燕公以朝，将军大夫不得以燕将军大夫以朝官吏，命士止于带缘，散民不敢服杂采，百工商贾不敢服狐貉，刑余戮民不敢服丝玄纁乘马，谓之服制。

（西汉）董仲舒《春秋繁露》，张世亮、钟肇鹏、周桂钿译注，中华书局2012年版

度制

凡百乱之源，皆出嫌疑纤微，以渐寖稍长，至于大。圣人章其疑者，别其微者，绝其纤者，不得嫌，以蚤防之。圣人之道，众堤防之类也，谓之度制，谓之礼节，故贵贱有等，衣服有制，朝廷有位，乡党有序，则民有所让而不敢争，所以一之也。《书》曰："翬服有庸，谁敢弗让，敢不敬应？"此之谓也。

凡衣裳之生也，为盖形暖身也，然而染五采、饰文章者，非以为益冗肤血气之情也，将以贵贵尊贤，而明别上下之伦，使教前行，使化易成，为治为之也。若去其度制，使人人从其欲，快其意，以逐无穷，是大乱人伦而靡斯财用也，失文采所遂生之意矣。上下之伦不别，其势不能相治，故苦乱也；嗜欲之物无限，其势不能相足，故苦贫也。今欲以乱为治，以贫为富，非反之制度不可。古者天子衣文，诸侯不以燕，大夫衣缚，士不以燕，庶人衣缦，此其大略也。

（西汉）董仲舒《春秋繁露》，张世亮、钟肇鹏、周桂钿译注，中华书局2012年版

爵国

《春秋》曰："会宰周公。"又曰："公会齐侯、宋公、郑伯、许男、滕子。"又曰："初献六羽。"

（西汉）董仲舒《春秋繁露》，张世亮、钟肇鹏、周桂钿译注，中华书局2012年版

仁义法

《春秋》之所治，人与我也；所以治人与我者，仁与义也；以仁安人，以义正我；故仁之为言人也，义之为言我也，言名以别矣。

《春秋》刺上之过，而矜下之苦；小恶在外弗举，在我书而诽之；凡此六者，以仁治人，义治我；躬自厚而薄责于外，此之谓也。

（西汉）董仲舒《春秋繁露》，张世亮、钟肇鹏、周桂钿译注，中华书局2012年版

身之养重于义

圣人事明义以照耀其所暗，故民不陷。《诗》云："示生显德行。"此

之谓也。先王显德以示民，民乐而歌之以为诗，说而化之以为俗，故不令而自行，不禁而自止，从上之意，不待使之，若自然矣。

(西汉) 董仲舒《春秋繁露》，张世亮、钟肇鹏、周桂钿译注，中华书局2012年版

对胶西王越大夫不得为仁

《春秋》之义，贵信而贱轴，轴人而胜之，虽有功，君子弗为也。是以仲尼之门，五尺童子言羞称五伯，为其轴以成功，苟为而已也，故不足称于大君子之门。

(西汉) 董仲舒《春秋繁露》，张世亮、钟肇鹏、周桂钿译注，中华书局2012年版

观德

《春秋》常辞，夷狄不得与中国为礼，至邲之战，夷狄反道，中国不得与夷狄为礼，避楚庄也；邢、卫，鲁之同姓也，狄人灭之，《春秋》为讳，避齐桓也，当其如此也，惟德是亲，其皆先其亲。

(西汉) 董仲舒《春秋繁露》，张世亮、钟肇鹏、周桂钿译注，中华书局2012年版

深察名号

《春秋》辨物之理，以正其名，名物如其真，不失秋毫之末。

(西汉) 董仲舒《春秋繁露》，张世亮、钟肇鹏、周桂钿译注，中华书局2012年版

实性

《春秋》别物之理以正其名。

(西汉) 董仲舒《春秋繁露》，张世亮、钟肇鹏、周桂钿译注，中华书局2012年版

五行对

五声莫贵于宫，五味莫美于甘，五色莫盛于黄，此谓孝者地之义也。

(西汉) 董仲舒《春秋繁露》，张世亮、钟肇鹏、周桂钿译注，中华书局2012年版

为人者天

衣服容貌者，所以说目也，声音应对者，所以说耳也，好恶去就者，所以说心也。故君子衣服中而容貌恭，则目说矣；言理应对逊，则耳说矣；好仁厚而恶浅薄，就善人而远僻鄙，则心说矣。故曰：行思可乐，容止可观。此之谓也。

（西汉）董仲舒《春秋繁露》，张世亮、钟肇鹏、周桂钿译注，中华书局 2012 年版

天容

圣人视天而行，是故其禁而审好恶喜怒之处也，欲合诸天之非其时不出暖清寒暑也；其告之以政令而化风之清微也，欲合诸天之颠倒其一而以成岁也；其羞浅末华虚而贵敦厚忠信也，欲合诸天之默然不言而功德积成也；其不阿党偏私而美泛爱兼利也，欲合诸天之所以成物者少霜而多露也；其内自省以是而外显，不可以不时。

（西汉）董仲舒《春秋繁露》，张世亮、钟肇鹏、周桂钿译注，中华书局 2012 年版

暖燠常多

尧视民如子，民视尧如父母。《尚书》曰："二十有八载，放勋乃殂落，百姓如丧考妣，四海之内，阕密八音三年。"三年阳气厌于阴，阴气大兴，此禹所以有水名也。

（西汉）董仲舒《春秋繁露》，张世亮、钟肇鹏、周桂钿译注，中华书局 2012 年版

同类相动

故气同则会，声比则应，其验皦然也。试调琴瑟而错之，鼓其宫，则他宫应之，鼓其商，而他商应之，五音比而自鸣，非有神，其数然也。美事召美类，恶事召恶类，类之相应而起也，如马鸣则马应之，牛鸣则牛应之。帝王之将兴也，其美祥亦先见，其将亡也，妖孽亦先见。

故琴瑟报，弹其宫，他宫自鸣而应之，此物之以类动者也，其动以声

而无形,人不见其动之形,则谓之自鸣也。又相动无形,则谓之自然。

(西汉)董仲舒《春秋繁露》,张世亮、钟肇鹏、周桂钿译注,中华书局2012年版

五行相胜

土者,君之官也,其相司营,司营为神,主所为,皆曰可,主所言,皆曰善,谄顺主指,听从为比,进主所善,以快主意,导主以邪,陷主不义。大为宫室,多为台榭,雕文刻镂,五色成光。

(西汉)董仲舒《春秋繁露》,张世亮、钟肇鹏、周桂钿译注,中华书局2012年版

五行顺逆

木者春,生之性,农之本也……如人君出入不时,走狗试马,驰骋不反宫室,好淫乐,饮酒沈湎,纵恣不顾政治,事多发役,以夺民时,作谋增税,以夺民财,民病疥搔温体,足胻痛。

土者夏中,成熟百种,君之官,循宫室之制,谨夫妇之别,加亲戚之恩,恩及于土,则五谷成而嘉禾兴……如人君好淫佚,妻妾过度,犯亲戚,侮父兄,欺罔百姓,大为台榭,五色成光,雕文刻镂,则民病心腹宛黄,舌烂痛。

(西汉)董仲舒《春秋繁露》,张世亮、钟肇鹏、周桂钿译注,中华书局2012年版

五行变救

土有变,大风至,五谷伤,此不信仁贤,不敬父兄,淫泆无度,宫室荣。救之者,省宫室,去雕文,举孝悌,恤黎元。

(西汉)董仲舒《春秋繁露》,张世亮、钟肇鹏、周桂钿译注,中华书局2012年版

五行五事

王者与臣无礼,貌不肃敬,则木不曲直,而夏多暴风,风者,木之气也,其音角也,故应之以暴风。王者言不从,则金不从革,而秋多霹雳,霹雳者,金气也,其音商也,故应之以霹雳。王者视不明,则火不炎上,

而秋多电,电者,火气也,其音徵也,故应之以电。王者听不聪,则水不润下,而春夏多暴雨,雨者,水气也,其音羽也,故应之以暴雨。王者心不能容,则稼穑不成,而秋多雷,雷者,土气也,其音宫也,故应之以雷。

(西汉)董仲舒《春秋繁露》,张世亮、钟肇鹏、周桂钿译注,中华书局2012年版

执贽

玉有似君子。子曰:"人而不曰如之何,如之何者,吾末如之何也矣。"故匿病者,不得良医,羞问者,圣人去之,以为远功而近有灾,是则不有。玉至清而不蔽其恶,内有瑕秽,必见之于外,故君子不隐其短,不知则问,不能则学,取之玉也。君子比之玉,玉润而不污,是仁而至清洁也;廉而不杀,是义而不害也;坚而不刿,过而不濡,视之如庸,展之如石,状如石,搔而不可从绕,洁白如素而不受污,玉类备者,故公侯以为贽。

(西汉)董仲舒《春秋繁露》,张世亮、钟肇鹏、周桂钿译注,中华书局2012年版

求雨

春旱求雨……祝斋三日,服苍衣,先再拜,乃跪陈,陈已,复再拜,乃起。祝曰:"昊天生五谷以养人,今五谷病旱,恐不成实,敬进清酒膊脯,再拜请雨。雨幸大澍,即奉牲祷。"以甲乙日为大苍龙一,长八丈,居中央,为小龙七,各长四丈,于东方,皆东乡,其间相去八尺。小童八人,皆斋三日,服青衣而舞之,田啬夫亦斋三日,服青衣而立之。

夏求雨……祝斋三日,服赤衣,拜跪陈祝如春辞。以丙刃日为大赤龙一,长七丈,居中央,又为小龙六,各长三丈五尺,于南方,皆南乡,其间相去七尺。壮者七人,皆斋三日,服赤衣而舞,司空啬夫亦斋三日,服赤衣而立之。

季夏祷山陵以助之……令各为祝斋三日,衣黄衣,皆如春祠。以戊己日为大黄龙一,长五丈,居中央,又为小龙四,各长二丈五尺,于南方,皆南乡,其间相去五尺。丈夫五人,皆斋三日,服黄衣而舞之,老者五人,亦斋三日,衣黄衣而立之。

秋暴巫尪至九日……祝斋三日，衣白衣，他如春。以庚辛日为大白龙一，长九丈，居中央，为小龙八，各长四丈五尺，于西方，皆西乡，其间相去九尺。鳏者九人，皆斋三日，服白衣而舞之，司马亦斋三日，衣白衣而立之。

冬舞龙六日……祝斋三日，衣黑衣，祝礼如春。以壬癸日为大黑龙一，长六丈，居中央，又为小龙五，各长三丈，于北方，皆北乡，其间相去六尺。老者六人，皆斋三日，衣黑衣而舞之，尉亦斋三日，服黑衣而立之。

（西汉）董仲舒《春秋繁露》，张世亮、钟肇鹏、周桂钿译注，中华书局2012年版

止雨

雨太多……击鼓三日，而祝先再拜，乃跪陈，陈已，复再拜，乃起。祝曰："嗟！天生五谷以养人，今淫雨太多，五谷不和，敬进肥牲清酒，以请社灵，幸为止雨，除民所苦，无使阴灭阳，阴灭阳，不顺于天，天之常意在于利人，人愿止雨，敢告于社。"鼓而无歌，至罢乃止。

（西汉）董仲舒《春秋繁露》，张世亮、钟肇鹏、周桂钿译注，中华书局2012年版

循天之道

法人八尺，四尺，其中也。宫者，中央之音也；甘者，中央之味也；四尺者，中央之制也。是故三王之礼，味皆尚甘，声皆尚和。处其身，所以常自渐于天地之道。

（西汉）董仲舒《春秋繁露》，张世亮、钟肇鹏、周桂钿译注，中华书局2012年版

威德所生

《春秋》采善不遗小，掇恶不遗大，讳而不隐，罪而不忽。明察以是非，正理以褒贬，喜怒之发，威德之处，无不皆中，其应可以参寒暑冬夏之不失其时已。

（西汉）董仲舒《春秋繁露》，张世亮、钟肇鹏、周桂钿译注，中华书局2012年版

天道施

故君子非礼而不言，非礼而不动。好色而无礼则流，饮食而无礼则争，流争则乱。夫礼，体情而防乱者也。民之情不能制其欲，使之度礼。目视正色，耳听正声，口食正味，身行正道，非夺之情也，所以安其情也。变谓之情，虽持异物，性亦然者，故曰内也。变情之变，谓之外。故虽以情，然不为性说。

（西汉）董仲舒《春秋繁露》，张世亮、钟肇鹏、周桂钿译注，中华书局2012年版

司马迁

司马迁（前145或前135—前87），字子长，西汉史学家、散文家，后世尊称为"太史公"。其以"究天人之际，通古今之变，成一家之言"的史识发愤撰写的纪传体史书《史记》，记载了上至上古传说中的黄帝时代，下至汉武帝太初四年间共三千多年的历史，被鲁迅誉为"史家之绝唱，无韵之离骚"，并被列为"二十四史"之首。

命舜摄行天子之政

于是帝尧老，命舜摄行天子之政，以观天命。舜乃在璇玑玉衡，以齐七政。遂类于上帝，禋于六宗，望于山川，辩于群神。揖五瑞，择吉月日，见四岳诸牧，班瑞……遂见东方君长，合时月正日，同律度量衡，修五礼五玉三帛二生一死为挚，如五器，卒乃复。

尧立七十年得舜，二十年而老，令舜摄行天子之政，荐之于天。尧辟位凡二十八年而崩。百姓悲哀，如丧父母。三年，四方莫举乐，以思尧。尧知子丹朱之不肖，不足授天下，于是乃权授舜……诸侯朝觐者不之丹朱而之舜，狱讼者不之丹朱而之舜，讴歌者不讴歌丹朱而讴歌舜。舜曰"天也"，夫而后之中国践天子位焉，是为帝舜。

舜入于大麓，烈风雷雨不迷，尧乃知舜之足授天下。尧老，使舜摄行天子政，巡狩……舜曰："嗟！四岳，有能典朕三礼？"皆曰伯夷可。舜曰："嗟！伯夷，以汝为秩宗，夙夜维敬，直哉维静絜。"伯夷让夔、龙。

舜曰："然。以夔为典乐，教稚子，直而温，宽而栗，刚而毋虐，简而毋傲；诗言意，歌长言，声依永，律和声，八音能谐，毋相夺伦，神人以和。"夔曰："于！予击石拊石，百兽率舞。"

此二十二人咸成厥功：皋陶为大理，平，民各伏得其实；伯夷主礼，上下咸让；垂主工师，百工致功；益主虞，山泽辟；弃主稷，百穀时茂；契主司徒，百姓亲和；龙主宾客，远人至；十二牧行而九州莫敢辟违；唯禹之功为大，披九山，通九泽，决九河，定九州，各以其职来贡，不失厥宜……于是禹乃兴九招之乐，致异物，凤皇来翔。天下明德皆自虞帝始。

太史公曰：学者多称五帝，尚矣。然尚书独载尧以来；而百家言黄帝，其文不雅驯，荐绅先生难言之。孔子所传宰予问五帝德及帝系姓，儒者或不传……予观春秋、国语，其发明五帝德、帝系姓章矣，顾弟弗深考，其所表见皆不虚。书缺有间矣，其轶乃时时见于他说。非好学深思，心知其意，固难为浅见寡闻道也。余并论次，择其言尤雅者，故著为本纪书首。

（西汉）司马迁《史记·五帝本纪》，韩兆琦译注，中华书局2010年版

禹为人敏给克勤

禹为人敏给克勤；其德不违，其仁可亲，其言可信；声为律，身为度，称以出；亹亹穆穆，为纲为纪。

禹曰："于，帝！慎乃在位，安尔止。辅德，天下大应。清意以昭待上帝命，天其重命用休。"帝曰："吁，臣哉，臣哉！臣作朕股肱耳目。予欲左右有民，女辅之。余欲观古人之象。日月星辰，作文绣服色，女明之。予欲闻六律五声八音，来始滑，以出入五言，女听。予即辟，女匡拂予。女无面谀。退而谤予。敬四辅臣。诸众谗嬖臣，君德诚施皆清矣。"禹曰："然。帝即不时，布同善恶则毋功。"

于是夔行乐，祖考至，群后相让，鸟兽翔舞，箫韶九成，凤皇来仪，百兽率舞，百官信谐。帝用此作歌曰："陟天之命，维时维几。"乃歌曰："股肱喜哉，元首起哉，百工熙哉！"皋陶拜手稽首扬言曰："念哉，率为兴事，慎乃宪，敬哉！"乃更为歌曰："元首明哉，股肱良哉，庶事康哉！"又歌曰："元首丛脞哉，股肱惰哉，万事堕哉！"帝拜曰："然，往钦哉！"于是天下皆宗禹之明度数声乐，为山川神主。

有扈氏不服，启伐之，大战于甘。将战，作甘誓，乃召六卿申之。启曰："嗟！六事之人，予誓告女：有扈氏威侮五行，怠弃三正，天用剿绝其命。今予维共行天之罚。左不攻于左，右不攻于右，女不共命。御非其马之政，女不共命。用命，赏于祖；不用命，僇于社，予则帑僇女。"遂灭有扈氏。天下咸朝。

夏后帝启崩，子帝太康立。帝太康失国，昆弟五人，须于洛汭，作五子之歌。

太康崩，弟中康立，是为帝中康。帝中康时，羲、和湎淫，废时乱日。胤往征之，作胤征。

（西汉）司马迁《史记·夏本纪》，韩兆琦译注，中华书局 2010 年版

葛伯不祀，汤始伐之

成汤，自契至汤八迁。汤始居亳，从先王居，作帝诰。

汤征诸侯。葛伯不祀，汤始伐之。汤曰："予有言：人视水见形，视民知治不。"伊尹曰："明哉！言能听，道乃进。君国子民，为善者皆在王官。勉哉，勉哉！"汤曰："汝不能敬命，予大罚殛之，无有攸赦。"作汤征。

伊尹名阿衡。阿衡欲奸汤而无由，乃为有莘氏媵臣，负鼎俎，以滋味说汤，致于王道。或曰，伊尹处士，汤使人聘迎之，五反然后肯往从汤，言素王及九主之事。汤举任以国政。伊尹去汤适夏。既丑有夏，复归于亳。入自北门，遇女鸠、女房，作女鸠女房。

当是时，夏桀为虐政淫荒，而诸侯昆吾氏为乱。汤乃兴师率诸侯，伊尹从汤，汤自把钺以伐昆吾，遂伐桀。汤曰："格女众庶，来，女悉听朕言。匪台小子敢行举乱，有夏多罪，予维闻女众言，夏氏有罪。予畏上帝，不敢不正。今夏多罪，天命殛之。今女有众，女曰'我君不恤我众，舍我啬事而割政'。女其曰'有罪，其奈何'？夏王率止众力，率夺夏国。有众率怠不和，曰'是日何时丧？予与女皆亡'！夏德若兹，今朕必往。尔尚及予一人致天之罚，予其大理女。女毋不信，朕不食言。女不从誓言，予则帑僇女，无有攸赦。"以告令师，作汤誓。于是汤曰"吾甚武"，号曰武王。

桀败于有娀之虚，桀奔于鸣条，夏师败绩。汤遂伐三𡵍，俘厥宝玉，义伯、仲伯作典宝。汤既胜夏，欲迁其社，不可，作夏社。伊尹报。于是

诸侯毕服，汤乃践天子位，平定海内。

汤归至于泰卷陶，中𝅼作诰。既绌夏命，还亳，作汤诰："维三月，王自至于东郊。告诸侯群后：'毋不有功于民，勤力乃事。予乃大罚殛女，毋予怨。'曰：'古禹、皋陶久劳于外，其有功乎民，民乃有安。东为江，北为济，西为河，南为淮，四渎已修，万民乃有居。后稷降播，农殖百谷。三公咸有功于民，故后有立。昔蚩尤与其大夫作乱百姓，帝乃弗予，有状。先王言不可不勉。'曰：'不道，毋之在国，女毋我怨。'"以令诸侯。伊尹作咸有一德，咎单作明居。

太甲，成汤適长孙也，是为帝太甲。帝太甲元年，伊尹作伊训，作肆命，作徂后。

帝太甲居桐宫三年，悔过自责，反善，于是伊尹乃迎帝太甲而授之政。帝太甲修德，诸侯咸归殷，百姓以宁。伊尹嘉之，乃作太甲训三篇，褒帝太甲，称太宗。

太宗崩，子沃丁立。帝沃丁之时，伊尹卒。既葬伊尹于亳，咎单遂训伊尹事，作沃丁。

帝太戊立伊陟为相。亳有祥桑榖共生于朝，一暮大拱。帝太戊惧，问伊陟。伊陟曰："臣闻妖不胜德，帝之政其有阙与？帝其修德。"太戊从之，而祥桑枯死而去。伊陟赞言于巫咸。巫咸治王家有成，作咸艾，作太戊。帝太戊赞伊陟于庙，言弗臣，伊陟让，作原命。殷复兴，诸侯归之，故称中宗。

帝盘庚崩，弟小辛立，是为帝小辛。帝小辛立，殷复衰。百姓思盘庚，乃作盘庚三篇。帝小辛崩，弟小乙立，是为帝小乙。

帝武丁崩，子帝祖庚立。祖己嘉武丁之以祥雉为德，立其庙为高宗，遂作高宗肜日及训。

帝纣资辨捷疾，闻见甚敏；材力过人，手格猛兽；知足以距谏，言足以饰非；矜人臣以能，高天下以声，以为皆出己之下。好酒淫乐，嬖于妇人。爱妲己，妲己之言是从。于是使师涓作新淫声，北里之舞，靡靡之乐。

太史公曰：余以颂次契之事，自成汤以来，采于书诗。契为子姓，其后分封，以国为姓，有殷氏、来氏、宋氏、空桐氏、稚氏、北殷氏、目夷氏。孔子曰，殷路车为善，而色尚白。

（西汉）司马迁《史记·殷本纪》，韩兆琦译注，中华书局2010年版

学者皆称周伐纣，其实不然

公刘虽在戎狄之间，复修后稷之业，务耕种，行地宜，自漆、沮度渭，取材用，行者有资，居者有畜积，民赖其庆。百姓怀之，多徙而保归焉。周道之兴自此始，故诗人歌乐思其德。

古公亶父复修后稷、公刘之业，积德行义，国人皆戴之。薰育戎狄攻之，欲得财物，予之。已复攻，欲得地与民。民皆怒，欲战。古公曰："有民立君，将以利之。今戎狄所为攻战，以吾地与民。民之在我，与其在彼，何异。民欲以我故战，杀人父子而君之，予不忍为。"乃与私属遂去豳，度漆、沮，逾梁山，止于岐下。豳人举国扶老携弱，尽复归古公于岐下。及他旁国闻古公仁，亦多归之。于是古公乃贬戎狄之俗，而营筑城郭室屋，而邑别居之。作五官有司。民皆歌乐之，颂其德。

西伯盖即位五十年。其囚羑里，盖益易之八卦为六十四卦。诗人道西伯，盖受命之年称王而断虞芮之讼。

居二年，闻纣昏乱暴虐滋甚，杀王子比干，囚箕子。太师疵、少师彊抱其乐器而奔周。于是武王遍告诸侯曰："殷有重罪，不可以不毕伐。"乃遵文王，遂率戎车三百乘，虎贲三千人，甲士四万五千人，以东伐纣。十一年十二月戊午，师毕渡盟津，诸侯咸会。曰："孳孳无怠！"武王乃作太誓，告于众庶："今殷王纣乃用其妇人之言，自绝于天，毁坏其三正，离逷其王父母弟，乃断弃其先祖之乐，乃为淫声，用变乱正声，怡说妇人。故今予发维共行天罚。勉哉夫子，不可再，不可三！"

行狩，记政事，作武成。封诸侯，班赐宗彝，作分殷之器物。

成王少，周初定天下，周公恐诸侯畔周，公乃摄行政当国……周公受禾东土，鲁天子之命。初，管、蔡畔周，周公讨之，三年而毕定，故初作大诰，次作微子之命，次归禾，次嘉禾，次康诰、酒诰、梓材，其事在周公之篇。

成王在丰，使召公复营洛邑，如武王之意。周公复卜申视，卒营筑，居九鼎焉。曰："此天下之中，四方入贡道里均。"作召诰、洛诰。成王既迁殷遗民，周公以王命告，作多士、无佚。召公为保，周公为师，东伐淮夷，残奄，迁其君薄姑。成王自奄归，在宗周，作多方。既绌殷命，袭淮夷，归在丰，作周官。兴正礼乐，度制于是改，而民和睦，颂声兴。成王既伐东夷，息慎来贺，王赐荣伯作贿息慎之命。

成王既崩，二公率诸侯，以太子钊见于先王庙，申告以文王、武王之所以为王业之不易，务在节俭，毋多欲，以笃信临之，作顾命。太子钊遂立，是为康王。康王即位，遍告诸侯，宣告以文武之业以申之，作康诰。故成康之际，天下安宁，刑错四十余年不用。康王命作策毕公分居里，成周郊，作毕命。

穆王即位，春秋已五十矣。王道衰微，穆王闵文武之道缺，乃命伯臩申诫太仆国之政，作臩命。复宁。

穆王立五十五年，崩，子共王繄扈立。共王游于泾上，密康公从，有三女锛之。其母曰："必致之王。夫兽三为群，人三为众，女三为粲。王田不取群，公行不下众，王御不参一族。夫粲，美之物也。众以美物归女，而何德以堪之？王犹不堪，况尔之小丑乎！小丑备物，终必亡。"康公不献，一年，共王灭密。共王崩，子懿王畑立。懿王之时，王室遂衰，诗人作刺。

王行暴虐侈傲，国人谤王。召公谏曰："民不堪命矣。"王怒，得卫巫，使监谤者，以告则杀之。其谤鲜矣，诸侯不朝。三十四年，王益严，国人莫敢言，道路以目。厉王喜，告召公曰："吾能弭谤矣，乃不敢言。"召公曰："是鄣之也。防民之口，甚于防水。水壅而溃，伤人必多，民亦如之。是故为水者决之使导，为民者宣之使言。故天子听政，使公卿至于列士献诗，瞽献曲，史献书，师箴，瞍赋，曚诵，百工谏，庶人传语，近臣尽规，亲戚补察，瞽史教诲，耆艾修之，而后王斟酌焉，是以事行而不悖……"王不听。于是国莫敢出言，三年，乃相与畔，袭厉王。厉王出奔于彘。

惠王二年。初，庄王嬖姬姚，生子颓，颓有宠。及惠王即位，夺其大臣园以为囿，故大夫边伯等五人作乱，谋召燕、卫师，伐惠王。惠王锛温，已居郑之栎。立釐王弟穨为王。乐及遍舞，郑、虢君怒。

定王元年，楚庄王伐陆浑之戎，次洛，使人问九鼎。王使王孙满应设以辞，楚兵乃去。

威烈王二十三年，九鼎震。命韩、魏、赵为诸侯。

四十二年，秦破华阳约。马犯谓周君曰："请令梁城周。"乃谓梁王曰："周王病若死，则犯必死矣。犯请以九鼎自入于王，王受九鼎而图犯。"梁王曰："善。"遂与之卒，言戍周。因谓秦王曰："梁非戍周也，将伐周也。王试出兵境以观之。"秦果出兵。又谓梁王曰:"周王病甚矣,犯请后可而复之。今王使卒之周,诸侯皆生心,后举事且不信。不若令卒为周城,以匿事端。"梁王曰:"善。"遂使城周。

周君、王赧卒,周民遂东亡。秦取九鼎宝器,而迁西周公于𢠸狐。后七岁,秦庄襄王灭东周。东西周皆入于秦,周既不祀。

太史公曰:学者皆称周伐纣,居洛邑,综其实不然。武王营之,成王使召公卜居,居九鼎焉,而周复都丰、镐。

(西汉)司马迁《史记·周本纪》,韩兆琦译注,中华书局2010年版

使人为之,亦苦民矣

戎王使由余于秦。由余,其先晋人也,亡入戎,能晋言。闻缪公贤,故使由余观秦。秦缪公示以宫室、积聚。由余曰:"使鬼为之,则劳神矣。使人为之,亦苦民矣。"缪公怪之,问曰:"中国以诗书礼乐法度为政,然尚时乱,今戎夷无此,何以为治,不亦难乎?"由余笑曰:"此乃中国所以乱也。夫自上圣黄帝作为礼乐法度,身以先之,仅以小治。及其后世,日以骄淫。阻法度之威,以责督于下,下罢极则以仁义怨望于上,上下交争怨而相篡弑,至于灭宗,皆以此类也。夫戎夷不然。上含淳德以遇其下,下怀忠信以事其上,一国之政犹一身之治,不知所以治,此真圣人之治也。"于是缪公退而问内史廖曰:"孤闻邻国有圣人,敌国之忧也。今由余贤,寡人之害,将奈之何?"内史廖曰:"戎王处辟匿,未闻中国之声。君试遗其女乐,以夺其志;为由余请,以疏其间;留而莫遣,以失其期。戎王怪之,必疑由余。君臣有间,乃可虏也。且戎王好乐,必怠于政。"缪公曰:"善。"因与由余曲席而坐,传器而食,问其地形与其兵势尽觇,而后令内史廖以女乐二八遗戎王。戎王受而说之,终年不还。于是秦乃归由余。由余数谏不听,缪公又数使人间要由余,由余遂去降秦。缪公以客礼礼之,问伐戎之形。

三十九年,缪公卒,葬雍。从死者百七十七人,秦之良臣子舆氏三人名曰奄息、仲行、针虎,亦在从死之中。秦人哀之,为作歌黄鸟之诗。

共公二年,晋赵穿弑其君灵公。三年,楚庄王疆,北兵至雒,问周鼎。

五十二年,周民东亡,其器九鼎入秦。周初亡。

(西汉)司马迁《史记·秦本纪》,韩兆琦译注,中华书局2010年版

始皇推终始五德之传

嫪毐封为长信侯。予之山阳地，令毐居之。宫室车马衣服苑囿驰猎恣毐。

始皇推终始五德之传，以为周得火德，秦代周德，从所不胜。方今水德之始，改年始，朝贺皆自十月朔。衣服旄旌节旗皆上黑。数以六为纪，符、法冠皆六寸，而舆六尺，六尺为步，乘六马。更名河曰德水，以为水德之始。

分天下以为三十六郡，郡置守、尉、监。更名民曰"黔首"。大酺。收天下兵，聚之咸阳，销以为钟鐻，金人十二，重各千石，置廷宫中。一法度衡石丈尺。车同轨。书同文字。地东至海暨朝鲜，西至临洮、羌中，南至北乡户，北据河为塞，并阴山至辽东。徙天下豪富于咸阳十二万户。诸庙及章台、上林皆在渭南。秦每破诸侯，写放其宫室，作之咸阳北阪上，南临渭，自雍门以东至泾、渭，殿屋复道周阁相属。所得诸侯美人钟鼓，以充入之。

始皇置酒咸阳宫，博士七十人前为寿……丞相李斯曰："五帝不相复，三代不相袭，各以治，非其相反，时变异也。今陛下创大业，建万世之功，固非愚儒所知。且越言乃三代之事，何足法也？异时诸侯并争，厚招游学。今天下已定，法令出一，百姓当家则力农工，士则学习法令辟禁。今诸生不师今而学古，以非当世，惑乱黔首。丞相臣斯昧死言：古者天下散乱，莫之能一，是以诸侯并作，语皆道古以害今，饰虚言以乱实，人善其所私学，以非上之所建立。今皇帝并有天下，别黑白而定一尊。私学而相与非法教，人闻令下，则各以其学议之，入则心非，出则巷议，夸主以为名，异取以为高，率群下以造谤。如此弗禁，则主势降乎上，党与成乎下。禁之便。臣请史官非秦记皆烧之。非博士官所职，天下敢有藏诗、书、百家语者，悉诣守、尉杂烧之。有敢偶语诗书者弃市。以古非今者族。吏见知不举者与同罪。令下三十日不烧，黥为城旦。所不去者，医药卜筮种树之书。若欲有学法令，以吏为师。"制曰："可。"

三十五年，除道，道九原抵云阳，堑山堙谷，直通之。于是始皇以为咸阳人多，先王之宫廷小，吾闻周文王都丰，武王都镐，丰镐之间，帝王之都也。乃营作朝宫渭南上林苑中。先作前殿阿房，东西五百步，南北五十丈，上可以坐万人，下可以建五丈旗。周驰为阁道，自殿下直抵南山。表南山之颠以为阙。为复道，自阿房渡渭，属之咸阳，以象天极阁道绝汉抵营室也。阿房宫未成；成，欲更择令名名之。作宫阿房，故天下谓之阿房宫。隐宫徒刑者七十余万人，乃分作阿房宫，或作丽山。

卢生说始皇曰："臣等求芝奇药仙者常弗遇，类物有害之者。方中，人主时为微行以辟恶鬼，恶鬼辟，真人至。人主所居而人臣知之，则害于神。真人者，入水不濡，入火不爇，陵云气，与天地久长。今上治天下，未能恬倓。原上所居宫毋令人知，然后不死之药殆可得也。"于是始皇曰："吾慕真人，自谓'真人'，不称'朕'。"乃令咸阳之旁二百里内宫观二百七十复道甬道相连，帷帐钟鼓美人充之，各案署不移徙。行所幸，有言其处者，罪死。

三十六年，荧惑守心。有坠星下东郡，至地为石，黔首或刻其石曰"始皇帝死而地分"。始皇闻之，遣御史逐问，莫服，尽取石旁居人诛之，因燔销其石。始皇不乐，使博士为仙真人诗，及行所游天下，传令乐人歌弦之。

太子胡亥袭位，为二世皇帝。九月，葬始皇郦山。始皇初即位，穿治郦山，及并天下，天下徒送诣七十余万人，穿三泉，下铜而致椁，宫观百官奇器珍怪徙臧满之。令匠作机弩矢，有所穿近者辄射之。以水银为百川江河大海，机相灌输，上具天文，下具地理。以人鱼膏为烛，度不灭者久之。

（西汉）司马迁《史记·秦始皇本纪》，韩兆琦译注，中华书局2010年版

项王悲歌慷慨

项王军壁垓下，兵少食尽，汉军及诸侯兵围之数重。夜闻汉军四面皆楚歌，项王乃大惊曰："汉皆已得楚乎？是何楚人之多也！"项王则夜起，饮帐中。有美人名虞，常幸从；骏马名骓，常骑之。于是项王乃悲歌慷慨，自为诗曰："力拔山兮气盖世，时不利兮骓不逝。骓不逝兮可奈何，虞兮虞兮奈若何！"歌数阕，美人和之。项王泣数行下，左右皆泣，莫能仰视。

（西汉）司马迁《史记·项羽本纪》，韩兆琦译注，中华书局2010年版

大风起兮云飞扬

萧丞相营作未央宫，立东阙、北阙、前殿、武库、太仓。高祖还，见宫阙壮甚，怒，谓萧何曰："天下匈匈苦战数岁，成败未可知，是何治宫室过度也？"萧何曰："天下方未定，故可因遂就宫室。且夫天子四海为家，非壮丽无以重威，且无令后世有以加也。"高祖乃悦。

高祖还归，过沛，留。置酒沛宫，悉召故人父老子弟纵酒，发沛中儿得百二十人，教之歌。酒酣，高祖击筑，自为歌诗曰："大风起兮云飞扬，威加海内兮归故乡，安得猛士兮守四方！"令儿皆和习之。高祖乃起舞，慷慨伤怀，泣数行下。谓沛父兄曰："游子悲故乡。吾虽都关中，万岁后吾魂魄犹乐思沛。且朕自沛公以诛暴逆，遂有天下，其以沛为朕汤沐邑，复其民，世世无有所与。"沛父兄诸母故人日乐饮极欢，道旧故为笑乐。

及孝惠五年，思高祖之悲乐沛，以沛宫为高祖原庙。高祖所教歌儿百二十人，皆令为吹乐，后有缺，辄补之。

太史公曰：夏之政忠……故汉兴，承敝易变，使人不倦，得天统矣。朝以十月。车服黄屋左纛。葬长陵。

（西汉）司马迁《史记·高祖本纪》，韩兆琦译注，中华书局2010年版

诸吕用事兮刘氏危

七年正月，太后召赵王友。友以诸吕女为受后，弗爱，爱他姬，诸吕女妒，怒去，谗之于太后，诬以罪过，曰："吕氏安得王！太后百岁后，吾必击之。"太后怒，以故召赵王。赵王至，置邸不见，令卫围守之，弗与食。其群臣或窃馈，辄捕论之，赵王饿，乃歌曰："诸吕用事兮刘氏危，迫胁王侯兮彊授我妃。我妃既妒兮诬我以恶，谗女乱国兮上曾不寤。我无忠臣兮何故弃国？自决中野兮苍天举直！于嗟不可悔兮宁蚤自财。为王而饿死兮谁者怜之！吕氏绝理兮讬天报仇。"丁丑，赵王幽死，以民礼葬之长安民冢次。

梁王恢之徙王赵，心怀不乐。太后以吕产女为赵王后。王后从官皆诸吕，擅权，微伺赵王，赵王不得自恣。王有所爱姬，王后使人酖杀之。王乃为歌诗四章，令乐人歌之。王悲，六月即自杀。太后闻之，以为王用妇

人弃宗庙礼，废其嗣。

（西汉）司马迁《史记·吕太后本纪》，韩兆琦译注，中华书局 2010 年版

立昭德之舞

孝景皇帝元年十月，制诏御史："盖闻古者祖有功而宗有德，制礼乐各有由。闻歌者，所以发德也；舞者，所以明功也。高庙酎，奏武德、文始、五行之舞。孝惠庙酎，奏文始、五行之舞。孝文皇帝临天下……此皆上古之所不及，而孝文皇帝亲行之。德厚侔天地，利泽施四海，靡不获福焉。明象乎日月，而庙乐不称。朕甚惧焉。其为孝文皇帝庙为昭德之舞，以明休德。然后祖宗之功德著于竹帛，施于万世，永永无穷，朕甚嘉之。其与丞相、列侯、中二千石、礼官具为礼仪奏。"丞相臣嘉等言："陛下永思孝道，立昭德之舞以明孝文皇帝之盛德。皆臣嘉等愚所不及。臣谨议：世功莫大于高皇帝，德莫盛于孝文皇帝，高皇庙宜为帝者太祖之庙，孝文皇帝庙宜为帝者太宗之庙……"制曰："可。"

太史公曰：孔子言"必世然后仁。善人之治国百年，亦可以胜残去杀"。诚哉是言！汉兴，至孝文四十有余载，德至盛也。廪廪乡改正服封禅矣，谦让未成于今。呜呼，岂不仁哉！

（西汉）司马迁《史记·孝文本纪》，韩兆琦译注，中华书局 2010 年版

鼎大异于众鼎

元年，汉兴已六十余岁矣，天下乂安，荐绅之属皆望天子封禅改正度也。而上乡儒术，招贤良，赵绾、王臧等以文学为公卿，欲议古立明堂城南，以朝诸侯。草巡狩封禅改历服色事未就。会窦太后治黄老言，不好儒术，使人微得赵绾等奸利事，召案绾、臧，绾、臧自杀，诸所兴为者皆废。

其夏六月中，汾阴巫锦为民祠魏脽后土营旁，见地如钩状，掊视得鼎。鼎大异于众鼎，文镂毋款识，怪之，言吏。吏告河东太守胜，胜以闻。天子使使验问巫锦得鼎无奸诈，乃以礼祠，迎鼎至甘泉，从行，上荐之。至中山，晏温，有黄云盖焉。有麃过，上自射之，因以祭云。至长安，公卿大夫皆议请尊宝鼎。天子曰："间者河溢，岁数不登，故巡祭后

土，祈为百姓育谷。今年丰庑未有报，鼎曷为出哉？"有司皆曰："闻昔大帝兴神鼎一，一者一统，天地万物所系终也。黄帝作宝鼎三，象天地人也。禹收九牧之金，铸九鼎，皆尝鬺烹上帝鬼神。遭圣则兴，迁于夏商。周德衰，宋之社亡，鼎乃沦伏而不见。颂云'自堂徂基，自羊徂牛；鼐鼎及鼒，不虞不骜，胡考之休'。今鼎至甘泉，光润龙变，承休无疆。合兹中山，有黄白云降盖，若兽为符，路弓乘矢，集获坛下，报祠大飨。惟受命而帝者心知其意而合德焉。鼎宜见于祖祢，藏于帝廷，以合明应。"制曰："可。"

黄帝采首山铜，铸鼎荆山下。鼎既成，有龙垂胡䫇下迎黄帝。

泰一祝宰则衣紫及绣。五帝各如其色，日赤，月白。

其年，既灭南越，上有嬖臣李延年以好音见。上善之，下公卿议，曰："民间祠尚有鼓舞之乐，今郊祠而无乐，岂称乎？"公卿曰："古者祀天地皆有乐，而神祇可得而礼。"或曰："泰帝使素女鼓五十弦瑟，悲，帝禁不止，故破其瑟为二十五弦。"于是塞南越，祷祠泰一、后土，始用乐舞，益召歌儿，作二十五弦及箜篌瑟自此起。

自得宝鼎，上与公卿诸生议封禅。封禅用希旷绝，莫知其仪礼，而群儒采封禅尚书、周官、王制之望祀射牛事。齐人丁公年九十馀，曰："封者，合不死之名也。秦皇帝不得上封。陛下必欲上，稍上即无风雨，遂上封矣。"上于是乃令诸儒习射牛，草封禅仪。数年，至且行。天子既闻公孙卿及方士之言，黄帝以上封禅，皆致怪物与神通，欲放黄帝以尝接神仙人蓬莱士，高世比德于九皇，而颇采儒术以文之。群儒既以不能辩明封禅事，又牵拘于诗书古文而不敢骋。上为封祠器示群儒，群儒或曰"不与古同"，徐偃又曰"太常诸生行礼不如鲁善"，周霸属图封事，于是上绌偃、霸，尽罢诸儒弗用。

明日，下阴道。丙辰，禅泰山下阯东北肃然山，如祭后土礼。天子皆亲拜见，衣上黄而尽用乐焉。江淮间一茅三脊为神藉。五色土益杂封。纵远方奇兽蜚禽及白雉诸物，颇以加祠。兕旄牛犀象之属弗用。

公孙卿曰："黄帝就青灵台，十二日烧，黄帝乃治明庭。明庭，甘泉也。"方士多言古帝王有都甘泉者。其后天子又朝诸侯甘泉，甘泉作诸侯邸。勇之乃曰："越俗有火灾，复起屋必以大，用胜服之。"于是作建章宫，度为千门万户。前殿度高未央，其东则凤阙，高二十余丈。其西则唐中，数十里虎圈。其北治大池，渐台高二十余丈，名曰泰液池，中有蓬莱、方丈、瀛洲、壶梁，象海中神山龟鱼之属。其南有玉堂、璧门、大鸟之属。乃立神明台、井幹楼，度五十余丈，辇道相属焉。

（西汉）司马迁《史记·孝武本纪》，韩兆琦译注，中华书局2010年版

诗人本之衽席，关雎作

太史公读春秋历谱谍，至周厉王，未尝不废书而叹也。曰：呜呼，师挚见之矣！纣为象箸而箕子唏。周道缺，诗人本之衽席，关雎作。仁义陵迟，鹿鸣刺焉。及至厉王，以恶闻其过，公卿惧诛而祸作，厉王遂奔于彘，乱自京师始，而共和行政焉。是后或力政，彊乘弱，兴师不请天子。然挟王室之义，以讨伐为会盟主，政由五伯，诸侯恣行，淫侈不轨，贼臣篡子滋起矣。齐、晋、秦、楚其在成周微甚，封或百里或五十里。晋阻三河，齐负东海，楚介江淮，秦因雍州之固，四海迭兴，更为伯主，文武所褒大封，皆威而服焉。是以孔子明王道，干七十余君，莫能用，故西观周室，论史记旧闻，兴于鲁而次春秋，上记隐，下至哀之获麟，约其辞文，去其烦重，以制义法，王道备，人事浃。七十子之徒口受其传指，为有所刺讥褒讳挹损之文辞不可以书见也。鲁君子左丘明惧弟子人人异端，各安其意，失其真，故因孔子史记具论其语，成左氏春秋。铎椒为楚威王傅，为王不能尽观春秋，采取成败，卒四十章，为铎氏微。赵孝成王时，其相虞卿上采春秋，下观近势，亦著八篇，为虞氏春秋。吕不韦者，秦庄襄王相，亦上观尚古，删拾春秋，集六国时事，以为八览、六论、十二纪，为吕氏春秋。及如荀卿、孟子、公孙固、韩非之徒，各往往捃摭春秋之文以著书，不可胜纪。汉相张苍历谱五德，上大夫董仲舒推春秋义，颇著文焉。

（西汉）司马迁《史记·十二诸侯年表》，韩兆琦译注，中华书局2010年版

烧天下诗书

秦既得意，烧天下诗书，诸侯史记尤甚，为其有所刺讥也。诗书所以复见者，多藏人家，而史记独藏周室，以故灭。惜哉，惜哉！

（西汉）司马迁《史记·六国年表》，韩兆琦译注，中华书局2010年版

至备，情文俱尽

人体安驾乘，为之金舆错衡以繁其饰；目好五色，为之黼黻文章以表其能；耳乐钟磬，为之调谐八音以荡其心；口甘五味，为之庶羞酸咸以致其美；情好珍善，为之琢磨圭璧以通其意。故大路越席，皮弁布裳，朱弦洞越，大羹玄酒，所以防其淫侈，救其彫敝。是以君臣朝廷尊卑贵贱之序，下及黎庶车舆衣服宫室饮食嫁娶丧祭之分，事有宜适，物有节文。仲尼曰："禘自既灌而往者，吾不欲观之矣。"

孝文即位，有司议欲定仪礼，孝文好道家之学，以为繁礼饰貌，无益于治，躬化谓何耳，故罢去之。

礼由人起。人生有欲，欲而不得则不能无忿，忿而无度量则争，争则乱。先王恶其乱，故制礼义以养人之欲，给人之求，使欲不穷于物，物不屈于欲，二者相待而长，是礼之所起也。故礼者养也。稻粱五味，所以养口也；椒兰芬茝，所以养鼻也；钟鼓管弦，所以养耳也；刻镂文章，所以养目也；疏房床第几席，所以养体也：故礼者养也。

君子既得其养，又好其辨也。所谓辨者，贵贱有等，长少有差，贫富轻重皆有称也。故天子大路越席，所以养体也；侧载臭茝，所以养鼻也；前有错衡，所以养目也；和鸾之声，步中武象，骤中韶濩，所以养耳也；龙旂九斿，所以养信也；寝兕持虎，鲛韅弥龙，所以养威也。故大路之马，必信至教顺，然后乘之，所以养安也。孰知夫出死要节之所以养生也。孰知夫轻费用之所以养财也，孰知夫恭敬辞让之所以养安也，孰知夫礼义文理之所以养情也。

大路之素帱也，郊之麻絻，丧服之先散麻，一也。三年哭之不反也，清庙之歌一倡而三叹，县一钟尚拊膈，朱弦而通越，一也。

凡礼始乎脱，成乎文，终乎税。故至备，情文俱尽；其次，情文代胜；其下，复情以归太一。天地以合，日月以明，四时以序，星辰以行，江河以流，万物以昌，好恶以节，喜怒以当。以为下则顺，以为上则明。

太史公曰：至矣哉！立隆以为极，而天下莫之能益损也。本末相顺，终始相应，至文有以辨，至察有以说。天下从之者治，不从者乱；从之者安，不从者危。小人不能则也。

（西汉）司马迁《史记·礼书》，韩兆琦译注，中华书局2010年版

成王作颂，推己惩艾

太史公曰：余每读虞书，至于君臣相敕，维是几安，而股肱不良，万事堕坏，未尝不流涕也。成王作颂，推己惩艾，悲彼家难，可不谓战战恐惧，善守善终哉？君子不为约则修德，满则弃礼，佚能思初，安能惟始，沐浴膏泽而歌咏勤苦，非大德谁能如斯！传曰"治定功成，礼乐乃兴"。海内人道益深，其德益至，所乐者益异。满而不损则溢，盈而不持则倾。凡作乐者，所以节乐。君子以谦退为礼，以损减为乐，乐其如此也。以为州异国殊，情习不同，故博采风俗，协比声律，以补短移化，助流政教。天子躬于明堂临观，而万民咸荡涤邪秽，斟酌饱满，以饰厥性。故云雅颂之音理而民正，叫噭之声兴而士奋，郑卫之曲动而心淫。及其调和谐合，鸟兽尽感，而况怀五常，含好恶，自然之势也？

治道亏缺而郑音兴起，封君世辟，名显邻州，争以相高。自仲尼不能与齐优遂容于鲁，虽退正乐以诱世，作五章以刺时，犹莫之化。陵迟以至六国，流沔沈佚，遂往不返，卒于丧身灭宗，并国于秦。

秦二世尤以为娱。丞相李斯进谏曰："放弃诗书，极意声色，祖伊所以惧也；轻积细过，恣心长夜，纣所以亡国。"赵高曰："五帝、三王乐各殊名，示不相袭。上自朝廷，下至人民，得以接欢喜，合殷勤，非此和说不通，解泽不流，亦各一世之化，度时之乐，何必华山之騄耳而后行远乎？"二世然之。

高祖过沛诗三侯之章，令小儿歌之。高祖崩，令沛得以四时歌鴈宗庙。孝惠、孝文、孝景无所增更，于乐府习常肄旧而已。

至今上即位，作十九章，令侍中李延年次序其声，拜为协律都尉。通一经之士不能独知其辞，皆集会五经家，相与共讲习读之，乃能通知其意，多尔雅之文。

汉家常以正月上辛祠太一甘泉，以昏时夜祠，到明而终。常有流星经于祠坛上。使僮男僮女七十人俱歌。春歌青阳，夏歌朱明，秋歌西皞，冬歌玄冥。世多有，故不论。

又尝得神马渥洼水中，复次以为太一之歌。曲曰："太一贡兮天马下，霑赤汗兮沫流赭。骋容与兮跇万里，今安匹兮龙为友。"后伐大宛得千里马，马名蒲梢，次作以为歌。歌诗曰："天马来兮从西极，经万里兮归有德。承灵威兮降外国，涉流沙兮四夷服。"中尉汲黯进曰："凡王者作乐，上以承祖宗，下以化兆民。今陛下得马，诗以为歌，协于宗庙，先帝百姓岂能知其音邪？"上默然不说。丞相公孙弘曰："黯诽谤圣制，当族。"

凡音之起，由人心生也。人心之动，物使之然也。感于物而动，故形于声；声相应，故生变；变成方，谓之音；比音而乐之，及干戚羽旄，谓之乐也。乐者，音之所由生也，其本在人心感于物也。是故其哀心感者，其声噍以杀；其乐心感者，其声啴以缓；其喜心感者，其声发以散；其怒心感者，其声粗以厉；其敬心感者，其声直以廉；其爱心感者，其声和以柔。六者非性也，感于物而后动，是故先王慎所以感之。故礼以导其志，乐以和其声，政以壹其行，刑以防其奸。礼乐刑政，其极一也，所以同民心而出治道也。

凡音者，生人心者也。情动于中，故形于声，声成文谓之音。是故治世之音安以乐，其正和；乱世之音怨以怒，其正乖；亡国之音哀以思，其民困。声音之道，与正通矣。宫为君，商为臣，角为民，徵为事，羽为物。五者不乱，则无怗滞之音矣。宫乱则荒，其君骄；商乱则搥，其臣坏；角乱则忧，其民怨；徵乱则哀，其事勤；羽乱则危，其财匮。五者皆乱，迭相陵，谓之慢。如此则国之灭亡无日矣。郑卫之音，乱世之音也，比于慢矣。桑间濮上之音，亡国之音也，其政散，其民流，诬上行私而不可止。

凡音者，生于人心者也；乐者，通于伦理者也。是故知声而不知音者，禽兽是也；知音而不知乐者，众庶是也。唯君子为能知乐。是故审声以知音，审音以知乐，审乐以知政，而治道备矣。是故不知声者不可与言音，不知音者不可与言乐知乐则几于礼矣。礼乐皆得，谓之有德。德者得也。是故乐之隆，非极音也；食飨之礼，非极味也。清庙之瑟，硃弦而疏越，一倡而三叹，有遗音者矣。大飨之礼，尚玄酒而俎腥鱼，大羹不和，有遗味者矣。是故先王之制礼乐也，非以极口腹耳目之欲也，将以教民平好恶而反人道之正也。

人生而静，天之性也；感于物而动，性之颂也。物至知知，然后好恶形焉。好恶无节于内，知诱于外，不能反己，天理灭矣。夫物之感人无穷，而人之好恶无节，则是物至而人化物也。人化物也者，灭天理而穷人欲者也。于是有悖逆诈伪之心，有淫佚作乱之事。是故强者胁弱，众者暴寡，知者诈愚，勇者苦怯，疾病不养，老幼孤寡不得其所，此大乱之道也。是故先王制礼乐，人为之节：衰麻哭泣，所以节丧纪也；钟鼓干戚，所以和安乐也；婚姻冠笄，所以别男女也；射乡食飨，所以正交接也。礼节民心，乐和民声，政以行之，刑以防之。礼乐刑政四达而不悖，则王道备矣。

乐者为同，礼者为异。同则相亲，异则相敬。乐胜则流，礼胜则离。合情饰貌者，礼乐之事也。礼义立，则贵贱等矣；乐文同，则上下和矣；好恶著，则贤不肖别矣；刑禁暴，爵举贤，则政均矣。仁以爱之，义以正之，如此则民治行矣。

乐由中出，礼自外作。乐由中出，故静；礼自外作，故文。大乐必易，大礼必简。乐至则无怨，礼至则不争。揖让而治天下者，礼乐之谓也。暴民不作，诸侯宾服，兵革不试，五刑不用，百姓无患，天子不怒，如此则乐达矣。合父子之亲，明长幼之序，以敬四海之内。天子如此，则礼行矣。

大乐与天地同和，大礼与天地同节。和，故百物不失；节，故祀天祭地。明则有礼乐，幽则有鬼神，如此则四海之内合敬同爱矣。礼者，殊事合敬者也；乐者，异文合爱者也。礼乐之情同，故明王以相沿也。故事与时并，名与功偕。故钟鼓管磬羽籥干戚，乐之器也；诎信俯仰级兆舒疾，乐之文也。簠簋俎豆制度文章，礼之器也；升降上下周旋裼袭，礼之文也。故知礼乐之情者能作，识礼乐之文者能术。作者之谓圣，术者之谓明。明圣者，术作之谓也。

乐者，天地之和也；礼者，天地之序也。和，故百物皆化；序，故群物皆别。乐由天作，礼以地制。过制则乱，过作则暴。明于天地，然后能兴礼乐也。论伦无患，乐之情也；欣喜欢爱，乐之也。中正无邪，礼之质也；庄敬恭顺，礼之制也。若夫礼乐之施于金石，越于声音，用于宗庙社稷，事于山川鬼神，则此所以与民同也。

王者功成作乐，治定制礼。其功大者其乐备，其治辨者其礼具。干戚之舞，非备乐也；亨孰而祀，非达礼也。五帝殊时，不相沿乐；三王异世，不相袭礼。乐极则忧，礼粗则偏矣。及夫敦乐而无忧，礼备而不偏者，其唯大圣乎？天高地下，万物散殊，而礼制行也；流而不息，合同而化，而乐兴也。春作夏长，仁也；秋敛冬藏，义也。仁近于乐，义近于礼。乐者敦和，率神而从天；礼者辨宜，居鬼而从地。故圣人作乐以应天，作礼以配地。礼乐明备，天地官矣。

天尊地卑，君臣定矣。高卑已陈，贵贱位矣。动静有常，小大殊矣。方以类聚，物以群分，则性命不同矣。在天成象，在地成形，如此则礼者天地之别也。地气上隮，天气下降，阴阳相摩，天地相荡，鼓之以雷霆，奋之以风雨，动之以四时，暖之以日月，而百化兴焉，如此则乐者天地之和也。

化不时则不生，男女无别则乱登，此天地之情也。及夫礼乐之极乎天而蟠乎地，行乎阴阳而通乎鬼神，穷高极远而测深厚，乐著太始而礼居成物。著不息者天也，著不动者地也。一动一静者，天地之间也。故圣人曰"礼云乐云"。

昔者舜作五弦之琴，以歌南风；夔始作乐，以赏诸侯。故天子之为乐也，以赏诸侯之有德者也。德盛而教尊，五谷时孰，然后赏之以乐。故其治民劳者，其舞行级远；其治民佚者，其舞行级短。故观其舞而知其德，闻其谥而知其行。大章，章之也；咸池，备也；韶，继也；夏，大也；殷周之乐尽也。

天地之道，寒暑不时则疾，风雨不节则饥。教者，民之寒暑也，教不时则伤世。事者，民之风雨也，事不节则无功。然则先王之为乐也，以法治也，善则行象德矣。夫豢豕为酒，非以为祸也；而狱讼益烦，则酒之流生祸也。是故先王因为酒礼，一献之礼，宾主百拜，终日饮酒而不得醉焉，此先王之所以备酒祸也。故酒食者，所以合欢也。

乐者，所以象德也；礼者，所以闭淫也。是故先王有大事，必有礼以哀之；有大福，必有礼以乐之；哀乐之分，皆以礼终。

乐也者，施也；礼也者，报也。乐，乐其所自生；而礼，反其所自始。乐章德，礼报情反始也。所谓大路者，天子之舆也；龙旂九旒，天子之旌也；青黑缘者，天子之葆龟也；从之以牛羊之群，则所以赠诸侯也。

乐也者，情之不可变者也；礼也者，理之不可易者也。乐统同，礼别异，礼乐之说贯乎人情矣。穷本知变，乐之情也；著诚去伪，礼之经也。礼乐顺天地之诚，达神明之德，降兴上下之神，而凝是精粗之体，领父子君臣之节。

是故大人举礼乐，则天地将为昭焉。天地欣合，阴阳相得，煦妪覆育万物，然后草木茂，区萌达，羽翮奋，角觡生，蛰虫昭稣，羽者妪伏，毛者孕鬻，胎生者不殰而卵生者不殈，则乐之道归焉耳。

乐者，非谓黄钟大吕弦歌干扬也，乐之末节也，故童者舞之；布筵席，陈樽俎，列笾豆，以升降为礼者，礼之末节也，故有司掌之。乐师辩乎声诗，故北面而弦；宗祝辩乎宗庙之礼，故后尸；商祝辩乎丧礼，故后主人。是故德成而上，艺成而下；行成而先，事成而后。是故先王有上有下，有先有后，然后可以有制于天下也。

乐者，圣人之所乐也，而可以善民心。其感人深，其风移俗易，故先王著其教焉。

夫人有血气心知之性，而无哀乐喜怒之常，应感起物而动，然后心术形焉。是故志微焦衰之音作，而民思忧；啴缓慢易繁文简节之音作，而民康乐；粗厉猛起奋末广贲之音作，而民刚毅；廉直经正庄诚之音作，而民肃敬；宽裕肉好顺成和动之音作，而民慈爱；流辟邪散狄成涤滥之音作，而民淫乱。

是故先王本之情性，稽之度数，制之礼义，合生气之和，道五常之行，使之阳而不散，阴而不密，刚气不怒，柔气不慑，四畅交于中而发作于外，皆安其位而不相夺也。然后立之学等，广其节奏，省其文采，以绳德厚也。类小大之称，比终始之序，以象事行，使亲疏贵贱长幼男女之理皆形见于乐：故曰"乐观其深矣"。

土敝则草木不长，水烦则鱼鳖不大，气衰则生物不育，世乱则礼废而乐淫。是故其声哀而不庄，乐而不安，慢易以犯节，流湎以忘本。广则容奸，狭则思欲，感涤荡之气而灭平和之德，是以君子贱之也。

凡奸声感人而逆气应之，逆气成象而淫乐兴焉。正声感人而顺气应之，顺气成象而和乐兴焉。倡和有应，回邪曲直各归其分，而万物之理以类相动也。

是故君子反情以和其志，比类以成其行。奸声乱色不留聪明，淫乐废礼不接于心术，惰慢邪辟之气不设于身体，使耳目鼻口心知百体皆由顺正，以行其义。然后发以声音，文以琴瑟，动以干戚，饰以羽旄，从以箫管，奋至德之光，动四气之和，以著万物之理。是故清明象天，广大象地，终始象四时，周旋象风雨；五色成文而不乱，八风从律而不奸，百度得数而有常；小大相成，终始相生，倡和清浊，代相为经。故乐行而伦清，耳目聪明，血气和平，移风易俗，天下皆宁。故曰"乐者乐也"。君子乐得其道，小人乐得其欲。以道制欲，则乐而不乱；以欲忘道，则惑而不乐。是故君子反情以和其志，广乐以成其教，乐行而民乡方，可以观德矣。

德者，性之端也；乐者，德之华也；金石丝竹，乐之器也。诗，言其志也；歌，咏其声也；舞，动其容也；三者本乎心，然后乐气从之。是故情深而文明，气盛而化神，和顺积中而英华发外，唯乐不可以为伪。

乐者，心之动也；声者，乐之象也；文采节奏，声之饰也。君子动其本，乐其象，然后治其饰。是故先鼓以警戒，三步以见方，再始以著往，复乱以饬归，奋疾而不拔，极幽而不隐。独乐其志，不厌其道；备举其道，不私其欲。是以情见而义立，乐终而德尊；君子以好善，小人以息过。故曰"生民之道，乐为大焉"。

君子曰：礼乐不可以斯须去身。致乐以治心，则易直子谅之心油然生矣。易直子谅之心生则乐，乐则安，安则久，久则天，天则神。天则不言而信，神则不怒而威。致乐，以治心者也；致礼，以治躬者也。治躬则庄敬，庄敬则严威。心中斯须不和不乐，而鄙诈之心入之矣；外貌斯须不庄不敬，而慢易之心入之矣。故乐也者，动于内者也；礼也者，动于外者也。乐极和，礼极顺。内和而外顺，则民瞻其颜色而弗与争也，望其容貌而民不生易慢焉。德辉动乎内而民莫不承听，理发乎外而民莫不承顺，故曰"知礼乐之道，举而错之天下无难矣"。

乐也者，动于内者也；礼也者，动于外者也。故礼主其谦，乐主其盈。礼谦而进，以进为文；乐盈而反，以反为文。礼谦而不进，则销；乐盈而不反，则放。故礼有报而乐有反。礼得其报则乐，乐得其反则安。礼之报，乐之反，其义一也。

夫乐者乐也，人情之所不能免也。乐必发诸声音，形于动静，人道也。声音动静，性术之变，尽于此矣。故人不能无乐，乐不能无形。形而不为道，不能无乱。先王恶其乱，故制雅颂之声以道之，使其声足以乐而不流，使其文足以纶而不息，使其曲直繁省廉肉节奏，足以感动人之善心而已矣，不使放心邪气得接焉，是先王立乐之方也。是故乐在宗庙之中，君臣上下同听之，则莫不和敬；在族长乡里之中，长幼同听之，则莫不和顺；在闺门之内，父子兄弟同听之，则莫不和亲。故乐者，审一以定和，比物以饰节，节奏合以成文，所以合和父子君臣，附亲万民也，是先王立乐之方也。故听其雅颂之声，志意得广焉；执其干戚，习其俯仰诎信，容貌得庄焉；行其缀兆，要其节奏，行列得正焉，进退得齐焉。故乐者天地之齐，中和之纪，人情之所不能免也。

夫乐者，先王之所以饰喜也；军旅鈇钺者，先王之所以饰怒也。故先王之喜怒皆得其齐矣。喜则天下和之，怒则暴乱者畏之。先王之道礼乐可谓盛矣。

魏文侯问于子夏曰："吾端冕而听古乐则唯恐卧，听郑卫之音则不知倦。敢问古乐之如彼，何也？新乐之如此，何也？"

子夏答曰："今夫古乐，进旅而退旅，和正以广，弦匏笙簧合守拊鼓，始奏以文，止乱以武，治乱以相，讯疾以雅。君子于是语，于是道古，修身及家，平均天下：此古乐之发也。今夫新乐，进俯退俯，奸声以淫，溺而不止，及优侏儒，杂子女，不知父子。乐终不可以语，不可以道古：此新乐之发也。今君之所问者乐也，所好者音也。夫乐之与音，相近而不同。"

文侯曰："敢问如何？"

子夏答曰："夫古者天地顺而四时当，民有德而五谷昌，疾疢不作而无妖祥，此之谓大当。然后圣人作为父子君臣以为之纪纲，纪纲既正，天下大定，天下大定，然后正六律，和五声，弦歌诗颂，此之谓德音，德音之谓乐。诗曰：'莫其德音，其德克明，克明克类，克长克君。王此大邦，克顺克俾。俾于文王，其德靡悔。既受帝祉，施于孙子。'此之谓也。今君之所好者，其溺音与？"

文侯曰："敢问溺音者何从出也？"

子夏答曰："郑音好滥淫志，宋音燕女溺志，卫音趣数烦志，齐音骜辟骄志，四者皆淫于色而害于德，是以祭祀不用也。诗曰：'肃雍和鸣，先祖是听。'夫肃肃，敬也；雍雍，和也。夫敬以和，何事不行？为人君者，谨其所好恶而已矣。君好之则臣为之，上行之则民从之。诗曰：'诱民孔易'，此之谓也。然后圣人作为鞉鼓椌楬埙篪，此六者，德音之音也。然后钟磬竽瑟以和之，干戚旄狄以舞之。此所以祭先王之庙也，所以献酬酳酢也，所以官序贵贱各得其宜也，此所以示后世有尊卑长幼序也。钟声铿，铿以立号，号以立横，横以立武。君子听钟声则思武臣。石声硁，硁以立别，别以致死。君子听磬声则思死封疆之臣。丝声哀，哀以立廉，廉以立志。君子听琴瑟之声则思志义之臣。竹声滥，滥以立会，会以聚众。君子听竽笙箫管之声则思畜聚之臣。鼓鼙之声欢，欢以立动，动以进众。君子听鼓鼙之声则思将帅之臣。君子之听音，非听其铿鎗而已也，彼亦有所合之也。"

宾牟贾侍坐于孔子，孔子与之言，及乐，曰："夫武之备戒之已久，何也?"

答曰:"病不得其众也。"

"永叹之,淫液之,何也?"

答曰:"恐不逮事也。"

"发扬蹈厉之已蚤,何也?"

答曰:"及时事也。"

"武坐致右宪左,何也?"

答曰:"非武坐也。"

"声淫及商,何也?"

答曰:"非武音也。"

子曰:"若非武音,则何音也?"

答曰:"有司失其传也。如非有司失其传,则武王之志荒矣。"

子曰:"唯丘之闻诸苌弘,亦若吾子之言是也。"

宾牟贾起,免席而请曰:"夫武之备戒之已久,则既闻命矣。敢问迟之迟而又久,何也?"

子曰:"居,吾语汝。夫乐者,象成者也。总干而山立,武王之事也;发扬蹈厉,太公之志也;武乱皆坐,周召之治也。且夫武,始而北出,再成而灭商,三成而南,四成而南国是疆,五成而分陕,周公左,召公右,六成复缀,以崇天子,夹振之而四伐,盛威于中国也。分夹而进,事蚤济也。久立于缀,以待诸侯之至也。且夫女独未闻牧野之语乎?武王克殷反商,未及下车,而封黄帝之后于蓟,封帝尧之后于祝,封帝舜之后于陈;下车而封夏后氏之后于杞,封殷之后于宋,封王子比干之墓,释箕子之囚,使之行商容而复其位。庶民弛政,庶士倍禄。济河而西,马散华山之阳而弗复乘;牛散桃林之野而不复服;车甲衅而藏之府库而弗复用;倒载干戈,苞之以虎皮;将率之士,使为诸侯,名之曰'建櫜':然后天下知武王之不复用兵也。散军而郊射,左射貍首,右射驺虞,而贯革之射息也;裨冕搢笏,而虎贲之士说剑也;祀乎明堂,而民知孝;朝觐,然后诸侯知所以臣;耕藉,然后诸侯知所以敬:五者天下之大教也。食三老五更于太学,天子袒而割牲,执酱而馈,执爵而酳,冕而总干,所以教诸侯之悌也。若此,则周道四达,礼乐交通,则夫武之迟久,不亦宜乎?"

子贡见师乙而问焉,曰:"赐闻声歌各有宜也,如赐者宜何歌也?"

师乙曰:"乙,贱工也,何足以问所宜。请诵其所闻,而吾子自执焉。宽而静、柔而正者宜歌颂；广大而静、疏达而信者宜歌大雅；恭俭而好礼者宜歌小雅；正直清廉而谦者宜歌风；肆直而慈爱者宜歌商；温良而能断者宜歌齐。夫歌者，直己而陈德；动己而天地应焉，四时和焉，星辰理焉，万物育焉。故商者，五帝之遗声也，商人志之，故谓之商；齐者，三代之遗声也，齐人志之，故谓之齐。明乎商之诗者，临事而屡断；明乎齐之诗者，见利而让也。临事而屡断，勇也；见利而让，义也。有勇有义，非歌孰能保此？故歌者，上如抗，下如队，曲如折，止如槁木，倨中矩，句中钩，累累乎殷如贯珠。故歌之为言也，长言之也。说之，故言之；言之不足，故长言之；长言之不足，故嗟叹之；嗟叹之不足，故不知手之舞之足之蹈之。"子贡问乐。

凡音由于人心，天之与人有以相通，如景之象形，响之应声。故为善者天报之以福，为恶者天与之以殃，其自然者也。

故舜弹五弦之琴，歌南风之诗而天下治；纣为朝歌北鄙之音，身死国亡。舜之道何弘也？纣之道何隘也？夫南风之诗者生长之音也，舜乐好之，乐与天地同意，得万国之欢心，故天下治也。夫朝歌者不时也，北者败也，鄙者陋也，纣乐好之，与万国殊心，诸侯不附，百姓不亲，天下畔之，故身死国亡。

而卫灵公之时，将之晋，至于濮水之上舍。夜半时闻鼓琴声，问左右，皆对曰"不闻"。乃召师涓曰："吾闻鼓琴音，问左右，皆不闻。其状似鬼神，为我听而写之。"师涓曰："诺。"因端坐援琴，听而写之。明日，曰："臣得之矣，然未习也，请宿习之。"灵公曰："可。"因复宿。明日，报曰："习矣。"即去之晋，见晋平公。平公置酒于施惠之台。酒酣，灵公曰："今者来，闻新声，请奏之。"平公曰："可。"即令师涓坐师旷旁，援琴鼓之。未终，师旷抚而止之曰："此亡国之声也，不可遂。"平公曰："何道出？"师旷曰："师延所作也。与纣为靡靡之乐，武王伐纣，师延东走，自投濮水之中，故闻此声必于濮水之上，先闻此声者国削。"平公曰："寡人所好者音也，原遂闻之。"师涓鼓而终之。

平公曰："音无此最悲乎？"师旷曰："有。"平公曰："可得闻乎？"师旷曰："君德义薄，不可以听之。"平公曰："寡人所好者音也，原闻之。"师旷不得已，援琴而鼓之。一奏之，有玄鹤二八集乎廊门；再奏之，延颈而鸣，舒翼而舞。

平公大喜，起而为师旷寿。反坐，问曰："音无此最悲乎？"师旷曰：

"有。昔者黄帝以大合鬼神,今君德义薄,不足以听之,听之将败。"平公曰:"寡人老矣,所好者音也,原遂闻之。"师旷不得已,援琴而鼓之。一奏之,有白云从西北起;再奏之,大风至而雨随之,飞廊瓦,左右皆奔走。平公恐惧,伏于廊屋之间。晋国大旱,赤地三年。

听者或吉或凶。夫乐不可妄兴也。

太史公曰:夫上古明王举乐者,非以娱心自乐,快意恣欲,将欲为治也。正教者皆始于音,音正而行正。故音乐者,所以动荡血脉,通流精神而和正心也。故宫动脾而和正圣,商动肺而和正义,角动肝而和正仁,徵动心而和正礼,羽动肾而和正智。故乐所以内辅正心而外异贵贱也;上以事宗庙,下以变化黎庶也。琴长八尺一寸,正度也。弦大者为宫,而居中央,君也。商张右傍,其馀大小相次,不失其次序,则君臣之位正矣。故闻宫音,使人温舒而广大;闻商音,使人方正而好义;闻角音,使人恻隐而爱人;闻徵音,使人乐善而好施;闻羽音,使人整齐而好礼。夫礼由外入,乐自内出。故君子不可须臾离礼,须臾离礼则暴慢之行穷外;不可须臾离乐,须臾离乐则奸邪之行穷内。故乐音者,君子之所养义也。夫古者,天子诸侯听钟磬未尝离于庭,卿大夫听琴瑟之音未尝离于前,所以养行义而防淫佚也。夫淫佚生于无礼,故圣王使人耳闻雅颂之音,目视威仪之礼,足行恭敬之容,口言仁义之道。故君子终日言而邪辟无由入也。

乐之所兴,在乎防欲。陶心畅畅志,舞手蹈足。舜曰箫韶,融称属续。审音知政,观风变俗。端如贯珠,清同叩玉。洋洋盈耳,咸英余曲。

(西汉)司马迁《史记·乐书》,韩兆琦译注,中华书局2010年版

六律万事根本

王者制事立法,物度轨则,壹禀于六律,六律为万事根本焉。

其于兵械尤所重,故云"望敌知吉凶,闻声效胜负",百王不易之道也。

武王伐纣,吹律听声,推孟春以至于季冬,杀气相并,而音尚宫。同声相从,物之自然,何足怪哉?

书曰"七正",二十八舍。律历,天所以通五行八正之气,天所以成孰万物也。舍者,日月所舍。舍者,舒气也。

十月也,律中应钟。应钟者,阳气之应,不用事也。

十一月也,律中黄钟。黄钟者,阳气踵黄泉而出也。

十二月也，律中大吕。大吕者。其于十二子为丑。

正月也，律中泰蔟。泰蔟者，言万物蔟生也，故曰泰蔟。

二月也，律中夹钟。夹钟者，言阴阳相夹厕也。

三月也，律中姑洗。姑洗者，言万物洗生。

四月也，律中中吕。中吕者，言万物尽旅而西行也。

五月也，律中蕤宾。蕤宾者，言阴气幼少，故曰蕤；痿阳不用事，故曰宾。

六月也，律中林钟。林钟者，言万物就死气林林然。

七月也，律中夷则。夷则，言阴气之贼万物也。

八月也，律中南吕。南吕者，言阳气之旅入藏也。

九月也，律中无射。无射者，阴气盛用事，阳气无余也，故曰无射。

律数：九九八十一以为宫。三分去一，五十四以为徵。三分益一，七十二以为商。三分去一，四十八以为羽。三分益一，六十四以为角。黄钟长八寸七分一，宫。大吕长七寸五分三分。太蔟长七寸二，角。夹钟长六寸分三分一。姑洗长六寸分四，羽。仲吕长五寸九分三分二，徵。蕤宾长五寸六分三分。林钟长五寸分四，角。夷则长五寸三分二，商。南吕长四寸分八，徵。无射长四寸四分三分二。应钟长四寸二分三分二，羽。生钟分：子一分。丑三分二。寅九分八。卯二十七分十六。辰八十一分六十四。巳二百四十三分一百二十八。午七百二十九分五百一十二。未二千一百八十七分一千二十四。申六千五百六十一分四千九十六。酉一万九千六百八十三分八千一百九十二。戌五万九千四十九分三万二千七百六十八。亥十七万七千一百四十七分六万五千五百三十六。

生黄钟术曰：以下生者，倍其实，三其法。以上生者，四其实，三其法。上九，商八，羽七，角六，宫五，徵九。置一而九三之以为法。实如法，得长一寸。凡得九寸，命曰"黄钟之宫"。故曰音始于宫，穷于角；数始于一，终于十，成于三；气始于冬至，周而复生。

神生于无，形成于有，形然后数，形而成声，故曰神使气，气就形。

太史公曰：旋玑玉衡以齐七政，即天地二十八宿。十母，十二子，钟律调自上古。建律运历造日度，可据而度也。合符节，通道德，即从斯之谓也。

（西汉）司马迁《史记·律书》，韩兆琦译注，中华书局2010年版

定清浊，起五部

至今上即位，招致方士唐都，分其天部；而巴落下闳运算转历，然后日辰之度与夏正同。乃改元，更官号，封泰山。因诏御史曰："乃者，有司言星度之未定也，广延宣问，以理星度，未能詹也。盖闻昔者黄帝合而不死，名察度验，定清浊，起五部，建气物分数。然盖尚矣。书缺乐弛，朕甚闵焉。朕唯未能循明也，绁绩日分，率应水德之胜。今日顺夏至，黄钟为宫，林钟为徵，太蔟为商，南吕为羽，姑洗为角。自是以后，气复正，羽声复清，名复正变，以至子日当冬至，则阴阳离合之道行焉。十一月甲子朔旦冬至已詹，其更以七年为太初元年。年名'焉逢摄提格'，月名'毕聚'，日得甲子，夜半朔旦冬至。"

（西汉）司马迁《史记·历书》，韩兆琦译注，中华书局2010年版

三年不为乐，乐必坏

自古受命帝王，曷尝不封禅……传曰："三年不为礼，礼必废；三年不为乐，乐必坏。"每世之隆，则封禅答焉，及衰而息。厥旷远者千有馀载，近者数百载，故其仪阙然堙灭，其详不可得而记闻云。

禹遵之。后十四世，至帝孔甲，淫德好神，神渎，二龙去之。其后三世，汤伐桀，欲迁夏社，不可，作夏社。后八世，至帝太戊，有桑谷生于廷，一暮大拱，惧。伊陟曰："妖不胜德。"太戊修德，桑谷死。伊陟赞巫咸，巫咸之兴自此始。

周官曰，冬日至，祀天于南郊，迎长日之至；夏日至，祭地祇。皆用乐舞，而神乃可得而礼也。天子祭天下名山大川，五岳视三公，四渎视诸侯，诸侯祭其疆内名山大川。

其后百二十岁而秦灭周，周之九鼎入于秦。或曰宋太丘社亡，而鼎没于泗水彭城下。

其夏六月中，汾阴巫锦为民祠魏脽后土营旁，见地如钩状，掊视得鼎。鼎大异于众鼎，文镂无款识，怪之，言吏。吏告河东太守胜，胜以闻。天子使使验问巫得鼎无奸诈，乃以礼祠，迎鼎至甘泉，从行，上荐之。至中山，曣㬈，有黄云盖焉。有麃过，上自射之，因以祭云。至长安，公卿大夫皆议请尊宝鼎。天子曰："间者河溢，岁数不登，故巡祭后土，祈为百姓育谷。今岁丰庑未报，鼎曷为出哉？"有司皆曰："闻昔泰

帝兴神鼎一，一者壹统，天地万物所系终也。黄帝作宝鼎三，象天地人。禹收九牧之金，铸九鼎。皆尝亨鬺上帝鬼神。遭圣则兴，鼎迁于夏商。周德衰，宋之社亡，鼎乃沦没，伏而不见。颂云'自堂徂基，自羊徂牛；鼐鼎及鼒，不吴不骜，胡考之休'。今鼎至甘泉，光润龙变，承休无疆。合兹中山，有黄白云降盖，若兽为符，路弓乘矢，集获坛下，报祠大享。唯受命而帝者心知其意而合德焉。鼎宜见于祖祢，藏于帝廷，以合明应。"制曰："可。"

其春，既灭南越，上有嬖臣李延年以好音见。上善之，下公卿议，曰："民间祠尚有鼓舞乐，今郊祀而无乐，岂称乎？"公卿曰："古者祠天地皆有乐，而神祇可得而礼。"或曰："太帝使素女鼓五十弦瑟，悲，帝禁不止，故破其瑟为二十五弦。"于是塞南越，祷祠太一、后土，始用乐舞，益召歌儿，作二十五弦及空侯琴瑟自此起。

自得宝鼎，上与公卿诸生议封禅。封禅用希旷绝，莫知其仪礼，而群儒采封禅尚书、周官、王制之望祀射牛事。齐人丁公年九十余，曰："封禅者，合不死之名也。秦皇帝不得上封，陛下必欲上，稍上即无风雨，遂上封矣。"上于是乃令诸儒习射牛，草封禅仪。数年，至且行。天子既闻公孙卿及方士之言，黄帝以上封禅，皆致怪物与神通，欲放黄帝以上接神仙人蓬莱士，高世比德于九皇，而颇采儒术以文之。群儒既已不能辨明封禅事，又牵拘于诗书古文而不能骋。上为封禅祠器示群儒，群儒或曰"不与古同"，徐偃又曰"太常诸生行礼不如鲁善"，周霸属图封禅事，于是上绌偃、霸，而尽罢诸儒不用。

公孙卿曰："黄帝就青灵台，十二日烧，黄帝乃治明廷。明廷，甘泉也。"方士多言古帝王有都甘泉者。其后天子又朝诸侯甘泉，甘泉作诸侯邸。勇之乃曰："越俗有火灾，复起屋必以大，用胜服之。"于是作建章宫，度为千门万户。前殿度高未央。其东则凤阙，高二十余丈。其西则唐中，数十里虎圈。其北治大池，渐台高二十余丈，命曰太液池，中有蓬莱、方丈、瀛洲、壶梁，象海中神山龟鱼之属。其南有玉堂、璧门、大鸟之属。乃立神明台、井幹楼，度五十丈，辇道相属焉。

（西汉）司马迁《史记·封禅书》，韩兆琦译注，中华书局2010年版

悲瓠子之诗而作河渠书

天子既临河决，悼功之不成，乃作歌曰："瓠子决兮将奈何？皓皓旰

盱兮间殚为河！殚为河兮地不得宁，功无已时兮吾山平。吾山平兮钜野溢，鱼沸郁兮柏冬日。延道弛兮离常流，蛟龙骋兮方远游。归旧川兮神哉沛，不封禅兮安知外！为我谓河伯兮何不仁，泛滥不止兮愁吾人？啮桑浮兮淮、泗满，久不反兮水维缓。"一曰："河汤汤兮激潺湲，北渡污兮浚流难。搴长茭兮沈美玉，河伯许兮薪不属。薪不属兮卫人罪，烧萧条兮噫乎何以御水！颓林竹兮楗石菑，宣房塞兮万福来。"于是卒塞瓠子，筑宫其上，名曰宣房宫。而道河北行二渠，复禹旧迹，而梁、楚之地复宁，无水灾。

太史公曰：余南登庐山，观禹疏九江，遂至于会稽太湟，上姑苏，望五湖；东阚洛汭、大邳，迎河，行淮、泗、济、漯洛渠；西瞻蜀之岷山及离碓；北自龙门至于朔方。曰：甚哉，水之为利害也！余从负薪塞宣房，悲瓠子之诗而作河渠书。

（西汉）司马迁《史记·河渠书》，韩兆琦译注，中华书局2010年版

一质一文，终始之变

太史公曰：农工商交易之路通，而龟贝金钱刀布之币兴焉。所从来久远，自高辛氏之前尚矣，靡得而记云。故书道唐虞之际，诗述殷周之世，安宁则长庠序，先本绌末，以礼义防于利；事变多故而亦反是。是以物盛则衰，时极而转，一质一文，终始之变也。禹贡九州，各因其土地所宜，人民所多少而纳职焉。

（西汉）司马迁《史记·平准书》，韩兆琦译注，中华书局2010年版

季札观乐

四年，吴使季札聘于鲁，请观周乐。为歌周南、召南。曰："美哉，始基之矣，犹未也。然勤而不怨。"歌邶、鄘、卫。曰："美哉，渊乎，忧而不困者也。吾闻卫康叔、武公之德如是，是其卫风乎？"歌王。曰："美哉，思而不惧，其周之东乎？"歌郑。曰："其细已甚，民不堪也，是其先亡乎？"歌齐。曰："美哉，泱泱乎大风也哉。表东海者，其太公乎？国未可量也。"歌豳。曰："美哉，荡荡乎，乐而不淫，其周公之东乎？"歌秦。曰："此之谓夏声。夫能夏则大，大之至也，其周之旧乎？"歌魏。曰："美哉，渢渢乎，大而婉，俭而易，行以德辅，此则盟主也。"歌唐。曰："思深哉，其有陶唐氏之遗风乎？不然，何忧之远也？非令德之后，

谁能若是!"歌陈。曰:"国无主,其能久乎?"自郐以下,无讥焉。歌小雅。曰:"美哉,思而不贰,怨而不言,其周德之衰乎?犹有先王之遗民也。"歌大雅。曰:"广哉,熙熙乎,曲而有直体,其文王之德乎?"歌颂。曰:"至矣哉,直而不倨,曲而不诎,近而不偪,远而不携,而迁不淫,复而不厌,哀而不愁,乐而不荒,用而不匮,广而不宣,施而不费,取而不贪,处而不厎,行而不流。五声和,八风平,节有度,守有序,盛德之所同也。"见舞象箾、南籥者,曰:"美哉,犹有感。"见舞大武,曰:"美哉,周之盛也其若此乎?"见舞韶护者,曰:"圣人之弘也,犹有惭德,圣人之难也!"见舞大夏,曰:"美哉,勤而不德!非禹其谁能及之?"见舞招箾,曰:"德至矣哉,大矣,如天之无不焘也,如地之无不载也,虽甚盛德,无以加矣。观止矣,若有他乐,吾不敢观。"

(西汉)司马迁《史记·吴太伯世家》,韩兆琦译注,中华书局2010年版

周公为诗贻王

周公旦者,周武王弟也。自文王在时,旦为子孝,笃仁,异于群子。及武王即位,旦常辅翼武王,用事居多……十一年,伐纣,至牧野,周公佐武王,作牧誓。

管、蔡、武庚等果率淮夷而反。周公乃奉成王命,兴师东伐,作大诰。遂诛管叔,杀武庚,放蔡叔。收殷余民,以封康叔于卫,封微子于宋,以奉殷祀。

天降祉福,唐叔得禾,异母同颖,献之成王,成王命唐叔以馈周公于东土,作馈禾。周公既受命禾,嘉天子命,作嘉禾。东土以集,周公归报成王,乃为诗贻王,命之曰鸱鸮。王亦未敢训周公。

初,成王少时,病,周公乃自揃其蚤沈之河,以祝于神曰:"王少未有识,奸神命者乃旦也。"亦藏其策于府。成王病有瘳。及成王用事,人或谮周公,周公奔楚。成王发府,见周公祷书,乃泣,反周公。周公归,恐成王壮,治有所淫佚,乃作多士,作毋逸。毋逸称:"为人父母,为业至长久,子孙骄奢忘之,以亡其家,为人子可不慎乎!故昔在殷王中宗,严恭敬畏天命,自度治民,震惧不敢荒宁,故中宗飨国七十五年。其在高宗,久劳于外,为与小人,作其即位,乃有亮暗,三年不言,言乃讙,不敢荒宁,密靖殷国,至于小大无怨,故高宗飨国五十五

年。其在祖甲，不义惟王，久为小人于外，知小人之依，能保施小民，不侮鳏寡，故祖甲飨国三十三年。"多士称曰："自汤至于帝乙，无不率祀明德，帝无不配天者。在今后嗣王纣，诞淫厥佚，不顾天及民之从也。其民皆可诛。""文王日中昃不暇食，飨国五十年。"作此以诫成王。

成王在丰，天下已安，周之官政未次序，于是周公作周官，官别其宜，作立政，以便百姓。百姓说。

周公卒后，秋未穫，暴风雷，禾尽偃，大木尽拔。周国大恐。成王与大夫朝服以开金縢书，王乃得周公所自以为功代武王之说。二公及王乃问史百执事，史百执事曰："信有，昔周公命我勿敢言。"成王执书以泣，曰："自今后其无缪卜乎！昔周公勤劳王家，惟予幼人弗及知。今天动威以彰周公之德，惟朕小子其迎，我国家礼亦宜之。"王出郊，天乃雨，反风，禾尽起。二公命国人，凡大木所偃，尽起而筑之。岁则大孰。于是成王乃命鲁得郊祭文王。鲁有天子礼乐者，以褒周公之德也。

伯禽即位之后，有管、蔡等反也，淮夷、徐戎亦并兴反。于是伯禽率师伐之于肸，作肸誓，曰："陈尔甲胄，无敢不善。无敢伤牿。马牛其风，臣妾逋逃，勿敢越逐，敬复之。无敢寇攘，逾墙垣。鲁人三郊三隧，峙尔刍茭、糗粮、桢榦，无敢不逮。我甲戌筑而征徐戎，无敢不及，有大刑。"作此肸誓，遂平徐戎，定鲁。

（西汉）司马迁《史记·鲁周公世家》，韩兆琦译注，中华书局2010年版

民人思召公之正文

其在成王时，召王为三公：自陕以西，召公主之；自陕以东，周公主之。成王既幼，周公摄政，当国践祚，召公疑之，作君奭。君奭不说周公。

召公之治西方，甚得兆民和。召公巡行乡邑，有棠树，决狱政事其下，自侯伯至庶人各得其所，无失职者。召公卒，而民人思召公之政，怀棠树不敢伐，歌咏之，作甘棠之诗。

（西汉）司马迁《史记·燕召公世家》，韩兆琦译注，中华书局2010年版

公令师曹教鼓琴

周公旦惧康叔齿少，乃申告康叔曰："必求殷之贤人君子长者，问其先殷所以兴，所以亡，而务爱民。"告以纣所以亡者以淫于酒，酒之失，妇人是用，故纣之乱自此始。为梓材，示君子可法则。故谓之康诰、酒诰、梓材以命之。康叔之国，既以此命，能和集其民，民大说。

献公十三年，公令师曹教宫妾鼓琴，妾不善，曹笞之。妾以幸恶曹于公，公亦笞曹三百。十八年，献公戒孙文子、宁惠子食，皆往。日旰不召，而去射鸿于囿。二子从之，公不释射服与之言。二子怒，如宿。孙文子子数侍公饮，使师曹歌巧言之卒章。师曹又怒公之尝笞三百，乃歌之，欲以怒孙文子，报卫献公。文子语蘧伯玉，伯玉曰："臣不知也。"遂攻出献公。献公奔齐，齐置卫献公于聚邑。

三年，吴延陵季子使过卫，见蘧伯玉、史鳅，曰："卫多君子，其国无故。"过宿，孙林父为击磬，曰："不乐，音大悲，使卫乱乃此矣。"是年，献公卒，子襄公恶立。

（西汉）司马迁《史记·卫康叔世家》，韩兆琦译注，中华书局2010年版

箕子作麦秀之诗

箕子者，纣亲戚也。纣始为象箸，箕子叹曰："彼为象箸，必为玉桮；为桮，则必思远方珍怪之物而御之矣。舆马宫室之渐自此始，不可振也。"纣为淫泆，箕子谏，不听。人或曰："可以去矣。"箕子曰："为人臣谏不听而去，是彰君之恶而自说于民，吾不忍为也。"乃被发详狂而为奴。遂隐而鼓琴以自悲，故传之曰箕子操。

其后箕子朝周，过故殷虚，感宫室毁坏，生禾黍，箕子伤之，欲哭则不可，欲泣为其近妇人，乃作麦秀之诗以歌咏之。其诗曰："麦秀渐渐兮，禾黍油油。彼狡僮兮，不与我好兮！"所谓狡童者，纣也。殷民闻之，皆为流涕。

武王崩，成王少，周公旦代行政当国。管、蔡疑之，乃与武庚作乱，欲袭成王、周公。周公既承成王命诛武庚，杀管叔，放蔡叔，乃命微子开代殷后，奉其先祀，作微子之命以申之，国于宋。微子故能仁贤，乃代武庚，故殷之余民甚戴爱之。

太史公曰：孔子称"微子去之，箕子为之奴，比干谏而死，殷有三仁焉"。春秋讥宋之乱自宣公废太子而立弟，国以不宁者十世。襄公之时，修行仁义，欲为盟主。其大夫正考父美之，故追道契、汤、高宗，殷所以兴，作商颂。襄公既败于泓，而君子或以为多，伤中国阙礼义，褒之也，宋襄之有礼让也。

（西汉）司马迁《史记·宋微子世家》，韩兆琦译注，中华书局2010年版

赵衰歌黍苗诗

武王崩，成王立，唐有乱，周公诛灭唐。成王与叔虞戏，削桐叶为珪以与叔虞，曰："以此封若。"史佚因请择日立叔虞。成王曰："吾与之戏耳。"史佚曰："天子无戏言。言则史书之，礼成之，乐歌之。"于是遂封叔虞于唐。唐在河、汾之东，方百里，故曰唐叔虞。

重耳至秦，缪公以宗女五人妻重耳，故子圉妻与往。重耳不欲受，司空季子曰："其国且伐，况其故妻乎！且受以结秦亲而求入，子乃拘小礼，忘大丑乎！"遂受。缪公大欢，与重耳饮。赵衰歌黍苗诗。缪公曰："知子欲急反国矣。"赵衰与重耳下，再拜曰："孤臣之仰君，如百谷之望时雨。"是时晋惠公十四年秋。

五月丁未，献楚俘于周，驷介百乘，徒兵千。天子使王子虎命晋侯为伯，赐大辂，彤弓矢百，玈弓矢千，秬鬯一卣，珪瓒，虎贲三百人。晋侯三辞，然后稽首受之。周作晋文侯命："王若曰：父义和，丕显文、武，能慎明德，昭登于上，布闻在下，维时上帝集厥命于文、武。恤朕身、继予一人永其在位。"于是晋文公称伯。

（西汉）司马迁《史记·晋世家》，韩兆琦译注，中华书局2010年版

楚王问鼎小大轻重

八年，伐陆浑戎，遂至洛，观兵于周郊。周定王使王孙满劳楚王。楚王问鼎小大轻重，对曰："在德不在鼎"。庄王曰："子无阻九鼎！楚国折钩之喙，足以为九鼎。"王孙满曰："呜呼！君王其忘之乎？昔虞夏之盛，远方皆至，贡金九牧，铸鼎象物，百物而为之备，使民知神奸。桀有乱德，鼎迁于殷，载祀六百。殷纣暴虐，鼎迁于周。德之休明，虽小必重；其奸回昏乱，虽大必轻。昔成王定鼎于郏鄏，卜世三十，卜年七百，天所

命也。周德虽衰，天命未改。鼎之轻重，未可问也。"楚王乃归。

（西汉）司马迁《史记·楚世家》，韩兆琦译注，中华书局2010年版

胡服骑射

居二日半，简子寤。语大夫曰："我之帝所甚乐，与百神游于钧天，广乐九奏万舞，不类三代之乐，其声动人心。有一熊欲来援我，帝命我射之，中熊，熊死。又有一罴来，我又射之，中罴，罴死。帝甚喜，赐我二笥，皆有副。吾见儿在帝侧，帝属我一翟犬，曰：'及而子之壮也，以赐之。'帝告我：'晋国且世衰，七世而亡，嬴姓将大败周人于范魁之西，而亦不能有也。今余思虞舜之勋，適余将以其胄女孟姚配而七世之孙。'"董安于受言而书藏之。以扁鹊言告简子，简子赐扁鹊田四万亩。

十六年，秦惠王卒。王游大陵。他日，王梦见处女鼓琴而歌诗曰："美人荧荧兮，颜若苕之荣。命乎命乎，曾无我嬴！"异日，王饮酒乐，数言所梦，想见其状。吴广闻之，因夫人而内其女娃嬴。孟姚也。孟姚甚有宠于王，是为惠后。

十九年春正月，大朝信宫……召楼缓谋曰："我先王因世之变，以长南藩之地，属阻漳、滏之险，立长城，又取蔺、郭狼，败林人于荏，而功未遂。今中山在我腹心，北有燕，东有胡，西有林胡、楼烦、秦、韩之边，而无彊兵之救，是亡社稷，奈何？夫有高世之名，必有遗俗之累。吾欲胡服。"楼缓曰："善。"群臣皆不欲。于是肥义侍，王曰："简、襄主之烈，计胡、翟之利……夫有高世之功者，负遗俗之累；有独智之虑者，任骜民之怨。今吾将胡服骑射以教百姓，而世必议寡人，奈何？"肥义曰："臣闻疑事无功，疑行无名。王既定负遗俗之虑，殆无顾天下之议矣。夫论至德者不和于俗，成大功者不谋于众。昔者舜舞有苗，禹袒裸国，非以养欲而乐志也，务以论德而约功也。愚者闇成事，智者睹未形，则王何疑焉。"王曰："吾不疑胡服也，吾恐天下笑我也。狂夫之乐，智者哀焉；愚者所笑，贤者察焉。世有顺我者，胡服之功未可知也。虽驱世以笑我，胡地中山吾必有之。"于是遂胡服矣。

使王緤告公子成曰："寡人胡服，将以朝也，亦欲叔服之。家听于亲而国听于君，古今之公行也。子不反亲，臣不逆君，兄弟之通义也。今寡人作教易服而叔不服，吾恐天下议之也。制国有常，利民为本；从政有经，令行为上。明德先论于贱，而行政先信于贵。今胡服之意，非以养欲

而乐志也；事有所止而功有所出，事成功立，然后善也。今寡人恐叔之逆从政之经，以辅叔之议。且寡人闻之，事利国者行无邪，因贵戚者名不累，故原慕公叔之义，以成胡服之功。使继谒之叔，请服焉。"公子成再拜稽首曰："臣固闻王之胡服也。臣不佞，寝疾，未能趋走以滋进也。王命之，臣敢对，因竭其愚忠。曰：臣闻中国者，盖聪明徇智之所居也，万物财用之所聚也，贤圣之所教也，仁义之所施也，诗书礼乐之所用也，异敏技能之所试也，远方之所观赴也，蛮夷之所义行也。今王舍此而袭远方之服，变古之教，易古人道，逆人之心，而佛学者，离中国，故臣原王图之也。"使者以报。王曰："吾固闻叔之疾也，我将自往请之。"

王遂往之公子成家，因自请之，曰："夫服者，所以便用也；礼者，所以便事也。圣人观乡而顺宜，因事而制礼，所以利其民而厚其国也。夫翦发文身，错臂左衽，瓯越之民也。黑齿雕题，却冠秫绌，大吴之国也。故礼服莫同，其便一也。乡异而用变，事异而礼易。是以圣人果可以利其国，不一其用；果可以便其事，不同其礼。儒者一师而俗异，中国同礼而教离，况于山谷之便乎？故去就之变，智者不能一；远近之服，贤圣不能同。穷乡多异，曲学多辩。不知而不疑，异于己而不非者，公焉而众求尽善也。今叔之所言者俗也，吾所言者所以制俗也。吾国东有河、薄洛之水，与齐、中山同之，东有燕、东胡之境，而西有楼烦、秦、韩之边，今无骑射之备。故寡人无舟楫之用，夹水居之民，将何以守河、薄洛之水；变服骑射，以备燕、三胡、秦、韩之边。且昔者简主不塞晋阳以及上党，而襄主并戎取代以攘诸胡，此愚智所明也。先时中山负齐之彊兵，侵暴吾地，系累吾民，引水围鄗，微社稷之神灵，则鄗几于不守也。先王丑之，而怨未能报也。今骑射之备，近可以便上党之形，而远可以报中山之怨。而叔顺中国之俗以逆简、襄之意，恶变服之名以忘鄗事之丑，非寡人之所望也。"公字成再拜稽首曰："臣愚，不达于王之义，敢道世俗之闻，臣之罪也。今王将继简、襄之意以顺先王之志，臣敢不听命乎！"再拜稽首。乃赐胡服。明日，服而朝。于是始出胡服令也。

赵文、赵造、周袑、赵俊皆谏止王毋胡服，如故法便。王曰："先王不同俗，何古之法？帝王不相袭，何礼之循？虙戏、神农教而不诛，黄帝、尧、舜诛而不怒。及至三王，随时制法，因事制礼。法度制令各顺其宜，衣服器械各便其用。故礼也不必一道，而便国不必古。圣人之兴也不相袭而王，夏、殷之衰也不易礼而灭。然则反古未可非，而循礼未足多也。且服奇者志淫，则是邹、鲁无奇行也；俗辟者民易，则是吴、越无秀士也。且圣人利身谓之服，便事谓之礼。夫进退之节，衣服之制者，所以齐常民也，非所以论贤者也。故齐民与俗流，贤者与变俱。故谚曰'以书御者不尽马之情，以古制今者不达事之变'。循法之功，不足以高世；法古之学，不足以制今。子不及也。"遂胡服招骑射。

（西汉）司马迁《史记·赵世家》，韩兆琦译注，中华书局2010年版

大弦浊以春温者，君也

鲍牧与齐悼公有郤，弑悼公。齐人共立其子壬，是为简公。田常成子与监止俱为左右相，相简公。田常心害监止，监止幸于简公，权弗能去。于是田常复修釐子之政，以大斗出贷，以小斗收。齐人歌之曰："妪乎采芑，归乎田成子！"齐大夫朝，御鞅谏简公曰："田、监不可并也，君其择焉。"君弗听。

驺忌子以鼓琴见威王，威王悦而舍之右室。须臾，王鼓琴，驺忌子推户入曰："善哉鼓琴！"王勃然不悦，去琴按剑曰："夫子见容未察，何以知其善也？"驺忌子曰："夫大弦浊以春温者，君也；小弦廉折以清者，相也；攫之深，醳之愉者，政令也；钧谐以鸣，大小相益，回邪而不相害者，四时也；吾是以知其善也。"王曰："善语音。"驺忌子曰："何独语音，夫治国家而弭人民皆在其中。"王又勃然不说曰："若夫语五音之纪，信未有如夫子者也。若夫治国家而弭人民，又何为乎丝桐之间？"驺忌子曰："夫大弦浊以春温者，君也；小弦廉折以清者，相也；攫之深而舍之愉者，政令也；钧谐以鸣，大小相益，回邪而不相害者，四时也。夫复而不乱者，所以治昌也；连而径者，所以存亡也；故曰琴音调而天下治。夫治国家而弭人民者，无若乎五音者。"王曰："善。"

（西汉）司马迁《史记·田敬仲完世家》，韩兆琦译注，中华书局2010年版

孔子布衣，传十余世

孔子年十七，鲁大夫孟釐子病且死，诫其嗣懿子曰："孔丘，圣人之后，灭于宋。其祖弗父何始有宋而嗣让厉公。及正考父佐戴、武、宣公，三命兹益恭，故鼎铭云：'一命而偻，再命而伛，三命而俯，循墙而走，亦莫敢余侮。饘于是，粥于是，以餬余口。'其恭如是。吾闻圣人之后，

虽不当世，必有达者。今孔丘年少好礼，其达者欤？吾即没，若必师之。"及釐子卒，懿子与鲁人南宫敬叔往学礼焉。

孔子适齐，为高昭子家臣，欲以通乎景公。与齐太师语乐，闻韶音，学之，三月不知肉味，齐人称之。

桓子嬖臣曰仲梁怀，与阳虎有隙。阳虎欲逐怀，公山不狃止之。其秋，怀益骄，阳虎执怀。桓子怒，阳虎因囚桓子，与盟而醳之。阳虎由此益轻季氏。季氏亦僭于公室，陪臣执国政，是以鲁自大夫以下皆僭离于正道。故孔子不仕，退而修诗书礼乐，弟子弥众，至自远方，莫不受业焉。

定公十年春，及齐平。夏，齐大夫黎鉏言于景公曰："鲁用孔丘，其势危齐。"乃使使告鲁为好会，会于夹谷。鲁定公且以乘车好往。孔子摄相事，曰："臣闻有文事者必有武备，有武事者必有文备。古者诸侯出疆，必具官以从。请具左右司马。"定公曰："诺。"具左右司马。会齐侯夹谷，为坛位，土阶三等，以会遇之礼相见，揖让而登。献酬之礼毕，齐有司趋而进曰："请奏四方之乐。"景公曰："诺。"于是旍旄羽袚矛戟剑拨鼓噪而至。孔子趋而进，历阶而登，不尽一等，举袂而言曰："吾两君为好会，夷狄之乐何为于此！请命有司！"有司却之，不去，则左右视晏子与景公。景公心怍，麾而去之。有顷，齐有司趋而进曰："请奏宫中之乐。"景公曰："诺。"优倡侏儒为戏而前。孔子趋而进，历阶而登，不尽一等，曰："匹夫而营惑诸侯者罪当诛！请命有司！"有司加法焉，手足异处。景公惧而动，知义不若，归而大恐，告其群臣曰："鲁以君子之道辅其君，而子独以夷狄之道教寡人，使得罪于鲁君，为之奈何？"有司进对曰："君子有过则谢以质，小人有过则谢以文。君若悼之，则谢以质。"于是齐侯乃归所侵鲁之郓、汶阳、龟阴之田以谢过。

齐人闻而惧，曰："孔子为政必霸，霸则吾地近焉，我之为先并矣。盍致地焉？"黎鉏曰："请先尝沮之；沮之而不可则致地，庸迟乎！"于是选齐国中女子好者八十人，皆衣文衣而舞康乐，文马三十驷，遗鲁君。陈女乐文马于鲁城南高门外，季桓子微服往观再三，将受，乃语鲁君为周道游，往观终日，怠于政事。子路曰："夫子可以行矣。"孔子曰："鲁今且郊，如致膰乎大夫，则吾犹可以止。"桓子卒受齐女乐，三日不听政；郊，又不致膰俎于大夫。孔子遂行，宿乎屯。而师己送，曰："夫子则非罪。"孔子曰："吾歌可夫？"歌曰："彼妇之口，可以出走；彼妇之谒，可以死败。盖优哉游哉，维以卒岁！"师己反，桓子曰："孔子亦何言？"

师己以实告。桓子喟然叹曰："夫子罪我以群婢故也夫！"

孔子击磬。有荷蒉而过门者，曰："有心哉，击磬乎！硁硁乎，莫己知也夫而已矣！"

孔子学鼓琴师襄子，十日不进。师襄子曰："可以益矣。"孔子曰："丘已习其曲矣，未得其数也。"有间，曰："已习其数，可以益矣。"孔子曰："丘未得其志也。"有间，曰："已习其志，可以益矣。"孔子曰："丘未得其为人也。"有间，有所穆然深思焉，有所怡然高望而远志焉。曰："丘得其为人，黯然而黑，几然而长，眼如望羊，如王四国，非文王其谁能为此也！"师襄子辟席再拜，曰："师盖云文王操也。"

孔子既不得用于卫，将西见赵简子。至于河而闻窦鸣犊、舜华之死也，临河而叹曰："美哉水，洋洋乎！丘之不济此，命也夫！"子贡趋而进曰："敢问何谓也？"孔子曰："窦鸣犊，舜华，晋国之贤大夫也。赵简子未得志之时，须此两人而后从政；及其已得志，杀之乃从政。丘闻之也，刳胎杀夭则麒麟不至郊，竭泽涸渔则蛟龙不合阴阳，覆巢毁卵则凤皇不翔。何则？君子讳伤其类也。夫鸟兽之于不义也尚知辟之，而况乎丘哉！"乃还息乎陬乡，作为陬操以哀之。而反乎卫，入主蘧伯玉家。

孔子迁于蔡三岁，吴伐陈。楚救陈，军于城父。闻孔子在陈蔡之间，楚使人聘孔子。孔子将往拜礼，陈蔡大夫谋曰："孔子贤者，所刺讥皆中诸侯之疾。今者久留陈蔡之间，诸大夫所设行皆非仲尼之意。今楚，大国也，来聘孔子。孔子用于楚，则陈蔡用事大夫危矣。"于是乃相与发徒役围孔子于野。不得行，绝粮。从者病，莫能兴。孔子讲诵弦歌不衰。子路愠见曰："君子亦有穷乎？"孔子曰："君子固穷，小人穷斯滥矣。"

楚狂接舆歌而过孔子，曰："凤兮凤兮，何德之衰！往者不可谏兮，来者犹可追也！已而已而，今之从政者殆而！"孔子下，欲与之言。趋而去，弗得与之言。

孔子曰："鲁卫之政，兄弟也。"是时，卫君辄父不得立，在外，诸侯数以为让。而孔子弟子多仕于卫，卫君欲得孔子为政。子路曰："卫君待子而为政，子将奚先？"孔子曰："必也正名乎！"子路曰："有是哉，子之迂也！何其正也？"孔子曰："野哉由也！夫名不正则言不顺，言不顺则事不成，事不成则礼乐不兴，礼乐不兴则刑罚不中，刑罚不中则民无所错手足矣。夫君子为之必可名，言之必可行。君子于其言，无所苟而已矣。"

孔子之时，周室微而礼乐废，诗书缺。追迹三代之礼，序书传，上纪唐虞之际，下至秦缪，编次其事。曰："夏礼吾能言之，杞不足征也。殷礼吾能言之，宋不足征也。足，则吾能征之矣。"观殷夏所损益，曰："后虽百世可知也，以一文一质。周监二代，郁郁乎文哉。吾从周。"故书传、礼记自孔氏。

孔子语鲁大师："乐其可知也。始作翕如，纵之纯如，皦如，绎如也，以成。""吾自卫反鲁，然后乐正，雅颂各得其所。"

古者诗三千余篇，及至孔子，去其重，取可施于礼义，上采契后稷，中述殷周之盛，至幽厉之缺，始于衽席，故曰"关雎之乱以为风始，鹿鸣为小雅始，文王为大雅始，清庙为颂始"。三百五篇孔子皆弦歌之，以求合韶武雅颂之音。礼乐自此可得而述，以备王道，成六艺。

孔子晚而喜易，序彖、系、象、说卦、文言。读易，韦编三绝。曰："假我数年，若是，我于易则彬彬矣。"

孔子以诗书礼乐教，弟子盖三千焉，身通六艺者七十有二人。如颜浊邹之徒，颇受业者甚众。

是日哭，则不歌。见齐衰、瞽者，虽童子必变。

"三人行，必得我师。""德之不修，学之不讲，闻义不能徙，不善不能改，是吾忧也。"使人歌，善，则使复之，然后和之。

子曰："弗乎弗乎，君子病没世而名不称焉。吾道不行矣，吾何以自见于后世哉？"乃因史记作春秋，上至隐公，下讫哀公十四年，十二公。据鲁，亲周，故殷，运之三代。约其文辞而指博。故吴楚之君自称王，而春秋贬之曰"子"；践土之会实召周天子，而春秋讳之曰"天王狩于河阳"：推此类以绳当世。贬损之义，后有王者举而开之。春秋之义行，则天下乱臣贼子惧焉。

明岁，子路死于卫。孔子病，子贡请见。孔子方负杖逍遥于门，曰："赐，汝来何其晚也？"孔子因叹，歌曰："太山坏乎！梁柱摧乎！哲人萎乎！"因以涕下。谓子贡曰："天下无道久矣，莫能宗予。夏人殡于东阶，周人于西阶，殷人两柱间。昨暮予梦坐奠两柱之间，予始殷人也。"后七日卒。

哀公诔之曰："旻天不吊，不愍遗一老，俾屏余一人以在位，茕茕余在疚。呜呼哀哉！尼父，毋自律！"子贡曰："君其不没于鲁乎！夫子之言曰：'礼失则昏，名失则愆。失志为昏，失所为愆。'生不能用，死而谏之，非礼也。称'余一人'，非名也。"

孔子葬鲁城北泗上，弟子皆服三年。三年心丧毕，相诀而去，则哭，各复尽哀；或复留。唯子赣庐于冢上，凡六年，然后去。弟子及鲁人往从冢而家者百有余室，因命曰孔里。鲁世世相传以岁时奉祠孔子冢，而诸儒亦讲礼乡饮大射于孔子冢。孔子冢大一顷。故所居堂弟子内，后世因庙藏孔子衣冠琴车书，至于汉二百余年不绝。高皇帝过鲁，以太牢祠焉。诸侯卿相至，常先谒然后从政。

太史公曰：诗有之："高山仰止，景行行止。"虽不能至，然心乡往之。余读孔氏书，想见其为人。适鲁，观仲尼庙堂车服礼器，诸生以时习礼其家，余祗回留之不能去云。天下君王至于贤人众矣，当时则荣，没则已焉。孔子布衣，传十余世，学者宗之。自天子王侯，中国言六艺者折中于夫子，可谓至圣矣！

（西汉）司马迁《史记·孔子世家》，韩兆琦译注，中华书局2010年版

夫妇之际，人道之大伦

自古受命帝王及继体守文之君，非独内德茂也，盖亦有外戚之助焉。夏之兴也以涂山，而桀之放也以末喜。殷之兴也以有娀，纣之杀也嬖妲己。周之兴也以姜原及大任，而幽王之禽也淫于褒姒。故易基乾坤，诗始关雎，书美釐降，春秋讥不亲迎。夫妇之际，人道之大伦也。礼之用，唯婚姻为兢兢。夫乐调而四时和，阴阳之变，万物之统也。可不慎与？人能弘道，无如命何。

卫子夫立为皇后，后弟卫青字仲卿，以大将军封为长平侯。四子，长子伉为侯世子，侯世子常侍中，贵幸。其三弟皆封为侯，各千三百户，一曰阴安侯，一二曰发干侯，三曰宜春侯，贵震天下。天下歌之曰："生男无喜，生女无怒，独不见卫子夫霸天下！"

上居甘泉宫，召画工图画周公负成王也。于是左右群臣知武帝意欲立少子也。后数日，帝谴责钩弋夫人。夫人脱簪珥叩头。帝曰："引持去，送掖庭狱！"夫人还顾，帝曰："趣行，女不得活！"夫人死云阳宫。时暴风扬尘，百姓感伤。使者夜持棺往葬之，封识其处。

（西汉）司马迁《史记·外戚世家》，韩兆琦译注，中华书局2010年版

为我楚舞，吾为若楚歌

四人为寿已毕，趋去。上目送之，召戚夫人指示四人者曰："我欲易之，彼四人辅之，羽翼已成，难动矣。吕后真而主矣。"戚夫人泣，上曰："为我楚舞，吾为若楚歌。"歌曰："鸿鹄高飞，一举千里。羽翮已就，横绝四海。横绝四海，当可奈何！虽有矰缴，尚安所施！"歌数阕，戚夫人嘘唏流涕，上起去，罢酒。竟不易太子者，留侯本招此四人之力也。

（西汉）司马迁《史记·留侯世家》，韩兆琦译注，中华书局 2010 年版

小不忍害大义

孝王，窦太后少子也，爱之，赏赐不可胜道。于是孝王筑东苑，方三百余里。广睢阳城七十里。大治宫室，为复道，自宫连属于平台三十余里。得赐天子旌旗，出从千乘万骑。东西驰猎，拟于天子。

太史公曰：梁孝王虽以亲爱之故，王膏腴之地，然会汉家隆盛，百姓殷富，故能植其财货，广宫室，车服拟于天子。然亦僭矣。

盖闻梁王西入朝，谒窦太后，燕见，与景帝俱侍坐于太后前，语言私说。太后谓帝曰："吾闻殷道亲亲，周道尊尊，其义一也。安车大驾，用梁孝王为寄。"景帝跪席举身曰："诺。"罢酒出，帝召袁盎诸大臣通经术者曰："太后言如是，何谓也？"皆对曰："太后意欲立梁王为帝太子。"帝问其状，袁盎等曰："殷道亲亲者，立弟。周道尊尊者，立子。殷道质，质者法天，亲其所亲，故立弟。周道文，文者法地，尊者敬也，敬其本始，故立长子。周道，太子死，立適孙。殷道，太子死，立其弟。"帝曰："于公何如？"皆对曰："方今汉家法周，周道不得立弟，当立子。故春秋所以非宋宣公。宋宣公死，不立子而与弟。弟受国死，复反之与兄之子。弟之子争之，以为我当代父后，即刺杀兄子。以故国乱，祸不绝。故春秋曰'君子大居正，宋之祸宣公为之'。臣请见太后白之。"袁盎等入见太后："太后言欲立梁王，梁王即终，欲谁立？"太后曰："吾复立帝子。"袁盎等以宋宣公不立正，生祸，祸乱后五世不绝，小不忍害大义状报太后。太后乃解说，即使梁王归就国。

（西汉）司马迁《史记·梁孝王世家》，韩兆琦译注，中华书局 2010 年版

登彼西山兮，采其薇矣

孔子曰："伯夷、叔齐，不念旧恶，怨是用希。""求仁得仁，又何怨乎？"余悲伯夷之意，睹轶诗可异焉。其传曰：伯夷、叔齐，孤竹君之二子也。父欲立叔齐，及父卒，叔齐让伯夷。伯夷曰："父命也。"遂逃去。叔齐亦不肯立而逃之。国人立其中子。于是伯夷、叔齐闻西伯昌善养老，盍往归焉。及至，西伯卒，武王载木主，号为文王，东伐纣。伯夷、叔齐叩马而谏曰："父死不葬，爰及干戈，可谓孝乎？以臣弑君，可谓仁乎？"左右欲兵之。太公曰："此义人也。"扶而去之。武王已平殷乱，天下宗周，而伯夷、叔齐耻之，义不食周粟，隐于首阳山，采薇而食之。及饿且死，作歌。其辞曰："登彼西山兮，采其薇矣。以暴易暴兮，不知其非矣。神农、虞、夏忽焉没兮，我安适归矣？于嗟徂兮，命之衰矣！"遂饿死于首阳山。由此观之，怨邪非邪？

（西汉）司马迁《史记·伯夷列传》，韩兆琦译注，中华书局2010年版

著书寓言

庄子者，蒙人也，名周。周尝为蒙漆园吏，与梁惠王、齐宣王同时。其学无所不闚，然其要本归于老子之言。故其著书十余万言，大抵率寓言也。作《渔父》《盗跖》《胠箧》，以诋訾孔子之徒，以明老子之术。畏累虚、亢桑子之属，皆空语无事实。然善属书离辞，指事类情，用剽剥儒、墨，虽当世宿学不能自解免也。其言洸洋自恣以适己，故自王公大人不能器之。

非见韩之削弱，数以书谏韩王，韩王不能用。于是韩非疾治国不务修明其法制，执势以御其臣下，富国彊兵而以求人任贤，反举浮淫之蠹而加之于功实之上。以为儒者用文乱法，而侠者以武犯禁。宽则宠名誉之人，急则用介胄之士。今者所养非所用，所用非所养。悲廉直不容于邪枉之臣，观往者得失之变，故作《孤愤》《五蠹》《内外储》《说林》《说难》十余万言。

（西汉）司马迁《史记·老子韩非列传》，韩兆琦译注，中华书局2010年版

孔子闻弦歌之声

宰予字子我。利口辩辞。既受业，问："三年之丧不已久乎？君子三年不为礼，礼必坏；三年不为乐，乐必崩。旧谷既没，新谷既升，钻燧改火，期可已矣。"子曰："于汝安乎？"曰："安。""汝安则为之。君子居丧，食旨不甘，闻乐不乐，故弗为也。"宰我出，子曰："予之不仁也！子生三年然后免于父母之怀。夫三年之丧，天下之通义也。"

子游既已受业，为武城宰。孔子过，闻弦歌之声。孔子莞尔而笑曰："割鸡焉用牛刀？"子游曰："昔者偃闻诸夫子曰，君子学道则爱人，小人学道则易使。"孔子曰："二三子，偃之言是也。前言戏之耳。"孔子以为子游习于文学。

子夏问："'巧笑倩兮，美目盼兮，素以为绚兮'，何谓也？"子曰："绘事后素。"曰："礼后乎？"孔子曰："商始可与言诗已矣。"

（西汉）司马迁《史记·仲尼弟子列传》，韩兆琦译注，中华书局2010年版

为万章之徒序诗书

孟轲，驺人也。受业子思之门人。道既通，游事齐宣王，宣王不能用。适梁，梁惠王不果所言，则见以为迂远而阔于事情。当是之时，秦用商君，富国彊兵；楚、魏用吴起，战胜弱敌；齐威王、宣王用孙子、田忌之徒，而诸侯东面朝齐。天下方务于合从连衡，以攻伐为贤，而孟轲乃述唐、虞、三代之德，是以所如者不合。退而与万章之徒序诗书，述仲尼之意，作孟子七篇。其后有驺子之属。

其次驺衍，后孟子。驺衍睹有国者益淫侈，不能尚德，若大雅整之于身，施及黎庶矣。乃深观阴阳消息而作怪迂之变，终始、大圣之篇十余万言。其语闳大不经，必先验小物，推而大之，至于无垠。先序今以上至黄帝，学者所共术，大并世盛衰，因载其禨祥度制，推而远之，至天地未生，窈冥不可考而原也。先列中国名山大川，通谷禽兽，水土所殖，物类所珍，因而推之，及海外人之所不能睹。称引天地剖判以来，五德转移，治各有宜，而符应若兹。以为儒者所谓中国者，于天下乃八十一分居其一分耳。中国名曰赤县神州。赤县神州内自有九州，禹之序九州是也，不得为州数。中国外如赤县神州者九，乃所谓九州也。于是有裨海环之，人民

禽兽莫能相通者，如一区中者，乃为一州。如此者九，乃有大瀛海环其外，天地之际焉。其术皆此类也。然要其归，必止乎仁义节俭，君臣上下六亲之施，始也滥耳。王公大人初见其术，惧然顾化，其后不能行之。

驺衍之术迂大而闳辩；奭也文具难施；淳于髡久与处，时有得善言。故齐人颂曰："谈天衍，雕龙奭，炙毂过髡。"

（西汉）司马迁《史记·孟子荀卿列传》，韩兆琦译注，中华书局2010年版

虞卿著书

虞卿既以魏齐之故，不重万户侯卿相之印，与魏齐间行，卒去赵，困于梁。魏齐已死，不得意，乃著书，上采春秋，下观近世，曰节义、称号、揣摩、政谋，凡八篇。以刺讥国家得失，世传之曰虞氏春秋。

（西汉）司马迁《史记·平原君虞卿列传》，韩兆琦译注，中华书局2010年版

忧愁幽思作《离骚》

屈平疾王听之不聪也，谗谄之蔽明也，邪曲之害公也，方正之不容也，故忧愁幽思而作《离骚》。《离骚》者，犹离忧也。夫天者，人之始也；父母者，人之本也。人穷则反本，故劳苦倦极，未尝不呼天也；疾痛惨怛，未尝不呼父母也。屈平正道直行，竭忠尽智以事其君，谗人间之，可谓穷矣。信而见疑，忠而被谤，能无怨乎？屈平之作离骚，盖自怨生也。国风好色而不淫，小雅怨诽而不乱。若离骚者，可谓兼之矣。上称帝喾，下道齐桓，中述汤武，以刺世事。明道德之广崇，治乱之条贯，靡不毕见。其文约，其辞微，其志絜，其行廉，其称文小而其指极大，举类迩而见义远。其志絜，故其称物芳。其行廉，故死而不容自疏。濯淖汙泥之中，蝉蜕于浊秽，以浮游尘埃之外，不获世之滋垢，皭然泥而不滓者也。推此志也，虽与日月争光可也。

屈原至于江滨，被发行吟泽畔。颜色憔悴，形容枯槁。渔父见而问之曰："子非三闾大夫欤？何故而至此？"屈原曰："举世混浊而我独清，众人皆醉而我独醒，是以见放。"渔父曰："夫圣人者，不凝滞于物而能与世推移。举世混浊，何不随其流而扬其波？众人皆醉，何不铺其糟而啜其醨？何故怀瑾握瑜而自令见放为？"屈原曰："吾闻之，新沐者必弹冠，

新浴者必振衣，人又谁能以身之察察，受物之汶汶者乎！宁赴常流而葬乎江鱼腹中耳，又安能以皓皓之白而蒙世俗之温蠖乎！"

乃作怀沙之赋。其辞曰：……于是怀石遂自汨罗以死。

贾生既辞往行，闻长沙卑湿，自以寿不得长，又以適去，意不自得。及渡湘水，为赋以吊屈原。其辞曰：……贾生为长沙王太傅三年，有鸮飞入贾生舍，止于坐隅。楚人命鸮曰"服"。贾生既以適居长沙，长沙卑湿，自以为寿不得长，伤悼之，乃为赋以自广。其辞曰：……

太史公曰：余读离骚、天问、招魂、哀郢，悲其志。適长沙，观屈原所自沈渊，未尝不垂涕，想见其为人。及见贾生吊之，又怪屈原以彼其材，游诸侯，何国不容，而自令若是。读服乌赋，同死生，轻去就，又爽然自失矣。

（西汉）司马迁《史记·屈原贾生列传》，韩兆琦译注，中华书局2010年版

悬千金增损一字

当是时，魏有信陵君，楚有春申君，赵有平原君，齐有孟尝君，皆下士喜宾客以相倾。吕不韦以秦之彊，羞不如，亦招致士，厚遇之，至食客三千人。是时诸侯多辩士，如荀卿之徒，著书布天下。吕不韦乃使其客人人著所闻，集论以为八览、六论、十二纪，二十余万言。以为备天地万物古今之事，号曰吕氏春秋。布咸阳市门，悬千金其上，延诸侯游士宾客有能增损一字者予千金。

（西汉）司马迁《史记·吕不韦列传》，韩兆琦译注，中华书局2010年版

击筑和歌

太子及宾客知其事者，皆白衣冠以送之。至易水之上，既祖，取道，高渐离击筑，荆轲和而歌，为变徵之声，士皆垂泪涕泣。又前而为歌曰："风萧萧兮易水寒，壮士一去兮不复还！"复为羽声慷慨，士皆瞋目，发尽上指冠。于是荆轲就车而去，终已不顾。

其明年，秦并天下，立号为皇帝。于是秦逐太子丹、荆轲之客，皆亡。高渐离变名姓为人庸保，匿作于宋子。久之，作苦，闻其家堂上客击筑，傍徨不能去。每出言曰："彼有善有不善。"从者以告其主，曰："彼

庸乃知音，窃言是非。"家丈人召使前击筑，一坐称善，赐酒。而高渐离念久隐畏约无穷时，乃退，出其装匣中筑与其善衣，更容貌而前。举坐客皆惊，下与抗礼，以为上客。使击筑而歌，客无不流涕而去者。宋子传客之，闻于秦始皇。秦始皇召见，人有识者，乃曰："高渐离也。"秦皇帝惜其善击筑，重赦之，乃矐其目。使击筑，未尝不称善。稍益近之，高渐离乃以铅置筑中，复进得近，举筑朴秦皇帝，不中。于是遂诛高渐离，终身不复近诸侯之人。

（西汉）司马迁《史记·刺客列传》，韩兆琦译注，中华书局2010年版

收书百家之语

今陛下致昆山之玉，有随、和之宝，垂明月之珠，服太阿之剑，乘纤离之马，建翠凤之旗，树灵鼍之鼓。此数宝者，秦不生一焉，而陛下说之，何也？必秦国之所生然后可，则是夜光之璧不饰朝廷，犀象之器不为玩好，郑、卫之女不充后宫，而骏良駃騠不实外厩，江南金锡不为用，西蜀丹青不为采。所以饰后宫充下陈娱心意说耳目者，必出于秦然后可，则是宛珠之簪，傅玑之珥，阿缟之衣，锦绣之饰不进于前，而随俗雅化佳冶窈窕赵女不立于侧也。夫击瓮叩缶弹筝搏髀，而歌呼呜呜快耳者，真秦之声也；郑、卫、桑间、昭、虞、武、象者，异国之乐也。今弃击瓮叩缶而就郑卫，退弹筝而取昭虞，若是者何也？快意当前，适观而已矣。今取人则不然。不问可否，不论曲直，非秦者去，为客者逐。然则是所重者在乎色乐珠玉，而所轻者在乎人民也。此非所以跨海内制诸侯之术也。

始皇三十四年，置酒咸阳宫，博士仆射周青臣等颂始皇威德。齐人淳于越进谏曰："臣闻之，殷周之王千余岁，封子弟功臣自为支辅。今陛下有海内，而子弟为匹夫，卒有田常、六卿之患，臣无辅弼，何以相救哉？事不师古而能长久者，非所闻也。今青臣等又面谀以重陛下过，非忠臣也。"始皇下其议丞相。丞相谬其说，绌其辞，乃上书曰："古者天下散乱，莫能相一，是以诸侯并作，语皆道古以害今，饰虚言以乱实，人善其所私学，以非上所建立。今陛下并有天下，别白黑而定一尊；而私学乃相与非法教之制，闻令下，即各以其私学议之，入则心非，出则巷议，非主以为名，异趣以为高，率群下以造谤。如此不禁，则主势降乎上，党与成

乎下。禁之便。臣请诸有文学诗书百家语者，蠲除去之。令到满三十日弗去，黥为城旦。所不去者，医药卜筮种树之书。若有欲学者，以吏为师。"始皇可其议，收去诗书百家之语以愚百姓，使天下无以古非今。明法度，定律令，皆以始皇起。同文书。治离宫别馆，周遍天下。

（西汉）司马迁《史记·李斯列传》，韩兆琦译注，中华书局2010年版

张苍绪正律历

自汉兴至孝文二十余年，会天下初定，将相公卿皆军吏。张苍为计相时，绪正律历。以高祖十月始至霸上，因故秦时本以十月为岁首，弗革。推五德之运，以为汉当水德之时，尚黑如故。吹律调乐，入之音声，及以比定律令。若百工，天下作程品。至于为丞相，卒就之，故汉家言律历者，本之张苍。苍本好书，无所不观，无所不通，而尤善律历。

（西汉）司马迁《史记·张丞相列传》，韩兆琦译注，中华书局2010年版

陆生新语

陆生时时前说称诗书。高帝骂之曰："乃公居马上而得之，安事诗书！"陆生曰："居马上得之，宁可以马上治之乎？且汤武逆取而以顺守之，文武并用，长久之术也。昔者吴王夫差、智伯极武而亡；秦任刑法不变，卒灭赵氏。乡使秦已并天下，行仁义，法先圣，陛下安得而有之？"高帝不怿而有惭色，乃谓陆生曰："试为我著秦所以失天下，吾所得之者何，及古成败之国。"陆生乃粗述存亡之征，凡著十二篇。每奏一篇，高帝未尝不称善，左右呼万岁，号其书曰"新语"。

（西汉）司马迁《史记·郦生陆贾列传》，韩兆琦译注，中华书局2010年版

礼乐积德百年而后可兴

汉五年，已并天下，诸侯共尊汉王为皇帝于定陶，叔孙通就其仪号。高帝悉去秦苛仪法，为简易。群臣饮酒争功，醉或妄呼，拔剑击柱，高帝患之。叔孙通知上益厌之也，说上曰："夫儒者难与进取，可与守成。臣原徵鲁诸生，与臣弟子共起朝仪。"高帝曰："得无难乎？"叔孙通曰：

"五帝异乐，三王不同礼。礼者，因时世人情为之节文者也。故夏、殷、周之礼所因损益可知者，谓不相复也。臣原颇采古礼与秦仪杂就之。"上曰："可试为之，令易知，度吾所能行为之。"

于是叔孙通使征鲁诸生三十余人。鲁有两生不肯行，曰："公所事者且十主，皆面谀以得亲贵。今天下初定，死者未葬，伤者未起，又欲起礼乐。礼乐所由起，积德百年而后可兴也。吾不忍为公所为。公所为不合古，吾不行。公往矣，无汙我！"叔孙通笑曰："若真鄙儒也，不知时变。"

（西汉）司马迁《史记·刘敬叔孙通列传》，韩兆琦译注，中华书局2010年版

简子赐扁鹊田四万亩

居二日半，简子寤，语诸大夫曰："我之帝所甚乐，与百神游于钧天，广乐九奏万舞，不类三代之乐，其声动心。有一熊欲援我，帝命我射之，中熊，熊死。有罴来，我又射之，中罴，罴死。帝甚喜，赐我二笥，皆有副。吾见儿在帝侧，帝属我一翟犬，曰：'及而子之壮也以赐之。'帝告我：'晋国且世衰，七世而亡。嬴姓将大败周人于范魁之西，而亦不能有也。'"董安于受言，书而藏之。以扁鹊言告简子，简子赐扁鹊田四万亩。

（西汉）司马迁《史记·扁鹊仓公列传》，韩兆琦译注，中华书局2010年版

武安滋骄

武安者，貌侵，生贵甚。又以为诸侯王多长，上初即位，富于春秋，蚡以肺腑为京师相，非痛折节以礼诎之，天下不肃。当是时，丞相入奏事，坐语移日，所言皆听。荐人或起家至二千石，权移主上。上乃曰："君除吏已尽未？吾亦欲除吏。"尝请考工地益宅，上怒曰："君何不遂取武库！"是后乃退。尝召客饮，坐其兄盖侯南乡，自坐东乡，以为汉相尊，不可以兄故私桡。武安由此滋骄，治宅甲诸第。田园极膏腴，而市买郡县器物相属于道。前堂罗钟鼓，立曲旃；后房妇女以百数。诸侯奉金玉狗马玩好，不可胜数。

（西汉）司马迁《史记·魏其武安侯列传》，韩兆琦译注，中华书局2010年版

名何必汤武

司马法曰："国虽大，好战必亡；天下虽平，忘战必危。"天下既平，天子大凯，春蒐秋狝，诸侯春振旅，秋治兵，所以不忘战也。且夫怒者逆德也，兵者凶器也，争者末节也。古之人君一怒必伏尸流血，故圣王重行之。

间者关东五谷不登，年岁未复，民多穷困，重之以边境之事，推数循理而观之，则民且有不安其处者矣。不安故易动。易动者，土崩之势也。故贤主独观万化之原，明于安危之机，修之庙堂之上，而销未形之患。其要，期使天下无土崩之势而已矣。故虽有彊国劲兵，陛下逐走兽，射蜚鸟，弘游燕之囿，淫纵恣之观，极驰骋之乐，自若也。金石丝竹之声不绝于耳，帷帐之私俳优侏儒之笑不乏于前，而天下无宿忧。名何必汤武，俗何必成康！

（西汉）司马迁《史记·平津侯主父列传》，韩兆琦译注，中华书局2010年版

司马相如作赋

临邛中多富人，而卓王孙家僮八百人，程郑亦数百人，二人乃相谓曰："令有贵客，为具召之。"并召令。令既至，卓氏客以百数。至日中，谒司马长卿，长卿谢病不能往，临邛令不敢尝食，自往迎相如。相如不得已，彊往，一坐尽倾。酒酣，临邛令前奏琴曰："窃闻长卿好之，原以自娱。"相如辞谢，为鼓一再行。是时卓王孙有女文君新寡，好音，故相如缪与令相重，而以琴心挑之。相如之临邛，从车骑，雍容闲雅甚都；及饮卓氏，弄琴，文君窃从户窥之，心悦而好之，恐不得当也。既罢，相如乃使人重赐文君侍者通殷勤。文君夜亡奔相如，相如乃与驰归成都。家居徒四壁立。

居久之，蜀人杨得意为狗监，侍上。上读子虚赋而善之，曰："朕独不得与此人同时哉！"得意曰："臣邑人司马相如自言为此赋。"上惊，乃召问相如。相如曰："有是。然此乃诸侯之事，未足观也。请为天子游猎赋，赋成奏之。"上许，令尚书给笔札。相如以"子虚"，虚言也，为楚称；"乌有先生"者，乌有此事也，为齐难；"无是公"者，无是人也，明天子之义。故空藉此三人为辞，以推天子诸侯之苑囿。其卒章归之于节

俭，因以风谏。奏之天子，天子大说。其辞曰：……赋奏，天子以为郎。无是公言天子上林广大，山谷水泉万物，乃子虚言楚云梦所有甚众，侈靡过其实，且非义理所尚，故删取其要，归正道而论之。

还过宜春宫，相如奏赋以哀二世行失也。其辞曰：……相如拜为孝文园令。天子既美子虚之事，相如见上好仙道，因曰："上林之事未足美也，尚有靡者。臣尝为大人赋，未就，请具而奏之。"相如以为列仙之传居山泽间，形容甚癯，此非帝王之仙意也，乃遂就大人赋。其辞曰：……相如既奏大人之颂，天子大悦，飘飘有凌云之气，似游天地之间意。

于是天子沛然改容，曰："愉乎，朕其试哉！"乃迁思回虑，总公卿之议，询封禅之事，诗大泽之博，广符瑞之富。乃作颂曰：……

太史公曰：春秋推见至隐，易本隐之以显，大雅言王公大人而德逮黎庶，小雅讥小己之得失，其流及上。所以言虽外殊，其合德一也。相如虽多虚辞滥说，然其要归引之节俭，此与诗之风谏何异。杨雄以为靡丽之赋，劝百风一，犹驰骋郑卫之声，曲终而奏雅，不已亏乎？余采其语可论者著于篇。

（西汉）司马迁《史记·司马相如列传》，韩兆琦译注，中华书局2010年版

民有作歌歌淮南厉王

孝文十二年，民有作歌歌淮南厉王曰："一尺布，尚可缝；一斗粟，尚可舂。兄弟二人不能相容。"上闻之，乃叹曰："尧舜放逐骨肉，周公杀管蔡，天下称圣。何者？不以私害公。天下岂以我为贪淮南王地邪？"乃徙城阳王王淮南故地，而追尊谥淮南王为厉王，置园复如诸侯仪。

臣闻微子过故国而悲，于是作麦秀之歌，是痛纣之不用王子比干也。故孟子曰："纣贵为天子，死曾不若匹夫。"是纣先自绝于天下久矣，非死之日而天下去之。

（西汉）司马迁《史记·淮南衡山列传》，韩兆琦译注，中华书局2010年版

诸儒讲诵习礼乐

太史公曰：余读功令，至于广厉学官之路，未尝不废书而叹也。曰：嗟乎！夫周室衰而关雎作，幽厉微而礼乐坏，诸侯恣行，政由彊

国。故孔子闵王路废而邪道兴,于是论次诗书,修起礼乐。适齐闻韶,三月不知肉味。自卫返鲁,然后乐正,雅颂各得其所。世以混浊莫能用,是以仲尼干七十余君无所遇,曰"苟有用我者,期月而已矣"。西狩获麟,曰"吾道穷矣"。故因史记作春秋,以当王法,其辞微而指博,后世学者多录焉。

及至秦之季世,焚诗书,阬术士,六艺从此缺焉。

及高皇帝诛项籍,举兵围鲁,鲁中诸儒尚讲诵习礼乐,弦歌之音不绝,岂非圣人之遗化,好礼乐之国哉?故孔子在陈,曰"归与归与!吾党之小子狂简,斐然成章,不知所以裁之"。夫齐鲁之间于文学,自古以来,其天性也。故汉兴,然后诸儒始得修其经伲,讲习大射乡饮之礼。叔孙通作汉礼仪,因为太常,诸生弟子共定者,咸为选首,于是喟然叹兴于学。然尚有干戈,平定四海,亦未暇遑庠序之事也。

公孙弘为学官,悼道之郁滞,乃请曰:"丞相御史言:制曰'盖闻导民以礼,风之以乐。婚姻者,居屋之大伦也。今礼废乐崩,朕甚愍焉。故详延天下方正博闻之士,咸登诸朝。其令礼官劝学,讲议洽闻兴礼,以为天下先。太常议,与博士弟子,崇乡里之化,以广贤材焉'。谨与太常臧、博士平等议曰:闻三代之道,乡里有教,夏曰校,殷曰序,周曰庠。其劝善也,显之朝廷;其惩恶也,加之刑罚。故教化之行也,建首善自京师始,由内及外。今陛下昭至德,开大明,配天地,本人伦,劝学修礼,崇化厉贤,以风四方,太平之原也。古者政教未洽,不备其礼,请因旧官而兴焉。……"

(西汉)司马迁《史记·儒林列传》,韩兆琦译注,中华书局2010年版

延年善歌

李延年,中山人也。父母及身兄弟及女,皆故倡也。延年坐法腐,给事狗中。而平阳公主言延年女弟善舞,上见,心悦之,及入永巷,而召贵延年。延年善歌,为变新声,而上方兴天地祠,欲造乐诗歌弦之。延年善承意,弦次初诗。其女弟亦幸,有子男。延年佩二千石印,号协声律。与上卧起,甚贵幸,埒如韩嫣也。

(西汉)司马迁《史记·佞幸列传》,韩兆琦译注,中华书局2010年版

谈言微中,亦可以解纷

孔子曰:"六艺于治一也。礼以节人,乐以发和,书以道事,诗以达意,易以神化,春秋以义。"太史公曰:天道恢恢,岂不大哉!谈言微中,亦可以解纷。

(西汉)司马迁《史记·滑稽列传》,韩兆琦译注,中华书局2010年版

太史公发愤著书

太史公学天官于唐都,受易于杨何,习道论于黄子。太史公仕于建元元封之间,愍学者之不达其意而师悖,乃论六家之要指曰:

易大传:"天下一致而百虑,同归而殊涂。"夫阴阳、儒、墨、名、法、道德,此务为治者也,直所从言之异路,有省不省耳。尝窃观阴阳之术,大祥而众忌讳,使人拘而多所畏;然其序四时之大顺,不可失也。儒者博而寡要,劳而少功,是以其事难尽从;然其序君臣父子之礼,列夫妇长幼之别,不可易也。墨者俭而难遵,是以其事不可遍循;然其彊本节用,不可废也。法家严而少恩;然其正君臣上下之分,不可改矣。名家使人俭而善失真;然其正名实,不可不察也。道家使人精神专一,动合无形,赡足万物。其为术也,因阴阳之大顺,采儒墨之善,撮名法之要,与时迁移,应物变化,立俗施事,无所不宜,指约而易操,事少而功多。儒者则不然。以为人主天下之仪表也,主倡而臣和,主先而臣随。如此则主劳而臣逸。至于大道之要,去健羡,绌聪明,释此而任术。夫神大用则竭,形大劳则敝。形神骚动,欲与天地长久,非所闻也。

夫儒者以六艺为法。六艺经传以千万数,累世不能通其学,当年不能究其礼,故曰"博而寡要,劳而少功"。若夫列君臣父子之礼,序夫妇长幼之别,虽百家弗能易也。

是岁天子始建汉家之封,而太史公留滞周南,不得与从事,故发愤且卒。而子迁适使反,见父于河洛之间。太史公执迁手而泣曰:"余先周室之太史也。自上世尝显功名于虞夏,典天官事。后世中衰,绝于予乎?汝复为太史,则续吾祖矣。今天子接千岁之统,封泰山,而余不得从行,是命也夫,命也夫!余死,汝必为太史;为太史,无忘吾所欲论著矣。且夫

孝始于事亲，中于事君，终于立身。扬名于后世，以显父母，此孝之大者。夫天下称诵周公，言其能论歌文武之德，宣周邵之风，达太王王季之思虑，爰及公刘，以尊后稷也。幽厉之后，王道缺，礼乐衰，孔子修旧起废，论诗书，作春秋，则学者至今则之。自获麟以来四百有余岁，而诸侯相兼，史记放绝。今汉兴，海内一统，明主贤君忠臣死义之士，余为太史而弗论载，废天下之史文，余甚惧焉，汝其念哉！"迁俯首流涕曰："小子不敏，请悉论先人所次旧闻，弗敢阙。"

太史公曰："先人有言：'自周公卒五百岁而有孔子。孔子卒后至于今五百岁，有能绍明世，正易传，继春秋，本诗书礼乐之际？'意在斯乎！意在斯乎！小子何敢让焉。"

上大夫壶遂曰："昔孔子何为而作春秋哉？"太史公曰："余闻董生曰：'周道衰废，孔子为鲁司寇，诸侯害之，大夫壅之。孔子知言之不用，道之不行也，是非二百四十二年之中，以为天下仪表，贬天子，退诸侯，讨大夫，以达王事而已矣。'子曰：'我欲载之空言，不如见之于行事之深切著明也。'夫春秋，上明三王之道，下辨人事之纪，别嫌疑，明是非，定犹豫，善善恶恶，贤贤贱不肖，存亡国，继绝世，补敝起废，王道之大者也。易著天地阴阳四时五行，故长于变；礼经纪人伦，故长于行；书记先王之事，故长于政；诗记山川谿谷禽兽草木牝牡雌雄，故长于风；乐乐所以立，故长于和；春秋辩是非，故长于治人。是故礼以节人，乐以发和，书以道事，诗以达意，易以道化，春秋以道义。拨乱世反之正，莫近于春秋。春秋文成数万，其指数千。万物之散聚皆在春秋。春秋之中，弑君三十六，亡国五十二，诸侯奔走不得保其社稷者不可胜数。察其所以，皆失其本已。故易曰'失之豪釐，差以千里'。故曰'臣弑君，子弑父，非一旦一夕之故也，其渐久矣'。故有国者不可以不知春秋，前有谗而弗见，后有贼而不知。为人臣者不可以不知春秋，守经事而不知其宜，遭变事而不知其权。为人君父而不通于春秋之义者，必蒙首恶之名。为人臣子而不通于春秋之义者，必陷篡弑之诛，死罪之名。其实皆以为善，为之不知其义，被之空言而不敢辞。夫不通礼义之旨，至于君不君，臣不臣，父不父，子不子。夫君不君则犯，臣不臣则诛，父不父则无道，子不子则不孝。此四行者，天下之大过也。以天下之大过予之，则受而弗敢辞。故春秋者，礼义之大宗也。夫礼禁未然之前，法施已然之后；法之所为用者易见，而礼之所为禁者难知。"

壶遂曰:"孔子之时,上无明君,下不得任用,故作春秋,垂空文以断礼义,当一王之法。今夫子上遇明天子,下得守职,万事既具,咸各序其宜,夫子所论,欲以何明?"

太史公曰:"唯唯,否否,不然。余闻之先人曰:'伏羲至纯厚,作易八卦。尧舜之盛,尚书载之,礼乐作焉。汤武之隆,诗人歌之。春秋采善贬恶,推三代之德,褒周室,非独刺讥而已也。'汉兴以来,至明天子,获符瑞,封禅,改正朔,易服色,受命于穆清,泽流罔极,海外殊俗,重译款塞,请来献见者,不可胜道。臣下百官力诵圣德,犹不能宣尽其意。且士贤能而不用,有国者之耻;主上明圣而德不布闻,有司之过也。且余尝掌其官,废明圣盛德不载,灭功臣世家贤大夫之业不述,堕先人所言,罪莫大焉。余所谓述故事,整齐其世传,非所谓作也,而君比之于春秋,谬矣。"

于是论次其文。七年而太史公遭李陵之祸,幽于缧绁。乃喟然而叹曰:"是余之罪也夫!是余之罪也夫!身毁不用矣。"退而深惟曰:"夫诗书隐约者,欲遂其志之思也。昔西伯拘羑里,演周易;孔子厄陈蔡,作春秋;屈原放逐,著离骚;左丘失明,厥有国语;孙子膑脚,而论兵法;不韦迁蜀,世传吕览;韩非囚秦,说难、孤愤;诗三百篇,大抵贤圣发愤之所为作也。此人皆意有所郁结,不得通其道也,故述往事,思来者。"于是卒述陶唐以来,至于麟止,自黄帝始。

汉兴五世,隆在建元,外攘夷狄,内修法度,封禅,改正朔,易服色。作今上本纪第十二。

维三代之礼,所损益各殊务,然要以近性情,通王道,故礼因人质为之节文,略协古今之变。作礼书第一。

乐者,所以移风易俗也。自雅颂声兴,则已好郑卫之音,郑卫之音所从来久矣。人情之所感,远俗则怀。比乐书以述来古,作乐书第二。

律居阴而治阳,历居阳而治阴,律历更相治,间不容翲忽。五家之文怫异,维太初之元论。作历书第四。

依之违之,周公绥之;愤发文德,天下和之;辅翼成王,诸侯宗周。隐桓之际,是独何哉?三桓争彊,鲁乃不昌。嘉旦金縢,作周公世家第三。

武王克纣,天下未协而崩。成王既幼,管蔡疑之,淮夷叛之,于是召公率德,安集王室,以宁东土。燕之禅,乃成祸乱。嘉甘棠之诗,作燕世家第四。

收殷余民，叔封始邑，申以商乱，酒材是告，及朔之生，卫顷不宁；南子恶蒯聩，子父易名。周德卑微，战国既彊，卫以小弱，角独后亡。喜彼康诰，作卫世家第七。

周室既衰，诸侯恣行。仲尼悼礼废乐崩，追修经术，以达王道，匡乱世反之于正，见其文辞，为天下制仪法，垂六艺之统纪于后世。作孔子世家第十七。

桀、纣失其道而汤、武作，周失其道而春秋作。秦失其政，而陈涉发迹，诸侯作难，风起云蒸，卒亡秦族。天下之端，自涉发难。作陈涉世家第十八。

作辞以讽谏，连类以争义，离骚有之。作屈原贾生列传第二十四。

子虚之事，大人赋说，靡丽多夸，然其指风谏，归于无为。作司马相如列传第五十七。

维我汉继五帝末流，接三代业。周道废，秦拨去古文，焚灭诗书，故明堂石室金匮玉版图籍散乱。于是汉兴，萧何次律令，韩信申军法，张苍为章程，叔孙通定礼仪，则文学彬彬稍进，诗书往往间出矣。自曹参荐盖公言黄老，而贾生、晁错明申、商，公孙弘以儒显，百年之间，天下遗文古事靡不毕集太史公。太史公仍父子相续纂其职。曰："于戏！余维先人尝掌斯事，显于唐虞，至于周，复典之，故司马氏世主天官。至于余乎，钦念哉！钦念哉！"罔罗天下放失旧闻，王迹所兴，原始察终，见盛观衰，论考之行事，略推三代，录秦汉，上记轩辕，下至于兹，著十二本纪，既科条之矣。并时异世，年差不明，作十表。礼乐损益，律历改易，兵权山川鬼神，天人之际，承敝通变，作八书。二十八宿环北辰，三十辐共一毂，运行无穷，辅拂股肱之臣配焉，忠信行道，以奉主上，作三十世家。扶义俶傥，不令己失时，立功名于天下，作七十列传。凡百三十篇，五十二万六千五百字，为太史公书。序略，以拾遗补艺，成一家之言，厥协六经异传，整齐百家杂语，藏之名山，副在京师，俟后世圣人君子。第七十。

太史公曰：余述历黄帝以来至太初而讫，百三十篇。

（西汉）司马迁《史记·太史公自序》，韩兆琦译注，中华书局 2010 年版

刘 向

刘向（前77—前8），字子政，西汉后期思想家、文学家，中国古文献学学科的奠基者。其著作今存《新序》《说苑》《列女传》等几种，其中《新序》是以讽谏为政治目的的历史故事类编。《说苑》又名《新苑》，是古代杂史小说集，记述春秋战国至汉代的逸闻轶事。

禹之兴也以涂山

禹之兴也以涂山；桀之亡也以末喜。汤之兴也以有莘；纣之亡也以妲己。文武之兴也以任姒；幽王之亡也以褒姒。是以《诗》正《关雎》，而《春秋》褒伯姬也。

（西汉）刘向《新序》，马世年译注，中华书局2014年版

晋平公欲伐齐

晋平公欲伐齐，使范昭往观焉。景公赐之酒，酣，范昭曰："愿诣君之樽酌。"公曰："酌寡人之樽，进之于客。"范昭已饮，晏子曰："彻樽更之，樽觯具矣。"范昭佯醉，不悦而起舞，请太师曰："能为我调成周之乐乎？吾为子舞之。"太师曰："冥臣不习。"范昭趋而出。景公谓晏子曰："晋大国也，使人来，将观吾政也。今子怒大国之使者，将奈何？"晏子曰："夫范昭之为人，非陋而不识礼也，且欲试吾君臣，故绝之也。"景公谓太师曰："子何不为客调成周之乐乎？"太师对曰："夫成周之乐，天子之乐也，若调之，必人主舞之。今范昭人臣也，而欲舞天子之乐，臣故不为也。"范昭归以告平公曰："齐未可伐也。臣欲试其君，而晏子识之；臣欲犯其礼，而太师知之。"仲尼闻之曰："夫不出于樽俎之间，而知千里之外。"其晏子之谓也。可谓折冲矣，而太师其与焉。

（西汉）刘向《新序》，马世年译注，中华书局2014年版

楚襄王问于宋玉

楚襄王问于宋玉曰："先生其有遗行耶？何士民众庶不誉之甚也？"宋玉对曰："唯，然有之，愿大王宽其罪，使得毕其辞。客有歌于郢中

者，其始曰下里巴人，国中属而和者数千人，其为阳陵采薇，国中属而和者数百人；其为阳春白雪，国中属而和者，数十人而已也；引商刻角，杂以流徵，国中属而和者，不过数人。是其曲弥高者，其和弥寡。故鸟有凤而鱼有鲸，凤鸟上击于九千里，绝翳云，负苍天，翱翔乎窈冥之上，夫粪田之鴳，岂能与之断天地之高哉！鲸鱼朝发昆仑之墟，暴鬐于碣石，暮宿于孟诸，夫尺泽之鲵，岂能与之量江海之大哉？故非独鸟有凤而鱼有鲸也，士亦有之。夫圣人之瑰意奇行，超然独处；世俗之民，又安知臣之所为哉！"

（西汉）刘向《新序》，马世年译注，中华书局2014年版

昔者邹忌以鼓琴见齐威王

昔者邹忌以鼓琴见齐威王，威王善之。邹忌曰："夫琴所以象政也。"遂为王言琴之象政状及霸王之事。威王大悦，与语三日，遂拜以为相。

（西汉）刘向《新序》，马世年译注，中华书局2014年版

齐有妇人

齐有妇人，极丑无双，号曰："无盐女。"其为人也，臼头深目，长壮大节，昂鼻结喉，肥项少发，折腰出胸，皮肤若漆。行年三十，无所容入，衒嫁不售，流弃莫执，于是乃拂拭短褐，自诣宣王，愿一见，谓谒者曰："妾，齐之不售女也，闲君王之圣德，愿备后宫之扫除，顿首司马门外，唯王幸许之。"谒者以闻，宣王方置酒于渐台，左右闻之，莫不掩口而大笑。曰："此天下强颜女子也。"于是宣王乃召见之，谓曰："昔先王为寡人取妃匹，皆已备有列位矣。寡人今日听郑卫之声呕吟感伤，扬瞪楚之遗风。今夫人不容乡里布衣，而欲干万乘之王，亦有奇能乎？"无盐女对曰："无有。直窃慕大王之美义耳。"王曰："虽然，何喜。"良久曰："窃尝喜隐。"王曰："隐固寡人之所愿也，试一行之。"言未卒，忽然不见矣。宣王大惊，立发隐书而读之，退而惟之，又不能明。明日，复更召而问之，又不以隐对，但扬目衔齿，举手拊肘曰："殆哉！殆哉！"如此者四。宣王曰："愿遂闻命。"无盐女曰："今大王之君国也，西有衡秦之患，南有强楚之雠，外有二国之难，内聚奸臣，众人不附。春秋四十，壮男不立，不矜众子，而矜众妇，尊所好而忽所恃，一旦山陵崩弛，社稷不定，此一殆也。渐台五重，黄金白玉，琅玕龙疏，蕤蕤珠玑，莫落连饰，

万民罢极，此二殆也。贤者伏匿于山林，谄谀强于左右，邪伪立于本朝，谏者不得通入，此三殆也。酒浆沉湎，以夜续朝，女乐俳优，从横大笑，外不修诸侯之礼，内不秉国家之治，此四殆也。故曰：'殆哉！殆哉！'。"于是宣王掩然无声，意入黄泉，忽然而昂，喟然而叹曰："痛乎无盐君之言，吾今乃一闻寡人之殆，寡人之殆几不全。"于是立停渐台，罢女乐，退谄谀，去雕琢。选兵马，实府库，四辟公门，招进直言，延及侧陋。择吉日，立太子，进慈母，显隐女，拜无盐君为王后。而国大安者，丑女之力也。

（西汉）刘向《新序》，马世年译注，中华书局2014年版

钟子期夜闻击磬者而悲

钟子期夜闻击磬者而悲，且召问之曰："何哉！子之击磬若此之悲也。"对曰："臣之父杀人而不得生，臣之母得生而为公家隶，臣得生而为公家击磬。臣不睹臣之母三年于此矣，昨日为舍市而睹之，意欲赎之而无财，身又公家之有也，是以悲也。"钟子期曰："悲在心也，非在手也，非木非石也，悲于心而木石应之，以至诚故也。"人君苟能至诚动于内。万民必应而感移，尧舜之诚，感于万国，动于天地，故荒外从风，凤麟翔舞，下及微物，咸得其所。易曰："中孚处鱼吉。"此之谓也。

（西汉）刘向《新序》，马世年译注，中华书局2014年版

宁戚欲干齐桓公

宁戚欲干齐桓公，穷困无以进，于是为商旅，赁车以适齐，暮宿于郭门之外。桓公郊迎客，夜开门，辟赁车者执火甚盛从者甚众。宁戚饭牛于车下，望桓公而悲，击牛角，疾商歌。桓公闻之，执其仆之手曰："异哉！此歌者非常人也。"命后车载之。桓公反至，从者以请。桓公曰："赐之衣冠，将见之。"宁戚见，说桓公以合境内。明日复见，说桓公以为天下。桓公大说，将任之。

（西汉）刘向《新序》，马世年译注，中华书局2014年版

田赞衣儒衣而见荆王

田赞衣儒衣而见荆王，荆王曰："先生之衣，何其恶也？"赞对曰："衣又有恶此者。"荆王曰："可得而闻邪？"对曰："甲恶于此。"王曰：

"何谓也?"对曰:"冬日则寒,夏日则热,衣无恶于甲矣。赞贫,故衣恶也。今大王,万乘之主也,富厚无敌,而好衣人以甲,臣窃为大王不取也。意者为其义耶?甲兵之事;析人之音,刳人之腹,堕人城郭,系人子女,其名尤甚不荣。意者为其贵邪?苟虑害人,人亦必虑害之;苟虑危人,人亦必虑危之,其实人甚不安之,二者为大王无取焉。"荆王无以应也。昔卫灵公问阵,孔子言俎豆,贱兵而贵礼也。夫儒服先王之服也,而荆王恶之。兵者,国之凶器也,而荆王喜之,所以屈于田赞,而危其国也。故春秋曰:"善为国者不师。"此之谓也。

(西汉)刘向《新序》,马世年译注,中华书局 2014 年版

桀作瑶台

桀作瑶台,罢民力,殚民财,为酒池糟堤,纵靡靡之乐,一鼓而牛饮者三千人,群臣相持歌曰:"江水沛沛兮,舟楫败兮,我王废兮,趣归薄兮,薄亦大兮。"又曰:"乐兮乐兮,四牡蹻兮,六辔沃兮,去不善而从善,何不乐兮?"伊尹知天命之至,举觞而告桀曰:"君王不听臣之言,亡无日矣。"桀拍然而作,唾然而笑曰:"子何妖言,吾有天下,如天之有日也,日有亡乎?日亡吾亦亡矣。"于是接履而趣,遂适汤,汤立为相。

(西汉)刘向《新序》,马世年译注,中华书局 2014 年版

齐宣王为大室

齐宣王为大室,大盖百亩,堂上三百户,以齐国之大,具之三年而未能成,群臣莫敢谏者。香居问宣王曰:"荆王释先王之礼乐而为淫乐,敢问荆邦为有主乎?"王曰:"为无主。""敢问荆邦为有臣乎?"王曰:"为无臣。"居曰:"今主为大室,三年不能成,而群臣莫敢谏者,敢问王为有臣乎?"王曰:"为无臣。"香居曰:"臣请避矣。"趋而出。王曰:"香子留,何谏寡人之晚也?"遽召尚书曰:"书之,寡人不肖,为大室,香子止寡人也。"

(西汉)刘向《新序》,马世年译注,中华书局 2014 年版

齐景公饮酒而乐

齐景公饮酒而乐,释衣冠自鼓缶,谓侍者曰:"仁人亦乐是夫?"

梁丘子曰："仁人耳目亦犹人也？奚为独不乐此也。"公曰："速驾迎晏子。"晏子朝服以至。公曰："寡人甚乐此乐也，愿与夫子共之，请去礼。"晏子对曰："君之言过矣，齐国五尺之童子，力尽胜婴而又胜君，所以不敢乱者，畏礼也。上若无礼，无以使其下；下若无礼，无以事其上。夫麋鹿唯无礼，故父子同尘。人之所以贵于禽兽者，以有礼也，诗曰：'人而无礼，胡不遄死？'故礼不可去也。"公曰："寡人无良，左右淫昆寡人，以至于此，请杀之。"晏子曰："左右无罪，君若好礼，左右有礼者至，无礼者去。君若恶礼，亦将如之。"公曰："善。请革衣冠，更受命。"乃废酒而更尊朝服而坐，觞三行，晏子趋出。

（西汉）刘向《新序》，马世年译注，中华书局2014年版

鲁孟献子聘于晋

鲁孟献子聘于晋，宣子觞之三徙，钟石之县，不移而具。献子曰："富哉家！"宣子曰："子之家庸与我家富？"献子曰："吾家甚贫，惟有二士，曰颜回，兹无灵者，使吾邦家安平，百姓和协，惟此二者耳！吾尽于此矣。"客出，宣子曰："彼君子也，以养贤为富。我鄙人也，以钟石金玉为富。"孔子曰："孟献子之富，可着于春秋。"

（西汉）刘向《新序》，马世年译注，中华书局2014年版

延陵季子将西聘晋

延陵季子将西聘晋，带宝剑以过徐君，徐君观剑，不言而色欲之。延陵季子为有上国之使，未献也，然其心许之矣，使于晋，顾反，则徐君死于楚，于是脱剑致之嗣君。从者止之曰："此吴国之宝，非所以赠也。"延陵季子曰："吾非赠之也，先日吾来，徐君观吾剑，不言而其色欲之，吾为上国之使，未献也。虽然，吾心许之矣。今死而不进，是欺心也。爱剑伪心，廉者不为也。"遂脱剑致之嗣君。嗣君曰："先君无命，孤不敢受剑。"于是季子以剑带徐君墓即去。徐人嘉而歌之曰："延陵季子兮不忘故，脱千金之剑兮带丘墓。"

（西汉）刘向《新序》，马世年译注，中华书局2014年版

卫宣公之子

卫宣公之子，伋也、寿也、朔也。伋，前母子也；寿与朔，后母子

也。寿之母与朔谋，欲杀太子伋而立寿。使人与伋乘舟于河中，将沈而杀之。寿知不能止也，因与之同舟，舟人不得杀伋。方乘舟时，伋傅母恐其死也，闵而作诗，《二子乘舟》之诗是也。其诗曰："二子乘舟，泛泛其景，顾言思子，中心养养。"于是寿闵其兄之且见害，作忧思之诗，《黍离》之诗是也。其诗曰："行迈靡靡，中心摇摇，知我者谓我心忧；不知我者，谓我何求？悠悠苍天，此何人哉？"又使伋之齐，将使盗见载旌，要而杀之，寿止伋，伋曰："弃父之节，非子道也，不可。"寿又与之偕行。寿之母不能止也，因戒之曰："寿无为前也。"寿又为前，窃伋旌以先行，几及齐矣，盗见而杀之。伋至，见寿之死，痛其代己死，涕泣悲哀。遂载其尸还，至境而自杀，兄弟俱死。故君子义此二人，而伤宣公之听谗也。

（西汉）刘向《新序》，马世年译注，中华书局2014年版

申包胥者

申包胥者，楚人也。吴败楚兵于柏举，遂入郢，昭王出亡在随，申包胥不受命而赴于秦乞师，曰："吴为无道行，封豕长蛇，蚕食天下，从上国始于楚，寡君失社稷，越在草莽，使下臣告急曰：'吴，夷狄也。夷狄之求无厌，灭楚则西与君接境，若邻于君，疆场之患也，逮吴之未定，君其图之，若得君之灵，存抚楚国，世以事君。'"秦伯使辞焉。曰："寡君闻命矣，子其就馆，将图而告子。"对曰："寡君越在草莽，未获所休，下臣何敢即安。"倚于庭墙立哭，日夜不绝声，水浆不入口，七日七夜。秦哀公为赋《无衣》之诗，言兵今出。包胥九顿首而坐。秦哀公曰："楚有臣若此而亡，吾无臣若此，吾亡无日矣。"于是乃出师救楚。申包胥以秦师至楚，秦大夫子满，子虎帅车五百乘，子满曰："吾未知吴道。"使楚人先与吴人战而会之。大败吴师，吴师既退，昭王复国，而赏始于包胥。包胥曰："辅君安国，非为身也；救急除害，非为名也，功成而受赏，是卖勇也。君既定，又何求焉？"遂逃赏，终身不见。君子曰："申子之不受命赴秦，忠矣，七日七夜不绝声，厚矣，不受赏，不伐矣。然赏所以劝善也，辞赏，亦非常法。"

（西汉）刘向《新序》，马世年译注，中华书局2014年版

原宪居鲁

原宪居鲁，环堵之室，茨以生蒿，蓬户瓮牖，揉桑以为枢，上漏下

湿，匡坐而弦歌。子戆闻之，乘肥马，衣轻裘，中绀而表素，轩车不容巷，往见原宪。原宪冠桑叶冠，杖藜杖而应门，正冠则缨绝，衽襟则肘见，纳履则踵决。子戆曰："嘻，先生何病也？"原宪仰而应之曰："宪闻之无财谓之贫，学而不能行谓之病。宪贫也，非病也。若夫希世而行，比周而交，学以为人，教以为己，仁义之慝，舆马之饬，宪不忍为也。"子戆逡巡，面有愧色，不辞而去。原宪曳杖拖履，行歌《商颂》而反，声满天地，如出金石，天子不得而臣也，诸侯不得而友也。故养志者忘身，身且不爱，庸能累之。《诗》曰："我心匪石，不可转也；我心匪席，不可卷也。"此之谓也。

（西汉）刘向《新序》，马世年译注，中华书局 2014 年版

秦惠王时蜀乱

秦惠王时蜀乱，国人相攻击，告急于秦。秦惠王欲发兵伐蜀，以为道险狭难至，而韩人侵秦。秦惠王欲先伐韩，恐蜀乱；先伐蜀，恐韩袭秦之弊，犹与未决。司马错与张子争论于惠王之前，司马错欲伐蜀，张子曰："不如伐韩。"王曰："请闻其说。"对曰："亲魏善楚，下兵三川，塞什谷之口，当屯留之道；魏绝南阳，楚临南郑，秦攻新城、宜阳，以临二周之郊，诛周王之罪，侵楚、魏之地。周自知不救，九鼎宝器必出。据九鼎，按图籍，挟天子以令于天下，天下莫敢不听，此王业也。今夫蜀西僻之国，而戎狄之伦也，弊兵劳众，不足以成名，得其地不足以为利，臣闻争名者于朝，争利者于市，今三川周室，天下之朝市也，而王不争焉，顾争于戎狄，去王远矣。"

（西汉）刘向《新序》，马世年译注，中华书局 2014 年版

孝武皇帝时，大行王恢数言击匈奴之便

盖五帝不相同乐，三王不相袭礼者，非政相反也，各因世之宜也。

（西汉）刘向《新序》，马世年译注，中华书局 2014 年版

君道

成王与唐叔虞燕居，剪梧桐叶以为圭，而授唐叔虞曰："余以此封汝。"唐叔虞喜，以告周公，周公以请曰："天子封虞耶？"成王曰："余一与虞戏也。"周公对曰："臣闻之，天子无戏言，言则史书之，工诵之，

士称之。"于是遂封唐叔虞于晋，周公旦可谓善说矣，一称而成王益重言，明爱弟之义，有辅王室之固。

师经鼓琴，魏文侯起舞，赋曰："使我言而无见违。"师经援琴而撞文侯不中，中旒溃之。文侯谓左右曰："为人臣而撞其君，其罪如何？"左右曰："罪当烹。"提师经下堂一等。师经曰："臣可一言而死乎？"文侯曰："可。"师经曰："昔尧舜之为君也，唯恐言而人不违；桀纣之为君也，唯恐言而人违之。臣撞桀纣，非撞吾君也。"文侯曰："释之！是寡人之过也，悬琴于城门以为寡人符，不补旒以为寡人戒。"

（西汉）刘向《说苑》，王天海、杨秀岚译注，中华书局 2019 年版

建本

曾子芸瓜而误斩其根，曾皙怒，援大杖击之，曾子仆地；有顷苏，蹶然而起，进曰："曩者参得罪于大人，大人用力教参，得无疾乎！"退屏鼓琴而歌，欲令曾皙听其歌声，令知其平也。孔子闻之，告门人曰："参来勿内也！"曾子自以无罪，使人谢孔子，孔子曰："汝闻瞽叟有子名曰舜，舜之事父也，索而使之，未尝不在侧，求而杀之，未尝可得；小棰则待，大棰则走，以逃暴怒也。今子委身以待暴怒，立体而不去，杀身以陷父，不义不孝，孰是大乎？汝非天子之民邪？杀天子之民罪奚如？"以曾子之材，又居孔子之门，有罪不自知处义，难乎！

虞君问盆成子曰："今工者久而巧，色者老而衰；今人不及壮之时，益积心技之术，以备将衰之色，色者必尽乎老之前，知谋无以异乎幼之时。可好之色，彬彬乎且尽，洋洋乎安托无能之躯哉！故有技者不累身而未尝灭，而色不得以常茂。"

（西汉）刘向《说苑》，王天海、杨秀岚译注，中华书局 2019 年版

贵德

圣人之于天下百姓也，其犹赤子乎！饥者则食之，寒者则衣之；将之养之，育之长之；惟恐其不至于大也。诗曰："蔽芾甘棠，勿剪勿伐，召伯所茇。"传曰：自陕以东者周公主之，自陕以西者召公主之。召公述职当桑蚕之时，不欲变民事，故不入邑中，舍于甘棠之下而听断焉，陕间之人皆得其所。是故后世思而歌诵之，善之，故言之；言之不足，故嗟叹之；嗟叹之不足，故歌咏之。夫诗思然后积，积然后满，满然后发，发由

其道而致其位焉；百姓叹其美而致其敬，甘棠之不伐也，政教恶乎不行！孔子曰："吾于甘棠，见宗庙之敬也。"甚尊其人，必敬其位，顺安万物，古圣之道几哉！仁人之德教也，诚恻隐于中，悃愊于内，不能已于其心；故其治天下也，如救溺人，见天下强陵弱，众暴寡；幼孤羸露，死伤系虏，不忍其然，是以孔子历七十二君，冀道之一行而得施其德，使民生于全育，烝庶安土，万物熙熙，各乐其终，卒不遇，故睹麟而泣，哀道不行，德泽不洽，于是退作春秋，明素王之道，以示后人，恩施其惠，未尝辍忘，是以百王尊之，志士法焉，诵其文章，传令不绝，德及之也。诗曰："载驰载驱，周爰咨谋。"此之谓也。圣王布德施惠，非求报于百姓也；郊望禘尝，非求报于鬼神也。

季康子谓子游曰："仁者爱人乎？"子游曰："然。""人亦爱之乎？"子游曰："然。"康子曰："郑子产死，郑人丈夫舍玦佩，妇人舍珠珥，夫妇巷哭，三月不闻竽琴之声。仲尼之死，吾不闻鲁国之爱夫子奚也？"子游曰："譬子产之与夫子，其犹浸水之与天雨乎？浸水所及则生，不及则死，斯民之生也必以时雨，既以生，莫爱其赐，故曰：譬子产之与夫子也，犹浸水之与天雨乎？"

（西汉）刘向《说苑》，王天海、杨秀岚译注，中华书局2019年版

复恩

介子推曰："献公之子九人，唯君在耳，天未绝晋，必将有主，主晋祀者非君而何？唯二三子者以为己力，不亦诬乎？"文公即位，赏不及推，推母曰："盍亦求之？"推曰："尤而效之，罪又甚焉。且出怨言，不食其食。"其母曰："亦使知之。"推曰："言，身之文也；身将隐，安用文？"其母曰："能如是，与若俱隐。"至死不复见推，从者怜之，乃悬书宫门曰："有龙矫矫，顷失其所，五蛇从之，周遍天下，龙饥无食，一蛇割股，龙反其渊，安其壤土，四蛇入穴，皆有处所，一蛇无穴，号于中野。"文公出见书曰："嗟此介子推也。吾方忧王室未图其功。"使人召之则亡，遂求其所在，闻其入绵上山中。于是文公表绵上山中而封之，以为介推田，号曰介山。

晋文公出亡，周流天下，舟之侨去虞而从焉，文公反国，择可爵而爵之，择可禄而禄之，舟之侨独不与焉。文公酌诸大夫酒，酒酣，文公曰："二三子盍为寡人赋乎？"舟之侨曰："君子为赋，小人请陈其辞，辞曰：

有龙矫矫，顷失其所；一蛇从之，周流天下，龙反其渊，安宁其处，一蛇耆干，独不得其所。"文公瞿然曰："子欲爵耶？请待旦日之期；子欲禄邪？请今命廪人。"舟之侨曰："请而得其赏，廉者不受也；言尽而名至，仁者不为也。今天油然作云，沛然下雨，则曲草兴起，莫之能御。今为一人言施一人，犹为一块土下雨也，土亦不生之矣。"遂历阶而去。文公求之不得，终身诵甫田之诗。

（西汉）刘向《说苑》，王天海、杨秀岚译注，中华书局2019年版

政理

水浊则鱼困，令苛则民乱，城峭则必崩，岸竦则必阤。故夫治国，譬若张琴，大弦急则小弦绝矣，故曰急辔御者非千里御也。有声之声，不过百里，无声之声，延及四海；故禄过其功者损，名过其实者削，情行合而民副之，祸福不虚至矣。诗云："何其处也，必有与也；何其久也，必有以也。"此之谓也。

子产相郑，简公谓子产曰："内政毋出，外政毋入。夫衣裘之不美，车马之不饰，子女之不洁，寡人之丑也；国家之不治，封疆之不正，夫子之丑也。"子产相郑，终简公之身，内无国中之乱，外无诸侯之患也。

杨朱见梁王，言治天下如运诸掌然，梁王曰："先生有一妻一妾不能治，三亩之园不能芸，言治天下如运诸手掌何以？"杨朱曰："臣有之，君不见夫羊乎，百羊而群，使五尺童子荷杖而随之，欲东而东，欲西而西；君且使尧牵一羊，舜荷杖而随之，则乱之始也。臣闻之，夫吞舟之鱼不游渊，鸿鹄高飞不就污池，何则？其志极远也。黄钟大吕，不可从繁奏之舞，何则？其音疏也。将治大者不治小，成大功者不小苛，此之谓也。"

魏文侯问李克曰："为国如何？"对曰："臣闻为国之道，食有劳而禄有功，使有能而赏必行，罚必当。"文侯曰："吾尝罚皆当而民不与，何也？"对曰："国其有淫民乎？臣闻之曰：夺淫民之禄以来四方之士；其父有功而禄，其子无功而食之，出则乘车马衣美裘以为荣华，入则修竽琴、钟石之声而安其子女之乐，以乱乡曲之教，如此者夺其禄以来四方之士，此之谓夺淫民也。"

景公好妇人而丈夫饰者，国人尽服之，公使吏禁之曰："女子而男子饰者，裂其衣，断其带。"裂衣断带相望而不止，晏子见，公曰："寡人

使吏禁女子而男子饰者，裂其衣，断其带，相望而不止者，何也？"对曰："君使服之于内而禁之于外，犹悬牛首于门而求买马肉也；公胡不使内勿服，则外莫敢为也。"公曰："善！"使内勿服，不旋月而国莫之服也。

（西汉）刘向《说苑》，王天海、杨秀岚译注，中华书局2019年版

尊贤

眉睫之征，接而形于色；声音之风，感而动乎心。宁戚击牛角而商歌，桓公闻而举之；鲍龙跪石而登嵯，孔子为之下车；尧、舜相见不违桑阴，文王举太公不以日久。故贤圣之接也，不待久而亲；能者之相见也，不待试而知矣。

周公旦白屋之士，所下者七十人，而天下之士皆至；晏子所与同衣食者百人，而天下之士亦至；仲尼修道行，理文章，而天下之士亦至矣。伯牙子鼓琴，钟子期听之，方鼓而志在太山，钟子期曰："善哉乎鼓琴！巍巍乎若太山。"少选之间，而志在流水，钟子期复曰："善哉乎鼓琴！汤汤乎若流水。"钟子期死，伯牙破琴绝弦，终身不复鼓琴，以为世无足为鼓琴者。非独鼓琴若此也，贤者亦然，虽有贤者而无以接之，贤者奚由尽忠哉！骥不自至千里者，待伯乐而后至也。

孔子之郯，遭程子于涂，倾盖而语终日。有间，顾子路曰："取束帛一以赠先生。"子路不对。有间，又顾曰："取束帛一以赠先生。"子路屑然对曰："由闻之，士不中而见，女无媒而嫁，君子不行也。"孔子曰："由，诗不云乎：'野有蔓草，零露溥兮，有美一人，清扬婉兮，邂逅相遇，适我愿兮。'今程子天下之贤士也，于是不赠，终身不见。大德毋踰闲，小德出入可也。"

应侯与贾午子坐，闻其鼓琴之声，应侯曰："今日之琴，一何悲也？"贾午子曰："夫急张调下，故使人悲耳。急张者，良材也；调下者，官卑也。取夫良材而卑官之，安能无悲乎！"应侯曰："善哉！"

（西汉）刘向《说苑》，王天海、杨秀岚译注，中华书局2019年版

正谏

楚庄王立为君，三年不听朝，乃令于国曰："寡人恶为人臣而遽谏其君者，今寡人有国家，立社稷，有谏则死无赦。"苏从曰："处君之高爵，

食君之厚禄，爱其死而不谏其君，则非忠臣也。"乃入谏。庄王立鼓钟之间，左伏杨姬，右拥越姬，左裯衽，右朝服，曰："吾鼓钟之不暇，何谏之听！"苏从曰："臣闻之，好道者多资，好乐者多迷，好道者多粮，好乐者多亡；荆国亡无日矣，死臣敢以告王。"王曰善。左执苏从手，右抽阴刃，刎钟鼓之悬，明日授苏从为相。

晋平公好乐，多其赋敛，下治城郭，曰："敢有谏者死。"国人忧之，有咎犯者，见门大夫曰："臣闻主君好乐，故以乐见。"门大夫入言曰："晋人咎犯也，欲以乐见。"平公曰："内之。"止坐殿上，则出钟磬竽瑟。坐有顷。平公曰："客子为乐？"咎犯对曰："臣不能为乐，臣善隐。"平公召隐士十二人。咎犯曰："隐臣窃顾昧死御。"平公诺。咎犯申其左臂而诎五指，平公问于隐官曰："占之为何？"隐官皆曰："不知。"平公曰："归之。"咎犯则申其一指曰："是一也，便游赭尽而峻城阙。二也，柱梁衣绣，士民无褐。三也，侏儒有余酒，而死士渴。四也，民有饥色，而马有栗秩。五也，近臣不敢谏，远臣不敢达。"平公曰善。乃屏钟鼓，除竽瑟，遂与咎犯参治国。

楚昭王欲之荆台游，司马子綦进谏曰："荆台之游，左洞庭之波，右彭蠡之水；南望猎山，下临方淮。其乐使人遗老而忘死，人君游者尽以亡其国，愿大王勿往游焉。"王曰："荆台乃吾地也，有地而游之，子何为绝我游乎？"怒而击之。于是令尹子西，驾安车四马，径于殿下曰："今日荆台之游，不可不观也。"王登车而拊其背曰："荆台之游，与子共乐之矣。"步马十里，引辔而止曰："臣不敢下车，愿得有道，大王肯听之乎？"王曰："第言之。"令尹子西曰："臣闻之，为人臣而忠其君者，爵禄不足以赏也；为人臣而谀其君者，刑罚不足以诛也。若司马子綦忠君也，若臣者谀臣也；愿大王杀臣之躯，罚臣之家，而禄司马子綦。"王曰："若我能止，听公子，独能禁我游耳，后世游之，无有极时，奈何？"令尹子西曰："欲禁后世易耳，愿大王山陵崩阤，为陵于荆台；未尝有持钟鼓管弦之乐而游于父之墓上者也。"于是王还车，卒不游荆台，令罢先置。孔子从鲁闻之曰："美哉！令尹子西，谏之于十里之前，而权之于百世之后者也。"

景公饮酒，移于晏子家，前驱报间曰："君至。"晏子被玄端立于门曰："诸侯得微有故乎？国家得微有故乎？君何为非时而夜辱？"公曰："酒醴之味，金石之声，愿与夫子乐之。"晏子对曰："夫布荐席，陈箪筥者有人，臣不敢与焉。"公曰："移于司马穰苴之家。"前驱报闾曰："君至。"司马穰苴介胄操戟立于门曰："诸侯得微有兵乎？大臣得微有叛者乎？君何为非时而夜辱？"公曰："酒醴之味，金石之声，愿与夫子乐之。"对曰："夫布荐席，陈簠簋者有人，臣不敢与焉。"公曰："移于梁丘据之家。"前驱报闾曰："君至。"梁丘据左操瑟，右挈竽，行歌而至，公曰："乐哉！今夕吾饮酒也，微彼二子者何以治吾国！微此一臣者何以乐吾身！贤圣之君皆有益友，无偷乐之臣。"景公弗能及，故两用之，仅得不亡。

（西汉）刘向《说苑》，王天海、杨秀岚译注，中华书局2019年版

敬慎

孔子观于周庙而有欹器焉，孔子问守庙者曰："此为何器？"对曰："盖为右坐之器。"孔子曰："吾闻右坐之器，满则覆，虚则欹，中则正，有之乎？"对曰："然。"孔子使子路取水而试之，满则覆，中则正，虚则欹，孔子喟然叹曰："呜呼！恶有满而不覆者哉！"子路曰："敢问持满有道乎？"孔子曰："持满之道，挹而损之。"子路曰："损之有道乎？"孔子曰："高而能下，满而能虚，富而能俭，贵而能卑，智而能愚，勇而能怯，辩而能讷，博而能浅，明而能暗；是谓损而不极，能行此道，唯至德者及之。易曰：'不损而益之，故损；自损而终，故益。'"

夫福生于隐约，而祸生于得意，齐顷公是也。齐顷公、桓公之子孙也，地广民众，兵强国富，又得霸者之余尊，骄蹇怠傲，未尝肯出会同诸侯，乃兴师伐鲁，反败卫师于新筑，轻小嫚大之行甚。俄而晋鲁往聘，以使者戏，二国怒，归求党与助，得卫及曹，四国相辅期战于鞍，大败齐师，获齐顷公，斩逢丑父，于是惧然大恐，赖逢丑父之欺，奔逃得归。吊死问疾，七年不饮酒，不食肉，外金石丝竹之声，远妇女之色，出会与盟，卑下诸侯，国家内得行义，声问震乎诸侯，所亡之地弗求而自为来，尊宠不武而得之，可谓能诎免变化以致之，故福生于隐约，而祸生于得意，此得失之效也。

孔子论诗至于正月之六章，惧然曰："不逢时之君子，岂不殆哉？从上依世则废道，违上离俗则危身；世不与善，己独由之，则曰非妖则孽也；是以桀杀关龙逢，纣杀王子比干，故贤者不遇时，常恐不终焉。诗曰：'谓天盖高，不敢不局；谓地盖厚，不敢不蹐。'此之谓也。"

（西汉）刘向《说苑》，王天海、杨秀岚译注，中华书局2019年版

善说

　　林既衣韦衣而朝齐景公，齐景公曰："此君子之服也？小人之服也？"林既逡巡而作色曰："夫服事何足以端士行乎？昔者荆为长剑危冠，令尹子西出焉；齐短衣而遂偞之冠，管仲隰朋出焉；越文身剪发，范蠡大夫种出焉；西戎左衽而椎结，由余亦出焉。即如君言，衣狗裘者当犬吠，衣羊裘者当羊鸣，且君衣狐裘而朝，意者得无为变乎？"景公曰："子真为勇悍矣，今未尝见子之奇辩也。一邻之斗也，千乘之胜也。"林既曰："不知君之所谓者何也？夫登高临危而目不眴，而足不陵者，此工匠之勇悍也；入深渊，刺蛟龙，抱鼋鼍而出者，此渔夫之勇悍也；入深山，刺虎豹，抱熊黑而出者，此猎夫之勇悍也；不难断头，裂腹暴骨，流血中流者，此武士之勇悍也。今臣居广廷，作色端辩，以犯主君之怒，前虽有乘轩之赏，未为之动也；后虽有斧质之威，未为之恐也；此既之所以为勇悍也。"

　　雍门子周以琴见乎孟尝君。孟尝君曰："先生鼓琴亦能令文悲乎？"雍门子周曰："臣何独能令足下悲哉？臣之所能令悲者，有先贵而后贱，先富而后贫者也。不若身材高妙，适遭暴乱，无道之主，妄加不道之理焉；不若处势隐绝，不及四邻，诎折侯厌，袭于穷巷，无所告愬；不若交欢相爱无怨而生离，远赴绝国，无复相见之时；不若少失二亲，兄弟别离，家室不足，忧蹙盈。当是之时也，固不可以闻飞鸟疾风之声，穷穷焉固无乐已。凡若是者，臣一为之徽胶援琴而长太息，则流涕沾衿矣。今若足下千乘之君也，居则广厦邃房，下罗帷，来清风，倡优侏儒处前进而谄谀；燕则斗象棋而舞郑女，激楚之切风，练色以淫目，流声以虞耳；水游则连方舟，载羽旗，鼓吹乎不测之渊；野游则驰骋弋猎乎平原广囿，格猛兽；入则撞钟击鼓乎深宫之中。方此之时，视天地曾不若一指，忘死与生，虽有善琴者，固未能令足下悲也。"孟尝君曰："否！否！文固以为不然。"雍门子周曰："然臣之所为足下悲者一事也。夫声敌帝而困秦者君也；连五国之约，南面而伐楚者又君也。天下未尝无事，不从则横，从成则楚王，横成则秦帝。楚王秦帝，必报雠于薛矣。夫以秦、楚之强而报雠于弱薛，譬之犹摩萧斧而伐朝菌也，必不留行矣。天下有识之士无不为足下寒心酸鼻者。千秋万岁后，庙堂必不血食矣。高台既以坏，曲池既以渐，坟墓既以下而青廷矣。婴儿竖子樵采薪荛者，蹢躅其足而歌其上，众人见之，无不愀焉，为足下悲之曰：'夫以孟尝君尊贵乃可使若此乎？'"于是孟尝君泫然泣涕，承睫而未殒，雍门子周引琴而鼓之，徐动宫徵，微挥羽角，切终而成曲，孟尝君涕浪汗增，欷而就之曰："先生之鼓琴令文立若破国亡邑之人也。"

（西汉）刘向《说苑》，王天海、杨秀岚译注，中华书局 2019 年版

奉使

赵王遣使者之楚，方鼓瑟而遣之，诫之曰："必如吾言。"使者曰："王之鼓瑟，未尝悲若此也！"王曰："宫商固方调矣！"使者曰："调则何不书其柱耶？"王曰："天有燥湿，弦有缓急，宫商移徙不可知，是以不书。"使者曰："明君之使人也，任之以事，不制以辞，遇吉则贺之，凶则吊之。今楚、赵相去，千有余里，吉凶忧患，不可豫知，犹柱之不可书也。诗云：'莘莘征夫，每怀靡及。'"

魏文侯封太子击于中山，三年，使不往来，舍人赵仓唐进称曰："为人子，三年不闻父问，不可谓孝。为人父，三年不问子，不可谓慈。君何不遣人使大国乎？"太子曰："愿之久矣。未得可使者。"仓唐曰："臣愿奉使，侯何嗜好？"太子曰："侯嗜晨凫，好北犬。"于是乃遣仓唐绁北犬，奉晨凫，献于文侯。仓唐至，上谒曰："孽子击之使者，不敢当大夫之朝，请以燕闲，奉晨凫，敬献庖厨，绁北犬，敬上涓人。"文侯悦曰："击爱我，知吾所嗜，知吾所好。"召仓唐而见之，曰："击无恙乎？"仓唐曰："唯唯。"如是者三，乃曰："君出太子而封之国君，名之，非礼也。"文侯怵然为之变容。问曰："子之君无恙乎？"仓唐曰："臣来时，拜送书于庭。"文侯顾指左右曰："子之君，长孰与是？"仓唐曰："礼，拟人必于其伦，诸侯毋偶，无所拟之。"曰："长大孰与寡人。"仓唐曰："君赐之外府之裘，则能胜之，赐之斥带，则不更其造。"文侯曰："子之君何业？"仓唐曰："业诗。"文侯曰："于诗何好？"仓唐曰："好晨风、黍离。"文侯自读晨风曰："鴥彼晨风，郁彼北林，未见君子，忧心钦钦，如何如何，忘我实多。"文侯曰："子之君以我忘之乎？"仓唐曰："不敢，时思耳。"文侯复读黍离曰："彼黍离离，彼稷之苗，行迈靡靡，中心摇摇，知我者谓我心忧，不知我者谓我何求？悠悠苍天，此何人哉？"文侯曰："子之君怨乎？"仓唐曰："不敢，时思耳。"文侯于是遣仓唐赐太子衣一袭，敕仓唐以鸡鸣时至。太子起拜，受赐发箧，视衣尽颠倒。太子曰："趣早驾，君侯召击也。"仓唐曰：

"臣来时不受命。"太子曰："君侯赐击衣，不以为寒也，欲召击，无谁与谋，故敕子以鸡鸣时至，诗曰：'东方未明，颠倒衣裳，颠之倒之，自公召之。'"遂西至谒。文侯大喜，乃置酒而称曰："夫远贤而近所爱，非社稷之长策也。"乃出少子挚，封中山，而复太子击。故曰："欲知其子，视其友；欲知其君，视其所使。"赵仓唐一使而文侯为慈父，而击为孝子。太子乃称："诗曰：'凤凰于飞，哕哕其羽，亦集爰止，蔼蔼王多吉士，维君子使，媚于天子。'舍人之谓也。"

越使诸发执一枝梅遗梁王，梁王之臣曰"韩子"，顾谓左右曰："恶有以一枝梅，以遗列国之君者乎？请为二三日惭之。"出谓诸发曰："大王有命，客冠则以礼见，不冠则否。"诸发曰："彼越亦天子之封也。不得冀、兖之州，乃处海垂之际，屏外蕃以为居，而蛟龙又与我争焉。是以剪发文身，烂然成章以像龙子者，将避水神也。今大国其命冠则见以礼，不冠则否。假令大国之使，时过弊邑，弊邑之君亦有命矣。曰：'客必剪发文身，然后见之。'于大国何如？意而安之，愿假冠以见，意如不安，愿无变国俗。"梁王闻之，披衣出，以见诸发。令逐韩子。诗曰："维君子使，媚于天子。"若此之谓也。

秦、楚毂兵，秦王使人使楚，楚王使人戏之曰："子来亦卜之乎？"对曰："然！""卜之谓何？"对曰："吉。"楚人曰："噫！甚矣！子之国无良龟也。王方杀子以衅钟，其吉如何？"使者曰："秦、楚毂兵，吾王使我先窥我死而不还，则吾王知警戒，整齐兵以备楚，是吾所谓吉也。且使死者而无知也，又何衅于钟，死者而有知也，吾岂错秦相楚哉？我将使楚之钟鼓无声，钟鼓无声则将无以整齐其士卒而理君军。夫杀人之使，绝人之谋，非古之通议也。子大夫试熟计之。"使者以报楚王。楚王赦之。此之谓"造命"。

(西汉)刘向《说苑》，王天海、杨秀岚译注，中华书局2019年版

权谋

晋太史屠余见晋国之乱，见晋平公之骄而无德义也，以其国法归周……威公又见屠余而问焉。曰："孰次之。"对曰："中山次之。"威公问其故。对曰："天生民，令有辨，有辨，人之义也。所以异于禽兽麋鹿也，君臣上下所以立也。中山之俗，以昼为夜，以夜继日，男女切踦，固无休息，淫昏康乐，歌讴好悲，其主弗知恶，此亡国之风也。臣故曰：

'中山次之。'"居二年,中山果亡。

（西汉）刘向《说苑》,王天海、杨秀岚译注,中华书局2019年版

谈丛

鸾设于镳,和设于轼;马动而鸾鸣,鸾鸣而和应,行之节也。

贤师良友在其侧,诗书礼乐陈于前,弃而为不善者,鲜矣。

已雕已琢,还反于朴,物之相反,复归于本。循流而下,易以至;倍风而驰,易以远。

钟子期死而伯牙绝弦破琴,知世莫可为鼓也;惠施卒而庄子深瞑不言,见世莫可与语也。

寸而度之,至丈必差;铢而称之,至石必过;石称丈量,径而寡失;简丝数米,烦而不察。故大较易为智,曲辩难为慧。

（西汉）刘向《说苑》,王天海、杨秀岚译注,中华书局2019年版

杂言

孔子遭难陈、蔡之境,绝粮,弟子皆有饥色,孔子歌两柱之间。子路入见曰:"夫子之歌,礼乎?"孔子不应,曲终而曰:"由,君子好乐为无骄也,小人好乐为无慑也,其谁知之?子不我知而从我者乎?"子路不悦,援干而舞,三终而出。及至七日,孔子修乐不休,子路愠见曰:"夫子之修乐,时乎?"孔子不应,乐终而曰:"由,昔者齐桓霸心生于莒,句践霸心生于会稽,晋文霸心生于骊氏,故居不幽,则思不远,身不约则智不广,庸知而不遇之。"于是兴,明日免于厄。子贡执辔曰:"二三子从夫子而遇此难也,其不可忘也!"孔子曰:"恶是何也?语不云乎?三折肱而成良医。夫陈、蔡之间,丘之幸也。二三子从丘者皆幸人也。吾闻人君不困不成王,列士不困不成行。昔者汤困于吕,文王困于羑里,秦穆公困于殽,齐桓困于长勺,句践困于会稽,晋文困于骊氏。夫困之为道,从寒之及暖,暖之及寒也,唯贤者独知而难言之也。易曰:'困亨贞,大人吉,无咎。有言不信。'圣人所与人难言信也。"

孔子之宋,匡简子将杀阳虎,孔子似之。甲士以围孔子之舍,子路怒,奋戟将下斗。孔子止之,曰:"何仁义之不免俗也?夫诗、书之不习,礼、乐之不修也,是丘之过也。若似阳虎,则非丘之罪也,命也夫。由,歌予和汝。"子路歌,孔子和之,三终而甲罢。

子路盛服而见孔子。孔子曰："由，是襜襜者何也？昔者江水出于岷山；其始也，大足以滥觞，及至江之津也，不方舟，不避风，不可渡也，非唯下流众川之多乎？今若衣服甚盛，颜色充盛，天下谁肯加若者哉？"子路趋而出，改服而入，盖自如也。孔子曰："由，记之，吾语若：贲于言者，华也，奋于行者，伐也。夫色智而有能者，小人也。故君子知之为知之，不知为不知，言之要也；能之为能，不能为不能，行之至也。言要则知，行要则仁；既知且仁，夫有何加矣哉？由，诗曰：'汤降不迟，圣教日跻。'此之谓也。"

孔子见荣启期，衣鹿皮裘，鼓瑟而歌。孔子问曰："先生何乐也？"对曰："吾乐甚多。天生万物唯人为贵，吾既已得为人，是一乐也。人以男为贵，吾既已得为男，是二乐也。人生不免襁褓，吾年已九十五，是三乐也。夫贫者士之常也，死者民之终也，处常待终，当何忧乎？"

孔子曰："中人之情，有余则侈，不足则俭，无禁则淫，无度则失，纵欲则败。饮食有量，衣服有节，宫室有度，畜聚有数，车器有限，以防乱之源也。故夫度量不可不明也，善言不可不听也。"

子贡问曰："君子见大水必观焉，何也？"孔子曰："夫水者，君子比德焉。遍予而无私，似德；所及者生，似仁；其流卑下句倨，皆循其理，似义；浅者流行，深者不测，似智；其赴百仞之谷不疑，似勇；绵弱而微达，似察；受恶不让，似包蒙；不清以入，鲜洁以出，似善化；至量必平，似正；盈不求概，似度；其万折必东，似意。是以君子见大水观焉尔也。"

"夫智者何以乐水也？"曰："泉源溃溃，不释昼夜，其似力者；循理而行，不遗小间，其似持平者；动而之下，其似有礼者；赴千仞之壑而不疑，其似勇者；障防而清，其似知命者；不清以入，鲜洁以出，其似善化者；众人取平品类以正，万物得之则生，失之则死，其似有德者；淑淑渊渊，深不可测，其似圣者。通润天地之间，国家以成，是知之所以乐水也。诗云：'思乐泮水，薄采其茆；鲁侯戾止，在泮饮酒。'乐水之谓也。""夫仁者何以乐山也？"曰："夫山巃嵷礧嵬，万民之所观仰。草木生焉，众木立焉，飞禽萃焉，走兽休焉，宝藏殖焉，奇夫息焉，育群物而不倦焉，四方并取而不限焉。出云风通气于天地之间，国家以成，是仁者所以乐山也。诗曰：'太山岩岩，鲁侯是瞻。'乐山之谓矣。"

玉有六美，君子贵之：望之温润，近之栗理，声近徐而闻远，折而不挠，阙而不荏，廉而不刿，有瑕必示之于外，是以贵之。望之温润者，君子比德焉，近于栗理者，君子比智焉；声近徐而闻远者，君子比义焉；折而不挠，阙而不荏者，君子比勇焉；廉而不刿者，君子比仁焉；有瑕必见于外者，君子比情焉。

（西汉）刘向《说苑》，王天海、杨秀岚译注，中华书局2019年版

辨物

五岳者，何谓也？泰山，东岳也；霍山，南岳也；华山，西岳也；常山，北岳也；嵩高山，中岳也。五岳何以视三公？能大布云雨焉，能大敛云雨焉；云触石而出，肤寸而合，不崇朝而雨天下，施德博大，故视三公也。

四渎者，何谓也？江、河、淮、济也。四渎何以视诸侯？能荡涤垢浊焉，能通百川于海焉，能出云雨千里焉，为施甚大，故视诸侯也。

山川何以视子男也？能出物焉，能润泽物焉，能生云雨；为恩多，然品类以百数，故视子男也。书曰："禋于六宗，望秋于山川，遍于群神矣。"

齐景公为露寝之台，成而不通焉。柏常骞曰："为台甚急，台成，君何为不通焉？"公曰："然。枭昔者鸣，其声无不为也，吾恶之甚，是以不通焉。"柏常骞曰："臣请禳而去之！"公曰："何具？"对曰："筑新室，为置白茅焉。"公使为室，成，置白茅焉。柏常骞夜用事，明日问公曰："今昔闻枭声乎？"公曰："一鸣而不复闻。"使人往视之，枭当陛布翼伏地而死。公曰："子之道若此其明也！亦能益寡人寿乎？"对曰："能。"公曰："能益几何？"对曰："天子九、诸侯七、大夫五。"公曰："亦有征兆之见乎？"对曰："得寿，地且动。"公喜，令百官趣具骞之所求。柏常骞出，遭晏子于涂，拜马前，辞："骞为君禳枭而杀之，君谓骞曰：子之道若此其明也，亦能益寡人寿乎？骞曰能。今且大祭，为君请寿，故将往。以闻。"晏子曰："嘻，亦善矣！能为君请寿也。虽然，吾闻之：惟以政与德顺乎神，为可以益寿。今徒祭可以益寿乎？然则福名有见乎？"对曰："得寿地将动。"晏子曰："骞，昔吾见维星绝，枢星散，地其动。汝以是乎？"柏常骞俯有间，仰而对曰："然。"晏子曰："为之无益，不为无损也。薄赋敛，无费民，且令君知之！"

夫天地有德，合则生气有精矣；阴阳消息，则变化有时矣……不肖者

精化始至，而生气感动，触情纵欲，故反施乱化。故诗云："乃如之人，怀婚姻也；大无信也，不知命也。"贤者不然，精化填盈后，伤时之不可遇也，不见道端，乃陈情欲以歌。诗曰："静女其姝，俟我乎城隅；爱而不见，搔首踟蹰。""瞻彼日月，遥遥我思；道之云远，曷云能来？"急时之辞也，甚焉，故称日月也。

凡六经帝王之所着，莫不致四灵焉；德盛则以为畜，治平则时气至矣。故麒麟麕身、牛尾，圆顶一角，合仁怀义，音中律吕，行步中规，折旋中矩，择土而践，位平然后处，不群居，不旅行，纷兮其有质文也，幽闲则循循如也，动则有仪容。黄帝即位，惟圣恩承天，明道一修，惟仁是行，宇内和平，未见凤凰，维思影像，夙夜晨兴，于是乃问天老曰："凤仪如何？"天老曰："夫凤，鸿前麟后，蛇颈鱼尾，鹳植鸳鸯，思丽化枯折所志，龙文龟身，燕喙鸡啄，骈翼而中注，首戴德，顶揭义，背负仁，心信志，食则有质，饮则有仪，往则有文，来则有嘉。晨鸣曰发明，昼鸣曰保长，飞鸣曰上翔，集鸣曰归昌。翼挟义，衷抱忠，足履正，尾系武，小声合金，大音合鼓；延颈奋翼，五先备举，光兴八风，气降时雨，此谓凤像。夫惟凤为能究万物，通天祉，象百状，达于道。去则有灾，见则有福，览九州，观八极，备文武，正王国，严照四方，仁圣皆伏。故得凤之像一者凤过之，得二者凤下之，得三者春秋下之，得四者四时下之，得五者终身居之。"黄帝曰："于戏盛哉！"于是乃备黄冕，带黄绅，斋于中宫，凤乃蔽日而降。黄帝降至东阶，西面启首曰："皇天降兹，敢不承命？"于是凤乃遂集东囿，食帝竹实，栖帝梧树，终身不去。诗云："凤凰鸣矣，于彼高冈；梧桐生矣，于彼朝阳。菶菶萋萋，雍雍喈喈。"此之谓也。灵龟文五色，似玉似金，背阴向阳，上隆象天，下平法地，盘衍象山，四趾转运应四时，文着象二十八宿。蛇头龙翅，左精象日，右精象月，千岁之化，下气上通，能知吉凶存亡之变。宁则信信如也，动则着矣。神龙能为高，能为下，能为大，能为小，能为幽，能为明，能为短，能为长。昭乎其高也，渊乎其下也，薄乎天光，高乎其着也。一有一亡忽微哉，斐然成章，虚无则精以知，动作者灵以化。于戏允哉！君子辟神也，观彼威仪，游燕幽间，有似凤也。书曰："鸟兽跄跄，凤凰来仪。"此之谓也。

孔子晨立堂上，闻哭者声音甚悲，孔子援琴而鼓之，其音同也。孔子出，而弟子有咤者，问："谁也？"曰："回也。"孔子曰："回何为而咤?"回曰:"今者有哭者其音甚悲,非独哭死,又哭生离者。"孔子曰:"何以知之?"回曰:"似完山之鸟。"孔子曰:"何如?"回曰:"完山之鸟生四子,羽翼已成乃离四海,哀鸣送之,为是往而不复返也。"孔子使人问哭者,哭者曰:"父死家贫,卖子以葬之,将与其别也。"孔子曰:"善哉,圣人也!"

（西汉）刘向《说苑》,王天海、杨秀岚译注,中华书局 2019 年版

修文

天下有道,则礼乐征伐自天子出。夫功成制礼,治定作乐,礼乐者,行化之大者也。孔子曰:"移风易俗,莫善于乐;安上治民,莫善于礼。是故圣王修礼文,设庠序,陈钟鼓,天子辟雍,诸侯泮宫,所以行德化。诗云:'镐京辟雍,自西自东,自南自北,无思不服。'此之谓也。"

积恩为爱,积爱为仁,积仁为灵,灵台之所以为灵者,积仁也。神灵者,天地之本,而为万物之始也。是故文王始接民以仁,而天下莫不仁焉。文,德之至也,德不至则不能文。商者,常也,常者质,质主天;夏者,大也,大者,文也,文主地。故王者一商一夏,再而复者也,正色三而复者也。味尚甘,声尚宫,一而复者,故三王术如循环,故夏后氏教以忠,而君子忠矣;小人之失野,救野莫如敬,故殷人教以敬,而君子敬矣。小人之失鬼,救鬼莫如文,故周人教以文,而君子文矣。小人之失薄,救薄莫如忠,故圣人之与圣也,如矩之三杂,规之三杂,周则又始,穷则反本也。诗曰:"雕琢其章,金玉其相。"言文质美也。

书曰五事:一曰貌。貌者男子之所以恭敬,妇人之所以姣好也;行步中矩,折旋中规,立则磬折,拱则抱鼓,其以入君朝,尊以严,其以入宗庙,敬以忠,其以入乡曲,和以顺,其以入州里族党之中,和以亲。诗曰:"温温恭人,惟德之基。"孔子曰:"恭近于礼,远耻辱也。"

衣服容貌者,所以悦目也;声音应对者,所以悦耳也;嗜欲好恶者,所以悦心也。君子衣服中,容貌得,则民之目悦矣;言语顺,应对给,则民之耳悦矣;就仁去不仁,则民之心悦矣。

知天道者冠鈇,知地道者履蹻,能治烦决乱者佩觽,能射御者佩韘,能正三军者搢笏;衣必荷规而承矩,负绳而准下。故君子衣服中而容貌得,接其服而象其德,故望玉貌而行能,有所定矣。诗曰:"芄兰之枝,童子佩觽。"说行能者也。

冠者所以别成人也，修德束躬以自申饬，所以检其邪心，守其正意也。君子始冠，必祝成礼，加冠以属其心，故君子成人，必冠带以行事，弃幼少嬉戏惰慢之心，而衎衎于进德修业之志。是故服不成象，而内心不变，内心修德，外被礼文，所以成显令之名也。是故皮弁素积，百王不易，既以修德，又以正容。孔子曰："正其衣冠，尊其瞻视，严然人望而畏之，不亦威而不猛乎？"

成王将冠，周公使祝雍祝，王曰："达而勿多也。"祝雍曰："使王近于民，远于佞，啬于时，惠于财，任贤使能。"于此始成之时，祝辞四加而后退，公冠自以为主，卿为宾，飨之以三献之礼。公始加玄端与皮弁，皆必朝服玄冕四加，诸侯、太子、庶子冠公为主，其礼与上同。冠于祖庙曰："令月吉日，加子元服，去尔幼志，顺尔成德。"冠礼十九见正而冠，古之通礼也。

天子以鬯为赞，鬯者百草之本也，上畅于天，下畅于地，无所不畅，故天子以鬯为赞。诸侯以圭为赞，圭者玉也，薄而不挠，廉而不刿，有瑕于中，必见于外，故诸侯以玉为赞。

子生三年，然后免于父母之怀，故制丧三年，所以报父母之恩也。期年之丧通乎诸侯，三年之丧通乎天子，礼之经也。子夏三年之丧毕，见于孔子，孔子与之琴，使之弦，援琴而弦，衎衎而乐作，而曰："先生制礼不敢不及也。"孔子曰："君子也。"闵子骞三年之丧毕，见于孔子，孔子与之琴，使之弦，援琴而弦，切切而悲作，而曰："先生制礼不敢过也。"孔子曰："君子也。"子贡问曰："闵子哀不尽，子曰君子也；子夏哀已尽，子曰君子也。赐也惑，敢问何谓？"孔子曰："闵子哀未尽，能断之以礼，故曰君子也；子夏哀已尽，能引而致之，故曰君子也。夫三年之丧，固优者之所屈，劣者之所勉。"

孔子曰："无体之礼，敬也；无服之丧，忧也；无声之乐，欢也；不言而信，不动而威，不施而仁。志也，钟鼓之声怒而击之则武，忧而击之则悲，喜而击之则乐；其志变，其声亦变。其志诚，通乎金石，而况人乎？"

韶乐方作，孔子至彼，闻韶三月不知肉味。故乐非独以自乐也，又以乐人；非独以自正也，又以正人矣哉！于此乐者，不图为乐至于此。黄帝诏伶伦作为音律，伶伦自大夏之西，乃之昆仑之阴，取竹于嶰谷，以生窍厚薄均者，断两节间，其长九寸而吹之，以为黄钟之宫，日含少次，制十二管，以昆仑之下，听凤之鸣，以别十二律，其雄鸣为六，雌鸣亦六，以比黄钟之宫，适合黄钟之宫，皆可生之，而律之本也。故曰黄钟微而均，鲜全而不伤，其为宫独尊，象大圣之德，可以明至贤之功，故奉而荐之于宗庙，以歌迎功德，世世不忘。是故黄钟生林钟，林钟生大吕，大吕生夷则，夷则生太簇，太簇生南吕，南吕生夹钟，夹钟生无射，无射生姑洗，姑洗生应钟，应钟生蕤宾。三分所生，益之以一分以上生；三分所生，去其一分以下生。黄钟、大吕、太簇、夹钟、姑洗、仲吕、蕤宾为上，林钟、夷则、南吕、无射、应钟为下。大圣至治之世，天地之气，合以生风，日至则日行其风以生十二律，故仲冬短至则生黄钟，季冬生大吕，孟春生太簇，仲春生夹钟，季春生姑洗，孟夏生仲吕，仲夏生蕤宾，季夏生林钟，孟秋生夷则，仲秋生南吕，季秋生无射，孟冬生应钟。天地之风气正，十二律至也。

圣人作为鞉鼓椌揭埙箎，比六者德音之音，然后钟磬竽瑟以和之，然后干戚旄狄以舞之；此所以祭先王之庙也，此所以献酬酳酬之酬也，所以官序贵贱各得其宜也，此可以示后世有尊卑长幼之序也。

钟声铿铿以立号，号以立横，横以立武，君子听钟声则思武臣。石声磬磬以立辨，辨以致死，君子听磬声则思死封疆之臣。丝声哀哀以立廉，廉以立志，君子听琴瑟之声，则思志义之臣。竹声滥滥以立会，会以聚众，君子听竽笙箫管之声，则思畜聚之臣。鼓鼙之声欢欢以立动，动以进众，君子听鼓鼙之声，则思将帅之臣。君子之听音，非听其铿锵而已，彼亦有所合之也。

乐者，圣人之所乐也，而可以善民心，其感人深，其移风易俗，故先王著其教焉。夫民有血气心知之性，而无哀乐喜怒之常，应感起物而动，然后心术形焉。是故感激憔悴之音作，而民思忧；啴奔慢易繁文简节之音作，而民康乐；粗厉猛奋广贲之音作，而民刚毅；廉直劲正庄诚之音作，而民肃敬；宽裕肉好顺成和动之音作，而民慈爱。流僻邪散狄成涤滥之音作，而民淫乱。是故先王本之情性，稽之度数，制之礼义；含生气之和，道五常之行，使阳而不散，阴而不密，刚气不怒，柔气不慑；四畅交于中，而发作于外，皆安其位，不相夺也。然后立之学等，广其节奏，省其文彩；以绳德厚，律小大之称，比终始之序，以象事行，使亲疏贵贱，长幼男女之理，皆形见于乐，故曰乐观其深矣。土弊则草木不长，水烦则鱼鳖不大，气衰则生物不遂，世乱则礼慝而乐淫；是故其声哀而不庄，乐而不安，慢易以犯节，流漫以忘本，广则容奸，狭则思欲；感涤荡之气，灭平和之德，是以君子贱之也。凡奸声感人而逆气应之，逆气成象而淫乐兴焉；正声感人而顺气应之，顺气成象而和乐兴焉。唱和有应，回邪曲直，各归其分，而万物之理，以类相动也。是故君子反情以和其志，比类以成其行，奸声乱色，不习于听，淫乐慝礼，不接心术，惰慢邪辟之气，不设于身体；使耳目鼻口心智百体，皆由顺正以行其义，然后发以声音，文以琴瑟，动以干戚，饰以羽旄，从以箫管；奋至德之光，动四气之和，以着万物之理。是故清明象天，广大象地，终始象四时，周旋象风雨；五色成文而不乱，八风从律而不奸，百度得数而有常。小大相成，终始相生，唱和清浊，代相为经，故乐行而伦清，耳目聪明，血气和平，移风易俗，天下皆宁，故曰乐者乐也。君子乐得其道，小人乐得其欲，以道制欲，则乐而不乱；以欲忘道，则惑而不乐，是故君子反情以和其意，广乐以成其教，故乐行而民向方，可以观德矣。德者性之端也，乐者德之华也，金石丝竹，乐之器也。诗言其志，歌咏其声，舞动其容，三者本于心，然后乐器从之；是故情深而文明，气盛而化神，和顺积中而英华发外，惟乐不可以为伪。乐者，心之动也，声者，乐之象也，文采节奏，声之饰也。君子之动本，乐其象也，后治其饰，是故先鼓以警戒，三步以见方，再始以着往，复乱以饬归；奋疾而不拔，极幽而不隐，独乐其志，不厌其道，备举其道，不私其欲。是故情见而义立，乐终而德尊，君子以好善，小人以饬过，故曰生民之道，乐为大焉。

乐之可密者，琴最宜焉，君子以其可修德，故近之。凡音之起，由人心生也；人心之动，物使之然也；感于物而后动，故形于声；声相应故生变，变成方故谓之音。比音而乐之，及干戚羽旄谓之乐；乐者音之所由生也，其本在人心之感于物。是故其哀心感者，其声噍以杀；其乐心感者，其声啴以缓；其喜心感者，其声发以散；其怒心感者，其声壮以厉；其敬心感者，其声直以廉；其爱心感者，其声和以调。人之善恶非牲也，感于物而后动，是故先王慎所以感之，故礼以定其意，乐以和其性，政以一其行，刑以防其奸；礼乐刑政，其极一也，所以同民心而立治道也。

凡音，生人心者也，情动于中而形于声，声成文谓之音。是故治世之音安以乐，其政和；乱世之音怨以怒，其政乖；亡国之音哀以思，其民困。声音之道，与政通矣。宫为君，商为臣，角为民，徵为事，羽为物；五音乱则无法，无法之音：宫乱则荒，其君骄；商乱则陂，其官坏；角乱则忧，其民怨；征乱则哀，其事勤；羽乱则危，其财匮；五者皆乱，代相凌谓之慢，如此则国之灭亡无日矣。郑、卫之音，乱世之音也，比于慢矣；桑间、濮上之音，亡国之音也，其政散，其民流，诬上行私而不可止也。

凡人之有患祸者，生于淫泆暴慢，淫泆暴慢之本，生于饮酒；故古者慎其饮酒之礼，使耳听雅音，目视正仪，足行正容，心论正道。故终日饮酒而无过失，近者数日，远者数月，皆人有德焉以益善，诗云："既醉以酒，既饱以德。"此之谓也。

凡从外入者，莫深于声音，变人最极，故圣人因而成之以德曰乐，乐者德之风，诗曰："威仪抑抑，德音秩秩。"谓礼乐也。故君子以礼正外，以乐正内；内须臾离乐，则邪气生矣，外须臾离礼，则慢行起矣；故古者天子诸侯听钟声，未尝离于庭，卿大夫听琴瑟，未尝离于前；所以养正心而灭淫气也。乐之动于内，使人易道而好良；乐之动于外，使人温恭而文雅；雅颂之声动人，而正气应之；和成容好之声动人，而和气应之；粗厉猛贲之声动人，而怒气应之；郑卫之声动人，而淫气应之。是以君子慎其所以动人也。

子路鼓瑟有北鄙之声，孔子闻之曰："信矣，由之不才也！"冉有侍，孔子曰："求来，尔奚不谓由夫先王之制音也？奏中声，为中节；流入于南，不归于北。南者生育之乡，北者杀伐之域；故君子执中以为本，务生以为基，故其音温和而居中，以象生育之气也。忧哀悲痛之感不加乎心，暴厉淫荒之动不在乎体，夫然者，乃治存之风，安乐之为也。彼小人则不然，执末以论本，务刚以为基，故其音湫厉而微末，以象杀伐之气。和节中正之感不加乎心，温俨恭庄之动不存乎体，夫杀者乃乱亡之风，奔北之为也。昔舜造南风之声，其兴也勃焉，至今王公述无不释；纣为北鄙之声，其废也忽焉，至今王公以为笑。彼舜以匹夫，积正合仁，履中行善，而卒以兴，纣以天子，好慢淫荒，刚厉暴贼，而卒以灭。今由也匹夫之徒，布衣之丑也，既无意乎先王之制，而又有亡国之声，岂能保七尺之身哉？"冉有以告子路，子路曰："由之罪也！小人不能，耳陷而入于斯。宜矣，夫子之言也！"遂自悔，不食七日而骨立焉，孔子曰："由之改过矣。"

（西汉）刘向《说苑》，王天海、杨秀岚译注，中华书局2019年版

反质

孔子卦得贲，喟然仰而叹息，意不平。子张进，举手而问曰："师闻贲者吉卦，而叹之乎？"孔子曰："贲非正色也，是以叹之。吾思夫质素，白当正白，黑当正黑。夫质又何也？吾亦闻之，丹漆不文，白玉不雕，宝珠不饰，何也？质有余者，不受饰也。"

禽滑厘问于墨子曰："锦绣絺纻，将安用之？"墨子曰："恶，是非吾用务也。古有无文者得之矣，夏禹是也。卑小宫室，损薄饮食，土阶三等，衣裳细布；当此之时，黻无所用，而务在于完坚。殷之盘庚，大其先王之室，而改迁于殷，茅茨不剪，采椽不斲，以变天下之视；当此之时，文采之帛，将安所施？夫品庶非有心也，以人主为心，苟上不为，下恶用之？二王者以化身先于天下，故化隆于其时，成名于今世也。且夫锦绣絺纻，乱君之所造也，其本皆兴于齐，景公喜奢而忘俭，幸有晏子以俭镌之，然犹几不能胜。夫奢安可穷哉？纣为鹿台糟丘，酒池肉林，宫墙文画，雕琢刻镂，锦绣被堂，金玉珍玮，妇女优倡，钟鼓管弦，流漫不禁，而天下愈竭，故卒身死国亡，为天下戮，非惟锦绣絺纻之用耶？今当凶年，有欲予子随侯之珠者，不得卖也，珍宝而以为饰；又欲予子一钟粟者，得珠者不得粟，得粟者不得珠，子将何择？"禽滑厘曰："吾取粟耳，可以救穷。"墨子曰："诚然，则恶在事夫奢也？长无用，好末淫，非圣人所急也。故食必常饱，然后求美；衣必常暖，然后求丽；居必常安，然后求乐。为可长，行可久，先质而后文，此圣人之务。"禽滑厘曰："善。"

秦始皇既兼天下，大侈靡，即位三十五年犹不息，治大驰道，从九原抵云阳，堑山堙谷直通之。厌先王宫室之小，乃于丰镐之间，文武之处，营作朝宫，渭南山林苑中作前殿，阿房东西五百步，南北五十丈，上可坐万人，下可建五丈旗，周为阁道；自殿直抵南山之岭以为阙，为复道，自阿房渡渭水属咸阳，以象天极，阁道绝汉，抵营室也。又兴骊山之役，锢三泉之底，关中离宫三百所，关外四百所，皆有钟盘帷帐，妇女倡优。立石阙东海上朐山界中，以为秦东门。于是有方士韩客侯生，齐客卢生，相与谋曰："当今时不可以居，上乐以刑杀为威，天下畏罪；持禄莫敢尽忠，上不闻过而日骄，下慑伏以慢欺而取容，谏者不用而失道滋甚。吾党久居，且为所害。"乃相与亡去。始皇闻之大怒，曰："吾异日厚卢生，尊爵而事之，今乃诽谤我，吾闻诸生多为妖言以乱黔首。"乃使御史悉上诸生，诸生传相告，犯法者四百六十余人，皆坑之。卢生不得，而侯生后得，始皇闻之，召而见之，升阿东之台，临四通之街，将数而车裂之。始皇望见侯生，大怒曰："老虏不良，诽谤而主，乃敢复见我！"侯生至，仰台而言曰："臣闻知死必勇，陛下肯听臣一言乎？"始皇曰："若欲何言？言之！"侯生曰："臣闻禹立诽谤之木，欲以知过也。今陛下奢侈失本，淫泆趋末，宫室台阁，连属增累，珠玉重宝，积袭成山，锦绣文采，满府有余，妇女倡优，数巨万人，钟鼓之乐，流漫无穷，酒食珍味，盘错于前，衣服轻暖，舆马文饰，所以自奉，丽靡烂熳，不可胜极。黔首匮竭，民力单尽，尚不自知，又急诽谤，严威克下，下喑上聋，臣等故去。臣等不惜臣之身，惜陛下国之亡耳。闻古之明王，食足以饱，衣足以暖，宫室足以处，舆马足以行，故上不见弃于天，下不见弃于黔首。尧茅茨不剪，采椽不斲，土阶三等，而乐终身者，俗以其文采之少，而质素之多也。丹朱傲虐好慢淫，不修理化，遂以不升。今陛下之淫，万丹朱而十昆吾桀纣，臣恐陛下之十亡也，而曾不一存。"始皇默然久之，曰："汝何不早言？"

魏文侯问李克曰："刑罚之源安生？"李克曰："生于奸邪淫泆之行。凡奸邪之心，饥寒而起，淫泆者，久饥之诡也；雕文刻镂，害农事者也；锦绣纂组，伤女工者也。农事害，则饥之本也；女工伤，则寒之源也。饥寒并至而能不为奸邪者，未之有也；男女饰美以相矜而能无淫泆者，未尝有也。故上不禁技巧，则国贫民侈，国贫穷者为奸邪，而富足者为淫泆，则驱民而为邪也；民以为邪，因之法随，诛之不赦其罪，则是为民设陷也。刑罚之起有原，人主不塞其本，而替其末，伤国之道乎？"文侯曰："善。"以为法服也。

秦穆公闲，问由余曰："古者明王圣帝，得国失国当何以也？"由余曰："臣闻之，当以俭得之，以奢失之。"穆公曰："愿闻奢俭之节。"由余曰："臣闻尧有天下，饭于土簋，啜于土铏，其地南至交趾，北至幽都，东西至日所出入，莫不宾服。尧释天下，舜受之，作为食器，斩木而裁之，销铜铁，修其刃，犹漆黑之以为器。诸侯侈国之不服者十有三。舜释天下而禹受之，作为祭器，漆其外而朱画其内，缯帛为茵褥，觞勺有彩，为饰弥侈，而国之不服者三十有二。夏后氏以没，殷周受之，作为大器，而建九傲，食器雕琢，觞勺刻镂，四壁四帷，茵席雕文，此弥侈矣，而国之不服者五十有二。君好文章，而服者弥侈，故曰俭其道也。"由余出，穆公召内史廖而告之曰："寡人闻邻国有圣人，敌国之忧也。今由余圣人也，寡人患之。吾将奈何？"内史廖曰："夫戎辟而辽远，未闻中国之声也，君其遗之女乐以乱其政，而厚为由余请期，以疏其间，彼君臣有间，然后可图。"君曰："诺。"乃以女乐三九遗戎王，因为由余请期；戎王果具女乐而好之，设酒听乐，终年不迁，马牛羊半死。由余归谏，谏不听，遂去，入秦，穆公迎而拜为上卿。问其兵势与其地利，既已得矣，举兵而伐之，兼国十二，开地千里。穆公奢主，能听贤纳谏，故霸西戎，西戎淫于乐，诱于利，以亡其国，由离质朴也。

晋平公为驰逐之车，龙旌象色，挂之以犀象，错之以羽芝，车成题金千镒，立之于殿下，令群臣得观焉。田差三过而不一顾，平公作色大怒，问田差"尔三过而不一顾，何为也"？田差对曰："臣闻说天子者以天下，说诸侯者以国，说大夫者以官，说士者以事，说农夫者以食，说妇姑者以织。桀以奢亡，纣以淫败，是以不敢顾也。"平公曰："善。"乃命左右曰："去车！"

晋文公合诸侯而盟曰："吾闻国之昏，不由声色，必由奸利好乐，声色者，淫也；贪奸者，惑也，夫淫惑之国，不亡必残。自今以来，无以美妾疑妻，无以声乐妨政，无以奸情害公，无以货利示下。其有之者，是谓伐其根素，流于华叶；若此者，有患无忧，有寇勿弭。不如言者盟示之。"于是君子闻之曰："文公其知道乎？其不王者犹无佐也。"

晏子饮景公酒，日暮，公呼具火，晏子辞曰："诗曰：'侧牟之俄。'言失德也；'屡舞傞傞。'言失容也。'既醉以酒，既饱以德。''既醉而出，并受其福。'宾主之礼也。'醉而不出，是谓伐德。'宾主之罪也。婴已卜其日，未卜其夜。"公曰："善。"举酒而祭之，再拜而出，曰："岂过我哉？吾托国于晏子也。以其家贫善寡人，不欲淫侈也，而况与寡人谋国乎？"

（西汉）刘向《说苑》，王天海、杨秀岚译注，中华书局2019年版

扬　雄

扬雄（前53—18），字子云，蜀郡郫县（今四川成都郫都区）人，汉朝辞赋家、思想家，道家思想的继承者和发展者。扬雄博览群书，长于辞赋，著有《法言》《太玄》等，将源于老子之道的"玄"作为最高范畴，运用于构筑宇宙生成图式，探索事物发展规律。

吾子

或问:"吾子少而好赋?"曰:"然。童子雕虫篆刻。"俄而曰:"壮夫不为也。"或曰:"赋可以讽乎?"曰:"讽乎!讽则已,不已,吾恐不免于劝也。"或曰:"雾縠之组丽。"曰:"女工之蠹矣。""《剑客论》曰:剑可以爱身。"曰:"狴犴使人多礼乎?"

或问:"景差、唐勒、宋玉、枚乘之赋也,益乎?"曰:"必也淫。""淫则奈何?"曰:"诗人之赋丽以则,辞人之赋丽以淫。如孔氏之门用赋也,则贾谊升堂,相如入室矣。如其不用何?"

或问"苍蝇、红紫"。曰:"明视。"问"郑卫之似"。曰:"聪听。"或曰:"朱、旷不世,如之何?"曰:"亦精之而已矣。"

或问:"交五声、十二律也,或雅或郑,何也?"曰:"中正则雅,多哇则郑。""请问本。"曰:"黄钟以生之,中正以平之,确乎郑、卫不能入也!"

或曰:"女有色,书亦有色乎?"曰:"有。女恶华丹之乱窈窕也,书恶淫辞之淈法度也。"

或问:"屈原智乎?"曰:"如玉如莹,爰变丹青。如其智!如其智!"

或问:"君子尚辞乎?"曰:"君子事之为尚。事胜辞则伉,辞胜事则赋,事、辞称则经。足言足容,德之藻矣!"

圣人虎别,其文炳也。君子豹别,其文蔚也。辩人狸别,其文萃也。狸变则豹,豹变则虎。

好书而不要诸仲尼,书肆也。好说而不要诸仲尼,说铃也。君子言也无择,听也无淫,择则乱,淫则辟。述正道而稍邪哆者有矣,未有述邪哆而稍正也。

绿衣三百,色如之何矣!纻絮三千,寒如之何矣!

(西汉)扬雄《法言》,韩敬译注,中华书局 2012 年版

修身

《礼》多仪。或曰:"日昃不食肉,肉必干;日昃不饮酒,酒必酸。宾主百拜而酒三行,不已华乎?"曰:"实无华则野,华无实则贾,华实副则礼。"

或问:"人有倚孔子之墙,弦郑、卫之声,诵韩、庄之书,则引诸门

乎?"曰:"在夷貊则引之,倚门墙则麾之。惜乎衣未成而转为裳也。"

(西汉)扬雄《法言》,韩敬译注,中华书局2012年版

问道

或问:"八荒之礼,礼也,乐也,孰是?"曰:"殷之以中国。"或曰:"孰为中国?"曰:"五政之所加,七赋之所养,中于天地者为中国。过此而往者,人也哉?"

圣人之治天下也,碍诸以礼乐,无则禽,异则貊。吾见诸子之小礼乐也,不见圣人之小礼乐也。孰有书不由笔,言不由舌?吾见天常为帝王之笔舌也。

深知器械、舟车、宫室之为,则礼由已。

或问"无为"。曰:"奚为哉!在昔虞、夏,袭尧之爵,行尧之道,法度彰,礼乐著,垂拱而视天下民之阜也,无为矣。绍桀之后,纂纣之余,法度废,礼乐亏,安坐而视天下民之死,无为乎?"

或问:"太古涂民耳目,惟其见也闻也,见则难蔽,闻则难塞。"曰:"天之肇降生民,使其目见耳闻,是以视之礼,听之乐。如视不礼,听不乐,虽有民,焉得而涂诸。"

(西汉)扬雄《法言》,韩敬译注,中华书局2012年版

问神

或曰:"经可损益与?"曰:"《易》始八卦,而文王六十四,其益可知也。《诗》《书》《礼》《春秋》,或因或作而成于仲尼,其益可知也。故夫道非天然,应时而造者,损益可知也。"

或曰:"《易》损其一也,虽蠢知阙焉。至《书》之不备过半矣,而习者不知,惜乎《书》序之不如《易》也。"曰:"彼数也,可数焉故也。如《书》序,虽孔子末如之何矣。"

虞、夏之书浑浑尔,《商书》灏灏尔,《周书》噩噩尔。下周者,其书谯乎!"

或问:"圣人之经不可使易知与?"曰:"不可。天俄而可度,则其覆物也浅矣。地俄而可测,则其载物也薄矣。大哉,天地之为万物郭,五经之为众说郛。"

或问:"圣人之作事,不能昭若日月乎?何后世之訾訾也!"曰:"瞽

旷能默，瞽旷不能齐不齐之耳，狄牙能喊，狄牙不能齐不齐之口。"

或曰："述而不作，《玄》何以作？"曰："其事则述，其书则作。"

或曰："《玄》何为？"曰："为仁义。"曰："孰不为仁？孰不为义？"曰："勿杂也而已矣。"

或问"经之艰易"。曰："存亡。"或人不谕。曰："其人存则易，亡则艰。延陵季子之于乐也，其庶矣乎！如乐弛，虽札末如之何矣。如周之礼乐，庶事之备也，每可以为不难矣。如秦之礼乐，庶事之不备也，每可以为难矣。"

（西汉）扬雄《法言》，韩敬译注，中华书局2012年版

寡见

或问："五经有辩乎？"曰："惟五经为辩。说天者莫辩乎《易》，说事者莫辩乎《书》，说体者莫辩乎《礼》，说志者莫辩乎《诗》，说理者莫辩乎《春秋》。舍斯，辩亦小矣。"

或曰："良玉不雕，美言不文，何谓也？"曰："玉不雕，玙璠不作器。言不文，典谟不作经。"

或问："司马子长有言：五经不如《老子》之约也，当年不能极其变，终身不能究其业。"曰："若是则周公惑，孔子贼。古者之学耕且养，三年通一。今之学也，非独为之华藻也，又从而绣其鞶帨，恶在其《老》不《老》也。"或曰："学者之说可约邪？"曰："可约解科。"

或曰："君子听声乎？"曰："君子惟正之听；荒乎淫，拂乎正，沈而乐者，君子不听也。"

或问："周宝九鼎，宝乎？"曰："器宝也。器宝，待人而后宝。"

或曰："因秦之法，清而行之，亦可以致平乎？"曰："譬诸琴瑟郑、卫调，俾夔因之，亦不可以致萧韶矣。"

（西汉）扬雄《法言》，韩敬译注，中华书局2012年版

五百

或曰："孔子之道，不可小与？"曰："小则败圣，如何！"曰："若是，则何为去乎？"曰："爱日。"曰："爱日而去，何也？"曰："由群婢之故也。不听正，谏而不用。噫者，吾于观庸邪！无为饱食安坐而厌观也。由此观之，夫子之日亦爱矣。"或曰："君子爱日乎？"曰："君子仕

则欲行其义,居则欲彰其道。事不厌,教不倦,焉得日?"

珑玲其声者,其质玉乎!

(西汉)扬雄《法言》,韩敬译注,中华书局2012年版

先知

圣人文质者也:车服以彰之,藻色以明之,声音以扬之,诗书以光之。笾豆不陈,玉帛不分,琴瑟不铿,钟鼓不抏,则吾无以见圣人矣。

或曰:"以往圣人之法治将来,譬犹胶柱而调瑟,有诸?"曰:"有之。"曰:"圣君少而庸君多,如独守仲尼之道,是漆也。"曰:"圣人之法,未尝不关盛衰焉。昔者,尧有天下,举大纲,命舜、禹;夏、殷、周属其子,不胶者卓矣!唐、虞象刑惟明,夏后肉辟三千,不胶者卓矣!尧亲九族,协和万国。汤武桓桓,征伐四克。由是言之,不胶者卓矣。礼乐征伐,自天子所出。春秋之时,齐晋实予,不胶者卓矣!"

(西汉)扬雄《法言》,韩敬译注,中华书局2012年版

重黎

或问"黄帝终始"。曰:"托也。昔者姒氏治水土,而巫步多禹;扁鹊,卢人也,而医多卢。夫欲臛伪者必假真。禹乎?卢乎?终始乎?"

或问"《周官》"?曰:"立事。""《左氏》"?曰:"品藻。""太史史迁"?曰:"实录。"

(西汉)扬雄《法言》,韩敬译注,中华书局2012年版

渊骞

或问"近世社稷之臣"。曰:"若张子房之智,陈平之无悟,绛侯勃之果,霍将军之勇,终之以礼乐,则可谓社稷之臣矣。"

(西汉)扬雄《法言》,韩敬译注,中华书局2012年版

君子

或问:"舣不浆,冲不荠,有诸?"曰:"有之。"或曰:"大器固不周于小乎?"曰:"斯械也,君子不械。"

淮南说之用,不如太史公之用也。太史公,圣人将有取焉;淮南、鲜取焉尔。必也,儒乎!乍出乍入,淮南也;文丽用寡,长卿也;多爱不

忍，子长也。仲尼多爱，爱义也；子长多爱，爱奇也。

或问："圣人之言，炳若丹青，有诸？"曰："吁！是何言与？丹青初则炳，久则渝。渝乎哉？"

（西汉）扬雄《法言》，韩敬译注，中华书局2012年版

孝至

或曰："食如蚁，衣如华，朱轮驷马，金朱煌煌，无已泰乎？"曰："由其德，舜、禹受天下不为泰。不由其德，五两之纶，半通之铜，亦泰矣。"

或问"泰和"。曰：其在唐、虞、成周乎？观《书》及《诗》温温乎，其和可知也。

周康之时，颂声作乎下，《关雎》作乎上，习治也。齐桓之时缊，而《春秋》美邵陵，习乱也。

汉兴二百一十载而中天，其庶矣乎！辟廱以本之，校学以教之，礼乐以容之，舆服以表之。

（西汉）扬雄《法言》，韩敬译注，中华书局2012年版

桓　谭

桓谭（约前23—56），字君山，沛国相（今安徽濉溪西北）人，东汉哲学家、经学家、琴师、天文学家。历事西汉、王莽、东汉三朝，好音律，善鼓琴，遍习"五经"，喜非毁俗儒。著有《新论》二十九篇，早亡佚。

琴道

昔神农氏继宓羲而王天下，亦上观法于天，下取法于地，近取诸身，远取诸物，于是始削桐为琴，绳丝为弦，以通神明之德，合天地之和焉。琴长三尺六寸有六分，象期之数。厚寸有八，象三六数。广六寸，象六律。上圆而敛，法天。下方而平，法地。上广下狭，法尊卑之礼。琴隐长四十五分，隐以前长八分。五弦，第一弦为宫，其次商、角、徵、羽。文王、武王各加一弦，以为少宫、少商。下征七弦，总会枢极。足以通万物

而考治乱也。八音之中，惟丝最密，而琴为之首。琴之言禁也，君子守以自禁也。大声不震哗而流漫，细声不湮灭而不闻。八音广博，琴德最优。古者圣贤，玩琴以养心。夫遭遇异时，穷则独善其身而不失其操，故谓之操。操以鸿雁之音。达则兼善天下，无不通畅，故谓之畅。《尧畅》经逸不存。《舜操》者，昔虞舜圣德玄远，遂升天子，喟然念亲，巍巍上帝之位不足保，援琴作操，其声清以微。《禹操》者，昔夏之时，洪水襄陵沈山，禹乃援琴作操，其声清以溢，潺潺，志在深河。《微子操》，微子伤殷之将亡，终不可奈何，见鸿鹄高飞，援琴作操，其声清以淳。《文王操》者，文王之时，纣无道，烂金为格，溢酒为池，宫中相残，骨肉成泥，璇室瑶台，蔼云翳风，钟声雷起，疾动天地，文王躬被法度，阴行仁义，援琴作操，故其声纷以扰，骇角震商。《伯夷操》，《箕子操》，其声淳以激。

晋师旷善知音。卫灵公将之晋，宿于濮水之上，夜闻新声，召师涓告之，曰："为我听写之。"曰："臣得之矣。"遂之晋。晋平公飨之。酒酣，灵公曰："有新声，愿奏之。"乃令师涓鼓琴。未终，师旷止之，曰："此亡国之声也。"

雍门周以琴见孟尝君。孟尝君曰："先生鼓琴，亦能令文悲乎？"对曰："臣之所能令悲者：先贵而后贱，昔富而今贫，摈压穷巷，不交四邻，不若身材高妙，怀质抱真，逢逸罹谤，怨结而不得信；不若交欢而结爱，无怨而生离，远赴绝国，无相见期；不若幼无父母，壮无妻儿，出以野泽为邻，入用堀穴为家，困于朝夕，无所假贷。若此人者，但闻飞鸟之号，秋风鸣条，则伤心矣。臣一为之援琴而太息，未有不凄恻而涕泣者也。今若足下，居则广厦高堂，连闼洞房，下罗帷，来清风，倡优在前，诣谀侍侧，扬《激楚》，舞郑妾，流声以娱耳，练色以淫目。水戏则舫龙舟，建羽旗，鼓吹乎不测之渊。野游则登平原，驰广囿，强弩下高鸟，勇士格猛兽，置酒娱乐，沉醉忘归。方此之时，视天地曾不若一指，虽有善鼓琴，未能动足下也。"孟尝君曰："固然。"雍门周曰："然臣窃为足下有所常悲。夫角帝而困秦者，君也；连五国而伐楚者，又君也。天下未尝无事，不从即衡。从成则楚王，衡成则秦帝。夫以秦、楚之强而报弱薛，譬犹磨萧斧而伐朝菌也。有识之士，莫不为足下寒心酸鼻。天道不常盛，寒暑更进退，千秋万岁之后，宗庙必不血食。高台既以倾，曲池有已平，坟墓生荆棘，狐兔穴其中，游儿牧竖，蹢躅其足而歌其上，行人见之凄怆，曰：'孟尝君之尊贵，亦犹若是乎！'"于是，孟尝君喟然太息，涕泪承睫而未下。雍门周引琴而鼓之，徐动宫徵，叩角羽，初终，而成曲。孟尝君遂嘘欷而就之，曰："先生鼓琴，令文立若亡国之人也。"

宣帝元康、神爵之间，丞相奏能鼓雅琴者渤海赵定、梁国龙德，召见温室，拜为侍郎。

黄门工鼓琴者有任真卿。虞长倩能传其度数、妙曲、遗声。

成少伯工吹竽，见安昌侯张子夏鼓瑟，谓曰："音不通千曲以上，不足以为知音。"

（东汉）桓谭《新论》，（清）严可均辑《全上古三代秦汉三国六朝文·全后汉文》，中华书局1999年版

王　充

王充（27—约97），字仲任，会稽上虞（今浙江绍兴）人，东汉思想家、文学批评家，汉代道家思想的传承发展者。其代表作品《论衡》，细说微论，解释世俗之疑，辨照是非之理，以"实"为根据，疾虚妄之言，是中国历史上一部重要的思想著作。

逢遇

吹籁工为善声，因越王不喜，更为野声，越王大说。故为善于不欲得善之主，虽善不见爱；为不善于欲得不善之主，虽不善不见憎。此以曲伎合，合则遇，不合则不遇。

或无伎，妄以奸巧合上志，亦有以遇者，窃簪之臣，鸡鸣之客是……籍孺幸于孝惠，邓通爱于孝文，无细简之才，微薄之能，偶以形佳骨娴，皮媚色称。夫好容，人所好也，其遇固宜。或以丑面恶色，称媚于上，嫫母、无盐是也。嫫母进于黄帝，无盐纳于齐王。故贤不肖可豫知，遇难先图。何则？人主好恶无常，人臣所进无豫，偶合为是，适可为上。

（东汉）王充《论衡》，岳麓书社2015年版

累害

弦者思折伯牙之指，御者愿摧王良之手。何则？欲专良善之名，恶彼

之胜己也。是故魏女色艳，郑袖劓之；朝吴忠贞，无忌逐之。

故三监谗圣人，周公奔楚。后母毁孝子，伯奇放流。当时周世孰有不惑乎？后《鸱鸮》作，而《黍离》兴，讽咏之者，乃悲伤之。

（东汉）王充《论衡》，岳麓书社2015年版

幸偶

佞幸之徒，闳孺、籍孺之辈，无德薄才，以色称媚，不宜爱而受宠，不当亲而得附，非道理之宜。故太史公为之作传，邪人反道而受恩宠，与此同科，故合其名谓之《佞幸》。无德受恩，无过遇祸，同一实也。

（东汉）王充《论衡》，岳麓书社2015年版

命义

性命在本，故《礼》有胎教之法：子在身时，席不正不坐，割不正不食，非正色目不视，非正声耳不听。

（东汉）王充《论衡》，岳麓书社2015年版

率性

《诗》曰："彼姝者子，何以与之？"传言：譬犹练丝，染之蓝则青，染之丹则赤。十五之子其犹丝也，其有所渐化为善恶，犹蓝丹之染练丝，使之为青赤也。青赤一成，真色无异。是故扬子哭岐道，墨子哭练丝也。盖伤离本，不可复变也。人之性，善可变为恶，恶可变为善，犹此类也。逢生麻间，不扶自直；白纱入缁，不练自黑。彼蓬之性不直，纱之质不黑，麻扶缁染，使之直黑。夫人之性犹蓬纱也，在所渐染而善恶变矣。

性恶之人，益不禀天善性，得圣人之教，志行变化。世称利剑有千金之价。棠溪、鱼肠之属，龙泉、太阿之辈，其本铤，山中之恒铁也。冶工锻炼，成为铦利，岂利剑之锻与炼，乃异质哉？工良师巧，炼一数至也。试取东下直一金之剑，更熟锻炼，足其火，齐其铦，犹千金之剑也。夫铁石天然，尚为锻炼者变易故质，况人含五常之性，贤圣未之熟锻炼耳，奚患性之不善哉？古贵良医者，能知笃剧之病所从生起，而以针药治而已之。

天道有真伪。真者固自与天相应，伪者人加知巧，亦与真者无以异也。何以验之？《禹贡》曰"璆琳琅玕"，此则土地所生真玉珠也。然而

道人消烁五石，作五色之玉，比之真玉，光不殊别，兼鱼蚌之珠，与《禹贡》璆琳皆真玉珠也……夫禽兽与人殊形，犹可命战，况人同类乎？推此以论，"百兽率舞"，"潭鱼出听"，"六马仰秣"，不复疑矣。异类以殊为同，同类以钧为异，所由不在于物，在于人也。凡含血气者，教之所以异化也。

（东汉）王充《论衡》，岳麓书社2015年版

骨相

善器必用贵人，恶器必施贱者，尊鼎不在陪厕之侧，匏瓜不在殿堂之上，明矣。

（东汉）王充《论衡》，岳麓书社2015年版

初禀

难曰：《康王之诰》曰："冒闻于上帝，帝休，天乃大命文王。"如无命史，经何为言天乃大命文王？所谓大命者，非天乃命文王也，圣人动作，天命之意也，与天合同，若天使之矣。《书》方激劝康叔，勉使为善，故言文王行道，上闻于天，天乃大命之也。《诗》曰："乃眷西顾，此惟予度。"与此同义。

（东汉）王充《论衡》，岳麓书社2015年版

本性

情性者，人治之本，礼乐所由生也。故原情性之极，礼为之防，乐为之节。性有卑谦辞让，故制礼以适其宜；情有好恶喜怒哀乐，故作乐以通其敬。礼所以制，乐所为作者，情与性也。昔儒旧生，著作篇章，莫不论说，莫能实定。

周人世硕，以为"人性有善恶，举人之善性，养而致之则善长；性恶，养而致之则恶长"。如此，则性各有阴阳，善恶在所养焉。故世子作《养书》一篇。

孟子作《性善》之篇，以为"人性皆善，及其不善，物乱之也"。谓人生于天地，皆禀善性，长大与物交接者，放纵悖乱，不善日以生矣。

夫告子之言，亦有缘也。《诗》曰："彼姝之子，何以与之。"其传曰："譬犹练丝，染之蓝则青，染之朱则赤。"夫决水使之东西，犹染丝

令之青赤也。丹朱、商均已染于唐、虞之化矣，然而丹朱傲而商均虐者，至恶之质，不受蓝袜变也。

孙卿有反孟子，作《性恶》之篇，以为"人性恶，其善者伪也"。性恶者，以为人生皆得恶性也；伪者，长大之后，勉使为善也。若孙卿之言，人幼小无有善也。稷为儿，以种树为戏；孔子能行，以俎豆为弄。石生而坚，兰生而香。禀善气，长大就成，故种树之戏为唐司马；俎豆之弄，为周圣师。

董仲舒览孙、孟之书，作《情性》之说曰："天之大经，一阴一阳。人之大经，一情一性。性生于阳，情生于阴。阴气鄙，阳气仁。曰性善者，是见其阳也；谓恶者，是见其阴者也。"若仲舒之言，谓孟子见其阳，孙卿见其阴也。

自孟子以下至刘子政，鸿儒博生，闻见多矣。然而论情性竟无定是。唯世硕、公孙尼子之徒，颇得其正。由此言之，事易知，道难论也。酆文茂记，繁如荣华，恢谐剧谈，甘如饴蜜，未必得实。实者，人性有善有恶，犹人才有高有下也。

（东汉）王充《论衡》，岳麓书社2015年版

书虚

世信虚妄之书，以为载于竹帛上者，皆贤圣所传，无不然之事，故信而是之，讽而读之；睹真是之传，与虚妄之书相违，则并谓短书不可信用。夫幽冥之实尚可知，沈隐之情尚可定，显文露书，是非易见，笼总并传，非实事，用精不专，无思于事也。

夫世间传书诸子之语，多欲立奇造异，作惊目之论，以骇世俗之人；为谲诡之书，以著殊异之名。

《经》曰："江、汉朝宗于海。"唐、虞之前也，其发海中之时，漾驰而已；入三江之中，殆小浅狭，水激沸起，故腾为涛。广陵曲江有涛，文人赋之。大江浩洋，曲江有涛，竟以隘狭也。吴杀其身，为涛广陵，子胥之神，竟无知也。溪谷之深，流者安洋，浅多沙石，激扬为濑。夫涛濑，一也。谓子胥为涛，谁居溪谷为濑者乎？案涛入三江，岸沸踊，中央无声。必以子胥为涛，子胥之身，聚岸涯也？涛之起也，随月盛衰，小大满损不齐同。如子胥为涛，子胥之怒，以月为节也？三江时风，扬疾之波亦溺杀人，子胥之神，复为风也？

世称桀、纣之恶，不言淫于亲戚……《春秋》采毫毛之美，贬纤芥之恶。

唐、虞时，夔为大夫，性知音乐，调声悲善。当时人曰："调乐如夔一足矣。"世俗传言："夔一足。"案秩宗官缺，帝舜博求，众称伯夷，伯夷稽首让于夔龙。

传书又言：燕太子丹使刺客荆轲刺秦王，不得，诛死。后高渐丽复以击筑见秦王，秦王说之；知燕太子之客，乃冒其眼，使之击筑。渐丽乃置铅于筑中以为重，当击筑，秦王膝进，不能自禁。渐丽以筑击秦王颡，秦王病伤，三月而死。

（东汉）王充《论衡》，岳麓书社2015年版

感虚

武王渡孟津时，士众喜乐，前歌后舞。天人同应，人喜天怒，非实宜也。前歌后舞，未必其实。麾风而止之，迹近为虚。夫风者，气也；论者以为天地之号令也。

夫以箸撞钟，以算击鼓，不能鸣者，所用撞击之者，小也。

传书言：师旷奏《白雪》之曲，而神物下降，风雨暴至。平公因之癃病，晋国赤地。或言师旷《清角》之曲，一奏之，有云从西北起；再奏之，大风至，大雨随之，裂帷幕，破俎豆，堕廊瓦。坐者散走。平公恐惧，伏乎廊室。晋国大旱，赤地三年；平公癃病。夫《白雪》与《清角》，或同曲而异名，其祸败同一实也。传书之家，载以为是；世俗观见，信以为然。原省其实，殆虚言也。夫《清角》，何音之声而致此？"《清角》，木音也，故致风雨，如木为风，雨与风俱。"三尺之木，数弦之声，感动天地，何其神也！此复一哭崩城、一叹下霜之类也。师旷能鼓《清角》，必有所受，非能质性生出之也。其初受学之时，宿昔习弄，非直一再奏也。审如传书之言，师旷学《清角》时，风雨当至也。

传书言："瓠芭鼓瑟，渊鱼出听；师旷鼓琴，六马仰秣。"或言："师旷鼓《清角》，一奏之，有玄鹤二八自南方来，集于廊门之危；再奏之而列；三奏之，延颈而鸣，舒翼而舞，音中宫商之声，声吁于天。平公大悦，坐者皆喜。"《尚书》曰："击石拊石，百兽率舞。"此虽奇怪，然尚可信。何则？鸟兽好悲声，耳与人耳同也。禽兽见人欲食，亦欲食之；闻人之乐，何为不乐？然而"鱼听""仰秣""玄鹤延颈""百兽率舞"，盖

且其实；风雨之至、晋国大旱、赤地三年、平公癃病，殆虚言也。或时奏《清角》时，天偶风雨、风雨之后，晋国适旱；平公好乐，喜笑过度，偶发癃病。传书之家，信以为然，世人观见，遂以为实。实者乐声不能致此。何以验之？风雨暴至，是阴阳乱也。乐能乱阴阳，则亦能调阴阳也。王者何须修身正行，扩施善政？使鼓调阴阳之曲，和气自至，太平自立矣。

（东汉）王充《论衡》，岳麓书社2015年版

雷虚

图画之工，图雷之状，累累如连鼓之形；又图一人，若力士之容，谓之雷公，使之左手引连鼓，右手推椎，若击之状。其意以为雷声隆隆者，连鼓相扣击之〔音〕也；其魄然若敝裂者，椎所击之声也；其杀人也，引连鼓相椎，并击之矣。世又信之，莫谓不然。如复原之，虚妄之象也。夫雷，非声则气也。声与气，安可推引而为连鼓之形乎？如审可推引，则是物也。相扣而音鸣者，非鼓即钟也。夫隆隆之声，鼓与钟邪？如审是也，钟鼓不〔而〕空悬，须有笋虡，然后能安，然后能鸣。今钟鼓无所悬着，雷公之足，无所蹈履，安得而为雷？

（东汉）王充《论衡》，岳麓书社2015年版

语增

传语曰："尧、舜之俭，茅茨不剪，采椽不斫。夫言茅茨采椽，可也；言不剪不斫，增之也。"《经》曰"弼成五服"。五服，五采服也。服五采之服，又茅茨、采椽，何宫室衣服之不相称也？服五采，画日月星辰，茅茨、采椽，非其实也。

（东汉）王充《论衡》，岳麓书社2015年版

儒增

儒书言：夏之方盛也，远方图物，贡金九牧，铸鼎象物，而为之备，故入山泽不逢恶物，用辟神奸，故能叶于上下，以承天休。

夫金之性，物也，用远方贡之为美，铸以为鼎，用象百物之奇，安能入山泽不逢恶物，辟除神奸乎？周时天下太平，越裳献白雉，倭人贡鬯草。食白雉，服鬯草，不能除凶；金鼎之器，安能辟奸？且九鼎之

来，德盛之瑞也。服瑞应之物，不能致福。男子服玉，女子服珠。珠玉于人，无能辟除。宝奇之物，使为兰服，作牙身，或言有益者，九鼎之语也。

世俗传言："周鼎不爨自沸；不投物，物自出。"此则世俗增其言也，儒书增其文也，是使九鼎以无怪空为神也。且夫谓周之鼎神者，何用审之？周鼎之金，远方所贡，禹得铸以为鼎也。其为鼎也，有百物之象……以有百物之象为神乎，夫百物之象犹雷樽也，雷樽刻画云雷之形，云雷在天，神于百物，云雷之象不能神，百物之象安能神也？

传言：秦灭周，周之九鼎入于秦。

案本事，周赧王之时，秦昭王使将军攻王赧，王赧惶惧奔秦，顿首受罪，尽献其邑三十六、口三万。秦受其献还王赧。王赧卒，秦王取九鼎宝器矣。若此者，九鼎在秦也……传言王赧奔秦，秦取九鼎，或时误也。传又言："宋太丘社亡，鼎没水中彭城下，其后二十九年，秦并天下。"若此者，鼎未入秦也。其亡，从周去矣，未为神也。

（东汉）王充《论衡》，岳麓书社 2015 年版

艺增

世谷所患，患言事增其实；著文垂辞，辞出溢其真，称美过其善，进恶没其罪……诸子之文，笔墨之疏，贤所著，妙思所集，宜如其实，犹或增之。悦经艺之言，如其实乎？言审莫过圣人，经艺万世不易，犹或出溢，增过其实。增过其实，皆有事为，不妄乱误以少为多也？然而必论之者，方言经艺之增与传语异也。经增非一，略举较著，令悦惑之人，观览采择，得以开心通意，晓解觉悟。

《尚书》曰："协和万国"，是美尧德致太平之化，化诸夏并及夷狄也。言协和方外，可也；言万国，增之也。

《诗》云："鹤鸣九皋，声闻于天。"言鹤鸣九折之泽，声犹闻于天，以喻君子修德穷僻，名犹达朝廷也。〔言〕其闻高远，可矣；言其闻于天，增之也。

《诗》曰："维周黎民，靡有孑遗。"是谓周宣王之时，遭大旱之灾也。诗人伤旱之甚，民被其害，言无有孑遗一人不愁痛者。夫旱甚，则有之矣；言无孑遗一人，增之也。

（东汉）王充《论衡》，岳麓书社 2015 年版

问孔

孔子笑子游之弦歌，子游引前言以距孔子。自今案《论语》之文，孔子之言多若笑弦歌之辞，弟子寡若子游之难，故孔子之言遂结不解。以七十子不能难，世之儒生，不能实道是非也。

使孔子对懿子极言毋违礼，何害之有？专鲁莫过季氏，讥八佾之舞庭，刺太山之旅祭，不惧季氏增邑不隐讳之害，独畏答懿子极言之罪，何哉？

《春秋》之义，采毫毛之善，贬纤介之恶，褒毫毛以巨大，以巨大贬纤介。观《春秋》之义，肯是之乎？不是，则宰我不受；不受，则孔子之言弃矣。圣人之言与文相副，言出于口，文立于策，俱发于心，其实一也。孔子作《春秋》，不贬小以大。其非宰予也，以大恶细，文语相违，服人如何？

《春秋》之义，为贤者讳，亦贬纤介之恶。

（东汉）王充《论衡》，岳麓书社2015年版

量知

绣之未刺，锦之未织，恒丝庸帛，何以异哉？加五采之巧，施针缕之饰，文章炫耀，黼黻华虫，山龙日月。学士有文章，犹丝帛之有五色之巧也。本质不能相过，学业积聚，超逾多矣。物实无中核者谓之郁，无刀斧之断者谓之朴。文吏不学，世之教无核也，郁朴之人，孰与程哉？骨曰切，象曰瑳，玉曰琢，石曰磨，切琢磨，乃成宝器。人之学问知能成就，犹骨象玉石切瑳琢磨也。

（东汉）王充《论衡》，岳麓书社2015年版

谢短

问《诗》家曰："《诗》作何帝王时也？"彼将曰："周衰而《诗》作，盖康王时也。康王德缺于房，大臣刺晏，故《诗》作。"夫文、武之隆贵在成、康，康王未衰，《诗》安得作？周非一王，何知其康王也？二王之末皆衰，夏、殷衰时，《诗》何不作？《尚书》曰"诗言志，歌咏言"，此时已有诗也，断取周以来，而谓兴于周。古者采诗，诗有文也，今《诗》无书，何知非秦燔《五经》，《诗》独无余〔札〕也？问《春

秋》家曰："孔子作《春秋》，周何王时也？自卫反鲁，然后乐正，《春秋》作矣。自卫反鲁，哀公时也。自卫，何君也？俟孔子以何礼，而孔子反鲁作《春秋》乎？孔子录《史记》以作《春秋》，《史记》本名《春秋》乎？制作以为经，乃归《春秋》也？"

（东汉）王充《论衡》，岳麓书社2015年版

超奇

文墨辞说，士之荣叶、皮壳也。实诚在胸臆，文墨著竹帛，外内表里，自相副称。意奋而笔纵，故文见而实露也。人之有文也，犹禽之有毛也。毛有五色，皆生于体。苟有文无实，是则五色之禽，毛妄生也。选士以射，心平体正，执弓矢审固，然后射中。论说之出，犹弓矢之发也；论之应理，犹矢之中的。夫射以矢中效巧，论以文墨验奇。奇巧俱发于心，其实一也。文有深指巨略，君臣治术，身不得行，口不能泄，表著情心，以明己之必能为之也。孔子作《春秋》，以示王意。然则孔子之《春秋》，素王之业也；诸子之传书，素相之事也。观《春秋》以见王意，读诸子以睹相指。

或曰：著书之人，博览多闻，学问习熟，则能推类兴文。文由外而兴，未必实才学文相副也。且浅意于华叶之言，无根核之深，不见大道体要，故立功者希……心思为谋，集扎为文，情见于辞，意验于言。商鞅相秦，致功于霸，作《耕战》之书。虞卿为赵，决计定说，行退作春秋之思，起城中之议。《耕战》之书，秦堂上之计也。陆贾消吕氏之谋，与《新语》同一意。桓君山易晁错之策，与《新论》共一思。观谷永之陈说，唐林之宜言，刘向之切议，以知为本，笔墨之文，将而送之，岂徒雕文饰辞，苟为华叶之言哉？精诚由中，故其文语感动人深。是故鲁连飞书，燕将自杀；邹阳上疏，梁孝开牢。书疏文义，夺于肝心，非徒博览者所能造，习熟者所能为也。

诏书每下，文义经传四科，诏书斐然，郁郁好文之明验也。上书不实核，著书无义指，"万岁"之声，"征拜"之恩，何从发哉？饰面者皆欲为好，而运目者希；文音者皆欲为悲，而惊耳者寡。陆贾之书未奏，徐乐、主父之策未闻，群诸誓言之徒，言事粗丑，文不美润，不指。所谓，文辞淫滑，不被涛沙之谪，幸矣！

（东汉）王充《论衡》，岳麓书社2015年版

谴告

鼓瑟者误于张弦设柱，宫商易声，其师知之，易其弦而复移其柱。夫天之见刑赏之误，犹瑟师之睹弦柱之非也。

楚庄王好猎，樊姬为之不食鸟兽之肉；秦缪公好淫乐，华阳后为之不听郑、卫之音。

孝武皇帝好仙，司马长卿献《大人赋》，上乃仙仙有凌云之气。孝成皇帝好广宫室，扬子云上《甘泉颂》，妙称神怪，若曰非人力所能为，鬼神力乃可成。皇帝不觉，为之不止。

太伯教吴冠带，孰与随从其俗与之俱倮也？故吴之知礼义也，太伯改其俗也。苏武入匈奴，终不左衽；赵他入南越，箕踞椎髻。汉朝称苏武而毁赵他。之性习越土气，畔冠带之制，陆贾说之，夏服雅礼，风告以义，赵他觉悟，运心向内。如陆贾复越服夷谈，从其乱俗，安能令之觉悟，自变从汉制哉？

（东汉）王充《论衡》，岳麓书社2015年版

明雩

曾晰对孔子言其志曰："暮春者，春服既成，冠者五六人，童子六七人，浴乎沂，风乎舞雩，咏而归。"孔子曰："吾与点也！"鲁设雩祭于沂水之上。暮者，晚也；春谓四月也。春服既成，谓四月之服成也。冠者、童子，雩祭乐人也。浴乎沂，涉沂水也，象龙之从水中出也。风乎舞雩，风，歌也。咏而馈，咏歌馈祭也，歌咏而祭也。说论之家，以为浴者，浴沂水中也，风干身也。

礼之心悃，乐之意欢忻。悃愊以玉帛效心，欢忻以钟鼓验意。雩祭请祈，人君精诚也。精诚在内，无以效外。故雩祀尽己惶惧，关纳精心于雩祀之前，玉帛钟鼓之义，四也。

（东汉）王充《论衡》，岳麓书社2015年版

讲瑞

君子在世，清节自守，不广结从，出入动作，人不附从……歌曲弥妙，和者弥寡；行操益清，交者益鲜。鸟兽亦然，必以附从效凤皇，是用和多为妙曲也。

（东汉）王充《论衡》，岳麓书社2015年版

齐世

夫器业变易，性行不异。然而有质朴文薄之语者，世有盛衰，衰极久有弊也。譬犹衣食之于人也，初成鲜完，始熟香洁，少久穿败，连日臭茹矣。文质之法，古今所共。一质一文，一衰一盛，古而有之，非独今也。

画工好画上代之人，秦、汉之士，功行谲奇，不肯图今世之士者，尊古卑今也。贵鹄贱鸡，鹄远而鸡近也。使当今说道深于孔、墨，名不得与之同；立行崇于曾、颜，声不得与之钧。何则？世俗之性，贱所见，贵所闻也。

（东汉）王充《论衡》，岳麓书社2015年版

须颂

古之帝王建鸿德者，须鸿笔之臣褒颂纪载，鸿德乃彰，万世乃闻。问说《书》者："'钦明文思'以下，谁所言也？"曰："篇家也。""篇家谁也？""孔子也。"然则孔子鸿笔之人也。"自卫反鲁，然后乐正，《雅》《颂》各得其所也。"鸿笔之奋，盖斯时也。或说《尚书》曰："尚者，上也；上所为，下所书也。""下者谁也？"曰："臣子也。"然则臣子书上所为矣。问儒者："礼言制，乐言作，何也？"曰："礼者上所制，故曰制；乐者下所作，故曰作。天下太平，颂声作。"方今天下太平矣，颂诗乐声可以作未？传者不知也，故曰拘儒。卫孔悝之鼎铭，周臣劝行。孝宣皇帝称颍川太守黄霸有治状，赐金百斤，汉臣勉政。夫以人主颂称臣子，臣子当褒君父，于义较矣。虞氏天下太平，夔歌舜德；宣王惠周，《诗》颂其行；召伯述职，周歌棠树。是故《周颂》三十一，《殷颂》五，《鲁颂》四，凡《颂》四十篇，诗人所以嘉上也。由此言之，臣子当颂，明矣。

汉家著书，多上及殷、周，诸子并作，皆论他事，无褒颂之言，《论衡》有之。又《诗》颂国名《周颂》，杜抚、〔班〕固所上《汉颂》，相依类也。

宣帝之时，画图汉列士，或不在于画上者，子孙耻之。何则？父祖不贤，故不画图也。夫颂言，非徒画文也。如千世之后，读经书不见汉美，后世怪之。故夫古之通经之臣，纪主令功，记于竹帛；颂上令德，刻于鼎铭。文人涉世，以此自勉。汉德不及六代，论者不德之故也。

当今非无李斯之才也，无从升会稽历琅琊之阶也。弦歌为妙异之曲，坐者不曰善，弦歌之人，必怠不精。何则？妙异难为，观者不知善也。圣国扬妙异之政，众臣不颂，将顺其美，安得所施哉？

是故《春秋》为汉制法，《论衡》为汉平说。

（东汉）王充《论衡》，岳麓书社2015年版

佚文

孝武皇帝封弟为鲁恭王。恭王坏孔子宅以为宫，得佚《尚书》百篇，《礼》三百，《春秋》三十篇，《论语》二十一篇，闻弦歌之声，俱复封涂，上言武帝。武帝遣吏发取，古经《论语》，此时皆出。经传也而有〔闻〕弦歌之声，文当兴于汉，喜乐得闻之祥也。当传于汉，寝藏墙壁之中，恭王〔闻〕之，圣王感动弦歌之象。此则古文不当掩，汉俟以为符也。

孝武之时，诏百官对策，董仲舒策文最善。王莽时，使郎吏上奏，刘子骏章尤美。美善不空，才高知深之验也。《易》曰："圣人之情见于辞。"文辞美恶，足以观才。永平中，神雀群集，孝明诏上《〔神〕爵颂》，百官颂上，文皆比瓦石，唯班固、贾逵、傅毅、杨终、侯讽五颂金玉，孝明览焉。夫以百官之众，郎吏非一，唯五人文善，非奇而何？孝武善《子虚》之赋，征司马长卿。孝成玩弄众书之多，善扬子云，出入游猎，子云乘从。使长卿、桓君山、子云作吏，书所不能盈牍，文所不能成句，则武帝何贪？成帝何欲？故曰："玩扬子云之篇，乐于居千石之官；挟桓君山之书，富于积猗顿之财。"

韩非之书，传在秦庭，始皇叹曰："独不得与此人同时！"陆贾《新语》，每奏一篇，高祖左右，称曰万岁。夫叹思其人，与喜称万岁，岂可空为哉？诚见其美，欢气发于内也。候气变者，于天不于地，天，文明也。衣裳在身，文着于衣，不在于裳，衣法天也。察掌理者左不观右，左文明也。占在右，不观左，右，文明也。《易》曰："大人虎变其文炳，君子豹变其文蔚。"又曰："观乎天文，观乎人文。"此言天人以文为观，大人君子以文为操也。高祖在母身之时，息于泽陂，蛟龙在上，龙觓炫耀；及起，楚望汉军，气成五采；将入咸阳，五星聚东井，星有五色。天或者憎秦，灭其文章；欲汉兴之，故先受命以文为瑞也。

孔子曰："文王既殁，文不在兹乎！"文王之文，传在孔子。孔子为

汉制文，传在汉也。受天之文。文人宜遵五经六艺为文，诸子传书为文，造论著说为文，上书奏记为文，文德之操为文。立五文在世，皆当贤也。造论著说之文，尤宜劳焉。何则？发胸中之思，论世俗之事，非徒讽古经、续故文也。论发胸臆，文成手中，非说经艺之人所能为也。周、秦之际，诸子并作，皆论他事，不颂主上，无益于国，无补于化。造论之人，颂上恢国，国业传在千载，主德参贰日月，非适诸子书传所能并也。上书陈便宜，奏记荐吏士，一则为身，二则为人。繁文丽辞，无上书文德之操。治身完行，徇利为私，无为主者。夫如是，五文之中，论者之文多矣。则可尊明矣。

知文锦之可惜，不知文人之当尊，不通类也。天文人文，文岂徒调墨弄笔，为美丽之观哉？载人之行，传人之名也。善人愿载，思勉为善；邪人恶载，力自禁裁。然则文人之笔，劝善惩恶也。谥法所以章善，即以著恶也。加一字之谥，人犹劝惩，闻知之者，莫不自勉。况极笔墨之力，定善恶之实，言行毕载，文以千数，传流于世，成为丹青，故可尊也。

文人之笔，独已公矣！贤圣定意于笔，笔集成文，文具情显，后人观之，以〔见〕正邪，安宜妄记？足蹈于地，迹有好丑；文集于礼，志有善恶。故夫占迹以睹足，观文以知情。《诗》三百，一言以蔽之，曰："思无邪。"《论衡》篇以十数，亦一言也，曰："疾虚妄。"

（东汉）王充《论衡》，岳麓书社2015年版

纪妖

卫灵公将之晋，至濮水之上，夜闻鼓新声者，说之，使人问之，左右皆报弗闻。召师涓而告之曰："有鼓新声者，使人问左右，尽报弗闻其状似鬼，子为我听而写之。"师涓曰："诺！"因静坐抚琴而写之。明日报曰："臣得之矣，然而未习，请更宿而习之。"灵公曰："诺！"因复宿。明日已习，遂去之晋。晋平公觞之施夷之台，酒酣，灵公起曰："有新声，愿请奏以示公。"公曰："善！"乃召师涓，令坐师旷之旁，援琴鼓之。未终，旷抚而止之，曰："此亡国之声，不可遂也。"平公："此何道出？"师旷曰："此师延所作淫声，与纣为靡靡之乐也。武王诛纣，悬之白旄，师延东走，至濮水而自投，故闻此声者，必于濮水之上。先闻此声者，其国削，不可遂也。"平公曰："寡人好者音也，子其使遂之。"师

涓鼓究之。

平公曰："此所谓何声也？"师旷曰："此所谓清商。"公曰："清商固最悲乎？"师旷曰："不如清徵。"公曰："清徵可得闻乎？"师旷曰："不可！古之得听清徵者，皆有德义君也。今吾君德薄，不足以听之。"公曰："寡人所好者音也，愿试听之。"师旷不得已，援琴鼓之。一奏，有玄鹤二八从南方来，集于郭门之上危；再奏而列；三奏，延颈而鸣，舒翼而舞。音中宫商之声，声彻于天。平公大悦，坐者皆喜。

平公提觞而起，为师旷寿，反坐而问曰："乐莫悲于清徵乎？"师旷曰："不如清角。"平公曰："清角可得闻乎？"师旷曰："不可！昔者黄帝合鬼神于西大山之上，驾象舆，六玄龙，毕方并辖，蚩尤居前，风伯进扫，雨师洒道，虎狼在前，鬼神在后，虫蛇伏地，白云覆上，大合鬼神，乃作为清角。今主君德薄，不足以听之。听之，将恐有败。"平公曰："寡人老矣，所好者音也，愿遂听之。"师旷不得已而鼓之。一奏之，有云从西北起；再奏之，风至，大雨随之，裂帷幕，破俎豆，堕廊瓦，坐者散走。平公恐惧，伏于廊室。晋国大旱，赤地三年。平公之身遂癃病。何谓也？

曰：是非卫灵公国且削，则晋平公且病，若国且旱〔之〕妖也？师旷曰"先闻此声者国削"。二国先闻之矣。何知新声非师延所鼓也？曰：师延自投濮水，形体腐于水中，精气消于泥涂，安能复鼓琴？屈原自沉于江，屈原善著文，师延善鼓琴。如师延能鼓琴，则屈原能复书矣。杨子云吊屈原，屈原何不报？屈原生时，文无不作；不能报子云者，死为泥涂，手既朽，无用书也。屈原手朽无用书，则师延指败无用鼓琴矣。孔子当泗水而葬，泗水却流，世谓孔子神而能却泗水。孔子好教授，犹师延之好鼓琴也。师延能鼓琴于濮水之中，孔子何为不能教授于泗水之侧乎？

居二日半，简子悟，告大夫曰：我之帝所，甚乐，与百神游于钧天，靡乐九奏万舞，不类三代之乐，其声动人心。

（东汉）王充《论衡》，岳麓书社2015年版

诘术

图宅术曰："宅有八术，以六甲之名，数而第之，第定名立，宫商殊别。宅有五音，姓有五声。宅不宜其姓，姓与宅相贼，则疾病死亡，犯罪遇祸。"

五音之家，用口调姓名及字，用姓定其名，用名正其字。口有张歙，声有外内，以定五音宫商之实。夫人之有姓者，用禀于天。天得五行之气为姓邪？以口张歙、声外内为姓也？如以本所禀于天者为姓，若五谷万物禀气矣，何故用口张歙、声内外定正之乎？古者因生以赐姓，因其所生赐之姓也。

图宅术曰："商家门不宜南向，徵家门不宜北向。"则商金，南方火也；徵火，北方水也。水胜火，火贼金，五行之气不相得，故五姓之宅，门有宜向……长吏之姓，必有宫商，诸吏之舍必有徵羽。安官迁徙，未必角姓门南向也；失位贬黜，未必商姓门北出也。或安官迁徙，或失位贬黜何？姓有五音，人之性质亦有五行。五音之家，商家不宜南向门，则人禀金之性者，可复不宜南向坐、南行步乎？一曰：五音之门，有五行之人。

（东汉）王充《论衡》，岳麓书社2015年版

知实

孔子曰："吾自卫反鲁，然后乐正，雅颂各得其所。"是谓孔子自知时也。何以自知？鲁、卫，天下最贤之国也。鲁、卫不能用己，则天下莫能用己也，故退作《春秋》，删定《诗》《书》。

（东汉）王充《论衡》，岳麓书社2015年版

定贤

鼓无当于五音，五音非鼓不和。师无当于五服，五服非师不亲。

以敏于赋颂，为弘丽之文为贤乎？则夫司马长卿、扬子云是也。文丽而务巨，言眇而趋深，然而不能处定是非，辩然否之实。虽文如锦绣，深如河、汉，民不觉知是非之分，无益于弥为崇实之化。

管子曰："君子言堂满堂，言室满室。"怪此之言，何以得满？如正是之言出，堂之人皆有正是之知，然后乃满。如非正是，人之乖刺异，安得为满？夫歌曲妙者，和者则寡；言得实者，然者则鲜。和歌与听言，同一实也。曲妙人不能尽和，言是人不能皆信。鲁文公逆祀，去者三人；定公顺祀，畔者五人。贯于俗者，则谓礼为非。晓礼者寡，则知是者希。君子言之，堂室安能满？夫人不谓之满，世则不得见口谈之实语，笔墨之余迹，陈在简策之上，乃可得知。故孔子不王，作《春秋》以明意。案《春秋》虚文业，以知孔子能王之德。孔子，圣人也。有若孔子之业者，

虽非孔子之才，斯亦贤者之实验也。夫贤与同轨而殊名，贤可得定，则圣可得论也。问：周道不弊，孔子不作《春秋》。《春秋》之作，起周道弊也。如周道不弊，孔子不作者，未必无孔子之才，无所起也。夫如是，孔子之作《春秋》，未可以观圣；有若孔子之业者，未可知贤也。曰：周道弊，孔子起而作之，文义褒贬是非，得道理之实，无非僻之误，以故见孔子之贤，实也。夫无言，则察之以文；无文，则察之以言。设孔子不作，犹有遗言，言必有起，犹文之必有为也。观文之是非，不顾作之所起，世间为文者众矣，是非不分，然否不定，桓君山论之，可谓得实矣。论文以察实，则君山汉之贤人也。

（东汉）王充《论衡》，岳麓书社 2015 年版

书解

或曰："士之论高，何必以文？"

答曰：夫人有文质乃成。物有华而不实，有实而不华者。《易》曰："圣人之情见乎辞。"出口为言，集札为文，文辞施设，实情敷烈。夫文德，世服也。空书为文，实行为德，著之于衣为服。故曰：德弥盛者文弥缛，德弥彰者人弥明。大人德扩其文炳。小人德炽其文斑。官尊而文繁，德高而文积。华而睆者，大夫之箦，曾子寝疾，命元起易。由此言之，衣服以品贤，贤以文为差。愚杰不别，须文以立折。非唯于人，物亦咸然。龙鳞有文，于蛇为神；凤羽五色，于鸟为君；虎猛，毛蚡蚋；龟知，背负文：四者体不质，于物为圣贤。且夫山无林，则为土山，地无毛，则为泻土；人无文，则为仆人。土山无麋鹿，泻土无五谷，人无文德，不为圣贤。上天多文而后土多理。二气协和，圣贤禀受，法象本类，故多文彩。瑞应符命，莫非文者。晋唐叔虞、鲁成季友、惠公夫人号曰仲子，生而怪奇，文在其手。张良当贵，出与神会，老父授书，卒封留侯。河神，故出图，洛灵，故出书。竹帛所记怪奇之物，不出潢洿。物以文为表，人以文为基。棘子成欲弥文，子贡讥之。谓文不足奇者，子成之徒也。

周公制礼乐，名垂而不灭。孔子作《春秋》，闻传而不绝。周公、孔子，难以论言。

文王日昃不暇食，此谓演《易》而益卦。周公一沐三握发，为周改法而制。周道不弊，孔子不作，休思虑间也！周法阔疏，不可因也。夫禀天地之文，发于胸臆，岂为间作不暇日哉？感伪起妄，源流气。管仲相桓

公，致于九合。商鞅相孝公，为秦开帝业。然而二子之书，篇章数十。长卿、子云，二子之伦也。俱感，故才并；才同，故业钧。皆士而各著，不以思虑间也。问事弥多而见弥博，官弥剧而识弥泥。居不幽则思不至，思不至则笔不利。嚚顽之人，有幽室之思，虽无忧，不能著一字。盖人材有能，无有不暇。有无材而不能思，无有知而不能著。有鸿材欲作而无起，细知以问而能记。盖奇有无所因，无有不能言，两有无所睹，无不暇造作。

《易》据事象，《诗》采民以为篇，《乐》须民欢，《礼》待民平。四经有据，篇章乃成。《尚书》《春秋》，采掇史记。史记兴无异，以民事一意，《六经》之作皆有据。由此言之，书亦为本，经亦为末，末失事实，本得道质。折累二者，孰为玉屑？知屋漏者在宇下，知政失者在草野，知经误者在诸子。诸子尺书，文明实是。说章句者，终不求解扣明，师师相传，初为章句者，非通览之人也。

（东汉）王充《论衡》，岳麓书社 2015 年版

案书

孔子曰"师挚之始，《关雎》之乱，洋洋乎盈耳哉！"

案孔子作《春秋》，采毫毛之善，贬纤介之恶。可褒，则义以明其行善；可贬，则明其恶以讥其操。《新论》之义，与《春秋》会一也。

夫俗好珍古不贵今，谓今之文不如古书。夫古今一也，才有高下，言有是非，不论善恶而徒贵古，是谓古人贤今人也。

（东汉）王充《论衡》，岳麓书社 2015 年版

对作

对曰：圣人作经，艺者传记，匡济薄俗，驱民使之归实诚也。案六略之书，万三千篇，增善消恶，割截横拓，驱役游慢，期便道善，归政道焉。孔子作《春秋》，周民弊也。故采求毫毛之善，贬纤介之恶，拨乱世，反诸正，人道浃，王道备，所以检押靡薄之俗者，悉具密致。夫防决不备，有水溢之害；网解不结，有兽失之患。是故周道不弊，则民不文薄；民不文薄，《春秋》不作。杨、墨之学不乱〔儒〕义，则孟子之传不造；韩国不小弱，法度不坏废，则韩非之书不为；高祖不辨得天下，马上之计未转，则陆贾之语不奏；众事不失实，凡论不坏乱，则桓谭之论不

起。故夫贤圣之兴文也，起事不空为，因因不妄作。作有益于化，化有补于正。故汉立兰台之官，校审其书，以考其言。董仲舒作道术之书，颇言灾异政治所失，书成文具，表在汉室。主父偃嫉之，诬奏其书。天子下仲舒于吏，当谓之下愚。仲舒当死，天子赦之。夫仲舒言灾异之事，孝武犹不罪而尊其身，况所论无触忌之言，核道实之事，收故实之语乎！故夫贤人之在世也，进则尽忠宣化，以明朝廷；退则称论贬说，以觉失俗。俗也不知还，则立道轻为非；论者不追救，则迷乱不觉悟。

是故《论衡》之造也，起众书并失实，虚妄之言胜真美也。故虚妄之语不黜，则华文不见息；华文放流，则实事不见用。故《论衡》者，所以铨轻重之言，立真伪之平，非苟调文饰辞，为奇伟之观也。

古有命使采爵，欲观风俗知下情也。《诗》作民间，圣王可云"汝民也，何发作"，囚罪其身，殁灭其诗乎？今已不然，故《诗》传〔至〕今。《论衡》《政务》，其犹《诗》也，冀望见采，而云有过。斯盖《论衡》之书所以兴也。且凡造作之过，意其言妄而谤诽也。《论衡》实事疾妄，《齐世》《宣汉》《恢国》《验符》《盛褒》《须颂》之言，无诽谤之辞。

（东汉）王充《论衡》，岳麓书社2015年版

自纪

断决知辜，不必皋陶；调和葵韭，不俟狄牙；闾巷之乐，不用《韶》《武》；里母之祀，不待太牢。

充既疾俗情，作《讥俗》之书；又闵人君之政，徒欲治人，不得其宜，不晓其务，愁精苦思，不睹所趋，故作《政务》之书。又伤伪书俗文多不实诚，故为《论衡》之书。

《论衡》者，论之平也。口则务在明言，笔则务在露文。高士之文雅，言无不可晓，指无不可睹。

夫文由语也，或浅露分别，或深迂优雅，孰为辩者？故口言以明志，言恐灭遗，故著之文字。文字与言同趋，何为犹当隐闭指意？狱当嫌辜，卿决疑事，浑沌难晓，与彼分明可知，孰为良吏？夫口论以分明为公，笔辩以荴露为通，吏文以昭察为良……夫笔著者，欲其易晓而难为，不贵难知而易造；口论务解分而可听，不务深迂而难睹。孟子相贤，以眸子明了者，察文，以义可晓。

答曰：论贵是而不务华，事尚然而不高合。论说辨然否，安得不谲常心、逆俗耳……善雅歌，于郑为人悲；礼舞，于赵为不好。尧、舜之典，伍伯不肯观；孔、墨之籍，季、孟不肯读。

充书不能纯美。或曰："口无择言，笔无择文。文必丽以好，言必辩以巧。言了于耳，则事味于心；文察于目，则篇留于手。故辩言无不听，丽文无不写。今新书既在论譬，说俗为戾，又不美好，于观不快。盖师旷调音，曲无不悲；狄牙和膳，肴无淡味。然则通人造书，文无瑕秽。《吕氏》《淮南》悬于市门，观读之者无訾一言。今无二书之美，文虽众盛，犹多谴毁。"答曰：夫养实者不育华，调行者不饰辞。丰草多华英，茂林多枯枝。为文欲显白其为，安能令文而无谴毁……大羹必有淡味，至宝必有瑕秽，大简必有大好，良工必有不巧。然则辩言必有所屈，通文犹有所黜。言金由贵家起，文粪自贱室出，《淮南》《吕氏》之无累害，所由出者，家富官贵也。夫贵，故得悬于市，富，故有千金副。观读之者，惶恐畏忌，虽见乖不合，焉敢谴一字？

充书既成，或稽合于古，不类前人。或曰："谓之饰岁偶辞，或径或迂，或屈或舒。谓之论道，实事委琐，文给甘酸，谐于经不验，集于传不合，稽之子长不当，内之子云不入。文不与前相似，安得名佳好，称工巧？"答曰：饰貌以强类者失形，调辞以务似者失情。百夫之子，不同父母，殊类而生，不必相似，各以所禀，自为佳好。文必有与合然后称善，是则代匠斫不伤手，然后称工巧也。文士之务，各有所从，或调辞以巧文，或辩伪以实事。必谋虑有合，文辞相袭，是则五帝不异事，三王不殊业也。美色不同面，皆佳于目；悲音不共声，皆快于耳。酒醴异气，饮之皆醉；百谷殊味，食之皆饱。谓文当与前合，是谓舜眉当复八采，禹目当复重瞳。

充书文重。或曰："文贵约而指通，言尚省而趋明。辩士之言要而达，文人之辞寡而章。今所作新书，出万言，繁不省，则读者不能尽；篇非一，则传者不能领。被躁人之名，以多为不善。语约易言，文重难得。玉少石多，多者不为珍；龙少鱼众，少者固为神。"答曰：有是言也。盖〔要〕言无多，而华文无寡……今失实之事多，华虚之语众，指实定宜，辩争之言，安得约径？韩非之书，一条无异，篇以十第，文以万数。夫形大，衣不得褊；事众，文不得褊。事众文饶，水大鱼多。

若夫德高而名白，官卑而禄泊，非才能之过，未足以为累也。士愿与宪共庐，不慕与赐同衡；乐与夷俱旅，不贪与蹠比迹。高士所贵，不与俗均，故其名称不与世同。身与草木俱朽，声与日月并彰，行与孔子比穷，文与杨雄为双，吾荣之。身通而知困，官大而德细，于彼为荣，于我为累。

鸟无世凤皇，兽无种麒麟，人无祖圣贤，物无常嘉珍。才高见屈，遭时而然。士贵，故孤兴；物贵，故独产。文孰常在有以放贤，是则醴泉有故源，而嘉禾有旧根也。屈奇之士见，倜傥之辞生，度不与俗协，庸角不能程。是故罕发之迹，记于牒籍；希出之物，勒于鼎铭。五帝不一世而起，伊、望不同家而出。千里殊迹，百载异发。士贵雅材而慎兴，不因高据以显达。

（东汉）王充《论衡》，岳麓书社2015年版

班　固

班固（32—92），字孟坚，扶风安陵（今陕西咸阳）人。东汉史学家、文学家，"汉赋四大家"之一，与司马迁并称"班马"。班固一生著述颇丰，所作《两都赋》开创了京都赋的范例；所编《白虎通义》集当时经学之大成；所修撰《汉书》，作为中国第一部纪传体断代史，主要记述了上起西汉的汉高祖元年（前206），下至新朝的王莽地皇四年（23），共二百三十年的史事。

项庄舞剑

沛公旦日从百余骑见羽鸿门，谢曰："臣与将军戮力攻秦，将军战河北，臣战河南，不自意先入关，能破秦，与将军复相见。今者有小人言，令将军与臣有隙。"羽曰："此沛公左司马曹毋伤言之，不然，籍何以至此？"羽因留沛公饮。范增数目羽击沛公，羽不应。范增起，出谓项庄曰："君王为人不忍，汝入以剑舞，因击沛公，杀之。不者，汝属且为所虏。"庄入为寿。寿毕，曰："军中无以为乐，请以剑舞。"因拔剑舞。项伯亦起舞，常以身翼蔽沛公。樊哙闻事急，直入，怒甚。羽壮之，赐以酒。哙因谯让羽。有顷，沛公起如厕，招樊哙出，置车官属，独骑，樊哙、靳强、滕公、纪成步，从间道走军，使张良留谢羽。羽问："沛公安

在?"曰:"闻将军有意督过之,脱身去,间至军,故使臣献璧。"羽受之。又献玉斗范增。增怒,撞其斗,起曰:"吾属今为沛公虏矣!"

(东汉)班固《汉书·高帝纪上》,中华书局2012年版

高帝击筑自歌

十二月,围羽垓下。羽夜闻汉军四面皆楚歌,知尽得楚地。羽与数百骑走,是以兵大败。灌婴追斩羽东城。

二月,至长安。萧何治未央宫,立东阙、北阙、前殿、武库、大仓。上见其壮丽,甚怒,谓何曰:"天下匈匈,劳苦数岁,成败未可知,是何治宫室过度也!"何曰:"天下方未定,故可因以就宫室。且夫天子以四海为家,非令壮丽亡以重威,且亡令后世有以加也。"上说。自栎阳徙都长安。置宗正官以序九族。

上还,过沛,留,置酒沛宫,悉召故人父老子弟佐酒。发沛中儿得百二十人,教之歌。酒酣,上击筑自歌曰:"大风起兮云飞扬,威加海内兮归故乡,安得猛士兮守四方!"令儿皆和习之。上乃起舞,忼慨伤怀,泣数行下。谓沛父兄曰:"游子悲故乡。吾虽都关中,万岁之后吾魂魄犹思沛。且朕自沛公以诛暴逆,遂有天下,其以沛为朕汤沐邑,复其民,世世无有所与。"沛父老诸母故人日乐饮极欢,道旧故为笑乐。

(东汉)班固《汉书·高帝纪下》,中华书局2012年版

雕文刻镂伤农事

元年冬十月,诏曰:"盖闻古者祖有功而宗有德,制礼乐各有由。歌者,所以发德也;舞者,所以明功也。高庙酎,奏《武德》《文始》《五行》之舞。孝惠庙酎,奏《文始》《五行》之舞。孝文皇帝临天下,通关梁,不异远方;除诽谤,去肉刑,赏赐长老,收恤孤独,以遂群生;减者欲,不受献,罪人不帑,不诛亡罪,不私其利也;除宫刑,出美人,重绝人之世也。朕既不敏,弗能胜识。此皆上世之所不及,而孝文皇帝亲行之。德厚侔天地,利泽施四海,靡不获福。明象乎日月,而庙乐不称,朕甚惧焉。其为孝文皇帝庙为《昭德》之舞,以明休德。然后祖宗之功德,施于万世,永永无穷,朕甚嘉之。其与丞相、列侯、中二千石、礼官具礼仪奏。"丞相臣嘉等奏曰:"陛下永思孝道,立《昭德》之舞以明孝文皇帝之盛德,皆臣嘉等愚所不及。臣谨议:世功莫大于高皇帝,德莫盛于孝

文皇帝。高皇帝庙宜为帝者太祖之庙,孝文皇帝庙宜为帝者太宗之庙。天子宜世世献祖宗之庙。郡国诸侯宜各为孝文皇帝立太宗之庙。诸侯王、列侯使者侍祠天子所献祖宗之庙。请宣布天下。"制曰:"可。"

五月,诏曰:"夫吏者,民之师也。车驾、衣服宜称。吏六百石以上,皆长吏也。亡度者、或不吏服出入闾里,与民亡异。令长吏二千石车朱两轓;千石至六百石朱左轓。车骑从者不称其官衣服、下吏出入闾巷亡吏体者,二千石上其官属,三辅举不如法令者,皆上丞相御史请之。"先是,吏多军功,车、服尚轻,故为设禁,又惟酷吏奉宪失中,乃诏有司减笞法,定箠令。语在《刑法志》。

夏四月,诏曰:"雕文刻镂,伤农事者也;锦绣纂组,害女红者也。农事伤则饥之本也,女红害则寒之原也。夫饥寒并至,而能亡为非者寡矣。朕亲耕,后亲桑,以奉宗庙粢盛、祭服,为天下先;不受献,减太官,省徭赋,欲天下务农蚕,素有畜积,以备灾害。强毋攘弱,众毋暴寡;老耆以寿终,幼孤得遂长。今,岁或不登,民食颇寡,其咎安在?或诈伪为吏,吏以货赂为市,渔夺百姓,侵牟万民。县丞,长吏也,奸法与盗盗,甚无谓也。其令二千石各修其职;不事官职、耗乱者,丞相以闻,请其罪。布告天下,使明知朕意。"

(东汉)班固《汉书·景帝纪》,中华书局2012年版

导民的礼,风之的乐

夏六月,诏曰:"盖闻导民以礼,风之以乐。今礼坏乐崩,朕甚闵焉。故详延天下方闻之士,咸荐诸朝。其令礼官劝学,讲议洽闻,举遗举礼,以为天下先。太常其议予博士弟子,崇乡党之化,以厉贤材焉。"丞相弘请为博士置弟子员,学者益广。

元狩元年冬十月,行幸雍,祠五畤。获白麟,作《白麟之歌》。

六月,得宝鼎后土祠旁。秋,马生渥洼水中。作《宝鼎》《天马》之歌。

夏四月,还祠泰山。至瓠子,临决河,命从臣将军以下皆负薪塞河堤,作《瓠子之歌》。赦所过徙,赐孤、独、高年米,人四石。

六月,诏曰:"甘泉宫内中产芝,九茎连叶。上帝博临,不异下房,赐朕弘休。其赦天下,赐云阳都百户牛、酒。"作《芝房之歌》。

五年冬,行南巡狩,至于盛唐,望祀虞舜于九嶷。登灊天柱山,自寻

阳浮江，亲射蛟江中，获之。舳舻千里，薄枞阳而出，作《盛唐枞阳之歌》。遂北至琅邪，并海，所过，礼祠其名山大川。

夏，京师民观角抵于上林平乐馆。

夏五月，正历，以正月为岁首。色上黄，数用五，定官名，协音律。

四年春，贰师将军广利斩大宛王首，获汗血马来。作《西极天马之歌》。

二月，令天下大酺五日。行幸东海，获赤雁，作《朱雁之歌》。幸琅邪，礼日成山。登之罘，浮大海。山称万岁。

夏四月，幸不其，祠神人于交门宫，若有乡坐拜者。作《交门之歌》。

赞曰：汉承百王之弊，高祖拨乱反正，文、景务在养民，至于稽古礼文之事，犹多阙焉。孝武初立，卓然罢黜百家，表章'六经'。遂畴咨海内，举其俊茂，与之立功。兴太学，修郊祀，改正朔，定历数，协音律，作诗乐，建封禅，礼百神，绍周后，号令文章，焕焉可述。后嗣得遵洪业，而有三代之风。如武帝之雄才大略，不改文、景之恭俭以济斯民，虽《诗》《书》所称，何有加焉！

（东汉）班固《汉书·武帝纪》，中华书局2012年版

元帝有古风之烈

夏五月，诏曰："朕以眇身奉承祖宗，夙夜惟念孝武皇帝躬履仁义，选明将，讨不服，匈奴远遁，平氐、羌、昆明、南越，百蛮乡风，款塞来享；建太学，修郊祀，定正朔，协音律；封泰山，塞宣房，符瑞应，宝鼎出，白麟获。功德茂盛，不能尽宣，而庙乐未称，其议奏。"有司奏请宜加尊号。

六月庚午，尊孝武庙为世宗庙，奏《盛德》《文始》《五行》之舞，天子世世献。武帝巡狩所幸之郡国，皆立庙。赐民爵一级，女子百户牛、酒。

秋八月，诏曰："朕不明六艺，郁于大道，是以阴阳风雨未时。其博举吏民，厥身修正，通文学，明于先王之术，宣究其意者，各二人，中二千石各一人。"

秋八月，诏曰："夫婚姻之礼，人伦之大者也；酒食之会，所以行礼乐也。今郡国二千石或擅为苛禁，禁民嫁娶不得具酒食相贺召。由是废乡

党之礼，令民亡所乐，非所以导民也。《诗》不云乎？'民之失德，乾餱以愆。'勿行苛政。"

赞曰：臣外祖兄弟为元帝侍中，语臣曰：元帝多材艺，善史书。鼓琴瑟，吹洞箫，自度曲，被歌声，分节度，穷极幼眇。少而好儒，及即位，征用儒生，委之以政，贡、薛、韦、匡迭为宰相。而上牵制文义，优游不断，孝宣之业衰焉。然宽弘尽下，出于恭俭，号令温雅，有古之风烈。

（东汉）班固《汉书·宣帝纪》，中华书局2012年版

圣王异车服以章有德

又曰："圣王明礼制以序尊卑，异车服以章有德，虽有其财，而无其尊，不得逾制，故民兴行，上义而下利。方今世俗奢僭罔极，靡有厌足。公卿列侯亲属近臣，四方所则，未闻修身遵礼，同心忧国者也。或乃奢侈逸豫，务广第宅，治园池，多畜奴婢，被服绮縠，设钟鼓，备女乐，车服、嫁娶、葬埋过制。吏民慕效，浸以成俗，而欲望百姓俭节，家给人足，岂不难哉！《诗》不云乎？'赫赫师尹，民具尔瞻。'其申敕有司，以渐禁之。青、绿民所常服，且勿止。列侯近臣，各自省改。司隶校尉察不变者。"

赞曰：臣之姑充后宫为婕妤，父子昆弟侍帷幄，数为臣言：成帝善修容仪，升车正立，不内顾，不疾言，不亲指，临朝渊嘿，尊严若神，可谓穆穆天子之容者矣！博览古今，容受直辞。公卿称职，奏议可述。遭世承平，上下和睦。然湛于酒色，赵氏乱内，外家擅朝，言之可为于邑。建始以来，王氏始执国命，哀、平短祚，莽遂篡位，盖其威福所由来者渐矣！

（东汉）班固《汉书·成帝纪》，中华书局2012年版

郑声淫而乱乐

六月，诏曰："郑声淫而乱乐，圣王所放，其罢乐府。"

（东汉）班固《汉书·哀帝纪》，中华书局2012年版

班教化，禁淫祀

二月，置羲和官，秩二千石；外史、闾师，秩六百石。班教化，禁淫祀，放郑声。

夏，安汉公奏车服制度，吏民养生、送终、嫁娶、奴婢、田宅、器械之品。立官稷及学官：郡国曰学，县、道、邑、侯国曰校，校、学置经师一人；乡曰庠，聚曰序，序、庠置《孝经》师一人。

征天下通知逸经、古记、天文、历算、钟律、小学、《史篇》、方术、《本草》及以《五经》《论语》《孝经》《尔雅》教授者，在所为驾一封轺传，遣诣京师。至者数千人。

（东汉）班固《汉书·平帝纪》，中华书局2012年版

《易》教化民

《易》叙宓羲、神农、黄帝作教化民，而《传》述其官，以为宓羲龙师名官，神农火师火名，黄帝云师云名，少昊鸟师鸟名。自颛顼以来，为民师而命以民事，有重黎、句芒、祝融、后土、蓐收、玄冥之官，然已上矣。《书》载唐、虞之际，命羲、和四子顺天文，授民时；咨四岳，以举贤材，扬侧陋；十有二牧，柔远能迩；禹作司空，平水土；弃作后稷，播百谷；卨作司徒，敷五教；咎繇作士，正五刑；垂作共工，利器用；益作朕虞，育草木鸟兽；伯夷作秩宗，典三礼；夔典乐，和神人；龙作纳言，出入帝命。

（东汉）班固《汉书·百官公卿表上》，中华书局2012年版

同律度量衡

《虞书》曰"乃同律度量衡"，所以齐远近，立民信也。……汉兴，北平侯张苍首律历事，孝武帝时乐官考正。至元始中，王莽秉政，欲耀名誉，征天下通知钟律者百余人，使羲和刘歆等典领条奏，言之最详。故删其伪辞，取正义著于篇。

一曰备数，二曰和声，三曰审度，四曰嘉量，五曰权衡。参五以变，错综其数，稽之于古今，效之于气物，和之于心耳，考之于经传，咸得其实，靡不协同。

数者，一、十、百、千、万也，所以算数事物，顺性命之理也。《书》曰："先其算命。"本起于黄钟之数，始于一而三之，三三积之，历十二辰之数，十有七万七千一百四十七，而五数备矣。其算法用竹，径一分，长六寸，二百七十一枚而成六觚，为一握。径象乾律黄钟之一，而长象坤吕林钟之长。其数以《易》大衍之数五十，其用四十九，成阳六爻，

得周流六虚之象也。夫推历生律制器，规圜矩方，权重衡平，准绳嘉量，探赜索隐，钩深至远，莫不用焉。

声者，宫、商、角、徵、羽也。所以作乐者，谐八音，荡涤人之邪意，全其正性，移风易俗也。八音：土曰埙，匏曰笙，皮曰鼓，竹曰管，丝曰弦，石曰磬，金曰钟，木曰柷。五声和，八音谐，而乐成。商之为言章也，物成孰可章度也。角，触也，物触地而出，戴芒角也。宫，中也，居中央，畅四方，唱始施生，为四声纲也。徵，祉也，物盛大而繁祉也。羽，宇也，物聚臧，宇覆之地。夫声者，中于宫，触于角，祉于徵，章于商，宇于羽，故四声为宫纪也。协之五行，则角为木，五常为仁，五事为貌。商为金，为义，为言；徵为火，为礼，为视；羽为水，为智，为听；宫为土，为信，为思。以君、臣、民、事、物言之，则宫为君，商为臣，角为民，徵为事，羽为物。唱和有象，故言君臣位事之体也。

五声为本，生于黄种之律。九寸为宫，或损或益，以定商、角、徵、羽。九六相生，阴阳之应也。律十有二，阳六为律，阴六为吕。律以统气类物，一曰黄钟，二曰太族，三曰姑洗，四曰蕤宾，五曰夷则，六曰亡射。吕以旅阳宣气，一曰林钟，二曰南吕，三曰应钟，四曰大吕，五曰夹钟，六曰中吕。有三统之义焉。其传曰，黄帝之所作也。黄帝使泠纶自大夏之西，昆仑之阴，取竹之解谷，生其窍厚均者，断两节间而吹之，以为黄钟之宫。制十二筒以听凤之鸣，其雄鸣为六，雌鸣亦六，比黄钟之宫，而皆可以生之，是为律本。至治之世，天地之气合以生风；天地之风气正，十二律定。

黄钟：黄者，中之色，君之服也；钟者，种也。天之中数五，五为声，声上宫，五声莫大焉。地之中数六，六为律，律有形有色，色上黄，五色莫盛焉。故阳气施种于黄泉，孳萌万物，为六气元也。以黄色名元气律者，著宫声也。宫以九唱六，变动不居，周流六虚。始于子，在十一月。大吕：吕，旅也，言阴大，旅助黄钟宣气而牙物也。位于丑，在十二月。太族：族，奏也，言阳气大，奏地而达物也。位于寅，在正月，夹钟：言阴夹助太族宣四方之气而出种物也。位于卯，在二月。姑洗：洗，洁也，言阳气洗物辜浩之也。位于辰，在三月。中吕：言微阴始起未成，著于其中旅助姑洗宣气齐物也。位于巳，在四月。蕤宾：蕤，继也；宾，导也，言阳始导阴气使继养物也。位于午，在五月。林钟：林，君也，言阴气受任，助蕤宾君主种物使长大茂盛也。位于未，在六月。夷则：则，法也，言阳气正法度，而使阴气夷当伤之物也。位于申，在七月。南吕：南，任也，言阴气旅助夷则任成万物也。位于酉，在八月。亡射：射，厌也，言阳气究物，而使阴气毕剥落之，终而复始，亡厌已也。位于戌，在九月。应钟：言阴气应亡谢，该臧万物而杂阳阂种也。位于亥，在十月。

三统者，天施，地化，人事之纪也。十一月，"乾"之初九，阳气伏于地下，始著为一，万物萌动，钟于太阴，故黄钟为天统，律长九寸。九者，所以究极中和，为万物元也。《易》曰："立天之道，曰阴与阳。"六月，"坤"之初六，阴气受任于太阳，继养化柔，万物生长，茂之于未，令种刚强大，故林钟为地统，律长六寸。六者，所以含阳之施，茂之于六合之内，令刚柔有体也"立地之道，曰柔与刚"。"'乾'知太始，'坤'作成物。"正月，"乾"之九三，万物棣通，族出于寅，人奉而成之，仁以养之，义以行之，令事物各得其理。寅，木也，为仁；其声，商也，为义。故太族为人统，律长八寸，象八卦，宓戏氏之所以顺天地，通神明，类万物之情也。"立人之道，曰仁与义。""在天成象，在地成形。""后以裁成天地之道，辅相天地之宜，以左右民。"此三律之谓矣，是为三统。

其于三正也，黄钟，子，为天正；林钟，未之冲丑，为地正；太族，寅，为人正。三正正始，是以地正适其始纽于阳东北丑位。《易》曰"东北丧朋，乃终有庆"，答应之道也。及黄钟为宫，则太族、姑洗、林钟、南吕皆以正声应，无有忽微，不复与它律为役者，同心一统之义也。非黄钟而它律，虽当其月自宫者，则其和应之律有空积忽微，不得其正。此黄钟至尊，亡与并也。

人者，继天顺地，序气成物，统八卦，调八风，理八政，正八节，谐八音，舞八佾，监八方，被八荒，以终天地之功，故八八六十四。其义极天地之变，以天地五位之合终于十者乘之，为六百四十分，以应六十四卦，大族之实也。《书》曰："天功人其代之。"天兼地，人则天，故以五位之合乘焉，"唯天为大，唯尧则之"之象也。地以中数乘者，阴道理内，在中馈之象也。三统相通，故黄钟、林钟、太族律长皆全寸而亡余分也。

玉衡杓建，天之纲也；日月初躔，星之纪也。纲纪之交，以原始造设，合乐用焉。律吕唱和，以育生成化，歌奏用焉。指顾取象，然后阴阳万物靡不条鬯该成。故以成之数忖该之积如法为一寸，则黄钟之长也。参分损一，下生林钟。参分林钟益一，上生太族。参分太族损一，下生南吕。参分南吕益一，上生姑洗。参分姑洗损一，下生应钟。参分应钟益一，上生蕤宾。参分蕤宾损一，下生大吕。参分大吕益一，上生夷则。参分夷则损一，下生夹钟。参分夹钟益一，上生亡射。参分亡射损一，下生中吕。阴阳相生，自黄钟始而左旋，八八为伍。其法皆用铜。职在大乐，太常掌之。

《书》曰："予欲闻六律、五声、八音、七始咏，以出内五言，女听。"予者，帝舜也。言以律吕和五声，施之八音，合之成乐。七者，天地四时人之始也。顺以歌咏五常之言，听之则顺乎天地，序乎四时，应人伦，本阴阳，原情性，风之以德，感之以乐，莫不同乎一。唯圣人为能同天下之意，故帝舜欲闻之也。

至武帝元封七年，汉兴百二岁矣，大中大夫公孙卿、壶遂、太史令司马迁等言"历纪坏废，宜改正朔"。是时御史大夫儿宽明经术，上乃诏宽曰："与博士共议，今宜何以为正朔？服色何上？"宽与博士赐等议，皆曰："帝王必改正朔，易服色，所以明受命于天也。创业变改，制不相复，推传序文，则今夏时也。臣等闻学褊陋，不能明。陛下躬圣发愤，昭配天地，臣愚以为三统之制，后圣复前圣者，二代在前也。今二代之统绝而不序矣，唯陛下发圣德，宣考天地四时之极，则顺阴阳以定大明之制，为万世则。"于是乃诏御史曰："乃者有司言历未定，广延宣问，以考星度，未能雠也。盖闻古者黄帝合而不死，名察发敛，定清浊，起五部，建气物分数。然则上矣。书缺乐弛，朕甚难之。依违以惟，未能修明。其以七年为元年。"遂诏卿、遂、迁与侍郎尊、大典星射姓等议造《汉历》。

（东汉）班固《汉书·律历志上》，中华书局2012年版

"六经"之道同归

"六经"之道同归，而《礼》《乐》之用为急。治身者斯须忘礼，则暴嫚入之矣；为国者一朝失礼，则荒乱及之矣。人函天、地、阴、阳之气，有喜、怒、哀、乐之情。天禀其性而不能节也，圣人能为之节而不能绝也，故象天、地而制礼、乐，所以通神明，立人伦，正情性，节万事者也。

人性有男女之情，妒忌之别，为制婚姻之礼；有交接长幼之序，为制乡饮之礼；有哀死思远之情，为制丧祭之礼；有尊尊敬上之心，为制朝觐之礼。哀有哭踊之节，乐有歌舞之容，正人足以副其诚，邪人足以防其

失……故孔子曰："安上治民，莫善于礼；移风易俗，莫善于乐。"礼节民心，乐和民声，政以行之，刑以防之。礼、乐、政、刑四达而不悖，则王道备矣。

乐以治内而为同，礼以修外而为异；同则和亲，异则畏敬；和亲则无怨，畏敬则不争。揖让而天下治者，礼、乐之谓也。二者并行，合为一体。畏敬之意难见，则著之于享献、辞受、登降、跪拜；和亲之说难形，则发之于诗歌咏言，钟石、管弦。盖嘉其敬意而不及其财贿，美其欢心而不流其声音。故孔子曰："礼云礼云，玉帛云乎哉？乐云乐云，钟鼓云乎哉？"此礼乐之本也。故曰："知礼乐之情者能作，识礼乐之文者能述；作者之谓圣，述者之谓明。明圣者，述作之谓也。"

王者必因前王之礼，顺时施宜，有所损益，即民之心，稍稍制作，至太平而大备。周监于二代，礼文尤具，事为之制，曲为之防，故称礼经三百，威仪三千。于是教化浃洽，民用和睦，灾害不生，祸乱不作，囹圄空虚，四十余年。孔子美之曰："郁郁乎文哉！吾从周。"及其衰也，诸侯逾越法度，恶礼制之害己，去其篇籍。遭秦灭学，遂以乱亡。

至文帝时，贾谊以为："汉承秦之败俗，废礼义，捐廉耻……夫移风易俗，使天下回心而乡道，类非俗吏之所能为也。夫立君臣，等上下，使纲纪有序，六亲和睦，此非天之所为，人之所设也。人之所设，不为不立，不修则坏。汉兴至今二十余年，宜定制度，兴礼乐，然后诸侯轨道，百姓素朴，狱讼衰息。"乃草具其仪，天子说焉。而大臣绛、灌之属害之，故其议遂寝。

至武帝即位，进用英隽，议立明堂，制礼服，以兴太平。会窦太后好黄老言，不说儒术，其事又废。后董仲舒对策言："王者欲有所为，宜求其端于天……今汉继秦之后，虽欲治之，无可奈何。法出而奸生，令下而诈起，一岁之狱以万千数，如以汤止沸，沸俞甚而无益。辟之琴瑟不调，甚者必解而更张之，乃可鼓也。为政而不行，甚者必变而更化之，乃可理也。故汉得天下以来，常欲善治，而至今不能胜残去杀者，失之当更化而不能更化也……更化则可善治，而灾害日去，福禄日来矣。"是时，上方征讨四夷，锐志武功，不暇留意礼文之事。

至成帝时，犍为郡于水滨得古磬十六枚，议者以为善祥。刘向因是说上："宜兴辟雍，设庠序，陈礼乐，隆雅颂之声，盛揖攘之容，以风化天下。如此而不治者，未之有也。或曰，不能具礼。礼以养人为本，如有过差,是过而养人也。刑罚之过,或至死伤。今之刑,非皋陶之法也,而有司请定法,削则削,笔则笔,救时务也。至于礼乐,则曰不敢,是敢于杀人不敢于养人也。为其俎豆、管弦之间小不备,因是绝而不为,是去小不备而就大不备,或莫甚焉。夫教化之比于刑法,刑法轻,是舍所重而急所轻也。且教化,所恃以为治也,刑法所以助治也。今废所恃而独立其所助,非所以致太平也。自京师有谆逆不顺之子孙,至于陷大辟受刑戮者不绝,繇不习五常之道也。夫承千岁之衰周,继暴秦之余敝,民渐渍恶俗,贪饕险诐,不闲义理,不示以大化,而独驱以刑罚,终已不改。故曰:'导之以礼乐,而民和睦。'初,叔孙通将制定礼仪,见非于齐、鲁之士,然卒为汉儒宗,业垂后嗣,斯成法也。"成帝以向言下公卿议,会向病卒,丞相大司空奏请立辟雍。

乐者,圣人之所乐也,而可以善民心。其感人深,移风易俗,故先王著其教焉。

夫民有血、气、心、知之性,而无哀、乐、喜、怒之常,应感而动,然后心术形焉。是以纤微憔瘁之音作,而民思忧;阐谐嫚易之音作,而民康乐;粗厉猛奋之音作,而民刚毅;廉直正诚之音作,而民肃敬;宽裕和顺之音作,而民慈爱;流辟邪散之音作,而民淫乱。先王耻其乱也,故制雅颂之声,本之情性,稽之度数,制之礼仪,合生气之和,异五常之行,使之阳而不散,阴而不集,刚气不怒,柔气不慑,四畅交于中,而发作于外,皆安其位而不相夺,足以感动人之善心也,不使邪气得接焉,是先王立乐之方也。

王者未作乐之时,因先王之乐以教化百姓,说乐其俗,然后改作,以章功德。《易》曰:"先王以作乐崇德,殷荐之上帝,以配祖考。"昔黄帝作《咸池》,颛顼作《六茎》,帝喾作《五英》,尧作《大章》,舜作《招》,禹作《夏》,汤作《濩》,武王作《武》,周公作《勺》。《勺》,言能勺先祖之道也。《武》,言以功定天下也。《濩》言救民也。《夏》,大承二帝也。《招》,继尧也。《大章》,章之也。《五英》,英茂也。《六茎》,及根茎也。《咸池》,备矣。自夏以往,其流不可闻已,殷《颂》犹有存者。周《诗》既备,而其器用张陈,《周官》具焉。典者自卿大夫、师瞽以下,皆选有道德之人,朝夕习业,以教国子。国子者,卿大夫之子弟也,皆学歌九德,诵六诗,习六舞,五声、八音之和。故帝舜命夔曰:"女典乐,教胄子,直而温,宽而栗,刚而无虐,简而无敖。诗言志,歌咏言，声依咏，律和声，八音克谐。"此之谓也。又以外赏诸侯德盛而教尊者。其威仪足以充目，音声足以动耳，诗语足以感心，故闻其音而德和，省其诗而志正，论其数而法立。是以荐之郊庙则鬼神飨，作之朝廷则群臣和，立之学官则万民协。听者无不虚己竦神，说而承流，是以海内遍知上德，被服其风，光辉日新，化上迁善，而不知所以然，至于万物不夭，天地顺而嘉应降。故《诗》曰："钟鼓锽锽，磬管锵锵，降福穰穰。"《书》云："击石拊石，百兽率舞。"鸟兽且犹感应，而况于人乎？况于鬼神乎？故乐者，圣人之所以感天地，通神明，安万民，成性类者也。然自《雅》《颂》之兴，而所承衰乱之音犹在，是谓淫过凶嫚之声，为设禁焉。世衰民散，小人乘君子，心耳浅薄，则邪胜正。故《书》序："殷纣断弃先祖之乐，乃作淫声，用变乱正声，以说妇人。"乐官师瞽抱其器而奔散，或适诸侯，或入河海。夫乐本情性，浃肌肤而臧骨髓，虽经乎千载，其遗风余烈尚犹不绝。至春秋时，陈公子完奔齐。陈，舜之后，《招》乐存焉。故孔子适齐闻《招》，三月不知肉味，曰："不图为乐之至于斯！"美之甚也。

周道始缺，怨刺之诗起。王泽既竭，而诗不能作。王官失业，《雅》《颂》相错，孔子论而定之，故曰："吾自卫反鲁，然后乐正，《雅》《颂》各得其所。"是时，周室大坏，诸侯恣行，设两观，乘大路。陪臣管仲、季氏之属，三归《雍》彻，八佾舞廷。制度遂坏，陵夷而不反，桑间、濮上，郑、卫、宋、赵之声并出。内则致疾损寿，外则乱政伤民。巧伪因而饰之，以营乱富贵之耳目。庶人以求利，列国以相间。故秦穆遗戎而由余去，齐人馈鲁而孔子行。至于六国，魏文侯最为好古，而谓子夏曰："寡人听古乐则欲寐，及闻郑、卫，余不知倦焉。"子夏辞而辨之，终不见纳，自此礼乐丧矣。

汉兴，乐家有制氏，以雅乐声律世世在大乐官，但能纪其铿锵鼓舞，而不能言其义。高祖时，叔孙通因秦乐人制宗庙乐。大祝迎神于庙门，奏《嘉至》，犹古降神之乐也。皇帝入庙门，奏《永至》，以为行步之节，犹古《采荠》《肆夏》也。乾豆上，奏《登歌》，独上歌，不以管弦乱人声，欲在位者遍闻之，犹古《清庙》之歌也。《登歌》再终，下奏《休成》之乐，美神明既飨也。皇帝就酒东厢，坐定，奏《永安》之乐，美礼已成也。又有《房中祠乐》，高祖唐山夫人所作也。周有《房中乐》，至秦名曰《寿人》。凡乐，乐其所生，礼不忘本。高祖乐楚声，故《房中乐》楚声也。孝惠二年，使乐府令夏侯宽备其箫管，更名曰《安世乐》。

高庙奏《武德》《文始》《五行》之舞；孝文庙奏《昭德》《文始》《四时》《五行》之舞；孝武庙奏《盛德》《文始》《四时》《五行》之舞。《武德舞》者，高祖四年作，以象天下乐己行武以除乱也。《文始舞》者，曰本舜《招舞》也，高祖六年更名曰《文始》，以示不相袭也。《五行舞》者，本周舞也，秦始皇二十六年更名曰《五行》也。《四时舞》者，孝文所作，以示天下之安和也。盖乐己所自作，明有制也；乐先王之乐，明有法也。孝景采《武德舞》以为《昭德》，以尊大宗庙。至孝宣，采《昭德舞》为《盛德》，以尊世宗庙。诸帝庙皆常奏《文始》《四时》《五行舞》云。高祖六年又作《昭容乐》《礼容乐》。《昭容》者，犹古之《昭夏》也，主出《武德舞》。《礼容》者，主出《文始》《五行舞》。舞人无乐者，将至至尊之前不敢以乐也；出用乐者，言舞不失节，能以乐终也。大氐皆因秦旧事焉。

初，高祖既定天下，过沛，与故人父老相乐，醉酒欢哀，作"风起"之诗，令沛中僮儿百二十人习而歌之。至孝惠时，以沛宫为原庙，皆令歌儿习吹以相和，常以百二十人为员。文、景之间，礼官肄业而已。至武帝定郊祀之礼，祠太一于甘泉，就乾位也；祭后土于汾阴，泽中方丘也。乃立乐府，采诗夜诵，有赵、代、秦、楚之讴。以李延年为协律都尉，多举司马相如等数十人造为诗赋，略论律吕，以合八音之调，作十九章之歌。以正月上辛用事甘泉圜丘，使童男女七十人俱歌，昏祠至明。夜常有神光如流星止集于祠坛，天子自竹宫而望拜，百官侍祠者数百人皆肃然动心焉。

是时，河间献王有雅材，亦以为治道非礼乐不成，因献所集雅乐。天子下大乐官，常存肄之，岁时以备数，然不常御，常御及郊庙皆非雅声。然诗乐施于后嗣，犹得有所祖述。昔殷、周之《雅》《颂》，乃上本有娀、姜原，契、稷始生，玄王、公刘、古公、大伯、王季、姜女、大任、太姒之德，乃及成汤、文、武受命，武丁、成、康、宣王中兴，下及辅佐阿衡、周、召、太公、申伯、召虎、仲山甫之属，君臣男女有功德者，靡不褒扬。功德既信美矣，褒扬之声盈乎天地之间，是以光名著于当世，遗誉垂于无穷也。今汉郊庙诗歌，未有祖宗之事，八音调均，又不协于钟律，而内有掖庭材人，外有上林乐府，皆以郑声施于朝廷。

至成帝时，谒者常山王禹世受河间乐，能说其义，其弟子宋晔等上书言之，下大夫博士平当等考试。当以为："汉承秦灭道之后，赖先帝圣德，博受兼听，修废官，立大学，河间献王聘求幽隐，修兴雅乐以助化。时，大儒公孙弘、董仲舒等皆以为音中正雅，立之大乐。春秋乡射，作于学官，希阔不讲。故自公卿大夫观听者，但闻铿锵，不晓其意，而欲以风谕众庶，其道无由。是以行之百有余年，德化至今未成。今晔等守习孤学，大指归于兴助教化。衰微之学，兴废在人。宜领属雅乐，以继绝表微。孔子曰：'人能弘道，非道弘人。'河间区区，小国藩臣，以好学修古，能有所存，民到于今称之，况于圣主广被之资，修起旧文，放郑近雅，述而不作，信而好古，于以风示海内，扬名后世，诚非小功小美也。"事下公卿，以为久远难分明，当议复寝。

是时，郑声尤甚。黄门名倡丙强、景武之属富显于世，贵戚五侯定陵、富平外戚之家淫侈过度，至与人主争女乐。哀帝自为定陶王时疾之，又性不好音，及即位，下诏曰："惟世俗奢泰文巧，而郑、卫之声兴。夫奢泰则下不孙而国贫，文巧则趋末背本者众，郑、卫之声兴则淫辟之化流，而欲黎庶敦朴家给，犹浊其源而求其清流，岂不难哉！孔子不云乎？'放郑声，郑声淫。'其罢乐府官。郊祭乐及古兵法武乐，在经非郑、卫之乐者，条奏，别属他官。"丞相孔光、大司空何武奏："郊祭乐人员六十二人，给祠南北郊……竽、瑟、钟、磬员五人，皆郑声，可罢。师学百四十二人，其七十二人给大官挏马酒，其七十人可罢。大凡八百二十九人，其三百八十八人不可罢，可领属大乐，其四百四十一人不应经法，或郑、卫之声，皆可罢。"奏可。然百姓渐渍日久，又不制雅乐有以相变，豪富吏民湛沔自若，陵夷坏于王莽。

今海内更始，民人归本，户口岁息，平其刑辟，牧以贤良，至于家给，既庶且富，则须庠序、礼乐之教化矣。今幸有前圣遗制之威仪，诚可法象而补备之，经纪可因缘而存著也。孔子曰："殷因于夏礼，所损益可知也；周因于殷礼，所损益可知也；其或继周者，虽百世可知也。"今大汉继周，久旷大仪，未有立礼成乐，此贾谊、仲舒、王吉、刘向之徒所为发愤而增叹也。

（东汉）班固《汉书·礼乐志》，中华书局2012年版

增讲武之礼

春秋之后，灭弱吞小，并为战国，稍增讲武之礼，以为戏乐，用相夸

视。而秦更名角抵，先王之礼没于淫乐中矣。

古人有言："天生五材，民并用之，废一不可，谁能去兵？"鞭扑不可弛于家，刑罚不可废于国，征伐不可偃于天下。用之有本末，行之有逆顺耳。孔子曰："工欲善其事，必先利其器。"文德者，帝王之利器；威武者，文德之辅助也。夫文之所加者深，则武之所服者大；德之所施者博，则威之所制者广。

即位十三年齐太仓令淳于公有罪当刑，诏狱逮系长安。淳于公无男，有五女，当行会逮，骂其女曰："生子不生男，缓急非有益！"其少女缇萦，自伤悲泣，乃随其父至长安，上书曰："妾父为吏，齐中皆称其廉平，今坐法当刑。妾伤夫死者不可复生，刑者不可复属，虽后欲改过自新，其道亡繇也。妾愿没入为官婢，以赎父刑罪，使得自新。"书奏天子，天子怜悲其意，遂下令曰："制诏御史：盖闻有虞氏之时，画衣冠、异章服以为僇，而民弗犯，何治之至也！今法有肉刑三，而奸不止，其咎安在？非乃朕德之薄而教不明与？吾甚自愧。故夫训道不纯而愚民陷焉，《诗》曰：'恺弟君子，民之父母。'今人有过，教未施而刑已加焉，或欲改行为善，而道亡繇至，朕甚怜之。夫刑至断支体，刻肌肤，终身不息，何其刑之痛而不德也！岂为民父母之意哉！其除肉刑，有以易之；及令罪人各以轻重，不亡逃，有年而免。具为令。"

（东汉）班固《汉书·刑法志》，中华书局2012年版

行人采诗

在野曰庐，在邑曰里。五家为邻，五邻为里，四里为族，五族为党，五党为州，五州为乡。乡，万二千五百户也。邻长位下士，自此以上，稍登一级，至乡而为卿也。于是里有序而乡有庠。序以明教，庠则行礼而视化焉。春令民毕出在野，冬则毕入于邑。其《诗》曰："四之日举止，同我妇子，馌彼南亩。"又曰："十月蟋蟀，入我床下"，"嗟我妇子，聿为改岁，入此室处"。所以顺阴阳，备寇贼，习礼文也。春将出民，里胥平旦坐于右塾，邻长坐于左塾，毕出然后归，夕亦如之……男女有不得其所者，因相与歌咏，各言其伤。

是月，余子亦在于序室。八岁入小学，学六甲、五方、书计之事，始知室家长幼之节。十五入大学，学先圣礼乐，而知朝廷君臣之礼。其有秀异者，移乡学于庠序。庠序之异者，移国学于少学。

孟春之月，群居者将散，行人振木铎徇于路以采诗，献之大师，比其音律，以闻于天子。故曰王者不窥牖户而知天下。此先王制土处民，富而教之之大略也。

（东汉）班固《汉书·食货志上》，中华书局 2012 年版

王道大洽，制礼作乐

其后十三世，汤伐桀，欲迁夏社，不可，作《夏社》。乃迁烈山子柱，而以周弃代为稷祠。

周公相成王，王道大洽，制礼作乐，天子曰明堂、辟雍，诸侯曰泮宫。

后十三世，世益衰，礼乐废。

后百一十岁，周赧王卒，九鼎入于秦。或曰，周显王之四十二年，宋太丘社亡，而鼎沦没于泗水彭城下。

秦始皇帝既即位，或曰："黄帝得土德，黄龙地螾见。夏得木德，青龙止于郊，草木畅茂。殷得金德，银自山溢。周得火德，有赤乌之符。今秦变周，水德之时。昔文公出猎，获黑龙，此其水德之瑞。"于是秦更名河曰"德水"，以冬十月为年首，色尚黑，度以六为名，音上大吕，事统上法。

其夏六月，汾阴巫锦为民祠魏脽后土营旁，见地如钩状，掊视得鼎。鼎大异于众鼎，文镂无款识，怪之，言吏。吏告河东太守胜，胜以闻。天子使验问巫得鼎无奸诈，乃以礼祠，迎鼎至甘泉，从上行，荐之。至中山，晏温，有黄云焉。有鹿过，上自射之，因之以祭云。至长安，公卿大夫皆议尊宝鼎。天子曰："间者河溢，岁数不登，故巡祭后土，祈为百姓育谷。今年丰茂未报，鼎曷为出哉？"有司皆言："闻昔泰帝兴神鼎一，一者一统，天地万物所系象也。黄帝作宝鼎三，象天、地、人。禹收九牧之金，铸九鼎，象九州。皆尝亨鬺上帝鬼神。其空足曰鬲，以象三德，飨承天祜。夏德衰，鼎迁于殷；殷德衰，鼎迁于周；周德衰，鼎迁于秦；秦德衰，宋之社亡，鼎乃沦伏而不见。《周颂》曰：'自堂徂基，自羊徂牛，鼐鼎及鼒'，'不吴不敖，胡考之休'。今鼎至甘泉，以光润龙变，承休无疆。合兹中山，有黄白云降，盖若兽之为符，路弓乘矢，集获坛下，报祠大亨。唯受命而帝者心知其意而合德焉。鼎宜视宗祢庙，臧于帝庭，以合明应。"制曰："可。"

其春，既灭南越，嬖臣李延年以好音见。上善之，下公卿议，曰："民间祠有鼓舞乐，今郊祀而无乐，岂称乎？"公卿曰："古者祠天地皆有乐，而神祇可得而礼。"或曰："泰帝使素女鼓五十弦瑟，悲，帝禁不止，故破其瑟为二十五弦。"于是塞南越，祷祠泰一、后土，始用乐舞。益召歌儿，作二十五弦及空侯瑟自此起。

自得宝鼎，上与公卿诸生议封禅。封禅用希旷绝，莫如其仪体，而群儒采封禅《尚书》《周官》《王制》之望祀射牛事。齐人丁公年九十余，曰："封禅者，古不死之名也。秦皇帝不得上封。陛下必欲上，稍上即无风雨，遂上封矣。"上于是乃令诸儒习射牛，草封禅仪。数年，至且行。天子既闻公孙卿及方士之言，黄帝以上封禅皆致怪物与神通，欲放黄帝以接神人蓬莱，高世比德于九皇，而颇采儒术以文之。群儒既已不能辩明封禅事，又拘于《诗》《书》古文而不敢骋。上为封祠器视群儒，群儒或曰"不与古同"，徐偃又曰"太常诸生行礼不如鲁善"，周霸属图封事，于是上黜偃、霸，而尽罢诸儒弗用。

（东汉）班固《汉书·郊祀志上》，中华书局2012年版

汉据土而克

初，天子封泰山，泰山东北阯古时有明堂处，处险不敞。上欲治明堂奉高旁，未晓其制度。济南人公玊带上黄帝时明堂图。明堂中有一殿，四面无壁，以茅盖。通水，水圜宫垣。为复道，上有楼，从西南入，名曰昆仑，天子从之入，以拜祀上帝焉。于是上令奉高作明堂汶上，如带图。及是岁修封，则祠泰一、五帝于明堂上如郊礼。毕，燎堂下。

上还，以柏梁灾故，受计甘泉。公孙卿曰："黄帝就青灵台，十二日烧，黄帝乃治明庭。明庭，甘泉也。"方士多言古帝王有都甘泉者。其后天子又朝诸侯甘泉，甘泉作诸侯邸。勇之乃曰："粤俗有火灾，复起屋，必以大，用胜服之。"于是作建章宫，度为千门万户。前殿度高未央。其东则凤阙，高二十余丈。其西则商中，数十里虎圈。其北治大池，渐台高二十余丈，名曰泰液，池中有蓬莱、方丈、瀛州、壶梁，象海中神山、龟、鱼之属。其南有玉堂璧门大鸟之属。立神明台、井干楼，高五十丈，辇道相属焉。

既定，衡言："甘泉泰畤紫坛，八觚宣通象八方。五帝坛周环其下，又有群神之坛。以《尚书》禋六宗、望山川、遍群神之义，紫坛有文章、

采镂、黼黻之饰及玉、女乐,石坛、仙人祠,瘗鸾路、驿驹、寓龙马,不能得其象于古。臣闻郊柴飨帝之义,埽地而祭,上质也。歌大吕舞《云门》以俟天神,歌太蔟舞《咸池》以俟地祇,其牲用犊,其席槁稭,其器陶匏,皆因天地之性,贵诚上质,不敢修其文也。以为神祇功德至大,虽修精微而备庶物,犹不足以报功,唯至诚为可,故上质不饰,以章天德。紫坛伪饰女乐、鸾路、驿驹、龙马、石坛之属,宜皆勿修。"

莽又颇改其祭礼,曰:"《周官》天地之祀,乐有别有合。其合乐曰'以六律、六钟、五声、八音、六舞大合乐',祀天神,祭地祇;祀四望,祭山川,享先妣先祖。凡六乐,奏六歌,而天地神祇之物皆至。四望,盖谓日、月、星、海也。三光高而不可得亲,海广大无限界,故其乐同。祀天则天文从,祭地则地理从。三光,天文也;山川,地理也。天地合祭,先祖配天,先妣配地,其谊一也……此天地合祀,以祖、妣配者也。其别乐曰'冬日至,于地上之圜丘奏乐六变,则天神皆降;夏日至,于泽中之方丘奏乐八变,则地祇皆出'。天地有常位,不得常合,此其各特祀者也……"奏可。

赞曰:汉兴之初,庶事草创,唯一叔孙生略定朝廷之仪。若乃正朔、服色、郊望之事,数世犹未章焉。至于孝文,始以夏郊,而张仓据水德,公孙臣、贾谊更以为土德,卒不能明。孝武之世,文章为盛,太初改制,而兒宽、司马迁等犹从臣、谊之言,服色数度,遂顺黄德。彼以五德之传,从所不胜,秦在水德,故谓汉据土而克之。

(东汉)班固《汉书·郊祀志下》,中华书局2012年版

艺文志

昔仲尼没而微言绝,七十子丧而大义乖。故《春秋》分为五,《诗》分为四,《易》有数家之传。战国从衡,真伪分争,诸子之言纷然殽乱。至秦患之,乃燔灭文章,以愚黔首。汉兴,改秦之败,大收篇籍,广开献书之路。迄孝武世,书缺简脱,礼坏乐崩,圣上喟然而称曰:"朕甚闵焉!"于是建藏书之策,置写书之官,下及诸子传说,皆充秘府。

《易》曰:"河出图,洛出书,圣人则之。"故《书》之所起远矣,至孔子纂焉,上断于尧,下讫于秦,凡百篇,而为之序,言其作意。秦燔书禁学,济南伏生独壁藏之。汉兴亡失,求得二十九篇,以教齐鲁之间。讫孝宣世,有《欧阳》《大小夏侯氏》,立于学官。《古文尚书》者,出

孔子壁中。武帝末，鲁共王怀孔子宅，欲以广其宫。而得《古文尚书》及《礼记》《论语》《孝经》凡数十篇，皆古字也。共王往入其宅，闻鼓琴瑟钟磬之音，于是俱，乃止不坏。孔安国者，孔子后也，悉得其书，以考二十九篇，得多十六篇。安国献之。遭巫蛊事，未列于学官。刘向以中古文校欧阳、大小夏侯三家经文，《酒诰》脱简一，《召诰》脱简二。率简二十五字者，脱亦二十五字，简二十二字者，脱亦二十二字，文字异者七百有余，脱字数十。《书》者，古之号令，号令于众，其言不立具，则听受施行者弗晓。古文读应尔雅，故解古今语而可知也。

《书》曰："诗言志，歌咏言。"故哀乐之心感，而歌咏之声发。诵其言谓之诗，咏其声谓之歌。故古有采诗之官，王者所以观风俗，知得失，自考正也。孔子纯取周诗，上采殷，下取鲁，凡三百五篇，遭秦而全者，以其讽诵，不独在竹帛故也。汉兴，鲁申公为《诗》训故，而齐辕固、燕韩生皆为之传。或取《春秋》，采杂说，咸非其本义。与不得已，鲁最为近之。三家皆列于学官。又有毛公之学，自谓子夏所传，而河间献王好之，未得立。

《易》曰："先王作乐崇德，殷荐之上帝，以享祖考。"故自黄帝下至三代，乐各有名。孔子曰："安上治民，莫善于礼；移风易俗，莫善于乐。"二者相与并行。周衰俱坏，乐尤微眇，以音律为节，又为郑、卫所乱，故无遗法。汉兴，制氏以雅乐声律，世在乐官，颇能纪其铿锵鼓舞，而不能言其义。六国之君，魏文侯最为好古，孝文时得其乐人窦公，献其书，乃《周官·大宗伯》之《大司乐》章也。武帝时，河间献王好儒，与毛生等共采《周官》及诸子言乐事者，以作《乐记》，献八佾之舞，与制氏不相远。其内史丞王定传之，以授常山王禹。禹，成帝时为谒者，数言其义，献二十四卷记。刘向校书，得《乐记》二十三篇。与禹不同，其道浸以益微。

古之王者世有史官。君举必书，所以慎言行，昭法式也。左史记言，右史记事，事为《春秋》，言为《尚书》，帝王靡不同之。周室既微，载籍残缺，仲尼思存前圣之业，乃称曰："夏礼吾能言之，杞不足征也；殷礼吾能言之，宋不足征也。文献不足故也，足则吾能征之矣。"以鲁周公之国，礼文备物，史官有法，故与左丘明观其史记，据行事，仍人道，因兴以立功，就败以成罚，假日月以定历数，借朝聘以正礼乐。有所褒讳贬损，不可书见，口授弟子，弟子退而异言。丘明恐弟子各安其意，以失其真，故论本事而作传，明夫子不以空言说经也。《春秋》所贬损大人当世君臣，有威权势力，其事实皆形于传，是以隐其书而不宣，所以免时难也。及未世口说流行，故有《公羊》《谷梁》《邹》《夹》之《传》。四家之中，《公羊》《谷梁》立于学官，邹氏无师，夹氏未有书。

《论语》者，孔子应答弟子时人及弟子相与言而接闻于夫子之语也。当时弟子各有所记。夫子既卒，门人相与辑而论纂，故谓之《论语》。汉兴，有齐、鲁之说。

《孝经》者，孔子为曾子陈孝道也。夫孝，天之经，地之义，民之行也。举大者言，故曰《孝经》。汉兴，长孙氏、博士江翁、少府后仓、谏大夫翼奉、安昌侯张禹传之，各自名家。经文皆同，唯孔氏壁中古文为异。"父母生之，续莫大焉"，"故亲生之膝下"，诸家说不安处，古文字读皆异。

六艺之文：《乐》以和神，仁之表也；《诗》以正言，义之用也；《礼》以明体，明者著见，故无训也；《书》以广听，知之术也；《春秋》以断事，信之符也。五者，盖五常之道，相须而备，而《易》为之原。故曰"《易》不可见，则乾坤或几乎息矣"，言与天地为终始也。至于五学，世有变改，犹五行之更用事焉。古之学者耕且养，三年而通一艺，存其大体，玩经文而已，是故用日少而畜德多，三十而五经立也。后世经传既已乖离，博学者又不思多闻阙疑之义，而务碎义逃难，便辞巧说，破坏形体；说五字之文，至于二三万言。后进弥以驰逐，故幼童而守一艺，白首而后能言；安其所习，毁所不见，终以自蔽。此学者之大患也。序六艺为九种。

传曰："不歌而诵谓之赋，登高能赋可以为大夫。"言感物造耑而，材知深美，可与图事，故可以为列大夫也。古者诸侯卿大夫交接邻国，以微言相感，当揖让之时，必称《诗》以谕其志，盖以别贤不肖而观盛衰焉。故孔子曰"不学《诗》，无以言"也。春秋之后，周道浸坏，聘问歌咏不行于列国，学《诗》之士逸在布衣，而贤人失志之赋作矣。大儒孙卿及楚臣屈原离谗忧国，皆作赋以风，咸有恻隐古诗之义。其后宋玉、唐勒；汉兴，枚乘、司马相如，下及扬子云，竞为侈俪闳衍之词，没其风谕之义。是以扬子悔之，曰："诗人之赋丽以则，辞人之赋丽以淫。如孔氏之门人用赋也，则贾谊登堂，相如入室矣，如其不用何！"自孝武立乐府而采歌谣，于是有代赵之讴，秦楚之风，皆感于哀乐，缘事而发，亦可以观风俗，知薄厚云。序诗赋为五种。

历谱者，序四时之位，正分至之节，会日月五星之辰，以考寒暑杀生之实。故圣王必正历数，以定三统服色之制，又以探知五星日月之会。

房中者，情性之极，至道之际，是以圣王制外乐以禁内情，而为之节文。传曰："先王之所乐，所以节百事也。"乐而有节，则和平寿考。及迷者弗顾，以生疾而陨性命。

（东汉）班固《汉书·艺文志》，中华书局2012年版

项羽悲歌

羽壁垓下，军少食尽。汉帅诸侯兵围之数重。羽夜闻汉军四面皆楚歌，乃惊曰："汉皆已得楚乎？是何楚人多也！"起饮帐中。有美人姓虞氏，常幸从；骏马名骓，常骑。乃悲歌慷慨，自为歌诗曰："力拔山兮气盖世，时不利兮骓不逝。骓不逝兮可奈何！虞兮虞兮奈若何！"歌数曲，美人和之。羽泣下数行，左右皆泣，莫能仰视。

（东汉）班固《汉书·陈胜项籍传》，中华书局2012年版

指明梓柱以推废兴

臣闻舜命九官，济济相让，和之至也。众贤和于朝，则万物和于野。故箫《韶》九成，而凤皇来仪；击石拊石，百兽率舞。四海之内，靡不和定。及至周文，开墓西郊，杂遝众贤，罔不肃和，崇推让之风，以销分争之讼。文王既没，周公思慕，歌咏文王之德，其《诗》曰："于穆清庙，肃雍显相；济济多士，秉文之德。"当此之时，武王、周公继政，朝臣和于内，万国欢于外，故尽得其欢心，以事其先祖。其《诗》曰："有来雍雍，至止肃肃，相维辟公，天子穆穆。"言四方皆以和来也。诸侯和于下，天应报于上，故《周颂》曰"降福穰穰"，又曰"饴我釐麰"，釐麰，大麦也，始自天降。此皆以和致和，获天助也。

下至幽、厉之际，朝廷不和，转相非怨，诗人疾而忧之曰："民之无良，相怨一方。"众小在位而从邪议，歙歙相是而背君子，故其《诗》曰"歙歙訛訛，亦孔之哀！谋之其臧，则具是违；谋之不臧，则具是依！"君子独处守正，不桡众枉，勉强以从王事则反见憎毒谗诉，故其《诗》曰："密勿从事，不敢告劳，无罪无辜，谗口嗷嗷！"当是之时，日月薄蚀而无光，其《诗》曰："朔日辛卯，日有蚀之，亦孔之丑！"又曰："彼

月而微，此日而微，今此下民，亦孔之哀！"又曰："日月鞠凶，不用其行；四国无政，不用其良！"天变见于上，地变动于下，水泉沸腾，山谷易处。其《诗》曰："百川沸腾，山冢卒崩，高岸为谷，深谷为陵。哀今之人，胡憯莫惩！"霜降失节，不以其时，其《诗》曰："正月繁霜，我心忧伤；民之讹言，亦孔之将！"言民以是为非，甚众大也。此皆不和，贤不肖易位之所致也。

堪希得见，常因显白事，事决显口。会堪疾瘖，不能言而卒。显诬潜猛，令自杀于公车。更生伤之，乃著《疾谗》《摘要》《救危》及《世颂》，凡八篇，依兴古事，悼己及同类也。

向睹俗弥奢淫，而赵、卫之属起微贱，逾礼制。向以为王教由内及外，自近者始。故采取《诗》《书》所载贤妃贞妇，兴国显家可法则，及孽嬖乱亡者，序次为《列女传》，凡八篇，以戒天子。及采传记行事，著《新序》《说苑》凡五十篇奏之。数上疏言得失，陈法戒。书数十上，以助观览，补遗阙。上虽不能尽用，然内嘉其言，常嗟叹之。

昔晋有六卿，齐有田、崔，卫有孙、甯，鲁有季、孟，常掌国事，世执朝柄。终后田氏取齐；六卿分晋；崔杼弑其君光；孙林父、甯殖出其君衎，弑其君剽；季氏八佾舞于庭，三家者以《雍》彻，并专国政，卒逐昭公。周大夫尹氏管朝事，浊乱王室，子朝、子猛更立，连年乃定。故经曰"王室乱"，又曰"君氏杀王子克"，甚之也。《春秋》举成败，录祸福，如此类甚众，皆阴盛而阳微，下失臣道之所致也。故《书》曰："臣之有作威作福，害于而家，凶于而国。"孔子曰"禄去公室，政逮大夫"，危亡之兆。

昔唐、虞既衰，而三代迭兴，圣帝明王，累起相袭，其道甚著。周室既微而礼乐不正，道之难全也如此。是故孔子忧道之不行，历国应聘。自卫反鲁，然后东正，《雅》《颂》乃得其所；修《易》，序《书》，制作《春秋》，以纪帝王之道。及夫子没而微言绝，七十子终而大义乖。重遭战国，弃笾豆之礼，理军旅之陈，孔氏之道抑，而孙、吴之术兴。……《泰誓》后得，博士集而读之。故诏书称曰："礼坏乐崩，书缺简脱，朕甚闵焉。"时汉兴已七八十年，离于全经，固已远矣。

会哀帝崩，王莽持政……典儒林史卜之官，考定律历，著《三统历谱》。

赞曰：仲尼称"材难，不其然与"！自孔子后，缀文之士众矣，唯孟轲、孙况、董仲舒、司马迁、刘向、扬雄，此数公者，皆博物洽闻，通达古今，其言有补于世。传曰"圣人不出，其间必有命世者焉"，岂近是乎？刘氏《洪范论》发明《大传》，著天人之应；《七略》剖判艺文，总百家之绪；《三统历谱》考步日月五星之度，有意其推本之也。呜虖！向言山陵之戎，于今察之，哀哉！指明梓柱以推废兴，昭矣！岂非直谅多闻，古之益友与！

（东汉）班固《汉书·楚元王传》，中华书局2012年版

吹律调乐

汉兴二十余年，天下初定，公卿皆军吏。苍为计相时，绪正律历。以高祖十月始至霸上，故因秦时本十月为岁首，不革。推五德之运，以为汉当水德之时，上黑如故。吹律调乐，入之音声，及以比定律令。若百工，天下作程品。至于为丞相，卒就之。故汉家言律历者本张苍。苍凡好书，无所不观，无所不通，而尤邃律历。

（东汉）班固《汉书·张周赵任申屠传》，中华书局2012年版

淮南王好书

淮南王安为人好书，鼓琴，不喜弋猎狗马驰骋，亦欲以行阴德拊循百姓，流名誉。招致宾客方术之士数千人，作为《内书》二十一篇，《外书》甚众，又有《中篇》八卷，言神仙黄白之术，亦二十余万言。时武帝方好艺文，以安属为诸父，辩博善为文辞，甚尊重之。每为报书及赐，常召司马相如等视草乃遣。初，安入朝，献所作《内篇》，新出，上爱秘之。使为《离骚传》，旦受诏，日食时上。又献《颂德》及《长安都国颂》。每宴见，谈说得失及方技赋颂，昏莫然后罢。

（东汉）班固《汉书·淮南衡山济北王传》，中华书局2012年版

贾谊吊屈原

谊以为汉兴二十余年，天下和洽，宜当改正朔，易服色制度，定官名，兴礼乐。乃草具其仪法，色上黄，数用五，为官名悉更，奏之。文帝廉让未皇也。然诸法令所更定，及列侯就国，其说皆谊发之。于是天子议以谊任公卿之位。绛、灌、东阳侯、冯敬之属尽害之，乃毁谊曰："雒阳之人年少初学，专欲擅权，纷乱诸事。"于是天子后亦疏之，不用其议，

以谊为长沙王太傅。

谊既以适去，意不自得，及渡湘水，为赋以吊屈原。屈原，楚贤臣也，被谗放逐，作《离骚赋》，其终篇曰："已矣！国亡人，莫我知也。"遂自投江而死。谊追伤之，因以自谕。其辞曰：……

谊为长沙傅三年，有服飞入谊舍，止于坐隅。服似鸮，不祥鸟也。谊既以适居长沙，长沙卑湿，谊自伤悼，以为寿不得长，乃为赋以自广。其辞曰：……

及太子既冠成人，免于保傅之严，则有记过之史，彻膳之宰，进善之旌，诽谤之木，敢谏之鼓。瞽史诵诗，工诵箴谏，大夫进谋，士传民语。习与智长，故切而不愧；化与心成，故中道若性。三代之礼：春朝朝日，秋暮夕月，所以明有敬也；春秋入学，坐国老，执酱而亲馈之，所以明有孝也；行以鸾和，步中《采齐》，趣中《肆夏》，所以明有度也；其于禽兽，见其生不食其死，闻其声不食其肉，故远庖厨，所以长恩，且明有仁也。

以礼义治之者，积礼义；以刑罚治之者，积刑罚。刑罚积而民怨背，礼义积而民和亲。故世主欲民之善同，而所以使民善者或异。或道之以德教，或驱之以法令。道之以德教者，德教洽而民气乐；驱之以法令者，法令极而民风哀。哀乐之感，祸福之应也。

（东汉）班固《汉书·贾谊传》，中华书局2012年版

枚皋为赋

夫布衣韦带之士，修身于内，成名于外，而使后世不绝息。至秦则不然……秦非徒如此也，起咸阳而西至雍，离宫三百，钟鼓帷帐，不移而具。又为阿房之殿，殿高数十仞，东西五里，南北千步，从车罗骑，四马鹜驰，旌旗不桡。为宫室之丽至于此，使其后世曾不得聚庐而托处焉。为驰道于天下，东穷燕、齐，南极吴、楚，江湖之上，濒海之观毕至。道广五十步，三丈而树，厚筑其外，隐以金椎，树以青松。为驰道之丽至于此，使其后世曾不得邪径而托足焉。死葬乎骊山，吏徒数十万人，旷日十年。下彻三泉合采金石，冶铜锢其内，漆涂其外，被以珠玉，饰以翡翠，中成观游，上成山林，为葬薶之侈至于此，使其后世曾不得蓬颗蔽冢而托葬焉。秦以熊罴之力，虎狼之心，蚕食诸侯，并吞海内，而不笃礼义，故天殃已加矣。

上得大喜，召入见待诏，皋因赋殿中。诏使赋平乐馆，善之。拜为郎，使匈奴。皋不通经术，诙笑类俳倡，为赋颂好嫚戏，以故得媟黩贵幸，比东方朔、郭舍人等，而不得比严助等得尊官。

武帝春秋二十九乃得皇子，群臣喜，故皋与东方朔作《皇太子生赋》及《立皇子禖祝》，受诏所为，皆不从故事，重皇子也。

初，卫皇后立，皋奏赋以戒终。皋为赋善于朔也。

从行至甘泉、雍、河东，东巡狩，封泰山，塞决河宣房，游观三辅离宫馆，临山泽，弋猎射驭狗马蹴鞠刻镂，上有所感，辄使赋之。为文疾，受诏辄成，故所赋者多。司马相如善为文而迟，故所作少而善于皋。皋赋辞中自言为赋不如相如，又言为赋乃俳，见视如倡，自悔类倡也。故其赋有诋娸东方朔，又自诋娸。其文骫骳，曲随其事，皆得其意，颇诙笑，不甚闲靡。凡可读者百二十篇，其尤女曼戏不可读者尚数十篇。

（东汉）班固《汉书·贾邹枚路传》，中华书局2012年版

献王修学好古

河间献王德以孝景前二年立，修学好古，实事求是……是时，淮南王安亦好书，所招致率多浮辩。献王所得书皆古文先秦旧书，《周官》《尚书》《礼》《礼记》《孟子》《老子》之属，皆经传说记，七十子之徒所论。其学举六艺，立《毛氏诗》《左氏春秋》博士。修礼乐，被服儒术，造次必于儒者。山东诸儒多从而游。

武帝时，献王来朝，献雅乐，对三雍宫及诏策所问三十余事。其对推道术而言，得事之中，文约指明。

恭王初好治宫室，坏孔子旧宅以广其宫，闻钟磬琴瑟之声，遂不敢复坏，于其壁中得古文经传。

建元三年，代王登、长沙王发、中山王胜、济川王明来朝，天子置酒，胜闻乐声而泣。问其故，胜对曰：

臣闻悲者不可为累欷，思者不可为叹息。故高渐离击筑易水之上，荆轲为之低而不食；雍门子壹微吟，孟尝君为之于邑。今臣心结日久，每闻幼眇之声，不知涕泣之横集也。

昭信欲擅爱，曰："王使明贞夫人主诸姬，淫乱难禁。请闭诸姬舍门，无令出敖。"使其大婢为仆射，主永巷，尽封闭诸舍，上籥于后，非

大置酒召，不得见。去怜之，为作歌曰："愁莫愁，居无聊。心重结，意不舒。内英郁，忧哀积。上不见天，生何益！日崔隤，时不再。愿弃躯，死无悔。"令昭信声鼓为节，以教诸姬歌之，歌罢辄归永巷，封门。独昭信兄子初为乘华夫人，得朝夕见。

（东汉）班固《汉书·景十三王传》，中华书局 2012 年版

李陵置酒贺武

于是李陵置酒贺武曰：今足下还归，扬名于匈奴，功显于汉室，虽古竹帛所载，丹青所画，何以过子卿！陵虽驽怯，令汉且贳陵罪，全其老母，使得奋大辱之积志，庶几乎曹柯之盟，此陵宿昔之所不忘也。收族陵家，为世大戮，陵尚复何顾乎？已矣！令子卿知吾心耳。异域之人，壹别长绝！陵起舞，歌曰："径万里兮度沙幕，为君将兮奋匈奴。路穷绝兮矢刃摧，士众灭兮名已聩。老母已死，虽欲报恩将安归！"陵泣下数行，因与武决。单于召会武官属，前以降及物故，凡随武还者九人。

（东汉）班固《汉书·李广苏建传》，中华书局 2012 年版

礼乐教化之功

盖闻五帝三王之道，改制作乐而天下洽和，百王同之。当虞氏之乐莫盛于《韶》，于周莫盛于《勺》。圣王已没，钟鼓管弦之声未衰，而大道微缺，陵夷至乎桀、纣之行，王道大坏矣。

道者，所繇适于治之路也，仁义礼乐皆其具也。故圣王已没，而子孙长久安宁数百岁，此皆礼乐教化之功也。王者未作乐之时，乃用先五之乐宜于世者，而以深入教化于民。教化之情不得，雅颂之乐不成，故王者功成作乐，乐其德也。乐者，所以变民风，化民俗也；其变民也易，其化人也著。故声发于和而本于情，接于肌肤，臧于骨髓。故王道虽微缺，而管弦之声未衰也。夫虞氏之不为政久矣，然而乐颂遗风犹有存者，是以孔子在齐而闻《韶》也。夫人君莫不欲安存而恶危亡……至于宣王，思昔先王之德，兴滞补弊，明文、武之功业，周道粲然复兴，诗人美之而作，上天晁之，为生贤佐，后世称通，至今不绝。此夙夜不解行善之所致也。孔子曰"人能弘道，非道弘人"也。故治乱废兴在于己，非天降命不得可反，其所操持誖谬失其统也。

窃譬之琴瑟不调，甚者必解而更张之，乃可鼓也；为政而不行，甚者

必变而更化之，乃可理也。当更张而不更张，虽有良工不能善调也；当更化而不更化，虽有大贤不能善治也。故汉得天下以来，常欲善治而至今不可善治者，失之于当更化而不更化也。

盖俭者不造玄黄旌旗之饰。及至周室，设两观，乘大路，朱干玉戚，八佾陈于庭，而颂声兴。夫帝王之道岂异指哉？或曰良玉不瑑，又曰非文亡以辅德，二端异焉。

尧在位七十载，乃逊于位以禅虞舜……孔子曰"《韶》尽美矣，又尽善矣"，此之谓也。

当此之时，纣尚在上，尊卑昏乱，百姓散亡，故文王悼痛而欲安之，是以日昃而不暇食民。孔子作《春秋》，先正王而系万事，见素王之文焉。由此观之，帝王之条贯同，然而劳逸异者，所遇之时异也。孔子曰"《武》尽美矣，未尽善也"，此之谓也。

臣闻制度文采玄黄之饰，所以明尊卑，异贵贱，而劝有德也。故《春秋》受命所先制者，改正朔，易服色，所以应天也。然则官至旌旗之制，有法而然者也。故孔子曰："奢则不逊，俭则固。"俭非圣人之中制也。臣闻良玉不瑑，资质润美，不待刻瑑，此亡异于达巷党人不学而自知也。然则常玉不瑑，不成文章；君子不学，不成其德。

武王行大谊，平残贼，周公作礼乐以文之，至于成康之隆，囹圄空虚四十余年，此亦教化之渐而仁谊之流，非独伤肌肤之效也。

孔子作《春秋》，上揆之天道，下质诸人情，参之于古，考之于今。故《春秋》之所讥，灾害之所加也；《春秋》之所恶，怪异之所施也。书邦家之过，兼灾异之变；以此见人之所为，其美恶之极，乃与天地流通而往来相应，此亦言天之一端也。

臣闻夫乐而不乱复而不厌者谓之道；道者万世之弊，弊者道之失也。

仲舒所著，皆明经术之意，及上疏条教，凡百二十三篇。而说《春秋》事得失，《闻举》《玉杯》《蕃露》《清明》《竹林》之属，复数十篇，十余万言，皆传于后世。

（东汉）班固《汉书·董仲舒传》，中华书局2012年版

相如以赋引节俭

"且夫王者固未有不始于忧勤，而终于佚乐者也。然则受命之符合在于此。方将增太山之封，加梁父之事，鸣和鸾，扬乐颂，上咸五，下登

三。观者未睹指,听者未闻音,犹焦朋已翔乎寥廓,而罗者犹视乎薮泽,悲夫!"

上善之。还过宜春宫,相如奏赋以哀二世行失。其辞曰:……

相如拜为孝文园令。上既美子虚之事,相如见上好仙,因曰:"上林之事未足美也,尚有靡者。臣尝为《大人赋》,未就,请具而奏之。"相如以为列仙之儒居山泽间,形容甚臞,此非帝王之仙意也,乃遂奏《大人赋》。其辞曰:……

相如既奏《大人赋》,天子大说,飘飘有陵云气游天地之间意。

于是天子沛然改容,曰:"俞乎,朕其试哉!"乃迁思回虑,总公卿之议,询封禅之事,诗大泽之博,广符瑞之富。遂作颂曰:……

赞曰:"司马迁称:《春秋》推见至隐,《易本》隐以之显,《大雅》言王公大人,而德逮黎庶,《小雅》讥小己之得失,其流及上。所言虽殊,其合德一也。相如虽多虚辞滥说,然要其归引之于节俭,此亦《诗》之风谏何异?"扬雄以为靡丽之赋,劝百而讽一,犹骋郑、卫之声,曲终而奏雅,不已戏乎!

(东汉)班固《汉书·司马相如传下》,中华书局2012年版

神乐四合,各有方象

既成,将用事,拜宽为御史大夫,从东封泰山,还登明堂。宽上寿曰:"臣闻三代改制,属象相因。间者圣统废绝,陛下发愤,合指天地,祖立明堂辟雍,宗祀泰一,六律五声,幽赞圣意,神乐四合,各有方象,以丞嘉祀,为万世则,天下幸甚。将建大元本瑞,登告岱宗,发祉闿门,以候景至。"

(东汉)班固《汉书·公孙弘卜式儿宽传》,中华书局2012年版

角氐奇戏

是时,上方数巡狩海上,乃悉从外国客,大都多人则过之,散财帛赏赐,厚具饶给之,以览视汉富厚焉。大角氐,出奇戏诸怪物,多聚观者,行赏赐,酒池肉林,令外国客遍观名各仓库府臧之积,欲以见汉广大,倾骇之。及加其眩者之工,而角氐奇戏岁增变,其益兴,自此始。而外国使更来更去。

(东汉)班固《汉书·张骞李广利传》,中华书局2012年版

博物洽闻，幽而发愤

幽、厉之后，王道缺，礼乐衰，孔子修旧起废，论《诗》《书》，作《春秋》，则学者至今则之。

上大夫壶遂曰："昔孔子为何作《春秋》哉？"太史公曰："余闻之董生：'周道废，孔子为鲁司寇，诸侯害之，大夫壅之。孔子知时之不用，道之不行也，是非二百四十二年之中，以为天下仪表，贬诸侯，讨大夫，以达王事而已矣。'子曰：'我欲载之空言，不如见之于行事之深切著明也。'《春秋》上明三王之道，下辨人事之经纪，别嫌疑，明是非，定犹与，善善恶恶，贤贤贱不肖，存亡国，继绝世，补弊起废，王道之大者也。《易》，著天地、阴阳、四时、五行，故长于变；《礼》，纲纪人伦，故长于行；《书》，记先王之事，故长于政；《诗》，记山川、溪谷、禽兽、草木、牝牡、雌雄，故长于风；《乐》，乐所以立，故长于和；《春秋》，辩是非，故长于治人。是故《礼》以节人，《乐》以发和，《书》以道事，《诗》以达意，《易》以道化，《春秋》以道义。拨乱世反之正，莫近于《春秋》。《春秋》文成数万，其指数千。万物之散聚皆在《春秋》。《春秋》之中，弑君三十六，亡国五十二，诸侯奔走不得保社稷者不可胜数。察其所以，皆失其本已。故《易》曰'差以豪氂，谬以千里'。故'臣弑君，子弑父，非一朝一夕之故，其渐久矣'。有国者不可以不知《春秋》，前有谗而不见，后有贼而不知。为人臣者不可以不知《春秋》，守经事而不知其宜，遭变事而不知其权。为人君父者而不通于《春秋》之义者，必蒙首恶之名。为人臣子不通于《春秋》之义者，必陷篡弑诛死之罪。其实皆为善为之，而不知其义，被之空言不敢辞。夫不通礼义之指，至于君不君，臣不臣，父不父，子不子。夫君不君则犯，臣不臣则诛，父不父则无道，子不子则不孝：此四行者，天下之大过也。以天下大过予之，受而不敢辞。故《春秋》者，礼义之大宗也。夫礼禁未然之前，法施已然之后；法之所为用者易见，而礼之所为禁者难知。"

壶遂曰："孔子之时，上无明君，下不得任用，故作《春秋》，垂空文以断礼义，当一王之法。今夫子上遇明天子，下得守职，万事既具，咸各序其宜，夫子所论，欲以何明？"太史公曰："唯唯，否否，不然。余闻之先人曰：'虙戏至纯厚，作《易》八卦。尧、舜之盛，《尚书》载之，礼乐作焉。汤、武之隆，诗人歌之。《春秋》采善贬恶，推三代之德，褒周室，非独刺讥而已也。'汉兴已来，至明天子，获符瑞，封禅，改正朔，易服色，受命于穆清，泽流罔极，海外殊俗，重译款塞，请来献见者，不可胜道。臣下百官，力诵圣德，犹不能宣尽其意……余所谓述故事，整齐其世传，非所谓作也，而君比之《春秋》，谬矣。"

于是论次其文。十年而遭李陵之祸，幽于累绁。乃喟然而叹曰："是余之罪夫！身亏不用矣。"退而深惟曰："夫《诗》《书》隐约者，欲遂其志之思也。"卒述陶唐以来，至于麟止，自黄帝始。

惟汉继五帝末流，接三代绝业。周道既废，秦拨去古文，焚灭《诗》《书》，故明堂、石室、金柜、玉版图籍散乱。汉兴，萧何次律令，韩信申军法，张苍为章程，叔孙通定礼仪，则文学彬彬稍进，《诗》《书》往往间出。自曹参荐盖公言黄、老，而贾谊、韩错明申、朝，公孙弘以儒显，百年之间，天下遗文古事靡不毕集。……网罗天下放失旧闻，王迹所兴，原始察终，见盛观衰，论考之行事，略三代，录秦、汉，上记轩辕，下至于兹，著十二本纪；既科条之矣，并时异世，年差不明，作十表；礼乐损益，律历改易，兵权、山川、鬼神，天人之际，承敝通变，作八书；……序略，以拾遗补蓺，成一家言，协《六经》异传，齐百家杂语，臧之名山，副在京师，以俟后圣君子。

盖西伯拘而演《周易》；仲尼厄而作《春秋》；屈原放逐，乃赋《离骚》；左丘失明，厥有《国语》，孙子膑脚，《兵法》修列；不韦迁蜀，世传《吕览》；韩非囚秦，《说难》《孤愤》。《诗》三百篇，大氐贤圣发愤之所为作也。此人皆意有所郁结，不得通其道，故述往事，思来者。及如左丘无目，孙子断足，终不可用，退论书策以舒其愤，思垂空文以自见。仆窃不逊，近自托于无能之辞，网罗天下放失旧闻，考之行事，稽其成败兴坏之理，凡百三十篇，亦欲以究天人之际，通古今之变，成一家之言。

赞曰：自古书契之作而有史官，其载籍博矣。至孔氏撰之，上断唐尧，下讫秦缪。唐、虞以前，虽有遗文，其语不经，故言黄帝、颛顼之事未可明也。及孔子因鲁史记而作《春秋》，而左丘明论辑其本事以为之传，又纂异同为《国语》。又有《世本》，录黄帝以来至春秋时帝王、公、侯、卿、大夫祖世所出。春秋之后，七国并争，秦兼诸侯，有《战国策》。汉兴伐秦定天下，有《楚汉春秋》。故司马迁据《左氏》《国语》，采《世本》《战国策》，述《楚汉春秋》，接其后事，讫于天汉。其言秦、汉，详矣。至于采经撮传，分散数家之事，甚多疏略，或有抵梧。亦其涉猎者广博，贯穿经传，驰骋古今，上下数千载间，斯以勤矣。又，其是非颇缪于圣人，论大道而先黄、老而后六经，序游侠则退处士而进奸雄，述货殖则崇势利而羞贱贫，此其所蔽也。然自刘向、扬雄博极群书，皆称迁有良史之材，服其善序事理，辨而不华，质而不俚，其文直，其事核，不虚美，不隐恶，故谓之实录。乌呼！以迁之博物洽闻，而不能以知自全，既陷极刑，幽而发愤，书亦信矣。迹其所以自伤悼，《小雅》巷伯之伦。夫唯《大雅》"既明且哲，能保其身"，难矣哉！

（东汉）班固《汉书·司马迁传》，中华书局 2012 年版

大王诵《诗》三百五篇

大王诵《诗》三百五篇，人事浃，王道备，王之所行中《诗》一篇何等也？

（东汉）班固《汉书·武五子传》，中华书局 2012 年版

忘战必忧

《司马法》曰："国虽大，好战必亡；天下虽平，忘战必危。"天下既平，天子大恺，春搜秋狝，诸侯春振旅，秋治兵，所以不忘战也。

故虽有强国劲兵，陛下逐走兽，射飞鸟，弘游燕之囿，淫从恣之观，极驰骋之乐，自若。金石丝竹之声不绝于耳，帷幄之私、俳优侏儒之笑不乏于前，而天下无宿忧。名何必复、子，俗何必成、康！

（东汉）班固《汉书·严朱吾丘主父徐严终王上》，中华书局 2012 年版

侈而无节不可赡

臣闻《邹子》曰："政教文质者，所以云救也，当时则用，过则舍之，有易则易之，故守一而不变者，未睹治之至也。"今天下人民用财侈靡，车马衣裘宫室皆竞修饰，调五声使有节族，杂五色使有文章，重五味方丈于前，以观欲天下。彼民之情，见美则愿之，是教民以侈也。侈而无节，则不可赡，民离本而徼末矣。末不可徒得，故搢绅者不惮为诈，带剑者夸杀人以矫夺，而世不知愧，故奸轨浸长。夫佳丽珍怪固顺于耳目，故养失而泰，乐失而淫，礼失而采，教失而伪。伪、采、淫、泰，非所以范民之道也。

臣闻《诗》颂君德，《乐》舞后功，异经而同指，明盛德之所隆也。

王褒字子渊，蜀人也。宣帝时修武帝故事，讲论六艺群书，博尽奇异之好，征能为《楚辞》九江被公，召见诵读，益召高材刘向、张子侨、华龙、柳褒等侍诏金马门。神爵、五凤之间，天下殷富，数有嘉应。上颇作歌诗，欲兴协律之事，丞相魏相奏言知音善鼓雅琴者渤海赵定、梁国龚德，皆召见待诏。于是益州刺史王襄欲宣风化于众庶，闻王褒有俊材，请与相见，使褒作《中和》《乐职》《宣布》诗，选好事者令依《鹿鸣》之声习而歌之。时，氾乡侯何武为僮子，选在歌中。久之，武等学长安，歌太学下，转而上闻。宣帝召见武等观之，皆赐帛，谓曰："此盛德之事，吾何足以当之！"

上乃征褒。既至，诏褒为圣主得贤臣颂其意。褒对曰：……

上令褒与张子侨等并待诏，数从褒等放猎，所幸宫馆，辄为歌颂，第其高下，以差赐帛。议者多以为淫靡不急，上曰："'不有博弈者乎，为之犹贤乎已！'辞赋大者与古诗同义，小者辩丽可喜。辟如女工有绮縠，音乐有郑、卫，今世俗犹皆以此虞说耳目，辞赋比之，尚有仁义风谕，鸟兽草木多闻之观，贤于倡优博弈远矣。"顷之，擢褒为谏大夫。

其后太子体不安，苦忽忽善忘，不乐。诏使褒等皆之太子宫虞侍太子，朝夕诵读奇文及所自造作。疾平复，乃归。太子喜褒所为《甘泉》及《洞箫》颂，令后宫贵人左右皆诵读之。

臣闻尧、舜，圣之盛也，禹入圣域而不优，故孔子称尧曰"大哉"，《韶》曰"尽善"，禹曰"无间"。以三圣之德，地方不过数千里，西被流沙，东渐于海，朔南暨声教，讫于四海，欲与声教则治之，不欲与者不强治也。故君臣歌德，含气之物各得其宜。武丁、成王，殷、周之大仁也，然地东不过江、黄，西不过氐、羌，南不过蛮荆，北不过朔方。是以颂声并作，视听之类咸乐其生，越裳氏重九译而献，此非兵革之所能致。及其衰也，南征不还，齐桓救其难，孔子定其文。以至乎秦，兴兵远攻，贪外虚内，务欲广地，不虑其害。然地南不过闽越，北不过太原，而天下溃畔，祸卒在于二世之末，《长城之歌》至今未绝。

当此之时，逸游之乐绝，奇丽之赂塞，郑、卫之倡微矣。夫后宫盛色则贤者隐处，佞人用事则诤臣杜口，而文帝不行，故谥为孝文，庙称太宗。

（东汉）班固《汉书·严朱吾丘主父徐严终王下》，中华书局2012年版

无求备于一人之义

虽然，安可以不务修身乎哉！《诗》云：'鼓钟于宫，声闻于外。''鹤鸣于九皋，声闻于天。'苟能修身，何患不荣！……传曰：'天不为人之恶寒而辍其冬，地不为人之恶险而辍其广，君子不为小人之匈匈而易其行。''天有常度，地有常形，君子有常行；君子道其常，小人计其功。'《诗》云：'礼义之不愆，何恤人之言？'故曰：'水至清则无鱼，人至察则无徒。冕而前旒，所以蔽明；黈纩充耳，所以塞聪。'明有所不见，聪有所不闻，举大德，赦小过，无求备于一人之义也。

今先生率然高举，远集吴地，将以辅治寡人，诚窃嘉之，体不安席，食不甘味，目不视靡曼之色，耳不听钟鼓之音，虚心定志欲闻流议者三年于兹矣。今先生进无以辅治，退不扬主誉，窃不为先生取之也。

于是正明堂之朝，齐君臣之位，举贤材，布德惠，施仁义，赏有功；躬节俭，减后宫之费，损车马之用；放郑声，远佞人，省庖厨，去侈靡；卑宫馆，坏苑囿，填池堑，以予贫民无产业者；开内藏，振贫穷，存耆老，恤孤独；薄赋敛，省刑辟。

（东汉）班固《汉书·东方朔传》，中华书局 2012 年版

留意《亡逸》之戒

愿陛下循高祖之轨，杜亡秦之路，数御《十月》之歌，留意《亡逸》之戒，除不急之法，下亡讳之诏，博鉴兼听，谋及疏贱，令深者不隐，远者不塞，所谓"辟四门，明四目"也。

赞曰：昔仲尼称不得中行，则思狂狷。观杨王孙之志，贤于秦始皇远矣。世称朱云多过其实，故曰："盖有不知而作之者，我亡是也。"胡建临敌敢断，武昭于外。斩伐奸隙，军旅不队。梅福之辞，合于《大雅》，虽无老成，尚有典刑；殷监不远，夏后所闻。遂从所好，全性市门。云敞之义，著于吴章，为仁由己，再入大府，清则濯缨，何远之有？

（东汉）班固《汉书·杨胡朱梅云传》，中华书局 2012 年版

击鼓歌吹作俳倡

大行在前殿，发乐府乐器，引内昌邑乐人，击鼓歌吹作俳倡。会下还，上前殿，击钟磬，召内泰壹宗庙乐人辇道牟首，鼓吹歌舞，悉奏众乐。发

长安厨三太牢具祠阁室中，祀已，与从官饮啖。驾法驾，皮轩鸾旗，驱驰北宫、桂宫，弄彘斗虎。召皇太后御小马车，使官奴骑乘，游戏掖庭中。

（东汉）班固《汉书·霍光金日磾传》，中华书局2012年版

衣服车马贵贱有章

昔武王伐纣，迁九鼎于雒邑，伯夷、叔齐薄之，饿死于首阳，不食其禄，周犹称盛德焉。

昔召公述职，当民事时，舍于棠下而听断焉。是时，人皆得其所，后世思其仁恩，至乎不伐甘棠，《甘棠》之诗是也。

"古者衣服车马贵贱有章，以褒有德而别尊卑，今上下僭差，人人自制，是以贪财诛利，不畏死亡。周之所以能致治，刑措而不用者，以其禁邪于冥冥，绝恶于未萌也。"又言："舜、汤不用三公九卿之世而举皋陶、伊尹，不仁者远。今使俗吏得任子弟，率多骄骜，不通古今，至于积功治人，亡益于民，此《伐檀》所为作也。宜明选求贤，除任子之令。外家及故人可厚以财，不宜居位。去角抵，减乐府，省尚方，明视天下以俭。古者工不造雕瑑，商不通侈靡，非工商之独贤，政教使之然也。民见俭则归本，本立而末成。"其指如此，上以其言迂阔，不甚宠异也。

古者宫室有制，宫女不过九人，秣马不过八匹；墙涂而不雕，木摩而不刻，车舆器物皆不文画，苑囿不过数十里，与民共之；任贤使能，什一而税，无它赋敛徭戍之役，使民岁不过三日，千里之内自给，千里之外各置贡职而已。故天下家给人足，颂声并作。

至高祖、孝文、孝景皇帝，循古节俭，宫女不过十余，厩马百余匹。孝文皇帝衣绨履革，器亡雕文金银之饰。后世争为奢侈，转转益甚，臣下亦相放效，衣服履裤刀剑乱于主上，主上时临潮入庙，众人不能别异，甚非其宜。然非自知奢僭也，犹鲁昭公曰："吾何僭矣？"

《论语》曰："君子乐节礼乐。"方今宫室已定，亡可奈何矣，其余尽可减损。

陛下诚深念高祖之苦，醇法太宗之治，正已以先下，选贤以自辅，开进忠正，致诛奸臣、远放谄佞，赦出园陵之女，罢倡乐，绝郑声，去甲乙之帐，退伪薄之物，修节俭之化，驱天下之民皆归于农，如此不解，则三王可侔，五帝可及。

（东汉）班固《汉书·王贡两龚鲍传》，中华书局2012年版

韦贤作诗述志

韦贤字长孺。鲁国邹人也。其先韦孟，家本彭城，为楚元王傅，傅子夷王及孙王戊。戊荒淫不遵道，孟作诗风谏。后遂去位，徙家于邹，又作一篇。其谏诗曰：……

孟卒于邹。或曰其子孙好事，述先人之志而作是诗也。

玄成自伤贬黜父爵，叹曰："吾何面目以奉祭祀！"作诗自劾责，曰：……

玄成复作诗，自著复玷缺之艰难，因以戒示子孙，曰：……

臣闻周室既衰，四夷并侵，猃狁最强，于今匈奴是也。至宣王而伐之，诗人美而颂之曰"薄伐猃狁，至于太原"，又曰"啴啴推推，如霆如雷，显允方叔，征伐猃狁，荆蛮来威"，故称中兴。及至幽王，犬戎来伐，杀幽王，取宗器。自是之后，南夷与北夷交侵，中国不绝如线。《春秋》纪齐桓南伐楚，北伐山戎，孔子曰："微管仲，吾其被发左衽矣。"是故弃桓之过而录其功，以为伯首。

《诗》云："蔽芾甘棠，勿剪勿伐，邵伯所茇。"思其人犹爱其树，况宗其道而毁其庙乎？迭毁之礼自有常法，无殊功异德，固以亲疏相推及。

（东汉）班固《汉书·韦贤传》，中华书局 2012 年版

奏舞明盛德

宣帝初即位，欲褒先帝，诏丞相御史曰："朕以眇身，蒙遗德，承圣业，奉宗庙，夙夜惟念。孝武皇帝躬仁谊，厉威武……协音律，造乐歌，荐上帝，封太山，立明堂，改正朔，易服色；明开圣绪，尊贤显功，兴灭继绝，褒周之后；备天地之礼，广道术之路。上天报况，符瑞并应，宝鼎出，白麟获，海效巨鱼，神人并见，山称万岁。功德茂盛，不能尽宣，而庙乐未称，朕甚悼焉。其与列侯、二千石、博士议。"……有司遂请尊孝武帝庙为世宗庙，奏《盛德》《文始》《五行》之舞，天下世世献纳，以明盛德。

臣闻之于师曰，天地设位，悬日月，布星辰，分阴阳，定四时，列五行，以视圣人，名之曰道。圣人见道，然后知王治之象，故画州土，建君臣，立律历，陈成败，以视贤者，名之曰经。贤者见经，然后知人道之务，则《诗》《书》《易》《春秋》《礼》《乐》是也。《易》有阴阳，

《诗》有五际，《春秋》有灾异，皆列终始，推得失，考天心，以言王道之安危。至秦乃不说，伤之以法，是以大道不通，至于灭亡。

赞曰：幽赞神明，通合天人之道者，莫著乎《易》《春秋》。

（东汉）班固《汉书·眭两夏侯京翼李传》，中华书局2012年版

延寿好古教化

延寿为吏，上礼义，好古教化，所至必聘其贤士……修治学官，春秋乡射，陈钟鼓管弦，盛升降揖让，及都试讲武，设斧钺旌旗，习射御之事。

延寿在东郡时，试骑士，治饰兵车，画龙虎朱爵。延寿衣黄纨方领，驾四马，傅总，建幢棨，植羽葆，鼓车歌车，功曹引车，皆驾四马，载棨戟。五骑为伍，分左右部，军假司马、千人持幢旁毂。歌者先居射室，望见延寿车，嚾呼楚歌。延寿坐射室，骑吏持戟夹陛列立，骑士从者带弓鞬罗后。

故仲尼作《春秋》，迹盛衰，讥世卿最甚。

居顷之，王太后数出游猎，敞奏书谏曰："臣闻秦王好淫声，叶阳后为不听郑、卫之乐；楚严好田猎，樊姬为不食鸟兽之肉。口非恶旨甘，耳非憎丝竹也，所以抑心意，绝耆欲者，将以率二君而全宗祀也。礼，君母出门则乘辎軿，下堂则从傅母，进退则鸣玉佩，内饰则结绸缪。此言尊贵所以自敛制，不从恣之义也……"书奏，太后止不复出。

及尊视事，奉玺书至庭中，王未及出受诏，尊持玺书归舍，食已乃还。致诏后，竭见王，太傅在前说《相鼠》之诗。尊曰："毋持布鼓过雷门！"王怒，起入后宫。

（东汉）班固《汉书·赵尹韩张两王传》，中华书局2012年版

许伯醒而狂

平恩侯许伯入第，丞相、御史、将军、中二千石皆贺，宽饶不行。许伯请之，乃往，从西阶上，东乡特坐。许伯自酌曰："盖君后至。"宽饶曰："无多酌我，我乃酒狂。"丞相魏侯笑曰："次公醒而狂，何必酒也？"坐者毕属目卑下之。酒酣乐作，长信少府檀长卿起舞，为沐猴与狗斗，坐皆大笑。宽饶不悦，仰视屋而叹曰："美哉！然富贵无常，忽则易人，此如传舍，所阅多矣。唯谨慎为得久，君侯可不戒哉！"因起趋出，劾奏长

信少府以列卿而沐猴舞，失礼不敬。上欲罪少府，许伯为谢，良久，上乃解。

（东汉）班固《汉书·盖诸葛刘郑孙毋将何传》，中华书局2012年版

抑抑威仪，惟德之隅

赞曰：《诗》称"抑抑威仪，惟德之隅"。宜乡侯参鞠躬履方，择地而行，可谓淑人君子，然卒死于非罪，不能自免，哀哉！谗邪交乱，贞良被害，自古而然。故伯奇放流，孟子宫刑，申生雉经，屈原赴湘，《小弁》之诗作，《离骚》之辞兴。经曰："心之忧矣，涕既陨之。"冯参姊弟，亦云悲矣！

（东汉）班固《汉书·冯奉世传》，中华书局2012年版

减宫室之度

诸见罢珠崖诏书者，莫不欣欣，人自以将见太平也。宜遂减宫室之度，省靡丽之饰，考制度，修外内，近忠正，远巧佞，放郑、卫，进《雅》《颂》，举异材，开直言，任温良之人，退刻薄之吏，显洁白之士，昭无欲之路，览《六艺》之意，察上世之务，明自然之道，博和睦之化，以崇至仁，匡失俗，易民视，令海内昭然咸见本朝之所贵，道德弘于京师，淑问扬乎疆外，然后大化可成，礼让可兴也。

臣又闻室家之道修，则天下之理得，故《诗》始《国风》，《礼》本《冠》《婚》。始乎《国风》，原情性而明人伦也；本乎《冠》《婚》，正基兆而防未然也。福之兴莫不本乎室家。道之衰莫不始乎阃内。

孔子论《诗》以《关雎》为始，言太上者民之父母，后夫人之行不侔乎天地，则无以奉神灵之统而理万物之宜。故《诗》曰："窈窕淑女，君子好仇。"言能致其贞淑，不贰其操，情欲之感无介乎容仪，宴私之意不形乎动静，夫然后可以配至尊而为宗庙主。此纲纪之首，王教之端也。

臣闻《六经》者，圣人所以统天地之心，著善恶之归，明吉凶之分，通人道之正，使不悖于其本性者也。故审《六艺》之指，则天人之理可得而和，草木昆虫可得而育，此永永不易之道也。及《论语》《孝经》，圣人言行之要，宜究其意。

禹为人谨厚，内殖货财，家以田为业……禹性习知音声，内奢淫，身

居大第，后堂理丝竹管弦。

宣为人恭俭有法度，而崇恺弟多智，二人异行，禹心亲爱崇，敬宣而疏之。崇每候禹，常责师宜置酒设乐与弟子相娱。禹将崇入后堂饮食，妇女相对，优人管弦铿锵极乐，昏夜乃罢。

（东汉）班固《汉书·匡张孔马传》，中华书局 2012 年版

元帝好音乐

建昭之后，元帝被疾，不亲政事，留好音乐。或置鼙鼓殿下，天子自临轩槛上，隤铜丸以擿鼓，声中严鼓之节。后宫及左右习知音者莫能为，而定陶王亦能之，上数称其材。丹进曰："凡所谓材者，敏而好学，温故知新，皇太子是也。若乃器人于丝竹鼓鼙之间，则是陈惠、李微高于匡衡，可相国也。"于是上嘿然而笑。

（东汉）班固《汉书·王商史丹傅喜传》，中华书局 2012 年版

放去淫溺之乐

陛下践至尊之祚为天下主，奉帝王之职以统群生，方内之治乱，在陛下所执……放去淫溺之乐，罢归倡优之笑，绝却不享之义，慎节游田之虞，起居有常，循礼而动，躬亲政事，致行无倦，安服若性。

王者躬行道德，承顺天地……宫室车服不逾制度，事节财足，黎庶和睦，则卦气理效，五征时序，百姓寿考，庶草蕃滋，符瑞并降，以昭保右。

邺闻人情，恩深者其养谨，爱至者其求详。夫戚而不见殊，孰能无怨？此《棠棣》《角弓》之诗所以作也。昔秦伯有千乘之国，而不能容其母弟，《春秋》亦书而讥焉。

然嘉瑞未应，而日食、地震，民讹言行筹，传相惊恐。案《春秋》灾异，以指象为言语，故在于得一类而达之也。

不在前后，临事而发者，明陛下谦逊无专，承指非一，所言辄听，所欲辄随，有罪恶者不坐辜罚，无功能者毕受官爵，流渐积猥，正尤在是，欲令昭昭以觉圣朝。昔诗人所刺，《春秋》所讥，指象如此，殆不在它。由后视前，忿邑非之，建身所行，不自镜见，则以为可，计之过者。

（东汉）班固《汉书·谷永杜邺传》，中华书局 2012 年版

王褒颂汉德

何武字君公，蜀郡郫县人也。宣帝时，天下和平，四夷宾服，神爵、五凤之间屡蒙瑞应。而益州刺史王襄使辩士王褒颂汉德，作《中和》《乐职》《宣布》诗三篇。武年十四五，与成都杨覆众等共习歌之。

嘉封还诏书，因奏封事谏上及太后曰："臣闻爵禄土地，天之有也。《书》云：'天命有德，五服五章哉！'王者代天爵人，尤宜慎之。"

（东汉）班固《汉书·何武王嘉师丹传》，中华书局2012年版

扬雄体赋

先是时，蜀有司马相如，作赋甚弘丽温雅，雄心壮之，每作赋，常拟之以为式。又怪屈原文过相如，至不容，作《离骚》，自投江而死，悲其文，读之未尝不流涕也。以为君子得时则大行，不得时则龙蛇，遇不遇命也，何必湛身哉！乃作书，往往摭《离骚》文而反之，自岷山投诸江流以吊屈原，名曰《反离骚》；又旁《离骚》作重一篇，名曰《广骚》；又旁《惜诵》以下至《怀沙》一卷，名曰《畔牢愁》。《畔牢愁》《广骚》文多，不载，独载《反离骚》，其辞曰：……

孝成帝时，客有荐雄文似相如者，上方郊祠甘泉泰畤、汾阴后土，以求继嗣，召雄待诏承明之庭。正月，从上甘泉，还奏《甘泉赋》以风。其辞曰：……又言"屏玉女，却虙妃"，以微戒齐肃之事。赋成，奏之，天子异焉。

其三月，将祭后土，上乃帅群臣横大河，凑汾阴。既祭，行游介山，回安邑，顾龙门，览盐池，登历观，陟西岳以望八荒，迹殷、周之虚，眇然以思唐、虞之风。雄以为，临川羡鱼不如归而结网，还，上《河东赋》以劝。其辞曰：……

其十二月羽猎，雄从。以为昔在二帝、三王，宫馆、台榭、沼池、苑囿、林麓、薮泽，财足以奉郊庙、御宾客、充庖厨而已，不夺百姓膏腴谷土桑柘之地。女有余布，男有余粟，国家殷富，上下交足，故甘露零其庭，醴泉流其唐，凤皇巢其树，黄龙游其沼，麒麟臻其囿，神爵栖其林。昔者禹任益虞而上下和，草木茂；成汤好田而天下用足；文王囿百里，民以为尚小；齐宣王囿四十里，民以为大；裕民之与夺民也。武帝广开上林，南至宜春、鼎胡、御宿、昆吾，旁南山而西，至长杨、五柞，北绕黄

山，濒渭而东，周袤数百里，穿昆明池象滇河，营建章、凤阙、神明、馺娑、渐台、泰液象海水周流方丈、瀛洲、蓬莱。游观侈靡，穷妙极丽。虽颇割其三垂以赡齐民，然至羽猎、田车、戎马、器械、储偫、禁御所营，尚泰奢丽夸诩，非尧、舜、成汤、文王三驱之意也。又恐后世复修前好，不折中以泉台，故聊因《校猎赋》以风，其辞曰：……

（东汉）班固《汉书·扬雄传上》，中华书局2012年版

扬雄以赋为风

明年，上将大夸胡人以多禽兽，秋，命右扶风发民入南山，西自褒斜，东至弘农，南驱汉中，张罗罔罜䍐，捕熊罴、豪猪、虎豹、狖玃、狐菟、麋鹿，载以槛车，输长杨射熊馆。以罔为周陛，纵禽兽其中，令胡人手搏之，自取其获，上亲临观焉。是时，农民不得收敛。雄从至射熊馆，还，上《长杨赋》，聊因笔墨之成文章，故借翰林以为主人，子墨为客卿以风。其辞曰：……

哀帝时，丁、傅、董贤用事，诸附离之者或起家至二千石。时，雄方草《太玄》，有以自守，泊如也。或嘲雄以玄尚白，而雄解之，号曰《解嘲》。其辞曰：……

雄以为赋者，将以风之也，必推类而言，极丽靡之辞，闳侈巨衍，竞于使人不能加也，既乃归之于正，然览者已过矣。往时武帝好神仙，相如上《大人赋》，欲以风，帝反缥缥有陵云之志。由是言之，赋劝而不止，明矣。又颇似俳优淳于髡、优孟之徒，非法度所存，贤人君子诗赋之正也，于是辍不复为。而大潭思浑天，参摹而四分之，极于八十一。旁则三摹九据，极之七百二十九赞，亦自然之道也。故观《易》者，见其卦而名之；观《玄》者，数其画而定之……筮之以三策，关之以休咎，绊之以象类，播之以人事，文之以五行，拟之以道德仁义礼知。无主无名，要合《五经》，苟非其事，文不虚生。为其泰曼漶而不可知，故有《首》《冲》《错》《测》《摛》《莹》《数》《文》《掜》《图》《告》十一篇，皆以解剥《玄》体，离散其文，章句尚不存焉。《玄》文多，故不著，观之者难知，学之者难成。客有难《玄》大深，众人之不好也，雄解之，号曰《解难》。其辞曰：……

雄见诸子各以其知舛驰，大氐诋訾圣人，即为怪迂。析辩诡辞，以挠世事，虽小辩，终破大道而或众，使溺于所闻而不自知其非也。及太史公

记六国，历楚、汉，讫麟止，不与圣人同，是非颇谬于经。故人时有问雄者，常用法应之，撰以为十三卷，象《论语》，号曰《法言》。《法言》文多不著，独著其目：……

赞曰：雄之自序云尔。初，雄年四十余，自蜀来至游京师，大司马车骑将军王音奇其文雅，召以为门下史，荐雄待诏，岁余，奏《羽猎赋》，除为郎，给事黄门，与王莽、刘歆并。哀帝之初，又与董贤同官。当成、哀、平间，莽、贤皆为三公，权倾人主，所荐莫不拔擢，而雄三世不徙官。及莽篡位，谈说之士用符命称功德获封爵者甚众，雄复不侯，以耆老久次转为大夫，恬于势利乃如是。实好古而乐道，其意欲求文章成名于后世，以为经莫大于《易》，故作《太玄》；传莫大于《论语》，作《法言》；史篇莫善于《仓颉》，作《训纂》；箴莫善于《虞箴》，作《州箴》；赋莫深于《离骚》，反而广之；辞莫丽于相如，作四赋；皆斟酌其本，相与放依而驰骋云。用心于内，不求于外，于时人皆曶之；唯刘歆及范逡敬焉，而桓谭以为绝伦。

诸儒或讥以为雄非圣人而作经，犹春秋吴楚之君借号称王，盖诛绝之罪也。自雄之没至今四十余年，其《法言》大行，而《玄》终不显，然篇籍具存。

（东汉）班固《汉书·扬雄传下》，中华书局2012年版

儒者博学

古之儒者，博学乎《六艺》之文。《六艺》者，王教之典籍，先圣所以明天道，正人伦，致至治之成法也。周道既衰，坏于幽、厉，礼乐征伐自诸侯出，陵夷二百余年而孔子兴，衷圣德遭季世，知言之不用而道不行，乃叹曰："凤鸟不至，河不出图，吾已矣夫！""文王既没，文不在兹乎？"于是应聘诸侯，以答礼行谊。西入周，南至楚，畏匡厄陈，奸七十余君。适齐闻《韶》，三月不知肉味；自卫反鲁，然后乐正，《雅》《颂》各得其所。究观古今篇籍，乃称曰："大哉，尧之为君也！唯天为大，唯尧则之。巍巍乎其有成功也，焕乎其有文章！"又曰："周监于二代，郁郁乎文哉！吾从周。"于是叙《书》则断《尧典》，称乐则法《韶舞》，论《诗》则首《周南》。缀周之礼，因鲁《春秋》，举十二公行事，绳之以文、武之道，成一王法，至获麟而止。盖晚而好《易》，读之韦编三绝，而为之传。皆因近圣之事，以立先王之教，故曰："述而不作，信而

好古。""下学而上达，知我者其天乎！"

及高皇帝诛项籍，引兵围鲁，鲁中诸儒尚讲诵习礼，弦歌之音不绝，岂非圣人遗化好学之国哉？于是诸儒始得修其经学，讲习大射乡饮之礼。

丞相、御史言："制曰：'盖闻导民以礼，风之以乐。婚姻者，居室之大伦也。今礼废乐崩，朕甚愍焉，故详延天下方闻之士，咸登诸朝。'"

式系狱当死，治事使者责问曰："师何以无谏书？"式对曰："臣以《诗》三百五篇朝夕授王，至于忠臣孝子之篇，未尝不为王反复诵之也；至于危亡失道之君，未尝不流涕为王深陈之也。臣以三百五篇谏，是以亡谏书。"使者以闻，亦得减死论，归家不教授。

既至，止舍中，会诸大夫、博士，共持酒肉劳式，皆注意高仰之，博士江公世为《鲁诗》宗，至江公著《孝经说》，心嫉式，谓歌吹诸生曰："歌《骊驹》。"式曰："闻之于师：客歌《骊驹》，主人歌《客毋庸归》。今日诸君为主人，日尚早，未可也。"江翁曰："经何以言之？"式曰："在《曲礼》。"江翁曰："何狗曲也！"式耻之，阳醉遗地。

（东汉）班固《汉书·儒林传》，中华书局2012年版

民作"画一"之歌

汉兴之初，反秦之敝，与民休息，凡事简易，禁罔疏阔，而相国萧、曹以宽厚清静为天下帅，民作"画一"之歌。

竟宁中，征为少府，列于九卿，奏请上林诸离远宫馆稀幸御者，勿复缮治共张，又奏省乐府黄门倡优诸戏，及宫馆兵弩什器减过泰半。

（东汉）班固《汉书·循吏传》，中华书局2012年版

安所求子死

数日一发视，皆相枕藉死，便舆出，瘗寺门桓东。楬著其姓名，百日后，乃令死者家各自发取其尸。亲属号哭，道路皆歔欷。长安中歌之曰："安所求子死？桓东少年场。生时谅不谨，枯骨后何葬？"

（东汉）班固《汉书·酷吏传》，中华书局2012年版

先王之制，各有差品

昔先王之制，自天子、公、侯、卿、大夫、士至于皂隶、抱关、击

者，其爵禄、奉养、宫室、车服、棺椁、祭祀、死生之制各有差品，小不得僭大，贱不得逾贵。夫然，故上下序而民志定。

及周室衰，礼法堕，诸侯刻桷丹楹，大夫山节藻棁，八佾舞于庭，《雍》彻于堂。其流至乎士庶人，莫不离制而弃本，稼穑之民少，商旅之民多，谷不足而货有余。

（东汉）班固《汉书·货殖传》，中华书局2012年版

扬雄作"酒箴"

周室既微，礼乐征伐自诸侯出。

先是，黄门郎扬雄作《酒箴》以讽谏成帝，其文为酒客难法度士，譬之于物，曰："子犹瓶矣。观瓶之居，居井之眉，处高临深，动常近危。酒醪不入口，臧水满怀，不得左右，牵于纆徽。一旦叀碍，为瓽所轠，身提黄泉，骨肉为泥。自用如此，不如鸱夷。鸱夷滑稽，腹如大壶，尽日盛酒，人复借酤。常为国器，托于属车，出入两宫，经营公家。由是言之，酒何过乎！"遵大喜之，常谓张竦："吾与尔犹是矣。足下讽诵经书，苦身自约，不敢差跌，而我放意自恣，浮湛俗间，官爵功名，不减于子，而差独乐，顾不优邪！"竦曰："人各有性，长短自裁。子欲为我亦不能，吾而效子亦败矣。虽然，学我者易持，效子者难将，吾常道也。"

（东汉）班固《汉书·游侠传》，中华书局2012年版

天子自临平乐观

天子自临平乐观，会匈奴使者、外国君长大角抵，设乐而遣之。使长罗侯光禄大夫惠为副，凡持节者四人，送少主至敦煌。

遭值文、景玄默，养民五世，天下殷富，财力有余，士马强盛。故能睹犀布、玳瑁则建珠崖七郡，感枸酱、竹杖则开牂柯、越巂，闻天马、蒲陶则通大宛、安息。自是之后，明珠、文甲、通犀、翠羽之珍盈于后宫，蒲梢、龙文、鱼目、汗血之马充于黄门，巨象、师子、猛犬、大雀之群食于外囿。殊方异物，四面而至。于是广开上林，穿昆明池，营千门万户之宫，立神明通天之台，兴造甲乙之帐，落以随珠和璧，天子负黼依，袭翠被，冯玉几，而处其中。设酒池肉林以飨四夷之客，作《巴俞》都卢、海中《砀极》、漫衍鱼龙、角抵之戏以观视之。及赂遗赠送，万里相奉，师旅之费，不可胜计。至于用度不足，乃榷酒酤，管盐铁，铸白金，造皮

币，算至车船，租及六畜。

（东汉）班固《汉书·西域传下》，中华书局2012年版

戚夫人之歌

故《易》基《乾》《坤》，《诗》首《关雎》，《书》美釐降，《春秋》讥不亲迎。夫妇之际，人道之大伦也。礼之用，唯昏姻为兢兢。夫乐调而四时和，阴阳之变，万物之统也，可不慎与！

高祖崩，惠帝立，吕后为皇太后，乃令永巷囚戚夫人，髡钳衣赭衣，令舂。戚夫人舂且歌曰："子为王，母为虏，终日舂薄暮，常与死为伍！相离三千里，当谁使告女？"太后闻之大怒，曰："乃欲倚女子邪？"乃召赵王诛之。

孝武李夫人，本以倡进。初，夫人兄延年性知音，善歌舞，武帝爱之。每为新声变曲，闻者莫不感动。延年侍上起舞，歌曰："北方有佳人，绝世而独立，一顾倾人城，再顾倾人国。宁不知倾城与倾国，佳人难再得！"上叹息曰："善！世岂有此人乎？"平阳主因言延年有女弟，上乃召见之，实妙丽善舞。

上思念李夫人不已，方士齐人少翁言能致其神。乃夜张灯烛，设帷帐，陈酒肉，而令上居他帐，遥望见好女如李夫人之貌，还幄坐而步。又不得就视，上愈益相思悲感，为作诗曰："是邪，非邪？立而望之，偏何姗姗其来迟！"令乐府诸音家弦歌之。上又自为作赋，以伤悼夫人，其辞曰：……

（东汉）班固《汉书·外戚传上》，中华书局2012年版

婕妤自伤

赵氏姊弟骄妒，婕妤恐久见危，求供养太后长信宫，上许焉。婕妤退处东宫，作赋自伤悼，其辞曰：……

立十六年而诛。先是，有童谣曰："燕燕，尾涎涎，张公子，时相见。木门仓琅根，燕飞来，啄皇孙。皇孙死，燕啄矢。"成帝每微行出，常与张放俱，而称富平侯家，故曰张公子。仓琅根，宫门铜锾也。

（东汉）班固《汉书·外戚传下》，中华书局2012年版

五侯群弟，争为奢侈

而五侯群弟，争为奢侈，赂遗珍宝，四面而至；后廷姬妾，各数十

人,僮奴以千百数,罗钟磬,舞郑女,作倡优,狗马驰逐;大治第室,起土山渐台,洞门高廊阁道,连属弥望。百姓歌之曰:"五侯初起,曲阳最怒,坏决高都,连竟外杜,土山渐台西白虎。"其奢僭如此。

根行贪邪,臧累巨万,纵横恣意,大治室第,第中起土山,立两市,殿上赤墀,户青琐……先帝弃天下,根不悲哀思慕,山陵未成,公聘取故掖庭女乐五官殷严、王飞君等,置酒歌舞,捐忘先帝厚恩,背臣子义。

(东汉)班固《汉书·元后传》,中华书局2012年版

诈为郡国造歌谣

太保舜等奏言:"《春秋》列功德之义,太上有立德,其次有立功,其次有立言,唯至德大贤然后能之。其在人臣,则生有大赏,终为宗臣,殷之伊尹,周之周公是也。"

于是莽稽首再拜,受绿韨衮冕衣裳,玚琫玚珌,句履,鸾路乘马,龙旂九旒,皮弁素积,戎路乘马,彤弓矢,卢弓矢,左建朱钺,右建金戚,甲胄一具,秬鬯二卣,圭瓒二,九命青玉珪二,朱户纳陛。署宗官、祝官、卜官、史官,虎贲三百人,家令丞各一人,宗、祝、卜、史官皆置啬夫,佐官汉公。

风俗使者八人还,言天下风俗齐同,诈为郡国造歌谣,颂功德,凡三万言。莽奏定著令。

(东汉)班固《汉书·王莽传上》,中华书局2012年版

王莽置人诵诗王

又置司恭、司徒、司明、司聪、司中大夫及诵诗工、彻膳宰,以司过。策曰:"予闻上圣欲昭厥德,罔不慎修厥身,用绥于远,是用建尔司于五事。毋隐尤,毋将虚,好恶不愆,立于厥中。于戏,勖哉!"令王路设进善之旌,非谤之木,敢谏之鼓。谏大夫四人常坐王路门受言事者。

莽意以为制定则天下自平,故锐思于地理,制礼作乐,讲合《六经》之说。

(东汉)班固《汉书·王莽传中》,中华书局2012年版

清厉而哀,非兴国之声

皇孙功崇公宗坐自画容貌,被服天子衣冠,刻印三:一曰"维祉冠

存己夏处南山臧薄冰",二曰"肃圣宝继",三曰"德封昌图"。又宗舅吕宽家前徙合浦,私与宗通,发觉按验,宗自杀。

初献《新乐》于明堂、太庙。群臣始冠麟韦之弁。或闻其乐声,曰:"清厉而哀,非兴国之声也。"

或言黄帝时建华盖以登仙,莽乃造华盖九重,高八丈一尺,金瑵羽葆,载以秘机四轮车,驾六马,力士三百人黄衣帻,车上人击鼓,挽者皆呼"登仙"。

三年正月,九庙盖构成,纳神主。莽谒见,大驾乘六马,以五采毛为龙文衣,著角,长三尺。华盖车,元戎十乘有前。

邑曰:"百万之师,所过当灭,今属此城,喋血而进,前歌后舞,顾不快邪!"

崔发言:"《周礼》及《春秋左氏》,国有大灾,则哭以厌之。故《易》称'先号啕而后笑'。宜呼嗟告天以求救。"

(东汉)班固《汉书·王莽传下》,中华书局2012年版

淫乱之戒,原在于酒

白大将军薨后,富平、定陵侯张放、淳于长等始爱幸,出为微行,行则同舆执辔;入侍禁中,设宴饮之会,及赵、李诸侍中皆引满举白,谈笑大嚣。时乘舆幄坐张画屏风,画纣醉踞妲己作长夜之乐。上以伯新起,数目礼之,因顾指画而问伯:"纣为无道,至于是乎?"伯对曰:"《书》云'乃用妇人之言',何有踞肆于朝?所谓众恶归之,不如是之甚者也。"上曰:"苟不若此,此图何戒?"伯曰:"'沉湎于酒',微子所以告去也;'式号式呼',《大雅》所以流连也。《诗》《书》淫乱之戒,其原皆在于酒。"上乃喟然叹曰:"吾久不见班生,今日复闻谠言!"

平帝即位,太后临朝,莽秉政,方欲文致太平,使使者分行风俗,采颂声,而稚无所上。

《诗》云:"皇矣上帝,临下有赫,鉴观四方,求民之莫。今民皆讴吟思汉,乡仰刘氏,已可知矣。"

既感嚣言,又愍狂狡之不息,乃著《王命论》以救时难。其辞曰:……

有子曰固,弱冠而孤,作《幽通之赋》,以致命遂志。其辞曰:……

永平中为郎,典校秘书,专笃志于博学,以著述为业。或讥以无功,

又感东方朔、扬雄自谕以不遭苏、张、范、蔡之时，曾不折之以正道，明君子之所守，故聊复应焉。其辞曰：……

（东汉）班固《汉书·叙传上》，中华书局2012年版

元元本本，数始于一

世宗晔晔，思弘祖业，畴咨熙载，髦俊并作。厥作伊何？百蛮是攘，恢我疆宇，外博四荒。武功既抗，亦迪斯文，宪章六学，统一圣真。封禅郊祀，登秩百神；协律改正，飨兹永年。述《武纪》第六。

元元本本，数始于一，产气黄钟，造计秒忽。八音七始，五声六律，度量权衡，历算迨出，官失学微，六家分乖，一彼一此，庶研其几。述《律历志》第一。

上天下泽，春雷奋作，先王观象，爰制礼乐。厥后崩坏，郑、卫荒淫，风流民化，湎湎纷纷。略存大纲，以统旧文。述《礼乐志》第二。

夏乘四载，百川是导。唯河为艰，灾及后代。商竭周移，秦决南涯，自兹距汉，北亡八支。文陞枣野，武作《瓠歌》，成有平年，后遂滂沱。爰及沟渠，利我国家。述《沟洫志》第九。

虙羲画卦，书契后作，虞夏商周，孔纂其业，纂《书》删《诗》，缀《礼》正《乐》，象系大《易》，因史立法。六学既登，遭世罔弘，群言纷乱，诸子相腾。秦人是灭，汉修其缺，刘向司籍，九流以别。爰著目录，略序洪烈。述《艺文志》第十。

文艳用寡，子虚乌有，寓言淫丽，托风终始，见识博物，有可观采，蔚为辞宗，赋颂之首。述《司马相如传》第二十七。

东方赡辞，诙谐倡优，讥苑扞偃，正谏举邮，怀肉污殿，弛张沉浮。述《东方朔传》第三十五。

渊哉若人！实好斯文。初拟相如，献赋黄门，辍而覃思，草《法》纂《玄》，斟酌"六经"，放《易》象《论》，潜于篇籍，以章厥身。述《扬雄传》第五十七。

（东汉）班固《汉书·叙传下》，中华书局2012年版

许　慎

许慎（约58—约147），字叔重，汝南召陵（今河南漯河召陵）人，

东汉著名经学家、文字学家,被尊称为"字圣"。其所著《说文解字》是中国第一部系统地分析汉字字形和考究字源的字书,反映了上古汉语词汇的面貌。《说文解字序》是对《说文》提纲挈领的概述,也对书法、传统文字学的研究有着重要的意义和价值。

说文解字序

古者包羲氏之王天下也,仰则观象于天,俯则观法于地,视鸟兽之文与地之宜,近取诸身,远取诸物,于是始作《易》八卦,以垂宪象。及神农氏,结绳为治,而统其事,庶业其繁,饰伪萌生。黄帝之史官仓颉,见鸟兽蹄迒之迹,知分理之可相别异也,初造书契。"百工以乂,万品以察,盖取诸夬";"夬,扬于王庭"。言文者宣教明化于王者朝廷,君子所以施禄及下,居德则忌也。仓颉之初作书,盖依类象形,故谓之文。其后形声相益,即谓之字。文者,物象之本;字者,言孳乳而浸多也。著于竹帛谓之书。书者,如也。以迄五帝三王之世,改易殊体。封于泰山者七十有二代,靡有同焉。《周礼》:八岁入小学,保氏教国子先以六书。一曰指事。指事者,视而可识,察而见意,上下是也。二曰象形,象形者,画成其物,随体诘诎,日月是也。三曰形声。形声者,以事为名,取譬相成,江河是也。四曰会意。会意者,比类合谊,以见指撝,武信是也。五曰转注。转注者,建类一首,同意相受,考老是也。六曰假借。假借者,本无其字,依声托事,令长是也。及宣王太史籀著《大篆》十五篇,与古文或异。至孔子书《六经》,左丘明述《春秋传》,皆以古文,厥意可得而说。其后诸侯力政,不统于王,恶礼乐之害己,而皆去其典籍。分为七国,田畴异亩,车涂异轨,律令异法,衣冠异制,言语异声,文字异形。秦始皇初兼天下,丞相李斯乃奏同之,罢其不与秦文合者。斯作《仓颉篇》,中车府令赵高作《爰历篇》,太史令胡毋敬作《博学篇》,皆取史籀大篆,或颇省改,所谓小篆者也。是时秦烧灭经书,涤除旧典,大发隶卒,兴戍役,官狱职务日繁,初有隶书,以趣约易,而古文由此绝矣。自尔秦书有八体:一曰大篆,二曰小篆,三曰刻符,四曰虫书,五曰摹印,六曰署书,七曰殳书,八曰隶书。汉兴有草书。尉律:学僮十七以上始试,讽籀书九千字乃得为吏;又以八体试之。郡移太史并课,最者以为尚书史。书或不正,辄举劾之。今虽有尉律,不课,小学不修,莫达其说久矣。孝宣时,召通仓颉读者,张敞从受之;凉州刺史杜业、沛人爰礼、讲学大夫秦近，亦能言之。孝平时，征礼等百馀人令说文字未央廷中，以礼为小学元士，黄门侍郎扬雄采以作《训纂篇》。凡《仓颉》以下十四篇，凡五千三百四十字，群书所载，略存之矣。及亡新居摄，使大司空甄丰等校文书之部，自以为应制，作颇改定古文。时有六书：一曰古文，孔子壁中书也。二曰奇字，即古文而异者也；三曰篆书，即小篆，秦始皇帝使下杜人程邈所作也；四曰佐书，即秦隶书；五曰缪篆，所以摹印也；六曰鸟虫书，所以书幡信也。壁中书者，鲁恭王坏孔子宅而得《礼记》《尚书》《春秋》《论语》《孝经》。又北平侯张仓献《春秋左氏传》，郡国亦往往于山川得鼎彝，其铭即前代之古文，皆自相似。虽叵复见远流，其详可得略说也。而世人大共非訾，以为好奇者也，故诡更正文，乡壁虚造不可知之书，变乱常行，以耀于世。诸生竞说字解经，谊称秦之隶书为仓颉时书云：父子相传，何得改易？乃猥曰：马头人为长，人持十为斗，虫者屈中也。廷尉说律，至以字断法，"苛人受钱"，"苛"之字"止句"也。若此者甚众，皆不合孔氏古文，谬于史籀。俗儒鄙夫玩其所习，蔽所希闻，不见通学，未尝睹字例之条。怪旧艺而善野言，以其所知为祕妙，究洞圣人之微恉。又见《仓颉》篇中"幼子承诏"，因号古帝之所作也，其辞有神仙之术焉。其迷误不谕，岂不悖哉！《书》曰："予欲观古人之象。"言必遵修旧文而不穿凿。孔子曰："吾犹及史之阙文，今亡也夫！"盖非其不知而不问，人用己私，是非无正，巧说邪辞，使天下学者疑。盖文字者，经艺之本，王政之始，前人所以垂后，后人所以识古。故曰："本立而道生"，"知天下之至啧而不可乱也"。今叙篆文，合以古籀，博采通人，至于小大，信而有证。稽撰其说，将以理群类，解谬误，晓学者，达神恉。分别部居，不相杂厕。万物咸睹，靡不兼载。厥谊不昭，爰明以谕。其称《易》：孟氏；《书》：孔氏；《诗》：毛氏；《礼》：周官；《春秋》：左氏；《论语》《孝经》，皆古文也。其于所不知，盖阙如也。

（东汉）许慎《说文解字》，汤可敬译注，中华书局2018年版

《毛诗序》

《毛诗序》是中国历史上第一篇专谈诗歌的文章，总结概括了先秦以来儒家对《诗经》的理论主张。《毛诗序》的作者，尚无定论。《毛诗

序》有大序、小序之说：大序是《诗经》的总的序言；小序是指《毛诗》中每篇的题解。一般而言《毛诗序》是指大序。

毛诗序

《关雎》，后妃之德也，《风》之始也，所以风天下而正夫妇也。故用之乡人焉，用之邦国焉。风，风也，教也，风以动之，教以化之。

诗者，志之所之也，在心为志，发言为诗，情动于中而形于言，言之不足，故嗟叹之，嗟叹之不足，故咏歌之，咏歌之不足，不知手之舞之，足之蹈之也。

情发于声，声成文谓之音，治世之音安以乐，其政和；乱世之音怨以怒，其政乖；亡国之音哀以思，其民困。故正得失，动天地，感鬼神，莫近于诗。先王以是经夫妇，成孝敬，厚人伦，美教化，移风俗。

故诗有六义焉：一曰风，二曰赋，三曰比，四曰兴，五曰雅，六曰颂。上以风化下，下以风刺上，主文而谲谏，言之者无罪，闻之者足以戒，故曰风。至于王道衰，礼义废，政教失，国异政，家殊俗，而变风变雅作矣。国史明乎得失之迹，伤人伦之废，哀刑政之苛，吟咏情性，以风其上，达于事变而怀其旧俗也。故变风发乎情，止乎礼义。发乎情，民之性也；止乎礼义，先王之泽也。是以一国之事，系一人之本，谓之风；言天下之事，形四方之风，谓之雅。雅者，正也，言王政之所由废兴也。政有大小，故有小雅焉，有大雅焉。颂者，美盛德之形容，以其成功告于神明者也。是谓四始，诗之至也。

然则《关雎》《麟趾》之化，王者之风，故系之周公。南，言化自北而南也。《鹊巢》《驺虞》之德，诸侯之风也，先王之所以教，故系之召公。《周南》《召南》，正始之道，王化之基。是以《关雎》乐得淑女，以配君子，忧在进贤，不淫其色；哀窈窕，思贤才，而无伤善之心焉。是《关雎》之义也。

（汉）《毛诗正义》，（清）阮元校刻《十三经注疏》，中华书局2009年版

王　逸

王逸生卒年不详，大致生活于东汉中后期，字叔师，南郡宜城（今

湖北襄阳宜城）人。东汉著名文学家。所作《楚辞章句》，是《楚辞》中最早的完整注本，颇为后世楚辞学者所重。明人辑有《王叔师集》。

楚辞章句叙

昔者孔子叡圣明哲，天生不群，定经术，删《诗》《书》，正《礼》《乐》，制作《春秋》，以为后王法。门人三千，罔不昭达。临终之日，则大义乖而微言绝。其后周室衰微，战国并争，道德陵迟，谲诈萌生，于是杨、墨、邹、孟、孙、韩之徒，各以所知著造传记，或以述古，或以明世。而屈原履忠被谮，忧悲愁思，独依诗人之义，而作《离骚》，上以讽谏，下以自慰。遭时闇乱，不见省纳，不胜愤懑，遂复作《九歌》以下凡二十五篇。楚人高其行义，玮其文采，以相教传。至于孝武帝，恢廓道训，使淮南王安作《离骚经章句》。则大义粲然。后世雄俊，莫不瞻慕，舒肆妙虑，缵述其词。逮至刘向典校经书，分为十六卷。孝章即位，深弘道艺，而班固、贾逵复以所见改易前疑，各作《离骚经章句》。其余十五卷，阙而不说。又以壮为状，义多乖异，事不要括。今臣复以所识所知，稽之旧章，合之经传，作十六卷章句。虽未能究其微妙，然大指之趣可见矣。且人臣之义，以中正为高，以伏节为贤。故有危言以存国，杀身已成仁。是以伍子胥不恨于浮江，比干不悔于剖心，然后忠立而行成，荣显而名著。若夫怀道而迷国，详愚而不言，颠则不能扶，危则不能安，婉娩以顺上，逡巡以避患，虽保黄耇，终寿百年，盖志士之所耻，愚夫之所贱也。今若屈原，膺忠贞之质，体清洁之性，直若砥矢，言若丹青，进不隐其谋，退不顾其命，此诚绝世之行，俊彦之英也。而班固谓之露才扬己，竞于群小之中，怨恨怀王，讥刺椒、兰，苟欲求进，强非其人，不见容纳，忿怼自沉，是亏其高明，而损其清洁者也。昔伯夷、叔齐让国守分，不食周粟，遂饿而死，岂可复谓有求于世而怨望哉？且诗人怨主刺上曰："呜呼小子，未知臧否。匪面命之，言提其耳。"讽谏之语，于斯为切。然仲尼论之，以为大雅。引此比彼，屈原之词，优游婉顺，宁以其君不智之故，欲提携其耳乎？而论者以为露才扬己，怨刺其上，强非其人，殆失厥中矣。夫《离骚》之文，依托五经以立义焉。"帝高阳之苗裔"，则"厥初生民，时惟姜嫄"也。"纫秋兰以为佩"，则"将翱将翔，佩玉琼琚"也。"夕揽洲之宿莽"，则《易》"潜龙勿用"也。"驷玉虬而乘鹥"，则"时乘六龙以御天"也。"就重华而陈词"，则《尚书》《咎繇》之谋谟也。登昆仑而涉流沙，则《禹贡》之敷土也。故智弥盛者其言博，才益多者其识远。屈原之词，诚博远矣。自终没以来，名儒博达之士，著造词赋，莫不拟则其仪表，祖式其模范，取其要妙，窃其华藻。所谓金相玉质，百世无匹，名垂罔极，永不刊灭者矣。

（东汉）王逸《楚辞章句叙》，（清）严可均辑《全上古三代秦汉三国六朝文·全后汉文》，中华书局1999年版

九歌序

《九歌》者，屈原之所作也。昔楚国南郢之邑，沅、湘之间，其俗信鬼而好祠。其祠，必作歌乐鼓舞以乐诸神。屈原放逐，窜伏其域，怀忧苦毒愁思沸郁，出见俗人祭祀之礼，歌舞之乐，其词鄙陋，因为作《九歌》之曲。上陈事神之敬，下见己之冤结，托之以风谏，故其文意不同章句杂错，而广异义焉。

（东汉）王逸《九歌序》，（清）严可均辑《全上古三代秦汉三国六朝文·全后汉文》，中华书局1999年版

郑　玄

郑玄（127—200），字康成。北海高密（今山东高密）人，东汉末年儒家学者，汉代经学的集大成者。郑玄遍注儒家经典，以毕生精力整理古代文化遗产，使经学进入了一个"小统一时代"。著有《天文七政论》《中侯》等书，世称"郑学"。

诗谱序

诗之兴也，谅不于上皇之世。大庭、轩辕，逮于高辛，其时有亡，载籍亦蔑云焉。《虞书》曰："诗言志，歌永言，声依永，律和声。"然则诗之道，放于此乎？有夏承之，篇章泯弃，靡有孑遗。迩及商王，不风不雅。何者？论功颂德，所以将顺其美；刺过讥失，所以匡救其恶。各于其党，则为法者彰显，为戒者著明。周自后稷播种百谷，黎民阻饥，兹时乃粒，自传于此名也。陶唐之末中叶，公刘亦世修其业，以明民共财。至于大王、王季，克堪顾天。文、武之德，光熙前绪，以集大命于厥身，遂为

天下父母，使民有政有居。其时诗：风有《周南》《召南》，雅有《鹿鸣》《文王》之属。及成王，周公致大平，制礼作乐，而有颂声兴焉，盛之至也。本之也由此风雅而来，故皆录之，谓之诗之正经。后王稍更陵迟，懿王始受谮亨齐哀公，夷身失礼之后，邶不尊贤。自是而下，厉也，幽也，政教尤衰，周室大坏。《十月之交》《民劳》《板》《荡》，勃尔俱作，众国纷然，刺怨相寻。五霸之末，上无天子，下无方伯，善者谁赏，恶者谁罚，纪纲绝矣！故孔子录懿王、夷王时诗，讫于陈灵公淫乱之事，谓之变风变雅。以为勤民恤功，昭事上帝，则受颂声，弘福如彼；若违而弗用，则被劫杀，大祸如此。吉凶之所由，忧娱之萌渐，昭昭在斯，足作后王之鉴，于是止矣。

夷、厉已上，岁数不明，太史《年表》，自"共和"始，历宣、幽、平王，而得《春秋》次第，以立斯谱。欲知源流清浊之所处，则循其上下而省之；欲知风化芳臭气泽之所及，则傍及而观之。此诗之大纲也。举一纲而万目张，解一卷而众篇明，于力则鲜，于思则寡。其诸君子，亦有乐于是与？

（东汉）郑玄《诗谱序》，（清）阮元校刻《十三经注疏·毛诗正义》，中华书局 2009 年版

诗论

诗者，弦歌讽谕之声也。自书契之兴，朴略尚质，面称不为谄，目谏不为谤，君臣之接如朋友然，在于恳诚而已。斯道稍衰，奸伪以生，上下相犯。及其制礼，尊君卑臣，君道刚严，臣道柔顺，于是箴谏者希，情志不通，故作诗者以诵其美而讥其过。

（东汉）郑玄《诗论》，（清）严可均辑《全上古三代秦汉三国六朝文·全后汉文》，中华书局 1999 年版

蔡 邕

蔡邕（133—192），字伯喈。陈留圉（今河南杞县）人。东汉文学家、书法家。精通音律，通经史、善辞赋、精于书法，是中国进行笔法传承的第一人，著有《笔论》《篆势》《隶势》《九势》等笔法经典。蔡邕

作《礼乐志》等，对东汉及其之前的礼乐制度进行了全面总结。

笔论

书者，散也。欲书先散怀抱，任情恣性，然后书之；若迫于事，虽中山兔豪不能佳也。夫书，先默坐静思，随意所适，言不出口，气不盈息，沉密神采，如对至尊，则无不善矣。为书之体，须入其形，若坐若行，若飞若动，若往若来，若卧若起，若愁若喜，若虫食木叶，若利剑长戈，若强弓硬矢，若水火，若云雾，若日月。纵横有可象者，方得谓之书矣。

（东汉）蔡邕《笔论》，《历代书法论文选》，上海书画出版社2014年版

篆势

字画之始，因于鸟迹，仓颉循圣，作则制文。体有六篆，要妙入神。或象龟文，或比龙鳞，纾体效尾，长翅短身。颓若黍稷之垂颖，蕴若虫蛇之棼缊。扬波振激，鹰跱鸟震，延颈协翼，势似凌云。或轻举内投，微本浓末，若绝若连，似露缘丝，凝垂下端。从者如悬，衡者如编，杳杪邪趣，不方不圆，若行若飞，蚑蚑翾翾。

远而望之，若鸿鹄群游，络绎迁延。迫而视之，湍漈不可得见，指㨮不可胜原。研桑不能数其诘屈，离娄不能睹其隙间。般倕揖让而辞巧。籀诵拱手而韬翰。处篇籍之首目，粲粲彬彬其可观。摘华艳于纨素，为学艺之范闲。嘉文德之弘蕴，懿作者之莫刊。思字体之俯仰，举大略而论旃。

（东汉）蔡邕《篆势》，（清）严可均辑《全上古三代秦汉三国六朝文·全后汉文》，中华书局1999年版

隶势

鸟迹之变，乃惟佐隶。蠲彼繁文，崇此简易。厥用既宏，体象有度。奂若星陈，郁若云布。其大径寻，细不容发，随事从宜，靡有常制。或穹窿恢廓，或栉比针列。或砥平绳直，或蜿蜒胶戾。或长邪角趣，或规旋矩折。修短相副，异体同势，奋笔轻举，离而不绝。纤波浓点，错落其间。若钟虡设张，庭燎飞烟。崭嵓巇嵯，高下属连。似崇台重宇，层云冠山。

远而望之，若飞龙在天；近而察之，心乱目眩。奇姿谲诞，不可胜原。研桑所不能计，辛赐所不能言。何草篆之足算，而斯文之未宣？岂体大之难睹？将秘奥之不传？聊俯仰而详观，举大较而论旃。

（东汉）蔡邕《隶势》，（清）严可均辑《全上古三代秦汉三国六朝文·全后汉文》，中华书局1999年版

九势

夫书肇于自然，自然既立，阴阳生矣，阴阳既生，形势出矣。藏头护尾，圈在其中，下笔用力，肌肤之丽。故曰：势来不可止，势去不可遏，惟笔软则奇怪生焉。

凡落笔结字，上皆覆下，下以承上，使其形势递相映带，无使势背。

转笔，宜左右回顾，无使节目孤露。

藏锋，点画出入之迹，欲左先右，至回左亦尔。

藏头，圆笔属纸，令笔心常在点画中行。

护尾，画点势尽，力收之。

疾势，出于啄磔之中，又在竖笔紧趯之内。

掠笔，在于趱锋峻趯用之。

涩势，在于紧駃战行之法。

横鳞，竖勒之规。

此名九势，得之虽无师授，亦能妙合古人。须翰墨功多，即造妙境耳。

（东汉）蔡邕《九势》，《历代书法论文选》，上海书画出版社2014年版

乐意

汉乐四品：一曰《大予乐》，典郊庙、上陵殿、诸食举之乐。郊乐，《易》所谓"先王以作乐崇德，殷荐上帝"，《周官》"若乐六变，则天神皆降，可得而礼也"。宗庙乐，《虞书》所谓"琴瑟以咏，祖考来假"，《诗》云"肃雍和鸣，先祖是听"。食举乐，《王制》谓"天子食举以乐"，《周官》"王大食，则命奏钟鼓"。二曰《周颂雅乐》，典辟雍。飨射、六宗、社稷之乐。辟雍、飨射，《孝经》所谓"移风易俗。莫善于乐"，《礼记》曰"揖让而治天下者，礼乐之谓也"。社稷，所谓"琴瑟

击鼓，以御田祖"者也。《礼记》曰"夫乐，施于金石，越于声音，用乎宗庙、社稷，事乎山川、鬼神"，此之谓也。三曰《黄门鼓吹》，天子所以宴乐群臣，《诗》所谓"坎坎鼓我，蹲蹲舞我"者也。其短箫、铙歌，军乐也。其《传》曰"黄帝、岐伯所作，以建威扬德，风劝士"也。盖《周官》所谓"王大捷则令凯乐，军大献则令凯歌"也。孝章皇帝亲著歌诗四章，列在食举，又制云台十二门新诗，下太予乐官习诵，被声，与阳诗并行者，皆当提录，以成（乐志）。

（东汉）蔡邕《乐意》，（清）严可均辑《全上古三代秦汉三国六朝文·全后汉文》，中华书局1999年版

魏晋南北朝

魏晋南北朝，从曹丕称帝（220）、三国分立到西晋一统，从南北分治到隋朝一统（589），历时约三百七十年，是中华民族剧烈地分化重组和大融合时期。

从这个时期的艺术演进来看，曹丕的"盖文章，经国之大业，不朽之盛事"的倡言标示着魏晋文的自觉和艺术的自觉，玄学泛滥、佛道盛行又启迪了士人阶层的哲思，这两者共同开启了文人士族的个性自觉，这种自觉体现在对政教的疏离上。从两汉到魏晋，从经学到玄学，从政治上的"清议"到玄学上的"清谈"，直至嵇康提出"越名教而任自然"，昭示着士人疏离政教的轨迹。玄学盛行、佛学兴起、儒学式微，文化政治格局重组，玄、道、佛、儒互动，魏晋南北朝艺术由之而呈现出新的面貌。这个时期的艺术伦理思想借文学、绘画、书法、音乐、园林等艺术形式得以呈现，将自然美、艺术美的自觉欣赏与玄学、道德等结合在一起，体现了人在天地间的审美感知和在社会中的伦理感悟。

曹　丕

魏文帝曹丕（187—226），字子桓，三国魏沛国谯（今安徽亳州）人。三国时期政治家、文学家，曹魏开国皇帝。曹丕于诗、赋、文学皆有成就，今存《魏文帝集》二卷。著有《典论》，其中《论文》是中国文学史上第一部有系统的文学批评专论作品。

论文

文人相轻，自古而然。

王粲长于辞赋，徐干时有齐气，然粲之匹也。如粲之《初征》《登楼》《槐赋》《征思》，干之《玄猿》《漏卮》《圆扇》《橘赋》，虽张、蔡不过也，然于他文，未能称是。琳、瑀之章表书记，今之隽也。应玚和而不壮，刘桢壮而不密。孔融体气高妙，有过人者，然不能持论，理不胜辞，至于杂以嘲戏。及其所善，扬、班俦也。

常人贵远贱近，向声背实，又患闇于自见，谓己为贤。夫文本同而末异，盖奏议宜雅，书论宜理，铭诔尚实，诗赋欲丽。此四科不同，故能之者偏也；唯通才能备其体。

文以气为主，气之清浊有体，不可力强而致。譬诸音乐，曲度虽均，节奏同检，至于引气不齐，巧拙有素，虽在父兄，不能以移子弟。

盖文章，经国之大业，不朽之盛事。年寿有时而尽，荣乐止乎其身，二者必至之常期，未若文章之无穷。是以古之作者，寄身于翰墨，见意于篇籍，不假良史之辞，不托飞驰之势，而声名自传于后。故西伯幽而演易，周旦显而制礼，不以隐约而弗务，不以康乐而加思。

（三国魏）曹丕《典论·论文》，（清）严可均辑《全上古三代秦汉三国六朝文·全三国文》，中华书局1999年版

与吴质书

每至觞酌流行，丝竹并奏，酒酣耳热，仰而赋诗，当此之时，忽然不自知乐也。

观古今文人，类不护细行，鲜能以名节自立。而伟长独怀文抱质，恬

淡寡欲，有箕山之志，可谓彬彬君子者矣。著《中论》二十余篇，成一家之言，词义典雅，足传于后，此子为不朽矣。

孔璋章表殊健，微为繁富。公干有逸气，但未遒耳；其五言诗之善者，妙绝时人。元瑜书记翩翩，致足乐也。仲宣独自善于辞赋，惜其体弱，不足起其文，至于所善，古人无以远过。昔伯牙绝弦于钟期，仲尼覆醢于子路，痛知音之难遇，伤门人之莫逮。

（三国魏）曹丕《与吴质书》，（清）严可均辑《全上古三代秦汉三国六朝文·全三国文》，中华书局1999年版

答繁钦书

是日戊午，祖于北园，博延众贤，遂奏名倡。曲极数弹，欢情未逞，白日西逝，清风赴闱，罗帏徒祛，玄烛方微。乃令从官引内世女，须臾而至，厥状甚美：素颜玄发，皓齿丹唇。详而问之，云善歌舞。于是振袂徐进，扬蛾微眺，芳声清激，逸足横集，众倡腾游，群宾失度。然后修容饰妆，改曲变度，激《清角》，扬《白雪》，接孤声，赴危节。于是商风振条，春鹰度吟，飞雾成霜。斯可谓声协钟石，气应风律，网罗《韶濩》、囊括郑卫者也。今之妙舞，莫巧于绛树，清歌莫善于宋腊，岂能上乱灵祇，下变庶物，漂悠风云，横厉无方。若斯也哉，固非车子喉转长吟所能逮也。吾练色知声，雅应此选，谨卜良日，纳之闲房。

（三国魏）曹丕《答繁钦书》，（清）严可均辑《全上古三代秦汉三国六朝文·全三国文》，中华书局1999年版

曹　植

曹植（192—232），字子建，三国魏沛国谯（今安徽亳州）人，三国时期著名文学家。代表作有《洛神赋》《白马篇》《七哀诗》等。所作《画赞序》，是中国画论史上流传下来的第一篇专题论画的文章，主张绘画在"教化"方面应具有的功用。

画赞序

盖画者，鸟书之流也。昔明德马后美于色，厚于德，帝用嘉之。尝从

观画。过虞舜之像，见娥皇女英。帝指之戏后曰："恨不得如此人为妃。"又前，见陶唐之像。后指尧曰："嗟乎！群臣百僚，恨不得戴君如是。"帝顾而咨嗟焉。故夫画，所见多矣，上形太极混元之前，却列将来未萌之事。

观画者，见三皇五帝，莫不仰戴；见三季暴主，莫不悲惋；见篡臣贼嗣，莫不切齿；见高节妙士，莫不忘食；见忠节死难，莫不抗首；见放臣斥子，莫不叹息；见淫夫妒妇，莫不侧目；见令妃顺后，莫不嘉贵。是知存乎鉴戒者，图画也。

（三国魏）曹植《画赞序》，（清）严可均辑《全上古三代秦汉三国六朝文·全三国文》中华书局1999年版

与杨德祖书

昔仲宣独步于汉南，孔璋鹰扬于河朔，伟长擅名于青土，公干振藻于海隅，德琏发迹于大魏，足下高视于上京。

以孔璋之才，不闲于辞赋，而多自谓能与司马长卿同风，譬画虎不成反为狗也，前书嘲之，反作论盛道仆赞其文。夫钟期不失听，于今称之，吾亦不能妄叹者，畏后世之嗤余也。

世人之著述，不能无病，仆常好人讥弹其文，有不善者，应时改定。昔尼父之文辞，与人流通，至于制《春秋》，游夏之徒乃不能措一辞。过此而言不病者，吾未之见也。

盖有南威之容，乃可以论于淑媛，有龙渊之利，乃可以议于断割，刘季绪才不能逮于作者，而好诋诃文章，掎摭利病。

人各有好尚，兰茝荪蕙之芳，众人所好，而海畔有逐臭之夫；咸池六茎之发，众人所同乐，而墨翟有非之论，岂可同哉！

今往仆少小所著辞赋一通相与。夫街谈巷说，必有可采，击辕之歌有应风雅，匹夫之思，未易轻弃也。辞赋小道，固未足以揄扬大义，彰示来世也。昔扬子云先朝执戟之臣耳，犹称壮夫不为也。吾虽德薄，位为藩侯，犹庶几戮力上国，流惠下民，建永世之业，流金石之功，岂徒以翰墨为勋绩，辞赋为君子哉！若吾志未果，吾道不行，则将采庶官之实录，辩时俗之得失，定仁义之衷，而一家之言，虽未能藏之于名山，将以传之同好，非要之皓首，岂今日之论乎？其言之不惭，恃惠子之知我也。

（三国魏）曹植《与杨德祖书》，（清）严可均辑《全上古三代秦汉三国六朝文·全三国文》中华书局1999年版

阮 籍

阮籍（210—263），字嗣宗，陈留尉氏（今河南开封）人，三国时期魏国诗人、"竹林七贤"之一。阮籍崇奉老庄之学，政治上则采取谨慎避祸的态度。作为"正始之音"的代表，著有《乐论》《咏怀八十二首》《大人先生传》等，其著作收录在《阮籍集》中。

乐论

刘子问曰："孔子云：'安上治民莫善于礼，移风易俗莫善于乐。'夫礼者，男女之所以别，父子之所以成，君臣之所以立，百姓之所以平也；为政之具靡先于此，故安上治民莫善于礼也。夫金、石、丝、竹，钟鼓管弦之音；干、戚、羽、旄，进退俯仰之容有之何益于政，无之何损于化，而曰移风易俗莫善于乐乎？"阮先生曰："善哉！子之问也。昔者孔子著其都乎，且未举其略也。今将为子论其凡，而子自备详焉。"

夫乐者，天地之体，万物之性也。合其体，得其性，则和；离其体，失其性，则乖。昔者圣人之作乐也。将以顺天地之性，体万物之生也。故定天地八方之音，以迎阴阳八风之声，均黄钟中和之律，开群生万物之情气。故律吕协则阴阳和，音声适而万物类，男女不易其所，君臣不犯其位，四海同其观，九州一其节，奏之圜丘而天神下降，奏之方岳而地祇上应。天地合其德则万物合其生，刑赏不用而民自安矣。乾坤易简，故雅乐不烦；道德平淡，故无声无味。不烦则阴阳自通，无味则百物自乐。日迁善成化而不自知，风俗移易而同于是乐，此自然之道，乐之所始也。其后圣人不作，道德荒坏，政法不立，智慧扰物，化废欲行，各有风俗。故造子之教谓之风，习而行之谓之俗。楚越之风好勇，故其俗轻死；郑卫之风好淫，故其俗轻荡。轻死，故有火焰、赴水之歌；轻荡，故有桑间、濮上之曲。各歌其所好，各咏其所为，欲之者流涕，闻之者叹息，背而去之，无不慷慨。怀永日之娱，抱长夜之叹，相聚而合之，群而习之，靡靡无已，弃父子之亲，驰君臣之制，匮室家之礼，废耕农之业，忘终身之乐，崇淫纵之俗；故江淮之南，其民好残；漳、汝之间，其民好奔。吴有双剑之节，赵有扶琴之客。气发于中，声入于耳，手足飞扬，不觉其骇。好勇则犯上，淫放则弃亲。犯上则君臣逆，弃亲则父子乖；乖逆交争，则患生祸起。祸起而意愈异，患生而虑不同。故八方殊风，九州异俗，乖离分背，莫能相通，音异气别，曲节不齐。故圣人立调适之音，建平和之声，制便事之节，定顺从之容，使天下之为乐者莫不仪焉。自上以下，降杀有等，至于庶人，咸皆闻之。歌谣者咏先王之德，俯仰者习先王之容，器具者象先王之式，度数者应先王之制；入于心，沦于气，心气和洽，则风俗齐一。

圣人之为进退俯仰之容也，将以屈形体，服心意，便所修，安所事也。歌咏诗曲，将以宣平和，著不逮也。钟鼓所以节耳，羽旄所以制目，听之者不倾，视之者不衰；耳目不倾不衰则风俗移易，故移风易俗莫善于乐也。故八音有本体，五声有自然，其同物者以大小相君。有自然，故不可乱；大小相君，故可得而平也。若夫空桑之琴，云和之瑟，孤竹之管，泗滨之磬，其物皆调和淳均者，声相宜也。故必有常处；以大小相君，应黄钟之气，故必有常数。有常处，故其器贵重；有常数，故其制不妄。贵重，故可得以事神；不妄，故可得以化人。其物系天地之象，故不可妄造；其凡似远物之音，故不可妄易。《雅》《颂》有分，故人神不杂；节会有数，故曲折不乱；周旋有度，故俯仰不惑；歌咏有主，故言语不悖。导之以善，绥之以和，守之以衷，持之以久；散其群，比其文，扶其天，助其寿，使去风俗之偏习，归圣王之大化。先王之为乐也，将以定万物之情，一天下之意也。故使其声平，其容和。下不思上之声，君不欲臣之色，上下不争而忠义成。夫正乐者，所以屏淫声也，故乐废则淫声作。汉哀帝不好音，罢省乐府，而不知制正礼，乐法不修，淫声遂起。张放淳于长骄纵过度，丙疆、景武当益于世。罢乐之后，下移逾肆。身不是好，而淫乱愈甚者，礼不设也。刑、教一体，礼、乐外内也。刑驰则教不独行，礼废则乐无所立。尊卑有分，上下有等，谓之礼；人安其生，情意无哀，谓之乐。车服、旌旗、宫室、饮食，礼之具也；钟磬鞞鼓、琴瑟、歌舞，乐之器也。礼逾其制则尊卑乖，乐失其序则亲疏乱。礼定其象，乐平其心；礼治其外，乐化其内。礼乐正而天下平。昔卫人求繁缨、曲县而孔子叹息，盖惜礼坏而乐崩也。夫钟者声之主也。县者钟之制也。钟失其制则声失其主；主制无常则怪声并出。盛衰之代相及，古今之变若一，故圣教废毁则聪慧之人并造奇音。景王喜大钟之律，平公好师延之曲，公卿大夫拊手嗟叹，庶人群生踊跃思闻，正乐遂废，郑声大兴，《雅》《颂》之诗不讲，而妖淫之曲是寻。延年造倾城之歌，而孝武思女靡女曼之色；雍门作松柏之音，愍王念未寒之服。故猗靡哀思之音发，愁怨偷薄之辞兴，则人后有纵欲奢侈之意，人后有内顾自奉之心；是以君子恶大凌之歌，憎北里之舞也。昔先王制乐，非以纵耳目之观，崇曲房之嬿也。必通天地之气，静万物之神也；固上下之位，定性命之真也。故清庙之歌咏成功之绩，宾飨之诗称礼让之则，百姓化其善，异俗服其德。此淫声之所以薄，正乐之所以贵也。然礼与变俱，乐与时化，故五帝不同制，三王各异造，非其相反，应时变也。夫百姓安服淫乱之声，残坏先王之正，故后王必更作乐，各宣其功德于天下，通其变，使民不倦。然但改其名目，变造歌咏，至于乐声，平和自若。故黄帝咏云门之神，少昊歌凤鸟之迹，《咸池》《六英》之名既变，而黄钟之宫不改易。故达道之化者可与审乐，好音之声者不足与论律也。

舜命夔与典乐，教胄子以中和之德也："诗言志，歌咏言，声依咏，律和声。八音克谐，无相夺伦，神人以和。"又曰："予欲闻六律、五声、八音，在治忽以出纳五言。女听！"夫烦手淫声，汩湮心耳，乃忘平和，君子弗听。言正乐通平易简，心澄气清，以闻音律，出纳五言也。夔曰："戛击鸣球，搏拊琴瑟以咏，祖考来格；虞宾在位，群后德让，下管鼗鼓，合止柷吾攵，笙镛以间，鸟兽跄跄；箫韶九成，凤凰来仪。"夔曰："于，予击石拊石，百兽率舞。"言天下治平，万物得所，音声不哗，漠然未兆，故众官皆和也。故孔子在齐闻韶，三月不知肉味，言至乐使人无欲，心平气定，不以肉为滋味也。以此观之，知圣人之乐和而已矣。自西陵、青阳之乐皆取之竹，听凤凰之鸣，尊长风之象，采大林之□，当时之所不见，百姓之所希闻，故天下怀其德而化其神也。夫雅乐周通则万物和，质静则听不淫，易简则节制令神，静重则服人心；此先王造乐之意也。自后衰末之为乐也。其物不真，其器不固，其制不信，取于近物，同于人间，各求其好，恣意所存，闾里之声竞高，永巷之音争先，童儿相聚以咏富贵，刍牧负载以歌贱贫，君臣之职未废，而一人怀万心也。当夏后之末，兴女万人，衣以文绣，食以粱肉，端噪晨歌，闻之者忧戚，天下苦其殃，百姓伤其毒。殷之季君，亦奏斯乐，酒池肉林，夜以继日；然咨嗟之音未绝，而敌国已收其琴瑟矣。满堂而饮酒，乐奏而流涕，此非皆有忧者也，则此乐非乐也。当王居臣之时，奏新乐于庙中，闻之者皆为之悲咽。桓帝闻楚琴，凄怆伤心，倚戾而悲，慷慨长息曰："善哉乎！为琴若此，一而已足矣。"顺帝上恭陵，过樊衢，闻鸟鸣而悲，泣下横流，曰："善哉鸟鸣！"使左右吟之，曰："使丝声若是，岂不乐哉！"夫是谓以悲为乐者也。诚以悲为乐，则天下何乐之有？天下无乐，而有阴阳调和，灾害不生，亦已难矣。乐者，使人精神平和，衰气不入，天地交泰，远物来集，故谓之乐也。今则流涕感动，嘘唏伤气，寒暑不适，庶物不遂，虽出丝竹，宜谓之哀，奈何俯仰叹息，以此称乐乎！昔季流子向风而鼓琴，听之者泣下沾襟，弟子曰："善哉鼓琴！亦已妙矣。"季流子曰："乐谓之善，哀谓之伤；吾为哀伤，非为善乐也。"以此言之，丝竹不必为乐，歌咏不必为善也；故墨子之非乐也。悲夫！以哀为乐者，胡瘅玄耽哀不变，故愿为黔首；李斯随哀不返，故思逐狡兔。呜呼！君子可不鉴之哉？"

（三国魏）阮籍《阮籍集校注》，陈伯君注，中华书局2015年版

大人先生传

先生以为中区之在天下，曾不若蝇蚊之著帷，故终不以为事，而极意乎异方奇域，游览观乐非世所见，徘徊无所终极。

天下之贵，莫贵于君子。服有常色，貌有常则，言有常度，行有常式。立则磬折，拱若抱鼓。动静有节，趋步商羽，进退周旋，咸有规矩。颂周、孔之遗训，叹唐、虞之道德，唯法是修，为礼是克。

若之云尚何通哉！夫大人者，乃与造物同体，天地并生，逍遥浮世，与道俱成，变化散聚，不常其形。

今汝造音以乱声，作色以诡形，外易其貌，内隐其情。

奇声不作，则耳不易听；淫色不显，则目不改视。耳目不相易改，则无以乱其神矣。此先世之所至止也。

竭天地万物之至，以奉声色无穷之欲，此非所以养百姓也。

秦破六国，兼并其地，夷灭诸侯，南面称帝。姱盛色，崇靡丽。凿南山以为阙，表东海以为门，门万室而不绝，图无穷而永存。美宫室而盛帷帝，击钟鼓而扬其章。广苑囿而深池沼，兴渭北而建咸阳。骊木曾未及成林，而荆棘已丛乎阿房。时代存而迭处，故先得而后亡。

且圣人以道德为心，不以富贵为志；以无为用，不以人物为事。

因叹曰而歌曰："日没不周方，月出丹渊中。阳精蔽不见，阴光大为雄。亭亭在须臾，厌厌将复东。离合云雾兮，往来如飘风。富贵俛仰间，

贫贱何必终？留侯起亡虏，威武赫夷荒。召平封东陵，一旦为布衣。枝叶托根柢，死生同盛衰。得志从命生，失势与时颓。寒暑代征迈，变化更相推。祸福无常主，何忧身无归？推兹由斯理，负薪又何哀？"

先生闻之，笑曰："虽不及大，庶免小也。"乃歌曰："天地解兮六和开，星辰霄兮日月颓，我腾而上将何怀？衣弗袭而服美，佩弗饰而自章，上下徘徊兮谁识吾常？"

扫紫宫而陈席兮，坐帝室而忽会酬。萃众音而奏乐兮，声惊渺而悠悠。五帝舞而再属兮，六神歌而代周。乐啾啾肃肃，洞心达神，超遥茫茫，心往而忘返，虑大而志矜。

崔巍高山勃玄云，朔风横厉白雪纷，积水若陵寒伤人。阴阳失位日月颓，地圻石裂林木摧，火冷阳凝寒伤怀。阳和微弱隆阴竭，海冻不流绵絮折，呼吸不通寒伤裂。气并代动变如神，寒倡热随害伤人。

（三国魏）阮籍《阮籍集校注》，陈伯君注，中华书局2015年版

嵇　康

嵇康（224—263，或223—262），字叔夜，谯国铚县（今安徽濉溪）人，三国时期曹魏思想家、音乐家、文学家，与阮籍等人共倡玄学新风，主张"越名教而任自然"，是"竹林七贤"的精神领袖。嵇康工诗善文，其作品风格清峻，今有《嵇康集》传世。

声无哀乐

有秦客问于东野主人曰："闻之前论曰：'治世之音安以乐，亡国之音哀以思。'夫治乱在政，而音声应之。故哀思之情，表于金石。安乐之象，形于管弦也。又仲尼闻《韶》，识虞舜之德；季札听弦，知众国之风；斯已然之事，先贤所不疑也。今子独以为声无哀乐，其理何居？若有嘉训，请闻其说。"

主人应之曰："斯义久滞，莫肯拯救。故令历世滥于名实。今蒙启导，将言其一隅焉。夫天地合德，万物贵生。寒暑代往，五行以成。章为五色，发为五音。音声之作，其犹臭味在于天地之间。其善与不善，虽遭遇浊乱，其体自若，而不变也。岂以爱憎易操，哀乐改度哉？及宫商集

比，声音克谐。此人心至愿，情欲之所钟。古人知情不可恣，欲不可极，因其所用，每为之节。使哀不至伤，乐不至淫。因事与名，物有其号。哭谓之哀，歌谓之乐。斯其大较也。然'乐云乐云，钟鼓云乎哉'？哀云哀云，哭泣云乎哉？因兹而言，玉帛非礼敬之实，歌舞非悲哀之主也。何以明之？夫殊方异俗，歌哭不同；使错而用之，或闻哭而欢，或听歌而戚。然其哀乐之情均也。今用均同之情而发万殊之声，斯非音声之无常哉？然声音和比，感人之最深者也。劳者歌其事，乐者舞其功。夫内有悲痛之心，则激切哀言。言比成诗，声比成音。杂而咏之，聚而听之。心动于和声，情感于苦言。嗟叹未绝而泣涕流涟矣。夫哀心藏于内，遇和声而后发；和声无象，而哀心有主。夫以有主之哀心，因乎无象之和声，其所觉悟，唯哀而已。岂复知'吹万不同，而使其自己'哉？风俗之流，遂成其政。是故国史明政教之得失，审国风之盛衰，吟咏情性，以讽其上。故曰：'亡国之音哀以思'也。夫喜怒哀乐，哀憎惭惧，凡此八者，生民所以接物传情，区别有属，而不可溢者也。夫味以甘苦为称，今以甲贤而心爱，以乙愚而情憎，则爱憎宜属我，而贤愚宜属彼也。可以我爱而谓之爱人，我憎则谓之憎人？所喜则谓之喜味，所怒则谓之怒味哉？由此言之，则外内殊用，彼我异名。声音自当以善恶为主，则无关于哀乐。哀乐自当以情感而后发，则无系于音。名实俱去，则尽然可见矣。且季子在鲁，采《诗》观礼，以别《风》《雅》，岂徒任声以决臧否哉？又仲尼闻《韶》，叹其一致，是以咨嗟，何必因声以知虞舜之德，然后叹美耶？今粗明其一端，亦可思过半矣。"

秦客难曰："八方异俗，歌哭万殊，然其哀乐之情，不得不见也。夫心动于中，而声出于心。虽托之于他音，寄之于余声，善听察者，要自觉之不使得过也。昔伯牙理琴而钟子知其所志；隶人击磬而子产识其心哀；鲁人晨哭而颜渊审其生离。夫数子者，岂复假智于常音，借验于曲度哉？心戚者则形为之动，情悲者则声为之哀。此自然相应，不可得逃，唯神明者能精之耳。夫能者不以声众为难，不能者不以声寡为易。今不可以未遇善听，而谓之声无可察之理；见方俗之多变，而谓声音无哀乐也。"又云："贤不宜言爱，愚不宜言憎。然则有贤然后爱生，有愚然后憎成，但不当共其名耳。哀乐之作，亦有由而然。此为声使我哀，音使我乐也。苟哀乐由声，更为有实，何得名实俱去邪？"又云："季子采《诗》观礼，以别《风》《雅》；仲尼叹《韶》音之一致，是以咨嗟。是何言欤？且师襄奏操，而仲尼睹文王之容；师涓进曲，而子野识亡国之音。宁复讲诗而后下言，习礼然后立评哉？斯皆神妙独见，不待留闻积日，而已综其吉凶矣；是以前史以为美谈。今子以区区之近知，齐所见而为限，无乃诬前贤之识微，负夫子之妙察邪？"

主人答曰："难云：虽歌哭万殊，善听察者要自觉之，不假智于常音，不借验于曲度，钟子之徒云云是也。此为心悲者，虽谈笑鼓舞，情欢者，虽拊膺咨嗟，犹不能御外形以自匿，诳察者于疑似也。以为就令声音之无常，犹谓当有哀乐耳。又曰："季子听声，以知众国之风；师襄奏操，而仲尼睹文王之容。案如所云，此为文王之功德，与风俗之盛衰，皆可象之于声音：声之轻重，可移于后世；襄涓之巧，能得之于将来。若然者，三皇五帝，可不绝于今日，何独数事哉？若此果然也。则文王之操有常度，韶武之音有定数，不可杂以他变，操以余声也。则向所谓声音之无常，钟子之触类，于是乎躓矣。若音声无常，钟子触类，其果然邪？则仲尼之识微，季札之善听，固亦诬矣。此皆俗儒妄记，欲神其事而追为耳，欲令天下惑声音之道，不言理以尽此，而推使神妙难知，恨不遇奇听于当时，慕古人而自叹，斯所以大罔后生也。夫推类辨物，当先求之自然之理；理已定，然后借古义以明之耳。今未得之于心，而多恃前言以为谈证，自此以往，恐巧历不能纪。"又难云："哀乐之作，犹爱憎之由贤愚，此为声使我哀而音使我乐；苟哀乐由声，更为有实矣。夫五色有好丑，五声有善恶，此物之自然也。至于爱与不爱，喜与不喜，人情之变，统物之理，唯止于此；然皆无豫于内，待物而成耳。至夫哀乐自以事会，先遘于心，但因和声以自显发。故前论已明其无常，今复假此谈以正名号耳。不为哀乐发于声音，如爱憎之生于贤愚也。然和声之感人心，亦犹酒醴之发人情也。酒以甘苦为主，而醉者以喜怒为用。其见欢戚为声发，而谓声有哀乐，不可见喜怒为酒使，而谓酒有喜怒之理也。"

秦客难曰："夫观气采色，天下之通用也。心变于内而色应于外，较然可见，故吾子不疑。夫声音，气之激者也。心应感而动，声从变而发。心有盛衰，声亦隆杀。同见役于一身，何独于声便当疑邪！夫喜怒章于色诊，哀乐亦宜形于声音。声音自当有哀乐，但暗者不能识之。至钟子之徒，虽遭无常之声，则颖然独见矣，今蒙瞽面墙而不悟，离娄昭秋毫于百寻，以此言之，则明暗殊能矣。不可守咫尺之度，而疑离娄之察；执中痛之听，而猜钟子之聪；皆谓古人为妄记也。"

主人答曰："难云：心应感而动，声从变而发，心有盛衰，声亦降杀，哀乐之情，必形于声音，钟子之徒，虽遭无常之声，则颖然独见矣。必若所言，则浊质之饱，首阳之饥，卞和之冤，伯奇之悲，相如之含怒，不占之怖祇，千变百态，使各发一咏之歌，同启数弹之微，则钟子之徒，各审其情矣。尔为听声者不以寡众易思，察情者不以大小为异，同出一身者，期于识之也。设使从下，则子野之徒，亦当复操律鸣管，以考其音，知南风之盛衰，别雅、郑之淫正也？夫食辛之与甚噱，薰目之与哀泣，同用出泪，使狄牙尝之，必不言乐泪甜而哀泪苦，斯可知矣。何者？肌液肉汗，踧笮便出，无主于哀乐，犹篚酒之囊漉，虽笮具不同，而酒味不变也。声俱一体之所出，何独当含哀乐之理也？且夫《咸池》《六茎》，《大章》《韶》《夏》，此先王之至乐，所以动天地、感鬼神。今必云声音莫不象其体而传其心，此必为至乐不可托之于瞽史，必须圣人理其弦管，尔乃雅音得全也。舜命夔'击石拊石，八音克谐，神人以和'。以此言之，至乐虽待圣人而作，不必圣人自执也。何者？音声有自然之和，而无系于人情。克谐之音，成于金石；至和之声，得于管弦也。夫纤毫自有形可察，故离瞽以明暗异功耳。若乃以水济水，孰异之哉？"

秦客难曰："虽众喻有隐，足招攻难，然其大理，当有所就。若葛卢闻牛鸣，知其三子为牺；师旷吹律，知南风不竞，楚师必败；羊舌母听闻儿啼，而审其丧家。凡此数事，皆效于上世，是以咸见录载。推此而言，则盛衰吉凶，莫不存乎声音矣。今若复谓之诬罔，则前言往记，皆为弃物，无用之也。以言通论，未之或安。若能明斯所以，显其所由，设二论俱济，愿重闻之。"

主人答曰："吾谓能反三隅者，得意而忘言，是以前论略而未详。今复烦循环之难，敢不自一竭邪？夫鲁牛能知牺历之丧生，哀三子之不存，含悲经年，诉怨葛卢；此为心与人同，异于兽形耳。此又吾之所疑也。且牛非人类，无道相通，若谓鸣兽皆能有言，葛卢受性独晓之，此为称其语而论其事，犹译传异言耳，不为考声音而知其情，则非所以为难也。若谓知者为当触物而达，无所不知，今且先议其所易者。请问：圣人卒人胡域，当知其所言否乎？难者必曰知之。知之之理何以明之？愿借子之难以立鉴识之域。或当与关接识其言邪？将吹律鸣管校其音邪？观气采色和其心邪？此为知心自由气色，虽自不言，犹将知之，知之之道，可不待言也。若吹律校音以知其心，假令心志于马而误言鹿，察者固当由鹿以知马也。此为心不系于所言，言或不足以证心也。若当关接而知言，此为孺子学言于所师，然后知之，则何贵于聪明哉？夫言，非自然一定之物，五方殊俗，同事异号，举一名以为标识耳。夫圣人穷理，谓自然可寻，无微不照。苟无微不照，理蔽则虽近不见，故异域之言不得强通。推此以往，葛卢之不知牛鸣，得不全乎？"又难云："师旷吹律，知南风不竞，楚多死声。此又吾之所疑也。请问师旷吹律之时，楚国之风邪，则相去千里，声不足达；若正识楚风来入律中邪，则楚南有吴、越，北有梁、宋，苟不见其原，奚以识之哉？凡阴阳愤激，然后成风。气之相感，触地而发，何得发楚庭，来入晋乎？且又律吕分四时之气耳，时至而气动，律应而灰移，皆自然相待，不假人以为用也。上生下生，所以均五声之和，叙刚柔之分也。然律有一定之声，虽冬吹中吕，其音自满而无损也。今以晋人之气，吹无韵之律，楚风安得来入其中，与为盈缩邪？风无形，声与律不通，则校理之地，无取于风律，不其然乎？岂独师旷多识博物，自有以知胜败之形，欲固众心而托以神微，若伯常骞之许景公寿哉？"又难云："羊舌母听闻儿啼而审其丧家。复请问何由知之？为神心独悟暗语而当邪？尝闻儿啼若此其大而恶，今之啼声似昔之啼声，故知其丧家邪？若神心独悟暗语之当，非理之所得也。虽曰听啼，无取验于儿声矣。若以尝闻之声为恶，故知今啼当恶，此为以甲声为度，以校乙之啼也。夫声之于音，犹形之于心也。有形同而情乖，貌殊而心均者。何以明之？圣人齐心等德而形状不同也。苟心同而形异，则何言乎观形而知心哉？且口之激气为声，何异于籁籥纳气而鸣邪？啼声之善恶，不由儿口吉凶，犹琴瑟之清浊不在操者之工拙也。心能辨理善谈，而不能令籁籥调利，犹瞽者能善其曲度，而不能令器必清和也。器不假妙瞽而良，籥不因惠心而调，然则心之与声，明为二物。二物之诚然，则求情者不留观于形貌，揆心者不借听于声音也。察者欲因声以知心，不亦外乎？今晋母未待之于老成，而专信昨日之声，以证今日之啼，岂不误中于前世好奇者从而称之哉？"

秦客难曰："吾闻败者不羞走，所以全也。吾心未厌而言，难复更从其余。今平和之人，听筝笛琵琶，则形躁而志越；闻琴瑟之音，则听静而心闲。同一器之中，曲用每殊，则情随之变：奏秦声则叹羨而慷慨；理齐楚则情一而思专，肆姣弄则欢放而欲惬；心为声变，若此其众。苟躁静由声，则何为限其哀乐，而但云至和之声，无所不感，托大同于声音，归众变于人情？得无知彼不明此哉？"

主人答曰："难云：琵琶、筝、笛令人躁越。又云：曲用每殊而情随之变。此诚所以使人常感也。琵琶、筝、笛，间促而声高，变众而节数，以高声御数节，故使人形躁而志越。犹铃铎警耳，钟鼓骇心，故'闻鼓鼙之音，思将帅之臣'，盖以声音有大小，故动人有猛静也。琴瑟之体，间辽而音埤，变希而声清，以埤音御希变，不虚心静听，则不尽清和之极，是以听静而心闲也。夫曲用不同，亦犹殊器之音耳。齐楚之曲，多重故情一，变妙故思专。姣弄之音，挹众声之美，会五音之和，其体赡而用博，故心侈于众理；五音会，故欢放而欲惬。然皆以单、复、高、埤、善、恶为体，而人情以躁、静而容端，此为声音之体，尽于舒疾。情之应声，亦止于躁静耳。夫曲用每殊，而情之处变，犹滋味异美，而口辄识之也。五味万殊，而大同于美；曲变虽众，亦大同于和。美有甘，和有乐。然随曲之情，尽于和域；应美之口，绝于甘境，安得哀乐于其间哉？然人情不同，各师所解。则发其所怀；若言平和，哀乐正等，则无所先发，故终得躁静。若有所发，则是有主于内，不为平和也。以此言之，躁静者，声之功也；哀乐者，情之主也。不可见声有躁静之应，因谓哀乐者皆由声音也。且声音虽有猛静，猛静各有一和，和之所感，莫不自发。何以明之？夫会宾盈堂，酒酣奏琴，或忻然而欢，或惨尔泣，非进哀于彼，导乐于此也。其音无变于昔，而欢戚并用，斯非'吹万不同'邪？夫唯无主于喜怒，亦应无主于哀乐，故欢戚俱见。若资偏固之音，含一致之声，其所发明，各当其分，则焉能兼御群理，总发众情邪？由是言之，声音以平和为体，而感物无常；心志以所俟为主，应感而发。然则声之与心，殊涂异轨，不相经纬，焉得染太和于欢戚，缀虚名于哀乐哉？"

秦客难曰："论云：猛静之音，各有一和，和之所感，莫不自发，是以酒酣奏琴而欢戚并用。此言偏并之情先积于内，故怀欢者值哀音而发，内戚者遇乐声而感也。夫音声自当有一定之哀乐，但声化迟缓不可仓卒，不能对易。偏重之情，触物而作，故今哀乐同时而应耳；虽二情俱见，则何损于声音有定理邪？"

主人答曰："难云：哀乐自有定声，但偏重之情，不可卒移。故怀戚者遇乐声而哀耳。即如所言，声有定分，假使《鹿鸣》重奏，是乐声也。而令戚者遇之，虽声化迟缓，但当不能使变令欢耳，何得更以哀邪？犹一爝之火，虽未能温一室，不宜复增其寒矣。夫火非隆寒之物，乐非增哀之具也。理弦高堂而欢戚并用者，直至和之发滞导情，故令外物所感得自尽耳。难云：偏重之情，触物而作，故令哀乐同时而应耳。夫言哀者，或见机杖而泣，或睹舆服而悲，徒以感人亡而物存，痛事显而形潜，其所以会之，皆自有由，不为触地而生哀，当席而泪出也。今见机杖以致感，听和声而流涕者，斯非和之所感，莫不自发也。"

秦客难曰："论云：酒酣奏琴而欢戚并用。欲通此言，故答以偏情感物而发耳。今且隐心而言，明之以成效。夫人心不欢则戚，不戚则欢，此情志之大域也。然泣是戚之伤，笑是欢之用。盖闻齐、楚之曲者，唯睹其哀涕之容，而未曾见笑噱之貌。此必齐、楚之曲，以哀为体，故其所感，皆应其度量；岂徒以多重而少变，则致情一而思专邪？若诚能致泣，则声音之有哀乐，断可知矣。"

主人答曰："虽人情感于哀乐，哀乐各有多少。又哀乐之极，不必同致也。夫小哀容坏，甚悲而泣，哀之方也；小欢颜悦，至乐心喻，乐之理也。何以明之？夫至亲安豫，则恬若自然，所自得也。及在危急，仅然后济，则捬患拔琛。由此言之，舞之不若向之自得，岂不然哉？至夫笑噱虽出于欢情，然自以理成又非自然应声之具也。此为乐之应声，以自得为主；哀之应感，以垂涕为故。垂涕则形动而可觉，自得则神合而无忧，是以观其异而不识其同，别其外而未察其内耳。然笑噱之不显于声音，岂独齐楚之曲邪？今不求乐于自得之域，而以无笑噱谓齐、楚体哀，岂不知哀而不识乐乎？"

秦客问曰："仲尼有言：'移风易俗，莫善于乐'。即如所论，凡百哀乐，皆不在声，即移风易俗，果以何物邪？又古人慎靡靡之风，抑怊耳之声，故曰：'放郑声，远佞人。'然则郑卫之音击鸣球以协神人，敢问郑雅之体，隆弊所极；风俗称易，奚由而济？幸重闻之，以悟所疑。"

主人应之曰："夫言移风易俗者，必承衰弊之后也。古之王者，承天理物，必崇简易之教，御无为之治，君静于上，臣顺于下，玄化潜通，天人交泰，枯槁之类，浸育灵液，六合之内，沐浴鸿流，荡涤尘垢，群生安逸，自求多福，默然从道，怀忠抱义，而不觉其所以然也。和心足于内，和气见于外，故歌以叙志，舞以宣情。然后文之以采章，照之以风雅，播之以八音，感之以太和，导其神气，养而就之。迎其情性，致而明之，使心与理相顺，气与声相应，合乎会通，以济其美。故凯乐之情，见于金石，含弘光大，显于音声也。若以往则万国同风，芳荣济茂，馥如秋兰，不期而信，不谋而诚，穆然相爱，犹舒锦彩，而粲炳可观也。大道之隆，莫盛于兹，太平之业，莫显于此。故曰'移风易俗，莫善于乐'。乐之为体，以心为主。故无声之乐，民之父母也。至八音会谐，人之所悦，亦总谓之乐，然风俗移易，不在此也。夫音声和比，人情所不能已者也。是以古人知情之不可放，故抑其所遁；知欲之不可绝，故因其所自。为可奉之礼，制可导之乐。口不尽味，乐不极音。揆终始之宜，度贤愚之中。为之检则，使远近同风，用而不竭，亦所以结忠信，著不迁也。故乡校庠塾亦随之变，丝竹与俎豆并存，羽毛与揖让俱用，正言与和声同发。使将听是声也，必闻此言；将观是容也，必崇此礼。礼犹宾主升降，然后酬酢行焉。于是言语之节，声音之度，揖让之仪，动止之数，进退相须，共为一体。君臣用之于朝，庶士用之于家，少而习之，长而不怠，心安志固，从善日迁，然后临之以敬，持之以久而不变，然后化成，此又先王用乐之意也。故朝宴聘享，嘉乐必存。是以国史采风俗之盛衰，寄之乐工，宣之管弦，使言之者无罪，闻之者足以自诫。此又先王用乐之意也。若夫郑声，是音声之至妙。妙音感人，犹美色惑志。耽？荒酒，易以丧业，自非至人，孰能御之？先王恐天下流而不反，故具其八音，不渎其声；绝其大和，不穷其变；捐窈窕之声，使乐而不淫，犹大羹不和，不极勺药之味也。若流俗浅近，则声不足悦，又非所欢也。若上失其道，国丧其纪，男女奔随，淫荒无度，则风以此变，俗以好成。尚其所志，则群能肆之，乐其所习，则何以诛之？托于和声，配而长之，诚动于言，心感于和，风俗一成，因而名之。然所名之声，无中于淫邪也。淫之与正同乎心，雅、郑之体，亦足以观矣。"

（三国魏）嵇康《嵇康集校注》，戴明扬注，中华书局2015年版

琴赋

余少好音声，长而玩之。以为物有盛衰，而此无变；滋味有厌，而此不倦。可以导养神气，宣和情志。处穷独而不闷者，莫近于音声也。是故复之而不足，则吟咏以肆志；吟咏之不足，则寄言以广意。然八音之器，歌舞之象，历世才士，并为之赋颂。其体制风流，莫不相袭。称其才干，则以危苦为上；赋其声音，则以悲哀为主；美其感化，则以垂涕为贵。丽则丽矣，然未尽其理也。推其所由，似原不解音声；览其旨趣，亦未达礼乐之情也。众器之中，琴德最优。

情舒放而远览，接轩辕之遗音。慕老童于骓隅，钦泰容之高吟。顾

兹梧而兴虑，思假物以托心。乃斫孙枝，准量所任。至人摅思，制为雅琴。乃使离子督墨，匠石奋斤，夔襄荐法，般倕骋神。镂会裹厕，朗密调均。华绘雕琢，布藻垂文。错以犀象，籍以翠绿。弦以园客之丝，徽以钟山之玉。爰有龙凤之象，古人之形。伯牙挥手，钟期听声。华容灼爠，发采扬明，何其丽也！伶伦比律，田连操张。进御君子，新声憀亮，何其伟也！

及其初调，则角羽俱起，宫徵相证，参发并趣，上下累应。蹑踔碌硌，美声将兴，固以和昶而足耽矣。尔乃理正声，奏妙曲，扬白雪，发清角。纷淋浪以流离，奂淫衍而优渥。粲奕奕而高逝，驰岌岌以相属。沛腾遌而竞趣，翕韡晔而繁缛。状若崇山，又象流波。浩兮汤汤，郁兮峨峨。怫烦冤，纡余婆娑。陵纵播逸，霍濩纷葩。检容授节，应变合度。竞名擅业，安轨徐步。洋洋习习，声烈遐布。含显媚以送终，飘余响乎泰素。

若乃高轩飞观，广厦闲房，冬夜肃清，朗月垂光，新衣翠粲，缨徽流芳。于是器冷弦调，心闲手敏。触批如志，唯意所拟。初涉《渌水》，中奏清徵。雅昶唐尧，终咏微子。宽明弘润，优游踌跱。拊弦安歌，新声代起。歌曰："凌扶摇兮憩瀛洲，要列子兮为好仇。餐沆瀣兮带朝霞，眇翩翩兮薄天游。齐万物兮超自得，委性命兮任去留。激清响以赴会，何弦歌之绸缪。"于是曲引向阑，众音将歇，改韵易调，奇弄乃发。扬和颜，攘皓腕。飞纤指以驰骛，纷僄嘉以流漫。或徘徊顾慕，拥郁抑按，盘桓毓养，从容秘玩。囷尔奋逸，风骇云乱。牢落凌厉，布濩半散。丰融披离，斐韡奂烂。英声发越，采采粲粲。或间声错糅，状若诡赴。双美并进，骈驰翼驱。初若将乖，后卒同趣。或曲而不屈，直而不倨。或相凌而不乱，或相离而不殊。时劫掎以慷慨，或怨沮而踌躇。忽飘飖以轻迈，乍留联而扶疏。或参谭繁促，复叠攒仄。纵横骆驿，奔遹相逼。拊嗟累赞，间不容息。瑰艳奇伟，殚不可识。

若乃闲舒都雅，洪纤有宜。清和条昶，案衍陆离。穆温柔以怡怿，婉顺叙而委蛇。或乘险投会，邀隙趋危。譬若离鹍鸣清池，翼若游鸿翔层崖。纷文斐尾，慊縿离纚。微风余音，靡靡猗猗。或搂批攦捋，缥缭潎洌。轻行浮弹，明妪睒慧。疾而不速，留而不滞。翩绵飘邈，微音迅逝。远而听之，若鸾凤和鸣戏云中；迫而察之，若众葩敷荣曜春风。既丰赡以多姿，又善始而令终。嗟姣妙以弘丽，何变态之无穷！

若夫三春之初，丽服以时。乃携友生，以邀以嬉。涉兰圃，登重基，背长林，翳华芝，临清流，赋新诗。嘉鱼龙之逸豫，乐百卉之荣滋。理重华之遗操，慨远慕而长思。若乃华堂曲宴，密友近宾，兰肴兼御，旨酒清醇。进南荆，发西秦，绍陵阳，度巴人。变用杂而并起，竦众听而骇神。料殊功而比操，岂笙籥之能伦？若次其曲引所宜，则广陵止息，东武太山。飞龙鹿鸣，鵾鸡游弦。更唱迭奏，声若自然。流楚窈窕，惩躁雪烦。下逮谣俗，蔡氏五曲，王昭楚妃，千里别鹤。犹有一切，承间簉乏，亦有可观者焉。

然非夫旷远者，不能与之嬉游；非夫渊静者，不能与之闲止；非夫放达者，不能与之无吝；非夫至精者，不能与之析理也。若论其体势，详其风声，器和故响逸，张急故声清，间辽故音庳，弦长故徽鸣。性洁静以端理，含至德之和平。诚可以感荡心志，而发泄幽情矣！是故怀戚者闻之，莫不憯懔惨凄，愀怆伤心，含哀懊咿，不能自禁。其康乐者闻之，则欤愉欢释，抃舞踊溢，留连澜漫，嗢噱终日。若和平者听之，则怡养悦愉，淑穆玄真，恬虚乐古，弃事遗身。是以伯夷以之廉，颜回以之仁，比干以之忠，尾生以之信，惠施以之辩给，万石以之讷慎。其余触类而长，所致非一，同归殊途。或文或质，总中和以统物，咸日用而不失。其感人动物，盖亦弘矣。

于时也，金石寝声，匏竹屏气，王豹辍讴，狄牙丧味。天吴踊跃于重渊，王乔披云而下坠。舞鹥鹭于庭阶，游女飘焉而来萃。感天地以致和，况蚑行之众类。嘉斯器之懿茂，咏兹文以自慰。永服御而不厌，信古今之所贵。

乱曰：愔愔琴德，不可测兮；体清心远，邈难极兮；良质美手，遇今世兮；纷纶翕响，冠众艺兮；识音者希，孰能珍兮；能尽雅琴，唯至人兮！

（三国魏）嵇康《嵇康集校注》，戴明扬注，中华书局2015年版

刘 劭

刘劭生于汉灵帝建宁年间（168—172），卒于魏齐王正始年间（240—249），字孔才，广平邯郸（今河北邯郸）人。三国时期曹魏大臣、思想家和政治家。刘劭通览群书，著有《赵都赋》《许都赋》《洛都赋》等辞赋作品，以及系统品鉴人物才性的玄学著作《人物志》。

原序

是以，圣人着爻象则立君子小人之辞，叙《诗》志则别风俗雅正之业，制《礼》《乐》则考六艺祗庸之德，躬南面则授俊逸辅相之材，皆所以达众善而成天功也。

(三国魏) 刘劭《人物志》，梁满仓译注，中华书局2014年版

九征

故心质亮直，其仪劲固；心质休决；其仪进猛；心质平理，其仪安闲。夫仪动成容，各有态度：直容之动，矫矫行行；休容之动，业业跄跄；德容之动，颙颙昂昂。夫容之动作，发乎心气；心气之征，则声变是也。夫气合成声，声应律吕：有和平之声，有清畅之声，有回衍之声。夫声畅于气，则实存貌色；故：诚仁，必有温柔之色；诚勇，必有矜奋之色；诚智，必有明达之色。

(三国魏) 刘劭《人物志》，梁满仓译注，中华书局2014年版

流业

盖人流之业，十有二焉：有清节家，有法家，有术家，有国体，有器能，有臧否，有伎俩，有智意，有文章，有儒学，有口辩，有雄杰。

能属文著述，是谓文章，司马迁、班固是也。
能传圣人之业，而不能干事施政，是谓儒学，毛公、贯公是也。
辩不入道，而应对资给，是谓口辩，乐毅、曹丘生是也。
伎俩之材，司空之任也。
儒学之材，安民之任也。
文章之材，国史之任也。

(三国魏) 刘劭《人物志》，梁满仓译注，中华书局2014年版

材理

必也：聪能听序，思能造端，明能见机，辞能辩意，捷能摄失，守能待攻，攻能夺守，夺能易予。

善言出己，理足则止；鄙误在人，过而不迫。

说直说变,无所畏恶。采虫声之善音,赞愚人之偶得。

(三国魏)刘劭《人物志》,梁满仓译注,中华书局 2014 年版

材能

权奇之能,伎俩之材也,故在朝也,则司空之任;为国,则艺事之政。

伎俩之政,宜于治富,以之治贫则劳而下困。

(三国魏)刘劭《人物志》,梁满仓译注,中华书局 2014 年版

利害

伎俩之业,本于事能,其道辨而且速。其未达也,为众人之所异;已达也,为官司之所任。其功足以理烦斜邪。其蔽也,民劳而下困。其为业也,细而不泰,故为治之末也。

(三国魏)刘劭《人物志》,梁满仓译注,中华书局 2014 年版

八观

何谓观其感变,以审常度?

夫人厚貌深情,将欲求之,必观其辞旨,察其应赞。夫观其辞旨,犹听音之善丑;察其应赞,犹视智之能否也。

何谓观其爱敬,以知通塞?

盖人道之极,莫过爱敬。是故,《孝经》以爱为至德,以敬为要道;《易》以感为德,以谦为道;《老子》以无为德,以虚为道;《礼》以敬为本;《乐》以爱为主。然则,人情之质,有爱敬之诚,则与道德同体;动获人心,而道无不通也。然爱不可少于敬,少于敬,则廉节者归之,而众人不与。爱多于敬,则虽廉节者不悦,而爱接者死之。何则?

何谓观其聪明,以知所达?

夫仁者德之基也,义者德之节也,礼者德之文也,信者德之固也,智者德之帅也。夫智出于明,明之于人,犹昼之待白日,夜之待烛火;其明益盛者,所见及远,及远之明难。是故,守业勤学,未必及材;材艺精巧,未必及理;理意晏给,未必及智;智能经事,未必及道;道思玄远,然后乃周。

(三国魏)刘劭《人物志》,梁满仓译注,中华书局 2014 年版

七缪

夫爱善疾恶，人情所常；苟不明贤，或疏善善非。何以论之？夫善非者，虽非犹有所是，以其所是，顺己所长，则不自觉情通意亲，忽忘其恶。善人虽善，犹有所乏。以其所乏，不明己长；以其所长，轻己所短；则不自知志乖气违，忽忘其善。是惑于爱恶者也。

夫精欲深微，质欲懿重，志欲弘大，心欲嗛小。精微所以入神妙也，懿重所以崇德宇也，志大所以戡物任也，心小所以慎咎悔也。故《诗》咏文王："小心翼翼""不大声以色。"小心也；"王赫斯怒，以对于天下。"志大也。

夫幼智之人，材智精达；然其在童髦，皆有端绪。故文本辞繁，辩始给口，仁出慈恤，施发过与，慎生畏惧，廉起不取。

夫清雅之美，着乎形质，察之寡失；失缪之由，恒在二尤。二尤之生，与物异列：故尤妙之人，含精于内，外无饰姿；尤虚之人，硕言瑰姿，内实乖反。而人之求奇，不可以精微测其玄机，明异希；或以貌少为不足，或以瑰姿为巨伟，或以直露为虚华，或以巧饬为真实。

(三国魏) 刘劭《人物志》，梁满仓译注，中华书局 2014 年版

钟　繇

钟繇（151—230），字元常，豫州颍川长社（今河南长葛）人。三国时期曹魏著名书法家、政治家，与东晋书法家王羲之并称"钟王"。钟繇擅篆、隶、真、行、草多种书体，在书法方面颇有造诣，被后世尊为"楷书鼻祖"。

用笔法

及诞死，繇阴令人盗开其墓，遂得之，故知多力丰筋者圣，无力无筋者病，一一从其消息而用之，由是更妙。

繇曰："岂知用笔而为佳也。故用笔者天也，流美者地也。非凡庸所知。"临死，乃从囊中出以授其子会，谕曰："吾精思学书三十年，读他

法未终尽，后学其用笔。若与人居，画地广数步，卧画被穿过表，如厕终日忘归。每见万类，皆画象之。"

繇解三色书，然最妙者八分也。点如山摧陷，摘如雨骤；纤如丝毫，轻如云雾；去若鸣凤之游云汉，来若游女之入花林，灿灿分明，遥遥远映者矣。

（三国魏）钟繇《用笔法》，《历代书法论文选》，上海书画出版社2014年版

成公绥

成公绥（231—273），字子安，东郡白马（今河南滑县）人，西晋文学家，擅长辞赋，今有赋二十余篇，雅母音律，曾作《啸赋》《琵琶赋》等。明人辑有《成公子安集》。

隶书体

皇颉作文，因物构思；观彼鸟迹，遂成文字。灿矣成章，阅之后嗣，存在道德，纪纲万事。俗所传述，实由书纪；时变巧易，古今各异。虫篆既繁，草藁近伪；适之中庸，莫尚于隶。规矩有则，用之简易。

随便适宜，亦有弛张。操笔假墨，抵押毫芒。彪焕磥硌，形体抑扬。芬葩连属，分间罗行。烂若天文布曜，蔚若锦绣之有章。

或轻拂徐振，缓按急挑。挽横引纵，左牵右绕。长波郁拂，微势缥缈。工巧难传，善之者少；应心隐手，必由意晓。

尔乃动纤指，举弱腕，握素纨，染玄翰。彤管电流，雨下霞散。点（黑主）折拨，掣挫安按。缤纷络绎，纷华灿烂。絪缊卓荦，一何壮观！繁缛成文，又何可玩！章周道之郁郁，表唐虞之耀焕。

若乃八分玺法，殊好异制；分白赋黑，棋布星列。翘首举尾，直刺邪制；缱绻结体，劗衫夺节。

或若虬龙盘游，蜿蜒轩翥；鸾凤翱翔，矫翼欲去。或若鸷鸟将击，并体抑怒，良马腾骧，奔放向路。

仰而望之，郁若宵雾朝升；游烟连云；俯而察之，漂若清风厉水，漪澜成文。

重象表式,有模有概;形功难详,粗举大体。

(西晋)成公绥《隶书体》,《历代书法论文选》,上海书画出版社2014年版

陆 机

陆机(261—303),字士衡,吴郡吴县(今江苏苏州)人。西晋著名文学家、书法家。被誉为"太康之英"。《文赋》作为陆机的文艺理论作品,是中国古代研究文学创作特点的最早的一篇专论,在美学和艺术伦理学史上均有重要价值。

文赋

余每观才士之所作,窃有以得其用心。夫放言遣辞,良多变矣,妍蚩好恶,可得而言。每自属文,尤见其情。恒患意不称物,文不逮意。盖非知之难,能之难也。故作《文赋》,以述先士之盛藻,因论作文之利害所由,它日殆可谓曲尽其妙。至于操斧伐柯,虽取则不远,若夫随手之变,良难以辞逮。盖所能言者具于此云。

观古今于须臾,抚四海于一瞬。然后选义按部,考辞就班。抱景者咸叩,怀响者毕弹。或因枝以振叶,或沿波而讨源。或本隐以之显,或求易而得难。或虎变而兽扰,或龙见而鸟澜。或妥帖而易施,或岨峿而不安。罄澄心以凝思,眇众虑而为言。笼天地于形内,挫万物于笔端。始踯躅于燥吻,终流离于濡翰。理扶质以立干,文垂条而结繁。信情貌之不差,故每变而在颜。思涉乐其必笑,方言哀而已叹。或操觚以率尔,或含毫而邈然。

伊兹事之可乐,固圣贤之可钦。课虚无以责有,叩寂寞而求音。函绵邈于尺素,吐滂沛乎寸心。言恢之而弥广,思按之而逾深。播芳蕤之馥馥,发青条之森森。粲风飞而猋竖,郁云起乎翰林。

体有万殊,物无一量。纷纭挥霍,形难为状。辞程才以效伎,意司契而为匠。在有无而僶俛,当浅深而不让。虽离方而遯圆,期穷形而尽相。故夫夸目者尚奢,惬心者贵当。言穷者无隘,论达者唯旷。

诗缘情而绮靡,赋体物而浏亮。碑披文以相质,诔缠绵而悽怆。铭博约而温润,箴顿挫而清壮。颂优游以彬蔚,论精微而朗畅。奏平徹以闲

雅，说炜晔而谲诳。虽区分之在兹，亦禁邪而制放。要辞达而理举，故无取乎冗长。

其为物也多姿，其为体也屡迁；其会意也尚巧，其遣言也贵妍。暨音声之迭代，若五色之相宣。虽逝止之无常，故崎锜而难便。苟达变而相次，犹开流以纳泉；如失机而后会，恒操末以续颠。谬玄黄之秩叙，故淟涊而不鲜。

或仰逼于先条，或俯侵于后章；或辞害而理比，或言顺而意妨。离之则双美，合之则两伤。考殿最于锱铢，定去留于毫芒；苟铨衡之所裁，固应绳其必当。

或文繁理富，而意不指适。极无两致，尽不可益。立片言而居要，乃一篇之警策；虽众辞之有条，必待兹而效绩。亮功多而累寡，故取足而不易。

或藻思绮合，清丽千眠。炳若缛绣，悽若繁弦。必所拟之不殊，乃闇合乎曩篇。虽杼轴于予怀，忧他人之我先。苟伤廉而愆义，亦虽爱而必捐。

或苕发颖竖，离众绝致；形不可逐，响难为系。块孤立而特峙，非常音之所纬。心牢落而无偶，意徘徊而不能揥。石韫玉而山辉，水怀珠而川媚。彼榛楛之勿翦，亦蒙荣于集翠。缀《下里》于《白雪》，吾亦济夫所伟。

或讬言于短韵，对穷迹而孤兴，俯寂寞而无友，仰寥廓而莫承；譬偏弦之独张，含清唱而靡应。或寄辞于瘁音，徒靡言而弗华，混妍蚩而成体，累良质而为瑕；象下管之偏疾，故虽应而不和。或遗理以存异，徒寻虚以逐微，言寡情而鲜爱，辞浮漂而不归；犹弦幺而徽急，故虽和而不悲。或奔放以谐和，务嘈杂而妖冶，徒悦目而偶俗，故高声而曲下；寤《防露》与桑间，又虽悲而不雅。或清虚以婉约，每除烦而去滥，阙大羹之遗味，同朱弦之清氾；虽一唱而三叹，固既雅而不艳。

若夫丰约之裁，俯仰之形，因宜适变，曲有微情。或言拙而喻巧，或理朴而辞轻；或袭故而弥新，或沿浊而更清；或览之而必察，或研之而后精。譬犹舞者赴节以投袂，歌者应弦而遣声。是盖轮扁所不得言，故亦非华说之所能精。

普辞条与文律，良余膺之所服。练世情之常尤，识前修之所淑。虽发于巧心，或受蚩于拙目。彼琼敷与玉藻，若中原之有菽。同橐籥之罔穷，与天地乎并育。虽纷蔼于此世，嗟不盈于予掬。患挈缾之屡空，病昌言之难属。故踸踔于短垣，放庸音以足曲。恒遗恨以终篇，岂怀盈而自足？惧蒙尘于叩缶，顾取笑乎鸣玉。

若夫应感之会，通塞之纪，来不可遏，去不可止，藏若景灭，行犹响起。方天机之骏利，夫何纷而不理？思风发于胸臆，言泉流于唇齿；纷葳蕤以馺遝，唯豪素之所拟；文徽徽以溢目，音泠泠而盈耳。及其六情底滞，志往神留，兀若枯木，豁若涸流；揽营魂以探赜，顿精爽而自求；理翳翳而愈伏，思轧轧其若抽。是以或竭情而多悔，或率意而寡尤。虽兹物之在我，非余力之所戮。故时抚空怀而自惋，吾未识夫开塞之所由。

伊兹文之为用，固众理之所因。恢万里而无阂，通亿载而为津。俯殆则于来叶，仰观象乎古人。济文武于将坠，宣风声于不泯。塗无远而不弥，理无微而弗纶。配霑润于云雨，象变化乎鬼神。被金石而德广，流管弦而日新。

（西晋）陆机《文赋》，（南朝梁）萧统编《文选》，（唐）李善注，中华书局1997年版

左 思

左思（约250—约305）字太冲，齐国临淄（今山东临淄）人，西晋著名文学家，辞藻壮丽，其所写都城赋《三都赋》颇被当时称颂，一时洛阳纸贵。后人辑有《左太冲集》。

三都赋序

盖诗有六义焉，其二曰赋。扬雄曰："诗人之赋丽以则。"班固曰："赋者，古诗之流也。"先王采焉，以观土风。见"绿竹猗猗"，则知卫地淇澳之产；见"在其版屋"，则知秦野西戎之宅。故能居然而辨八方。

然相如赋《上林》而引"卢橘夏熟"，扬雄赋《甘泉》而陈"玉树青葱"，班固赋《西都》而叹以出比目，张衡赋《西京》而述以游海若。假称珍怪，以为润色，若斯之类，匪啻于兹。考之果木，则生非其壤；校之神物，则出非其所。于辞则易为藻饰，于义则虚而无徵。且夫玉卮无

当，虽宝非用；侈言无验，虽丽非经。而论者莫不诋讦其研精，作者大氐举为宪章。积习生常，有自来矣。

余既思摹《二京》而赋《三都》，其山川城邑，则稽之地图，其鸟兽草木，则验之方志。风谣歌舞，各附其俗；魁梧长者，莫非其旧。何则？发言为诗者，咏其所志也；升高能赋者，颂其所见也。美物者贵依其本，赞事者宜本其实。匪本匪实，览者奚信？且夫任土作贡，《虞书》所著；辩物居方，《周易》所慎。聊举其一隅，摄其体统，归诸诂训焉。

（西晋）左思《三都赋》，（南朝梁）萧统编《文选》，（唐）李善注，中华书局1997年版

索 靖

索靖（239—303），字幼安。敦煌龙勒（今甘肃敦煌）人。西晋著名书法家，"敦煌"五龙之一。索靖善章草，传东汉张芝之法，其书险峻坚劲。其章草书时人称"瓘得伯英之筋，靖得伯英之肉"。著有《草书状》等。

草书状

圣皇御世，随时之宜，仓颉既生，书契是为。科斗鸟篆，类物象形，睿哲变通，意巧滋生。损之隶草，以崇简易，百官毕修，事业并丽。

举而察之，以似乎和风吹林，偃草扇树，枝条顺气，转相比附，窃娆廉苫，随体散布。纷扰扰以猗，靡中持疑而犹豫。玄螭狡兽嬉其间，腾猿飞鼬相奔趣。凌鱼奋尾，骇龙反据，投空自窜，张设牙距。或者登高望其类，或若既往而中顾，或若俶傥而不群，或若自检于常度。

于是多才之英，笃艺之彦，役心精微，耽此文宪。守道兼权，触类生变，离析八体，靡形不判。去繁存微，大象未乱，上理开元，下周谨案。骋辞放手，雨行冰散，高间翰厉，溢越流漫。忽班班成章，信奇妙之焕烂，体磔落而壮丽，姿光润以粲粲。命杜度运其指，使伯英回其腕，著绝势于纨素，垂百世之殊观。

（西晋）索靖《草书状》，《历代书法论文选》，上海书画出版社2014年版

卫 恒

卫恒（不详—291），字巨山，河东安邑（今山西夏县）人，西晋书法家。祖卫觊、父卫瓘、从妹卫铄均为著名书法家。善草隶，著有书法理论著作《四体书势》，是存世最早和比较可靠的重要书法理论之一，有很高的史料价值。

四体书势

昔在黄帝，创制造物。有沮诵、仓颉者，始作书契以代结绳，盖睹鸟迹以兴思也。因而遂滋，则谓之字，有六义焉。一曰指事，上下是也；二曰象形，日月是也；三曰形声，江河是也；四曰会意，武信是也；五曰转注，老考是也；六曰假借，令长是也。夫指事者，在上为上，在下为下。象形者，日满月亏，象其形也。形声者，以类为形，配以声也。会意者，以戈为武，人言为信是也。转注者，以老为寿考也。假借者，数言同字，其声虽异，文意一也。

古书亦有数种，其一卷论楚事者最为工妙，恒窃悦之，故竭愚思以赞其美，愧不足以厕前贤之作，冀以存古人之象焉。古无别名，谓之《字势》云：

黄帝之史，沮诵仓颉，眺彼鸟迹，始作书契。纪纲万事，垂法立制，帝典用宣，质文著世。

大晋开元，弘道敷训，天垂其象，地耀其文。其文乃耀，粲矣其章，因声会意，类物有方。

信黄唐之遗迹，为六艺之范先，籀篆盖其子孙，隶草乃其曾玄。睹物象以致思，非言辞之所宣。

崔瑗作《草势》云：

书契之兴，始自颉皇；写彼鸟迹，以定文章。爰暨末叶、典籍弥繁；时之多僻，政之多权。官事荒芜，勦其墨翰；惟多佐隶，旧字是删。草书之法，盖又简略；应时谕指，用于卒迫。兼功并用，爱日省力；纯俭之变，岂必古式。观其法象，俯仰有仪；方不中矩，圆不中规。抑左扬右，望之若欹。兽跂鸟跱，志在飞移；狡兔暴骇，将奔未驰。或（黑知）（黑主）点（黑南），状似连珠；绝而不离。畜怒怫郁，放逸后奇。或凌邃惴栗，若据高临危，旁点邪附，似螳螂而抱枝。绝笔收势，馀綖纠结；若山蜂施毒，看隙缘巇；腾蛇赴穴，头没尾垂。是故远而望之，漼焉若注岸奔涯；就而察之，一画不可移。几微要妙，临时从宜。略举大较，仿佛若斯。

（西晋）卫恒《四体书势》，《历代书法论文选》，上海书画出版社2014年版

卫　铄

卫夫人（272—349），本名卫铄，字茂漪，河东安邑（今山西夏县）人，晋代著名书法家，卫夫人师承钟繇，妙传其法。是"书圣"王羲之的书法老师。其著作《笔阵图》阐述执笔、用笔的方法，认为书道的精微奥妙，是难以明言的。

笔阵图

夫三端之妙，莫先乎用笔；六艺之奥，莫重乎银钩。

故知达其源者少，闇于理者多。近代以来，殊不师古，而缘情弃道，才记姓名，或学不该赡，闻见又寡，致使成功不就，虚费精神。自非通灵感物，不可与谈斯道矣！

凡学书字，先学执笔，若真书，去笔头二寸一分，若行草书，去笔头三寸一分，执之。下笔点画波撇屈曲，皆须尽一身之力而送之。初学先大书，不得从小。善鉴者不写，善写者不鉴。善笔力者多骨，不善笔力者多肉；多骨微肉者谓之"筋书"，多肉微骨者谓之"墨猪"；多力丰筋者圣，无力无筋者病。一一从其消息而用之。

一"横"如千里阵云，隐隐然其实有形。

、"点"如高峰坠石，磕磕然实如崩也。

丿"撇"如陆断犀象。

乙"折"如百钧弩发。

｜"竖"如万岁枯藤。

㇏"捺"如崩浪雷奔。

丁"横折钩"如劲弩筋节。

右七条笔阵出入斩斫图。执笔有七种。有心急而执笔缓者，有心缓而执笔急者。若执笔近而不能紧者，心手不齐，意后笔前者败；若执笔远而急，意前笔后者胜。又有六种用笔：结构圆奋如篆法，飘风洒落如章草，凶险可畏如八分，窈窕出入如飞白，耿介特立如鹤头，郁拔纵横如古隶。然心存委曲，每为一字，各象其形，斯造妙矣。

（东晋）卫铄《笔阵图》，《历代书法论文选》，上海书画出版社2014年版

王　廙

王廙（276—322），字世将，东晋著名书法家、画家、文学家、音乐家，晋元帝司马睿的姨弟，"书圣"王羲之的叔父。王廙工于书画，其书画被称为"江左第一"，王羲之与晋明帝司马绍等都曾随他学习书画。时人称"王廙飞白，右军之亚"。

画乃吾自画，书乃吾自书

画乃吾自画，书乃吾自书。吾余事虽不足法，而书画固可法。欲汝学书则知积学可以致远，学画可以知师弟子行己之道。

（东晋）王廙《画乃吾自画，书乃吾自书》，（唐）张彦远《历代名画记》，章宏伟编，朱和平注，中州古籍出版社2016年版

郭　璞

郭璞（276—324），字景纯。河东闻喜（今山西闻喜）人。两晋时期著名文学家、训诂学家、风水学者。好古文、精天文、历算、卜筮，长于赋文。曾为《尔雅》《方言》《山海经》《穆天子传》《葬经》作注，传于世。

山海经序

世之览山海经者，皆以其闳诞迂夸，多奇怪俶傥之言，莫不疑焉。尝

试论之曰：庄生有云："人之所知，莫若其所不知。"吾于山海经见之矣。夫以宇宙之寥廓，群生之纷纭，阴阳之煦蒸，万殊之区分，精气浑淆，自相濆薄，游魂灵怪，触象而构，流形于山川，丽状于木石者，恶可胜言乎。然则总其所以乖，鼓之于一响；成其所以变，混之于一象。世之所谓异，未知其所以异；世之所谓不异，未知其所以不异。何者？物不自异，待我而后异，异果在我，非物异也。故胡人见布而疑黂，越人见罽而骇毲，夫翫所习见而奇所希闻，此人情之常蔽也……案《汲郡竹书》及《穆天子传》，穆王西征见西王母，执璧帛之好，献锦组之属，穆王享王母于瑶池之上，赋诗往来，辞义可观，遂袭昆仑之丘，游轩辕之宫，眺钟山之岭，玩帝者之宝，勒石王母之山，纪迹玄圃之上，乃取其嘉木、艳草、奇鸟、怪兽、玉石、珍瑰之器，金膏烛银之宝，归而殖养之于中国……夫蘙荟之翔，叵以论垂天之凌，蹄涔之游，无以知绛虬之腾，钧天之庭，岂伶人之所蹑，无航之津，岂苍兕之所涉，非天下之至通，难与言山海之义矣。呜呼，达观博物之客，其鉴之哉。

（东晋）郭璞注《山海经》，（清）郝懿行笺疏，沈海波校点，上海古籍出版社 2015 年版

葛　洪

葛洪（283—363），字稚川，自号抱朴子，丹阳郡句容（今江苏句容县）人，东晋道教理论家、著名炼丹家和医药学家。所著《抱朴子》分内、外篇。今存"内篇"20 篇，论述神仙、炼丹、符箓等事，"外篇" 50 篇，论述"时政得失，人事臧否"。

勖学

夫斫削刻画之薄伎，射御骑乘之易事，犹须惯习，然后能善，况乎人理之旷，道德之远，阴阳之变，鬼神之情，缅邈玄奥，诚难生知。虽云色白，匪染弗丽；虽云味甘，匪和弗美。

文梓干云，而不可名台榭者，未加班轮之结构也；天然爽朗，而不可谓之君子者，不识大伦之臧否也。

披玄云而扬大明，则万物无所隐其状矣；舒竹帛而考古今，则天地无

所藏其情矣。况于鬼神乎？而况于人事乎？泥涅可令齐坚乎金玉，曲木可攻之以应绳墨，百兽可教之以战陈，畜牲可习之以进退，沈鳞可动之以声音，机石可感之以精诚，又况乎含五常而禀最灵者哉！

世道多难，儒教沦丧，文武之轨，将遂凋坠。或沈溺于声色之中，或驱驰于竞逐之路。孤贫而精六艺者，以游夏之资，而抑顿乎九泉之下；因风而附凤翼者，以驽庸之质，犹回遑乎霞霄之表。

此川上所以无人，《子衿》之所为作。悯俗者所以痛心而长慨，忧道者所以含悲而颓思也。

（东晋）葛洪《抱朴子外篇》，张松辉、张景译注，中华书局 2013 年版

贵贤

患于生乎深宫之中，长乎妇人之手，不识稼穑之艰难，不知忧惧之何理，承家继体，蔽乎崇替。所急在乎侈靡，至务在乎游晏，般于畋猎，湎于酣乐，闻淫声则惊听，见艳色则改视。役聪用明，止此二事。鉴澄人物，不以经神，唯识玩弄可以悦心志，不知奇士可以安社稷。犀象珠玉，无足而至自万里之外；定倾之器，能行而沦乎四境之内。

（东晋）葛洪《抱朴子外篇》，张松辉、张景译注，中华书局 2013 年版

审举

古者诸侯贡士，适者谓之有功，有功者增班进爵；贡士不适者谓之有过，有过者黜位削地。犹复不能令诗人谧大车素餐之刺，山林无伐檀置兔之贤。

吾子论汉末贡举之事，诚得其病也。今必欲戒既往之失，避倾车之路，改有代之弦调，防法玩之或变，令濮上《巴人》，反安乐之正音，膝理之疾，无退走之滞患者，岂有方乎？

夫丰草不秀瘠土，巨鱼不生小水，格言不吐庸人之口，高文不堕顽夫之笔。

（东晋）葛洪《抱朴子外篇》，张松辉、张景译注，中华书局 2013 年版

交际

《易》美多兰,《诗》咏百朋,虽有兄弟,不如友生。

单弦不能发《韶》《夏》之和音,孑色不能成兖龙之玮烨,一味不能合伊鼎之甘,独木不能致邓林之茂。玄圃极天,盖由众石之积。南溟浩瀁,实须群流之赴。

夫然后《鹿鸣》之好全,而《伐木》之刺息。

(东晋)葛洪《抱朴子外篇》,张松辉、张景译注,中华书局2013年版

擢才

《白雪》之弦,非灵素不能徽也;迈伦之才,非明主不能用也。

然耀灵光夜之珍,不为莫求而亏其质,以苟且于贱贾;洪钟周鼎,不为委沦而轻其体,取见举于侏儒;峄阳云和,不为不御而息唱,以竞显于淫哇;冠群之德,不以沈抑而履径,而刲节于流俗。

(东晋)葛洪《抱朴子外篇》,张松辉、张景译注,中华书局2013年版

名实

夫智大量远者,盘桓以山峙;器小志近者,蓬飞而萍浮。夫唯山峙,故莫之能动焉;夫唯萍浮,故流而不滞焉。

(东晋)葛洪《抱朴子外篇》,张松辉、张景译注,中华书局2013年版

疾谬

抱朴子曰:《诗》美雎鸠,贵其有别。

抱朴子曰:轻薄之人,迹厕高深,交成财赡,名位粗会,便背礼判教,托云率任,才不逸伦,强为放达,以傲兀无检者为大度,以惜护节操者为涩少。

夫君子之居室,犹不掩家人之不备,故入门则扬声,升堂则下视,而唐突他家,将何理乎?

然落拓之子,无骨鲠而好随俗者,以通此者为亲密,距此者为不恭,

诚为当世不可以不尔。于是要呼愦杂，入室视妻，促膝之狭坐，交杯觞于咫尺，弦歌淫冶之音曲，以言兆文君之动心，载号载呶，谑戏丑亵，穷鄙极黩，尔乃笑乱男女之大节，蹈《相鼠》之无仪。

君子之交也，以道义合，以志契亲，故淡而成焉。小人之接也，以势利结，以狎慢密，故甘而败焉。何必房集内宴，尔乃款诚，著妻妾饮会，然后分好昵哉！

终日无及义之言，彻夜无箴规之益。诬引老庄，贵于率任，大行不顾细礼，至人不拘检括，啸傲纵逸，谓之体道。呜呼，惜乎，岂不哀哉！

（东晋）葛洪《抱朴子外篇》，张松辉、张景译注，中华书局2013年版

刺骄

抱朴子曰：世人闻戴叔鸾阮嗣宗傲俗自放，见谓大度，而不量其材力非傲生之匹，而慕学之。或乱项科头，或裸袒蹲夷，或濯脚于稠众，或溲便于人前，或停客而独食，或行酒而止所亲，此盖左衽之所为，非诸夏之快事也。

夫以戴阮之才学，犹以躭踔自病，得失财不相补，向使二生敬蹈检括，恂恂以接物，兢兢以御用，其至到何适但尔哉！况不及之远者，而遵修其业，其速祸危身，将不移阴，何徒不以清德见待而已乎！

其或峨然守正，确尔不移，不蓬转以随众，不改雅以入郑者，人莫能憎而知其善，而斯以不同于己者，便共仇雠而不数之。嗟乎，衰弊乃可尔邪，君子能使以亢亮方楞，无党于俗，扬清波以激浊流，执劲矢以厉群枉，不过当不见容与，不得富贵耳。

（东晋）葛洪《抱朴子外篇》，张松辉、张景译注，中华书局2013年版

钧世

盖往古之士，匪鬼匪神，其形器虽冶铄于畴曩，然其精神，布在乎方策。情见乎辞，指归可得。

且夫《尚书》者，政事之集也，然未若近代之优文诏策军书奏议之清富赡丽也；《毛诗》者，华彩之辞也，然不及《上林》《羽猎》《二京》《三都》之汪濊博富也。

今诗与古诗，俱有义理，而盈于差美。方之于士，并有德行，而一人偏长艺文，不可谓一例也；比之于女，俱体国色，而一人独闲百伎，不可混为无异也。

（东晋）葛洪《抱朴子外篇》，张松辉、张景译注，中华书局2013年版

省烦

安上治民，莫善于礼，弥纶人理，诚为曲备。然冠婚饮射，何烦碎之甚邪！人伦虽以有礼为贵，但当令足以叙等威而表情敬，何在乎升降揖让之繁重，拜起俯伏之无已邪！

古人询于刍荛，博辨童谣，狂夫之言，犹在择焉。

其吉凶器用之物，俎豆瓴觯之属，衣冠车服之制，旗章辨色之美，宫室尊卑之品，朝飨宾主之仪，祭奠殡葬之变，郊祀禘祫之法，社稷山川之礼，皆可减省，务令约俭。

夫三王不相沿乐，五帝不相袭礼，而其移风易俗，安上治民一也。

（东晋）葛洪《抱朴子外篇》，张松辉、张景译注，中华书局2013年版

尚博

抱朴子曰：正经为道义之渊海，子书为增深之川流。仰而比之，则景星之佐三辰也；俯而方之，则林薄之裨嵩岳也。虽津途殊辟，而进德同归；虽离于举趾，而合于兴化。故通人总原本以括流末，操纲领而得一致焉。

古人叹息于才难，故谓百世为随踵，不以璞非昆山而弃耀夜之宝，不以书不出圣而废助教之言。是以间陌之拙诗，军旅之鞠誓，或词鄙喻陋，简不盈十，犹见撰录，亚次典诰，百家之言，与善一揆。譬操水者，器虽异而救火同焉；犹针炙者，术虽殊而攻疾均焉。

或云小道不足观，或云广博乱人思，而不识合锱铢可齐重于山陵，聚百十可以致数于亿兆，群色会而衮藻丽，众音杂而韶濩和也。

或贵爱诗乘浅近之细文，忽薄深美富博之子书，以磋切之至言为骇拙，以虚华之小辩为妍巧，真伪颠倒，玉石混淆，同广乐于桑间，钧龙章于卉服。悠悠皆然，可叹可慨也！

或曰："著述虽繁，适可以骋辞耀藻，无补救于得失，未若德行不言

之训。故颜闵为上而游夏乃次。四科之格，学本而行末，然则缀文固为余事，而吾子不褒崇其源，而独贵其流，可乎？"

抱朴子答曰："德行为有事，优劣易见。文章微妙，其体难识。夫易见者粗也，难识者精也。夫唯粗也，故铨衡有定焉；夫唯精也，故品藻难一焉。吾故舍易见之粗，而论难识之精，不亦可乎！"

或曰："德行者本也，文章者末也。故四科之序，文不居上。然则著纸者，糟粕之余事；可传者，祭毕之刍狗。卑高之格，是可识矣。文之体略，可得闻乎？"

抱朴子曰：荃可以弃而鱼未获，则不得无荃；文可以废而道未行，则不得无文。

且夫文章之与德行，犹十尺之与一丈，谓之余事，未之前闻。夫上天之所以垂象，唐虞之所以为称，大人虎炳，君子豹蔚，昌旦定圣谥于一字，仲尼从周之郁，莫非文也。八卦生鹰隼之所被，六甲出灵龟之所负，文之所在，虽贱犹贵，犬羊之鞟，未得比焉。且夫本不必皆珍，末不必悉薄。譬若锦绣之因素地，珠玉之居蚌石，云雨生于肤寸，江河始于咫尺尔。则文章虽为德行之弟，未可呼为余事也。

（东晋）葛洪《抱朴子外篇》，张松辉、张景译注，中华书局2013年版

守塉

故十千美于诗人，食货首乎八政。

夫衮冕非御锋镝之服，典诰非救饥寒之具也。

夫聋者不可督之以分雅郑，瞽者不可责之以别丹漆，井蛙不可语以沧海，庸俗不可说以经术。

是以注清听于九韶者，巴人之声不能悦其耳；烹大牢飨方丈者，荼蓼之味不能甘其口。

方将垦九典之芜草岁，播六德之嘉谷，厥田邈于上士之科，其收盈乎天地之间。

慨而嗟乎，始悟立不朽之言者，不以产业汩和，追下帷之绩者，不以窥园涓目。

（东晋）葛洪《抱朴子外篇》，张松辉、张景译注，中华书局2013年版

安贫

天贫在六极，富在五福，《诗》美加可矣，《易》贵聚人。

六艺备研，八索必该，斯则富矣；振翰摛藻，德音无穷，斯则贵矣。

夫士以三坟为金玉，五典为琴筝，讲肆为钟鼓，百家为笙簧，使味道者以辞饱，酣德者以义醒，超流俗以高蹈，轶亿代以扬声，方长驱以独往，何货贿之秽情。

（东晋）葛洪《抱朴子外篇》，张松辉、张景译注，中华书局2013年版

仁明

夫唯圣人，与天合德。故唐尧以钦明冠典，仲尼以明义首篇。

《易》称立人之道，曰仁与义，然则人莫大于仁也。

（东晋）葛洪《抱朴子外篇》，张松辉、张景译注，中华书局2013年版

辞义

清音贵于雅韵克谐，著作珍乎判微析理。故八音形器异而钟律同，黼黻文物殊而五色均。

夫文章之体，尤难详赏，苟以入耳为佳，适心为快，鲜知忘味之九成，雅颂之风流也。

文贵丰赡，何必称善如一口乎！不能拯风俗之流遁，世途之凌夷，通疑者之路，赈贫者之乏，何异春华不为肴粮之用，茝蕙不救冰寒之急。古诗刺过失，故有益而贵；今诗纯虚誉，故有损而贱也。

（东晋）葛洪《抱朴子外篇》，张松辉、张景译注，中华书局2013年版

应嘲

伯阳以道德为首，庄周以逍遥冠篇，用能标峻格于九霄，宣芳烈于罔极也。今先生高尚勿用，身不服事，而著君道臣节之书；不交于世，而作讥俗救生之论；甚爱骨干毛，而缀用兵战守之法；不营进趋，而有审举穷达之篇；蒙窃惑焉。

然吾子所著，弹断风俗，言苦辞直。

夫制器者珍于周急，而不以辨饰外形为善；立言者贵于助教，而不以偶俗集誉为高。若徒阿顺谄谀，虚美隐恶，岂所匡失弼违，醒迷补过者乎？

（东晋）葛洪《抱朴子外篇》，张松辉、张景译注，中华书局2013年版

喻蔽

吾子云："玉以少贵，石以多贱。"夫玄圃之下，荆华之颠，九员之泽，折方之渊，琳琅积而成山，夜光焕而灼天，顾不善也。又引庖牺氏著作不多，若周公既繇大易，加之以礼乐，仲尼作《春秋》，而重之以十篇。过于庖牺，多于老氏，皆当贬也。

羲和升光以启旦，望舒曜景以灼夜，五材并生而异用，百药杂秀而殊治，四时会而岁功成，五色聚而锦绣丽，八音谐而箫韶美，群言合而道艺辨。

音为知者珍，书为识者传，瞽旷之调钟，未必求解于同世；格言高文，岂患莫赏而减之哉！

数千万言，虽有不艳之辞，事义高远，足相掩也。

（东晋）葛洪《抱朴子外篇》，张松辉、张景译注，中华书局2013年版

百家

抱朴子曰：百家之言，虽不皆清翰锐藻，弘丽汪濊，然悉才士所寄，心一夫澄思也。正经为道义之渊海，子书为增深之川流。

子书披引玄旷，眇邈泓窈，总不测之源，扬无遗之流，变化不系于规矩之方圆，旁通不沦于违正之邪径，风格高严，重仞难尽。

惑诗赋琐碎之文，而忽子论深美之言，真伪颠倒，玉石混淆，同广乐于桑间，均龙章于素质，可悲可慨，岂一条哉！

（东晋）葛洪《抱朴子外篇》，张松辉、张景译注，中华书局2013年版

文行

或曰：德行者，本也；文章者，末也。故四科之序，文不居上。

且文章之与德行，犹十尺之与一丈，谓之余事，未之闻也。八卦生乎鹰隼之飞，六甲出于灵龟之负，文之所在，虽且贵。

（东晋）葛洪《抱朴子外篇》，张松辉、张景译注，中华书局2013年版

自叙

其《内篇》言神仙方药、鬼怪变化、养生延年、禳邪却祸之事，属道家；《外篇》言人间得失，世事臧否，属儒家。

是以至今不知棋局上有几道樗蒲齿名。亦念此辈末伎，乱意思而妨日月，在位有损政事，儒者则废讲诵，凡民则忘稼穑，商人则失货财。

惟诸戏尽不如示一尺之书。

（东晋）葛洪《抱朴子外篇》，张松辉、张景译注，中华书局2013年版

王羲之

王羲之（303—361），字逸少，琅琊临沂（今山东临沂）人。东晋书法家，有"书圣"之称。其书法兼善隶、草、楷、行各体，广采众长，备精诸体，摆脱了汉魏笔风，自成一家，影响深远。

题卫夫人笔阵图后

夫纸者阵也，笔者刀稍也，墨者鍪甲也，水砚者城池也，心意者将军也，本领者副将也，结构者谋略也，扬笔者吉凶也，出入者号令也，屈折者杀戮也。

昔宋翼常作此书，翼是钟繇弟子，繇乃叱之。翼三年不敢见繇，即潜心改迹。每作一波，常三过折笔；每作一点，常隐锋而为之；每作一横画，如列阵之排云；每作一戈，如百钧之弩发；每作一点，如高峰坠石；屈析如钢钩；每作一牵，如万岁枯藤；每作一放纵，如足行之趣骤。

失书先须引八分、章草人隶字中，发人意气，若直取俗字，则不能

先发。

（东晋）王羲之《题卫夫人笔阵图后》，《历代书法论文选》，上海书画出版社2014年版

书论

夫书者，玄妙之伎也，若非通人志士，学无及之。大抵书须存思，余览李斯等论笔势，及钟繇书，骨甚是不轻，恐子孙不记，故叙而论之。

夫书字贵平正安稳。先须用笔，有偃有仰，有攲有侧有斜，或小或大，或长或短。凡作一字，或类篆籀，或似鹄头；或如散隶，或八分；或如虫食木叶，或如水中蝌蚪；或如壮士佩剑，或似妇女纤丽。欲书先构筋力，然后装束，必注意详雅起发，绵密疏阔相间。每作一点，必须悬手作之，或作一波，抑而后曳。每作一字，须用数种意，或横画似八分，而发如篆籀；或竖牵如深林之乔木，而屈折如钢钩；或上尖如枯秆，或下细若针芒；或转侧之势似飞鸟空坠，或棱侧之形如流水激来。作一字，横竖相向；作一行，明媚相成。第一须存筋藏锋，灭迹隐端。用尖笔须落锋混成，无使毫露浮怯，举新笔爽爽若神，即不求于点画瑕玷也。为一字，数体俱入。若作一纸之书，须字字意别，勿使相同。若书虚纸，用强笔；若书强纸，用弱笔。强弱不等，则蹉跌不入。

凡书贵乎沉静，令意在笔前，字居新后，未作之始，结思成矣。仍下笔不用急，故须迟，何也？笔是将军，故须迟重。心欲急不宜迟，可也？心是箭锋，箭不欲迟，迟则中物不入。夫字有缓急，一字之中，何者有缓者？至如"乌"字，下手一点，点须急，横直即须迟，欲"乌"三脚急，斯乃取形势也。每书欲十迟五急，十曲五直，十藏五出，十起五伏，方可谓书。若直笔急牵裹，此暂视似书，久味无力。仍须用笔著墨，不过三分，不得深浸，毛弱无力。墨用松节同研，久久不动弥佳矣。

（东晋）王羲之《书论》，《历代书法论文选》，上海书画出版社2014年版

自论书

吾尽心精作亦久，寻诸旧书，惟钟、张故为绝伦，其余为是小佳，不足在意。去此二贤，仆书次之。须得书意转深，点画之间，皆有雅意，自

有言所不尽。得其妙者，事事皆然。

（东晋）王羲之《自论书》，（清）王原祁等辑《佩文斋书画谱》，文物出版社 2013 年版

记白云先生书诀

天台紫真谓予曰："子虽至矣，而未善也。书之气，必达乎道，同混元之理。七宝齐贵，万古能名。阳气明则华壁立，阴气太则风神生。把笔抵锋，肇乎本性。刀圆则润，势疾则涩；紧则劲，险则峻；内贵盈，外贵虚；起不孤，伏不寡；回仰非近，背接非远；望之惟逸，发之惟静。敬兹法也，书妙尽矣。"言讫，真隐子遂镌石以为陈迹。

（东晋）王羲之《记白云先生书诀》，《历代书法论文选》，上海书画出版社 2014 年版

顾恺之

顾恺之（348—409），字长康，小字虎头，晋陵无锡（今江苏无锡）人。东晋杰出画家、绘画理论家、诗人。顾恺之作画，意在传神，其"迁想妙得""以形写神"等论点，为中国传统绘画的发展奠定了基础，今存有《论画》《魏晋胜流画赞》《画云台山记》3 篇画论。

论画

凡画，人最难，次山水，次狗马，台榭。一定器耳，难成而易好，不待迁想妙得也。此以巧历不能差其品也。

《小列女》面如恨，刻削为容仪，不尽生气。又插置丈夫支体，不似自然。然服章与众物既甚奇，作女子尤丽衣髻，俯仰中，一点一画，皆相与成其艳姿，且尊卑贵贱之形，觉然易了，难可远过之也。

《伏羲、神农》虽不似今世人，有奇骨而兼美好，神属冥芒，居然有得一之想。

《列士》有骨，俱然蔺生，恨急烈不似英贤之慨，以求古人，未之见也；于秦王之对荆卿，及复大闲，凡此类，虽美而不尽善也。

《北风诗》亦卫手，巧密于精思名作，然未离南中。南中像兴，即形

布施之象，转不可同年而语矣。美丽之形，尺寸之制，阴阳之数，纤妙之迹，世所并贵；神仪在心而手称其目者，玄赏则不待喻。不然，真绝夫人心之达。不可或以众论，执偏见以拟通者，亦必贵观于明识。末学详此，思过半矣。

（东晋）顾恺之《论画》，陈传席《六朝画论研究》，中国青年出版社2014年版

魏晋胜流画赞

若轻物宜利其笔，重宜陈其迹，各以全其想。譬如画山，迹利则想动，伤其所以嶷。用笔或好婉，则于折楞不隽；或多曲取，则于婉者增折。不兼之累，难以言悉，轮扁而已矣。

人有长短，今既定远近以瞩其对，则不可改易阔促，错置高下也。凡生人，亡有手揖眼视而前亡所对者。以形写神而空其实对，荃生之用乖，传神之趋失矣。空其实对则大失，对而不正则小失，不可不察也。一像之明昧，不若悟对之通神也。

（东晋）顾凯之《魏晋胜流画赞》，陈传席《六朝画论研究》，中国青年出版社2014年版

画云台山记

凡三段山，画之虽长，当使画甚促，不尔不称。鸟兽中，时有用之者，可定其仪而用之。下为涧、物景皆倒，作清气带，山下三分倨一以上，使耿然成二重。

（东晋）顾恺之《画云台山记》，陈传席《六朝画论研究》，中国青年出版社2014年版

宗　炳

宗炳（375—443），字少文，南阳涅阳（今河南邓州）人，南朝宋画家。擅长书法、绘画和弹琴。著有《画山水序》。《画山水序》为中国山水画论的开端，具有丰富的美学意义，在中国绘画理论史上占有重要地位。

画山水序

圣人含道暎物，贤者澄怀味像。至于山水质有而趣灵，是以轩辕、尧、孔、广成、大隗、许由、孤竹之流，必有崆峒、具茨、藐姑、箕、首、大蒙之游焉。又称仁智之乐焉。夫圣人以神法道，而贤者通；山水以形媚道，而仁者乐。不亦几乎？余眷恋庐、衡，契阔荆、巫，不知老之将至。愧不能凝气怡身，伤跕石门之流，于是画象布色，构兹云岭。夫理绝于中古之上者，可意求于千载之下。旨微于言象之外者，可心取于书策之内。况乎身所盘桓，目所绸缪。以形写形，以色貌色也。且夫昆仑山之大，瞳子之小，迫目以寸，则其形莫睹，迥以数里，则可围于寸眸。诚由去之稍阔，则其见弥小。今张绡素以远暎，则昆、阆之形，可围于方寸之内。竖划三寸，当千仞之高；横墨数尺，体百里之迥。是以观画图者，徒患类之不巧，不以制小而累其似，此自然之势。如是，则嵩、华之秀，玄牝之灵，皆可得之于一图矣。夫以应目会心为理者，类之成巧，则目亦同应，心亦俱会。应会感神，神超理得。虽复虚求幽岩，何以加焉？又神本亡端，栖形感类，理入影迹。诚能妙写，亦诚尽矣。于是闲居理气，拂觞鸣琴，披图幽对，坐究四荒，不违天励之藂，独应无人之野。峰岫峣嶷，云林森眇。圣贤暎于绝代，万趣融其神思。余复何为哉，畅神而已。神之所畅，孰有先焉。

（南朝宋）宗炳《画山水序》，陈传席《六朝画论研究》，中国青年出版社2014年版

王　微

王微（414—453），字景玄，琅琊临沂（今山东临沂）人，南朝宋画家、诗人。能书画，兼解音律、医方、阴阳、术数，生性喜爱观研山水，善诗工文，尤好古文。著有《叙画》一篇，为中国较早的山水画论著作之一，强调观察自然和主观能动作用。

叙画

以图画非止艺行。成当与《易》象同体。而工篆隶者，自以书巧为

高。欲其并辩藻绘，核其攸同。

夫言绘画者，竟求容势而已。且古人之作画也，非以案城域、辩方州、标镇阜、划浸流。本乎形者融灵。而动者变心。止灵亡见，故所托不动。目有所极，故所见不周。于是乎以一管之笔，拟太虚之体；以判躯之状，画寸眸之明。曲以为嵩高，趣以为方丈，以叕之画，齐乎太华。枉之点，表夫隆准。眉额颊辅，若晏笑兮；孤岩郁秀，若吐云兮。横变纵化，故动生焉，前矩后方，而灵出焉。然后宫观舟车，器以类聚；犬马禽鱼，物以状分。此画之致也。

望秋云，神飞扬，临春风，思浩荡。虽有金石之乐，珪璋之琛，岂能髣髴之哉！披图按牒，效异《山海》，绿林扬风，白水激涧。呼呼！岂独运诸指掌，亦以明神降之。此画之情也。

（南朝宋）王微《叙画》，陈传席《六朝画论研究》，中国青年出版社2014年版

刘义庆

刘义庆（403—444），彭城彭城（今江苏徐州）人，南朝宋宗室、文学家。宋武帝刘裕的侄子。著有《后汉书》《世说新语》等。《世说新语》又名《世说》，主要记载了东汉后期到魏晋间名士的逸闻轶事和玄言清谈，是中国魏晋南北朝时期"笔记小说"的代表作。

德行

王平子、胡毋彦国诸人，皆以任放为达，或有裸体者。乐广笑曰："名教中自有乐地，何为乃尔也！"

刘尹在郡，临终绵惙，闻阁下祠神鼓舞。正色曰："莫得淫祀！"

（南朝宋）刘义庆《世说新语》，朱碧莲、沈海波译注，中华书局2011年版

言语

公旦文王之诗，不论尧舜之德，而颂文武者，亲亲之义也。春秋之义，内其国而外诸夏。且不爱其亲而爱他人者，不为悖德乎？

祢衡被魏武谪为鼓吏，正月半试鼓。衡扬枹为渔阳掺檛，渊渊有金石声，四坐为之改容。

温峤初为刘琨使来过江。于时江左营建始尔，纲纪未举。温新至，深有诸虑。既诣王丞相，陈主上幽越，社稷焚灭，山陵夷毁之酷，有黍离之痛。温忠慨深烈，言与泗俱，丞相亦与之对泣。叙情既毕，便深自陈结，丞相亦厚相酬纳。既出，欢然言曰："江左自有管夷吾，此复何忧？"

庾稚恭为荆州，以毛扇上武帝。武帝疑是故物。侍中刘劭曰："柏梁云构，工匠先居其下；管弦繁奏，钟、夔先听其音。稚恭上扇，以好不以新。"庾后闻之曰："此人宜在帝左右。"

简文入华林园，顾谓左右曰："会心处，不必在远。翳然林水，便自有濠、濮闲想也。觉鸟兽禽鱼，自来亲人。"

王右军与谢太傅共登冶城。谢悠然远想，有高世之志。王谓谢曰："夏禹勤王，手足胼胝；文王旰食，日不暇给。今四郊多垒，宜人人自效。而虚谈废务，浮文妨要，恐非当今所宜。"谢答曰："秦任商鞅，二世而亡，岂清言致患邪？"

李弘度常叹不被遇。殷扬州知其家贫，问："君能屈志百里不？"李答曰："北门之叹，久已上闻。穷猿奔林，岂暇择木！"遂授剡县。

桓征西治江陵城甚丽，会宾僚出江津望之，云："若能目此城者有赏。"顾长康时为客，在坐，目曰："遥望层城，丹楼如霞。"桓即赏以二婢。

顾长康从会稽还，人问山川之美，顾云："千岩竞秀，万壑争流，草木蒙笼其上，若云兴霞蔚。"

王子敬云："从山阴道上行，山川自相映发，使人应接不暇。若秋冬之际，尤难为怀。"

道壹道人好整饰音辞。从都下还东山，经吴中。已而会雪下，未甚寒。诸道人问在道所经。壹公曰："风霜固所不论，乃先集其惨澹。郊邑正自飘瞥，林岫便已皓然。"

桓玄问羊孚："何以共重吴声？"羊曰："当以其妖而浮。"

谢混问羊孚："何以器举瑚琏？"羊曰："故当以为接神之器。"

（南朝宋）刘义庆《世说新语》，朱碧莲、沈海波译注，中华书局2011年版

文学

旧云：王丞相过江左，止道声无哀乐、养生、言尽意，三理而已。然宛转关生，无所不入。

谢公因子弟集聚，问毛诗何句最佳？遏称曰："昔我往矣，杨柳依依；今我来思，雨雪霏霏。"公曰："訏谟定命，远猷辰告。"谓此句偏有雅人深致。

支道林、许、谢盛德，共集王家。谢顾谓诸人："今日可谓彦会，时既不可留，此集固亦难常。当共言咏，以写其怀。"许便问主人有庄子不？正得渔父一篇。谢看题，便各使四坐通。支道林先通，作七百许语，叙致精丽，才藻奇拔，众咸称善。于是四坐各言怀毕。谢问曰："卿等尽不？"皆曰："今日之言，少不自竭。"谢后粗难，因自叙其意，作万余语，才峰秀逸。既自难干，加意气拟托，萧然自得，四坐莫不厌心。支谓谢曰："君一往奔诣，故复自佳耳。"

殷荆州曾问远公："易以何为体？"答曰："易以感为体。"殷曰："铜山西崩，灵钟东应，便是易耶？"远公笑而不答。

殷仲堪云："三日不读道德经，便觉舌本闲强。"

文帝尝令东阿王七步中作诗，不成者行大法。应声便为诗曰："煮豆持作羹，漉菽以为汁。萁在釜下然，豆在釜中泣。本自同根生，相煎何太急？"帝深有惭色。

左太冲作三都赋初成，时人互有讥訾，思意不惬。后示张公。张曰："此二京可三，然君文未重于世，宜以经高名之士。"思乃询求于皇甫谧。谧见之嗟叹，遂为作叙。于是先相非贰者，莫不敛衽赞述焉。

刘伶著酒德颂，意气所寄。

夏侯湛作周诗成，示潘安仁。安仁曰："此非徒温雅，乃别见孝悌之性。"潘因此遂作家风诗。

孙子荆除妇服，作诗以示王武子。王曰："未知文生于情，情生于文。览之凄然，增伉俪之重。"

庾子嵩作意赋成，从子文康见，问曰："若有意邪？非赋之所尽；若无意邪？复何所赋？"答曰："正在有意无意之间。"

郭景纯诗云："林无静树，川无停流。"阮孚云："泓峥萧瑟，实不可言。每读此文，辄觉神超形越。"

庾阐始作扬都赋，道温、庾云："温挺义之标，庾作民之望。方响则金声，比德则玉亮。"庾公闻赋成，求看，兼赠贶之。阐更改"望"为"俊"，以"亮"为"润"云。

孙兴公作庾公诔。袁羊曰："见此张缓。"于时以为名赏。

庾仲初作扬都赋成，以呈庾亮。亮以亲族之怀，大为其名价云："可三二京，四三都。"于此人人竞写，都下纸为之贵。谢太傅云："不得尔。此是屋下架屋耳，事事拟学，而不免俭狭。"

孙兴公云："三都、二京，五经鼓吹。"

王敬仁年十三，作贤人论。长史送示真长，真长答云："见敬仁所作论，便足参微言。"

孙兴公云："潘文烂若披锦，无处不善；陆文若排沙简金，往往见宝。"

简文称许掾云："玄度五言诗，可谓妙绝时人。"

孙兴公作天台赋成，以示范荣期，云："卿试掷地，要作金石声。"范曰："恐子之金石，非宫商中声！"然每至佳句，辄云："应是我辈语。"

桓公见谢安石作简文谥议，看竟，掷与坐上诸客曰："此是安石碎金。"

袁虎少贫，尝为人佣载运租。谢镇西经船行，其夜清风朗月，闻江渚闲估客船上有咏诗声，甚有情致。所诵五言，又其所未尝闻，叹美不能已。即遣委曲讯问，乃是袁自咏其所作咏史诗。因此相要，大相赏得。

孙兴公云："潘文浅而净，陆文深而芜。"

桓宣武命袁彦伯作北征赋，既成，公与时贤共看，咸嗟叹之。时王珣在坐云："恨少一句，得'写'字足韵，当佳。"袁即于坐揽笔益云："感不绝于余心，泝流风而独写。"公谓王曰："当今不得不以此事推袁。"

孙兴公道："曹辅佐才如白地明光锦，裁为负版裤，非无文采，酷无裁制。"

或问顾长康："君筝赋何如嵇康琴赋？"顾曰："不赏者，作后出相遗。深识者，亦以高奇见贵。"

羊孚作雪赞云："资清以化，乘气以霏。遇象能鲜，即洁成辉。"桓胤遂以书扇。

王孝伯在京行散，至其弟王睹户前，问："古诗中何句为最？"睹思未答。孝伯咏"'所遇无故物,焉得不速老?'此句为佳"。

（南朝宋）刘义庆《世说新语》，朱碧莲、沈海波译注，中华书局2011年版

方正

齐王冏为大司马辅政，嵇绍为侍中，诣冏咨事。冏设宰会，召葛旟董艾等共论时宜。旟等白冏："嵇侍中善于丝竹，公可令操之。"遂送乐器。绍推却不受。冏曰："今日共为欢，卿何却邪？"绍曰："公协辅皇室，令作事可法。绍虽官卑，职备常伯。操丝比竹，盖乐官之事，不可以先王法服，为吴人之业。今逼高命，不敢苟辞，当释冠冕，袭私服，此绍之心也。"旟等不自得而退。

孙兴公作庾公诔，文多托寄之辞。既成，示庾道恩。庾见，慨然送还之，曰："先君与君，自不至于此。"

（南朝宋）刘义庆《世说新语》，朱碧莲、沈海波译注，中华书局2011年版

雅量

嵇中散临刑东市，神气不变。索琴弹之，奏广陵散。曲终曰："袁孝尼尝请学此散，吾靳固不与，广陵散于今绝矣！"太学生三千人上书，请以为师，不许。文王亦寻悔焉。

谢太傅盘桓东山时，与孙兴公诸人泛海戏。风起浪涌，孙、王诸人色并遽，便唱使还。太傅神情方王，吟啸不言。舟人以公貌闲意说，犹去不止。既风转急，浪猛，诸人皆喧动不坐。公徐云："如此，将无归！"众人即承响而回。于是审其量，足以镇安朝野。

桓公伏甲设馔，广延朝士，因此欲诛谢安、王坦之。王甚遽，问谢曰："当作何计？"谢神意不变，谓文度曰："晋阼存亡，在此一行。"相与俱前。王之恐状，转见于色。谢之宽容，愈表于貌。望阶趋席，方作洛生咏，讽"浩浩洪流"。桓惮其旷远，乃趣解兵。王、谢旧齐名，于此始判优劣。

戴公从东出，谢太傅往看之。谢本轻戴，见但与论琴书。戴既无吝色，而谈琴书愈妙。谢悠然知其量。

（南朝宋）刘义庆《世说新语》，朱碧莲、沈海波译注，中华书局2011年版

识鉴

戴安道年十余岁，在瓦官寺画。王长史见之曰："此童非徒能画，亦终当致名。恨吾老，不见其盛时耳！"

谢公在东山畜妓，简文曰："安石必出。既与人同乐，亦不得不与人同忧。"

（南朝宋）刘义庆《世说新语》，朱碧莲、沈海波译注，中华书局2011年版

赏誉

有问秀才："吴旧姓何如？"答曰："吴府君圣王之老成，明时之俊义。朱永长理物之至德，清选之高望。严仲弼九皋之鸣鹤，空谷之白驹。顾彦先八音之琴瑟，五色之龙章。张威伯岁寒之茂松，幽夜之逸光。陆士衡、士龙鸿鹄之裴回，悬鼓之待槌。凡此诸君：以洪笔为鉏耒，以纸札为良田。以玄默为稼穑，以义理为丰年。以谈论为英华，以忠恕为珍宝。著文章为锦绣，蕴五经为缯帛。坐谦虚为席荐，张义让为帷幕。行仁义为室宇，修道德为广宅。"

太傅东海王镇许昌，以王安期为记室参军，雅相知重。敕世子毗曰："夫学之所益者浅，体之所安者深。闲习礼度，不如式瞻仪形。讽味遗言，不如亲承音旨。王参军人伦之表，汝其师之！"或曰："王、赵、邓三参军，人伦之表，汝其师之！"谓安期、邓伯道、赵穆也。袁宏作名士传直云王参军。或云赵家先犹有此本。

有人目杜弘治："标鲜清令，盛德之风，可乐咏也。"

许玄度言："琴赋所谓'非至精者，不能与之析理'。刘尹其人，'非渊静者，不能与之闲止'，简文其人。"

许掾尝诣简文，尔夜风恬月朗，乃共作曲室中语。襟怀之咏，偏是许之所长。辞寄清婉，有逾平日。简文虽契素，此遇尤相咨嗟。不觉造膝，共叉手语，达于将旦。既而曰："玄度才情，故未易多有许。"

（南朝宋）刘义庆《世说新语》，朱碧莲、沈海波译注，中华书局2011年版

品藻

刘尹、王长史同坐，长史酒酣起舞。刘尹曰："阿奴今日不复减向

子期。"

刘尹至王长史许清言，时苟子年十三，倚床边听。既去，问父曰："刘尹语何如尊？"长史曰："韶音令辞，不如我；往辄破的，胜我。"

支道林问孙兴公："君何如许掾？"孙曰："高情远致，弟子蚤已服膺；一吟一咏，许将北面。"

谢公问王子敬："君书何如君家尊？"答曰："固当不同。"公曰："外人论殊不尔。"王曰："外人那得知？"

王子猷、子敬兄弟共赏高士传人及赞。子敬赏井丹高洁，子猷云："未若长卿慢世。"

（南朝宋）刘义庆《世说新语》，朱碧莲、沈海波译注，中华书局2011年版

豪爽

王大将军年少时，旧有田舍名，语音亦楚。武帝唤时贤共言伎蓺事。人皆多有所知，唯王都无所关，意色殊恶，自言知打鼓吹。帝令取鼓与之，于坐振袖而起，扬槌奋击，音节谐捷，神气豪上，傍若无人。举坐叹其雄爽。

王处仲每酒后辄咏"老骥伏枥，志在千里。烈士暮年，壮心不已"。以如意打唾壶，壶口尽缺。

王司州在谢公坐，咏"入不言兮出不辞，乘回风兮载云旗"。语人云："当尔时，觉一坐无人。"

桓玄西下，入石头。外白："司马梁王奔叛。"玄时事形已济，在平乘上笳鼓并作，直高咏云："箫管有遗音，梁王安在哉？"

（南朝宋）刘义庆《世说新语》，朱碧莲、沈海波译注，中华书局2011年版

容止

庾太尉在武昌，秋夜气佳景清，使吏殷浩、王胡之之徒登南楼理咏。音调始遒，闻函道中有屐声甚厉，定是庾公。俄而率左右十许人步来，诸贤欲起避之。公徐云："诸君少住，老子于此处兴复不浅！"因便据胡床，与诸人咏谑，竟坐甚得任乐。后王逸少下，与丞相言及此事。丞相曰："元规尔时风范，不得不小颓。"右军答曰："唯丘壑独存。"

或以方谢仁祖不乃重者。桓大司马曰："诸君莫轻道，仁祖企脚北窗下弹琵琶，故自有天际真人想。"

谢车骑道谢公："游肆复无乃高唱，但恭坐捻鼻顾睐，便自有寝处山泽闲仪。"

（南朝宋）刘义庆《世说新语》，朱碧莲、沈海波译注，中华书局2011年版

伤逝

顾彦先平生好琴，及丧，家人常以琴置灵床上。张季鹰往哭之，不胜其恸，遂径上床，鼓琴，作数曲竟，抚琴曰："顾彦先颇复赏此不？"因又大恸，遂不执孝子手而出。

支道林丧法虔之后，精神陨丧，风味转坠。常谓人曰："昔匠石废斤于郢人，牙生辍弦于钟子，推己外求，良不虚也！冥契既逝，发言莫赏，中心蕴结，余其亡矣！"却后一年，支遂殒。

王子猷、子敬俱病笃，而子敬先亡。子猷问左右："何以都不闻消息？此已丧矣！"语时了不悲。便索舆来奔丧，都不哭。子敬素好琴，便径入坐灵床上，取子敬琴弹，弦既不调，掷地云："子敬！子敬！人琴俱亡。"因恸绝良久，月余亦卒。

孝武山陵夕，王孝伯入临，告其诸弟曰："虽榱桷惟新，便自有《黍离》之哀！"

（南朝宋）刘义庆《世说新语》，朱碧莲、沈海波译注，中华书局2011年版

贤媛

谢公夫人帏诸婢，使在前作伎，使太傅暂见，便下帏。太傅索更开，夫人云："恐伤盛德。"

（南朝宋）刘义庆《世说新语》，朱碧莲、沈海波译注，中华书局2011年版

术解

荀勖善解音声，时论谓之闇解。遂调律吕，正雅乐。每至正会，殿庭作乐，自调宫商，无不谐韵。阮咸妙赏，时谓神解。每公会作乐，而心谓

之不调。既无一言直勋，意忌之，遂出阮为始平太守。后有一田父耕于野，得周时玉尺，便是天下正尺。荀试以校己所治钟鼓、金石、丝竹，皆觉短一黍，于是伏阮神识。

（南朝宋）刘义庆《世说新语》，朱碧莲、沈海波译注，中华书局2011年版

巧艺

陵云台楼观精巧，先称平众木轻重，然后造构，乃无锱铢相负揭。台虽高峻，常随风摇动，而终无倾倒之理。魏明帝登台，惧其势危，别以大材扶持之，楼即颓坏。论者谓轻重力偏故也。

钟会是荀济北从舅，二人情好不协。荀有宝剑，可直百万，常在母钟夫人许。会善书，学荀手迹，作书与母取剑，仍窃去不还。荀勖知是钟而无由得也，思所以报之。后钟兄弟以千万起一宅，始成，甚精丽，未得移住。荀极善画，乃潜往画钟门堂，作太傅形象，衣冠状貌如平生。二钟入门，便大感恸，宅遂空废。

戴安道就范宣学，视范所为：范读书亦读书，范钞书亦钞书。唯独好画，范以为无用，不宜劳思于此。戴乃画南都赋图；范看毕咨嗟，甚以为有益，始重画。

谢太傅云："顾长康画，有苍生来所无。"

戴安道中年画行像甚精妙。庾道季看之，语戴云："神明太俗，由卿世情未尽。"戴云："唯务光当免卿此语耳。"

顾长康画裴叔则，颊上益三毛。人问其故？顾曰："裴楷俊朗有识具，正此是其识具。"看画者寻之，定觉益三毛如有神明，殊胜未安时。

顾长康好写起人形。欲图殷荆州，殷曰："我形恶，不烦耳。"顾曰："明府正为眼尔。但明点童子，飞白拂其上，使如轻云之蔽日。"

顾长康画谢幼舆在岩石妙。人问其所以？顾曰："谢云：'一丘一壑，自谓过之。'此子宜置丘壑中。"

顾长康画人，或数年不点目精。人问其故？顾曰："四体妍蚩，本无关于妙处；传神写照，正在阿堵中。"

顾长康道画："手挥五弦易，目送归鸿难。"

（南朝宋）刘义庆《世说新语》，朱碧莲、沈海波译注，中华书局2011年版

任诞

山季伦为荆州,时出酣畅。人为之歌曰:"山公时一醉,径造高阳池。日莫倒载归,茗艼无所知。复能乘骏马,倒箸白接篱。举手问葛强,何如并州儿?"高阳池在襄阳。强是其爱将,并州人也。

贺司空入洛赴命,为太孙舍人。经吴阊门,在船中弹琴。张季鹰本不相识,先在金阊亭,闻弦甚清,下船就贺,因共语。便大相知说。问贺:"卿欲何之?"贺曰:"入洛赴命,正尔进路。"张曰:"吾亦有事北京。"因路寄载,便与贺同发。初不告家,家追问迺知。

王长史、谢仁祖同为王公掾。长史云:"谢掾能作异舞。"谢便起舞,神意甚暇。王公熟视,谓客曰:"使人思安丰。"

桓子野每闻清歌,辄唤"奈何!"谢公闻之曰:"子野可谓一往有深情。"

张湛好于斋前种松柏。时袁山松出游,每好令左右作挽歌。时人谓"张屋下陈尸,袁道上行殡"。

张骥酒后挽歌甚凄苦,桓车骑曰:"卿非田横门人,何乃顿尔至致?"

王子猷居山阴,夜大雪,眠觉,开室,命酌酒。四望皎然,因起仿偟,咏左思《招隐诗》。忽忆戴安道,时戴在剡,即便夜乘小船就之。经宿方至,造门不前而返。人问其故,王曰:"吾本乘兴而行,兴尽而返,何必见戴?"

王子猷出都,尚在渚下。旧闻桓子野善吹笛,而不相识。遇桓于岸上过,王在船中,客有识之者云:"是桓子野。"王便令人与相闻云:"闻君善吹笛,试为我一奏。"桓时已贵显,素闻王名,即便回下车,踞胡床,为作三调。弄毕,便上车去。客主不交一言。

王孝伯言:"名士不必须奇才。但使常得无事,痛饮酒,熟读《离骚》,便可称名士。"

(南朝宋)刘义庆《世说新语》,朱碧莲、沈海波译注,中华书局2011年版

排调

晋武帝问孙皓:"闻南人好作尔汝歌,颇能为不?"皓正饮酒,因举觞劝帝而言曰:"昔与汝为邻,今与汝为臣。上汝一杯酒,令汝寿万春。"

帝悔之。

干宝向刘真长叙其搜神记，刘曰："卿可谓鬼之董狐。"

郝隆为桓公南蛮参军。三月三日会，作诗。不能者，罚酒三升。隆初以不能受罚，既饮，揽笔便作一句云："娵隅跃清池。"桓问："娵隅是何物？"答曰："蛮名鱼为娵隅。"桓公曰："作诗何以作蛮语？"隆曰："千里投公，始得蛮府参军，那得不作蛮语也？"

袁羊尝诣刘恢，恢在内眠未起。袁因作诗调之曰："角枕粲文茵，锦衾烂长筵。"刘尚晋明帝女，主见诗，不平曰："袁羊，古之遗狂！"

殷洪远答孙兴公诗云："聊复放一曲。"刘真长笑其语拙，问曰："君欲云那放？"殷曰："檎腊亦放，何必其枪铃邪？"

郗司空拜北府，王黄门诣郗门拜，云："应变将略，非其所长。"骤咏之不已。郗仓谓嘉宾曰："公今日拜，子猷言语殊不逊，深不可容！"嘉宾曰："此是陈寿作诸葛评。人以汝家比武侯，复何所言？"

王子猷诣谢公，谢曰："云何七言诗？"子猷承问，答曰："昂昂若千里之驹，泛泛若水中之凫。"

范荣期见郗超俗情不淡，戏之曰："夷、齐、巢、许，一诣垂名。何必劳神苦形，支策据梧邪？"郗未答。韩康伯曰："何不使游刃皆虚？"

（南朝宋）刘义庆《世说新语》，朱碧莲、沈海波译注，中华书局2011年版

轻诋

庾元规语周伯仁："诸人皆以君方乐。"周曰："何乐？谓乐毅邪？"庾曰："不尔。乐令耳！"周曰："何乃刻画无盐，以唐突西子也。"

孙绰作《列仙·商丘子赞》曰："所牧何物？殆非真猪。傥遇风云，为我龙摅。"时人多以为能。王蓝田语人云："近见孙家儿作文，道何物、真猪也。"

蔡伯喈睹睐笛椽，孙兴公听妓，振且摆折。王右军闻，大嗔曰："三祖寿乐器，虺瓦吊，孙家儿打折。"

（南朝宋）刘义庆《世说新语》，朱碧莲、沈海波译注，中华书局2011年版

谗险

袁悦有口才，能短长说，亦有精理。始作谢玄参军，颇被礼遇。后丁

艰，服除还都，唯赍战国策而已。语人曰："少年时读论语、老子，又看庄、易，此皆是病痛事，当何所益邪？天下要物，正有战国策。"既下，说司马孝文王，大见亲待，几乱机轴。俄而见诛。

（南朝宋）刘义庆《世说新语》，朱碧莲、沈海波译注，中华书局2011年版

王僧虔

王僧虔（426—485），琅琊临沂（今山东临沂）人。南朝宋齐时期大臣、书法家，出身"琅琊王氏"，东晋丞相王导玄孙。擅书法，喜文史，善音律，工真书、行书。书法承袭祖风，丰厚淳朴而有骨力，著有《论书》等。

笔意赞

书之妙道，神采为上，形质次之，兼之者方可绍于古人。以斯言之，岂易多得？必使心忘于笔，手忘于书，心手达情，书不忘想，是谓求之不得，考之即彰。乃为《笔意赞》曰：

剡纸易墨，心圆管直。浆深色浓，万毫齐力。先临《告誓》，次写《黄庭》。骨丰肉润，入妙通灵。努如植槊，勒若横钉。开张凤翼，耸擢芝英。粗不为重，细不为轻。纤微向背，毫发死生。工之尽矣，可擅时名。

（南朝宋齐）王僧虔《笔意赞》，《历代书法论文选》，上海书画出版社2014年版

书赋

情凭虚而测有，思沿想而图空。心经于则，目像其容。手以心麾，毫以手从。风摇挺气，妍靡深功。尔其隶明敏婉，蠖绚茜趍。将摛文匪缛，托韵笙簧。仪春等爱，丽景依光。沉若云郁，轻若蝉扬。稠必昂萃，约实箕张。垂端整曲，裁邪制方。或具美于片巧，或双兢于两伤。形绵靡而多态，气陵厉其如芒。故其委貌也必妍，献体也贵壮。迹乘规而骋势，志循检而怀放。

（南朝宋齐）王僧虔《书赋》，《历代书法论文选续编》，上海书画出版社2015年版

论书

宋文帝书，自谓不减王子敬。时议者云："天然胜羊欣，功夫不及欣。"

书《旧品》云："有四疋素，自朝操笔，至暮便竟，首尾如一，又无误字。子敬戏云：'弟书如骑骡，骎骎恒欲度骅骝前。'"

张芝、索靖、韦诞、钟会、二卫并得名前代，古今既异，无以辨其优劣，惟见笔力惊绝耳。

张澄书，当时亦呼有意。

郗超草书亚于二王，紧媚过其父，骨力不及也。

孔琳之书，天然绝逸，极有笔力。

萧思话全法羊欣，风流趣好，殆当不减，而笔力恨弱。

谢灵运书乃不伦，遇其合时，亦得入能流。

谢综书，其舅云："紧洁生起，实为得赏。"至不重羊欣，欣亦惮之。书法有力，恨少媚好。

颜腾之、贺道力并便尺牍。

孔琳之书，放纵快利，笔道流便。

谢静、谢敷并善写经，亦入能境。居钟毫之美，迈古流今，是以征南还即所得。

（南朝宋齐）王僧虔《论书》，《历代书法论文选》，上海书画出版社2014年版

谢　赫

谢赫（479—502），南朝齐梁时期画家、绘画理论家。善作风俗画、人物画。著有《古画品录》，又称《画品》，是中国绘画史上举足轻重的传世之作。该书收录了从三国吴至南朝齐代的27位画家，分为6个品级，评其优劣。提出了中国绘画上的"六法"，成为后世画家、批评家、鉴赏家所遵循的原则。

古画品录

夫画品者，盖众画之优劣也。图绘者，莫不明劝戒、著升沉，千载寂

寥，披图可鉴。

陆探微。穷理尽性，事绝言象。包前孕后，古今独立。

曹不兴。观其风骨，名岂虚成！

卫协。古画之略，至协始精。六法之中，迨为兼善。虽不说备形妙，颇得壮气。陵跨群雄，旷代绝笔。

张墨、荀勖。风范气韵，极妙参神。若取之外，方厌高腴，可谓微妙也。

顾骏之。神韵气力，不逮前贤；精微谨细，有过往哲。

陆绥。体韵遒举，风彩飘然。一点一拂，动笔皆奇。

袁蒨。比方陆氏，最为高逸。

姚昙度。画有逸方，巧变锋出，魑魅神鬼，皆能绝妙。奇正咸宜，雅郑兼善，莫不俊拔出人意表，天挺生知非学所及。

顾恺之。除体精微，笔无妄下。但迹不逮意，声过其实。

毛惠远。出入穷奇，纵黄逸笔，力遒韵雅，超迈绝伦。其挥霍必也极妙，至于定质，块然未尽。

夏瞻。虽气力不足，而精彩有余。

戴逵。情韵连绵，风趣巧拔。善图贤圣，百工所范。

吴暕。体法雅媚，制置才巧。

张则。意思横逸，动笔新奇。

陆杲。体制不凡，跨迈流欲。时有合作，往往出人点画之间。动流恢服，传于后者，殆不盈握。桂枝一芳，足征本性。流液之素，难效其功。

蘧道愍、章继伯。别体之妙，亦为入神。

刘顼。用意绵密，画体简细，而笔迹困弱。形制单省。

晋明帝。虽略于形色，颇得神气。笔迹超越，亦有奇观。

刘绍祖。善于传写，不闲其思。至于雀鼠笔迹，历落往往出群。时人为之语，号曰移画，然述而不作，非画所先。

宋炳。迹非准的，意足师放。

丁光。非不精谨，乏于生气。

（南朝齐梁）谢赫《古画品录》，陈传席《六朝画论研究》，中国青年出版社2014年版

刘 勰

刘勰（约465—532），字彦和，东莞莒县（今山东日照莒县东莞沈庄）人。南朝梁时期大臣，文学理论家、文学批评家，撰有《文心雕龙》。《文心雕龙》是中国文学理论批评史上第一部有严密体系的文学理论专著，与刘知几《史通》、章学诚《文史通义》，并称"文史批评三大名著"，奠定了在中国文学批评史上的地位。

圣因文而明道

文之为德也大矣，与天地并生者何哉？夫玄黄色杂，方圆体分，日月叠璧，以垂丽天之象；山川焕绮，以铺理地之形：此盖道之文也。

为五行之秀，实天地之心，心生而言立，言立而文明，自然之道也。

傍及万品，动植皆文。

人文之元，肇自太极，幽赞神明，《易》象惟先。

言之文也，天地之心哉！

自鸟迹代绳，文字始炳，炎皞遗事，纪在《三坟》，而年世渺邈，声采靡追。唐虞文章，则焕乎始盛。元首载歌，既发吟咏之志；益稷陈谟，亦垂敷奏之风。夏后氏兴，业峻鸿绩，九序惟歌，勋德弥缛。逮及商周，文胜其质，《雅》《颂》所被，英华日新。

爰自风姓，暨于孔氏，玄圣创典，素王述训，莫不原道心以敷章，研神理而设教，取象乎《河》《洛》，问数乎蓍龟，观天文以极变，察人文以成化；然后能经纬区宇，弥纶彝宪，发挥事业，彪炳辞义。故知道沿圣以垂文，圣因文而明道，旁通而无滞，日用而不匮。《易》曰："鼓天下之动者存乎辞。"辞之所以能鼓天下者，乃道之文也。

道心惟微，神理设教。光采元圣，炳耀仁孝。

龙图献体，龟书呈貌。天文斯观，民胥以效。

（南朝梁）刘勰《文心雕龙》，王志彬译注，中华书局2012年版

论文必征于圣

夫作者曰圣，述者曰明。陶铸性情，功在上哲。夫子文章，可得而

闻，则圣人之情，见乎文辞矣。先王圣化，布在方册，夫子风采，溢于格言。是以远称唐世，则焕乎为盛；近褒周代，则郁哉可从：此政化贵文之征也。郑伯入陈，以文辞为功；宋置折俎，以多文举礼：此事迹贵文之征也。褒美子产，则云"言以足志，文以足言"；泛论君子，则云"情欲信，辞欲巧"：此修身贵文之征也。然则志足而言文，情信而辞巧，乃含章之玉牒，秉文之金科矣。

夫鉴周日月，妙极机神；文成规矩，思合符契。或简言以达旨，或博文以该情，或明理以立体，或隐义以藏用。故《春秋》一字以褒贬，《丧服》举轻以包重，此简言以达旨也。《邠诗》联章以积句，《儒行》缛说以繁辞，此博文以该情也。书契决断以象夬，文章昭晰以象离，此明理以立体也。四象精义以曲隐，五例微辞以婉晦，此隐义以藏用也。故知繁略殊形，隐显异术，抑引随时，变通适会，征之周孔，则文有师矣。

是以论文必征于圣，窥圣必宗于经。《易》称"辨物正言，断辞则备"，《书》云"辞尚体要，弗惟好异"。

然则圣文之雅丽，固衔华而佩实者也。天道难闻，犹或钻仰；文章可见，胡宁勿思？若征圣立言，则文其庶矣。

妙极生知，睿哲惟宰。精理为文，秀气成采。

鉴悬日月，辞富山海。百龄影徂，千载心在。

（南朝梁）刘勰《文心雕龙》，王志彬译注，中华书局2012年版

文能宗经

三极彝训，其书曰经。经也者，恒久之至道，不刊之鸿教也。故象天地，效鬼神，参物序，制人纪，洞性灵之奥区，极文章之骨髓者也。

于是《易》张《十翼》，《书》标七观，《诗》列四始，《礼》正五经，《春秋》五例。义既埏乎性情，辞亦匠于文理，故能开学养正，昭明有融。然而道心惟微，圣谟卓绝，墙宇重峻，而吐纳自深。譬万钧之洪钟，无铮铮之细响矣。

夫《易》惟谈天，入神致用。故《系》称旨远辞文，言中事隐。韦编三绝，固哲人之骊渊也。《书》实记言，而训诂茫昧，通乎尔雅，则文意晓然。故子夏叹《书》"昭昭若日月之明，离离如星辰之行"，言照灼也。《诗》主言志，诂训同《书》，摛风裁兴，藻辞谲喻，温柔在诵，故最附深衷矣。《礼》以立体，据事制范，章条纤曲，执而后显，采摭片

言，莫非宝也。《春秋》辨理，一字见义，五石六鹢，以详备成文；雉门两观，以先后显旨；其婉章志晦，谅以邃矣。《尚书》则览文如诡，而寻理即畅；《春秋》则观辞立晓，而访义方隐。此圣文之殊致，表里之异体者也。

若禀经以制式，酌雅以富言，是即山而铸铜，煮海而为盐也。故文能宗经，体有六义：一则情深而不诡，二则风清而不杂，三则事信而不诞，四则义贞而不回，五则体约而不芜，六则文丽而不淫。扬子比雕玉以作器，谓五经之含文也。夫文以行立，行以文传，四教所先，符采相济。励德树声，莫不师圣，而建言修辞，鲜克宗经。是以楚艳汉侈，流弊不还，正末归本，不其懿欤！

三极彝训，道深稽古。致化惟一，分教斯五。
性灵熔匠，文章奥府。渊哉铄乎，群言之祖。
（南朝梁）刘勰《文心雕龙》，王志彬译注，中华书局2012年版

正纬

夫六经彪炳，而纬候稠叠；《孝》《论》昭晰，而《钩》《谶》葳蕤。

经显，圣训也；纬隐，神教也。圣训宜广，神教宜约，而今纬多于经，神理更繁，其伪二矣。

若乃羲农轩皞之源，山渎钟律之要，白鱼赤乌之符，黄金紫玉之瑞，事丰奇伟，辞富膏腴，无益经典而有助文章。是以后来辞人，采摭英华。平子恐其迷学，奏令禁绝；仲豫惜其杂真，未许煨燔。前代配经，故详论焉。

神宝藏用，理隐文贵。
（南朝梁）刘勰《文心雕龙》，王志彬译注，中华书局2012年版

辨骚

自《风》《雅》寝声，莫或抽绪，奇文郁起，其《离骚》哉！

昔汉武爱《骚》，而淮南作《传》，以为："《国风》好色而不淫，《小雅》怨诽而不乱，若《离骚》者，可谓兼之。"

班固以为："露才扬己，忿怼沉江。羿浇二姚，与左氏不合；昆仑悬圃，非《经》义所载。然其文辞丽雅，为词赋之宗，虽非明哲，可谓妙才。"王逸以为："诗人提耳，屈原婉顺。《离骚》之文，依《经》立义。

驷虬乘鹥，则时乘六龙；昆仑流沙，则《禹贡》敷土。名儒辞赋，莫不拟其仪表，所谓'金相玉质，百世无匹'者也。"及汉宣嗟叹，以为"皆合经术"。扬雄讽味，亦言"体同诗雅"。

将核其论，必征言焉。故其陈尧舜之耿介，称禹汤之祗敬，典诰之体也；讥桀纣之猖披，伤羿浇之颠陨，规讽之旨也；虬龙以喻君子，云蜺以譬谗邪，比兴之义也；每一顾而掩涕，叹君门之九重，忠恕之辞也：观兹四事，同于《风》《雅》者也。

观其骨鲠所树，肌肤所附，虽取熔《经》旨，亦自铸伟辞。故《骚经》《九章》，朗丽以哀志；《九歌》《九辩》，绮靡以伤情；《远游》《天问》，瑰诡而慧巧，《招魂》《大招》，耀艳而采深华；《卜居》标放言之致，《渔父》寄独往之才。故能气往轹古，辞来切今，惊采绝艳，难与并能矣。

故其叙情怨，则郁伊而易感；述离居，则怆怏而难怀；论山水，则循声而得貌；言节侯，则披文而见时。

故才高者菀其鸿裁，中巧者猎其艳辞，吟讽者衔其山川，童蒙者拾其香草。若能凭轼以倚《雅》《颂》，悬辔以驭楚篇，酌奇而不失其贞，玩华而不坠其实，则顾盼可以驱辞力，欬唾可以穷文致，亦不复乞灵于长卿，假宠于子渊矣。

不有屈原，岂见离骚。惊才风逸，壮志烟高。

山川无极，情理实劳，金相玉式，艳溢锱毫。

(南朝梁) 刘勰《文心雕龙》，王志彬译注，中华书局 2012 年版

明诗

大舜云："诗言志，歌永言。"圣谟所析，义已明矣。是以"在心为志，发言为诗"，舒文载实，其在兹乎！诗者，持也，持人情性；三百之蔽，义归"无邪"，持之为训，有符焉尔。

人禀七情，应物斯感，感物吟志，莫非自然。昔葛天乐辞，《玄鸟》在曲；黄帝《云门》，理不空弦。至尧有《大唐》之歌，舜造《南风》之诗，观其二文，辞达而已。及大禹成功，九序惟歌；太康败德，五子咸怨：顺美匡恶，其来久矣。自商暨周，《雅》《颂》圆备，四始彪炳，六义环深。子夏监绚素之章，子贡悟琢磨之句，故商赐二子，可与言诗。自王泽殄竭，风人辍采，春秋观志，讽诵旧章，酬酢以为宾荣，吐纳而成身

文。逮楚国讽怨，则《离骚》为刺。秦皇灭典，亦造《仙诗》。

汉初四言，韦孟首唱，匡谏之义，继轨周人。

比采而推，两汉之作也。观其结体散文，直而不野，婉转附物，怊怅切情，实五言之冠冕也。至于张衡《怨篇》，清典可味；《仙诗缓歌》，雅有新声。

及正始明道，诗杂仙心；何晏之徒，率多浮浅。唯嵇志清峻，阮旨遥深，故能标焉。若乃应璩《百一》，独立不惧，辞谲义贞，亦魏之遗直也。

或析文以为妙，或流靡以自妍，此其大略也。江左篇制，溺乎玄风，嗤笑徇务之志，崇盛忘机之谈，袁孙已下，虽各有雕采，而辞趣一揆，莫与争雄，所以景纯《仙篇》，挺拔而为隽矣。宋初文咏，体有因革。庄老告退，而山水方滋；俪采百字之偶，争价一句之奇，情必极貌以写物，辞必穷力而追新，此近世之所竞也。

故铺观列代，而情变之数可监；撮举同异，而纲领之要可明矣。若夫四言正体，则雅润为本；五言流调，则清丽居宗，华实异用，惟才所安。

然诗有恒裁，思无定位，随性适分，鲜能通圆。

民生而志，咏歌所含。兴发皇世，风流《二南》。

神理共契，政序相参。英华弥缛，万代永耽。

（南朝梁）刘勰《文心雕龙》，王志彬译注，中华书局2012年版

乐府

乐府者，声依永，律和声也。

匹夫庶妇，讴吟土风，诗官采言，乐胥被律，志感丝篁，气变金石：是以师旷觇风于盛衰，季札鉴微于兴废，精之至也。

夫乐本心术，故响浃肌髓，先王慎焉，务塞淫滥。敷训胄子，必歌九德，故能情感七始，化动八风。自雅声浸微，溺音腾沸，秦燔《乐经》，汉初绍复，制氏纪其铿锵，叔孙定其容典，于是《武德》兴乎高祖，《四时》广于孝文，虽摹《韶》《夏》，而颇袭秦旧，中和之响，阒其不还。暨武帝崇礼，始立乐府，总赵代之音，撮齐楚之气，延年以曼声协律，朱马以骚体制歌，《桂华》杂曲，丽而不经，《赤雁》群篇，靡而非典，河间荐雅而罕御，故汲黯致讥于《天马》也。至宣帝雅颂，诗效《鹿鸣》，迄及元成，稍广淫乐，正音乖俗，其难也如此。暨后汉郊庙，惟杂雅章，

辞虽典文，而律非夔旷。

至于魏之三祖，气爽才丽，宰割辞调，音靡节平。观其北上众引，《秋风》列篇，或述酣宴，或伤羁戍，志不出于杂荡，辞不离于哀思。虽三调之正声，实《韶》《夏》之郑曲也。逮于晋世，则傅玄晓音，创定雅歌，以咏祖宗；张华新篇，亦充庭万。然杜夔调律，音奏舒雅，荀勖改悬，声节哀急，故阮咸讥其离声，后人验其铜尺。和乐之精妙，固表里而相资矣。

故知诗为乐心，声为乐体；乐体在声，瞽师务调其器；乐心在诗，君子宜正其文。"好乐无荒"，晋风所以称远；"伊其相谑"，郑国所以云亡。故知季札观乐，不直听声而已。

若夫艳歌婉娈，怨诗诀绝，淫辞在曲，正响焉生？然俗听飞驰，职竞新异，雅咏温恭，必欠伸鱼睨；奇辞切至，则拊髀雀跃；诗声俱郑，自此阶矣！凡乐辞曰诗，诗声曰歌，声来被辞，辞繁难节。故陈思称"左延年闲于增损古辞，多者则宜减之"，明贵约也。观高祖之咏《大风》，孝武之叹《来迟》，歌童被声，莫敢不协。

昔子政品文，诗与歌别，故略具乐篇，以标区界。

八音攡文，树辞为体。讴吟坰野，金石云陛。

《韶》响难追，郑声易启。岂惟观乐，于焉识礼。

（南朝梁）刘勰《文心雕龙》，王志彬译注，中华书局2012年版

诠赋

《诗》有六义，其二曰赋。赋者，铺也，铺采摛文，体物写志也。昔邵公称："公卿献诗，师箴瞍赋。"传云："登高能赋，可为大夫。"诗序则同义，传说则异体。总其归途，实相枝干。故刘向明"不歌而颂"，班固称"古诗之流也"。

于是荀况《礼》《智》，宋玉《风》《钓》，爰锡名号，与诗画境，六义附庸，蔚成大国。遂述客主以首引，极声貌以穷文。斯盖别诗之原始，命赋之厥初也。

夫京殿苑猎，述行序志，并体国经野，义尚光大。既履端于倡序，亦归馀于总乱。序以建言，首引情本，乱以理篇，写送文势。按《那》之卒章，闵马称乱，故知殷人辑颂，楚人理赋，斯并鸿裁之寰域，雅文之枢辖也。至于草区禽族，庶品杂类，则触兴致情，因变取会，拟诸形容，则

言务纤密；象其物宜，则理贵侧附；斯又小制之区畛，奇巧之机要也。

观夫荀结隐语，事数自环，宋发夸谈，实始淫丽。枚乘《菟园》，举要以会新；相如《上林》，繁类以成艳；贾谊《鵩鸟》，致辨于情理；子渊《洞箫》，穷变于声貌；孟坚《两都》，明绚以雅赡；张衡《二京》，迅发以宏富；子云《甘泉》，构深玮之风；延寿《灵光》，含飞动之势：凡此十家，并辞赋之英杰也。及仲宣靡密，发篇必遒；伟长博通，时逢壮采；太冲安仁，策勋于鸿规；士衡子安，底绩于流制，景纯绮巧，缛理有馀；彦伯梗概，情韵不匮：亦魏、晋之赋首也。

原夫登高之旨，盖睹物兴情。情以物兴，故义必明雅；物以情观，故词必巧丽。丽词雅义，符采相胜，如组织之品朱紫，画绘之著玄黄。文虽新而有质，色虽糅而有本，此立赋之大体也。然逐末之俦，蔑弃其本，虽读千赋，愈惑体要。遂使繁华损枝，膏腴害骨，无贵风轨，莫益劝戒，此扬子所以追悔于雕虫，贻诮于雾縠者也。

赋自诗出，分歧异派。写物图貌，蔚似雕画。

抑滞必扬，言旷无隘。风归丽则，辞翦荑稗。

（南朝梁）刘勰《文心雕龙》，王志彬译注，中华书局2012年版

颂赞

四始之至，颂居其极。颂者，容也，所以美盛德而述形容也。昔帝喾之世，咸墨为颂，以歌《九韶》。自商以下，文理允备。夫化偃一国谓之风，风正四方谓之雅，容告神明谓之颂。风雅序人，事兼变正；颂主告神，义必纯美。鲁国以公旦次编，商人以前王追录，斯乃宗庙之正歌，非宴飨之常咏也。

夫民各有心，勿壅惟口。晋舆之称原田，鲁民之刺裘鞸，直言不咏，短辞以讽，丘明子顺，并谓为诵，斯则野诵之变体，浸被乎人事矣。及三闾《橘颂》，情采芬芳，比类寓意，乃覃及细物矣。至于秦政刻文，爰颂其德。汉之惠景，亦有述容。沿世并作，相继于时矣。若夫子云之表充国，孟坚之序戴侯，武仲之美显宗，史岑之述熹后，或拟《清庙》，或范《駉》《那》，虽浅深不同，详略各异，其褒德显容，典章一也。

至于班傅之《北征》《西征》，变为序引，岂不褒过而谬体哉！马融之《广成》《上林》，雅而似赋，何弄文而失质乎！又崔瑗《文学》，蔡邕《樊渠》，并致美于序，而简约乎篇。挚虞品藻，颇为精核。至云杂以

风雅，而不变旨趣，徒张虚论，有似黄白之伪说矣。及魏晋杂颂，鲜有出辙。陈思所缀，以《皇子》为标；陆机积篇，惟《功臣》最显。其褒贬杂居，固末代之讹体也。

原夫颂惟典懿，辞必清铄，敷写似赋，而不入华侈之区；敬慎如铭，而异乎规戒之域；揄扬以发藻，汪洋以树义，虽纤巧曲致，与情而变，其大体所底，如斯而已。

赞者，明也，助也。昔虞舜之祀，乐正重赞，盖唱发之辞也。及益赞于禹，伊陟赞于巫咸，并扬言以明事，嗟叹以助辞也。故汉置鸿胪，以唱言为赞，即古之遗语也。至相如属笔，始赞荆轲。及迁《史》固《书》，托赞褒贬，约文以总录，颂体以论辞；又纪传后评，亦同其名。而仲治《流别》，谬称为述，失之远矣。及景纯注《雅》，动植必赞，义兼美恶，亦犹颂之变耳。

然本其为义，事在奖叹，所以古来篇体，促而不广，必结言于四字之句，盘桓乎数韵之词。约举以尽情，昭灼以送文，此其体也。

容体底颂，勋业垂赞。镂影攡声，文理有烂。

年积愈远，音徽如旦。降及品物，炫辞作玩。

（南朝梁）刘勰《文心雕龙》，王志彬译注，中华书局2012年版

祝盟

自春秋以下，黩祀谄祭，祝币史辞，靡神不至。至于张老贺室，致祷于歌哭之美。蒯聩临战，获祐于筋骨之请：虽造次颠沛，必于祝矣。若夫《楚辞·招魂》，可谓祝辞之组丽者也。汉之群祀，肃其百礼，既总硕儒之义，亦参方士之术。所以秘祝移过，异于成汤之心，侲子驱疫，同乎越巫之祝：礼失之渐也。

唯陈思《诘咎》，裁以正义矣。

若乃礼之祭祝，事止告飨；而中代祭文，兼赞言行。祭而兼赞，盖引伸而作也。又汉代山陵，哀策流文；周丧盛姬，内史执策。然则策本书赠，因哀而为文也。是以义同于诔，而文实告神，诔首而哀末，颂体而视仪，太祝所读，固祝之文者也。凡群言发华，而降神务实，修辞立诚，在于无愧。

夫盟之大体，必序危机，奖忠孝，共存亡，戮心力，祈幽灵以取鉴，指九天以为正，感激以立诚，切至以敷辞，此其所同也。

悫祀钦明，祝史惟谈。立诚在肃，修辞必甘。

季代弥饰，绚言朱蓝，神之来格，所贵无惭。

（南朝梁）刘勰《文心雕龙》，王志彬译注，中华书局 2012 年版

铭箴

故铭者，名也，观器必也正名，审用贵乎慎德。盖臧武仲之论铭也，曰："天子令德，诸侯计功，大夫称伐。"夏铸九牧之金鼎，周勒肃慎之楛矢，令德之事也；吕望铭功于昆吾，仲山镂绩于庸器，计功之义也；魏颗纪勋于景钟，孔悝表勤于卫鼎，称伐之类也。

至于始皇勒岳，政暴而文泽，亦有疏通之美焉。

至如敬通杂器，准矱武铭，而事非其物，繁略违中。崔骃品物，赞多戒少，李尤积篇，义俭辞碎。

魏文九宝，器利辞钝。唯张载《剑阁》，其才清采。迅足骎骎，后发前至，勒铭岷汉，得其宜矣。

箴者，针也，所以攻疾防患，喻针石也。

战代以来，弃德务功，铭辞代兴，箴文委绝。

指事配位，鞶鉴有征，信所谓追清风于前古，攀辛甲于后代者也。

至于潘勖《符节》，要而失浅；温峤《侍臣》，博而患繁；王济《国子》，文多而事寡；潘尼《乘舆》，义正而体芜：凡斯继作，鲜有克衷。至于王朗《杂箴》，乃置巾履，得其戒慎，而失其所施；观其约文举要，宪章武铭，而水火井灶，繁辞不已，志有偏也。

夫箴诵于官，铭题于器，名目虽异，而警戒实同。箴全御过，故文资确切；铭兼褒赞，故体贵弘润。其取事也必核以辨，其攡文也必简而深，此其大要也。然矢言之道盖阙，庸器之制久沦，所以箴铭寡用，罕施后代，惟秉文君子，宜酌其远大焉。

铭实器表，箴惟德轨。有佩于言，无鉴于水。

秉兹贞厉，警乎立履。义典则弘，文约为美。

（南朝梁）刘勰《文心雕龙》，王志彬译注，中华书局 2012 年版

诔碑

周世盛德，有铭诔之文。大夫之材，临丧能诔。诔者，累也，累其德行，旌之不朽也。夏商以前，其词靡闻。

观其序事如传，辞靡律调，固诔之才也。潘岳构意，专师孝山，巧于序悲，易入新切，所以隔代相望，能徽厥声者也。

文皇诔末，百言自陈，其乖甚矣！

若夫殷臣咏汤，追褒玄鸟之祚；周史歌文，上阐后稷之烈；诔述祖宗，盖诗人之则也。至于序述哀情，则触类而长。

详夫诔之为制，盖选言录行，传体而颂文，荣始而哀终。论其人也，暧乎若可觌，道其哀也，凄焉如可伤：此其旨也。

碑者，埤也。上古帝王，纪号封禅，树石埤岳，故曰碑也。周穆纪迹于弇山之石，亦古碑之意也。又宗庙有碑，树之两楹，事止丽牲，未勒勋绩。而庸器渐缺，故后代用碑，以石代金，同乎不朽，自庙徂坟，犹封墓也。自后汉以来，碑碣云起。才锋所断，莫高蔡邕。

夫属碑之体，资乎史才，其序则传，其文则铭。标序盛德，必见清风之华；昭纪鸿懿，必见峻伟之烈：此碑之制也。夫碑实铭器，铭实碑文，因器立名，事先于诔。是以勒石赞勋者，入铭之域；树碑述亡者，同诔之区焉。

写远追虚，碑诔以立。铭德纂行，光采允集。

观风似面，听辞如泣。石墨镌华，颓影岂戢。

（南朝梁）刘勰《文心雕龙》，王志彬译注，中华书局2012年版

哀吊

赋宪之谥，短折曰哀。哀者，依也。悲实依心，故曰哀也。以辞遣哀，盖下流之悼，故不在黄发，必施夭昏。

原夫哀辞大体，情主于痛伤，而辞穷乎爱惜。幼未成德，故誉止于察惠；弱不胜务，故悼加乎肤色。隐心而结文则事惬，观文而属心则体奢。奢体为辞，则虽丽不哀；必使情往会悲，文来引泣，乃其贵耳。

吊者，至也。诗云"神之吊矣"，言神至也。

凡斯之例，吊之所设也。或骄贵以殒身，或狷忿以乖道，或有志而无时，或美才而兼累，追而慰之，并名为吊。

自贾谊浮湘，发愤吊屈。体同而事核，辞清而理哀，盖首出之作也。及相如之吊二世，全为赋体；桓谭以为其言恻怆，读者叹息。

然则胡阮嘉其清，王子伤其隘，各其志也。祢衡之吊平子，缛丽而轻清；陆机之吊魏武，序巧而文繁。

夫吊虽古义，而华辞末造；华过韵缓，则化而为赋。固宜正义以绳理，昭德而塞违，剖析褒贬，哀而有正，则无夺伦矣！

辞之所哀，在彼弱弄。苗而不秀，自古斯恸。

虽有通才，迷方失控。千载可伤，寓言以送。

（南朝梁）刘勰《文心雕龙》，王志彬译注，中华书局2012年版

杂文

智术之子，博雅之人，藻溢于辞，辩盈乎气。苑囿文情，故日新殊致。

盖七窍所发，发乎嗜欲，始邪末正，所以戒膏粱之子也。

自《对问》以后，东方朔效而广之，名为《客难》，托古慰志，疏而有辨。扬雄《解嘲》，杂以谐谑，回环自释，颇亦为工。

至于陈思《客问》，辞高而理疏；庾敳《客咨》，意荣而文悴。斯类甚众，无所取才矣。原夫兹文之设，乃发愤以表志。身挫凭乎道胜，时屯寄于情泰，莫不渊岳其心，麟凤其采，此立体之大要也。

自桓麟《七说》以下，左思《七讽》以上，枝附影从，十有馀家。或文丽而义暌，或理粹而辞驳。观其大抵所归，莫不高谈宫馆，壮语畋猎。穷瑰奇之服馔，极蛊媚之声色。甘意摇骨髓，艳词洞魂识，虽始之以淫侈，而终之以居正。然讽一劝百，势不自反。子云所谓"犹骋郑卫之声，曲终而奏雅"者也。唯《七厉》叙贤，归以儒道，虽文非拔群，而意实卓尔矣。

夫文小易周，思闲可赡。足使义明而词净，事圆而音泽，磊磊自转，可称珠耳。

伟矣前修，学坚才饱。负文馀力，飞靡弄巧。

枝辞攒映，嘒若参昴。慕颦之心，于焉只搅。

（南朝梁）刘勰《文心雕龙》，王志彬译注，中华书局2012年版

谐讔

芮良夫之诗云："自有肺肠，俾民卒狂。"夫心险如山，口壅若川，怨怒之情不一，欢谑之言无方。

又蚕蟹鄙谚，貍首淫哇，苟可箴戒，载于礼典，故知谐辞讔言，亦无弃矣。

谐之言皆也，辞浅会俗，皆悦笑也。昔齐威酣乐，而淳于说甘酒；楚襄宴集，而宋玉赋好色。意在微讽，有足观者。及优旃之讽漆城，优孟之谏葬马，并谲辞饰说，抑止昏暴。是以子长编史，列传滑稽，以其辞虽倾回，意归义正也。但本体不雅，其流易弊。

谜者，隐也。遁辞以隐意，谲譬以指事也。

隐语之用，被于纪传。大者兴治济身，其次弼违晓惑。盖意生于权谲，而事出于机急，与夫谐辞，可相表里者也。汉世《隐书》，十有八篇，歆、固编文，录之赋末。

观夫古之为隐，理周要务，岂为童稚之戏谑，搏髀而忭笑哉！然文辞之有谐谜，譬九流之有小说，盖稗官所采，以广视听。若效而不已，则髡朔之入室，旃孟之石交乎？

古之嘲隐，振危释惫。虽有丝麻，无弃菅蒯。

会义适时，颇益讽诫。空戏滑稽，德音大坏。

（南朝梁）刘勰《文心雕龙》，王志彬译注，中华书局 2012 年版

史传

《曲礼》曰："史载笔。"史者，使也。执笔左右，使之记也。古者左史记事者，右史记言者。言经则《尚书》，事经则《春秋》也。

诸侯建邦，各有国史，彰善瘅恶，树之风声。

昔者夫子闵王道之缺，伤斯文之坠，静居以叹凤，临衢而泣麟，于是就太师以正《雅》《颂》，因鲁史以修《春秋》。举得失以表黜陟，征存亡以标劝戒；褒见一字，贵逾轩冕；贬在片言，诛深斧钺。然睿旨幽隐，经文婉约，丘明同时，实得微言。乃原始要终，创为传体。传者，转也；转受经旨，以授于后，实圣文之羽翮，记籍之冠冕也。

故《本纪》以述皇王，《列传》以总侯伯，《八书》以铺政体，《十表》以谱年爵，虽殊古式，而得事序焉。尔其实录无隐之旨，博雅弘辩之才，爱奇反经之尤，条例踳落之失，叔皮论之详矣。

及班固述汉，因循前业，观司马迁之辞，思实过半。其《十志》该富，赞序弘丽，儒雅彬彬，信有遗味。至于宗经矩圣之典，端绪丰赡之功，遗亲攘美之罪，征贿鬻笔之愆，公理辨之究矣。

至于晋代之书，系乎著作。陆机肇始而未备，王韶续末而不终，干宝述《纪》，以审正得序；孙盛《阳秋》，以约举为能。按《春秋经传》，

举例发凡；自《史》《汉》以下，莫有准的。

原夫载籍之作也，必贯乎百氏，被之千载，表征盛衰，殷鉴兴废，使一代之制，共日月而长存，王霸之迹，并天地而久大。

阅石室，启金匮，绌裂帛，检残竹，欲其博练于稽古也。是立义选言，宜依经以树则；劝戒与夺，必附圣以居宗。然后诠评昭整，苛滥不作矣。

传闻而欲伟其事，录远而欲详其迹。于是弃同即异，穿凿傍说，旧史所无，我书则传。此讹滥之本源，而述远之巨蠹也。

若乃尊贤隐讳，固尼父之圣旨，盖纤瑕不能玷瑾瑜也；奸慝惩戒，实良史之直笔，农夫见莠，其必锄也；若斯之科，亦万代一准焉。至于寻繁领杂之术，务信弃奇之要，明白头讫之序，品酌事例之条，晓其大纲，则众理可贯。然史之为任，乃弥纶一代，负海内之责，而赢是非之尤。秉笔荷担，莫此之劳。迁、固通矣，而历诋后世。若任情失正，文其殆哉！

史肇轩黄，体备周孔。世历斯编，善恶偕总。

腾褒裁贬，万古魂动。辞宗丘明，直归南董。

（南朝梁）刘勰《文心雕龙》，王志彬译注，中华书局2012年版

诸子

诸子者，入道见志之书。太上立德，其次立言。

篇述者，盖上古遗语，而战代所记者也。至鬻熊知道，而文王谘询，馀文遗事，录为《鬻子》。子目肇始，莫先于兹。及伯阳识礼，而仲尼访问，爰序道德，以冠百氏。然则鬻惟文友，李实孔师，圣贤并世，而经子异流矣。

逮汉成留思，子政雠校，于是《七略》芬菲，九流鳞萃。杀青所编，百有八十余家矣。

然繁辞虽积，而本体易总，述道言治，枝条五经。其纯粹者入矩，踳驳者出规。

是以世疾诸子，混洞虚诞。按《归藏》之经，大明迂怪，乃称羿毙十日，嫦娥奔月。殷《易》如兹，况诸子乎！

盖以《史记》多兵谋，而诸子杂诡术也。然洽闻之士，宜撮纲要，览华而食实，弃邪而采正，极睇参差，亦学家之壮观也。

研夫孟荀所述，理懿而辞雅；管、晏属篇，事核而言练；列御寇之

书，气伟而采奇；邹子之说，心奢而辞壮；墨翟、随巢，意显而语质；尸佼尉缭，术通而文钝；鹖冠绵绵，亟发深言；鬼谷眇眇，每环奥义；情辨以泽，文子擅其能；辞约而精，尹文得其要；慎到析密理之巧，韩非著博喻之富；吕氏鉴远而体周，淮南泛采而文丽：斯则得百氏之华采，而辞气之大略也。

若夫陆贾《新语》，贾谊《新书》，扬雄《法言》，刘向《说苑》，王符《潜夫》，崔实《政论》，仲长《昌言》，杜夷《幽求》，或叙经典，或明政术，虽标论名，归乎诸子。何者？博明万事为子，适辨一理为论，彼皆蔓延杂说，故入诸子之流。

丈夫处世，怀宝挺秀。辨雕万物，智周宇宙。

立德何隐，含道必授。条流殊述，若有区囿。

（南朝梁）刘勰《文心雕龙》，王志彬译注，中华书局2012年版

论说

圣哲彝训曰经，述经叙理曰论。论者，伦也；伦理无爽，则圣意不坠。

是以庄周《齐物》，以论为名；不韦《春秋》，六论昭列。至石渠论艺，白虎通讲，述圣通经，论家之正体也。及班彪《王命》，严尤《三将》，敷述昭情，善入史体。

详观兰石之《才性》，仲宣之《去伐》，叔夜之《辨声》，太初之《本无》，辅嗣之《两例》，平叔之二论，并师心独见，锋颖精密，盖论之英也。至如李康《运命》，同《论衡》而过之；陆机《辨亡》，效《过秦》而不及，然亦其美矣。

至如张衡《讥世》，颇似俳说；孔融《孝廉》，但谈嘲戏；曹植《辨道》，体同书抄。言不持正，论如其已。

原夫论之为体，所以辨正然否。穷于有数，究于无形，钻坚求通，钩深取极；乃百虑之筌蹄，万事之权衡也。故其义贵圆通，辞忌枝碎，必使心与理合，弥缝莫见其隙；辞共心密，敌人不知所乘：斯其要也。

若毛公之训《诗》，安国之传《书》，郑君之释《礼》，王弼之解《易》，要约明畅，可为式矣。

说者，悦也；兑为口舌，故言资悦怿；过悦必伪，故舜惊谗说。

夫说贵抚会，弛张相随，不专缓颊，亦在刀笔。

凡说之枢要，必使时利而义贞，进有契于成务，退无阻于荣身。自非谲敌，则唯忠与信。披肝胆以献主，飞文敏以济辞，此说之本也。

理形于言，叙理成论。词深人天，致远方寸。

阴阳莫忒，鬼神靡遁。说尔飞钳，呼吸沮劝。

（南朝梁）刘勰《文心雕龙》，王志彬译注，中华书局2012年版

诏策

皇帝御宇，其言也神。渊嘿黼扆，而响盈四表，其唯诏策乎！昔轩辕唐虞，同称为"命"。命之为义，制性之本也。其在三代，事兼诰誓。誓以训戎，诰以敷政，命喻自天，故授官锡胤。

王言之大，动入史策，其出如綍，不反若汗。

观文景以前，诏体浮杂，武帝崇儒，选言弘奥。策封三王，文同训典；劝戒渊雅，垂范后代。

暨明章崇学，雅诏间出。

建安之末，文理代兴，潘勖九锡，典雅逸群。

晋氏中兴，唯明帝崇才，以温峤文清，故引入中书。自斯以后，体宪风流矣。

夫王言崇秘，大观在上，所以百辟其刑，万邦作孚。故授官选贤，则义炳重离之辉；优文封策，则气含风雨之润；敕戒恒诰，则笔吐星汉之华；治戎燮伐，则声有洊雷之威；眚灾肆赦，则文有春露之滋；明罚敕法，则辞有秋霜之烈：此诏策之大略也。

戒敕为文，实诏之切者，周穆命郊父受敕宪，此其事也。魏武称作敕戒，当指事而语，勿得依违，晓治要矣。

戒者，慎也，禹称"戒之用休"。君父至尊，在三罔极。汉高祖之《敕太子》，东方朔之《戒子》，亦顾命之作也。及马援以下，各贻家戒。班姬《女戒》，足称母师矣。

教者，效也，出言而民效也。契敷五教，故王侯称教。

自教以下，则又有命。《诗》云"有命自天"，明命为重也；《周礼》曰"师氏诏王"，明诏为轻也。今诏重而命轻者，古今之变也。

皇王施令，寅严宗诰。我有丝言，兆民伊好。

辉音峻举，鸿风远蹈。腾义飞辞，涣其大号。

（南朝梁）刘勰《文心雕龙》，王志彬译注，中华书局2012年版

檄移

至周穆西征，祭公谋父称"古有威让之令，令有文告之辞"，即檄之本源也。及春秋征伐，自诸侯出，惧敌弗服，故兵出须名。振此威风，暴彼昏乱，刘献公之所谓"告之以文辞，董之以武师"者也。

管仲、吕相，奉辞先路，详其意义，即今之檄文。暨乎战国，始称为檄。檄者，皦也。宣露于外，皦然明白也。

故分阃推毂，奉辞伐罪，非唯致果为毅，亦且厉辞为武。使声如冲风所击，气似欃枪所扫，奋其武怒，总其罪人，征其恶稔之时，显其贯盈之数，摇奸宄之胆，订信慎之心，使百尺之冲，摧折于咫书；万雉之城，颠坠于一檄者也。观隗嚣之檄亡新，布其三逆，文不雕饰，而意切事明，陇右文士，得檄之体矣！

凡檄之大体，或述此休明，或叙彼苛虐。指天时，审人事，算强弱，角权势，标蓍龟于前验，悬鞶鉴于已然，虽本国信，实参兵诈。谲诡以驰旨，炜晔以腾说。凡此众条，莫之或违者也。故其植义扬辞，务在刚健。

移者，易也，移风易俗，令往而民随者也。相如之《难蜀老》，文晓而喻博，有移檄之骨焉。及刘歆之《移太常》，辞刚而义辨，文移之首也；陆机之《移百官》，言约而事显，武移之要者也。故檄移为用，事兼文武；其在金革，则逆党用檄，顺命资移；所以洗濯民心，坚同符契，意用小异，而体义大同，与檄参伍，故不重论也。

三驱弛网，九伐先话。鞶鉴吉凶，蓍龟成败。

摧压鲸鲵，抵落蜂虿。移风易俗，草偃风迈。

（南朝梁）刘勰《文心雕龙》，王志彬译注，中华书局2012年版

封禅

戒慎之至也。则戒慎以崇其德，至德以凝其化，七十有二君，所以封禅矣。

是以史迁八书，明述封禅者，固禋祀之殊礼，铭号之秘祝，祀天之壮观矣。

观相如《封禅》，蔚为唱首。尔其表权舆，序皇王，炳玄符，镜鸿业；驱前古于当今之下，腾休明于列圣之上，歌之以祯瑞，赞之以介丘，绝笔兹文，固维新之作也。

《典引》所叙，雅有懿采，历鉴前作，能执厥中，其致义会文，斐然馀巧。故称"《封禅》靡而不典，《剧秦》典而不实"，岂非追观易为明，循势易为力欤？

兹文为用，盖一代之典章也。构位之始，宜明大体，树骨于训典之区，选言于宏富之路；使意古而不晦于深，文今而不坠于浅；义吐光芒，辞成廉锷，则为伟矣。

封勒帝绩，对越天休。逖听高岳，声英克彪。

树石九旻，泥金八幽。鸿律蟠采，如龙如虬。

（南朝梁）刘勰《文心雕龙》，王志彬译注，中华书局2012年版

章表

然则敷奏以言，则章表之义也；明试以功，即授爵之典也。

章者，明也。《诗》云"为章于天"，谓文明也。其在文物，赤白曰章。表者，标也。《礼》有《表记》，谓德见于仪。其在器式，揆景曰表。章表之目，盖取诸此也。按《七略》《艺文》，谣咏必录；章表奏议，经国之枢机，然阙而不纂者，乃各有故事，布在职司也。

原夫章表之为用也，所以对扬王庭，昭明心曲。既其身文，且亦国华。章以造阙，风矩应明，表以致策，骨采宜耀：循名课实，以文为本者也。是以章式炳贲，志在典谟；使要而非略，明而不浅。表体多包，情伪屡迁。必雅义以扇其风，清文以驰其丽。

敷表降阙，献替黼扆。言必贞明，义则弘伟。

肃恭节文，条理首尾。君子秉文，辞令有斐。

（南朝梁）刘勰《文心雕龙》，王志彬译注，中华书局2012年版

奏启

昔唐虞之臣，敷奏以言；秦汉之辅，上书称奏。陈政事，献典仪，上急变，劾愆谬，总谓之奏。奏者，进也。言敷于下，情进于上也。

秦始立奏，而法家少文。观王绾之奏勋德，辞质而义近；李斯之奏骊山，事略而意诬；政无膏润，形于篇章矣。

夫奏之为笔，固以明允笃诚为本，辨析疏通为首。强志足以成务，博见足以穷理，酌古御今，治繁总要，此其体也。若乃按劾之奏，所以明宪清国。

《诗》刺谗人,投畀豺虎;《礼》疾无礼,方之鹦猩。墨翟非儒,目以羊豕;孟轲讥墨,比诸禽兽。《诗》《礼》、儒墨,既其如兹,奏劾严文,孰云能免。

是以立范运衡,宜明体要。必使理有典刑,辞有风轨,总法家之裁,秉儒家之文,不畏强御,气流墨中,无纵诡随,声动简外,乃称绝席之雄,直方之举耳。

自晋来盛启,用兼表奏。陈政言事,既奏之异条;让爵谢恩,亦表之别干。必敛饬入规,促其音节,辨要轻清,文而不侈,亦启之大略也。

又表奏确切,号为谠言。谠者,正偏也。王道有偏,乖乎荡荡,矫正其偏,故曰谠言也。

皂饰司直,肃清风禁。笔锐干将,墨含淳酖。

虽有次骨,无或肤浸。献政陈宜,事必胜任。

(南朝梁)刘勰《文心雕龙》,王志彬译注,中华书局2012年版

议对

"周爰咨谋",是谓为议。议之言宜,审事宜也。

迄至有汉,始立驳议。驳者,杂也,杂议不纯,故曰驳也。

故其大体所资,必枢纽经典,采故实于前代,观通变于当今。理不谬摇其枝,字不妄舒其藻。

然后标以显义,约以正辞,文以辨洁为能,不以繁缛为巧;事以明核为美,不以环隐为奇;此纲领之大要也。若不达政体,而舞笔弄文,支离构辞,穿凿会巧,空骋其华,固为事实所摈,设得其理,亦为游辞所埋矣。

又对策者,应诏而陈政也;射策者,探事而献说也。言中理准,譬射侯中的;二名虽殊,即议之别体也。古者造士,选事考言。

观晁氏之对,验古明今,辞裁以辨,事通而赡,超升高第,信有征矣。仲舒之对,祖述《春秋》,本阴阳之化,究列代之变,烦而不愍者,事理明也。

夫驳议偏辨,各执异见;对策揄扬,大明治道。使事深于政术,理密于时务,酌三五以熔世,而非迂缓之高谈,驭权变以拯俗,而非刻薄之伪论;风恢恢而能远,流洋洋而不溢,王庭之美对也。

议惟畴政,名实相课。断理必刚,摛辞无懦。

对策王庭，同时酬和。治体高秉，雅谟远播。

（南朝梁）刘勰《文心雕龙》，王志彬译注，中华书局2012年版

书记

大舜云："书用识哉！"所以记时事也。盖圣贤言辞，总为之书，书之为体，主言者也。扬雄曰："言，心声也；书，心画也。声画形，君子小人见矣。"故书者，舒也。舒布其言，陈之简牍，取象于夬，贵在明决而已。

观史迁之《报任安》，东方之《谒公孙》，杨恽之《酬会宗》，子云之《答刘歆》，志气槃桓，各含殊采；并杼轴乎尺素，抑扬乎寸心。

嵇康《绝交》，实志高而文伟矣；赵至叙离，乃少年之激切也。

详总书体，本在尽言，言所以散郁陶，托风采，故宜条畅以任气，优柔以怿怀；文明从容，亦心声之献酬也。

记之言志，进己志也。笺者，表也，表识其情也。崔寔奏记于公府，则崇让之德音矣。

若略名取实，则有美于为诗矣。刘廙谢恩，喻切以至，陆机自理，情周而巧，笺之为美者也。原笺记之为式，既上窥乎表，亦下睨乎书，使敬而不慑，简而无傲，清美以惠其才，彪蔚以文其响，盖笺记之分也。

夫书记广大，衣被事体，笔札杂名，古今多品。

并述理于心，著言于翰，虽艺文之末品，而政事之先务也。

律者，中也。黄钟调起，五音以正，法律驭民，八刑克平，以律为名，取中正也。

刺者，达也。诗人讽刺，周礼三刺，事叙相达，若针之通结矣。

辞者，舌端之文，通己于人。子产有辞，诸侯所赖，不可已也。谚者，直语也。丧言亦不及文，故吊亦称谚。廛路浅言，有实无华。

夫文辞鄙俚，莫过于谚，而圣贤《诗》《书》，采以为谈，况逾于此，岂可忽哉！

观此众条，并书记所总：或事本相通，而文意各异，或全任质素，或杂用文绮，随事立体，贵乎精要；

言既身文，信亦邦瑞，翰林之士，思理实焉。

文藻条流，托在笔札。既驰金相，亦运木讷。

万古声荐，千里应拔。庶务纷纶，因书乃察。

（南朝梁）刘勰《文心雕龙》，王志彬译注，中华书局2012年版

驭文之首术，谋篇之大端

神思之谓也。文之思也，其神远矣。故寂然凝虑，思接千载；悄焉动容，视通万里；吟咏之间，吐纳珠玉之声；眉睫之前，卷舒风云之色；其思理之致乎！故思理为妙，神与物游。神居胸臆，而志气统其关键；物沿耳目，而辞令管其枢机。枢机方通，则物无隐貌；关键将塞，则神有遁心。是以陶钧文思，贵在虚静，疏瀹五藏，澡雪精神。积学以储宝，酌理以富才，研阅以穷照，驯致以怿辞，然后使元解之宰，寻声律而定墨；独照之匠，窥意象而运斤：此盖驭文之首术，谋篇之大端。

夫神思方运，万涂竞萌，规矩虚位，刻镂无形。登山则情满于山，观海则意溢于海，我才之多少，将与风云而并驱矣。

或理在方寸而求之域表，或义在咫尺而思隔山河。是以秉心养术，无务苦虑；含章司契，不必劳情也。

是以临篇缀虑，必有二患：理郁者苦贫，辞弱者伤乱，然则博见为馈贫之粮，贯一为拯乱之药，博而能一，亦有助乎心力矣。

若情数诡杂，体变迁贸，拙辞或孕于巧义，庸事或萌于新意；视布于麻，虽云未贵，杼轴献功，焕然乃珍。至于思表纤旨，文外曲致，言所不追，笔固知止。至精而后阐其妙，至变而后通其数，伊挚不能言鼎，轮扁不能语斤，其微矣乎！

神用象通，情变所孕。物心貌求，心以理应。

刻镂声律，萌芽比兴。结虑司契，垂帷制胜。

（南朝梁）刘勰《文心雕龙》，王志彬译注，中华书局2012年版

体性

夫情动而言形，理发而文见，盖沿隐以至显，因内而符外者也。

故辞理庸俊，莫能翻其才；风趣刚柔，宁或改其气；事义浅深，未闻乖其学；体式雅郑，鲜有反其习：各师成心，其异如面。

典雅者，熔式经诰，方轨儒门者也；远奥者，馥采曲文，经理玄宗者也；精约者，核字省句，剖析毫厘者也；显附者，辞直义畅，切理厌心者也；繁缛者，博喻酿采，炜烨枝派者也；壮丽者，高论宏裁，卓烁异采者也；新奇者，摈古竞今，危侧趣诡者也；轻靡者，浮文弱植，缥缈附俗者也。故雅与奇反，奥与显殊，繁与约舛，壮与轻乖，文辞根叶，苑囿其

中矣。

若夫八体屡迁，功以学成，才力居中，肇自血气；气以实志，志以定言，吐纳英华，莫非情性。是以贾生俊发，故文洁而体清；长卿傲诞，故理侈而辞溢；子云沈寂，故志隐而味深；子政简易，故趣昭而事博；孟坚雅懿，故裁密而思靡；平子淹通，故虑周而藻密；仲宣躁锐，故颖出而才果；公干气褊，故言壮而情骇；嗣宗俶傥，故响逸而调远；叔夜俊侠，故兴高而采烈；安仁轻敏，故锋发而韵流；士衡矜重，故情繁而辞隐。触类以推，表里必符，岂非自然之恒资，才气之大略哉！

夫才由天资，学慎始习，斫梓染丝，功在初化，器成采定，难可翻移。

才性异区，文体繁诡。辞为肌肤，志实骨髓。

雅丽黼黻，淫巧朱紫。习亦凝真，功沿渐靡。

（南朝梁）刘勰《文心雕龙》，王志彬译注，中华书局2012年版

风骨

《诗》总六义，风冠其首，斯乃化感之本源，志气之符契也。是以怊怅述情，必始乎风；沈吟铺辞，莫先于骨。故辞之待骨，如体之树骸；情之含风，犹形之包气。结言端直，则文骨成焉；意气骏爽，则文风清焉。

故练于骨者，析辞必精；深乎风者，述情必显。捶字坚而难移，结响凝而不滞，此风骨之力也。

故魏文称："文以气为主，气之清浊有体，不可力强而致。"故其论孔融，则云"体气高妙"，论徐干，则云"时有齐气"，论刘桢，则云"有逸气"。公干亦云："孔氏卓卓，信含异气；笔墨之性，殆不可胜。"并重气之旨也。

若风骨乏采，则鸷集翰林；采乏风骨，则雉窜文囿；唯藻耀而高翔，固文笔之鸣凤也。

若夫熔铸经典之范，翔集子史之术，洞晓情变，曲昭文体，然后能孚甲新意，雕昼奇辞。昭体，故意新而不乱，晓变，故辞奇而不黩。

若能确乎正式，使文明以健，则风清骨峻，篇体光华。

情与气偕，辞共体并。文明以健，珪璋乃聘。

蔚彼风力，严此骨鲠。才锋峻立，符采克炳。

（南朝梁）刘勰《文心雕龙》，王志彬译注，中华书局2012年版

通变

是以九代咏歌，志合文则。黄歌"断竹"，质之至也；唐歌在昔，则广于黄世；虞歌《卿云》，则文于唐时；夏歌"雕墙"，缛于虞代；商周篇什，丽于夏年。至于序志述时，其揆一也。暨楚之骚文，矩式周人；汉之赋颂，影写楚世；魏之篇制，顾慕汉风；晋之辞章，瞻望魏采。榷而论之，则黄唐淳而质，虞夏质而辨，商周丽而雅，楚汉侈而艳，魏晋浅而绮，宋初讹而新。

桓君山云："予见新进丽文，美而无采；及见刘扬言辞，常辄有得。"此其验也。故练青濯绛，必归蓝蒨；矫讹翻浅，还宗经诰。

（南朝梁）刘勰《文心雕龙》，王志彬译注，中华书局 2012 年版

定势

夫情致异区，文变殊术，莫不因情立体，即体成势也。

是以模经为式者，自入典雅之懿；效《骚》命篇者，必归艳逸之华；综意浅切者，类乏酝藉；断辞辨约者，率乖繁缛。

是以绘事图色，文辞尽情，色糅而犬马殊形，情交而雅俗异势。

是以括囊杂体，功在铨别，宫商朱紫，随势各配。章表奏议，则准的乎典雅；赋颂歌诗，则羽仪乎清丽；符檄书移，则楷式于明断；史论序注，则师范于核要；箴铭碑诔，则体制于宏深；连珠七辞，则从事于巧艳：此循体而成势，随变而立功者也。虽复契会相参，节文互杂，譬五色之锦，各以本采为地矣。

桓谭称："文家各有所慕，或好浮华而不知实核，或美众多而不见要约。"陈思亦云："世之作者，或好烦文博采，深沉其旨者；或好离言辨白，分毫析厘者；所习不同，所务各异。"言势殊也。刘桢云："文之体势有强弱，使其辞已尽而势有馀，天下一人耳，不可得也。"公干所谈，颇亦兼气。然文之任势，势有刚柔，不必壮言慷慨，乃称势也。又陆云自称："往日论文，先辞而后情，尚势而不取悦泽，及张公论文，则欲宗其言。"夫情固先辞，势实须泽，可谓先迷后能从善矣。

形生势成，始末相承。湍回似规，矢激如绳。

因利骋节，情采自凝。枉辔学步，力止寿陵。

（南朝梁）刘勰《文心雕龙》，王志彬译注，中华书局 2012 年版

情采

圣贤书辞，总称文章，非采而何？

故立文之道，其理有三：一曰形文，五色是也；二曰声文，五音是也；三曰情文，五性是也。五色杂而成黼黻，五音比而成韶夏，五性发而为辞章，神理之数也。

庄周云"辩雕万物"，谓藻饰也。韩非云"艳乎辩说"，谓绮丽也。绮丽以艳说，藻饰以辩雕，文辞之变，于斯极矣。

夫铅黛所以饰容，而盼倩生于淑姿；文采所以饰言，而辩丽本于情性。故情者文之经，辞者理之纬；经正而后纬成，理定而后辞畅：此立文之本源也。

昔诗人什篇，为情而造文；辞人赋颂，为文而造情。何以明其然？盖风雅之兴，志思蓄愤，而吟咏情性，以讽其上，此为情而造文也；诸子之徒，心非郁陶，苟驰夸饰，鬻声钓世，此为文而造情也。故为情者要约而写真，为文者淫丽而烦滥。

夫以草木之微，依情待实；况乎文章，述志为本。言与志反，文岂足征？

是以联辞结采，将欲明理，采滥辞诡，则心理愈翳。

夫锦好渝，舜英徒艳。繁采寡情，味之必厌。

（南朝梁）刘勰《文心雕龙》，王志彬译注，中华书局2012年版

声律

夫音律所始，本于人声者也。声合宫商，肇自血气，先王因之，以制乐歌。故知器写人声，声非学器者也。故言语者，文章关键，神明枢机，吐纳律吕，唇吻而已。

今操琴不调，必知改张，摘文乖张，而不识所调。响在彼弦，乃得克谐，声萌我心，更失和律，其故何哉？良由外听易为察，内听难为聪也。故外听之易，弦以手定，内听之难，声与心纷；可以数求，难以辞逐。

是以声画妍蚩，寄在吟咏，滋味流于下句，风力穷于和韵。异音相从谓之和，同声相应谓之韵。韵气一定，则馀声易遣；和体抑扬，故遗响难契。

若夫宫商大和，譬诸吹籥；翻回取均，颇似调瑟。瑟资移柱，故有时

而乖贰；籥含定管，故无往而不壹。陈思、潘岳，吹籥之调也；陆机、左思，瑟柱之和也。概举而推，可以类见。

又诗人综韵，率多清切，《楚辞》辞楚，故讹韵实繁。及张华论韵，谓士衡多楚，《文赋》亦称不易，可谓衔灵均之馀声，失黄钟之正响也。

练才洞鉴，剖字钻响，识疏阔略，随音所遇，若长风之过籁，南郭之吹竽耳。古之佩玉，左宫右徵，以节其步，声不失序。音以律文，其可忽哉！

标情务远，比音则近。吹律胸臆，调钟唇吻。

声得盐梅，响滑榆槿。割弃支离，宫商难隐。

（南朝梁）刘勰《文心雕龙》，王志彬译注，中华书局2012年版

章句

夫人之立言，因字而生句，积句而为章，积章而成篇。篇之彪炳，章无疵也；章之明靡，句无玷也；句之清英，字不妄也。振本而末从，知一而万毕矣。

至于诗颂大体，以四言为正，唯《祈父》《肇禋》，以二言为句。

情数运周，随时代用矣。

若乃改韵从调，所以节文辞气。

观彼制韵，志同枚、贾。然两韵辄易，则声韵微躁；百句不迁，则唇吻告劳。妙才激扬，虽触思利贞，曷若折之中和，庶保无咎。

（南朝梁）刘勰《文心雕龙》，王志彬译注，中华书局2012年版

比兴

《诗》文宏奥，包韫六义；毛公述《传》，独标"兴体"，岂不以"风"通而"赋"同，"比"显而"兴"隐哉？故比者，附也；兴者，起也。附理者切类以指事，起情者依微以拟议。起情故兴体以立，附理故比例以生。比则畜愤以斥言，兴则环譬以托讽。盖随时之义不一，故诗人之志有二也。

观夫兴之托谕，婉而成章，称名也小，取类也大。关雎有别，故后妃方德；尸鸠贞一，故夫人象义。

且何谓为比？盖写物以附意，飏言以切事者也。故金锡以喻明德，珪璋以譬秀民，螟蛉以类教诲，蜩螗以写号呼，浣衣以拟心忧，席卷以方志

固：凡斯切象，皆比义也。

炎汉虽盛，而辞人夸毗，诗刺道丧，故兴义销亡。于是赋颂先鸣，故比体云构，纷纭杂遝，倍旧章矣。

夫比之为义，取类不常：或喻于声，或方于貌，或拟于心，或譬于事。

若斯之类，辞赋所先，日用乎比，月忘乎兴，习小而弃大，所以文谢于周人也。至于扬班之伦，曹刘以下，图状山川，影写云物，莫不织综比义，以敷其华，惊听回视，资此效绩。

诗人比兴，触物圆览。物虽胡越，合则肝胆。

拟容取心，断辞必敢。攒杂咏歌，如川之澹。

（南朝梁）刘勰《文心雕龙》，王志彬译注，中华书局2012年版

夸饰

夫形而上者谓之道，形而下者谓之器。神道难摹，精言不能追其极；形器易写，壮辞可得喻其真；才非短长，理自难易耳。故自天地以降，豫入声貌，文辞所被，夸饰恒存。虽《诗》《书》雅言，风俗训世，事必宜广，文亦过焉。

且夫鸮音之丑，岂有泮林而变好？荼味之苦，宁以周原而成饴？并意深褒赞，故义成矫饰。大圣所录，以垂宪章，孟轲所云"说诗者不以文害辞，不以辞害意"也。

又子云《羽猎》，鞭宓妃以饷屈原；张衡《羽猎》，困玄冥于朔野，娈彼洛神，既非魍魎，惟此水师，亦非魑魅；而虚用滥形，不其疏乎？此欲夸其威而饰其事，义睽剌也。

至如气貌山海，体势宫殿，嵯峨揭业，熠耀焜煌之状，光采炜炜而欲然，声貌岌岌其将动矣。莫不因夸以成状，沿饰而得奇也。于是后进之才，奖气挟声，轩翥而欲奋飞，腾掷而羞跼步，辞入炜烨，春藻不能程其艳；言在萎绝，寒谷未足成其凋；谈欢则字与笑并，论戚则声共泣偕；信可以发蕴而飞滞，披瞽而骇聋矣。

若能酌《诗》《书》之旷旨，翦扬马之甚泰，使夸而有节，饰而不诬，亦可谓之懿也。

夸饰在用，文岂循检。言必鹏运，气靡鸿渐。

（南朝梁）刘勰《文心雕龙》，王志彬译注，中华书局2012年版

事类

至若胤征羲和，陈《政典》之训；盘庚诰民，叙迟任之言：此全引成辞以明理者也。然则明理引乎成辞，征义举乎人事，乃圣贤之鸿谟，经籍之通矩也。《大畜》之象，"君子以多识前言往行"，亦有包于文矣。

夫姜桂因地，辛在本性；文章由学，能在天资。才自内发，学以外成，有学饱而才馁，有才富而学贫。

夫经典沉深，载籍浩瀚，实群言之奥区，而才思之神皋也。扬班以下，莫不取资，任力耕耨，纵意渔猎，操刀能割，必裂膏腴。是以将赡才力，务在博见，狐腋非一皮能温，鸡蹠必数千而饱矣。是以综学在博，取事贵约，校练务精，捃理须核，众美辐辏，表里发挥。刘劭《赵都赋》云："公子之客，叱劲楚令歃盟；管库隶臣，呵强秦使鼓缶。"用事如斯，可称理得而义要矣。故事得其要，虽小成绩，譬寸辖制轮，尺枢运关也。或微言美事，置于闲散，是缀金翠于足胫，靓粉黛于胸臆也。

陈思，群才之英也，《报孔璋书》云："葛天氏之乐，千人唱，万人和，听者因以蔑《韶》《夏》矣。"此引事之实谬也。按葛天之歌，唱和三人而已。相如《上林》云："奏陶唐之舞，听葛天之歌，千人唱，万人和。"唱和千万人，乃相如推之。然而滥侈葛天，推三成万者，信赋妄书，致斯谬也。

夫山木为良匠所度，经书为文士所择，木美而定于斧斤，事美而制于刀笔，研思之士，无惭匠石矣。

经籍深富，辞理遐亘。皓如江海，郁若昆邓。

文梓共采，琼珠交赠。用人若己，古来无懵。

（南朝梁）刘勰《文心雕龙》，王志彬译注，中华书局2012年版

练字

夫文爻象列而结绳移，鸟迹明而书契作，斯乃言语之体貌，而文章之宅宇也。苍颉造之，鬼哭粟飞；黄帝用之，官治民察。先王声教，书必同文，輶轩之使，纪言殊俗，所以一字体，总异音。

及魏代缀藻，则字有常检，追观汉作，翻成阻奥。故陈思称："扬马之作，趣幽旨深，读者非师传不能析其辞，非博学不能综其理。"

夫《尔雅》者，孔徒之所纂，而《诗》《书》之襟带也；《仓颉》者，李斯之所辑，而史籀之遗体也。《雅》以渊源诂训，《颉》以苑囿奇文，异体相资，如左右肩股，该旧而知新，亦可以属文。若夫义训古今，兴废殊用，字形单复，妍媸异体。心既托声于言，言亦寄形于字，讽诵则绩在宫商，临文则能归字形矣。

篆隶相熔，苍雅品训。古今殊迹，妍媸异分。

字靡易流，文阻难运。声画昭精，墨采腾奋。

（南朝梁）刘勰《文心雕龙》，王志彬译注，中华书局2012年版

隐秀

夫心术之动远矣，文情之变深矣，源奥而派生，根盛而颖峻，是以文之英蕤，有秀有隐。隐也者，文外之重旨者也；秀也者，篇中之独拔者也。隐以复意为工，秀以卓绝为巧。斯乃旧章之懿绩，才情之嘉会也。

彼波起辞间，是谓之秀。纤手丽音，宛乎逸态，若远山之浮烟霭，娈女之靓容华。然烟霭天成，不劳于妆点；容华格定，无待于裁熔；深浅而各奇，秾纤而俱妙，若挥之则有馀，而揽之则不足矣。

故能藏颖词间，昏迷于庸目；露锋文外，惊绝乎妙心。使酝藉者蓄隐而意愉，英锐者抱秀而心悦。

叔夜之《赠行》，嗣宗之《咏怀》，境玄思澹，而独得乎优闲。士衡之疏放，彭泽之豪逸，心密语澄，而俱适乎壮采。

如欲辨秀，亦惟摘句"常恐秋节至，凉飙夺炎热"，意凄而词婉，此匹妇之无聊也；"临河濯长缨，念子怅悠悠"，志高而言壮，此丈夫之不遂也；"东西安所之，徘徊以旁皇"，心孤而情惧，此闺房之悲极也；"朔风动秋草，边马有归心"，气寒而事伤，此羁旅之怨曲也。

文隐深蔚，馀味曲包。辞生互体，有似变爻。

言之秀矣，万虑一交。动心惊耳，逸响笙匏。

（南朝梁）刘勰《文心雕龙》，王志彬译注，中华书局2012年版

指瑕

若夫立文之道，惟字与义。字以训正，义以理宣。

（南朝梁）刘勰《文心雕龙》，王志彬译注，中华书局2012年版

养气

夫学业在勤，故有锥股自厉；志于文也，则有申写郁滞。故宜从容率情，优柔适会。

是以吐纳文艺，务在节宣，清和其心，调畅其气，烦而即舍，勿使壅滞，意得则舒怀以命笔，理伏则投笔以卷怀，逍遥以针劳，谈笑以药倦，常弄闲于才锋，贾余于文勇，使刃发如新，腠理无滞，虽非胎息之万术，斯亦卫气之一方也。

（南朝梁）刘勰《文心雕龙》，王志彬译注，中华书局2012年版

附会

夫才童学文，宜正体制：必以情志为神明，事义为骨髓，辞采为肌肤，宫商为声气；然后品藻玄黄，攡振金玉，献可替否，以裁厥中：斯缀思之恒数也。

（南朝梁）刘勰《文心雕龙》，王志彬译注，中华书局2012年版

总术

予以为：发口为言，属翰曰笔，常道曰经，述经曰传。

《六经》以典奥为不刊，非以言笔为优劣也。

落落之玉，或乱乎石；碌碌之石，时似乎玉。精者要约，匮者亦鲜；博者该赡，芜者亦繁；辩者昭晰，浅者亦露；奥者复隐，诡者亦曲。或义华而声悴，或理拙而文泽。知夫调钟未易，张琴实难。伶人告和，不必尽窕瓠之中；动角挥羽，何必穷初终之韵；魏文比篇章于音乐，盖有征矣。

视之则锦绘，听之则丝簧，味之则甘腴，佩之则芬芳，断章之功，于斯盛矣。

（南朝梁）刘勰《文心雕龙》，王志彬译注，中华书局2012年版

时序

时运交移，质文代变，古今情理，如可言乎？昔在陶唐，德盛化钧，野老吐"何力"之谈，郊童含"不识"之歌。有虞继作，政阜民暇，薰风咏于元后，"烂云"歌于列臣。尽其美者何？乃心乐而声泰也。至大禹敷土，九序咏功，成汤圣敬，"猗欤"作颂。逮姬文之德盛，《周南》勤

而不怨；大王之化淳，《邠风》乐而不淫。幽厉昏而《板》《荡》怒，平王微而《黍离》哀。故知歌谣文理，与世推移，风动于上，而波震于下者也。

春秋以后，角战英雄，六经泥蟠，百家飙骇。方是时也，韩魏力政，燕赵任权；五蠹六虱，严于秦令；唯齐、楚两国，颇有文学。

文蔚、休伯之俦，于叔、德祖之侣，傲雅觞豆之前，雍容衽席之上，洒笔以成酣歌，和墨以藉谈笑。观其时文，雅好慷慨，良由世积乱离，风衰俗怨，并志深而笔长，故梗概而多气也。

于时正始馀风，篇体轻澹，而嵇阮应缪，并驰文路矣。

自中朝贵玄，江左称盛，因谈馀气，流成文体。是以世极迍邅，而辞意夷泰，诗必柱下之旨归，赋乃漆园之义疏。故知文变染乎世情，兴废系乎时序，原始以要终，虽百世可知也。

（南朝梁）刘勰《文心雕龙》，王志彬译注，中华书局2012年版

物色

是以献岁发春，悦豫之情畅；滔滔孟夏，郁陶之心凝。天高气清，阴沉之志远；霰雪无垠，矜肃之虑深。岁有其物，物有其容；情以物迁，辞以情发。一叶且或迎意，虫声有足引心。况清风与明月同夜，白日与春林共朝哉！

是以诗人感物，联类不穷。流连万象之际，沉吟视听之区。写气图貌，既随物以宛转；属采附声，亦与心而徘徊。

自近代以来，文贵形似，窥情风景之上，钻貌草木之中。吟咏所发，志惟深远，体物为妙，功在密附。

是以四序纷回，而入兴贵闲；物色虽繁，而析辞尚简；使味飘飘而轻举，情晔晔而更新。古来辞人，异代接武，莫不参伍以相变，因革以为功，物色尽而情有余者，晓会通也。若乃山林皋壤，实文思之奥府，略语则阙，详说则繁。然则屈平所以能洞监《风》《骚》之情者，抑亦江山之助乎？

（南朝梁）刘勰《文心雕龙》，王志彬译注，中华书局2012年版

才略

虞、夏文章，则有皋陶六德，夔序八音，益则有赞，五子作歌，辞义

温雅,万代之仪表也。商周之世,则仲虺垂诰,伊尹敷训,吉甫之徒,并述《诗》《颂》,义固为经,文亦足师矣。

汉室陆贾,首发奇采,赋《孟春》而进《新语》,其辩之富矣。贾谊才颖,陵轶飞兔,议惬而赋清,岂虚至哉!枚乘之《七发》,邹阳之《上书》,膏润于笔,气形于言矣。仲舒专儒,子长纯史,而丽缛成文,亦诗人之告哀焉。相如好书,师范屈宋,洞入夸艳,致名辞宗。然核取精意,理不胜辞,故扬子以为"文丽用寡者长卿",诚哉是言也!王褒构采,以密巧为致,附声测貌,泠然可观。子云属意,辞义最深,观其涯度幽远,搜选诡丽,而竭才以钻思,故能理赡而辞坚矣。

张衡通赡,蔡邕精雅,文史彬彬,隔世相望。是则竹柏异心而同贞,金玉殊质而皆宝也。

潘勖凭经以骋才,故绝群于锡命;王朗发愤以托志,亦致美于序铭。

休琏风情,则《百壹》标其志;吉甫文理,则《临丹》成其采;嵇康师心以遣论,阮籍使气以命诗,殊声而合响,异翮而同飞。

傅玄篇章,义多规镜;长虞笔奏,世执刚中;并桢干之实才,非群华之韡萼也。

刘琨雅壮而多风,卢谌情发而理昭,亦遇之于时势也。

(南朝梁)刘勰《文心雕龙》,王志彬译注,中华书局2012年版

知音

夫篇章杂沓,质文交加,知多偏好,人莫圆该。慷慨者逆声而击节,酝藉者见密而高蹈;浮慧者观绮而跃心,爱奇者闻诡而惊听。会己则嗟讽,异我则沮弃,各执一偶之解,欲拟万端之变,所谓"东向而望,不见西墙"也。

凡操千曲而后晓声,观千剑而后识器。故圆照之象,务先博观。阅乔岳以形培塿,酌沧波以喻畎浍。

夫缀文者情动而辞发,观文者披文以入情,沿波讨源,虽幽必显。世远莫见其面,觇文辄见其心。岂成篇之足深,患识照之自浅耳。夫志在山水,琴表其情,况形之笔端,理将焉匿?故心之照理,譬目之照形,目了则形无不分,心敏则理无不达。然而俗监之迷者,深废浅售,此庄周所以笑《折扬》,宋玉所以伤《白雪》也。昔屈平有言:"文质疏内,众不知余之异采。"见异唯知音耳。扬雄自称:"心好沉博绝丽之文。"其不事浮

浅，亦可知矣。夫唯深识鉴奥，必欢然内怿，譬春台之熙众人，乐饵之止过客，盖闻兰为国香，服媚弥芬；书亦国华，玩绎方美；知音君子，其垂意焉。

洪钟万钧，夔旷所定。良书盈箧，妙鉴乃订。

流郑淫人，无或失听。独有此律，不谬蹊径。

（南朝梁）刘勰《文心雕龙》，王志彬译注，中华书局2012年版

程器

《周书》论士，方之梓材，盖贵器用而兼文采也。是以朴斫成而丹雘施，垣墉立而雕杅附。而近代词人，务华弃实。故魏文以为："古今文人，类不护细行。"韦诞所评，又历诋群才。后人雷同，混之一贯，吁可悲矣！

略观文士之疵：相如窃妻而受金，扬雄嗜酒而少算，敬通之不修廉隅，杜笃之请求无厌，班固谄窦以作威，马融党梁而黩货，文举傲诞以速诛，正平狂憨以致戮，仲宣轻锐以躁竞，孔璋偬恫以粗疏，丁仪贪婪以乞货，路粹餔啜而无耻，潘岳诡祷于愍怀，陆机倾仄于贾郭，傅玄刚隘而詈台，孙楚狠愎而讼府。诸有此类，并文士之瑕累。文既有之，武亦宜然。

古之将相，疵咎实多。至如管仲孝窃，吴起之贪淫，陈平之污点，绛灌之谗嫉，沿兹以下，不可胜数。孔光负衡据鼎，而仄媚董贤，况班马之贱职，潘岳之下位哉？王戎开国上秩，而鬻官嚣俗；况马杜之磬悬，丁路之贫薄哉？然子夏无亏于名儒，濬冲不尘乎竹林者，名崇而讥减也。若夫屈贾之忠贞，邹枚之机觉，黄香之淳孝，徐干之沉默，岂曰文士，必其玷欤？

盖人禀五材，修短殊用，自非上哲，难以求备。然将相以位隆特达，文士以职卑多诮，此江河所以腾涌，涓流所以寸折者也。名之抑扬，既其然矣，位之通塞，亦有以焉。盖士之登庸，以成务为用。鲁之敬姜，妇人之聪明耳。然推其机综，以方治国，安有丈夫学文，而不达于政事哉？彼扬马之徒，有文无质，所以终乎下位也。昔庾元规才华清英，勋庸有声，故文艺不称；若非台岳，则正以文才也。文武之术，左右惟宜。郤縠敦书，故举为元帅，岂以好文而不练武哉？孙武《兵经》，辞如珠玉，岂以习武而不晓文也？

是以君子藏器，待时而动。发挥事业，固宜蓄素以弸中，散采以彪

外，梗楠其质，豫章其干；摛文必在纬军国，负重必在任栋梁，穷则独善以垂文，达则奉时以骋绩。若此文人，应《梓材》之士矣。

瞻彼前修，有懿文德。声昭楚南，采动梁北。

雕而不器，贞干谁则。岂无华身，亦有光国。

（南朝梁）刘勰《文心雕龙》，王志彬译注，中华书局2012年版

序志

夫"文心"者，言为文之用心也。昔涓子《琴心》，王孙《巧心》，心哉美矣，故用之焉。古来文章，以雕缛成体，岂取驺奭之群言雕龙也。

形同草木之脆，名逾金石之坚，是以君子处世，树德建言，岂好辩哉？不得已也！

唯文章之用，实经典枝条，五礼资之以成文，六典因之致用，君臣所以炳焕，军国所以昭明，详其本源，莫非经典。而去圣久远，文体解散，辞人爱奇，言贵浮诡，饰羽尚画，文绣鞶帨，离本弥甚，将遂讹滥。盖《周书》论辞，贵乎体要，尼父陈训，恶乎异端，辞训之奥，宜体于要。

盖《文心》之作也，本乎道，师乎圣，体乎经，酌乎纬，变乎骚：文之枢纽，亦云极矣。

（南朝梁）刘勰《文心雕龙》，王志彬译注，中华书局2012年版

萧　衍

梁武帝萧衍（464—549），字叔达，小字练儿，南兰陵郡东城里（今江苏丹阳埤城东城村）人。南北朝时期梁朝的建立者萧衍留下的《古今书人优劣评》《草书状》《观钟繇书法十二意》《答陶隐居论书》四部书法理论著作，都是历代书法理论典籍中的精品。

古今书人优劣评

钟繇书如云鹄游天，群鸿戏海，行间茂密，实亦难过。

王羲之书字势雄逸，如龙跳天门，虎卧凤阙，故历代宝之，永以为训。

蔡邕书骨气洞达，爽爽如有神力。

韦诞书如龙威虎振，剑拔弩张。

萧子云书如危峰阻日，孤松一枝，荆柯负剑，壮士弯弓，雄人猎虎，心胸猛烈，锋刃难当。

萧思话书如舞女低腰，仙人啸树。

李镇东书如芙蓉出水，文采镀金。

王献之书绝众超群，无人可拟，如河朔少年皆悉充悦，举体沓拖而不可耐。

索靖书如飘风忽举，鸷鸟乍飞。

王僧虔书如王、谢家子弟，纵复不端正，奕奕皆有一种风流气骨。

程旷平书如鸿鹄高飞，弄翅颉颃。又如轻云忽散，乍见白日。

李岩之书如镂金素月，屈玉自照。

吴施书如新亭伧父，一往见似扬州人，共语语便态出。

颜蒨书如贫家果实，无妨可爱，少乏珍羞。

王褒书悽断风流，而势不称貌，意深工浅，犹未当妙。

师宜官书如鹏翔未息，翩翩而自逝。

陶隐居书如吴兴小儿，形状虽未成长，而骨体甚峭快。

萧特书虽有家风，而风流势薄，犹如羲、献，安得相似。

王彬之书放纵快利，笔道流便。

郗愔书得意甚熟，而取妙特难，疏散风气，一无雅素。

柳恽书纵横廓落，大意不凡，而德本未备。

薄绍之书如龙游在霄，缱绻可爱。

（南朝梁）萧衍《古今书人优劣评》，《历代书法论文选》，上海书画出版社2014年版

草书状

昔秦之时，诸侯争长，简檄相传，望烽走驿，以篆、隶之难不能救速，遂作赴急之书，盖今草书是也。其先出自杜氏，以张为祖，以卫为父，索、范者，伯叔也。二王父子可为兄弟，薄为庶息，羊为仆隶。目而叙之，亦不失仓公观鸟迹之措意邪！但体有疏密，意有倜傥，或有走流注之势，惊竦峭绝之气，滔滔闲雅之容，卓荦调宕之志，百体千形，巧媚争呈，岂可一概而论哉！皆古英儒之摄拨，岂群小、皂隶之所能

为？因为之状曰：疾若惊蛇之失道，迟若渌水之徘徊。缓则雅行，急则鹊厉，抽如雉啄，点如兔掷。乍驻乍引，任意所为。或粗或细，随态运奇，云集水散，风回电驰。及其成也，粗而有筋，似蒲葡之蔓延，女萝之繁萦，泽蛟之相绞，山熊之对争。若举翅而不飞，欲走而还停，状云山之有玄玉，河汉之有列星。厥体难穷，其类多容，炯娜如削弱柳，耸拔如袅长松；婆娑而飞舞凤，宛转而起蟠龙。纵横如结，联绵如绳，流离似绣，磊落如陵，暐暐晔晔，弈弈翩翩，或卧而似倒，或立而似颠，斜而复正，断而还连。若白水之游群鱼，藂林之挂腾猿；状众兽之逸原陆，飞鸟之戏晴天；象乌云之罩恒岳，紫雾之出衡山。巉岩若岭，脉脉如泉，文不谢于波澜，义不愧于深渊。传志意于君子，报款曲于人间，盖略言其梗概，未足称其要妙焉。

（南朝梁）萧衍《草书状》，《历代书法论文选》，上海书画出版社2014年版

观钟繇书法十二意

锋谓格也。力谓体也。

平谓字外之奇，文所不书。

张芝、钟繇，巧趣精细，殆同机神。肥瘦古今，岂易致意。真迹虽少，可得而推。

（南朝梁）萧衍《观钟繇书法十二意》，《历代书法论文选》，上海书画出版社2014年版

答陶隐居论书

夫运笔邪则无芒角，执笔宽则书缓弱，点掣短则法臃肿，点掣长则法离澌，画促则字势横，画疏则字形慢；拘则乏势，放又少则；纯骨无媚，纯肉无力，少墨浮涩，多墨笨钝，比并皆然。任之所之，自然之理也。若抑扬得所趣舍无为；值笔连断，触势峰郁；扬波折节，中规合矩；分简下注，浓纤有方；肥瘦相和，骨力相称。婉婉暧暧，视之不足；棱棱凛凛，常有生气，适眼合心，便为甲科。

（南朝梁）萧衍《答陶隐居论书》，《历代书法论文选》，上海书画出版社2014年版

陶弘景

陶弘景（456—536），字通明，自号华阳隐居，谥贞白先生，丹阳秣陵（今江苏南京）人。南朝齐梁时道教学者、炼丹家、医药学家。陶弘景擅长行草书，师法钟繇、王羲之。萧衍常与陶弘景探讨书法上的话题，二者间讨论著名书法家钟繇、王羲之等书法之优劣得失的来往书启的对话被整理为《与梁武帝论书启》流传于后世，成为书法史上的经典典籍之一。

陶隐居与梁武帝论书启

夫以含心之荄，实俟夹钟吐气。今既自上体妙，为下理用成工。每惟申钟、王论于天下，进艺方兴，所恨微臣沉朽，不能钻仰高深，自怀叹慕。前奉神笔三纸，并今为五。非但字字注目，乃画画抽心。日觉劲媚，转不可说。以儗昔岁，不复相类，正此即为楷式，何复多寻钟、王。臣心本自敬重，今者弥增爱服。俯仰悦豫，不能自已。

惟愿细书如《乐毅论》《太师箴》例，依仿以写经传，永存真题中精要而已。

（南朝梁）陶弘景《陶隐居与梁武帝论书启》，（唐）张彦远《法书要录》，浙江人民美术出版社2019年版

梁武帝答书

及欲更须细书如论、箴例。逸少迹无甚极细书，《乐毅论》乃微粗健，恐非真迹。《大师箴》小复方媚，笔力过嫩，书体乖异。

（南朝梁）陶弘景《梁武帝答书》，（唐）张彦远《法书要录》，浙江人民美术出版社2019年版

陶隐居又启

箴咏吟赞，过为沦弱。许静素段，遂蒙永给。仰铭矜奖，益无喻心。此书虽不在法例，而致用理均，背间细楷，兼复两玩。先于都下偶得飞白一卷，云是逸少好迹。臣不尝别见，无以能辨。惟觉势力惊绝，谨以

上呈。

每以为得作才鬼，亦当胜于顽仙，至今犹然，始欲翻然之。自无射以后，国政方殷，山心兼默，不敢复以闲虚尘触。

（南朝梁）陶弘景《陶隐居又启》，（唐）张彦远《法书要录》，浙江人民美术出版社2019年版

梁武帝又答书

又省别疏云"故当宜微以著赏，此既胜事，风训非嫌"云云，然非所习，聊试略言。夫运笔邪则无芒角，执手宽则书缓弱。点掣短则法拥肿，点掣长则法离澌。画促则字势横，画疏则字形慢。拘则乏势，放又少则。纯骨无媚，纯肉无力。

众家可识，亦当复簖串耳；六文可工，亦当复簖习耳。

吾少来乃至不尝画甲子，无论于篇纸。老而言之，亦复何谓。正足见嗤于当今，贻笑于后代。遂有独冠之言，览之背热，隐真于是乎累真矣。此直一艺之工，非吾所谓胜事；此道心之尘，非吾所谓无欲也。

（南朝梁）陶弘景《梁武帝又答书》，（唐）张彦远《法书要录》，浙江人民美术出版社2019年版

陶隐居又启

一言以蔽，便书情顿极。使元常老骨，更蒙荣造；子敬懦肌，不沉泉夜。

论旨所谓，殆同璿机神宝，旷世以来莫继。斯理既明，诸画虎之徒，当日就辍笔。反古归真，方弘盛世。

窃恐既以言发意，意则应言而新。手随意运，笔与手会，故意得谐称。下情欢仰，宝奉愈至。世论咸云"江东无复钟迹"，常以叹息。比日伫望中原廓清，太丘之碑，可就摹采。

（南朝梁）陶弘景《陶隐居又启》，（唐）张彦远《法书要录》，浙江人民美术出版社2019年版

钟　嵘

钟嵘（约468—约518），字仲伟，中国南朝文学批评家。颍川长社

(今河南许昌长葛)人,魏晋名门"颍川钟氏"之后。著有诗歌评论专著《诗品》,全书将两汉至梁作家122人,分为上、中、下三品进行评论。

诗品序

气之动物,物之感人,故摇荡性情,形诸舞咏。照烛三才,晖丽万有,灵祇待之以致飨,幽微藉之以昭告。动天地,感鬼神,莫近于诗。

昔南风之词,卿云之颂,厥义夐矣。夏歌曰:"郁陶乎予心。"楚谣曰:"名余曰正则。"虽诗体未全,然是五言之滥觞也。逮汉李陵,始著五言之目矣

古诗眇邈,人世难详,推其文体,固是炎汉之制,非衰周之倡也。

自王、扬、枚、马之徒,词赋竞爽,而吟咏靡闻。从李都尉迄班婕妤,将百年间,有妇人焉,一人而已。诗人之风,顿已缺丧。东京二百载中,惟有班固咏史,质木无文。

降及建安,曹公父子,笃好斯文;平原兄弟,郁为文栋;刘桢、王粲,为其羽翼。次有攀龙托凤,自致于属车者,盖将百计。彬彬之盛,大备于时矣。

尔后陵迟衰微,迄于有晋。太康中,三张、二陆、两潘、一左,勃尔复兴,踵武前王,风流未沫,亦文章之中兴也。

永嘉时,贵黄老,稍尚虚谈。于时篇什,理过其辞,淡乎寡味。爰及江表,微波尚传。孙绰、许询、桓、庾诸公,诗皆平典似道德论,建安风力尽矣。

先是,郭景纯用俊上之才,变创其体;刘越石仗清刚之气,赞成厥美。然彼众我寡,未能动俗。

逮义熙中,谢益寿斐然继作。元嘉中,有谢灵运,才高词盛,富艳难踪,固以含跨刘、郭,陵轹潘、左。

故知陈思为建安之杰,公干、仲宣为辅。陆机为太康之英,安仁、景阳为辅。谢客为元嘉之雄,颜延年为辅:斯皆五言之冠冕,文词之命世也。

夫四言,文约意广,取效风骚,便可多得。每苦文繁而意少,故世罕习焉。五言居文词之要,是众作之有滋味者也。故云会于流俗。岂不以指事造形,穷情写物,最为详切者耶?

故诗有三义焉:一曰兴,二曰比,三曰赋。文已尽而义有余,兴也;

因物喻志，比也；直书其事，寓言写物，赋也。弘斯三义，酌而用之，干之以风力，润之以丹彩，使味之者无极，闻之者动心，是诗之至也。若专用比兴，则患在意深，意深则词踬。若但用赋体，则患在意浮，意浮则文散，嬉成流移，文无止泊，有芜蔓之累矣。

若乃春风春鸟，秋月秋蝉，夏云暑雨，冬月祁寒，斯四候之感诸诗者也。嘉会寄诗以亲，离群托诗以怨。至于楚臣去境，汉妾辞宫。或骨横朔野，或魂逐飞蓬。或负戈外戍，杀气雄边。塞客衣单，孀闺泪尽。或士有解佩出朝，一去忘返。女有扬蛾入宠，再盼倾国。凡斯种种，感荡心灵，非陈诗何以展其义？非长歌何以骋其情？故曰："诗可以群，可以怨。"使穷贱易安，幽居靡闷，莫尚于诗矣。

观王公缙绅之士，每博论之余，何尝不以诗为口实。随其嗜欲，商榷不同，淄渑并泛，朱紫相夺，喧议竞起，准的无依。近彭城刘士章，俊赏之士，疾其淆乱，欲为当世诗品，口陈标榜。其文未遂，感而作焉。

昔九品论人，七略裁士，校以宾实，诚多未值。至若诗之为技，较尔可知。以类推之，殆均博弈。方今皇帝，资生知之上才，体沉郁之幽思，文丽日月，赏究天人。昔在贵游，已为称首。况八纮既奄，风靡云蒸，抱玉者联肩，握朱者踵武。以瞰汉、魏而不顾，吞晋、宋于胸中。谅非农歌辕议，敢致流别。嵘之今录，庶周旋于闾里，均之于谈笑耳。

一品之中，略以世代为先后，不以优劣为诠次。又其人既往，其文克定，今所寓言，不录存者。

夫属词比事，乃为通谈。若乃经国文符，应资博古。撰德驳奏，宜穷往烈。至乎吟咏情性，亦何贵于用事？"思君如流水"，即是即目。"高台多悲风"，亦唯所见。"清晨登陇首"，羌无故实。"明月照积雪"，讵出经史？观古今胜语，多非补假，皆由直寻。

颜延、谢庄，尤为繁密，于时化之。故大明、泰始中，文章殆同书抄。近任昉、王元长等，词不贵奇，竞须新事。尔来作者，寝以成俗。遂乃句无虚语，语无虚字，拘挛补衲，蠹文已甚。但自然英旨，罕直其人。词既失高，则宜加事义。虽谢天才，且表学问，亦一理乎。

陆机《文赋》，通而无贬；李充《翰林》，疏而不切；王微《鸿宝》，密而无裁；颜延《论文》，精而难晓；挚虞《文志》，详而博赡，颇曰知言。观斯数家，皆就谈文体，而不显优劣。至于谢客诗集，逢诗辄取；张骘《文士》，逢文即书。诸英志录，并义在文，曾无品第。

昔曹、刘殆文章之圣，陆、谢为体贰之才。锐精研思，千百年中，而不闻宫商之辨，四声之论。或谓前达偶然不见，岂其然乎？

尝试言之，古曰诗颂，皆被之金竹。故非调五音，无以谐会。若"置酒高堂上""明月照高楼"为韵之首。故三祖之词，文或不工，而韵入歌唱，此重音韵之义也。与世之言宫商异矣。今既不被管弦，亦何取于声律耶？

齐有王元长者，尝谓余云："宫商与二仪俱生，自古词人不知之，唯颜宪子乃云律吕音调，而其实大谬。唯见范晔、谢庄颇识之耳。尝欲进知音论未就。"王元长创其首，谢朓、沈约扬其波。三贤或贵公子孙，幼有文辩。于是士流景慕，务为精密。襞积细微，专相陵架。故使文多拘忌，伤其真美。余谓文制，本须讽读，不可蹇碍，但令清浊通流，口吻调利，斯为足矣。至平、上、去、入，则余病未能；蜂腰、鹤膝，闾里已具。

陈思赠弟，仲宣七哀，公干思友，阮籍咏怀，子卿双凫，叔夜双鸾，茂先寒夕，平叔衣单，安仁倦暑，景阳苦雨，灵运邺中，士衡拟古，越石感乱，景纯咏仙，王微风月，谢客山泉，叔源离宴，鲍照戍边，太冲咏史，颜延入洛，陶公咏贫之制，惠连捣衣之作，斯皆五言之警策者也。所谓篇章之珠泽，文彩之邓林。

（南朝梁）钟嵘《诗品》，古直笺，许文雨讲疏，杨焄辑校，上海古籍出版社2020年版

诗品卷上

古诗

其体源出于《国风》。陆机所拟十四首，文温以丽，意悲而远，惊心动魄，可谓几乎一字千金！其外"去者日以疏"四十五首，虽多哀怨，颇为总杂。旧疑是建安中曹、王所制。"客从远方来""橘柚垂华实"，亦为惊绝矣！人代冥灭，而清音独远，悲夫！

汉都尉李陵

其源出于《楚辞》。文多凄怆，怨者之流。陵，名家子，有殊才，生命不谐，声颓身丧。使陵不遭辛苦，其文亦何能至此！

汉婕妤班姬

其源出于李陵。《团扇》短章，词旨清捷，怨深文绮，得匹妇之致。

侏儒一节，可以知其工矣！

魏陈思曹植

其源出于《国风》。骨气奇高，词采华茂，情兼雅怨，体被文质，粲溢今古，卓尔不群。嗟乎！陈思之于文章也，譬人伦之有周、孔，鳞羽之有龙凤，音乐之有琴笙，女工之有黼黻。俾尔怀铅吮墨者，抱篇章而景慕，映馀晖以自烛。故孔氏之门如用诗，则公干升堂，思王入室，景阳、潘、陆，自可坐于廊庑之间矣。

魏文学刘桢

其源出于《古诗》。仗气爱奇，动多振绝。真骨凌霜，高风跨俗。但气过其文，雕润恨少。然自陈思已下，桢称独步。

魏侍中王粲

其源出于李陵。发愀怆之词，文秀而质羸。在曹、刘间，别构一体。方陈思不足，比魏文有馀。

晋步兵阮籍

其源出于《小雅》。无雕虫之功。而《咏怀》之作，可以陶性灵，发幽思。言在耳目之内，情寄八荒之表。洋洋乎会于《风》《雅》，使人忘其鄙近，自致远大，颇多感慨之词。厥旨渊放，归趣难求。颜延年注解，怯言其志。

晋平原相陆机

其源出于陈思。才高词赡，举体华美。气少于公干，文劣于仲宣。尚规矩，不贵绮错，有伤直致之奇。然其咀嚼英华，厌饫膏泽，文章之渊泉也。张公叹其大才，信矣！

晋黄门郎潘岳

其源出于仲宣。《翰林》叹其翩翩然如翔禽之有羽毛，衣服之有绡縠，犹浅于陆机。谢混云："潘诗烂若舒锦，无处不佳，陆文如披沙简金，往往见宝。"嵘谓益寿轻华，故以潘为胜；《翰林》笃论，故叹陆为深。余常言陆才如海，潘才如江。

晋黄门郎张协

其源出于王粲。文体华净，少病累。又巧构形似之言，雄于潘岳，靡于太冲。风流调达，实旷代之高手。调采葱菁，音韵铿锵，使人味之亹亹不倦。

晋记室左思

其源出于公干。文典以怨，颇为精切，得讽谕之致。虽野于陆机，而深于潘岳。谢康乐尝言："左太冲诗，潘安仁诗，古今难比。"

宋临川太守谢灵运

其源出于陈思。杂有景阳之体。故尚巧似，而逸荡过之，颇以繁芜为累。嵘谓若人兴多才高，寓目辄书，内无乏思，外无遗物，其繁富宜哉！然名章迥句，处处间起；丽典新声，络绎奔会。譬犹青松之拔灌木，白玉之映尘沙，未足贬其高洁也。初，钱塘杜明师夜梦东南有人来入其馆，是夕，即灵运生于会稽。旬日，而谢玄亡。其家以子孙难得，送灵运于杜治养之。十五方还都，故名"客儿"。

（南朝梁）钟嵘《诗品》，古直笺，许文雨讲疏，杨焄辑校，上海古籍出版社 2020 年版

诗品卷中

汉上计秦嘉嘉妻徐淑

夫妻事既可伤，文亦凄怨。为五言者，不过数家，而妇人居二。徐淑叙别之作，亚于《团扇》矣。

魏文帝

其源出于李陵，颇有仲宣之体。则所计百许篇，率皆鄙质如偶语。惟"西北有浮云"十余首，殊美赡可玩，始见其工矣。不然，何以铨衡群彦，对扬厥弟者邪？

晋中散嵇康

颇似魏文。过为峻切，讦直露才，伤渊雅之致。然托喻清远，良有鉴裁，亦未失高流矣。

晋司空张华

其源出于王粲。其体华艳，兴托不奇，巧用文字，务为妍冶。虽名高曩代，而疏亮之士，犹恨其儿女情多，风云气少。谢康乐云："张公虽复千篇，犹一体耳。"今置之中品疑弱，处之下科恨少，在季、孟之间矣。

魏尚书何晏晋冯翊守孙楚晋著作王赞晋司徒掾张翰晋中书令潘尼

平叔鸿鹄之篇，风规见矣。子荆零雨之外，正长朔风之后，虽有累札，良亦无闻。季鹰黄华之唱，正叔绿之章，虽不具美，而文彩高丽，并得虬龙片甲，凤凰一毛。事同驳圣，宜居中品。

魏侍中应璩

祖袭魏文。善为古语，指事殷勤，雅意深笃，得诗人激刺之旨。至于

"济济今日所"，华靡可讽味焉。

晋太尉刘琨晋中郎卢谌

其源出于王粲。善为凄戾之词，自有清拔之气。琨既体良才，又罹厄运，故善叙丧乱，多感恨之词。中郎仰之，微不逮者矣。

晋弘农太守郭璞

宪章潘岳，文体相辉，彪炳可玩。始变永嘉平淡之体，故称中兴第一。《翰林》以为诗首。但《游仙》之作，词多慷慨，乖远玄宗。而云："奈何虎豹姿。"又云："戢翼栖榛梗。"乃是坎壈咏怀，非列仙之趣也。

晋吏部郎袁宏

彦伯《咏史》，虽文体未遒，而鲜明紧健，去凡俗远矣。

晋处士郭泰机晋常侍顾恺之宋谢世基宋参军顾迈宋参军戴凯

泰机寒女之制，孤怨宜恨。长康能以二韵答四首之美。世基横海，顾迈鸿飞。戴凯人实贫羸，而才章富健。观此五子，文虽不多，气调警拔，吾许其进，则鲍照、江淹未足逮止。越居中品，佥曰宜哉。

宋徵士陶潜

其源出于应璩，又协左思风力。文体省净，殆无长语。笃意真古，辞兴婉惬。每观其文，想其人德。世叹其质直。至如"欢言醉春酒""日暮天无云"，风华清靡，岂直为田家语邪？古今隐逸诗人之宗也。

宋光禄大夫颜延之

其源出于陆机。尚巧似。体裁绮密，情喻渊深，动无虚散，一句一字，皆致意焉。又喜用古事，弥见拘束，虽乖秀逸，是经纶文雅才。雅才减若人，则蹈于困踬矣。汤惠休曰："谢诗如芙蓉出水，颜如错彩镂金。"颜终身病之。

宋豫章太守谢瞻宋仆射谢混宋太尉袁淑宋徵君王微宋征虏将军王僧达

其源出于张华。才力苦弱，故务其清浅，殊得风流媚趣。课其实录，则豫章仆射，宜分庭抗礼。徵君、太尉，可托乘后车。征虏卓卓，殆欲度骅骝前。

宋法曹参军谢惠连

小谢才思富捷，恨其兰玉凋，故长辔未骋。《秋怀》《捣衣》之作，虽复灵运锐思，亦何以加焉。又工为绮丽歌谣，风人第一。《谢氏家录》云："康乐每对惠连，辄得佳语。后在永嘉西堂，思诗竟日不就。寤寐间忽见惠连，即成'池塘生春草'。故尝云：'此语有神助，非吾语也。'"

宋参军鲍照

其源出于二张，善制形状、写物之词，得景阳之諔诡，含茂先之靡嫚。骨节强于谢混，驱迈疾于颜延。总四家而擅美，跨两代而孤出。嗟其才秀人微，故取湮当代。然贵尚巧似，不避危仄，颇伤清雅之调。故言险俗者，多以附照。

齐吏部谢朓

其源出于谢混，微伤细密，颇在不伦。一章之中，自有玉石，然奇章秀句，往往警遒，足使叔源失步，明远变色。善自发诗端，而末篇多踬，此意锐而才弱也，至为后进士子之所嗟慕。朓极与余论诗，感激顿挫过其文。

梁卫将军范云梁中书郎邱迟

范诗清便宛转，如流风回雪。邱诗点缀映媚，似落花依草。故当浅于江淹，而秀于任昉。

梁太常任昉

彦昇少年为诗不工，故世称沈诗任笔，昉深恨之。晚节爱好既笃，文亦遒变。善铨事理，拓体渊雅，得国士之风，故擢居中品。但昉既博物，动辄用事，所以诗不得奇。少年士子，效其如此，弊矣。

梁左光禄沈约

观休文众制，五言最优。详其文体，察其余论，固知宪章鲍明远也。所以不闲于经纶，而长于清怨。永明相王爱文，王元长等皆宗附之。约于时谢朓未遒，江淹才尽，范云名级故微，故约称独步。虽文不至其工丽，亦一时之选也。见重闾里，诵咏成音。嵘谓约所著既多，今翦除淫杂，收其精要，允为中品之第矣。故当词密于范，意浅于江也。

（南朝梁）钟嵘《诗品》，古直笺，许文雨讲疏，杨焄辑校，上海古籍出版社2020年版

诗品卷下

汉令史班固汉孝廉郦炎汉上计赵壹

孟坚才流，而老于掌故。观其《咏史》，有感叹之词。文胜讬咏灵芝，怀寄不浅。元叔散愤兰蕙，指斥囊钱。苦言切句，良亦勤矣。斯人也，而有斯困，悲夫！

晋中书张载晋司隶傅玄晋太仆傅咸晋侍中缪袭晋散骑常侍夏侯湛

孟阳诗，乃远惭厥弟，而近超两傅。长、虞父子，繁富可嘉。孝冲虽

曰后进，见重安仁。熙伯《挽歌》，唯以造哀尔。

晋骠骑王济晋征南将军杜预晋廷尉孙绰晋徵士许询

永嘉以来，清虚在俗。王武子辈诗，贵道家之言。爰洎江表，玄风尚备。真长、仲祖、桓、庾诸公犹相袭。世称孙、许，弥善恬淡之词。

宋孝武帝宋南平王铄宋建平王宏

孝武诗，雕文织彩，过为精密，为二藩希慕，见称轻巧矣。

宋光禄谢庄

希逸诗，气候清雅，不逮于范、袁。然兴属闲长，良无鄙促也。

齐惠休上人齐道猷上人齐释宝月

惠休淫靡，情过其才。世遂匹之鲍照，恐商、周矣。羊曜璠云："是颜公忌照之文，故立休、鲍之论。"庚、帛二胡，亦有清句。《行路难》是东阳柴廓所造。宝月尝憩其家，会廓亡，因窃而有之。廓子赍手本出都，欲讼此事，乃厚赂止之。

齐高帝齐征北将军张永齐太尉王文宪

齐高帝诗，词藻意深，无所云少。张景云虽谢文体，颇有古意。至如王师文宪，既经国图远，或忽是雕虫。

齐黄门谢超宗齐浔阳太守丘灵鞠鞠齐给事中郎刘祥（字显微）齐司徒长史檀超（字悦祖）齐正员郎钟宪齐（钟嵘从祖）齐诸暨令颜侧齐秀才顾则心

檀、谢七君，并祖袭颜延，欣欣不倦，得士大夫之雅致乎！余从祖正员尝云："大明、泰始中，鲍、休美文，殊已动俗，惟此诸人，傅颜、陆体。用固执不移。颜诸暨最荷家声。"

齐鲍令晖齐韩兰英

令晖歌诗，往往断绝清巧，拟古尤胜，唯百原淫矣。照尝答孝武云："臣妹才自亚于左芬，臣才不及太冲尔。"兰英绮密，甚有名篇。又善谈笑，齐武谓韩云："借使二媛生于上叶，则玉阶之赋，纨素之辞，未讵多也。"

齐仆射江祏

诗猗猗清润，弟祀明靡可怀。

齐雍州刺史张欣泰梁中书令范缜

欣泰、子真，并希古胜文，鄙薄俗制，赏心流亮，不失雅宗。

梁秀才陆厥

观厥文纬，具识丈夫之情状。自制未优，非言之失也。

梁步兵鲍行卿梁晋陵令孙察

行卿少年，甚擅风谣之美。察最幽微，而感赏至到耳。

（南朝梁）钟嵘《诗品》，古直笺，许文雨讲疏，杨焄辑校，上海古籍出版社2020年版

萧 统

萧统（501—531），字德施，南朝梁宗室、南朝文学家，梁武帝萧衍长子，梁简文帝萧纲、梁元帝萧绎长兄。其组织文人共同编选的《昭明文选》（又称《文选》），收录自周代至六朝梁以前七八百年间130多位作者、700余篇各种体裁的文学作品，针对中国自先秦以来文史哲不分的现象进行了梳理辨析，是中国历史上将文学与非文学加以区分的第一部选集。

文选序

式观元始，眇觌玄风，冬穴夏巢之时，茹毛饮血之世，世质民淳，斯文未作。逮乎"伏羲氏之王天下也，始画八卦，造书契，以代结绳之政，由是文籍生焉"。《易》曰："观乎天文，以察时变，观乎人文，以化成天下。"文之时义远矣哉！若夫椎轮为大辂之始，大辂宁有椎轮之质？增冰为积水所成，积水曾微增冰之凛。何哉？盖踵其事而增华，变其本而加厉。物既有之，文亦宜然；随时变改，难可详悉。

尝试论之曰：《诗序》云："诗有六义焉：一曰风，二曰赋，三曰比，四曰兴，五曰雅，六曰颂。"至于今之作者，异乎古昔。古诗之体，今则全取赋名。荀宋表之于前，贾马继之于末。自兹以降，源流寔繁。述邑居则有"凭虚""亡是"之作，戒畋游则有《长杨》《羽猎》之制。若其纪一事，咏一物，风云草木之兴，鱼虫禽兽之流，推而广之，不可胜载矣。

又楚人屈原，含忠履洁，君匪从流，臣进逆耳，深思远虑，遂放湘南。耿介之意既伤，壹郁之怀靡诉。临渊有怀沙之志，吟泽有憔悴之容。骚人之文，自兹而作。

诗者，盖志之所之也。情动于中而形于言。《关雎》《麟趾》，正始之道著；《桑间》《濮上》，亡国之音表。故风雅之道，粲然可观。自炎汉中

叶，厥途渐异。退傅有"在邹"之作，降将著"河梁"之篇。四言五言，区以别矣。又少则三字，多则九言，各体互兴，分镳并驱。颂者，所以游扬德业，褒赞成功。吉甫有"穆若"之谈，季子有"至矣"之叹。舒布为诗，既言如彼；总成为颂，又亦若此。次则箴兴于补阙，戒出于弼匡，论则析理精微，铭则序事清润，美终则诔发，图像则赞兴。又诏诰教令之流，表奏笺记之列，书誓符檄之品，吊祭悲哀之作，答客指事之制，三言八字之文，篇辞引序，碑碣志状，众制锋起，源流间出。譬陶匏异器，并为入耳之娱；黼黻不同，俱为悦目之玩。作者之致，盖云备矣！

余监抚余闲，居多暇日。历观文囿，泛览辞林，未尝不心游目想，移晷忘倦。自姬汉以来，眇焉悠邈。时更七代，数逾千祀。词人才子，则名溢于缥囊；飞文染翰，则卷盈乎缃帙。自非略其芜秽，集其清英，盖欲兼功，太半难矣！若夫姬公之籍，孔父之书，与日月俱悬，鬼神争奥，孝敬之准式，人伦之师友，岂可重以芟夷，加之剪截？老、庄之作，管、孟之流，盖以立意为宗，不以能文为本，今之所撰，又以略诸。若贤人之美辞，忠臣之抗直，谋夫之话，辨士之端，冰释泉涌，金相玉振。所谓坐狙丘，议稷下，仲连之却秦军，食其之下齐国，留侯之发八难，曲逆之吐六奇，盖乃事美一时，语流千载，概见坟籍，旁出子史。若斯之流，又亦繁博。虽传之简牍，而事异篇章，今之所集，亦所不取。至于记事之史，系年之书，所以褒贬是非，纪别异同，方之篇翰，亦已不同。若其赞论之综缉辞采，序述之错比文华，事出于深思，义归乎翰藻，故与夫篇什杂而集之。远自周室，迄于圣代，都为三十卷，名曰《文选》云耳。

（南朝梁）萧统编《文选》，（唐）李善注，中华书局1997年版

庾肩吾

庾肩吾（487—551），字子慎，南朝梁代著名的书法评论家，文学家。他的《书品》，与齐梁的谢赫《古画品录》，钟嵘《诗品》，沈约《棋品》等，构成了"品"文化现象，盛极一时，对后世的文艺批评有着极大的影响。

书品

予遍求邃古，逊访厥初，书名起于玄洛，字势发于仓史。故遗结绳取

诸爻象，诸形会诸人事，未有广此缄滕，深兹文契。

开篇玩古，则千载共朝；削简传今，则万里对面。记善则恶自削，书贤则过必改。玉历颁正而化俗，帝载陈言而设教。变通不极，日用无穷。与圣同功，参神并运。

若乃鸟迹孕于古文，壁书存于科斗。符陈帝玺，摹调蜀漆。署表宫门，铭题礼器。鱼犹舍凤，鸟已分虫。仁义起于麒麟，威形发于龙虎。云气时飘五色，仙人还作两童。龟若浮溪，蛇如赴穴。流星疑烛，垂露似珠。芝英转车，飞白掩素。参差倒薤，既思种柳之谣；长短悬针，复想定情之制。蚊脚傍低，鹄头仰立。填飘板上，缪起印中。波回堕镜之鸾，楷顾雕陵之鹊。

（南朝梁）庾肩吾《书品》，《历代书法论文选》，上海书画出版社2014年版

颜之推

颜之推（531—约597），字介，生于江陵（今湖北江陵），祖籍琅邪临沂（今山东临沂），中国古代文学家、教育家。著有《颜氏家训》，是中国历史上第一部内容丰富、体系宏大的家训，也是颜之推记述个人经历、思想、学识以告诫子孙的著作。

序致

夫圣贤之书，教人诚孝，慎言检迹，立身扬名，亦已备矣。

（南朝梁）颜之推《颜氏家训》，檀作文译注，中华书局2011年版

教子

上智不教而成，下愚虽教无益，中庸之人，不教不知也。古者圣王，有"胎教"之法，怀子三月，出居别宫，目不邪视，耳不妄听，音声滋味，以礼节之。书之玉版，藏诸金匮。生子咳提，师保固明孝仁礼义，导习之矣。

或问曰："陈亢喜闻君子之远其子，何谓也？"对曰："有是也。盖君子之不亲教其子也。《诗》有讽刺之辞，《礼》有嫌疑之诫，《书》有悖

乱之事，《春秋》有邪僻之讥，《易》有备物之象。皆非父子之可通言，故不亲授耳。"

（南朝梁）颜之推《颜氏家训》，檀作文译注，中华书局 2011 年版

风操

吾观《礼经》，圣人之教：箕帚匕箸，咳唾唯诺，执烛沃盥，皆有节文，亦为至矣。

《礼》云："忌日不乐"，正以感慕罔极，恻怆无聊，故不接外宾，不理众务耳。必能悲惨自居，何限于深藏也？

（南朝梁）颜之推《颜氏家训》，檀作文译注，中华书局 2011 年版

勉学

有志向者，遂能磨砺，以就素业；无履立者，自兹堕慢，便为凡人。人生在世，会当有业，农民则计量耕稼，商贾则讨论货贿，工巧则致精器用，伎艺则沉思法术，武夫则惯习弓马，文士则讲议经书。

夫明"六经"之指，涉百家之书，纵不能增益德行，敦厉风俗，犹为一艺，得以自资。父兄不可常依，乡国不可常保，一旦流离，无人庇荫，当自求诸身耳。谚曰："积财千万，不如薄伎在身。"伎之易习而可贵者，无过读书也。

有客难主人曰："吾见强弩长戟，诛罪安民，以取公侯者有吴；文义习吏，匡时富国，以取卿相者有吴；学备古今，才兼文武，身无禄位，妻子饥寒者，不可胜数，安足贵学乎？"主人对曰："夫命之穷达，犹金玉木石也；修以学艺，犹磨莹雕刻也。金玉之磨莹，自美其矿璞；木石之段块，自丑其雕刻。安可言木石之雕刻，乃胜金玉之矿璞哉？不得以有学之贫贱，比于无学之富贵也。"

世人读书者，但能言之，不能行之，忠孝无闻，仁义不足，加以断一条讼，不必得其理，宰千户县，不必理其民，问其造屋，不必知楣横而棁竖也，问其为田，不必知稷早而黍迟也，吟啸谈谑，讽咏辞赋，事既优闲，材增迂诞，军国经纶，略无施用，故为武人俗吏所共嗤诋，良由是乎？

（南朝梁）颜之推《颜氏家训》，檀作文译注，中华书局 2011 年版

文章

夫文章者，原出"五经"：诏命策檄，生于《书》者也；序述论议，

生于《易》者也；歌咏赋颂，生于《诗》者也；祭祀哀诔，生于《礼》者也；书奏箴铭，生于《春秋》者也。朝廷宪章，军旅誓诰，敷显仁义，发明功德，牧民建国，施用多途。至于陶冶性灵，从容讽谏，入其滋味，亦乐事也。行有余力，则可习之。

每尝思之，原其所积，文章之体，标举兴会，发引性灵，使人矜伐，故忽于持操，果于进取。

或问扬雄曰："吾子少而好赋？"雄曰："然。童子雕虫篆刻，壮夫不为也。"余窃非之曰：虞舜歌南风之诗，周公作鸱鸮之咏，吉甫、史克雅、颂之美者，未闻皆在幼年累德也。孔子曰："不学诗，无以言。""自卫返鲁，乐正，雅、颂各得其所。"大明孝道，引诗证之。扬雄安敢忽之也？若论"诗人之赋丽以则，辞人之赋丽以淫"，但知变之而已，又未知雄自为壮夫何如也？

文章当以理致为心旅，气调为筋骨，事义为皮肤，华而为冠冕。

古人之文，宏才逸气，体度风格，去今实远；但缉缀疏朴，未为密致耳。

挽歌辞者，或云古者《虞殡》之歌，或云出自田横之客，皆为生者悼往告哀之意。

凡诗人之作，刺箴美颂，各有源流，未尝混杂，善恶同篇也。

（南朝梁）颜之推《颜氏家训》，檀作文译注，中华书局2011年版

杂艺

真草书迹，微须留意。江南谚云："尺牍书疏，千里面目也。"承晋宋余俗，相与事之，故无顿狼狈者。吾幼承门业，加性爱重，所见法书亦多，而玩习功夫颇至，遂不能佳者，良由无分故也。然而此艺不须过精。夫巧者劳而智者忧，常为人所役使，更觉为累。

画绘之工，亦为妙矣，自古名士，多或能之。

玩阅古今，特可宝爱。若官未通显，每被公私使令，亦为狼役。

弧矢之利，以威天下，先王所以观德择贤，亦济身之急务也。

《礼》曰："君子无故不彻琴瑟。"古来名士，多所爱好。洎于梁初，衣冠子孙，不知琴者，号有所阙。大同以末，斯风顿尽。然而此乐音音雅致，有深味哉！今世曲解，虽变于古，犹足以畅神情也。唯不可令有称誉，见役勋贵，处之下坐，以取残杯冷炙之辱。戴安道犹遭之，况尔

曹乎！

（南朝梁）颜之推《颜氏家训》，檀作文译注，中华书局2011年版

姚 最

姚最，生卒年不详（一说536—603），吴兴（今浙江）人，南北朝时期著名的绘画批评家。其最大的成就为南朝著名画论《续画品录》，又名《续画品》《后画品录》，是对谢赫的《古画品录》的补充与发展，是魏晋南北朝时期的主要画学论著之一。

续画品

夫丹青妙极，未易言尽，虽质沿古意，而文变今情。立万象于胸怀，传千祀于毫翰，故九楼之上，备表仙灵；四门之墉，广图贤圣。

斯乃情有抑扬，画无善恶。始信曲高和寡，非直名讴；泣血谬题，宁止良璞？将恐畴访理绝，永成沦丧，聊举一隅，庶同三益。

夫调墨染翰，志存精谨，课兹有限，应彼无方。燧变墨回，治点不息，眼眩素缛，意犹未尽。轻重微异，则妍鄙革形；丝发不从，则欢惨殊观。加以顷来容服，一月三改，首尾未周，俄成古拙，欲臻其妙，不亦难乎？岂可曾未涉川，遽云越海；俄睹鱼鳖，谓察蛟龙？凡厥等曹，未足与言画矣。

陈思王云：传出文士，图生巧夫。性尚分流，事难兼善。蹑方趾之迹易，不知圆行之步难；遇象谷之风翔，莫测吕梁之水蹈。虽欲游刃，理解终迷；空慕落尘，未全识曲。

若永寻河书，则图在书前；取譬《连山》，则言由象著。今莫不贵斯鸟迹，而贱彼龙文，消长相倾，有自来矣。

谢赫

右写貌人物，不俟对看，所须一览，便工操笔，点刷研精，意在切似，目想毫发，皆无遗失。丽服靓妆，随时变改，直眉曲鬓，与世事新。别体细微，多自赫始，遂使委巷逐末，皆类效颦。至于气运精灵，未穷生动之致；笔路纤弱，不副壮雅之怀。然中兴以后，像人莫及。

萧贲

右雅性精密，后来难尚。含毫命素，动必依真。尝画团扇，上为山

川,咫尺之内而瞻万里之遥,方寸之中乃辩千寻之峻。学不为人,自娱而已;虽有好事,罕见其迹。

沈粲

右笔迹调媚,专工绮罗,屏障所图,颇有情趣。

嵇宝钧、聂松

右二人无的师范而意兼真俗,赋彩鲜丽,观者悦情。若辩其优劣,则僧繇之亚。

焦宝愿

旁求造请,事均盗道之法;殚极斫轮,遂至兼采之勤。衣文树色,时表新异,点黛施朱,重轻不失。

袁质

右蒨之子。风神俊爽,不坠家声。曾见草《庄周木雁》《卞和抱璞》两图,笔势遒正,继父之美。若方之体物,则伯仁龙马之颂;比之书翰,则长胤狸骨之方。虽复语迹异途,而妙理同归一致。

(南朝陈)姚最《续画品》,陈传席《六朝画论研究》,中国青年出版社2014年版

刘　子

刘子(514—565),亦名刘昼,字孔昭,渤海阜城(今河北阜成东)人,北齐时期思想家。其所撰之《刘子》,针对当时的社会时弊,表达了自己治国安民的思想主张和为国建功立业、施展个人才能的政治抱负。

清神

今清歌奏而心乐,悲声发而心哀,神居体而遇感推移。以此而言之,则情之变动,自外至也。

七窍者,精神之户牖也;志气者,五脏之使候也。耳目之于声色,鼻口之于芳味,肌体之于安适,其情一也。

(北朝北齐)刘昼《刘子校释》,傅亚庶编,中华书局1998年版

防欲

目爱彩色,命曰伐性之斤;耳乐淫声,命曰攻心之鼓;口贪滋味,命

曰腐肠之药；鼻悦芳馨，命曰熏喉之烟；身安舆驷，命曰召蹶之机。此五者，所以养生，亦以伤生。耳目之于声色，鼻口之于芳味，肌体之于安适，其情一也。

声色芳味，所以悦人；悦之过理，还以害生。故明者刳情以遣累，约欲以守贞，食足以充虚接气，衣足以盖形御寒；靡丽之华，不以滑性；哀乐之感，不以乱神。

（北朝北齐）刘昼《刘子校释》，傅亚庶编，中华书局1998年版

崇学

至道无言，非立言无以明其理；大象无形，非立象无以测其奥。道象之妙，非言不津；津言之妙，非学不传。未有不因学而鉴道，不假学以光身者也。

夫茧缫以为丝，织为缣纨，缋以黼黻，则王侯服之；人学为礼仪，雕以文藻，而世人荣之。

山抱玉而草木润焉，川贮珠而岸不枯焉，口纳滋味而百节肥焉，心受典诰而五性通焉。故不登峻岭，不知天之高；不瞰深谷，不知地之厚；不游六艺，不知智之探。远而光华者，饰也；近而愈明者，学也。

（北朝北齐）刘昼《刘子校释》，傅亚庶编，中华书局1998年版

辩乐

乐者，天地之声，中和之纪，人情之所不能免也。人心喜则笑，笑则乐，乐则口欲歌之，手欲鼓之，足欲舞之。歌之舞之，容发于声音，形发于动静，而入于至遭。音声动静，性术之变，尽于此矣。故人不能无乐，乐则不能无形，形则不能无道，道则不能无乱。先王恶其乱也，故制雅乐以道之，使其声足乐而不淫，使其音调和而不诡，使其曲繁省而廉均。是以感人之善恶，不使放心邪气，是先王立乐之情也。

五帝殊时，不相沿乐，三王异世，不相袭礼；各像动德应时之变。故黄帝乐曰《云门》，颛顼曰《五茎》，喾曰《六英》，尧曰《咸池》，舜曰《箫韶》，禹曰《大夏》，汤曰《大濩》，武曰《大武》，此八乐之所以异名也。先王闻五声、播八音，非苟欲愉心娱耳，听其铿锵而已。将顺天地之体，成万物之性，协律吕之情，和阴阳之气，调八风之韵，通九歌之分。奏之环丘，则神明降；用之方泽，则幽祇升；击拊球石，则百兽率

舞；乐终九成，则瑞禽翔。上能感动天地，下则移风易俗，此德音之音，雅乐之情，盛德之乐也。

明王既泯，风俗凌迟，雅乐残废，而溺音竞兴。故夏甲作《破斧》之歌，始为东音；殷辛作靡靡之乐，始为北声。郑卫之俗好淫，故有《溱洧》《桑中》之曲；楚越之俗好勇，则有《赴汤》《蹈火》之歌。各咏其所好，歌其所欲，作之者哀，听之音泣。由心之所感，则形于声；声之所感，必流于心。故哀乐之心感，则焦杀啴缓之声应；濮上之音作，则淫泆邪放之志生。故延年造倾城之歌，汉武思靡嫚之色；雍门作松柏之声，齐泯愿未寒之服。荆轲入秦，宋意击筑歌于易水之上，闻者瞋目，发直穿冠；赵王迁于房陵，心怀故乡，作山水之讴，听者呜咽，泣涕流连。此皆淫泆凄怆、愤厉哀思之声，非理性和情德音之乐也。桓帝听楚琴，慷慨叹息，悲酸伤心，曰："善哉！为琴若此，岂非乐乎？"夫乐者，声乐而心和，所以和为乐也。今则声哀而心悲，流泪而歔欷，是以悲为乐也。若以悲为乐，亦何乐之有哉！今悲思之声，施于管弦，听音者不淫则悲。淫则乱男女之辩，悲则感怨思之声，岂所谓乐哉！

故奸声感人而逆气应之，逆气成象而淫乐兴焉，正声感人而顺气应之，顺气成象而和乐兴焉。乐不和顺，则气有蓄滞，气有蓄滞，则有悖逆诈伪之心、淫泆妄作之事。是以奸声乱色不留聪明，淫乐慝礼不接心术。使人心和而不乱者，雅乐之情也。故为诗颂以宣其志，钟鼓以节其耳，羽旄以制其目，听之者不倾，视之者不邪。耳目不倾不邪，则邪音不入，邪音不入，则情性内和，情性内和，然后乃为乐也。

（北朝北齐）刘昼《刘子校释》，傅亚庶编，中华书局1998年版

贵农

是以雕文刻镂，伤于农事，锦绣纂组，害于女工。农事伤，则饥之本也；女工害，则寒之源也。

故建国者必务田蚕之实，弃美丽之华，以谷帛为珍宝，比珠玉于粪土。何者？珠玉止于虚玩，而谷帛有实用也。假使天下瓦砾悉化为和璞，砂石皆变为隋珠，如值水旱之岁，琼粒之年，则璧不可以御寒，珠未可以充饥也。虽有夺日之鉴、代月之光，归于无用也。何异画为西施，美而不可悦；刻作桃李，似而不可食也。衣之与食，唯生人之所由，其最急者，食为本也。霜雪岩岩，苦盖不可以代裘；室如悬磬，草

木不可以当粮。

（北朝北齐）刘昼《刘子校释》，傅亚庶编，中华书局1998年版

爱民

政之于人，由琴瑟也，大弦急，则小弦绝，大弦阙矣。

（北朝北齐）刘昼《刘子校释》，傅亚庶编，中华书局1998年版

因显

夫樟木盘根钩枝，瘿节蠹皮，轮菌拥肿，则众眼不顾。匠者采焉，制为殿堂，涂以丹漆，画为黼藻，刚百辟卿士，莫不顺眄仰视。木性犹是也，而昔贱今贵者，良工为之容也。

（北朝北齐）刘昼《刘子校释》，傅亚庶编，中华书局1998年版

命相

相者，或见肌骨，或见声色，贤愚贵贱，修短吉凶，皆有表诊，故五岳崔嵬，有峻极之势；四渎皎洁，有川流之形；五色郁然，有云霞之观；五声铿然，有钟磬之音。

（北朝北齐）刘昼《刘子校释》，傅亚庶编，中华书局1998年版

适才

物有美恶，施用有宜；美不常珍，恶不终弃。紫貂白狐，制以为裘，郁若庆云，皎如荆玉，此裘衣之美也；压菅苍蒯，编以蓑芒，叶微疏系，黯若朽穰，此卉服之恶也。裘蓑虽异，被服实同；美恶虽殊，适用则均。今处绣户洞房，则蓑不如裘，被雪淋雨，则裘不如蓑。以此观之，适才所施，随时成务，各有宜也。

伏腊合欢，必歌《采菱》，牵石拖舟，则歌嘘与，非无《激楚》之音，然而弃不用者，方引重抽力，不知嘘与之宜也。

安陵神童，通国之丽也，八音繁会，使以嗷吹杂声而人悦之，则不及瞽师侏儒之美。

昔野人弃子贡之辩，而悦马圉之辞；越王退吹籁之音，而好鄙野之声。非子贡不及马圉，吹籁不若野声，然而美不必合，恶而见珍者，物各有用也。

《关雎》兴于鸟，而为《风》之道，美其挚而有别也；《鹿鸣》兴于兽，而为《雅》之端，嘉其得食而相呼也。以夫鸟兽之丑，苟有一善，诗人歌咏，以为美谈，奚况人之有善而可弃乎？

（北朝北齐）刘昼《刘子校释》，傅亚庶编，中华书局1998年版

慎言

日月者，天之文也；山川者，地之文也；言语者，人之文也。天文失，则有谪蚀之变；地文失，则有崩竭之灾；人文失，则有伤身之患。

《易》诫枢机，《诗》刺言玷。斯言一玷，非礛诸所磨；枢机既发，岂骇电所追？皆前圣之至慎，后人之埏熔。明者慎言，故无失言；暗者轻言，自致害灭。

（北朝北齐）刘昼《刘子校释》，傅亚庶编，中华书局1998年版

殊好

累榭洞房，珠帘玉扆，人之所悦也，鸟入而忧；耸石巉岩，轮菌虬结，猿狖之所便也，人上而栗；五音六律，《咸池》《箫韶》，人之所乐也，兽闻而振；悬濑碧潭，澜波汹涌，鱼龙之所安也，人入而畏。飞鹬甘烟，走貂美铁，云鸡嗜蛇，人好刍豢。鸟兽与人，受性既殊，形质亦异，所居隔绝，嗜好不同，未足怪也。

声色芳味，各有正性；善恶之分，皎然自露。不可以皂为白，以羽为角，以苦为甘，以臭为香。

赪颜玉理，盼视巧笑，众目之所悦也；轩皇爱嫫母之丑貌，不易落英之丽容，陈侯悦敦洽之丑状，弗贸阳文之婉姿。炮羔煎鸿，臛蠵臑熊，众口之所嗛；文王嗜菖蒲之菹，不易龙肝之味。《阳春》《白雪》，《嗷楚》《采菱》，众耳之所乐也，而汉顺听山鸟之音，云胜丝竹之响；魏文侯好捶凿之声，不贵金石之和。郁金玄憺，春兰秋蕙，众鼻之所芳也，海人悦至臭之味，不爱芬馨之气。若斯人者，皆性有所偏也，执其所好而与众人相反，则倒白为黑，变苦成甘，移角成羽，佩莸蒜当薰，美丑无定形，爱憎无正分也。

（北朝北齐）刘昼《刘子校释》，傅亚庶编，中华书局1998年版

随时

时有淳浇，俗有华茂，不可以一道治，不得以一体齐也。故无为以

化,三皇之时;法术以御,七雄之世;德义以柔,中国之心;政刑以威,四夷之性。故《易》贵随时,《礼》尚从俗,适时而行也。

故明镜所以照形,而盲者以之盖卮;玉笄所以饰首,而秃妪以之挂杙。非镜笄之不美,无用于彼也。

墨子俭啬,而非乐者,往见荆王,衣锦吹笙;非苟违性,随时好也。鲁哀公好儒服而削,代君修墨而残,徐偃公行仁而亡,燕哙为义而灭。

(北朝北齐)刘昼《刘子校释》,傅亚庶编,中华书局1998年版

风俗

是以先王伤风俗之不善,故立礼教以革其弊,制礼乐以和其性,风移俗易而天下正矣!

(北朝北齐)刘昼《刘子校释》,傅亚庶编,中华书局1998年版

正赏

赏者,所以辩情也。评者,所以绳理也。赏而不正,则情乱于实;评而不均,则理失其真。理之失也,由于贵古而贱今;情之乱也,在乎信耳而弃目。古今虽殊,其迹实同;耳目诚异,其识则齐。识齐而赏异,不可以称正;迹同而评殊,未得以言评。评正而赏翻,则情理并乱也。

由今人之画鬼魅者易为巧,摹犬马者难为工,何也?鬼魅质虚,而犬马质露也。质虚者,可托怪以示奇;形露者,不可诬罔以是非,难以其真而见妙也。托怪于无象,可假非而为是;取范于真形,则虽是而疑非。

观俗之论,非苟欲以贵彼而贱此,饰名而挫实,出于善恶混揉,真伪难分,摹法以度物为情,信心而定是非也。今以心察锱铢之重,则莫之能识;悬之权衡,则毫厘之重辨矣。

是以圣人知是非难明,轻重难定,制为法则,揆量物情。战权衡诚悬,不可欺以轻重;绳墨诚陈,不可诬以曲直;规矩诚设,不可罔以方圆。故摹法以测物,则真伪易辩矣;信心而度理,则是非难明矣。

越人臛蛇,以飨秦客,甘之以为鲤也;既而知其是蛇,攫喉而呕之,此为未知味也。赵人有曲者,托以伯牙之声,世人竞习之,后闻其非,乃束指而罢,此为未知音也。宋人得燕石,以为美玉,铜匣而藏之,后知是石,因捧匣而弃之,此为未识玉也。郢人为赋,托以灵均,举世而诵之,后知其非,皆缄口而捐之,此为未知文也。故以蛇为鲤者,唯易牙不失其

味；以赵曲为雅声者，唯钟期不溷其音；以燕石为美玉者，唯猗顿不谬其真；以郢赋为丽藻者，唯相如不滥其赏。

昔二人评玉，一人曰好，一人曰丑，久不能辩。客曰："尔来入吾目中，则好丑分矣！"夫玉有定形，而察之不同，非好相反，瞳睛殊也。堂珠黼幌，缀以金魄，碧流光霞，耀烂眩目，而醉者眸转，呼为焰火，非黼幌状移，自改变也。镜形如杯，以照西施，镜纵则面长，镜横则面广。非西施貌易，所照变也。海滨居者，望岛如舟，望舟如凫，而须舟者不造岛，射凫者不向舟，知是望远，目乱心惑也。山底行者，望岭树如簪，视岫虎如犬，而求簪者不上，亡犬者不往呼，知是望高，目乱而心惑也。至于观人论文，则以大为小，以能为鄙，而不知其目乱心惑也，与望山海不亦反乎？

昔者仲尼先饭黍，侍者掩口笑；于游扬袤而谂，曾参指挥而哂。以圣贤之举错非有谬也，而不免于嗤诮，奚况世人未有名称，其容止文华，能免于嗤诮者，岂不难也？以此观之，则正可以为邪，美可以称恶，名实颠倒，可为叹息也。

今述理者，贻之知音君子，聪达亮于前闻，明鉴出于意表，不以名实眩惑，不为古今易情，采其制意之本略其文外之华，不没纤芥之善，不掩萤爝之光，可谓千载一遇也。

（北朝北齐）刘昼《刘子校释》，傅亚庶编，中华书局1998年版

激通

登峭岭者则欲望远，临浚谷者必欲窥墟。墟墓之间使情哀，清庙之中使心敬。此处无心而情伪之发者，地势使之然也。故驶雪多积荒城之隈，急风好起沙河之上。克己类出甕牖之氓，决命必在吞气之士，何者？寒荒之地，风雪之所积，慷慨之怀，忠义之所聚，是以榎柟郁蹙，以成缛锦之瘤；蚌蛤结疴，以衔明月之珠。鸟飞则能翔青云之际，矢惊则能踰白雪之岭。

斯皆仍瘁以成明文之珍，因激以致高远之势。冲飚之激则折木，湍波之涌必漂石。风之体虚，水之性弱，而能披坚木转重石者，激势之所成也。故居不隐者，思不远也；身不危者，其志广也。

（北朝北齐）刘昼《刘子校释》，傅亚庶编，中华书局1998年版

言苑

妙必假物，而物非生妙；巧必因器，而器非成巧。是以羿无弧矢，不能中微，其中微者，非弧矢也；倕无斧斤，不能斫断，其善斫者，非斧斤也。画以摹形，故先质后文；言以写情，故先实后辩。无质而文，则画非形也；不实而辩，则言非情也。红黛饰容，欲以为艳，而动目者稀；挥弦繁弄，欲以为悲，而惊耳者寡；由于质不美也。质不美者，虽崇饰而不华；曲不和者，虽响疾而不哀。理动于心，而见于色，情发于衷，而形于声。故强权者，虽笑不乐；强哭者，虽哀不悲。耳闻所恶，不若无闻；目见所恶，不如无见。

（北朝北齐）刘昼《刘子校释》，傅亚庶编，中华书局1998年版

九流

儒者，晏婴、子思、孟轲、荀卿之类也。顺阴阳之性，明教化之术，游心于六艺，留情于五常，厚葬文服，重乐有命，祖述尧舜，宪章文武，宗师仲尼，以尊敬其道。然而薄者，流广文繁，难可穷究也。

观此九家之学，虽旨有深浅，辞有详略，偕儒形反，流分乖隔；然皆同其妙理，俱会治道，迹虽有殊，归趣无异。犹五行相灭，亦还相生；四气相反，而共成岁；淄渑殊源，同归于海；宫商异声，俱会于乐；夷惠同操，齐踪为贤；二子殊行，等迹为仁。

道者玄化为本，儒者德化为宗，九流之中，二化为最。夫道以无为化世，儒以六艺济俗；无为以清虚为心，六艺以礼教为训。

（北朝北齐）刘昼《刘子校释》，傅亚庶编，中华书局1998年版

本册目录

隋　唐 …………………………………………（477）
　王　通 …………………………………………（478）
　虞世南 …………………………………………（489）
　李百药 …………………………………………（489）
　孔颖达 …………………………………………（490）
　魏　征 …………………………………………（492）
　令狐德棻 ………………………………………（494）
　刘知几 …………………………………………（495）
　皎　然 …………………………………………（502）
　张怀瓘 …………………………………………（504）
　独孤及 …………………………………………（507）
　柳　冕 …………………………………………（509）
　梁　肃 …………………………………………（513）
　裴　度 …………………………………………（517）
　韩　愈 …………………………………………（518）
　柳宗元 …………………………………………（524）
　白居易 …………………………………………（530）
　刘禹锡 …………………………………………（538）
　李　翱 …………………………………………（539）
　皇甫湜 …………………………………………（544）
　贾　岛 …………………………………………（546）
　张彦远 …………………………………………（548）
　司空图 …………………………………………（549）
　皮日休 …………………………………………（550）

朱景玄	(555)
徐铉	(556)

宋　代 ……（558）

田锡	(559)
柳开	(560)
王禹偁	(566)
赵湘	(569)
孙僅	(572)
杨亿	(573)
智圆	(573)
穆修	(575)
范仲淹	(576)
孙复	(580)
石介	(581)
欧阳修	(587)
张方平	(597)
苏舜钦	(598)
李觏	(600)
苏洵	(602)
邵雍	(605)
周敦颐	(608)
郭若虚	(609)
曾巩	(611)
司马光	(616)
张载	(619)
王安石	(621)
王令	(626)
程颢	(629)
程颐	(630)
苏轼	(634)
苏辙	(644)
朱长文	(645)

黄　裳	（649）
黄庭坚	（653）
游　酢	（657）
吕南公	（657）
刘　弇	（662）
秦　观	（664）
陈师道	（667）
晁补之	（668）
杨　时	（669）
张　耒	（672）
李　廌	（677）
李　复	（679）
华　镇	（680）
毕仲游	（682）
李　錞	（683）
韩　拙	（684）
陈　旸	（686）
尹　焞	（687）
唐　庚	（688）
谢　逸	（689）
汪　藻	（690）
李　纲	（692）
吕本中	（694）
朱　松	（695）
胡　寅	（697）
郑　樵	（698）
汪应辰	（700）
张　戒	（701）
黄　彻	（704）
王　灼	（705）
洪　迈	（706）
陆　游	（707）

周必大 …………………………………………………… (709)
杨万里 …………………………………………………… (711)
陈 骙 …………………………………………………… (713)
朱 熹 …………………………………………………… (715)
张 栻 …………………………………………………… (728)
薛季宣 …………………………………………………… (729)
陆九渊 …………………………………………………… (732)
杨 简 …………………………………………………… (736)
陈 亮 …………………………………………………… (740)
叶 适 …………………………………………………… (744)
真德秀 …………………………………………………… (749)
魏了翁 …………………………………………………… (755)
王 柏 …………………………………………………… (762)
文天祥 …………………………………………………… (764)

金 元 …………………………………………………… (768)

王若虚 …………………………………………………… (769)
元好问 …………………………………………………… (770)
刘 祁 …………………………………………………… (775)
谢枋得 …………………………………………………… (776)
熊 禾 …………………………………………………… (778)
家铉翁 …………………………………………………… (779)
郝 经 …………………………………………………… (780)
袁 桷 …………………………………………………… (781)
刘将孙 …………………………………………………… (782)
杨维桢 …………………………………………………… (784)

隋　　唐

　　隋、唐、五代十国具有三百多年的历史，这一时期的艺术伦理思想，可以根据复古运动为中心，划分为三个阶段。第一阶段，隋至初唐时期，此时的艺术伦理思想正处于明而未融的转型时期，以隋代的王通、唐代的孔颖达为主要代表，基本主张"学者必贯乎道，文者必也济乎义"。这时复古运动已经初现端倪，艺术由六朝时期骈俪之风转变为这一时期的论艺重道。第二阶段，盛唐及中唐时期，此时正是复古运动的高潮时代，以道论文、"文道合一"的艺术伦理思想正炽，主要思想有柳冕所提倡的"君子之文，必有其道"、韩愈的"行之仁义之途，游乎诗书之源"以及柳宗元"文者以明道，好道而可文"。简言之，因文艺而及道，反过来，作文艺也归于道。第三阶段，晚唐及五代时期，皮日休与孙樵的文论、司空图的诗论以及张彦远的画论撑起了复古运动的消沉时代。这一时期的艺术伦理思想在文论、诗论与画论中得到发展，具体体现为在文论层面"圣人之文守其道，六艺于人"、诗论层面"诗品如见道心"和画论层面"夫画者，成教化，助人伦"。整体而言，隋唐五代的艺术伦理思想呈现出文艺创作内含着伦理道德，伦理道德为文艺创作的准备、建构与物化等阶段提供了内在的尺度的特征。

王　通

　　王通（584—617），字仲淹，号文中子。隋朝河东郡龙门县通化镇（今山西万荣）人，隋朝教育家、思想家。他在儒学发展中所作的贡献是郊仿孔子及其弟子所作《论语》而编《中说》，王通主张兴发中原王道、振兴儒学为教育的根本目的；王通认为人性本善，都具有本然的仁、义、礼、智、信"五德"，王通在《中说·事君篇》中提出"古君子志于道，据于德，依于人，而后艺可游也"的重道轻艺的主张，同时也主张"学者，必贯乎道，文者，必济乎义"。著有《中说》。

中之为义

　　噫！知天之高，必辩其所以高也。子之道其天乎？天道则简而功密矣。门人对问，如日星丽焉，虽环周万变，不出乎天中。今推策揆影，庶仿佛其端乎？大哉。中之为义！在《易》为二五，在《春秋》为权衡，在《书》为皇极，在《礼》为中庸。谓乎无形，非中也；谓乎有象，非中也。上不荡于虚无，下不局于器用；惟变所适，惟义所在；此中之大略也。《中说》者，如是而已。李靖问圣人之道，子曰："无所由，亦不至于彼。"又问彼之说，曰："彼，道之方也，必也。无至乎？"魏征问圣人忧疑，子曰："天下皆忧疑，吾独不忧疑乎？"退谓董常曰："乐天知命，吾何忧？穷理尽性，吾何疑？"举是深趣，可以类知焉。或有执文昧理，以模范《论语》为病，此皮肤之见，非心解也。

　　（隋）王通《中说·序》，王雪玲点校，辽宁教育出版社2001年版

学者，贯乎道；文者，济乎义

　　李伯药见子而论诗。子不答。伯药退谓薛收曰："吾上陈应、刘，下述沈、谢，分四声八病，刚柔清浊，各有端序，音若埙篪。而夫子不应我，其未达欤？"薛收曰："吾尝闻夫子之论诗矣：上明三纲，下达五常。于是征存亡，辩得失。故小人歌之以贡其俗，君子赋之以见其志，圣人采之以观其变。今子营营驰骋乎末流，是夫子之所痛也，不答则有由矣。"子曰："学者，博诵云乎哉？必也贯乎道。文者，苟作云乎哉？必也济

乎义。"

……

贾琼问君子之道。子曰："必先恕乎？"曰："敢问恕之说。"子曰："为人子者，以其父之心为心；为人弟者，以其兄之心为心。推而达之于天下，斯可矣。"子曰："君子之学进于道，小人之学进于利。"楚难作，使使召子，子不往。谓使者曰："为我谢楚公。天下崩乱，非王公血诚不能安。苟非其道，无为祸先。"

……

叔恬曰："文中子之教兴，其当隋之季世，皇家之未造乎？将败者吾伤其不得用，将兴者吾惜其不得见。其志勤，其言征，其事以苍生为心乎？"文中子曰："二帝三王，吾不得而见也，舍两汉将安之乎？大哉七制之主！其以仁义公恕统天下乎？其役简，其刑清，君子乐其道，小人怀其生。四百年间，天下无二志，其有以结人心乎？终之以礼乐，则三王之举也。"子曰："王道之驳久矣，礼乐可以不正乎？大义之芜甚矣，《诗》《书》可以不续乎？"

（隋）王通《中说·天地篇》，王雪玲点校，辽宁教育出版社 2001 年版

言声而不及雅；是天下无乐也；言文而不及理，是天下无文也

子谓薛收曰："昔圣人述史三焉：其述《书》也，帝王之制备矣，故索焉而皆获；其述《诗》也，兴衰之由显，故究焉而皆得；其述《春秋》也，邪正之迹明，故考焉而皆当。此三者，同出于史而不可杂也。故圣人分焉。"

文中子曰："吾视迁、固而下，述作何其纷纷乎！帝王之道，其暗而不明乎？天人之意，其否而不交乎？制理者参而不一乎？陈事者乱而无绪乎？"

子不豫，闻江都有变，泫然而兴曰："生民厌乱久矣，天其或者将启尧、舜之运，吾不与焉，命也。"

文中子曰："道之不胜时久矣，吾将若之何？"董常曰："夫子自秦归晋，宅居汾阳，然后三才五常，各得其所。"

薛收曰："敢问《续书》之始于汉，何也？"子曰："六国之弊，亡秦之酷，吾不忍闻也，又焉取皇纲乎？汉之统天下也，其除残秽，与民更

始，而兴其视听乎？"薛收曰："敢问《续诗》之备六代，何也？"子曰："其以仲尼《三百》始终于周乎？"收曰："然。"子曰："余安敢望仲尼！然至兴衰之际，未尝不再三焉。故具六代始终，所以告也。"

文中子曰："天下无赏罚三百载矣，《元经》可得不兴乎？"薛收曰："始于晋惠，何也？"子曰："昔者明王在上，赏罚其有差乎？《元经》褒贬，所以代赏罚者也。其以天下无主，而赏罚不明乎？"薛收曰："然则《春秋》之始周平、鲁隐，其志亦若斯乎？"子曰："其然乎？而人莫之知也。"薛收曰："今乃知天下之治，圣人斯在上矣；天下之乱，圣人斯在下矣。圣人达而赏罚行，圣人穷而褒贬作。皇极所以复建，而斯文不丧也。不其深乎？"再拜而出，以告董生。董生曰："仲尼没而文在兹乎？"

文中子曰："卓哉，周、孔之道！其神之所为乎？顺之则吉，逆之则凶。"

子述《元经》皇始之事，叹焉。门人未达，叔恬曰："夫子之叹，盖叹命矣。《书》云：天命不于常，惟归乃有德。戎狄之德，黎民怀之，三才其舍诸？"子闻之曰："凝，尔知命哉！"

子在长安，杨素、苏夔、李德林皆请见。子与之言，归而有忧色。门人问子，子曰："素与吾言终日，言政而不及化。夔与吾言终日，言声而不及雅。德林与吾言终日，言文而不及理。"门人曰："然则何忧？"子曰："非尔所知也。二三子皆朝之预议者也，今言政而不及化，是天下无礼也；言声而不及雅，是天下无乐也；言文而不及理，是天下无文也。王道从何而兴乎？吾所以忧也。"门人退。子援琴鼓《荡》之什，门人皆沾襟焉。

子曰："或安而行之，或利而行之，或畏而行之，及其成功，一也。稽德则远。"

（隋）王通《中说·王道篇》，王雪玲点校，辽宁教育出版社2001年版

守之以道，文典以达

子曰："王国之有风，天子与诸侯夷乎？谁居乎？幽王之罪也。故始之以《黍离》，于是雅道息矣。"子曰："五行不相沴，则王者可以制礼矣；四灵为畜，则王者可以作乐矣。"

子游孔子之庙。出而歌曰："大哉乎。君君臣臣，父父子子，兄兄弟

弟，夫夫妇妇！夫子之力也，其与太极合德，神道并行乎？"王孝逸曰："夫子之道，岂少是乎？"子曰："子未三复白圭乎？天地生我而不能鞠我，父母鞠我而不能成我，成我者夫子也。道不啬天地父母，通于夫子，受罔极之恩。吾子汩彝伦乎？"孝逸再拜谢之，终身不敢臧否。韦鼎请见。子三见而三不语，恭恭若不足。鼎出谓门人曰："夫子得志于朝廷，有不言之化，不杀之严矣。"

杨素谓子曰："天子求善御边者，素闻惟贤知贤，敢问夫子。"子曰："羊祜、陆逊，仁人也，可使。"素曰："已死矣，何可复使？"子曰："今公能为羊、陆之事则可，如不能，广求何益？通闻：迩者悦，远者来，折冲樽俎可矣。何必临边也？"子之家，《六经》毕备，朝服祭器不假，曰："三纲五常，自可出也。"

子曰："悠悠素餐者，天下皆是，王道从何而兴乎？"子曰："七制之主，其人可以即戎矣。"董常死，子哭于寝门之外，拜而受吊。裴晞问曰："卫玠称人有不及，可以情恕，非意相干，可以理遣。何如？"子曰："宽矣。"曰："仁乎？"曰："不知也。"阮嗣宗与人谈，则及玄远，未尝臧否人物，何如？"子曰："慎矣。"曰："仁乎？"曰："不知也。"子曰："恕哉，凌敬！视人之孤犹己也。"子曰："仁者，吾不得而见也，得见智者，斯可矣。智者，吾不得而见也，得见义者，斯可矣。如不得见，必也刚介乎？刚者好断，介者殊俗。"

薛收问至德要道。子曰："至德，其道之本乎？要道，其德之行乎？《礼》不云乎，至德为道本。《易》不云乎，显道神德行。"子曰："大哉神乎！所自出也。至哉，《易》也！其知神之所为乎？"子曰："我未见嗜义如嗜利者也。"子登云中之城，望龙门之关。曰："壮哉，山河之固！"贾琼曰："既壮矣，又何加焉？"子曰："守之以道。"降而宿于禹庙，观其碑首曰："先君献公之所作也，其文典以达。"

（隋）王通《中说·王道篇》，王雪玲点校，辽宁教育出版社2001年版

古今文章之辨

房玄龄问事君之道。子曰："无私。"问使人之道。曰："无偏。"曰："敢问化人之道。"子曰："正其心。"问礼乐。子曰："王道盛则礼乐从而兴焉，非尔所及也。"……子曰："古之为政者，先德而后刑，故其人悦

以恕；今之为政者，任刑而弃德，故其人怨以诈。"子曰："古之从仕者养人，今之从仕者养己。"……子曰："陈思王可谓达理者也，以天下让，时人莫之知也。"子曰："君子哉，思王也！其文深以典。"房玄龄问史。子曰："古之史也辩道，今之史也耀文。"问文。子曰："古之文也约以达，今之文也繁以塞。"薛收问《续诗》。子曰："有四名焉，有五志焉。何谓四名？一曰化，天子所以风天下也；二曰政，蕃臣所以移其俗也；三曰颂，以成功告于神明也；四曰叹，以陈诲立诚于家也。凡此四者，或美焉，或勉焉，或伤焉，或恶焉，或诫焉，是谓五志。"

（隋）王通《中说·事君篇》，王雪玲点校，辽宁教育出版社2001年版

内实达天下之道而公其心

子谓叔恬曰："汝为《春秋》《元经》乎？《春秋》《元经》于王道，是轻重之权衡，曲直之绳墨也，失则无所取衷矣。"子谓："《续诗》之有化，其犹先王之有雅乎？《续诗》之有政，其犹列国之有风乎？"

子曰："郡县之政，其异列国之风乎？列国之风深以固，其人笃。曰："我君不卒求我也，其上下相安乎？及其变也，劳而散，其人盖伤君恩之薄也，而不敢怨。郡县之政悦以幸，其人慕。"曰："我君不卒抚我也，其臣主屡迁乎？及其变也，苛而迫，其人盖怨吏心之酷也，而无所伤焉。虽有善政，未及行也。"魏征曰："敢问列国之风变，伤而不怨；郡县之政变，怨而不伤；何谓也？"子曰："伤而不怨，则不曰犹吾君也。吾得逃乎？何敢怨？怨而不伤，则不曰彼下矣。吾将贼之，又何伤？故曰三代之末，尚有仁义存焉；六代之季，仁义尽矣。何则？导人者非其路也。"

子曰："变风变雅作而王泽竭矣，变化变政作而帝制衰矣。"子曰："言取而行违，温彦博恶之；面誉而背毁，魏征恶之。"子曰："爱生而败仁者，其下愚之行欤？杀身而成仁者，其中人之行欤？游仲尼之门，未有不治中者也。"

陈叔达为绛郡守，下捕贼之令。曰："无急也，请自新者原之，以观其后。"子闻之曰："陈守可与言政矣。上失其道，民散久矣。苟非君子，焉能固穷？导之以德，悬之以信，且观其后，不亦善乎？"

薛收问："恩不害义，俭不伤礼，何如？"子曰："此文、景尚病其难

行也。夫废肉刑害于义，损之可也；衣弋绨伤乎礼，中焉可也。虽然，以文、景之心为之可也，不可格于后。"

子曰："古之事君也以道，不可则止；今之事君也以佞，无所不至。"

子曰："吾于赞《易》也，述而不敢论；吾于礼乐也，论而不敢辩；吾于《诗》《书》也，辩而不敢议。"或问其故。子曰："有可有不可。"曰："夫子有可有不可乎？"子曰："可不可，天下之所存也，我则存之者也。"……或问人善。子知其善则称之，不善，则曰："未尝与久也。"……芮城府君起家为御史，将行，谓文中子曰："何以赠我？"子曰："清而无介，直而无执。"曰："何以加乎？"子曰："太和为之表，至心为之内。行之以恭，守之以道。"退而谓董常曰："大厦将颠，非一木所支也。"

子曰："婚娶而论财，夷虏之道也，君子不入其乡。古者男女之族，各择德焉，不以财为礼。"子之族，婚嫁必具六礼。曰："斯道也，今亡矣。三纲之首不可废，吾从古。"子曰："恶衣薄食，少思寡欲，今人以为诈，我则好诈焉。不为夸衒，若愚似鄙，今人以为耻，我则不耻也。"子曰："古之仕也，以行其道；今之仕也，以逞其欲。难矣乎！"

子曰："吏而登仕，劳而进官，非古也，其秦之余酷乎？古者士登乎仕，吏执乎役，禄以报劳，官以授德。"

子曰："美哉，公旦之为周也！外不屑天下之谤而私其迹。曰：'必使我子孙相承，而宗祀不绝也。内实达天下之道而公其心。'曰：'必使我君臣相安，而祸乱不作。深乎深乎！安家者所以宁天下也，存我者所以厚苍生也。'故迁都之义曰：洛邑之地，四达而平，使有德易以兴，无德易以衰。"

（隋）王通《中说·事君篇》，王雪玲点校，辽宁教育出版社2001年版

仁义，《六经》之本也

子谓："《武德》之舞劳而决。其发谋动虑，经天子乎？"谓："《昭德》之舞闲而泰。其和神定气，绥天下乎？"太原府君曰："何如？"子曰："或决而成之，或泰而守之。吾不知其变也。噫！《武德》，则功存焉，不如《昭德》之善也。且《武》之未尽善久矣。其时乎？其时乎？"子谓史谈善述九流。"知其不可废，而知其各有弊也，安得长者之言哉？"

子曰："通其变，天下无弊法；执其方，天下无善教。"故曰："存乎其人。"子曰："安得圆机之士，与之共言九流哉？安得皇极之主，与之共叙九畴哉？"杜淹问："崔浩何人也？"子曰："迫人也。执小道，乱大经。"程元曰："敢问《豳风》何也？"子曰："变风也。"元曰："周公之际，亦有变风乎？"子曰："君臣相消，其能正乎？成王终疑，则风遂变矣。非周公至诚，孰能卒之哉？"元曰："《豳》居变风之末，何也？"子曰："夷王已下，变风不复正矣。夫子盖伤之者也，故终之以《豳风》。言变之可正也，唯周公能之，故系之以正，歌豳曰周之本也。呜呼，非周公孰知其艰哉？变而克正，危而克扶，始终不失于本，其惟周公乎？系之豳远矣哉！"

刘炫见子，谈"六经"。唱其端，终日不竭。子曰："何其多也。"炫曰："先儒异同，不可不述也。"子曰："一以贯之可矣。尔以尼父为多学而识之耶？"炫退，子谓门人曰："荣华其言，小成其道，难矣哉！"

凌敬问礼乐之本。子曰："无邪。"凌敬退，子曰："贤哉，儒也！以礼乐为问。"

子曰："《大风》安不忘危，其霸心之存乎？《秋风》乐极哀来，其悔志之萌乎？"

子曰："《诗》《书》盛而秦世灭，非仲尼之罪也；虚玄长而晋室乱。非老、庄之罪也；斋戒修而梁国亡，非释迦之罪也。《易》不云乎：苟非其人，道不虚行。"

或问佛。子曰："圣人也。"曰："其教何如？"曰："西方之教也，中国则泥。轩车不可以适越，冠冕不可以之胡，古之道也。"或问宇文俭。子曰："君子儒也。疏通知远，其《书》之所深乎？铜川府君重之，岂徒然哉？"子游太乐，闻《龙舟五更》之曲，瞿然而归。曰："靡靡乐也。作之邦国焉，不可以游矣。"子谓姚义："盍官乎？"义曰："舍道干禄，义则未暇。"子曰："诚哉！"或问荀彧、荀攸。子曰："皆贤者也。"曰："生死何如？"子曰："生以救时，死以明道，荀氏有二仁焉。"子曰："言而信，未若不言而信；行而谨，未若不行而谨。"贾琼曰："如何。"子曰："推之以诚，则不言而信；镇之以静，则不行而谨。惟有道者能之。"

……

贾琼问《续书》之义。子曰："天子之义列乎范者有四，曰制，曰诏，曰志，曰策。大臣之义载于业者有七，曰命，曰训，曰对，曰赞，曰议，曰诫，曰谏。"文中子曰："帝者之制，恢恢乎其无所不容。其有大制，制天下而不割乎？其上湛然，其下恬然。天下之危，与天下安之；天下之失，与天下正之。千变万化，吾常守中焉。其卓然不可动乎？其感而无不通乎？此之谓帝制矣。"文中子曰："《易》之忧患，业业焉，孜孜焉。其畏天悯人，思及时而动乎？"繁师玄曰："远矣，吾视《易》之道，何其难乎？"子笑曰："有是夫？终日乾乾可也。视之不臧，我思不远。"

越公聘子。子谓其使者曰："存而行之可也。"歌《干旄》而遣之。既而曰："玉帛云乎哉？"子谓房玄龄曰："好成者，败之本也；愿广者，狭之道也。"玄龄问："立功立言何如？"子曰："必也量力乎？"子谓："姚义可与友，久要不忘；贾琼可与行事，临难不变；薛收可与事君，仁而不佞；董常可与出处，介如也。"子曰："贱物贵我，君子不为也。好奇尚怪，荡而不止，必有不肖之心应之。"……贾琼请《六经》之本，曰："吾恐夫子之道或坠也。"子曰："尔将为名乎！有美玉姑待价焉。"杨玄感问孝。子曰："始于事亲，终于立身。"问忠。子曰："孝立则忠遂矣。"

（隋）王通《中说·事君篇》，王雪玲点校，辽宁教育出版社2001年版

志以成道，言以宣志

程元问叔恬曰："《续书》之有志有诏，何谓也？"叔恬以告文中子。子曰："志以成道，言以宣志。诏其见王者之志乎？其恤人也周，其致用也悉。一言而天下应，一令而不可易。非仁智博达，则天明命，其孰能诏天下乎？"叔恬曰："敢问策何谓也？"子曰："其言也典，其致也博，悯而不私，劳而不倦，其惟策乎？"子曰："《续书》之有命邃矣：其有君臣经略，当其地乎？其有成败于其间，天下悬之，不得已而临之乎？进退消息，不失其几乎？道甚大，物不废，高逝独往，中权契化，自作天命乎？"

文中子曰："事者，其取诸仁义而有谋乎？虽天子必有师，然亦何常师之有？唯道所存，以天下之身，受天下之训，得天下之道，成天下之务，民不知其由也，其惟明主乎？"文中子曰："广仁益智，莫善于问；乘事演道，莫善于对。非明君孰能广问？非达臣孰能专对乎？其因宜取类，无不经乎？洋洋乎，晁、董、公孙之对！"

文中子曰："有美不扬，天下何观？君子之于君，赞其美而匡其失也。所以进善不暇，天下有不安哉？"文中子曰："议，其尽天下之心乎？

昔黄帝有合宫之听，尧有衢室之问，舜有总章之访，皆议之谓也。大哉乎！并天下之谋，兼天下之智，而理得矣，我何为哉？恭己南面而已。"

子曰："人心惟危，道心惟微，言道之难进也。故君子思过而预防之，所以有诫也。切而不指，勤而不怨，曲而不谄，直而有礼，其惟诫乎？"子曰："改过不吝，无咎者善补过也。古之明王，讵能无过？从谏而已矣。故忠臣之事君也，尽忠补过。君失于上，则臣补于下；臣谏于下，则君从于上。此王道所以不跌也。取泰于否，易昏以明。非谏孰能臻乎？"

贾琼习《书》，至郅恽之事，问于子曰："敢问事、命、志、制之别。"子曰："制、命，吾著其道焉，志、事吾著其节焉。"贾琼以告叔恬。叔恬曰："《书》其无遗乎？《书》曰：惟精惟一，允执厥中。其道之谓乎？《诗》曰：采葑采菲，无以下体。其节之谓乎？"子闻之曰："凝其知《书》矣。"

子曰："事之于命也，犹志之有制乎？非仁义发中，不能济也。"子曰："达制、命之道，其知王公之所为乎？其得变化之心乎？达志、事之道，其知君臣之所难乎？其得仁义之几乎？"子曰："处贫贱而不慑，可以富贵矣；僮仆称其恩，可以从政矣；交游称其信，可以立功矣。"子曰："爱名尚利，小人哉！未见仁者而好名利者也。"

（隋）王通《中说·问易篇》，王雪玲点校，辽宁教育出版社2001年版

仁以守之，《春秋》可作，《元经》可兴

贾琼曰："《书》无制而有命，何也？"子曰："天下其无王而有臣乎？"曰："两汉有制、志，何也？"子曰："制，其尽美于恤人乎？志，其惭德于备物乎？"薛收曰："帝制其出王道乎？"子曰："不能出也。后之帝者，非昔之帝也。其杂百王之道，而取帝名乎？其心正，其迹谲。其乘秦之弊，不得已而称之乎？政则苟简，岂若唐、虞三代之纯懿乎？是以富人则可，典礼则未。"薛收曰："纯懿遂亡乎？"子曰："人能弘道，焉知来者之不如昔也？"

子谓李靖智胜仁，程元仁胜智。子谓董常几于道，可使变理。贾琼问："何以息谤？"子曰："无辩。"曰："何以止怨？"曰："无争。"

子曰："《易》，圣人之动也，于是乎用以乘时矣。故夫卦者，智之乡

也,动之序也。"薛生曰:"智可独行乎?"子曰:"仁以守之,不能仁则智息矣,安所行乎哉?"子曰:"元亨利贞。运行不匮者,智之功也。"子曰:"佞以承上,残以御下,诱之以义不动也。"

董常死,子哭之,终日不绝。门人曰:"何悲之深也?"曰:"吾悲夫天之不相道也。之子殁,吾亦将逝矣。明王虽兴,无以定礼乐矣。"子赞《易》,至《序卦》,曰:"大哉,时之相生也!达者可与几矣。"至《杂卦》,曰:"旁行而不流,守者可与存义矣。"子曰:"名实相生,利用相成,是非相明,去就相安也。"贾琼问:"太平可致乎?"子曰:"五常之典,三王之诰,两汉之制,粲然可见矣。"……薛生曰:"殇之后,帝制绝矣,《元经》何以不兴乎?"子曰:"君子之于帝制,并心一气以待也。倾耳以听,拭目而视,故假之以岁时。桓、灵之际,帝制遂亡矣。文、明之际,魏制其未成乎?太康之始,书同文,车同轨。君子曰:帝制可作矣,而不克振。故永熙之后,君子息心焉。"曰:"谓之何哉?《元经》于是不得已而作也?"文中子曰:"《春秋》作而典、诰绝矣,《元经》兴而帝制亡矣。"文中子曰:"诸侯不贡诗,天子不采风,乐官不达雅,国史不明变。呜呼!斯则久矣。《诗》可以不续乎?"

(隋)王通《中说·问易篇》,王雪玲点校,辽宁教育出版社2001年版

天下有道,圣人藏焉;天下无道,圣人彰焉

子曰:"《诗》有天下之作焉,有一国之作焉,有神明之作焉。"吴季札曰:"《小雅》其周之衰乎?《豳》其乐而不淫乎?"子曰:"孰谓季子知乐?《小雅》乌乎衰,其周之盛乎?《豳》乌乎乐,其勤而不怨乎?"子曰:"太和之主有心哉!"贾琼曰:"信美矣。"子曰:"未光也。"文中子曰:"《书》作,君子不荣禄矣。"

董常习《书》,告于子曰:"吴、蜀遂忘乎?"子慨然叹曰:"通也敢忘大皇昭烈之懿识,孔明、公瑾之盛心哉?"董常曰:"大哉,中国!五帝、三王所自立也,衣冠礼义所自出也。故圣贤景慕焉。中国有一,圣贤明之。中国有并,圣贤除之邪?"子曰:"噫!非中国不敢以训。"……董常曰:"子之《十二策》奚禀也?"子曰:"有天道焉,有地道焉,有人道焉,此其禀也。"董常曰:"噫!三极之道,禀之而行,不亦焕乎?"子曰:"《十二策》若行于时,则《六经》不续矣。"董常曰:"何谓也?"

子曰："仰以观天文，俯以察地理，中以建人极。吾暇矣哉！其有不言之教，行而与万物息矣。"

文中子曰："天下有道，圣人藏焉。天下无道，圣人彰焉。"董常曰："愿闻其说。"子曰："反一无迹，庸非藏乎？因贰以济，能无彰乎？如有用我者，当处于泰山矣。"董常曰："将冲而用之乎？《易》不云乎：易简而天地之理得矣。"

（隋）王通《中说·述史篇》，王雪玲点校，辽宁教育出版社2001年版

六经之本义

魏征曰："《书》云：惠迪吉，从逆凶，惟影响。《诗》云：不戢不难，受福不那。彼交匪傲，万福来求。其是之谓乎？"子曰："征其能自取矣。"董常曰："自取者其称人邪？"子曰："诚哉！惟人所召。"……

贾琼进曰："敢问死生有命，富贵在天，何谓也？"子曰："召之在前，命之在后，斯自取也。庸非命乎？噫！吾未如之何也已矣。"琼拜而出，谓程元曰："吾今而后知元命可作，多福可求矣。"程元曰："敬佩玉音，服之无斁。"……门人有问姚义："孔庭之法，曰《诗》曰《礼》，不及四经，何也？"姚义曰："尝闻诸夫子矣：《春秋》断物，志定而后及也；《乐》以和，德全而后及也；《书》以制法，从事而后及也；《易》以穷理，知命而后及也。故不学《春秋》，无以主断；不学《乐》，无以知和；不学《书》，无以议制；不学《易》，无以通理。四者非具体不能及，故圣人后之，岂养蒙之具邪？"或曰："然则《诗》《礼》何为而先也？"义曰："夫教之以《诗》，则出辞气，斯远暴慢矣；约之以《礼》，则动容貌，斯立威严矣。度其言，察其志，考其行，辩其德。志定则发之以《春秋》，于是乎断而能变；德全则导之以乐，于是乎和而知节；可从事，则达之以《书》，于是乎可以立制；知命则申之以《易》，于是乎可与尽性。若骤而语《春秋》，则荡志轻义；骤而语《乐》，则喧德败度；骤而语《书》，则狎法；骤而语《易》，则玩神。是以圣人知其必然，故立之以宗，列之以次。先成诸己，然后备诸物；先济乎近，然后形乎远。亶其深乎！亶其深乎！"子闻之曰："姚子得之矣。"

（隋）王通《中说·立命篇》，王雪玲点校，辽宁教育出版社2001年版

虞世南

虞世南（558—638），字伯施，越州余姚（今浙江慈溪观海卫鸣鹤场）人，南北朝至隋唐时期书法家、文学家、诗人、政治家，凌烟阁二十四功臣之一。唐太宗曾高度赞誉虞世南有"五绝"，即德行、忠直、博学、文辞、书翰。虞世南善书法，与欧阳询、褚遂良、薛稷合称"初唐四大家"。虞世南以儒学为规，修身力行，强调学习经史，崇尚孔子"节用而爱人"的思想主张，虞世南作为一代儒臣，强调书法学习的根本准则在于"心性发明"、纸笔相合。著有《笔髓论》。

心正气和，书字自妙

欲书之时，当收视反听，绝虑凝神，心正气和，则契于妙。心神不正，书则欹斜；志气不和，字则颠仆。其道同鲁庙之器，虚则欹，满则覆，中则正，正者冲和之谓也。然则字虽有质，迹本无为，禀阴阳而动静，体万物以成形，达性通变，其常不主。故知书道玄妙，必资神遇，不可以力求也。机巧必须心悟，不可以目取也。字形者，如目之视也。为目有止限，由执字体既有质滞，为目所视远近不同，如水在方圆，岂由乎水？且笔妙喻水，方圆喻字，所视则同，远近则异，故明执字体也。字有态度，心之辅也；心悟非心，合于妙也。且如铸铜为镜，明非匠者之明；假笔转心，妙非毫端之妙。必在澄心运思至微妙之间，神应思彻。又同鼓瑟纶音，妙响随意而生；握管使锋，逸态逐毫而应。学者心悟于至道，则书契于无为，苟涉浮华，终懵于斯理也。

（隋）虞世南《笔髓论·契妙》，《虞世南诗文集》，浙江古籍出版社2015年版

李百药

李百药（564—648），字重规，博陵安平（今河北安平）人。隋唐时期大臣、史学家、诗人。他的思想著作在史学上具有重大贡献。《北齐

书》共计50卷，大致记载了东魏、北齐（534—577）时期的历史，在文学方面的基本主张是"文章，玄象著明，圣达立言，化成天下"。著有《北齐书》。

夫文，圣达立言，情发于中

夫玄象著明，以察时变，天文也；圣达立言，化成天下，人文也。达幽显之情，明天人之际，其在文乎？逖听三古，弥纶百代，制礼作乐。腾实飞声，若或言之不文，岂能行之远也？……然文之所起，情发于中。人有六情，禀五常之秀；情感六气，顺四时序。其有帝资悬解，天纵多能，摘黼黻于生知，问珪璋于先觉，譬雕云之自成五色，犹仪凤之冥会八音，斯固感英灵以特达，非劳心所能致也。纵其情思底滞，关键不通，但伏膺无怠，钻仰斯切，驰骛胜流，周旋益友，强学广其闻见，专心屏于涉求，画缋饰以丹青，雕琢成其器用，是以学而知之，犹足贤乎已也。

（唐）李百药《北齐书》卷三十七《文苑传序》，上海集成图书公司1908年版

孔颖达

孔颖达（574—648），字冲远，冀州衡水（今河北衡水）人，唐初经学家。孔颖达在经学上的最大成就是奉诏主持编纂"旧说府库、资料宝藏"——《五经正义》，书名作"正义"，而从经学的意义上说，所谓"正义"也就是依据传注而加以疏通解释之意。作为经学诠释的范本，其中重点阐释礼乐制度，体现中华民族传统人文精神，对树立传统道德规范具有重要意义。著有《五经正义》。

诗有六义

诗者，志之所之也，在心为志，发言为诗。情动于中而行于言，言之不足，故嗟叹之，嗟叹之不足故永歌之，永歌之不足，不知手之舞之，足之蹈之也。情发于声，声成文谓之音。治世之音安以乐，其政和；乱世之音怨以怒，其政乖；亡国之音哀以思，其民困。故正得失，动天地，感鬼神，莫近于诗。先王以是经夫妇，成孝敬，厚人伦，美教化，移风俗。

故诗有六义焉"一曰风，二曰赋，三曰比，四曰兴，五曰雅，六曰颂"。上以风化下，下以风刺上，主文而谲谏，言之者无罪，闻之者足以戒，故曰风，至于王道衰，礼义废，政教失，国异政，家殊俗，而变风变雅作矣。国史明乎得失之迹，伤人伦之废，哀刑政之苛，吟咏情性，以风其上，达于事变而怀其旧俗者也，故变风发乎情，止乎礼义。发乎情，民之性也；止乎礼义，先王之泽也。是以一国之事，系一人之本，谓之风；言天下之事，形四方之风，谓之雅。雅者，正也，言王政之所由废兴也。政有大小，故有小雅焉，有大雅焉。颂者，美盛德之形容，以其成功告于神明者也。是谓四始，诗之至也。

（唐）孔颖达《诗大序正义》，《毛诗正义》卷一，文物出版社 1990 年版

六经教化，各有千秋

孔子曰："入其国，其教可知也。其为人也温柔敦厚，《诗》教也；疏通知远，《书》教也；广博易良，《乐》教也；洁静精微，《易》教也；恭俭庄敬，《礼》教也；属辞比事，《春秋》教也。""故《诗》之失，愚；《书》之失，诬；《乐》之失，奢；《易》之失，贼；《礼》之失，烦；《春秋》之失，乱。其为人也温柔敦厚而不愚，则深于《诗》者也。疏通知远而不诬，则深于《书》者也。广博易良而不奢，则深于《乐》者也。洁静精微而不贼，则深于《易》者也。恭俭庄敬而不烦，则深于《礼》者也。属辞比事而不乱，则深于《春秋》者也。"

（唐）孔颖达《礼记·经解第二十六》，《十三经注疏》，上海古籍出版社 1997 年版

乐以治心，致礼乐之道

君子曰：礼乐不可斯须去身。致乐以治心，则易直子谅之心油然生矣。易直子谅之心生则乐，乐则安，安则久，久则天，天则神。天则不言而信，神则不怒而威，致乐以治心者也。致礼以治躬则庄敬，庄敬则严威。心中斯须不和不乐，而鄙诈之心入之矣。外貌斯须不庄不敬，而慢易之心入之矣。故乐也者，动于内者也；礼也者，动于外者也。乐极和，礼极顺，内和而外顺，则民瞻其颜色，而不与争也。望其容貌，而众不生慢易焉。故德辉动乎内，而民莫不承听；理发乎外，而众莫不承顺。故曰：

致礼乐之道，而天下塞焉，举而错之无难矣。乐也者，动于内者也；礼也者，动于外者也。故礼主其减，乐主其盈；礼减而进，以进为文；乐盈而反，以反为文。礼减而不进则销，乐盈而不反则放。故礼有报而乐有反，礼得其报则乐，乐得其反则安。礼之报，乐之反，其义一也。

（唐）孔颖达《祭义第二十四》，《十三经注疏》，上海古籍出版社1997年版

诗教化民

温谓颜色温润，柔谓情性和柔。《诗》依违讽谏，不指切事情；故云温柔敦厚是《诗》教也。此一经以《诗》化民，虽用敦厚，能以义节之；欲使民虽敦厚，不至于愚。则是在上深达于《诗》之义理，能以《诗》教民也。故云。深于《诗》者也。

（唐）孔颖达《礼记·经解第二十六》，《十三经注疏》，上海古籍出版社1997年版

魏　征

魏征（580—643），字玄成，巨鹿郡下曲阳县（今河北晋州）人。唐朝宰相，杰出的政治家、思想家、文学家和史学家，魏征出任秘书监之职，主管国家藏书之事。他遵循儒家传统的诗教观，强调诗文对个人伦理教化的重要作用，他主张一方面关注艺术创作者的道德理想，另一方面也需强化艺术创作者的道德意识。著有《隋书》。

南北词各异，合其两长

江左宫商发越，贵于清绮；河朔词义贞刚，重乎气质。气质则理胜其词，清绮则文过其意。理深者便于时用，文华者宜于咏歌。此其南北词人得失之大较也。若能掇彼清音，简兹累句，各去所短，合其两长，则文质斌斌，尽善尽美矣。

（唐）魏征《隋书·文学传序》，商务印书馆1935年版

夫经籍者，实仁义之陶钧，诚道德之橐籥也

夫经籍也者，机神之妙旨，圣哲之能事，所以经天地，纬阴阳，正纪纲，

弘道德，显仁足以利物，藏用足以独善。学之者将殖焉，不学者将落焉。大业崇之，则成钦明之德；匹夫克念，则有王公之重。其王者之所以树风声，流显号，美教化，移风俗，何莫由乎斯道。故曰：其为人也，温柔敦厚，《诗》教也；疏通知远，《书》教也；广博易良，《乐》教也；洁静精微，《易》教也；恭俭庄敬，《礼》教也；属辞比事，《春秋》教也。遭时制宜，质文迭用，应之以通变，通变之以中庸。中庸则可久，通变则可大。其教有适，其用无穷。实仁义之陶钧，诚道德之橐籥也。其为用大矣，随时之义深矣，言无得而称焉。故曰：不疾而速，不行而至。今之所以知古，后之所以知今，其斯之谓也。是以大道方行，俯龟象而设卦；后圣有作，仰鸟迹以成文。书契已传，绳木弃而不用；史官既立，经籍于是兴焉。

（唐）魏征《隋书·经籍志》卷三十二志第二十七，中华书局1985年版

在心为志，发言为诗

《诗》者，所以导达心灵，歌咏情志者也。故曰："在心为志，发言为诗。"上古人淳俗朴，情志未惑。其后君尊于上，臣卑于下，面称为谄，目谏为谤，故诵美讥恶，以讽刺之。初但歌咏而已，后之君子，因被管弦，以存劝戒。夏、殷已上，诗多不存。周氏始自后稷，而公刘克笃前烈，太王肇基王迹，文王光昭前绪，武王克平殷乱，成王、周公化至太平，诵美盛德，踵武相继。幽、厉板荡，怨刺并兴。其后王泽竭而诗亡，鲁太师挚次而录之。孔子删诗，上采商，下取鲁，凡三百篇。

（唐）魏征《隋书·经籍志》卷三十二志第二十七，中华书局1985年版

夫音，乐己之德

夫音，本乎太始而生于人心，随物感动，播于形气。形气既著，协于律吕，宫商克谐，名之为乐。乐者，乐也。圣人因百姓乐己之德，正之以六律，文之以五声，咏之以九歌，舞之以八佾。实升平之冠带，王化之源本。《记》曰："感于物而动，故形于声。"夫人者，两仪之播气，而性情之所起也，恣其流湎，往而不归，是以五帝作乐，三王制礼，标举人伦，削平淫放。其用之也，动天地，感鬼神，格祖考，谐邦国。树风成化，象德昭功，启万物之情，通天下之志。若夫升降有则，宫商垂范。礼逾其制

则尊卑乖，乐失其序则亲疏乱。礼定其象，乐平其心，外敬内和，合情饰貌，犹阴阳以成化，若日月以为明也。

（唐）魏征《隋书》卷十三志第八，中华书局1985年版

令狐德棻

令狐德棻（583—666），字季馨，宜州华原县（今陕西铜川）人，唐朝史学家、藏书家。德棻不仅崇儒，也笃诚于佛教。《周书》主要为德棻所修，《周书》的《艺术传》则把方技视为对于社会有广博用处的技术手段，并且可以和仁义教化相辅相成，"仁义之于教，大矣，术艺之于用，博矣"。另一部著作《儒林传序》着重指出儒学具有十分深刻的现实意蕴就在于"正君臣，明贵贱，美教化，移风俗"。

权衡轻重，以备体斟酌古今

原文章之作，本乎情性，覃思则变化无方，形言则流条遂广。虽诗赋与奏议异轸，铭诔与书论殊涂，而撮其指要，举其大抵，莫若以气为主，以文传意，考具殿最，定其区域，摭六经百氏之英华，探屈、宋、卿、云之秘奥。其调也尚远，其旨也在深，其理也贵当，其辞也欲巧。然后莹金壁，播芝兰，文质因其宜，繁约适其变。权衡轻重，以备体斟酌古今，和而能壮，丽而能典，焕乎若五色之成章，纷乎犹八音之繁会。夫然，则魏文所谓通才，足矣；士衡所谓难能，足以逮意矣。

（唐）令狐德棻《王褒庾信传论》，《周书》，上海古籍出版社2018年版

穷其源而以圣贤之述，究其用而以纲纪、人伦为标准

两仪定位，日月扬晖，天文彰矣；八卦以陈，书契有作，人文详矣。若乃坟索所纪，莫得而云，《典谟》以降，遗风可述。是以曲阜多才多艺，鉴二代以正其本；阙里性与天道，修《六经》以维其末。故能范围天地，纲纪人伦。穷神知化，称首于千古；经邦纬俗，藏用于百代。至矣哉！斯固圣人之述作也。

逮乎两周道丧，七十义乖。淹中、稷下，八儒三墨，辩博之论蜂起；

漆园、黍谷，名法兵农，宏放之词雾集。虽雅诰奥义，或未尽善，考其所长，盖贤达之源流也。其后逐臣屈平，作《离骚》以叙志，宏才艳发，有恻隐之美。宋玉，南国词人，追逸辔而亚其迹。大儒荀况，赋礼智以陈其情，含章郁起，有讽论之义。贾生，洛阳才子，继清景而奋其晖。并陶铸性灵，组织风雅，词赋之作，实为其冠。

（唐）令狐德棻《王褒庾信传论》，《周书》，上海古籍出版社2018年版

刘知几

刘知几（661—721），字子玄，徐州彭城（今江苏徐州）人，史学家。刘知几认为史学家具有才、学、识三个重要素质，尤重史识。他强调直笔，提倡"不掩恶、不虚美""爱而知其丑，憎而知其善"。刘知几重视诗词的内蕴，驳斥堆砌华丽的辞藻，抨击六朝骈文的颓靡之风，主张运用当代通用的语言，反对依仿古语，拒斥以"形式"为第一要义的不正诗风。这些论点，都给后代散文家予以深刻的启发和影响，可以称得上是中唐古文运动之先声。著有《史通》。

六义不作，文章生焉

案迁、固列君臣于纪传，统遗逸于表、志，虽篇名甚广而言无独录。愚谓凡为史者，宜于表志之外，更立一书。若人主之制、册、诰、令，群臣之章、表、移、檄，收之纪传，悉入书部，题为"制册""章表书"，以类区别。他皆放此。亦犹志之有"礼乐志""刑法志"者也。又诗人之什，自成一家。故风、雅、比、兴，非《三传》所取。自六义不作，文章生焉。若韦孟讽谏之诗，扬雄出师之颂，马卿之书封禅，贾谊之论过秦，诸如此文，皆施纪传。窃谓宜从古诗例，断入书中。亦犹《舜典》列《元首子之歌》，《夏书》包《五子之咏》者也。夫能使史体如是，庶几《春秋》《尚书》之道备矣。

（唐）刘知几《史通·内篇·载言》，据《四部丛刊》本

史论立言，理当雅正

抑又闻之，帝王受命，历数相承，虽旧君已没，而致敬无改，岂可等之

凡庶，便书之以名者乎？近代文章，实同儿戏。有天子而称讳者，若姬满、刘庄之类是也。有匹夫而不名者，若步兵、彭泽之类是也。史论立言，理当雅正。如班述之叙圣卿也，而曰董公惟亮；范赞之言季孟也，至曰隗王得士。习谈汉主，则谓昭烈为玄德。裴引魏室，则目文帝为曹丕。夫以淫乱之臣，忽隐其讳，正朔之后，反呼其名。意好奇而辄为，文逐韵而便作。

用舍之道，其例无恒。但近代为史，通多此失。上才犹且若是，而况中庸者乎？今略举一隅，以存标格云尔。

（唐）刘知几《史通内篇·称谓》，上海古籍出版社2008年版

文史关系之密，其理说而切，其文简而要，足以惩恶劝善

夫观乎人文，以化成天下；观乎国风，以察兴亡。是知文之为用，远矣大矣。若乃宣、僖善政，其美载于周诗；怀、襄不道，其恶存乎楚赋。读者不以吉甫、奚斯为谄，屈平、宋玉为谤者，何也？盖不虚美，不隐恶故也。是则文之将史，其流一焉，固可以方驾南、董，俱称良直者矣。

爰洎中叶，文体大变，树理者多以诡妄为本，饰辞者务以淫丽为宗。譬如女工之有绮縠，音乐之有郑、卫。盖语曰：不作无益害有益。至如史氏所书，固当以正为主。是以虞帝思理，夏后失御，《尚书》载其元首、禽荒之歌；郑庄至孝，晋献不明，《春秋》录其大隧、狐裘之什。其理说而切，其文简而要，足以惩恶劝善，观风察俗者矣。若马卿之《子虚》《上林》，扬雄之《甘泉》《羽猎》，班固《两都》，马融《广成》，喻过其体，词没其义，繁华而失实，流宕而忘返，无裨劝奖，有长奸诈，而前后《史》《汉》皆书诸列传，不其谬乎！……于是考兹五失，以寻文义，虽事皆形似，而言必凭虚。夫镂冰为璧，不可得而用也；画地为饼，不可得而食也。是以行之于世，则上下相蒙；传之于后，则示人不信。而世之作者，恒不之察，聚彼虚说，编而次之，创自起居，成于国史，连章疏录，一字无废，非复史书，更成文集。

（唐）刘知几《史通内篇·载文》，上海古籍出版社2008年版

古往今来，古文今质

已古者即谓其文，犹今者乃惊其质。夫天地长久，风俗无恒，后之视今，亦犹今之视昔。而作者皆怯书今语，勇效昔言，不其惑乎！苟记言则约附"五经"，载语则依凭"三史"，是春秋之俗，战国之风，互两仪而

并存，经千载其如一，奚验以今来古往，质文之屡变者哉？

盖善为政者，不择人而理，故俗无精粗，咸被其化；工为史者，不选事而书，故言无美恶，尽传于后。若事皆不谬，言必近真，庶几可与古人同居，何止得其糟粕而已。

（唐）刘知几《史通内篇·言语》，上海古籍出版社2008年版

史事宜翔实，言语之真，劝诫善恶

夫史之称美者，以叙事为先。至若书功过，记善恶，文而不丽，质而非野，使人味其滋旨，怀其德音，三复忘疲，百遍无斁，自非作者曰圣，其孰能与于此乎？

昔圣人之述作也，上自《尧典》，下终获麟，是为属词比事之言，疏通知远之旨。子夏曰："《书》之论事也，昭昭若日月之代明。"扬雄有云："说事者莫辨乎《书》，说理者莫辨乎《春秋》。"然则意复深奥，训诂成义，微显阐幽，婉而成章，虽殊途异辙，亦各有美焉。谅以师范亿载，规模万古，为述者之冠冕，实后来之龟镜。既而马迁《史记》，班固《汉书》，继圣而作，抑其次也。故世之学者，皆先曰"五经"，次云"三史"，经史之目，于此分焉。

……

然则人之著述，虽同自一手，共间则有善恶不均，精粗非类。

（唐）刘知几《史通内篇·叙事》，上海古籍出版社2008年版

圣贤述作，秩秩德音，理尽于篇中

夫饰言者为文，编文者为句，句积而章立，章积而篇成。篇目既分，而一家之言备矣。古者行人出境，以词令为宗；大夫应对，以言文为主。况乎列以章句，刊之竹帛，安可不励精雕饰，传诸讽诵者哉？自圣贤述作，是曰经典，句皆《韶》《夏》，言尽琳琅，秩秩德音，洋洋盈耳。譬夫游沧海者，徒惊其浩旷；登太山者，但嗟其峻极。必摘以尤最，不知何者为先。然章句之言，有显有晦。显也者，繁词缛说，理尽于篇中；晦也者，省字约文，事溢于句外。然则晦之将显，优劣不同，较可知矣。夫能略小存大，举重明轻，一言而巨细咸该，片语而洪纤靡漏，此皆用晦之道也……盖作者言虽简略，理皆要害，故能疏而不遗，俭而无阙。譬如用奇兵者，持一当百，能全克敌之功也。若才乏俊颖，思多昏滞，费词既甚，

叙事才周，亦犹售铁钱者，以两当一，方成贸迁之价也。然则《史》《汉》已前，省要如彼；《国》《晋》已降，烦碎如此。必定其妍媸，甄其善恶。夫读古史者，明其章句，皆可咏歌；观近史者，悦其绪言，直求事意而已。是则一贵一贱，不言可知，无假榷扬，而其理自见矣。

（唐）刘知几《史通内篇·叙事》，上海古籍出版社2008年版

史之实务，引人正直，成君子之德

夫人禀五常，士兼百行，邪正有别，曲直不同。若邪曲者，人之所贱，而小人之道也；正直者，人之所贵，而君子之德也。然世多趋邪而弃正，不践君子之迹，而行由小人者，何哉？语曰："直如弦，死道边；曲如钩，反封侯。"故宁顺从以保吉，不违忤以受害也。况史之为务，申以劝诫，树之风声。其有贼臣逆子，淫乱君主，苟直书其事，不掩其瑕，则秽迹彰于一朝，恶名被于千载。言之若是，吁可畏乎！

（唐）刘知几《史通内篇·直书》，上海古籍出版社2008年版

直道不足，而名教存焉

肇有人伦，是称家国。父父子子，君君臣臣，亲疏既辨，等差有别。盖"子为父隐，直在其中"，《论语》之顺也；略外别内，掩恶扬善，《春秋》之义也。自兹已降，率由旧章。史氏有事涉君亲，必言多隐讳，虽直道不足，而名教存焉。其有舞词弄札，饰非文过，若王隐、虞预毁辱相凌，子野、休文释纷相谢。用舍由乎臆说，威福行乎笔端，斯乃作者之丑行，人伦所同疾也。亦有事每凭虚，词多乌有：或假人之美，藉为私惠；或诬人之恶，持报己仇。

（唐）刘知几《史通内篇·曲笔》，上海古籍出版社2008年版

史传为文，辩其利害，明其善恶

夫人识有通塞，神有晦明，毁誉以之不同，爱憎由其各异。盖三王之受谤也，值鲁连而获申；五霸之擅名也，逢孔宣而见诋。斯则物有恒准，而鉴无定识，欲求铨核得中，其唯千载一遇乎！况史传为文，渊浩广博，学者苟不能探赜索隐，致远钩深，乌足以辩其利害，明其善恶……夫人废兴，时也。穷达，命也。而书之为用，亦复如是。盖《尚书》古文，《六经》之冠冕也，《春秋左氏》，三《传》之雄霸也。而自秦至晋，年逾五

百，其书隐没，不行于世。既而梅氏写献，杜侯训释，然后见重一时，擅名千古。若乃《老经》撰于周日，《庄子》成于楚年，遭文、景而始传，值嵇、阮而方贵。若斯流者，可胜纪哉！故曰："废兴，时也。穷达，命也。"适使时无识宝，世缺知音，若《论衡》之未遇伯喈，《太玄》之不逢平子，逝将烟烬火灭，泥沉雨绝，安有殁而不朽，扬名于后世者乎！

（唐）刘知几《史通内篇·鉴识》，上海古籍出版社2008年版

古之述者，通解其义，关切有德

古之述者，岂徒然哉！或以取舍难明，或以是非相乱。由是《书》编典诰，宣父辨其流；《诗》列风雅，卜商通其义。夫前哲所作，后来是观，苟夫其指归，则难以传授。而或有妄生穿凿，轻究本源，是乖作者之深旨，误生人之耳目，其为谬也，不亦甚乎！……盖明月之珠，不能无瑕；夜光之璧，不能无颣。故作者著书，或有病累。而后生不能诋诃其过，又更文饰其非，遂推而广之，强为其说者，盖亦多矣。如葛洪有云："司马迁发愤作《史记》百三十篇，伯夷居列传之首，以为善而无报也；项羽列于本纪，以为居高位者，非关有德也。"案史之所书也，有其事则记，无其事则缺。寻迁之驰骛今古，上下数千载，春秋已往，得其遗事者，盖唯首阳之二子而已。然适使夷、齐生于秦代，死于汉日，而乃升之传首，庸谓有情。今者考其先后，随而编次，斯则理之恒也，乌可怪乎？必谓子长以善而无报，推为传首，若伍子胥、大夫种、孟轲、墨翟、贾谊、屈原之徒，或行仁而不遇，或尽忠而受戮，何不求其品类，简在一科，而乃异其篇目，各分为卷。又迁之纰缪，其流甚多。夫陈胜之为世家，既云无据；项羽之称本纪，何求有凭。必谓遭彼腐刑，怨刺孝武，故书违凡例，志存激切。若先黄、老而后《六经》，进奸雄而退处士，此之乖剌，复何为乎？

历观古之学士，为文以讽其上者多矣。若齐冏失德，《豪士》于焉作赋；贾后无道，《女史》由其献箴。斯皆短什小篇，可率尔而就也。安有变三国之体统，改五行之正朔，勒成一史，传诸千载，而藉以权济物议，取诫当时。岂非劳而无功，博而非要，与夫班彪《王命》，一何异乎？求之人情，理不当尔。

（唐）刘知几《史通内篇·探赜》，上海古籍出版社2008年版

书事须以此三科，参诸五志，均平此理

昔荀悦有云："立典有五志焉：一曰达道义，二曰彰法式，三曰通古

今，四曰著功勋，五曰表贤能。"干宝之释五志也："体国经野之言则书之，用兵征伐之权则书之，忠臣、烈士、孝子、贞妇之节则书之，文诰专对之辞则书之，才力技艺殊异则书之。"于是采二家之所议，征五志之所取，盖记言之所网罗，书事之所总括，粗得于兹矣。然必谓故无遗恨，犹恐未尽者乎？今更广以三科，用增前目：一曰叙沿革，二曰明罪恶，三曰旌怪异。何者？礼仪用舍，节文升降则书之；君臣邪僻，国家丧乱则书之；幽明感应，祸福萌兆则书之。于是以此三科，参诸五志，则史氏所载，庶几无阙。求诸笔削，何莫由斯？

但自古作者，鲜能无病。苟书而不法，则何以示后？盖班固之讥司马迁也，"论大道则先黄、老而后'六经'，序游侠则退处士而进奸雄，述货殖则崇势利而羞贱贫。此其所蔽也。"又傅玄之贬班固也，"论国体则饰主阙而折忠臣，叙世教则贵取容而贱直节，述时务则谨辞章而略事实。此其所失也"。寻班、马二史，咸擅一家，而各自弹射，递相疮痏。夫虽自卜者审，而自见为难，可谓笑他人之未工，忘已事之已拙。上智犹其若此，而况庸庸者哉！苟目前哲之指踪，校后来之所失，若王沈、孙盛之伍，伯起、德棻之流，论王业则党悖逆而诬忠义，叙国家则抑正顺而褒篡夺，述风俗则矜夷狄而陋华夏。此其大较也。必伸以纠摘，穷其负累，虽擢发而数，庸可尽邪！子曰："于予何诛？"于此数家见之矣。

……

既而汲冢所述，方"五经"而有残，马迁所书，比《三传》而多别，裴松补陈寿之阙，谢绰拾沈约之遗，斯又言满五车，事逾三箧者矣。夫记事之体，欲简而且详，疏而不漏。若烦则尽取，省则多捐，此乃忘折中之宜，失均平之理。惟夫博雅君子，知其利害者焉。

（唐）刘知几《史通内篇·书事》，上海古籍出版社2008年版

文籍肇创，乃其恶可以诫世，其善可以示后

夫人之生也，有贤不肖焉。若乃其恶可以诫世，其善可以示后，而死之日，名无得而闻焉，是谁之过欤？盖史官之责也。

观夫文籍肇创，史有《尚书》，知远疏通，网罗历代。至如有虞进贤，时崇元凯；夏氏中微，国传寒浞；殷之亡也，是生飞廉、恶来；周之兴也，实有散宜、闳夭。若斯人者，或为恶纵暴，其罪滔天；或累仁积德，其名盖世。虽时淳俗质，言约义简，此而不载，阙孰甚焉。

洎夫子修《春秋》，记二百年行事，《三传》并作，史道勃兴。若秦之由余、百里奚，越之范蠡、大夫种，鲁之曹沫、公仪休，齐之宁戚、田穰苴，斯并命代大才，挺身杰出。或陈力就列，功冠一时；或杀身成仁，声闻四海。苟师其德业，可以治国字人；慕其风范，可以激贪励俗。此而不书，无乃太简。

又子长著《史记》也，驰骛穷古今，上下数千载。至如皋陶、伊尹、傅说，仲山甫之流，并列经诰，名存子史，功烈尤显，事迹居多。盍各采而编之，以为列传之始，而断以夷、齐居首，何龌龊之甚乎？既而孟坚勒成《汉书》，牢笼一代，至于人伦大事，亦云备矣夫天下……善人少而恶人多，其书名竹帛者，盖唯记善而已。

语曰："君子于其所不知，盖阙如也。"故贤良可记，而简牍无闻，斯乃瞽所不该，理无足咎。至若愚智毕载，妍媸靡择，此则燕石妄珍，齐竽混吹者矣。夫名刊史册，自古攸难；事列《春秋》，哲人所重。笔削之士，其慎之哉！

（唐）刘知几《史通内篇·人物》，上海古籍出版社2008年版

古今文之世殊，征其本源，儒教传授

昔孔宣父以大圣之德，应运而生，生人以来，未之有也。故使三千弟子、七十门人，钻仰不及，请益无倦。然则尺有所短，寸有所长，其间切磋酬对，颇亦互闻得失。何者？睹仲由之不悦，则矢天厌以自明；答言偃之弦歌，则称戏言以释难。斯则圣人之设教，其理含弘，或援誓以表心，或称非以受屈。岂与夫庸儒末学，文过饰非，使夫问者缄辞杜口，怀疑不展，若斯而已哉？嗟夫！古今世殊，师授路隔，恨不得亲膺洒扫，陪五尺之童；躬奉德音，抚四科之友。而徒以研寻蠹简，穿凿遗文，菁华久谢，糟粕为偶。遂使理有未达，无由质疑。是用握卷踌躇，挥毫悱愤，傥梁木斯坏，魂而有灵，敢效接舆之歌，辄同林放之问。但孔氏之立言行事，删《诗》赞《易》，其义既广，难以具论。今惟摭其史文，评之于后……考兹众美，征其本源，良由达者相承，儒教传授，既欲神其事，故谈过其实。语曰："众善之，必察焉。"孟子曰："尧、舜不胜其美，桀、纣不胜其恶。"寻世之言《春秋》者，得非睹众善而不察，同尧、舜之多美者乎？

昔王充设论，有《问孔》之篇。虽《论语》群言，多见指摘，而

《春秋》杂义，曾未发明。是用广彼旧疑，增其新觉，将来学者，幸为详之。

（唐）刘知几《史通外篇·惑经》，上海古籍出版社2008年版

皎　然

皎然（720—803，一说720—792），俗姓谢，字清昼，吴兴（今浙江湖州）人，唐代著名诗僧。他提出"诗有五格"，强调意境高远，传达积极向上的高雅艺术风格，主张"真于情性，尚于作用"的诗论主张。著有《诗式》。

诗者，六经之菁英

夫诗者，众妙之华实，六经之菁英。虽非圣功，妙均于圣。彼天地日月，元化之渊奥，鬼神之微冥，精思一搜，万象不能藏其巧。其作用也，放意须险，定句须难，虽取由我衷，而得若神表。至如天真挺拔之句，与造化争衡，可以意冥，难以言状，非作者不能知也。自西汉以来，文体四变，将恐风雅浸泯，辄欲商较以正其源。今从两汉以降，至于我唐，名篇丽句，凡若干人，命曰《诗式》，使无天机者坐致天机。若君子见之，庶几有益于诗教矣。

（唐）皎然《诗式·序》，人民文学出版社2003年版

夫文章，天下之公器

评曰：康乐公早岁能文，性颖神彻。及通内典，心地更精。故所作诗，发皆造极，得非空王之道助邪？夫文章，天下之公器，安敢私焉？曩者尝与诸公论康乐为文，真于情性，尚于作用，不顾词彩，而风流自然。彼清景当中，天地秋色，诗之量也；庆云从风，舒卷万状，诗之变也。不然，何以得其格高、其气正、其体贞、其貌古、其词深、其才婉、其德宏、其调逸、其声谐哉？至如《述祖德》一章，《拟邺中》八首，《经庐陵王墓》《临池上楼》，识度高明，盖诗中之日月也，安可扳援哉？惠休所评"谢诗如芙蓉出水"，斯言颇近矣。故能上蹑风骚，下超魏晋。建安制作，其椎轮乎？

（唐）皎然《诗式·文章宗旨》，人民文学出版社2003年版

在儒为权，在文为变，在道为方便

复古通变体所谓通于变也。作者须知复变之道。反古曰复，不滞曰变。若惟复不变，则陷于相似之格，其状如驽骥同厩，非造父不能辨。能知复变之手，亦诗人之造父也。以此相似一类，置于古集之中，能使弱手视之眩目，何异宋人以燕石为玉璞，岂知周客嘘而笑哉？又复变二门，复忌太过。诗人呼为膏肓之疾，安可治也？如释氏顿教，学者有沈性之失，殊不知性起之法，万象皆真。夫变若造微，不忌太过。苟不失正，亦何咎哉！如陈子昂复多而变少，沈、宋复少而变多。今代作者，不能尽举。吾始知复变之道，岂惟文章乎？在儒为权，在文为变，在道为方便。后辈若乏天机，强效复古，反令思扰神沮。何则？夫不工剑术，而欲弹抚干将、大阿之铗，必有伤手之患，宜其诫之哉！

（唐）皎然《诗式》卷五，人民文学出版社2003年版

作诗宜有容有德

或云，诗不假修饰，任其丑朴。但风韵正，天真全，即名上等。予曰："不然，无盐阙容而有德，曷若文王太姒有容而有德乎？"又云："不要苦思，苦思则丧自然之质。"此亦不然。夫不入虎穴，焉得虎子。取境之时，须至难至险，始见奇句。成篇之后，观其气貌，有似等闲不思而得，此高手也。有时意静神王，佳句纵横，若不可遏，宛如神助。不然，盖由先积精思，因神王而得乎？

（唐）皎然《诗式·取境》，人民文学出版社2003年版

诗重意，诗道之极，冠六经之首

两重意已上，皆文外之旨。若遇高手如康乐公，览而察之，但见情性，不睹文字，盖诗道之极也。向使此道尊之于儒，则冠六经之首。贵之于道，则居众妙之门。精之于释，则彻空王之奥。但恐徒挥其斤而无其质，故伯牙所以叹息也。畴昔国朝协律郎吴兢与越僧玄监集秀句，二子天机素少，选又不精，多采浮浅之言，以诱蒙俗。特入瞽夫偷语之便，何异借贼兵而资盗粮，无益于诗教矣。一重意，如宋玉云："晰兮若姣姬，扬袂鄣日而望所思。"二重意。曹子建云："高台多悲风，朝日照北林。"王维云："秋风正萧索，客散孟尝门。"王昌龄云："别意猿鸣外，天寒桂水

长。"三重意。古诗云："浮云蔽白日,游子不顾返。"四重意。古诗云:"行行重行行,与君生别离。"宋玉《九辩》云:"憭慄兮若在远行,登山临水兮送将归。"

（唐）皎然《诗式·重意诗例》,人民文学出版社2003年版

张怀瓘

张怀瓘（生卒年不详）,根据他的著作或他人著作推出他经历了开元和通宝两个朝代,扬州海陵（今江苏泰州）人,唐代书法家。他提出"三品"论书,主张以"能""妙""神"三品逐渐递进的顺序来品评书法,以传统文化规范书法家的品评重视书法关切人的基本需要,同时强调一种审美的生活境界。著有《书议》《书断》《书估》《画断》《评书药石论》《六体书论》等书学理论重要著作。

书道理深而见其志

昔仲尼修书,始自尧舜。尧舜王天下,焕乎有文章。文章发挥,书道尚矣。夏殷之世,能者挺生。秦汉之间,诸体间出。玄猷冥运,妙用天资;追虚捕微,鬼神不容其潜匿。而通微应变,言象不测其存亡。奇宝盈乎东山,明珠溢乎南海,其道有贵而称圣,其迹有秘而莫传。理不可尽之于词,妙不可穷之于笔,非夫通玄达微,何可至于此乎？乃不朽之盛事,故叙而论之。夫草木各务生气,不自埋没,况禽兽乎？况人伦乎？猛兽鸷鸟神彩各异,书道法此。

……

然则千百年间得其妙者,不越此数十人。各能声飞万里,荣擢百代。惟逸少笔迹遒润,独擅一家之美,天质自然,风神盖代。且其道微而味薄,固常人莫之能学;其理隐而意深,固天下寡于知音。昔为评者数家,既无文词,则何以立说？何为取象其势,仿佛其形？似知其门,而未知其奥,是以言论不能辨明。夫于其道不通,出其言不断,加之词寡典要,理乏研精,不述贤哲之殊能,况有邱明之新意悠悠之说,不足动人。夫翰墨及文章至妙者,皆有深意以见其志,览之即了然,若与言面目,则有智昏菽麦,混白黑于胸襟;若心悟精微,图古今于掌握,玄妙之意出于物类之

表；幽深之理，伏于杳冥之间。岂常情之所能言，世智之所能测。非有独闻之听，独见之明，不可议无声之音，无形之相。夫诵圣人之语，不如亲闻其言；评先贤之书，必不能尽其深意。有千年明镜，可以照之不疲；琉璃屏风，可以洞彻无碍。今虽录其品格，岂独称其材能。皆先其天性，后其习学。纵异形奇体，辄以情理一贯，终不出于洪荒之外，必不离于工拙之间。然智则无涯，法固不定，且以风神骨气者居上，妍美功用者居下。

（唐）张怀瓘《书议》，浙江人民美术出版社 2012 年版

文者，其道焕焉，字之与书，理亦归一

论曰：文字者总而为言，若分而为义，则文者祖父，字者子孙。察其物形，得其文理，故谓之曰"文"。母子相生，孳乳浸多，因名之为"字"。题于竹帛，则目之曰"书"。文也者，其道焕焉。日、月、星、辰，天之文也；五岳、四渎，地之文也；城阙、朝仪，人之文也。字之与书，理亦归一。因文为用，相须而成。名言诸无，宰制群有。何幽不贯，何远不经，可谓事简而应博。范围宇宙，分别川原高下之可居，土壤沃瘠之可殖，是以八荒籍矣。纪纲人伦，显明政体。君父尊严，而爱敬尽礼；长幼班列，而上下有序，是以大道行焉。阐典、坟之大猷，成国家之盛业者，莫近乎书。其后能者加之以玄妙，故有翰墨之道生焉。世之贤达，莫不珍贵。

时有吏部苏侍郎晋、兵部王员外翰，俱朝端英秀，词场雄伯，谓仆曰："文章虽久游心，翰墨近甚留意。若此妙事，古来少有知者，今拟讨论之。欲造《书赋》，兼与公作《书断》后序。王僧虔虽有赋，王俭制其序，殊不足动人。如陆平原《文赋》，实为名作，若不造其极境，无由伏后世人心。若不知书之深意与文若为差别，虽未穷其精微粗知其梗概。公试为薄言之。"仆答曰："深识书者，惟观神彩，不见字形。若精意玄鉴，则物无遗照，何有不通？"王曰："幸为言之。"仆曰："文则数言，乃成其意；书则一字，已见其心。可谓简易之道。欲知其妙，初观莫测，久视弥珍。虽书已缄藏，而心追目极，情犹眷眷者，是为妙矣。然须考其发意所由从心者为上，从眼者为下。先其草创立体，后其因循著名。虽功用多而有声，终性情少而无象。同乎糟粕，其味可知。不由灵台，必乏神气。其形悴者，其心不长。状貌显而易明，风神隐而难辨。有若贤才君子，立行立言，言则可知，行不可见。自非冥心玄照，闭目深视，则识不尽矣。

可以心契，非可言宣。"

别经旬月，后见乃有愧色。云："书道亦大玄妙，翰与苏侍郎初并轻忽之，以为赋不足言者，今始知其极难下语，不比于《文赋》。书道尤广，虽沉思多日，言不尽意，竟不能成。"仆谓之曰："员外用心尚疏。在万事皆有细微之理，而况乎书。凡展臂曰寻，倍寻曰常，人间无不尽解。若智者出乎寻常之外，入乎幽隐之间，追虚捕微，探奇掇妙，人纵思之，则尽不能解。用心精粗之异，有过于是。心若不有异照，口必不能异言，况有异能之事乎？请以此理推之。"后见苏云："近与王员外相见，知不足赋也。说云引喻少语，不能尽会通之识，更共观张所商榷先贤书处，有见所品藻优劣，二人平章，遂能触类比兴，意且无限，言之无涯，古昔已来，未之有也。若其为赋，应不足难。"苏且说之。因谓仆曰："看公于书道无所不通，自运笔固合穷于精妙，何为与钟、王顿尔辽阔？公且自评书至何境界，与谁等伦？"仆答曰："天地无全功，万物无全用。妙理何可备该？常叹书不尽言。仆虽知之于言，古人得之于书。且知者博于闻见，或能知；得者非假以天资，必不能得。是以知之与得，又书之比言，俱有云尘之悬。所令自评，敢违雅意？夫钟、王真、行，一今一古，各有自然天骨，犹千里之迹，邈不可追。今之自量，可以比于虞、褚而已。其草诸贤未尽之得，惟张有道创意物象，近于自然，又精熟绝伦，是其长也。其书势不断绝，上下钩连，虽能如铁并集，若不能区别二家，尊幼混杂，百年检探，可知是其短也。夫人识在贤明，用在断割。不分泾渭，余何足云。仆今所制，不师古法。探文墨之妙有，索万物之元精。以筋骨立形，以神情润色。虽迹在尘壤，而志出云霄。

（唐）张怀瓘《文字论》，《书断》，浙江人民美术出版社2012年版

欲学文章，必先览经籍子史

假如欲学文章，必先览经籍子史。其上才者，深酌古人之意，不拾其言。故陆士衡云："或袭故而弥新。"美其语新而意古。其中才者，采连文两字，配言以成章，将为故实，有所典据。其下才者，模拓旧文，回头易尾，或有相呈新制，见模拓之文，为之愧赧。其无才而好上者，但写之而已。书道亦然，臣虽不工书，颇知其道。圣人不凝滞于物，万法无定，殊途同归，神智无方而妙有用，得其法而不著，至于无法，可谓得矣，何必钟、王、张、索而是规模？道本自然，谁其限约。亦犹大海，知者随性

分而挹之。先哲有云，言相攻失以崇于德，故上下无所不通。若面是腹非，护左忌右，则匿恶之名寻声而至。

（唐）张怀瓘《评书药石论》，《书苑菁华》卷十二，扫叶山房书局1919年版

发挥文者，莫近乎书，期合乎道

昔庖羲氏画卦以立象，轩辕氏造字以设教。至于尧、舜之世，则焕乎有文章。其后盛于商、周，备夫秦、汉，固其所由远矣。文章之为用，必假乎书，书之为征，期合乎道，故能发挥文者，莫近乎书。若乃思贤哲于千载，览陈迹于缣简，谋猷在觌，作事粲然，言察深衷，使百代无隐，斯可尚也。及夫身处一方，含情万里，摽拔志气，黼藻情灵，披封睹迹，欣如会面，又可乐也。

（唐）张怀瓘《书断·序》，浙江人民美术出版社2012年版

文章至妙者，皆有深意，书道亦尔

夫翰墨及文章至妙者，皆有深意，以见其志，览之即令了然，若与面会，则有智昏菽麦，混白黑于胸襟。若心悟精微，图古今于掌握，玄妙之意，出于物类之表，幽深之理，伏于杳冥之间。岂常情之所能言，世智之所能测？非有独闻之听，独见之明，不可议无声之音，无形之相。夫诵圣人之语，不如亲闻其言；评先贤之书，必不能尽其深意。有千年明镜，可以照之不陂；琉璃屏风，可以洞彻无碍。今虽录其品格，岂独称其材能，皆先其天性，后其习学，纵异形奇体，辄以情理一贯，终不出于洪荒之外，必不离于工拙之间。然智则无涯，法固不定，且以风神骨气者居上，妍美功用者居下……贤人君子，非愚于此而智于彼，知与不知，用与不用也。书道亦尔，虽贱于此或贵于彼，鉴与不鉴也！智能虽定，赏遇在时也！

（唐）张怀瓘《书断·法书要录》，浙江人民美术出版社2012年版

独孤及

独孤及（725—777），字至之，洛阳（今河南洛阳）人，唐朝大臣、

散文家。独孤及古文与萧颖士齐名，作为古文运动先驱之一。以儒家经典为学习方向，宽畅博厚，韩愈为古文，以其为法，并曾从其徒游。他主张"积极入世"，崇尚德政之道，注重提升自身修养。著有《毗陵集》三十卷。

言之而中伦，歌之而成声

五言诗之源，生于《国风》，广于《离骚》，著于李、苏，盛于曹、刘，其所自远矣。当汉魏之间，虽以朴散为器，作者犹质有余而文不足。以今揆昔，则有朱弦疏越、太羹遗味之叹。历千余岁，至沈詹事、宋考功，始裁成六律，彰施五色，使言之而中伦，歌之而成声，缘情绮靡之功，至是乃备……君忠恕廉恪，居官可纪，孝友恭让，自内形外，言必依仁，交不苟合，得丧喜愠，罕见于容。故睹君述作，知君所尚。以景命不永，斯文未臻其极也。盖存于遗札者，凡三百有五十篇。其诗大略以古之比兴，就今之声律，涵咏《风》《骚》，宪章、颜谢。至若丽曲感动，逸思奔发，则天机独得，有非师资所奖。

（唐）独孤及《唐故左补阙安定皇浦公集序》，《全唐文》，上海古籍出版社 1990 年版

君子修其词，立其诚，文之著也

足志者言，足言者文。情动于中，而形于声，文之微也；粲于歌颂，畅于事业，文之著也。君子修其词，立其诚，生以比兴宏道，殁以述作垂裕，此之谓不朽。

（唐）独孤及《唐故殿中侍御史赠考功郎中萧府君文章集录序》，《毗陵集》卷十三，中华书局 1985 年版

作文以忠孝为大伦，风雅为指归

公之作本乎王道，大抵以五经为泉源。摅情性以托讽，然后有歌咏。美教化，献箴谏，然后有赋颂。悬权衡，以辩天下公是非，然后有论议。至若纪序编录铭鼎刻石之作，必采其行事以正褒贬，非夫子之旨不书。故风雅之指归，刑政之本根，忠孝之大伦，皆见于词。

（唐）独孤及《检校尚书吏部员外郎赵郡李公中集序》，中华书局 1985 年版

柳 冕

柳冕（730—804），字敬叔，蒲州河东（今山西永济）人，古文运动的先驱。他强调"文章本于教化"，主张文道并重，尊经崇儒，认为"经术尊则教化美，教化美则文章盛，文章盛则王道兴"，而对屈原以来的辞赋，则持论偏激，斥为"亡国之音"。柳冕文论倾向现实主义，"文生于情，情生于哀乐，哀乐生于治乱"，阐明文学与社会现实的动态关系。与白居易的诗论相近。自柳冕之后，开启了以道论文的风潮。著录《柳冕集》。

夫文章者，本于教化，发于情性

夫文章者，本于教化，发于情性。本于教化，尧舜之道也；发于情性，圣人之言也。自成康殁，颂声寝，骚人作，淫丽兴，文与教分为二：不足者强而为文，则不知君子之道；知君子之道者，则耻为文。文而知道，二者兼难，兼之者大君子之事，上之尧舜周孔也，次之游夏荀孟也。下之贾生董仲舒也，夫日月之丽，仰之愈明；金石之音，听之弥清。故圣人感之，而文章生焉，教化成焉，哀乐形焉。逮德下衰，文章教化，埽地尽矣。噫！圣人之道，犹圣人之文也。学其道，不知其文，君子耻之；学其文，不知其教，君子亦耻之。……老夫从君子久矣，虽欲学之，未能文之，不足以当君子之褒。然咏乎尧舜之道，舞乎沂泗之风，庶乎与同也。古者自天子至于庶人，未有不须友以相成者。仆虽老矣，辱君子之游，同君子之道，见君子之荣，三十年矣。子之善，犹仆之善也，得不相成乎？且百年之寿，人谁及之？岁月有穷，天地有终，惟立德立言立功，斯为不朽。彼圣贤救世，死而后已，气有所感也。故天下有乐，贤人乐之；天下有忧，贤人忧之。乐毅所以徇弱燕之急，复强齐之仇；韩信所以感推食之恩，申战胜之感。意气所感，天地相合，况于人乎！天方授子，子实为将，得不忧之乎！噫！德与言，仆无望矣。立功立事，在吾子为之。

（唐）柳冕《答徐州张尚书论文武书》，许增点校《唐文粹》卷八十四，浙江人民出版社1986年版

夫君子之儒，必有其道，有其道必有其文

猥辱来问，旷然独见，以为齿发渐衰，人情所惜也；亲爱远道，人情不忘也。大哉君子之言，有以见天地之心。夫天生人，人生情；圣与贤，在有情之内久矣。苟忘情于仁义，是殆于学也；忘情于骨肉，是殆于恩也；忘情于朋友，是殆于义也。此圣人尽知于斯，立教于斯。今之儒者，苟持异论，以为圣人无情，误也。故无情者，圣人见天地之心，知性命之本，守穷达之分，故得以忘情。明仁义之道，斯须忘之，斯为过矣；骨肉之恩，斯须忘之，斯为乱矣；朋友之义，斯须忘之，斯为薄矣。此三者，发于情而为礼，由于礼而为教。故夫礼者，教人之情而已。

丈人志于道，故来书尽于道，是合于情尽于礼至矣。昔颜回死，夫子曰："天丧予。"予路死，夫子曰："天丧予。"是圣人不忘情也久矣。丈人岂不谓然乎？如冕者，虽不得与君子同道，实与君子同心。相顾老大，重以离别，况在万里，邈无前期，斯得忘情乎！古人云："一日不见，如三秋兮。"况十年乎！前所寄拙文，不为文以言之，盖有谓而为之者。尧舜殁，《雅》《颂》作；《雅》《颂》寝，夫子作。未有不因于教化，为文章以成《国风》。是以君子之儒，学而为道，言而为经，行而为教，声而为律，和而为音，如日月丽乎天，无不照也；如草木丽乎地，无不章也；如圣人丽乎文，无不明也。故在心为志，发言为诗，谓之文，兼三才而名之曰儒。儒之用，文之谓也。言而不能文，君子耻之。及王泽竭而诗不作，骚人起而淫丽兴，文与教分而为二。以扬马之才，则不知教化；以荀陈之道，则不知文章。以孔门之教评之，非君子之儒也。夫君子之儒，必有其道，有其道必有其文。道不及文则德胜，文不知道则气衰，文多道寡，斯为艺矣。《语》曰："文质彬彬，然后君子。"兼之者斯为美矣。昔游夏之文章与夫子之道能流，列于四科之末，此艺成而下也，苟言无文，斯不足征。

小子志虽复古，力不足也；言虽近道，辞则不文。虽欲拯其将坠，末由也已。丈人儒之君子，曲垂见褒，反以自愧。冕再拜。

（唐）柳冕《答朔南裴尚书论文书》，许增点校《唐文粹》卷八十四，浙江人民出版社1986年版

君子之文，必有其道，故六义兴，教化明

夫子之文章，可得而闻也；夫子之言性与天道，不可得而闻也。即圣

人道可企而及之者文也，不可企而及之者性也。盖言教化发乎性情，系乎国风者，谓之道。故君子之文，必有其道，道有深浅；故文有崇替，时有好尚；故俗有雅郑，雅之与郑，出乎心而成风。昔游夏之文，日月之丽也。然而列于四科之末，艺成而下也。苟文不足则，人无取焉，故言而不能文，非君子之儒也；文而不知道，亦非君子之儒也。逮德下衰，其文渐替，惜乎王公大人之言，而溺于淫丽怪诞之说。非文之罪也，为文者之过也。夫善为文者，发而为声，鼓而为气；真则气雄，精则气生，使五彩并用，而气行于其中。故虎豹之文，蔚而腾光，气也；日月之文，丽而成章，精也。精与气，天地感而变化生焉。圣人感而仁义生焉，不善为文者反此，故变风变雅作矣。六义之不兴，教化之不明，此文之弊也。

噫！文之无穷，而人之才有限，苟力不足者，强而为文则蹶，强而为气则竭，强而成智则拙。故言之弥多，而去之弥远，远之便已，道则中废，又君子所耻也，则不足见君子之道与君子之心。心有所感，文不可已，理有至精，词不可逮，则不足当君子之褒。

（唐）柳冕《答衢州郑使君论文书》，许增点校《唐文粹》卷八十四，浙江人民出版社1986年版

君子感哀乐而为文章，以知治乱之本，教化兴亡，则君子之风尽

既为颇近教化，谨录呈上，望览讫一笑。夫文生于情，情生于哀乐，哀乐生于治乱。故君子感哀乐而为文章，以知治乱之本。屈宋以降，则感哀乐而亡雅正；魏晋以还，则感声色而亡风教；宋齐以下，则感物色而亡兴致。教化兴亡，则君子之风尽，故淫丽形似之文，皆亡国哀思之音也。自夫子至梁陈，三变以至衰弱。嗟乎！《关雎》兴而周道盛，王泽竭而诗不作，作则王道兴矣。天其或者肇往时之乱，为圣唐之治，兴三代之文者乎？老夫虽知之，不能文之；纵文之，不能至之。况已衰矣，安能鼓作者之气，尽先王之教？在吾子复而行者，鼓而生之。

（唐）柳冕《与滑州卢大夫论文书》，许增点校《唐文粹》卷八十四，浙江人民出版社1986年版

君子之心为志，君子之言为文，君子之道为教

文章本于教化，形于治乱，系于国风；故在君子之心为志，形君子之言为文，论君子之道为教。《易》云："观乎人文，以化成天下。"此君子

之文也。自屈宋以降，为文者本于哀艳，务于恢诞，亡于比兴，失古义矣。虽扬马形似，曹刘骨气，潘陆藻丽，文多用寡，则是一技，君子不为也。昔武帝好神仙，而相如为《大人赋》以讽，帝览之，飘然有凌云之气。故扬雄病之曰："讽则讽矣，吾恐不免于劝也。"盖文有余而质不足则流，才有余而雅不足则荡；流荡不返，使人有淫丽之心，此文之病也。雄虽知之，不能行之。行之者惟荀、孟、贾生、董仲舒而已。仆自下车，为外事所感，感而应之，为文不觉成卷。意虽复古而不逮古，则不足以议古人之文。噫！古人之文，不可及之矣；得见古人之心，在于文乎？苟无文，又不得见古人之心。故未能亡言，亦志之所之也。

（唐）柳冕《与徐给事论文书》，许增点校《唐文粹》卷八十四，浙江人民出版社1986年版

文章之道，不根教化，别是一枝耳

且今之文章，与古之文章，立意异矣。何则？古之作者，因治乱而感哀乐，因哀乐而为咏歌，因咏歌而成比兴。故《大雅》作，则王道盛矣；《小雅》作，则王道缺矣；《雅》变《风》，则王道衰矣；诗不作，则王泽竭矣。至于屈宋，哀而以思，流而不反，皆亡国之音也。至于西汉，扬、马以降，置其盛明之代，而习亡国之音，所失岂不大哉？然而武帝闻《子虚》之赋，叹曰："嗟乎！朕不得与此人同时。"故武帝好神仙，相如为《大人赋》以讽之，读之飘飘然，反有凌云之志。子云非之曰："讽则讽矣，吾恐不免于劝也。"子云知之，不能行之，于是风雅之文，变为形似；比兴之体，变为飞动；礼义之情，变为物色，诗之六义尽矣。何则？屈宋唱之，两汉扇之，魏晋江左，随波而不反矣。故萧曹虽贤，不能变淫丽之体；二荀虽盛，不能变声色之词；房杜虽明，不能变齐梁之弊。是则风俗好尚，系在时王，不在人臣明矣。故文章之道，不根教化，别是一枝耳。当时君子，耻为文人。《语》曰："德成而上，艺成而下。"文章技艺之流也，故夫子末之。是以四杨荀陈，以德行经术，名震海内，门生受业，皆一时英俊。而文章之士，不得行束修之礼。非夫两汉近古，由有三代之风乎？惜乎系王风而不本于王化，至若荀孟贾生，明先王之道，尽天人之际，意不在文，而文自随之，此真君子之文也。然荀孟之学，困于儒墨；贾生之才，废于绛灌。道可以济天下，而莫能行之；文可以变风雅，而不能振之。是天下皆惑。不可以一人正之。今风俗移人久矣，文雅不振

甚矣，苟以此罪之，即萧曹辈皆罪人也，岂独房杜乎？

相公如变其文，即先变其俗，文章风俗，其弊一也。变之之术，在教其心，使人日用而不自知也。伏维尊经术，卑文士，经术尊则教化美，教化美则文章盛，文章盛则王道兴。此二者，在圣君行之而已。

(唐) 柳冕《谢杜相公论房杜二相书》，许增点校《唐文粹》卷八十四，浙江人民出版社1986年版

风俗养才而志气生焉，才多而养之可以鼓天下之气

来书论文，尽养才之道，增作者之气，推而行之，可以复圣人之教，见天地之心，甚善。

嗟乎！天地养才而万物生焉，圣人养才而文章生焉，风俗养才而志气生焉。故才多而养之，可以鼓天下之气；天下之气生，则君子之风盛。古者陈诗以观人风。君子之风，仁义是也；小人之风，邪佞是也。风生于文，文生于质，天地之性也。止于经，圣人之道也；感于心，哀乐之音也。故观乎志而知国风。逮德下衰，风雅不作，形似艳丽之文兴，而雅颂比兴之义废。艳丽而工，君子耻之，此文之病也。嗟乎！天下之才少久矣，文章之气衰甚矣，风俗之不养才病矣，才少而气衰使然也。故当世君子，学其道，习其弊，不知其病也。所以其才日尽，其气益衰，其教不兴，故其人日野。如病者之气，从壮得衰，从衰得老，从老得死，沈绵而去，终身不悟，非良医孰能知之？夫君子学文，所以行道。

足下兄弟，今之才子，官虽不薄，道则未行，亦有才者之病。君子患不知之，既知之，则病不能无病。故无病则气生，气生则才勇，才勇则文壮，文壮然后可以鼓天下之动，此养才之道也，在足下他日行之。如老夫之文，不近于道，老夫之气，已至于衰，老夫之心，不复能勇。三者无矣，又安得见古人之文，论君子之道，近先王之教？斯不能必矣。

(唐) 柳冕《答杨中丞论文书》，许增点校《唐文粹》卷八十四，浙江人民出版社1986年版

梁　肃

梁肃（753—793），字敬之，安定临泾（今甘肃泾川）人，唐朝文学

家。梁肃在古文运动中起到了承前启后的重要作用,梁肃主张宗经明道,坚持文章以"道"为本。梁肃的文学主张较前期古文家的观点更为通达,对此后韩愈倡导的古文革新运动产生了积极的影响。《新唐书·艺文志》著录《梁肃集》20卷,已佚。《全唐文》存其文6卷。

不以文词为本,重其理之所存,道之所明

仲尼有言:"道之不明也,我知之矣,由物累也。"悲夫!隋开皇十七年,智者大师去世。至皇朝建中,垂二百载,以斯文相传,凡五家师:其始曰灌顶,其次曰缙云威,又其次曰东阳小威,又其次曰左谿朗公,其五曰荆溪然公。顶于同门中慧解第一,能奉师训,集成此书,盖不以文词为本故也。或失则烦,或失则野,当二威之际,缄受而已,其道不行。天宝中,左谿始宏解说,而知者盖寡。荆溪广以传记数十万言,网罗遗法,勤矣备矣。荆溪灭后,知其说者适三四人。古人云:生而知之者上也,学而知之者次也,困而学之,又其次也。夫生而知之者,盖性德者也;学而知之者,天机深者也。若嗜欲深,耳目塞,虽学而不能知,斯为下矣。今夫学者,内病于蔽,外役于烦。没世不能通其文,数年不能得其益。是则业文为之屡校梏足也,梦句为之簸糠眯目也,以不能喻之师,教不领之弟子,止观所以未光大于时也。予常戚戚于是,整其宏纲,撮其机要,其理之所存,教之所急,或易置之,或引伸之。其义之迂,其辞之鄙,或除之,或润色之。大凡浮疏之患,十愈其九;广略之宜,三存其一。于是祛鄙滞,导蒙童,贻诸他人,则吾岂敢?若同见同行,且不以止观罪我,亦无隐乎尔。

(唐)梁肃《止观统例议》,胡大浚、张春雯点校,甘肃人民出版社2000年版

人文化成天下,王泽洽,颂声作

予尝论古者聪明睿智之君,忠肃恭懿之臣,叙六府三事,同八风七律,莫不言之成文,歌之成声。然后浃于人心,人心安以乐;播于风俗,风俗厚以顺。其有不由此者,为理则粗,在音则烦。粗之弊也悖,烦之甚也乱。用其道行其位者,历选百千不得十数。嘻!才难不其然乎?开元中,公七岁,见丞相始兴张公九龄。张骇其聪异,授以属辞之要,许以辅相之业。洎始兴殁,不六十载,公果至宰相封侯。有文集二十卷,其习嘉

遁，则有沧浪紫府之诗；其在王庭，则有君臣赓载之歌。或依隐以玩世，或主文以谲谏，步骤六义，发扬时风。观其词者，有以见上之任人，始兴之知人者已。初太上当阳，公以处士延登内殿，实敷黄老之训。至德初，宣皇以元良受禅，公则献《泰阶颂》，昭纂尧之道，睿文以广平伐罪。公则握中权之柄，参复夏之功。大德不官，既追五岳之隐；大用不器，终践代天之职。方将熙庶工以成邦教，载直笔以修唐书，命之不融，凡百兴叹？

（唐）梁肃《丞相邺侯李泌文集序》，胡大浚、张春雯点校，甘肃人民出版社2000年版

文章之道，与政通矣

文章之道，与政通矣。世教之污崇，人风之薄厚，与立言、立事者邪正、臧否皆在焉。故登高能赋，可以观者，可与图事；诵《诗三百》，可以将命，可与专对。若子产入陈，以文辞为功；仲尼弟子，用文学命科。文学者或不备德行，德行者或不兼政事。于戏！才全其难乎？

……

泊公与兄起居何，又世其业，竞爽于天宝之后。一动一静，必形于文辞。由是议者称为二包，孝友之美，闻于天下。拟诸孔门，则何居德行，公居政事，而偕以文为主。不其伟欤！讽谕其从政，则执度行志，率诚会理，不苟简晦昧以挠其守。故其言体要，而动有事功。《易》称君子之光，《传》美忠文之实，公之谓也。

（唐）梁肃《秘书监包府君集序》，胡大浚、张春雯点校，甘肃人民出版社2000年版

道德仁义，非文不明；礼乐刑政，非文不立

夫大者天道，其次人文，在昔圣王以之经纬百度，臣下以之弼成五教。德又下衰，则怨刺形于歌咏，讽议彰乎史册。故道德仁义，非文不明；礼乐刑政，非文不立。文之兴废，视世之治乱；文之高下，视才之厚薄。唐兴，接前代浇醨之后，承文章颠坠之运，王风下扇，旧俗稍革。不及百年，文体反正。其后时浸和溢，而文亦随之。天宝中作者数人，颇节之以礼。泊公为之，于是操道德为根本，总礼乐为冠带。以《易》之精义，《诗》之雅兴，《春秋》之褒贬，属之于辞，故其文宽而简，直而婉，

辩而不华，博厚而高明。论人无虚美，比事为实录。天下凛然，复睹两汉之遗风。善乎中书舍人崔公祐甫之言也！曰："常州之文，以立宪诫世、褒贤遏恶为用，故议论最长。其或列于碑颂，流于咏歌，峻如嵩华，浩如江河。若赞尧舜禹汤之命，为《诰》为《典》，为《谟》为《训》。人皆许之，而不吾试。论道之位，宜而不陟。"

（唐）梁肃《常州刺史独孤及集后序》，胡大浚、张春雯点校，甘肃人民出版社2000年版

文之作，正性命之纪，厚人伦之义，立天下之中

文之作，上所以发扬道德，正性命之纪；次所以财成典礼，厚人伦之义；又其次所以昭显义类，立天下之中。三代之后，其流派别，炎汉制度以霸，王道杂之，故其文亦二：贾生、马迁、刘向、班固，其文博厚，出于王风者也；枚叔、相如、扬雄、张衡，其文雄富，出于霸涂者也。其后作者，理胜则文薄，文胜则理消。理消则言愈繁，繁则乱矣；文薄则意愈巧，巧则弱矣。故文本于道，失道则博之以气，气不足则饰之以辞，盖道能兼气，气能兼辞，辞不当则文斯败矣。唐有天下几二百载，而文章三变：初则广汉陈子昂以风雅革浮侈，次则燕国张公说以宏茂广波澜，天宝已还，则李员外、萧功曹、贾常侍、独孤常州比肩而出，故其道益炽。

（唐）梁肃《补阙李君前集序》，胡大浚、张春雯点校，甘肃人民出版社2000年版

德充则体和，道胜则境静

德充则体和，道胜则境静，抑常理也。前左冯翊崔公，意遗富贵，迹叶幽旷。与浩气为徒，故不导引而寿；以善闭为事，故无江湖而间。春池始平，芳草如织，乃启虚馆、延群贤。鸣琴漉酒，以侑谈笑；搴英玩华，以赏景物。修竹满座以环合，紫藤垂蔬以萦结。地有沧州之趣，鸟无城郭之音。信上智之高居，人间之方外者也。于时众君子饱公之和，惜日不足。顾相谓曰：夫养正在我，叙位在时。今朝廷虚老更之席，以待园绮，公实旧德，行将论道不暇，焉可晦而息乎！盖诗可以兴，可以群，盍歌咏之，以志斯会。

（唐）梁肃《晚春崔中丞林亭会集诗序》，胡大浚、张春雯点校，甘肃人民出版社2000年版

厚风俗，美教化，必播于歌咏

古之厚风俗，美教化，必播于歌咏，垂于无穷，故《风》有二南之什，《传》称兄弟之政，其事尚矣。二孙邻郡诗者，前道州刺史李萼贺晋陵吴郡伯仲二守之作也。二公修懿文之烈，成变鲁之政，地无夹河之阻，人有同舟（一作风）之乐，抑近古未之有也。故道州诗而美之，属而和之者，凡三十有七章，溢于道路，盖云盛矣。

……

本夫诗人之志有四焉：美其德，美其位，美其政，美其邻，信可以编诸唐雅，昭示后学，岂止于涂歌里诵，遐迩悦慕而已！

（唐）梁肃《贺苏常二孙使君邻郡诗序》，胡大浚、张春雯点校，甘肃人民出版社 2000 年版

裴　度

裴度（765—839），字中立，河东闻喜（今山西闻喜）人，唐代中期杰出的政治家、文学家。裴度坚持正道，辅佐宪宗实现"元和中兴"。在文学上主张"不诡其词而词自丽，不异其理而理自新"，反对在古文写作上追求奇诡。晚年留守东都时，与白居易、刘禹锡等成为道义之交，作为洛阳文事活动的中心人物。著有文集二卷，《全唐文》及《全唐诗》等录其诗文。

文在于盛德大业，圣人假之以达其心，达则已理，穷则已非

愚谓三五之代，上垂拱而无为，下不知其帝力，其道渐被于天地万物，不可得而传也。夏殷之际，圣贤相遇，其文在于盛德大业，又鲜可得而传也。厥后周公遭变，仲尼不当世，其文遗于册府，故可得而传也。于是作周孔之文。荀孟之文，左右周孔之文也。理身、理家、理国、理天下，一日失之，败乱至矣。骚人之文，发愤之文也，雅多自贤，颇有狂态；相如、子云之文，谲谏之文也，别为一家，不是正气；贾谊之文，化成之文也，铺陈帝王之道，昭昭在目；司马迁之文，财成之文也，驰骋数千载，若有余力；董仲舒、刘向之文，通儒之文也，发明经术，究极天

人。其实擅美一时，流誉千载者多矣，不足为弟道焉。然皆不诡其词，而词自丽；不异其理，而理自新。若夫《典》、《谟》、《训》、《诰》、《文言》、《系辞》、《国风》、《雅》、《颂》，经圣人之笔削者，则又至易也，至直也。虽大弥天地，细入无间，而奇言怪语，未之或有。意随文而可见，事随意而可行，此所谓文可文，非常文也。其可文而文之，何常之有？俾后之作者有所裁准，而请问于弟，谓之何哉？谓之不可，非仆敢言；谓之可也，则大学之道，在明明德，在止至善矣，能止于止乎？若遂过之，犹不及也。

观弟近日制作大旨，常以时世之文，多偶对俪句，属缀风云，羁束声韵，为文之病甚矣。故以雄词远志，一以矫之，则以文字为意也。且文者，圣人假之以达其心，达则已理，穷则已非，故高之下之，详之略之也。愚欲去彼取此，则安步而不可及，平居而不可逾，又何必远关经术，然后骋其材力哉！昔人有见小人之违道者，耻与之同形貌共衣服，遂思倒置眉目，反易冠带以异也，不知其倒之反之之非也，虽非于小人，亦异于君子矣。故文人之异，在气格之高下，思致之浅深，不在其碟裂章句，隳废声韵也。人之异，在风神之清浊，心志之通塞；不在于倒置眉目，反易冠带也。试用高明，少纳庸妄，若以为未，幸不以苦言见革其惑。唯仆心虑荒散，百事罢息，然意之所在，敢隐于故人耶？

（唐）裴度《寄李翱书》，许增点校《唐文粹》卷八十四，浙江人民出版社1986年版

韩　愈

韩愈（768—824），字退之，河南河阳（今河南孟州）人，世称"韩昌黎""昌黎先生"，唐代文学家、思想家、哲学家。韩愈是唐代古文运动的倡导者，被后人尊为"唐宋八大家"之首。他提出的"文道合一""气盛言宜""务去陈言""文从字顺"等文艺伦理主张，深刻影响唐代古文运动。同时韩愈在哲学领域也颇有建树，他在儒学式微，释、道盛行之际，极力反驳佛、老，致力于复兴儒学。他所倡导的古文运动，其实质在于复兴儒学。著有《韩昌黎集》。

文学批判有摧陷廓清之力

辱示《初筮赋》，实有意思。但力为之，古人不难到。但不知直似古人，亦何得于今人也？仆为文久，每自测意中以为好，则人必以为恶矣。小称意，人亦小怪之；大称意，即人必大怪之也。时时应事作俗下文字，下笔令人惭，及示人，则人以为好矣。小惭者，亦蒙谓之小好；大惭者，即必以为大好矣。不知古文直何用于今世也，然以俟知者知耳。

昔扬子云著《太玄》，人皆笑之，子云之言曰："世不我知，无害也。后世复有扬子云，必好之矣。"子云死近千载，竟未有扬子云，可叹也。其时桓谭亦以为雄书胜《老子》。老子未足道也，子云岂止与老子争强而已乎？此未为知雄者。其弟子侯芭颇知之，以为其师之书胜《周易》，然侯之他文不见于世，不知其人果如何耳。以此而言，作者不祈人之知也明矣。直百世以俟圣人而不惑，质鬼神而不疑耳。足下岂不谓然乎？

（唐）韩愈《与冯宿论文书》，马其昶点校《韩昌黎文集校注》，上海古籍出版社1986年版

若圣人之道不用文则已，用则必尚其能者

夫百物朝夕所见者，人皆不注视也，及睹其异者，则共观而言之。夫文岂异于是乎？汉朝人莫不能为文，独司马相如、太史公、刘向、扬雄为之最。然则用功深者，其收名也远。若皆与世沉浮，不自树立，虽不为当时所怪，亦必无后世之传也。足下家中百物，皆赖而用也，然其所珍爱者，必非常物。夫君子之于文，岂异于是乎？

今后进之为文，能深探而力取之，以古圣贤人为法者，虽未必皆是，要若有司马相如、太史公、刘向、扬雄之徒出，必自于此，不自于循常之徒也—若圣人之道，不用文则已。用则必尚其能者。能者非他，能自树立，不因循者是也有文字来，谁不为文，然其存于今者，必其能者也。顾常以此为说耳。

（唐）韩愈《答刘正夫书》，马其昶点校《韩昌黎文集校注》，上海古籍出版社1986年版

沉浸浓郁，含英咀华，作为文章

先生口不绝吟于六艺之文，手不停披于百家之编。纪事者必提其要，

纂言者必钩其玄。贪多务得，细大不捐。焚膏油以继晷，恒兀兀以穷年。先生之业，可谓勤矣。

觝排异端，攘斥佛老。补苴罅漏，张皇幽眇。寻坠绪之茫茫，独旁搜而远绍。障百川而东之，回狂澜于既倒。先生之于儒，可谓有劳矣。

沉浸浓郁，含英咀华，作为文章，其书满家。上规姚姒，浑浑无涯；周诰、殷《盘》，佶屈聱牙；《春秋》谨严，《左氏》浮夸；《易》奇而法，《诗》正而葩；下逮《庄》、《骚》，太史所录；子云，相如，同工异曲。先生之于文，可谓闳其中而肆其外矣。

（唐）韩愈《进学解》，马其昶点校《韩昌黎文集校注》，上海古籍出版社1986年版

志于古者，不惟其辞之好，好其道

元宾既没，其文益可贵重。思元宾而不见，见元宾之所与者，则如元宾焉。今者辱惠书及文章，观其姓名，元宾之声容恍若相接。读其文辞，见元宾之知人，交道之不污。甚矣，子之心有似于吾元宾也；子之言，以愈所为不违孔子，不以雕琢为工，将相从于此，愈敢自爱其道而以辞让为事乎？然愈之所志于古者，不惟其辞之好，好其道焉尔。读吾子之辞而得其所用心，将复有深于是者与吾子乐之，况其外之文乎？

（唐）韩愈《答李秀才书》，马其昶点校《韩昌黎文集校注》，上海古籍出版社1986年版

通其辞者，本志乎古道者也

君喜古文，以吾所为合于古，诣吾庐而来请者八九至，而其色不怨，志益坚。凡愈之为此文，盖哀欧阳生之不显荣于前，又惧其泯灭于后也。今刘君之请，未必知欧阳生，其志在古文耳。虽然，愈之为古文，岂独取其句读不类于今者耶？思古人而不得见，学古道，则欲兼通其辞。通其辞者，本志乎古道者也。古之道，不苟誉毁于人。刘君好其辞，则其知欧阳生也无惑焉。

（唐）韩愈《题欧阳生哀辞后》，马其昶点校《韩昌黎文集校注》，上海古籍出版社1986年版

盖学所以为道，文所以为理耳

读书以为学，缵言以为文，非以夸多而斗靡也。盖学所以为道，文所

以为理耳。苟行事得其宜，出言适其要，虽不吾面，吾将信其富于文学也。颍川陈彤，始吾见之杨湖南门下，颀然其长，薰然其和。吾目其貌，耳其言，因以得其为人；及其久也，果若不可及。夫湖南之于人，不轻以事接；争名者之于艺，不可以虚屈。吾见湖南之礼有加，而同进之士交誉也，又以信吾信之不失也，如是而又问焉以质其学，策焉以考其文，何不信之有？故吾不征于陈，而陈亦不出于我，此岂非古人所谓"可为智者道，难与俗人言"者类耶？凡吾从事于斯也久，未见举进士有如陈生而不如志者。于其行，姑以是赠之。

（唐）韩愈《送陈秀才彤序》，马其昶点校《韩昌黎文集校注》，上海古籍出版社1986年版

师其意不师其辞

或问："为文宜何师？"必谨对曰："宜师古圣人。"曰："古圣贤人所为书具存，辞皆不同，宜何师？"必谨对曰："师其意不师其辞。"又问曰："文宜易宜难？"必谨对曰："无难易，惟其是尔。"如是而已，非固开其为此，而禁其为彼也。

（唐）韩愈《答刘正夫书》，马其昶点校《韩昌黎文集校注》，上海古籍出版社1986年版

文道合一

夫所谓文者，必有诸其中，是故君子慎其实。实之美恶，其发也不掩，本深而末茂，形大而声宏，行峻而言厉，心醇而气和。昭晰者无疑，优游者有余；体不备不可以为成人，辞不足不可以为成文。愈之所闻者如是，有问于愈者，亦以是对。今吾子所为皆善矣，谦谦然若不足而以征于愈，愈又敢有爱于言乎？抑所能言者，皆古之道；古之道不足以取于今，吾子何其爱之异也？贤公卿大夫在上比肩，始进之贤士在下比肩，彼其得之必有以取之也。子欲仕乎？其往问焉，皆可学也。若独有爱于是而非仕之谓，则愈也尝学之矣。

（唐）韩愈《答尉迟生书》，马其昶点校《韩昌黎文集校注》，上海古籍出版社1986年版

韩工之于文，技也进乎道矣

苟可以寓其巧智，使机应于心，不挫于气，则神完而守固，虽外物

至，不胶于心。尧、舜、禹、汤治天下，养叔治射，庖丁治牛，师旷治音声，扁鹊治病，僚之于丸，秋之于弈，伯伦之于酒，乐之终身不厌，奚暇外慕？夫外慕徙业者，皆不造其堂，不哜其胾者也。

往时张旭善草书，不治他技。喜怒窘穷，忧悲、愉佚、怨恨、思慕、酣醉、无聊、不平，有动于心，必于草书焉发之。观于物，见山水崖谷，鸟兽虫鱼，草木之花实，日月列星，风雨水火，雷霆霹雳，歌舞战斗，天地事物之变，可喜可愕，一寓于书。故旭之书，变动犹鬼神，不可端倪，以此终其身而名后世。今闲之于草书，有旭之心哉！不得其心而逐其迹，未见其能旭也。为旭有道，利害必明，无遗锱铢，情炎于中，利欲斗进，有得有丧，勃然不释，然后一决于书，而后旭可几也。

今闲师浮屠氏，一死生，解外胶。是其为心，必泊然无所起；其于世，必淡然无所嗜。泊与淡相遭，颓堕委靡，溃败不可收拾，则其于书得无象之然乎！然吾闻浮屠人善幻，多技能，闲如通其术，则吾不能知矣。

（唐）韩愈《送高闲上人序》，马其昶点校《韩昌黎文集校注》，上海古籍出版社1986年版

行之乎仁义之途，游之乎诗书之源，终吾身

生所谓"立言"者，是也；生所为者与所期者，甚似而几矣。抑不知生之志：蕲胜于人而取于人邪？将蕲至于古之立言者邪？蕲胜于人而取于人，则固胜于人而可取于人矣！将蕲至于古之立言者，则无望其速成，无诱于势利，养其根而俟其实，加其膏而希其光。根之茂者其实遂，膏之沃者其光晔。仁义之人，其言蔼如也。

抑又有难者。愈之所为，不自知其至犹未也；虽然，学之二十余年矣。始者，非三代两汉之书不敢观，非圣人之志不敢存。处若忘，行若遗，俨乎其若思，茫乎其若迷。当其取于心而注于手也，惟陈言之务去，戛戛乎其难哉！其观于人，不知其非笑之为非笑也。如是者亦有年，犹不改。然后识古书之正伪，与虽正而不至焉者，昭昭然白黑分矣，而务去之，乃徐有得也。

当其取于心而注于手也，汩汩然来矣。其观于人也，笑之则以为喜，誉之则以为忧，以其犹有人之说者存也。如是者亦有年，然后浩乎其沛然矣。吾又惧其杂也，迎而距之，平心而察之，其皆醇也，然后肆焉。虽然，不可以不养也，行之乎仁义之途，游之乎诗书之源，无迷其途，无绝

其源，终吾身而已矣。

气，水也；言，浮物也。水大而物之浮者大小毕浮。气之与言犹是也，气盛则言之短长与声之高下者皆宜。虽如是，其敢自谓几于成乎？虽几于成，其用于人也奚取焉？虽然，待用于人者，其肖于器邪？用与舍属诸人。君子则不然。处心有道，行己有方，用则施诸人，舍则传诸其徒，垂诸文而为后世法。如是者，其亦足乐乎？其无足乐也？

有志乎古者希矣，志乎古必遗乎今。吾诚乐而悲之。亟称其人，所以劝之，非敢褒其可褒而贬其可贬也。问于愈者多矣，念生之言不志乎利，聊相为言之。

（唐）韩愈《答李翊书》，马其昶点校《韩昌黎文集校注》，上海古籍出版社1986年版

著书者，义止于辞耳

夫所谓著书者，义止于辞耳。宣之于口，书之于简，何择焉？孟轲之书，非轲自著；轲既殁，其徒万章、公孙丑相与记轲所言焉耳。仆自得圣人之道而诵之，排前二家有年矣。不知者以仆为好辩也，然从而化者亦有矣，闻而疑者又有倍焉。顽然不入者，亲以言谕之不入，则其观吾书也固将无得矣。为此而止，吾岂有爱于力乎哉？

（唐）韩愈《答张籍书》，马其昶点校《韩昌黎文集校注》，上海古籍出版社1986年版

诚者，先乎其质，后乎其文，惟义之文

愈之志在古道，又甚好其言辞，观足下之书及十四篇之诗，亦云有志于是矣，而其所问则名，所慕则科，故愈疑于其对焉。虽然，厚意不可虚辱，聊为足下诵其所闻。盖君子病乎在己而顺乎在天，待己以信而事亲以诚。所谓病乎在己者，仁义存乎内，彼圣贤者能推而广之，而我蠢焉为众人。所谓顺乎在天者，贵贱穷通之来，平吾心而随顺之，不以累于其初。所谓待己以信者，己果能之，人曰不能，勿信也；己果不能，人曰能之，勿信也，孰信哉？信乎己而已矣。所谓事亲以诚者，尽其心，不夸于外，先乎其质，后乎其文者也。尽其心不夸于外者，不以己之得于外者为父母荣也，名与位之谓也。先乎其质者，行也；后乎其文者，饮食甘旨，以其外物供养之道也。诚者，不欺之名也。待于外而后为养，薄于质而厚于

文，斯其不类于欺与？果若是，子之汲汲于科名，以不得进为亲之羞者，惑也。速化之术，如是而已。古之学者惟义之问，诚将学于太学，愈犹守是说而俟见焉。

（唐）韩愈《答陈生书》，马其昶点校《韩昌黎文集校注》，上海古籍出版社1986年版

柳宗元

柳宗元（773—819），字子厚，河东（今山西运城永济）人，"唐宋八大家"之一，唐代文学家、哲学家，因官终柳州刺史，又称"柳柳州"。柳宗元主张"文道合一""以文明道""务去陈言""辞必己出"。著有《河东先生集》。

言道、讲古、穷文辞以为师，则固吾属事

凡仆所为二文，其卒果不异。仆之所避者名也，所忧者其实也，实不可一日忘。仆聊歌以为箴，行且求中以益己，栗栗不敢暇，又不敢自谓有可师于人者耳。若乃名者，方为薄世笑骂，仆脆怯，尤不足当也。内不足为，外不足当众口，虽恳恳见迫，其若吾子何？实之要，二文中皆是也，吾子其详读之，仆见解不出此。

吾子所云仲尼之说，岂易耶？仲尼可学，不可为也。学之至，斯则仲尼矣；未至而欲行仲尼之事，若宋襄公好霸而败国，卒中矢而死。仲尼岂易言耶？马融、郑元者，二子独章句师耳。今世固不少章句师，仆幸非其人。吾子欲之，其有乐而望吾子者矣。言道、讲古、穷文辞以为师，则固吾属事。仆才能勇敢不如韩退之，故又不为人师。人之所见有同异，吾子无以韩责我。若曰仆拒千百人，又非也。仆之所拒，拒为师弟子名，而不敢当其礼者也。若言道、讲古、穷文辞，有来问我者，吾岂尝瞋目闭口耶？

敬叔吾所信爱，今不得见其人，又不敢废其言。吾子文甚畅远，恢恢乎其辟大路将疾驰也。攻其车，肥其马，长其策，调其六辔，中道之行大都，舍是又奚师欤？亟谋于知道者而考诸古，师不乏矣。幸而亟来，终日与吾子言，不敢倦，不敢爱，不敢肆。苟去其名，全其实，以其余易其不

足，亦可交以为师矣。如此，无世俗累而有益乎已，古今未有好道而避是者。

（唐）柳宗元《答严厚舆论师道书》，《柳河东集》，上海古籍出版社2008年版

文以行为本，先诚其中

大都文以行为本，在先诚其中。其外者当先读六经，次《论语》、孟轲书，皆经言。《左氏》、《国语》、庄周、屈原之辞，稍采取之，谷梁子、太史公甚峻洁，可以出入，余书俟文成，异日讨也。其归在不出孔子，此其古人贤士所懔懔者。求孔子之道，不于异书。秀才志于道，慎勿怪、勿杂、勿务速显。道苟成，则勃然尔，久则蔚然尔。源而流者，岁旱不涸，蓄谷者不病凶年，蓄珠玉者不虞殍死矣。然则成而久者，其术可见。虽孔子在，为秀才计，未必过此。

（唐）柳宗元《报袁君陈秀才避师名书》，《柳河东集》卷三十四，上海古籍出版社2008年版

文者以明道，好道而可文

吾子行厚而辞深，凡所作皆恢恢然有古人形貌；虽仆敢为师，亦何所增加也假而以仆年先吾子，闻道著书之日不后，诚欲往来言所闻，则仆固愿悉陈中所得者。吾子苟自择之，取某事，去某事，则可矣；若定是非以教吾子，仆才不足，而又畏前所陈者，其为不敢也决矣。吾子前所欲见吾文，既悉以陈之，非以耀明于子，聊欲以观子气色，诚好恶如何也。今书来言者皆大过。吾子诚非佞誉诬谀之徒，直见爱甚故然耳！

始吾幼且少，为文章，以辞为工。及长，乃知文者以明道，是固不苟为炳炳烺烺，务采色，夸声音而以为能也。凡吾所陈，皆自谓近道，而不知道之果近乎？远乎？吾子好道而可吾文，或者其于道不远矣。故吾每为文章，未尝敢以轻心掉之，惧其剽而不留也；未尝敢以怠心易之，惧其弛而不严也；未尝敢以昏气出之，惧其昧没而杂也；未尝敢以矜气作之，惧其偃蹇而骄也。抑之欲其奥，扬之欲其明，疏之欲其通，廉之欲其节；激而发之欲其清，固而存之欲其重，此吾所以羽翼夫道也。

本之《书》以求其质，本之《诗》以求其恒，本之《礼》以求其宜，本之《春秋》以求其断，本之《易》以求其动：此吾所以取道之原

也。参之《谷梁氏》以厉其气，参之《孟》、《荀》以畅其支，参之《庄》、《老》以肆其端，参之《国语》以博其趣，参之《离骚》以致其幽，参之《太史公》以著其洁：此吾所以旁推交通，而以为之文也。凡若此者，果是耶，非耶？有取乎，抑其无取乎？吾子幸观焉，择焉，有余以告焉。苟亟来以广是道，子不有得焉，则我得矣，又何以师云尔哉？取其实而去其名，无招越、蜀吠，而为外廷所笑，则幸矣。

（唐）柳宗元《答韦中立论师道书》，《柳河东集》，上海古籍出版社2008年版

文有二道，辞令褒贬，本乎著述者

文之用，辞令褒贬，导扬讽谕而已。虽其言鄙野，足以备于用。然而阙其文采，固不足以竦动时听，夸示后学。立言而朽，君子不由也。故作者抱其根源，而必由是假道焉。作于圣，故曰经；述于才，故曰文。文有二道，辞令褒贬，本乎著述者也；导扬讽谕，本乎比兴者也。著述者流，盖出于《书》之谟、训，《易》之象、系，《春秋》之笔削，其要在于高壮广厚，词正而理备，谓宜藏于简册也。比兴者流，盖出于虞、夏之咏歌，殷、周之风雅，其要在于丽则清越，言畅而意美，谓宜流于谣诵也。兹二者，考其旨义，乖离不合。故秉笔之士，恒偏胜独得，而罕有兼者焉。厥有能而专美，命之曰艺成。虽古文雅之盛世，不能并肩而生。

唐兴以来，称是选而不作者，梓潼陈拾遗。其后燕文贞以著述之余，攻比兴而莫能及；张曲江以比兴之隙，穷著述而不克备。其余各探一隅，相与背驰于道者，其去弥远。文之难兼，斯亦甚矣。

（唐）柳宗元《杨评事文集后序》，《柳河东集》卷二十一，上海古籍出版社2008年版

文之近古而尤壮丽，风雅益盛，敷施天下

左右史混久矣，言事驳乱，《尚书》《春秋》之旨不立。自左丘明传孔氏，太史公述历古今，合而为《史记》，迄于今，交错相纠，莫能离其说。独左氏《国语》纪言不参于事，《战国策》《春秋后语》颇本右史《尚书》之制。然无古圣浇然之道，大抵促数耗矣，而后之文者宠之。文之近古而尤壮丽，莫若汉之西京。班固书传之，吾尝病其畔散不属，无以考其变。欲采比义会，年长疾作，驾堕日甚，未能胜也。幸吾弟宗直爱

古书，乐而成之。搜讨磔裂，捃摭融结，离而同之，与类推移，不易时月，而咸得从其条贯。森然炳然，若开群玉之府。指挥联累，圭璋琮璜之状，各有列位，不失其序，虽第其价可也。以文观之，则赋、颂、诗、歌、书、奏、诏、策、辨、论之辞毕具。以语观之，则右史纪言，《尚书》《国语》《战国策》成败兴坏之说大备，无不苞也。噫！是可以为学者之端耶？

始吾少时，有路子者，自赞为是书，吾嘉而叙其意，而其书终莫能具，卒俟宗直也。故删取其叙，系于左，以为《西汉文类》首纪。殷周之前，其文简而野，魏晋已降，则荡而靡，得其中者汉氏。汉氏之东，则既衰矣。当文帝时，始得贾生明儒术，武帝尤好焉。而公孙宏、董仲舒、司马迁、相如之徒作，风雅益盛，敷施天下，自天子至公卿大夫士庶人咸通焉。于是宣于诏策，达于奏议，讽于辞赋，传于歌谣，由高帝迄于哀、平、王莽之诛，四方之文章，盖烂然矣。史臣班孟坚修其书，拔其尤者充于简册，则二百三十年间，列辟之达道，名臣之大范，贤能之志业，黔黎之风习列焉。若乃合其英精，离其变通，论次其叙位，必俟学古者兴行之。唐兴，用文理，贞元间，文章特盛。本之三代，接于汉氏，与之相准。于是有能者，取孟坚书，类其文，次其先后，为四十卷。

（唐）柳宗元《柳宗直西汉文类序》，《柳河东集》卷二十一，上海古籍出版社2008年版

圣人之言，期以明道，辞之传于世者，必由于书

辱书及文章，辞意良高，所向慕不凡近，诚有意乎圣人之言。然圣人之言，期以明道，学者务求诸道而遗其辞。辞之传于世者，必由于书。道假辞而明，辞假书而传，要之道而已耳。道之及，及乎物而已耳，斯取道之内者也。今世因贵辞而矜书，粉泽以为工，迥密以为能，不亦外乎？吾子之所言道，匪辞而书，其所望于仆，亦匪辞而书，是不亦去及物之道愈以远乎？仆尝学圣人之道，身虽穷，志求之不已，庶几可以语于古。恨与吾子不同州部，闭口无所发明。观吾子文章，自秀士可通圣人之说。今吾子求于道也外，而望于予也愈外，是其可惜欤！吾且不言，是负吾子数千里不弃朽废者之意，故复云尔也。

凡人好辞工书者，皆病癖也。吾不幸蚤得二病。学道以来，日思砭针攻熨，卒不能去，缠结心腑牢甚，愿斯须忘之而不克，窃尝自毒。今吾子

乃始钦钦思易吾病，不亦惑乎！斯固有潜块积瘕，中子之内藏，恬而不悟，可怜哉！其卒与我何异？均之二病，书字益下，而子之意又益下，则子之病又益笃。甚矣，子癖于伎也！

（唐）柳宗元《报崔黯秀才论为文书》，《柳河东集》卷三十四，上海古籍出版社2008年版

天下方理平，文以神志为主

今之世言士者先文章。文章，士之末也。然立言存乎其中，即末而操其本，可十七八，未易忽也。自古文士之多莫如今，今之後生为文，希屈、马者，可得数人；希王褒、刘向之徒者，又可得十人；至陆机、潘岳之比，累累相望。若皆为之不已。则文章之大盛，古未有也。後代乃可知之。今之俗耳庸目，无所取信，杰然特异者，乃见此耳。丈人以文律通流当世，叔仲鼎列，天下号为文章家。今又生敬之。敬之，希屈、马者之一也。天下方理平，今之文士咸能先理。理不一断于古书老生，直趋尧舜大道、孔氏之志，明而出之，又古之所难有也。然则文章未必为士之末，独采取何如耳！宗元自小学为文章，中间幸联得甲乙科第，至尚书郎，专百官章奏，然未能究知为文之道。自贬官来无事，读百家书，上下驰骋，乃少得知文章利病。去年吴武陵来，美其齿少，才气壮健，可以兴西汉之文章，日与之言，因为之出数十篇书。庶几铿锵陶冶，时时得见古人情状。然彼古人亦人耳，夫何远哉？凡人可以言古，不可以言今。桓谭亦云：亲见扬子云容貌不能动人，安肯传其书？诚使博如庄周，哀如屈原，奥如孟轲，壮如李斯，峻如马迁，富如相如，明如贾谊，专如扬雄，犹为今之人，则世之高者至少矣。由此观之，古之人未必不薄于当世，而荣于后世也。若吴子之文，非丈人无以知之。独恐世人之才高者，不肯久学，无以尽训诂诂风雅之道，以为一世甚盛。若宗元者，才力缺败，不能远骋高厉，与诸生摩九霄、抚四海，夸耀于后之人矣。何也？

凡为文以神志为主。自遭责逐，继以大故，荒乱耗竭，又常积忧，恐神志少矣，所读书随又遗忘。一二年来，痞气尤甚，加以众疾，动作不常。毛毛然骚扰内生，霍雾填拥惨沮，虽有意穷文章，而病夺其志矣。

（唐）柳宗元《与杨京兆凭书》，《柳河东集》卷三十，上海古籍出版社2008年版

文不明而出之，则颠者众矣

濮阳吴君足下：仆之为文久矣，然心少之，不务也，以为是特博奕之雄耳。故在长安时，不以是取名誉，意欲施之事实，以辅时及物为道。自为罪人，舍恐惧则闲无事，故聊复为之。然而辅时及物之道，不可陈于今，则直垂于后。言而不文则泥，然则文者固不可少也。

拘囚以来，无所发明，蒙覆幽独，会足下至，然后有助我之道。一观其文，心朗目舒，炯若深井之下仰视白日之正中也。足下以超轶如此之才，每以师道命仆，仆滋不敢。仆每为一书，足下必大光耀以明之，固又非仆之所安处也。若《非国语》之说，仆病之久，尝难言于世俗。今因其闲也而书之，恒恐后世之知言者用是诟病，狐疑犹豫，伏而不出者累月，方示足下。足下乃以为当，仆然后敢自是也。吕道州善言道，亦若吾子之言，意者斯文殆可取乎？夫为一书，务富文采，不顾事实，而益之以诬怪，张之以阔诞，以炳然诱后生，而终之以僻，是犹用文锦覆陷阱也。不明而出之，则颠者众矣。仆故为之标表，以告夫游乎中道者焉。

（唐）柳宗元《答吴武陵论非国语书》，《柳河东集》卷三十一，上海古籍出版社2008年版

致用之志以明道也

吾自得友君子，而后知中庸之门户阶室。渐染砥砺，几乎道真。然而常欲立言垂文，则恐而不敢。今动作悖谬，以为僇于世，身编夷人，名列囚籍。以道之穷也，而施乎事者无日，故乃挽引，强为小书，以志乎中之所得焉。

尝读《国语》，病其文胜而言尨，好诡以反伦，其道舛逆。而学者以其文也，咸嗜悦焉。伏膺呻吟者，至比"六经"。则溺其文必信其实，是圣人之道翳也。余勇不自制，以当后世之讪怒，辄乃黜其不臧，救世之谬。凡为六十七篇，命之曰《非国语》。既就，累日怏怏然不喜，以道之难明而习俗之不可变也。如其知我者果谁欤？凡今之及道者，果可知也已。后之来者，则吾未之见，其可忽耶？故思欲尽其瑕颣，以别白中正。度成吾书者，非化光而谁？辄令往一通，惟少留视役虑以卒相之也。

往时致用作《孟子评》，有韦词者告余曰："吾以致用书示路子，路子曰：'善则善矣，然昔人为书者，岂若是摭前人耶？'"韦子贤斯言也。

余曰："致用之志以明道也，非以摭《孟子》，求诸中而表乎世焉尔！"今余为是书，非左氏尤甚。若子者，固世之好言者也，而犹出乎是，况不及是者滋众，则余之望乎世也愈狭矣！卒如之何？苟不悖于圣道，而有以启明者之虑，则用是罪余者，虽累百世滋不憾而恶焉。于化光何如哉？激乎中必厉乎外，想不思而得也。

（唐）柳宗元《与吕道州温论〈非国语〉书》，《柳河东集》，上海古籍出版社 2008 年版

白居易

白居易（772—846），字乐天，号香山居士、醉吟先生，祖籍山西太原，到其曾祖父时迁居下邽，生于河南新郑，唐代伟大的现实主义诗人。白居易与元稹共同倡导新乐府运动，世称"元白"，与刘禹锡并称"刘白"。白居易主张诗歌要有现实功能，强调"文章合为时而著，歌诗合为事而作"。著有《白氏长庆集》。

作诗作文，感人心而天下和平

夫文，尚矣，三才各有文。天之文三光首之；地之文五材首之；人之文"六经"首之。就"六经"言，《诗》又首之。何者？圣人感人心而天下和平。感人心者，莫先乎情，莫始乎言，莫切乎声，莫深乎义。诗者，根情，苗言，华声，实义。上自圣贤，下至愚骏，微及豚鱼，幽及鬼神。群分而气同，形异而情一。未有声入而不应、情交而不感者。

圣人知其然，因其言，经之以六义；缘其声，纬之以五音。音有韵，义有类。韵协则言顺，言顺则声易入；类举则情见，情见则感易交。于是乎孕大含深，贯微洞密，上下通而一气泰，忧乐合而百志熙。五帝三皇所以直道而行、垂拱而理者，揭此以为大柄，决此以为大窦也。

（唐）白居易《与元九书》，《白氏长庆集》卷二十八，中央编译出版社 2015 年版

诗各系其志，发而为文，六义四始之风

故闻"元首明，股肱良"之歌，则知虞道昌矣。闻五子洛汭之歌，

则知夏政荒矣。言者无罪，闻者足诫，言者闻者莫不两尽其心焉。

洎周衰秦兴，采诗官废，上不以诗补察时政，下不以歌泄导人情。用至于谄成之风动，救失之道缺。于时六义始刓矣。《国风》变为《骚辞》，五言始于苏、李。《诗》、《骚》皆不遇者，各系其志，发而为文。故河梁之句，止于伤别；泽畔之吟，归于怨思。彷徨抑郁，不暇及他耳。然去《诗》未远，梗概尚存。故兴离别则引双凫一雁为喻，讽君子小人则引香草恶鸟为比。虽义类不具，犹得风人之什二三焉。于时六义始缺矣。

……

又请为左右终言之。凡闻仆《贺雨诗》，众口籍籍，以为非宜矣；闻仆《哭孔戡诗》，众面脉脉，尽不悦矣；闻《秦中吟》，则权豪贵近者，相目而变色矣；闻《登乐游园》寄足下诗，则执政柄者扼腕矣；闻《宿紫阁村》诗，则握军要者切齿矣！大率如此，不可遍举。不相与者，号为沽誉，号为诋讦，号为讪谤。苟相与者，则如牛僧孺之诫焉。乃至骨肉妻孥，皆以我为非也。其不我非者，举世不过三两人。有邓鲂者，见仆诗而喜，无何鲂死。有唐衢者，见仆诗而泣，未几而衢死。其余即足下。足下又十年来困踬若此。呜呼！岂六义四始之风，天将破坏，不可支持耶？抑又不知天意不欲使下人病苦闻于上耶？不然，何有志于诗者，不利若此之甚也！然仆又自思关东一男子耳，除读书属文外，其他懵然无知，乃至书画棋博，可以接群居之欢者，一无通晓，即其愚拙可知矣！初应进士时，中朝无缌麻之亲，达官无半面之旧；策蹇步于利足之途，张空拳于战文之场。十年之间，三登科第，名落众耳，迹升清贯，出交贤俊，入侍冕旒。始得名于文章，终得罪于文章，亦其宜也。

（唐）白居易《与九元书》，《白氏长庆集》卷二十八，中央编译出版社2015年版

览仆诗者，知仆之道

微之，古人云："穷则独善其身，达则兼济天下。"仆虽不肖，常师此语。大丈夫所守者道，所待者时。时之来也，为云龙，为风鹏，勃然突然，陈力以出；时之不来也，为雾豹，为冥鸿，寂兮寥兮，奉身而退。进退出处，何往而不自得哉！故仆志在兼济，行在独善，奉而始终之则为道，言而发明之则为诗。谓之讽谕诗，兼济之志也；谓之闲适诗，独善之义也。故览仆诗者，知仆之道焉。其余杂律诗，或诱于一时一物，发于一

笑一吟，率然成章，非平生所尚者，但以亲朋合散之际，取其释恨佐欢，今铨次之间，未能删去。他时有为我编集斯文者，略之可也。

微之，夫贵耳贱目，荣古陋今，人之大情也。仆不能远征古旧，如近岁韦苏州歌行，才丽之外，颇近兴讽；其五言诗，又高雅闲淡，自成一家之体，今之秉笔者谁能及之？然当苏州在时，人亦未甚爱重，必待身后，人始贵之。今仆之诗，人所爱者，悉不过杂律诗与《长恨歌》已下耳。时之所重，仆之所轻。至于讽谕者，意激而言质；闲适者，思澹而辞迂。以质合迂，宜人之不爱也。今所爱者，并世而生，独足下耳。然百千年后，安知复无如足下者出，而知爱我诗哉？故自八九年来，与足下小通则以诗相戒，小穷则以诗相勉，索居则以诗相慰，同处则以诗相娱。知吾罪吾，率以诗也。

（唐）白居易《与九元书》，《白氏长庆集》卷二十八，中央编译出版社2015年版

文章合为时而著，歌诗合为事而作

序曰：凡九千二百五十二言，断为五十篇。篇无定句，句无定字，系于意，不系于文。首句标其目，卒章显其志，诗三百之义也。其辞质而径，欲见之者易谕也；其言直而切，欲闻之者深诫也；其事核而实，使采之者传信也；其体顺而肆，可以播于乐章歌曲。总而言之，为君、为臣、为民、为物、为事而作，不为文而作也。

（唐）白居易《新乐府自序》，《白氏长庆集》卷三，中央编译出版社2015年版

诗意，六义互铺陈；读君诗，知君为人

张君何为者，业文三十春。尤工乐府诗，举代少其伦。
为诗意如何，六义互铺陈。风雅比兴外，未尝著空文。
读君学仙诗，可讽放佚君。读君董公诗，可诲贪暴臣。
读君商女诗，可感悍妇仁。读君勤齐诗，可劝薄夫敦。
上可裨教化，舒之济万民。下可理情性，卷之善一身。
始从青衿岁，追此白发新。日夜秉笔吟，心苦力亦勤。
时无采诗官，委弃如泥尘。恐君百岁后，灭没人不闻。
愿藏中秘书，百代不湮沦。愿播内乐府，时得闻至尊。

言者志之苗，行者文之根。所以读君诗，亦知君为人。

（唐）白居易《读张籍古乐府》，《白氏长庆集》卷一，中央编译出版社2015年版

作文尚志著诚之旨，根情与述义

问：国家化天下以文明，奖多士以文学，二百余载，文章焕焉。然则述作之间，久而生弊，书事者罕闻于直笔，褒美者多睹其虚辞。今欲去伪抑淫，芟芜铲秽，黜华于枝叶，反实于根源，引而救之，其道安在？

臣谨案《易》曰："观乎人文，以化成天下。"《礼》曰："文王以文理。"则文之用大矣哉！自三代以还，斯文不振，故天以将丧之弊，授我国家。国家以文德应天，以文教牧人，以文行选贤，以文学取士，二百余年，焕乎文章，故士无贤不肖，率注意于文矣。然臣闻大成不能无小弊，大美不能无小疵，是以凡今秉笔之徒，率尔而言者有矣，斐然成章者有矣，故歌咏、诗赋、碑碣、赞诔之制，往往有虚美者矣，有愧辞者矣。若行于时，则诬善恶而惑当代，若传于后，则混真伪而疑将来。臣伏思之，恐非先王文理化成之教也。且古之为文者，上以纫王教，系国风，下以存炯戒，通讽谕，故惩劝善恶之柄，执于文士褒贬之际焉，补察得失之端，操于诗人美刺之间焉。今褒贬之文无核实，则惩劝之道缺矣，美刺之诗不稽政，则补察之义废矣，虽雕章镂句，将焉用之？臣又闻稂莠秕稗生于谷，反害谷者也；淫辞丽藻生于文，反伤文者也。故农者耘稂莠，簸秕稗，所以养谷也；王者删淫辞，削丽藻，所以养文也。伏惟陛下诏主文之司，谕养文之旨，俾辞赋合炯戒讽谕者，虽质虽野，采而奖之，碑诔有虚美愧辞者，虽华虽丽，禁而绝之。若然，则为文者必当尚质抑淫，著诚去伪，小疵小弊，荡然无遗矣。则何虑乎皇家之文章，不与三代同风者欤？

（唐）白居易《策林六十八》，中央编译出版社2015年版

理世之音安以乐，闲居之诗泰以适

予历览古今歌诗，自风骚之后，苏李以还，次及鲍谢徒，迄于李杜辈，其间词人闻知者累百，诗章流传者巨万，观其所自，多因逸冤遭逐，征戍行旅，冻馁病老，存殁别离，情发于中，文形于外，故愤忧怨伤之作，通计今古，什八九焉。世所谓文士多数奇，诗人尤命薄，于斯见矣。又有以知理安之世少，离乱之时多，亦明矣。予不佞，喜文嗜诗，自幼及

老，著诗数千首。以其多也，故章句在人口，姓字落诗流，虽才不逮古人，然所作不啻数千首，以其多矣，作一数奇命薄之士，亦有余矣。今寿过耳顺，幸无病苦，官至三品，免罹饥寒，此一乐也。太和二年诏授刑部侍郎，明年病免归洛，旋授太子宾客分司东都，居二年就领河南尹事，又三年病免归，履道里第，再授宾客分司。自三年春至八年夏，在洛凡五周岁，作诗四百三十二首，除丧朋、哭子十数篇外，其他皆寄怀于酒，或取意于琴，闲适有余，酣乐不暇，苦词无一字，忧叹无一声，岂牵强所能致耶，盖亦发中而形外耳。斯乐也，实本之于省分知足，济之以家给身闲，文之以觞咏弦歌，饰之以山水风月。此而不适，何往而适哉？兹又以重吾乐也。予尝云："理世之音安以乐，闲居之诗泰以适。"苟非理世，安得闲居？故集洛诗，别为序引。不独记东都履道里有闲居泰适之叟，亦欲知皇唐太和岁有理世安乐之音，集而序之，以俟夫采诗者。

（唐）白居易《序洛诗》，《白氏长庆集》卷六十一，中央编译出版社2015年版

音声之道，与政通矣，唯明圣者能审而述作

时议者或云："乐者，声与器迁，音随曲变。若废今器，用古器，则哀淫之音息矣；若舍今曲，奏古曲，则正始之音兴矣。"其说若此，以为何如？

臣闻乐者本于声，声者发于情，情者系于政。盖政和则情和，情和则声和，而安乐之音，由是作焉；政失则情失，情失则声失，而哀淫之音，由是作焉。斯所谓音声之道，与政通矣。伏睹时议者，臣窃以为不然。何者？夫器者所以发声，声之邪正，不系于器之今古也；曲者所以名乐，乐之哀乐，不系于曲之今古也。何以考之？若君政骄而荒，人心动而怨，则虽舍今器用古器，而哀淫之声不散矣；若君政善而美，人心和而平，则虽奏今曲废古曲，而安乐之音不流矣。是故和平之代，虽闻桑间濮上之音，人情不淫也，不伤也；乱亡之代，虽闻咸濩韶武之音，人情不和也，不乐也。故臣以为销郑卫之声，复正始之音者，在乎善其政和其情，不在乎改其器易其曲也。故曰乐者不可以伪，唯明圣者能审而述作焉。臣又闻若君政和而平，人心安而乐，则虽援黄桴击野壤，闻之者亦必融融泄泄矣；若君政骄而荒，人心困而怨，则虽撞大钟伐鸣鼓，闻之者适足惨惨戚戚矣。故臣以为谐神人和风俗者，在乎善其政欢其心，不在乎变其音极其声也。

（唐）白居易《策林六十四》，中央编译出版社2015年版

温柔敦厚之教，畅于中而发于外

问：学者教之根，理之本。国家设庠序以崇儒术，张礼乐而厚国风，师资肃以尊严，文物焕其明备，何则学《诗》《书》者，拘于文而不通其旨，习礼乐者，滞于数而不达其情，故安上之礼未行，化人之学将落。今欲使工祝知先王之道，生徒究圣人之心，《诗》《书》不失于愚诬，礼乐无闻于盈减，积之为言行，播之为风化，何为何作，得至于斯？

臣闻化人动众，学为先焉，安上尊君，礼为本焉，故古之王者，未有不先于学本于礼，而能建国君人，经天纬地者也。国家删定六《经》之义，裁成五《礼》之文，是为学者之先知，生人之大惠也。故命太常以典礼乐，立太学以教《诗》《书》，将欲使四术并举而行，万人相从而化。然臣观之，太学生徒，诵《诗》《书》之文，而不知《诗》《书》之旨；太常工祝，执礼乐之器，而不识礼乐之情。遗其旨，则作忠兴孝之义不彰，失其情，则合敬同爱之诚不著，所谓去本而从末，弃精而好粗。至使陛下语学有将落之忧，顾礼有未行之叹者，此由官失其业，师非其人，故但有修习之名，而无训导之实也。伏望审官师之能否，辨教学之是非，俾讲《诗》者以六义风赋为宗，不专于鸟兽草木之名也；读《书》者以五代典谟为旨，不专于章句诂训之文也；习礼者以上下长幼为节，不专于俎豆之数、裼袭之容也；学乐者以中和友孝为德，不专于节奏之变、缀兆之度也。夫然，则《诗》《书》无愚诬之失，礼乐无盈减之差。积而行立者，乃升之于朝廷；习而事成者，乃用之于宗庙。是故温柔敦厚之教，疏通知远之训，畅于中而发于外矣；庄敬威严之貌，易直子谅之心，行于上而流于下矣。则睹之者莫不承顺，闻之者莫不率从，管乎人情，出乎理道，欲人不化上不安，其可得乎？

（唐）白居易《策林六十》，中央编译出版社2015年版

礼以济乐，乐以济礼

问：礼乐并用，其义安在？礼乐共理，其效何征？礼之崩也，何方以救之乎？乐之坏也，何术以济之乎？

臣闻序人伦，安国家，莫先于礼；和人神，移风俗，莫尚于乐。二者所以并天地，参阴阳，废一不可也。何则？礼者纳人于别，而不能和也；

乐者致人于和，而不能别也。必待礼以济乐，乐以济礼，然后和而无怨，别而不争。是以先王并建而用之，故理天下如指诸掌耳。《志》曰："六经之道同归，而礼乐之用为急。"故前代有乱亡者，由不能知之也；有知而危败者，由不能行之也；有行而不至于理者，由不能达其情也；能达其情者，其唯宗周乎？周之有天下也，修礼达乐者七年，刑措不用者四十年，负扆垂拱者三百年，龟鼎不迁者八百年，斯可谓达其情、臻其极也。故孔子曰："吾从周。"然则继周者，其唯皇家乎？臣伏闻礼减则销，销则崩；乐盈则放，放则坏。故先王减则进之，盈则反之，济其不及而泄其过，用能正人道，反天性，奋至德之光焉。国家承齐、梁、陈、隋之弊，遗风未弭，故礼稍失于杀，乐稍失于奢。伏惟陛下虑其减销，则命司礼者大明唐礼；防其盈放，则诏典乐者少抑郑声。如此则礼备而不偏，乐和而不流矣。继周之道，其在兹乎？

（唐）白居易《策林六十二》，中央编译出版社 2015 年版

礼得其本，乐达其情，心与德，不可斯须失也

问：礼乐之用，百王共之。然则历代以来，或沿而理，或革而乱，或损而兴，或益而亡，何述作之迹同，而失得之效异也？方今大制虽立，至理未臻，岂沿袭损益，未适其时宜，将文物声明，有乖于古制？思欲究盛礼之旨，审至乐之情，不和者改而更张，可继者守而不失。具陈其要，当举而行。

臣闻议者曰："礼莫备于三王，乐莫盛于五帝，非殷周之礼，不足以理天下，非尧舜之乐，不足以和神人。是以总章、辟雍、冠服、簠簋之制，一不备于古，则礼不能行矣；干戚、羽旄、屈伸、俯仰之度，一不修于古，则乐不能和矣。"古今之论，大率如此。臣窃谓斯言，失其本，得其末，非通儒之达识也。何者？夫礼乐者，非天降，非地出也，盖先王酌于人情，张为通理者也。苟可以正人伦，宁家国，是得制礼之本意也；苟可以和人心，厚风俗，是得作乐之本情也。盖善沿礼者，沿其意不沿其名；善变乐者，变其数不变其情。故得其意，则五帝三王不相沿袭，而同臻于理；失其情，则王莽屑屑习古，适足为乱矣。故曰行礼乐之情者王，行礼乐之饰者亡，盖谓是矣。且礼本于体，乐本于声，文物名数所以饰其体，器度节奏所以文其声，圣人之理也。礼至则无体，乐至则无声。然则苟至于理也，声与体犹可遗，况于文与饰乎？则本末取舍之宜，可明辨

矣。今陛下以上圣之资，守烈祖之制，不待损益，足以致理，然苟有沿革，则愿陛下审本末而述作焉。盖礼者，以安上理人为体，以别疑防欲为用，以玉帛俎豆为数，以周旋裼袭为容。数与容，可损益也；体与用，不可斯须失也。乐者，以易直子谅为心，以中和孝友为德，以律度铿锵为饰，以缀兆舒疾为文。饰与文，可损益也；心与德，不可斯须失也。夫然，则礼得其本，乐达其情，虽沿革损益不同，同归于理矣。

（唐）白居易《策林六十三》，中央编译出版社2015年版

采诗，上之诚明，下之利病，内外胥悦

问：圣人之致理也，在乎酌人言察人情，而后行为政顺为教者也。然则一人之耳，安得遍闻天下之言乎？一人之心，安得尽知天下之情乎？今欲立采诗之官，开讽刺之道，察其得失之政，通其上下之情，子大夫以为何如？

臣闻圣王酌人之言，补己之过，所以立理本，导化源也，将在乎选观风之使，建采诗之官，俾乎歌咏之声，讽刺之兴，日采于下，岁献于上者也。所谓言之者无罪，闻之者足以自诫。大凡人之感于事，则必动于情，然后兴于嗟叹，发于吟咏，而形于歌诗矣。故闻《蓼萧》之篇，则知泽及四海也；闻《禾黍》之咏，则知时和岁丰也；闻《北风》之诗，则知威虐及人也；闻《硕鼠》之刺，则知重敛于下也；闻广袖高髻之谣，则知风俗之奢荡也；闻谁其获者妇与姑之言，则知征役之废业也。故国风之盛衰，由斯而见也；王政之得失，由斯而闻也；人情之哀乐，由斯而知也。然後君臣亲览而斟酌焉，政之废者修之，阙者补之，人之忧者乐之，劳者逸之。所谓善防川者，决之使导，善理人者，宣之使言。故政有毫发之善，下必知也；教有锱铢之失，上必闻也。则上之诚明，何忧乎不下达，下之利病，何患乎不上知？上下交和，内外胥悦，若此而不臻至理，不致升平，自开辟以来，未之闻也。老子曰："不出户，知天下。"斯之谓欤！

（唐）白居易《策林六十九》，中央编译出版社2015年版

天之和，心之术，积为行，发为艺

张氏子得天之和，心之术，积为行，发为艺；艺尤者其画？画无常工，以似为工。学无常师，以真为师。故其措一意，状一物，往往运思，

中与神会，仿佛焉若驱和役灵于其间者。

（唐）白居易《论画》，《白香山集》卷二十六，中央编译出版社2015年版

刘禹锡

刘禹锡（772—842），字梦得，河南洛阳人，唐代文学家、哲学家，有"诗豪"之称。刘禹锡的文章以论说文成就最大。一是专题性的论文，论述范围包括哲学、政治、医学、书法、书仪等方面，他主张儒家的中道观，认为文艺作品常常来自人内心深处的情感变化。二是杂文。他掌握精深的诗歌艺术技巧，从而塑造独具特色的诗论观念。著有《刘梦得文集》。

诗者，其文章之蕴，工生于才，达生于明，诗道备矣

片言可以明百意，坐驰可以役万景，工于诗者能之。《风》《雅》体变而兴同，古今调殊而理冥，达于诗者能之。工生于才，达生于明，二者还相为用，而后诗道备矣。余尝执斯评为公是，且衡而度之。诚悬乎心，默揣群才，钧铢寻尺，随限而尽。如是所阅者百态。一旦得董生之词，杳如抟翠屏，浮层澜，视听所遇，非风尘间物。亦犹明金綷羽，得于遐裔，虽欲勿宝，可乎？

生名挺，字庶中。幼嗜属诗，晚而不衰。心源为炉。笔端为炭，锻炼元本，雕砻群形。纠纷舛错，逐意奔走。因故沿浊，协为新声。尝所与游，皆青云之士，闻名如卢、杜，高韵如包、李。迭以章句扬于当时，末路寡徒，值余欢甚。因相谓曰："间者身以廷尉属为荆州从事，移疾罢去，幽卧于武陵，迨今四年。言未信于世，道不施于人。寓其性怀，播为吟咏，时复发箧，纷然盈前。凡五十篇，因地为目。吾子常号知我，盍表而志之，为生羽翼？"予不得让而著于篇，因系之曰：

诗者，其文章之蕴邪！义得而言丧，故微而难能。境生于象外，故精而寡和。千里之缪，不容秋毫。非有的然之姿，可使户晓。必俟知者，然后鼓行于时。自建安距永明已还，词人比肩，唱和相发。有以"朔风""零雨"高视天下，"蝉噪""鸟鸣"蔚在史策。国朝因之，粲然复兴。

由篇章以跻贵仕者相踵而起。兵兴已还，右武尚功。公卿大夫以忧济为任，不暇器人于文什之间，故其风寝息。乐府协律不能足新音以度曲，夜讽之职，寂寥无纪。则董生之贫卧于裔土也，其不得于时者欤！其不试故艺者欤！

（唐）刘禹锡《董氏武陵集纪》，《刘梦得文集》卷二十三，上海古籍出版社1994年版

李　翱

李翱（772—841），字习之，陇西狄道（今甘肃临洮）人，唐代文学家、哲学家、诗人。强调文以明道，主张反佛、"复性"。著有《复性书》《李文公集》。

义深则意远，意远则理辩，理辩则气直，气直则辞盛，辞盛则文工

盖行己莫如恭，自责莫如厚，接众莫如宏，用心莫如直，进道莫如勇，受益莫如择友，好学莫如改过，此闻之于师者也。相人之术有三，迫之以利而审其邪正，设之以事而察其厚薄，问之以谋而观其智与不才，贤不肖分矣，此闻之于友者也。列天地，立君臣，亲父子，别夫妇，明长幼，浃朋友，"六经"之旨也。浩浩乎若江海，高乎若邱山，赫乎若日火，包乎若天地，掇章称咏，津润怪丽，"六经"之词也。创意造言，皆不相师。故其读《春秋》也，如未尝有《诗》也；其读《诗》也，如未尝有《易》也；其读《易》也，如未尝有《书》也；其读屈原、庄周也，如未尝有"六经"也。故义深则意远，意远则理辩，理辩则气直，气直则辞盛，辞盛则文工。如山有恒、华、嵩、衡焉，其同者高也，其草木之荣，不必均也。如渎有淮、济、河、江焉，其同者出源到海也，其曲直浅深、色黄白，不必均也。如百品之杂焉，其同者饱于腹也，其味咸酸苦辛，不必均也。此因学而知者也，此创意之大归也。

（唐）李翱《答朱载言书》，《李文公集》卷六，上海古籍出版社1993年版

文理义三者兼并，能必传也

天下之语文章，有六说焉：其尚异者，则曰文章辞句，奇险而已；其

好理者，则曰文章叙意，苟通而已；其溺于时者，则曰文章必当对；其病于时者，则曰文章不当对；其爱难者，则曰文章宜深不当易；其爱易者，则曰文章宜通不当难。此皆情有所偏，滞而不流，未识文章之所主也。义不深不至于理，言不信不在于教劝，而词句怪丽者有之矣，《剧秦美新》、王褒《僮约》是也；其理往往有是者，而词章不能工者有之矣，刘氏《人物表》、王氏《中说》、俗传《太公家教》是也。古之人能极于工而已，不知其词之对与否、易与难也。《诗》曰："忧心悄悄，愠于群小。"此非对也。又曰："遘闵既多，受侮不少。"此非不对也。《书》曰："朕疾谗说殄行，震惊朕师。"《诗》曰："菀彼柔桑，其下侯旬，捋采其刘，瘼此下人。"此非易也。《书》曰："允恭克让，光被四表，格于上下。"《诗》曰："十亩之间兮，桑者闲闲兮，行与子旋兮。"此非难也。学者不知其方，而称说云云，如前所陈者，非吾之敢闻也。"六经"之后，百家之言兴，老聃、列御寇、庄周、鹖冠、田穰苴、孙武、屈原、宋玉、孟子、吴起、商鞅、墨翟、鬼谷子、荀况、韩非、李斯、贾谊、枚乘、司马迁、相如、刘向、扬雄，皆足以自成一家之文，学者之所师归也。故义虽深，理虽当，词不工者不成文，宜不能传也。文理义三者兼并，乃能独立于一时，而不泯灭于后代，能必传也。仲尼曰："言之无文，行之不远。"子贡曰："文犹质也，质犹文也，虎豹之鞟，犹犬羊之鞟。"此之谓也。陆机曰："怵他人之我先。"韩退之曰："唯陈言之务去。"假令述笑哂之状曰"莞尔"，则《论语》言之矣；曰"哑哑"，则《易》言之矣；曰"粲然"，则谷梁子言之矣；曰"攸尔"，则班固言之矣；曰"辴然"，则左思言之矣。吾复言之，与前文何以异也？此造言之大归也。

（唐）李翱《答朱载言书》，《李文公集》卷六，上海古籍出版社1993年版

学古人之言，行古人之行，重古人之道，循古人之礼

吾所以不协于时而学古文者，悦古人之行也。悦古人之行者，爱古人之道也。故学其言，不可以不行其行；行其行，不可以不重其道；重其道，不可以不循其礼。古之人相接有等，轻重有仪，列于《经》《传》，皆可详引。如师之于门人则名之，于朋友则字而不名，称之于师，则虽朋友亦名之。子曰："吾与回言。"又曰："参乎，吾道一以贯之。"又曰："若由也不得其死然。"是师之名门人验也。夫子于郑兄事子产，于齐兄

事晏婴平仲,《传》曰:"子谓子产有君子之道四焉。"又曰:"晏平仲善与人交。"子夏曰:"言游过矣。"子张曰:"子夏云何。"曾子曰:"堂堂乎张也。"是朋友字而不名验也。子贡曰:"赐也何敢望回。"又曰:"师与商也孰贤。"子游曰:"有澹台灭明者行不由径。"是称于师虽朋友亦名验也。孟子曰:"天下之达尊三,德、爵、年,恶得有其一以慢其二哉。"足下之书曰:"韦君词、杨君潜。"足下之德与二君未知先后也,而足下齿幼而位卑,而皆名之。《传》曰:"吾见其与先生并行,非求益者,欲速成也。"窃惧足下不思,乃陷于此。韦践之与翱书,亟叙足下之善,故敢尽辞,以复足下之厚意,计必不以为犯。

（唐）李翱《答朱载言书》,《李文公集》卷六,上海古籍出版社1993年版

以志气塞天地,言语根教化,为人之文

日月星辰经乎天,天之文也;山川草木罗乎地,地之文也。志气言语发乎人,人之文也。志气不能塞天地,言语不能根教化,是人之文纰缪也;山崩川涸,草木枯死,是地之文裂绝也;日月晕蚀,星辰错行,是天之文乖戾也。天文乖戾,无久覆乎上;地文裂绝,无久载乎下;人文纰缪,无久立乎天地之间。故文不可以不慎也。夫毫厘分寸之长,必有中焉;咫尺寻常之长,必有中焉;百千万里之长,必有中焉;则天地之大,亦必有中焉。居之中,则长短、大小、高下虽不一,其为中则一也。是以出言居乎中者,圣人之文也;倚乎中者,希圣人之文也;近乎中者,圣人之文也;背而走者,盖庸人之文也。中古以来至于斯,天下为文,不背中而走者,其希矣。岂徒文背之而已,其视听识言,又甚于此者矣。凡人皆有耳、目、心、口,耳所以察声音大小清浊之异也,目所以别采色朱紫白黑之异也,心所以辨是非贤不肖之异也,口所以达耳之聪,导目之明,宣心之智,而敦教化风俗,期所以不怍天地人神也。然而耳不能听声,恶得谓之耳欤?目不能辨色,恶得谓之目欤?心不能辨是非好恶,恶得谓之心欤?口不能宣心之智,导目之明,达耳之聪,恶得谓之口欤?四者皆不能于己质形,虚为人尔,其何以自异于犬羊麋鹿乎哉?此皆能已而不自用焉,则是不信己之耳目心口,而信人之耳目心口者也。及其师旷之聪,离娄之明,臧武仲之智,宰我之言,则又不能信之于己,其或悠然先觉者,必谓其狂且愚矣。昔管仲以齐桓霸天下,攘夷狄,华夏免乎被发左衽,崇

崇乎功，亦格天下，溢后世，而曾西不忍为管仲也，孟子又不肯为曾西。向使孟子、曾西生于斯世，秉其道终不易，持其道终不变，吾知夫天下之人从而笑之，又从而诟之曰，狂民尔，顽民尔，是其心恶有知哉？曾西、孟子虽被讪谤于天下，亦必固穷不可拔以须后圣尔，其肯畏天下之人而动乎心哉。

（唐）李翱《杂说》上，《李文公集》卷六，上海古籍出版社1993年版

仁义而后文者性也，由文而后仁义者习也

凡人之穷达所遇，亦各有时尔，何独至于贤丈夫而反无其时哉，此非吾徒之所忧也。其所忧者何？畏吾之道未能到于古之人尔。其心既自以为到，且无谬，则吾何往而不得所乐，何必与夫时俗之人，同得失忧喜，而动于心乎。借如用汝之所知，分为十焉，用其九学圣人之道，而知其心，使有余以与时世进退俯仰，如可求也，则不啻富且贵也，如非吾力也，虽尽用其十，祇益劳其心尔，安能有所得乎？汝勿信人号文章为一艺。夫所谓一艺者，乃时世所好之文，或有盛名于近代者是也。其能到古人者，则仁义之辞也，恶得以一艺而名之哉？仲尼、孟子殁千余年矣，吾不及见其人，吾能知其圣且贤者，以吾读其辞而得之者也。后来者不可期，安知其读吾辞也，而不知吾心之所存乎？亦未可诬也。夫性于仁义者，未见其无文也；有文而能到者，吾未见其不力于仁义也。由仁义而后文者性也，由文而后仁义者习也，犹诚明之必相依尔。贵与富，在乎外者也，吾不能知其有无也，非吾求而能至者也，吾何爱而屑屑于其间哉。仁义与文章，生乎内者也，吾知其有也，吾能求而充之者也，吾何惧而不为哉。汝虽性过于人，然而未能浩浩于其心，吾故书其所怀以张汝，且以乐言吾道云尔。

（唐）李翱《寄从弟正辞书》上，《李文公集》卷八，上海古籍出版社1993年版

著书者，道行天下，盖道德充积，光耀于后

辱书，览所寄文章，词高理直，欢悦无量，有足发予者。自别足下来，仆口不曾言文。非不好也，言无所益，众亦未信，祇足以招谤忤物，于道无明，故不言也。仆到越中，得一官三年矣，材能甚薄，泽不被物，月费官钱，自度终无补益，屡求罢去，尚未得，以为愧。仆性不解谄佞，

生不能曲事权贵，以故不得齿于朝廷，而足下亦抱屈在外，故略有所说。凡古贤圣得位于时，道行天下，皆不著书，以其事业存于制度，足以自见故也。其著书者，盖道德充积，厄摧于时，身卑处下，泽不能润物，耻灰泯而烬灭，又无圣人为之发明，故假空言，是非一代，以传无穷，而自光耀于后。故或往往有著书者。仆近写得《唐书》，史官才薄，言词鄙浅，不足以发明高祖、太宗列圣明德，使后之观者，文采不及周汉之书。仆以为西汉十一帝，高祖起布衣，定天下，豁达大度，东汉所不及。其余惟文、宣二帝为优，自惠、景以下，亦不皆明于东汉明、章两帝。而前汉事迹，灼然传在人口者，以司马迁、班固叙述高简之工，故学者悦而习焉，其读之详也。足下读范蔚宗《汉书》、陈寿《三国志》、王隐《晋书》，生熟何如左邱明、司马迁、班固书之温习哉？故温习者事迹彰，而罕读者事迹晦，读之疏数，在词之高下，理之必然也。唐有天下，圣明继于周汉，而史官叙事，曾不如范蔚宗、陈寿所为，况足拟望左邱明、司马迁、班固之文哉！仆所以为耻。当兹得于时者，虽负作者之才，其道既能被物，则不肯著书矣。仆窃不自度，无位于朝，幸有余暇，而词句足以称赞明盛，纪一代功臣贤士行迹，灼然可传于后代，自以为能不灭者，不敢为让。故欲笔削国史，成不刊之书，用仲尼褒贬之心，取天下公是公非以为本。群党之所谓为是者，仆未必以为是；群党之所谓非者，仆未必以为非。使仆书成而传，则富贵而功德不著者，未必声名于后，贫贱而道德全者，未必不烜赫于无穷。韩退之所谓"诛奸谀于既死，发潜德之幽光"，是翱心也。仆文采虽不足以希左邱明、司马子长，足下视仆叙高湣女、杨烈妇，岂尽出班孟坚、蔡伯喈之下耶？仲尼有言曰："不有博弈者乎？为之，犹贤乎已。"仆所为，虽无益于人，比之博弈，犹为胜也。足下以为何如哉？古之贤圣，当仁不让于师，仲尼则曰："文王既没，文不在兹乎。"又曰："予欲无言。天何言哉？"孟子则曰："吾之不遇鲁侯，天也。臧氏之子安能使予不遇乎？"司马迁则曰："成一家之言。藏之名山，以俟后圣人君子。"

（唐）李翱《答皇甫湜书》，上海古籍出版社1993年版

畏后世圣人之责，卫其圣人之道

前日见命作《开元寺钟铭》，云欲藉仆之词，庶几不朽，而传于后世，诚足下相知之心，无不到也。虽然，翱学圣人之心焉，则不敢让乎知

圣人之道者也，当见命时，意亦思之熟矣。吾之铭是钟也，吾将胆圣人之道焉，则于释氏无益也；吾将顺释氏之教而述焉，则惑乎天下甚矣，何贵乎吾之先觉也。吾之词必传于后，后有圣人如仲尼者之读吾词也，则将大责于吾矣。吾畏圣人也。夫铭、古多有焉，汤之《盘铭》，其词云云，卫孔悝之鼎，其词云云，秦始皇之《峄山碑》，其词云云，皆可以纪功伐，垂诫劝。铭于盘则曰《盘铭》，于鼎则曰《鼎铭》，于山则曰《山铭》，盘之词可迁于鼎，鼎之词可迁于山，山之词可迁于碑，唯时之所纪耳。及蔡邕《黄钺铭》，以纪功于黄钺之上尔。或盘或鼎，或峄山或黄钺，其立意与言皆同，非如《高唐》《上林》《长杨》之作赋云尔。近代之文士则不然，为铭为碑，大抵咏其形容，有异于古人之所为。其作钟铭，则必咏其形容，与其声音，与其财用之多少，镕铸之勤劳尔，非所谓勒功德诫劝于器也。推此类而承观之，某不知君子之文也亦甚矣，然所为文，亦皆有盛名于时，天下之人咸谓之善焉。吾不知吾所独知，其能贤于他人之皆不知乎？天下人咸以不知者云善，则吾之独知又何能云善乎？虽然，吾当亦顺吾心以顺圣人尔，阿俗从时，则不忍为也。故当时甚未敢承教，为其所怀也，如前所云。足下欲吾之必铭是钟也，当顺吾心与吾道，则足下之铭必传于后代矣；如欲从俗之所云，则天下属词之士愿为之者甚众矣，何藉于李翱之词哉？幸思之也。日中时过淮而南，书以通意，且为别。

（唐）李翱《答开元寺僧书》，上海古籍出版社1993年版

皇甫湜

皇甫湜（777—835），字持正，睦州新安（今浙江淳安）人，唐代文学家。师从韩愈，倡导古文运动，其文《谕业》总结了文学创作的基本原理和经验。他以文为诗，意奇语怪；他从时代理趣中汲取养分，塑造极具特色的个性材质。著有《皇甫持正文集》六卷，散文三十多篇。

功既成，泽既流，咏歌纪述光扬之作

承来意之厚，《传》曰："言及而不言，失人"，粗书其愚，为足下答，幸察。来书所谓今之工文或先于奇怪者，顾其文工与否耳。夫意新则异于常，异于常则怪矣；词高则出于众，出于众则奇矣。虎豹之文不得不

炳于犬羊，鸾凤之音不得不锵于乌鹊，金玉之光不得不炫于瓦石，非有意于先之也，乃自然也。必崔嵬然后为岳，必滔天然后为海，明堂之栋必挠云霓，骊龙之珠必锢深泉。足下以少年气盛，固当以出拔为意，学文之初，且未自尽其才，何遽称力不能哉？图王不成，其弊犹可以霸，其仅自见也，将不胜弊矣！孔子讥其身不能者，幸勉而思进之也。来书所谓浮艳声病之文耻不为者，虽诚可耻，但虑足下方今不尔，且不能自信其言也。何者？足下举进士，举进士者，有司高张科格，每岁聚者试之，其所取乃足下所不为者也。工欲善其事，必先利其器，足下方伐柯而舍其斧，可乎哉？耻之，不当求也；求而耻之，惑也。今吾子求之矣，是徒涉而耻濡足也，宁能自信其言哉？来书所谓汲汲于立法宁人者，乃在位者之事，圣人得势所施为也，非诗赋之任也。功既成，泽既流，咏歌纪述光扬之作作焉；圣人不得势，方以文词行于后。今吾子始学未仕，而急其事，亦太早计矣。凡来书所谓数者，似言之未称，思之或过，其余则皆善矣。既承嘉惠，敢自疏怠，聊复所谓，俟见方尽。

（唐）皇甫湜《谕业》，《皇甫持正文集》卷一，上海古籍出版社1994年版

文章可以通至正之理，使文奇而理正

湜白：生之书辞甚多，志气甚横流，论说文章不可谓无意。若仆愚且困，乃生词竞于此，固非宜。虽然，恶言勿从，不可不卒，勿怪。夫谓之奇，则非正矣，然亦无伤于正也。谓之奇，即非常矣。非常者，谓不如常者。谓不如常，乃出常也。无伤于正，而出于常，虽尚之亦可也。此统论奇之体耳，未以文言之，失也。夫文者非他，言之华者也，其用在通理而已，固不务奇，然亦无伤于奇也。使文奇而理正，是尤难也。生意便其易者乎？夫言亦可以通理矣，而以文为贵者，非他，文则远，无文即不远也。以非常之文，通至正之理，是所以不朽也。生何嫉之深耶？夫绘事后素，既谓之文，岂苟简而已哉？圣人之文，其难及也，作《春秋》，游、夏之徒不能措一辞，吾何敢拟议之哉？秦汉以来至今，文学之盛，莫如屈原、宋玉、李斯、司马迁、相如、扬雄之徒，其文皆奇，其传皆远。生书文亦善矣，比之数子，似犹未胜，何必心之高乎？《传》曰："言之不出，耻躬之不逮也。"生自视何如哉？《书》之文不奇，《易》之文可谓奇矣，岂碍理伤圣乎？如"龙战于野，其血玄黄"，"见豕负涂，载鬼一车"，

"突如其来如，焚如死如弃如"，此何等语也？生轻宋玉，而称仲尼、班、马、相如为文学。按司马迁传屈原曰："虽与日月争光可矣。"生当见之乎？若相如之徒，即祖习不暇者也。岂生称误耶，将识分有所至极耶，将彼之所立卓尔，非强为所庶几，遂仇嫉之耶，其何伤于日月乎？生笑"紫贝阙兮珠宫"，此与《诗》之"金玉其相"何异，天下人有金玉为之质者乎？"被薜荔兮带女萝"，此与"赠之以芍药"何异？文章不当如此说也。岂为怒三四而喜四三，识出之白而性入之黑乎？生云虎豹之文非奇。夫长本非长，短形之则长矣，虎豹之形于犬羊，故不得不奇也，他皆仿此。生云自然者非性，不知天下何物非自然乎？生又云物与文学不相侔。此喻也，凡喻必以非类，岂可以弹喻单乎？是不根者也。生称以知难而退为谦。夫无难而退，谦也；知难而退，宜也，非谦也，岂可见黄门而称贞哉？生以一诗一赋为非文章，抑不知一之少便非文章耶，直诗赋不是文章耶？如诗赋非文章，三百篇可烧矣；如少非文章，汤之《盘铭》是何物也？孔子曰："先行其言。"既为甲赋矣，不得称不作声病文也。孔子曰："必也正名乎？"生既不以一第为事，不当以进士冠姓名也。夫焕乎郁郁乎之文，谓制度，非止文词也。前者捧卷轴而来，又以浮艳声病为说，似商量文词，当与制度之文异日言也。近风教偷薄，进士尤甚，乃至有一谦三十年之说，争为虚张，以相高自谩。诗未有刘长卿一句，已呼阮籍为老兵矣；笔语未有骆宾王一字，已骂宋玉为罪人矣；书字未识偏傍，高谈稷契；读书未知句度，下视服郑。此时之大病，所当嫉者，生美才，勿似之也。《传》曰："惟善人能受尽言。"孔子曰："君子无所争，必曰射乎？"

（唐）皇甫湜《答李生第二书》，《皇甫持正文集》卷四，上海古籍出版社1994年版

贾　岛

贾岛（779—843），字阆仙，河北道幽州范阳（今河北涿州）人。早年出家为僧，号无本，自号"碣石山人"，唐代诗人。贾岛追求诗歌的严谨性与考究性，强调辞浅情深。著有《长江集》。

论六义之理

歌事曰风。布义曰赋。取类曰比。感物曰兴。正事曰雅。善德曰颂。

风论一。风者，风也。即兴体定句，须有感。外意随篇目白彰，内意随入讽刺。歌群臣风化之事。

赋论二。赋者，敷也，布也。指事而陈，显善恶之殊态。外则敷本题之正休，内则布讽诵之玄情。

比论三。比者，类也，妍媸相类、相显之理。或君臣氏佞，则物象比而刺之；或君臣贤明，亦取物比而象之。

兴论四。与者，情也，谓外感于物，内动于情，情不可遏，故曰兴。感君臣之德政废兴而形于言。

雅论五。雅者，正也，谓歌讽刺之言，而正君臣之道。法制号令，生民悦之，去其苛政。

颂论六。颂者，美也，美君臣之德化。

（唐）贾岛《二南密旨·论六义》，齐鲁书社1997年版

篇目内蕴其伦理

梦游仙，刺君臣道阻也。水边，趋进道阻也。白吟，忠臣遭佞，中路离散也。夜坐，贤人待时也。贫居，君子守志也。看水，群佞当路也。落花，国中正风隳坏也。对雪，君酷虐也。晚望，贤人失时也。送人，用明暗进退之理也。早春、中春，正风明盛也。春晚，正风将坏之兆也。夏日，君暴也。夏残，酷虐将消也。秋日，变为明时，正为暗乱也。残秋，君加昏乱之兆也。冬，亦是暴虐也。残冬，酷虐欲消，向明之兆也。登高野步，贤人观国之光之兆也。游寺院，贤人趋进，否泰之兆也。题寺院，书国之善恶也。春秋书怀，贤人时明君暗，书进退之兆也。题百花，或颂贤人在位之德，或刺小人在位淫乱也。牡丹，君子时会也。鹧鸪，刺小人得志也。观棋，贤人用筹策胜败之道也。风雷，君子感威令也。野烧，兵革昏乱也。赠隐者，君子避世也。已上四十七门，略举大纲也。

（唐）贾岛《二南密旨·论篇目正理用》，齐鲁书社1997年版

张彦远

张彦远（815—907），字爱宾，蒲州猗氏（今山西临猗）人。唐代画家、绘画理论家。张彦远强调绘画的教化功能。著有《历代名画记》《法书要录》《彩笺诗集》《三祖大师碑阴记》《山行诗》等。

夫画者，成教化，助人伦

夫画者，成教化，助人伦，穷神变，测幽微，与六籍同功。四时并运，发于天然，非由述作……是时也，书画同体而未分，象制肇创而犹略。无以传其意，故有书；无以见其形，故有画；天地圣人之意也……及乎有虞作绘，绘画明焉，既就彰施，仍深比象，于是礼乐大阐，教化由兴。故能揖让而天下治，焕乎而词章备。

《广雅》云："画，类也。"《尔雅》云："画，形也。"《说文》云："画，畛也。象田畛畔，所以画也。"《释名》云："画，挂也。以彩色挂物象也。"故鼎钟刻，则识魑魅而知神奸；旂章明，则昭轨度而备国制；清庙肃而罇彝陈，广轮度而疆理辨。以忠以考，尽在于云台；有烈有勋，皆登于麟阁。见善足以戒恶，见恶足以思贤。留乎形容，式昭盛德之事；具其成败，以传既往之踪。记传所以叙其事，不能载其容；赋颂有以咏其美，不能备其象；图画之制，所以兼之也。故陆士衡云："丹青之兴，比雅颂之述作，美大业之馨香。宣物莫大于言，存形莫善于画。"此之谓也。

（唐）张彦远《历代名画记》，浙江人民美术出版社2019年版

观古贤之道，图画也

善哉！曹植有言曰："画者，见三皇五帝，莫不仰戴；见三季异主，莫不悲惋；见篡臣贼嗣，莫不切齿；见高节妙士，莫不忘食；见忠臣死难，莫不抗节；见放臣逐子，莫不叹息；见淫夫妒妇，莫不侧目；见令妃顺后，莫不嘉贵；是知存乎鉴戒者，图画也。"

昔夏之衰也，桀为暴乱，太史终抱画以奔商；殷之亡也，纣为淫虐，内史挚载图而归周；燕丹请献，秦皇不疑；萧何先收，沛公乃王；图画

者，有国之鸿宝，理乱之纪纲。是以汉明宫殿，赞兹粉绘之功；蜀郡学堂，义存劝戒之道。马后女子，尚愿戴君于唐尧；石勒羯胡，犹观自古之忠孝；岂同博奕用心？自是名教乐事。

余尝恨王充之不知言，云："人观图画上所画古人也，视画古人如视死人，见其面而不若观其言行；古贤之道，竹帛之所载灿然矣，岂徒墙壁之画哉！"余以此等之论，与夫大笑其道，诟病其儒，以食与耳，对牛鼓簧，又何异哉？

（唐）张彦远《历代名画记·叙画之源流》，浙江人民美术出版社2019年版

司空图

司空图（837—907），河中虞乡（今山西运城永济）人，字表圣，自号知非子，唐代诗论家。司空图以诗论著称。著有《二十四诗品》《司空图圣诗集》等。

诗品如见道心

取语甚直，计思匪深。忽逢幽人，如见道心。清涧之曲，碧松之阴。一客荷樵，一客听琴。情性所至，妙不自寻。遇之自天，泠然希音。

（唐）司空图《诗品·实境》，上海古籍出版社1994年版

诗贯六义，直致所得，以格自奇

文之难而诗尤难，古今之喻多矣。愚以为辨味而后可以言诗也。江岭之南，凡足资于适口者，若醯非不酸也，止于酸而已。若鹾非不咸也，止于咸而已。中华之人所以充饥而遽辍者，知其咸酸之外，醇美者有所乏耳。彼江岭之人，习之而不辨也宜哉。诗贯六义，则讽谕抑扬，渟蓄渊雅，皆在其中矣。然直致所得，以格自奇。前辈诸集，亦不专工于此，矧其下者耶？王右丞、韦苏州，澄澹精致，格在其中，岂妨于道学哉？贾阆仙诚有警句，然视其全篇，意思殊馁。大抵附于蹇涩，方可致才。亦为体之不备也，矧其下者哉？噫！近而不浮，远而不尽，然后可以言韵外之致耳。

（唐）司空图《与李生论诗书》，《司空表圣文集》，上海古籍出版社1994年版

作文作诗，考其才，辨其格

金之精粗，考其声，皆可辨也，岂清于磬而浑于钟哉？然则作者为文为诗，才格亦可见，岂当善于彼而不善于此耶？愚观文人之为诗，诗人之为文，始皆系其所尚，既专则搜研愈至，故能炫其工于不朽。亦犹力巨而斗者，所持之器各异，而皆能济胜，以为敌也。愚尝览韩吏部歌诗累百首，其驱驾气势，若掀雷抉电，奔腾于天地之间，物状奇变，不得不鼓舞而徇其呼吸也。其次皇甫祠部文集，所作亦为遒逸。非无意于深密，盖或未遑耳。今于华下方得柳诗，味其深搜之致，亦深远矣。俾其穷而克寿，抗精极思，则固非琐琐者轻可拟议其优劣。又尝睹杜子美《祭太尉房公文》、李太白《佛寺碑赞》，宏拔清厉，乃其歌诗也。张曲江五言沈郁，亦其文笔也。岂相伤哉？噫！彼之学者褊浅，片词只句，不能自辨，已侧目相诋訾矣。痛哉！因题柳集之末，庶俾后之诠评者，罔惑偏说，以盖其全工。

（唐）司空图《题柳柳州集后序》，《司空表圣文集》，上海古籍出版社1994年版

皮日休

皮日休（834—883），字逸少，后改字为袭美，自号鹿门子，世人称其为醉吟先生，襄阳（今属湖北）人，唐代文学家。在文学上与陆龟蒙齐名，人称"皮陆"。他重视诗歌裨补政治教化社会功能。对诗歌创作过度追求华丽辞藻表示不满，他的思想实开宋学之先声。著有《正乐府》。

乐府之道在于观乎功，戒乎政

乐府，尽古圣王采天下之诗，欲以知国之利病，民之休戚者也。得之者，命司乐氏入之于损箧，和之以管籥。诗之美也，闻之足以观乎功；诗之刺也，闻之足以戒乎政。故周礼太师之职，掌教六诗；小师之职，掌讽诵诗。由是观之，乐府之道大矣。今之所谓乐府者，唯以魏、晋之侈丽，梁、陈之浮艳，谓之乐府诗，真不然矣。故尝有可悲可惧者，时宣于咏

歌，总十篇，故命曰正乐府诗。

(唐)皮日休《皮子文薮》，长江文艺出版社2018年版

文中之道须先身行其道

圣人之道，不过乎求用。用于生前，则一时可知也。用于死后，则百世可知也。故孔子之封赏，自汉至隋，其爵不过乎公侯。至于吾唐，乃荣王号。七十子之爵命，自汉至隋，或卿大夫，至于吾唐，乃封公侯。曾参之孝道，动天地，感鬼神。自汉至隋，不过乎诸子。至于吾唐，乃旌入十哲。噫！天地久否，忽泰则平。日月久昏，忽开则明。雷霆久息，忽震则惊。云雾久郁，忽廓则清。仲尼之道，否于周秦而昏于汉魏，息于晋宋而郁于陈隋。遇于吾唐，万世之愤一朝而释。倘死者可作，其志可知也。今有人，身行圣人之道，口吐圣人之言，行如颜闵，文若游夏，死不得配食于夫子之侧，愚又不知尊先圣之道也。

夫孟子、荀卿，翼传孔道，以至于文中子。文中子之末，降及贞观开元，其传者醨，其继者浅。或引刑名以为文，或援纵横以为理，或作词赋以为雅。文中之道，旷百世而得室授者，惟昌黎文公焉。公之文，蹴杨墨于不毛之地，踩释老于无人之境，故得孔道巍然而自正。夫今之文人千百世之作，释其卷，观其词，无不裨造化，补时政，繄公之力也。公之文曰："仆自度若世无孔子，仆不当在弟子之列。"设使公生孔子之世，公未必不在四科焉。国家以二十二贤者代用其书，垂于国胄，并配享于孔圣庙堂，其为典礼也大矣美矣。苟以代用其书，不能以释圣人之辞，笺圣人之义哉？况有身行其道，口传其文，吾唐以来，一人而已，死反不得在二十二贤之列，则未闻乎典礼为备。伏请命有司定其配享之位，则自兹以后，天下以文化，未必不由夫是也。

(唐)皮日休《请韩文公配飨太学书》，长江文艺出版社2018年版

孟子作文继乎六艺，光乎百氏，真圣人之微旨

臣闻圣人之道，不过乎经。经之降者，不过乎史。史之降者，不过乎子。子不异乎道者，孟子也。舍是子者，必戾乎经史。又率于子者，则圣人之盗也。夫孟子之文，粲若经传。天惜其道，不烬于秦。自汉氏得其书，常置博士以专其学。故其文继乎六艺，光乎百氏，真圣人之微旨也。若然者，何其道奕奕于前，而其书没没于后。得非道拘乎正，文极乎奥，

有好邪者惮正而不举，嗜浅者鄙奥而无称耶？盖仲尼爱文王嗜昌歜以取味，后之人将爱仲尼者，其嗜在孟子矣。呜呼！古之士以汤武为逆取者，其不读孟子乎？以杨墨为达智者，其不读孟子乎？由是观之，孟子之功利于人，亦不轻矣。今有司除茂才明经外，其次有熟庄周列子书者，亦登于科。其诱善也虽深，而悬科也未正。夫庄列之文，荒唐之文也。读之可以为方外之士，习之可以为鸿荒之民。安有能汲汲以救时补教为志哉？伏请命有司去庄列之书，以孟子为主。有能精通其义者，其科选视明经。苟若是也，不谢汉之博士矣。既遂之，如儒道不行，圣化无补，则可刑其言者。

（唐）皮日休《请孟子为学科书》，长江文艺出版社2018年版

圣人之道存乎，其教在乎文

或曰："圣人之化，出于三皇，成于五帝，定于孔周。其质也道德仁义，其文也诗书礼乐。此万代王者，未有易是而能理者也。至于东汉，西域之教，始流中夏。其民也，举族生敬，尽财施济。子去其父，夫亡其妻。蚩蚩嚚嚚，慕其风蹈其阃者，若百川荡滉不可止者。何哉？所谓圣人之化者，不曰化民乎？今知化者唯西域氏而已矣。有言圣人之化者，则比户以为嗤，岂圣人之化不及于西域氏耶？何其戾也如是？"曰："天未厌乱，不世世生圣人。其道则存乎言，其教则在乎文。有违其言悖其教者，即戾矣。古者杨墨塞路，孟子辞而辟之，廓如也。故有周孔，必有杨墨，要在有孟子而已矣。今西域之教，岳其基，溟其源，乱于杨墨也甚矣。如是为士则孰有孟子哉？千世之后，独有一昌黎先生，露臂瞋视，诟之于千百人内。其言虽行，其道不胜。苟轩裳之士，世世有昌黎先生，则吾以为孟子矣。譬如天下之民，皆桀之民也，苟有一尧民处之，一尧民之善，岂能化天下桀民之恶哉？则有心于道者乃尧民矣。呜呼！今之士，率邪以御众，握乱以治天下，其贤尚尔，求不肖者反化之，不曰难哉？不曰难哉？"

（唐）皮日休《十原系述·原化》，长江文艺出版社2018年版

夫圣人之文守其道，六艺于人

夫居位而愧道者，上则荒其业，下则偷其言。业而可荒，文弊也。言而可偷，训薄也。故圣人惧是，浸移其化。上自天子，下至子男，必立庠以化之，设序以教之，犹歉然不足。士有业高训深，必诎礼以延之，越爵以贵之。俾庠声序音，玲珑以珩佩，锵訇于金石。此圣人之至治也。今国

家立成均之业，其礼盛于周，其品广于汉。其诎礼越爵，又甚于前世，而未免乎愧道者何哉？夫圣人之为文也。为经约乎史，赞易近乎象，诗书止乎删，礼乐止乎定，春秋止乎修。然六籍仪刑乎千万世，百王更命迭号，莫不由是大也。其幽幽于鬼神，其妙妙于元造。后之人苟不能行决句释者，犹万物但被元造之化者耶。故万物但化而已，不知元造之源也。六艺于人，又何异于是。故诗得毛公，书得伏生，易得杨何，礼得二戴，周官得郑康成，撷其微言，抓其大义，幽者明于日月，奥者廓于天地。然则今之讲习之功与决释之功，不啻半矣。其文得不弊乎？其训得不薄乎？呜呼！西域氏之教，其徒日以讲习决释其法为事。视吾之太学，又足为西域氏之羞矣。足下出文阃生学世，业精前古，言高当今。洸洸乎，洋洋乎，为诸生之蓍龟，作后来之绵蕝。得不思居其位者不愧其道，处于职者不堕其业乎？否则市大易负乘之讥，招待人伐檀之刺矣。奚不日诫其属，月励其徒，年持六籍，日决百氏。

（唐）皮日休《移成均博士书》，长江文艺出版社2018年版

文贵穷理，理贵原情

赋者，古诗之流也，伤前王太佚，作《忧赋》，虑民道难济，作《河桥赋》，念下情不达，作《霍山赋》，悯寒士道壅，作《桃花赋》，《离骚》者，文之菁英者，伤于宏奥。今也不显《离骚》，作《九讽》。文贵穷理，理贵原情。作《十原》。大乐既亡，至音不嗣，作《补周礼九夏歌》。两汉庸儒，贱我《左氏》，作《春秋决疑》。其馀碑铭赞颂，论议书序，皆上剥远非，下补近失，非空言也。较其道，可在古人之后矣。《古风》诗编之文末，俾视之粗俊于口也。亦由食鱼遇鲭，持肉偶馔。《皮子世录》著之于后，亦太史公自序之意也。凡二百篇，为十卷。览者无消矣。

（唐）皮日休《文薮序》，长江文艺出版社2018年版

圣人发一言为当世师，行一行为来世轨

或曰："仲尼修春秋，纪灾异近乎怪，言虎贲之勇近乎力，行衰国之政近乎乱，立祠祭之礼近乎神。将圣人之道，多歧而难通也，奚有不语之义也？"曰："夫山鸣鬼哭，天裂地拆，怪甚也。圣人谓一君之暴，灾延天地，故讳耳。然后世之君，犹有穷凶以召灾，极暴以示异者矣。夫桀纣

之君，握钩伸铁，抚梁易柱，手格熊罴，走及虎兕，力甚也。圣人隐而不言，惧尚力以虐物，贪勇而丧生。然后世之君，犹有喜角抵而忘政，爱拔拒而过贤者。寒浞窃室，子顽通母，乱甚也。圣人隐而不言，惧来世之君为蛇豕，民为淫蛾。然后世之君，犹有易内以乱国，通室以乱邦者。夏启畜乘龙，周穆燕瑶池，神甚也。圣人隐而不言，惧来世之君以幻化致其物，以左道成其乐。然后世之君，犹有黩封禅以求生，恣祠祀以祈欲者。呜呼！圣人发一言为当世师，行一行为来世轨，岂容易而传哉？当仲尼之时，苟语怪力乱神也，吾恐后世之君，怪者不在于妖祥，而在于政教也；力者不在于角抵，而在于侵凌也；乱者不在于衽席，而在于天下也；神者不在于禨鬼，而在于宗庙也。若然，其道也岂多歧哉？"

（唐）皮日休《鹿门隐书六十篇》，长江文艺出版社2018年版

文学之于人也，譬乎药，善服有济，不善服反为害

文学之于人也，譬乎药，善服有济，不善服反为害……或曰："孟子云：'予何人也？舜何人也？'是圣人皆可修而至乎？"曰："圣人天也，非修而至者也。夫知道然后能修，能修然后能圣。且尧为唐侯，二十而以德盛。舜为鳏民，二十以孝闻。焉在乎修哉？后稷之戏，必以艺殖。仲尼之戏，必以俎豆。焉在乎修哉？盖修而至者，颜子也，孟轲也。若圣人者，天资也，非修而至也。"

天有造化，圣人以教化裨之。地有生育，圣人以养育裨之。四时有信，圣人以诚信裨之。两曜有明，圣人以文明裨之。噫！裨于天地者，何独圣人！虽禽兽昆虫云物，亦不能自顺其化。麟凤裨于祥瑞也，蛟龙裨于润泽也，昆虫裨于地气也，云物裨于天候也，而况于圣人乎？况于鬼神乎？故纡大君之组绶，食生人之膏血，苟不仁而位，是不裨于禄食也，况能裨于天地乎？吾乃知是禽兽昆虫云物，不窃于天地之覆焘也……或问："君子之道，何如则可以常行矣？"曰："去四蔽，用四正，则可以常行矣。"曰："何以言之？""见贤不能亲，闻义不能伏，当乱不能正，当利不能节。此之谓四蔽。道不正不言，礼不正不行，文不正不修，人不正不见。此之谓四正。"

（唐）皮日休《鹿门隐书六十篇》，长江文艺出版社2018年版

文与道，知与用

呜呼！圣贤之文与道也，求知与用，苟不在一时，而在百世之后者

乎？其生之哀乎欤？余之悲生欤？吾之道也，废与用幸未可知，但不知百世之后，得其文而存之者，复何人也。咸通癸未中，南浮至沅湘，复沈文以悼之。

（唐）皮日休《悼贾》，长江文艺出版社2018年版

朱景玄

朱景玄（806—846），吴郡（今江苏苏州）人，开创历代画史编写的先河，对后代产生了深远影响。以"神、妙、能、逸"四品作为艺术鉴赏的主要原则，其中"神、妙、能"又分上、中、下三等。神品作为艺术作品的至高境界，妙品作为艺术作品的超凡脱俗境界，能品表达艺术作品的形象生动，逸品作为艺术作品的精妙绝伦境界。主张真正的绘画应是"画者，圣也"。著有《唐朝名画录》。

画者，圣也

古今画品，论之者多矣。隋梁以前，不可得而言。自国朝以来，惟李嗣真《画品录》空录人名而不论其善恶，无品格高下，俾后之观者，何所考焉？景玄窃好斯艺，寻其踪迹，不见者不录，见者必书，推之至心，不愧拙目。以张怀瓘《画品》断神、妙、能三品，定其等格上中下，又分为三。其格外有不拘常法，又有逸品，以表其优劣也。夫画者以人物居先，禽兽次之，山水次之，楼殿屋木次之。何者？前朝陆探微屋木居第一，皆以人物禽兽，移生动质，变态不穷，凝神定照，固为难也。故陆探微画人物极其妙绝，至于山水、草木，粗成而已。且萧史、木雁、风俗、洛神等图画尚在人间，可见之矣。近代画者但工一物，以擅其名，斯即幸矣。惟吴道子，天纵其能，独步当世，可齐踪于陆顾；又周昉次焉；其余作者一百二十四人，直以能画，定其品格，不计其冠冕贤愚。然于品格之中略序其事，后之至鉴者，可以诋诃，其理为不谬矣。伏闻古人云："画者，圣也。"盖以穷天地之不至，显日月之不照。挥纤毫之笔则万类由心，展方寸之能而千里在掌。至于移神定质，轻墨落素，有象因之以立，无形因之以生。其丽也，西子不能掩其妍；其正也，嫫母不能易其丑。故台阁标功臣之烈，宫殿彰贞节之名，妙将入神，灵则通圣，岂止开厨而或

失，挂壁则飞去而已哉？此《画录》之所以作也。

（唐）朱景玄《唐朝名画录》，吴启明点校，黄山书社2016年版

徐　铉

徐铉（916—991），字鼎臣，原籍会稽（今浙江绍兴），遂家其地，故一作广陵（今江苏扬州）人，五代诗人。徐铉的文章承晚唐骈俪之风，而体格孤秀。他试图通过"教化"将二者调和统一，同时他援道入儒，开启新儒家的新路径。著有《徐公文集》。

诗之贵，以观其人，察其俗，君子尚之

人之所以灵者情也，情之所以通者言也。其或情之深，思之远，郁积乎中，不可以言尽者，则发为诗。诗之贵于时久矣。虽复观风之政阙，遒人之职废，文质异体，正变殊途，然而精诚中感，靡由于外奖，英华挺发，必自于天成。以此观其人，察其俗，思过半矣。比夫泽宫选士，入国知教，其最亲切者也，是以君子尚之。

（五代）徐铉《萧庶子诗序》，《徐公文集》卷十八，商务印书馆1929年版

诗之旨远矣，诗之用大矣

诗之旨远矣，诗之用大矣。先王所以通政教，察风俗，故有采诗之官，陈诗之职。物情上达，王泽下流。及斯道之不行也，犹足以吟咏性情，黼藻其身，非苟而已矣。若夫嘉言丽句，音韵在成，非徒积学所能，盖有神助者也。罗君章、谢康乐、江文通、邱希范，皆有影响发于梦寐。今上谷成君亦有之，不然者，何其朝舍鹰犬，夕味风雅，虽世儒积年之勤，曾不能及其门者耶？逮予之知，已盈数百篇矣。睹其诗如所闻，接其人知其诗。既赏其能，又贵其异。故为冠篇之作，以示好事者云。

（五代）徐铉《成氏诗集序》，《徐公文集》卷十八，商务印书馆1929年版

理必造于元微，词必关于教化，六义浸远

鼓天下之动者在乎风，通天下之情者存乎言。形于风可以言者，其惟

诗乎？粤若书契肇生，雅颂乃作。达朝廷邦国之际，其用不穷。更治乱兴替之时，其流不竭。六义浸远，百代可知。若夫王公大人，居尊履正，其行道也无迹，其成务也不宰，所以可则可象，有功有亲，非夫咏言，何以观德？周文陈王业之什，召穆纠宗族之篇。圣人辑之，皇猷备矣。子桓振建安之藻，昭明总著作之英。体有古今，理无用舍。夫机神肇于天性，感发由于自然。被之管弦，故音韵不可不和。形于蹈厉，故章句不可不节。取譬小而其指大，故禽鱼草木无所遗。连类近而及物远，故容貌俯仰无所隐。怨恻可戒，赞美不诬。斯实仁者之爱人，智士之博物。

王室光启，人文化成。上去删诗，绵二千祀。其用益广，其制益精。绝其流冗，结以周密。王言帝典，炳蔚于缣缃。词人才子，充溢于图牒。若乃简练调畅，则高视前古。神气淳薄，则存乎其人。亦何必于苦调为高奇，以背俗为雅正者也。殿下挺生知之哲，有累圣之资。道冠三才，学兼百氏。虞庠齿胄，腾声于就傅之年。侯社锡圭，底绩于为邦之际。随城封壤，人歌召伯之棠。浙右控临，时赖京师之润。戎机鞅掌，曾不劳神。闲馆娱游，未尝释卷。深远莫窥其际，喜愠不见于容。唯奋藻而摛华，则缘情而致意。至钟山楼月，登临牵望阙之怀。北固江春，眺听极朝宗之思。赏物华而颂王泽，览稼事而劝农功。乐清夜而宴嘉宾，感边尘而悯行役。沈吟命笔，顾盼成章。理必造于元微，词必关于教化。或寓言而取适，终持正于攸归。

（五代）徐铉《文献太子诗集序》，《徐公文集》卷十八，商务印书馆1929年版

文之贵，行圣人之道，以成天下之务

君子之道发于身而被于物，由于中而极于外。其所以行之者言也，行之所以远者文也，然则文之贵于世也尚矣。虽复古今异体，南北殊风，其要在乎敷王泽，达下情，不悖圣人之道，以成天下之务，如斯而已矣……愚以为不然。夫古之君子，莫不汲汲于逢时，孜孜于救世。汲长孺，汉之贤卿，而有积薪之叹。

（五代）徐铉《故兵部侍郎王公集序》，《徐公文集》卷十八，商务印书馆1929年版

宋　代

以朝代史与思想史统一的划分方式来看，宋代艺术伦理思想发展经历了三个阶段。第一阶段，北宋初期，以复兴古文运动为中心，以柳开、王禹偁为代表，表达了振兴"古文"运动，推进诗文改革的决心，基本主张是"夫文，传道而明心"。第二阶段，从北宋中期至北宋末期，历经数百年的"古文"运动，在这阶段取得了真正的胜利，同时引起了极大的反响，进而也影响了宋代理学的兴起。这一时期的艺术伦理思想呈现多元化的特点，主要有以欧阳修、苏轼为代表的文论家主张"艺道皆重"的艺术伦理思想，以周敦颐、二程为代表的道学家主张"重道轻艺"的艺术伦理思想以及以王安石、李觏为代表的政治家将"文艺主于用，验之于当下"的艺术伦理思想。第三阶段，南宋时期。南宋理学成为定于一尊的官方意识形态，相比北宋的独立与自由的思想精神，文论家已退出历史的舞台，而以朱熹、魏了翁、真德秀等道学家为代表，主张"道者文之根本，文者道之枝叶"，强调理学修养与学问，把明理当作第一义，诗文当作第二义。

宋代艺术理论中所蕴含的艺术伦理思想具有以下几大特点。第一，宋代艺术伦理思想出现不同时期的分化与交融。古文家、道学家与政治家的艺术伦理思想呈现多元化，在思想的交锋中亦有交融。第二，宋代艺术伦理思想进一步系统化与理论化。宋代艺术创作的思维方式与价值判断、艺术理论的哲学化以及士人群体的艺术实践等，均受理学思潮这一文化背景的影响，并因之而更加系统化和理论化。第三，宋代艺术伦理思想具有典范性与集成性。宋人在文论、诗论、画论、乐论、书论等门类提出了大量具有概括性与创造性的理论，形成了群峰耸峙的景观，确立了古代艺术伦理思想的宋型范式。

田　锡

田锡（940—1004），初名田继冲，字表圣，嘉州洪雅（今属四川眉山）人，祖籍京兆（今西安）。北宋政治家，文学家。田锡极力革除时文之风。著有《咸平集》。

夫文，得其道，持政于教化

夫人之有文，经纬大道。得其道，则持政于教化；失其道，则忘返于靡漫。孟轲荀卿得大道者也，其文雅正，其理渊奥。厥后扬雄秉笔，乃撰《法言》；马卿同时，徒有丽藻。迩来文士，颂美箴阙，铭功赞图，皆文之常态也。若豪气抑扬，逸词飞动，声律不能拘于步骤，鬼神不能秘其幽深，放为狂歌，目为古风，此所谓文之变也。李太白天付俊才，豪狭吾道。观其乐府，得非专变于文欤！乐天有《长恨歌》《霓裳曲》、五十讽谏，出人意表，大儒端士，谁敢非之！何以明其然也？世称韩退之柳子厚，萌一意，措一词，苟非美颂时政，则必激扬教义。故识者观文于韩柳，则警心于邪僻。抑末扶本，跻人于大道可知也！然李贺作歌，二公嗟赏；岂非艳歌不害于正理，而专变于斯文哉！季和，蜀之茂士也，嗜于博古，而工于作歌，以余东适秦关，祖道以别，示我长歌数百字，以为赠行之言。有以见天资枠轴，得于长吉，文理变动，侔于飞卿也。吾党闻人，非君而谁！金门玉堂，俟子偕进。延伫之意，书不尽言。

（宋）田锡《贻陈季和书》，《咸平集》卷二，巴蜀书社2019年版

以情合于性，以性合于道，文章之有声气

禀于天而工拙者，性也；感于物而驰骛者，情也。研《系辞》之大旨，极《中庸》之微言，道者，任运用而自然者也。若使援毫之际，属思之时，以情合于性，以性合于道。如天地生于道也，万物生于天地也，随其运用而得性，任其方圆而寓理。亦犹微风动水，了无定文；太虚浮云，莫有常态。则文章之有声气也，不亦宜哉！

比夫丹青布彩，锦绣成文；虽藻绎相宣，而明丽可爱。若与春景似画，韶光艳阳，百卉青苍，千华妖冶，疑有鬼神潜得主张，为元化之柠

机，见昊天之工巧，斯亦不知其所以然而然也。则丹青为妍，无阳和之活景；锦绣日丽，无造化之真态，以是知天亦不知其自圆，地亦不知其自方。三辰之明，六气之运，如目之在气主视，耳之在体司听，己亦不知其自然也。故谓桂因地而生，不因地而辛，兰因春而茂，不因春而馨。人伤体则忧；蚌去胆则勇。龟壳便于外；鳝骨乐于衷。草腐而辉光生；物老而妖怪出。松以实而久茂；竹以虚而不凋。驺麟之性仁；虎豹之心暴。得非物性自然哉？

……

但为文为诗，为铭为颂，为箴为赞，为赋为歌，氤氲吻合，心与言会。任其或类于韩，或肖于柳；或依希于元白，或芳第于李杜；或浅缓促数，或飞动抑扬，但卷舒一意于洪濛，出入众贤之阃阈，随其所归矣。使物象不能桎梏于我性，文采不能拘限于天真。然后绝笔而观，澄神以思；不知文有我欤，我有文欤！

（宋）田锡《贻宋小著书》，《咸平集》卷二，巴蜀书社2019年版

柳　开

柳开（947—1000），原名肩愈，字绍先（一作绍元），号东郊野夫；后改名开，字仲涂，号补亡先生，大名（今属河北）人。北宋时期散文家。他提倡复兴古道，反对宋初的华靡文风，为宋代古文运动倡导者。著有《河东先生集》。

欲作古文，须行道德仁义之道，以此道化于民

柳子应之曰：吁乎！天生德于人，圣贤异代而同出。其出之也，岂以汲汲于富贵，私丰于己之身也？将以区区于仁义，公行于古之道也。己身之不足，道之足，何患乎不足？道之不足，身之足，测孰与足？

今之世与古之世同矣，今之人与古之人亦同矣。古之教民以道德仁义，今之教民亦以道德仁义、是今与古胡有异哉！古之教民者，得其位则以言化之，是得其言也，众从之矣；不得其位则以书于后，传授其人，俾知圣人之道易行，尊君敬长，孝乎父，慈乎子。大哉斯道也，非吾一人之私者也，天下之至公者也。是吾行之，岂有过哉！且吾今栖悭草野，位不

及身，将以言化于人，胡从于吾矣！故吾著书自广，亦将以传授于人也。

子责我以好古文；子之言，何谓为古文？古文者，非在辞涩言苦，使人难读诵之，在于古其理，高其意，随言短长，应变作制，同古人之行事，是谓古文也。子不能味吾书、取吾意，今而视之，今而诵之；不以古道观野心，不以古道观吾志，吾文无过矣。吾若从世之文也，安可垂教于民哉！亦自愧于心矣。欲行古人之道，反类今人之文，臂乎游于海者，乘之以骥，可乎哉！苟不可，则昏从于古文。吾以此道化于民；若鸣金石于宫中，众岂曰丝竹之音也，则以金石而听之矣。食乎粟，衣乎帛，何不能安于众哉？苟不从于吾，非吾不幸也，是众人之不幸也。吾岂以众人之不幸，易我之幸乎？纵吾穷饿而死，死即死矣，吾之道岂能穷饿而死之哉！吾之道，孔子孟铜扬雄韩愈之道；吾之文，孔子孟轲扬雄韩愈之文也。子不思其言，而妄责于我。责于我也即可矣，责于吾之文，吾之道也，即子为我罪人乎！

（宋）柳开《应责》，《河东先生集》卷一，中华书局1985年版

文章为道之筌也，文恶辞之华于理，不恶理之华于辞也

夫生而知其道，天之性也；学而得其道，师之功也。江河流而不止，浩浩焉凿地而穿池，汲水以增之，力竭则渭而虚矣。内以丰于外，有余也；外以资于内，不足也。天之性有余乎？师之功不足乎？知之其上也，得之其次也。

道也者，总名之谓也。众人则教矣，贤人则举矣，圣人则通矣。秉烛以居暗，见不逾于十步；舍而视于月之光，途可分，远不可穷；及乎日出之朝，宇宙之间，无不洞然矣。众人烛也，贤人月也，圣人日也。指而授之，曰：诸矣，命之南，麻其东西与北焉，众人也；曰：达于未矣，贤人也；圣人则异于是，通能变，变能复通之，所以开复之所以阖。开阖也者，经三才而极万物也，运之于心而符于道矣。

善射者亡其器，则虽存而莫能取于中。弓与矢，其射之器也欤？习必以良，调必以劲，则发而无失矣。圣人之于道也，有是乎？其器存，则见其圣人也；其器亡，则虽圣而莫识。仁、义、礼、知、信，道之器也，用之可以达天下，舍之不能济诸身。用不舍，惟圣人能之。仁者心之亲也，义者事之制也，礼者貌之体也，知者神之至也，信者诚之尽也。亲则不离，制则有度，体则无乱，至则莫阙、尽则可得，故以之于己无不用，以

之于物无不归。张而广之，所以见其时之情也。肆其宝贾而售者，必以大价市取，利不大则不授矣。圣人之于人，利之无大小，不价而威授焉。仁、义、礼、知、信，宝也，来者与之，违者拒之，顺于夷若华，背于父子兄弟，亦不能保其心。故圣人通之以尽其奥，变之以极其妙，复之以全其道。贤人得之者几，众人得之者不达于一。

执经而问焉，句分而字解，再三始别其义。考之终身，能穷诸篇也有矣。寻其辞，求诸理法面依行之，述而取用之。曰道，若是有矣。性非也学焉，功之得也。近于此者犹可言，远于此者莫可数、学而不得者多乎多。故曰：道少其人哉！成乎事业，散乎文章，未然也，于其不学者可也，于其众人者可也。观乎天，文章可见也；观乎圣人，文章可见也。天之文章有其神，非则变，是则暑；圣人之文章有其神，从则兴，弃则亡。天之文章，日月星辰也；圣人之文章，诗书礼乐也。天之性者，生则合其道，不在乎学焉。学为存也，欲世存诸矣。

《孟子》十四篇，轲之书也；扬之《太玄》《法言》，雄之书也；王氏六经，通之书也焉；学能至哉？韩氏有其文，次乎下也，非其生而知之，则从于俗矣，宁有于斯乎？能志于此者，虽未达焉，然异于时矣。仁、义、礼、知、信可行也，北辕而适燕，不迷其往矣；端冕而处者，不乱其威仪矣。代言文章者，华而不实、取其刻削为工，声律为能。刻削伤于朴，声律薄于德；无朴与德于仁义礼知信也，何其故？在于幼之学焉，无其天之性也，自不足于道也。以用而补之，苟悦其耳目之玩，君子不由矣。君子之玩，视必正，听必正，文哉文哉，不可苟也已。如可苟也已，则诗书不删去其伪者也。

大达必小遗，小达必大忘，似有在乎天之性与师之功者焉。小遭不弃于学，大忘不可得于道。文章为道之筌也，筌可妄作乎？筌之不良，获斯失矣。女恶容之厚于德，不恶德之厚于容也；文恶辞之华于理，不恶理之华于辞也。理华于辞，则有可视，世如本用之，则审是而已耳。或曰："小子有志哉！言也无伤于类，害于撰乎？"曰：登于执事之门，如不极其谈，则有滥于进矣，与常者何异之乎？开再拜。

（宋）柳开《上王学士第三书》，《河东先生集》卷五，中华书局1985年版

心与文一者也，心正则文正，心乱则文乱

天下有道则用而为常法，无道则存而为具物，与时偕者也。夫所以观

其德也，亦所以观其政也，随其代而有焉，非止于古而绝于今矣。文不可遽为也，由乎心智而出于口。君子之言也度，小人之言也玩。号令于民者，其文矣哉！心正则正矣，心乱则乱矣。发于内而主于外，其心之谓也。形于外而体于内，其文之谓也。心与文一者也。君子用己心以通彼心，合则附之，离则诱之，威然使至于善矣，故六经之用于时若是也。

（宋）柳开《上王学士第四书》，《河东先生集》卷五，中华书局1985年版

君子之文，简而深，淳而精

或曰：今之文咸异子，子之言统其事而无不干者，亦何经哉？曰：几于苟矣。于身适其取舍之便，于物略其缓急之宜，非制乎久者也。曰：亦自于心矣，恶不可久乎？曰：裁度以用之，构累以成之。役其心求于外，非由于心以出于内也。曰：杂乎经史百家之言，苦学而积用，不有其功且大乎？曰：如是小矣。君子之文，简而深，淳而精。若欲用其经史百家之言，则杂也。始于心而为君（若）虚，终于文而成乃实，习乎古者也；始于心而为若实、终于文而成乃虚，习乎今者也。习古所以行今，求虚所以用实；能者知之矣，不能者反是。犹乎假彼之物，执为己有可乎？重之以华饰，为伪者于德何良哉！曰：世如不好于习古，子又何为言古乎？曰：世非不好也，未有其能者也。人好其所能也，不好其所不能也。世之习于今，有能者尚皆好之矣。设有能于古者，有不好者哉！曰：若是能之，其伦于经乎？曰：不可伦于经，伦则乱也。下而辅之，张其道也。

曰：子之文何谓也？有志于古未达矣。某不度鄙陋，近献旧文五通：书以喻其道也，序以列其志也，疏以刺其事也，箴以约其行也，论以陈其义也。言疏而理简，气质而体卑。用于时不足为有道之资，纳于人不足为君子之观。妄而贡于执事者，自知其过大矣。执事苟不摈斥，而时得容进于门，而今而后，益知其幸也。

（宋）柳开《上王学士第四书》，《河东先生集》卷五，中华书局1985年版

今我之所以成章者，亦将绍复先师夫子之道也

吾子言既止于古，心亦止于古矣；止于古者，是为公也，得其公，而岂以私责于我乎？乃观吾子之书，而达吾子之意，使我昭然弗感于中也。

诚为君子哉。吾子能得此道而行，则寸而日进之，安而时驰之，将见吾子望我之门而入矣。入我之门，则及乎圣人之堂奥，窥乎圣人之室家，是谓吾子达者也。达于此者，固为难矣。吾子勤而慎重之。我之今日能至于是者，始由吾子之道而来。吾子能如是也，我得以一一而言之耳。

呜呼！圣人之道，传之以有时矣。三代已前，我得而知之，三代已后，我得而言之，在乎尧舜禹汤文武周公也。执而行之，用化天下，固吾子与我皆知之耳，不足复烦于辞也。

昔先师夫子，大圣人也，过于尧舜文武周公辈。周之德既衰，古之道将绝。天之至仁也，爱其民不堪弊，废礼乱乐，如禽兽何。生吾先师，出于下也，付其德而不付其位，亦天之意厥有由乎？付其德者，以广流万世；不付其位者，忌拘于一时。尧舜禹汤文武周公皆得其位者也，功德虽被于当时，至于今则有阙焉，是谓以政行之者不远矣。先师夫子独有其德也，不任当时之政，功德被乎今日之民，是谓以书存之者能久矣。先师夫子之书，吾子皆常得而观之耳。

厥后浸微，杨墨交乱，圣人之道复将坠矣。无之至仁也，婉而必顺，不可再生其人若先师夫子耳！将使后人知其德有尊卑，道有次序，故孟轲氏出而佐之，辞而辟之，圣人之道复存焉。孟轲氏之书，吾子又常得而观之耳。孟轲氏没，圣人之道火于秦，黄老于汉。天知其是也，再生扬雄氏以正之，圣人之道复明焉。扬雄氏之书，吾子又常得而观之耳。扬雄氏没，佛于魏隋之间，讹乱纷纷，用相为教。上扇其风，以流于下；下承其化，以毒于上。上下相蔽，民若夷狄，圣人之道，陨然告逝，无能持之者。天愤其烈，正不胜邪，重生王通氏以明之，而不罐于天下也。出百余年，俾韩愈氏骤登其区，广开以辞，圣人之道复大于唐焉。王通氏之书，昌子又常得而观之耳；韩愈氏之书，吾子亦常得而观之耳。夫数子之书，皆明先师夫子之道者也，岂徒虚言哉！

自韩愈氏没，无人焉。今我之所以成章者，亦将绍复先师夫子之道也。未知天使我之出耶，是我窃其器以居，则我何德而及于是者哉！昏子之言，良谓我得圣人之道也，则往之数子者，皆可及之耳。求将及之，则我忍从今之述作者乎？今之述作者，不足以观乎圣人之道也。故我之书，吾子亦常得而观之耳。

（宋）柳开《答臧丙第一书》，《河东先生集》卷六，中华书局 1985 年版

古文实而有华，今文华而无实

……

文取于古，则实而有华；文取于今，则华而无实。实有其华，则曰经纬之文也，政在其中矣。华无其实，则非经纬之文也，政亡其中矣。

（宋）柳开《答臧丙第二书》，《河东先生集》卷六，中华书局 1985 年版

作文章，在于发圣人之道，有善者益而成之，有恶者化而革之

世谓先生得圣人之道，惜乎不能著书，兹为先生之少也。当时之人，亦有是语焉。余读先生之文，自年十七至于今，凡七年，日夜不离于手，始得其十之一二者哉。呜呼！先生之时，文章盛于古矣，犹有言也，以过于先生。况下先生之后，至于今乎！是谓世不知于先生者也。

夫子之于经书，在《易》则赞焉，在《诗》《书》则删焉，在《礼》《乐》则定焉，在《春秋》则约史而修焉，在《经》则因参也而语焉，非夫子特然而为也；在《语》则弟子记其言纪焉，亦非夫子自作也。圣人不以好广于辞而为事也，在乎化天下，传来世，用道德而已。若以辞广而为事也，则百子之纷然竞起异说，皆可先于夫子矣。虽孟子之为书能尊于夫子者，当在乱世也。扬子云作《太玄》《法言》，亦当王莽之时也。其要在于发圣人之道矣！自下至于先生，圣人之经籍虽皆残缺，其道犹备。先生于时作文章，讽颂规戒，符论问说，淳然一归于夫子之旨，而言之过于孟子与扬子云远矣。先生之于为文，有善者益而成之，有恶者化而革之。各婉其旨，使无勃然而生于乱者也。是与章句之键，一贯而可言耶。

且孟子与扬子云不能行圣人之道于时，授圣人之言于人，所以作书而说焉。观先生之文诗，皆用于世者也。与《尚书》之号令，《春秋》之褒贬，《大易》之通变，《诗》之风赋，《礼》《乐》之沿袭，《经》之教授，《语》之训导，酌于先生之心，与夫子之旨，无有异趣者也。先生之于圣人之道，在于是而已矣，何必著书而后始为然也！有其道而无其人，吾所以悲也。有其人而人不知其道，益吾所以悲也。若先生者，不有人不知其道者乎？吾谓世不知于先生也，岂为诬言也哉！

（宋）柳开《昌黎集后序》，《河东先生集》卷十一，中华书局 1985 年版

王禹偁

王禹偁（954—1001），字元之，济州（今山东菏泽）人。北宋诗人、散文家，为北宋诗文革新运动的先驱。王禹偁提倡"句之易道，义之易晓"，反对艰深晦涩。又以宗经复古为要义，主张传道明心。著有《小畜集》。

夫文，传道而明心也

然仆顷尝为长洲令，因病起抄书，得目疾，不喜视书，书不读数年矣！虽强之，少顷必息其目，不数日不能竟一卷。用是见仆道益荒，而文益衰也。又四年之中，再为谪吏，顿拴摧辱，殆无生意。以私家衣食之累，未即引去，黾勉于簿书间，以度朝夕，尚有意讲道而评文乎！为子力读十数章，茫然难得其句，昧然难见其义，可谓好大而不同俗矣。

夫文，传道而明心也。古圣人不得已而为之也。且人能一乎心，至乎道，修身则无咎，事君则有立。及其无位也，惧乎心之所有不得明乎外，道之所畜不得传乎后，于是乎有言焉。又惧乎言之易泯也，于是乎有文焉。信哉，不得已而为之也！既不得已而为之，又欲乎句之难道邪，又欲乎义之难晓邪，必不然矣！

（宋）王禹偁《答张扶书》，《小畜集》卷十八，商务印书馆1937年版

远师六经，近师吏部，使句之易道，义之易晓

请以六经明之：《诗》三百篇，皆偶其句，谐其音，可以播管弦，荐宗庙，子之所熟也。《书》者，上古之书，二帝三王之世之文也，言古文者，无出于此，则曰："惠迪吉，从逆凶。"又曰："德日新，万邦惟怀；志自满，九族乃离。"在《礼·儒行》者，夫子之文也。则曰："衣冠中，动作慎，大让如慢，小让如伪"云云者。在《乐》则曰："鼓无当于五声，五声不得不和；水无当于五色，五色不得不彰。"在《春秋》则全以属辞比事为教，不可备引焉。在《易》则曰："乾道成男，坤道成女。日月运行，一寒一暑。"夫岂句之难道邪，夫岂义之难晓邪？

今为文而舍六经，又何法焉？若第取其《书》之所谓"吊由灵"，《易》之所谓"朋合簪"者，模其语而谓之古，亦文之弊也。近世为古文之主者，韩吏部而已。吾观吏部之文，未始句之难道也，未始义之难晓也。其间称樊宗师之文必出于已，不袭蹈前人一言一句。又称薛逢为文，以不同俗为主。然樊薛之文不行于世；吏部之文与六籍共尽。此盖吏部诲人不倦，进二子以劝学者。故吏部曰："吾不师今，不师古，不师难，不师易，不师多，不师少，惟师是尔！"

今子年少志专，雅识古道；其文不背经旨，甚可嘉也。姑能远师六经，近师吏部，使句之易道，义之易晓；又辅之以学，助之以气，吾将见子以文显于时也。

（宋）王禹偁《答张扶书》，《小畜集》卷十八，商务印书馆 1937 年版

作文笃于道，好于古，文句易道，义易晓

秀才张生足下：仆之前书，欲生之文，句易道，义易晓，遂引六经韩文以为证。生继为书启，谓扬雄以文比天地，而下云云者，甚乎哉，子之笃于道而好于古者也！仆为子条辨之，庶知仆之用心也。

子之所谓扬雄以文比天地，不当使人易度易测者，仆以为雄自大之辞也，非格言也，不可取而为法矣。夫天地易简者也。测天者知刚健不息而行四时；测地者知含弘光大而生万物；天地毕矣，何难测度哉。若较其寻尺广袤而后谓之尽，则天地一器也，安得言其广大乎？且雄之《太玄》，准《易》也。《易》之道，圣人演之，贤人注之，列于六经，悬为学科，其义甚明而可晓也。雄之《太玄》既不用于当时，又不行于后代，谓雄死已来，世无文王周孔，则信然矣；谓雄之文，过于伏羲，吾不信也。仆谓雄之《太玄》，乃空文尔。今子欧举进士，而以文比《太玄》，仆未之闻也。

子又谓六经之文，语艰而义奥者十二三，易道而易晓者十七八。其艰奥者非故为之，语当然矣。今子之文则不然。凡三十篇，语皆迂而艰也，义皆昧而奥也。岂子之文也过于六籍邪？若犹未也，子其择焉！

子谓韩吏部曰："仆之为文，意中以为好者，人必以为恶焉。或时应事作俗，下笔令人惭，及示人，人即以为好者。"此盖唐初之文，有六朝淫风，有四子艳格。至贞元元和间，吏部首唱古道，人未之从。故吏部意

中自是，而人能是之者百不一二，下笔自惭而人是之者十有八九，故吏部有是叹也。今吏部自是者，著之于集矣；自惭者，弃之无遗矣。仆独意《祭裴少卿文》在焉，其略云："儋石之储不供于私室，方丈之食每盛于宾筵。"此必吏部自惭，而当时人好之者也。今之世亦然也。子著书立言，师吏部之集可矣；应事作俗，取《祭裴文》可矣。夫何惑焉！

又谓汉朝人莫不能文，独司马相如刘向扬雄为之最；是谓功用深，其文名远者。数子之文，班固取之，列于《汉书》若相如《上林赋》、《喻蜀封禅文》，刘向谏山陵，扬雄议边事，皆子之所见也。曷尝语艰而义类乎？谓功用深者，取其理之当尔，非语迂义暗，而谓之功用也。生其志之！

向有江翊黄者，自谓好古。仆见其文义尚浅，故答之曰："修之不已，则为闻人。"今子希慕高远，欲专以绝俗为主，故仆欲子之文句易道，义易晓也。孔子曰："由也兼人，故退之；求也不及，故进之。"亦仆之志也。

（宋）王禹偁《再答张扶书》，《小畜集》卷十八，商务印书馆1937年版

五事之言貌，四教之文行

天之文日月五星，地之文百谷草木，人之文六籍五常。舍是而称文者，吾未知其可也。

咸通以来，斯文不竞，革弊复古，宜其有闻。国家乘五代之末，接千岁之统，创业守文，垂三十载，圣人之化成矣，君子之儒兴矣。然而服勤古道，钻仰经旨，造次颠沛，不违仁义，拳拳然以立言为己任，盖亦鲜矣。富春孙生有是夫！

先是余自东观移直凤阁，同舍紫微郎广平宋公尝谓余曰："子知进士孙何者耶？今之擅场而独步者也。"余因征其文，未获。会有以生之编集惠余者，凡数十篇，皆师戴六经，排斥百氏，落落然真韩、柳之徒也。其间《尊儒》一篇，指班固之失，谓儒家者流，非出于司徒之职。使孟坚复生，亦当投杖而拜曰："吾过矣！"又《徐偃王论》，明君之分，窒僭之萌，足使乱臣贼子闻而知惧。夫易之所患者，辨之不早辨也，斯可谓见霜而知冰矣。树教立训，他皆类此。且其数千万言，未始以名第为意，何其自待之多也！余是以喜识其面，而愿交其心者，有日矣！

今年冬，生再到阙下，始过吾门，博我新文，且先将以书。犹若寻常贡举人，恂恂然执先后礼，何其待我之薄也！观其气和而壮，辞直而温，与夫向之著述，相为表里，则五事之言貌，四教之文行，生实具焉。宜其在布衣为闻人，登仕宦为循吏，立朝为正臣，载笔为良史；司典谟、备顾问，为一代之名儒。过此则非吾所知也，岂止一名一第哉！

（宋）王禹偁《送孙何序》，《小畜集》卷十九，商务印书馆1937年版

文学本乎六经，其为政，必仁且义

古君子之为学也，不在乎禄位，而在乎道义而已。用之，则从政惠民；舍之，则修身而垂教，死而后已，弗知其他。科试以来，此道甚替，先文学而后政事故也。然而文学本乎六经者，其为政也，必仁且义，议理之有体也；文学杂乎百民者，其为政也，非贪则察，涉道之未深也。是以取士众而得人鲜矣，官谤多而政声寝矣。

（宋）王禹偁《送谭尧叟序》，《小畜集》卷十九，商务印书馆1937年版

赵　湘

赵湘（959—993），字叔灵，祖籍南阳，居衢州西安（今浙江衢州）。赵湘为宋初"晚唐体"的代表人物，其文拔邪扶正，气格高昂。著有《南阳集》六卷。

文章根本在于道，道可通乎神明

灵乎物者文也，固乎文者本也。本在道而通乎神明，随发以变，万物之情尽矣。《诗》曰"本支百世"，《礼》谓"行有枝叶"，皆固本也。日月星辰之于天，百谷草木之于地，参然纷然，司蠢植性，变以示来，罔有道者。呜呼！其亦灵矣，其本亦无邪而存乎道矣。

圣人者生乎其间，总文以括二者，故细大幽阐，咸得其分。由是发其要为仁义孝悌礼乐忠信，俾生民知君臣父子夫妇之业，显显焉不混乎禽兽。故在天地间，介介焉示物之变。盖圣神者，若伏羲之卦，尧舜之典，

大禹之谟，汤之誓命，文武之诰，公旦公奭之诗，孔子之礼乐，丘明之褒贬，垂烛万祀，赫莫能灭。非固其本，则湮乎一息焉。一息之湮，本且摇矣，而况枝叶能为后世之荫乎？而况能尽万物之情乎？

（宋）赵湘《本文》，《南阳集》卷四，中华书局1985年版

以仁义礼乐之根蒂，以五常为心之道，发为文章，教人于万世

《周礼》之后，孟轲扬雄颇为本者，是故其文灵且久；太史公亦汉之尤者也，扬雄呼其文为实录，道之所推耳。又曰："若孔门之用赋者，则贾谊升堂、相如入室；奈孔门之不用乎！"然则扬子之言，非不用也，本有所不固尔。

传曰："夫子之文章，可得而闻也；夫子之言性与天道，不可得面闻也。"大哉，夫子之言，皆文也，所谓不可得而闻者，本乎道而已矣。后世之谓文者，求本于饰，故为阅玩之具；竟本（末）而不疑，去道而不耻，淫巫荡假，磨灭声教，将欲尽万物之情性，发仁义礼乐之根蒂，是邰克为长万之行，吾不见其易矣。

或曰：古之文章，所以固本者皆圣与贤，今非圣贤，若之何能之？对曰：圣与贤不必在古而在今也。彼之状亦人尔，其圣贤者心也，其心仁焉、义焉、礼焉、智焉、信焉、孝悌焉，则圣贤矣。以其心之道，发为文章，教人于万世，万世不泯，则固本也。今学古之文章，而不求古之仁义之道，反自谓非圣贤不能为之，是果中道而废者，果赋于儒术者，为意教之物者。古之人将教天下，必定其家，必正其身；将正其身，必治其心；将治其心，必固其道。道且固矣，然后发辞以为文，无凌替之惧，本末斯盛，虽曰未教，吾必谓之教矣。如不能，是不若盲聩之夫也。盲聩者，不学圣人之道，罔然无所知识；虽无所知，犹不为儒术之残贼，不为圣教之罪人矣。吁嗟！如是之不固也，其幸未混于禽兽尔，而况能教人耶？而况能道于万世耶？

或曰：今之言文本者，或异于子，如何？对曰：韩退之、柳子厚既殁，其言者宜与余言异也。

（宋）赵湘《本文》，《南阳集》卷四，中华书局1985年版

诗者文之精气，古圣人持之摄天下邪心

诗者文之精气，古圣人持之摄天下邪心，非细故也。由是天惜其气。

不与常人，虽在圣门中，犹有偏者，故文人未必皆诗。游、夏，文学人也，仲尼以为始可与言者，与夏而不与游；游不预焉，则于文而偏者不疑矣。然则用是为冷风，以除天下烦郁之毒，功德不息，故其名远而且大也。近代为诗者甚众，其为章句之君子或鲜矣。或问何为君子耶？曰：温而正，峭而容，淡而球，贞而润，美面不淫，刺而不怒，非君子乎！反于是，皆小人尔。未有小人而能教化天下，使名以充于后世者也。

太原王公，文固天与之精气；又能诗也，造意发辞，复复在象外，戛击金石，飘杂天籁。秘邃淳浑，幽与玄会。其为美也，无骄媚之志，以形于内；其为剩也，无狼戾之气、以奋于外。所谓婉而成章者，岂惟《春秋》用之，盖王公之诗亦然矣。夫如是，实章句之君子也。当持之摄天下邪心，除天下烦郁之毒，岂诬也哉！

君始登第，即游甬桥幕，得二百章，号《甬上集》。淳化癸巳十一月投湘，谓湘知诗，可以发文言是诗以为冠。湘既好学，复有癖于其间，因不敢辞，聊为精气君子之说，题于集之初。如有责之以简略，亦敢对曰：一言以蔽之。

（宋）赵湘《王象支使甬上诗集序》，《南阳集》卷四，中华书局1985年版

琴瑟之道在于人诚能雅和，邪正之音在乎人

乐主于音也，音雅则和。人诚能雅而和，虽名器异，而不淫于色，不害于德也；苟离于是，虽埙篪钟磬，为郑人、卫人之执，恶能免乎趋数做降之过也。

淳化三年，湘始作尉潜溪。明年夏五月，事稍闲，一日，同僚者挈酒登邑之南亭，以避烦毒，四顾晴爽，薰风时来。有王岩者，实金酸人，末至而居客之右，观其貌则脱略，视其神则非俗人，语爽而气清。主人扬之曰："岩善为秦声。"问之则唯唯然。湘闻则意有所不乐，阴语曰："是子貌脱略而神不俗，求其艺。则何鄙而且俗哉！"

未几，主人命是器置于岩之前，岩色无愧，复不让，试调之铿铿然，始作泠泠然，纵之纯纯然，自初而终，且为瑟声，似非秦弦也。爱而问之，则舍器而作对曰："某之志，始在琴瑟也，幼能学琴，逮成人，遇秦弦，或试调弄。调之，则心存乎雅正，由是至于和，往往离部之曲，作操弄，宛尔琴瑟之道。如是亦使人不荡其心，不淫其志，无凝滞之想。"鸣

呼！邪正之音果在乎人，不在乎器也。岩之志本雅，虽手因乎秦弦，而心存乎焦桐。夫岂异乎在庄墨之教，而好周公孔子之道；居蛮貊之国，而乐忠信礼乐之事。苟手存乎焦桐，心存乎秦弦，又岂异乎读尧舜之书，行桀纣之教；立冠裳之门，发屠沽之行。《易》所谓外君子而内小人也。噫！手焦桐而心秦弦者，皆是也。湘爱岩异于众，因书实而为序。

（宋）赵湘《观王岩谭筝序》，《南阳集》卷四，中华书局 1985 年版

孙 僅

孙僅（969—1017），字邻几，宋代汝州（今河南汝州）人。孙僅笃于儒学，造诣颇深，主张从儒家经典诠释中阐释治天下之大道。著有《孙僅文集》五十卷。

文者，谋以始意，勇以作气，正以存道

叙曰：五常之精，万象之灵，不能自文，必委其精、萃其灵于伟杰之人以换发焉。故文者，天地真粹之气也，所以君五常、母万象也。纵出横飞，疑无涯隅；表乾里坤，深入隐奥。非夫腹五常精，心万象灵，神合冥会，则未始得之矣。夫文各一，而所以用之三，谋、勇、正之谓也。谋以始意，勇以作气，正以全道。苟意乱思率，则谋沮矣；气萎体瘵，则勇丧矣；言辞芜，则正塞矣。是三者，迭相羽翼以济乎用也。备则气淳而长，剥则气散而涸。中古而下，文道繁富。风若周，骚若楚，文若西汉，咸角然天出，万世之衡轴也。后之学者，瞽实聋正，不守其根，而好其枝叶，由是日诞月艳，荡而莫返。曹、刘、应、杨之徒唱之，沈、谢、徐、庾之徒和之，争柔斗葩，联组擅绣，万钧之重，烁为锱铢，真粹之气，殆将灭矣。

……

枢机日月，开阖雷电，昂昂然神其谋、挺其勇、握其正，以高视天壤，趋入作者之域，所谓真粹气中人也。公之诗，支而为六家：孟郊得其气焰，张籍得其简丽，姚合得其清雅，贾岛得其奇僻，杜牧、薛能得其豪健，陆龟蒙得其赡博，皆出公之奇偏尔。尚轩轩然自号一家，赫世烜俗，后人师拟不暇，矧合之乎。风骚而下、唐而上，一人而已。是知唐之言

诗、公之余波，及尔于戏。以公之才，宜器大任，而颠沛寇贼，汩没蛮裔者，屯于时耶。戾于命耶。将天嗜厌代未使斯文大振耶。虽道振当世而泽化后人，斯不朽矣。因览公集，辄泄其愤以书之。

（宋）孙僅《读杜工部诗集序》，《全宋文》，中华书局1992年版

杨 亿

杨亿（974—1020），字大年，建州浦城（今福建浦城）人。北宋文学家，西昆体诗歌主要作家。他强调创作诗歌也应关注社会现实，主张以学为诗。著有《武夷新集》《浦城遗书》等。

诗者，须受孔孟教化，深穷六义，妙万物而为言

谨按君生齐鲁礼义之国，被陶虞文思之化。方在髫开，服膺儒玄。遍讨百家之言，深穷六艺之要。以为诗者，妙万物而为言也。赋颂之作，皆其绪余耳。于是收视反听，研精覃思。起居饮食之际，不废咏歌；门庭藩溷之间，悉施刀笔……然君之于诗也，类解牛焉，投刃皆虚；譬射鹄焉，舍矢如破。彼唇腐齿落者、所贵乎少，我取其多；彼筋弩肉缓者，咸谓之难，我以为易。独擅一源之利，不见异物而迁。扣寂求音，应之如响；触物成味咏，思若有神。盖孔子云："少成若天性，习贯若自然。"斯之谓也。

（宋）杨亿《温州聂从事永嘉序（节录）》，《武夷新集》，福建人民出版社2007年版

智 圆

智圆（976—1022），自号"中庸子"，钱塘（今浙江杭州）人，宋代天台宗山外派僧人。他提倡儒释融合，主张"修身以儒，治心以释"，以提倡儒道为己任，尤以对儒家的"中庸"思想见解颇深，从中庸维度以心性义理为理论基点互通儒释两家。著有《闲居编》。

古文者，宗古道而立言，言必明乎其道

且言欲从各受古圣人书，学古圣人之为文，冀吾采纳以海之也。吾甚壮其志，以其能倍俗之好尚，慕淳古之道，斯则希骥之徒也。因命复坐，而语之曰：吾无深识远见，胡能授若圣人之书乎？吾非魁手巨笔，胡能教若圣人之为文乎？然吾于学佛外，考周孔遗文、究杨孟之言，或得微旨。若不以吾为不肖，欲从吾学，吾于古圣人之文，岂有隐乎？

夫所谓古文者，宗古道而立言，言必明乎古道也。古道者何，圣师仲尼所行之道也。昔者仲尼祖述尧舜，宪章文武，六经大备。要其所归，无越仁义五常也。仁义五常谓之古道也。若将有志于斯文也，必也研几乎五常之道，不失于中而达乎变，变而通，通则久，久而合。道既得之于心矣，然后吐之为文章，敷之为教化，俾为君者如勋华，为臣者如元恺，天下之民如尧舜之民，救时之弊，明政之失，不顺非，不多爱。苟与世翻阋，言不见用，亦冀垂空言于百世之下，阐明四代之训。览之者有以知帝王之道可贵，霸战之道可贱，仁义敦，礼乐作，俾淳风之不坠，而名扬于青史。盖为文之志也。

古文之作，诚尽此矣，非止涩其文字，难其句读，然后为古文也。果以涩其文字，难其句读为古文者，则老庄杨墨异端之书，亦何尝声律耦对邪？以杨默老庄之书为古文可乎？不可也。老庄杨墨弃仁义，废礼乐，非吾仲尼祖述尧舜、宪章文武之古道也。故为文入于老庄者谓之杂，宗于周孔者为之纯。司马迁、班固之书，先黄老，后六经，抑忠臣，饰主阙，先儒文之杂也；孟轲扬雄之书，排杨墨，罪霸战，黜浮伪，尚仁义，先儒文之纯也。吾尝试论之，以其古其辞而倍于儒，岂若今其辞而宗于儒也。今其辞而宗于儒，谓之古文可也；古其辞而倍于儒，谓之古文不可也。虽然，辞意俱古，吾有取焉尔。且代人所为声耦之文，未见有根仁柢义，模贤范圣之作者，连简累牍，不出月露风云之状，谄时附势之谈，适足以伤败风俗，何益于教化哉？

夫为文者，固其志，守其道，无随俗之好恶而变其学也。李唐韩文公《与冯宿书》曰："仆为文久，每自测意中以为好，则人必以为恶矣。小称意，人亦小怪；大称意，即人必大怪之也。时时应事作俗下者，下笔令人惭，及示人，人以为好矣。小惭者，亦蒙谓之小好；大惭者，必以为大好矣。"观文公之言，则古文非时所尚久矣。非禀粹和之气、乐淳正之

道，胡能好之哉？若年齿且壮，苟于斯道加鞭不止，无使俗谓大好，无令心有大惭，然后砥砺名节，不混庸类，则吾将期若于圣贤之域也。苟有其文而行违之，则凤鸣而隼翼也，欲道之行，吾不信也。《语》曰："子张问行，子曰：言忠信，行笃敬，蛮貊之邦行矣。言不忠信，行不笃敬，虽州里，行乎哉？"若其志之。

几退而为文，异日以数篇见于晋。览其辞，颇有意，冀能摈于浮华，尚于理致。噫！其可教也，成器可待也。吾由是待之异于他等。冬十月，亟请于吾曰：几既承训，今将有嘉禾之行，不得蚤莫见，乞言以为戒。吾因录诲几之言以为贶，俾无忽忘之也。践吾之言，则道可至矣。或曰：子佛氏之徒也，何言儒之甚乎？对曰：几从吾学儒也，故吾以儒告之，不能杂以释也。几将从吾学释也，吾则以释告之，亦不能杂以儒也。不渎其告，古之道也。

（宋）智圆《送庶几序》，《闲居编》，商务印书馆1925年版

穆　修

穆修（979—1032），字伯长，山东郓州（今山东泰安东平）人，后居蔡州（今河南汝阳），北宋文学家。他反对五代以来及西昆体的靡丽文风，他的诗文创作体现了对"道"的推崇，同时也表现了对社会现实的观照，他以自身实际行动力证古文。著有《河南穆公集》。

文之旨用自得，在于明道，奉行仁义

月日，河南穆修白秀才足下：近腾书并示文十篇，终始读，其命意甚高。自及淮西来，尝见人言足下少年，乐古文，固耳闻而心存之。但未敢辄轻信人说，今遂果知足下能然。盖古道息绝不行于时已久，今世士子习尚浅近，非章句声偶之辞，不置耳目，浮轨滥辙，相迹而奔，靡有异途焉。其间独敢以古文语者，则与语怪者同也。众又排诟之，罪毁之，不目以为迂，则指以为惑，谓之背时远名，阔于富贵。先进则莫有誉之者，同侪则莫有附之者。其人苟无自知之明，守之不以固，持之不以坚，则莫不惧而疑悔，而思忽焉，旦复去此而即彼矣。噫，仁义忠正之士，岂独多出于古而鲜出于今哉，亦由时风众势驱迁溺染之，使不得从乎道也。

观足下十篇之文，则信有志于古文矣。其书之间，则曰：将学于今，则虑成浅陋；将学于古，则惧不取名于世。学而何旨？引韩先生《师说》之说以求解惑。为请足下当少秀之年，怀进取之机，反学古于仁义不胜之时，与之者寡，非之者众，不得无惑于中焉。是以枉书见问。某不才而弃于时者也，何足为人盾其是非可否。徒以退拙无所用心，因得从事于不急之学如旧者。不识其愚且戆，或谓之为好古焉。故足下以是厚相期待者，盖感其声而求其类乎？可不少复其意耶？试为足下言之。

夫学乎古者所以为道，学乎今者所以为名。道者，仁义之谓也；名者，爵禄之谓也。然则，行道者有以兼乎名，中名者无以兼乎道。何者？行乎道者虽固有穷达云耳。然而，达于上也，则为贤公卿，穷于下也，则为令君子。其在上，则礼成乎君，而治加乎人；其在下，则顺悦乎亲，而勤修乎身。穷也，达也，皆本于善称焉。守夫名者，亦固有穷达云耳，而皆反乎是也。达于上也，何贤公卿乎？穷于下也，何令君子乎？其在上则无所成乎君而加乎人，其在下则无所悦乎亲而修乎身。穷也，达也，皆离于善称焉。故曰：行道者，有以兼乎名，守名者，无以兼乎道。有其道而无其名，则穷不失为君子；有其名而无其道，则达不失为小人。与其为名达之小人，孰若为道穷之君子。矧穷达又各系其时遇，岂古之道有负于人耶？

足下有志乎道而未忘乎名，乐闻于古而喜求于今。二者之心苟交存而无择，将惧纯明之性浸微，浮躁之气骤胜矣。足下心明乎仁义，又学识其归向，在固守而弗离，坚持而弗夺，力行而弗止，则必立乎名之大者矣。学之正伪有分，则文之指用自得，何惑焉？

（宋）穆修《答乔适书》，《河南穆公集》卷二，上海书店出版社1989年版

范仲淹

范仲淹（989—1052），字希文，祖籍邠州，后移居苏州吴县。北宋初年政治家、文学家。范仲淹强调艺术的经世致用功能，提出宗经复古、厚其风化的艺术思想。著有《范文正公文集》。

著书立说，重在以千古之道教化人臣

松桂有嘉色，不与众芳期，金石有正声，讵将群响随。君子著雅言，以道不以时，仰止江夏公，大醇无小疵，孜孜经纬心，落落教化辞。上有帝皇道，下有人臣规，邈与圣贤会，岂以富贵移，谁言荆棘滋，独此生兰芝，谁言蛙黾繁，独此蟠龙龟，岂徒一时异，将为千古奇。愿此周召风、达我尧舜知，致之讽谏路、升之诰命司。二雅正得失，五典陈雍熙，颂声格九庙，王泽及四夷。自然天下文，不复迷宗师。

（宋）范仲淹《谢黄揔太博见示文集》，《范文正公集》卷一，北京图书馆出版社2006年版

诗依乐以宣心，感于人神，穆乎风俗，昭昭六义，赋实在焉

人之心也，发而为声；声之出也，形而为言。声成文而音宣，言成文而诗作。圣人稽四始之正，笔而为经；考五声之和，鼓以为乐。是故言依声而成象，诗依乐以宣心。感于人神，穆乎风俗，昭昭六义，赋实在焉！及乎大醇既膜。旁流斯激；风雅条散，故态屡迁；律吕脉分，新声间作。而士衡名之体物，聊举于一端；子云语以雕虫，盖尊其六籍。降及近世，尤尚斯文。

律体之兴、盛于唐室；贻于代者，雅有存焉。可歌可谣，以条以贯；或祖述王道，或褒替国风；或研究物情，或规戒人事；焕然可警，锵乎在闻。

……

别析二十门，以分其体势：叙昔人之事者谓之叙事，颂圣人之德者谓之颂德，书圣贤之勋者谓之纪功，陈邦国之体者谓之赞序，缘古人之意者谓之缘情，明虚无之理者谓之明道，发挥源流者谓之祖述，商榷指义者谓之论理，指其物而咏者咏物，述其理而咏者谓之述咏，类可以广者谓之引类，事非有隐者谓之指事，究精微者谓之析微，取比象者谓之体物，强名之体者谓之假象，兼举其义者谓之旁喻，叙其事而体者谓之叙体，总其数而述者谓之总数，兼明二物者谓之双关，词有不羁者谓之变态。区而辩之，律体大备。然古今之作，莫能尽见，复当旅次无所检索。聊取其可举者类之于门。门各有序，盍详其指。古不足者，以今人之作附焉。略百余首，以示一隅。使自求之，思过半矣！虽不能贻人之巧，亦庶几辩惑之

端。命之曰《赋林衡鉴》：谓可权人之轻重，辨己之妍媸也。

所举之赋，多在唐人。岂贵耳而贱目哉？庶乎文人之作，由有唐面复两汉，由两汉而复三代。斯文也既格乎《雅》、《颂》之致，斯乐也亦达乎《韶》、《夏》之和。臣子之心，岂徒然耳。

若国家千载特见，取人易方，登孝廉，举方正，聘以伊尹之道，策以仲舒之文；求制礼作乐之才，尚经天纬地之业。于斯述也，委而不论，亦吾道之志欤！

（宋）范仲淹《赋林衡鉴序》，《范文正公集》卷四，北京图书馆出版社 2006 年版

诗之为意，上以德于君，下以风于民，国风之正也

嘻！诗之为意也，范围乎一气，出入乎万物，卷舒变化，其体甚大。故夫喜焉如春，悲焉如秋，徘徊如云，单嵘如山；高乎如月星，远乎如神仙；森如武库，锵如乐府。羽翰乎教化之声，献酬乎仁义之醇。上以德于君，下以风于民。不然何以动天地而感鬼神哉！而诗家者流，厥情非一；失志之人其辞苦，得意之人其辞逸，乐天之人其辞达，觏闵之人其辞怒。如孟东野之清苦，薛许昌之英逸，白乐天之明达，罗江东之愤怒。此皆与时消息，不失其正者也！

五代以还，斯文大剥；悲哀为主，风流不归。皇朝龙兴，颂声来复。大雅君子，当抗心于三代。然九州之广，庠序未振，四始之奥，讲议盖寡。其或不知而作，影响前辈，因人之尚，忘己之实。吟咏性情而不顾其分，风赋比兴而不观其时。故有非穷途而悲，非乱世而怨。华车有寒苦之述，白社为骄奢之语。学步不至，效颦则多。以至靡靡增华，骛情相滥。仰不主乎规谏，闲不主乎劝诫。抱郑卫之奏，责夔旷之赏，游西北之流，望江海之宗者有矣！

观乎处士之作也，孑然弗伦，洗然无尘。意必以浮，语必以真。乐则歌之，忧则怀之。无虚美，无荷怨。隐居求志，多优游之昧。天下有道，无愤惋之作。《骚》《雅》之际，此无愧焉！览之者有以知诗道之艰，国风之正也。

（宋）范仲淹《唐异诗序》，《范文正公集》卷五，北京图书馆出版社 2006 年版

文章根于儒家之道，重视教化

今文庠不振，师道久缺；为学者不根乎经籍、从政者罕议乎教化。故文章柔靡，风俗巧伪；选用之际，常患才难。某闻前代盛衰，与文消息：观虞夏之纯，则可见王道之正；观南朝之丽，则知国风之衰。惟圣人质文相救，变而无穷。前代之季，不能自救，则有来者，起而救之。是故文章以薄，则为君子之忧；风俗其坏，则为来者之资。

（宋）范仲淹《上时相议制举书（节录）》，《范文正公集》卷九，北京图书馆出版社2006年版

圣人作琴，是鼓天下之和而和天下，琴之道大也

盖闻圣人之作琴也，鼓天地之和而和天下，琴之道大乎哉！秦作之后，礼乐失驭，于嗟乎，琴散久矣！后之传者，妙指美声，巧以相尚，丧其大，矜其细，人以艺观焉。皇宋文明之运，宜建大雅。东宫故谕德崔公，其人也，得琴之道，志于斯，乐于斯，垂五十年，清静平和，性与琴会，著琴笺，而自然之义在矣。某尝游于门下。一日请曰："琴何为是？"公曰："清厉而静，和润而远。"某拜而退，思而释曰：清厉而弗静，其失也躁；和润而弗远，其失性佞，弗躁弗佞，然后君子其中和之道欤！一日又请曰："今之能琴，谁可与先生和者？"曰："唐处士可矣。"某拜而退。美而歌曰："有人焉，有人焉，且将师其一二。"属远仕千里，未获所存，今复选于上京。崔公既没，琴不在于君乎！君将怜其意，授之一二，使得操尧舜之音，游羲黄之域，其赐也岂不大哉！又先王之琴，传传而无穷，上圣之风，存乎盛时，其旨也岂不远矣！诚不敢助南薰之诗，以为天下富寿；庶几宜三乐之情，以美生平而可乎？某狂愚之咎，亦冀舍旃。

（宋）范仲淹《与唐处士书》，《范文正公集》卷九，北京图书馆出版社2006年版

作乐应上以象一人之德，下以悦万国之心

古之乐兮，所以化人，今之乐兮，亦以和民，在上下之威乐，岂今昔之殊伦？何后何先，俱可谐于雅颂；一彼一此、皆能感于人神。原夫惟孟子之谈猷，激齐王之思虑，惠民之道将进，述乐之言斯著。以谓昔时搏

拊,实用洽于群情;此日铿粥,亦足康于兆庶。盖在乎君臣交泰,民物滋丰。和气既充于天下,德华遂振于域中,实万邦之所共谅,百世之攸同。听此笙镛,易异闻《韶》之美?顾兹匏土,宛存击壤之风。孰是孰非,爰究爰度。且何伤于异制?但无求于独乐。移风易俗,岂惟前圣之所能?春诵夏弦,宁止古人之有作?若乃均和其用,调审其音,上以象一人之德,下以悦万国之心;既顺时而设教,孰尊古而卑今?六律再推,自契伶伦之管;五声未泯,何惭虞舜之琴?其或政尚滋章,民犹劳苦;乐虽遵于前代,化未畅于率土。曷若我咸臻仁寿,共乐钟鼓?八风时叙,命夔而不在当年;《万》舞日新,教胄而何须往古?若然,则不假求旧,惟闻导和。其制也,虽因时而少异;其音也,盖理心而靡他。播兹治世之音,无远弗届;较彼先王之乐,相去几何?今国家大乐方隆,休声遐被。

(宋)范仲淹《今乐犹古乐赋》,《范文正公集》卷二十,北京图书馆出版社2006年版

孙 复

孙复(992—1057),字明复,号富春,晋州平阳(今山西临汾)人,北宋理学家、教育家。孙复提倡儒家"道统",排斥佛、道,试图重振韩愈攘斥佛道的事业以复兴儒家文化。同时,孙复也抨击科举时文,提出"文者,道之用也;道者,文之本也"的艺术伦理主张。著有《孙明复小集》。

夫文者,道之用也;道者,教之本也

以仆居今之世,乐古圣贤之道与仁义之文也,远以尊道扶圣立言垂范之事问于我。我幸而至志于斯也,有年矣。重念世之号进士者,率以砥砺辞赋,睎觊科第为事。若明远颖然独出,不汲汲于彼而孜孜于此者,几何人哉?然惧明远年少气勇,而欲速成,无至于斯文也,故道其一二,明远熟察之而已。

夫文者,道之用也。道者,教之本也。故文之作也,必得之于心而成之于言。得之于心者,明诸内者也;成之于言者,见诸外者也。明诸内者,故可以适其用;见诸外者,故可以张其教。是故《诗》《书》《礼》

《乐》《大易》《春秋》，皆文也，总而谓之经者也。以其终于孔子之手，尊而异之尔。斯圣人之文也。后人力薄不克以嗣，但当佐佑名教，夹辅圣人而已。或则列圣人之微旨，或则名摘诸子之异端，或则发千古之未寤，或则正一时之所失，或则陈仁政之大经，或则斥功利之末术，或则扬贤人之声烈，或则写下民之愤叹，或则陈天人之去就，或则述国家之安危，必皆临事辄实，有感而作。为论，为议，为书、疏、歌、诗、赞、颂、箴、解、铭、说之类；虽其目甚多，同归于道，皆谓之文也。若肆意构虚，无状而作，非文也，乃无用之警尔。徒污简册，何所贵哉！

明远无志于文则已，若有志也，必在潜其心而索其道。潜其心而索其道，则有所得也必深，其所得也既深，则其所言者必远；既深且远，则庶乎可望于斯文也。不然，则浅且近矣，易可望于斯文哉！

噫！斯文之难至也久矣！自西汉至李唐，其间鸿生硕儒，摩启而起，以文章垂世者众矣。然多杨墨佛老虚无报应之事，沈谢徐庾妖艳邪侈之言杂乎其中，至有盈编满集，发而视之，无一言及于教化者。此非无用替言，徒污简策者乎！至于终始仁义，不叛不杂者，惟董仲舒、扬雄、王通、韩愈而已。

（宋）孙复《答张炯书》，《孙明复小集》，上海古籍出版社1987年版

石 介

石介（1005—1045）字守道，兖州奉符（今山东泰安）人。北宋思想家，宋理学先驱。石介重文章义理，倡艺术之道，强调文道一统，其论对二程、朱熹影响很大。著有《徂徕石先生文集》。

列道统序列，道统与文统合一

道始于伏羲氏，而成终于孔子。道已成终矣，不生圣人可也。教自孔子来二千余年矣，不生圣人。若孟轲氏、扬雄氏、王通氏、韩愈氏，祖述孔子而师尊之，其智足以为贤。孔子后，道屡废塞，辟于孟子，而大明于吏部。道已大明矣，不生贤人可也。故自吏部来三百有余年矣，不生贤人。若柳仲涂、孙汉公、张晦之、贾公沫，祖述吏部而师尊之，其志实降。

噫！伏羲氏、神农氏、黄帝氏、少昊氏、颛顼氏、高辛氏、唐尧氏、虞舜氏、禹、汤、文、武、周公、孔子者十有四圣人；孔子为圣人之至。噫！孟轲氏、荀况氏、扬雄氏、王通氏、韩愈氏五贤人；吏部为贤人而卓。不知更几千万亿年复有孔子？不知更几千百数年，复有吏部？

孔子之《易》、《春秋》，自圣人来未有也；吏部《原道》、《原人》、《原毁》、《行难》、《禹问》、《佛骨表》、《净臣论》，自诸子以来未有也。呜呼！至矣。

（宋）石介《尊韩》，《徂徕石先生文集》卷七，中华书局2009年版

复兴儒道，文学为道统服务

或曰：天下不谓之怪，子谓之怪；今有子不谓怪，而天下谓之怪。请为子而言之，可乎？

曰：奚其为怪也？曰：昔杨翰林欲以文章为宗于天下，忧天下未尽信己之道，于是盲天下人目，聋天下人耳，使天下人目盲，不见有周公、孔子、孟轲、扬雄、文中子、韩吏部之道；使天下人耳聋，不闻有周公、孔子、孟轲、扬雄、文中子、韩吏部之道；俟周公、孔子、孟轲、扬雄、文中子、韩吏部之道灭，乃发其盲，开其聋，使天下惟见己之道，惟闻己之道，莫知有他。

今天下有杨亿之道四十年矣。今人欲反盲天下人目，聋天下人耳，使天下人目盲，不见有杨亿之道；使天下人耳聋，不闻有杨亿之道。俟杨亿道灭，乃发其盲，开其聋；使目惟见周公、孔子、孟轲、扬雄、文中子、韩吏部之道，耳惟闻周公、孔子、孟轲、扬雄、文中子、韩吏部之道。周公、孔子、孟轲、扬雄、文中子、韩吏部之道，尧、舜、禹、汤、文、武之道也，三才、九畴、五常之道也。反厥常，则为怪矣。

夫《书》则有尧、舜《典》、皋陶、益稷《谟》、《禹贡》、箕子之《洪范》，《诗》则有《大雅》、《小雅》、《周颂》、《商颂》、《鲁颂》，《春秋》则有圣人之经，《易》则有文王之《繇》、周公之《爻》、夫子之《十翼》。今杨亿穷妍极态，缀风（月），弄花草，淫巧侈丽，浮华纂组；刓使圣人之经，破碎圣人之言，离析圣人之意，蠹伤圣人之道。使天下不为《书》之《典》、《谟》、《禹贡》、《洪范》，《诗》之《雅》、《颂》，《春秋》之经，《易》之《繇》、《爻》、《十翼》；而为杨亿之穷妍极态，缀风月，弄花草，淫巧侈丽，浮华纂组，其为怪大矣！是人欲去其怪而就

于无怪，今天下反谓之怪而怪之。略呼！

（宋）石介《怪说（中）》，《徂徕石先生文集》卷五，中华书局2009年版

天地间有文，三皇五帝言大道也，四史六义存乎文也

是知时有弊则圣贤生；圣贤生，皆救时之弊也。唐季之荒顿，五代之櫕枪，太祖一戎而夷之。钱唐之不朝，并州之未贡，太宗传檄而宾之。真宗修其制度，明其法律，章其物采，和其政令，正其礼乐，通其教化，陛下守之。制度既修矣，法律既明矣，物采既章矣，政令既和矣，礼乐既正矣，教化既通矣，然则时无弊乎？曰：何得而无之？今之时弊在文矣。

夫有天地故有文。天尊地卑，乾坤定矣；卑高以陈，贵贱位矣；动静有常，刚柔断矣；方以类聚，物以群分，吉凶生矣；在天成象，在地成形，变化见矣：文之所由生也。天垂象，见吉凶，圣人象之；河出图，洛出书，圣人则之：文之所由见也。观乎天文以察时变，观乎人文以化成天下：文之所由用也。三皇之书，言大道也，谓之《三坟》；五帝之书，言常道也，谓之《五典》：文之所由迹也。四始、六义存乎《诗》、《典》、《谟》、《诰》、《誓》，存乎《书》，安上治民存乎《礼》，移风易俗存乎《乐》，穷理尽性存乎《易》，惩恶劝善存乎《春秋》：文之所由著也。

（宋）石介《上蔡副枢书》，《徂徕石先生文集》卷十三，中华书局2009年版

古文之伦理大义

文之时义大矣哉！故《春秋》传曰："经纬天地曰文。"《易》曰："文明刚健。"《语》曰："远人不服，则修文德以来之。"三王之政曰："救质莫若文。"尧之德曰："焕乎其有文章。"舜则曰："濬哲文明。"禹则曰："文命敷于四海。"周则曰："郁郁乎文哉。"汉则曰："与三代同风。"故两仪，文之体也；三纲，文之象也；五常，文之质也；九畴，文之数也；道德，文之本也；礼乐，文之饰也；孝悌、文之美也；功业，文之容也；教化。文之明也；刑政，文之纲也；号令，文之声也。圣人，职文者也，君子章之，庶人由之。具两仪之体，布三纲之象，全五常之质，叙九畴之数；道德以本之，礼乐以饰之，孝悌以美之，功业以容之，教化以明之，刑政以纲之，号令以声之；灿然其君臣之道也，昭然其父子之义

也，和然其夫妇之顺也。尊卑有法，上下有纪，贵贱不乱，内外不渎，风俗归厚，人伦既正，而王道成矣。

（宋）石介《上蔡副枢书》，《徂徕石先生文集》卷十三，中华书局2009年版

今之时弊在文矣，救乎斯文之弊，道统与文统承音接响

今夫文者，以风云为之体，花木为之象，辞华为之质，韵句为之数，声律为之本，雕慢为之饰，组绣为之美，浮浅为之容，华丹为之明，对偶为之纲，郑卫为之声。浮薄相扇，风流忘返；遗两仪、三纲、五常、九畴而为之文也，弃礼乐、孝弟、功业、教化、刑政、号令而为之文也。圣人职之，君子章之，庶人由之。君臣何由明，父子何由亲，夫妇何由顺，尊卑何由纪，贵贱何由叙，内外何由别？而化日以薄，风日以淫，俗日以僻，此其为今之时弊也。

曰：时有弊，必有圣贤生而救之者，岂非吾明君与吾贤弼哉！主上天资英威，乃神乃圣；刚健中正，有乾之元德；聪明睿圣，有古之神武。尸居渊默，则人不见其机；龙兴神悚，则天不知其变。如艺祖之武，如太宗之英，如真宗之仁，信乎明君也。阁下射策冠天下士，斯文未丧，蔚为宗工，人其代之，承帝理物。夙夜宥密，弥纶天地之化；惟时惟几，则成天地之道。如夔益，如稷契，信乎贤弼也。以明君贤弼，相与救乎斯文之弊，易如反掌矣。

然而斯文重器也，举之者在乎众力；斯文大弊也，革之者必乎逾时。天下有士，心愤斯文之弊，力求斯文之本。其身履道，心守正，阁下岂不欲引之使施力焉。

窃见郓州乡贡进士士建中其人，孜孜于此者二十年矣。其道则周公、孔子之道也，其文则柳仲涂、张晦之之文也，其行则古君子之行也。仲涂没，晦之死，加之公疏继往，子望亦逝，斯文其无归矣！建中独能得之。建中一布衣耳，贫且贱，栖栖乡闾间，父母旨甘不继，岂能振起哉。上有明君倡之，贤弼和之，使建中承音接响，而传之天下，匪朝伊夕，声充盈于宇宙矣。文不正，弊不革，未之有也。斯百数十年之弊，雕元化之文，伤乱教化，莫斯之甚。阁下一日能救之，则阁下之功与舜、禹、周公、孔、孟、扬雄、文中子、吏部并矣。阁下幸留意焉。

噫！建中其天下贤乎，岂止于文而已。其器识备而材用足，智谋周而

宇范远；施之于事，王佐才也。识时运，知进退，审出处，明显晦，言必信，行必果，喜过服义，闲邪存诚，其近古之中庸者乎。安贫守节，非其义，一介不取于人，非其人，未尝与之往还。廉介清慎，不屈权贵，不畏强御，如复孝廉，建中其首当之。介尝与之游，人斋中，窃见其文十篇，皆化成之文也。若夫言帝王之道，则有《道论》；明性命之理，称仁德之贵，则有《颜寿论》；根善恶之本，穷庆殃之自，则有《善恶必有馀论》；大圣人之言，辨注者之误，则有《畏圣人之言论》；举五常之本，究祸福之谓，则有《原福》上下篇；明鬼神之理，存教化之大，则有《原鬼篇》；守正背邪，遗近趋远，则有《随时解》；达圣人之时，广夫子之道，则有《夫子得时辨》；择贤养善、察奸除恶，则有《莠辨》。今皆献之，此其小者也，未得其一二。建中在京师，可令尽写看，则见其人矣；亦知介不妄也。

昨本州李电田若蒙，曾状其实闻上，乞特召试策。今闻依例礼部就试，万一失其人，是失天下之贤也，亦可为国家惜之。伏惟阁下特留意焉。介官州县也，身卑贱也，名微昧也；建中至单薄也，至渺小也；阁下至贵重也，至显崇也。以州县卑且贱、微且昧之人，荐至单薄至渺小于至贵重、至显崇，不亦情矣？盖知建中之深，今走天下求知建中者，惟阁下矣；舍阁下，则建中无归矣。故不逃僭越之罪，直冒大贤以闻。干渎钧严。不胜惶悚。

（宋）石介《上蔡副枢书》，《徂徕石先生文集》卷十三，中华书局2009年版

文必本于教化仁义，根于礼乐刑政

谨上书先生左右：介近得姚铉《唐文粹》及《昌黎集》。观其述作，有三代制度，两汉遗风，殊不类今之文。曰诗赋者，曰碑颂者，曰铭赞者，或序记，或书箴，必本于教化仁义，根于礼乐刑政，而后为之辞。大者驱引帝、皇、王之道，施于国家，敷于人民，以佐神灵，以漫虫鱼；次者正百度，叙百官，和阴阳，平四时，以舒畅元化，缉安四方。今之为文，其主者不过句读妍巧，对偶的当而已。极美不过事实繁多、声律调谐而已。雕镂篆刻伤其本，浮华缘饰丧其真，于教化仁义礼乐、刑政，则缺然无髣髴者。

《易》曰："文明以止。观乎人文，化成天下。"《春秋》传曰："经

纬天地曰文。"尧则曰："钦明文思。"禹则曰："文命敷于四海。"周则曰："郁郁乎文哉。"汉则曰："文章尔雅，训辞深厚。"今之文何其衰乎？去唐百余年，其间文人计以千数，而斯文寂寥缺坏，久而不振者，非今之人尽不贤于唐之人、尽不能为唐之文也。盖其弊由于朝廷敦好时俗习尚，溃染积渐，非一朝一夕也。不有大贤奋决于其间，崛然而起，将无革之者乎？

……

今天子继明守成，道德高厚，功业巍然，直与唐并。今卿士大夫，垂绅曳组，森森布列，行义超然，直与唐比。独斯文趣乎不可视于唐，居上者点画语言，组织章句，如彼画工，不知绘事后素以为质，但夸其藻火之明，丹漆之多。如被追师，不知良玉不琢以为美，但夸其雕刻之工、文理之爆、载毫辇笔，穷山刊木，模刻其文字，布于天下，以为后进式。后进耳所习闻声名赫交、位望显盛者惟是，不知前人有孟轲、扬雄、董仲舒、司马相如、贾谊、韩吏部、柳宗元之才之雄也。目所常见，制作淫丽，文辞侈靡者惟是，不知前世有三代、两汉、钜唐之文之懿也。父训其子，兄教其弟，童而朱研其口，长而组绣于手，天下靡然向风，寝以成俗。呼！无变之者，有以待先生也！如唐之弊，变之待吏部也。继唐之文章，绍吏部之志，维先生能，先生无与让！

先生识与天地相际接，学臻古今蕴类，名节德范，人伦师表。所谓有泉、夔之才，伊、吕之志，周、孔之道，轲、雄之文。施之于一国之间，和风仁声，油然其拾矣。施之于廊庙之上，皇猷帝功，卓然其成矣。而命与才戾，四十始登一第，仕才得上农夫之禄料，不能得居庙堂之上，调燮元化，评谟百度，尧、舜其君，仁寿其民也。天岂虚生先生于世哉？《传》曰：五百年一贤人生。孔子至孟子，孟子至扬子，扬子至文中子，文中子至吏部，吏部至先生，其验欤？孔子、孟子、扬子、文中子、吏部，皆不虚生也。存厥道于亿万世，迄于今而道益明也。名不朽也。今淫文害雅，世教堕坏，扶颠持危，当在有道。先生岂得不危（为）乎？仲尼有云："吾欲托之空言，不如见之行事深切著明也。"

先生如果欲有为，则请先生为吏部；介愿率士建中之徒，为李翱、李观。先生唱于上，介等和于下；先生击其左，介等攻其右；先生椅之，介等角之。又岂知不能胜兹万百千人之众，革兹百数千年之弊，使有宋之文，赫然为盛，与大汉相视，钜唐同风哉！语曰："当仁不让于师。"孔子不曰："天之未丧斯文也"；孟子不曰："我亦欲正人心，息邪说，诋诐行，放淫辞，以承三圣"；扬子不曰："后之塞路者有矣，窃自比于孟子"；文中子不曰："千载之下有绍仲尼之业者，吾不得而让也"；吏部不曰："释、老之害过于杨、墨，吾欲全之于已坏之后，使其道由愈而粗传。"益知其道在己不得而让也。今者道实在于先生，岂得让乎？介窃痛斯文衰，道不克，力不足，不能救。世有贤儒君子，天下所属意，岂特区区小子，窃有望乎左右。

（宋）石介《上赵先生书》，《徂徕石先生文集》卷十二，中华书局2009年版

文之旨，在于性厚则诚明，诚明则识粹

山阳龚辅之学为古文，问文之旨。鲁人石介对曰：夫与天地生者，性也；与性生者，诚也；与诚生者，识也。性厚则诚明矣，诚明则识粹矣，识粹则其文典以正矣。然则文本诸识矣。圣人不思而得，识之至也；贤人思之而至，识之几也。《诗》、《易》、《书》、《礼》、《春秋》，言而为中，动而为法，不思而得也。孟、荀、扬、文中子、吏部，勉而为中，制而为法，思之而至也。至者，至于中也，至于法也。至于中，至于法，则至于孔子也。至于孔子而为极焉，其不至焉者，识杂之也。甚者为杨墨，为老庄，为申韩，为鬼佛，识杂之为害也如此。

（宋）石介《送龚鼎臣序》，《徂徕石先生文集》，中华书局2009年版

文者道之用

伏羲、神农、黄帝、尧、舜、禹、汤、文、武、周公、孔子，所以为文之道也，由是道则圣人之徒矣。离是道，不杨则墨矣，不佛则老矣，不庄则韩矣。足下为文始宗于圣人，终要于圣人，如日行有道，月行有次，星行有躔，水出有源，亦归于海，尽为文之道矣。

（宋）石介《与张秀才书》，《徂徕石先生文集》，中华书局2009年版

欧阳修

欧阳修（1007—1072），字永叔，号醉翁，晚号六一居士，吉州永丰

（今江西吉安永丰）人，出生于绵州（今四川绵阳），北宋政治家、文学家。他领导了北宋诗文革新运动，继承并发展了韩愈的文以明道的艺术伦理思想。欧阳修对文与道的关系持有新的观点，欧阳修认为儒家之道与现实生活密切相关。在文道关系上，欧阳修主张文道并重，他还认为文具有独立的性质。欧阳修在理论上既纠正了柳开、石介的重道轻文思想偏颇，又矫正了韩、柳古文脱离社会生活的偏狭，从而为北宋的诗文革新建立了积极的指导思想，也为宋代古文的发展开辟了广阔的前景。著有《欧阳文忠公全集》。

文章乃"立言"不朽之功业

子美，杜氏婿也。遂以其集归之，而告于公曰："斯文，金玉也，弃掷埋没粪土，不能消蚀。其见遗于一时，必有收而宝之于后世者。虽其埋没而未出，其精气光怪，已能常自发见，而物亦不能掩也。故方其摈斥摧挫、流离穷厄之时，文章已自行于天下，虽其怨家仇人，及尝能出力而挤之死者，至其文章，则不能少毁而掩蔽之也。凡人之情，忽近而贵远，子美屈于今世犹若此，其伸于后世宜如何也。公其可无恨。"

予尝考前世文章政理之盛衰，而怪唐太宗致治几乎三王之盛。而文章不能革五代之余习，后百有余年，韩、李之徒出，然后元和之文始复于古。唐衰兵乱，又百余年，而圣宋兴，天下一定，晏然无事，又几百年，而古文始盛于今。自古治时少而乱时多，幸时治矣，文章或不能纯粹，或迟久而不相及。何其难之若是欤！岂非难得其人欤？苟一有其人，又幸而及出于治世，世其可不为之贵重而爱惜之欤。嗟吾子美，以一酒食之过，至废为民而流落以死。此其可以叹息流涕，而为当世仁人君子之职位，宜与国家乐育贤材者惜也！

子美之齿少于予，而予学古文反在其后。天圣之间，予举进士于有司、见时学者务以言语声偶相摕裂，号为时文，以相夸尚。而子美独与其兄才翁及穆参军伯长，作为古歌诗杂文，时人颇共非笑之，而子美不顾也。其后天子患时文之弊，下诏书，讽勉学者以近古，由是其风渐息，而学者稍趋于古焉。独子美为于举世不为之时，其始终自守，不牵世俗趋舍，可谓特立之士也。

（宋）欧阳修《苏氏文集序》，《欧阳文忠公集》卷四十一，北京图书馆出版社2005年版

文者须以修身为本，切不可勤一世以尽心于文字

草木鸟兽之为物，众人之为人，其为生虽异，而为死则同，一归于腐坏澌尽泯灭而已。而众人之中，有圣贤者，固亦生且死于其间；而独异于草木鸟兽众人者、虽死而不朽，逾远而弥存也。其所以为圣贤者，修之于身，施之于事，见之于言，是三者所以能不朽而存也。

修于身者，无所不获；施于事者，有得有不得焉；其见于言者，则又有能有不能也。施于事矣，不见于言可也。自《诗》《书》《史记》所传，其人岂必皆能言之士哉？修于身矣，而不施于事，不见于言，亦可也。孔子弟子有能政事者矣，有能言语者矣；若颜回者，在陋巷，曲肱饥卧而已，其群居，则默然终日如愚人，然自当时群弟子皆推尊之，以为不敢望而及，而后世更百千岁，亦未有能及之者。其不朽而存者，固不待施于事，况于言乎！

予读班固《艺文志》、唐四库书目，见其所列，自三代、秦、汉以来，著书之士，多者至百余篇，少者犹三四十篇。其人不可胜数，而散亡磨灭，百不一二存焉。予窃悲其人，文章丽矣，言语工矣，无异草木荣华之飘风，鸟兽好音之过耳也。方其用心与力之劳，亦何异众人之汲汲营营，而忽焉以死者，虽有迟有速，而卒与三者同归于泯灭。夫言之不可恃也盖如此！今之学者，莫不慕古圣贤之不朽，而勤一世以尽心于文字间者，皆可悲也。东阳徐生，少从予学，为文章，稍稍见称于人。既去而与群士试于礼部，得高第，由是知名。其文辞日进，如水涌而山出。予欲摧其盛气而勉其思也，故于其归，告以是言。然予固亦喜为文辞者，亦因以自警焉。

（宋）欧阳修《送徐无党南归序》，《欧阳文忠公集》卷四十三，北京图书馆出版社2005年版

为人刚毅正直，道德深厚，文章气质纯深而劲正

君子之学，或施之事业，或见于文章，而常患于难兼也。盖遭时之士，功烈显于朝廷，名誉光于竹帛。故其常视文章为末事，而又有不暇与不能者焉。至于失志之人，穷居隐约，苦心危虑，而极于精思，与其有所感激发愤，惟无所施于世者，皆一寓于文辞，故曰穷者之言易工也。如唐之刘柳，无称于事业；而姚宋不见于文章。彼四人者，犹不能于两得，况

其下者平。惟简肃公在真宗时，以材能为名臣。仁宗母后时，以刚毅正直为贤辅，其决大事，定大议，嘉谋谠论，著在国史。而遗风余烈，至今称于士大夫。公，绛州正平人也，自少以文行推于乡里，既举进士，献其文百轴于有司，由是名动京师。其平生所为文，至八百余篇。何其盛哉！可谓兼于两得也。公之事业显矣，其于文章，气质纯深而劲正。盖发于其志，故如其为人。公有子直孺，早卒，无后，以其弟之子仲孺公期为后。公之文既多，而往往流散于人间，公期能力收拾，盖自公薨后三十年，始克类次而集之为四十卷，公期可谓能世其家者也。呜呼！公为有后矣。

（宋）欧阳修《薛简肃公文集序》，《欧阳文忠公集》卷四十四，北京图书馆出版社2005年版

道胜者，文自至也

修材不足用于时，仕不足荣于世，其毁誉不足轻重，气力不足动人。世之欲假誉以为重，借力而后进者，奚取于修焉。先辈学精文雄，其施于时，又非待修誉而为重。借力而后进者也。然而惠然见临，若有所责；得非急于谋道，不择其人而问焉者欤！

夫学者，未始不为道，而至者鲜焉。非道之于人远也，学者有所溺焉尔。盖文之为言，难工而可喜，易悦而自足。世之学者，往往溺之，一有工焉，则曰：吾学足矣；其者，至弃百事不关于心，曰吾文士也，职于文而已。此其所以至之鲜也。

昔孔子老而归鲁，六经之作，数年之顷尔。然读《易》者如无《春秋》，读《书》者如无《诗》，何其用功少而至于至也。圣人之文虽不可及，然大抵道胜者，文不难而自至也。故孟子皇皇不暇著书，荀卿盖亦晚而有作。若子云、仲淹，方勉焉以模言语，此道未足而强言者也。后之惑者，徒见前世之文传，以为学者文而已，故愈力愈勤而愈不至。此足下所谓终日不出于轩序，不能纵横高下皆如意者，道未足也。若道之充焉，虽行乎天地，入于渊泉，无不之也。

先辈之文，浩乎霈然，可谓善矣。而又志于为道，犹自以为未广，若不止焉，孟、荀可至而不难也。修学道而不至者，然幸不甘于所悦而溺于所止，因吾子之能不自止，又以励修之少进焉。

（宋）欧阳修《答吴充秀才书》，《欧阳文忠公集》卷四十七，北京图书馆出版社2005年版

知古明道，而后履之以身，施之于事，见之于文章而发之

君子之于学也，务为道，为道必求知古，知古明道，而后履之以身，施之于事，而又见于文章而发之，以信后世。其道，周公、孔子、孟轲之徒常履而行之者是也；其文章，则六经所载，至今而取信者是也。其道易知而可法，其言易明而可行。及诞者言之，乃以混蒙虚无为道，洪荒广略为古；其道难法，其言难行。孔子之言道，曰："道不远人"；言《中庸》者，曰："率性之谓道"，又曰："可离非道也。"《春秋》之为书也，以成隐让，而不正之；传者曰：《春秋》信道不信邪，谓隐未能蹈道。齐侯迁卫，书城楚丘，与其仁不与其专封；传者曰：仁不胜道。凡此所谓道者，乃圣人之道也。此履之于身，施之于事，而可得者也，岂如诞者之言者耶。

尧、禹之书，皆曰："若稽古传说"，曰："事不师古，匪说攸闻"；仲尼曰："吾好古、敏以求之者。"凡此所谓古者，其事乃君臣上下、礼乐刑法之事，又岂如诞者之言者邪。此君子之所学也。

夫所谓舍近而取远云者，孔子曰："生周之世，去尧舜远，孰与今去尧舜远也。"孔子删书，断自《尧典》，而弗道其前；其所谓学，则曰："祖述尧舜。"如孔子之圣且勤，而弗道其前者，岂不能邪？盖以其渐远而难彰，不可以信后世也。今生于孔子之绝后，而反欲求尧舜之已前，世所谓务高言而鲜事实者也。

唐虞之道为百王首，仲尼之叹曰："荡荡乎，谓高深固大而不可名也。"及夫二典，述之炳然，使后世尊崇仰望不可及，其严若天，然则《书》之言岂不高邪！然其事不过于亲九族、平百姓，忧水患，问臣下谁可任，以女妻舜，及祀山川，见诸侯，齐律度，谨权衡，使臣下诛放四罪而已。孔子之后，惟孟轲最知道，然其言不过于教人树桑麻、畜鸡豚，以为养生送死为王道之本。夫二典之文，岂不为文；孟轲之言道，岂不为道？而其事乃世人之甚易知而近者，盖切于事实而已。

今之学者，不深本之，乃乐诞者之言，思混沌于古初，以无形为至道者，无有高下远近。使贤者能之，愚者可勉而至，无过不及，而一本乎大中，故能互万世可行而不变也。今以谓不足为，而务高远之为胜，以广诞者无用之说，是非学者之所尽心也。宜少下其高而近其远，以及乎中，则庶乎至矣。

（宋）欧阳修《与张秀才第二书》，《欧阳文忠公集》卷六十六，北京图书馆出版社2005年版

道纯则充于中者实，中充实则发为文者辉光

某闻古之学者，必严其师。师严然后道尊，道尊然后笃敬，笃敬然后能自守，能自守然后果于用，果于用然后不畏而不迁。三代之衰，学校废。至两汉，师道尚存；故其学者各守其经以自用。是以汉之政理文章，与其当时之事、后世莫及者，其所从来深矣。

后世师法渐坏，而今世无师、则学者不尊严，故自轻其道。轻之则不能至，不至则不能笃信，信不笃则不知所守，守不固，则有所畏而物可移。是故学者惟懈仰徇时，以希禄利为急，至于忘本趋末，流而不返。

夫以不信不笃之心，守不至之学，虽欲果于自用、莫知其所以用之之道；又况有禄利之诱，刑祸之惧以迁之哉！此足下所谓志古知道之士，世所鲜而未有合者，由此也。

足下所为文，用意甚高，卓然有不顾世俗之心，直欲自到于古人。今世之人，用心如足下者有几？是则乡曲之中，能为足下之师者谓谁？交游之间，能发足下之议论者谓谁？学不师，则守不一；议论不博，则无所发明面究其深。足下之言高趣远，甚善；然所守未一，而议论未精，此其病也。窃惟足下之交游，能为足下称才誉美者不少，今皆舍之，远而见及；乃知足下是欲求其不至。此古君子之用心也，是以言之不敢隐。

夫世无师矣，学者当师经。师经必先求其意。意得则心定，心定则道纯，道纯则充于中者实，中充实则发为文者辉光，施于事者果致。三代两汉之学，不过此也。足下患世未有合者，而不弃其愚，将某以为合；故敢道此，未知足下之意合否？

（宋）欧阳修《答祖择之书》，《欧阳文忠公集》卷六十八，北京图书馆出版社2005年版

学者为文，应充于中者足，而后发乎外者大以光

闻古人之于学也，讲之深而信之笃。其充于中者足，而后发乎外者大以光。譬夫金玉之有英华，非由磨饰染涴之所为，而由其质性坚实，而光辉之发自然也。《易》之《大畜》曰："刚健笃实，辉光日新。"谓夫畜于其内者实，而后发为光辉者日益新而不竭也。故其文曰："君子多识前

言往行，以畜其德。"此之谓也。

古人之学者非一家，其为道虽同；言语文章、未尝相似。孔子之系《易》，周公之作《书》，奚斯之作《颂》。其辞皆不同，而各自以为经。子游、子夏、子张与颜回同一师，其为人皆不同，各由其性而就于道耳。今之学者或不然，不务深讲而笃信之，徒巧其词以为华，张其言以为大。夫强为则用力艰，用力艰则有限，有限则易竭；又其为辞不规模于前人，则必屈曲变态以随时俗之所好，鲜克自立。此其充于中者不足，而莫自知其所守也。

窃读足下之所为高健，志甚壮而力有余。譬夫良驶之马，有其质矣；使驾大辂而王良驭之，节以和銮而行大道，不难也。夫欲充其中，由讲之深，至其深，然后知自守。能如是矣，言出其口而皆文。

（宋）欧阳修《与乐秀才第一书》，《欧阳文忠公集》卷六十九，北京图书馆出版社2005年版

韩氏之文之道，万世所共尊，天下所共传而有也

呜呼！道固有行于远而止于近，有忽于往而贵于今者，非惟世俗好恶之使然，亦其理有当然者。而孔孟惶惶于一时，而师法于千万世。韩氏之文，没而不见者二百年，而后大施于今。此又非特好恶之所上下，盖其久而愈明，不可磨灭，虽蔽于暂而终露于无穷者，其道当然也。

予之始得于韩也，当其沈没弃废之时，予固知其不足以追时好而取势利，于是就而学之。则予之所为者，岂所以急名誉而干势利之用哉，亦志乎久而已矣。故予之仕，于进不为喜，退不为惧者，盖其志先定而所学者宜然也。

集本出于蜀，文字刻画，颇精于今世俗本，而脱谬尤多。凡三十年间，闻人有善本者，必求而改正之。其最后卷帙不足，今不复补者，重增其故也。予家藏书万卷，独《昌黎先生集》为旧物也。呜呼！韩氏之文之道，万世所共尊，天下所共传而有也。予于此本，特以其旧物而尤惜之！

（宋）欧阳修《记旧本韩文后》，《欧阳文忠公集》卷七十三，北京图书馆出版社2005年版

凡乐达天地之和，而与人之气相接，故感于心

凡乐达天地之和，而与人之气相接；故其疾徐奋动可以感于心，欢欣

恻怆可以察于声。五声单出于金石，不能自和也，而工者和之。然抱其器，知其声，节其廉肉而调其律吕，如此者，工之善也。今指其器以问于工曰："彼链者，衡者，堵而编、执而列者，何也？"彼必曰："登鼓、钟磬、丝管、干戚也。"又语其声以问之曰："彼清者浊者，刚而奋，柔而曼衍者，或在郊，或在庙堂之下而罗者，何也？"彼必曰："八音五声，六代之曲，上者歌而下者舞也。"其声器名物，皆可以数而对也。然至乎动荡血脉，流通精神，使人可以喜，可以悲，或歌或泣，不知手足鼓舞之所然，问其何以感之者，则虽有善工，犹不知其所以然焉。盖不可得而言也。

乐之道深矣！故工之善者，必得于心应于手，而不可述之言也；听之善，亦必得于心而会以意，不可得而言也。尧、舜之时，夔得之、以和人神、舞百兽。三代、春秋之际，师襄、师旷、州鸠之徒得之，为乐官，理国家，知兴亡。周衰官失，乐器沦亡，散之河海。逾千百岁间，未闻有得之者。其天地人之和气相接者，既不得泄于金石，疑其遂独钟于人；故其人之得者，虽不可和于乐，尚能歌之为诗。

古者登歌清庙，太师掌之；而诸侯之国，亦各有诗，以道其风上性情；至于投壶飨射，必使工歌以达其意，而为宾乐。盖诗者，乐之苗裔与？汉之苏、李，魏之曹、刘，得其正始；宋、齐而下，得其浮淫流佚；唐之时，子昂、李、杜、沈、宋、王维之徒，或得其淳古淡泊之声，或得其舒和高畅之节，而孟郊、贾岛之徒，又得其悲愁郁堙之气。由是而下，得者时有而不纯焉。

今圣俞亦得之！然其体长于本人情，状风物，英华雅正，变态百出。哆兮其似春，凄兮其似秋，使人读之可以喜，可以悲，陶畅酣适，不知手足之将鼓舞也。斯固得深者邪？其感人之至，所谓与乐同其苗裔者邪？余尝问诗于圣俞、其声律之高下，文语之疵病，可以指而告余也；至其心之得者，不可以言而告也。余亦将以心得意会而未能至之者也。

圣俞久在洛中，其诗，亦往往人皆有之；今将告归，余因求其稿而写之。然夫前所谓心之所得者，如伯牙鼓琴，子期听之，不相语而意相知也。余今得圣俞之稿，犹伯牙之琴弦乎！

（宋）欧阳修《书梅圣俞稿后》，《欧阳文忠公集》卷七十三，北京图书馆出版社2005年版

言以载事，而文以饰言，事信言文，乃能表见于后世

某闻传曰："言之无文，行而不远。"君子之所学也，言以载事，而文以饰言。事信言文，乃能表见于后世。《诗》、《书》、《易》、《春秋》，皆善载事而尤文者，故其传尤远。荀卿、孟轲之徒，亦善为言，然其道有至有不至，故其书或传或不传；犹系于时之好恶而兴废之。其次，楚有大夫者善文，其讴歌以传。汉之盛时，有贾谊、董仲舒、司马相如、扬雄能文，其文辞以传。由此以来，去圣益远，世益薄或衰，下迄周、隋，其间亦时时有善文其言以传者。然皆纷杂灭裂不纯信，故百不传一。幸而一传，传亦不显，不能若前数家之焯然暴见而大行也。

甚矣，言之难行也！事信矣，须文；文至矣，又系其所情之大小，以见其行远不远也。《书》载尧、舜，《诗》载商、周，《易》载九圣，《春秋》载文、武之法，荀、孟二家载《诗》、《书》、《易》、《春秋》者，楚之辞载风雅，汉之徒各载其时主声名文物之盛以为辞。后之学者，荡然无所载，则其言之不纯信，其传之不久远，势使然也。至唐之兴，若太宗之政，开元之治，宪宗之功，其臣下有争载之以文其词，或播乐歌，或刻金石。故其间巨人硕德，闲言高论，流铄前后者，恃其所载之在文也。故其言之所载者大且文，则传也章；言之所载者不文而又小，则其传也不章。

某不佞，守先人之绪余。先人在太宗时，以文辞为名进士，以对策为贤良方正，既而守道纯正，为贤待制。逢时太平，奋身扬名，宜其言之所载，文之所行，大而可恃以传也。然未能甚行于世者，岂其嗣续不肖，不能继守而跟没之？抑有由也：夫文之行，虽系其所载，犹有待焉！《诗》、《书》、《易》、《春秋》，待仲尼之删正；荀、孟、屈原无所待，犹待其弟子而传焉；汉之徒，亦得其史臣之书。其始出也，或待其时之有名者而后发；其既殁也，或待其后之纪次者而传。其为之纪次也，非其门人故吏，则其亲戚朋友，如梦得之序子厚，李汉之序退之也。

伏惟阁下，学老文巨，为时雄人，出入三朝。其能望光辉接步武者，惟先君为旧；则亦先君之所待也。岂小子之敢有请焉。

（宋）欧阳修《代人上王枢密求先集序书》，《欧阳文忠公集》卷七十三，北京图书馆出版社2005年版

书不尽言之烦而尽其要，言不尽意之委曲而尽其理

书不尽言，言不尽意，然自古圣贤之意，万古得以推而求之者，岂非

言之传欤？圣人之意所以存者，得非书乎？然则书不尽言之烦而尽其要，言不尽意之委曲而尽其理，谓书不尽言，言不尽意者，非深明之论也。予谓系辞非圣人之作，初若可骇，余谓此论，迨今二十五年矣，稍以余言为然也。六经之传，天地之久，其为二十五年者，将无穷而不可以数计也。予之言，久当见信于人矣。何必汲汲较是非于一世哉。

（宋）欧阳修《系辞说》，《欧阳文忠公集》卷一百三十，北京图书馆出版社2005年版

音乐之旨，发焉为德华

问：乐由中出，音以心生，自金石毕陈，《咸》《韶》间作，莫不协和律吕，感畅神灵。虽嗜欲之变万殊，思虑之端百致；教和饰喜，何莫由斯。是以哀乐和睽，则唯杀单缓之音应其外；礼信殊衍，则《大雅》《小雅》之歌异其宜。钟期改听于流水，伯嗜回车于欲杀。戚忧未弭，子夏不能成声。感慨形言，孟尝所以执泣。斯则乐由志革，音以情迁。盖心术定其惨舒，铿锵发之影响。是以亡陈遗曲，唐人不以为悲；文皇剧谈，杜生于斯结舌。谓致乐可以导志，将此音不足移人。先王立乐之方，君子审音之旨，请论详悉，倾仁洽闻。

对：人肖天地之貌，故有血气仁智之灵；生禀阴阳之和，故形喜怒哀乐之变。物所以感乎目，情所以动乎心，合之为大中，发之为至和，诱以非物，则邪僻之将人，感以非理，则流荡而忘归。盖七情不能自节，待乐而节之；至性不能自和，待乐而和之。圣人由是照天命以穷根，哀生民之多欲，顺导其性，人为之防。为播金石之音，以畅其律；为制羽毛之采，以饰其容。发焉为德华。听焉达天理，此六乐之所以作，三王之所由用，人物以是感畅，心术于焉惨舒也。故《乐记》之文，唯杀单缓之音以随哀乐而应乎外；师乙之说，以《小雅》《大雅》之异礼信而各安于宜。夫好声、正声，应感而至，好礼好信，由性则然，此则礼信之常也。若夫《流水》一奏而子期赏音，杀声外形则伯带兴叹，子夏戚忧而不能成声，孟尝听曲而为之堕睫，亡陈之曲唐人不悲，文皇剧谈，杜生靡对。斯琐琐之灌音，曾非圣人之至乐。语其悲适足以塞匹夫之意，谓其和而不能畅天下之乐。且黄钟六律之音，尚贱于来节，大武三王之事，犹训于未善。况鼓琴之末技，亡国之遗音，又乌足道哉！必欲明教之导志，音之移人，粗举一端，请陈其说。夫顾天地，调阴阳，感人以和，适物之性，则乐之导

志,将由是乎?本治乱,形哀乐,歌政之本,动民之心,则音之移人,其在兹矣。帝尧之《大章》,乃是先王立乐之方。延陵之聘鲁,夫子之闻《邵》,则见君子审音之旨。

(宋)欧阳修《国学试策三道第二道》,《欧阳文忠公集》卷一百三十,北京图书馆出版社2005年版

张方平

张方平(1007—1091),字安道,号乐全居士,应天府南京(今河南商丘)人。他推崇儒家的内圣外王思想,强调民为邦本,复兴儒家传统伦理思想,张方平的文章,曾受到宋神宗称赞"文章典雅,焕然有三代风,又善以丰为约,意博而辞寡,虽《书》之训诰,殆无加也"。著有《乐全集》。

诗者,正家而天下定,人伦始终之大要

夫子删诗,分四始之义,列十五国之风;而惟二《南》为正始之道,王化之基。厥旨安在?曰:昔周道之兴,始诸帷阃。初"古公敷父爱及姜女,津来胥宇";其后太任媚周姜,"太姒嗣徽音";文王"刑于寡妻,以御于家邦";武王十乱,乃有妇人焉。故在国风、本诸后妃夫人之事,而以《关雎》《鹊巢》为之首,乃周所以成王业之迹也。故季子听歌《周南》《召南》,曰:"始基之矣。"及乎风化洽,德教纯,终以《驺虞》《麟趾》信厚之应。《易》曰:"正家而天下定。"是其义也。后幽厉败德,内惑外乱,艳妻煽处,并后上僭;于是乎夫妇不经,人伦不正,而风俗坏矣。《关雎》之乱,可胜弊哉!

曰:请问诸国之无正风,何也?曰:周自懿、夷失道,上无天子,下无方伯,国异政,家殊俗。政之和者,其民乐;政之乖者,其民怨。一日之内,诸侯之国而美刺之情不一,得失之迹殊致,故变风作矣。若夫王道方盛,治致太平,易礼乐者有讨,革制度者有诛,政出一人,远近一体,王泽流而颂声作;则是治定之功,归乎天子,列国安得有正风哉!

然则《周召》非列国耶?曰:当武王克商,巡守陈诗,观四方之风,以二公德化最厚,录为风之正始者,盖本诸文王焉。

曰：周公之盛德，若幽者何衰而变焉？曰：公以流言东征，念先公、先王基业之艰难，始于稼穑之勤，而成天下，志在济大其功业。故《七月》之诗兼四始之义，总诸《风》而参二《雅》，犹有疑心存焉。非天动威以影圣德，成王其终不悟，则其诗遂变矣！

曰：《风》者一国之政，《雅》言天下之事。主国之有变《雅》则宜，又从变《风》者何？曰：《雅》者，正也。盖言王道以正九州。周既卑弱，不能保先王之旧俗，仅如微国，尚安能正九州也？故有陶厉之《雅》，而平王之《风》焉。风止乎礼义，犹有先王之泽也。故曰："《雅》尽废，则四夷交侵，中国微矣。"孟子曰："王者之迹熄而诗亡。"及陈灵公之乱，君子知其不可训也，而变《风》之声亦绝矣。是故以后妃夫人之德为之始，而采诗者止于陈之乱，诚人伦始终之大要乎！谨论。

（宋）张方平《诗变正论》，《乐全集》，郑涵点校，中州古籍出版社2000年版

苏舜钦

苏舜钦（1008—1048），字子美，梓州铜山（今四川中江）人，祖籍开封。他提倡古文运动，善于诗词，与宋诗"开山祖师"梅尧臣合称"苏梅"。苏舜钦强调艺术的现实精神。著有《苏学士文集》诗文集、《苏舜钦集》16卷，《四部丛刊》影清康熙刊本，今存《苏舜钦集》。

作文应以道德为本，警时鼓众

某尝谓世之急者，教也。教之久则困弊而不流，柄天下者，必相宜以教之。救失其宜，则衰削溃败而莫得收。昔者，道之消，德生焉。稳之薄，文生焉。文之弊，词生焉。词之削，诡辩生焉。辩之生也害词，词之生也害文，文之生也害道德。

夫道也者，性也，三皇之治也。德也者，复性者也，二帝之迹也。文者，表而已矣，三代之采物也。辞者，所以董役，秦、汉之训诰也。辩者，华言丽口，贼盘正真而眩人视听，若卫之音，鲁之缟，所谓晋、唐俗儒之赋颂也。噫！三代之际，救得其宜，故治多焉。三代之后，不知所以救，故乱生焉。然上世非无文词，道德胜而后振故也；后代非无道德，诡

辩放淫而覆塞之也。使庞杂不纯，而流风易通，诚可叹息。夫文与词，失之久矣，乌可议于近世邪，况敢言道德者乎？然而典策之奥，治词之法不越此，有言而又笔之者，斯亦可尚。

某志此有素，未尝暴发于流俗前，以召笑侮。苟非遇大贤君子，智识度越，则缩迹避讪，碌碌走趋之不暇也。窃性阁下，宇量拂世，业问追古。放言建怀，剖昏出明。锐然欲掌引大物，以晓聋众而起前弊。某故敢辖写杂文共八十有五篇，求为佐佑；又用此本原原（之）论以先之。盖丛残屑浅之说，不足诡听览也。自公余闲，乞赐一阅，实区区之愿。

（宋）苏舜钦《上孙冲谏议书》，《苏学士文集》卷九，上海古籍出版社2011年版

诗之作，以古道为本，文必经实

诗之作，与人生偕者也。人函愉乐悲郁之气，必舒于言。能者财之传于律，故其流行无穷，可以播而交鬼神也。古之有天下者，欲知风教之感，气俗之变，乃设官采掇而监听之。由是弛张其务，以足其所思，故能长治久安，弊乱无由而生。厥后官废，诗不传，在上者不复知民志之所向，故政化烦悖，治道亡矣。呜呼！诗之于时，盖亦大物，于文字尤为古尚；但作者才致鄙迫不扬，不人其奥耳！

国家祥符中，民风豫而拳，操笔之士，率以藻丽为胜。惟秘阁石曼卿与穆参军伯长，自任以古道作之。文必经实，不放于世。而曼卿之诗，又时震奇发秀。盖取古之所未至，托讽物象之表，警时鼓众，未尝徒役。虽能文者累数十百言，不能率其意。独以劲语蟠泊，会面终于篇；而复气横意举，洒落章句之外。学者不可寻其屏阈而依倚之，其诗之豪者欤？

曼卿资性轩豁，遇者辄咏，前后所为，不可胜计。其逸亡而存者，才四百余篇。古律不异，并为一帙。曼卿一日觞予酒，作而谓予曰："子贤于文，而又知诗，能为叙我诗乎？"予诺之。因为有作于篇前，后观者知诗之原于古，至于用而已矣。

（宋）苏舜钦《石曼卿诗集序》，《苏学士文集》卷十三，上海古籍出版社2011年版

作文，必归于道义

尝谓人之所以为人者，言也；言也者，必归于道义；道与义，泽于物

而后已。至是，则斯为不朽矣。故每属文，不敢雕琢以害正。

（宋）苏舜钦《上三司副使段公书》，《苏学士文集》，上海古籍出版社2011年版

李 觏

李觏（1009—1059），字泰伯，号盱江先生，北宋建昌军南城（今江西抚州南城）人，北宋时期重要的哲学家、教育家、改革家。他著书立说，大胆创新，在哲学上秉持气本学说，认为事物的矛盾具有普遍必然性，他卓有胆识地提出功利主义伦理主张。他不拘泥于汉、唐诸儒的旧说，敢于抒发己见，倡导经世致用下的文学观念，重视文学的社会价值。今存《直讲李先生文集》三十七卷，有《外集》三卷附后。

文见于外，心动乎内，文之于化人也深矣

修撰舍人执事：不肖、窃谓文之于化人也深矣。虽五声八音，或骤或郑，纳诸听闻而沦入心窍，不是过也。尝试从事于简策间，其读虚无之书，则心颓然而厌于世；观军阵之法，则心奋起而轻其生；殊纵横之说，则思谲诡而忘忠信；熟刑名之学，则襄苛刻而泥廉隅；诵隐遁之篇，则意先驰于水石；咏宫体之辞，则志不出于衾匣。文见于外，心动乎内，百变而百从之矣。谅非淳气素具，通识旁照，则为其所败坏，如覆手耳。韩子有言曰："儒以文乱德。"岂谓是乎？然则圣君贤辅，将以使民迁善而远罪、得不谨于文哉？

有周而上，去古未远，而睿哲时起、以纲领之。彬彬之盛，如天地日月，不可复誉其大，而襃其明也。至于汉初，老师大偶，未尽凋落。嗣而兴者，皆知称先圣，本仁义。数百年中，其秉笔者多有可采。魏晋之后，涉于南北，斯道积羸，日剧一日。高冠立朝，不恤治具，而相高老、佛无用之谈。世主储王，而争夸奸声乱色，以为才思。虚荒巧伪，灭去义理，俾元元之民，虽有耳目，弗能复视听矣。赖天相唐室，生大贤以维持之：李、杜称兵于前，韩、柳主盟于后，诛邪赏正，方内向服。尧、舜之道，晦而复明；周、孔之教，枯而复荣。逮于朝家，文章之懿，高视前古者，阶于此也。

不意天宇之广，颓风未绝。近年以来，新进之士，重为其所扇动。不求经术，而捶小说以为新；不思理道，而专赚慢以为丽。句千言万，莫辨首尾。览之若游于都市，但见其晨而合，夜而散，纷纷籍籍，不知其何氏也！远近传习，四方一体。有司以备官之故，姑用泛取。琐辞谬举，无如之何。圣人之门，将复榛芜矣。

（宋）李觏《上宋舍人书》，《直讲李先生文集》卷二十七，上海书店出版社1989年版

文教之盛衰可观国家之盛衰

修撰舍人执事：洪惟天之清，地之淳。乔云膏露，所禀无几；甘泉紫芝，仅承其余。是故其正气也，升之则为神，降之则为贤。神所以造万物，贤所以治万物，其致一也。

贤人之业，莫先乎文。文者岂徒笔札章句而已，诚治物之器焉。其大则核礼之序，宣乐之和，缮政典，饰刑书。上之为史，则估乱者惧；下之为诗，则失德者戒。发而为诏诰，则国体明而官守备；列而为奏议，则阙政修而民隐露。周还委曲，非文曷济？禹、益、稷、皋、陶之《谟》，虺之诰，尹之《训》，周公之制作，咸曰兴国家，靖生民矣。

自周道消，孔子无位而死，而秦嬴以烈火劫之。汉由武定，晚知儒术。至今越千载，其间文教一盛一衰。大抵天下治则文教盛而贤人达，天下乱则文教衰而贤人穷。欲观国者，观文而可矣。

（宋）李觏《直讲李先生文集》卷二十七《上李舍人书》，上海书店出版社1989年版

于诗则道男女之时，以见一国之风

利可言乎？曰：人非利不生，曷为不可言？欲可言乎？曰：欲者人之情，曷为不可言？言而不以礼，是贪与淫，罪矣；不贪不淫，而曰不可言，无乃贼人之生，反人之情！世俗之不意儒以此。孟子谓"何必曰利"，激也。焉有仁义而不利者乎？其书数称汤、武，将以七十里百里而王天下，利岂小哉！孔子七十所欲不逾矩，非无欲也；于诗则道男女之时，容貌之美，悲感念望，以见一国之风，其顺人也至矣。学者大抵雷同，古之所是，则谓之是；古之所非，则谓之非。诘其所以是非之状，或不能知。古人之言，岂一端而已矣？夫子于管仲三归其官则小之，合诸侯

正天下则仁之，不以过掩功也；韩愈有取于屡翟、庄周，而学者乃疑。噫！夫二子皆妄言耶？今之所谓贤士大夫，其超然异于二子者邪？抑有同于二子而不自知者邪？何訾彼之甚也！

(宋) 李觏《原文》，《直讲李先生文集》卷二十九，上海书店 1989 年版

苏　洵

苏洵（1009—1066），字明允，号老泉，眉州眉山（今四川眉山）人。北宋文学家，与其子苏轼、苏辙并以文学著称于世，世称"三苏"。苏洵重视文章的现实指向，主张以语言符号直陈时弊。著有《嘉祐集》。

严于礼，而通于诗，诗教使人情自胜

人之嗜欲，好之有甚于生；而愤憾怨怒，有不顾其死，于是礼之权又穷。礼之法曰：好色不可为也；为人臣，为人子，为人弟，不可以有怨于其君父兄也。使天下之人皆不好色，皆不怨其君父兄，夫岂不善？使大之情皆泊然而无思，和易而优柔，以从事于此，则天下圆亦大治，而人之情又不能皆然。好色之心，驱诸其中；是非不平之气，攻诸其外；炎炎而生，不顾利害、趋死面后已。

噫！礼之权，止于死生。天下之事，不至乎可以博生者，则人不敢触死以走吾法。今也人之好色。与人之是非不平之心，勃然而发于中，以为可以博生也，而先以死自处其身，则死生之机，固已去矣。死生之机去，则礼为无权。区区举无权之礼，以强人之所不能，则乱益甚而礼益败。今吾告人曰：必无好色，必无怨而君父兄。彼将遂从香言，而忘其中心所自有之情邪？将不能也。彼既已不能纯用各法，将遂大弃而不顾吾法。既已大弃而不顾，则人之好色与怨其君父兄之心，将遂荡然无所隔限；而易内窃妻之变，与杀其君父兄之祸，必反公行于天下。圣人忧焉，曰：禁人之好色而至于淫，禁人之级其君父兄而至于叛，患生于责人太详。好色之不绝，而怨之不禁，则彼将反不至于乱。故圣人之道，严于礼，而通于诗。礼曰：必无好色，必无怨而君父兄。诗曰：好色而无至于淫，怨而君父兄而无至于叛。严以待天下之贤人，通以全天下之中人。吾观《国风》婉

委柔媚，而卒守以正，好色而不至于淫者也。《小雅》悲伤诉谘言，而君臣之情卒不忍去，怨而不至于叛者也。故天下观之曰：圣人固许我以好色，而不尤我之怨吾君父兄也。许我以好色，不淫可也。不尤我之怨吾君父兄，则彼虽以虐遇我，我明讥而明怨之，使天下明知之，则吾之怨亦得当焉，不叛可也。夫背圣人之法而自弃于淫叛之地者，非断不能也。断之始，生于不胜，人不自胜其忿，然后忍弃其身。故诗之教，不使人之情至于不胜也。

夫桥之所以为安于舟者，以有桥而言也。水潦大至，桥必解，而舟不至于必败。故舟者所以济桥之所不及也。呼！礼之权穷于易达，而有《易》焉；穷于后世之不信，面有《乐》焉；穷于强人，而有《诗》焉。呼！圣人之虑事也盖详。

（宋）苏洵《诗论》，《嘉祐集》卷六，上海古籍出版社1993年版

写作应得乎吾心而言

苏子曰：言无有善恶也！苟有得乎吾心而言也，则其辟不索而获。夫子之于《易》，吾见其思焉而得之者也；于《春秋》，吾见其感焉而得之者也；于《论语》，吾见其触焉而得之者也。思焉而得，故其言深；感焉而得，故其言切；触焉而得，故其言易。圣人之言，得之天而不以人参焉。故夫后之学者，可以天遇，而不可以人得也。方其为书也，犹其为言也；方其为言也，犹其为心也。书有以加乎其言，言有以加乎其心，圣人以为自欺。

后之不得乎其心而为言，不得乎其言而为书，昏于扬雄见之矣！疑而问，问而辩，间辩之道也。扬雄之《法言》，辩乎其不足问也，问乎其不足疑也。求闻于后世而不待其有得，君子无取焉耳。《太玄》者，雄之所以自附于夫子，而无得于心者也。使雄有得于心，吾知《太玄》之不作。

（宋）苏洵《太玄论上》，《嘉祐集》卷七，上海古籍出版社1993年版

经以道法胜，史以事词胜

史何为而作乎？其有忧也。何忧乎？忧小人也。何由知之？以其名知之。楚之史曰《梼杌》。梼杌，四凶之一也。君子不待褒而劝，不待贬而惩；然则，史之所惩劝者，独小人耳。仲尼之志大，故其忧愈大；忧愈

大，故其作愈大。是以因史修经，卒之论其效者，必曰："乱臣贼子惧。"由是知史与经皆忧小人而作，其义一也。其义一，其体二，故曰史焉，曰经焉。

大凡文之用四：事以实之，词以章之，道以通之，法以检之。此经、史所兼而有之者也。虽然，经以道、法胜，史以事、词胜；经不得史无以证其褒贬，史不得经无以酌其轻重；经非一代之实录，史非万世之常法；体不相沿，而用实和资焉。

夫《易》《礼》《乐》《书》，言圣人之道与法详矣，然弗验之行事。仲尼惧后世以是为圣人之私言，故因讣告策书以修《春秋》，旌善而惩恶，此经之道也；犹惧后世以为己之臆断，故本《周礼》以为凡，此经之法也。至于事则举其略，词则务于简。吾故曰：经以道、法胜。史则不然，事既曲详，词亦夸耀，所谓褒贬，论赞之外无几。吾故曰：史以事、词胜。使后人不知史而观经，则所褒莫见其善状，所贬弗闻其恶实。吾故曰：经不得史，无以证其褒贬。使后人不通经而专史，则称谓不知所法，惩劝不知所祖。吾故曰：史不得经，无以酌其轻重。经或从伪讣而书，或隐讳而不书，若此者从，皆适于教而已。吾故曰：经非一代之实录。史之一纪、一世家、一传，其间美恶得失固不可以一二数，则其论赞数十百言之中，安能事为之褒贬，使天下之人动有所法如《春秋》哉？吾故曰：史非万世之常法。

夫规矩准绳所以制器，器所待而正者也。然而不得器，则规无所效其圆，矩无所用其方，准无所施其平，绳无所措其直。史待经而正，不得史则经晦。吾故曰：体不相沿，而用实相资焉。噫！一规，一矩，一准，一绳，足以制万器。后之人其务希迁、固，实录可也！慎无若王通、陆长源辈，嚣嚣然冗且僭，则善矣。

（宋）苏洵《史论上》，《嘉祐集》卷八，上海古籍出版社1993年版

以道执事光明盛大之德，自出其言，方有所成就

执事之文章，天下之人莫不知之；然窃自以为洵之知之特深，愈于天下之人。何者？孟子之文，语约而意尽，不为巉刻斩绝之言，而其锋不可犯。韩子之文，如长江大河，浑浩流转，鱼鼋蛟龙，万怪惶惑，而抑遏蔽掩，不使自露；而人望见其渊然之光，苍然之色，亦自畏避，不敢迫视。执事之文，纡余委备，往复百折，而条达疏畅，无所间断；气尽语极，急

言竭论，而容与闲易，无艰难劳苦之态。此三者，皆断然自为一家之文也。惟李翱之文，其味黯然而长，其光油然而幽，俯仰揖让，有执事之态。陆贽之文，遣言措意，切近得当，有执事之实；而执事之才，又自有过人者。盖执事之文，非孟子、韩子之文，而欧阳子之文也。夫乐道人之善而不为谄者，以其人诚足以当之也；彼不知者，则以为誉人以求其悦己也。夫誉人以求其悦己，洵亦不为也；而其所以道执事光明盛大之德，而不自知止者，亦欲执事之知其知我也。

虽然，执事之名，满于天下，虽不见其文，而固已知有欧阳子矣。而洵也不幸，堕在草野泥涂之中。而其知道之心，又近而粗成。而欲徒手奉咫尺之书，自托于执事，将使执事何从而知之、何从而信之哉？洵少年不学，生二十五岁，始知读书，从士君子游。年既已晚，而又不遂刻意厉行，以古人自期，而视与己同列者，皆不胜己，则遂以为可矣。其后困益甚，然后取古人之文而读之，始觉其出言用意，与己大异。时复内顾，自思其才，则又似夫不遂止于是而已者。由是尽烧曩时所为文数百篇，取《论语》《孟子》、韩子及其他圣人、贤人之文，而兀然端坐，终日以读之者，七八年矣。方其始也，入其中而惶然，博观于其外而骇然以惊。及其久也，读之益精，而其胸中豁然以明，若人之言固当然者。然犹未敢自出其言也。时既久，胸中之言日益多，不能自制，试出而书之。已而再三读之，浑浑乎觉其来之易矣，然犹未敢以为是也。近所为《洪范论》《史论》凡七篇，执事观其如何？

（宋）苏洵《上欧阳内翰第一书》，《嘉祐集》卷十一，上海古籍出版社1993年版

邵　雍

邵雍（1011—1077），字尧夫，祖籍林县（今河南林州邵康村），北宋时期诗人、理学家，与周敦颐、张载、程颢、程颐并称"北宋五子"。邵雍刻苦读书并游历天下，并悟到"道在是矣"，同其他"四子"相比，邵雍在文学尤其是诗歌领域也取得了令世人瞩目的实绩。邵雍以儒学为宗，积极阐发"六经""四书"之义理，以振兴儒学为毕生追求。著有《伊川击壤集》。

闻其诗，听其音，可知人之志情也

《击壤集》，伊川翁自乐之诗也。非唯自乐，又能乐时与万物之自得也。

伊川翁曰：子夏谓"诗者，志之所之也。在心为志，发言为诗。情动于中而形于言，声成其文而谓之音"。是知怀其时则谓之志，感其物则谓之情，发其志则谓之言，扬其情则谓之声，言成章则谓之诗，声成文则谓之音。然后闻其诗，听其音，则人之志情可知之矣。且情有七，其要在二。二谓身也、时也。谓身则一身之休戚也，谓时则一时之否泰也。一身之休戚，则不过贫富贵贱而已。一时之否泰，则在夫兴废治乱者焉。是以仲尼删《诗》，十去其九；诸侯千有余国，《风》取十五；西周十有二王，《雅》取其六：盖垂训之道，善恶明著者存焉耳。

近世诗人，穷戚则职于怨憝，荣达则专于淫泆。身之休戚，发于喜怒；时之否泰，出于爱恶。殊不以天下大义而为言者，故其诗大率溺于情好也。噫！情之溺人也甚于水；古者谓"水能载舟，亦能覆舟"。是覆载在水也，不在人也。载则为利，覆则为害，是利害在人也，不在水也。不知覆载能使人有利害邪？利害能使水有覆载耶？二者之间，必有处焉。就如人能蹈水，非水能蹈人也；然而有称善蹈者，未始不为水之所害也。若外利而蹈水，则水之情亦由人之情也；若内利而蹈水，败坏之患立至于前，又何必分乎人焉水焉，其伤性害命一也。

（宋）邵雍《伊川击壤集自序》，《伊川击壤集》，中州古籍出版社2015年版

乐于名教然未忘于诗，作诗为言风雅之道

性者，道之形体也；性伤，则道亦从之矣。心者，性之郛郭也；心伤，则性亦从之矣。身者，心之区宇也；身伤，则心亦从之矣。物者，身之舟车也；物伤，则身亦从之矣。是知以道观性，以性观心，以心观身，以身观物；治则治矣，然犹未离乎害者也。不若以道观道，以性观性，以心观心，以身观身，以物观物；则虽欲相伤，其可得乎？若然，则以家观家，以国观国，以天下观天下，亦从而可知之矣。

予自壮岁，业于儒术，谓人世之乐，何尝有万之一二；而谓名教之乐，固有万万焉。况观物之乐，复有万万者焉。虽死生荣厚转战于前，曾

未入于舆中，则何异四时风花雪月一过乎眼也，诚为能以物观物，而两不相伤者焉。盖其间情累都忘去尔，所未忘者，独有诗在焉。然而虽曰未忘，其实亦著忘之矣。何者？谓其所作异乎人之所作也。所作不限声律，不沿爱恶，不立固必，不希名誉，如鉴之应形，如钟之应声。其或经道之余，因闲观时，因静照物，因时起志，因物寓言，因志发咏，因言成诗，因咏成声，因诗成音。是故哀而未尝伤，乐而未尝淫。虽曰吟咏情性，曾何累于性惰哉？

钟鼓，乐也；玉帛，礼也。与其嗜钟鼓玉帛，则斯言也不能无陋矣。必欲废钟鼓玉帛，则其如礼乐何？人谓风雅之道，行于古而不行于今，殆非通论，牵于一身而为言者也。吁！独不念天下为善者少，而害善者多；造危者众，而持危者寡。志士在畎亩，则以畎亩言，故其诗名之曰《伊川击壤集》。

（宋）邵雍《伊川击壤集自序》，《伊川击壤集》，中州古籍出版社2015年版

诗画之和美，方可乐天下，致太平

画笔善状物，长于运丹青。丹青入巧思，万物无遁形。诗画善状物，长于运丹诚。丹诚入秀句，万物无遁情。诗者人之志，言者心之声。志因言以发，声因律而成。多识于鸟兽，岂止毛与翎。多识于草木，岂止枝与茎。不有风雅颂，何由知功名。不有赋比兴，何由知废兴。观朝廷盛事，壮社稷威灵。有汤武缔构，无幽厉欹倾。知得之艰难，肯失之骄矜。去巨蠹奸邪，进不世贤能。择阴阳粹美，索天地精英。籍江山清润，揭日月光荣。收之为民极，著之为国经。播之于金石，奏之于大庭。感之以人心，告之以神明。人神之胥悦，此所谓和羹。既有虞舜歌，岂无皋陶赓。既有仲尼删，岂无季札听。必欲乐天下，舍诗安足凭。得吾之绪余，自可致升平。

（宋）邵雍《诗画吟》，《伊川击壤集》卷十八，中州古籍出版社2015年版

诗史可以厚人伦，美教化，明君臣

史笔善记事，长于炫其文；文胜则实丧，徒憎口云云。诗史善记事，长于造其真；真胜则华去，非如目纷纷。天下非一事，天下非一人；天下

非一物，天下非一身。皇王帝伯时，其人长如存；百千万亿年，其事长如新。可以辨度政，可以齐黎民；可以述祖考，可以训子孙；可以尊万乘，可以严三军；可以进讽谏，可以扬功勋；可以移风俗，可以厚人伦；可以美教化，可以和疏亲；可以正夫妇，可以明君臣；可以赞天地，可以感鬼神。规人何切切，诲人何谆谆？送人何恋恋，赠人何勤勤？无岁无嘉节，无月无嘉辰；无时无嘉景，无日无嘉宾。樽中有美禄，坐上无妖氛；胸中有美物，心上无埃尘。忍不用大笔，书字如车轮。三千有余首，布为天下春。

（宋）邵雍《诗史吟》，《伊川击壤集》卷十八，中州古籍出版社2015年版

诗者言其志

何故谓之时，诗者言其志。既用言成章，遂道心中事。不止炼其辞，抑亦炼其意。炼辞得奇句，炼意得余味。

（宋）邵雍《论诗吟》，《伊川击壤集》卷十一，中州古籍出版社2015年版

周敦颐

周敦颐（1017—1073），原名周敦实，字茂叔，谥号元公，道州营道楼田保（今湖南道县）人，世称濂溪先生。他是"北宋五子"之一，宋朝理学思想的开山鼻祖，文学家、哲学家。周敦颐十分重视儒学经典，始终将"诚"放在育人最显要的位置，他提倡"文以载道"，强调"文辞是艺，道德为实"。著有《周元公集》《爱莲说》《太极图说》《通书》。

文以载道，文辞为艺，道德实也

文所以载道也。轮辕饰而人弗庸，徒饰也，况虚车乎？文辞，艺也；道德，实也。笃其实而艺者书之，美则爱，爱则传焉。贤者得以学而至之，是为教。故曰："言之无文，行之不远。"然不贤者，虽父兄临之，师保勉之，不学也；强之，不从也。不知务道德而第以文辞为能者，艺焉而已。噫！弊也久矣！

（宋）周敦颐《文辞》，《周子通书》，上海古籍出版社2000年版

作古乐以宣八风之气，以平天下之情

古者圣王制礼法，修教化，三纲正，九畴叙，百姓太和，万物咸苦，乃作乐以宣八风之气；以平天下之情，敬乐声淡而不伤，和而不淫。人其耳，感其心，莫不淡且和焉。淡则欲心平，和则躁心释。优柔平中，德之盛也。天下化中，治之至也。是谓道配天地，古之极也。后世礼法不修，政刑苛紊，纵欲败度，下民困苦，谓古乐不足听也。代变新声，妖淫愁怨，导欲增悲，不能自止。故有贼君弃父，轻生败伦，不可禁者矣。呜呼！乐者，古以平心，今以助欲；古以宣化，今以长怨。不复古礼，不变今乐，而欲至治者，远矣。

（宋）周敦颐《论乐·乐上第十七》，《周子通书》，上海古籍出版社2000年版

圣人作乐，天下之心和

乐者，本乎政也。政善民安，则天下之心和。故圣人作乐，以宣畅其和。心达于天地，天地之气感而大和焉。天地和，则万物顺，故神祇格，鸟兽驯。

（宋）周敦颐《论乐·乐中第十八》，《周子通书》，上海古籍出版社2000年版

郭若虚

郭若虚（约970—卒年不详），北宋山西太原人。绘画成就颇高，认为图像与文字兼具的宋代人物画比单一的文章教化更易发挥伦理功能。著有《图画见闻志》。

画与六籍同功，画之气韵在于画者品格

《易》称：圣人有以见天下之迹，而拟诸其形容，象其物宜，是故谓之象。又曰：象也者，像此者也。尝考前贤画论，首称像人，不独神气、骨法、衣纹、向背为难。盖古人必以圣贤形像，往昔事实，含毫命素，制为图画者，要在指鉴贤愚，发明治乱。故鲁殿纪兴废之事，麟阁

会勋业之臣。迹旷代之幽潜，托无穷之炳焕。昔汉孝武帝欲以钩弋赵婕好少子为嗣，命大臣辅之，惟霍光任重大，可属社稷，乃使黄门画者，画周公负成王朝诸侯以赐光。孝武帝游于后庭，欲以班婕好同辇载，婕好辞曰："观古图画，圣贤之君，皆有名臣在侧，三代末主，乃有嬖像。今欲同辇，得无近似之乎？"上善其言而止。太后闻之，喜曰："古有樊姬，今有班婕好。"又尝设宴饮之会，赵李诸侍中皆引满举白，谈笑大噱。时乘舆醒坐，张画屏风，画纣醉踞妲已作长夜之乐。上因顾指画问班伯曰："纣为无道，至于是乎？"伯曰："画云，乃用妇人之言，何有踞肆于朝。所谓众恶归之，不如是之甚者也。"上曰："苟不若此，此图何戒？"伯曰："沉湎于酒，微子所以告去也。式号式读，《大雅》所以流连也。谓书淫乱之戒，其原在于酒。上呷然叹曰："久不见班生，今日复闻说言。"后汉光武明德马皇后美于色，厚于德，帝用嘉之。尝从观画虞舜，见娥皇、女英，帝指之戏后曰："恨不得如此为妃。"又前见陶唐之像，后指尧曰："嗟乎！群臣百僚，恨不得为君如是。"帝顾面笑。唐德宗诏曰："贞元己巳岁秋九月，我行西宫，瞻闲阁崇构，见老臣遗像，顺然肃然，和敬在色，想云龙之业应，感致业之艰难，赌往思今，取类非远。"文宗大和二年，自撰集《尚书》中君臣事迹，命画工图于太液亭，朝夕观览焉。汉文翁学堂在益州大城内，昔经颓废，后汉蜀郡太守高朕复缮立，乃图画古人圣贤之像，及礼器瑞物于壁。唐韦机为檀州刺史，以边人僻陋，不知文儒之贵，修学馆，画孔子七十二弟子，汉晋名儒像，自为赞，敦劝生徒，由兹大化。夫如是，岂非文未尽经纬，而画不能形容，然后继之于画也，所谓兴六籍同功，四时并运亦宜哉。

（宋）郭若虚《图画见闻志·叙自古规是鉴》，《画史丛书》，上海人民美术出版社1963年版

作人物画以品德为摹本

大率图画风力气韵，固在当人，其如种种之要，不可不察也。画人物者，必分贵贱气貌，朝代衣冠。释门则有善功方便之颜，道像必具修真度世之范，帝王当崇上圣天日之表，外夷应得慕华钦顺之情，儒贤即见忠信礼义之风，武士固多勇悍英烈之貌，隐逸俄识肥通高世之节，贵威盖尚纷华侈靡之容，帝释须明威福严重之仪，鬼神乃作隅履驰媳（于鬼切）之

状,士女宜富秀色矮娇之态,田家自有醇比朴野之真。恭弩愉惨,又在其间矣。画衣纹林木,用笔全类于书。画衣纹有重大而调畅者,有缜细而劲键者,勾绰纵制,理无妄下,以状高侧深斜卷渭飘举之势。画林木有棵枝挺干,屈节皴皮,纽裂多端,分敷万状。

(宋)郭若虚《图画见闻志·叙制作楷模》,《画史丛书》,上海人民美术出版社1963年版

言心声也,书心画也,声画形,君子小人见矣

谢赫云:"一曰气韵生动,二曰骨法用笔,三曰应物像形,四曰随类赋彩,五曰经营位置,六曰传模移写,六法精论,万古不移。然而骨法用笔以下五者可学,如其气韵,必在生知,固不可以巧密得,复不可以岁月到,默契神会,不知然而然也。"尝试论之,窃观自古奇迹,多是轩冕才贤,严穴上士,依仁游艺,探迹钩深,高雅之情,一寄于画。人品既已高矣,气韵不得不高。气韵既已高矣,生动不得不至。所谓神之又神,而能精焉。凡画必周气韵,方号世珍。不尔,虽竭巧思,止同众工之事、虽曰画而非画。故杨氏不能授其师,轮扁不能传其子、系乎得自天机,出于灵府也。且如世之相押字之术,谓之心印。本自心源,想成形迹,迹与心合,是之谓印。剧乎书画发之于情思,契之于第精,则非印而何?押字且存诸贵贱祸福,书画岂逃乎气韵高卑?夫画犹书也。扬子曰:"言,心声也,书,心画也,声画形,君子小人见矣。"

(宋)郭若虚《图画见闻志·论气韵非师》,《画史丛书》,上海人民美术出版社1963年版

曾 巩

曾巩(1019—1083),字子固,祖籍建昌军南丰(今江西南丰县),后居临川,北宋文学家、史学家、政治家。曾巩是北宋诗文革新运动的积极参与者,继承并发展了欧阳修在古文创作上的主张,他在古文理论方面主张先道后文,文道结合。他的散文大都是以弘扬儒家伦理思想为主要目标,强调文章应体现仁义之道,阐发义理之学。著有《曾巩集》《元丰类稿》《隆平集》等。

复圣人之道，口讲、身行、书存三者相表里，有德有言

学士执事：夫世之所谓大贤者，何哉？以其明圣人之心于百世之上，明圣人之心于百世之下。其口讲之，身行之，以其余者又书存之，三者必相表里。其仁与义，磊磊然横天地，冠古今，不穷也。其闻与实，卓卓然轩士林、犹雷霆震而风飙驰，不浮也。则其谓之大贤，与穹壤等高大，与《诗》《书》所称无间，宜矣。

夫道之难全也，周公之政不可见，而仲尼生于干戈之间，无时无位，存帝王之法于天下，俾学者有所依归。仲尼既没，析辨诡词，骊驾塞路。观圣人之道者，宜莫如于孟、荀、扬、韩四君子之书也，舍是瞒矣。退之既没，骤登其域，广开其辞，使圣人之道复明于世，亦难矣哉！近世学士，饰藻缋以夸谓，增刑法以趋向，析财利以拘曲者，则有闻矣。仁义礼乐之道，则为民之师表者，尚不识其所为，而况百姓之蚩蚩乎？圣人之道泯泯没没，其不绝若一发之系千钧也，耗矣哀哉！非命世大贤，以仁义为已任者，畴能救而振之乎？

巩自成童，闻执事之名；及长，得执事之文章，口诵而心记之。观其根极理要，拨正邪僻，椅掣当世，张皇大中，其深纯温厚，与孟子、韩吏部之书为相唱和，无半言片辞路驳于其间，真六经之羽翼，道义之师祖也。既有志于学，于时事，万亦识其一焉。则又闻执事之行事，不顾流俗之态，卓然以体道扶教为己务。往者推吐赤心，敷建大论，不与高明，独援摧缩，俾蹈正者有所察法，怀疑者有所问。执义益坚，而德亦高，出乎外者合乎内，推于人者诚于己，信所谓能言之，能行之，既有德而且有言也。韩退之没，观圣人之道者，固在执事之门矣。天下学士，有志于圣人者，莫不攘袂引领，愿受指教，听诲谕，宜矣。窃计将明圣人之心于百世之下者，亦不以语言退托而拒学者也。

巩性朴陋，无所能似。家世为儒，故不业他。自幼逮长，努力文字间，其心之所得，庶不凡近。尝自谓于圣人之道，有丝发之见焉。周游当世，常斐然有扶衰救缺之心，非徒嗜皮肤，随波流，搴枝叶而已也。惟其寡与俗人合也，于公卿之门未尝有姓名，亦无达者之车回顾其疏贱。抱道而无所与论，心常愤愤悱悱、恨不得发也。今者，乃敢因简墨布腹心于执事，苟得望执事之门而入，则圣人之堂奥室家，巩自知亦可以少分万一于其间也。执事将推仁义之道、横天地，冠古今，则宜取奇

伟闲通之七，使趋理不避荣辱利害，以共争先王之教于衰灭之中。谓执事无意焉，则巩不信也。若巩者，亦粗可以为多士先矣，执事其亦受之而不拒乎？

伏惟不以己长退人，察愚言而矜怜之，知巩非苟慕执事者，慕观圣人之道于执事者也，是其存心亦不凡近矣。若其以庸众待之，寻常拒之，则巩之望于世者愈狭，而执事之循诱亦未广矣。窃料有心于圣人者，固不如是也，觊少垂意而图之。谨献杂文时务策两编，其传缮不谨，其简帙大小不均齐，巩贫故也；观其内而略其外可也。干浼清重，悚仄悚仄。不宣。

（宋）曾巩《上欧阳学士第一书》，《元丰类稿》卷十五，上海书店出版社1993年版

著文欲穷探力取，极圣人之指要

至治之极，教化既成，道德同而风俗一。言理者虽异人殊世，未尝不同其指。何则？理当故无二也。是以《诗》《书》之文，自唐、虞以来，至秦鲁之际，其相去千余岁，其作者非一人，至于其间尝更衰乱，然学者尚蒙余泽，虽其文数万，而其所发明，更相表里，如一人之说，不知时世之远，作者之众也。呜呼！上下之间，渐磨陶冶，至于如此，丰（岂）非盛哉！

自三代教养之法废，先生之泽熄，学者人之（人）异见，而诸子各自为家，岂其固相反哉？不当于理，故不能一也。由汉以来，益远于治。故学者虽有魁奇拔出之材，而其文能驰骋上下、伟丽可喜者甚众，然是非取舍，不当于圣人之意者，亦已多矣。故其说未尝一，而圣人之道，未尝明也。上之生于是时，其言能当于理者，玄（亦）可谓难矣。由是观之，则文章之得失，岂不系于治乱哉？

长乐王向，字子直，少已著文数万言，与其兄弟俱名闻天下，可谓魁奇拔出之材，而其文能驰骋上下、伟丽可喜者也。读其书，知其与汉以来名能文者，俱列于作者之林，未知其轶先孰后；考其意，不当于理亦少矣。然子直晚自以为不足而悔其少作。更欲穷探力取，极圣人之指要、盛行则欲发而见之事业，穷居则欲推而托之于文章，将与《诗》《书》之作者并，而又未知孰先孰后也。然不幸早世，故虽有难得之材，独立之志，而不得及其成就。此吾徒与子直之兄同，字深甫，所以深恨于斯人也。

子直官世行治，深父已为之铭，而书其数万言者，属予为叙。予观子

直之所自见者，已足暴于世矣，故特为之序其志云。

（宋）曾巩《王子直文集序》，《元丰类稿》卷十二，上海书店出版社1993年版

明以周万事之理，道以适天下之用，文以发难显之情

尝试论之：古之所谓良史者，其明必足以周万事之理，其道必足以适天下之用，其智必足以通难知之意，其文必足以发难显之情，然后其任可得而称也。

何以知其然也？昔者唐虞有神明之性，有微妙之德，使由之者不能知，知之者不能名，以为治天下之本。号命之所布，法度之所设，其言至约，其体至备，以为治天下之具。而为二典者，推而明之，所记者岂独其迹也，并与其深微之意而传之，小大精粗无不尽也，本末先后无不白也。使诵其说者，如出乎其时，求其旨者，如即乎其人。是可不谓明足以周万事之理，道足以适天下之用，智足以通难知之意，文足以发难显之情者乎？则方是之时，岂特任政者皆天下之士哉？盖执简操笔而随者，亦皆圣人之徒也！

两汉以来，为史者去之远矣。司马迁从五帝三王既殁数千载之后，秦火之余，因散绝残脱之经，以及传记百家之说，区区掇拾，以集著其善恶之迹，兴废之端；又创己意以为本纪、世家、八书、列传之文，斯亦可谓奇矣。然而蔽害天下之圣法，是非颠倒而采摭谬乱者，亦岂少哉！是岂可不谓明不足以周万事之理，道不足以适天下之用，智不足以通难知之意，文不足以发难显之情者乎？夫自三代以后，为史者如迁之文，亦不可不谓俊伟拔出之材，非常之士也。然顾以谓明不足以周万事之理，道不足以适天下之用，智不足以通难知之意，文不足以发难显之情者，何哉？盖圣贤之高致，迁固有不能纯达其情而见之于后者矣，故不得而与之也。迁之得失如此，况其他邪至于宋、齐、梁、陈、后魏、后周之书，盖无以议为也。

（宋）曾巩《南齐书目录序》，《元丰类稿》卷十一，上海书店出版社1993年版

书写传世铭文，畜道德而能文章者也

夫铭志之著于世，义近于史，而亦有与史异者。盖史之于善恶无所不书；而铭者，盖古之人有功德材行志义之美者，惧后世之不知，则必铭而见之。或纳于庙，或存于墓，一也。苟其人之恶，则于铭乎何有？此其所

以与史异也。其辞之作，所使死者无有所憾，生者得致其严。而善人喜于见传，则勇于自立；恶人无有所纪，则以愧而惧。至于通材达识，义烈节士，嘉言善状，皆见于篇，则足为后法。警劝之道，非近乎史，其将安近？及世之衰，为人之子孙者，一欲褒扬其亲，而不本乎理；故虽恶人，皆务勒铭以夸后世。立言者既莫之拒而不为，又以其子孙之所请也，书其恶焉则人情之所不得，于是乎铭始不实。后之作铭者，常观其人，苟托之非人，则书之非公与是，则不足以行世而传后。故千百年来，公卿大夫至于里巷之士，莫不有铭，而传者盖少。其故非他，托之非人，书之非公与是故也。

然则孰为其人，而能尽公与是欤？非畜道德而能文章者无以为也。盖有道德者之于恶人，则不受而铭之；于众人则能辨焉。而人之行，有情善而迹非，有意奸而外淑，有善恶相悬而不可以实指，有实大于名，有名侈于实。犹之用人，非畜道德者，恶能辨之不惑，议之不徇，不惑不徇，则公且是矣。而其辞之不工，则世犹不传，于是又在其文章兼胜焉。故曰：非畜道德而能文章者，无以为也。岂非然哉！

然畜道德而能文章者，虽或并世而有，亦或数十年或一二百年而有之。其传之难如此，其遇之难又如此。若先生之道德文章，固所谓数百年而有者也。先祖之言行卓卓，幸遇而得铭其公与是，其传世行后无疑也。而世之学者，每观记传所书古人之事，至其所可感，则往往尽然不知涕之流落也。况其子孙也哉！况巩也哉！其追睎祖德，而思所以传之蹙，则知先生推一赐于巩而及其三世，其感与报，宜若何而图之？

（宋）曾巩《寄欧阳舍人书》，《元丰类稿》卷十六，上海书店出版社1993年版

文以合乎世，必违乎古，文以同乎俗，必离乎道

赵郡苏轼，余之同年友也。自蜀以书至京师遗余，称蜀之士曰黎生、安生者，既而黎生携其文数十万言，安生携其文亦数千言，厚以顾余。读其文，诚闳壮隽伟，善反复驰骋，穷尽事理，而其才力之放纵，若不可极者也。二生固可谓魁奇特起之士，而苏君固可谓善知人者也。

顷之，黎生补江酸府司法参军，将行，请予言以为赠。余曰："余之知生，既得之于心矣，乃将以言相求于外邪？"黎生曰："生与安生之学于斯文，里之人皆笑以为迂阔，今求子之言，盖将解惑于里人。"余闻之自顾而笑。夫世之迂阔，孰有甚于予乎？知信乎古而不知合乎世，知志乎

道而不知同乎俗。此余所以困于今而不自知也。世之迂阔，孰有甚于予乎？今生之迂，特以文不近俗，迂之小者耳，患为笑于里之人。若余之迂大矣，使生持吾言，而且重得罪，庸讵止于笑乎？然则若余之于生，将何言哉？谓余之迂为善，则其患若此；谓为不善，则有以合乎世，必违乎古，有以同乎俗，必离乎道矣。生其无急于解里人之惑，则于是焉，必能择而取之。遂书以赠二生，并示苏君，以为何如也？

（宋）曾巩《赠安黎二生序》，《元丰类稿》卷十三，上海书店出版社1993年版

学者所作文辞宜足下有志乎道

巩顿首李君足下：辱示书及所为文，意向甚大。且曰："足下以文章名天下，师其职也"，顾巩也何以任此！足下无乃盈其礼而不情乎？不然，不宜若是云也。

足下自称有悯时病俗之心，信如是，是足下之有志乎道，而予之所爱且畏者也。末曰："其发愤而为词章，则自谓浅俗而不明，不若其始思之锐也"，乃欲以是质于予。夫足下之书，始所云者欲至乎道也，而所质者则辞也，无乃务其浅，忘其深，当急者反徐之欤？

夫道之大归非他，欲其得诸心，充诸身，扩而被之国家天下而已，非汲汲乎辞也。其所以不已乎辞者，非得已也。孟子曰："予岂好辩哉？予不得已也。"此其所以为孟子也。今足下其自谓已得诸心、充诸身欤？扩而被之国家天下而有不得已欤？不然，何遽急于辞也？孔子曰："古之学者为己，今之学者为人。"足下其得无已病乎？虽然，足下之有志乎道，而予之所爱且畏者不疑也。姑思其本而勉充之，则予将后足下，其奚师之敢？不宣。

（宋）曾巩《答李沿书》，《元丰类稿》卷十六，上海书店出版社1993年版

司马光

司马光（1019—1086），字君实，号迂叟，陕州夏县（今山西夏县）人，世称涑水先生。北宋政治家、史学家、文学家。他学问博大精

深，把做学问与做文章结合起来。司马光推崇文以载道，认为华而不实的诗无用，他所称赏的不是辞藻堆砌的诗，而是平淡闲远，蕴含儒家"仁义礼德"的诗歌。著有《司马文正公集》。

学者有志于道，古今传道为文者

九月二十四日，司马光再拜复书秘校足下：比日前厚赐书，推褒责望，皆非光所敢当。惶恐累日，无以自处。岂非足下爱之之厚，面不觉言之之过也？然光未知足下之志，所欲学者古之文邪？古之道邪？若古之文，则某平生不能为文，不敢强为之对，以欺足下；若古之道，则光与足下并肩以学于圣人，光又智短力劣，罢倦不进者也，乌足问哉？虽然，足下之意勤，不竭尽以告，则必不止。敢私荐其所闻，足下择焉。

足下书所称引古今传道者，自孔子及孟、荀、扬、王、韩、孙、柳、张、贾，才十人耳。若语其文，则荀、扬以上、不专为文，若语其道，则恐王、韩以下，未得与孔子并称也。若论学古之人，则又不尽于此十人者也。孔子自称述而不作；然则孔子之道，非取诸已也。盖述三皇五帝三王之道也。三皇五帝三王，亦非取诸已也。钩探天地之道以教人也。故学者苟志于道，则莫若本之于天地，考之于先王，质之于孔子，验之于当今。四者皆冥合无间，然后勉而进之，则其智之所及、力之所胜，虽或近或远、或小或大，要为不失其正焉。舍是而求之，有害无益矣。彼数君子者，诚大贤也，然于道殆不能无驳而不粹者焉。足下必欲求道之真，则莫若以孔子为的而已。

夫射者必志于的，志于的而不中者有矣，未有不志于的而中者也。彼数君子者与我，皆射者也，彼虽近，我虽远，我不志于的，而惟彼所射之从，则亦去的愈远矣。此某之所闻，而是非不能自定者也，足下试熟察而审处焉。不宣。光再拜。

（宋）司马光《答陈充秘校书》，《温国文正司马公文集》卷五十九，上海书店出版社1993年版

夫文者，学积于内，则文发于外，积于内深博，发于外也淳奥

厚书，教以孔子第门人，而文学处四科之末，所以然之理，幸甚，幸甚！光愚陋无堪，居常不见齿于士大夫，足下徒以生之早，而仕之久，亦从而访焉。称褒之过，而费望之重，且恐且愧，无以自处。

光昔也闻诸师友曰："学者贵于行之，而不贵于知之；贵于有用，而不贵于无用。"故孔子曰："弟子入则孝，出则悌，谨而信，泛爱众，而亲仁。行有余力，则以学文。"子夏曰："事父母能竭其力，事君能致其身，与朋友交，言而有信；虽曰未学，吾必谓之学矣。"此德行之所以为四科首者也。孔子又曰："诵《诗》三百，授之以政，不达；使于四方，不能专对。虽多，亦奚以为！"夫国有诸侯之事，而能端委束带、与宾客言，以排难解纷，徇国家之急。或务农训兵，以扞城其民，是亦学之有益于时者也。故言语、政事次之。若夫习其容而未能尽其义，诵其数而未能行其道；虽敏而博，君子所不贵。此文学之所以为末者也。然则古之所谓文者，乃所谓礼乐之文，升降进退之容，弦歌《雅》《颂》之声，非今之所谓文也。今之所谓文者，古之辞也。孔子曰："辞达而已矣。"明其足以通意，斯止矣，无事于华藻宏辩也。必也以华藻宏辩为贤，则屈、宋、唐、景、庄、列、扬、墨、苏、张、范、蔡，皆不在七十子之后也。颜子不违如愚，仲弓仁而不佞，夫岂尚辞哉！

足下所谓："学积于内，则文发于外，积于内也深博，则发于外也淳奥，则夫文者虽不学焉，而亦可以兼得之。学不充于中，而徒外事其文；则文盛于外，而实困于内，亦将兼弃其所学。"斯言得之矣！曾子曰："尊其所闻，则高明矣；行其所知，则光大矣。"足下允蹈其言，为之无倦，将与渊、骞并驱争先。又况游、夏，尚奚足慕？光方叹服企仰之不暇，自视一无所有，其何以为献？不宜。光顿首。

（宋）司马光《答孔文仲司户书》，《温国文正司马公文集》卷六十，上海书店出版社1993年版

诗文应以有益于用，讲明道义

况近世之诗，大抵华而不实；虽壮丽如贾、刘、鲍、谢，亦无益于用。光忝与足下以经术相知，诚不敢以此为献。所可献者，在于相与讲明道义而已。足下所谓古之为士者，乃君子之道也；所谓今之为士者，乃小人之道也。自有天地以来，君子小人相与并生于世，各居其半。一消一息，一否一泰，纷然杂糅，固非一日。非君子之道多于古而鲜于今，古则可为而今不可为也；小人之道鲜于古而多于今，古不可为而今则可为也。顾人之取舍何如尔？奚古今之异，而有易有难哉！……诗云："鹤鸣于九皋，声闻于天。鱼在于渚，或潜在渊。"孔子曰："不患人之不己知，求

为可知也。"足下当固守于古,而勿流放于今,汲汲于己,而徐于人,为之不止,光见异日为贤公卿,功业烦赫于当时,名声彰彻于后世,竹帛所不能纪,金石所不能颂,诗何为哉,诗何为裁!

(宋)司马光《答齐州司法张秘校正彦书》,《温国文正司马公文集》卷六十,上海书店出版社1993年版

张　载

张载(1020—1077),字子厚,世称横渠先生,祖籍凤翔郿县(今陕西宝鸡)。北宋思想家、教育家,理学创始人之一。其"为天地立心,为生民立命,为往圣继绝学,为万世开太平"的名言,被称作"横渠四句"。他推崇"尊礼贵德"的伦理思想,明确提出"天人合一"理念。著有《正蒙》《横渠易说》《张子语录》等,后人编为《张子全书》。

博文以集义,集义以正经,后一以贯天下之道

大中至正之极,文必能致其用,约必能感其通。未至于此,其视圣人恍惚前后不可为之像。此颜子之叹乎。

博文以集义,集义以正经,正经然后一以贯天下之道。

博文约礼,由至著入至简,故可使不得叛而去。温故知新,多识前言往行以畜德,绎旧业而知新盖(益),思昔未至而今至,缘旧所见闻而察来,皆其义也。

知德之难言,知之至也。孟子谓"我于辞命则不能",又谓"浩然之气难言";《易》谓"不言而信,存乎德行",又以尚辞为圣人之道,非知德,达乎是哉?

(宋)张载《文论辑录》,《张横渠集》,中华书局1985年版

《诗》之志至平易,不必为艰险求之

艺者,日为之分义,涉而不有,过而不存,故曰游。圣人文章无定体,《诗》《书》《易》《礼》《春秋》,只随义理如此而言。李翱有言,"观《诗》则不知有《书》,观《书》则不知有《诗》",亦近之。

古之能知《诗》者惟孟子,为以意逆志也。夫《诗》之志至平易,

不必为艰险求之；今以艰险求《诗》，则已丧其本心，何由见诗人之旨！

（宋）张载《文论辑录》，《张横渠集》，中华书局1985年版

道要平旷中求其是，博之以文，则弥坚转诚

郑卫之音，自古以为邪淫之乐，何也？盖郑卫之地滨大河，沙地，土不厚，其间人自然气轻浮。其地土苦，不费耕耨物亦能生，故其人偷脱怠惰，弛慢颓废。其人情如此，其声音同之。故闻其乐，使人如此懈慢。其地平下，其间人自然意气柔弱怠惰；其土足以生，古所谓"息土之民不才者，此也。若四夷则皆踞高山溪谷，故其气刚劲，此四夷常胜中国者，此也"。

道要平旷中求其是，虚中求出实，而又转之以文，则弥坚转诚。不得文无由行得诚。文亦有时，有庸敬，有斯须之敬，皆归于是而已。存心之始，须明知天德；天德即是虚，虚上更有何说也！

学者潜心略有所得，即且志之纸笔，以其易忘，失其良心。若所得是，充大之以养其心，立数千时题，旋注释，常改之，改得一字即是进得一字，始作文字，须当多其词以包罗意思。

凡观书，不可以相类泥其义；不尔，则字字相梗。当观其文势上下之意，如充实之谓美，与诗言之美，轻重不同。

（宋）张载《文论辑录》，《张横渠集》，中华书局1985年版

古乐所以养人德性中和之气

古乐不可见，盖为今人求古乐太深，始以古乐不可知。只此《虞书》："诗言志，歌永言，声依永，律和声。"求之得乐之意，盖尽于是。诗只是言志，歌只是永其言而已。只要转其声，今日可听。今人歌者，亦以转声而不变字为善歌。长言后却要入于律。律则知音者知之，知此声人得何律。古乐所以养人德性中和之气。后之言乐者，止以求哀。故晋平公曰："音无哀于此乎？"哀则止以感人不善之心。歌亦不可以太高，亦不可以太下；太高则入于嘴杀，太下则入于单缓。盖穷本知变，乐之情也。

《周礼》言乐六变而致物各异，此恐非周公之制作本意，事亦不能如是确然，若谓天神降，地祇出，人鬼可得而礼，则庸有此理。

问角、徵、羽皆有主出于唇齿喉舌，独宫声全出于口以兼五声也。徵恐只是徵平，或避讳为徵仄，如是则清浊平仄不同矣，齿舌之音异矣。

（宋）张载《礼乐》，《张子语录》，中华书局1985年版

律吕有可求之理，德性深厚者必能知之

律吕有可求之理，德性深厚者必能知之。

后之言历数者，言律一寸而万数千分之细，此但有其数而无其象耳。

声音之道与天地同和，与政通。蚕吐丝而商弦绝，正与天地相应。方蚕吐丝，木之气极盛之时，商金之气衰。如言律中太簇，律中林钟，于此盛则彼必衰，方春木当盛，却金气不衰，便是不和，不与天地之气相应。

先王之乐必须律以考其声。今律既不可求，人耳又不可全信，正惟此为难。求中声须得律，律不得则中声无由见。律者自然之至，此等物虽出于自然，亦须人为之。但古人为之，得其自然，至如为规矩，则极尽天下之方圆矣。

郑卫之音自古以为邪淫之乐，何也？盖郑卫之地滨大河沙地，土不厚，其间人自然气轻浮，其地土苦，不费耕耨，物亦能生，故其人偷脱怠堕、弛慢颓靡。其人情如此，其声音同之，故闻其乐，使人如此懈慢。其地平下，其间人自然意气柔弱怠堕，其土足以生，古所谓息土之民不才者，此也。若四夷则皆露高山邻谷，故其气刚劲，此四夷常胜中国者，此也。

移人者莫甚于郑卫。未成性者皆能移之，所以夫子戒颜回也。今之琴亦不远郑卫，古音必不如是。古音只是长言，声依于永，于声之转处过得声和婉，决无预前定下腔子。

（宋）张载《礼乐》，《张子语录》，中华书局1985年版

王安石

王安石（1021—1086），字介甫，号半山，抚州临川（今江西抚州）人，北宋著名政治家、文学家、改革家。王安石潜心研究经史子籍，著书立说，创"荆公新学"，推动宋代疑经变古学风的形成。在哲学上，他用"五行说"阐述宇宙生成，丰富和发展了中国古代朴素唯物主义思想；在文学上，他将文学创作和政治活动密切地联系起来，强调文学的作用首先在于为社会服务，主张文道合一，揭露时弊、反映社会矛盾，具有较浓厚的政治伦理意蕴。著有《临川集》。

作文之本意，欲其自得之，务为有补于世

尝谓文者，礼教治政云尔。其书诸策而传之人，大体归然而已。而曰"言之不文，行之不远"云者，徒谓辞之不可以已也，非圣人作文之本意也。

自孔子之死久，韩子作，望圣人于百千年中，卓然也。独子厚名与韩并，子厚非韩比也；然其文卒配韩以传，亦豪杰可畏者也。韩子尝语人以文矣，曰云云，子厚亦曰云云。疑二子者，徒语人以其辞耳，作文之本意，不如是其已也。

孟子曰："君子欲其自得之也。自得之，则居之安；居之安，则资之深；资之深，则取诸左右逢其原。"孟子之云尔，非直施于文而已，然亦可托以为作文之本意。

且所谓文者，务为有补于世而已矣；所谓辞者，犹器之有刻镂绘画也。诚使巧且华，不必适用；诚使适用，亦不必巧且华。要之以适用为本，以刻镂绘画为之容而已。不适用，非所以为器也；不为之容，其亦若是乎否也？然容亦未可已也，勿先之，其可也。

某学文久，数挟此说以自治，始欲书之策而传之人，其试于事者，则有待矣。其为是非邪？未能自定也。执事，正人也，不阿其所好者。书杂文十篇献左右，愿赐之教，使之是非有定也。

（宋）王安石《上人书》，《临川先生文集》卷七十七，复旦大学出版社2016年版

圣人之道，由心而得，道与文统一

治教政令，圣人之所谓文也。书之策，引而被之天下之民，一也。圣人之于道也，盖心得之。作而为治教政令也，则有本末先后，权势制义，而一之于极。其书之策也，则道其然而已矣。

彼陋者不然，一适焉，一否焉，非流焉则泥，非过焉则不至。甚者置其本，求之末，当后者反先之，无一焉不诡于极。彼其于道也，非心得之也。其书之策也，独能不诡耶？故书之策而善，引而被之天下之民，反不善焉，无矣。二帝三王，引而被之天下之民而善者也；孔子孟子，书之策而善者也；皆圣人也，易地则皆然。

某生十二年而学，学十四年矣。圣人之所谓文者，私有意焉，书之

策则未也。间或悔然动于事而出于词，以警戒其躬、若施于友朋，迫陋庳，非敢谓之文也。乃者执事欲收而教之使献焉。虽自知明，敢自盖邪？谨书所为书、序、原、说若干篇，因叙所闻与所志，献左右惟赐览观焉。

（宋）王安石《与祖择之书》，《临川先生文集》卷七十七，复旦大学出版社2016年版

圣人之著作，欲以明道

前书所示，大抵不出《先志》。若子经欲以文辞高世，则世之名能文辞者，已无过矣；若欲以明道，则离圣人之经，皆不足以有明也。自秦、汉以来，儒者唯扬雄为知言，然尚恨有所未尽。今学士大夫，往往不足以知雄，则其于圣人之经，宜其有所未尽。

子经诚欲以文辞高世，则无为见问矣；诚欲以明道，则所欲为子经道者，非可以一言而尽也。子经所谓斜凿以矫矢，背梯以矫舟，此天下之所同，而舟矢已来未之改也。《先志》所论。有非天下之所同，而特出子经之新意者，则与矫舟矢之意为不类。又子经以为《诗》《礼》不可以相解，乃如某之学，则惟《诗》《礼》足以相解，以其理同故也。子经以谓如何？

（宋）王安石《答吴宗孝书》，《临川先生文集》卷七十四，复旦大学出版社2016年版

以诚发乎文，文贯乎道，仁思义色，表里相济

仲详足下：数日前辱示乐安公诗石本及足下所撰《复鉴湖记》，启封缓读，心目开涤。词简而精，义深而明，不候按图而尽越绝之形胜，不候人国而熟贤牧之爱民，非夫诚发乎文，文贯乎道，仁思义色，表里相济者，其孰能至于此哉！因环列书室，且欣且庆，非有厚也，公议之然也。

某尝患近世之文，辞弗顾于理，理弗顾于事，以攘积故实为有学，以雕绘语句为精新，譬之操奇花之英，积而玩之，虽光华馨采，鲜绑可爱，求其根柢济用，则蔑如也。某幸观乐安、足下之所著，譬犹笙磬之音，圭璋之器，有节奏焉，有法度焉，虽庸耳必知雅正之可贵、温洞之可宝也。仲尼曰："有德必有言"，"德不孤，必有邻"，其斯之谓乎？昔昌黎为唐儒宗，得子婿李汉，然后其文益振，其道益大。今乐安公懿文茂行，超越

朝右，复得足下，以宏识清议，相须光润。苟力而不已，使后之议者必曰："乐安公，圣宋之儒宗也，犹唐之昌黎面勋业过之。"又曰："邵公，乐安公之婿也，犹昌黎之李汉而器略过之。"是则韩李、蒋邵之名，各齐驱并骤，与此金石之刻不朽矣。所以且欣且庆者，在于兹焉。

（宋）王安石《上邵学士书》，《临川先生文集》卷七十五，复旦大学出版社2016年版

礼者，天下之中经；乐者，天下之中和

气之所禀命者，心也。视之能必见，听之能必闻，行之能必至，思之能必得，是诚之所至也。不听而聪，不视而明，不思而得，不行而至，是性之所固有，而神之所自生也，尽心尽诚者之所至也。故诚之所以能不测者，性也。贤者，尽诚以立性者也；圣人，尽性以至诚者也。神生于性，性生于诚，诚生于心，心生于气。气生于形。形者，有生之本。故养生在于保形、充形在于育气，养气在于宁心，宁心在于致诚，养诚在于尽性，不尽性不足以养生。能尽性者，至诚者也；能至诚者，宁心者也；能宁心者、养气者也；能养气者，保形者也；能保形者，养生者也；不养生不足以尽性也。生与性之相因循，志之与气相为表里也。生浑则蔽性，性浑则蔽生，犹志一则动气，气一则动志也。先王知其然，是故体天下之性而为之礼，和天下之性面为之乐。礼者，天下之中经；乐者，天下之中和。礼乐者，先王所以养人之神，正人气而归正性也。是故大礼之极，简而无文；大乐之极，易而希声。简易者，先王建礼乐之本意也。世之所重，圣人之所轻；世之所乐，圣人之所悲。非圣人之情与世人相反，圣人内求，世人外求。内求者乐得其性，外求者乐得其欲，欲易发而性难知，此情性之所以正反也。衣食所以养人之形气，礼乐所以养人之性也。礼反其所自始，乐反其所自生，吾于礼乐见圣人所贵其生者至矣。

（宋）王安石《礼乐论》，《临川先生文集》卷六十六，复旦大学出版社2016年版

礼乐者，先王所以养人之神，正人气而归正性

世俗之言曰："养生非君子之事"，是未知先王建礼乐之意也。养生以为仁，保气以为义，去情却欲以尽天下之性，修神致明以趋圣人之域。圣人之言，莫大颜渊之问。非礼勿视，非礼勿听，非礼勿言，非礼勿动，

则仁之道亦不远也。耳非取人而后聪、目非取人而后视，口非取诸人而后言也，身非取诸人而后动也。其守至约，其取至近，有心有形者皆有之也。然而颜子且犹病之，何也？盖人之道莫大于此。非礼勿听，非谓掩耳面避之，天下之物不足以干吾之聪也；非礼勿视，非谓掩目而避之，天下之物不足以乱吾之明也；非礼勿言，非谓止口而无言也，天下之物不足以易吾之辞也；非礼勿动，非谓止其躬而不动，天下之物不足以干吾之气也。天下之物岂特形骸自为哉！其所由来盖微矣！不听之时，有先聪焉；不视之时，有先明焉；不言之时，有先言焉；不动之时，有先动焉。圣人之门，惟颜子可以当斯语矣。是故，非耳以为聪，而不知所以聪者，不足以盖天下之听；非目以为明，而不知所以明者，不足以尽天下之视。聪明者，耳目之所能为；而所以聪明者，非耳目之所能为也。是故待钟鼓而后乐者，非深于乐者也；待玉帛而后恭者，非深于礼者也。蒉桴土鼓，而乐之道备矣。燔黍神豚，污尊杯饮，礼既备矣。然大裘无文，大辂无饰，圣人独以其事之所贵者，何也？所以明礼乐之本也！

故曰礼之近人情，非其至者也。曾子谓孟敬子："君子之所贵乎道者三；动容貌，斯远暴慢矣；正颜色，斯近信矣；出辞气，斯远鄙倍矣。笾豆之事，则有司存。"观此言也，曾子而不知道也则可，使曾子而为知道，则道不违乎言貌辞气之间，何待于外哉？是故古之人目击而道已存，不言而意已传，不赏面人自劝，不罚而人自畏，莫不由此也。是故，先王之道可以传诸言，效诸行者，皆其法度、刑政，而非神明之用也。《易》曰："神而明之，存乎其人，默而成之，不言而信。存乎德行。"去情却欲而神明生矣。修神致明面物自成矣。是故，君子之道鲜矣。齐明其心，清明其德，则天地之间所有之物皆自至矣。君子之守至约，而其至也广；其取至近，而其应也远。《易》曰："拟之而后言，议之而后动拟议以成其变化。"变化之应，天人之极致也。是以《书》言天人之道，莫大于《洪范》。《洪范》之言天人之道，莫大于貌、言、视、听、思。大哉，圣人独见之理，传心之言乎，储精晦息而通神明。君子之所不至者三：不失色于人，不失口于人，不失足于人。不失色者，容貌精也；不失口者，语默精也；不失足者，行止精也。君子之道也，语其大则天地不足容忠，语其小则不见秋毫之术；语其强则天下莫能敌也，语其约则不能致传记。圣人之遗言曰："大礼与天地同节，大乐与天地同和。"盖言性也。大礼性之中，大乐性之和，中和之情，通乎神明。故圣人储精九重，仪凤凰修五事而关阴阳，是天地位而三光明，四时行而万物和。《诗》曰："鹤鸣于九皋，声闻于天。"故孟子曰："我善养吾浩然之气，充塞乎天地之间。"扬子曰："貌、言、视、听、思，性所有，潜天而天，潜地而地也。"呜呼！礼乐之意不传久矣！天下之言养生修性者，归于浮屠、老子而已。浮屠、老子之说行，而天下为礼乐者，独以顺流俗而已。夫使天下之人，驱礼乐之文以顺流俗为事，欲成治其国家者，此梁晋之君，所以取败之祸也。然而世非知之也者，何耶？特礼乐之意，大而难知；老子之言，近而易晓。圣人之道得诸己，从容人事之间，而不离其类焉，浮屠直空虚穷苦，绝山林之间，然后足以善其身而已。由是观之，圣人之与释老，其远近难易可知也。是故，赏与古人同而劝不同；罚与古人同而威不同；仁与古人同而爱不同；智与古人同而识不同；言与古人同而信不同。同者，道也。不同者，心也。《易》曰："苟非其人，道不虚行。"

（宋）王安石《礼乐论》，《临川先生文集》卷六十六，复旦大学出版社2016年版

王 令

王令（1032—1059），初字钟美，后改字逢原，原籍元城（今河北大名）。王令的诗文风格深受唐代诗人韩愈、孟郊诗风的影响；强调作诗应以礼仪政治之道为主。著有《广陵集》。

作诗应以礼仪政治之道为主，以赋比兴为手法

莘老先生座下：六经之道备矣，而学者必以《诗》为先。虽圣人教人亦然。昔者孔子尝言《诗》矣，曰："诗可以兴，可以观，可以群，可以怨。迩之事父，远之事君，多识于鸟兽草木之名，莫近于诗。"盖孔子之言诗如此。而令尝按圣人既删之后，而参求后来世作之诗，殆与古异矣。承流相沿，终不反以至今，而诗之道大坏。尝推索孔子所谓"可以兴观群怨"者几绝矣，则是"迩之事父、远之事君"之道，其亦略乎？今其仅存者，鸟兽草木而已，乌在其能识之乎？

然今尝怪后世待诗之薄，而探求当世之所以敝，而后知其然者，诗之无主故也。古之为诗者有道，礼义政治，诗之主也；风雅颂，诗之体也；

赋比兴，诗之言也；正之兴变，诗之时也；鸟兽草木，诗之文也。夫礼义、政治之道得，则君臣之道正，家国之道顺，天下之为父子夫妇之道定。则风者本是以为风，雅者用是以为雅，而颂者状是以为颂。则赋者赋此者也，比者直而彰此者也，兴者曲而明此者也。正之兴变，得失于此者也；鸟兽草木，文此者也。是古之为诗者有主，则风赋比兴雅颂以成之，而鸟兽草木以文之而已。而后之诗者不思其本，而徒取其鸟兽草木之文以纷更之，恶在其不陋也！

然诗既有风雅颂之体凡三，而颂者待成功以告神明而后作，则平时固未易为。而风雅之道，后世亦无采取而散逸草野。然士之有天下之志者言天下之事，则其诗当近于雅；有一国之志者言一国之事，则其诗当近于风；而变正之道又系之时，而为诗者多无所主而不知所惧，则诗之得正而不变者有几？以是言之，则诗之得者概少矣。

然尝闻说者谓：古诗之数盖三千，而孔子取者三百。后之学者皆争不谓实，然以谓多不称所取。然以后世之诗观之，非徒得圣人所删之多，然又胜圣人所取之少耶？其亦可知矣。而令尝读《诗》至幽厉之后，天下大乱之际，观天下之穷臣、怨民、弃妻、逐妻之心而求之诗，而后又得之兴也。观其言辨而当，质而不俚，文而不华，曲而畅，婉而不隐。以顺言之则可以议礼，以公言之则可以论义，以直言之则可以议政，以曲言之则可以议刑，然后知诗之道博，而圣人删而存之者不徒云，而古之诗者得之多也。令尝爱之而伤今焉，然犹未之有能也。始者既承从于弊学而甚久，晚而知诗之不易为，而绝笔于今者久之。然闻先生之风而愿见之，退求无以宜赘者，则追索旧作，得数十篇以献。学未副志，无以自白，又敢书所说以通左右者，意有待也，先生何以教之？诗三章，道其所以来尔，怜不加忽，则幸矣。不宣。令再拜。

（宋）王令《上孙莘老书》，《广陵集》卷二十五，上海古籍出版社1987年版

好诗存圣人之道，勿舍道德而争以文字为学

令以谓今之庠序，非古之庠序也。惟章句是程。苟得利者是学，日夜讲之。几希而不祸仁义也。必由今之法度，则不待自信之士；不由今之法度，惟古义是陈，则不有问者，言之何哉？不有听者，告之何哉？古之人所以教者，益曰"不愤不启，不悱不发，举一隅不以三隅反，则不复

也"。孔子岂不欲人尽闻其道耶？势不可耳。以谓不若是则人非自得之，非自得之则资之不深，资之不深则居之不安。令观近世之士，固有力学矣；惟其志意不安于所闻，行义不繇于道，其弊在学之不明，知而不信耳。学之不明、惑也，复何言哉！知而不信者，繇口言之而耳听之，其思不至乎心故也。语曰："学而不思则罔，思而不学则殆。"况欲聚无求之人，告以其所笑之行耶？其不听也必矣。假有听之者、君子其告之若是乎？令故曰：今之庠序，有德者所不居，不及德则不敢居。

然前之所言，盖推明今古之同异，有德者之为不为耳，皆不为不肖发也。前日至扬州，有以其拒府命告之者，令怵惕以惊，知非其所居也，钮愧以惭；既不得已也，辄以是告之。自以不肖之学，慕于古人者当如是，敢自取进退于其间也。夫世之公卿大夫，不谋道德也久矣，今冯公信贤，不知令之不肖，欲拔之于民众之编，折公卿之势而以礼加之，此乃不苟然者，盖有意于道德也。令亦以谓人之过以古人望我，我虽不及是，苟以世人容悦之道报之，不尽其所言，窃以谓不忠，因自进其区区，不谓其传乃尔也。令之不肖，不足以信于人久矣，彼以所闻之异故惊也。夫以无足信之言告不信之人，传所惊异之语，宜复于上者失令之心也。吉甫视令平日之言，岂不然乎？

诗非法言与？孔子弟子不为诗，令诸会有之，但传者失令之意耳。夫七十子之于仲尼，日闻所不闻，见所不见，彼方瞻之在前，忽焉在后，何暇以作诗为事乎？后世学圣人者、取其文字而学之数百年，其说漫漫，沿其流而远其言，攀其华而不取其实，士之舍道德而争以文字为学也，令窃悲之，因其间而及此耳。夫古诗之在者三百，皆圣人因人言而存者，谓其道有在乎是者，故不废也。孔子尝言曰："为此诗者，其知道乎！"以《鸱鸮》之诗为知道，则其他有不及道者矣。故其用于诗者，可以兴，可以观，可以群，可以怨。用是而迩之事父则不悖，远之事君则知义。

夫学固多术矣，欲为大人者学为大人，欲为善人者学为善人。何谓大人之学？"非先王之法言不言，非先王之德行不行；口无择言，身无择行"者也。何谓善人？"不践迹，亦不入于室"者也。劳之得圣人之道者多矣，其有不合于圣人者岂少乎？然其意之所存，要归乎善，则其作于善人者多矣，岂容无择乎？士之学孔子者，乃知尽信其言而不择，推古之为者以为道而教。后世乃大放于言，以驰骋其未习，用壮其夸淫靡丽之为。其间虽有不失正者，吾恐扬子所谓"风一而劝百"，壮夫固不为也。

孔子曰："君子于其言，无所苟而已矣。"如世之作诗者、能无得乎？令故广孔子之意，以为存诗所以载道，而不作今世之诗，未必不为道也。何以言之？夫多闻择其善者而从之，多见而识之，此古人之所以学也。施之于古诗不可耶？颜子曰："博我以文，约我以礼。"夫学固自有约也。夫孔子之言，传于今者盖然。其诗有曰："不愤不求，何用不藏？""岂不尔思，室是远而。"则曰："未之思也，夫何远之有。"夫孔子岂毁诗者耶？言之有不便，义之有不尽耳。固曰：学者岂可执诗以尽信乎？因吉甫之间，复自陈其不肖，试一思回示其末也。不宣。令再拜。

（宋）王令《答吕吉甫书》，《广陵集》卷二十八，上海古籍出版社1987年版

程 颢

程颢（1032—1085），字伯淳，号明道，世称"明道先生"，河南府洛阳（今河南洛阳）人。北宋理学家、教育家，理学的奠基者，"洛学"代表人物。其以"理"或"道"作为全部学说的基础，认为"理"是先于万物的"天理"，"万物皆只是一个天理""万事皆出于理"。在文学创作上，他强调创作主体的个人美德修养的重要性。著有《定性书》《识仁篇》等，后人集其言论所编的著述书籍《二程遗书》《二程文集》等，皆收入《二程全书》。

修辞立其诚，先学文，鲜能至道；博观泛览，亦自为害

苏季明尝以治经为传道居业之实，居常讲习，只是空言无益，质之两先生。伯淳先生曰："修辞立其诚。不可不仔细理会。言能修省言辞，便是要立诚。若只是修饰言辞为心，只是为伪也。若修其言辞，正为立己之诚意，却是体当自家，敬以直内，义以方外之实事。道之浩浩，何处下手？惟立诚才有可居之处。有可居之处，则可以修业也。终日乾乾，大小大事，却只是忠信，所以进德为实下手处；修辞立其诚，为实修业处。"

有问："诗三百，非一人之作，难以一法推之。"伯淳曰："不然。三百，三千中所择，不特合于雅颂之音，亦是择其合于教化者取之。篇中亦有次第深浅者，亦有元无次序者。"

有有德之言，有造道之言。孟子言已志者，有德之言也，言圣人之事，造道之言也。

修辞立其诚，文质之义。

石曼卿诗云："乐意相关禽对语，生香不断树交花。"明道曰："此语形容得浩然之气。"

学者先学文，鲜有能至道；至如博观泛览，亦自为害，故明道先生教余尝曰："贤识书，慎不要寻行数墨。"

明道尝言："学者不可以不看《诗》；看《诗》，便使人长一格。"

（宋）程颢《文论辑录》，《二程全书》，中州古籍出版社2018年版

程　颐

程颐（1033—1107），字正叔，祖籍河南府洛阳（今河南洛阳），世称伊川先生，北宋理学家、教育家。强调学习圣人之道，以道德教化提升世人的认识能力。在艺术伦理层面，他公开提出"作文害道"的思想主张。著作有《周易程氏传》《遗书》《易传》《经说》，被后人辑录为《程颐文集》。明代后期与程颢合编为《二程全书》，有中华书局校点本《二程集》。

宋代学术有三，欲趋道，舍儒者之学不可

圣人之语，因人而变化，语虽有浅近处，即却无包含不尽处。如樊迟于圣门，最是学之浅者。及其问仁，曰："爱人。"问知，曰："知人。"且看此语，有甚包含不尽处。他人之语，语近则遗远，语远则不知近。惟圣人之言，则远近皆尽。

古之学者一，今之学者三，异端不与焉。一曰文章之学，二曰训诂之学，三曰儒者之学。欲趋道，舍儒者之学不可。

天下有多少才，只为道不明于天下，故不得有所成就。且古者"兴于诗，立于礼。成于乐"，如今人怎生会得？古人于诗，如今人歌曲一般，虽闾巷童稚，皆习闻其说。而晓其义，故能兴起于诗。后世老师宿儒，尚不能晓其义，怎生责得学者？是不得兴于诗也。古礼既废，人伦不明，以至治家皆无法度，是不得立于礼也。古人有歌咏以养其性情，声音

以养其耳，舞蹈以养其血脉，今皆无之，是不得成于乐也。古之成材也易，今之成材也难。

(宋)程颐《文论辑录》，《二程全书》，中州古籍出版社2018年版

学诗作诗须养气涵养

问："出辞气，莫是于言语上用工夫否？"曰："须是养乎中，自然言语顺理。今人熟底事，说得便分明。若是生事，便说得蹇涩。须是涵养久，便得自然。若是慎言语，不妄发，此却可著办。"

问："《诗》如何学？"曰："只在《大序》中求。《诗》之《大序》，分明是圣人作此以教学者。后人往往不知是圣人作。自仲尼后更无人理会得《诗》。如言后妃之德，皆以为文王之后妃。文王，诸侯也，岂有后妃？又如乐得淑女以配君子，忧在进贤，不淫其色，以为后妃之德。如此配、惟后妃可称；后妃自是配了，更何别求淑女以为配？淫其色，乃男子事，后妃怎生会淫其色？此不难晓。但将《大序》看数遍，则可见矣。"或曰："《关雎》是后妃之德，当如此否？乐得淑女之类，是作《关雎》诗人之意否？"曰："是也。"《大序》言："是以《关雎》乐得淑女以配君子。忧在进贤，不淫其色。哀窈窕，思贤才，而无伤善之心焉。是《关雎》之义也。只著个'是以'字，便自有意思。"曰："如言又当辅佐君子，则可以归安父母，言能逮下之类，皆为其德当如此否？"曰："是也。"问："《诗·小序》何人作？"曰："但看《大序》，即可见矣。"曰："莫是国史作否？"曰："序中分明言国史明乎得失之迹。盖国史得诗于采诗之官，故知其得失之迹。如非国史，则何以知其所美所刺之人。使当时无《小序》，虽圣人亦辨不得。"曰："圣人删诗时，曾删改《小序》否？"曰："有害义理处也须删改。今之诗序，却煞错乱，有后人附之者。"曰："《关雎》之诗，是何人所作？"曰："周公作，周公作此，以风教天下；故曰：用之乡人焉，用之邦国焉。上以风化下，下以风刺上。盖自天子至于庶人，正家之道，当如此也。二《南》之诗，都是周公所作。如《小雅·六月》所序之诗，亦是周公作。后人多言二《南》为文王之诗，盖其中有文王事也。曰：非也。附文王诗于中者，犹言古人有行之者文王是也。"

(宋)程颐《文论辑录》，《二程全书》，中州古籍出版社2018年版

作文害道

问:"作文害道否?"曰:"害也。凡为文不专意则不工。若专意,则志局于此,又安能与天地同其大也。《书》云:玩物丧志。为文亦玩物也。吕与叔有诗云:学如元凯方成癖、文似相如始类俳。独立孔门无一事,只输颜氏得心斋。此诗甚好。古之学者,惟务养情性,其他则不学。今为文者,专务章句,悦人耳目。既务悦人,非俳优而何?"曰:"古者学为文否?"曰:"人见六经,便以为圣人亦作文,不知圣人亦滤发胸中所蕴,自成文耳。所谓有德者必有言也。"曰:"游、夏称文学,何也?"曰:"游、夏亦何尝秉笔学为词章也。且如观乎天文,以察时变;观乎人文,以化成天下。此岂词章之文也!"

或问:"诗可学否?"曰:"既学时,须是用功,方合诗人格。既用功,甚妨事。古人诗云:'吟成五个字,用破一生心。'又谓:'可惜一生心,用在五字上。'此言甚当。"先生尝说:"王子真曾寄药来,某无以答他。某素不作诗,亦非是禁止不作,但不欲为此闲言语。且如今言能诗,无如杜甫。如云:'穿花蛱蝶深深见,点水蜻蜓款款飞。'如此闲言语道出做甚。某所以不尝作诗。今寄谢王子真诗云:'至诚通化药通神,远寄衰翁济病身。我亦有丹君信否?用时还解寿斯民。'子真所学,只是独善。虽至诚洁行,然大抵只是为长生久视之术,止济一身,因有是句。"

贵一问:"兴于诗如何?"曰:"古人自小讽诵,如今讴唱,自然善心生而兴起。今人不同,虽老师宿儒,不知诗也。人而不为《周南》、《召南》,此乃为伯鱼而言,盖恐其未尽治家之道尔。欲治国治天下,须先从修身齐家来,不然,则犹正墙而立。"

凡看文字,先须晓其文义,然后可求其意,未有文义不晓而见意者也。学者看一部《论语》,见圣人所以与弟子许多议论而无所得,是不易得也。读书虽多,亦奚以为?

(宋)程颐《文论辑录》,《二程全书》,中州古籍出版社2018年版

学诗须先求序,作诗须先学六义

诗有六义:曰风者,谓风动之也。曰赋者,谓铺陈其事也。曰比者,直比之,"温其如玉"之类也。曰兴者,因物而兴起,"关关雎鸠""瞻彼淇澳"之类是也。曰雅者,雅言正道,"天生蒸民,有物有则"之类是

也。曰颂者，称颂德美，"有匪君子，终不可谖兮"之类是也。

诗者，言之述也。言之不足而长言之，咏歌之，所由兴也。其发于诚，感之深，至于不知手之舞、足之蹈，故其入于人也亦深。至可以动天地，感鬼神。虞之君臣，迭相赓和，始见于《书》。夏商之世，虽有作者，其传鲜矣。至周而世益文；人之怨乐必形于言，政之善恶必见刺美。至夫子之时，所传者多矣。夫子删之，得三百篇，皆止于礼义，可以垂世立教，故曰："兴于诗。"又曰："诵《诗》三百，授之以政，不达；使于四方，不能专对。虽多亦奚以为。"古之人，幼而闻歌诵之声，长而识刺美之意。古人之学，由诗而兴，后世老师宿儒，尚不知诗义，后学岂能兴起也？世之能诵三百篇者多矣，果能达政专对乎？是后之人未尝知诗也。夫子虑后世之不知诗也，故序《关雎》以示之。学诗而不求序，犹欲入室而不由户也。天下之治，正家为先；天下之家正，则天下治矣。二《南》，正家之道也，陈后妃夫人大夫妻之德，推之士庶人之家，一也。故使邦国，至于乡党，皆用之。自朝廷至于委巷，莫不讴吟讽诵，所以风化天下。如《小雅·鹿鸣》而下，各于其事而用之也。为此诗者，其周公乎？古之人，由是道者，文王也。故以当时之诗系其后。其化之之成，至如一作于《麟趾》《驺虞》，乃其应也。天下之治，由兹而始；天下之俗，由此而成、风之正也。自《卫》而下，王道衰，礼义废，今正风者，无几矣。其刺上至指诋其恶，岂复有谲谏之义也。盖发于人情怨愤，圣人取其归，止于礼义而已。惟《雅》亦然，所美者正也，所刺者变也，规诲者渐失，而未至于刺也。为诗之义有六：曰风，曰赋，曰比，曰兴，曰雅，曰颂。风以动之，上之化下，下之风上。凡所刺美，皆是也。赋者，咏述其事，"蔽芾甘棠，勿翦勿伐，召伯所茇"是也。比者，以物相比，"狼跋其胡，载疐其尾，公孙硕肤，赤舄几几"是也。兴者，兴起其义，"采采卷耳，不盈顷筐，嗟我怀人，置彼周行"是也。雅者，陈其正理，"天生蒸民，有物有则，民之秉彝，好是懿德"是也。颂者，称美其事，"假乐君子，显显令德，宜民宜人，受禄于天"是也。学诗而不分六义，岂知诗之体也。诗之别有四：曰风，曰小雅，曰大雅，曰颂。言一国之事，谓之风。言天下之事，谓之雅；事有大小，雅亦分焉。称美盛德，与告其成功，谓之颂。有是四端，所谓四始也。诗不出此四者，故曰诗之至也。得失之迹，刺美之义，则国史明之矣。史氏得诗，必载其事，然后其义可知，今《小序》之首是也。其下则说诗者之辞也。《关雎》《麟趾》

之化，王者之风，故系之《周南》，化自周而南也。《鹊巢》《驺虞》之德，诸侯之风，国君而下，正家之道，先王之所以教天下也，故系之《召南》，化自召而南也。召伯为诸侯长，故诸侯之风主之于《召南》。二《南》者，正家之道，王化之所由兴也。故《关雎》之义，乐得淑女以为后妃配君子也；其所忧思在于进贤淑，非说于色也；哀窈窕，思之切也；切于思贤才而不在于淫色，无伤善之心也，是则《关雎》之义也。

（宋）程颐《文论辑录》，《二程全书》，中州古籍出版社2018年版

苏　轼

苏轼（1037—1101），字子瞻、和仲，号铁冠道人、东坡居士，眉州眉山（今四川眉山）人。苏轼是北宋中期文坛领袖，在诗论、画论、书论等艺术理论方面著述颇丰。主张文道并重。著有《苏东坡集》。

赋诗以观其志，诚发于中

轼闻古之君子，欲知是人也。则观之以言。言之不足以尽也，则使之赋诗以观其志。春秋之世，士大夫皆用此以卜其人之休特死生之间，而其应若影响符节之密。夫以终身之事，而决于一诗，岂非诚发于中而不能以自蔽邪？传曰：登高能赋，可以为大夫矣。古之所以取人者，何其简且约也。

后之世风俗薄恶，渐不可信。孔子曰："今吾于人也，听其言而观其行。"知诗赋之不足以决其终身也，敞试之论以观其所以是非于古之人，试之策以观其所以措置于今之世；而诗赋者或以穷其所不能，策论者或以掩其所不知，差之毫毛，辄以摈落。后之所以取人者，何其详且难也。夫惟简且约，故天下之士皆敦朴而忠厚；详且难，故天下之士虚浮而矫激。

优惟龙图执事，骨鲠大臣，朝之元老，忧恤天下，慨然有复古之心。亲较多士、存其大体。诗赋将以观其志，而非以穷其所不能；策论将以观其才，而非以掩其所不知。使士大夫皆得宽然以尽其心，而无有一日之间苍皇扰乱、偶得偶失之叹。故君子以为近古。轼长于草野，不学时文，词语甚朴，无所藻饰。意者执事欲抑浮剽之文，故宁取此以矫其弊。人之幸遇，乃有如此。感荷悚息，不知所裁。

（宋）苏轼《谢梅龙图书》，《苏轼文集》卷四十九，岳麓书社2000年版

夫文者，须效仿古之圣人不能自已而作

夫昔之为文者，非能为之为工，乃不能不为之为工也。山川之有云雾，草木之有华实，充满勃郁，而见于外，夫虽欲无有，其可得耶？自少闻家君之论文，以为古之圣人有所不能自已而作者。故轼与弟辙为文至多，而未尝敢有作文之意。己亥之岁，侍行适楚，舟中无事，博弈饮酒，非所以为闱门之欢；而山川之秀美，风俗之朴陋，贤人君子之遗迹，与凡耳目之所接者，杂然有触于中，而发于咏叹。盖家君之作，与弟敬之文皆在，凡一百篇，谓之《南行集》。将以识一时之事，为他日之所寻绎，且以为得于谈笑之间，而非勉强所为之文也。时十二月八日，江陵驿书。

（宋）苏轼《〈南行前集〉叙》，《苏轼文集》卷十，岳麓书社2000年版

文艺创作须用于至足之后，发于持满之末

易尝观于富人之稼乎？其田美而多，其食足而有余。其田美而多，则可以更休而地力得全；其食足而有余，则种之常不后时，而敛之常及其熟。故富人之容常美，少秕而多实，久藏而不腐。今吾十口之家，而共百亩之田，寸寸而取之，日夜以望之，锄耰铚艾相寻于其上者如鱼鳞，而地力竭矣。种之常不及时，而敛之常不待其熟，此岂能复有美稼哉？

古之人，其才非有以大过今之人也。平居所以自养而不敢轻用以待其成者，闵闵焉如婴儿之望长也。弱者养之以至于刚，虚者养之以至于充。三十而后仕，五十而后爵；信于久屈之中，而用于至足之后；溢于既溢之余，而发于持满之末。此古人之所以大过人，而今之君子所以不及也。

吾少也有志于学，不幸而早得，与吾子同年。吾子之得，亦不可谓不早也。吾今虽欲自以为不足，而众已妄推之矣。呜呼否子其去此而务学也哉。博观而约取，厚积而薄发，吾告子止于此矣。子归过京师而问焉，有日辙子由者，吾弟也，其亦以是语之。

（宋）苏轼《稼说》，《苏轼文集》卷十，岳麓书社2000年版

有德者必有好文

呜呼！公之功德，盖不待文而显；其文，亦不待叙而传。然不敢辞

者，自以八岁知敬爱公，今四十七年矣。彼三杰者，皆得从之游，而公独不识，以为平生之恨。若获挂名其文字中，以自托于门下士之末，岂非畴昔之愿也哉！

古之君子，如伊尹、太公、管仲、乐毅之流，其王霸之略，皆定于赋亩中，非仕而后学者也。淮阴侯见高帝于汉中，论刘、项短长，画取三秦，如指诸掌；及佐帝定天下，汉中之言，无一不酬者。诸葛孔明卧草庐中，与先主论曹操、孙权，规取刘璋，因蜀之资，以争天下，终身不易其言。此岂口传耳受尝试为之，而侥幸其或成者哉？

公在天圣中，居太夫人忧，则已有忧天下致太平之意；故为万言书以遗宰相，天下传诵。至用为将，擢为执政，考其平生所为，无出此书者。今其集二十卷，为诗赋二百六十八，为文一百六十五。其于仁义礼乐、忠信孝弟，盖如饥渴之于饮食，欲须臾忘而不可得；如火之热。如水之湿，盖其天性有不得不然者。虽弄翰戏语，率然而作，必归于此。故天下信其诚，争师尊之。孔子曰："有德者必有言。"非有言也，德之发于口者也。又曰："我战则克，祭则受福。"非能战也，德之见于怒者也。元祐四年四月二十一日。

（宋）苏轼《范文正公文集叙》，《苏轼文集》卷十，岳麓书社2000年版

著书应有礼乐仁义之实，以合于大道，至理服人心

夫言有大而非夸，达者信之，众人疑焉。孔子曰："天之将丧斯文也，后死者不得与于斯文也。"孟子曰："禹抑洪水，孔子作《春秋》，而予距杨墨。盖以是配禹也。"文章之得丧，何与于天？而禹之功与天地并，孔子、孟子以空言配之，不已夸乎？自《春秋》作而乱臣贼子惧，孟子之言行而杨、墨之道废，天下以为是固然而不知其功。孟子既没，有申、商、韩非之学，违道而趋利，残民以厚主，其说至陋也，而士以是罔其上；上之人侥幸一切之功，靡然从之。而世无大人先生如孔子、孟子者，推其本末，权其祸福之轻重，以救其惑，故其学遂行。秦以是丧天下，陵夷至于胜、广、刘、项之祸，死者十八九。天下萧然。洪水之患，盖不至此也。方秦之未得志也，使复有一孟子，则申、韩为空言，作于其心，害于其事；作于其事，害于其政者，必不至若是烈也。使杨、墨得志于天下，其祸岂减于申、韩哉？由此言之，虽以孟子配禹可也。太史公

曰："盖公言黄老，贾谊、晁错明申、韩。"错不足道也，而谊亦为之，余以是知邪说之移人，虽豪杰之士有不免者，况余人乎？

自汉以来，道术不出于孔氏，而乱天下者多矣。晋以老庄亡，梁以佛亡，莫或正之。五百余年而后得韩愈，学者以愈配孟子，盖庶几焉。愈之后二百有余年而后得欧阳子，其学推韩愈、孟子，以达于孔氏，著礼乐仁义之实，以合于大道。其言简而明，信而通，引物连类，折之于至理，以服人心，故天下翕然师尊之。自欧阳子之存，世之不说者，评而攻之，能折困其身，而不能屈其言。士无贤不肖，不谋而同曰："欧阳子，今之韩愈也。"

宋兴七十余年，民不知兵，富而教之，至天圣、景祐极矣，而斯文终有愧于古。士亦因陋守旧，论卑气弱。自欧阳子出，天下争自濯磨，以通经学古为高，以救时行道为贤，以犯颜纳谏为忠，长育成就，至嘉祐末，号称多士，欧阳子之功为多。呜呼，此岂人力也哉，非天其孰能使之？

欧阳子没十有余年，士始为新学，以佛老之似，乱周、孔之实，识者忧之。赖天子明圣，诏修取士法，风厉学者专治孔氏，黜异端，然后风俗一变。考论师友渊源所自，复知诵习欧阳子之书。予得其诗文七百六十六篇于其子棐，乃次而论之，曰："欧阳子论大道似韩愈，论事似陆贽，记事似司马迁，诗赋似李白。此非余言也，天下之言也。"

（宋）苏轼《六一居士集叙》，《苏轼文集》卷十，岳麓书社2000年版

欧公作道德之文章，笃于文行

匹夫而为百世师，一言而为天下法，是皆有以参天地之化，关盛衰之运。其生也有自来，其逝也有所为。故申吕自岳降，傅说为列星，古今所传，不可诬也。孟子曰："我善养吾浩然之气。"是气也，寓于寻常之中，而塞乎天地之间。卒然遇之，则王、公失其贵，晋、楚失其富，良、平失其智，贲、育失其勇，仪、秦失其辩，是孰使之然哉？其必有不依形而立，不恃力而行，不待生而存，不随死而亡者矣。故在天为星辰，在地为河岳，幽则为鬼神，而明则复为人。此理之常，无足怪者。

自东汉以来，道丧文弊，异端并起，历唐贞观、开元之盛，辅以房、杜、姚、宋而不能救。独韩文公起布衣，谈笑面麾之，天下靡然从公，复

归于正，盖三百年于此矣。文起八代之衰，而道济天下之溺；忠犯人主之怒，而勇夺三军之帅；岂非参天地，关盛衰，浩然而独存者乎？盖尝论天人之辨，以谓人无所不至，惟天不容伪。智可以欺王公，不可以欺豚鱼；力可以得天下，不可以得匹夫匹妇之心。故公之精诚，能开衡山之云，而不能回宪宗之惑；能驯鳄鱼之暴，而不能弭皇甫镈、李逢吉之谤；能信于南海之民，庙食百世，而不能使其身一日安之于朝廷之上。盖公之所能者天也，其所不能者人也。

始潮人未知学，公命进士赵德为之师。自是潮之士，皆笃于文行，延及齐民，至于今，号称易治。信乎孔子之言："君子学道则爱人，小人学道则易使也。"潮人之事公也，饮食必祭，水旱疾疫，凡有求必祷焉。而庙在刺史公堂之后、民以出入为艰。前守欲请诸朝作新庙，不果。元祐五年，朝散郎王君涤来守是邦，凡所以养士治民者，一以公为师。民既悦服，则出令曰："愿新公庙者听。"民欢趋之，卜地于州城之南七里，期年而庙成。

或曰：公去国万里，而谪于潮，不能一岁而归，没而有知，其不眷恋于潮也，审矣。轼曰："不然。"公之神在天下者，如水之在地中，无所往而不在也。而潮人独信之深，思之至，君慈凄怆，若或见之。譬如凿井得泉，而曰水专在是，岂理也哉？

（宋）苏轼《潮州韩文公庙碑》，《苏轼文集》卷十七，岳麓书社2000年版

作文如做人，须轻外物而自重，自得古人之风

轼顿首再拜鲁直教授长官足下：轼始见足下诗文于孙莘老之坐上，耸然异之，以为非今世之人也。莘老言："此人、人知之者尚少，子可为称扬其名。"轼笑曰："此人如精金美玉，不即人而人即之，将逃名而不可得，何以我称扬为！"然观其文，以求其为人，必轻外物而自重者，今之君子莫能用也。其后过李公择于济南，则见足下之诗文愈多，而得其为人益详。意其超逸绝尘，独立万物之表，驭风骑气，以与造物者游。非独今世之君子所不能用，虽如轼之放浪自弃，与世阔疏者，亦莫得而友也。今者厚书词累幅，执礼恭甚，如见所畏者，何哉？轼方以此求交于足下，而惧其不可得，岂意得此于足下乎！喜愧之怀，殆不可胜！然自入夏以来，家人辈更卧病，忽忽至今，裁答甚缓，想未深讶也。《古风》二首，托物

引类，真得古诗人之风，而轼非其人也。聊复次韵，以为一笑。秋暑，不审起居何如？末由会见，万万以时自重。

（宋）苏轼《答黄鲁直书》，《苏轼文集》卷五十二，岳麓书社2000年版

文艺创作应积学不倦，落华成实，为礼义君子

轼顿首方叔先辈足下：屡获来教，因循不一裁答，悚息不已。比日履兹秋暑，起居佳胜。录示子骏《行状》及数诗，辞意整暇，有加于前，得之极喜慰。累书见责以不相荐引，读之甚愧，然其说不可不尽。君子之知人，务相勉于道，不务相引于利也。足下之文，过人处不少，如李氏《墓表》及子骏《行状》之类，笔势翩翩，有可以追古作者之道。至若前所示《兵监》，则读之终篇，莫知所谓。意者足下未甚有得于中而张其外者，不然，则老病昏惑，不识其趣也。以此，私意犹冀足下积学不倦，落其华而成其实。深愿足下为礼义君子，不愿足下丰于才而廉于德也。若进退之际，不甚慎静，则于定命不能有毫发增益，而于道德有丘山之损矣。

古之君子，贵贱相因，先后相援，固多矣。轼非敢废此道，平生相知，心所谓贤者，则于稠人中誉之，或因其言以考其实，实至则名随之，名不可掩，其自为世用，理势固然，非力致也。陈履常居都下逾年，未尝一至贵人之门，章子厚欲一见，终不可得。中丞傅钦之、侍郎孙莘老荐之，轼亦挂名其间，会朝廷多知履常者，故得一官。某孤立言轻，未尝独荐人也。爵禄砥世，人主所专，宰相犹不敢必，而欲责于轼。可乎？

东汉处士私相谥，非古也，殆以丘明为素臣，当得罪于孔门矣。孟生贞曜，盖亦蹈袭流弊，不足法，而况近相名字乎？甚不愿足下此等也！轼于足下非爱之深，期之远，定不及此，犹能察其意否？近秦少游有书来，亦论足下近文益奇。明主求人如不及，岂有终泪没之理。足下但以道自守，当不求自至。若不深自重，恐丧失所有。言切而尽，临纸悚息。未即会见，千万保爱。近夜眼昏，不一不一。轼顿首。

（宋）苏轼《与李方叔书》，《苏轼文集》卷四十九，岳麓书社2000年版

所谓文者，能达是而已，有意于济世之实用

轼顿首再拜，资深使君阁下。前日辱访，宠示长重笺及诗文一编，伏

读累日，废卷拊掌，有"起予"之叹。孔子曰："辞达而已矣。"物固有是理，患不知之，知之患不能达于口与手。所谓文者，能达是而已。

文人之盛，莫若近世。然私所钦慕者，独陆宣公一人。家有公奏议善本，顷侍讲读，尝缮写进御。区区之忠，自谓庶几于孟轲之敬王，且欲推此学于天下，使家藏此方，人挟此药，以待世之病者，岂非仁人君子之至情也哉！

今观所示议论，自东汉以下十篇，皆欲酌古以御今，有意于济世之实用，而不志于耳目之观美。此正平生所望于朋友与凡学道之君子也。然去岁在都下，见一医工，颇艺而穷，慨然谓仆曰："人所以药为？端为病耳。若欲以适口，则莫若刍豢，何以药为！今孙氏、刘氏皆以药显，孙氏蕲于治病，不择甘苦；而刘氏专务适口，病者宜安所去取？而刘氏富倍于孙氏，此何理也？"使君期文，恐未必售于世。然售不售，岂吾侪所当挂口哉？聊以发一笑耳。

（宋）苏轼《答虔倅俞括奉议书》，《苏轼文集》卷五十九，岳麓书社2000年版

作文须先博观约取，储其材用

久不奉书，过辱不遗，远枉教尺，且审起居佳胜，感慰交集。著述想日益富。示谕治《春秋》学，此儒者本务，又何疑焉。然此书自有妙用，学者罕能领会，若求之绳约中。乃近法家者流，苛细缴绕，竟益何用。惟丘明识其妙用，然不肯尽谈，微见端兆，欲使学者自见之，故仆以为难，盖尝悔少作矣，未敢轻论也。

凡人为文，至老，多有所悔。仆尝悔其少矣，然著成一家之言，则不容有所悔。当且博观而约取，如富人之筑大第，储其材用，既足而后成之，然后为得也。愚意如此，不知是否？夜寒，笔冻眼昏，不罪！不罪！

（宋）苏轼《答张嘉父书》，《苏轼文集》卷五十三，岳麓书社2000年版

辞至于达，能道意所欲言者，文章之至高境界

前后所示著述文字，皆有古作者风力，大略能道意所欲言者。孔子曰："辞达而已矣。"辞至于达，止矣，不可以有加矣。《经说》一篇，诚哉是言也。西汉以来，以文设科而文始衰，自贾谊、司马迁其文已不逮先

秦古书，况其下者？文章犹尔，况所谓道德者乎？所论周勃则恐不然。平、勃未尝一日忘汉，陆贾为之谋至矣；彼视禄、产犹几上肉，但将相和调，则大计自定。若如君言，先事经营，则吕后觉悟，诛两人，而汉亡矣。某少时好议论古人，既老涉世更变，往其言之过，故乐以此告君也。

儒者之病，多空文而少实用。贾谊、陆贽之学，殆不传于世。老病且死，独欲以此教子弟。岂意姻亲中，乃有王郎乎！三复来贶，喜抃不已！应举者志于得而已。今程试文字，千人一律，考官亦厌之，未必得也。如君自信不回，必不为时所弃也。又况得失有命，决不可移乎！勉守所学，以卒远业。相见无期，万万自重而已。人还，谨奉手启，少谢万一。

（宋）苏轼《与王庠书》，《苏轼文集》卷六十，岳麓书社2000年版

辞至于能达，则文不可胜用矣

所示书教及诗赋杂文，观之熟矣。大略如行云流水，初无定质，但常行于所当行，常止于不可不止，文理自然，姿态横生。孔子曰："言之不文，行而不远。"又曰："辞达而已矣。"夫言止于达意，即疑若不文，是大不然。求物之妙，如系风捕影，能使是物了然于心者，盖千万人而不一遇也，而况能使了然于口与手者乎？是之谓辞达。辞至于能达，则文不可胜用矣。扬雄好为艰深之辞，以文浅易之说，若正言之，则人人知之矣。此正所谓雕虫篆刻者，其《太玄》、《法》皆是类也；而独悔于赋，何哉？终身雕篆，而独变其音节、便谓之经，可乎？屈原作《离骚经》，盖《风》、《雅》之再变者，虽与日月争光可也，可以其似赋而谓之雕虫乎？使贾谊见孔子，升堂有余矣，而乃以赋鄙之，至与司马相如同科，雄之陋如此比者甚众；可与知者道，难与俗人言也，因论文偶及之耳。

欧阳文忠公言文章如精金美玉，市有定价，非人所能以口舌定贵贱也。纷纷多言，岂能有益于左右，愧悚不已。

所须惠力法雨堂字，轼本不善作大字，强作终不佳；又舟中局迫难写，未能如教。然轼方过临江，当往游焉，或僧有所欲记录，当作数句留院中，慰左右念亲之意。今日已至峡山寺，少留即去，愈远，惟万万以时自爱。不宣。

（宋）苏轼《答谢民师推官书》，《苏轼文集》卷四十九，岳麓书社2000年版

诗文皆有为而作，言必中当世之过

孔子曰："吾犹及史之阙文也，有马者借人乘之，今亡矣夫。"史之不阙文，与马之不借人也，岂有损益于世也哉？然且识之，以为世之君子长者，日以远矣，后生不复见其流风遗俗，是以日趋于智巧便佞而莫之止。是二者虽不足以损益，而君子长者之泽在焉，则孔子识之，而况其足以损益于世者乎。

昔吾先君适京师，与卿士大夫游，归以语轼曰："自今以往，文章其日工，而道将散矣。士慕远而忽近，贵华而残实，吾已见其兆矣。"以鲁人凫绎先生之诗文十余篇示轼曰："小子识之。后数十年，天下无复为斯文者也。"先生之诗文，皆有为而作，精悍确苦，言必中当世之过，凿凿乎如五谷必可以疗饥，断断乎如药石必可以伐病。其游谈以为高，枝词以为观美者，先生无一言焉。

其后二十余年，先君既没，而其言存。士之为文者，莫不超然出于形器之表，微言高论，既已鄙陋汉、唐，而其反复论难，正言不讳，如先生之文者，世莫之贵矣。轼是以悲于孔子之言，而怀先君之遗训，益求先生之文，而得之于其子复，乃录而藏之。先生讳太初，字醇之，姓颜氏，先师兖公之四十七世孙云。

（宋）苏轼《凫绎先生诗集叙》，《苏轼文集》卷十，岳麓书社 2000 年版

艺术创作得其情而尽其性

凡人相与号呼者，贵之则曰公，贤之则曰君，自其下则尔汝之。虽公卿之贵，天下貌畏而心不服，则进而君公，退而尔汝者多矣。独王子猷谓竹君，天下从而君之无异辞。今与可又能以墨象君之形容，作堂以居君，而属予为文、以颂君德，则与可之于君，信厚矣。与可之为人也，端静而文，明哲而忠，士之修洁博习，朝夕磨治洗濯，以求交于与可者，非一人也。而独厚君如此。君又疏简抗劲，无声色臭味，可以娱悦人之耳目鼻口，则与可之厚君也，其必有以贤君矣。世之能寒燠人者，其气焰亦未至若霜雪风雨之切于肌肤也，而士鲜不以为欣戚丧其所守。自植物而言之，四时之变亦大矣，而君独不顾。虽微与可，天下其孰不贤之。然与可独能得君之深，而知君子所以贤。雍容谈笑，挥洒奋迅而尽君之德，稚壮枯老

之容，披折偃仰之势；风雪凌历，以观其操；崖石荦确，以致其节。得志，遂茂而不骄；不得志，瘁瘠而不辱。群居不倚，独立不惧。与可之于君，可谓得其情而尽其性矣。余虽不足以知君，愿从与可求君之昆弟子孙族属朋友之象，而藏于吾室，以为君之别馆云。

（宋）苏轼《墨君堂记》，《苏轼文集》卷十一，岳麓书社2000年版

有道有艺

或曰：龙眠居士作《山庄图》，使后来入山者信足而行，自得道路；如见所梦，如悟前世；见山中泉石草木，不问而知其名；遇山中樵溪隐逸，不名而识其人。此岂强记不忘者乎？曰非也。画日者常疑饼，非忘日也。醉中不以鼻饮，梦中不以趾捉，天机之所合，不强而自记也。居士之在山也，不留于一物，故其神与万物交，其知与百工通。虽然，有道有艺。有道而不艺，则物虽形于心，不形于手。吾尝见居士作华严相，皆以意造，前与佛合。佛菩萨言之，居士画之，若出一人，况自画其所见者乎？

（宋）苏轼《书李伯时〈山庄图〉》，《苏轼文集》卷七十，岳麓书社2000年版

好其德，好其画者乎

与可之文，其德之糟粕。与可之诗，其文之毫末。诗不能尽溢，而为书，变而为画，皆诗之余。其诗与文，好者益寡。有好其德，如好其画者乎？悲夫！

（宋）苏轼《文与可画墨竹屏风赞》，《苏轼文集》卷二十一，岳麓书社2000年版

技道两进

少游近日草书，便有东晋风味。作诗增奇丽。乃知此人不可使闲，遂兼百技矣。技进而道不进则不可，少游乃技、道两进也。

（宋）苏轼《跋秦少游书》，《苏轼文集》卷六十九，岳麓书社2000年版

字画工拙，亦可观其人邪正

观其书，有以得其为人，则君子小人必见于书。是殆不然。以貌取

人，且犹不可，而况书乎？吾观颜公书，未尝不想见其风采，非徒得其为人而已，凛乎若见其诮卢杞而叱希烈，何也？其理与韩非窃斧之说无异。然人之字画工拙之外，盖皆有趣，亦有以见其为人邪正之粗云。

（宋）苏轼《题鲁公帖》，《苏轼文集》卷六十九，岳麓书社 2000 年版

苏　辙

苏辙（1039—1112），字子由，眉州眉山（今属四川）人，北宋文学家，"唐宋八大家"之一。苏辙与父亲苏洵、兄长苏轼齐名，合称"三苏"。苏辙以散文著称，擅长政论和史论，在道与文的关系上主张道胜于文，强调创作具有伦理价值的诗文。著有《栾城集》等行于世。

文者，其气充乎其中，气可以养而致

以为文者气之所形，然文不可以学而能，气可以养而致。孟子曰："我善养吾浩然之气。"今观其文章，宽厚宏博，充乎天地之间，称其气之小大。太史公行天下，周览四海名山大川，与燕、赵间豪俊交静，救其文疏荡，颇有奇气。此二子者岂会执笔学为如此之文哉？其气充乎其中，而湿乎其貌。动乎其言，而见乎其文，而不自知也。

辙生十有九年矣。其居家所与游者，不过其邻里乡党之人，所见不过数百里之间，无高山大野，可登览以自广；百氏之书，虽无所不读，然皆古人之陈迹，不足以激发其志气。恐遂汨没，故决然舍去，求天下奇闻壮观，以知天地之广大。过秦、汉之故都，姿观终南、嵩、华之高，北顾黄河之奔溢，慨然想见古之豪杰。至京师，仰观天子宫阙之壮，与仓廪、府库、城池、苑囿之离且大也，而后知天下之巨丽。见翰林欧阳公，听其议论之宏辩，观其容貌之秀伟，与其门人贤士大夫游，而后知天下之文章聚乎此也。

太尉以才略冠天下，天下之所恃以无忧，四夷之所惮以不敢发，入则周公、召公，出则方叔、召虎，而辙也未见焉。且夫人之学也，不志其大，虽多而何为？缴之来也，于山见终南、嵩、华之高，于水见黄河之大且深，于人见欧阳公，而犹以为未见太尉也，故愿得观贤人之光耀，闻一

言以自壮，然后可以尽天下之大观而无憾者矣。

辙年少，未能通习吏事。向之来，非有取于斗升之禄，偶然得之，非其所乐。然幸得赐归待选，使得优游数年之间，将归益治其文，且学为政。太尉苟以为可教而厚教之，又幸矣。

（宋）苏辙《上枢密韩太尉书》，《栾城集》卷二十二，上海古籍出版社2009年版

诗歌内容应合于道

唐人工于为诗，而陋于闻道。孟郊尝有诗曰："食荠肠亦苦，强歌声无欢。出门如有碍，谁谓天地宽。"郊耿介之士，虽天地之大，无以安其身，起居饮食，有戚戚之忧，是以卒穷以死。而李翱称之，以为郊诗"高处在古无上，平处犹下顾、沈、谢"，至韩退之亦谈不容口。甚矣，唐人之不闻道也。孔子称颜子："在陋巷，人不堪其忧，回也不改其乐。"回虽穷困早卒，而非其处身之非可以言命，与孟郊异矣。

（宋）苏辙《诗病》，《栾城集》卷八，上海古籍出版社2009年版

朱长文

朱长文（1039—1098），字伯原，号乐圃、潜溪隐夫，苏州吴县（今属江苏苏州）人。北宋知名的书学、琴学理论家，认为艺术有社会教化、经世治国、怡情性情等作用。著有《琴史》《墨池编》《续书断》等。

音生于乐，乐出于和

盛德兴乐，至和本人；不在八音之制，尽由万化之纯。既备情文，用写欢心之极，岂专声律？诚非末节之因。窃原乐与天同，音由人起。盖喜怒哀乐，既怵于外，而瞧啴散厉，遂形于此。惟圣人图化俗而有作，慎感民之所以积中发外，必资悦豫之深，易俗移风，非独铿锵之美。于时神武外震，烈文内宣，跻八荒于寿域，陶万汇于仁天。于是制以雅颂，播之管弦。既乘时而更制，唯探本以相沿。顺气正声，为群情之影响；黄钟大吕，乃至理之蹄筌。羽毛干戚兮，是谓繁文；管籥钟鼓兮，孰称至乐？惟群元威得其情性，而雅奏密调于商角。理出自然，识归先觉。四时当而天

地顺，既效缉熙；百姓乐而金石谐，未论清浊。且夫不伪者惟乐，可畏者惟民。听暴君之作，则蹙颜而多惧；闻治世之奏，则抃跃以归仁。非声音之异道，盖忧乐以殊伦。是以鼓"清角"于晋邦，曾遭旱暵；歌"后庭"于唐室，谁复悲辛？是以兴替关时，盛衰在政。桑濮非能致乱也，乱先起于淫僻；英茎非能致治也，治必逢于睿圣。未有功成而乐乃不作，未有民困而音能自正。荀公尝定于新律，终贻晋室之忧；郑译虽改于旧音，曷救隋人之病。噫！莫备乎二帝之大乐！莫隆于三代之仁声！庶尹允谐兮，听其击拊；嘉容夷怿兮，感其和平。小则草木之繁胧，大则穹壤之充盈。非徽绎之能及，实欢忻之所成。舜庙笙铺，凤有来仪之应；周庭箕虞，民怀始附之情。异哉！乐出于和，而还以审政之和；音生于乐，而复以导民之乐。逮王道之既远，叹古风之浸薄。绛灌构害，而孝文之议遂寝，房杜未备，而贞观之时不作。幸逢圣代之缉熙，继有名臣之咨度，揆太府之尺以为之度，累上党之黍以为之篇；推乐本之先立，感舆情而咸若。上方乘百年之极治，而集六圣之睿谟。臣请告成于《箫》《勺》。

（宋）朱长文《乐在人和不在音赋》，《乐圃馀稿》卷八，人民音乐出版社2011年版

琴者作乐足以格和气

琴者，乐之一器耳，夫何致物而感祥也？曰：治平之世，民心熙悦，作乐足以格和气；暴乱之世，民心愁蹙，作乐可以速祸灾。可不诚哉！世衰乐废，在位者举不知乐。然去三代未远，工师之间，时有其人，若师旷者，可不谓贤哉！及夫乱久而极，虽工师亦稍奔窜。是以挚、干、缭、缺之俦，相继亡散，而孔子惜之也。

（宋）朱长文《琴史·师旷》，《琴史》卷二计策编，黄山书社2015年版

夫心者道也，琴者器也

夫心者道也，琴者器也。本乎道则可以周于器，通乎心故可以应于琴。若师文之技，其天下之至精乎！故君子之学于琴者，宜正心以审法，审法以察音。及其妙也，则音法可忘，而道器冥感，共殆庶几矣。

（宋）朱长文《琴史·师文》，《琴史》卷二计策编，黄山书社2015年版

人之善恶，音声能知

人之善恶，存于思虑，则见于音声，惟知音者能知之。故曰："惟乐不可以为伪。"人之思虑且知之，则世之治乱，举不能隐矣。汉世乐道废弛，如伯喈者，一人而已。

（宋）朱长文《琴史·蔡邕》，《琴史》卷三计策编，黄山书社2015年版

乐者，上出于君心之和，下出民心之和

舜弦之五，本于羲也。五弦所以正五声也。圣人观五行之象丽于天，五辰之气运于时，五材之形用于世，于是制为宫、商、角、徵、羽，以考其声焉。凡天地万物之声，莫出于此五音。故最浊者谓之宫，次浊者谓之商，清浊中者谓之角，微清者谓之徵，最清者谓之羽。宫为土，为君，为信、为思；商为金，为臣、为义、为言；角为木，为民，为仁，为貌；徵为火，为事，为礼，为视；羽为水，为物，为智，为德。故达于乐者，可以见五行之得失，君臣事物之治乱，五常之兴替，五事之善恶，灼然可以鉴也。帝舜曰："予欲闻六律五声八音，在治忽，以出纳五言，汝听。"盖察音声以为政也。圣人既以五声尽其心之和，心和则政和，政和则民和，民和则物和，夫然，故天下之乐皆得其和矣。天下之乐皆得其和，则听之者莫不迁善远罪，至于移风易俗而不知也。故乐者，上出于君心之和，下出于民心之和。上出于君心之和而复以致君于善也；下出于民心之和而复以纳民于仁也。故五声之和，致八风之平，风平则寒暑雨旸，皆以其叙，而太平之功成矣；五声不和，致八风之违，则寒暑雨旸，皆失其叙，而危乱之忧著矣。五声之感人，皆有所合于中也。宫正脾，脾正则好信，故闻宫声者，湿润而宽悦；商正肺，肺正则好义，故闻商声者刚断而立事；角正肝、肝正则好仁，故闻角声者，恻隐而慈爱；徵正心，心正则好礼，故闻徵声者，恭俭而谦挹；羽正肾，肾正则好智，故闻羽声者，深思而远谋。此先王所以贵于乐也。夫五声之作，始于宓羲之琴，其后神农黄帝尧舜氏作，于是按之为六律，播之为八音，而大乐备矣。故琴者，五声之准，六律之元，八音之奥也。

（宋）朱长文《琴史·释弦》，《琴史》卷六计策编，黄山书社2015年版

雅琴之音，感动善心

音之生，本于人情而已矣。夫遇世之治，则安以乐；逢政之苛，则怨以怨；悼时之危，则哀以思，此君子之常情也。出于情，发于中，形于声，若影响之速也。然君子之情，虽安以乐，而不忘于戒劝；虽怨以怨，而不忘于忠厚；虽哀以思，而不忘于扶持。故其为声，亦屡变而数迁，不可以为常也。善治乐者，犹治诗也，亦以意逆志，则得之矣。夫八音之中，惟丝声于人情易见。而丝之器，莫贤于琴。是故听其声之和，则欣悦喜跃；听其声之悲，则蹙頞愁涕，此常人皆然，不待乎知音者也。若夫知音者，则可以默识群心，而预知来物，如师旷知楚师之败，钟期辨伯牙之志是也。古之君子，不彻琴瑟者，非主于为已，而亦可以为人也。盖雅琴之音，以导养神气，调和情志，埶发陶愤，感动善心，而人之听之者亦皆然也。岂如他乐以慆心堙耳，佐欢悦听，以为尚哉！古之音指，盖淳静简略，经战国暴秦，工师逃散，其失多矣。然其故曲遗名，传者尚多，《琴操》所纪，皆汉时有之也。

……

虽然，古学之行于人者，独琴未废。有志于乐者，舍琴何观？安得夔、旷之徒，与之论至音哉！原于古作《论音》。

（宋）朱长文《琴史·论音》，《琴史》卷六计策编，黄山书社 2015 年版

古之弦歌以六德之本，六律为音

古之弦歌，有鼓弦以合歌者，有作歌以配弦者，其归一揆也。盖古人歌则必弦之，弦则必歌之。情发于中，声发于指，表里均也。《周礼》太师教六诗，以六德为之本，以六律为之音。夫以六诗协六律，此鼓弦以合歌也。古之所传十操、九引之类，皆出于感愤之志，形之于言，言之不足，故永歌之，永歌之不足，于是援琴而鼓，此作歌以配弦也。《舜典》曰："诗言志，歌永言，声依永，律和声。"此典乐教人之序也。以声依永，则节奏曲折之不失也；以律和声，则清浊高下之必正也，惟达乐者为能弦歌耳。

孔子之删《诗》也，皆弦歌之，取其合于《韶》《夏》，凡三百篇，皆可以为琴曲也。至汉世，遗音尚存者，惟《鹿鸣》《驺虞》《鹊巢》

《伐檀》《白驹》而已，其余则亡。独文中子尝闵时之乱，泫然鼓《荡之什》，世所不传，而能鼓之，可谓知乐也已。近世琴家所谓操弄者，皆无歌辞而繁声以为美，其细调琐曲，虽有辞，多近鄙俚，适足以助欢欣耳。稽诸事，作《声歌》。

（宋）朱长文《琴史·声歌》，《琴史》卷六计策编，黄山书社2015年版

夫琴者，闲邪复性，乐道忘忧之器

夫琴者，闲邪复性，乐道忘忧之器也。三代之贤，自天子至于士，莫不好之。自汉唐之后，礼缺乐坏，搢绅之徒，罕或知音，然君子隐居求志，藏器徒时者，亦多学焉。然其人或晚登于卿相者、功业溥博而丝桐小艺，史氏或不暇书；终遁岩壑者，名迹幽晦，而弦歌余事，后人岂能遍录？其缺漏无传者，可胜算哉。

（宋）朱长文《琴史·叙史》，《琴史》卷六计策编，黄山书社2015年版

黄　裳

黄裳（1043—1130），字冕仲，号演山，延平（今福建南平）人。北宋著名文学家和词人，其词语言明艳；主张儒道互生共融。著有《演山先生文集》《演山词》等，词作以《减字木兰花》最为著名，流传甚广。

诗之旨在于六义，作诗在心手相遇

罗隐寓以骂，孟郊鸣其穷。始读郁吾气，再味濡我胸。如何志与气，发作瓶瓮中。大见无贤愚，大乐非穷通。弃置二子集，追攀千古风。中兼六义异，下与万物同。妙象生丹青，利器资陶熔。心手适相遇，变化从色空。感寓复收敛，兀然无我翁。

（宋）黄裳《读罗隐、孟郊集》，《演山集》卷三，商务印书馆1935年版

诗词以有德则有风，以言政则有雅

演山居士闲居无事，多逸思，自适于诗酒间。或为长短篇及五七言，

或协以声而歌之，吟咏以抒其情，舞蹈以致其乐。因言风雅颂诗之体，赋比兴诗之用。古之诗人，志趋之所向，情理之所感，含思则有赋，触类则有比，对景则有兴。以言乎德则有风，以言乎政则有雅，以言乎功则有颂。采诗之官，收之于乐府，荐之于郊庙。其诚可以动天地，感鬼神；其理可以经夫妇，移风俗。有天下者，得之以正乎下，而下或以为嘉；有一国者，得之以化乎下，而下或以为美。以其主文而谲谏，故言之者无罪，闻之者足以诫。

然则古之歌词固有本哉？六序以风为首，终于雅颂，而赋比兴存乎其中。亦有义乎？以其志趣之所向，情理之所感，有诸中以为德，见于外以为风。然后赋比兴本乎此以成其体，以给其用。六者圣人特统以义而为之名，苟非义之所在，圣人之所删焉。故予之词清谈而正，悦人之听者鲜。乃序以为说。

（宋）黄裳《演山居士新词序》，《演山集》卷二十，商务印书馆1935年版

诗由思诚而作

后人多嗜为诗，观其感寓，无复古人之风趣。虽使大师拾其遗者，播之金石，被之丝竹，荐之宗庙，奏之闺门族党，其能使听之者或和而恭，或和而顺，或和而亲，犹古之乐乎？吾不知也。诗之所自，根于心，本于情；性有所感，志有所适，然后著于色，形于声，乃至舞蹈而后已，乌有人伪与其间哉？圣人以"思无邪"断诗三百篇，所谓"无邪"者，谓其思诚耳。诗由思诚而作，则声音舞蹈之间，特诚之所寓焉，故其用大。明足以动天地，幽足以感鬼神；上足以事君，内足以事父。虽至衰世，其泽犹在。野氓闺妇，羁臣贱妾，类能道其志。其情有节，其言有序，岂苟以为文哉？

今世之人。天伦风度，与古人所受同；然内蔽于徇己而失诗之理，外蔽于玩物而丧诗之志。嘉美忧怨，规刺伤闵，适一时之私意，先物而迁就之，此徇己者也。风云泉石，春花秋月，与其情相适，则醉酣歌舞，挥毫而逐其后，以写一时之逸兴，此玩物者也。二人之诗出于伪，非天理之自然，虽清辞丽句，有足爱者，而实不及乡唱之所感；故后世采诗之官废，亦不足为恨也。

予方惜古之诗不复作，及读君所为乐府诗，穷其诗之来，当在虚静

中，有物采之，然后发也。故其言有感物而兴者，有托物而兴者。其嘉美优伤、喜怒哀怨，能道人情物态又难言者。然君无意乎为诗也，寓其诚而已；故虽难言之物，君亦以无意而得之；意其言优游而有断，放肆而有节，不可为群岸也，使播之金石，被之丝竹，存于宗庙，奏于闺门族党，必有应之者。若夫内蔽于徇己而失诗之理，外蔽于玩物而丧诗之志，兹实醉人之诗，岂予所以待君哉？

（宋）黄裳《〈乐府诗集〉序》，《演山集》卷二十一，商务印书馆1935年版

自优游平易中来，有道者之诗

昔览古今诗集至数十家，各言其志，与其才思风韵不同，故其体甚众，高下长短，不可一概而论也。章句之作，有自优游平易中来，天理自感，若无意于为诗者，此体最高，谁辄可许？如相贵人，久而益爱之，清奇怪秀，无所不有。又如大块噫气，以发众窍，俄会于太虚，然后有天籁，未常容力焉；是岂一律之所能制，有心者之所能为者耶？有道者之诗也。其余或出于清苦，或见于平淡，或庄而丽，或细而巧，或健而豪放，或俊而飘逸。其间或能明白，或熟，言尽而意有余，偶有古今人未尝道者；盖于群体中，又其次也。虽然，论其文辞而已。若夫趣向之高下，学问之精粗，器识之贤否，求其志，节之以礼义，莫能逃我。岂特见于区区章句之末哉？

或传示章安诗一编，以序属予。而予闻其诗久矣，会养病，未能详观。故序诗家数体，好事者由吾序而览其诗，可以命章安矣，不必待予亲论而后喻也。

（宋）黄裳《〈章安诗集〉序》，《演山集》卷二十一，商务印书馆1935年版

著书以三性而本于心

道本于心，以性为体，以情为用。志者存于心而行者也，意者思于心而作者也，言者发于心而应者也。著述之古，虽累千百万言，反本而求之，则贯乎一而已。《言意》之为书，识性为之根蒂，才性为之文饰，记性为之证据，合是三性而本于心，禀其可否，著为群言，犹之读书万卷，历历可引其文义，胸间洞然，曾无一点实乎其中。善规夫言意，亦如是而

已。彼我之心一也，有道则通乎一。愚不肖，不敢以为有道，观者考焉。

（宋）黄裳《〈言意文集〉序》，《演山集》卷十九，商务印书馆1935年版

文章是"气"之表现于文辞者

道德之失，其弊害法；文章之失，其弊害道。世之为文章者，采撼袭蹈，苟致文华，文章之所自来者，曾不及知之，则其害道也，何可胜言哉！论文章者，谓气之所寓，此固是也。而气之所以寓乎文章，未有能言者。当谓气之高下，自夫学之远近。古人之学，由心而见性，由性而见天，由天而见道，然后其志高明，其气刚大，出乎万物之表。我无物而交之，物无我而引之，故其气之来也，本乎性天，发乎德机，而形见乎声色。声色不足寓之也，一写于文辞也。与万物之理相得于无穷，与万事之变相适于无常。有如泉源，自山之幽，决为长江大河，时于平流之中，涌为洪澜惊湍，出人不意，开悟其耳目，然后滔滔其东下，岂非其志高明，其气刚大，世气俗趣，不足以系累其灵台者耶？不然，义理之感物，何其愈有而不可尽也。向之默也，其气复为至精；今之言也。其气散为太和。诵而思之，则育天下之德；举而行之，则集天下之事，载道而之后世也。虽发于名数中，而自得之者，其意未始有尽焉。

盖文生于性实，而性实出乎诚心之虚一。故其为文章也，迹方而意圆，迹实而意虚，非才人之文也，有道者之文耳。尝谓有道者之气，其犹天元也欤？当夫杳冥而未发也，万物之理含孕乎其中；及其天行也，葩华枝茎，发出于草木；好音幽情，发出于禽鸟。天理自现在人之视听，使人欣然爱之，乌知其造之者耶？然而春之华万物也，岂常用意于其间哉？太和之气，其来远矣，性天高明，空空无物，随所感寓，发为辞章者，无以异乎天元之华万物也。岂徒华之哉？华之所以求其实焉，非文其言也，言理而文之耳。其文者理，则实存焉；以之思，则育天下之德；以之行，则集天下之事；无以异乎天元之实万物也。

（宋）黄裳《上黄学士书》，《演山集》卷二十三，商务印书馆1935年版

性与天道寓乎文章者

有是道者，其孔子欤？性与天道，孔子寓乎文章者也。人之学，未能

由心而见性，由性而见天，由天而见道，则圣贤所以言者，其谁得之哉？是以子贡曰："性与天道，不可得而闻也。"扬子曰："子贡得其言矣，未得其所以言也。"未得其所以言者，其性与天道之所在欤？圣人所传，其后子思得之；子思所传，其后孟子得之。是以《中庸》七篇，其言身夫性天而寓之，中而高，约而详，源源其来，不知其得之易也。世习物累，不能伤其气而病其文，则性与天道，二子见之矣。二子之后，学者失其传焉。其性无天，其心无官，其志无君，其气无师，是以物物入而累之，言辞之间，徇物而用气。短于气者，无才以运动之；俗于气者，无德以高明之；豪于气者，无道以虚静之。

且夫率性而合之则有道，充性而长之则有才德，而彼方与物竞者，未足以见性。则其气特发于胸间耳。是以讥娱调谈，穷愁忧愤，鄙俚陈旧，一发于文辞。及索其实用，则其言废矣。荀卿、司马迁、扬雄、王通、韩愈，当斯文寂寥中，特起而言焉，更相著书以见于后世。然而荀之文繁多豪纵，圣人言而尽者，荀至譊譊而未之得也。文久而息，节奏久而绝，荀以杀诗书。幽思而无说，闭约而无解，荀以非孟子，彼不知约者所以为详，无说乃实有说耳。

（宋）黄裳《上黄学士书》，《演山集》卷二十三，商务印书馆 1935 年版

黄庭坚

黄庭坚（1045—1105），字鲁直，号山谷道人，洪州分宁（今江西九江修水）人，祖籍浙江金华。北宋著名文学家、书法家，江西诗派开山之祖。黄庭坚的诗以杜甫为宗，提倡诗要有"无意于文，夫无意而意已至"之髓和"点铁成金""夺胎换骨"之法。在书法上，他十分重视创作主体的道德修养，以儒家"君子"为范。著有《豫章黄先生文集》。

理得而辞顺，文章自然出类拔萃

庭坚顿首启：蒲元礼来，厚书勤恳千万，知在官虽劳助，无日不勤翰墨，何慰如之！即日初夏，便有暑气。不审起居何如？所送新诗皆兴寄高远，但语生硬不谐律吕，或词气不逮初造意时，此病亦只是读书未精博

耳。长袖善舞，多钱善贾，不虚语也。南阳刘勰尝论文章之难云："意翻空而易奇，文征实而难工。"此语亦是沈谢辈为儒林宗主时，好作奇语，故后生立论如此。好作奇语，自是文章病，但当以理为主，理得而辞顺，文章自然出群拔萃。观杜子美到夔州后诗，韩退之自潮州还朝后文章，皆不烦绳削而自合矣。往年尝请问东坡先生作文章之法，东坡云："但熟读《礼记》《檀弓》，当得之。"既而取《檀弓》二篇读数百过，然后知后世作文章不及古人之病，如观日月也。文章盖自建安以来好作奇语，故其气象衰苶，其病至今犹在，唯陈伯玉、韩退之、李习之，近世欧阳永叔、王介甫、苏子曲、秦少游，乃无此病耳。公所论杜子美诗，亦未极其趣。试更深思之。若人蜀下峡年月，则诗中自可见，其曰："九钻巴巽火，三蛰楚祠雷。"则往来两川九年，在夔府三年可知也，恐更须改定乃可入石。适多病少安之余，宾客妄谓不肖有东归之期，日日到门，疲于应接。蒲元礼来告行，草草具此。世俗寒温礼数，非公所望于不肖者，故皆略之。三月二十四日。

（宋）黄庭坚《与王观复书一》，《豫章黄先生文集》卷十九，上海书店出版社1989年版

诗歌吟咏情性，诗教温柔敦厚

诗者，人之情性也，非强谏争于廷，怨忿诟于道，怒邻骂坐之为也。其人忠信笃敬，抱道而居，与时乖逢，遇物悲喜；同床而不察，并世而不闻，情之所不能堪，因发于呻吟调笑之声，胸次释然，而闻者亦有所劝勉，比律吕而可歌，列于羽而可舞，是诗之美也。其发为讪谤侵陵，引颈以承戈，披襟而受矢，以快一朝之忿者，人皆以为诗之祸，是失诗之旨，非诗之过也。故世相后或千岁，地相去或万里，诵其诗而想见其人所居所养，如旦暮与之期，邻里与之游也。营丘王知载仕宦在予前，予在江湖浮沉，而知载已没于河外，不及相识也，而得其人于其诗，仕不遇而不怒，人不知而独乐，博物多闻之君子，有文正公家风者邪？惜乎不幸短命，不得发于事业，使予言信于流俗也。虽然，不期于流俗，此所以为君子者耶？

（宋）黄庭坚《书王知载〈朐山杂咏〉后》，《豫章黄先生文集》卷二十六，上海书店出版社1989年版

古之能为文章者，陶冶万物

所寄《释权》一篇，词笔从横，极见日新之效，更须治经，深其渊源，乃可到古人耳。《青琐祭文》，语意甚工，但用字时有未安处。自作语最难，老杜作诗，退之作文，无一字无来处，盖后人读书少，故谓韩杜自作此语耳。古之能为文章者，真能陶冶万物，虽取古人之陈言人于翰墨，如灵丹一粒，点铁成金也。文章最为儒者末事，然既学之，又不可不知其曲折，幸熟思之。至于推之使高，如拳山之崇崛，如垂天之云；作之使雄壮，如沧江八月之涛，海运吞舟之鱼，又不可守绳墨令俭陋也。

（宋）黄庭坚《与洪甥驹父》，《黄庭坚选集》，上海书店出版社1989年版

作文皆须有宗有趣

寄诗语意老重，数过读，不能去手，继以叹息，少加意读书，古人不难到也。诸文亦皆好，但少古人绳墨耳，可更熟读司马子长、韩退之文章。凡作一文，皆须有宗有趣，终始关键，有开有阖，如四渎虽纳百川，或汇而为广泽、汪洋千里，要自发源注海耳。老夫绍圣以前，不知作文章斧斤，取旧所作读之，皆可笑。绍圣以后始知作文章，但以老病惰懒，不能下笔也。外甥勉之，为我雪耻。《骂犬文》虽雄奇，然不作可也。东坡文章妙天下，其短处在好骂，慎勿袭其轨也。

甚恨不得相见，极论诗与文章之善病。临书不能万一，千万强学自爱，少饮酒为佳。见师川所寄诗卷有新句，甚慰人意。比来颇得治经观史书否？治经欲钩其深，观史欲驰会其事理，二者皆须精熟，涉猎而已，无他功也。士朝而肄业，昼而服习、夕而计过，无憾而后即安。此古人读书法也。潘君必数相见，比得其书，甚想见其人。

（宋）黄庭坚《与洪甥驹父》，《黄庭坚选集》，上海书店出版社1989年版

作文章须先养心治性，谈说义理

读书欲精不欲博，用心欲纯不欲杂。读书务博，常不尽意；用心不纯，讫无全功。治经之法，不独玩其文章，谈说义理而已，一言一句，皆以养心治性。事亲处兄弟之间，接物在朋友之际，得失忧乐，一考之于

书，然后尝古人之糟粕而知味矣。读史之法，考当世之盛衰，与君臣之离合。在朝之士，观其见危之大节；在野之士，观其奉身之大义。以其日力之余，玩其华藻，以此心术作为文章，无不如意，何况翰墨与世俗之事哉。

（宋）黄庭坚《书赠韩琼秀才》，《山谷题跋》卷一，上海书店出版社1989年版

文章妙天下，忠义贯日月

至于笔圆而韵胜，挟以文章妙天下，忠义贯日月之气，本朝善书，自当推为第一。数百年后，必有知余此论者。

（宋）黄庭坚《跋东坡墨迹》，《豫章黄先生文集》卷二十九，上海书店出版社1989年版

学书须先有道义，学问于胸中

少年以此缯来乞书，渠但闻人言老夫解书、故来乞尔，然未必能别功枯也。学书要须胸中有道义，又广之以圣哲之学，书乃可贵：若其灵府无程政，使笔墨不减元常、逸少，只是俗人耳。余尝为少年言：士大夫处世，可以百为，唯不可俗，俗便不可医也。或问不俗之状，老夫曰："难言也。"视其平居，无以异于俗人，临大节而不可夺，此不俗人也；平居终日如含瓦石，临事一筹不画，此俗人也。虽使郭林宗、山巨源复生，不易吾言也。

（宋）黄庭坚《书缯卷后》，《豫章黄先生文集》卷二十九，上海书店出版社1989年版

圣人之过处而学之，可学书矣

《兰亭》虽是真行书之宗，然不必一笔一划以为准。譬如周公、孔子不能无小过，过而不害其聪明睿圣，所以为圣人。不善学者，即圣人之过初而学之，故蔽于一曲；今世学《兰亭》者多此也。鲁之闭门者曰："吾将以吾之不可，学柳下惠之可。"可以学书矣。

（宋）黄庭坚《跋〈兰亭〉二则》，《山谷题跋》卷四，上海书店出版社1989年版

游 酢

游酢（1053—1123），字定夫，号广平，建州建阳（今福建南平）人，北宋书法家、理学家。曾师从程颐兄弟门下，尊师重教，程门四大弟子之一。游酢悉心传授理学，使理学得以南传，"中兴于南"与后来朱熹理学思想的形成有着密切的师承关系，被尊称为"道南儒宗"。著有《中庸义》《易说》《诗二南义》《论语·孟子杂解》《文集》各一卷，学者称廌山先生，著有《廌山集》。

兴于诗，感发于善心，要归旨礼义

"兴于诗"，言学诗者可以感发于善心也。如观《天保》之诗，则君臣之义修矣。观《棠棣》之诗，则兄弟之爱笃矣。观《伐木》之诗，则朋友之交亲矣。观《关雎》《鹊巢》之风，则夫妇之经正矣。昔王褒有至性，而弟子至于废讲《蓼莪》，则诗之兴发善心，于此可见矣。而以考其言之文为兴于诗，则所求于诗者外矣，非所谓可以兴也。然则"不学诗无以言"何也？盖诗之情出于温柔敦厚，而其言如之。言者心声也，不得其心，斯不得于言矣。仲尼之教伯鱼，固将使之兴于诗而得诗人之志也。得其心，斯得其所以言，而出言有章矣，岂徒考其文而已哉？诗之为言，发乎情也；其持心也厚，其望人也轻，其辞婉，其气平，所谓入人也深。其要归必止乎礼义，有君臣之义焉，有父子之伦焉。和乐而不淫，怨诽而不乱，所谓"发言为诗"，故可以化天下而师后世。学者苟得其用心，何患其不能言哉？

（宋）游酢《兴于诗章》，《廌山集》卷一，延边大学出版社1998年版

吕南公

吕南公（1047—1086），字次儒，建昌军南城县丰义乡（今江西黎川）人，北宋文学家。他的基本主张是重道但不轻文，认为"士必不得

已于言，则文不可以不工"，他十分重视文章的独特性，兼顾写作技巧。他所主张的"道"并非古代训诂章句之道，而是经世致用之道，主张文与道相兼。著有《灌园集》二十卷。

言以道为主，文不违乎道

盖所谓文者，所以序乎言者也。民之生，非病哑吃，皆有言，而贤者独能成，存于序，此文之所以称。古之人以为道在己而言及人，言而非其序，则不足以致道治人。是故不敢废文。尧、舜以来，其文可得而见，然其辞致抑扬上下，与时而变，不袭一体。

盖言以道为主，而文以言为主。当其所值时事不同，则其心气所到，亦各成其言，以见于所序，要皆不违乎道而已。商之书，其文未尝似虞、夏，而周之书，其文亦不似商书，此其大概。若条件而观之，则谟不类典，《五子之歌》不类《禹贡》，《盘庚》不类《说命》，《微子》又不类《伊训》，至于《秦誓》《洪范》《大诰》《周官》《吕刑》之文，皆不相类也。

盖古人之于文，知由道以充其气，充气然后资之言，以了其心，则其序文之体，自然尽善，而不在准仿。自周之晚，六经始集，七十子之徒，虽不以诵经为功，然其尊仰孔子，盛于前世。及孟子、荀卿相望而出，益复尊孔子而小众家，故秦火即冷，而汉代诸生为辞，不敢自信其心，而曰："我歌颂帝王盛德，与夫论述世故，皆出入六经，峻有师法，不可疵类。"此西汉文所以见高于世，而东京以下学士，不易其说也。

（宋）吕南公《与汪秘校论文书》，《灌园集》卷十一，商务印书馆（台北）1983年版

思自古文学道德之变

虽然，亦其说如此。刘向之文，未尝似仲舒，而相如之文，未尝似马迁，扬雄之文，亦不效孟子也。张衡、左思等辈，于道如从管间窥豹，故其所作文赋，紧持扬马襟袖，而不敢纵其握。自是文章世衰一世，几于童子之临模矣！

繇扬雄至元和千百年、而后韩、柳作。韩、柳之文，未尝相似也，而前此中间寂寞，无足称。岂其固无人？其患起于不知由道以充气，而置我心以视效他人，故虽劳犹不能杰然自立。去元和至吾宋又数百年，而有欧、王之盛。宗其学者，文辞往往奇特，然至今者又已少贬。盖文之为

道，山东京以下，始与经家分两岐，其弊起于气不足。以序言之人，耻无所述，因乃琐屑解诂，过自封殖，且高其言以欺耀后生。曰："文者虚辞，非吾所取，吾当释经以明道而已"，疲软人喜论销兵，是故相师而成党。嗟乎！从之者亦不思矣！

夫扬、马以前文章，何尝失道之旨哉！今之学士，抑又鼓侣，争言韩、柳未及知道，不足以与明；不如康成、王肃诸人，稍近议论。噫！又过矣！夫所为知道者，果将何为？必将善于行事，而有益于世也，不识康成、王肃之行事，有以大过人乎？如以为行事因时，难相比责，则所以去取重轻者，无乃谓学经贯穿众说，难于立意成篇乎？是又非吾所信。

且天下孰有能饮千钟而不能三爵者，彼解诂章句、三爵之才而已。陆淳非不能说经，而当时有书厨之讥、此足以见为文难于解诂。夫使韩、柳为澄之解，而有不能乎？彼韩、柳者，盖知古人之学不如此，是以略其不足为者，精于其可为者耳。

说者又云："吾不论说经为文之难易；但经术明则道可行，吾故趣于此。"此亦不然！夫康成、王肃之时，大乱数百年而后止，此时学者，岂不知宗本王、郑经术耶，道何以不行也？孔、孟以前学者，未尝解经，而言治者，每称三代。且先王所谓明道者，岂解诂章句之谓乎？后人欲追治古经，而按此以进焉，吾不知其与捕风者何异矣？

天下治乱，有常势也。儒者之才，不务见于事功，以助为国者之福，而希世沽名，苟为家说，以乱古书、自称高妙，此何所补？陆淳岂不明《春秋》，希声岂不明《易》，祝钦明岂不明《三礼》，然此徒于当时治乱为有补乎否也？而后生方倚此论功，不自信其心，以思自古文学道德之变，而更纷纷轻视文人。且文章岂足为儒者之功？即能之，固不必恃。然解诂人轻之，亦错矣。是饮千钟者，不自以为能酒，而三爵者反笑千钟之醉也！

某不佞，少年时浪事慷慨，欲以文学自立，二十有余，犹不得其绪，以为能事止于时文而已。盖至于二十四五，然后克有所见，于列、庄见道之书，于《六经》见道之训，于百家见道之所以文，而文之所以得，于十八代史见道之所以变，沉酣而演绎之。窃以诚心自许，私尝以为文字之事，虽使圣人复生，不得废吾所是。而遭时不偶，有前之云云。天下滔滔，未易同志，唯当勒成一家，俟之百世焉耳！

（宋）吕南公《与汪秘校论文书》，《灌园集》卷十一，商务印书馆（台北）1983年版

为文蹇弱，理虽不失，人罕喜读

观古今文人所以论著，气质不齐，要唯才之高者，则道益宜足。彼才之卑者，道虽不足，无所訾议。盖才卑则气弱，气弱则辞蹇。为文而出于蹇弱，则理虽不失，人罕喜读。人不读矣，则谁复料其持论哉！

梦锡才高，仆是以区区矜裁。愿慎将于道，而一期于足。适观《义解神怪记》，所叙详悉，掩卷而思之，不敢遽以为无。但就中而议，则未免于淑诡。昔人有记王辅嗣注《易》事者，云：结茅为人，目以郑玄。特因郑注之缪，则挞之。他日郑见形患责，辅阐惧，而毁茅人。此言亦怪矣。世间事变，累累有出于怪者，人常对之，恬不为异；至于文士叙述，则动见检责。韩退之作一《罗池碑》，到今好事者以为消。陆希声志一梦于《易》尾。学士指以为笑。且罗池之事，岂足惊耶？希声之梦，亦无足疑者。令希声面不志梦，则何害其《易传》之佳耶？然世论终未肯如此。以新记所叙，过于罗池、希声数倍，此安能使人帖然无声。

……

又观《言道颂》，亦窃以为不必作。何者？道本不俟多言然后显也。自孟子之后，有荀，有扬，有王，有韩，四五子皆空言而已。论天下之治平，则汉文帝唐太宗两朝已耳。时皆无孟、荀、扬、王、韩之贤，而道化亦盛。且四五子者，固不幸无位于尔时，乃涉寂寞。但均不幸无位矣，则孟子之言道，不过于孔；而扬子之言道，亦不过于孟，重叠焉而已矣！孟子之言守仁义，荀、扬、王、韩亦何曾不守仁义哉！故圣贤而不幸无位，则重叠空言，千百人与一二人无异也。

孔子之时，儒教备矣；虽经秦火，犹不害于传。盖教道之出乎人心，非简牍多寡所能轩轾。吾尝以为四五子者，有之适无害耳。如使绝然不生，与有扬无孟，有孟无荀，皆自不害。且孔子之言具在，宁俟余人乃可明乎？今梦锡所颂乃如此，仆固不敢从同也。众人方骇颂序所说，以为太怪，此亦仆所不敢同者。以经教所言，多有推天援神事，且求当时之迹，亦安有与上帝授受者？"天乃锡王勇智"，"帝谓文王"，"文王陟降，在帝左右"，此岂与之接足乎？退之称李杜诗亦有"天公呼六丁"之语，盖文之奇变或用此。仆不敢从众，以此怪梦锡也。

（宋）吕南公《与王梦锡书》，《灌园集》卷十四，商务印书馆（台北）1983年版

文学治乱盛衰，贤愚劝诫

知府学士阁下：某南城之东野寒人，少时自虑其智力蹇薄，不足以参农商工技下风，故妄意于文学。盖十五而读书，二十而思义。以为文者，言词之大美。以天地之化，四时之运，人物之成世，古今之无穷，其间变故显幽，治乱盛衰，贤愚劝戒，一切藉文而后经远，其所关系如此。虽古之人处之以力行之余事，然观书契以来，特立之士，未有不善于文者也。士无志于立则已；必有志焉，则文何可以卑浅！

所见即尔，故自唐虞至于近代经子史集说解志载，闻无不求，得无不读，若是者数年。于是探索短长，补缀同异，隐以心灵之所明，尝奋笔而书之，所获多矣。犹未敢遽以为至也，益取古之作者所成，反复熟烂之，期于合似而止。盖年三十余矣，其所造诣，粗若有就。而遭值时变，当路者以能文为贱工，方且推崇马融、王肃、许慎之事业，以风场屋，而剽章掠句，补拆临摹之艺，蔼然大行。以韩柳之显传，宜已不可掩。然而后生脱略，往往轻之。况于未显传者，其何以露锋而出彩。

君子之道，有得于中，则外之贵贱，无以损益于我也。则某于今，岂有所歉！而若有焉，何也？窃以自古文学之兴，其人之所出，隆污不一，然其必有合比也。有大过人者立乎世，则相望而宗师之，孔孟之门是已……

……

夫生而知学，与学而有文，皆离伦之效。以某之不敏，亦何敢以此自张。然方之今昔，得所合比之捷，以不辱其后尘。今乃孤行独息，若无所容，则其所以有歉欤？

（宋）吕南公《上曾龙图》，《灌园集》卷十五，商务印书馆（台北）1983年版

韩愈作文，明义守教，文不袭蹈

论曰：东汉至于元和，学士辞章，日以衰落。敷宜叙述，仅就而已。只字适安，篇句偶全，世以文士许之矣！唯愈畅达雄浑，峻丽严明，肆之不逾，约之不迫，脱去凡近，且趋作者之奥，落笔擅美，出口同书，下视秦、汉以来，俨无愧色。虽或杂出嘲笑，而其归致，犹与荀况、相如并驾方轨。后世虽有追踵，愈不可过也。盛哉文乎！人不称于耕耨而名农，不

善于通贸而名商,妇人竖子知其忝冒可羞,至于文不足乎言,独非学士之羞欤?愈文盖高,亦免羞而已矣。惟其未免者众,故可贵;使愈当《诗》《书》之代,其能独步乎哉!

……

愈之于学,明仁义以守教者也。议不出入故醇,文不袭蹈故高,夫如是足以为愈。今之论者乃曰:愈不知道德。然则必若柳宗元、刘禹锡涉略玄幻,乃为知道德欤?愈文既多,固无不工者。其间有补典训,如《丰陵行》、《谢自然诗》、《李干墓志》、《讳辩》、《师说》、《丧服议》等书,皆人伦之药石也。

(宋)吕南公《重修韩退之传论》,《灌园集》卷十六,商务印书馆(台北)1983年版

若文不工,则有理亦屈

余与凌云先生论立功立言,先生称有道者必能立功,而立功者不必皆有道。余独论立言,以为士必不得已于言,则文不可以不工。盖意有余而文不足,如吃人之辩讼,心未始不虚,理未始不直,然而或屈者,无助于辞而已矣。噫!古今之人苟有所见,则必加思,加思必有得,有得矣而不欲著之言以示世,殆非人情。然而伟谈剧论,不闻人人各有者,此非文不足故欤?

(宋)吕南公《读〈李文饶集〉》,《灌园集》卷十七,商务印书馆(台北)1983年版

刘 弇

刘弇(1048—1102),字伟明,号云龙,安福(今属江西)人。刘弇推崇儒家济世思想,主张作文当以儒家道德规范为基本准则;又强调文以气为主。著有《龙云集》32卷。

藻丰而证博,意滋出而义愈畅

文章之难也,从古则然,虽有博者,莫能该也。则处此有一道焉,变是已。自朴散以来,谁非从事乎文者?其间重见杳出。虽列屋兼两,犹不

能既其实。然其大约有四,曰经、曰史、曰诗、曰骚,而诸子盖不预也;则亦不离乎变而已。经之作也,使读《诗》者如无《书》,读《书》者如无《易》;其读《礼》、《春秋》也亦然……夫是之谓善变。此殆韩愈所谓"惟陈言之务去"、陆机所谓"怵他人之我先"者欤?

二汉而下,独唐元和、长庆间文章,号有前代气骨。何则? 知变而然也。如李翱、皇甫湜辈,尚恨有所未尽;下是则虫欢鸟聒,过耳已抿,盖无以议为也。韩子之文,如六龙解骖,放足千里,而逸气弥劲,真物外之绝羁也。柳子厚之文,如蒲牢叩鲸钟,骁壶跃俊矢,壮伟捷发,初不留赏,而喜为愀怆凄泪之辞,殆骚人之裔比乎! 李翱之文,如鼎出汾阴,鼓迁岐阳,郁有古气。而所乏者韵味。皇甫湜之文,如层崖束湍,翔霆破柱,当之者骇矣,而略无韶韵。吕温之文,如兰槦桂橑,质非不美,正恐不为杞梓家所录。刘禹锡之文,如剔柯棘林,还相影发,而独欠茂密。权德舆之文,如静女庄士,能自检警,无媒介则蹶矣。

……

藻丰而证博,意滋出而义愈畅,真博大者之言也。语其形似,则如白玉田种种浑璞,如青翰客而有秀举,如天骥踽影,箬理讽酒。

(宋)刘弇《上曾子固先生书》,《龙云集》卷十五,上海古籍出版社1987年版

文章以气为主

然又有甚乎此者,其文章与其气完者其辞浑以壮,其气削者其藻局以卑,是故排而跃之,非怒张也;缀而留之,非惧胁也;遒纵捷发,非谷而骄也;纤余不肆,非愈而痿也。时出冷汰以示其清,务为庞浑以示其厚,如将不得已以示其平,无适而不在于理,以示其专破觚扫轨,以示其数鼓而不竭也。丹臁缋绘,以示其朝彻而更新也。有毅然不可犯,如汲黯之面折者;有时女守柔,如回车以避廉颇者;有省语径说,如曾子之守约者;有洒落快辩无敢校对,如季布之呵曹武阳者。故曰:文章以气为主。岂虚言哉?

孔子之气,周天地,该万变,故六经无余辞焉。而其小者。犹足以叱夹谷之强齐。孟子芥视万钟,小晏婴、管仲,而其自养,则有所谓希然者,故其书卒贻后世。语赋者莫如相如,相如似不从人间来者,以其葛蔺

也。语史者莫如子长，魂玮豪爽，视古无上者。以其上会稽，探禹穴。窥九疑，浮沉湘以作其气也。唐之文章，固无出退之者，其入王庭凑军也，视若轩渠乳儿，则足以知其气矣。若夫持正褊中，禹锡浮躁，元镇缘宦人取宠，吕温茹便僻求进，而宗元戚嗟于放度之湘南，皆其气之不完者，故其文章终馁于理，亦其势然也。

（宋）刘弇《上运判王司封书》，《龙云集》卷十八，上海古籍出版社1987年版

截然自造于性命道德之际，文章所为作也

盖尝以为使真理不言而喻，妙道无迹而行，则世复何赖于言，而言亦无以应世矣。惟其形容之不能写，精微之不能尽，中有以类万物之情，外有以贯万物之变，旁有以发其耳目之聪明，而截然自造于性命道德之际，此言之所以不可已，而文章所为作也。盖自孟子以来，号著书者甚众，而汉独一扬雄而已。唐自元和间，复得韩愈、柳宗元之徒，垂千百年，历三四人，至吾宋而又得夫所谓三人者，何其作之鲜耶？孟子之言，淳深浑厚，扬子之言，劲直邃密；其为法谨严，其立意微妙。至于欧、王二公之文，又议之而不暇也。盖未易轻议，而请以韩、柳及陶下之文言焉。

……至于阁下之文则不然，纡徐容与，优游平肆，其析理精，其寓意微，其序事详且密。而独驰明于百家之上，浑浑乎其深也，暨暨乎其壮也。警乎其似质而无当于用也。韬乎其与物逝而不主于故常也。沉乎其若浮，敛乎其似无所止，而迢迢乎如将治而不可穷也。

（宋）刘弇《上知府曾内翰书》，《龙云集》卷二十一，上海古籍出版社1987年版

秦　观

秦观（1049—1100），字少游，号淮海居士，别号邗沟居士，高邮军武宁（今江苏高邮）人。北宋婉约派词人，儒客大家。秦观自少跟从苏轼学习，诗词鉴赏学于王安石，所写诗词高古沉重，寄托身世，感人至深。他擅长在诗文中议论时事态势，以仁、义、礼为基本准则，兼有诗、词、文赋和书法多方面的艺术才能。著有《淮海集》。

六经之教，以仁义礼为用

孟子曰："仁者，人也；合而言之，道也。"扬子亦曰："道以导之，德以得之，仁以人之，义以宜之，礼以体之，天也。合则浑，离则散。"盖道德者，仁义礼之大全；而仁义礼者，道德之一偏。黄老之学，贵合而贱离，故以道为本。六经之教，于浑者略，于散者详，故以仁义礼为用。迁之论大道也，先黄老而后六经，岂非有见于此而发哉！

方汉武用法刻深，急于功利。大臣一言不合，辄下吏就诛，有罪当刑，得以货自赎，因而补官者有焉。于是朝廷皆以偷合苟免为事，而天下皆以窃赀殖货为风。迁之遭李陵祸也，家贫无财贿自赎，交游莫救左右亲近，不为一言，以陷腐刑。其愤懑不平之气，无所发泄，乃一切寓之于书。

其所称道，不能无溢美之言也。若以《春秋》之法，明善恶定邪正贵之，则非矣。扬子曰："太史公，圣人将有取焉。"又曰："多爱不忍，子长也。仲尼多爱，爱义也；子长多爱，爱奇也。"夫惟所爱不主于义而主于奇，则迁不为无过；若以是非颇谬于圣人，曷为乎有取也？

（宋）秦观《司马迁论》，《淮海集》卷二十，上海古籍出版社2000年版

探道德之理，述性命之情，此论理之文

臣闻先王之时，一道德、同风俗，士大夫无意于为文。故六艺之文，事词相称，始终本末，如出一人之手。后世道术为天下裂，士大夫始有意于为文。故自周衰以来，作者班班，相望而起，奋其私知，各自名家。然总而论之，未有如韩愈者也。

何则？夫所谓文者，有论理之文，有论事之文，有叙事之文，有托词之文，有成体之文。探道德之理，述性命之情，发天人之奥，明死生之变，此论理之文，如列御寇、庄周之所作是也。别白黑阴阳，要其归宿，决其嫌疑，此论事之文，如苏秦、张仪之所作是也。考同异，次旧闻，不虚美，不隐恶，人以为实录，此叙事之文，如司马迁、班固之作是也。原本山川，极命草木，比物属事，骇耳目，变心意，此托词之文，如屈原、宋玉之作是也。钩列、庄之微，扶苏、张之辩，摭班、马之实，猎屈、宋之英，本之以《诗》《书》，折之以孔氏，此成体之文，韩愈之所作是也。

盖前之作者多矣，而莫有备于愈；后之作者亦多矣，而无以加于愈。故曰：总而论之，未有如韩愈者也。

然则列、庄、苏、张、班、马、屈、宋之流，其学术才气皆出于愈之文，犹杜子美之于诗，实积众家之长，适当其时而已。昔苏武、李陵之诗，长于高妙；曹植、刘公幹之诗，长于豪逸；陶潜、阮籍之诗，长于冲澹；谢灵运、鲍昭之诗，长于峻洁；徐陵、庚信之诗，长于藻丽。于是杜子美者，穷高妙之格，极豪逸之气，包冲澹之趣，兼峻洁之姿，备藻丽之态，而诸家之作，所不及焉。然不集诸家之长，杜氏亦不能独至于斯也。岂非适当其时故耶？

孟子曰："伯夷，圣之清者也；伊尹，圣之任者也；柳下惠，圣之和者也；孔子，圣之时者也。孔子之谓集大成。"呜呼！杜氏韩氏，亦集诗文之大成者欤！

（宋）秦观《韩愈论》，《淮海集》卷二十二，上海古籍出版社2000年版

士人先道德器识而后文章

阁下谓："蜀之锦绮妙绝天下，苏氏蜀人，其于组丽也独得之于天，故其文章如锦绮焉。"其说信美矣，然非所以称苏氏也。苏氏之道，最深于性命自得之际；其次则器足以任重，识足以致远；至于议论文章，乃其与世周旋，至粗者也。阁下论苏氏、而其说止于文章，意欲尊苏氏，适卑之耳。

阁下又谓："三苏之中，所愿学者，登州为最优。"于此尤非也。老苏先生，仆不及识其人，今中书、补阙二公，期仆尝身事之矣。中书之道，如日月星辰，经纬天地；有生之类，皆知仰其高明。补阙则不然，其道如元气行于混沦之中，万物由之而不知也。故中书尝自谓"吾不及子由"，仆窃以为知言。阁下试赢数日之粮，谒二公于京师；不然，取其所著之书，熟读而精思之，以想见其人，然后知吾言之不谬也。文翁哀词，杼思久矣，重蒙示渝，尤增感怆。时气尚热。未及晤见，千万顺时自爱。因风，无惜以书见及，幸甚！

（宋）秦观《答傅彬老简》，《淮海集》卷三十，上海古籍出版社2000年版

文以说理为上

文以说理为上，序事为次，古人皆备而有之。后世知说理者，或失于略事；而善序事者，或失于悖理，皆过也。盖能说理者始可以通经，善序事者始可以修史。

（宋）秦观《通事说》，《淮海集》卷六，上海古籍出版社 2000 年版

陈师道

陈师道（1053—1102），字履常，号后山居士，徐州彭城（今江苏徐州）人，北宋文学家，"苏门六君子"之一，江西诗派重要作家。陈师道的文学成就主要在诗歌创作上，他的诗文多以质朴平和的辞句为主，主张仁义之道。著有《后山集》。

夫子之诗，德成于心，后才为用

孔子曰："莫我知也。"夫又曰："诗可以怨。"君子亦有怨乎？夫臣之事君，犹子之事父，弟之事兄，妾妇之事夫也。为人之子而父不爱焉，为人之弟而兄不爱焉，为人之妾妇而夫不爱焉，则人之深情，皆以为怨。情发于天，怨出于仁，舜之号泣，伯奇之履霜，周公之鸱鸮，孔子之猗兰，人皆知之。而不怨有二焉：东邻之子，西邻之父，不爱也。人虽褊心，莫以为意，谓之路人。夫妇之恩穷，君臣之义尽，然后为路人；路人则不怨。责全于君子，小人则不责也；谓其不足责也。致怨于明主，昏主则不怨也，谓其不足怨也，则又不怨。故人臣之罪，莫大于不怨。不怨则忘其君，多怨则失其身，又有义焉，此其所以异于小人者也。

夫子之诗，仁不至于不怨，义不至于多怨，岂惟才焉，又天下之有德者也。夫才者德之用也，德成于心，而后才为用；才尽于身，而后物为用；吾于夫子见之矣。又为之序以诏学者。

（宋）陈师道《颜长道诗序》，《后山集》卷十一，中华书局 1931 年版

言以述志，文以成言

师道启，学始于身而成于性，欲善其身而不明于善，所谓徒善者也。

徒善者，非善之正也，是故学者所以明善也。学，外也；思，内也。学以佐行，思以佐学，古之制也。若其自得，则在子矣。士之所戒，其惟名乎！声实相从，如影之于形，短长曲直，惟形之使。无实之名，黎人贩焉，善人畏焉；得且畏之，况求之乎？言以述志，文以成言。约之以义，行之以信；近则致其用，远则致其传：文之质也。大以为小，小以为大；简而不讷，盈而不余：文之用也。正心完气，广之以学，斯至矣。厚问非所及，敬诵所闻，足下其择焉。

（宋）陈师道《答江端礼书》，《后山集》卷九，中华书局 1931 年版

晁补之

晁补之（1053—1110），字无咎，号归来子，济州钜野（今山东巨野）人，北宋时期著名文学家。善于创作，能诗词，善属文，工书画，又善文论，强调创作者的思想修养。著有《鸡肋集》《晁氏琴趣外篇》等。

文如其人，须致思高远

鲁直于治心养气，能为人所不为，故用于读书为文字，致思高远，亦似其为人。陶渊明泊然物外，故其语言多物外意；而世之学渊明者，处喧为淡，例作一种不工无味之辞曰："吾似渊明。"其质非也。

（宋）晁补之《书鲁直题高求父〈扬清亭〉诗后》，《鸡肋集》卷三十三，中华书局 2008 年版

贵乎文者，应重视思想修养

问：文犹质也，质犹文也。虎豹之鞟，犹犬羊之鞟。所贵乎文者，以其有别也。圣人则炳，君子则蔚，辩人则萃，见乎外不掩乎内者如此。故古之观人者慎焉，盖莫慎于汉。汉之文，同风三代，其一时行事类是。而陵夷晋宋，群丑乱夏，士大夫相与为言语于鞍马流离之间，因以靡靡不能复振。譬之草木百鸟，灼然其华，嘤然其鸣，奄忽物化，声采偕尽。而好事者犹往往而传，溺其淫辞，以诎法度。独一王通起而论之，知其亦有君子之心；而知其亦有小人，或傲或冶，或怨或怒，或纤或夸，鄙而贪，诡

而捷，以谓皆古之不利人。夫玩其文，不索其实，遂往不返，则风俗斯殆。而通于此能辞而精之，则通也亦可谓知言者非邪？本朝以言取人，盖文盛矣。士平居出孝入弟，行有余力，然后学文，而有司一日之进退，则卒不在行。今庶几乎亦欲因其言而观焉。非好学深思心知其意者，孰能正之？必曰以言取人，失之宰予，孔子犹病；则通于此其能知者，复何以也？愿并闻之。

（宋）晁补之《策问》，《鸡肋集》卷三十九，中华书局 2008 年版

文如其人，读其书如见其人

文章视其一时风声气俗所为，而巧拙则存乎人，亦其所养有薄厚。故激扬沉抑，或侈或廉，秾纤不同，各有态度，常随其人性情刚柔、静躁、辩讷，虽甚爱悦，其致不能以相传。知此者，则古人已远。若与之并世而未之接，得其书读焉，如对而语，以之逆其志，曰："此何如人也？此何如人也？"无不可言者。

……

魏人所以尚义喜文章，亦其余也。而远叔又倜傥有美才，自童子时为辞赋，则已绮丽；去举进士，一上中第；所居官官治，而益致志于学。其所为诗文，盖多至四百篇。其言雅驯类唐人语，尤长于议论酬答，思而不迫，读者知其人通达温温君子也。

……

无几何，远叔卒。后补之官于魏，而其子采在陈，以书来曰："先君不幸，惟子为知其志，为采序先君诗文，采不孤矣。"补之复曰："我贫贱，远叔知我，不肯遇我以众人。我不敢曰知远叔，顾平居所尝得，而宜为人道者若此，可默哉？"乃次第归之。采字仲素，好学良士，能世其先人。

（宋）晁补之《〈石远叔集〉序》，《鸡肋集》卷三十四，中华书局 2008 年版

杨 时

杨时（1053—1135），字中立，号龟山，祖籍弘农华阴（今陕西华阴东），后居南剑西镛州龙池团（今福建三明将乐）。北宋哲学家、文学家。

杨时先后学于程颢、程颐，将"二程"洛学传播至东南等广大地区，杨时的理学思想在"二程"和朱熹之间起到了承前启后的作用，为闽学及其思想体系的形成打下了坚实基础。杨时推崇"诗三百篇"为榜样，文艺理论的核心在于"正乎礼义""所思无邪"。著有《龟山集》《二程粹言》。

崇六经而黜文辞，因其明天道，正人伦

六经，先圣所以明天道，正人伦，致治之成法也。其文自尧舜历夏周之际，兴衰治乱成败之迹，救敝通变因时损益之理，皆焕然可考。网罗天地之大，文理、象器、幽明之故，死生终始之变，莫不详谕曲譬，较然如数一二。宜乎后世高明超卓之士，一抚卷而尽得之也。予窃怪唐虞之世，六籍未具，士于斯时，非有诵记操笔缀文，然后为学也；而其蕴道怀德，优入圣贤之域者何多耶？其达而位乎上，则昌言嘉谟，足以亮天工而成大业；虽困穷在下，而潜德隐行，犹足以经世励俗。其芳猷美绩，又何其章章也？

自秦焚诗书，坑术士，六艺残缺。汉儒收拾补缀，至建元之间，文辞蔡如也。若贾谊、董仲舒、司马迁、相如、扬雄之徒，继武而出，雄文大笔，驰骋古今，沛然如决江汉，浩无津涯。后虽有作者，未有能涉其波流也。然贾谊明申韩，仲舒陈灾异，马迁之多爱，相如之浮侈，皆未足与议。惟扬雄为庶几于道，然尚恨其有未尽者。积至于唐，文籍之备，盖十百前古。元和之间，韩柳辈出，咸以古文名天下，然其论著不诡于圣人盖寡矣。

自汉迄唐千余岁，而士之名能文者无过是数人，及考其所至，卒未有能倡明道学，窥圣人阃奥如古人者。然则古之时，六籍未具，不害其善学，后世文籍虽多，亡益于得也。孔子曰："予非多学而识之，予一以贯之。"岂不信矣哉！

（宋）杨时《送吴子正序》，《龟山集》卷二十五，中华书局 2018 年版

默会圣人之意，否定文之价值

予尝谓学者视圣人，其犹射之于正鹄乎。虽巧力所及，有中否远近之不齐，然未有不志乎正鹄，而可以言射者也。士之去圣人，或相倍蓰，或

相什佰，所造固不同，然未有不志乎圣人，而可以言学者也。

自孔子没，更战国至秦，遂焚书坑儒士，六经中绝。汉兴，虽稍稍复出，然圣学之失其传尚矣。由汉至唐千余岁，士之博闻强识者，世岂无其人耶？而卒未有能窥圣学之堂奥者，岂当时之士，卒无志于圣人耶？而卓然自立者，何其少也。

若唐之韩愈，盖尝谓世无仲尼，不当在弟子之列，则亦不可谓无其志也。及观其所学，则不过乎欲雕章镂句，取名誉而止耳。然则士固不患不知有志乎圣人，而特患乎不知圣人之所以学也。

且古之圣人，固宜莫如舜也。舜之在侧微，与木石居、鹿豕游，固无异于深山之野人也，是岂有文采过人耶？伏羲画八卦，《书》断自《尧典》，当是时，六经盖未有也。而舜之所以圣者，果何自哉？夫舜，圣人也，生而知之，无事乎学可也。自圣人而下，则未有可以不学者也。舜之臣二十有二人，相与共成帝业者，是果皆生知耶？不然，其何以学也？

由是观之，六经虽圣人微言，而道之所存，盖有言不能传者，则经虽具，犹不能谕人之弗达也。然则圣之所以为圣，贤之所以为贤，其必有在矣。虽然，士之去圣远矣，舍六经亦何以求圣人哉？要当精思之，力行之，超然默会于言意之表，则庶乎有得矣。若夫过其藩篱，望其门墙，足未逾阈，而辄妄意其室中之藏，则幸其中也，难哉！

（宋）杨时《与陈传道序》，《龟山集》卷二十五，中华书局2018年版

为文要有温柔敦厚之气

为文要有温柔敦厚之气。对人主语言及章疏文字，温柔敦厚尤不可无。如子瞻诗多于讥玩，殊无恻怛爱君之意。荆公在朝论事，多不循理，惟是争气而已，何以事君？君子之所养，要令暴慢邪僻之气，不设于身体。

（宋）杨时《文论选录》，《龟山集·语录》，中华书局2018年版

今之说诗者，多以文害辞，以取义理

《考槃》之诗，言"永矢弗过"。说者曰誓不过君之朝，非也。矢，陈也，亦曰永言其不得过耳。昔者有以是问常夷甫之子立。立对曰："古之人盖有视其君如寇仇者。"此尤害理。何则？孟子所谓"君之视臣如犬

马，则臣视君如寇仇"，以为君言之也，为君言则施报之道此固有之。若君子之自处，岂处其薄乎？孟子曰："王庶几改之，予日望之。"君子之心，盖如此。《考槃》之诗，虽其时君使贤者退而穷处为可罪。夫苟一日有悔过迁善之心，复以用我，我必复立其朝，何终不过之有？大抵今之说诗者，多以文害辞。非徒以文害辞也，又有甚者，分析字之偏傍，以取义理。如此岂复有诗！孟子引"天生烝民，有物有则；民之秉彝，好是懿德"，"故有物必有则，民之秉彝也，故好是懿德"。其释诗也，于其本文加四字而已，而语自分明矣。今之说诗者，殊不知此。

（宋）杨时《龟山集·语录》，中华书局2018年版

先观诗之情，兴后妃之德

仲素问诗如何看？曰："诗极难卒说，大抵须要人体会，不在推寻文义。在心为志，发言为诗。情动于中而形于言。言者情之所发也。今观是诗之言，则必先观是诗之情如何。不知其情，则虽精穷文义，谓之不知诗可也。"子夏问："巧笑倩兮，美目盼兮，何谓也？"子曰："绘事后素。"曰"礼后乎？"孔子以谓可与言诗，如此全要体会。何谓体会？且如《关雎》之诗，诗人以兴后妃之德，盖如此也。须当想象唯鸠为何物，知雎鸠为挚而有别之禽；则又想象关关为何声，知关关之声为和而适；则又想象在河之洲是何所在，知河之洲为幽闲远人之地，则知如是之禽，其鸣声如是，而又居幽闲远人之地，则后妃之德，可以意晓矣。是之谓体会。惟体会得，故看诗有味。至于有味，则诗之用在我矣。

（宋）杨时《龟山集·语录》，中华书局2018年版

张　耒

张耒（1054—1114），字文潜，号柯山，亳州谯县（今安徽亳州）人，北宋文学家，人称宛丘先生、张右史。其论文学创作源于三苏，提倡文理并重，主张"文以意为车，意以文为马，理强意乃胜，气盛文如驾"；提出学文在于明理。著有《柯山集》，又称《张友史文集》。

诗必发于诚而后作，可以动天地，感鬼神

古之言诗者，以谓动天地，感鬼神，莫近于诗。夫诗之兴，出于人之

情。喜怒哀乐之际，皆一人之私意；而至大之天地，极幽之鬼神，而诗乃能感动之者，何也？盖天地虽大，鬼神虽幽，而惟至诚能动之。彼诗者，虽一人之私意，而要之必发于诚而后作；故人之于诗，不感于物，不动于情而作者，盖寡矣。

今夫世之人，有顺于其心而后乐，有逆于其心而后怨，当乐而反悲，当怨而反爱者，世之所未尝有。而乐与怨者，一有使之，莫知其然而然者也，此非至诚之动也哉？彼诗者，宜所乐所怨之文也；夫情动于中而无伪，诗其道情而不苟，则其能动天地，感鬼神者，是至诚之悦也。

夫文章蓄其变多矣，惟诗独迩于诚，故欲观人莫如诗。故古之君子，相与燕乐酬酢之际，必赋诗以观宾主之意，虽不作于其人，而必取古人之诗以见其志。故先王之时，大至于朝廷之政事，广至于四方之风俗，微至于匹夫贱士之悲嗟，妇人女子之幽怨，一考于诗而知之，而使有可以时陈，取而藏诸太师，又播之乐章，大者荐之郊庙，而次者陈之燕享。则夫诗之可以观政察物，其重盖如此。

自周衰以来，后世作者，纷然并出，以至于今，数千余年，其变制异技，奇言诡术，不可胜纪；其卓然可称者，不过数人。其余纷纷籍籍，皆不足道。而违情拂志之作，往往或有非如古之于诗，必出于诚意而不诬也。然违情拂志者，盖有之矣。至于显情之真，发志之实者，尚十九也。

某不肖，自幼至今，颇考历世之为诗者，上自风雅之兴，而中观骚人之作，下考苏李以来。至于唐，扫除蕃秽，而撷其真，刊落蔓衍，而食其实，颇有得于前人，而时时心之所感发，亦窃见之于诗。且夫人之生于天地之间，目之所见，耳之所闻，心之所思，一日之间，无顷刻之休。而又观乎四时之动，敷华发秀于春，成材布实于夏；凄风冷露，鸣虫陨叶而秋兴；重云积雪，大寒飞霰而冬至。则一岁之间，无一日隙。以人之无定情，对物之无定候，则感触交战，旦夜相召，而欲望其不发于文字言语，以消去其情，盖不可得也。则又知诗者，虽欲不为，有所不能。

（宋）张耒《上文潞公献所著诗书》，《柯山集》卷十二，中华书局1985年版

有理则有文

我虽不知文，尝闻于达者。文以意为车，意以文为马。理强意乃胜，气盛文如驾。理维当即止，妄说即虚假。气如决江河，势盛乃倾泻。文莫

如六经，此道亦不舍。但于文最高，窥不见隙罅。故令后世儒，其能及者寡。文章古亦众，其道则一也。譬如张众乐，要以归之雅。区区为对偶，此格最污下。求之古无有，欲学固未暇。君为时俊髦，我老安苟且。聊献师所传，无以吾言野。

（宋）张耒《与友人论文，因以诗授之》，《柯山集》卷九，中华书局1985年版

夫君子之文章，固出于其德

某尝谓以君子之文章，不浮于其德；其刚柔缓急之气，繁简舒敏之节，一出乎其诚，不隐其所已至，不强其所不知，譬之楚人之必为楚声，秦人之必衣秦服也。惟其言不浮乎其心，故因其言而求之，则潜德道志，不可隐伏。盖古之人不知言则无以知人，而世之惑者，徒知夫言与德二者不可以相通，或信其言而疑其行。呜呼，是徒知其一，而不知夫君子之文章，固出于其德，与夫无其德而有其言者异位也。

某之初为文，最喜读左氏、离骚之书。丘明之文美矣，然其行事不见于后，不可得而考。屈平之仁，不忍私其身，其气道，其趣高，故其言反覆曲折。初疑于繁，左顾右挽，中疑其迂；然至诚恻怛于其心，故其言周密而不厌，考乎其终，而知其仁也。愤而非怼也，异而自洁，而非私也。傍徨悲嗟，卒无存省之者，故剖志决虑以无自显，此屈原之忠也。故其文如明珠美玉，丽而可悦也；如秋风夜露，凄忽而感侧也；如神仙烟云，高远而不可挹也。惟其言以考其事，其有不合者乎？

自三代以来，最喜读太史公、韩退之之文。司马迁奇迈慨慷，自其少时周游天下，交结豪杰，其学长于讨论寻绎前世之迹，负气敢言，以蹈于祸，故其文章疏荡明白，简朴而驰骋。惟其平生之志有所郁于中，故其余章末句，时有感激而不泄者。韩愈之文，如先王之衣冠，郊庙之鼎俎。至其放逸超卓，不可收揽，则极言语之环巧，有不足以过之者。嗟乎！退之于唐，盖不遇矣；然其犯人主，忤权臣，临义而忘难，刚毅而信实，而其学又能独出于道德灭裂之后，纂孔、孟之余绪，以自立其说，则愈之文章，虽欲不如是，盖不可得也。

自唐以来，更五代之纷纭。宋兴，锄叛而讨亡，及仁宗之朝，天下大定，兵戈不试，休养生息，日趋于富盛之域。士大夫之游于其时者，谈笑佚乐，无复向者幽忧不平之气。天下之文章，稍稍兴起。而庐陵欧阳公始

为古文，近揆两汉，远追三代，而出于孟轲、韩愈之间，以立一家之言，积习而益高，淬濯而益新，而后四方学者，始耻其旧而惟古之求。而欧阳公于是时，实持其权以开引天下之豪杰，而世之号能文章者，其出欧阳之门者，居十九焉，而执事实为之冠。其文章论议，与之上下。闻之先达，以谓公之文，其兴虽后于欧公，屹然欧公之所畏，忘其后来而论及者也。某自初读书，即知读执事之文，既思而思之，广求远访，以日揽其变。呜呼，如公者，真极天下之文者欤！

（宋）张耒《上曾子固龙图书》，《柯山集》卷十二，中华书局1985年版

词生于理，理根于心，心有中和正大之气

某启上，教授汪君足下：过符离偶多事，然虽闻车马尝见临，而卒不能一到左右也。必蒙深察，到家忽使人惠书，如见问以文墨事。某于文词，窃尝好之而不能者也，莫知所以告左右者。抑闻之，古之文章，虽制作之体不一端，大抵不过记事辨理而已。记事而可以垂世，辨理而足以开物，皆词达者也。虽然，有道词生于理，理根于心；苟邪气不入于心，僻学不接于耳目，中和正大之气溢于中，发于文字言语，未有不明白条畅。盖观于语者乎：直者文简事核而明，虽使妇女童子听之而谕；曲者枝词游说，文繁而事晦，读之三反而不见其情；此无待而然也。足下以文章取高科，言语之工妙天下，而仆敢献其陈说，则有罪矣。然既以仰答盛意之辱，又因以求教也。春寒自爱，偶以连日冗甚，修答不时，恕之恕之，不宣。

（宋）张耒《答汪信民书》，《柯山集》卷四十六，中华书局1985年版

学文之端，急于明理

所谓能文者，岂谓其能奇哉？能文者固不能以奇为主也。夫文何谓而设也？知理者不能言，世之能言者多矣，而文者独传。岂独传哉？因其能文也而言益工，因其言工而理益明，是以圣人贵之。自六经以下，至于诸子百氏，骚人辩士论述，大抵皆将以为寓理之具也。是故理胜者文不期工而工，理诎者巧为粉泽而隙间百出。此犹两人持牒而讼，直者操笔，不待累累，读之如破竹，横斜反覆，自中节目；曲者虽使假词于子贡，问字于

扬雄，如列五味而不能调和，食之于口，无一可惬，况可使人玩味之乎？故学文之端，急于明理。夫不知为文者，无所复道；如知文而不务理，求文之工，世未尝有是也。

……

六经之文，莫奇于《易》，莫简于《春秋》。夫岂以奇与简为务哉？势自然耳。传曰：吉人之词寡。彼岂恶繁而好寡哉？虽欲为繁，不可得也。自唐以来至今，文人好奇者不一，甚者或为缺句断章，使脉理不属，又取古书训诂希于见闻者，捋扯而牵合之，或得其字，不得其句；或得其句，不得其章；反覆咀嚼，卒亦无有，此最文之陋也。足下之文，虽不若此，然其意靡靡，似主于奇矣；故预为足下陈之，愿无以仆之言质俚而不省也。

（宋）张耒《答李推官书》，《柯山集》卷四十六，中华书局 1985 年版

夫文章之于人心，其理之相近

古之能为文章者，虽不著书，大率穷人之词，十居其九。盖其心之所激者，既已沮遏壅塞而不得肆，独发于言语文章，无掩其口而窒之者，庶几可以舒其情，以自慰于寂寞之滨耳。如某之穷者，亦可以谓之极矣。其平生之区区，既尝自致其工于此；而又遭会穷厄，投其所便，故朝夕所接，事物百态，长歌恸哭，诟骂怨怒，可喜可骇，可爱可恶，出驰而入息，阳厉而阴肃，沛然于文若有所得。某之于文，虽不可谓之工，然其用心亦已专矣。夫文章之于人心，其理之相近，与夫工人之于技，则有间矣。某之区区，盖已尽布于此。则世之高明博达之君子，俯而听之，盖有不待夫疑而问，问而后知其心也。

伏惟某官以文章学术暴著天下，方为朝廷训词之臣；而不腆之文，尝欲奖与。人谁不欲自达于世之显人，而某自顾所藏，无一而可，敢书其平日之文与诗几六十卷，以辱左右，伏惟闲暇而赐观焉，则某之精诚，虽欲毫发自伏而不可得矣。公亦念之耶？

（宋）张耒《投知己书》，《柯山集》卷四十六，中华书局 1985 年版

韩愈以为文人则有余，以为知道则不足

韩退之以为文人则有余，以为知道则不足。何则？文章自东汉以来，

气象则已卑矣。分为三国，又列为南北，天下大乱，士气不振；而又杂以蛮夷轻淫靡嫚之风，乱以羌胡悍鲁鄙悖之气；至于唐而大坏矣。虽人才众多如贞观，风俗平治如开元，而惟文章之荒，未有能振其弊者。愈当贞元中，独却而挥之，上窥典漠，中包迁固，下速《骚》《雅》，沛然有余，浩乎无穷。是愈之才有见于贤圣之文，而后如此。其在夫子之门，将追游夏而及之，而比之于汉以来龌龊之文人，则不可。

然则愈知道欤？曰：愈未知也。愈之《原道》曰："博爱之谓仁，行而宜之谓义，由是而之焉之谓道。"果如此，则舍仁与义而非道也。"仁与义为定名，道与德为虚位。道有君子，有小人；德有吉，有凶。"若如此，道与德特未定，而仁与义皆道也。是愈于道，本不知其何物，故其言纷纷异同而无所归。而独不知子思之言乎？"天命之谓性，率性之谓道，修道之谓教。"曰性、曰道、曰教，而天下之能事毕矣。礼乐刑政，所谓教也，而出于道。仁义礼智，所谓道也，而出于性。性则原于天。论至于此而足矣，未尝持一偏，曰如是谓之道，如是谓之非道；曰定名，曰虚位也，则子实知之矣。愈者择焉而不精，语焉而不详，而健于言者欤？

（宋）张耒《韩愈论》，《张右史文集》卷五十六，中华书局 1985 年版

李 廌

李廌（1059—1109），北宋文学家。字方叔，号齐南先生。华州（今陕西渭南）人。"苏门六君子"之一。艺术创作上重"体""志""气"，强调文之文、文之德的涵养。著有《济南集》。

欲以作文章，慎乎所言之文、所养之德

凡文章之不可无者有四：一曰体，二曰志，三曰气，四曰韵。述之以事，本之以道，考其理之所在，辨其义之所宜。卑高巨细，包括并载而无所遗；左右上下，各若有职而不乱者，体也。体立于此，折衷其是非，去取其可否，不徇于流俗，不谬于圣人。抑扬损益以称其事、弥缝贯穿以足其言。行吾学问之力，从吾制作之用者，志也。充其体于立意之始，从其志于造语之际，生之于心，应之于言。心在和平，则温厚尔雅；心在安

敬，则矜庄威重。大焉可使如雷霆之奋、鼓舞万物；小焉可使如脉络之行，出入无间者，气也。如金石之有声，而玉之声清越；如草木之有华，而兰之臭芬芳；如鸡鹜之间面有鹤，清而不群；犬羊之间而有麟，仁而不猛。如登培塿之丘，以观崇山峻岭之秀色；涉潢污之泽，以观寒溪澄潭之清流。如朱纶之有余音，太羹之有遗味者，韵也。文章之无体，譬之无耳、目、口、鼻，不能成人。文章之无志，譬之虽有耳、目、口、鼻而不知视听臭味之所能。若土木偶人，形质皆具而无所用之。文章之无气，虽知视听、臭味而血气不充于内，手足不卫于外，若奄奄病人，支离悴颖，生意消削。文章之无韵，譬之壮夫，其躯干楛然，骨强气盛，而神色昏瞀，言动凡浊，则庸俗鄙人而已。

有体有志，有气有韵，夫是谓之成全。四者成全，然于其间各因天姿才品以见其情状。故其言迂疏矫厉，不切事情，此山林之文也。其人不必居薮泽，其间不必论岩谷也、其气与韵则然也。其言鄙便猥近，不离尘垢，此市井之文也，其人不必坐廛肆，其间不必论财利也，其气与韵则然也。其言丰容安豫，不俭不陋，此朝廷卿士之文也，其人不必列官守，其间不必论职业也，其气与韵则然也。其言宽仁忠厚，有任重容天下之风，此庙堂公辅之文也，其人不必位台鼎，其间不必论相业也，其气与韵则然也。正直之人，其文敬以则；邪谀之人，其言夸以浮；功名之人，其言激以毅；苟且之人，其言懦而愚；捭阖从衡之人，其言辩以私；刻忮残忍之人，其言深以尽。则士欲以文章显名后世者，不可不慎其所言之文，不可不慎乎所养之德也如此。王通论鲍昭、江淹等之文，各见其性行之所长，可谓知言矣。

……

德茂学问充富，真积力久，渊源汪洋，根干硕大，发为文章，盖其波澜枝叶，实为余事。然既已能文而学文不已，必欲离群拔俗，逮追古之作者，方驾并驱，则宜取宏词所试之文，种种区别，各以其目，而明其体。研精玩习，寤寐食息，必念于是；造次颠沛，必念于是。则将超然悬解，躐等顿进，径至妙处，一日万里。如是一代文儒之宗，舍锦茂其何人哉！主上绍休圣绪，厉精治道。方将踪迹三王，指挥四夷；绅书汗简，纪述先烈。泥金检玉，升中名山。其润色鸿业，形容太平，大著作，大号令，职皆在于同臣。德茂其勉之哉？后来赏音之士，论一时之文人，以谓何人之文但如孤蜂绝岸，何人之文但如浓云震雷，何人之文如轻缣素练面窘边幅。何人之文如丰肌赋理而乏风骨；独科德茂之文，如良金美玉，无施不可；则德茂之文，信乎显于当年与后世矣。仆求用于世而世不用。方且焚弃笔砚，为农圃贱事，虽有此科，无繇从德茂后尘，辄用道山文囿，此则命也。岁将晏、风露凉冷，万万以道强自寿。

（宋）李廌《答赵士舞德茂宣义论宏词书》，《济南集》卷八，辽海出版社 2010 年版

李 复

李复（1052—1128），字履中，长安（陕西西安）人，人称潏水先生。李复学术上受张载影响颇深。强调观照历史发展品评历史人物时，主张以礼义规范甄别善恶以便济世救民。主张文章须思想性与艺术性并重。著有《潏水集》。

作文章须有礼乐教化，当以《五经》为范本

易曰："观乎天文以察时变，观乎人文以化成天下。"夫所谓人文者、礼乐法度之谓也。上古之法，至尧而成，故孔子曰："焕乎其有文章。"周之德，至文王而纯，故传称曰："经纬天地曰文。"此圣人之文也。后世有一善可取，亦有谓之文者，孔文子、公叔文子之类是也。此皆以其行事，谓之文也。

昔之君子，欲明其道，喻其理，以垂训于天下后世，亦有言焉。以为言之不文，不可以传，故修辞而达之。此言之为文也，非谓事其无用之辞也。以载籍考之，若《书》之《典谟》、《训诰》、《誓命》，皆治身、治人、治天下之法，此《书》之文也。国风、雅、颂，歌美怨刺，皆当时风化政德，可以示训，此《诗》之文也。广大幽微，远近善恶，开天地之蕴，极性命之理，以前民用，以济民行，此《易》之文也。言约而理微，褒善而贬恶，以明周公之制，以为将来之法，此《春秋》之文也。《礼》之《中庸》，言至诚为善，率性之谓道，君子笃恭而天下平，此《中庸》之文也。念观《春秋》则不知有《易》，观《书》则不知有《诗》，岂相蹈袭、剽窃以为己有哉？其言之小，天下莫能破；言之大，天下莫能载；后世尊之以为经而无不稽焉，此其为文炳如日星，而光耀无

穷也。

自汉之司马相如、扬雄而下，至于唐世，称能文者多矣，皆端其精思，作为辞语，虽其辞浩博闳肆，温丽雄健，清新靖深，变态百出，率多务相渔猎，自谓阔步一时，皆何所补哉？亦小技而已，岂君子之文欤？苟能发道之奥，明理之隐，古人之所未言，前经之所不载，著之为书，推之当世而可行，传之后世而有取，虽片言之善，无不贵之矣。夫文犹器也，必欲济于用；苟可适于用，加以刻镂之、藻绘之以致美焉，无所不可；不济于用，虽以金玉饰之，何所取焉？

（宋）李复《答人论文书》，《潏水集》卷五，上海古籍出版社1987年版

诗意须以礼义为本，陶冶性灵

某启：辱手书，承雪晴文履清适。杜诗谓之诗史，以班班可见当时事。至于诗之叙事，亦若史传矣。知欲注其所用事实，得瑕为之，甚善。但大作册阔作果行，四边多留空纸以写杜诗，凡有见其所出，随即注之，此须日诵其诗而不忘，乃可为。若欲解释其意，须以礼义为本。盖子美深于经术，其言多止于礼义。至于陶冶性灵，留连光景之作，亦非若寻常之所谓诗人者。元微之作墓志甚称，尚竟不能发其气象意趣。盖子美诗，自魏晋以来，一人而已。东方生言文史三冬足用，能不倦，尤佳也。

（宋）李复《与侯谟秀才》，《潏水集》卷七，上海古籍出版社1987年版

华　镇

华镇（1052—卒年不详），字安仁，会稽（今浙江绍兴）人。其诗具有丰富的哲思性，审视议论亦有精深理趣。对乐论有深入研究，主张乐能感染欣赏者，起移风易俗的作用，强调好的音乐作品可以"善民心，化风俗，动天地，感鬼神，谐鸟兽，格异物"。著有《云溪居士集》。

惟圣人能作乐，乐品出于人品

乐者何？声容之道也。昔之言声容之道者微矣。管乎人情，而通乎志

气，物来而心感之，则喜怒哀乐之情，必发于声而动于容。容有文采，容有节奏，则刚柔缓急之变，斯格其心而移其气。故达其微者可以观政，而通其用者可以变易风俗。夫太猛者偏于刚，太宽者偏于柔；刚胜则和不足而多怒，柔胜则强不足而多慑；此哀思愤怨慢易流荡之音所由作也。故所以感人心者不可不慎。而君子之政贵和，细甚者弗堪，思深者忧远，流僻邪散则离正，促数噍杀则失中。此和平条畅之美所由丧，而忧思淫乱之心起矣。故声容之形必出乎道，而乐文之美不可以为伪。

古之圣人，发育以德，肃敛以威，厚之以仁，制之以义、阴阳相成而刚柔迭用。融而不散，凝而不密，强而不怒，和而不慑。故其政和，其音安以乐，而乐之实无疵厉焉。德配天地，明并日月，叙合四时，本之情性，稽之度数，制之礼义，合五物之和，道四气之正，使之庄而不哀，安而可乐，谨节而无犯，敦本而不流，广不容奸，狭不思欲。故足以感动善心，涤荡邪气，而乐之文无沾滞矣。

故惟圣人为能作乐。黄帝、尧、舜、禹、汤、文、武，此六七君子者、皆圣人之德、据崇高之势者也。其政平，其功茂，其道广，其制明。充乐之实而致美也，知乐之情而致微也，制乐之文而致精也。故六代之作，其身足乐而不流，其文足论而不息。可以善民心，化民俗，动天地，感鬼神，谐鸟兽，格异物。

夫孔子之时，有虞氏之不为政久矣，然犹在齐闻韶，三月不知肉味，又况以甚盛之德，绍于变之世，极制作之美，因后夔之贤而鼓舞之，则击石拊石，百兽率舞，箫韶九成，凤凰来仪，不亦宜乎？此圣人之所取也。孔子谓："韶尽美矣，又尽善也；谓：武尽美矣，未尽善也。"汤武之业，将有惭德于前圣乎？何圣人之不废也？

盖乐者，象成者也。事与时并，名与功偕，时变不同，则所成斯异。故黄帝以道，尧舜以德，禹以功，商周以伐。天下之美，莫全于道；天下之善，莫美于德。道德散而尊事功。征诛之权，事功之极也。故曰："大章，章之也；咸池，备矣；韶，继也；夏，大也；商周之乐尽矣。"道德以本之，事功以济之，权变以通之。皆帝王之时应时造者也。圣人其何所取去哉？

呜呼！阴阳之道未息，则四时之正气常生矣；柔刚之材未毁，则五物之和声常鸣矣；仁义之性未灭，则和平之德常存矣。有其德而得其位者，善政以成性，因性以和声，合五音之中，导四气之正，虽六代之声容不传于今，而黄帝、尧、舜之制作可图也。

（宋）华镇《乐论上》，《云溪居士集》卷十八，商务印书馆 1986 年版

作乐者，用五德之声，本四气之和

夫作乐者何为者也？先王用五德之声，本四气之和，因八物之音，以歌咏祖宗之功德，而告于神明，动化天下者也。太上用道，其次建德，其次立功。先王创业垂统，经世济民，不出于道德，则出于事功。虽揖逊征诛，异世殊事，逆取顺守，若天与人莫不本于仁义，稽之道德。故云咸英茎，章韶濩武，皆足以动天地，感鬼神，荡涤流谣，召集和粹，移风易俗，鼓舞而不知其所以然。语曰："子在齐，闻韶，三月不知肉味。"夫虞氏之不为政久矣，末世遗声，其感人也，犹若此之盛。方重华在上，后夔典之，则击石拊石，百兽率舞，箫韶九成，凤凰来仪，不亦宜乎？

记曰："礼节民心，乐和民声，政以行之，刑以防之，礼乐刑政四达而不悖，则王道备矣。"由是言之，帝王之道，本之以礼乐，辅之以刑政而已矣。期会簿书，断狱听讼，百吏之职，非所务也。后世置礼乐为虚器，藏在有司，郊社之间，宗庙之事，时出而用之，下民未尝豫闻也。自朝廷达于郡邑，日所由以为治者，期会簿书，断狱听讼而已，故有司不能诵其数，君子不能达其义，而况于下民乎？况于庶物乎？因谓礼乐不足以致治，风俗不可以易移，诬矣。

（宋）华镇《乐论下》，《云溪居士集》卷十八，商务印书馆 1986 年版

毕仲游

毕仲游（1047—1121），字公权，郑州管城（今河南郑州）人。与司马光、苏轼等多有交往，擅长创作诗文，其诗文"以文字为诗、以才为学为诗、以议论为诗"，反映社会现实关注民生疾苦；其文章精丽、雄伟博辩，议论时政切中时弊。创作主张先修美德，树高远目标。著有《西台集》。

文章，盖美恶之车舆也

世之谓文者不系于德，谓德者不系于文。夫文章之士，虽不系于有德无德，而无德者不能为有德之文。有文之人不皆有德，有德之人不皆有文。而有文者无德，则不尽其善。奚以知其然耶？今人之言文者，其任盖小矣，希名幸世，取合当时。而古之人言文者，其任不小，善恶欲明，是非欲辨，久远欲传，劝戒欲信。非独名位而已也。故虽有精金良帛，沈器重物，非车舆则无以输远；虽有奇功伟德，元凶大恶，非文章则无以取信。车舆不壮，则虽载而必败；文章不著，则虽传而必惑。

故文章，盖美恶之车舆也。自六国以前，孔子所定，不敢轻议。尝窃观六国以后，西汉之前，号缀文之士者，类皆过人。而过人之远者，贾谊、董仲舒、司马迁、相如、刘向、扬雄。此数子之文也，盖善恶能明，是非能辨，久远可传，劝戒足信；虽有议论间未合于圣人，然词采条贯，如亲听其谈说；而精神意气，可以想见其为人。使后世识者，心知其所异，而口不能亟喻其何如，此数子之文也。然而此数子者，岂特文而已？事君必忠，修身必正，趋响必厚，议论必公。其所存之德，既已过人，则其发见于文章者，岂不过人哉？在唐三百年，韩愈号为文师，而忠厚公正之德，亦著于天下。

自韩愈以来，文章之德散，科场之弊生，使夫英雄俊才，老死不显；而寡闻浅识之徒，乃始支离攘臂，自奋于其间，私取近世之陈说，而公为傲倖之论。善恶不能明，是非不能辨，久远不可传，劝戒无足信，言今则近陋，议古则近愚。而其甚者，凿是为非，饰恶成善，借平常之易事，为纭纷之转词，以荧惑天下。天下之人，莫知其非，故公则见信于有司，退则受知于朋友，而彼也遂直以为能。此有志之士，所以扼腕而太息也。

（宋）毕仲游《文议》，《西台集》卷五，中华书局1985年版

李 錞

李錞（生卒年不详），字希声，号逍遥子，豫章（今江西南昌）人。李錞喜好与友人谈论名理。作诗宗于黄庭坚，风格与韩驹等相近。其诗格调高雅，气度不凡、意味深长；文论主张创作者当胸中有道。著有《李

希声集》一卷。

有道之士作诗

有道之士胸中过人，落笔便造妙处。彼浅陋之人，雕琢肺肝，不过仅然嘲风弄月而已。

（宋）李锜《李希声诗话》，《宋诗话辑佚》下册，中华书局1987年版

作诗之要

崔鷃能诗，或问作诗之要，答曰："但多读而勿使，斯为善。"

（宋）李锜《李希声诗话》，《宋诗话辑佚》下册，中华书局1987年版

韩　拙

韩拙（1075—1135），字纯全，晚字全翁，号琴堂，南阳（今河南南阳）人，善画山水窠石，他强调画家要博学广识，学习造化之理按照古人风格画法，坚持以画品和人品皆重，道德修养是绘画的思想前提，主张以人的品格探寻画理。著有《山水纯全集》。

画者，成教化，助人伦

夫画者，伏羲氏画八卦之后，以通天地之德，以类万物之情。黄帝时，有史皇苍颉生焉。史皇收鱼龙龟鸟之形，苍颉因而为字，相继相更，而图画典籍萌矣。书本画也，画先而书次之。传曰：画者，成教化，助人伦，穷神变，测幽微。与六籍同功，四时并运，发于天然，非由述作。书画同体而未分，故知文能叙其事，不能载其状，有书无以见其形，有画不能见其言。存形莫善于画，载言莫善于书，书画异名而一揆也。古云：画者画也。益以穷天地之不至。显日月之不照。挥纤毫之笔，万类由心；展方寸之能，千里在掌。岂不为笔移造化者哉！自古迄今，贤明上士雅好之术，画也。然精于绘事者多矣。予世业儒，素名薄宦，默性疏野，惟志所适，慕于画。探前贤之模范，究古今之糟粕。自幼而嗜好，至今白头，尚

孳孳无倦。惟患学之日短，自为成癖尔，乃夙赋其性耶！唐右相王维，文章冠世，画绝古今。尝自题诗云："当时谬词客，前身应画师。"诚哉是言也。且夫山水之术，其格清淡，其理幽类。至于千变万化，像四时景物，风云气候，悉资笔墨，而穷极幽妙者，若非博学广识，焉得精通妙用欤？故有寡学之士，凡俗之徒，忽略兹道，为名而学。其论广博之流，惟恐浅陋也。彼孽孽圾圾，与利名交战者，与道殊涂尔。彼安足与言之！愚集山水人物，已为山水，岁久所得，山水之趣，粗以为法。不敢为卓绝之论，虽言无华藻，亦使后学之士，领为开悟。因述十论以附于后，时宣和岁在辛丑季夏月十人日也。

（宋）韩拙《山水纯全集·序》，《中国古代画论类编》（下），人民美术出版社2014年版

书画之术，非闻阎之子可学也

天之所赋于我者性也，性之所资于人者学也。性有颛蒙明敏之异，学有日益无穷之功。故能因其性之所悟，求其学之所资，未有业不精于己者也。且古人以务学而开其性，今之人以天性耻于学，此所以去古逾远，而业逾不精也。昔顾恺之夏月登楼，家人罕见其面。风雨晦明，饥寒喜怒皆不操笔。唐有王右丞。杜员外赠歌曰："十日面一水，五日画一石。能事不受相促逼，王宰始肯留真迹。"恺之、王维，后世真迹绝少。后来得其髣髴者，犹可绝俗。正如唐史论杜甫谓："残膏剩馥，沾溉后人。"盖前人用此以为销日养神之术，今人反以之为图利劳心之苦。古之学者为己，今之学者为人。昔人冠冕正士，宴闲余暇，以此为清幽自适之乐。唐张彦远云：书画之术，非闻阎之子可学也。奈何今之学者，往往以画高业以利图金，自坠九流之风，不修术士之体，岂不为自轻其术者哉！故不精之由，良以此也。真所谓弃其本而逐其末矣。且人之无学者，谓之无格；无格者，谓之无前人之格法也。岂落格法而自为超越古今名贤者欤！所谓寡学之士，则多性狂，而自蔽者有三，难学者有二，何谓也？有心高而不耻于下问，惟凭盗学者，为自蔽也。有性敏而才高，杂学而狂乱，志不归于一者，自蔽也。有少年夙成，其性不劳而颇通，慵而不学者，自蔽也。难学者何也？有谩学而不知其学之理，苟侥幸之策，惟务作伪以劳心，使神志蔽乱，不究于实者，难学也。若此之徒，斯为下矣。夫欲传古人之糟粕，达前贤之属奥，未有不学而自能也。信斯言也。凡学者宜先执一家之

体法，学之成就，方可变易已格，则可矣。噫，源深者流长，表端者影正，则学造乎妙，艺尽乎精，盖有本者，亦若是而已。

（宋）韩拙《山水纯全集·序》，《中国古代画论类编》（下），人民美术出版社2014年版

陈　旸

陈旸（1064—1128），字晋之，福州人，北宋音乐理论家，"古代八大音乐名人"之一。陈旸精于乐律，所著《乐书》二百卷，为中国第一部音乐百科全书。陈旸十分重视"乐"的仪式，选择的标准是礼乐制，把乐纳入礼以维护秩序的理学根本精神。著有《乐书》。

君子以成焉，明乎乐之义，天下以宁焉

臣闻先天下而治者在礼乐，后天下而治者在刑政。三代而上，以礼乐胜刑政，而民德厚；三代而下，以刑政胜礼乐，而民风偷。是无他，其操术然也。恭惟神宗皇帝，超然远览，独观昭旷之道，革去万蠹，鼎新百度。本之为礼乐，末之为刑政。凡所以维纲治具者，靡不交修毕振，而典章文物，一何焕欤！臣先兄祥道，是时直经东序。慨然有志礼乐，上副神考修礼文正雅乐之意。既而就《礼书》一百五十卷，哲宗皇帝只遹先志，诏给笔札、缮写以进。有旨下太常议焉。臣兄且喜且惧。一日语臣曰："礼乐治道之急务。帝王之极功，阙一不可也，比虽笼络今昔上下数载间，殆及成书亦已勤矣。顾虽瘝瘵在乐，而情力不逮也。"属臣其勉成之。臣应之曰："小子不敏，敬闻命矣。"臣因编修论次，未克有成。先帝擢置上庠，陛下升之文馆，积年于兹，著成《乐书》二百卷。曲蒙陛下误恩，特给笔札。俾录上进，庶使臣兄弟以区区所闻，得补圣朝制作讨论万一。其为荣幸，可胜道哉！虽然，纤埃不足以培泰华之高，勺水不足以资河海之深，亦不敢不尽心焉尔。

臣窃谓古乐之发，中则和，过则淫。三才之道，参和为冲气，五六之数，一贯为中合。故冲气运而三宫正焉，参两合而五声形焉，三五合而八音生焉，二六合而十二律成焉。其数度虽不同，要之一会归中声而已。过此则胡郑哇淫之音，非有合于古也。是知乐以太虚为本，声音律吕以中声

为本，而中声又以人心为本也。故不知情者不可与言作，不知文者不可与言述。况后世泯泯棼棼，复有不知而述作者呼！呜呼！《乐经》之亡久矣！情文本末湮灭殆尽。心达者体知而无师，知之者欲教而无徒。后世之士，虽有论撰，亦不过出入先儒臆说而已。是以声音所以不和者，以乐不正也；乐所以不正者，以经不明也。臣之论载、大致据经考传，尊圣人，折诸懦，追复治古而是正之。囊括载籍、条分汇从，总为六门，别为三部。其书冠以经义，所以正本也；图论冠以雅部，所以抑胡郑也。经义已明，而六律六吕正矣；律吕已正，而五声八音和矣。然后发之声音而为歌，形之动静而为舞。人道性术之变，盖尽于此。苟非寓诸五礼，则乐为虚器，其何以行之哉！是故循乎乐之序，君子以成焉，明乎乐之义，天下以宁焉。然则乐之时用，岂不大矣哉！繇是观之，五声十二律，乐之正也；二变四清，乐之蠹也。盖二变以变宫为君，四清以黄钟清为君。事以时作，固可变也，而君不可变；太簇、大吕、夹钟或可分也，而黄钟不可分。既有宫矣，又有变宫焉，既有黄钟矣，又有黄钟清焉，是两之也，岂古人所谓尊无二上之旨哉！为是说者，古无有也，圣人弗论也，其汉唐诸儒傅会之说欤？存之，则伤教而害道；削之，则律正而声和。臣是以敢辞而辟之，非好辩也，志在华国，义在尊君，庶几不失仲尼放郑声，恶乱雅之意云尔。臣谨序。

（宋）陈旸《乐书序》，《乐书》卷首，北京图书馆出版社2004年版

尹　焞

尹焞（1071—1142），字彦明，洛阳（今河南洛阳）人。尹焞为程颐的高足，两宋之际著名的理学家，终其一生坚守程颐的学说，在天理论上继承"道体说"；把"主一"作为成圣的要领；在认识论和创作论上把"敬"的功夫做到极致，注重人内心涵养。著有《尹和靖集》。

作文三要：玩味、涵养、践履

先生尝与时敏言，贤欲学文，须熟看韩文公六月念六日白李生足下一书，检之乃《答李翱》。中云："无望其速成，无诱于势利，养其根而俟其实，加其膏而希其光。"先生之意在此。

冯忠恕曰："先生学圣人之学者也。圣人所言，吾当言也；圣人所为，吾当为也。词章云乎哉！"其要有三：一曰玩味，讽咏言辞，研索归趣，以求圣贤用心之精微。二曰涵养，涵泳自得，蕴蓄不挠，存养气质，成就充实，至于刚大，然后为得也。三曰践履，不徒谓其空言，要须见之行事；躬行之实，施于日用，形于动静语默开物成务之际，不离此道。所谓修学，如此而已。所谓读书，如此而已。

（宋）尹焞《尹和靖集》，中华书局1985年版

唐　庚

唐庚（1070—1120），字子西，眉州丹棱唐河乡（今属四川眉山丹棱）人，北宋诗人、文学家。唐庚虽然不是苏门弟子，但文学思想深受苏轼影响，他主张"气"是创作主体的内在气度与情感的映射，散文创作上，他认为创作者的人生阅历、学识储备以及道德涵养是促成好文章的重要因素，由此成为太学生推崇的文章典范，在当时产生了广泛的影响。著有《眉山唐先生文集》。

文章于道有离有合，不可一概忽也

迩来士大夫崇尚经术，以义理相高，而忽略文章，不以为意。夫崇尚经术是矣；文章于道有离有合，不可一概忽也。唐世韩退之、柳子厚，近世欧阳水叔、尹师鲁、王深父辈，皆有交在人间，其辞何尝不合于经，其旨何尝不入于道？行之于世，岂得无补？而可以忽略，都不加意乎？窃观阁下辅政，既以经术取士，又使习律、习射，而医算书画悉皆置博士，此其用意，岂独遣文章乎？而自顷以来，此道几废，场屋之间，人自为体，立意造语，无复法度。宜诏有司取士，以古文为法。所谓古文，虽不用偶语；而散语之中，暗有声调；其步骤驰骋，亦皆有节奏，非但如今日苟然而已。今士大夫间亦有知此道者，而时所不尚，皆相率遁去，不能自见于世；宜稍收聚而进用之，使学者知所趋向，不过数年，文体自变。使后世论宋朝古文复兴，自阁下始，此亦阁下之愿也……

（宋）唐庚《上蔡司空书》，《眉山唐先生文集》卷二十三，上海书店出版社1986年版

文生于气，气熟而文和

绍圣丙子岁，予官益昌，始从吾友王观复游。方是时，其文已如击石拊石，诚非世俗之乐，独音节未和尔。其后四年，相会于南隆，复得其文读之，遂觉雍容调畅，取意论事，益有条绪，庶几乎八音克谐，无相夺伦者。予方耸然异之，求其说而未得。或者便谓涪翁在宜城，观复以诗书相切磨，涪翁奇之，相与反复论难，因书柳子厚效渊明古体诗十数解示之，俾知昔人文章低昂疏密之节，疑其有得于此。是未必然。吾视观复比来日益就道，盖更事愈多，见善愈明，少年锐气，扫灭殆尽，书敛反约，渐有归宿，宜其见于文字者如此。吾何以知其然也？人之精神，何与于琴？而几动于心，则声应乎指，自然冥合，有不可诘者，而况于文乎？文生于气，气熟而文和，此理之决然，无足怪者。盖涪翁所告者法也，余所论者理也，告之以法，而观复又日进于理。今其归也，自言从苏子于湘南，过涪翁于宜城，又将尽得其所谓法者；则观复之于文，岂特如是而已耶？观复其勉之哉！

（宋）唐庚《选王观复序》，《眉山唐先生文集》卷二十七，上海书店出版社1986年版

谢　逸

谢逸（1068—1113），字无逸，号溪堂，临川城南（今属江西抚州）人，北宋文学家，江西诗派代表人物。他创作古诗善于以意遣词，颇有古风，其文似汉朝刘向、唐朝韩愈，气势磅礴，自由奔放，感情真挚动人，语言流畅自如。著有《溪堂集》。

读者应学习文章之道，而非语言与句读

古人之学也为道，今人之学也，语言句读而已。古人所以治心养气，事父母，畜妻子，推而达之天下国家，无非道也。吾之所学固如是也。读《四牡》之诗，得君臣之义；读《常棣》之诗，得兄弟之义；读《伐木》之诗，得朋友之义；读《采薇》之诗，得征伐之义。其有为也，其有行也，亦若是而已。有问焉，则曰："吾之所学诗者，有得于此也。"读

《尧典》之书，得舜之所以事尧；读傅说之书，得傅说之所以事高宗；读《禹贡》之书，得禹之所以治水；读《洛诰》之书，得周公之所以营洛。其有为也，其有行也，亦若是而已。有问焉，则曰："吾之所学书者，有得于此也。"以至《易》也、《春秋》也、《三礼》也、《孝经》也、《论语》也，未尝不学焉。其有为有行，亦未尝不因其所学也。甚哉！今之人不善学也，问其语言、句读，则曰："吾尝学之。"问其所为、所行，则曰："吾不知也。"呜呼！语言、句读果可以为道乎哉？

吾友汪信民，可谓善学者矣。身不满六尺，而勇足以夺三军之帅；布衣藿食，而享之如万钟之禄；不出户庭，而周知四海九州之务。其为学无所不通，而尤长于经术。自卯与余游，以至擢进士，为天下第一，未尝有间言。今得长沙学官，行且有日矣，乞余言为别，因以古人之学告之，庶几从其学者，慕古人之学，而不溺于今人之学也。

（宋）谢逸《送汪信民序》，《溪堂集》卷七，南昌古籍书店1985年版

汪　藻

汪藻（1079—1154），字彦章，号浮溪，饶州德兴（今属江西）人。其诗不沾江西诗派习气而近似苏轼，诗作多关注社会现实，寄托审美趣味，意境深远。文论主张经术和文章兼顾，反对道学家重道轻文的思想主张。著有《浮溪集》。

明当世之务，达群论之情，当属文章之典范

所贵于文者，以能明当世之务，达群伦之情，使千载之下，读之者如出乎其时，如见其人也。若夫善立言者不然，文虽同乎人，而其所以为文，有非人之所得而同者。孟子七篇之书，叙战国诸侯之事，与夫梁齐君臣之语，其辞极于辩博，若无以异乎战国之文也。扬子之书数万言，言秦汉之际为最详，简雅而闳深，若无以异乎西汉之文也。至其推性命之隐，发天人之微，粹然一归于正，使学者师用，比之六经，则当时所谓仪、秦、谷永、杜钦辈，岂惟无以望其门墙，殆冠履之不侔也。

宋兴百余年，文章之变屡矣。杨文公倡之于前，欧阳文忠公继之于

后，至元丰元祐间，斯文几于古而无遗恨矣。盖吾宋极盛之时也。于是丞相魏国苏公出焉。以博学洽闻，名重天下者五十余年，卒用儒宗位宰相，一时高文大册，悉出其手。故自熙宁以来，国家大号令，朝廷大议论，莫不于公文见之。然公事四帝，以名节始终，其见于文者，岂空言哉？论政之得失，则开陈反覆，而极于忠。论民之利病，则援据该详，而本于恕。有所不言则已，既言于上矣，举天下荣辱是非莫能移其所守。可谓大臣以道事君者也。若其讲明经术之要，练达朝廷之仪，下至百家九流、律历方技之书，无不探其源，综其妙者，在公特余事耳。此所以一话言，一章句，皆足以垂世立教，革浇浮而已偷薄，与轲雄之书，百世相望；而非当时翰墨名家者所能仿佛也。

公元丰中，受诏为《华夷鲁卫录》，书成，序之以献。神宗读之曰："说卦文也。"今考其书，信然；则公之他文可知矣。

（宋）汪藻《〈苏魏公集〉序》，《浮溪集》卷十七，中华书局1985年版

理至而文随，不烦绳而自合

藻为之言曰：古之作者，无意于文也，理至而文则随之。如印泥，如风行水上，纵横错综，灿然而成者，夫岂待绳削而后合哉？六经之书，皆是物也。逮左氏传《春秋》，屈原作《离骚》，始以文自为一家，而稍与经分。汉公孙弘、董仲舒、萧望之、匡衡，以经术显者也；司马迁、相如、枚乘、王褒，以文章著者也。当是时，已不能合而为一，况凌夷至于后世，流别而为六七，靡靡然人于流连光景之文哉？其去经也远矣！本朝自熙宁、元丰，士以谈经相高，而黜雕虫篆刻之习，庶几其复古矣。然学者用意太过，文章之气日衰。

钦止少从王氏学，又尝见眉山苏公，故其文汪洋闳肆，粹然一本于经；而笔力豪放，自见于驰骋之间，深入墨客骚人之城，于二者可谓兼之。自黄鲁直、张文潜没，钦止之诗文独行于世。而诗尤高妙清新，每一篇出，士大夫口相传以熟。余尝恨未见其全书，晚得此集读之，曰：嗟乎！钦止于斯文，可谓毫发无遗憾矣。

（宋）汪藻《〈鲍吏部集〉序》，《浮溪集》卷十七，中华书局1985年版

经术为五谷，文章为五味，反对作文妨道

孔子设四科，文与学一而已。及左丘明、屈原、宋玉、司马迁、相如之徒，始以文章名世，自为一家，而与六经训诂之学分。譬均之饮食，经术者、黍稷稻粱也；文章者，五味百羞也。用黍稷稻粱之甘，以充吾所受天地之冲和，固其本矣；若遂以五味百羞为无补于养生，皆废而不用，则加笾陪鼎，殽蒸折俎，不当设于先王燕飨之时也。自王氏之学兴，学者偃然以经术自高。

曰：吾知经矣，天下之学复有过此者乎？彼文章一技耳，何为者哉！使此曹有秋毫自得于圣人之门，其谁不服膺敛衽？奈何朝夕占毕者，类皆报取前人咳唾之余，熟烂繁芜，喋喋谆谆，无一字可喜者。亦何异斥八珍不御，而以饐腐之糜强人曰："此养生之本也。"其不为人出而哇之也，则幸而已耳！又数年以来，伊川之学行，谓读书作文为妨道，皆绝而不为。今有人于此，终日不食，其腹枵然，扪以示人曰：吾将轻举矣。其可信乎？二先生者，天下之宗师也。其文章过人万万，议之者非狂则愚。然陵夷至此者，其徒学之过也。足下才高识明，既卑去场屋举子之文矣，力追古人而及之，岂难事哉？在乎加之意而已！

藻少时，盖尝疲精于科举之文，顾随人后者，非吾之所学也。颇欲求所以自得者于文见之，而年为世故所分，徒有其志耳。既得罪屏居，则又欲拥书焚砚，不复为文。呜呼！过屠门而未尝得肉也，何以属餍足下之所嗜哉？来命只辱，岁晚渐寒，千万为斯文自重。不宜。

（宋）汪藻《答吴知录书》，《浮溪集》卷二十一，中华书局1985年版

李 纲

李纲（1083—1140），字伯纪，号梁溪先生，常州无锡人，祖籍福建邵武，两宋之际抗金名臣，民族英雄。李纲创作诗文贴近时势，表达其爱国情怀，同时也善于作词，借古讽今，揭露时弊，形象鲜明生动，风格沉雄劲健。朱熹赞其"纲知有君父而不知有身，知天下之安危而不知身之有痌疾，虽以谗间窜斥濒九死，而爱国忧君之志终不可夺者，可谓一世伟

人矣！"著有《梁溪全集》《靖康传信录》。

辞章慨然有志士仁人之大节

《诗》以风刺为主。故曰："上以风化下，下以风刺上。主文而谲谏，言之者无罪，闻之者足以戒。"三百六篇变风变雅居其大半，皆有箴规戒诲美刺伤闵哀思之言；而其言则多出于当时仁人不遇、忠臣不得志、贤士大夫欲诱掖其君，与夫伤谗思古，吟咏情性，止乎礼义，有先王之泽。故曰："诗可以群，可以怨。"《小弁》之怨，乃所以笃亲亲之恩；《鸱鸮》之贻，乃所以明君臣之义；《谷风》之刺，乃所以隆夫妇朋友之情。使遭变遇闵而泊然无心于其间，则父子君臣朋友夫妇道或几乎熄矣。王者迹熄而诗亡，诗亡而后《离骚》作，《九歌》《九章》之属，引类比义，虽近乎惟，然爱君之诚笃，而嫉恶之志深，君子许其忠焉。汉、唐间以诗鸣者多矣。独杜子美得诗人比兴之旨，虽困蹶流离而不忘君。故其辞章慨然有志士仁人之大节，非止模写物象，形容色泽而已。

（宋）李纲《诗序》，《梁溪集》卷十七，上海古籍出版社1987年版

诗必待穷而后工者

欧阳文忠公有言："非诗能穷人，殆穷而后工。"信哉！士达则寓意于功名，穷则潜心于文翰。故诗必待穷而后工者，其用志专，其造理深，其历世故，险阻艰难，无不备尝故也。自唐以来，卓然以诗鸣于时，如李、杜、韩、柳、孟郊、浩然、李商隐、司空图之流，类多穷于世者；或放浪于林壑之间，或漂没于干戈之际，或迁谪而得江山之助，或闲适而尽天地事物之变，冥搜精炼，抉摘杳微，一章一句，至谓能泣鬼神而夺造化者，其为功亦勤矣。以此终其身而名后世，非偶然也。

（宋）李纲《五峰居士文集序》，《梁溪集》卷一百三十八，上海古籍出版社1987年版

文章以气为主，忘利害而外死生

文章以气为主，如山川之有烟云，草木之有英华，非渊源根柢所蓄深厚，岂易致耶？士之养气刚大，塞乎天壤，忘利害而外死生，胸中超然，则发为文章，自其胸襟流出，虽与日月争光可也。孟轲以是著书，屈原以是作《离骚经》，与夫小辨曲说、缋章绘句以祈悦耳目者，固不可同年而

语矣。唐韩愈文章号为第一,虽务去陈言,不蹈袭以为工,要之操履坚正,以养气为之本。在德宗朝奏疏论宫市,贬山阴令;在宪宗朝上表论佛骨,贬潮阳守;进谏陈谋,屡挫不屈;皇皇仁义,至老不衰。宜乎高文大笔,佐佑六经,粹然一出于正,使学者仰之如泰山北斗也。

(宋)李纲《道卿邹公文集序》,《梁溪集》卷一百三十八,上海古籍出版社1987年版

君子之文务本,渊源根柢于道德仁义

唐史论文章谓:"天之付与,于君子小人无常分,惟能者得之。"信哉斯言也!虽然,天之付与,固无常分,而君子小人之文则有辨矣。君子之文务本,渊源根柢于道德仁义,粹然一出于正。其高者裨补造化,黼黻大猷,如星辰丽天而光彩下烛,山川出云而风雨时至,英茎韶汉之谐神人,菽粟布帛之能济人之饥寒,此所谓有德者必有言也。小人之文务末,雕虫篆刻、绮章绘句,以祈悦人之耳目。

(宋)李纲《古灵陈述古文集序》,《梁溪集》卷一百三十八,上海古籍出版社1987年版

吕本中

吕本中(1084—1145),字居仁,世称东莱先生,祖籍莱州(今山东烟台),后迁于寿州(今安徽凤台),宋代诗人、词人、道学家,其诗颇受黄庭坚、陈师道影响。其诗论主张主体的心性修养,强调感情浓郁,关心时势。著有《春秋集解》《紫微诗话》《东莱先生诗集》等。

写诗可涵养吾气

诗卷熟读,深慰寂寞,蒙问加勤,尤见乐善之切,不独为诗贺也。其间大概皆好,然以本中观之,治择工夫已胜,而波澜尚未阔,欲波澜之阔去,须于规摹令大,涵养吾气而后可。规摹既大,波澜自阔,少加治择,功已倍于古矣。试取东坡黄州以后诗,如《种松》、《医眼》之类,及杜子美歌行,及长韵近体诗看,便可见。若未如此,而事治择,恐易就而难远也。退之云:"气、水也,言、浮物也,水大,则物之浮者,大小毕

浮。气之与言，犹是也。气盛，则言之长短，与声之高下皆宜。"如此，则知所以为文矣。曹子建《七哀诗》之类，宏大深远，非复作诗者所能及，此盖未始有意于言语之间也。近世江西之学者，虽左规右矩，不遗余力，而往往不知出此，故百尺竿头，不能更进一步，亦失山谷之旨也。

（宋）吕本中《与曾吉甫论诗第二帖》，《苕溪渔隐丛话》前集卷四十九，中华书局2019年版

学古诗自涵养

读《古诗十九首》及曹子建诗，如"明月人我牖，流光正徘徊"之类，诗皆思深远而有余意，言有尽而意无穷也。学者当以此等诗常自涵养，自然下笔不同。

（宋）吕本中《童蒙诗训》，《宋诗话辑佚》，中华书局1987年版

为文养气

韩退之《答李翱书》，老泉《上欧阳公书》，最见为文养气之妙。

（宋）吕本中《童蒙诗训》，《宋诗话辑佚》，中华书局1987年版

古人文章皆有事理

古人文章一句是一句，句句皆可作题目，如《尚书》可见。后人文章累千百言不能就一句事理。只如选诗有高古气味。自唐以下，无复此意。此皆不可不知也。

（宋）吕本中《童蒙诗训》，《宋诗话辑佚》，中华书局1987年版

朱 松

朱松（1097—1143），字乔年，号韦斋，生于徽州婺源（江西婺源）。朱松的思想包含积极入世的儒家思想，又兼具淡泊自然的佛禅思想，朱松的诗作大多写于主管台州崇道观时，反映其半官半隐生活，平和淡泊，他对朱熹儒学思想的培育，爱国抱负的传达以及道家思想的渗透，对朱熹产生深远影响。著有《韦斋集》。

学诗者，必以六经为源，诚意正心

盖尝以为学诗者，必深赜六经，以浚其源；历观古今，以益其彼；玩物化之无极，以穷其变；窥古今之步趋，以律其度。虽知其然，而病未能也。窃尝叹夫自诗人以来，莫盛于唐，读其诗者、皆粲然可喜，而考其平生，鲜有轨于大道而厌足人意者。其甚者，曾与间阎儿童之见无以异。此风也，至唐之季年面尤剧。使人鄙厌其文，惟恐持去之不速。

夫《诗》自二《南》以降，三百余篇，先儒以为二《南》周公所述，用之乡人邦国，以风动一世。其余出于一时，公卿大夫与夫闾巷匹夫匹妇之所作，其辞抑扬反复，蹈厉餐挫，极道其忧思佚乐之致，而卒归之于正。圣人以是为先王之余泽，犹可见其髣髴，足以耸动天下后世，故删而存之。至今列于六经，焯乎如日月。春秋之世，列国君臣相与宴享朝聘，以修先君之好，往往赋古人诗以自见其意，观时称情，必当其物，不然，有君赋之而臣不拜，其谨且严如此。而晋郑垂陇之会，郑之诸卿皆赋诗以属赵孟，而权向因以知其存亡兴衰之先后，其言之验，若合符然。盖心者，祸福之机也，心取是诗而口赋之，虽吉凶未见于前，而神者先受之矣。至汉苏、李，浑然天成，去古未远。魏晋以降，迫及江左，虽已不复古人制作之本意，然清新富丽，亦各名家，而皆萧然有拔俗之韵，至今读之，使人有世表意。唐李、杜出，而古今诗人皆废。自是而后，浅儒小生，膏吻鼓舌，决章裂句，青黄相配，组绣错出，穷年没齿，求以名家，惴惴然恐天下之有轧己以取名者。至其甚者，恃才以犯上，骂坐以贻遣，摈斥颠沛，足迹相及，此何为者邪？

尝闻之夫子曰："《诗》三百，一言以蔽之，曰：思无邪。"嗟夫，圣人之意，其可思而知也。夫王者正心诚意于一堂之上，而四海之远，以教则化。以绥则来，以讨则服。与夫僖公牧于鲁野，而其马皆有可用之姿，盖本一道。而《诗》三百之意，圣人取一言以尽之，乃在于此。后之学者，不深维古人述作之旨，而欲以区区者自名曰诗，诚可悯笑。

某也何足以议此，徒以少日嗜好之笃，学之而不至也。深惟学将求媲于古人，不本是求，而唯末之齐，亦见其劳而无功矣。恭维执事高文奥学，标准一世，其主盟吾道，推毂后进，盖有先世之遗风，方持使者节，控引一路，微劳末技日效于前，以希奖拔。而某以菽水之意，窃禄僻邑，未尝得拜伏于下风。得于传闻，不肖名氏似尝挂齿牙之余论，得无有称道少日率尔之作以欺执事者乎？篆刻可悔，方窃自毒，虽知唐诗人之区区者为可笑，而求以庶几夫圣人之意，此非执事，将安所质之？窃观执事大笔余波，溢为章句，句法峻洁，而思致有余，此正如韩愈虽以为余事，而瑰奇高妙，固已超轶一时矣。非深得夫圣人所取于诗之意，与夫古今述作之大旨，其孰能至此？

（宋）朱松《上赵漕书》，《韦斋集》卷九，上海书店出版社1985年版

胡 寅

胡寅（1098—1156），字明仲，号致堂先生，建州崇安（今福建武夷山）人，后迁居衡阳。他坚守儒家传统学说，论事皆以儒家元典为据，其言行皆以礼为守则。他主张德与行配位，重视道德修养，事必躬亲。著有《论语详说》《斐然集》。

观诗人之情性，可以明礼义

叔易近日看阅何书？侍下优游所得，计益粹。大人尝言：学诗者必分其义。如赋、比、兴，古今论者多矣，惟河南李仲蒙之说最善。其言曰："叙物以言情谓之赋，情物尽也；索物以托情谓之比，情附物者也；触物以起情谓之兴，物动情者也。故物有刚柔缓急荣悴得失之不齐，则诗人之情性亦各有所寓。非先辨乎物则不足以考情性；情性可考，然后可以明礼义而观乎诗矣。"旧见叔易，要见此说，故录以奉呈。

（宋）胡寅《致李叔易》，《斐然集》卷十八，岳麓书社2009年版

躬行先于文章，道德为文之本

《洙泗集》者，龙谿陈君元忠以后世文体之目，求诸《论语》，得其义类分明而编之，以为文章之祖也。丐予为之序，予嘉其述，乃序之曰：文生于言，言本于不得已。或一言而尽道，或数千百言而尽事。犹取象于十三卦，备物致用为天下利，一器不作则生人之用息，乃圣贤之文言也。言非有意于文，本深则末茂，形大则声闳。故也周衰道丧而文浮，孔子盖甚不取。尝曰："孝、悌、谨、信、泛爱而亲仁，行有余力，则以学文。"

又曰:"文吾不若人也,躬行君子,则吾未之有得。"学士大夫,千百成群,行彼六者,谁有余力行之?未有余力,是夫人未可以学文矣。汲汲学文而不躬行,文而幸工,其不异于丹青朽木、俳优博笑也几希,况未必能工乎?游、夏以文学名,表其所长也。然《礼运》偃也所为,《乐记》商也所为,华实彬彬,亚于经训。后之作者,有能及邪?从周之文,从其监于二代,忠质之致也。文不在兹者,经天纬地,化在天下,非呓笔书简、祈人见知之作也。《离骚》妙才,太史公称其"与日月争光",尚不敢望风雅之阶席,况一变为声律众体之诗,又变而为雕虫篆刻之赋,概以仲尼删削之意其弗畔,而获存者吾知其百无一二矣。是则无之不为损,有之非惟无益,或反有所害,乃无用之空言也夫!竭其知思,索其技巧,蕲于立言而归于无用,果何为哉!然自隋唐以来,末流每下,择才论士,皆按以为能否升沉之决,而欲夫人通经知道、守节秉义,有君子之行,不亦怪乎!陈君盖疾夫末流忘本得已而不已者,可见好古笃实之趣矣!圣门问答,教诏本言也。而成文虽文也,特一时之言耳。丰而不余,约而不失,其法备于《论语》,能熟环而体识之,必不敢易。于为文深之又深,知其有无穷之事业在焉,必不复以文为志。道果明,德果立,未有不能言者。孟子曰:"仁义礼智根于心,其生色也睟然,见于面,盎于背,施于四体。四体不言而喻。"此《洙泗集》之本原也。

(宋)胡寅《洙泗文集序》,《斐然集》卷十九,岳麓书社2009年版

郑 樵

郑樵(1104—1162),字渔仲,号溪西遗民,兴化军莆田县(今福建莆田)人,学者称"夹漈先生",宋代史学家、校雠学家。郑樵的学术思想主要是"会通""求是"和"创新"。"会通"表现为他主张修史要据孔子、司马迁会通之法,不赞成编写后代与前代之事不相因依的断代史;求是和创新则表现为他重视实践的经验,反对"空言著书",认为要通过实践才能得到。著有《通志》《夹漈遗稿》和《尔雅注》等数种。

夫乐之本在诗,诗之本在声

夫乐之本在诗,诗之本在声。窃观仲尼,初亦不达声,至哀公十一年

自卫返鲁，质正于太师氏而后知之，故曰："吾自卫反鲁，然后乐正，《雅》《颂》各得其所。"此言诗为乐之本，而《雅》《颂》为声之宗也。其曰："师挚之始，《关雎》之乱，洋洋乎盈耳哉！"此言其声之盛也。又曰："《关雎》乐而不淫，哀而不伤。"此言其声之和也。人之情，闻歌则感。乐者闻歌，则感而为淫；哀者闻歌，则感而为伤。惟《关雎》之声和而平，乐者闻之而乐其乐，不至于淫；哀者闻之而哀其哀，不至于伤，此《关雎》所以为美也。

缘汉人立学官，讲《诗》专以义理相传，是致卫宏序《诗》，以乐为乐得淑女之乐，淫为不淫其色之淫，哀为哀窈窕之哀，伤为无伤善之伤。如此说《关雎》，则洋洋盈耳之旨安在乎？

（宋）郑樵《昆虫草木略·序》，《通志》卷七十五，商务印书馆1935年版

君子之于琴瑟，取其声而写所寓焉

呜呼！寻声徇迹，不识其所由者如此！九流之学皆有义，所述者，无非圣贤之事，然而君子不取焉者，为多诬言饰事，以实其意。所贵乎儒者，为能通今古，审是非，胸中了然，异端邪说无得而惑也。退之平日所以自待为如何？所以作十操以贻训后世者为如何？臣有以知其为邪说异端所袭，愚师瞽史所移也。《琴操》所言者，何尝有是事？琴之始也，有声无辞，但善音之人，欲写其幽怀隐思，而无所凭依，故取古之人悲忧不遇之事，而以命操。或有其人而无其事，或有其事而非其人，或得古人之影响从而滋蔓之。君子之所取者，但取其声而已，取其声之义，而非取其事之义。君子之于世多不遇，小人之于世多得志。故君子之于琴瑟，取其声而写所寓焉，岂尚于事辞哉？若以事辞为尚，则自有六经圣人所说之言，而何取于工伎所志之事哉。琴工之为是说者，亦不敢凿空以厚诬于人，但借古人姓名，而引其所寓耳。何独琴哉，百家九流，皆有如此。惟儒家开大道，纪实事，为天下后世所取正也。盖百家九流之书皆载理，无所系著，则取古之圣贤之名，而以己意纳之于其事之域也……

《琴操》之所纪者，又此类也。顾彼亦岂欲为此诬罔之事乎？正为彼之意向如此，不得不如此，不说无以畅其胸中也。又如兔园之学，其来已久，其所言者，无非周孔之事，而不得为正学，不为学者所取信者，以意卑浅而言陋俗也。今观琴曲之言，正兔园之流也，但其遗声流雅，不与他

乐并肩，故君子所尚焉。或曰：退之之意，不为其事而作也，为时事而作也。曰如此所言，则白乐天之讽谕是矣！若惩古事以为言，则"隋堤柳"可以戒亡国；若指今事以为言，则"井底引银瓶"可以止淫奔，何必取异端邪说、街谈巷语以寓其意乎？同是诞言，同是饰说，伯牙可诛焉？臣今论此，非好攻古人也，正欲凭此开学者见识之门，使是非不杂糅其间，故所得则精，所见则明。无古无今，无愚无智，无是无非，无彼无已，无异无同；概之以正道，烁烁乎如太阳正照，妖氛邪气不可干也。

（宋）郑樵《乐略·琴操五十七曲》，《通志》卷四十九，商务印书馆1935年版

作乐以《诗》为本，合义理

仲尼所以为乐者，在《诗》而已。汉儒不知声歌之所在，而以义理求诗，别撰乐诗以合乐。殊不知乐以诗为本，诗以雅、颂为正，仲尼识雅、颂之旨，然后取三百篇以正乐。乐为声也，不为义也。汉儒谓雅乐之声，世在太乐，乐工能纪其铿锵鼓舞，而不能言其义。以臣所见，正不然。有声斯有义，与其达义不达声，无宁达声不达义。若为乐工者，不识铿锵鼓舞，但能言其义可乎？谭（谈）河安能止渴，画饼岂可充饥？无用之言，圣人所不取。或曰："郊祀，大事也，神事也；燕飨，常事也，人事也。"旧乐章莫不先郊祀而后燕飨，今所采乐府反以郊祀为后，何也？曰："积风而雅，积雅而颂，犹积小而大，积卑而高也。"所积之序如此。史家编次，失古意矣，安得不为之厘正乎！

（宋）郑樵《乐略·祀飨正声序论》，《通志》卷四十九，商务印书馆1935年版

汪应辰

汪应辰（1118—1176），初名洋，字圣锡，学者称玉山先生，信州玉山（今江西玉山）人，南宋诗人、散文家。他学识渊博，作品有不少鸿篇巨制，他的多部诗作都体现了"好贤乐善，尤笃友爱"的思想品格和个性，他精于义理，好贤乐善。著有《文定集》二十四卷。

诗要以气格高妙，意义精远为主

始余得洪州学所刻少陵诗集正异者观之，中间多云其说已见卷首，或云他卷，或云年谱，殊不可晓。既而过进贤偶县大夫言，有蜀人蔡伯世，重编杜诗，亟借之，乃得其全书。然后知正异者，特其书之一节耳，不可以孤行也。此书诠次先后，考索同异。亦已勤矣。世传杜诗，往往不同，前辈多兼存之，今皆定从某字，其自任盖不轻矣。诗以气格高妙，意义精远为主。属对之间，小有不谐，不足以累正气。今悉迁就偶对。至于古诗亦然，若止为偶对而已，似未能尽古人之意也。"千金买马鞭，百金装刀头"，言其服用之盛尔；"故乡归不得，地入亚夫营"，言故乡方用兵尔。今悉以他本改作"马鞍"、"故园"，固未知其孰是，其说则曰："若千金买鞭，以物直校之，非也。若故乡为营，则营亦大矣。"此等去取，非所谓不以辞害意也。律诗全篇属对，固有此格，非尽然也。如"宓子弹琴邑宰日，终军弃繻英妙时。""黄草峡西船不归，赤甲山下行人稀。"皆律诗第一联也。今改作"年妙"、"人行"，以就偶对。若他本不同，定从其一，犹不为无据。此直以己意所见，径行窜定，甚矣其自任不轻也。正异云："考其属对事实，当作'年妙'。"且英妙者犹少俊云尔，不惟无害于事实，亦未尝不对也。闽中所刻东坡杜甫事实者，不知何人假托，皆凿空撰造，无一语有来处。如引王逸少诗云："湖上春风舞天棘。"此其伪谬之一也。今乃用此改"天棘梦青丝"为"舞青丝"。政使实有此证，犹未可轻改，况其不然者乎？余谓不若于杜集之后，附益以重编年谱各卷，叙说目录、正异等，以存一家之说，使览者有考焉可也，未可以为定本。

（宋）汪应辰《书少陵诗集正异》，《文定集》卷十，学林出版社2009年版

张　戒

张戒（生卒年不详），字定复，河东绛州正平（山西新绛）人。他认为诗文创作首先需要"言志"，同时强调诗文的审美意蕴；他从人生经历、道德修养、个人品德来理解诗文创作的内在动力；反对过于追求诗文的辞藻华丽，他认为好诗应该具备"意""味"和"气""韵"。著有《岁寒堂诗话》。

言志乃诗人之本意

建安、陶、阮以前诗，专以言志；潘、陆以后诗，专以咏物。兼而有之者，李、杜也。言志乃诗人之本意；咏物特诗人之余事。古诗、苏、李、曹、刘、陶、阮本不期于咏物。而咏物之工，卓然天成，不可复及。其情真，其味长，其气胜，视《三百篇》几于无愧，凡以得诗人之本意也。潘、陆以后，专意咏物，雕镂刻镂之工日以增，而诗人之本旨扫地尽矣。谢康乐"池塘生春草"，颜延之"明月照积雪"，谢玄辉"澄江静如练"，江文通"日暮碧云合"，王籍"鸟鸣山更幽"，谢真"风定花犹落"，柳挥"亭皋木叶下"，何逊"夜雨滴空阶"，就其一篇之中，稍免雕携，粗足意味，便称佳句，然比之陶、阮以前苏、李古诗、曹、刘之作。九牛一毛也。大抵句中若无意味，譬之山无烟云，春无草树，岂复可观。阮嗣宗诗，专以意胜；陶渊明诗，专以味胜；曹子建诗，专以韵胜；杜子美诗，专以气胜。然意可学也，味亦可学也，若夫韵有高下，气有强弱，则不可强矣。此韩退之之文，曹子建、杜子美之诗，后世所以莫能及也。世徒见子美诗多粗俗，不知粗俗语在诗句中最难，非粗俗，乃高古之极也。自曹、刘死至今一千年，惟子美一人能之。中间鲍照虽有此作，然仅称俊快，未至高古。元、白、张籍、王建乐府，专以道得人心中事为工，然其词浅近，其气卑弱。至于卢仝，遂有"不唧溜钝汉"、"七碗吃不得"之句，乃信口乱道，不足言诗也。近世苏、黄亦喜用俗语，然时用之亦颠安排勉强。不能如子美胸襟流出也。子美之诗，颜鲁公之书，雄姿杰出，千古独步，可仰而不可及耳。

（宋）张戒《岁寒堂诗话》卷上，中华书局 1985 年版

《诗品》以《古诗》第一

韵有不可及者，曹子建是也。味有不可及者，渊明是也。才力有不可及者，李太白、韩退之是也。意气有不可及者，杜子美是也。文章古今迥然不同，钟嵘《诗品》以《古诗》第一，子建次之，此论诚然。观子建"明月照高楼"、"高台多悲风"、"南国有佳人"、"惊风飘白日"、"谒帝承明庐"等篇，锉锵音节，抑扬态度，温润清和，金声而玉振之，辞不迫切，而意已独至，与《三百五篇》异世同律，此所谓韵不可及也。渊明"狗吠深巷中，鸡鸣桑树颠"、"采菊东篱下，悠

然见南山"，此景物虽在目前，而非至闲至静之中，则不能到，此味不可及也。杜子美、李太白、韩退之三人，才力俱不可及，而就其中退之喜崛奇之态，太白多天仙之词，退之犹可学，太白不可及也。至于杜子美，则又不然，气吞曹、刘，固无与为敌，如放归鄜州而云"维时遭艰虞，朝野少暇日。顾惭恩私被，诏许归蓬荜"，新婚戍边而云"勿为新婚念，努力事戎行。罗襦不复施，对君洗红妆"，《壮游》云"两宫各警跸，万里遥相望"，《洗兵马》云"鹅鹜通膏凤辇备。鸡鸣问寝龙楼晓"，凡此皆微而婉，正而有礼，孔子所谓"可以兴，可以观，可以群，可以怨。迩之事父，远之事君"者。如"刺规多谏诤，端拱自光辉"，"俭约前王体，风流后代希"，"公若登台辅，临危莫爱身"，乃圣贤法言，非特诗人而已。

（宋）张戒《岁寒堂诗话》卷上，中华书局1985年版

诗文字画笃于忠义，故其诗雄而正

韩退之诗，爱憎相半。爱者以为虽杜子美亦不及，不爱者以为退之于诗本无所得，自陈无己辈皆有此论。然二家之论俱过矣。以为子美亦不及者固非，以为退之于诗本无所得者，谈何容易耶？退之诗，大抵才气有余，故能擒能纵，颠倒崛奇，无施不可。放之则如长江大河，澜翻润涌，滚滚不穷；收之则藏形匿影，乍出乍没，姿态横生，变怪百出，可喜可愕，可畏可服也。苏黄门子由有云："唐人诗当推韩、杜，韩诗豪，杜诗雄，然杜之雄亦可以兼韩之豪也。"此论得之。诗文字画，大抵从胸臆中出，子美笃于忠义，深于经术，故其诗雄而正。李太白喜任侠，喜神仙，故其诗豪而逸。退之文章侍从。故其诗文有廊庙气。退之诗正可与太白为敌，然二豪不并立，当屈退之第三。

（宋）张戒《岁寒堂诗话》卷上，中华书局1985年版

论历代诗者思无邪

孔子曰："《诗》三百，一言以蔽之，曰：'思无邪。'"世儒解释终不了。余尝观古今诗人，然后知斯言良有以也。《诗序》有云："诗者，志之所之也。在心为志，发言为诗，情动于中，而形于言。"其正少，其邪多。孔子删诗，取其思无邪者而已。自建安七子、六朝、有唐及近世诸人，思无邪者，惟陶渊明、杜子美耳，余皆不免落邪思也。六朝颜、鲍、

徐、庾，唐李义山，国朝黄鲁直，乃邪思之尤者。鲁直虽不多说妇人，然其韵度矜持，冶容太甚，读之足以荡人心魄，此正所谓邪思也。鲁直专学子美，然子美诗读之，使人凛然兴起，肃然生敬，《诗序》所谓"经夫妇，成孝敬，厚人伦，美教化，移风俗"者也，岂可与鲁直诗同年而语耶？

（宋）张戒《岁寒堂诗话》卷上，中华书局1985年版

黄　彻

黄彻（1093—1168），字常明，号太甲，晚号巩溪居士，宋兴化军莆田（福建莆田）人，北宋宣和进士。黄彻在诗论上的基本主张是，以"辅名教""存风雅"为基本准则。著有《巩溪诗话》十卷存世。

先器识，后文艺

《古柏》云："大厦如倾要梁栋，万牛回首邱山重。"此贤者之难进易退，非其招不住者也。又云："不露文章世已惊，未辞翦伐谁能送。"先器识，后文艺，与浮躁衒露者异矣。

（宋）黄彻《巩溪诗话》卷五，人民文学出版社2001年版

说诗者不以辞害志

唐令狐相进李远为杭州。宣宗曰："闻李远云'长日惟消一局棋'，岂可使治郡哉？"对曰："诗人之言，不足为实也。"乃荐远廉察可任。此正"说诗者不以辞害志"也。退之《和刘使君》云："吏人休报事，公作送春诗。"梦得《送王司马之陕州》云："案牍来时惟署字，风烟入兴便成章。"自俗吏观之，皆可坐"不了事"之目也。

（宋）黄彻《巩溪诗话》卷七，人民文学出版社2001年版

诗者，人之性情也

山谷云："诗者，人之性情也，非强谏争于庭，怨詈于道，怒邻骂坐之所为也。"余谓怒邻骂坐，固非诗本旨，若《小弁》亲亲，未尝无怨；《何人斯》："取彼谮人，投畀豺虎"，未尝不愤；谓不可谏，则又甚矣，

箴规刺诲，何为而作？古者帝王尚许百工各执艺事以谏，诗独不得与工技等哉？故谲谏而不斥者，惟《风》为然。如《雅》云："匪而命之，言提其耳"；"彼童而角，实讧小子"；"忧心惨惨、念国之为虐"；"敌匪降自天，生自妇人"。忠臣义士，欲正君定国，惟恐所陈不激切，岂尽优柔婉晦乎？故乐天《寄唐生》诗云："篇篇无空文，句句必尽规。"

（宋）黄彻《䂬溪诗话》卷十，人民文学出版社2001年版

王　灼

王灼（1081—1160），字晦叔，号颐堂，遂宁府小溪县（今四川遂宁船山）人，宋代著名科学家、文学家、音乐家。王灼的著述涉及诸多领域，在中国文学、音乐、戏曲和科技史上均有其思想创新之处。他精通乐律，论述了上古时期诗与乐的关系，主张诗乐舞合一，强调文本的文学性，认为古诗具有儒家政治教化作用。著有《碧鸡漫志》。

诗言其志，歌咏其声，舞动其容

或问歌曲所起，曰："天地始分而人生焉，人莫不有心，此歌曲所以起也。"《舜典》曰："诗言志，歌永言，声依永，律和声。"《诗序》曰："在心为志，发言为诗，情动于中而形于言。言之不足，故嗟叹之；嗟叹之不足，故永歌之；永歌之不足，不知手之舞之，足之蹈之。"《乐记》曰："诗言其志，歌咏其声，舞动其容；三者本于心，然后乐器从之。"故有心则有诗，有诗则有歌，有歌则有声律，有声律则有乐歌。永言，即诗也，非于诗外求歌也。今先定音节，乃制词从之，倒置甚矣。而士大夫又分诗与乐府作两科。古诗或名曰乐府，谓诗之可歌也。故乐府中有歌、有谣、有吟、有引、有行、有曲；今人于古乐府，特指为诗之流，而以词就音，始名乐府，非古也。舜命夔教胄子，诗歌声律，率有次第。又语禹曰："予欲闻六律、五声、八音在治，忽以出纳五言。"其君臣赓歌，《九功》《南风》《卿云》之歌，必声律随具。古者采诗。命太师为乐章，祭祀、宴射、乡饮皆用之，故曰：正得失，动天地。感鬼神，莫近于诗。先王以是经夫妇，成孝敬，厚人伦，美教化，易风俗。诗至于动天地，感鬼神，移风俗，何也？正谓播诸乐歌，有此效耳。然中世亦有因筦弦金石造

歌以被之，若汉文帝使慎夫人鼓瑟，自倚瑟而歌，汉、魏作三调歌辞，终非古法。

（宋）王灼《碧鸡漫志》卷一，人民文学出版社2015年版

音乐有正声，有中声

或问雅、郑所分。曰："中正则雅，多哇则郑，至论也。"何谓中正？凡阴阳之气。有中有正。故音乐有正声，有中声。二十四气，岁一周天，而统以十二律。中正之声，正声得正气，中声得中气。则可用；中正用则平气应。故曰："中正以平之。"若乃得正气而用中律，得中气而用正律。律有短长，气有盛衰，太过、不及之弊起矣。自扬子云之后，惟魏汉津晓此。东坡曰："乐之所以不能致气召和如古者，不得中声故也。乐不得中声者，气不当律也。"东坡知有中声，盖见孔子及伶州鸠之言，恨未知正声耳。近梓潼雍嗣侯者，作《正笙诀》《琴数还相为宫解》《律吕逆顺相生图》，大概谓：知音在识律，审律在习数，故师旷之聪，不以六律，不能正五音，诸谱以律通不过者，率皆淫哇之声。酮侯自言得律吕真数，著说甚详，而不及中正。

（宋）王灼《碧鸡漫志》卷一，人民文学出版社2001年版

洪　迈

洪迈（1123—1202），字景庐，号容斋，南宋饶州鄱阳（今江西鄱阳）人。南宋著名文学家。在文学创作理念方面，他综合儒家辞理一致和道家气韵之质，强调诗文创作中"天命"与"人伦"结合。著有《客斋随笔》《夷坚志》。

文以传道

"文章一小伎，于道未为尊。"虽杜子美有激而云然，要为失言，不可以训。文章岂小事哉！《易》《贲》之《象》言："刚柔交错，天文也；文明以止，人文也。观乎天文，以察时变；观乎人文，以化成天下。"孔子称帝尧焕乎有文章。子贡曰："夫子之文章，可得而闻。"《诗》美卫武公，亦云有文章。尧、舜、禹、汤、文、武、成、康之圣贤，桀、纣、

幽、厉之昏乱，非诗书以文章载之，何以传？伏羲画八卦，文王重之，非孔子以文章翼之，何以传？孔子至言要道，托《孝经》、《论语》之文而传；曾子、子思、孟子，传圣人心学，使无《中庸》及七篇之书，后人何所窥门户？老、庄绝灭礼学，忘言去为，而五千言与内外篇，极其文藻。释氏之为禅者，谓语言为累，不知大乘诸经可废乎？然则诋为小伎，其理谬矣。彼后世为词章者，逐其末而忘其本，玩其华而落其实，流宕自远，非文章过也。杜老所云："文章千古事"，"已似爱文章"，"文章日自负"，"文章实致身"，"文章开突奥"，"文章憎命达"，"名岂文阐著"，"枚乘文章老"，"文章敢自诬"，"海内文章伯"，"文章曹植波澜阔"，"庾信文章老更成"，"岂有文章惊海内"，"每语见许文章伯"，"文章有神交有道"，如此之类，多指诗而言，所见狭矣！

（宋）洪迈《文章小伎》，《容斋随笔》卷十六，学苑音像出版社2001年版

词之旨在乎礼义

宋玉《高唐》、《神女》二赋，其为寓言托兴甚明。予尝即其词而味其旨，盖所谓发乎情止乎礼义，真得诗人风化之本。

（宋）洪迈《高唐》《神女》赋，《容斋随笔》卷三，学苑音像出版社2001年版

陆　游

陆游（1125—1210），字务观，号放翁，越州山阴（今浙江绍兴）人，南宋文学家、史学家、爱国诗人。陆游一生笔耕不辍，诗词文具有很高成就。在文学创作上，陆游主张"文以气为主"，继承了儒家"浩然之正气"的思想，他强调"养气"与"学道"是诗文创作的先决条件；他认为创作者应该积极参加社会实践，养正气，注重学问修养，关注民生疾苦。著有《剑南诗稿》《渭南文集》《老学庵笔记》。

文章须涵养出正声

文章天所祕，赋予均功名。吾尝考在昔，颇见造物情。离堆太史公，

青莲老先生。悲鸣伏枥骥，蹭蹬失水鲸；饱以五车读，劳以万里行，险艰外备尝，愤郁中不平。山川与风俗，杂情而交并，邦家志忠孝，人鬼参幽明，感慨发奇节，涵养出正声，故其所述作，浩浩河流倾，岂他配《诗》、《书》，自足齐韎径。我衰敢议此，长歌涕纵横。

（宋）陆游《感兴》，《陆游集·剑南诗稿》卷十八，上海古籍出版社2005年版

作诗要养气

文章最忌百家衣。火龙黼黻世不知。谁能养气塞天地，吐出自足成虹蜺。渡江诸贤骨已朽，老夫亦将正丘首。杜郎苦瘦帽撒耳，程子久贫衣露肘。君复作意寻齐盟。岂知衰懦畏后生。大篇一读我起立，喜君得法从家庭。鲲鹏自有天池著，谁谓太狂须束缚？大机大用君已传，那遭老夫安注脚。

（宋）陆游《次韵和杨伯子主薄见赠》，《陆游集·剑南诗稿》卷二十一，上海古籍出版社2005年版

一卷之诗有淳漓

诗岂易言哉！一书之不见，一物之不识，一理之不穷，皆有憾焉。同此世也，而盛衰异；同此人也，而壮老殊。一卷之诗有淳漓，一篇之诗有善病，至于一联一句，而有可玩者，有可疵者，有一读再读至十百读乃见其妙者，有初悦可人意，熟味之使人不满者。大抵诗欲工，而工亦非诗之极也。锻炼之久，乃失本指；斲削之甚，反伤正气。虽曰名不可幸得，以名求诗，又非知诗者。纤丽足以移人，夸大足以盖众，故论久而后公，名久而后定。呜呼艰哉！

（宋）陆游《何君墓表》，《陆游集·渭南文集》卷三十九，上海古籍出版社2005年版

人之邪正，至观其文

某官阁下：君子之有文也，如日月之明，金石之声，江海之涛澜，虎豹之炳蔚，必有是实，乃有是文。夫心之所养，发而为言，言之所发，比而成文。人之邪正，至观其文，则尽矣决矣，不可复隐矣。爝火不能为日月之明，瓦釜不能为金石之声，潢污不能为江海之涛澜，犬羊不能为虎豹

之柄蔚，而或谓庸人能以浮文眩世，焉有此理也哉？使诚有之，则所可眩者，亦庸人耳。

某闻前辈以文知人，非必钜篇大笔、苦心致力之词也。残章断藁，愤讥戏笑，所以娱忧而舒悲者，皆足知之。甚至于邮传之题咏，亲戚之书牍，军旅官府仓卒之间，符檄书判，类皆可以洞见其人之心术才能，与夫平生穷达寿夭，前知递决，毫芒不失。如对棋枰，而指白黑，如观人面，而见其目衡鼻纵，不待思虑搜索而后得也。何其妙哉！故善观晁错者，不必待东市之诛，然后知其刻深之杀身；善观平津侯者，不必待淮南之谋，然得知其阿谀之易与。方发策决科时，其平生事业，已可望而知之矣。贤者之所养，动天地，开金石，其胸中之妙，充实洋溢，而后发见于外，气全力余，中正闳博，是岂可容一毫之伪于其间哉？

某束发好文，才短识近，不足以望作者之藩篱，然知文之不容伪也，故务重其身而养其气。贫贱流落，何所不有，而自信愈笃，自守俞坚，每以其全自养，以其余见之于文。文愈自喜，愈不合于世。夫欲以此求合于世，某则愚矣。而世遂谓某终无所合，某亦不敢谓其言为智也。

（宋）陆游《上辛给事书》，《陆游集·渭南文集》卷十三，上海古籍出版社2005年版

周必大

周必大（1126—1204），字子充，号平园老叟，吉州庐陵（今江西吉安）人，南宋政治家、文学家，"庐陵四忠"之一。周必大强调文章应发挥儒家的政教观念，即教化民众，主文谲谏，创作诗文需重视道德规范和美德培养，人品与文品相统一；在文学批评上，他将"尚理""文气"与"才学"作为评判好文章的基本准则。他追摹欧阳修，在南宋中叶的词臣中居于领袖地位。著有《文忠集》《平园续稿》《玉堂类稿》。

文章本原乎六义

文章有天分，有人力，而诗为甚。才高者语新，气和者韵胜，此天分也；学广则理畅，时习则句熟，此人力也。二者全则工，偏则不工；工则传，不工则不传。古今一也。同年杨谨仲，家世文儒，才高而气和，于书

无不读，于名胜无不师慕之，嗜古如嗜色，为文昼夜不休。清江置郡今二百年，二刘三孔以来，文风日盛。谨仲自少为先进所推，未第时，乡之英俊争受业于门。名闻四方，愿交者众，二千石以下皆尊礼之，盖其行艺俱优。而尤喜为诗，本原乎六义，沉酣乎风骚。自魏、晋、隋、唐及乎本朝，凡以是名家者，往往窟其藩篱，泝其源流，大要则学杜少陵、苏文忠公。故其下笔初而丽，中而雅，晚而闳肆。长篇如江河之澎湃，浩不可当；短章如溪涧之涟漪，清而可爱。间与宾客酬唱，愈多愈奇，非所谓天分人力全而不偏者邪！

（宋）周必大《〈杨谨仲集〉序》，《文忠集》卷五十二，上海古籍出版社2020年版

文章挟之以刚大之气，行之乎忠信之涂

文章以学为车，以气为驭，车不攻，积中固败矣，气不盛，吾何以行之哉？

东牟王公之文，吾能言之，以六经为美材，以子史为英华，旁取骚人墨客之辞润泽之。犹以为未也，挟之以刚大之气，行之乎忠信之涂。仕可屈，身不可屈；食可馁，道不可馁。如是者积有年，浩浩乎胸中，滔滔乎笔端矣。赋大礼则丽而法，传死节则赡而劲，铭记则高古粹美，奏议则切直忠厚。至于感今怀昔，登高望远，忧思愉佚，摹写戏笑，一皆寓之于诗。大篇短章，充溢箱箧。嗣子昌祖，惧夫散轶而无传也，厘为三十卷，属某为之序。

（宋）周必大《王元渤洋右史文集序》，《文忠集》卷二十，上海古籍出版社2020年版

穷经必贯于道，造行弗逾于矩，发为文章

有德之人，其辞雅；有才之人，其辞丽。兼是二者，多贵而寿。盖以德辅才，天之所助，而人之所重也。丹阳章简张公，秉懿好德，所蕴者厚，自其少年，才名杰出英俊之上。穷经必贯于道，造行弗逾于矩，发为文章，实而不野，华而不浮。在西掖所下制书，最号得体。其论思献纳，皆达于理，而切于事。尤喜篇咏。格律有唐人风，非如儒生文士止有偏长而已。

（宋）周必大《〈张彦正文集〉序》，《文忠集》卷二十，上海古籍出版社2020年版

观字画，可知气节之高

吉水杨公，诗句典实，可以观学问之富，字画清壮，可以知气节之高。仕不于其身，必利其嗣人。今秘书监廷秀其子也，词章压络缙绅，忠鲠重朝廷。

（宋）周必大《题杨文卿苕诗卷》，《益公题跋》卷十二，上海古籍出版社 2020 年版

作文宜道醇德备

范忠宣公心正气和，道醇德备。三复尺牍，如见其人。

（宋）周必大《题曾无疑所藏二帖》，《益公题跋》卷四，上海古籍出版社 2020 年版

杨万里

杨万里（1127—1206），字廷秀，号诚斋野客，吉州吉水（今江西吉水）人，南宋文学家，与陆游、尤袤、范成大并称南宋"中兴四大诗人"。他创造了语言浅近明白、清新自然，富有幽默情趣的"诚斋体"。他的文学思想关切理学中的伦理基本问题，同时兼顾"文"的独立价值，将审美价值与理学义理相统一。他认为诗文字画乐舞都是"道"的显现，文艺可以发挥涵养心性和格物致理的重要作用。著有《诚斋集》。

诗者，矫天下之具

论曰：天下之善不善，圣人视之甚徐而甚迫。甚徐而甚迫者，导其善者以之于道；矫其不善者以复于道也。宜徐而迫，天下之善始惑；宜迫而徐，天下之不善始逋。盖逋因于莫之矫，而惑起于莫之导。善而莫之导，是谓至善；不善而莫之矫，是谓开不善。圣人反是：徐其所不宜迫，而迫其所不宜徐。经之自《易》而《书》，非不备也。然皆所以徐天下者也。启其扃听其人，坦其轨纵其驰。人也，驰也，否也，圣人油然不之责也。天下皆善乎？天下不能皆善；则不善亦可导乎？圣人之徐，于是变而为迫。非乐于迫也，欲不变而不得也。迫之者，矫之也。是故有诗焉。

诗也者，矫天下之具也。而或者曰："圣人之道，礼严而诗宽。"嗟呼！孰知礼之严为严之宽，诗之宽为宽之严也欤？盖圣人将有以矫天下，必先有以钩天下之至情，得其至情，而随以矫，夫安得不从。盖天下之至情，矫生于愧，愧生于众；愧非议则安，议非众则私；安则不愧其愧，私则反议其议。圣人不使天下不愧其愧，反议其议也，于是举众以议之，举议以愧之。则天下之不善者，不得不愧。愧斯矫，矫斯复，复斯善矣。此诗之教也。

（宋）杨万里《诗论》，《诚斋集》卷八十四，商务印书馆1926年版

诗的最终目的，与人为善

诗果宽乎？耸乎其必讥，而断乎其必不恕也。诗果不严乎？恶莫恶于盗，而懦莫懦于童子。今夫童子诳其西邻之童，而夺之一金，不怍也；而东邻之童，旁观而适见之，则怍焉。见其夺也。而又以告其不见者，作焉者病焉。不惟见也，不惟告也，见者与不见者，朋讥而群哂焉；则不惟怍也，不惟病也，则啼焉，则归之金焉。夫何其不怍于夺而怍于见？故曰："矫生于愧。"夫曷不啼于未讥未哂之先，而归其夺于讥与哂之后？故曰："愧生于议，议生于众。"夫夺人者污也，夺南归之者洁也。其污也可摈，其洁也可进。夺于先而归于后，污初而洁终，君子将不恕其初乎？将掩其终乎？则讥为誉根，哂为德源矣。故曰："愧斯矫，矫斯复，复斯善矣。"

（宋）杨万里《诗论》，《诚斋集》卷八十四，商务印书馆1926年版

诗者，收天下之肆者也

诗人之言，至发其君宫闱不修之隐匿，而亦不舍匹夫匹妇复关溱洧之过；歌咏文武之遗风余泽，而叹息东周列国之乱，哀穷屈而惜贪谗，深陈而悉数，作非一人，词非一口，则议之者寡耶？

夫人之为不善。非不自知也，而自赦也。自赦而后自肆。自赦而天下不赦也，则其肆必收。圣人引天下之众，以议天下之善不善，此诗之所以作也。故诗也者，收天下之肆者也。

今夫人之一身，暄则倦、凛则力。十日之暄，可无一日之凛耶？《易》、《礼》、《乐》与《书》，暄也；《诗》，凛也。人之情不喜暄而悲凛者谁也？不知夫天之作其倦，强其力，而寿之也。天下之于《易》、

《礼》、《乐》、《书》、《诗》，喜其四，愧其一。孰知圣人以至愧之者，乃所以至喜之也欤？谨论。

（宋）杨万里《诗论》，《诚斋集》卷八十四，商务印书馆 1926 年版

陈　骙

陈骙（1128—1203），字叔进，台州临海（今浙江台州）人。陈骙是修辞学专家，是一位承先启后的重要人物，他阅读大量的经史典籍，并将其条分缕析，陈骙对《诗》《书》《礼》《易》《春秋》等静态书面语言的考察，用动态的辩证的眼光提出了文体与功能相统一、文简而理周、句法与文章风格相一致等观点，体现了动态的辩证的修辞观，撰成了一部中国最早的修辞学专著《文则》。

文作而不协，文不可诵

夫乐奏而不和，乐不可闻，文作而不协，文不可诵，文协尚矣；是以古人之文，发于自然，其协也亦自然，后世之文，出于有意，其协也亦有意。《书》曰："任贤勿贰，去邪勿疑，疑谋勿成，百志惟熙。"《易》曰："乾刚坤柔，比乐师忧，临观之义，或与或求。"《礼记》曰："玄酒在室，醴酨在户，粢醍在堂，澄酒在下，陈其牺牲，备其鼎俎，列其琴瑟，管磬钟鼓，修其祝嘏，以降上神，与其先祖，以正君臣，以笃父子，以睦兄弟，以齐上下，夫妇有所，是谓承天之祜。"若此等语，自然协也。《书》曰："无偏无党，王道荡荡，无党无偏，王道平平。"《诗》曰："不明尔德，时无背无侧，尔德不明，以无陪无卿。"二者皆倒上句，又协之一体。

（宋）陈骙《文则·甲》，国家图书馆出版社 1988 年版

文简而理周

且事以简为上，言以简为当。言以载事，文以著言，则文贵其简也。文简而理周，斯得其简也。读之疑有阙焉，非简也，疏也。《春秋》书曰："陨石于宋五。"《公羊传》曰："闻其磌然，视之则石，察之则五。"《公羊》之义，经以五字尽之，是简之难者也。刘向载泄冶之言曰："夫

上之化下，犹风靡草，东风则草靡而西，西风则草靡而东，在风所由，而草为之靡。"此用三十有二言而意方显；及观《论语》曰："君子之德风，小人之德草，草上之风必偃。"此减泄冶之言半，而意亦显。又观《书》曰："尔惟风，下民惟草。"此复减《论语》九言而意愈显。吾故曰是简之难者也。《书》曰："能自得师者王，谓人莫己若者亡。"刘向载楚庄王之言曰："其君贤者也，而又有师者王，其君下君也，而群臣又莫若君者亡。"

（宋）陈骙《文则·甲》，国家图书馆出版社 1988 年版

辞以意为主

辞以意为主，故辞有缓有急，有轻有重，皆生乎意也。韩宣子曰："吾浅之为丈夫也。"则其辞缓。景春曰："公孙衍张仪岂不诚大丈夫哉。"则其辞急。"狼瞫于是乎君子。"则其辞轻。"子谓子贱君子哉若人。"则其辞重。

（宋）陈骙《文则·乙》，国家图书馆出版社 1988 年版

文有三叙

文有上下相接，若继踵然，其体有三：其一曰叙积小至大，如《中庸》曰："能尽其性，则能尽人之性，能尽人之性，则能尽物之性，能尽物之性，则可以赞天地之化育，可以赞天地之化育，则可以与天地参矣。"此类是也。其二曰叙由精及粗，如《庄子》曰："古之明大道者，先明天，而道德次之，道德已明，而仁义次之，仁义已明，而分守次之，分守已明，而形名次之，形名已明，而因任次之，因任已明，而原省次之，原省已明，而是非次之，是非已明，而赏罚次之。"此类是也。其三曰叙自流极原，如《大学》曰："古之欲明明德于天下者，先治其国，欲治其国者，先齐其家，欲齐其家者，先修其身，欲修其身者，先正其心，欲正其心者，先诚其意，欲诚其意者，先致其知。"此类是也。

（宋）陈骙《文则·丁》，国家图书馆出版社 1988 年版

文章主在析理

文有交错之体，若缠纠然，主在析理，理尽后已。《书》曰："念兹在兹，释兹在兹，名言兹在兹，允出兹在兹。"《庄子》曰："有始也者，

有未始有始也者，有未始有夫未始有始也者。"又曰："以指喻指之非指，不若以非指喻指之非指也。"《荀子》曰："不利而利之，不如利而后利之利也。利而后利之。不如利而不利者之利也。"《国语》曰："成人在始与善，始与善，善进善，不善蔑由至矣，始与不善，不善进不善，善亦蔑由至矣。"《谷梁》曰："人之所以为人者，言也，人而不能言，何以为人，言之所以为言者，信也，言而不信，何以为言，信之所以为信者，道也，信而不道，何以为信。"此类多矣，不可悉举，然取《庄子》而法之，则文斯邃矣。

（宋）陈骙《文则·丁》，国家图书馆出版社1988年版

《孝经》之文，蕴圣人之气象

《孝经》之文，简易醇正，蕴圣人之气象，揭《六经》之表仪。夷考其文，有所未谕，《三才章》首，似摭子产言礼之辞，（子太叔对赵简子曰："闻诸先大夫子产曰：'夫礼，天之经也，地之义也，民之行也，天地之经，而民实则之，则天之明，因地之性。'"《孝经》止三字不同。）《圣治章》末似删《文子》论仪之语，（北宫文子对卫襄侯曰："故君子在位可畏，施舍可爱，进退可度，周旋可则，容止可观，作事可法，德行可象，声气可乐。"《孝经》则曰："君子则不然，言思可道，行思可乐、德义可尊，作事可法，容止可观，进退可度。"）《事君章》曰："进思尽忠，退思补过。"此乃士贞子谏晋景公之辞。《圣治章》曰："以顺则逆，民无则焉，不在于善，而皆在于凶德。"此乃季文子对鲁宣公之辞，（《左氏传》作"训昏"，二字不同。）圣人虽远稽格言，不应雷同如此。岂作传者，反窃经与？

（宋）陈骙《文则·戊》，国家图书馆出版社1988年版

朱 熹

朱熹（1130—1200），字元晦，号晦庵，晚称晦翁，祖籍徽州府婺源县（今江西婺源），生于南剑州尤溪（今属福建尤溪），南宋时期理学家、教育家、诗人。朱熹是理学集大成者，闽学代表人物，被后世尊称为朱子。朱熹的哲学体系中含有艺术哲学思想，他认为美是给人以美感的形式和道德善的统一。他十分重视文中之理，从创作主体的道德修养、个人阅

历、学识水平等方面对文章进行鉴赏与批评，认为文与质、文与道和谐统一才是真正的美。著有《四书章句集注》《楚辞集注》《晦庵词》等。

圣贤立言，平易之中其旨无穷

大抵圣贤立言，本自平易，而平易之中其旨无穷。今必推之使高，凿之使深，是未必真能高深，而固已离其本指，丧其平易无穷之味矣。所论《绿衣》篇，意极温厚，得学《诗》之本矣，但器人外来意思太多，致本文本意反不条畅。

（宋）朱熹《答刘子澄第三书》，《晦庵先生朱文公集》卷三十五，中华书局1936年版

志为诗之本，乐为诗之末

来教谓《诗》本为乐而作，故今学者必以声求之，则知其不苟作矣。此论善矣，然愚意有不能无疑者。盖以《虞书》考之，则《诗》之作本为言志而已。方其诗也，未有歌也，及其歌也。未有乐也。以声依永，以律和声，则乐乃为《诗》而作，非诗为乐而作也。三代之时，礼乐用于朝廷，而下达于闾巷，学者讽诵其言，以求其志，咏其声，执其器，舞蹈其节，以涵养其心，则声乐之所助于诗者为多。然犹曰兴于《诗》，成于乐，其求之固有序矣。是以凡圣贤之言《诗》，主于声者少，而发其义者多。仲尼所谓"思无邪"，孟子所谓"以意逆志"者，诚以《诗》之所以作，本乎其志之所存。然后诗可得而言也。得其志而不得其声者有矣，未有不得其志而能通其声者也。就使得之，止其钟鼓之铿锵而已，岂圣人"乐云乐云"之意哉？

……

故愚意窃以为《诗》出乎志者也，乐出乎《诗》者也。然则志者《诗》之本，而乐者其末也，末虽亡，不害本之存，患学者不能平心和气，从容讽脉以求之情性之中耳。有得乎此，然后可得而言，顾所得之浅深如何耳。有舜之文德，则声为律而身为度，《箫韶》、《二南》之声不患其不作。此虽未易言，然其理盖不诬也。不审以为如何？《二南》分王者诸侯之风，《大序》之说，恐未为过，其曰圣贤浅深之辨，则说者之凿也。程夫子谓《二南》犹《易》之乾坤，而龟山杨氏以为一体而相成。其说当矣。试考之如何？《召南》夫人恐是当时诸侯夫人被文王太姒之化

者，《二南》之应似亦不可专以为乐声之应为言。盖必有理存乎其间，岂有无事之理，无理之事哉？性即其理而求之，理得则事在其中矣。

（宋）朱熹《答陈体仁》，《晦庵先生朱文公集》卷三十七，中华书局1936年版

修辞立诚以居业者，忠信所以进德者

递中两辱惠书，并有诗筒之况，荷意勤矣！又知小侄刘亲皆以垂念之故，得以窃食，益深感愧。信后清和，恭惟幕府有相，起处佳福。

所需恶语。尤荷不鄙。此于吾人岂有所爱，但近年此等一切废置，向已许为放翁作《老学斋铭》，后亦不复敢著语。高明应已默解，不待缕缕自辨数也。抑又闻之，古之圣贤所以教人，不过使之讲明天下之义理，以开发其心之知识，然后力行固守，以终其身。而凡其见之言论、措之事业者，莫不由是以出，初非此外别有歧路可施功力，以致文字之华靡、事业之恢宏也。故《易》之《文言》于《乾》九三实明学之始终，而其所谓忠信所以进德者，欲吾之心实明是理，而真好恶之，若其好好色而恶恶臭也。所谓修辞立诚以居业者，欲吾之谨夫所发，以致其实，而尤先于言语之易放而难收也。其曰修辞，岂作文之谓哉？今或者以修辞名左右之斋，吾固未知其所谓，然设若尽如《文言》之本指，则犹恐此事当在忠信进德之后，而未可以遽及。若如或者赋诗之所咏吸，则恐其于乾乾夕惕之意，又益远而不相似也。鄙意于此，深有所不能无疑者，今量不敢承命以为记，然念此事于人所关不细，有不可以不之讲者，故敢私以为请，幸试思之而还以一言，判其是非焉。

……

来喻所云漱六艺之芳润，以求真淳，此诚极至之论。然恐亦须先识得古今体制，雅俗乡背，仍更洗涤得尽肠胃间夙生荤血脂膏，然后此语方有所措。如其未然，窃恐秽浊为主，芳润入不得也。近世诗人，正缘不曾透得此关，而规于近局，故其所就，皆不满人意，无足深论。然既就其中而论之，则又互有短长，不可一概抑此伸彼。况权度未审，其所去取，又或未能尽合天下之公也。此说甚长，非书可究，他时或得而论，庶几可尽。但恐彼时且要结绝修辞公案，无暇可及此耳。

（宋）朱熹《答巩仲至第四书》，《晦庵先生朱文公集》卷六十四，中华书局1936年版

作诗之人所思皆无邪

诗体之不同，固有铺陈其事，不加一词而意自见者。然必其事之犹可言者，若清人之诗是也。至于《桑中》《溱洧》之篇，则雅人庄士有难言之者矣。孔子之称"思无邪"也，以为《诗》三百篇劝善惩恶，虽其要归无不出于正，然未有若此言之约而尽者耳，非以作诗之人所思皆无邪也。今必曰彼以无邪之思铺陈淫乱之事，而闵惜惩创之意自见于言外，则曷若曰彼虽以有邪之思作之，而我以无邪之思读之，则彼之自状其丑者，乃所以为吾警惧惩创之资耶？而况曲为训说而求其无邪于彼，不若反而得之于我之易也。巧为辩数而归其无邪于彼，不若反而责之于我之切也。

若夫《雅》也、郑也、卫也，求之诸篇，固各有其目矣。《雅》则《大雅》《小雅》若干篇是也，郑则《郑风》若干篇是也，卫则《邶》《鄘》《卫风》若干篇是也。是则自卫反鲁以来未之有改。而《风》《雅》之篇，说者又有正变之别焉。至于《桑中》小序"政散民流而不可止"之文与《乐记》合，则是诗之为桑间，又不为无所据者。今必曰：三百篇皆《雅》，而大小《雅》不独为《雅》，《郑风》不为"郑"，《邶》《鄘》《卫》之《风》不为"卫"，《桑中》不为桑间亡国之音，则其篇帙混乱，邪正错糅，非复孔子之旧矣。

（宋）朱熹《读吕氏诗记桑中篇》，《晦庵先生朱文公集》卷七十，中华书局1936年版

心之所感有邪正，言之所形有是非

或有问于余曰："诗何谓而作也？"余应之曰："人生而静，天之性也；感于物而动，性之欲也。夫既有欲矣，则不能无思；既有思矣，则不能无言；既有言矣，则言之所不能尽，而发于咨嗟咏叹之余者，必有自然之音响节奏，而不能已焉；此诗之所以作也。"

曰："然则其所以教者，何也？"曰：诗者，人心之感物而形于言之余也。心之所感有邪正，故言之所形有是非。惟圣人在上，则其所感者无不正，而其言皆足以为教；其或感之杂，而所发不能无可择者，则上之人必思所以自反，而因有以劝惩之，是亦所以为教也。

昔周盛时，上自郊庙朝廷，而下达于乡党闾巷，其言粹然无不出于正

者。圣人固已协之声律，而用之乡人，用之邦国，以化天下。至于列国之诗，则天子巡守，亦必陈而观之，以行黜陟之典，降自昭、穆而后，浸以陵夷，至于东迁，而遂废不讲矣。孔子生于其时，既不得位，无以行帝王劝惩黜陟之政，于是特举其籍而讨论之，去其重复，正其纷乱。而其善之不足以为法、恶之不足以为戒者，则亦刊而去之。以从简约，示久远。使夫学者，即是而有以考其得失，善者师之，而恶者改焉。是以其政虽不足行于一时，而其教实被于万世，是则诗之所以为教者然也。

曰："然则《国风》《雅》《颂》之体，其不同若是，何也？"曰："吾闻之，凡《诗》之所谓《风》者，多出于里巷歌谣之作。所谓男女相与咏歌，各言其情者也。惟《周南》《召南》，亲被文王之化以成德，而人皆有以得其性情之正。故其发于言者，乐而不过于淫，哀而不及于伤。是以二篇独为风诗之正经。自《邶》而下，则其国之治乱不同，人之贤否亦异，其所感而发者，有邪正是非之不齐，而所谓先王之风者，于此焉变矣。若夫《雅》《颂》之篇，则皆成周之世，朝廷郊庙乐歌之词，其语和而庄，其义宽而密，其作者往往圣人之徒，固所以为万世法程而不可易者也。至于《雅》之变者，亦皆一时贤人君子闵时病俗之所为，而圣人取之。其忠厚恻怛之心，陈善闭邪之意，犹非后世能言之士所能及之。此《诗》之为经，所以人事浃于下，天道备于上，而无一理之不具也。"

曰："然则其学之也，当奈何？"曰：本之《二南》以求其端，参之列国以尽其变，正之于《雅》以大其规，和之于《颂》以要其止，此学《诗》之大旨也。于是乎章句以纲之，训诂以纪之，讽咏以昌之，涵濡以体之，察之情性隐微之间，审之言行枢机之始，则修身及家，平均天下之道，其亦不待他求而得之于此矣。

（宋）朱熹《诗集传序》，《晦庵先生朱文公集》卷七十六，中华书局1936年版

诗本言志，其义精理得

诗本言志。则宜其宣畅湮郁、优平其中，而其流乃几至于丧志！群居有辅仁之益，则宜其义精理得，动中伦虑，而犹不免于流，况乎离群索居之后。

（宋）朱熹《南岳游山记》，《晦庵先生朱文公集》卷七十七，中华书局1936年版

学诗之要，在于先识六义

诗之比兴，旧来以《关雎》之类为兴，《鹤鸣》之类为比，尝为之说甚详。……大概兴诗不甚取义，特以上句引起下句；比诗则全以彼物譬喻此物，有都不说破者，有下文却结在所比之事上者，其体盖不同也。上蔡言学《诗》要先识六义而讽咏以得之，此学《诗》之要，若迂回穿凿，则便不济事矣。

（宋）朱熹《与林熙之》，《晦庵先生朱文公集》别集卷五，中华书局1936年版

学文章须易人心，忠其志

文章犹不可泛，如《离骚》忠洁之志，固亦可尚，然只正经一篇，已自多了。此须更子细抉择。《叙古蒙求》亦太多，兼奥涩难读，恐非启蒙之具。却是古乐府及杜子美诗意思好，可取者多，令其喜讽咏，易人心，最为有益也。

（宋）朱熹《答刘子澄第七书》，《晦庵先生朱文公集》卷三十五，中华书局1936年版

学之道，必其心有以自得

辱示书及所为文三篇，若以是质于熹者。熹少不喜辞，长复懒度，亡以副足下意。然尝闻之，学之道非汲汲乎辞也，必其心有以自得之，则其见乎辞者，非得已也。是以古之立言者其辞粹然，不期以异于世俗，而后之读之者，知其卓然非世俗之士也。今足下之词富矣，其主意立说高矣，然类多采摭先儒数家之说以就之耳。足下之所以自得者何如哉？夫子所谓德之弃者，盖伤此也。足下改之，甚善。

示喻推所闻以讲学闾里间，亦甚善。《记》曰："教然后知困。"知困则知所以自强矣。

（宋）朱熹《答林峦书》，《晦庵先生朱文公集》卷三十九，中华书局1936年版

用力于文词，宜穷经观史以求义理

然私窃计之，乡道之勤，卫道之切，不若求其所谓道者，而修之于己

之为本；用力于文词，不若穷经观史以求义理，而措诸事业之为实也。盖人有是身，则其秉彝之则初不在外。与其乡往于人，孰若反求诸己？与其以口舌驰说，而欲其得行于世，孰若得之于己而一听其用舍于天耶？至于文词。一小伎耳！以言乎迩，则不足以治己；以言乎远，则无以治人。是亦何所与于人心之存亡、世道之隆替，而校其利害、勤恳反复，至于连篇累牍而不厌耶？足下志尚高远，才气明决，过人远甚，而所以学者未足以副其天资之美，熹窃惜之。又念其所以见予之厚而不忍忘也，不敢不尽其愚。足下试一思之，果能舍其旧而新是图，则其操存探讨之方，固自有次第矣。

（宋）朱熹《答汪叔耕第一书》，《晦庵先生朱文公集》卷五十九，中华书局1936年版

文章要达吾之意，致其理即可

然文字之设，要以达吾之意而已。政使极其高妙而于理无得焉，则亦何所益于吾身，而何所用于斯世？乡来前辈，盖其天资超异，偶自能之，未必专以是为务也。故公家舍人公谓王荆公曰："文字不必造语及摹拟前人。孟、韩文虽高，不必似之也。"况又圣贤道统正传见于经传者，初无一言之及此乎。

（宋）朱熹《答曾景建第一书》，《晦庵先生朱文公集》卷六十一，中华书局1936年版

古之圣贤作文必自然条理分明

夫古之圣贤，其文可谓盛矣，然初岂有意学为如是之文哉？有是实于中，则必有是文于外。如天有是气，则必有日月星辰之光耀；地有是形，则必有山川草木之行列。圣贤之心，既有是精明纯粹之实，以旁薄充塞乎其内，则其著见于外者，亦必自然条理分明。光辉发越而不可掩。盖不必托于言语，著于简册。而后谓之文。但自一身接于万事，凡其语默动静，人所可得而见者，无所适而非文也。

（宋）朱熹《答〈唐志〉》，《晦庵先生朱文公集》卷七十，中华书局1936年版

存养玩索，道正方学成作文

老苏自言其初学为文时，取《论语》《孟子》《韩子》及其他圣贤之

文，而兀然端坐，终日以读之者七八年。方其始也，人其中而惶然以博，观于其外而骇然以惊。及其久也，读之益精，而其胸中豁然以明。若人之言固当然者，然犹未敢自出其言也。历时既久，胸中之言日益多，不能自制，试出而书之。已而再三读之，浑浑乎觉其来之易矣。

予谓老苏，但为欲学古人说话声响，极为细事，乃肯用功如此，故其所就，亦非常人所及。如韩退之、柳子厚辈，亦是如此。其答李翊、韦中立之书，可见其用力处矣。然皆只是要作好文章，令人称赏而已，究竟何预己事，却用了许多岁月，费了许多精神，甚可惜也。

今人说要学道，乃是天下第一至大至难之事，却全然不曾著力。盖未有能用旬月功夫，熟读一卷书者。及至见人泛然发问，临时凑合，不曾举得一两行经传成文，不曾照得一两处首尾相贯。其能言者不过以己私意，敷演立说，与圣贤本意，义理实处，了无干涉。何况望其更能反求诸己，真实见得，真实行得耶？如此求师，徒费脚力，不如归家杜门，依老苏法，以二三年为期，正襟危坐，将《大学》、《论语》、《中庸》、《孟子》及《诗》、《书》、《礼记》、程、张诸书，分明易晓处。反复读之，更就自己身心上存养玩索，著实行履，有个人处，方好求师，证其所得而订其谬误。是乃所谓就有道而正焉者，而学之成也可冀矣。如其不然，未见其可。

（宋）朱熹《沧州精舍谕学者》，《晦庵先生朱文公集》卷七十四，中华书局1936年版

礼乐者，人心之妙用

仁者，天理也，理之所发，莫不有自然之节。中其节，则有自然之和，此礼乐之所自出也。人而不仁。灭天理，夫何有于礼乐？

此说甚善。但"仁，天理也"，此句更当消详，不可只如此说过。

"明则有礼乐，幽则有鬼神。鬼神者，造化之妙用。礼乐者，人心之妙用。"

此说亦善。

（宋）朱熹《答程允夫》，《晦庵先生朱文公集》卷四十一，中华书局1936年版

"成于乐"以求和顺之理

"成于乐"，是古人真个学其六律八音，习其钟鼓管弦，方底于成。

今人但借其意义以求和顺之理，如孟子"乐之实，乐斯二者"，亦可以底于成否？

古乐既亡，不可复学，但讲学践履间可见其遗意耳，故曰：今之成材也难。

（宋）朱熹《答李尧卿》，《晦庵先生朱文公集》卷五十七，中华书局1936年版

诗有采之民间，以见四方民情之美恶

《诗》有是当时朝廷作者，《雅》、《颂》是也。若《国风》乃采诗有采之民间，以见四方民情之美恶，《二南》亦是采民言而被乐章尔。程先生必要说是周公作以教人，不知是如何？某不敢从。若变风，又多是淫乱之诗，故班固言："男女相与歌咏以言其伤。"是也。圣人存此。亦以见上失其教，则民欲动情胜，其弊至此。故曰："《诗》可以观"也。且"《诗》有六义"，先儒更不曾说得明，却因《周礼》说《豳诗》有《豳雅》、《豳颂》，即于一诗之中，要见六义，思之皆不然。盖所谓"六义"者。《风》、《雅》、《颂》乃是乐章之腔调，如言仲吕调，大石调、越调之类。

（宋）朱熹《朱子语录》，王星贤点校，崇文书局2018年版

《诗》意令自家善意油然感动而兴起

公不会看《诗》，须是看他诗人意思好处是如何，不好处是如何。看他风土，看他风俗，又看他人情、物态。只看《伐檀》诗，便见得他一个清高底意思；看《硕鼠》诗，便见得他一个暴敛底意思。好底意思是如此，不好底是如彼，好底意思令自家善意油然感动而兴起。看他不好底，自家心下如著枪相似。如此看，方得《诗》意。

（宋）朱熹《朱子语录》，王星贤点校，崇文书局2018年版

作诗应感发善心

读《诗》正在吟咏讽通，观其委曲折旋之意，如吾自作此诗，自然足以感发善心。

看《诗》，义理外更好看他文章。且如《谷风》，他只是如此说出来，然而叙得事曲折。先后，皆有次序。而今人费尽气力去做后，尚做得不好。

……

古人独以为"兴于诗"者,《诗》便有感发人底意思。今读之无所感发者,正是被诸儒解杀了,死著《诗》意,兴起人善意不得。

(宋)朱熹《朱子语录》,王星贤点校,崇文书局2018年版

作成诗须心虚理明

今人所以事事作得不好者,缘不识之故。只如个诗,举世之人尽命去奔做。只是无一个人做得成诗,他是不识,好底将做不好底,不好底将做好底,这个只是心里闹,不虚静之故。不虚不静,故不明,不明,故不识,若虚静而明,便识好物事。虽百工技艺,做得精者,也是他心虚理明,所以做得来精。心里闹,如何见得!

(宋)朱熹《朱子语录》,王星贤点校,崇文书局2018年版

做学作诗之道在做人

夜来,郑文振问:"西汉文章,与韩退之诸公文章,如何?"某说:"而今难说,便与公说某人优,某人劣,公亦未必信得及。须是自看得这一人文字,某处好,某处有病,识得破了,却看那一人文字,便见优劣如何。若看这一人文字未破,如何定得优劣,便说与公优劣,公亦如何便见其优劣处。但仔细自看自识得破,而今人所以识古人文字不破,只是不曾仔细看。又兼是先将自家意思,横在胸次。所以见从那偏处去、说出来也都是横说。"又曰:"人做文章,若是仔细看得一般文字熟,少间做出文字,意思语脉自是相似。读得韩文熟,便做出韩文底文字;读得苏文熟,便做出苏文底文字。若不曾仔细看,少间却不得用。向来初见拟古诗,将谓只是学古人之诗,元来却是如古人说:'灼灼园中花',自家也做一句如此:'迟迟涧畔松',自家也做一句如此:'磊磊涧中石',自家也做一句如此:'人生天地闲',自家也做一句如此。意思语脉皆要似他底,只换却字。某后来依如此做得二三十首诗,便觉得长进。盖意思句语,血脉势向,皆效他底。大率古人文章,皆是行正路,后来杜撰底,皆是行狭隘邪路去了。而今只是依正路底路脉做将去,少间。文章自会高人。"又云:"苏子由有一段论人做文章:'自有合用底一字,只是下不著。'又如郑齐叔云:"做文字自有稳底字,只是人思量不著。'横渠云:'发明道理,惟命字难。'要之,做文字下字实是难。不知圣人做出来底,也只是

这几字，如何铺排得恁地安稳。然而人之文章，也只是三十岁以前。气格都定，但有精与未精耳。然而掉了底便荒疏，只管用功底又较精。向见韩无咎，说他晚年做底文字，与他二十岁以前做底文字，不甚相远，此是他自验得如此。人到五十岁，不是理会文章时节，前面事多，日子少了。若后生时，每日便偷一两时闲，做这般工夫。若晚年，如何有工夫及此？"或曰："人之晚年，知识却会长进。"曰："也是后生时都定，便长进也不会多。然而能用心于学问底，便会长进；若不学问，只纵其客气底，亦如何会长进，日见昏了。有人后生气盛时，说尽万千道理，晚年只恁地阘靸底。"或引程先生曰："人不学便老而衰。"曰："只这一句说尽了。"又云："某人晚年，日夜去读书。某人戏之曰：'吾丈老年读书，也须还读得人。不知得人，如何得出？'谓其不能发挥出来，为做文章之用也。"其说虽粗，似有理。又曰："人晚年做文章，如秃笔写字，全无锋锐可观。"又云："某四十以前，尚要学人做文章，后来亦不暇及此矣。然而后来做底文字，便只是二十左右岁做底文字。"又云："刘季章近有书云，他近来看文字，觉得心平正。某答他：今更掉了这个，虚心看文字。盖他向来便是硬自执他说，而今又是将这一说来罩，正身未理会得在。大率江西人。都是硬执他底横说，如王介甫、陆子静，都只是横说。且如陆子静说'文帝不如武帝'。岂不是横说？"又云："介甫诸公取人，如资质淳厚底，他便不取；看文字稳底。他便不取；如那决裂底，他便取。说他转时易。大率都是硬执他。"

（宋）朱熹《朱子语录》，王星贤点校，崇文书局2018年版

文者，贯道之器

才卿问："韩文《李汉序》，头一句甚好。"曰："公道好，某看来有病。"陈曰："文者，贯道之器。且如六经是文，其中所道，皆是这道理，如何有病？"曰："不然，这文皆是从道中流出，岂有文反能贯道之理。文是文。道是道，文只如吃饭时下饭耳。若以文贯道，却是把本为末，以末为本，可乎？其后作文者，皆是如此。"因说："苏文害正道，甚于佛老。且如《易》所谓'利者义之和'，却解为义无利则不和，故必以利济义，然后合于人情。若如此，非惟失圣言之本指。又且陷溺其心。"先生正色曰："某在当时，必与他辨。"却笑曰："必被他无礼。"

（宋）朱熹《朱子语录》，王星贤点校，崇文书局2018年版

作文先进于礼乐

国初文章，皆严重老成。尝观嘉祐以前诰词等，言语有甚拙者，而其人才皆是当世有名之士。盖其文虽拙，而其辞谨重，有欲工而不能之意，所以风俗浑厚。至欧公文字，好底便十分好，然犹有甚拙底，未散得他和气。到东坡文字，便已驰骋忒巧了。及宣政间，则穷极华丽，都散了和气。所以圣人取"先进于礼乐"，意思自是如此。

（宋）朱熹《朱子语录》，王星贤点校，崇文书局2018年版

作文作诗须主乎学问以明理

韩文高，欧阳文可学，曾文一字挨一字，谨严，然太迫。又云："今人学文者，何曾作得一篇，枉费了许多气力。大意主乎学问以明理，则自然发为好文章。诗亦然。"

（宋）朱熹《朱子语录》，王星贤点校，崇文书局2018年版

文章自道正理明，诚自能一

统领商荣，以《温公神道碑》为饷。先生命吏约、道大同视，且曰："坡公此文。说得来恰似山摧石裂。"道夫问："不知既说'诚'，何故又说'一'。"曰："这便是他看道理不破处。"倾之直卿至，复问："若说'诚之'，则说'一'亦不妨否？"曰："不用恁地说，盖诚则自能一。"问："大凡作这般文字，不知还有布置否？"曰："看他也只是据他一直恁地说将去，初无布置。如此等文字，方其说起头时，自未知后面说什么在。"以手指中间曰："到这里自说尽，无可说了，却忽然说起来。如退之、南丰之文，却是布置。某旧看二家之文，复看坡文，觉得一段中欠了句，一句中欠了字。"又曰："向尝闻东坡作《韩文公庙碑》，一日，思得颇久，忽得二句云：'匹夫而为百世师，一言而为天下法。'遂扫将去。"道夫问："看老苏文。似胜坡公。黄门之文，又不及东坡。"曰："黄门之文衰，远不及，也只有《黄楼赋》一篇尔。"道夫因言："欧阳公文平淡。"曰："虽平淡，其中却自美丽，有好处，有不可及处，却不是阘茸无意思。"又曰："欧文如宾主相见，平心定气说好话相似，坡公文，如说不办后，对人闹相似，都无恁地安详。"釜卿间范太史文。曰："他只是据见定说将去，也无甚做作，如《唐鉴》虽是好文字，然多照管不及。

评论总意不尽，只是文字本体好。然无精神，所以有照管不到处。无气力，到后面多脱了。"道夫因问黄门《古史》一书。曰："此书尽有好处。"道夫曰："如他论西门豹投事，以为他本循良之吏，马迁列之于滑稽不当。似此议论，甚合人情。"曰："然。《古史》中多有好处，如论《庄子》三四篇讥议夫子处，以为决非庄子之书，乃是后人截断《庄子》本文搀入，此其考据甚精密。由今观之，《庄子》此数篇，亦甚鄙俚。"

（宋）朱熹《朱子语录》，王星贤点校，崇文书局2018年版

古文义理精奥，今文专务字节

今人作文皆不足为文，大抵专务节字，更易新好生而辞语。至说义理处，又不肯分晓。观前辈欧苏诸公作文，何尝如此。圣人之言，坦易明白，因言以明道，正欲使天下后世由此求之。使圣人立言要教人难晓，圣人之经定不作矣。著其义理精奥处，人所未晓，自是其所见未到耳。学者须玩味深思，久之自可见。何尝如今人欲说又不敢分晓说，不知是甚所见。毕竟是自家所见不明，所以不敢深言，且鹘突说在里。

（宋）朱熹《朱子语录》，王星贤点校，崇文书局2018年版

好文词须义理既明，力行不倦，存诸中者

贯穿百氏及经史，乃所以辨验是非，明此义理，岂特欲使文词不陋而已。义理既明，又能力行不倦，则其存诸中者。必也光明四达，何施不可。发而为言，以宣其心志，当自发越不凡，可爱可传矣。今执笔以习研钻华采之文，务悦人者，外而已，可耻也矣！

（宋）朱熹《朱子语录》，王星贤点校，崇文书局2018年版

道者，文之根本；文者，道之枝叶

道者，文之根本；文者，道之枝叶。惟其根本乎道，所以发之于文，皆道也。三代圣贤文章，皆从此心写出。文便是道。今东坡之言曰："吾所谓文，必与道俱。"则是文自文，而道自道；待作文时，旋去讨个道来，入放里面，此是他大病处。只是他每常文字华妙，包笼将去，到此不觉漏逗，说出他本根病痛所以然处。缘他都是因作文，却渐渐说上道理来；不是先理会得道理了，方作文，所以大本都差。欧公之文，则稍近于

道，不为空言。如《唐礼乐志》云："三代而上，治出于一；三代而下，治出于二。"此等议论极好，盖犹知得只是一本。如东坡之说，则是二本，非一本矣。

（宋）朱熹《朱子语录》，王星贤点校，崇文书局2018年版

理精后，文字自典实

一日说作文。曰："不必著意学如此文章，但须明理；理精后，文字自典实。伊川晚年文字如《易传》，直是盛得水住。苏子瞻虽气豪，善作文，终不免疏漏处。"

因论文，曰："作文字须是靠实，说得有条理乃好，不可架空细巧。大率要七分实，只二三分文。如欧公文字好者，只是靠实而有条理。如张承业及宦者等传，自然好。东坡如《灵璧张氏园亭记》，最好，亦是靠实。秦少游《龙井记》之类，全是架空说去，殊不起发人意思。"

（宋）朱熹《朱子语录》，王星贤点校，崇文书局2018年版

张　栻

张栻（1133—1180），字敬夫，后改字钦夫，号南轩，学者称南轩先生，南宋汉州绵竹（今四川绵竹）人。其学自成一派，与朱熹、吕祖谦齐名，时称"东南三贤"。张栻继承了二程的理本体思想，认为名异实同，皆同体于理。他强调诗文的教化作用，注重通过个人道德修养提升诗文品格，提倡尚实用重德行的文章。黄宗羲曾评价张栻的思想是"见识高，践履又实"。著有《张南轩公全集》《南轩文集》。

学者读诗作诗，平心易气，本于情性之正

传曰："仁人不过乎物，孝子不过乎物。"物者，实然之理也。不以此心事其亲者，不得为孝子。《小弁》之作，本于幽王惑褒姒而黜申后，于是废太子宜臼，太子之傅作是诗述太子之意云耳。家国之念深，故其忧苦；父子之情切，故其辞哀。曰："何辜于天，我罪伊何？"此与大舜号泣于旻天同意。故曰："《小弁》之怨，亲亲也，亲亲，仁也"，其怨慕乃所以为亲亲。亲亲，仁之道也，故引关弓之疏戚为喻，以见其为亲亲者焉。

若夫《凯风》之作，则以母氏不安于室而已。七子引罪自责，以为使母之不安，则己之故。其曰："母氏圣善，我无令人。"又曰："有子七人，母氏劳苦。"又曰："有子七人，莫慰母心。"辞气不迫，董与《小弁》异也。其事异，故其情异；其情异，故其辞异。当《小弁》之事而怨慕不形，则其漠然而不知者也；当《凯风》之事而遽形于怨，则是激于情而莫遏也。此则皆为失亲亲之义而贼夫仁矣。故曰："亲之过大而不怨，是愈疏也；亲之过小而怨，是不可矶也。"而皆以不孝断之，盖皆为过乎物，非所以事乎亲者也。

于是举舜之孝以为法焉。舜以此事亲者也，终身安乎天理而无一毫之间。人乐之好色富贵皆不足以解忧，惟亲之感而已。曰："五十而慕"，以见其至诚不息，终身于此。此万惜之准的也。

高子徒见《小弁》之怨，遂以为小人之诗，不即其事而体其亲亲之心，亦可谓固矣。虽然，怨一也，由《小弁》之所存，则为天理；由高子之所见，则为人欲，不可以不察也。《诗三百篇》，夫子所取。以其本于情性之正而已，所谓"思无邪"也。学者读诗，平心易气，诵咏反复，则将有所兴起焉。不然，几何其不为高叟之固也。

（宋）张栻《宋张宣公诗文论孟解合刻》，邓洪波点校《张栻集》，岳麓书社 2017 年版

薛季宣

薛季宣（1134—1173），字士龙，号艮斋，永嘉（今浙江温州）人，宋代哲学家，永嘉学派创始人。他不仅受到北宋洛学的影响，而且与王安石新学、苏轼苏学渊源颇深。其倡导经世致用与人文关怀的伦理精神，崇尚圣贤的圣人之道和重躬行践履的思想精华。著有《浪语集》《书古文训》等。

涵泳于六经之说，关于会通，诗之正也

前书裁答，方惧不腆。溶承教毕，蒙有以警笃之，其意良厚。有以知君子成人之际，且足以见涵泳于六经之说，不以先儒之故，而置圣人之学，知感且羡。书辞宜答，请以所闻于古者复之。

《诗》，古乐经，其文，古之乐章也。《书》云："诗言志，歌永言，声依水，律和声。"三百五篇。非主于声而已。太史以《国风》系先王之旧俗，二《雅》识其政事，《颂》播郊庙，是皆职在太师。盖遒人之官采之天下，施之当时之用者。先王之盛，教化之美，颂声禽绎，蔼然成章，不得于言。固有不能宣之于口，被之声律，以供燕享，有若《南陵华黍》之诗者。虽有其义，不强为之辞。《仪礼》所谓笙诗，先儒以为亡诗者也。王者功成之乐，庶人无所得议，纯一之化，加乎四海，比屋皆有可封之俗，四方安有殊风之事？召伯、韩侯之盛，一皆见之，周诗《甘棠》诸篇，《南》《雅》所存是也。

四诗之正，恶有所谓变哉！观于《诗序》之文，正变为可言矣。《诗序》于先王之诗，皆言朝廷之所施用，其所称叙，不过一诗之指。幽、历之雅，邶、鄘之风，视前序为何如？正变断可知矣。《豳风》之作，亦以当时之变，豳尝变，而终不克变，成王、周公之美也。变风见录，起于政俗之异，国自为次，固其理也。邶、鄘之不合于卫，自其邦人之不予诗章，自为篇袠，初非前有其序。圣人删诗而为之次第，则因变之后先，《国风》起周、召、邶、鄘，而迄于豳，见治乱有可易之理。以为《序》有因改，斯为不可厚诬。反鲁所正之诗，止于《雅》《颂》而已。

来教谓诗之作，起于教化之衰。所引康王晏朝，将以为据。《鲁诗》所道。可尽信哉？求诗名于《礼》经，非后世之作也。又安知《关雎》作刺之说，非赋其诗者乎？降王而不予卫，是非圣人为之。邶、鄘灭而音存，故非卫所能乱；政不加于天下，则王不可谓雅。所云系于所得之国，与春秋之王城，确实而言，惟其理也。然诸侯之兼并，非独邶、鄘为然；圣人不以灭国系诸侯之风，非为因地而已。

夫《诗》家之音律，犹《易》家之象数。圣人于《易》，称君子之道四，则《诗》之声文，未可以一偏取。孔子固尝弦歌合乐，而亦不为无取于辞。《角弓》《唐棣》之去留，义之可得而通者。

《诗》《书》之序，非圣人莫能为之；然其源流，岂无所自。《易系》不皆兴于孔氏，则《诗》《书》可以类知。如孔子自己为之，必有不能为之者矣。

走于反古诗说。虽不主于先儒；于其所长，不敢废也。古人尚或采诸刍荛之说，况圣人之徒欤？务相乖违，非反古之道矣。不能自明六经之学，诚世儒之深病；凿空以攻先儒之论，不亦后世之罪之哉？观于会通，则古道之去人不远矣。

某学不足以知古乐，求古人之意，聊以自诳，非缘垂世而立言。执事不以其愚，赐之提诲，此道之不作久矣，何意闻此正音！临文者不敢借辞，益重不敏，幸为隐恶。本不足以示人。既沐诲言，不敢不既其说。尚值时复教告，以适翘跂之私。

（宋）薛季宣《答何商霖书第二》，《浪语季》卷二十四，上海社会科学院出版社2003年版

诗起于用情正性

走述诗反古说，州人頔颜。用中不吾与。曰："子今人也，为古诗传，安知古之不如今也？而以反古为说，不亦虚乎？"走初不入其语，久而思之，曰：用中之言，正中吾过。夫人者中和之萃，性情之所钟也。遂古方来，其道一而已矣。修其性，见其情，振古如斯，何反古之云说？项规吾过，不亦宜乎！

更以性情名篇，而书其后，曰：情生乎性，性本乎天。凡人之情，乐得其欲。六情之发，是皆原于天性者也。先王有礼乐仁义，养之于内；庆赏刑威，笃之于外。君子各得其性，小人各得其情。于是时也，君臣评谟庙堂，尊德乐道；其民养老慈幼，含哺鼓腹。《雅》《颂》之作，不过写心戒劝，告厥成功而已。后王灭德，而后怨慕兴焉。于《书》，虞之敕天元首，夏之《五子之歌》，于《诗》，《豳》《颂》《雅》《南》，皆是物也。言之不足，至于形容歌咏，有不可以单浅求者，此二《南》之诗，为先王之高旨。上失其道，监谤既设。道路以目，《雅》《风》世变，触物见志，往往托之鸟兽草木虫鱼，是非盛世之风，有为之也；其发乎情，止乎礼义，吟咏以讽，怨慕之道存焉。仲尼参诸《风》《雅》之间，以情性存焉尔。危行言孙，将以顺适其性而用之。利导五谏，以讽为上，兹其理也。周士赋诗见意；骚人远取诸物；汉之乐府，托闺情以语君臣之际。流风余俗，犹有存者。诸诗家之说。变风变雅，一诸雅正。先王之风，意怨谤为性情，指斥言为礼义。近求诸内，自有不能堪其事者；远又不能参诸楚《骚》乐府之意，其何性情之得？而又奚以上通古人之志？用情正性，古犹今也；然则反古之说，未若性情之近也。曰性情说，古人其舍诸！

（宋）薛季宣《书诗性情说后》，《浪语季》卷二十七，上海社会科学出版社2003年版

古诗应得心之正,豁蔽以明物

绍兴已卯冬,走初本之《诗序》述《广序》。越四岁,癸未。解官自东鄂,始因其说而次第之,名之《反古诗说》。

或者尤之曰:诗古无说,今子尽掊先儒之说而自为之说,真古之遗说乎?抑亦未能脱于胸臆之私乎?曰:固也,古之无诗说也。三百五篇之义,《诗序》备矣。由七十子之徒没,经教汩于异端,齐、鲁、毛、韩,家自为说。《凯风》之义,自孟轲氏已失其传。由轲而来,于今又二千祀矣。今之说而谓之古,宜未免乎胸臆之私。人之性情,古犹今也,可以今不如古乎?求之于心,本之于序,是犹古之道也。先儒于此何加焉?弃序而概之先儒,宜今之不如古也。反古之说,于是以戾,然则反古之道,又何疑为?庄姜之诗不云乎"我思古人,实获我心",言志同也。志同而事一,则古今一道尔。天命之谓性,庸有二理哉?是则反古诗说,未为戾已。记有之曰:"人莫不知苗之硕,莫知子之恶。"言蔽物也。有己而蔽于物,则古之情性与今先儒之说。未知其孰通?信能复性之初,得心之正,豁蔽以明物,因诗以求序,则反古之说,其殆庶几乎?

(宋)薛季宣《序〈反古诗说〉》,《浪语季》卷二十七,上海社会科学出版社2003年版

陆九渊

陆九渊(1139—1193),字子静,号存斋,抚州金溪(今江西金溪)人,宋代哲学家,"陆王心学"的代表人物,讲学于象山书院,人称"象山先生"。陆九渊为宋明两代"心学"的开山之祖,主张"心即理""发明本心""尊德性""宇宙便是吾心,吾心即是宇宙"等。在文艺方面,他主张"道为本,艺为末",认为道即是艺,艺即是道。著有《象山先生全集》。

诗家为之中兴

伏蒙宠贶《江西诗派》一部二十家。异时所欲寻绎而不能致者,一

旦充室盈几，应接不暇，名章杰句，焜燿心目。执事之赐伟哉！

诗亦尚矣！原于《赓歌》，委于《风》《雅》。《风》《雅》之变，壅而溢焉者也。湘累之《骚》，又其流也。《子虚》《长杨》之赋作，而《骚》几亡矣。黄初而降，日以撕薄，唯彭泽一源，来自天稷，与众殊趣，而淡泊平夷，玩嗜者少。隋唐之间，否亦极矣。杜陵之出，爱君悼时，追蹑《骚》《雅》，而才力宏厚，伟然足以镇浮靡，诗家为之中兴。

自此以来，作者相望，至豫章而益大肆其力，包含欲无外，搜抉欲无秘，体制通古今，思致极幽眇，贯穿驰骋，工力精到。一时如陈、徐、韩、吕，三洪二谢之流，翕然宗之，由是江西遂以诗社名天下。虽未极古之源委，而其植立不凡，斯亦宇宙之奇诡也。

开辟以来，能自表见于世若此者，如优昙花时一现耳；曾无几时，而篇帙寖就散逸。残编断简，往往下同会之籍，放弃于鼠壤酱瓿，岂不悲哉！网罗搜访，出隋珠和璧于草莽泥滓之中，而登诸篚椟。千霄照乘，神明焕然，执事之功，何可胜赞！是诸君子亦当相与舞抃于斗牛之间，揖箕翼以为主人寿。某亦江西人也，敢不重拜光宠。

（宋）陆九渊《与程帅书》，《象山先生全集》卷七，凤凰出版社2019年版

诗陶冶情性

若乃后世之诗，则亦有当代之英，气禀识趣，不同凡流，故其模写物态，陶冶情性，或清或壮，或婉或严，品类不一，而皆条然。各成一家，不可与众作浑乱，字句音节之间，皆有律吕，皆诗家所自异者。

（宋）陆九渊《与沈宰书》，《象山先生全集》卷十七，凤凰出版社2019年版

诗人为学多在于志道

《三百篇》之诗，《周南》为首；《周南》之诗，《关雎》为首；《关雎》之诗，好善而已。

兴于诗人之为学，贵于有所兴起。

文章多似其气质，杜子美诗乃其气质如此。

李白、杜甫、陶渊明皆有志于吾道。

《诗·大雅》多是言道，《小雅》多是言事。《大雅》虽是言小事，

亦主于道；《小雅》虽是言大事，亦主于事。此所以为《大雅》《小雅》之辨。

（宋）陆九渊《语录》，《象山先生全集》卷三十四，凤凰出版社2019年版

道本文末

为学日进为慰。读书、作文亦是吾人事。但读书本不为作文，作文其末也。有其本必有其末，未闻有本盛而末不茂者。若本末倒置，则所谓文亦可知矣！适出，书不时复。

（宋）陆九渊《与曾敬之》，《象山先生全集》卷四，凤凰出版社2019年版

诚有其实，必有其文

文字之及，条理粲然，弗畔于道，尤以为庆。第当勉致其实，毋倚于文辞。不言而信，存乎德行。有德者必有言；诚有其实，必有其文。实者，本也。文者，末也。今人之习，所重在末。岂惟丧本，终将并其末而失之矣！

（宋）陆九渊《与吴子嗣第四书》，《象山先生全集》卷十一，凤凰出版社2019年版

作文须安详沉静，心神自灵

老夫平时最检点后生言辞书尺。文字要令人规矩。如吾儿持之甚懒读书，绝不曾作文，然观其不得已，书尺与为场屋之文，其助字未尝有病，造语亦劲健，不至冗长，此亦是稍闻老夫平日语，故能然。且今观吾子之文，乃如未尝登吾门者，即此便可自省。安详沉静，心神自应日灵。轻浮驰骛，则自难省觉。心灵则事事有长进；不自省觉，即所为动皆乖缪，适足以贻羞取诮而已。

（宋）陆九渊《与蔡公辩》，《象山先生全集》卷十四，凤凰出版社2019年版

主于道，艺亦可进

主于道则欲消而艺亦可进，主于艺则欲炽而道亡，艺亦不进。

以道制欲则乐而不厌,以敏忘道则惑而不乐。

(宋)陆九渊《杂说》,《象山先生全集》卷二十二,凤凰出版社2019年版

善言德行者,行之远也

问:古不以科举取士,天下之从事者,不专于文。至汉始射策决科,然仕进者不一途。习其业者,未始专且重也。绵延以至于唐,进士为重选。习其文者,殆遍天下,至于今不变,文宜益工于古。然六经之文,先秦古书,自汉而视之,已不可及。由汉以降,视汉之文,又不可及矣。唐三百年,文章宗伯,惟韩退之,其次柳子厚,而二人皆服膺西汉之文章,恨悼当世,鲜有能共兴者,何耶?夫文,一也,岂科举之文,与古之文,固殊而不可同耶?何其习之者益专且众,而益不如也?言而不文,行之不远。子以四教,文与居一焉,文固圣人所不废也。然夫子四科,善言德行者,不在言语之科,而言语又不与文学。自小子应对,至于会同之相,四方之使,言语之用亦重矣,而反不与文学;则所谓文学者,果何所习而何所用耶?科举取士,未遽可变;而诸公于科举之习,亦未能遽免。方将朝夕从事于文,其所以为文者,可不深知乎?愿与诸君论之。

(宋)陆九渊《策问》,《象山先生全集》卷二十四,凤凰出版社2019年版

和顺于道德,穷理尽性,方是文

梭山一日对学者言,曰:"文所以明道,辞达足矣。"意有所属也。先生正色而言曰:"道有变动,故曰爻;爻有等,故曰物;物相杂,故曰文;文不当,故吉凶生焉。昔者圣人之作《易》也,幽赞于神明而生蓍,参天两地而倚数,观变于阴阳而立卦,发挥于刚柔而生爻,和顺于道德而理于义,穷理尽性以至于命,这方是文。文不到这里,说甚文?"

(宋)陆九渊《语录》,《象山先生全集》卷三十四,凤凰出版社2019年版

文以理为主

文以理为主。荀子于理有蔽,所以文不雅事。

精读书,著精采警语,处凡事皆然。

大凡文字才高超然底，多须要逐字逐句检点他，才稳文整底，议论见识低，却以古人高文拔之。

孔门惟颜、曾传道，他未有闻。盖颜、曾从里面出来，他人外面入去。今所传者，乃子夏、子张之徒外人之学。曾子所传，至孟子不复传矣。吾友却不理会根本，只理会文字。实大声宏。若根本壮，怕不会做文字？今吾友文字自文字，学问自学问，若此不已，岂止两段，将百碎。

（宋）陆九渊《语录》，《象山先生全集》卷三十五，凤凰出版社2019年版

艺即是道，道即是艺

棋所以长吾之精神，瑟所以养吾之德性。艺即是道，道即是艺，岂惟二物，于此可见矣。

（宋）陆九渊《语录》，《象山先生全集》卷三十五，凤凰出版社2019年版

杨　简

杨简（1141—1226），字敬仲，号慈湖，慈溪（今属浙江宁波）人。杨简继承与发展了陆九渊的心学伦理思想，剔除了与其心学体系不合的"沿袭之累"，使之彻底化；认为"天地人物尽在吾性命之中，而天地人物之变化，皆吾性之变化"。他提出以"毋意"为中心的一系列心学修养理论，并在此基础上形成了强调发于本心的文艺思想。著有《慈湖遗书》《慈湖诗传》《杨氏易传》《五诰解》等。

学诗者得其道，则无所不通

孔子曰："小子何莫学夫诗。诗可以兴，可以观，可以群，可以怨，迩之事父，远之事君，多识于鸟兽草本之名。"又曰："兴于诗，立于礼。成于乐。"又曰："诗三百，一言以蔽之，曰思无邪。"又谓伯鱼曰："汝为《周南》《召南》矣乎？人而不为《周南》《召南》，其犹正墙画而立也欤！"又曰："诵诗三百，授之以政。不达；使于四方，不能专对，虽多亦奚以为。"《易》《诗》《书》《礼》《乐》《春秋》，其文则六，其道

则一，故曰："吾道一以贯之。"又曰："志之所至，诗亦至焉；诗之所至，礼亦至焉；礼之所至，乐亦至焉；乐之所至，哀亦至焉。"乌虚至哉！

至道在心，奚必远求？人心自善，自正，自无邪，自广大，自神明，自无所不通。孔子曰："心之精神是谓圣。"孟子曰："仁，人心也。"变化云为兴观群怨，孰非是心，孰非是正？人心本正，起而为意而后昏。不起不昏，直而达之，则《关雎》求淑女以事君子，本心也；《鹊巢》昏礼，天地之大义，本心也；《柏舟》忧郁而不失其正，本心也；《鄘》《柏舟》之矢言靡它，本心也。由是心而品节焉，《礼》也；其和乐焉，《乐》也；得失吉凶，《易》也；是非，《春秋》也；达之于政事，《书》也。逮夫动乎意而昏，昏而困，困而学，学者取三百篇中之诗而歌之咏之，其本有之善心，亦未始不兴起也。善心虽兴，而不自知、不自信者多矣。舍平常而求深远，舍我所自有而求诸彼。学者有（苟）自信其本，省而学《礼》焉，则《经礼》三百，《曲礼》三千，皆我所自有，而不可辞（乱）也，是谓立。至于缉熙纯一。粹然和乐，不勉而中，无为而成，虽学有三者之序，而心无三者之异。知吾心所自有之六经，则无所不一，无所不通；有所感兴而曲折万变可也；有所观于万物不可胜穷之形色可也；相与群居，相亲相爱。相临相治可也；为哀，为乐，为喜，为怒，为怨可也；迩事父可也；远事君可也；授之以政可也；使于四方可也。无所不通，无所不一，是谓不面墙。有所不通，有所不一，则阻则隔。道无二道，正无二正，独白《周南》《召南》者，自其首篇言之。亦其不杂者。

毛公之学，自谓本诸子夏。而孔子曰："女为君子儒，无为小人儒。"盖谓子夏。又曾子数子夏曰："吾与女事夫子于洙泗之间，退而老于西河之上。使西河之民疑女于夫子，尔罪一也。丧尔亲，使民未有闻焉，尔罪二也。丧尔子，丧尔明，尔罪三也。"夫子夏之胸中若是，其学可以弗问而知。而况于子夏初未有章句，徒传其说，转而至于毛乎？齐鲁诗今亡，韩存其说。韩毛亦有善者，今间取焉。

（宋）杨简《诗解序》，《慈湖遗书》卷一，董平点校，浙江大学出版社2016年版

愈加面墙而不知诗义所在

子曰："诗三百，一言以蔽之，曰思无邪。"学者观此，往往窃疑三

百篇当复有深义，恐不止此；不然，则圣言所谓无邪，必非常情所谓无邪。是不然。圣言坦夷，无劳穿凿。无邪者，无邪而已矣，正而已矣。无越乎常情所云。但未明乎本心者，不知此，不信此。知此信此，则易直子谅之心油然而生。生则恶可已，恶可已则不知手之舞之，足之蹈之。有正而无邪，有善而无恶，有诚悫而无诈伪，有纯而无杂，有一而无二。三读《周南》《召南》，必不面墙。以兴、以观、以群、以怨，无非正用，不劳勉强，不假操持，怡然自得，所至皆妙。人能知徐行后长之心，即尧舜之心，则知之矣；知乍见孺子将人井，皆有怵惕恻隐之心，即仁者之心，则知之矣。此心人所自有，故三百篇或出于贱夫妇人所为，圣人取焉，取其良心之所发也。至于今千载之下，取而诵之，犹足以兴起也，故曰兴于诗。

　　孔子曰：诗三百，一言以蔽之，曰思无邪。又曰：兴于诗。又曰：人而不为《周南》《召南》，其犹正墙面而立也欤。思无邪，即兴，兴则不面墙，一旨也。自孔子梦奠于两楹之间，日至月至者相继沦没，孰有知此旨者？此旨非子夏所能知也。子夏、子张、子游以有若似圣人，欲以所事孔子事之强曾子。曾子独不可，曰：江汉以濯之，秋阳以暴之、皓皓乎不可尚已。曾子则知无邪之旨矣。子夏使西河之民疑其于夫子，其与无邪之旨乖矣。思无邪一语，孔门诸贤尽闻之；后世学者亦尽闻之。而简谓曾子则知之，余难其人。何也？斯事至易至简，如舆薪置其前，而人自不见；如钟鼓震其旁。而人自不闻；如目不见睫。以其太近；如玉在其怀中，而终日奔走索诸外。诗三百篇，多小夫贱妇所为，忽然有感于中，发于声，有所讽，有所美。虽今之愚夫愚妇。亦有忽讽美之言，即成章成句，苟非邪僻。亦古之诗，夫岂难知？惟此无邪之思，人皆有之，而不自知。起不自知其所自，用不知其所以，终不知其所归。此思与天地同变化，此思与日月同运行，故孔子曰："夫孝，天之经，地之义。"又曰："礼本于太一，分而为天地，转而为阴阳。变而为四时，列而为鬼神。"又曰："哀乐相生，正。明目而视之，不可得而见也，倾耳而听之，不可得而闻也。"一旨也。今夫所谓《毛诗序》者，是奚知此旨。求诸诗而无说，无说而必求其说，故委曲迁就，意度穿凿，殊可叹笑，孔子曰："《关雎》乐而不淫，哀而不伤。"此言《关雎》之音也，非言《关雎》之诗也。为《序》者不得其说，而谓《关雎》乐得淑女以配君子，忧在进贤，不淫其色，哀窈窕而无伤善之心。今取《关雎》之诗读之，殊无哀窈窕、无伤善之心之意。《樛木》之逮下，意指君子，故曰"乐只君子"，而《序》言后妃。《桃夭》言婚姻夫妇之正；《序》者无得乎正之旨，必推本诸后妃之不妒忌。《鹊巢》之诗，初无国君积行累功之意；而《序》言国君积行累功。甚者至于《何彼秾矣》之诗，初无车服不系，其夫下王后一等，犹执妇道，以或肃雍之德之情，而《序》推而详言之。盖为《序》者，不知孔子所删之旨，不知无邪之道，见诗辞平常无说，意圣人取此必有深义，故穿凿迁就，委曲增益。虽傍依礼义，粲然典雅之文，而孔子之本旨亡矣。毛氏之学，自言子夏所传，而史氏又谓卫宏作序。自子夏不得其门而入，而况毛苌、卫宏之徒欤？子夏之失，未必至如此甚。盖毛、卫从而益之，序本曰义，先儒谓众篇之义合编者，谓今之所谓序者也，犹未冠诸各诗之首。后儒离而冠之，学者见序而不见诗。诗之有序，如日月之有云，如鉴之有尘，学者愈面墙矣。今序文亦不必尽废，削其大赘者，与其害于道者，置诸其末，毋冠诸首，或可也。观诗者，玩释训诂，即咏歌之，自足以兴起良心，虽不省其为何世何人所作，而已剖破正面之墙矣，其通达也孰御。昔者舜命禹"亦昌言"。禹拜曰："都，帝，予何言？予思日孜孜。"夫都，美辞也。既自以所言为美。而又曰"予何言，予思日孜孜"尔。故皋陶呼叹而问曰："为何？"禹曰："洪水滔天，浩浩怀山襄陵，下民昏垫，予乘四载，随山刊木，暨益奏庶鲜食。予决九川，距四海、浚畎浍，距川，暨稷播奏庶艰食鲜食。懋迁有无化居，烝民乃粒，万邦作乂。"自或者观禹斯言，无说也，无义之可索也。而"皋陶曰：俞，师女昌言。"呜呼至哉！惟禹能言，惟舜皋陶能听能知。学者知此。则知思无邪之旨。则知《易》《书》《礼》《乐》《春秋》之旨，则知天地国时鬼神万物之旨，则知万世千圣之旨。

（宋）杨简《家记二·论书诗》，《慈湖遗书》卷八，董平点校，浙江大学出版社2016年版

人心即道，作文要近道

孔子谓巧言鲜仁。又谓："辞达而已矣"。而后世文士之为辞也，异哉！琢切雕镂，无所不用其巧。曰："语不惊人死不休。"又曰："惟陈言之务去。"夫言惟其当而已矣。谬用其心，陷溺至此。欲其近道，岂不大难。虽曰无斧凿痕，如太羹玄酒，乃巧之极功；心外起意，益深益苦，去道愈远。是安知孔子曰"天下何思何虑"，是安知文王"不识不知，顺帝

之则"。如尧之文章，孔子之文章，由道心而达，始可以言文章。若文士之言，止可谓之巧言，非文章。

……

后世之文章，异乎三代之章矣。后世之字画，与钟鼎篆刻不同矣。一经说至百余万言，大师众至千余人，时谓禄利之路则然。取青紫有拾芥之喻指，所蒙以稽古之力，公言侈说不以为耻。三代之时无此风俗也，无此等议论也。孔子曰"辞达而已矣"，《书》曰"辞尚体要"而已。后世之为辞者大异，冥心苦思，炼意磨字。为丽服靓妆，为孤峰绝岸，为琼杯玉斝，为大羹玄酒。夫子之文章，不如是也。夫子之所以教诲其子弟，亦不闻有是说也。甚者，韩愈敢以孟子与司马相如比而同之。相如何人？跻之至此，专以文称也。以《局》为奇，以《诗》为葩，三极六爻之旨如此乎？三百篇无邪之义如此乎？甚至于序送李愿，有："粉白黛绿者，列屋而闲居，妒宠而负恃，争妍而取怜。"此何等法语，而敢肆言无忌如是耶！此无它，举天下之风俗皆然。不以为异也。故学者仰韩如太山北斗，心服其文，莫见其过。……人心即道，至乐中存，昏者失之，明者得之。无谓诗文之放逸非放于恶也。……明君良臣，知治乱之岐于是乎分。则乌得不戮力划剔文士墨客滋蔓之邪说，而无使启乱也。

文士有云："惟陈言之务去"，又有云："文意切忌随人后。"近世士大夫无不宗主其说，不知几年于兹矣。《书》曰："辞尚体要，不惟好异。商俗靡靡，利口惟贤，余风未殄。"近世士风好异滋甚，以某言平常易以它语，及世效之者浸多，则又易之。所务新奇，无有穷也。不思乃利口惟贤之俗。士大夫胡为不省，不告诸上而痛革之，乃相与推波助澜。

（宋）杨简《家记九·论文》，《慈湖遗书》卷十五，董平点校，浙江大学出版社2016年版

陈　亮

陈亮（1143—1194），字同甫，号龙川，学者称为龙川先生，婺州永康（今浙江永康）人，宋代思想家、文学家。陈亮倡导经世济民的"事功之学"，提出"盈宇宙者无非物，日用之间无非事"，反对理学家空谈"道德性命"，强调文关世教，行义合一。著有《龙川文集》《龙川

词》等。

以诗赋经术，以涵养天下之士气

古人重变法，而变文犹非变法所当先也。天下之士，岂不欲自为文哉，举天下之文而皆指其不然，则人各有心，未必以吾言为然也。然不然之言交发并至，而论者始纷纷矣。纷纷之论既兴，则一人之力决不能以胜众多之口，此古人所以重变法，而尤重于变文也。然则文之弊终不可变乎？均是变也，审所先后而已矣。

夫文弊之极，自古岂有逾于五代之际哉：卑陋萎弱，其可厌甚矣。艺祖一兴，而恢廓磊落，不事文墨，以振起天下之士气。而科举之文，一切听其所自为，有司以一时尺度律而取之。未尝变其格也。其后柳仲涂以当世大儒，从事古学，卒不能麾天下以从己。及杨大年、刘子仪因其格而加以瑰奇精巧，则天下靡然从之，谓之昆体。穆修、张景专以古文相高，而不为骈俪之语，则亦不过与苏子美兄弟唱和于寂寞之滨而已。故天圣间，朝廷盖知厌之，而天下之士亦终未能从也。

其后欧阳公与尹师鲁之徒，古学既盛，祖宗之涵养天下，至是盖七八十年矣。故庆历间，天子慨然下诏书，风厉学者以近古，天下之士亦翕然丕变以称上意。于是胡翼之、孙复、石介以经术来居太学，而李泰伯、梅尧臣辈又以文墨议论游泳于其中，而士始得师矣。当是时，学校未有课试之法也，士之来者，至接屋以居而不倦，太学之盛，盖极于此矣。乘士气方奋之际，虽取三代两汉之文，立为科举取士之格，奚患其不从，此则变文之时也。艺祖固已逆知其如此矣。然当时诸公，变其体而不变其格，出入乎文史而不本之以经术。学校课士之法，又往往失之太略。此王文公所以得乘间而行其说于熙宁也。经术造士之意非不美，而新学字说何为者哉！学校课试之法非不善，而月书季考何为者哉！当是时，士之通于经术者，神宗作成之功，而非尽出于法也。及司马温公起相元祐，尽复祖宗之故，而不能参以熙宁经术造士之意；取其学校课试之大略，徒取快于一时而已。则夫士之工于词章者，皆祖宗涵养之余，而非必尽出于法也。绍圣、元符以后，号为绍述熙、丰，亦非复其旧矣，士皆肤浅于经而烂熟于文，其间可胜道哉！

中兴以来，参以诗赋经术，以涵养天下之士气，又立太学以耸动四方之观听，故士之有文章者、德行者、深于经理者、明于古今者，莫不各得以自奋，盖亦可谓盛矣。然心志既舒，则易以纵弛；议论无择，则易以浮浅。凡其弊有如明问所云者，固其势之所必至也。议者思所以变之，其意非不美矣；而其事则艺祖之所难，而嘉祐之所未及也。

夫三年课试之文，四方场屋之所系，此岂可以一朝而变乎。然学校之士，于经则敢为异说而不疑，于文则肆为浮论而不顾，其源渐不可长。此则长贰之责，而主文衡者当示以好恶，而不在法也。昔庆历有胡翼之学法，熙宁有王文公学法，元祐有程正叔学法。今当请诸朝廷，参取而用之，不专于月书季考，以作成大学之士，以为四方之表仪，则祖宗之旧可以渐复，岂必遽变其文格以惊动之哉！古人重变法，而尤重于变文，则必有深意矣。不识执事以为如何？

（宋）陈亮《变文法》《陈亮集》，邓广铭点校，河北教育出版社2008年版

文应关世教，根乎仁义，达之政理

右《欧阳文忠公文粹》一百三十篇。公之文根乎仁义而达之政理，盖所以翼《六经》而载之万世者也。虽片言半简，犹宜存而弗削。顾犹有所去取于其间，毋乃诵公之文而不知其旨，敢于犯是不韪而不疑也？

初，天圣、明道之间，太祖、太宗、真宗以深仁厚泽涵养天下盖七十年，百姓能自衣食以乐生送死，而戴白之老安坐以嬉，童儿幼稚什伯为群，相与鼓舞于里巷之间。仁宗恭己无为于其上，太母制政房闼，而执政大臣实得以参可否，晏然无以异于汉文、景之平时。民生及识五代之乱离者，盖于是与世相忘久矣。而学士大夫，其文犹袭五代之卑陋。中经一二大儒起而麾之，而学者未知所向，是以斯文独有愧于古。天子慨然下诏书，以古道伤天下之学者，而公之文遂为一代师法。未几而科举禄利之文非两汉不道，于是本朝之盛极矣。

公于是时，独以先王之法度未尽施于今，以为大阙。其策学者之辞，殷勤切至，问以古今繁简浅深之宜，与夫周礼之可行与不可行。而一时习见百年之治，若无所事乎此者，使公之志弗克遂伸，而荆国王文公得乘其间而执之。神宗皇帝方锐意于三代之治。荆公以霸者功利之说，饰以三代之文，正百官，定职业，修民兵，制国用，兴学校以养天下之才。是皆神宗皇帝圣虑之所及者，尝试行之，寻察其有管、晏之所不道，改作之意盖见于末命，而天下已纷然趋于功利而不可禁。学者又习于当时之所谓经义

者，剥裂牵缀，气日以卑。公之文虽在，而天下不复道矣。此子瞻之所为深悲而屡叹也。

元祐间，始以末命从事，学者复知诵公之文。未及十年，浸复刑公之旧。迄于宣、政之末，而五季之文靡然遂行于世。然其间可胜道哉！二圣相承又四十余年，天下之治大略举矣，而科举之文犹未还嘉祐之盛。盖非独学者不能上承圣意，而科制已非祖宗之旧，而况上论三代！始以公之文，学者虽私诵习之，而未以为急也。故予姑掇其通于时文者，以与朋友共之。由是而不止，则不独尽究公之文，而三代两汉之书盖将自求之而不可御矣。先王之法度犹将望之，而况于文乎！则其犯是不韪，得罪于世之君子而不辞也。虽然，公之文雍容典雅，纡余宽平，反覆以达其意，无复毫发之遗；而其味常深长于意言之外，使人读之，蔼然足以得祖宗致治之盛。其关世教，岂不大哉！

……

退之有言："仁义之人，其言蔼如也。"故予论其文，推其心存至公而学本乎先王，庶乎读是编者，其知所趋矣。

（宋）陈亮《书欧阳文粹后》《陈亮集》，邓广铭点校，河北教育出版社2003年版

文章行义合一

往三十年时，亮初有识知，犹记为士者必以文章行义自名，居官者必以政事书判自显，各务其实而极其所至。人各有能有不能，卒亦不敢强也。自道德性命之说一兴，而寻常烂熟无所能解之人自托于其间，以端悫静深为体，以徐行缓语为用，务为不可穷测以盖其所无，一艺一能皆以为不足自通于圣人之道也。于是天下之士始丧其所有，而不知适从矣。为士者耻言文章、行义，而曰"尽心知性"；居官者耻言政事、书判，而曰"学道爱人"。相蒙相欺以尽废天下之实，则亦终于百事不理而已。

（宋）陈亮《送吴允成运幹序》《陈亮集》，邓广铭点校，河北教育出版社2003年版

理得而辞顺，文章自然出群拔萃

大凡论不必作好语言，意与理胜则文字自然超众。故大手之文，不为诡异之体而自然宏富，不为险怪之辞而自然典丽，奇寓于纯粹之中，巧藏

于和易之内。不善学文者，不求高于理与意，而务求于文彩辞句之间，则亦陋矣。故杜牧之云："意全胜者，辞愈朴而文愈高；意不胜者，辞愈华而文愈鄙。"昔黄山谷云："好作奇语，自是文章一病；但当以理为主。"理得而辞顺，文章自然出群拔萃。

（宋）陈亮《书作论法后》《陈亮集》，邓广铭点校，河北教育出版社2003年版

仕以行其道，文以载其道

亮闻古人之于文也，犹其为仕也。仕将以行其道也，文将以载其道也。道不在我，则虽仕何为？虽有文，当与利口者争长耳。韩退之《原道》无愧于孟、荀，而终不免以文为本，故程氏以为"倒学"。况其止于驰骋语言者，固君子所不道，虽终日哓哓欲以陵铄一世，有识者固俛首而笑之耳，岂肯与之辨论是非哉！

（宋）陈亮《复吴叔异》《陈亮集》，邓广铭点校，河北教育出版社2003年版

叶 适

叶适（1150—1223），字正则，号水心居士，温州永嘉（今浙江温州）人，宋代文学家、政论家。叶适提出"道归于物"的事功之学，反对朱熹"理在气先"空谈性命之理，为永嘉学派集大成者。在诗文创作上，叶适继承韩愈"务去陈言""词必己出"的传统，从观点到文字均力求新颖脱俗，提倡独创精神，提倡德艺兼备的艺术伦理思想与"崇古而不弃今"的批判精神。著有《水心先生文集》《水心别集》《习学记言》等。

华质两盛，德艺兼成

吴兴沈子寿，少入太学，名闻四方。仕四十余年，绌于王官。再入郡，三佐师幕，公私憔悴而子寿老矣。然其平生业嗜文字、若性命在身，非外物也。甲乙自著累百千首。呜呼！何其勤且多也。

余后学也，不足以识子寿之文，其不为奇险，而瑰富精切，自然新

美，使读之者如设芳醴珍馔，是饮餍食而无醉饱之失也；又能融释众疑，兼趋空寂，读者不惟醉饱而已，又当销愠忘忧，心舒意闲，而自以为有得于斯文也。观其开阖疾徐之间，旁贯而横陈，逸鹭而高翔，盖宗庙朝廷之文。非自娱于幽远淡泊者也。

余尝患文人擅长而护短，好自矜耀，挈其所能，莫与为比。而视他人顾若无有。夫知有己而不知有人，以此贾怨，宜其穷于世矣。今子寿专自降抑，未尝以色辞忤物；为前辈，悒然务出诸生后；己之所工，反求中焉：此固人情之所赴，富贵之所归，召丛誉而化积毁之常道也。然且落落謇謇，至于白首，未有所合。何也？若夫以文为华、以学为质；容而不为利，谦而不为福；宫庭环堵，膏粱藜藿，晏然冲守，不可荣辱；此子寿所以自求古人而成其德也，合不合盖末言焉。

（宋）叶适《沈子寿文集序》，《水心文集》卷十二《叶适集》，中华书局2010年版

诗教，诚思其教，存而性明

往年徐居厚言："文叔早为诸经解，书略具矣。"时公未四十也。顷岁每有学者自金陵至，言公常用《周礼注疏》与王氏《新经》参论，夜率逾丙，书漏未上，辄扣门曰："已悟。"于是公七十四五矣。呜呼，斯可谓以学始终欤！公既殁，始得其《诗说》三十卷。

自文字以来，诗最先立教，而文、武、周公用之尤详。以其治考之，人和之感，至于与天同德者，盖已教之诗，性情益明；而既明之性，诗歌不异故也。及教衰性蔽，而《雅》《颂》已先息；又甚，则《风》谣亦尽矣。虽其遗余犹髣髴未泯，而霸强迭胜，旧国守文，仅或求之人之材品高下与其识虑所至，时或验之。然性情愈昏惑，而各意为之说、形似摘裂以从所近，则《诗》乌得复兴。而宜其遂亡也哉！况执秦、汉之残书，而徒以调义相宗者乎？

公于《诗》，尊叙伦纪，致患达敬，笃信古文，旁录众善。博厚惨怛而无迁重之累，缉绪悠久而有新美之益。仁政举而应事肤锐，王制定而随时张驰。然则性情不蔽而《诗》之教可以复明，公其有志于是欤？

按《易》有程，《春秋》有胡，而《诗集传》之善者亦数家，大抵欲收拾群义，酌其中平，以存世教矣，未知性情何如尔。今公之书既将并行，读者诚思其教存而性明，性明而《诗》复，则庶几得之。不然，非

余所知也。

（宋）叶适《黄文叔诗说序》，《水心文集》卷十二《叶适集》，中华书局 2010 年版

文者须约义理以言

夫文者，言之衍也。古人约义理以言，言所未究，稍曲而伸之尔。其后俗益下，用益浅，凡随事逐物，小为科举，大为典册，虽刻秾损华，然往往在义理之外矣，岂所谓文也？君子于此寄焉，则不足以训德；学者于此习焉，则足以害正。力且尽而言不立，去古人不愈远乎？

（宋）叶适《周南仲文集后序》，《水心文集》卷十二《叶适集》，中华书局 2010 年版

读书作文之要

读书不知接统绪，虽多无益也；为文不能关教事，虽工无益也；笃行而不合于大义，虽高无益也；立志不存于忧世，虽仁无益也。

（宋）叶适《赠薛子长》，《水心文集》卷二十九《叶适集》，中华书局 2010 年版

诗必取中于古，德艺兼成

著作、正字，及退翁兄弟，道谊文学，皆贤卿大夫，天下高誉之，不以诗名也。克庄始创为诗，字一偶，对一联，必警切深稳，人人咏重。克逊继出，与克庄相上下，然其闲淡寂寞，独自成家。怪伟伏平易之中，趣味在言语之外，两谢、二陆，不足多也。

自有生人。而能言之类，诗其首矣。古今之体不同，其诗一也。孔子诲人，诗无庸自作，必取中于古，畏其志之流，不矩于教也。后人诗必自作，作必奇妙殊众，使忧其材之鄙，不矩于教也。水为沅湘，不专以清，必达于海；玉为珪璋，不专以好，必荐于郊庙。二君知此，则诗虽极工而教自行，上规父祖，下率诸季，德艺兼成，而家益大矣。

（宋）叶适《跋刘克逊诗》，《水心文集》卷二十九《叶适集》，中华书局 2010 年版

《五经》的道德、政治作用

周室既衰，圣王不作，制治之器丧失而不存，或其器仅存而其数废阙

不明，民之耳目无所闻见，心无所止，而其上下习为鄙诈戾虐之行，风俗日以弊恶，而相趋于乱。孔子哀先王之道将遂湮没而不可考而自伤其莫能救也，迹其圣贤忧世之勤劳而验其成败因革之故。知其言语文字之存者犹足以为训于天下也，于是定为《易》《诗》《书》《春秋》之文，推明礼、乐之器数而黜其所不合，又为之论述其大意，使其徒相与共守之，以遗后之人。

（宋）叶适《总义》，《水心别集》卷五《叶适集》，中华书局2010年版

《诗》养天下以中，发人心以和，各有其正

夏、商远矣，书籍所记，存其大略，而其详不可得而言矣。详而可言莫如周，言周人之最详者，莫如《诗》。夫周人之法，始于艰难而成于积累。及其天命既集，极盛而太平，至其始衰而复兴，遂微而不振。与其后世尝更涂炭之民忧伤悲怨，思蒙其道而不可复得者。皆见于歌咏而极其形容。故夫学者于周之治，有以考见其次弟，虽远而不能忘者，徒以其《诗》也。

《诗》之兴尚矣。夏、商以前，皆磨灭而不传，岂其所以为之者至周人而后能欤？夫形于天地之间者，物也；皆一而有不同者，物之情也；因其不同而听之，不失其所以一者，物之理也；坚凝纷错，逃遁谲伏，无不释然而解、油然而遇者，由其理之不可乱也。是故古之圣贤，养天下以中，发人心以和。使各由其正以自通于物。絪缊芒昧，将形将生，阴阳晦明，风雨霜露，或始或卒，山川草木，形著懋长，高飞之翼，蛰居之虫，若夫四时之递至，声气之感触，华实荣耀，消落枯槁，动于思虑，接于耳目，无不言也；旁取广喻，有正有反，比次抑扬，反覆申绎，大关于政化，下极于鄙俚，其言无不到也。当其抽词涵意，欲语而未出。发舒情性，言止而不穷，盖其精之至也。言语不通，嗜欲不齐，风俗不同，而世之先后亦大异矣；听其言也，不能违焉，此足以见其心之无不合也。然后均以律吕，陈之官师，金石震荡，节奏繁兴。羽旄干戚，弦匏箫管，被服衮黼，拜起揖逊，以祭以宴。而相与乐乎其中。于是神祇祖考相其幽，室家子孙协其明，福禄盛满，横畅旁浃，充塞宇宙，薰然粹然，不知其所以然。故后世言周之治为最详者，以其《诗》见之。然则非周人之能为《诗》，盖《诗》之道至于周而后备也。

夫王通始自盛而入衰，则天下之心始自亲而入怨。盖幽、厉以来，忽忘天下，无以整齐诸侯而一其民，其势如冰合之忽解，云附之忽散，刀锯斧钺，如林而起，同壤异制，而权术小数始出于政令之中矣。然犹深厚愤发，能自思其先君祖考之旧以宽其意，敢亡而不敢叛、敢怨而不敢怒。呜呼！仇者，亲之对也；逆者，顺之资也；苟未至于不可以悔而或可以收者，则皆眷然而不忍，慨然而有欲为者矣。然则其于周人之治，不独以其极盛者而言之，盖其衰而犹若此也。至于削灭溃坏，亡失其旧，而不复可考然后泯然而不作矣。然则"《诗》亡而后《春秋》作"，岂不信哉！

《离骚》，《诗》之变也；赋，《诗》之流也；异体杂出，与时转移，又下而为俳优里巷之词，然皆《诗》之类也。宽闲平易之时，必习而为怨怼无聊之言；庄诚恭敬之意，必变而为悔笑戏狎之情；此《诗》之失也。夫古之为诗也，求以治之；后之为诗也，求以乱之。然则岂惟以见周之详，又以知后世之不能为周之极盛而不可及也。

（宋）叶适《诗》，《水心别集》卷五《叶适集》，中华书局2010年版

文正而归之于道，不可虚文也

上世以道为治，而文出于其中；战国至秦，道统放灭，自无可论。后世可论惟汉唐，然既不知以道为治，当时见于文者，往往讹杂乖戾，各恣私情，极其所到，便为雄长；类次者复不能归一，以为文正当尔，华忘实，巧伤正，荡流不反，于义理愈害而治道愈远矣。……合而论之，大抵欲约一代治体归之于道，而不以区区虚文为主。

……

文字之兴，萌芽于柳开、穆修，而欧阳修最有力，曾巩、王安石、苏洵父子维之始大振；故苏氏谓"虽天圣、景祐，斯文终有愧于古"，此论世所共知，不可改，安得均年析号各擅其美乎？及王氏用事，以周、孔自比，掩绝前作，程氏兄弟发明道学，从者十八九，文字遂复沦坏；则所谓"熙宁、元祐其辞达"，亦岂的论哉！且人主之职，以道出治，形而为文。尧、舜、禹、汤是也。若所好者文，由文合道，则必深明统纪，洞见本末，使浅知狭好无所行于其间，然后能有助于治，乃侍从之臣相与论思之力也。

（宋）叶适《皇朝文鉴·周必大序》，《水心文集》卷四十七《叶适集》，中华书局2010年版

上能涵濡道德，下能抑扬文义，此为好文

孟子言："王者之迹熄而《诗》亡，《诗》亡然后《春秋》作。"《春秋》作不作，不系《诗》存亡，此论非是。然孔子时人已不能作诗，其后别为逐臣优愤之词，其体变坏；盖王道行而后王迹著，王政废而后王迹熄，诗之废兴，非小故也。自是诗绝不继数百年。汉中世文字兴，人稍为歌诗，既失旧制，始以意为五七言，与古诗指趣音节异，而出于人心者实同。然后世儒者，以古诗为王道之盛，而汉魏以来乃文人浮靡之作也，弃而不论，讳而不讲，至或禁使勿习；上既不能涵濡道德，发舒心术之所存，与古诗庶几。下复不能抑扬文义，铺写物象之所有。为近诗绳准，块然补拙。而谓圣贤之教如是而止，此学者之大患也。

（宋）叶适《皇朝文鉴·诗》，《水心文集》卷四十七《叶适集》，中华书局2010年版

真德秀

真德秀（1178—1235），本姓慎，字实夫，后更字景元，号西山，福建建宁府浦城（今福建浦城仙阳）人，宋代后期理学家。在学术上以朱熹为宗，创"西山真氏学派"。他格外强调文学的政治功能与道德教化作用，在文学批评与鉴赏上，从论道说理、政教功用的目的出发，将文道相融合，相互渗透。他将宋代理学家重道轻文的思想推到了顶峰。著有《西山文集》。

文章以明理义切世用为主

正宗云者，以后世文辞之多变，欲学者识其源流之正也。自昔集录文章者众矣。若杜预、挚虞诸家，往往湮没弗传。今行于世者，惟梁昭明《文选》，姚铉《文粹》而已。由今视之，二书所录，果皆得源流之正乎？夫士之于学，所以穷理而致用也。文虽学之一事，要亦不外乎此。故今所辑，以明理义切世用为主。其体本乎古，其指近乎经者，然后取焉；否则辞虽工亦不录。其目凡四：曰辞命，曰谈论，曰叙事，曰诗赋。

（宋）真德秀《文章正宗纲目》，上海书店出版社1989年版

世之学者昧操存持养之实，而徒事于语言文字之工

始予与汤君升伯游，知其朴茂而文，君子人也。越十余年，又与仲能遇于都。时仲能新擢进士科，观其持论意向，已不类场屋举子，予心窃独奇之。……又三年，遇予海上，文益工，论益劲，而进学益勇。一日愀然告曰："先君平生嗜古学，为古文，不幸赍志以没；今其遗编，仅存一二……公爱巾者也，诚推爱巾之心，以及其先人。为序而发扬之则幸甚。"予退而伏读，则其诗闲澹纡余，有自适之趣；其文敷畅条达而切于事情；至于释经，往往窥其秘奥，有世儒所未及者；评论古今，尤多得其心术之微。此岂勉强可致者？盖其平时问学一本于诚，间尝取"上帝临女"之义而名其斋，朝夕居焉以自警，则其用力可知矣。……世之学者昧操存持养之实，而徒事于语言文字之工，是其心既不诚矣；以不诚之心，而窥天地圣贤之蕴。犹持尘昏之镜而鉴万象也。求其近似，岂可得哉？君之于学，既以志其大者，惜其穷居乡里，未及博参于诸老先生之间，以究其精微。

（宋）真德秀《临斋遗文序》，《西山先生真文忠公文集》卷二十七，上海书店出版社1989年版

发之忠孝，本以仁义，此好文也

鄞山参政楼公攻愧先生文集一百二十卷，建安真某伏读而叹曰：呜呼！此可以观公立朝事君之大节矣。盖公之文，如三辰五星，森丽天汉，昭昭乎可观而不可穷；如泰华乔岳，蓄泄云雨，岩岩乎莫测其巅际；如九江百川，波澜荡潏，渊渊乎不见其涯涘。人徒见其英华发外之盛，而不知其本有在也。……观公平生大节，而后可以读公之文矣。公生于故家，接中朝文献，博极群书。识古文奇字，文备众体，非如他人僭狭僻涩、以一长名家；而又发之以忠孝，本之以仁义，其大典册、大议论，则世道之消长。学术之废兴、善类之离合系焉。方淳、绍间，鸿硕满朝，每一奏篇出，其援据该洽、义理条达者，学士大夫读之，必曰："楼公之文也。"一诏令下。其词气雄浑、笔力雅健者，亦必曰："楼公之文也。"于乎，所谓有本者如是，非邪？……嘉定初，起为内相，俄辅大政，向来侍星，凋丧略尽。而公岿然独存，遂为一代文宗。

（宋）真德秀《攻愧先生楼公集序》，《西山先生真文忠公文集》卷二十七，上海书店出版社1989年版

文辞，末也；事业，本也

始予读钱塘三沈诗文，叹其琳琅圭璧，萃在一门，机云不足道也。后考中兴以来名卿事迹，又知吴兴三沈，皆以德业为时闻人。枢密讳与求，尚书讳介，而副枢讳夏。其视钱塘之族，弥有光焉。

……

宝庆初，元公之孙昌盲来丞南浦，始出公家集，锓刻以传；片言畸字，皆凿凿适用。迁论二十篇，敷陈时病，洞见根元。至其感物兴怀，悲容娱戏，课圃之作，王子渊之僮约也；蛛网之榆，柳罗池之三戒也。虽非规攀拟前人，而笔力雄放，自与之合。何君一铭，叙事有纪法，足以伸忠直而挫奸谀；浴佛放生，讥诃时俗陋妄，尤为有补世教。公之于文，瑰伟震耀如此，顾弗用是名世，岂非为事业所掩与？嗟夫！文辞，末也；事业，本也。向令公平生用力仅在笔墨蹊径中，不过与词客骚人角一日之誉，则亦何贵之有？惟其以实学见实用，以实志起实功，卓然有益于世，而又闻之以君子之文，于是为可贵尔。

（宋）真德秀《沈简斋四益集序》，《西山先生真文忠公文集》卷二十八，上海书店出版社 1989 年版

文品出于人品，气盛言宜

昔河汾王氏，尝谓文士之行可见，因枚数而评之曰：谢灵运小人哉，其文傲。沈休文小人哉，其文冶。君子哉思王，其文深以典。至于狷也，狂也，夸也，诡也，皆以一言蔽其为人。

夫文者技之末尔，而以定君子小人之分何邪？抑尝思之，云和之器。不生茨棘之林；仪凤之音，不出乌鸢之口。自昔有意于文者，孰不欲媲《典》《谟》，《俪》《风》《雅》，以希后世之传哉？卒之未有得其彷佛者。盖圣人之文，元气也，聚为日星之光耀。发为风尘之奇变，皆自然而然，非用力可至也。自是以降，则眠其资之薄厚，与所蓄之浅深，不得而遁焉。故样顺之人，其言婉；峭直之人，其言劲；嫚肆者，亡庄语；轻躁者，亡确词。此气之所发者然也。家刑名者，不能折孟氏之仁义；祖权谲者，不能畅子思之中庸；沈涵六艺，咀其菁华，则其形著亦不可掩，此学之所本者然也。

是故致饰语言，不若养其气；求工笔札，不若励于学。气完而学粹，

则虽崇德广业，亦自此进，况其外之文乎？此人之所可用力而至也。持偏驳之资，乏真积之力，而区区以一舀拟江河，宁有是哉！

公天资宽洪，而养以静厚，平居怡然自适，未尝见忿厉之容。于书亡所不观，而尤喜闻理义之说。故其文章，不事刻画，而敷腴丰衍，实似其为人。自少好为歌诗，晚释政涂，优繇里社。凡岩谷卉木之观，题咏殆遍；真率之集，倡酬递发。忘衮服之贵，而浃布韦之欢，又非乐易君子弗能也。然则观公之文者，其可不推所本哉！

（宋）真德秀《日湖文集序》，《西山先生真文忠公文集》卷二十八，上海书店出版社1989年版

文章之义，盛德蕴于中

文章二字，非止于言语词章而已。圣人盛德蕴于中，而辉光发于外，如盛仪之中度，语言之当理，皆文也。尧之文思，舜之文明，孔子称尧曰：焕乎其有文章。子贡曰：夫子之文章，皆此之谓也。至于二字之义，则五色错而成文，黑白合而成章。文者，灿然有文之谓；章者，蔚然有章之谓。章犹条也。六经、《论语》之言文章，皆取其自然形见者。后世始以笔墨著述为文。与圣贤之所谓文者异矣。

（宋）真德秀《问文章、性与天道》，《西山先生真文忠公文集》卷三十一，上海书店出版社1989年版

作诗在于养心

"乾坤有清气，散入诗人脾。"此唐贯休语也。予谓天地间清明纯梓之气，盘薄充塞，无处不有，顾人所受何如耳。故德人得之以为德，材士得之以为材；好文者得之以为文。工诗者得之以为诗。皆是物也，然才德有厚薄，诗文有良窳，岂造物者之所畀有不同邪？诗曰："瑟彼玉瓒，黄流在中。"玉瓒，至宝也；黄流，至洁也。夫必至宝之器，而后能受至洁之物。世人胸中扰伏，私欲万端，如聚蟂蚋，如积粪壤，乾坤之英气将焉从入哉？故古之君子所以养其心者，必正，必清，必虚，必明。惟其正也。故气之至正者入焉；清也，虚也，明也亦然。予尝有见于此久矣：方其外诱不接，内欲弗萌，灵襟湛然，奚虑奚营？当是时也，气象何如哉？温然而仁，天地之春；肃然而义，天地之秋；收敛而凝。与元气俱贞；泮奂而体，与和气同游。则诗与文有不足言者矣。此予之所自得，未尝以

告人。

（宋）真德秀《跋豫章黄量诗卷》，《西山先生真文忠公文集》卷三十四，上海书店出版社1989年版

鸣道之文，发挥理义，有补世教

汉西都文章最盛，至有唐为尤盛。然其发挥理义，有补世教者，董仲舒氏，韩愈氏而止尔。国朝文治猗兴，欧、王、曾、苏，以大手笔追还古作，高处不减二子。至濂、洛诸先生出，虽非有意为文，而片言只辞，贯综至理，若《太极》《西铭》等作，直与六经相出入，又非董，韩之可匹矣。然则文章在汉唐未足言盛，至我朝乃为盛尔。忠肃彭公以濂、洛为师者也，故见诸著述，大抵鸣道之文，而非复文人之文。

（宋）真德秀《跋彭忠肃文集》，《西山先生真文忠公文集》卷三十六，上海书店出版社1989年版

文章以切实用，关世教为主

谈义理不骛于虚无高远，而必反求之身心；考事实不泥于成败得失，而必钩索其隐微；论文章不溺于华靡新奇，向必先乎正大。要其归以切实用、关世教为主。

（宋）真德秀《汤武康墓志铭》，《西山先生真文忠公文集》卷四十二，上海书店出版社1989年版

作文根于理致

为文若不经意而明白畅达，根于理致；雕镂刳剧之语，壹不出诸口。

（宋）真德秀《司农卿湖广总领詹公行状》，《西山先生真文忠公文集》卷四十七，上海书店出版社1989年版

和者，乐之本；敬者，礼之本

敬者，礼之本；制度威仪，礼之文。和者，乐之本；钟鼓管磬（者），乐之文。礼乐二者，阙一不可。《记》曰："乐由阳来，礼由阴作。天高地下。万物散殊。而礼制行焉；流而不息，合同而化。而乐兴焉。"故礼属阴，乐属阳。礼乐之不可阙一，如阴阳之不可偏胜。礼胜则离，以其太严而不通人情，故离而难合；乐胜则流，以其太和而无所限节，则流

荡忘返。所以有礼须用有乐，有乐须用有礼。此礼乐且是就性情上说，然精粗本末，亦初无二理。

礼中有乐，乐中有礼，朱文公谓严而泰，和而节。

（宋）真德秀《问礼乐》，《西山先生真文忠公文集》卷三十，上海书店出版社1989年版

和乐养其心，立身而成德

古之诗，出于性情之真。先王盛时。风教兴行，人人得其性情之正，故其间虽喜怒哀乐之发，微或有过差，终皆归于正理。故《大序》曰："变风发乎情，本乎礼义。发乎情，民之性也，本乎礼义、先王之泽也。"三百篇诗，惟其皆合正理，故闻者莫不兴起，其良心趋于善而去于恶。故曰"兴于诗"。

礼乐之原，出于天地自然之理。《乐记》曰："天高地下，万物散殊，而礼制行矣；流而不息，合同而化。而乐兴焉。"礼者，天地之序也；乐者，天地之和也。天高地下，此即自然之尊卑；万物散殊，有大有小，有隆有杀，此即自然之等级。圣人因此制为之礼，所以法天地之序也。阴阳五行之气，流行于天地之间，未尝少息，相摩相荡，为雷霆。为风雨，以化生万物。圣人因此作为之乐，所以象天地之和也。五声十二律，亦皆阴阳变错而成，故乐音之和，与天地之和相应，可以养人心，成风俗也。自周衰，礼乐崩坏。然礼书犹有存者，制度文为，尚可考寻。乐书则尽缺不存。后之为礼者，既不能合先王之制，而乐尤甚焉。今世所用，大抵郑卫之音，杂以夷狄之声而已，适足以荡人心，坏风俗，何能有补乎？故程子慨然发叹也。然礼乐之制虽亡，而乐之理则在。故《乐记》又谓："致礼以治身，致乐以治心。外貌斯须不庄不敬，则嫚易之心入之矣；中心斯须不和不乐，则鄙诈之心入之矣！"庄敬者，礼之本也；和乐者，乐之本也。学者诚能以庄敬治其身，和乐养其心，则于礼乐之本得之矣！是亦足以立身而成德也。三百篇之诗，虽云难晓，今诸老先生，发明其义，了然可知。如能反复涵咏，直可以感发其性情，则所谓"兴于诗"者，亦未尝不存也。

（宋）真德秀《问兴、立、成》，《西山先生真文忠公文集》卷三十一，上海书店出版社1989年版

魏了翁

魏了翁（1178—1237），字华父，号鹤山，邛州蒲江县（今四川成都）人。宋代理学家。魏了翁反对佛、老"无欲"之说，推崇朱熹理学。他强调"心"的作用，并把古文家强调的气节，心学家关注的气志，和理学家的注重修身养性，用"学"统一起来。著有《鹤山全集》《九经要义》《古今考》等。

文皆从天理中流出

吾请试言夫所谓文者，而子姑听之。且动静互根而阴阳生，阳变阴合而五行具，天下之至文实始诸此。仰观俯察，而日月之代明，星辰之罗布，山川之流峙，草木之生息，凡物之相错而粲然不可紊者，皆文也。近取诸身，而君臣之仁敬，父子之燕孝，兄弟之友恭，夫妇之好合，朋友之信睦，凡天理之自然而非人所得为者，皆文也。尧之荡荡。不可得而名；而仅可名者，文章也。夫子之言性与天道，不可得而闻；而所可闻者，文章也。然则尧之文章，仍荡荡之所发见；而夫子之文章，亦性与天道之流行。谓文云者，必如此而后为至。文王既没，文不在兹。孔圣后死，斯文未丧，此非后世所谓文也。今君侯振文之谓，将奚择乎？

……

如余前之云者乃天下之至文，遽得以迁而后之也。圣人所谓斯文，亦曰：斯道云耳，而非文人之所以玩物肆情、进士之所以哗众取宠者也。侯诚有意于斯，则所当表章风厉，使为士者以勤学好问为事，以孝弟谨信为本。积日累月，自源徂流、以求夫尧之所以可名不可名、夫子之所以可闻不可闻者，果为何事。近取诸身而秩乎有叙，远取诸物而粲然相错。仰观诸天，俯察诸地，而离离乎其相丽，皇皇乎不可紊。斯所谓文者既有以，深体而默识之，则将，动息有养。触处充裕，无少欠阙迨。其涵泳从容之久，将有忽不自知其入于圣贤之域者矣。

（宋）魏了翁《大邑县学振文堂记》，《鹤山先生大全文集》卷四十，上海书店出版社1989年版

作文章须学道养德

世传江文通为吴兴令，梦人授五色笔，由是文藻日新。今蒲城县故吴兴也，县故有孤山，里人因以梦笔称之。乡先生杨文庄公尝读书其间。比岁真希元于山之麓得数亩地，艺卉木营阁庐，为点游藏修之所，既为文庄识其事，又以书抵了翁，曰："子为我发之。"了翁每惟由周而上，圣贤之生，鲜不百年。盖历年弥久，则德盛仁孰。故虽从心所欲，罔有择言，皆足以信今殆后。诗三百，圣贤忧愤之所为者十六七。六艺之作，七篇之书，亦出于历聘、不遇。凡皆坦明敷畅，日星垂而江河流也。圣人之心如天之运。纯亦不已；如川之逝，不舍昼夜。虽血气盛衰所不能免，而才壮志坚纯终弗贰，曷尝以老少为锐惰、穷达为荣悴者哉！灵均以来，文词之士兴，已有虚骄恃气之习。魏晋而后，则直以纤文丽藻为学问之极致。方其季盛气强、位享志得，往往时以所能哗世眩俗；岁慆月迈、血气随之，则不惟形诸文词衰飒不振，虽建功立事蓄缩顾畏，亦非复盛年之比。此无他，非有志以基之，有学以成之，徒以天资之美、口耳之知，才驱气驾而为之耳。如史所书，任彦升、丘灵鞠、江文通诸人，皆有才尽之叹。而史于文通末年，至谓梦张景阳夺锦、郭景纯征笔，才不逮前。夫才命于气，气禀于志，志立于学者也，此岂一梦之间，他人所得而予乎？穷当益坚，老当益壮，而它人亦可以夺之乎？为此言者，不惟昧先王梦祲之义，亦未知先民志气之学。由是梦笔之事，如王元琳、纪少瑜、李巨山、李太白诸人，史不绝书。而杜子美、欧阳永叔、陈履常，庶几知道者，亦曰"老去才尽"，曰"诗随年老"，曰"才随年尽"，虽深自抑拟，亦习焉言之，不知二汉时犹未有是说也。希元用力于圣贤之学，今既月异岁殊，志随年长。其自今所资益深、所居益广，则息游藏修于是山也，其必谓吾言然矣。睿圣武公年九十五作《抑》之诗曰："相在尔室，尚不愧于屋漏。"呜呼！为学不倦如此，才可尽而文可颓乎？既以复于希元，又以自儆云。

（宋）魏了翁《浦城梦笔山房记》，《鹤山先生大全文集》卷四十九，上海书店出版社1989年版

文之道在于蓄德养道，修辞立诚

古之学者，自孝弟谨信、泛爱亲仁，先立乎其本，迨其有余力也，从事于学文。文云者，亦非若后世哗然后众取宠之文也；游于艺以趣博其

趣，多识前言往行，以蓄其德。本末兼该，内外交养，故言根于有德，而辞所以立诚。先儒所谓"笃其实而艺者书之"，盖非有意于为文也。后之人稍涉文艺，则沾沾自喜，玩心于华藻，以为天下之美尽在于是，而本之则无，终于小技而已矣！然则虽充厨盈几，君子奚贵焉？坐忘居士房君，蜀之儒先生也。读孔孟书，超然有见，谓穷性之道不外乎一心，于是澄思静虑，而求其自得者。

……

呜呼！君之学其亦异乎世俗之学者矣。……其为诗，婉而不媚，达而不肆。心气和平，而无寒苦浅涩之态；其为他文，率典实据正。呜呼！是所谓有本者儒如是而，岂后世末学小技哗众取宠者之云乎！检编太息，因附其说，冀以自儆焉耳。

（宋）魏了翁《坐忘居士房公文集序》，《鹤山先生大全文集》卷五十一，上海书店出版社1989年版

作诗应游心乎道，皆精义妙道

邵子平生之书，其心术之精微，在《皇极经世》其宣寄情意，在《击壤集》，凡立乎吾万皇王帝霸之兴替，春秋冬夏之代谢，阴阳五行之运化，风云月露之霁曀，山川草木之荣悴，惟意所驱，周流贯彻，融液摆落。盖左右逢原，略无毫发凝滞倚著之意。呜呼！真所为风流人豪者欤？

或曰：揆以圣人之中，若弗合也，"天何言哉？四时行焉，百物生焉"。圣人之动静语默，无非至教。虽常以示人，而平易坦明，不若是之多言也。"老者安之，朋友信之，少者怀之"。圣人不心量，直与天地万物上下同流；虽无时不乐，而宽舒和平，不若是之多言也。

曰：是则然矣。宇宙之间，飞潜动植，晦明流峙，夫孰非吾事？若有以察之，参前倚衡，造次颠沛，触处呈露，凡皆精义妙道之发焉者。脱斯须之不在，则芸芸并驱，目夜杂糅，相代乎前，顾于吾何有焉？若邵子使犹得从游舞雩之下，浴沂咏归，毋宁使曾晳独见与于圣人也与？洙泗已矣，秦汉以来，诸儒无此气象，读者当自得之。

（宋）魏了翁《邵氏击壤集序》，《鹤山先生大全文集》卷五十二，上海书店出版社1989年版

先德行后文章

山谷黄公之文，先正钜公称许者众矣，江、浙、闽、蜀间，亦多善

本。令古戎黄侯又欲刻诸郡之墨妙章，以致杯贤尚德之意，而属了翁识之。顾浅陋何敢措词。

昔者幸尝有考于先民之言行，切叹夫世之以诗知公者未也。公年三十有四。上苏长公诗，其志已荦荦不凡。然犹是少作也。迨元祐初，与众贤汇进，博文蓄德，大非前比。元祐中末，涉历忧患，极于绍圣元符以后、流落黔戎，浮湛于荆鄂永宜之间，则阅理益多，落华就实。直造简远。前辈所谓"黔州以后，句法尤高"。虽然，是犹其形见于词章者然也。元祐史笔，守正不阿。迨章、蔡用事，摘所书王介甫事，将以瑕众正而殄焉。公于是有黔权之役。

……

以草木文章，发帝杼机；以花竹和气，验人安乐，虽百岁之相后，犹使人跃跃兴起也。……虽存离阴艰，而行安节和，纯终不庇。呜呼！以其所养若是，设见用于建中靖国之初，将不弭蔡、邓之萌，而销崇观之纷纷乎？是恶可以词人目之也。

国朝以记览词章，哗众取宠，非无丁忧王召之俦，而施诸用则悖。二苏公以词章擅天下，其时如黄、陈、晁、张诸贤，亦皆有闻于时，人熟不曰此词人之杰也。是恶知苏氏以正学直道，周旋于熙、丰、祐、圣间。虽见愠于小人，而亦不苟同于君子。盖视世之富贵利达，曾不足以易其守者，其为可传，将不在兹乎？诸贤亦以是行诸世，皆坐废弃，无所悔恨。其间如后山不予王氏，不见章厚；于邢赵姻娅也，亦未尝假以词色。褚无副衣，匪焕匪安，宁死无辱，则山谷一等人也。张文潜之诗曰："黄郎萧萧日下鹤，陈子峭峭霜中竹。"是其为可传，真在此而不在彼矣。

余惧世之以诗知山谷也，故以余所自得于山谷者，复于黄侯。侯其谓然，则刻诸篇端，以补先儒之偶未及者焉。

（宋）魏了翁《黄太史文集序》，《鹤山先生大全文集》卷五十三，上海书店出版社1989年版

文章本乎情性，关乎世道

欧阳文忠公之诗文，今所谓《居士集》者，六百七十余篇。公之子叔弼以授苏文忠公。公书其篇首曰："欧阳子之学，推韩愈、孟子以达孔氏。其言简而明，信而通。"其乱曰："欧阳子论大道似韩愈，论事似陆贽，记事似司马迁，诗赋似李白。"自是集之行也，家藏而人诵之。有谱

其年行，有类其制诰表章杂著而别为之集者。盖片辞尺牍，无复弃遗矣。

临川裴及卿梦得，尝从故工部尚书何叔异游。何耆公之诗，命及卿为之笺释，久而成编。余亦雅好欧公诗，简易明畅，若出诸肆笔脱口者。今披味裴释，益知公贯融古今，所以蓄德者甚弘，而非及卿博见强志，精思而笃践焉，亦不足以发之也。书成，介其诸舅李公父刘，以属叙于余。

余瞿然曰：欧公之文，而苏公叙之矣，余何所容其喙！余唯窃叹古之士者，惟曰德行道艺，固不以文词为学也。今见之歌谣风雅者，上自公卿大夫，下至里间闺阃，往往后世经生文士专门名世者所不逮。盖礼义之浸渍已久，其发诸威仪文词，皆其既溢之余。是惟无吉，言则本乎情性，关乎世道。后之人自始童习，即以属词绘句为事，然旷日逾年，卒未有以稍出古人之区域。迨乎去本益远，则辨篇章之耦奇，较声韵之中否，商骈俪之工拙，审体制之乖合，自谓穷探力索。然有之固无所益，无之亦无所阙；况于为己之事，了无相关。极于晚唐闰周，以暨我国初，西昆之习滋炽，人亦稍相厌苦之，而未有能易之者。于是不以功利为用世之要学，则托诸佛老为穷理之极功。微欧公倡明古学，裁经术，而元气之会，真儒实才，后先迭出，相与尽扫而空之，则怅怅乎未知攸届也。

（宋）魏了翁《裴梦得注欧阳公诗集序》，《鹤山先生大全文集》卷五十四，上海书店出版社1989年版

再论有德者必有言

人之言曰："尚辞章者乏风骨，尚气节者窘辞令。"某谓不然。辞虽末伎，然根于性，命于气，发于情，止于道，非无本者能之。且孔明之忠忱，元亮之静退，不以文辞自命也。若表若辞，肆笔脱口，无复雕缋之工，人谓可配训诰雅颂，此可强而能哉？唐之辞章，称韩、柳、元、白，而柳不如韩，元不如白，则皆于大节焉观之。苏文忠论近世辞章之浮靡，无如杨大年，而大年以文名，则以其忠清鲠亮，大节可考，不以末伎为文也。眉山自长苏公以辞章自成一家，欧、尹诸公赖之以变文体，后来作者相望，人知苏氏为辞章之宗也，孰知其忠清鲠亮，临死生利害而不易其守？此苏氏之所以为文也。老圃杨公，自盛年射策甲科。直声劲气，响撼当世，有文忠之遗风。

……

呜呼！世衰俗隘，矜利眩才，言语以为毕，富贵以为事，求其脱然声利之表如公者，既不可得。今观公退休以后之文，尤多雍容自得之趣。盖

辞，心声也。易曰："修辞立其诚。"辞非易能，所以立诚也。公所居官，以不欺名堂，自号不欺子，则其为辞之本既在此，是宜发越著见，非浮夸纤丽者可同季语也。后之览者，当于是考德焉。

（宋）魏了翁《杨少逸不欺集序》，《鹤山先生大全文集》卷五十五，上海书店出版社1989年版

知义理之无穷，辞之本立

今之文，古所谓辞也。古者即辞以知心，故即其或惭或枝，或游或屈，而知其疑叛，知其诬善与失守也。即其或诐或淫，或邪或遁，而知其蔽陷，知其离且穷也。盖辞根于气，气命于志，志立于学。气之薄厚，志之小大，学之粹驳，则辞之险易、正邪从之，如声音之通政，如蓍蔡之受命，积中而形外，断断乎不可掩也。四明楼宣献公鑰以名进士发身，三朝大典，多出公手；天下之称记览词章者，未之或先。孰知公之所以反观内省者，匪辞之尚，惟愧之攻。其诗曰："参乎病知免，遂使启足手。宁知起易箦，乃在此段后。"人至于内自攻治，知义理之无穷而毫发之不可愧，则浩乎两间，不忧不惧，而辞之本立矣！

……

昔人谓"昭晰者无疑，优游者有余"。以公之所养若是，则其肆笔脱口之余，公平坦易，明畅渊永，亦理然也。

（宋）魏了翁《攻愧楼宣献公文集序》，《鹤山先生大全文集》卷五十六，上海书店出版社1989年版

文学为太极的衍生物

太极昆仑，动静根焉；元化周流，柔刚分焉。荡推往来，更迭杂糅，日夜相代乎前。无一息之间，而天下之至文生焉。离离乎其相丽也。皇皇乎其旁烛也，秩秩乎其有条不紊，而纤微毕具也。仰而观，俯而察，则日月之晦明。星辰之见伏，山川之融结，草木之罗缕。近取诸身，则君臣、父子、兄弟、夫妇、朋友之间，莫非天命之流行，而人文之昭晰。是故尧、舜、禹、汤、文、武所以化成天下，而圣人所为起"凤鸟"，"河图"之叹，薄乎云尔。

（宋）魏了翁《雅州振文堂记》，《鹤山先生大全文集》卷三十九，上海书店出版社1989年版

文章之善恶，命于气禀之刚柔

阴阳五行，特二气之大分，而经纬错综，气聚而形化，则人物生之。于是乎有刚有柔。即刚柔之偏，于是乎有善有恶。刚之善也，其言直以畅；恶也，其言粗以厉。柔之善也。其言和以舒；恶也，其言暗以弱。是则言也者，命于气禀之刚柔。刚柔既分，厚薄断矣。

（宋）魏了翁《资州省元楼记》，《鹤山先生大全文集》卷四十四，上海书店出版社1989年版

诗文根于理义，以道德为文之本

诗文杂著，率尚体要，不为浮夸，虽世之矜奇炫博者，反若有所弗逮。其片言牍得诸脱口肆笔之余，亦皆根于理义，不徒以渔猎掇拾为工。公之孙某。尝辑其文将以锓诸梓而蜀余序其首。某览未终帙而怃然叹曰：自义理不竞，士学外驰，居则曰"不查知也"。而夷考其事，则丧志于记诵，灭质于文采、务以哗众取宠，而本之则无触事墙面，甚至枉道以求合，尚有能击奸沮邪，如公之所以论曾觌者乎，烛微虑远，如公之所以察吴璘者乎？虽然，亦有之矣，而未易见也。唐之文人。韩柳齐名，而所操异心；元白方驾，而所制殊行。文乎文乎，记诵文采之云乎？读是编者，其内反诸心，以验诸行事之实，当有以自得之。

（宋）魏了翁《黄侍郎定胜堂文集序》，《鹤山先生大全文集》卷五十一，上海书店出版社1989年版

文章宜贯融精粗，造次理道

叹其为诗清而则，论事辨而正，记述赠送之文，贯融精粗，造次理道。大抵内尽己志，外期有益于人，非若世之矜奇炫巧，务以哗众取妍者为之。舍然叹曰：文乎文乎！其根诸气。命于志，成于学乎！性寓于气，为柔为刚，此阴阳之大分也。而刚柔之中有正有偏，威仪文词之分常必由之。昔人所谓昭晰者无疑，优游者有余，其根若是，其发也必不可掩。然而气命于志，志不立则气随之。志成于学，学不讲则志亦安能以立？是故威仪文词，古人所以立诚，定命莫要焉。

（宋）魏了翁《游诚之默斋集序》，《鹤山先生大全文集》卷五十四，上海书店出版社1989年版

情动于中而言以承，诗也

诗之为言，承也。情动于中而言以承之，故曰诗非有一豪造作之工也。而后世顾以纂言比事为能，每字必谨所出，此诗注之所以不可已。姑识其说，以明世道之升降云。

（宋）魏了翁《注黄诗外集序》，《鹤山先生大全文集》卷五十五，上海书店出版社1989年版

古文皆以德盛仁熟流于其间

既溢之余，故虽肆笔脱口，而动中音节，非特歌诗为然也。《礼》辞《易》象，亦莫不然。自《离骚》作，而文辞之士歁。世之以声律为文者，傅会牵合，始与事不相俪，文人才士习焉而不之察也。

（宋）魏了翁《跋胡复半野诗稿》，《鹤山先生大全文集》卷六十二，上海书店出版社1989年版

观乎人文以化成天下

迂叟有言："今人所谓文，古之所谓辞也。"古之所谓文，如柔来刚分，刚上而文柔。盖刚柔交错而成文，则天文也；文明以正，人文也。观乎天文以察时变，观乎人文以化成天下，岂辞章之谓哉！如尧之文思，文王之所以为文，此圣人之文也。下此则"敏而好学，不耻下问"，为孔文子之文。

（宋）魏了翁《师友雅言》，《鹤山先生大全文集》卷六十二，上海书店出版社1989年版

王　柏

王柏（1197—1274），字会之，号鲁斋，婺州金华（今浙江金华）人，他承袭程朱理学的"理一分殊"论，重"分殊"甚于言"理一"；认为圣人之道以书而传，亦以书而晦，因此主张恢复被汉儒所割裂破碎的经学本来面目，强调养气学道促成好文章的形成。著有《鲁斋王文宪公集》。

气亦道也，文章须有正气

"文以气为主"，古有是言也；"文以理为主"，近世儒者尝言之。李汉曰："文者贯道之器。"以一句蔽三百年唐文之宗，而体用倒置不知也。必如周子曰："文者所以载道也。"而后精确不可易。

夫道者，形而上者也；气者，形而下者也。形而上者不可见，必有形而下者为之体焉。故气亦道也。如是之文，始有正气；气虽正也，体各不同；体虽多端，而不害其为正气足矣。盖气不正，不足以传远。学者要当以知道为先，养气为助。道苟明矣，而气不充，不过失之弱耳。道苟不明，气虽壮，亦邪气而已，虚气而已，否则客气而已，不可谓载道之文也。

吁！若蟠浦先生王公之文，亦可谓得其正气者乎。予学也晚，未及识公，而予之族侄偘，少尝师之，为予言公之学颇详。公尝客诸侯于边部，数经抢攘之变，而能相与备御，计画精密，拊定反侧，勇往直前，真当世有用之才。卒不与时偶，归而讲道枌社，莫不向慕，固已起敬日久。一日得公《碧霞》之集，穷日夜而读之。其诗清丽闲雅，其文典核有法度，于蕴藉中得其精实之味，尤恨其不得识公，而相与从事于斯也。又恨其铨次未约，犹以半年之作，杂于其中。贵多不贵精，后世文集之通患，若考其后先，因得其进学之序，亦在乎人善观之而已。某不揆荒浅，有感公之文，而著其正气之说于后云。

（宋）王柏《题碧霞山人王公文集后》《鲁斋王文宪公集》，《金华丛书》，上海古籍出版社2014年版

诗歌情感归于正道，温柔敦厚

古之诗犹今之歌曲也。但雅、颂作于公卿大夫。用于朝会燕享，用于宗庙祭祀，非庶人所敢情。惟《周南召南》，通上下而用之。被之于管弦之中，以约其情性之正，以范其风俗之美。此王化之所由基，非后世之所可及也。其于国风，杂出于小夫贱隶妇人女子之口，以述其闾巷风土之情，善恶纷糅，而圣人亦存之以为世戒，非皆取之以为吟咏之当然，读之者悚然知所羞恶，则圣人之功用远矣。正不必句句绅绎。而字字精研；求其美者玩味通咏之可也。若以为圣人既删之后，列之经籍，而皆不可废，则又何以谓之郑声淫而放绝之乎？今考《桑中》之诗曰："期我乎桑中，

要我乎上宫，送我乎淇之上矣。"其《溱洧》之诗曰："维士与女，伊其相谑，赠之以芍药。"虽荡然无复羞愧悔悟之意，若概之以后世怨月恨花，殢红偎翠之语，艳丽放浪，迷痼沈溺者，又不可同日而语矣！

予尝谓郑卫之音，《二南》之罪人也；后世之乐府，又郑卫之罪人也。凡今词家所称脍炙人口者，则皆导淫之罪魁耳，而可寓之于目乎！然《三百篇》之音调已亡，虽《鹿鸣》，而天下篇腔律具于《仪礼》集传，又非乐工之所能通识。观其章叠句繁，气韵和平，而渊永深穆之意，乃在于一唱三叹之表，孰能审其音以转移其气质，涵泳于义理哉？至于习俗之歌谣、辞俚而韵窒，又无足取。所以学士大夫，尚从事于后世之词调者，既可倚之于弦索，泛之于唇指，宛转萦纡于喉舌之间，忧愤疏畅，思致流动，犹有可以兴起人心故也。

（宋）王柏《雅歌序》《鲁斋王文宪公集》，《金华丛书》，上海古籍出版社2014年版。

文天祥

文天祥（1236—1283），初名云孙，字宋瑞，号浮休道人，吉州庐陵（今江西吉安）人，宋代末年政治家、文学家，抗元名臣，民族英雄。其文论以儒家正统文学观念为旨归，强调立德先于立言，主张作忠信之文。著有《文山先生全集》《指南录》。

以一心容万象，洞悉人物情理，诗道可昌矣

容庵孙先生，早以文学自负。授徒里中，门下受业者，常数十。晚与世不偶，发其情性于诗。今其家集甲乙丙汇为三帙。当先生无恙时，乙。官湖王公介为序，丙。今念斋陈公彬笔也，独甲篇首无所属，太史公将以自序云尔。不幸未就。赍志以殁。后二十二年，先生之子演之，孙应角，出其本命予序，以补其遗。先生之为诗，纵横变化，千态万状，前二公模写极矣。后生小子，于前辈畦径，不能窥也。独尝往来容庵，知先生所以为诗者。今夫山，一卷石之多，及其广大，草木生之，禽兽居之，宝藏兴焉。今夫水，一勺之多，及其不测，鼋鼍蛟龙鱼鳖生焉，货财殖焉。天下之奇观，莫具于山水，山水非有情者，莫之为而为，何哉？传曰："山薮藏疾，江海纳污"，则其所容者众也。先王之庵，介于阛阓，敞二寻高，为楹不逾丈，求其领略江山，收拾风月，则亦无有乎尔。然先生读书，白首不辍，皇王帝霸之迹，圣经贤传之遗，下至百家九流，闾阎委巷，人情物理，纤悉委曲。先生旁搜远绍，盖朝斯夕斯焉。是百世之上，六合之外，无能出于寻丈之间也。以一室容一身，以一心容万象，所为容如此，此诗之所以为诗也。先生名光庭，字懋，局庐陵富川，以诗书世家。今其子惟终，放情讥讽。为诗门再世眷属。其孙懋，于文学方翘翘自厉，发久于持满，流波于既溢，以卒先生为诗之志。诗之道其昌矣乎！予里人也，知先生为诗之故，与其所以积累继述，因发之，以补二序之未及云。

（宋）文天祥《孙容庵甲稿序》，《文山先生全集》卷九，上海书店出版社1989年版

作文虚其心以观天下之善，至理则止矣

杜诗旧本，病于篇章之杂出，诸家注释，人为异同。淦北山子曾季辅，平生嗜好，于少陵最笃，编其诗，仿《文选》体。歌行律绝，各为一门，而纷纷注释，自以意为去取。意之所合，列于本文下方，如东莱诗记例，而总目之曰《少陵句外》。予受而读其凡，盖甚爱之。既录其副，则复慨然曰：世人为书，务出新说，以不蹈袭为高。然天下之能言众矣，出乎千载之上，生乎百世之下，至理则止矣。虚其心以戏天下之善，凡为吾用，皆吾物也。是意也。东莱意也，而北山子得之。观舞剑而悟字法，因解牛而知养生，予受教于北山子矣。

（宋）文天祥《新淦曾季辅杜诗句外序》，《文山先生全集》卷九，上海书店出版社1989年版

立德先于立言，文可德成道尊

赖君成孙伯玉，号竹涧，五云人。自幼已好诗，长而浸癖，有甲乙藁行于人。戊午，出宜春道中，得诗三十，归而裒以附于乙，自是以行为趣。一日，以书抵予曰：某也将溯十八滩，践空同，非子宠兹行，彼之山灵水神未易屈降，赖君之行，殆不苟然。赣之胜处，如爵孤，如八境，如廉泉。如尘外。寺则如慈云天竺，在唐有香山品题，至今墨迹如新。入本朝，东坡山谷之流。交有以发其奇，而长其光价，而东坡踪迹之密，精神之著，又其尤者也。赖君触目为思，开口成句，而骚人墨客之遗，又有以

动其謇謇焉者。虚而往，实而归，此行粹宜春章贡之得，其自足以成丙藁可知也。君之兹役，予何能赞一辞。抑予有请焉。君方盛年，于诗之道，其所造已非他人以一句一字名世者比。以君之资，其当他有所进乎？司马子长足迹几遍天下，后来竟能成就《史记》一部，或议子长所用小于所得。少陵号诗史，或曰"读书破万卷"，止用资得"下笔如有神"耳，颇致不满。韩昌黎因为文章，浸有见于道德之说，前辈讥其倒学，然犹不为徒文，卒得以自附于知道。横渠早年，纵观四方，上书行都，超然有凌厉六合之意。范文正因劝读中庸，遂与二程讲学。异时德成道尊，卓然为一世师表，其视韩公所为，盖益深远矣。今君挑包负笈，将四方上下以求为诗，予也不止望其为前所称骚人墨客者，因诵言诸公之失得如此。君且行矣，归而求之有余师。

（宋）文天祥《送赖伯玉八赣序》，《文山先生全集》卷九，上海书店出版社 1989 年版

修辞立诚，有忠信之行，自然有忠信之文

修辞者，谨饬其辞也。辞之不可以妄发，则谨饬之，故修辞所以立其诚。诚即上面忠信字，居有守之之意。盖一辞之诚，固是忠信。以一辞之妄间之，则吾之业顿隳，而德亦随之矣。故自其一辞之修，以至于无一辞之不修，则守之如一，而无所作辍，乃居业之义。德业如形影，德是存诸中者，业是德之著于外者。上言进，下言修，业之修，所以为德之表也。上言修业，下言修辞，辞之修，即业之恪也。以进德对修业，则修是用力。进是自然之进。以进德对居业，则进是本见其止，居是守之不变。惟其守之不变，所以未见其止也。辞之义有二：发于言则为言辞，发于文则为文辞。子以四教，文则忠信。虽若歧为四者，然文行安有离乎忠信？有忠信之行，自然有忠信之文；能为忠信之文，方是不失忠信之行。子曰："言忠信，行笃敬。"则忠信进德之谓也。言忠信。则修辞立诚之谓也。未有行笃教，而言不忠信者；亦未有言不忠信，而可以语行之笃敬者也。天地间只一个诚字，更颠扑不碎。观德者，只观人之辞，一句诚实，便是一德；句句诚实，便是德进而不可御。人之于其辞也，其可不谨其口之所自出，而苟为之哉！嗟乎，圣学浸远，人伪交作，而言之无稽甚久。诞漫而无当，谓之大言；悠扬而无根，谓之浮言；浸润而肤受，谓之游言；遁天而倍情，谓之放言。此数种人，其言不本于其心，而害于忠信，不足论

也。最是号为能言者，卒与之语，出入乎性命道德之奥，宜若忠信人也，夷考其私，则固有行如狗彘而不掩焉者。而其于文也亦然，滔滔然写出来，无非贯串孔孟，引接伊洛，辞严义正，使人读之，肃容敛衽之不暇。然而外头如此，中心不如此，其实则是脱空诳谩。先儒谓这样无缘做得好人，为其无为善之地也。外面一幅当虽好，里面却踏空，永不足以为善。

（宋）文天祥《西涧书院释菜讲义》，《文山先生全集》卷十一，上海书店出版社1989年版

金　元

　　金代与元代受民族关系的影响，艺术理论较少，新兴的戏曲为消沉的艺术领域增添了一抹光亮，但是艺术伦理思想较之宋代并没有十分明显的差异。金代承继北宋，艺术伦理思想偏于陈旧，没有脱离北宋的窠臼，其艺术伦理思想以王若虚、元好问为主要代表，深受道学家的影响，主张"有道有文，文出于义理之学"。

　　元代艺术伦理思想主要体现在文论与诗论当中，以郝经的文论与袁桷的诗论为代表，郝经从作文到明理，本于文章的根本问题来表达"有德者必有言"的艺术伦理思想，同时，他又从说理到作文，本于养气问题，阐释"文者积理以养气，蕴而为德行"的思想；袁桷反对道学家长期以来对诗的禁锢，反对"理学兴而诗始废"的观点，主张"作诗须性情之正才能合于理正"。

王若虚

王若虚（1174—1243），字从之，号慵夫，元代号滹南遗老，金代文学家。王若虚论文论诗都有独到的见解，文论主张辞达理顺，诗论提倡晓畅自然的风格，主张写"哀乐之真"，反对模拟雕琢，推崇白居易、苏轼的文学理念；他强调"文以意为主"，重视创作者的道德修养和学问见识。著有《滹南遗老集》。

文章以意为主，道之中也

吾舅尝论诗云："文章以意为之主，字语为之役。主强而役弱，则无使不从。世人往往骄其所役，至跋扈难制，甚者反役其主。"可谓深中其病矣。又曰："以巧为巧，其巧不足，巧拙相济。则使人不厌。唯甚巧者，乃能就拙为巧，所谓游戏者，一文一质，道之中也。雕琢太甚，则伤其全。经营过深，则失其本。"又曰："颈联颔联，初无此说，特后人私立名字而已。大抵首二句论事，次二句犹须论事，首二句状景，次二句犹须状景，不能遽止。自然之势，诗之大略，不外此也。其笃实之论哉。"

（金）王若虚《滹南诗话卷一》，《滹南遗老集》卷二十八，中华书局1985年版

哀乐之真，发乎情性，诗之正理

郊寒白俗，诗人类鄙薄之，然郑厚评诗，荆公苏黄辈曾不比数，而云乐天如柳阴春莺，东野如草根秋虫，皆造化中一妙，何哉？哀乐之真，发乎情性，此诗之正理也。

（金）王若虚《滹南诗话卷一》，《滹南遗老集》卷二十八，中华书局1985年版

文章辞达理顺，皆可取之

近岁诸公，以作诗自名者甚众，然往往持论太高，开口辄以《三百篇》、《十九首》为准。六朝而下，渐不满意。至宋人殆不齿矣。此固知本之说。然世间万变，皆与古不同，何独文章而可以一律限之乎？就使后

人所作，可到《三百篇》，亦不肯悉安于是矣。何者，滑稽自喜，出奇巧以相夸，人情固有不能已焉者。宋人之诗，虽大体衰于前古，要亦有以自立，不必尽居其后也。遂鄙薄而不道，不已甚乎？少陵以文章为小技，程氏以诗为闲言语。然则凡辞达理顺，无可瑕疵者，皆在所取可也。其馀优劣，何足多较哉？

（金）王若虚《滹南诗话卷三》《滹南遗老集》，中华书局1985年版

作文在乎理甚昭著

左氏书晋败于邲："军士争舟，舟中之指可掬。"《献帝纪》云："帝渡河不得，渡者皆争攀船，船上人以刃拣断其指，将中之指可掬。"刘子玄称邱明之体，文虽缺略，理甚昭著，不言攀舟，以刃断指，而读者自见其事。予谓此亦太简，意终不完。未若献帝纪之为是也。

（金）王若虚《文辨》，《滹南遗老集》卷三十四，中华书局1985年版

元好问

元好问（1190—1257），字裕之，号遗山，世称遗山先生，太原秀容（今山西忻州）人。金代文学家、历史学家。他主张作诗要有真情，反对矫揉造作；强调诗文要关切社会现实，要言之有义理。著有《遗山先生全集》《中州集》等。

见文章如见其为人

心画心声总失真，文章宁复见为人。高情千古《闲居赋》，争信安仁拜路尘。

（金）元好问《论诗三十首》《遗山先生文集》，国家图书馆出版社2012年版

文须字字作，理义自得出

文章出苦心，谁以苦心为。正有苦心人，举世几人知。工文与工诗，大似国手棋。国手虽漫应，一著存一机。不从著著看，何异管中窥。文须字字作，亦要字字读。咀嚼有余味，百过良未足。功夫到方

圆，言语通眷属。只许旷与夔，闻弦知雅曲。今人诵文字，十行夸一目。阌颠失香臭，瞽视纷红绿。毫厘不相瓶，觌面楚与蜀。莫讶荆山前，时闻刖人哭。

（金）元好问《与张仲杰郎中论文》《遗山先生文集》，国家图书馆出版社2012年版

有道有文，文出于义理之学

唐文三变。至五季衰陋极矣。由五季而为辽宋，由辽宋而为国朝，文之废兴可考也。宋有古文、有词赋、有明经，柳、穆、欧、苏诸人，斩伐俗学，力百而功倍，起天圣迄元祐，而后唐文振。然似是而非，空虚而无用者，又复见于宣政之季矣。辽则以科举为儒学之极致，假贷剽窃、牵合补缀，视五季又下衰。唐文奄奄如败北之气、没世不复，亦无以议为也。国初因辽宋之旧，以词赋经义取士。预此选者，选曹以为贵科荣路所在，人争走之。传注则金陵之余波，声律则刘郑之未光，固已占高爵而钓厚禄。至于经为通儒，文为名家，良未暇也……

若夫不溺于时俗，不泊于利禄，诚然以道德仁义性命祸福之学自任，沉潜乎六经，从容乎百家，幼而壮，壮而老，怡然涣然，之死而后已者，惟我闲闲公一人……

大概公之文出于义理之学，故长于辨析，极所欲言而止，不以绳墨自拘。七言长诗笔势纵放，不拘一律；律诗壮丽；小诗精绝，多以近体为之。至五言则沉欎顿挫似阮嗣宗，真淳古谈似陶渊明。以它文较之，或不近也。字画则有魏晋以来风调，而草书尤惊绝，殆天机所到，非学能至。今宣徽舜卿使河湟，夏人多问公及王子端起居状。朝廷因以公报聘。已而辍不行。其为当时所重如此。公之葬也，孤子似以好问公门下士来速铭。因考公平生而窃有所叹焉。值之传可一人而足，所以弘之则非一人之功也。唐昌黎公，宋欧阳公，身为大儒，系道之废与，亦有皇甫、张、曾、苏诸人辅翼之，而后挟小辨者无异谈。公至诚，乐易与人交。不立崖岸。主盟吾道将四十年，未尝以大名自居。仕五朝，官六卿，自奉如塞士，而不知富贵为何物。生河朔鞍马间，不本于教育，不阶于讲习，绍圣学之绝业，行世俗所背驰之域，乃无一人推尊之。此文章字画，在公为余事，自以徒费日力者，人知贵之而不知贵其道弊。桓谭有言："凡人贱近贵远。亲见扬子云故轻其书。若使更阅，贤善为所称道，其传世无疑。"谭之言

今信矣。然则若公者，其亦有所得乎。

（金）元好问《闲闲公墓铭》，《遗山先生文集》卷十七，国家图书馆出版社2012年版

由心而诚，由诚而言，由言而诗也

贞祐南渡后，诗学大行，初亦未知适从，溪南辛敬之，淄川杨叔能以唐人为指归。敬之旧有声河南，叔能则未有知之者。兴定末，叔能与予会于京师，遂见礼部闲闲公及杨吏部之美，二公见其"幽怀久不写"及《甘罗庙诗》，啧啧称叹，以为今世少见其比。及将往关中，张左相信甫、李右司之纯、冯内翰子骏皆以长诗赠别，闲闲作引，谓其诗学退之"此日足可惜"，颇能似之；至比之金膏水碧，物外自然奇宝，景星丹凤，承平不时见之嘉端。叔能用是名重天下，今三十年，然其客于楚，于汉沔，于燕、赵、魏、齐、鲁之间，行天下四方多矣，而其穷亦极矣。叔能天资淡泊，寡于言笑，俭素自守，诗文似其为人。其穷虽极，其以诗为业者不变也。其以唐人为指归者亦不变也。今年其所撰《小亨集》成，其子复见予镇州，以集引为请。子亦爱唐诗者，唯爱之笃而求之深，故似有所得。尝试妄论之。

诗与文特言语之别称耳。有所记述之谓文，吟味性情之谓诗，其为言语则一也。唐诗所以绝出于三百篇之后者，知本焉尔矣。何谓本？诚是也。古圣贤道德言语，布在方册者老矣，且以"弗虑胡获、弗为胡成"，"无有作好"，"无有作恶"，"朴虽小，天下莫敢臣"较之，与"祈年孔夙，方社不莫"，"敬共明神，宜无悔怒"何异，但篇题句读不同而已。故由心而诚，由诚而言，由言而诗也。三者相为一，情动于中而形于言，言发乎迩而见乎远。同声相应，同气相求，虽小夫贱妇孤臣孽子之感讽，皆可以厚人伦、敦教化，无他道也。故曰不诚无物。夫惟不诚，故言无所主，心口别为二物，物我邈其千里，漠然而往，悠然而来；人之听之，若春风之过马耳，其欲动天地感鬼神难矣。其是之谓本。唐人之诗，其知本乎，何温柔敦厚蔼然仁义之言之多也！幽忧憔悴，寒饥困惫，一寓于诗，而其厄穷而不悯，遗佚而不怨者，故在也。至于伤逸疾恶不平之气。不能自掩，责之愈深，其旨愈婉，怨之愈深，其辞愈缓，优柔餍跃，使人涵冰于先王之泽，情性之外不知有文字。幸矣，学者之得唐人为指归也！

初子学诗，以数十条自警，云：无怨怼，无谑浪，无惊狠，无崖异，

无媕阿，无傅会，无笼络，无炫鬻，无娇饰，无为坚白辨，无为贤圣癫，无为妾妇妒，无为仇敌谤伤，无为聋俗哄传，无为瞽师皮相，无为鲸卒醉横，无为黠儿白捻，无为田舍翁木强，无为法家丑诋，无为牙郎转贩，无为市倡怨恩，无为琵琶娘人魂韵词，无为村夫子《兔园策》，无为算沙僧困义学，无为稠梗治禁词，无为天地一我今古一我，无为薄恶所移，无为端人正士所不道。信斯言也，予诗其庶几乎。惟其守之不固，竟为有志者之所先。今日读所为《小亨集》者，祇以增愧汗耳！

予既以如上为集引，又申之以《种松》之诗，因为复言，归而语乃翁；吾老矣，自为瓠壶之日久矣，非夫子亦何以发予之狂言。

（金）元好问《杨叔能小亨集引》，《遗山先生文集》卷三十六，国家图书馆出版社 2012 年版

文章圣心之正传，可成经纶之业，可作载道之器

德安郑梦开以所编宋君周臣《鸠水集》见示，云宋君以文章名海内久矣。世以不见全集为恨。今欲锓木流布。子厚于宋者，请为题端。某不敏，不足以知诗文正脉。尝试妄论之：文章虽出于真积之力，然非父兄渊源、师友讲习。国家教养能卓然自立者，鲜矣。自隋唐以来。以科举取士。学校养贤，俊途所聚。名卿才大夫为之宗匠，琢磨淬励，日就作新之功。以德言之，则士君子之所为也；以文言之，则鸿儒硕生之所出也；以人物言之，则公卿大臣之所由选也。不必皆鸿儒硕生。公卿大臣，而其材具故在是矣。来君起太行，其经明行修，盖故家遗俗。然且得乡先生李承旨致美、按察使简之宗盟、内翰济川潞倅祐之父子，王孟州大用之所沾丐。太学十年，读书绩文，动为有用之学，使之得时行道。其所成就，顾岂出名卿才大夫之下哉。易代以来，佐东平幕二十年，当贤侯拥慧之敬，不动声气。酬酢台务，皆迎刃而解。有用之学，仆既言之矣。呜呼！文章圣心之正传，达则为经纶之业，穷则为载道之器。顾所遭何如耳。它日人读《鸠水集》，或以文人之文求之，非吾心相科中人也。

（金）元好问《鸠水集引》，《遗山先生文集》卷三十六，国家图书馆出版社 2012 年版

诗皆不烦绳削而自合，非技进于道者能之乎

贞祐南渡后，诗学为感。洛西辛敬之、淄川杨叔能、太原李长源、龙

坊雷伯威、北平王子正之等，不啻十数人，称号专门；就诸人中其死生于诗者，汝海杨飞卿一人而已。李内翰钦叔工篇翰，而飞卿从之游，初得"树古叶黄早，僧闲头白迟"之句，大为钦叔所推激。从是游道日广，而学亦大进，客居东平将二十年。有诗近二千首，号《陶然集》。所赋《青梅》、《瑞莲》、《瓶声》、《雪意》，或多至十余首；其立之之卓。钻之坚，得之难，积之多乃如此。此其所以为贵也欤！

岁庚戌，东平好事者求此集刊布之。飞卿每作诗，必以示予，相去千余里亦以见寄，其所得予亦颇能知之。飞卿于海内诗人，独以予为知己，故以集引见托。

或病吾飞卿追琢功夫太过者。予释之曰：诗之极致，可以动天地，感鬼神，故传之师，本之经，真积之力久而有不能复古者。自"匪我愆期，子无良媒"，"自伯之东，首如飞蓬"，"爱而不见，搔首踟蹰"，"既见复关，载笑载言"之什观之，皆以小夫贱妇满心而发，肆口而成。见取于采诗之官，而圣人删诗亦不敢尽废。后世虽传之师，本之经，真积力久而不能止焉者，何古今难易不相侔之如是耶？盖秦以前。民俗醇厚，去先王之泽未远，质胜则野，故肆口成文，不害为合理。使今世小夫贱妇满心而发，肆口而成，适足以污简牍，尚可辱采诗官之求取耶！故文字以来，诗为难；魏晋以来，复古为难；唐以来。合规矩准绳尤难。

夫因事以陈辞，辞不迫切而意独至，初不为难；后世以不得不难为难耳。古律歌行，篇章操引，吟咏讴谣，词调怨叹，诗之目既广，而诗评诗品诗说诗式亦不可胜读。大概以脱弃凡近，澡雪尘翳，驱驾声势，破碎阵敌，囚锁怪变，轩豁幽秘，笼络今古，移夺造化为工；钝滞僻涩，浅露浮躁，狂纵浮靡，诡诞琐碎，陈腐为病。"毫发无遗恨"，"老去渐于诗律细"，"佳句法如何"，"新诗改罢自长吟"，"语不惊人死不休"，杜少陵语也；"好句似仙堪换骨，陈言如贼莫经心"，薛许昌语也；"乾坤有清气，散入诗人脾，千人万人中，一人两人知"，贯休师语也；"看如寻常最奇崛，成如容易却艰难"，半山翁语也；"诗律伤严近寡恩"，唐子西语也。子西又言："吾于它文不至蹇涩。惟作诗极难苦其，悲吟累日，仅自成篇。初读时未见可羞处，故置之，后数日取读，便觉瑕颣百出；辄复悲吟累日，反复改定，比之前作稍有加焉，后数日复取读，疵病复出。凡如此数四，乃敢示人，然终不能工。"李贺母谓贺必欲呕出心乃已，非过论也。今就子美而下论之，后世果以诗为专门之学，求追配古人，欲不死生于诗，其可已乎！

虽然，方外之学有"为道日损"之说，又有"学至于无学"之说，诗家亦有之。子美夔州以后，乐天香山以后，东坡海南以后。皆不烦绳削而自合，非技进于道者能之乎！持家所以异于方外者，渠辈谈道不在文字，不离文字；诗家圣处不离文字，不在文字。唐贤所为，情性之外不知有文字云耳。

以吾飞卿立之之卓，钻之之坚，得之之难，异时霜降水落，自见涯涘。吾见其泝石楼，历雪堂，问津斜川之上。万虑洗然，深入空寂，荡元气于笔端，寄炒理于言外。彼悠悠者可复以昔之隐几者见待耶！《陶然》后编，请取此序证之，必有以予为不妄许者。重九日遗山真隐序。

（金）元好问《陶然集序》，《遗山先生文集》卷三十七，国家图书馆出版社 2012 年版

刘　祁

刘祁（1203—1250），字京叔，号神川遁士，应州浑源（今山西大同浑源）人，刘祁为金末元初文坛领军人物，对金元文学影响很大，"文名满天下"。刘祁主张批评腐朽衰败的世风，倡导古道师风。著有《归潜志》《北使记》等。

作文取韩柳之辞，程张之理，方尽天下之妙

王郁飞伯。奇士也……为文闳肆奇古，动辄数千百言，法柳柳州。歌诗飘逸，有太白气象。……其小传云：先生名青雄，一名郁，大兴府人。……先生为文一扫积弊，事法古人。……其论为文，以为近代文章，为习俗所蠹，不能遽洗其陋，非有绝世之人。奋然以古作者自任，不能唱起斯文，故尝欲为文，取韩、柳之辞，程、张之理，合而为一，方尽天下之妙。其论诗，以为世人皆如作诗，而未尝有知学诗者，故其诗皆不足观。诗学当自三百篇始，其次离骚、汉魏六朝唐人，过此皆置之不论。盖以尖慢浮杂，无复古体，故先生之诗，必求尽古人之所长，削去后人之所短。其论诗之详皆成书。

（金）刘祁《评王郁》，《归潜志》卷八，崔文印点校，中华书局 1983 年版

诗者，本发其喜怒哀乐之情，致明理

夫诗者，本发其喜怒哀乐之情，如使人读之，无所感动，非诗也。予观后世诗人之诗，皆穷极辞藻，牵引学问，减美矣，然读之不能动人，则亦何贵哉？故尝与亡友王飞伯言："唐以前诗，在诗。至宋则多在长短句。今之诗，在俗间俚曲也，如所谓源土令之类。"飞伯曰："何以知之？"予曰："古人歌诗，皆发其心所欲言，使人诵之，至有泣下者。今人之诗，惟泥题目事实句法，将以新巧取声名，虽得人口称，而动人心者绝少，不若俗谣俚曲之见其真情，而反能荡人血气也。"飞伯以为然。

（金）刘祁《诗论》，《归潜志》卷十，崔文印点校，中华书局1983年版

谢枋得

谢枋得（1226—1289），字君直，号叠山，信州弋阳（江西上饶弋阳）人。其诗文豪迈奇绝，自成一家。谢枋得为文推尊欧阳修、苏轼，他对宋末文风颇表不满，于是以振兴斯文为己任。著有《叠山集》。

诗道与宇宙气数并比，仁理在其中

诗道最大，与宇宙气数相关。人之气成声，声之精为言，言已有音律，言而成文，尤其精者也。凡人一言，皆有吉凶，况诗乎？诗又文之精者也。某辛未年为陈月泉序诗云："五帝三王自立之中国。仁而已矣。中国而不仁，何以异夷狄？理之变，气亦随之。近时文章似六朝，诗又在晚唐下。天地西北凝严之气，其盛于东南乎？"当时朋友皆笑之，言幸而中。此说有证。先人受教章泉先生赵公，涧泉先生韩公，皆中原文献，说诗甚有道。凡人学诗，先将毛诗选精洁者五十篇为祖。次选杜工部诗五言近体、七言古风、五言长篇、五言八句、四句、七言八句、四句八门，类编成一集，只须百首。次于文选中选李陵、苏武以下，至建安、晋、宋五言古诗乐府，编类成一集。次逐陶渊明、韦苏州、陈子昂、柳子厚四家诗，各类编成一集。次选黄山谷、陈后山内家诗，各编类成一集。此二家乃本朝诗祖。次选韩文公、苏东坡二家诗，共编成一集。如此拣选编类到

二千篇，诗人大家数，尽在其中。又于洪迈编晚唐五百家、王荆公家次通选唐诗内拣七言四句唐律，编类成一集。则盛唐、晚唐七言四句之妙者皆无遗矣。人能如此用工，时一吟咏，不出三年。诗道可以横行天下。天下之言诗者，无敢纵矣。某旧日选毛诗、陶诗、韦诗、后山诗，为劫火所焚。今欲编类，无借书之地。江仲龙有刘果斋火前杜诗颇存，某曾为校正。今为阮二道士所执矣。执事若有意，谩借李、杜、陶、韦、黄、陈，文选诗，随得一种便发来，当为拣择，必有一得，可以备风骚坛下奔走之末。某今在书访借得庵宇，甚清幽，秋冬无他往，尚可来听教。有怀如海，当与握手精谈也。

（元）谢枋得《与刘秀岩论诗书》，《谢叠山集》卷一，中华书局1985年版

作诗之道在于儒家之伦理道德

世由道升降。有道如苏文忠公，竟为世所屈。始照宁，讫靖康，权炉销铄，势浪摧压，身后难未歇也。道无损，世变何忍言。淳熙天子尊先猷以劝臣节，海内家有眉山书矣。其文如灵凤祥麟，不必圣人然后识。屡以诗得祸，儒者疑焉。同志以诗鸣，于其言无不敬信，独不与其诗。异哉！温凉寒暑，有神气而无形迹，风人之诗也。宇宙不多见，独不闻宣王、幽厉之雅乎？周人之免祸者幸，公之得祸者不幸也。诗固未易作。识诗亦未易也。帝张咸池于洞庭，鸟高飞，鱼深潜，渝歌郢曲，童儿妇女，拊掌雀跃矣。光岳全气，震为大音，洞古游今，斯人几见。唐人诵杜子美诗，必怜其忠。公之诗独不可怜乎？公大节细行，如秋月脱云，寒潭见底，惜其道与程正公不同。党祸自此起，贤者不相知，果不可谓之命欤？抑亦可谓之命欤？为川、洛学者，两怒交毁，自陷其师。我思圣贤，以作汝民极相勉，一念偏党，人心无所归会矣。民极将谁望耶？小人剥君子，女真陷中原，二公亦不虞祸至此极也已。公之道岂易及哉！元丰甲子，自黄移汝，有词别交游，功名富贵之念澹然矣。郡再火于秋季仲，览得其碧绢书者，屡流落衢途，皆儒家收之。

（元）谢枋得《重刊苏文忠公诗序》，《谢叠山集》卷二，中华书局1985年版

熊 禾

熊禾（1247—1312），字位辛，号勿轩，晚号退斋，建阳崇泰里（今福建南平）人，元代理学家、教育家。熊禾以继朱子学为己任，苦心收集资料。他以毕生精力研究儒家经典，积极倡导道德实践，主张"达用"之学，强调诗文创作要以儒家经史典籍为范本，创作具有儒学义理的艺术作品。著有《勿轩集》。

作文，先立身行世，辞艺次之

古之君子，立身行世，节行为上，辞艺次之。胸中有所蕴抱，非假是不能自达，故可以见情，不可以溺志。诗其一也。古三百篇，上自朝廷，下至委巷、性情之所发，礼义之所止，千载而下，诵其诗，知其人。灵均之骚，靖节子美之诗，孤愤忧切，皆自肺肝流出，故可传。不然，则虽呕心冥思，极其雕镂，泯泯何益。近代诗人，格力微弱，骎晚唐五季之风，虽谓之无诗可也。童君敬仲，气谊节概人也。所居在江闽之间，壮年有经纶志，知时不可为，则退而居乡善俗。其急难好义，屹然为一乡保障，衣冠善类多归焉。平居潇然闲适，筑室万竹间，咏诗读书，无复一毫羡慕其外之意。君之树立卓卓如此，固不求以诗名也。君诗曰："闲从理乱觇风教，每到急难知世情。"君之心事盖如此。又曰："故国有乔木，好山多子规。"忠爱恳切之情至矣。余之所以惓惓于君，先节义、次辞艺者，夫岂徒哉！

（元）熊禾《题童竹涧诗集序》，《熊勿轩先生文集》卷一，中华书局1985年版

山水诗须体会其中之道，文道合一

此淳熙乙巳，文公先生与休斋公诸贤，游山唱酬集也。前三十年绍兴丙子，文公尝游九日山。与竹隐傅公汎舟金溪，剧饮尽欢，歌楚辞，其音激烈悲壮，夷考其一时。先生之志，其孰能测之。今集中《九日》《怀古》等作，乃其再至也。余尝同钓矶丘君，历览遗迹，则怀古犹存。尝语寺僧以先生前后游山诗，刻置堂中，并绘为图，使后之登览者，想见一时风猷之懿。而寺无好事者，徒有感慨系之。因思宇宙间，无一物非道，

则亦无一处非可乐。泰山之登，沂水之浴，夫子岂好游者？要其胸中自有乐地，故随其所寓，自然景与心会，趣与理融，无所不自适也。见儿童诵东坡前后《赤壁赋》，但觉有荡心悦目之趣，而不能自已。夫水月之喻，岂不自以为至而莫悟其非。元裳缟衣之梦，亦竟何所归宿。要之此等语见，盖自陶、谢、王、柳以来，诸人所作，卑者流连光景，直徇目前；高者怡旷神情，傲睨物表。千人一律，如是而已。视文公庐山纪行，南岳唱和，与夫云谷武夷杂咏，竟何如哉！嗟夫，汉唐诸儒不见道，其不识此乐，亦宜也。绍兴丙子，距今凡三阅甲历，企典刑之无存，睹风景其如在，独无慨然于其心者乎？余来清源，与君四世孙与义，过从甚稔，与义学明行修，克世羊业，与余有再游之约而未克，遂敬题集末，以识高山景行之思也云尔。

（元）熊禾《跋文公再游九日山诗卷》，《熊勿轩先生文集》卷一，中华书局1985年版

家铉翁

家铉翁（约1213—1297），号则堂，眉州（四川眉山）人。他设坛讲学，为弟子讲授《春秋》，讲授宋朝兴亡史事。在诗文方面，他主张本于诗序，以仁义之道为准则，探寻孔颜乐处。著有《则堂集》六卷。

观其辞之洋溢畅达，而知其气之充周

昔日读诗，深有味于诗序"在心为志"之旨。以为在心之志，乃喜怒哀乐欲发而未发之端，事虽未形，几则已动，圣贤学问，每致谨乎此，故曰："在心为志。"若夫动而见于言，形而见于事，则志之发见于外者。非所谓在心之志也。是以夫子他日语门弟子曰："诗三百，一言以蔽之，曰：思无邪。"无邪之思，在心之志皆端本于未发之际，存诚于几微之间。迨夫情动而言形，为雅为颂，为风为赋，为比为兴，皆思之所发，志之所存，心之精神实在于是，非外袭而取之也。序诗者即心而言志，志其诗之源乎？本志而言情，情其诗之派乎？自心而志，由情而诗，有本而末，不汨不迁，盖门人高弟亲得之圣师而述之于序，非后儒所能到也。……诗人之诗所以嗟叹咏歌，不知手之舞，足之蹈，亦由气统乎志，

喜怒哀乐，发而皆中节，非由外也。是故善观诗者，观其辞之洋溢畅达，而知其气之充周；观其辞之雅正温纯，而知其气之安定；观其乐而不淫，哀而不伤，怨而不怒，而知其气之循轨而有节。由学问操存，有以主乎其内也。诗序、孟子，其相为发明欤？

（元）家铉翁《志堂说》，《则堂集》卷三，商务印书馆1935年版

郝　经

郝经（1223—1275），字伯常，泽州陵川（今山西晋城）人，元代著名大儒。金朝灭亡后，迁居河北，开设讲学，学习并传授程朱理学。在思想上，郝经推崇理学，希望在蒙古人汉化过程中，以儒家思想来引导他们。建立儒家仁义之道与修齐治平的家国治理思想；他精通字画，著述颇丰。著有《陵川集》。

道非文不著，文非道不生

昊天有至文，圣人有大经，所以昭示道奥，发挥神蕴，经纬天地，润色皇度，立我人极者也。……道非文不著，文非道不生。自有天地，即有斯文，所以为道之用而经因之以立也。……故斯文之大成，大经之垂世，名教之立极，仲尼之力也；斯文之益大，名教之不亡，异端之不害，众贤之功也。自源徂流以求斯文之本，必自大经始；溯源求源，以征斯文之迹，众贤之书不可废也。

（元）郝经《原古录序》，《陵川集》卷二十九，山西古籍出版社2006年版

夫理，文之本也；法，文之末也

夫理，文之本也；法，文之末也。有理则有法矣，未有无理而有法者也。《六经》理之极，文之至，法少备也。故《易》有阳阳奇耦之理，然后有卦画爻象之法；《书》有道德仁义之理，而后有典谟训诰之法；《诗》有性情教化之理，而后有风赋比兴之法；《春秋》有是非邪正之理，而后有褒贬笔削之法；《礼》有卑高上下之理，然后有隆杀度数之法；《乐》有清浊盛衰之理，而后有律吕舒缀之法；始皆法在文中，文在理中，圣人

制作裁成，然后为大法，使天下万世知理之所在而用之也。自孔、孟氏没，理浸废，文浸彰，法浸多，于是左氏释经而有传注之法，庄、荀著书而有辩论之法，屈、宋尚辞而有骚赋之法，马迁作史而有序事之法，自贾谊、董仲舒、刘向、扬雄、班固至韩、柳、欧、苏氏作为文章，而有文章之法，皆以理为辞，而文法自具。篇篇有法，句句有法，字字有法，所以为百世之师也。故今之为文者，不必求人之法以为法，明夫理而已矣。精穷天下之理，而造化在我，以是理，为是辞，作是文，成是法，皆自我作。……用法亦不可胜用，我亦古之作者，亦可为百世师矣。岂规规孑孑求人之法，而后为之乎？

（元）郝经《答友人论文法书》《陵川集》，山西古籍出版社2006年版

文者积理以养气，蕴而为德行

身不离于衽席之上，而游于六合之外，生乎千古之下，而游于千古之上，岂区区于足迹之余，观览之末者所能也。持心御气，明正精一，游于内而不滞于内，应于外而不逐于外；常止而行，常动而静，常诚而不妄，常和而不谄；如止本，众止不能易；如明镜，众形不能逃；如平衡之权，轻重在我，无偏无倚，无污无滞，无挠无荡；每寓于物而游焉。于经也……既周流而历览之……而后易志赜精而游乎史。……既游矣，既得矣，而后洗心斋戒，退藏于密。视当其可者，时时而出之，可以动则动，可以止则止，可以久则久，可以速则速，蕴而为德行，行而为事业，固不以文辞而已也。如是则吾之卓尔之道，浩然之气，巍乎与天地一，固不待于山川之助也。

（元）郝经《内游》，《陵川集》卷二十，山西古籍出版社2006年版

袁　桷

袁桷（1266—1327），字伯长，号清容居士，庆元鄞县（今属浙江）人。主张读书要力避"博而寡要""劳而无成""好学为文未能蓄其本"；提倡为学用志要一，用力要专，精于一艺；强调"义理"与"文章"皆重。著有《清容集》。

言为心声，诗章至于理尽

大裘无文，良玉不琢，质至美而无可拣择也。言为心声，而诗章之衍溢，则又若必事于模范，论至于理尽。所谓模范者，特余事耳。

（元）袁桷《题刘明叟诗卷》，《清容集》卷五十，浙江古籍出版社2015年版

理学兴而诗始废

至理学兴而诗始废，大率皆以模写宛曲为非道。夫明于理者犹足以发先王之底蕴，其不明理则错冗猥俚散焉不能以成章，而诿曰："吾唯理是言。"诗实病焉。今夫途歌巷语，风见之矣。至于二雅，公卿大夫之言，缜而有度，曲而不倨，将尽夫万物之藻丽，以极其形容赞美之盛。若是者，非夸且诬也。

（元）袁桷《乐侍郎诗集序》，《清容集》卷二十一，浙江古籍出版社2015年版

以道德性命为宗，其发为声诗

自西昆体盛，襞积组错，梅、欧诸公发为自然之声，穷极幽隐，而诗有三宗焉。夫律正不拘，语腴意赡者，为临川之宗。气盛而力夸，穷抉变化，浩浩焉沧海之夹碣石也，为眉山之宗。神清骨爽，声振金石，有穿云裂竹之势，为江西之宗。二宗为盛，惟临川莫有继者，于是唐声绝矣。至乾、淳间，诸老以道德性命为宗，其发为声诗，不过若释氏辈条达明朗，而眉山、江西之宗亦绝。永嘉叶正则始取徐、翁、赵氏为四灵，而唐声渐复。至于末造，号为诗人者，极凄切于风云花月之摹写，力屠气消，规规晚唐之音调，而三宗泯然无余矣。夫粹书以为诗，非诗之正也，谓舍书而能名诗者又诗之靡也。

（元）袁桷《书汤西楼诗后》，《清容集》卷四十八，浙江古籍出版社2015年版

刘将孙

刘将孙（1257—卒年不详），字尚友，庐陵（今江西吉安）人。刘将孙综

合了其父刘辰翁与欧阳守道的学说，主张文道合一，试图解决宋人将文道分裂的弊端，提出"义理融为文章，而学问措之事业"。著有《养吾斋集》。

文以理为主，以气为辅

文以气为主，非主于气也；乃其中有所主，则其气造然流动，充满而无不达，遂若气为之主耳。……辄欲更之曰：文以理为主，以气为辅。

（元）刘将孙《谭村西诗文序》，《养吾斋集》卷十，商务印书馆1935年版

文章不全在重理，还在于文法

一言而可以尽文之妙者，焕而已。夫子虽以此形容尧之盛，而非特为尧言之也，乃言文章之道当如此也。非夫子亦莫能表而出之也。夫子未尝言文，子贡虽以为可得而闻，而亦不能得之于言。夫子于此乎语之，而文之道可睹已。繁星丽天，天之文也！草木华叶，地之文也。文未有不焕，其焕者必不可掩者也。焕之为义，所在而见之，无所往而不有，而亦无所见而不新也。

（元）刘将孙《萧焕有字说》，《养吾斋集》卷二十四，商务印书馆1935年版

时文之精，即古文之理

文字无二法，自韩退之创为古文之名，而后之谈文者必以经、赋、论、策为时文，碑、铭、叙、题、赞、箴、颂为古文。不知辞达而已，时文之精，即古文之理也。予尝持一论云：能时文未有不能古文。能古文而不能时文者有矣，未有能时文为古文而有余憾者也。如韩、柳、欧、苏皆以时文擅名，及其为古文也，如取之固有。韩《颜子论》、苏《刑赏论》，古文何以加之。……每见皇甫湜、樊宗师，尹师鲁、穆伯长，诸家之作，宁无奇字妙语，幽情苦思，所为不得与大家作者并，时文有不及焉故也。时文起伏、高下、先后变化之不知所以，宜腴而约，方畅而涩，可引而信之者乃隐而不发，不必舒而长之者乃推之而极。若究极而论，亦本无所谓古文，虽退之，政未免时文耳。由此直之，必有悟于文之趣，而后能不以愚言为疑也。

（元）刘将孙《题曾同父文后》，《养吾斋集》卷二十五，商务印书馆1935年版

杨维桢

杨维桢（1296—1370），字廉夫，号铁崖，晚年自号抱遗老人，绍兴路诸暨州枫桥全堂（今浙江诸暨）人，元代诗人、文学家、书画家。杨维桢认为诗、书、画都表达人的情性、心声，书画的品格因人而异。著有《东维子文集》《铁崖先生古乐府》。

诗本于情性，在于和平中正

或问：诗可学乎？曰：诗不可以学为也。诗本情性，有性此有情，有情此有诗也。上而言之，雅诗情纯，风诗情杂；下而言之，屈诗情骚，陶诗情靖，李诗情逸，杜诗情厚。诗之状未有不依情而出也。虽然，不可学。诗之所出者，不可以无学也。声和平中正必由于情，情和平中正或失于性，则学问之功得矣。

（元）杨维桢《东维子文集·剡韶诗序》，商务印书馆1929年版

评诗之品无异人品也

评诗之品无异人品也。人有面目骨骼，有情性神气；诗之丑好高下亦然。风、雅而降为《骚》，而降为"十九首"，"十九首"而降为陶、杜，为二李，其情性不野，神气不群，故其骨骼不庳，面目不鄙。嘻，此诗之品，在后无尚也。下是为齐、梁，为晚唐、季宋，其面目日鄙，骨骼日庳，其情性神气可知也。嘻！学诗于晚唐、季宋之后，而欲上下陶、杜、二李以薄乎《骚》《雅》，亦落落乎其难哉！然诗之情性神气，古今无间也。得古之情性神气，则古之诗在也。然而面目未识，而得其骨骼，妄矣。骨骼未得，而谓得其情性，妄矣。情性未得，而谓得其神气，益妄矣。

（元）杨维桢《赵氏诗录序》，《东维子文集》卷七，商务印书馆1929年版

本书获国家社科基金艺术学重大项目"中华传统艺术的当代传承研究"(项目编号:19ZD01)资助

中国古典艺术伦理学资料汇编
（三）

梁晓萍 ◎ 编

中国社会科学出版社

本册目录

明　代 ··· （785）

宋　濂 ··· （786）

刘　基 ··· （792）

贝　琼 ··· （793）

王　祎 ··· （794）

曾　鼎 ··· （796）

桂彦良 ··· （796）

苏伯衡 ··· （797）

王　履 ··· （797）

高　启 ··· （798）

朱　同 ··· （799）

练子宁 ··· （799）

高　棅 ··· （800）

方孝孺 ··· （801）

杨士奇 ··· （803）

黄　淮 ··· （804）

陈敬宗 ··· （805）

朱　权 ··· （805）

朱有燉 ··· （807）

彭　时 ··· （807）

曹　安 ··· （808）

陈献章 ··· （809）

吴　宽 ··· （810）

程敏政 ··· （812）

李东阳	(812)
王鏊	(814)
杨循吉	(816)
都穆	(816)
祝允明	(816)
文征明	(817)
王阳明	(818)
李梦阳	(822)
汪芝	(825)
徐祯卿	(825)
何景明	(827)
安磐	(828)
俞弁	(829)
杨慎	(829)
胡侍	(830)
谢榛	(831)
王畿	(834)
李开先	(835)
王文禄	(837)
朱厚熿	(838)
何良俊	(839)
费瀛	(841)
唐顺之	(842)
归有光	(844)
王慎中	(845)
茅坤	(847)
李攀龙	(848)
徐师曾	(849)
杨表正	(849)
徐渭	(850)
张佳胤	(852)
王世贞	(852)

李　贽 …………………………………………（853）

张凤翼 …………………………………………（857）

艾　穆 …………………………………………（857）

袁　黄 …………………………………………（858）

吕　坤 …………………………………………（859）

焦　竑 …………………………………………（863）

王骥德 …………………………………………（864）

汤有光 …………………………………………（865）

周之标 …………………………………………（865）

紫柏真可 ………………………………………（867）

屠　隆 …………………………………………（867）

憨山德清 ………………………………………（870）

李维桢 …………………………………………（870）

项　穆 …………………………………………（871）

汤显祖 …………………………………………（876）

赵南星 …………………………………………（877）

胡应麟 …………………………………………（878）

江盈科 …………………………………………（879）

董其昌 …………………………………………（880）

范允临 …………………………………………（881）

袁宗道 …………………………………………（882）

庄元臣 …………………………………………（883）

陶望龄 …………………………………………（884）

许学夷 …………………………………………（885）

顾起元 …………………………………………（887）

李日华 …………………………………………（888）

汪廷讷 …………………………………………（890）

袁宏道 …………………………………………（890）

恽　向 …………………………………………（891）

袁中道 …………………………………………（892）

杨士修 …………………………………………（893）

高　濂 …………………………………………（894）

钟　惺	(895)
冯梦龙	(896)
唐志契	(897)
凌濛初	(898)
顾凝远	(899)
陈仁锡	(899)
徐上瀛	(899)
艾南英	(903)
谭友夏	(904)
张　琦	(904)
陆时雍	(905)
吴应箕	(906)
祁彪佳	(907)
彭　宾	(907)
陈子龙	(908)
陈　瑚	(909)
邓云霄	(910)
汤传楹	(910)
王　彝	(911)
蔡　羽	(911)
吴从先	(912)
冷　谦	(913)
蒋大器	(914)
汤临初	(915)
黄龙山	(916)
徐树丕	(916)
沈　襄	(916)
黄子肃	(917)
刘仕义	(917)
张蔚然	(918)
祝廷心	(918)
黄　漳	(919)

刘　风 …………………………………………（919）
周立勋 …………………………………………（920）
王梦简 …………………………………………（920）
徐　沁 …………………………………………（921）
无碍居士 ………………………………………（921）
无名氏 …………………………………………（922）
无名氏 …………………………………………（922）

清　代 ……………………………………（924）

钱谦益 …………………………………………（925）
邹式金 …………………………………………（927）
贺贻孙 …………………………………………（928）
金圣叹 …………………………………………（929）
黄宗羲 …………………………………………（935）
李　渔 …………………………………………（941）
吴　乔 …………………………………………（954）
黄周星 …………………………………………（954）
周亮工 …………………………………………（955）
徐　增 …………………………………………（956）
高　珩 …………………………………………（957）
顾炎武 …………………………………………（958）
归　庄 …………………………………………（961）
陈　忱 …………………………………………（962）
尤　侗 …………………………………………（963）
王夫之 …………………………………………（964）
魏　禧 …………………………………………（982）
叶　燮 …………………………………………（984）
朱彝尊 …………………………………………（996）
王士禛 …………………………………………（997）
宋　荦 …………………………………………（999）
邵长蘅 …………………………………………（1000）
石　涛 …………………………………………（1000）
廖　燕 …………………………………………（1004）

孔尚任	(1004)
费锡璜	(1007)
何世璂	(1008)
张竹坡	(1008)
沈德潜	(1012)
薛　雪	(1014)
李重华	(1014)
邹一桂	(1015)
程廷祚	(1017)
黄子云	(1019)
郑板桥	(1020)
徐大椿	(1021)
刘大櫆	(1022)
吴敬梓	(1023)
袁守定	(1024)
汪师韩	(1025)
爱新觉罗·弘历	(1026)
曹雪芹	(1026)
袁　枚	(1027)
戴　震	(1033)
纪　昀	(1058)
钱大昕	(1060)
姚　鼐	(1061)
翁方纲	(1063)
李调元	(1064)
沈宗骞	(1065)
章学诚	(1067)
崔　述	(1075)
恽　敬	(1076)
张惠言	(1077)
焦　循	(1078)
李黼平	(1079)

方东树	(1079)
包世臣	(1081)
潘德舆	(1081)
梅曾亮	(1082)
魏　源	(1083)
梁廷楠	(1083)
何绍基	(1084)
丁　佩	(1086)
曾国藩	(1087)
刘熙载	(1088)
谢章铤	(1090)
邓　绎	(1091)
王闿运	(1091)
杨恩寿	(1092)
朱庭珍	(1093)
林　纾	(1094)
严　复	(1095)
康有为	(1096)
蔡元培	(1097)
梁启超	(1097)
王国维	(1098)
吴　梅	(1103)
姚　光	(1104)
沈云龙	(1104)
朱一玄	(1105)
吴雷发	(1106)
后　记	(1109)

明　代

　　明代是一个思想上得到极大解放的朝代。这一时期新兴的商品经济发展，市民阶层出现，对外交流增多，社会生活全面繁荣，思想文化迸发出新的活力。明代艺术伦理思想主要有如下内容：其一，肯定艺术作品与作者的经历、情感息息相关。谢榛"景乃诗之媒，情乃诗之胚"，苏伯衡"诗之作，在言其志"，王文禄"有是志，则有是诗"的思想即是典型代表。其二，强调艺术作品应本乎人之性情，抒发真情实感。如李贽力倡"童心"，汤显祖崇尚真"情"，袁氏兄弟时时心于"性"。其三，指出艺术作品与作者的道德修养休戚相关。宋濂"为文必在养气"、袁宗道"士先器识而后文艺"与徐祯卿"人士品殊，艺随迁易"的思想可谓突出代表。其四，主张艺术作品应阐发道理，起教化作用。代表性观点有宋濂的"立言不能正民极、经国制、树彝伦、建大义者，皆不足谓之文也"、王阳明的"艺者，义也，理之所宣者也"、俞弁的"诗美教化，敦风俗，示劝戒，然后足以为诗"等。值得一提的是，明代是一个重情重性的朝代，在纷繁复杂的艺术伦理思想中，以艺术抒写真性情为其主论调。

宋　濂

宋濂（1310—1381），初名寿，字景濂，号潜溪，别号龙门子、玄真遁叟等，汉族。祖籍金华潜溪（今浙江义乌），后迁居金华浦江（今浙江浦江）。元末明初著名政治家、文学家、史学家、思想家，与高启、刘基并称为"明初诗文三大家"，被明太祖朱元璋誉为"开国文臣之首"，学者称其为太史公、宋龙门。其散文或质朴简洁，或雍容典雅，各有特色。他推崇台阁文学，强调作家当养气，文明立德。其作多被合刻为《宋学士全集》七十五卷。

感事触物，必形于言

诗者，发乎情而止乎礼义也，感事触物，必形于言，有不能自已也。

（明）宋濂《刘母贤行诗集序》，黄灵庚编辑校点《宋濂全集》，人民文学出版社2014年版

物有所触，心有所向，则沛然发之于文

及夫物有所触，心有所向，则沛然发之于文。

（明）宋濂《叶夷仲文集序》，黄灵庚编辑校点《宋濂全集》，人民文学出版社2014年版

风、雅、颂者，因事感触而成

诗乃吟咏性情之具，而所谓风、雅、颂者，皆出于吾之一心，特因事感触而成，非智力之所能增损也。

（明）宋濂《答章秀才论诗书》，黄灵庚编辑校点《宋濂全集》，人民文学出版社2014年版

不得已而形于言

古之立言者，岂得已哉？设使道行于当时，功被于生民，虽无言可也。其负经济之才而弗克有所施，不得已而形于言，庶几后之人或行之，亦不翅亲展其学，可以汲汲遑遑弗忍释者，其志盖如是而已。奈何近代多

藉哗世取宠之具，褒扬于赠饯之夫，献谀于泉下之鬼，组织绮丽，张浮驾诞，以为能举世安之，曾无有非之者。予不知古之立言者，还果如斯否乎？

（明）宋濂《守斋类稿序》，黄灵庚编辑校点《宋濂全集》，人民文学出版社2014年版

人能养气，则情深而文明，气盛而化神

人能养气，则情深而文明，气盛而化神，当与天地同功也。

（明）宋濂《文原》，黄灵庚编辑校点《宋濂全集》，人民文学出版社2014年版

大抵为文者，欲其辞达而道明耳

大抵为文者，欲其辞达而道明耳，吾道既明，何问其余哉？虽然，道未易明也，必能知言养气，始为得之。

（明）宋濂《文原》，黄灵庚编辑校点《宋濂全集》，人民文学出版社2014年版

气充，欲其文之不昌，不可遏也

圣贤非不学也，学其大，不学其细也。穷乎天地之际，察乎阴阳之妙，远求乎千载之上，广索乎四海之内，无不知矣，无不尽矣。而不止乎此也，及之于身以观其诚，养之于心而欲其明，参之于气而致其平，推之为道而验其恒，蓄之为德而俟其成。德果成矣，道果至矣，视于其身，俨乎其有威，煜乎其有仪，左礼而右乐，圆规而方矩，皆文也。听乎其言，温恭而不卑，皎厉而不亢。大纲而纤目，中律而成章，亦皆文也。察乎其政，其政莫非文也；微乎其家，其家莫非文也。夫如是，又从而文之，虽不求其文，文其可掩乎？此圣贤之文，所以法则乎天下，而教行乎后世也。

圣贤与我无异也，圣贤之文若彼，而我之文若是，岂我心之不若乎？气之不若乎？否也，特心与气失其养耳。圣贤之心，浸灌乎道德，涵泳乎仁义，道德仁义积而气因以充，气充，欲其文之不昌，不可遏也。

（明）宋濂《文说赠王生黼》，黄灵庚编辑校点《宋濂全集》，人民文学出版社2014年版

文之为用，其亦溥博矣乎

传有之："三代无文人，六经无文法。"无文人者，动作威仪，人皆成文；无文法者，物理即文，而非法之可拘也。秦汉以下，则大异于斯，求文于竹帛之间，而文之功用隐矣。虽然，此以文之至者言之尔。文之为用，其亦溥博矣乎！何以见之？施之于朝廷，则有诏、诰、册、祝之文；行之师旅，则有露布、符、檄之文；托之国史，则有记、表、志、传之文。他如序、记、铭、箴、赞、颂、歌、吟之属，发之于性情，接之于事物，随其洪纤，称其美恶，察其伦品之详，尽其弥纶之变。如此者，要不可一日无也。然亦岂易致哉！必也本之于至静之中，参之于欲动之际。有弗养焉，养之无弗充也；有弗审焉，审之无不精也。然后严体裁之正，调律吕之和，合阴阳之化，摄古今之事，类人己之情，著之篇翰，辞旨皆无所畔背，虽未造于至文之域，而不愧于适用之文矣。

（明）宋濂《曾助教文集序》，黄灵庚编辑校点《宋濂全集》，人民文学出版社 2014 年版

诗必有忠信近道之质蕴，优柔不迫之思

诗之为学，自古难言。必有忠信近道之质蕴，优柔不迫之思，形主文谲谏之言，将以洗濯其襟灵，发挥其文藻，扬厉其体裁，低昂其音节，使读者鼓舞而有得，闻者感发而知劝，此岂细故也哉？

（明）宋濂《清啸后稿序》，黄灵庚编辑校点《宋濂全集》，人民文学出版社 2014 年版

身之不修，而欲修其辞；心之不和，而欲和其声，决不可致矣

文者果何由而发乎？发乎心也。心乌在？主乎身也。身之不修，而欲修其辞；心之不和，而欲和其声，是犹击破缶而求合乎宫商，吹折苇而冀同乎有虞氏之箫韶也，决不可致矣。

（明）宋濂《文说赠王生黼》，黄灵庚编辑校点《宋濂全集》，人民文学出版社 2014 年版

其文之明，由其德之立

文非学者之所急，昔之圣贤初不暇于学文。措之于身心，见之于事

业，秩然而不紊，粲然而可观者，即所谓文也。其文之明，由其德之立；其德之立，宏深而正大，则其见于言自然光明而俊伟。

（明）宋濂《赠梁建中序》，黄灵庚编辑校点《宋濂全集》，人民文学出版社2014年版

有德者必有言

经曰：有德者必有言。此其故何哉？盖和顺积于中，英华发于外，譬若水怀珠而川媚，石韫玉而山辉，其理固应尔也。不然则其本不立。其本不立，潢污行潦，朝满而夕除，风枝露蕙，西折而东萎，欲以示悠远于人，抑亦难哉！

（明）宋濂《王君子与文集序》，黄灵庚编辑校点《宋濂全集》，人民文学出版社2014年版

立言不能正民极、经国制、树彝伦、建大义者，皆不足谓之文也

文岂易言哉？自有生民以来，涉世非不远也，历年非不久也，能言之士非不伙且众也。以今观之，照耀如日月，流行如风霆，卷舒如云霞，惟群圣人之文则然。列峙如山岳，流布如江河，发越如草木，亦惟群圣人之文则然。而诸子百家之文，固无与焉。故濂谓：立言不能正民极、经国制、树彝伦、建大义者，皆不足谓之文也。士无志于古则已，有志于古，舍群圣人之文，何以法焉？

（明）宋濂《华川书舍记》，《王忠文公集》卷二十五附录，据清嘉庆己巳重刊本

圣贤之道充乎中，著乎外，不求其成文而文生焉者也

明道之谓文，立教之谓文，可以辅俗化民之谓文。斯文也，果谁之文也？圣贤之文也。非圣贤之文也。圣贤之道充乎中，著乎外，不求其成文而文生焉者也。不求其成文而文生焉者，文之至也。故文犹水与木然，导川者不忧流之不延，而恐其源之不深；植木者不忧枝之不蕃，而虑其本之弗培。培其本，深其源，其延且蕃也孰御？圣贤未尝学为文也，沛然而发之，卒然而书之，而天下之学为文者，莫能过焉。以其为本昌，为源博也。

（明）宋濂《文说赠王生黼》，黄灵庚编辑校点《宋濂全集》，人民文学出版社2014年版

诗缘情而托物者也，非易也

诗缘情而托物者也，其亦易易乎！然非易也。非天赋超逸之才，不能有以称其器。才称矣，非加稽古之功，审诸家之音节体制，不能有以究其施。功加矣，非良师友示之以轨度，约之以范围，不能有以择其精。师友良矣，非雕肝琢膂，宵咏朝吟，不能有以验其所至之浅深。吟咏侈矣，非得夫江山之助，则尘土之思胶扰蔽固，不能有以发挥其性灵。五美云备，然后可以言诗矣。

（明）宋濂《刘兵部诗集序》，黄灵庚编辑校点《宋濂全集》，人民文学出版社 2014 年版

为文词，务以理胜

其为文词，务以理胜，不暇如他文士驰骋葩藻以为工，而当时求者纷如也。

（明）宋濂《莆田四如先生黄公后集序》，黄灵庚编辑校点《宋濂全集》，人民文学出版社 2014 年版

诗缘性情，优柔讽咏而入人也最深

古之人教子多发为声诗，何哉？盖诗缘性情，优柔讽咏而入人也最深。

（明）宋濂《题危云林训子诗后》，黄灵庚编辑校点《宋濂全集》，人民文学出版社 2014 年版

凡有关民用及一切弥纶范围之具，悉囿乎文

其上篇曰：人文之显，始于何时？实肇于庖牺之世。庖牺仰观俯察，画奇偶以象阴阳，变而通之，生生不穷，遂成天地自然之文。非惟至道含括无遗，而其制器尚象，亦非文不能成。如垂衣裳而治取诸《乾》《坤》，上栋下宇而取诸《大壮》，书契之造而取诸《夬》，舟楫牛马之利而取诸《涣》《随》，杵臼棺椁之制而取诸《小过》《大过》，重门击柝以取诸《豫》，弧矢之用而取诸《睽》，何莫非粲然之文？自是推而存之，天衷民彝之叙，礼乐刑政之施，师旅征伐之法，井牧州里之辨，华夷内外之别，复皆则而象之。故凡有关民用及一切弥纶范围之具，悉囿乎文，非文之外

别有其他也。

（明）宋濂《文原》，黄灵庚编辑校点《宋濂全集》，人民文学出版社2014年版

吾之所谓文者，天生之，地载之，圣人宣之

吾之所谓文者，天生之，地载之，圣人宣之，本建则其末治，体著则其用章，斯所谓乘阴阳之大化，正三纲而齐六纪者也；亘宇宙之始终，类万物而周八极者也。

（明）宋濂《文原》，黄灵庚编辑校点《宋濂全集》，人民文学出版社2014年版

为文必在养气

其下篇曰：为文必在养气，气与天地同，苟能充之，则可配序三灵，管摄万汇。不然，则一介之小夫尔，君子所以攻内不攻外，图大不图小也。力可以举鼎，人之所难也，而乌获能之，君子不贵之者，以其局乎小也。智可以搏虎，人之所难也，而冯妇能之，君子不贵之者，以其骛乎外也。气得其养，无所不周，无所不极也，揽而为文，无所不参，无所不包也。九天之属，其高不可窥，八柱之列，其厚不可测，吾文之量得之；规毁魄渊，运行不息，棋地万荄，躔次弗紊，吾文之焰得之；昆仑县圃之崇清，层城九重之严邃，吾文之峻得之；南桂北瀚，东瀛西溟，杳眇而无际，涵负而不竭，鱼龙生焉，波涛兴焉，吾文之深得之；雷霆鼓舞之，风云翕张之，雨露润泽之，鬼神恍惚，曾莫穷其端倪，吾文之变化得之；上下之间，自色自形，羽而飞，足而奔，潜而泳，植而茂，若洪若纤，若高若卑，不可以数计，吾文之随物赋形得之。呜呼！斯文也，圣人得之，则传之万世为经；贤者得之，则放诸四海而准，辅相天地而不过，昭明日月而不忒，调燮四时而无忒，此岂非文之至者乎？

（明）宋濂《文原》，黄灵庚编辑校点《宋濂全集》，人民文学出版社2014年版

图史并传，助名教而翼彝伦

古之善绘者，或画《诗》，或图《孝经》，或貌《尔雅》，或像《论语》暨《春秋》，或著《易》象，皆附经而行，犹未失其初也。下逮汉、

魏、晋、梁之间，讲学之有图，问礼之有图，列女仁智之有图，致使图史并传，助名教而翼彝伦，亦有可观者焉。

（明）宋濂《画原》，黄灵庚编辑校点《宋濂全集》，人民文学出版社2014年版

刘 基

刘基（1311—1375），字伯温，浙江青田（今浙江文成）人，故称刘青田，又称刘诚意。元末明初政治家、文学家，刘基精通天文、兵法、数理等，尤以诗文见长。诗文古朴雄放，不乏抨击统治者腐朽、同情民间疾苦之作。与宋濂、高启并称"明初诗文三大家"。主张美刺风戒，强调文以明理为主。著作均收入《诚意伯文集》。

少陵之发于性情，真不得已

予少时读杜少陵诗，颇怪其多忧愁怒抑之气。而说者谓其遭时之乱，而以其怨恨悲愁发为言辞，乌得而和且乐也。然而闻见异情，犹未能尽喻焉。比五六年来，兵戈迭起，民物凋耗，伤心满目，每一形言，则不自觉其凄怆愤惋，虽欲止之而不可。然后知少陵之发于性情，真不得已，而予所怪者，不异夏虫之疑冰矣。

（明）刘基《项伯高诗序》，《诚意伯文集》卷五，据《四部丛刊》本

美刺风戒为作诗者之意

予闻国风、雅、颂之体也，而美刺风戒则为作诗者之意。故怨而为《硕鼠》《北风》，思而为《黍苗》《甘棠》，美而为《淇澳》《缁衣》，油油然感生于中而形为言。其谤也，不可禁；其歌也，不待劝。故嘤嘤之音生于春，而侧恻之音生于秋，政之感人，犹气之感物也。是故先王陈列国之诗，以验风俗、察治忽。公卿大夫之耳可聩，而匹夫匹妇之口不可杜，天下之公论，于是乎在。吁，可畏哉！

（明）刘基《书绍兴府达鲁花赤九十子阳德政诗后》，《诚意伯文集》卷七，据《四部丛刊》本

郭君文德好为诗，有交于前，无不形之于诗

郭君文德……好为诗，有交于前，无不形之于诗，其忧愁抑郁放旷愤发欢愉游佚，凡气有所不平，皆于诗乎平之。

（明）刘基《郭子明诗集序》，《诚意伯文集》卷五，据《四部丛刊》本

在心为志，发言为诗

故曰"在心为志，发言为诗"。先王采而陈之以观民风，达下情，其所系者不小矣。故祭公谋父赋《祈招》以感穆王，穆王早悟焉；周室赖以不坏，诗之力也。是故家父之诵《寺人》之章，仲尼咸取焉，纵不能救当时之失，而亦可以垂戒警于后世。

（明）刘基《唱和集序》，《诚意伯文集》卷五，据《四部丛刊》本

文以理为主，而气以抒之

文以理为主，而气以抒之。理不明，为虚文。气不足，则理无所驾。文之盛衰，实关时之否泰。是故先王以诗观民风，而知国之兴废，岂苟然哉！文与诗同生于人心，体制虽殊，而其造意出辞，规矩绳墨，固无异也。

（明）刘基《苏平仲文稿序》，《苏平仲文稿》卷首，据《四部丛刊》本

贝　琼

贝琼（1314—1379），初名阙，字廷臣，一字廷琚、仲琚，又字廷珍，别号清江。博通经史百家。其诗论推崇盛唐而不取法宋代熙宁、元丰诸家。强调诗文的劝惩功能。著有《中星考》《清江贝先生集》《清江稿》《云间集》等。

诗之用于闺门乡党邦国，而兴起人心，使有劝惩

诗固未易知也。三经三纬之体，已备于三百篇中。然当时自朝廷公卿

大夫以及闾巷匹夫匹妇，因时之治乱，政之得失，蓄于中而泄于外，如天风之振，不能不为之声，而不知声之所出；海涛之涌，不能不为之文，而不知文之所成。于是叶而歌之，用于闺门乡党邦国，而兴起人心，使有劝惩矣。

（明）贝琼《陇上白云诗稿序》，《清江贝先生文集》卷二十九，据《四部丛刊》本

其为书者，莫非忧世而作

古昔君子之立言，其亦有不得已者乎？孔子曰："予欲无言。"孟子曰："予岂好辩哉？"则其为书者，莫非忧世而作。若诸子好为异同，祈胜于人者，言虽繁而道益晦，固不足贵矣。

（明）贝琼《东吴先生文集序》，《清江贝先生文集》卷二十八，据《四部丛刊》本

王　祎

王祎（1322—1374），字子充，号华川，婺州路义乌县凤林乡（今浙江义乌尚阳乡）人。与宋濂为总裁修《元史》，预教大本堂。工诗善文，不尚清谈。诗文主张"文与道非二物"。

诗之为闻，足以寓人不能宣之意，足以感人不可遏之情

诗之为闻，其托物连类，足以寓人不能宣之意；其引义止礼，足以感人不可遏之情。故自从三百篇以后，历世能言之士，比比有作，各自成家，而又不可废者矣。庐陵胡山立先生善为诗，其诗于五言尤工。其意之所寓，皆人言所不能宣者，而言之能曲尽其情状。至其感人之情，或惩或劝，有不可遏者，油然而生，莫知其所以然者焉。嗟乎！诗至于此，夫岂易及也哉？

（明）王祎《书胡山立先生诗稿后》，《王忠文公集》卷十七，据清嘉庆己巳重刊本

诗，情之所发，诚则至焉

夫诗之感人者，非感之者之为难，乃不能不为之感者为难也。是故发

于情而形于言。故曰：诗，情之所发，诚则至焉。诚之所至，其言无不足以感人者。惟夫能知其可感而有感奋发惩创而不能自已焉，斯又不易能矣。

（明）王祎《书段吉甫先生示甥诗后》，《王忠文公集》卷十七，据清嘉庆己巳重刊本

修龄之诗可谓情辞俱至，足以自名其家者也

今世之为诗者，大抵习乎其词，而不本于其情，故词虽工而情则非有。若吾修龄之诗……可谓情辞俱至，足以自名其家者也。

（明）王祎《盛修龄诗集序》，《王忠文公集》卷七，据清嘉庆己巳重刊本

文不载道，不足以为文

文不载道，不足以为文。凡世之以雕章绘句为务，竞华藻而逞妍巧者，曾不翅淫声冶色之悦人，其不眩耳目而蛊心志者，几稀。此则文之为敝，而有志乎学圣人者之所不屑道也。

（明）王祎《文原》，《王忠文公集》卷二十，据清嘉庆己巳重刊本

文与道非二物也

天地之间，物之至著而至久者，其文乎？盖其著也，与天地同其化；其久也，与天地同其运。故文者天地焉，相为用者也，是何也？曰：道之所由托也。道与文不相离，妙而不可见之谓道，形而可见者之谓文。道非文，道无自而明；文非道，文不足以行也。是故文与道非二物也。道与天地并，文其有不同于天地者乎？载籍以来，六经之文至矣，凡其为文，皆所以载天道也。

（明）王祎《文原》，《王忠文公集》卷二十，据清嘉庆己巳重刊本

合乎道而其言有不传者，未之有也

古者立言之君子，皆卓然有所自见，其学术不苟同于众人，而惟道之自合。故其言足以自成一家，有托以不朽。是故圣人没，道术为天下裂，诸子者出，言人人殊，然要其指归，未始不合乎道。夫苟合乎道矣，而其言有不传者，未之有也。

（明）王祎《鸣道集说序》，《王忠文公集》卷七，据清嘉庆己巳重刊本

曾鼎

曾鼎（1321—1378），字元友，泰和（今江西吉安）人，元末曾任濂溪书院山长，精于诗文书法，兼通《易》学，采录诸书，编成《文式》二卷。

凡道之所在，大小无不以文而载

文所以载道也。道之大者，极乎天地造化而无外；道之小者，入于事物细微而无间。凡道之所在，大小无不以文而载。故文非道则无其实，道非文则无以著，所谓微显阐幽，泄天地之秘，发斯道之蕴者，岂不在于文乎？

（明）曾鼎《文式序》，王水照编《历代文话》第二册，复旦大学出版社2007年版

桂彦良

桂彦良（1321—1387），名德偁，号清节，浙江慈溪（今江北区慈城镇）人。桂彦良"善书法，行草书学晋二王和唐怀素笔法，奔放秀美"。著有《清节》《清溪》《山西》《挂笏》《老拙》等集和《陶诗春和咏》《中都纪行》等。

士未尝欲以文名世也

士未尝欲以文名世也。以文名世者，士之不幸也。有可用之材，当可为之时，大之推德泽于天下，小之亦足以惠一邑，施一州，尽其心力于职业之中，固不暇为文。然其名亦不待文而后传也。至于畸穷不偶，略无所见于世，颇自意世之人既不我知，则奋其志虑于文字之间，上以私托于古之贤人，下以待来世之君子。乌乎！是岂得已哉？

（明）桂彦良《九灵山房集序》，《皇明文衡》卷三十九，据《四部丛刊》本

苏伯衡

苏伯衡（1329—1392），字平仲，号空同子，浙江金华人。明代散文家，博洽群籍，为古文有声。其"文词蔚赡有法，殆非虚美"。主张诗文之作，重在言志。著有《苏平仲文集》。

诗之作，在言其志

言之精者之谓文，诗又文之精者也。夫岂易为哉？然古诗三百篇有出于小夫妇人。小夫妇人而可与能，则又若无难者，是何欤？《大序》不云乎："诗者，志之所之也。在心为志，发言为诗。"有是志，则有是诗。譬如天地之间，形气相轧而声出焉，盖莫之为而为者，夫何难之有？自古诗变而为选，选变而为律，天下之为诗者，不必皆本乎志，骛于茫昧之域，窘于声偶研揣之间，取声之韵，合言之文，斯不易矣。又况不能积岁月之劳，极其材力之所至，而徒模拟以为工，而欲驰骋以尽夫人情物理之妙，宜其愈难哉！是故知诗之作，在言其志，则可谓善于诗者矣。

（明）苏伯衡《雁山樵唱诗集序》，《苏平仲文集》卷五，据《四部丛刊》本

王　履

王履（约1332—1391），字安道，号畸叟，又号畸叟、抱独老人，江苏昆山人。博通群籍，善诗文书画。绘画上以山水见长，师法马远、夏圭，喜作小斧劈皴，行笔坚硬功夫劲利，挺拔峻险。主张以大自然为师。著有《华山图》册页《华山图序》。

吾师心，心师目，目师华山

画虽状形，主乎意，意不足谓之非形可也。虽然，意在形，舍形何所求意？故得其形者，意溢乎形，失其形者形乎哉！画物欲似物，岂可不识其面？古之人之名世，果得于暗中摸索耶？彼务于转摹者，多以纸素之识

是足，而不之外，故愈远愈讹，形尚失之，况意？苟非识华山之形，我其能图耶？……彼既出于变之变，吾可以常之常者待之哉？吾故不得不去故而就新也。……每虚堂神定，默以对之，意之来也，自不可以言喻。余也安敢故背前人，然不能不立于前人之外。……怪问何师？余应之曰："吾师心，心师目，目师华山。"

（明）王履《华山图序》，俞剑华主编《中国画论类编》，人民美术出版社2016年版

高　启

高启（1336—1374），字季迪，号青丘子，长洲（今江苏苏州）人。元末明初著名诗人，与杨基、张羽、徐贲并称"吴中四杰"。追求诗之格、意、趣。著有《高太史大全集》《凫藻集》《扣舷集》。

古人之于诗，不专意而为之也

古人之于诗，不专意而为之也。《国风》之作，发于性情之不能已，岂以为务哉！后世始有名家者，一事于此而不他，疲殚心神，搜括万象，以求工于言谈之间。

（明）高启《缶鸣集自序》，《高太史大全集》卷首，据《四部丛刊》本

诗之要，有曰格、曰意、曰趣而已

诗之要，有曰格、曰意、曰趣而已。格以辨其体，意以达其情，趣以臻其妙也。体不辨则入于邪陋，而师古之义乖；情不达则堕于浮虚，而感人之实浅；妙不臻则流于凡近，而超俗之风微。三者既得而后典雅冲淡，豪俊秾缛，幽婉奇险之辞，变化不一，随所宜而赋焉。如万物之生，洪纤各具乎天；四序之行，荣惨各适其职。又能声不违节，言必止义，如是而诗之道备矣。

（明）高启《独庵集序》，《高太史凫藻集》，据《四部丛刊》本

朱 同

朱同（1336—1385），字大同，号朱陈村民、紫阳山樵，安徽休宁人。朱同颇富家学，贯通群经，擅长绘画。著有《覆瓿集》，编修《新安志》。

徒取乎形似者，不足言画

昔人评书法，有所谓龙游天表，虎踞溪旁者，言其势；曰劲弩欲张，铁柱将立者，言其雄；其曰骏马青山，醉眠芳草者，言其韵；其曰美女插花，增益得所者，言其媚。斯评书也，而予以之评画，画之与书非二道也。然书之为道，性情则存乎八法，义理则原乎六书。昔之习书者，未必不本乎此，无他术也。而善书者固不得不同，而亦不能不异；犹耳目口鼻，人之所同，而状貌之殊，则万有不齐也。画则取乎象形而已，而指腕之法，则有出乎象形之表者，故有儿童观形似之说。虽然徒取乎形似者，固不足言画矣。一从事乎书法，而不屑乎形似者，于画亦何取哉！斯不可以偏废也。

（明）朱同《覆瓿集》，俞剑华主编《中国画论类编》，人民美术出版社 2016 年版

练子宁

练子宁（1350—1402），名安，江西临江府三洲（今江西峡江水边镇黄家村）人。英迈超群，洪武十八年（1385）以贡士廷试对策，力言强国富民之道，擢为一甲第二名（即榜眼）。论画者当有超俗之心。著有《金川玉屑集》。

画之为艺，非雅人胜士，超然有见乎尘俗之外者，莫之能至

苏文忠公论画以为人禽宫室器用，皆有常形，至于山石竹木水波烟云，虽无常形而有常理。常形之失，人皆知之，常理之不当，虽晓画者有

不知。余取以为观画之说焉。画之为艺，世之专门名家者，多能曲尽其形似，而至其意态情性之所聚，天机之所寓，悠然不可探索者，非雅人胜士，超然有见乎尘俗之外者，莫之能至。孟子曰："大匠诲人以规矩，不能使人巧。"庄周之论斲轮曰："臣不能喻之于臣之子，臣之子亦不能受之臣。"皆是类也。方其得之心而应之手也，心与手不能自知，况可得而言乎？言且不可闻，而况得而效之乎？效古人之绩者，是拘拘于尘垢糠粃而未得其实者也。

（明）练安《金川玉屑集》，俞剑华主编《中国画论类编》，人民美术出版社2016年版

高　棅

高棅（1350—1423），字彦恢，号漫士，长乐（今福建长乐市）人。永乐初，以布衣召入翰林为待诏，升典籍，卒于官。擅诗、画、书，时称三绝，为"闽中十子"之一。编《唐诗品汇》九十卷，《补遗》十卷，又成《唐诗正声》二十二卷。著有《啸台集》《木天清气集》。

观者苟非穷精阐微，超神入化，玲珑透彻之悟，则莫能得其门，而臻其壶奥矣

是皆名家擅场，驰骋当世。或称才子，或推诗豪，或谓五言长城，或为律诗龟鉴，或号诗人冠冕，或尊海内文宗，靡不有精、粗、邪、正、长、短、高、下之不同。观者苟非穷精阐微，超神入化，玲珑透彻之悟，则莫能得其门，而臻其壶奥矣。

（明）高棅《唐诗品汇总叙》，《唐诗品汇》，上海古籍出版社1988年版

观诗以求其人，因人以知其时，因时以辩其文章之高下

唐诗之偈，弗传久矣；唐诗之道，或时以明。诚使吟咏性情之士，观诗以求其人，因人以知其时，因时以辩其文章之高下，词气之盛衰，本乎始以达其终，审其变而归于正，则优游敦厚之教，未必无小补云。

（明）高棅《唐诗品汇总叙》，《唐诗品汇》，上海古籍出版社1988年版

方孝孺

方孝孺（1357—1402），字希直，一字希古，号逊志，曾以"逊志"名其书斋，因其故里旧属缑城里，故称"缑城先生"；又因在汉中府任教授时，蜀献王赐名其读书处为"正学"，亦称"正学先生"，浙江台州府宁海县人。方孝孺认为，"道明则气昌，气昌则辞达"，主张"道"为"文"根，文以明道。著有《逊志斋集》。

心之所得，写之于书，其所取者，非一端也

事物之变，天地之迹，阴阳鬼神之蕴奥，心之所得，写之于书，其所取者，岂特一端哉？

（明）方孝孺《题〈观鹅图〉》，《逊志斋集》卷十八，据《四部备要》本

道明则气昌，气昌则辞达

道者，气之君；气者，文之帅也。道明则气昌，气昌则辞达。文者，辞达而已矣。然辞岂易达哉！六经、孔、孟，道明而辞达者也。自汉以来，二千年中，作者虽有之，求其辞达，盖已少见，况知道乎！

（明）方孝孺《与舒君书》，《逊志斋集》卷十一，据《四部备要》本

口不道圣贤法度之言，谓之口穷

昔人谓诗能穷人，讳穷者，因不复学诗。夫困折屈郁之谓穷，遂志适意之谓达。人之穷有三，而贫贱不与焉。心不通道德之要，谓之心穷；身不循礼义之途，谓之身穷；口不道圣贤法度之言，谓之口穷。

（明）方孝孺《题黄东谷诗后》，《逊志斋集》卷十八，据《四部备要》本

道者，根也；文者，枝也

夫道者，根也；文者，枝也。道者，膏也；文者，焰也。膏不加而焰

纡，根不大而枝茂者，未之见也。故有道者之文，不加斧凿而自成，其意正以淳，其气平以直，其陈理明而不繁决，其辞肆而不流，简而不遗，岂窃古句，探陈言者所可及哉！文而效是，谓之载道可也；若不至于是，特小艺耳，何足以为文？仆之意盖病此而愿务其本耳。

（明）方孝孺《与郑叔度书》，《逊志斋集》卷十，据《四部备要》本

秦汉以下，文之道不明

文所以载道，仆岂谓能之，仆所病者：秦汉以下，斯道不明，为士者以文为业，能操笔书尺纸鸣一时，辄自负，以为圣人之学止此。今汉以来至五代，其文具在，吾兄试观之，可以明道者，果谁之文乎？谓其文为道，可乎？

（明）方孝孺《与郑叔度书》，《逊志斋集》卷十，据《四部备要》本

文之用有二：载道、纪事而已

文之用有二：载道、纪事而已。载道者上也，纪事者其次也。然道与事，非判然二涂也。孔子入太庙，每事问，学诗而多识鸟兽草木之名，岂不以事物为道之所寓耶？舍是二者，文虽丽，无补于世，终不能传远；苟有补，虽俚谈野语，亦不得而弃之。

（明）方孝孺《读崔豹古今注》，《逊志斋集》卷四，据《四部备要》本

诗所以列于五经者，盖有增乎纲常之重，关乎治乱之教者存也

夫诗所以列于五经者，岂章句之云哉！盖有增乎纲常之重，关乎治乱之教者存也。非知道者，孰能识之？非知道者，孰能为之？人孰不为诗也，而不知道，岂吾所谓诗哉！

（明）方孝孺《读朱子感兴诗》，《逊志斋集》卷四，据《四部备要》本

苟出乎道，有益于教，而不失其法，则可以为诗矣

近世之诗，大异于古。工兴趣者，起于形器之外，其弊至于华而不

实。务奇巧者,窘乎声律之中,其弊至于拘而无味。或以简淡为高,或以繁艳为美,要之皆非也。人不能无思也,而复有言,言之而中理也,则谓之文,文而成音也,则为之诗。苟出乎道,有益于教,而不失其法,则可以为诗矣。

(明)方孝孺《刘氏诗序》,《逊志斋集》卷十二,据《四部丛刊》本

诗者,道情志而施诸上下也

诗者,文之成音者也,所以道情志而施诸上下也。三百篇,诗之本也;凡雅颂,诗之体也;赋比兴,诗之法也。喜怒哀乐动乎中,而形为褒贬讽刺者,诗之义也。大而明天地之理,辨性命之故,小而具事物之凡,汇纲常之正者,诗之所以为道也。

(明)方孝孺《时习斋诗集序》,《逊志斋集》卷十二,据《四部丛刊》本

文非至工,则不可以为神,然神非工之所至也

庄周之著书,李白之歌诗,放荡纵恣,惟其所欲,而无不如意。彼其学而为之哉?其心默会乎神,故无所用其智巧,而举天下之智巧莫能加焉。使二子者有意而为之,则不能皆如其意,而于智巧也狭矣。庄周、李白,神于文者也,非工于文者所及也。文非至工,则不可以为神,然神非工之所至也。

(明)方孝孺《苏太史文集序》,《逊志斋集》卷十二,据《四部备要》本

杨士奇

杨士奇(1366—1444),名寓,字士奇,号东里,谥文贞,江西泰和(今江西吉安泰和)人。官至礼部侍郎兼华盖殿大学士,兼兵部尚书,身历五朝。与杨荣、杨溥同辅政,并称"三杨",以"学行"见长,先后担任《明太祖实录》《明仁宗实录》《明宣宗实录》总裁。另著有《三朝圣谕录》三卷,《周易直指》十卷,《西巡扈从纪行录》一卷,《北京纪行

录》二卷,《东里集》二十五卷,诗三卷等。

诗以理性情而约诸正而推之,可以考见王政之得失,治道之盛衰

诗以理性情而约诸正而推之,可以考见王政之得失,治道之盛衰,三百十一篇自公卿大夫下至匹夫匹妇皆有作,小而《兔罝》《羔羊》之咏,大而《行苇》《既醉》之赋,皆足以见王道之极盛。至于《葛藟》《硕鼠》之兴,则有可为世道慨者矣。汉以来代各有诗,嗟叹咏歌之间,而安乐哀思之音,各因其时,盖古今无异焉。若天下无事,生民乂安,以其和平易直之心,发而为治世之音,则未有加于唐贞观、开元之际也。杜少陵浑涵博厚,追踪风雅,卓乎不可尚矣。一时高材逸韵,如李太白之天纵,与杜齐驱,王、孟、高、岑、韦应物诸君子清粹典则,天趣自然,读其诗者,有以见唐之治盛,于此而后之言诗道者,亦曰莫盛于此也。

(明)杨士奇《玉雪斋诗集序》,刘泊涵、朱海点校《东里文集》,中华书局1998年版

黄 淮

黄淮(1367—1449),字宗豫,号介庵,浙江温州府永嘉(今温州鹿城区)人。主张诗文夯而后工,肯定"愤"与"言"的必然关联。著有《省愆集》《介庵集》。

穷而后工

先儒论诗,以为穷而后工。近古以来,若李白、杜甫、柳子厚、刘禹锡诸名公,其述作皆盛于困顿郁抑之余,至今脍炙人口。

(明)黄淮《省愆集序》,《皇明文衡》卷四十三,据《四部丛刊》本

忿之激于中者,必征于辞色

忿之激于中者,必征于辞色。征诸色,其发疾以暴;征诸辞,其旨婉以深。稽之往古,蔺相如忿秦之欺赵,欲以头与玉俱碎;樊哙忿鸿门之背盟,拔剑瞋目以胁楚王,征诸色者也。《国风》叹荟蔚之朝齐陈,楚

《骚》悲菉葹之盈室，征诸辞者也。色之所发，虽足以快意于一时，而辞之所寓，诚足以垂戒于万世，其浅深固不可同日语也。

（明）黄淮《题六桧堂卷》，《皇明文衡》卷四十八，据《四部丛刊》本

陈敬宗

陈敬宗（1377—1459），字光世，号澹然居士，又号休乐老人，浙江慈溪人。永乐二年（1404），陈敬宗举进士，被选为翰林庶吉士，参修《永乐大典》，擢刑部主事。后迁南京国子司业，进升为南京国子祭酒。以师道自任，立教条，革陋习，德望文章，名闻天下，与国子祭酒李时勉并为士林所重，并称"南陈北李"。景泰元年（1450），陈敬宗致仕家居，于天顺三年（1459）逝世，年八十三。嘉靖二十四年（1545），追赠礼部侍郎，谥号"文定"。

文以理为主，必气以充之；字以规矩为主，必气以驭之

夫文以理为主，必气以充之，然后振励而不茶；字以规矩为主，必气以驭之，然后豪迈而不萎。

（明）陈敬宗《题米芾遗墨》，《皇明文衡》卷四十九，据《四部丛刊》本

朱　权

朱权（1378—1448），朱元璋第十七子，幼年时自称大明奇士，别署臞仙、涵虚子、丹丘先生。封宁王，后改封于南昌。谥献王，世称宁献王。好诸子百家、卜筮修炼等书，精究戏曲音乐。著有《太和正音谱》《琼林雅韵》《务头集韵》（佚）；另有《冲漠子独步大罗天》等杂剧。

使人听之，可以顿释烦闷，和悦性情，通畅血气

凡唱最要稳当，不可做作。如咂唇、摇头、弹指、顿足之态，高低、

轻重、添减太过之音，皆是市井狂悖之徒，轻薄淫荡之声，闻者能乱人之耳目，切忌不可，优伶以之。唱若游云之飞太空，上下无碍，悠悠扬扬，出其自然，使人听之，可以顿释烦闷，和悦性情，通畅血气。此皆天生正音，是以能合人之性情，得者以之。故曰："一声唱到融神处，毛骨萧然六月寒。"

（明）朱权《太和正音谱》，姚品文《太和正音谱笺评》，中华书局2010年版

道家所唱者，有乐道徜徉之情

道家所唱者，飞驭天表，游览太虚，俯视八紘，志在冲漠之上，寄傲宇宙之间，慨古感今，有乐道徜徉之情，故曰"道情"。

儒家所唱者性理，衡门乐道，隐居以旷其志泉石之兴。

僧家所唱者，自梁方有。"丧门"之歌，初谓之颂偈，"急急修来急急修"之语是也。不过乞食抄化之语，以天堂地狱之说愚化世俗故也。至宋末亦唱乐府之曲，笛内皆用之。元初赞佛亦用之。

（明）朱权《太和正音谱》，姚品文《太和正音谱笺评》，中华书局2010年版

治世之音，安以乐，其政和

夫礼乐虽出于人心，非人心之和，无以显礼乐之和；礼乐之和，自非太平之盛，无以致人心之和也。故曰治世之音，安以乐，其政和。是以诸贤形诸乐府，流行于世，鲙炙人口，铿金戛玉，锵然播乎四裔，使鸠舌雕题之氓，垂发左衽之俗，闻者靡不忻悦。虽言有所异，其心则同，声音之感于人心大矣。

（明）朱权《太和正音谱》，姚品文《太和正音谱笺评》，中华书局2010年版

杂剧者，太平之胜事

盖杂剧者，太平之胜事，非太平则无以出。

（明）朱权《太和正音谱》，姚品文《太和正音谱笺评》，中华书局2010年版

朱有燉

朱有燉（1379—1439），明太祖第五子周定王朱橚长子，袭封周王，谥宪，人称周宪王，号诚斋，别号全阳子、全阳道人、老狂生、锦窠老人。工词曲，精通曲律。作有杂剧《曲江池》《义勇辞金》等三十一种，散曲《诚斋乐府》二卷，另有诗文集《诚斋集》等。

文章之在世，有关于风教者，有不关于风教者

文章之在世，有关于风教者，有不关于风教者。其关于风教者，若《原道》《原鬼》《进学》《种树》《送穷》《气巧》等文，皆合乎理性，精妙抑扬，无非开悟后学，使知性命之道，故有补于世也。其或有文章而无补于世、不关于风教者，若《毛颖》《南华》《天问》《河间》等篇，此乃鸿儒硕士问学有余，以文为戏，但欲驰骋于笔端之英华，发泄于胸中之藻思耳。未可求夫至理，而与《原道》等文，同日而语也。

（明）朱有燉《豹子和尚自还俗引》，《新编张天师明断辰钩月》卷首，宣德间周藩刻本

彭　时

彭时（1416—1475），字纯道，又字宏道，号可斋，庐陵安福（今江西吉安安福枫田镇松田村）人。明英宗正统十三年（1448），彭时状元及第，授翰林院修撰。他自幼稳重嗜学，聪慧过人，擅长做文章，下笔连续不断，文辞使人惊异。主张"先道德后文辞""学博而养正"。著有《彭文宪公笔记》《彭文宪公文集》等。

养气之全，往往因感而发，以宣造化之机

天地以精英之气赋于人，而人钟是气也，养之全，充之盛，至于彪炳闳肆而不可遏，往往因感而发，以宣造化之机，述人情物理之宜，达礼乐刑政之具，而文章兴焉。

（明）彭时《文章辨体序》，《文章辨体序说·文体明辨序说》卷首，人民文学出版社1998年版

先道德而后文辞

自昔学圣贤之学者，先道德而后文辞。盖文辞，艺也；道德，实也。笃其实而艺者，书之必有以辅世明教，然后为文之至。实不足而工于言，言虽工，非至文也。彼无其实而强言者，窃窃然以靡丽为能，以艰涩怪僻为古，务悦人之耳目，而无一言几乎道，是不惟无补于世，且有害焉，奚足以为文哉！

（明）彭时《刘忠愍公文集序》，《皇明文衡》卷四，据《四部丛刊》本

学博而养正，诗无有不工者

予闻：人生感于物而后有言，言之成文而有音节者为诗。诗足以宣人情之欣戚，体物理之隐微，极古今事变之得失。而格有高下，词有清新、古雅、富丽、平淡之殊，皆系乎其人之所养与所学何如也。学博而养正，诗有不工者哉？

（明）彭时《蒲山牧唱集序》，《皇明文衡》卷四十四，据《四部丛刊》本

曹 安

曹安（约1420—1487），字以宁，号蓼庄，松江人。正统甲子举人。著述颇丰，有《谰言长语》《取嗤稿》《蟋蟀稿》等。《谰言长语》共两卷，其自序："谓皆零碎之词，何益于事，因名曰谰言长语，谰言逸言也，长语剩语也，何益于事，徒资达人君子一笑"。

遇景得情，任意落笔，而自不离于规矩尔

三体唐诗，有实接、虚接、用事前后对等目。谢叠山批点《文章轨范》有放胆、小心及字句等法。窃恐当时作诗文时，遇景得情，任意落笔，而自不离于规矩尔。若一一拘束，要作某体某字样，非发乎性情，风行水上之旨。

（明）曹安《谰言长语》卷上，据宝颜堂秘籍本

陈献章

陈献章（1428—1500），字公甫，别号石斋，广东广州府新会县白沙里（今属广东江门蓬江区白沙街道）人，又称白沙先生，世称陈白沙。陈献章年少苦读，理学精深，但仕途蹇阻，仅授翰林院检讨衔。一生在家乡以讲学授徒为业。陈献章学说高扬"宇宙在我"的主体自我价值，突出个人在天地万物中的存在意义，对整个明代文人精神的取向产生了深刻影响。擅长诗歌、书法，诗文汇编为《白沙子全集》。

七情之发，发而为诗，虽匹夫匹妇，胸中自有全经

受朴于天，弗凿以人，禀和于生，弗淫以习。故七情之发，发而为诗，虽匹夫匹妇，胸中自有全经。此《风》《雅》之渊源也。而诗家者流，矜奇眩能，迷失本真，乃至句锻月炼，以求知于世，尚可谓之诗乎？

（明）陈献章《夕惕斋诗集后序》，孙海通点校《陈献章集》，中华书局1987年版

诗可以辅相皇极，左右六经，而教无穷

先儒君子类以小技目之，然非诗之病也。彼用之而小，此用之而大，存乎人。天道不言，四时行，百物生，焉往而非诗之妙用？会而通之，一真自如。故能枢机造化，开阖万象，不离乎人伦日用而见鸢飞鱼跃之机。若是者，可以辅相皇极，可以左右六经，而教无穷，小技云乎哉？

（明）陈献章《夕惕斋诗集后序》，孙海通点校《陈献章集》，中华书局1987年版

须将道理就自己性情上发出

若论道理，随人深浅，但须笔下发得精神，可一唱三叹，闻者便自鼓舞，方是到也。须将道理就自己性情上发出，不可作议论说去，离了诗之本体，便是宋头巾也。

（明）陈献章《次王半山韵诗跋》，孙海通点校《陈献章集》，中华书局1987年版

吴 宽

吴宽（1435—1504），字原博，号匏庵、玉亭主，世称匏庵先生。直隶长洲（今江苏苏州）人。为明宪宗成化八年（1472）状元，授翰林修撰，曾侍奉孝宗读书。孝宗即位，迁左庶子，预修《宪宗实录》，进少詹事兼侍读学士。官至礼部尚书，卒赠太子太保，谥号"文定"。吴宽的诗深厚浓郁，自成一家；又擅书法，作书姿润中时出奇崛，虽规模于苏轼，而多所自得，著有《匏庵集》。

古诗人之作，凡以写其志之所之者耳

古诗人之作，凡以写其志之所之者耳。或有所感遇，或有所触发，或有所怀思，或有所忧喜，或有所美刺，类此始作之。故《诗大序》曰："诗者，志之所之。在心为志，发言为诗。"后世固有拟古作者，然往往以应人之求而已。嗟夫！诗可以求而作哉？吾志未尝有所之也，何有于言？吾言未尝有所发也，何有于诗？于是其诗之出，一如医家所谓狂感谵语，莫知其所之所发者也。

（明）吴宽《中国四兴诗集序》，《匏翁家藏集》卷四十，据《四部丛刊》本

志之所至，必形于言

夫诗以言志，志之所至，必形于言。古人于此，未有弃之者，故虽衰周之人，从役于外，而诗犹可诵。况生于今之盛世者乎？盖退食自公，宣其抑郁，写其勤苦，达其志之所至，亦人情之所必然者。

（明）吴宽《公余韵语序》，《匏翁家藏集》卷四十二，据《四部丛刊》本

蓄于胸中者有高趣，写之笔下往往出于自然

夫诗自魏晋以下，莫盛于唐。唐之诗，如李、杜二家，不可及已。其余诵其词亦莫不清婉和畅，萧然有出尘之意，其体裁不越乎当时，而世似相隔，其情景皆在乎目前，而人不能道，是以家传其集。论诗者必曰唐

人、唐人云，抑唐人何以能此？由其蓄于胸中者有高趣，故写之笔下往往出于自然，无雕琢之病。如韦、柳，又其首称也。世传应物所至，焚香扫地，而子厚虽在迁谪中，能穷山水之乐，其高趣如此，诗其有不妙者乎？

（明）吴宽《完庵诗集序》，《匏翁家藏集》卷四十四，据《四部丛刊》本

右丞胸次洒脱，中无障碍，故落笔无尘俗之气

以余论之，右丞胸次洒脱，中无障碍，如冰壶澄澈，水镜渊贮，洞鉴肌理，细现毫发，故落笔无尘俗之气，孰谓画诗非后辙也。世传右丞雪景最工而不知其墨画尤为神品。若《行旅图》一树一叶，向背正反，浓淡浅深，穷神尽变，自非天真烂发，牢笼物态，安能匠心独妙耶？

（明）吴宽《书画鉴影》，俞剑华主编《中国画论类编》，人民美术出版社2016年版

韩氏之文之妙，由其所养者充，所守者直

唐昌黎韩氏以文章妙天下，历千百年鲜有及之者，岂其下笔刊落陈言，卓然成家，足以耸动乎人哉？其气充，其理直，其言达而畅也，固宜。……韩氏之文之妙，由其所养者充，所守者直，而其名至于今称之者，非徒以其文，而以其人也。

（明）吴宽《义乌王氏新建忠文公庙记》，《匏翁家藏集》卷三十二，据《四部丛刊》本

穷而工者，不若隐而工者之为工也

诗以穷而工，欧阳子之言。世以为至矣，予则以为穷者其身厄，必其言悲则所谓工者，特工于悲耳。故尝窃以为穷而工者，不若隐而工者之为工也。盖隐者忘情于朝市之上，甘心于山林之下，日以耕钓为生，琴书为务，陶然以醉，翛然以游，不知冠冕为何制，钟鼎为何物，且有浮云富贵之意，又何穷云？是以发于吟咏，不清婉而和平，则高亢而超绝。

（明）吴宽《石田稿序》，《匏翁家藏集》卷四十三，据《四部丛刊》本

诗者，心声也

观于此编，既得诗人之体，且其词气严厉，而愤世感事之意，时复发

见，若利剑出匣，锋芒差差见之，凛然不敢狎视，正如其为人。故曰："在心为志，发言为诗。"谓诗非心声也哉？

（明）吴宽《容溪诗集序》，《匏翁家藏集》卷四十二，据《四部丛刊》本

程敏政

程敏政（1446—1499），字克勤，中年后号篁墩，又号篁墩居士、篁墩老人、留暖道人，南直隶徽州府休宁县人，又称之为程篁墩。程敏政于书无所不读，文章为一代宗匠。所编著刊刻有《明文衡》《篁墩文集》《碱贤奏对录》《新安文献志》《休宁志》《咏史诗》等近二十种，五百余卷。

文，载道之器也

文之来尚矣，而后世词华之习蠹之，故近有为道学之谈者曰：必去而文然后可以入道。夫文，载道之器也，惟作者有精粗，故论道有纯驳。使于其精纯者取之，粗驳者去之，则文固不害于道矣。而必以焚楮绝笔为道，岂非恶稗而并剪其末，恶莠而并揠其苗者哉？

（明）程敏政《皇明文衡序》，《皇明文衡》卷首，据《四部丛刊》本

李东阳

李东阳（1447—1516），字宾之，号西涯，谥文正。湖广长沙府茶陵州（今湖南茶陵）人。天顺八年举二甲进士第一，授庶吉士，官编修，累迁侍讲学士，充东宫讲官，弘治八年以礼部右侍郎、侍读学士入直文渊阁，预机务。立朝五十年，柄国十八载，清节不渝。官至特进、光禄大夫、左柱国、少师兼太子太师、吏部尚书、华盖殿大学士。李东阳少有神童之誉，是茶陵诗派的核心人物，文章典雅流丽，工篆隶书。著有《怀麓堂集》《怀麓堂诗话》《燕对录》。

人声和则乐声和

诗在六经中别是一教,盖六艺中之乐也。乐始于诗,终于律,人声和则乐声和。又取其声之和者,以陶写情性,感发志意,动荡血脉,流通精神,有至于手舞足蹈而不自觉者。

(明)李东阳《怀麓堂诗话》,周寅宾点校《李东阳集》卷二,岳麓书社1984年版

得于心而发之乎声,自不越乎法度之外

得于心而发之乎声,则虽千变万化,如珠之走盘,自不越乎法度之外矣。如李太白《远别离》,杜子美《桃竹杖》,皆极其操纵,曷尝按古人声调?而和顺委曲乃如此。

(明)李东阳《怀麓堂诗话》,周寅宾点校《李东阳集》卷二,岳麓书社1984年版

作诗不可以意徇辞,而须以辞达意

作诗不可以意徇辞,而须以辞达意。辞能达意,可歌可咏,则可以传。王摩诘"阳关无故人"之句,盛唐以前所未道,此辞一出,一时传诵不足,至为三叠歌之。后之咏别者,千言万语,殆不能出其意之外,必如是方可谓之达耳。

(明)李东阳《怀麓堂诗话》,周寅宾点校《李东阳集》卷二,岳麓书社1984年版

诗贵情思而轻事实

诗有三义,赋止居一,而比兴居其二。所谓比与兴者,皆托物寓情而为之者也。盖正言直述,则易于穷尽,而难于感发。惟有所寓托,形容摹写,反复讽咏,以俟人之自得。言有尽而意无穷,则神爽飞动,手舞足蹈而不自觉,此诗之所以贵情思而轻事实也。

(明)李东阳《怀麓堂诗话》,周寅宾点校《李东阳集》卷二,岳麓书社1984年版

其中有所养,而后能言

然言发于心而为行之表,必其中有所养,而后能言。盖文之有体,犹

行之有节也。若徒为文字之美，而行不掩焉，则其言不过偶合而幸中。文以古名者，固若是乎哉！

（明）李东阳《鲍翁家藏集序》，《怀麓堂集》文后卷四，据清康熙刊本

诗者，人之志兴存焉

夫诗者，人之志兴存焉。故观俗之美者与人之贤者，必于诗。今之为诗者，亦或牵缀刻削，反有失其志之正。信乎有德必有言，有言者不必有德也。

（明）李东阳《王城山人诗集序》，《怀麓堂集》文后卷二，据清康熙刊本

考得失，施劝戒，用于天下，文与诗各有所宜

夫文者言之成章，而诗又其成声者也。章之为用，贵乎纪述铺叙，发挥而藻饰；操纵开阖，惟所欲为，而必有一定之准。若歌吟咏叹，流通动荡之用，则存乎声，而高下长短之节，亦截乎不可乱。虽律之与度，未始不通，而其规制，则判而不合。及乎考得失，施劝戒，用于天下，则各有所宜，而不可偏废。古之六经《易》、《书》、《春秋》、《礼》、《乐》皆文也，惟风、雅、颂则谓之诗，今其为体固在也。

（明）李东阳《春雨堂稿序》，《怀麓堂集》文后卷三，据清康熙刊本

王　鏊

王鏊（1450—1524），字济之，号守溪，晚号拙叟，学者称其为震泽先生，吴县（今江苏苏州）人。明代名臣、文学家。为成化十一年进士，授编修，正德初拜户部尚书、文渊阁大学士。谥号"文恪"，世称"王文恪"。王鏊博学有识鉴，经学通明，制行修谨，文章修洁，强调个人境遇与诗文创作之间的密切关联。有《震泽编》《震泽集》《震泽长语》《震泽纪闻》《姑苏志》等传世。王守仁赞其为"完人"，唐寅赠联称其"海内文章第一，山中宰相无双。"

诗之作，多出于不得志之人

诗发乎情者也。情之适者，其声和以平。情之激者，其声愤以怨；情之郁者，其声惨以幽。故诗之作，多出于不得志之人。郊、岛之凄也，韦、柳之婉也，叉之怪也，同之险也，长吉之菁也，天下之奇，皆在焉。盖其挟溺摧挫，郁伊愤激于中，而不觉其泄于外。若夫和平之音则鲜闻焉，岂非难哉？

（明）王鏊《携李屠东湖太和堂集序》，《王鏊集》，吴建华点校，上海古籍出版社2013年版

太史公《伯夷屈原传》，自发其感愤之意也

太史公《伯夷屈原传》，时出议论，其亦自发其感愤之意也夫。退之《何蕃传》亦仿此意。

（明）王鏊《震泽长语·文章》，吴建华点校，上海古籍出版社2013年版

为文莫先养气，莫要穷理

圣贤未尝有意为文也，理极天下之精，文极天下之妙，后人殚一生之力以为文，无一字到古人处，胸中所养未至耳。故为文莫先养气，莫要穷理。

（明）王鏊《震泽长语·文章》，吴建华点校《王鏊集》，上海古籍出版社2013年版

言之者无罪，闻之者足以戒

温柔敦厚，诗之教也。故言之者无罪，闻之者足以戒。后世此意久泯。刘禹锡《看花》诸诗，属意微矣，犹以是被黜。蔡确《车盖亭》诗，亦未甚显，遂构大狱。东坡为诗，无非讥切时政，借曰意在爱君，亦从讽谏，可也，乃直指其事而痛诋之。其间数诗，或几乎骂矣。以诗得罪，非独李定诸人之罪也。

（明）王鏊《震泽长语·文章》，吴建华点校《王鏊集》，上海古籍出版社2013年版

杨循吉

杨循吉（1456—1544），字君卿，号南峰、雁村居士等，吴县（今江苏苏州）人。成化二十年（1484）进士。曾任礼部主事等职。结庐姑苏硎山下以读书著述为事，著有《松筹堂集》及杂著多种。

读之可以谕，妇人小子皆晓所谓者，斯定为好诗

予观诗不以格律体裁为论。惟求能直吐胸怀，实淑景象，读之可以谕，妇人小子皆晓所谓者，斯定为好诗。其他饾饤攒簇、拘拘拾古人涕唾以欺新学生者，虽千篇百卷，粉饰备至，亦木偶之假线索以举动者耳，吾无取焉。

（明）杨循吉《朱先生诗序》，蔡斌点校《杨循吉集》，上海古籍出版社2013年版

都 穆

都穆（1458—1525），字玄敬，一作元敬，郡人称南濠先生。原籍吴县相城（今苏州市相城区），后徙居城区南濠里（今苏州阊门外南浩街）。少与唐寅交好，有说牵涉于唐氏科举之案。弘治十二年第进士，授工部主事，官至礼部郎中。主要著作有《金薤琳琅》《南濠诗话》。

但写真情并实境，任他埋没与流传

学诗浑似学参禅，语要惊人不在联。但写真情并实境，任他埋没与流传。

（明）都穆《南濠诗话》，《历代诗话续编》，据无锡丁氏校印本

祝允明

祝允明（1461—1527），字希哲，长洲（今江苏苏州）人，自号枝

山，世人称之"祝京兆"。祝允明的科举仕途颇为坎坷，十九岁中秀才，五次参加乡试，才于明弘治五年（1492）中举，后七次参加会试不第。祝允明擅诗文，尤工书法，名动海内。他与唐寅、文征明、徐祯卿并称"吴中四才子"。又与文征明、王宠同为明中期书家之代表。其代表作有《太湖诗卷》《箜篌引》《赤壁赋》等。

事表而情里

情从事生，事有向背，而心有爱憎，繇是欣戚形焉。事表而情里也。达者以里治其外，昧者虽有真情之发，往往物夺以迁而回曲之。是故知事之真可乐而乐之，则其情也始真，而为吾受用亦无不尽，非达者莫能矣。

（明）祝允明《姜公尚自别余乐说》，《枝山文集》，据同治祝氏刊本

文征明

文征明（1470—1559），原名壁（或作璧），字征明。四十二岁起，以字行，更字征仲。因先世衡山人，故号"衡山居士"，世称"文衡山"，长洲（今江苏苏州）人。因官至翰林待诏，私谥贞献先生，故称"文待诏""文贞献"。文征明的书画造诣极为全面，诗、文、书、画无一不精，人称为"四绝"的全才。诗宗白居易、苏轼，文受业于吴宽，学书于李应祯，学画于沈周。其与沈周共创"吴派"。在画史上与沈周、唐伯虎、仇英合称"明四家"（"吴门四家"）。

博学详说，圣训攸先；修辞立诚，畜德之源也

或者以为摭裂委琐，无所取裁，骩骳偏驳独能发藻饰词，于道德性命无所发明。呜呼！事理无穷，学奚底极，理或不明，固不足以穷性命之蕴，而辞有不达，道何从见？是故博学详说，圣训攸先；修辞立诚，畜德之源也。

（明）文征明《何氏语林叙》，《甫田集》卷十七，据宣统刊本

山水之在天下，大率以文胜

夫山水之在天下，大率以文胜。彼固有奇瑰丽绝无待于品题者，而文

章之士又每每假是以发其中之所有，卒亦莫能废焉。柳子厚记永、柳诸山，本以摅其抑郁不平之气，而千载之下知有黄溪、锢姆者，徒以柳子诸记耳。

（明）文征明《宜兴善权寺古今文录叙》，《甫田集》卷十七，据宣统刊本

自朱氏之学行世，学者一涉词章，便为道病

夫自朱氏之学行世，学者动以根本之论劫持士习，谓六经之外非复有益，一涉词章，便为道病。言之者自以为是，而听之下敢以为非，虽当时名世之士，亦自疑其所学非出于正，而有悔却从前业小诗之语，沿伪踵敝至于今，渐不可革。呜呼！其亦甚矣。

（明）文征明《晦庵诗话序》，《甫田集》卷十七，据宣统刊本

王阳明

王阳明（1472—1529），即王守仁，幼名云，字伯安，别号阳明。浙江绍兴府余姚县（今浙江宁波余姚）人，因曾筑室于会稽山阳明洞，自号阳明子，学者称之为阳明先生。弘治十二年（1499）进士，官至南京兵部尚书、都察院左都御史。因平定宸濠之乱被封为新建伯。谥文成，故后人又称王文成公。王阳明贯通三教，乃心学之集大成者。著有《王文成公全书》《王阳明全集》等。

元声只在心上求

先生曰："古乐不作久矣。今之戏子，尚与古乐意思相近。"未达，请问。先生曰："《韶》之九成，便是舜的一本戏子。《武》之九变，便是武王的一本戏子。圣人一生实事，俱播在乐中。所以有德者闻之，便知他尽善尽美与尽美未尽善处。若后世作乐，只是做些词调，于民俗风化绝无关涉，何以化民善俗？今要民俗反朴还淳，取今之戏子，将妖淫词调俱去了，只取忠臣孝子故事，使愚俗百姓人人易晓，无意中感激他良知起来，却于风化有益。然后古乐渐次可复矣。"曰："洪要求元声不可得，恐于古乐亦难复。"先生曰："你说元声在何处求？"对曰："古人制管候气，

恐是求元声之法。"先生曰:"若要去葭灰黍粒中求元声,却如水底捞月,如何可得?元声只在你心上求。"曰:"心如何求?"先生曰:"古人为治,先养得人心和平,然后作乐。比如在此歌诗,你的心气和平,听者自然悦怿兴起。只此便是元声之始。《书》云'诗言志',志便是乐的本。'歌永言',歌便是作乐的本。'声依永,律和声'。律只要和声,和声便是制律的本。何尝求之于外?"

(明)王阳明《传习录》,吴光等编校《王阳明全集》,上海古籍出版社2011年版

事即道,道即事

爱曰:"先儒论《六经》,以《春秋》为史。史专记事,恐与《五经》事体终或稍异。"先生曰:"以事言谓之史,以道言谓之经。事即道,道即事。《春秋》亦经,《五经》亦史。《易》是庖牺氏之史,《书》是尧、舜以下史,《礼》《乐》是三代史:其事同,其道同,安有所谓异?"

又曰:"《五经》亦只是史,史以明善恶,示训戒。善可为训者,时存其迹以示法;恶可为戒者,存其戒而削其事以杜奸。"爱曰:"存其迹以示法,亦是存天理之本然;削其事以杜奸,亦是遏人欲于将萌否?"先生曰:"圣人作经,固无非是此意,然又不必泥着文句。"爱又问:"恶可为戒者,存其戒而削其事以杜奸,何独于《诗》而不删郑、卫?先儒谓'恶者可以惩创人之逸志',然否?"先生曰:"《诗》非孔门之旧本矣。孔子云:'放郑声,郑声淫。'又曰:'恶郑声之乱雅乐也。郑、卫之音,亡国之音也。'此本是孔门家法。孔子所定三百篇,皆所谓雅乐,皆可奏之郊庙,奏之乡党,皆所以宣畅和平,涵泳德性,移风易俗,安得有此?是长淫导奸矣。此必秦火之后,世儒附会,以足三百篇之数。盖淫泆之词,世俗多所喜传,如今闾巷皆然。'恶者可以惩创人之逸志',是求其说而不得,从而为之辞。"

(明)王阳明《传习录》,吴光等编校《王阳明全集》,上海古籍出版社2011年版

学者须先从礼乐本原上用功

问《律吕新书》,先生曰:"学者当务为急,算得此数熟,亦恐未有用,必须心中先具礼乐之本方可。且如其书说多用管以候气,然至冬至那

一刻时，管灰之飞或有先后，须臾之间，焉知那管正值冬至之刻？须自中心先晓得冬至之刻始得。此便有不通处。学者须先从礼乐本原上用功。"

（明）王阳明《传习录》，吴光等编校《王阳明全集》，上海古籍出版社2011年版

诱之歌诗以发其志意，导之习礼以肃其威仪，讽之读书以开其知觉

古之教者，教以人伦。后世记诵词章之习起，而先王之教亡。今教童子，惟当以孝、弟、忠、信、礼、义、廉、耻为专务。其栽培涵养之方，则宜诱之歌诗以发其志意，导之习礼以肃其威仪，讽之读书以开其知觉。今人往往以歌诗习礼为不切时务，此皆末俗庸鄙之见，乌足以知古人立教之意哉！

大抵童子之情，乐嬉游而惮拘检，如草木之始萌芽，舒畅之则条达，摧挠之则衰痿。今教童子，必使其趋向鼓舞，中心喜悦，则其进自不能已。譬之时雨春风，沾被卉木，莫不萌动发越，自然日长月化；若冰霜剥落，则生意萧索，日就枯槁矣。故凡诱之歌诗者，非但发其志意而已，亦以泄其跳号呼啸于咏歌，宣其幽抑结滞于音节也；导之习礼者，非但肃其威仪而已，亦所以周旋揖让而动荡其血脉，拜起屈伸而固束其筋骸也；讽之读书者，非但开其知觉而已，亦所以沉潜反复而存其心，抑扬讽诵以宣其志也。凡此皆所以顺导其志意，调理其性情，潜消其鄙吝，默化其粗顽，日使之渐于礼义而不苦其难，入于中和而不知其故。是盖先王立教之微意也。

若近世之训蒙稚者，日惟督以句读课仿，责其检束，而不知导之以礼；求其聪明，而不知养之以善；鞭挞绳缚，若持拘囚。彼视学舍如囹狱而不肯入，视师长如寇仇而不欲见，窥避掩覆以遂其嬉游，设诈饰诡以肆其顽鄙，偷薄庸劣，日趋下流。是盖驱之于恶而求其为善也，何可得乎？

（明）王阳明《传习录》，吴光等编校《王阳明全集》，上海古籍出版社2011年版

凡习礼歌诗之数，皆所以常存童子之心

凡习礼歌诗之数，皆所以常存童子之心，使其乐习不倦，而无暇及于邪僻。

凡歌诗，须要整容定气，清朗其声音，均审其节调；毋躁而急，毋荡而嚣，毋馁而慑。久则精神宣畅，心气和平矣。每学量童生多寡，分为四班。每日轮一班歌诗；其余皆就席，敛容肃听。每五日则总四班递歌于本学。每朔望，集各学会歌于书院。

凡习礼，须要澄心肃虑，审其仪节，度其容止；毋忽而惰，毋沮而怍，毋径而野；从容而不失之迂缓，修谨而不失之拘局。久则体貌习熟，德性坚定矣。童生班次，皆如歌诗。每间一日，则轮一班习礼。其余皆就席，敛容肃观。习礼之日，免其课仿。每十日则总四班递习于本学。每朔望，则集各学会习于书院。

凡授书不在徒多，但贵精熟。量其资禀，能二百字者，止可授以一百字。常使精神力量有余，则无厌苦之患，而有自得之美。讽诵之际，务令专心一志，口诵心惟，字字句句，细绎反复，抑扬其音节，宽虚其心意。久则义礼浃洽，聪明日开矣。

每日工夫，先考德，次背书诵书，次习礼，或作课仿，次复诵书讲书，次歌诗。凡习礼歌诗之数，皆所以常存童子之心，使其乐习不倦，而无暇及于邪僻。教者知此，则知所施矣。虽然，此其大略也；神而明之，则存乎其人。

（明）王阳明《传习录》，吴光等编校《王阳明全集》，上海古籍出版社2011年版

艺者，义也，理之所宣者也

艺者，义也，理之所宣者也。如诵诗、读书、弹琴、习射之类，皆所以调习此心，使之熟于道也。苟不志道而游艺，却如无状小子，不先去置造区宅，只管要去买画挂，做门面，不知将挂在何处。

（明）王阳明《传习录》，吴光等编校《王阳明全集》，上海古籍出版社2011年版

文也者，礼之见于外者也；礼也者，文之存于中者也

夫礼也者，天理也。……天理之条理，谓之礼。是礼也，其发见于外，则有五常百行，酬酢变化，语默动静，升降周旋，隆杀厚薄之属。宣之于言而成章，措之于为而成行，书之于册而成训，炳然蔚然，其条理节目之繁，至于不可穷诘，是皆所谓文也。是文也者，礼之见于外者也；礼

也者，文之存于中者也。文，显而可见之礼也；礼，微而难见之文也。

（明）王阳明《传习录》，吴光等编校《王阳明全集》，上海古籍出版社 2011 年版

李梦阳

李梦阳（1473—1530），字献吉，号空同，汉族，祖籍河南扶沟，出生于庆阳府安化县（今甘肃庆城），后又还归故里。他工书法，精于古文词，是复古派前七子的领袖人物。提倡"文必秦汉，诗必盛唐"，强调复古，其所倡导的文坛"复古"运动盛行了一个世纪，著有《空同集》《乐府古诗》《秋望》《如梦令》等。

情者，动乎遇者也

情者，动乎遇者也。……故遇者物也，动者情也，情动则会，心会则契，神契则音，所谓随寓而发者也。梅月者，遇乎月者也；遇乎月则十见之目怡，聆之耳悦，嗅之鼻安，口之为吟，手之为诗。诗不言月，月为之色。诗不言梅，梅为之馨。何也？契者会乎心者也，会由乎动，动由乎遇，然未有不情者也。故曰：情者，动乎遇者也。

（明）李梦阳《杨月先生诗序》，《空同集》卷五十，据明嘉靖刊本

遇者因乎情，诗者形乎遇

故天下无不根之萌，君子无不根之情，忧乐潜之中，而后感触应之外，故遇者因乎情，诗者形乎遇。

（明）李梦阳《梅月先生诗序》，《空同集》卷五十，据明嘉靖刊本

诗者，吟之章而情之自鸣者也

夫天地不能逆寒暑以成岁，万物不能逃消息以就情，故圣以时动，物以情征。窍遇则声，情遇则吟。吟以和宣，宣以乱畅，畅而咏之而诗生焉。故诗者，吟之章而情之自鸣者也。

（明）李梦阳《鸣春集序》，《空同集》卷五十，据明嘉靖刊本

情动则言形，比之音而诗生矣

夫既东西南北人也，于其分不有怅离思合者乎？于是筵于庭，祖于道，舣于郊，嬉于园，不有缱绻踟蹰者乎？斯之谓情也。情动则言形，比之音而诗生矣。

（明）李梦阳《题东庄饯诗后》，《空同集》卷五十八，据明嘉靖刊本

诗者，天地自然之音也

王子曰：诗有六义，比兴要焉。夫文人学子，比兴寡而直率多，何也？出于情寡而工于词多也。夫途巷蠢蠢之夫，固无文也。乃其讴也，咢也，呻也，吟也，行咕而坐歌，食咄而寤嗟，此唱而彼和，无不有比焉兴焉，无非其情焉，斯足以观义矣。故曰：诗者，天地自然之音也。

（明）李梦阳《诗集自序》，《空同集》卷五十，据明嘉靖刊本

诗之刚柔异而抑扬殊，气使然也

夫诗发之情乎？声气其区乎？正变者，时乎？夫诗言志，志有通塞则悲欢以之，二者小大之其由也。至其为声也，则刚柔异而抑扬殊，何也？气使之也。

（明）李梦阳《张生诗序》，《空同集》卷五十，据明嘉靖刊本

诗者，感物造端者也

夫学者称饯送率于诗，尚矣。然《烝民》首列乎《崧高》《韩奕》亦曰："奕奕梁山。"此何哉？盖诗者，感物造端者也。是以古者登高能赋，则命为大夫。而列国大夫之相遇也，以微言相感则称诗以谕志。故曰：言不直遂，比兴以彰，假物讽谕，诗之上也。……故古之人之欲感人也，举之以似，不直说也；托之以物，无遂辞也。然皆造始于诗。故曰：诗者，感物造端者也。

（明）李梦阳《秦君饯送诗序》，《空同集》卷五十一，据明嘉靖刊本

闻其乐而知其德

夫诗，宣志而道和者也，故贵宛不贵崄，贵质不贵靡，贵情不贵繁，

贵融洽不贵工巧。故曰：闻其乐而知其德。故音也者，愚志之大防，庄诐简侈浮乎之界分也。

（明）李梦阳《与徐氏论文书》，《空同集》卷六十二，据明嘉靖刊本

真者，音之发而情之原也，非雅俗之辩也

曹县盖有王叔武云，其言曰："夫诗者，天地自然之音也。今途咢而巷讴，劳呻而康吟，一唱而群和者，其真也，斯之谓风也。孔子曰：'礼失而求之野。'今真诗乃在民间。而文人学子，顾往往为韵言，谓之诗。夫孟子谓《诗》亡然后《春秋》作者，雅也。而风者亦遂弃而不采，不列之乐官。悲夫！"李子曰："嗟！异哉！有是乎？予尝聆民间音矣，其曲胡，其思淫，其声哀，其调靡靡，是金、元之乐也，奚其真？"王子曰："真者，音之发而情之原也。古者国异风，即其俗成声。今之俗既历胡，乃其曲乌得而不胡也？故真者，音之发而情之原也，非雅俗之辩也。"

（明）李梦阳《诗集自序》，《李空同全集》卷五十，据明嘉靖刊本

诗可以观

夫天下百虑而一致，故人不必同，同于心；言不必同，同于情。故心者，所为欢者也；情者，所为言者也。是故科有文武，位有崇卑，时有钝利，运有通塞；后先长少，人之序也；行藏显晦，天之界也。是故其为言也，直宛区，忧乐殊，同境而异途，均感而各应之矣。至其情则无不同也，何也？出诸心者一也。故曰："诗可以观。"

（明）李梦阳《叙九日宴集》，《空同集》卷五十八，据明嘉靖刊本

歌之心畅，而闻之者动也

夫诗比兴错杂，假物以神变者也。难言不测之妙，感触突发，流动情思，故其气柔厚，其声悠扬，其言切而不迫。故歌之心畅，而闻之者动也。

（明）李梦阳《岳音序》，《空同集》卷五十一，据明嘉靖刊本

汪 芝

汪芝（约 1476—?），字时瑞，号云岚山人，歙县（今安徽歙县）人。自幼爱好音乐，尤擅弹琴与音律之学。汪芝博采诸家，苦心搜罗，历时 30 年编成《西麓堂琴统》。

琴之为道大矣

琴之为道大矣，所以宣五音之和，养性情之正，而能神明之德也。苟非宅心冲旷、契真削墨、超然自得于林风水月之间者，其孰能与此哉？《书》云："物生而有情，情发而为声。"声本于五行，布于五位，宫生徵，徵生商，商生羽，羽生角。

（明）汪芝《西麓堂琴统·叙论》，《琴曲集成》第三册，中华书局 1982 年版

徐祯卿

徐祯卿（1479—1511），字昌榖，一字昌国，吴县（今江苏苏州）人。弘治十八年（1505）进士，曾任大理寺左寺副、国子监博士等职。徐祯卿擅长诗文书法，与同里祝允明、唐寅、文征明并称"吴中四才子"；与李梦阳等合派同流，为"前七子"之一。著有《迪功集》《谈艺录》。

人士品殊，艺随迁易

诗之词气，虽由政教，然支分条布，略有径庭。良由人士品殊，艺随迁易。故宗工巨匠，词淳气平；豪贤硕侠，辞雄气武；迁臣孽子，辞厉气促；逸民遗老，辞玄气沉；贤良文学，辞雅气俊；辅臣弼士，辞尊气严；阉童壸女，辞弱气柔；媚夫悻士，辞靡气荡；荒才娇丽，辞淫气伤。

（明）徐祯卿《谈艺录》，范志新《徐祯卿全集编年校注》，人民文学出版社 2009 年版

古诗三百，可以博其源；遗篇十九，可以约其趣

昔桓谭学赋于扬雄，雄令读千首赋。盖所以广其资，亦得以参其变也。……故古诗三百，可以博其源；遗篇十九，可以约其趣；乐府雄高，可以厉其气；《离骚》深永，可以裨其思。然后法经而植旨，绳古以崇辞，虽或未尽臻其奥，我亦罕见其失也。

（明）徐祯卿《谈艺录》，范志新《徐祯卿全集编年校注》，人民文学出版社 2009 年版

以诗可以格天地，感鬼神，畅风教，通庶情

诗理宏渊，谈何容易。究其妙用，可略而言。《卿云》《江水》，开《雅》《颂》之源；《烝民》《麦秀》，建《国风》之始。览其事迹，兴废如存；占彼民情，困舒在目。则知诗者，所以宣玄郁之思，光神妙之化者也。先王协之于宫徵，被之于簧弦，奏之于郊社，颂之于宗庙，歌之于燕会，讽之于房中。盖以之可以格天地，感鬼神，畅风教，通庶情。此古诗之大约也。

（明）徐祯卿《谈艺录》，范志新《徐祯卿全集编年校注》，人民文学出版社 2009 年版

兴怀触感，民各有情

及夫兴怀触感，民各有情。贤人逸士，呻吟于下里；弃妻思妇，叹咏于中闺。鼓吹奏乎军曲，童谣发于闾巷，亦十五《国风》之次也。

（明）徐祯卿《谈艺录》，范志新《徐祯卿全集编年校注》，人民文学出版社 2009 年版

因情以发气，因气以成声，因声而绘词，因词而定韵

情者，心之精也。情无定位，触感而兴，既动于中，必形于声。故喜则为笑哑，忧则为吁戏，怒则为叱咤。然引而成音，气实为佐；引音成词，文实与功。盖因情以发气，因气以成声，因声而绘词，因词而定韵，此诗之源也。

（明）徐祯卿《谈艺录》，范志新《徐祯卿全集编年校注》，人民文学出版社 2009 年版

情能动物，故诗足以感人

夫情能动物，故诗足以感人。荆轲变征，壮士瞋目；延年婉歌，汉武慕叹。凡厥含生，情本一贯，所以同忧相瘁，同乐相倾者也。故诗者，风也，风之所至，草必偃焉。圣人定经，列国为风，固有以也。若乃欷歔无涕，行路必不为之兴哀；愬难不肤，闻者必不为之变色。故夫直慧之词，譬之无音之弦耳，何所取闻于人哉？至于陈采以眩目，裁虚以荡心，抑又末矣。

（明）徐祯卿《谈艺录》，范志新《徐祯卿全集编年校注》，人民文学出版社2009年版

情既异其形，辞当因其势

诗家名号，区别种种。原其大义，固自同归。歌声杂而无方，行体疏而不滞。吟以呻其郁，曲以导其微，引以抽其臆，诗以言其情，故名因象昭。合是而观，则情之体备矣。夫情既异其形，故辞当因其势。譬如写物绘色，倩盼各以其状；随规逐矩，圆方巧获其则。此乃因情立格，持守围环之大略也。若夫神工哲匠，颠倒经枢，思若连丝，应之杼轴；文如铸冶，逐手而迁，从衡参互，恒度自若。此心之伏机，不可强能也。

（明）徐祯卿《谈艺录》，范志新《徐祯卿全集编年校注》，人民文学出版社2009年版

何景明

何景明（1483—1521），字仲默，号白坡，又号大复山人，信阳（今属河南）人。弘治十五年（1502）进士，授中书舍人。愤刘瑾擅权，辞官回乡，被免职。刘瑾败，复原官，升陕西提学副使。因病卒于家。其取法汉唐，一些诗作颇有现实内容。性耿直，淡名利，对当时的黑暗政治不满，敢于直谏，曾倡导明代文学改革运动，著有《大复集》。

德日新而道广，圣圣传授之心也

仆观尧、舜、周、孔、子思、孟氏之书，皆不相沿袭而相发明，是故

德日新而道广，此实圣圣传授之心也。后世俗儒，专守训诂，执其一说，终身弗解。相传之意背矣。

（明）何景明《与李空同论诗书》，李淑毅等点校《何大复集》，中州古籍出版社1989年版

诗本性情之发者也

夫诗本性情之发者也。其切而易见者，莫如夫妇之间，是以《三百篇》首乎雎鸠，六义首乎风。而汉魏作者，义关君臣朋友，辞必托诸夫妇，以宣郁而达情焉，其旨远矣！

（明）何景明《明月篇序》，李淑毅等点校《何大复集》，中州古籍出版社1989年版

安　磐

安磐（1483—1527），字公石，又字松溪，号颐山，嘉定州人。明弘治十八年（1505）乙丑科顾鼎臣榜进士。正德年间，曾任吏、兵等科给事中，有直声。嘉靖初年，因议大礼被廷杖除名。与程启充、彭汝实、徐文华同为嘉定人，时称嘉定四谏。约卒于嘉靖六年，葬于嘉定城东北平羌乡，杨慎撰墓志铭。万历初（1573）追赠为太常少卿。能作诗，《旧峨山志》称其"撒手为盐，翻水成调"。著有《颐山集》《颐山诗话》《易慵奏义草》《游峨集》等。

思入乎渺忽，神恍乎有无，情极乎真到，才尽乎形声，工夺乎造化者，诗之妙也

思入乎渺忽，神恍乎有无，情极乎真到，才尽乎形声，工夺乎造化者，诗之妙也。试以杜诗言之："子规夜啼山竹裂，王母昼下云旗翻。"非入于渺忽乎？"织女机丝虚夜月，石鲸鳞甲动秋风。"非恍忽有无乎？"艰难苦恨繁霜鬓，潦倒新停浊酒杯。"非极其真到乎？"五更鼓角声悲壮，三峡星河影动摇。"非尽其形声乎？"白摧朽骨龙虎死，黑入太阴雷雨垂。"非工夺造化乎？

（明）安磐《颐山诗话》，据《四库全书珍本初集》本

俞 弁

俞弁（1488—1547），字子客，号守约道人，一号守约居士。长洲（今江苏苏州）人。喜藏书，抄、稿本尤多。自称"无他嗜好，寓情图史，翻阅披校，竟日忘倦"。其读书、藏书处所名"紫芝堂""逸老堂"，经史百家、法帖名画充牣其中。日居其中，铅椠编帙，未尝去手。工于诗文。著有《续医说》《脉症方药》《山樵暇语》《逸老堂诗话》等。

诗美教化，敦风俗，示劝戒，然后足以为诗

蒋少傅冕云：近代评诗者，谓诗至于不可解，然后为妙。夫诗美教化，敦风俗，示劝戒，然后足以为诗。诗而至于不可解，是何说邪？且《三百篇》，何尝有不可解者哉！

（明）俞弁《逸老堂诗话》卷下，《历代诗话续编》，据无锡丁氏校印本

杨 慎

杨慎（1488—1559），字用修，初号月溪、升庵，又号逸史氏、博南山人、洞天真逸，四川新都（今成都市新都区）人，祖籍庐陵。明代文学家、学者，明代三才子之首。后人论及明代记诵之博、著述之富，推杨慎为第一。他能文、词及散曲，论古考证之作范围颇广。其诗沉酣六朝，揽采晚唐，创为渊博靡丽之词，造诣深厚，独立于当时风气之外。著作达四百余种，被后人辑为《升庵集》。

书法唯风韵难及

书法唯风韵难及。唐人书多粗糙，晋人书虽非名法之家，亦自奕奕有一种风流蕴藉之气。缘当时人物，以清简相尚，虚旷为怀，修容发语，以韵相胜，落华散藻，自然可观。可以精神解领，不可以言语求觅也。

（明）杨慎《墨池琐录》，卢辅圣主编《中国书画全书》第三册，上海书画出版社1992年版，校以《四库全书》本

文有仗境生情，诗或托物起兴

且又文有仗境生情，诗或托物起兴。如崔延伯每临阵，则召田僧超为壮士歌。宋子京修史，使丽竖然椽烛。吴元中起草，令远山磨隃糜。是或一道也。

（明）杨慎《答重庆太守刘嵩阳书》，《总纂升庵合集》卷十四，据光绪八年新都王鸿文堂藏版本

语录出而文与道判，诗话出而诗与言离

文，道；诗，言也。语录出而文与道判矣。诗话出而诗与言离矣。

（明）杨慎《琐语》，《升庵全集》卷六十五，据新都周参元重刊本

比兴，景也；筋节，情也

唐人评韩翃诗，谓比兴深于刘长卿，筋节减于皇甫冉。比兴，景也；筋节，情也。

（明）杨慎《韩翃诗》，《总纂升庵合集》卷一百四十五，据光绪八年新都王鸿文堂藏版本

胡　侍

胡侍（1492—1553），字奉之，一字承之，号濛溪，陕西都指挥使司宁夏卫（今宁夏回族自治区银川市）人，父胡汝砺，明朝进士、政治人物。嘉靖三年因劾奏当朝大学士张璁、桂萼遭贬谪，嘉靖十七年寻命复职，嘉靖三十二年卒。胡侍一生勤于读书和写作，时人称其"胸罗星斗之文，落笔而烟云满纸；腹蕴经史之奥，纵谈而古今悬河"。写作了大量的文章、诗词，堪称一代著名的文人雅士。其传之于世的著作有《蒙豁集》三集，《续卷》一卷，《墅谈》二卷，《真珠船》八卷，《清凉经》一卷。

不得其平而鸣

元曲如《中原音韵》、《阳春白雪》、《太平乐府》、《天机余锦》等

集,《范张鸡黍》、《王粲登楼》、《三气张飞》、《赵礼让肥》、《单刀会》、《敬德不伏老》、《苏子瞻贬黄州》等传奇,率音调悠圆,气魄宏壮,后虽有作,鲜与之京矣。盖当时台省元臣,郡邑正官及雄要之职,尽其国人为之,中州人每每沉抑下僚,志不获展,如关汉卿入大医院尹,马致远江浙行省务官,宫大用钓台山长,郑德辉杭州路史,张小山首领官,其他屈在薄书,老于布素者,尚多有之。于是以其有用之才,而一寓之乎声歌之末,以舒其怫郁感慨之怀,盖所谓不得其平而鸣焉者也。

(明)胡侍《元曲》,《真珠船》卷四,据《宝颜堂秘籍》本

谢 榛

谢榛(1495—1575),字茂秦,号四溟山人,又号脱屣山人,临清(今山东临清)人。为"后七子"之一,倡导为诗摹拟盛唐,主张"选李杜十四家之最者,熟读之以夺神气,歌咏之以求声调,玩味之以裒精华"。其诗以律句绝句见长,功力深厚,句响字稳。著有《四溟山人全集》,诗论专著有《四溟诗话》,一名《诗家直说》。

内出者有限,所谓"辞前意"也;外来者无穷,所谓"辞后意"也

今人作诗,忽立许大意思,束之以句则窘,辞不能达,意不能悉。譬如凿池贮青天,则所得不多;举杯收甘露,则被泽不广。此乃内出者有限,所谓"辞前意"也。或造句弗就,忽令疲其神思,且阅书醒心,忽然有得,意随笔生,而兴不可遏,入乎神化,殊非思虑所及。或因字得句,句由韵成,出乎天然,句意双美。若接竹引泉而潺湲之声在耳,登城望海而浩荡之色盈目。此乃外来者无穷,所谓"辞后意"也。

(明)谢榛《四溟诗话》卷四,人民文学出版社2005年版

情景相触而成诗,此作家之常也

夫情景相触而成诗,此作家之常也。或有时不拘形胜,面西言东,但假山川以发豪兴尔。譬若倚太行而咏峨嵋,见衡漳而赋沧海,即近以彻远,犹夫兵法之出奇也。

(明)谢榛《四溟诗话》卷四,人民文学出版社2005年版

情景各有难易

杜约夫问曰："点景写情孰难？"予曰："诗中比兴固多，情景各有难易。若江湖游宦羁旅会晤舟中，其飞扬轇轕，老少悲欢，感时话旧，靡不慨然言情，近于议论。把握住则不失唐体，否则流于宋调。此写情难于景也，中唐人渐有之。冬夜园亭具樽俎，延社中词流，时庭雪皓目，梅月向人，清景可爱，模写似易。如各赋一联，拟摩诘有声之画，其不雷同而超绝者，谅不多见。此点景难于情也，惟盛唐人得之。"约夫曰："子触发情景之蕴，以至极致，沧浪辈未尝道也。"

（明）谢榛《四溟诗话》卷二，人民文学出版社2005年版

诗乃模写情景之具

诗乃模写情景之具，情融乎内而深且长，景耀乎外而远且大。当知神龙变化之妙：小则入乎微罅，大则腾乎天宇。此惟李杜二老知之。

（明）谢榛《四溟诗话》卷四，人民文学出版社2005年版

景乃诗之媒，情乃诗之胚

作诗本乎情景，孤不自成，两不相背。凡登高致思，则神交古人，穷乎遐迩，系乎忧乐。此相因偶然，著形于绝迹，振响于无声也。夫情景有异同，模写有难易，诗有二要，莫切于斯者。观则同于外，感则异于内。当自用其力，使内外如一，出入此心而无间也。景乃诗之媒，情乃诗之胚，合而为诗。以数言而统万形，元气浑景乃诗之媒成，其浩无涯矣。同而不流于俗，异而不失其正，岂徒丽藻炫人而已。然才亦有异同，同者得其貌，异者得其骨，人但能同其同，而莫能异其异。吾见异其同者，代不数人尔。

（明）谢榛《四溟诗话》卷三，人民文学出版社2005年版

凡作诗，悲欢皆由乎兴

凡作诗，悲欢皆由乎兴，非兴则造语弗工。欢喜之意有限，悲感之意无穷。欢喜诗，兴中得者虽佳，但宜乎短章；悲感诗，兴中得者更佳，至于千言反复，愈长愈健。熟读李、杜全集，方知无处无时而非兴也。

（明）谢榛《四溟诗话》卷三，人民文学出版社2005年版

诗之造，玄矣哉

夫万景七情，合于登眺；若面前列群镜，无应不真，忧喜无两色，偏正惟一心；偏则得其半，正则得其全。镜犹心，光犹神也。思入杳冥，则无我无物。诗之造，玄矣哉！

（明）谢榛《四溟诗话》卷三，人民文学出版社2005年版

诗贵乎远而近

诗贵乎远而近。然思不可偏，偏则不能无弊。陆士衡《文赋》曰："其始也，皆收视反听，耽思傍讯，精骛八极，心游万仞。"此但写冥搜之状尔。唐刘昭禹诗云："句向夜深得，心从天外归。"此作祖于士衡，尤知远近相应之法。凡静室索诗，心神渺然，西游天竺国，仍归上党昭觉寺，此所谓"远而近"之法也。若经天竺，又向扶桑，此远而又远，终何归宿？

（明）谢榛《四溟诗话》卷四，人民文学出版社2005年版

（作文）妙句萌心，且含毫咀味，两事兼举，以就兴之缓急也

凡作文，静室隐几，冥搜邈然，不期诗思遽生，妙句萌心，且含毫咀味，两事兼举，以就兴之缓急也。予一夕欹枕面灯而卧，因咏蜉蝣之句；忽机转文思，而势不可遏，置彼诗草，率书叹世之语云："天地之视人，如蜉蝣然；蜉蝣之观人，如天地然；蜉蝣莫知人之有终也，人莫知天地之有终也。"

（明）谢榛《四溟诗话》卷三，人民文学出版社2005年版

诗不可无体、志、气、韵

《余师录》曰："文不可无者有四：曰体，曰志，曰气，曰韵。"作诗亦然。体贵正大，志贵高远，气贵雄浑，韵贵隽永。四者之本，非养无以发其真，非悟无以入其妙。

（明）谢榛《四溟诗话》卷一，人民文学出版社2005年版

自古诗人养气，各有主焉

自古诗人养气，各有主焉。蕴乎内，著乎外，而隐见异同，人莫之辨

也。熟读初唐、盛唐诸家所作，有雄浑如大海奔涛，秀拔如孤峰峭壁，壮丽如层楼叠阁，古雅如瑶瑟朱弦，老健如朔漠横雕，清逸如九皋鸣鹤，明净如乱山积雪，高远如长空片云，芳润如露蕙春兰，奇绝如鲸波蜃气：此见诸家所养之不同也。学者能集众长，合而为一，若易牙以五味调和，则为全味矣。

（明）谢榛《四溟诗话》卷三，人民文学出版社2005年版

非德无以养其心，非才无以充其气

人非雨露而自泽者，德也；人非金石而自泽者，名也。心非源泉而流不竭者，才也；心非鉴光而照无偏者，神也。非德无以养其心，非才无以充其气。心犹舸也，德犹舵也。鸣世之具，惟舸载之；立身之要，惟舵主之。士衡、士龙有才而恃，灵运、玄晖有才而露，大抵德不胜才，犹泛舸中流，舵师失其所主，鲜不覆矣。

（明）谢榛《四溟诗话》卷三，人民文学出版社2005年版

子美遭天宝之乱而发忠愤之气，成百代之宗

子美不遭天宝之乱，何以发忠愤之气，成百代之宗。国朝何仲默亦遭壬申之乱，但过于哀伤尔。

（明）谢榛《四溟诗话》卷二，人民文学出版社2005年版

王　畿

王畿（1498—1583），字汝中，号龙溪，学者称龙溪先生，绍兴府山阴（今浙江绍兴）人。明代思想家。明世宗嘉靖十一年，中进士，授南京兵部主事，进郎中。师事王守仁，为王门七派中"浙中派"创始人。其思想以"四无"为核心，修正王守仁的四句教。认为心、意、知、物只是一事，若悟得心是无善无恶之心，则意、知、物皆无善无恶。主张从先天心体上立根，自称这是先天之学。其著述和谈话，后人收辑为《王龙溪先生全集》22卷。

有得于静中冲澹和平之趣，不以外物挠己，则诗足以鸣世

予观晋、魏、唐、宋诸家，如阮步兵、陶靖节、王右丞、韦苏州、黄

山谷、陈后山诸人，述作相望，虽所养不同，要皆有得于静中冲澹和平之趣，不以外物挠己，故其诗亦足以鸣世。

（明）王畿《击壤集序》，《龙溪先生全集》卷十三，据明刊本

李开先

李开先（1502—1568），字伯华，号中麓，别署中麓山人、中麓放客，章丘（今属山东）人。李开先琴棋书画样样精通，尤醉心于金元散曲及杂剧。其文学主张与唐宋派相近，推崇与正统诗文异趣的戏曲小说，主张戏曲语言"俗雅俱备"，"明白而不难知"。为"八才子"之一。著有《中麓小令》，戏曲作品《宝剑记》《断发记》等。

感移风化，非徒作，非苛作，非无益而作

传奇凡十二科，以神仙道化居首，而隐居乐道者次之，忠臣烈士、逐臣孤子又次之，终之以神饰、烟花、粉黛。要之激动人心，感移风化，非徒作，非苛作，非无益而作之者。今所选传奇，取其辞意高古、音调协和，与人心风教俱有激劝感移之功。尤以天分高而学力到，悟入深而体裁正者，为之本也。

（明）李开先《改定元贤传奇后序》，《李开先全集·闲居集》卷五，文化艺术出版社2004年版

他画他诗，宜别有宗

画宗马、夏，诗宗李、杜，人有恒言，而非通论也。两家总是一格，长于雄浑跌宕而已。山水、歌行，宗之可也，他画他诗，宜别有宗，乃亦止宗马、夏、李、杜可乎？本木强之人，乃效李之赏花酣酒；生太平之世，乃效杜之忧乱愁穷。其亦非本色、非真情甚矣！

（明）《田间四时行乐诗跋》引李开先语，《李开先集》上册，中华书局1959年版

词贵真

有学诗文于李空同者，自旁郡而之汴省。空同教以："若似得传唱

《锁南枝》，则诗文无以加矣。"请问其详，空同告以："不能悉记也。只在街市上闲行，必有唱之者。"越数日，果闻之，喜跃如获重宝，即至空同处谢曰："诚如尊教！"何大复继至汴省，亦酷爱之，曰："时词中状元也。如十五国风，出诸里巷妇女之口者，情词婉曲，有非后世诗人墨客操觚染翰，刻骨流血所能及者，以其真也。"

（明）李开先《词谑》，《李开先全集》，文化艺术出版社2004年版

诗禅始于中古

诗禅何所于始乎？其当中古之时乎？人心稍变，直道难行，有托兴，有佹诗，有讽谏，有寓言，有隐语，有廋词，俗谓之谜，而士夫谓之诗禅。如禅教深远，必由猜悟，不可直指径陈，径直则非禅矣。故脱壳离形，弃宗灭祖者，其上乘也；粘皮带骨，冲宗犯祖者，则声闻辟支果也。

（明）李开先《诗禅前序》，《李开先全集》，文化艺术出版社2004年版

绘事，虽一物而万理具

物无巨细，各具妙理，是皆出乎玄化之自然，而非由矫揉造作焉者。万物之多，一物一理耳，惟夫绘事，虽一物而万理具焉。非笔端有造化而胸中备万物者，莫之擅场名家也。

（明）李开先《画品·序》，《李开先全集》，文化艺术出版社2004年版

风出谣口，真诗只在民间

忧而词哀，乐而词亵，此今古同情也。正德初尚《山坡羊》，嘉靖初尚《锁南枝》，一则商调，一则越调。商，伤也；越，悦也；时可考见矣。二词哗于市井，虽儿女子初学言者，亦知歌之。但淫艳亵狎，不堪入耳，其声则然矣，语意则直出肺肝，不加雕刻，俱男女相与之情，虽君臣友朋，亦多有托此者，以其情尤足感人也。故风出谣口，真诗只在民间。《三百篇》大半采风者归奏，予谓今古同情者此也。

（明）李开先《市井艳词序》，《李开先全集·闲居集》卷六，文化艺术出版社2004年版

王文禄

王文禄（1503—?），字世廉，浙江海盐人。嘉靖十年（1531）举人。王文禄的祖父曾为海宁指挥使。父亲王朝辅是当地颇有声望的乡绅。母陆氏，贤惠多闻。文禄为家中独子，自幼即受到父母良好的教育。他长成后精通音律，善于骑射，著述涉于百家，具备多方面修养。

有是志，则有是诗

诗言志，亶然哉。有是志，则有是诗，勉强为之，皆假诗也。

（明）王文禄《诗的》，据《丛书集成》本

诗贵真，乃有神，方可传久

杜诗意在前，诗在后，故能感动人。今人诗在前，意在后，不能感动人。盖杜遭乱，以诗遣兴，不专在诗，所以叙事、点景、论心，各各皆真，诵之如见当时气象，故称诗史。今人专意作诗，则惟求工于言，非真诗也。空同诗自叙亦曰：予之诗非真也，王叔武所谓文人学子之韵言耳。是以诗贵真，乃有神，方可传久。

（明）王文禄《诗的》，据《丛书集成》本

诗文之妙，非命世之才不能也

诗文之妙，非命世之才不能也。惟养浩然之气，塞乎天地之间，始能驱一世而命之也。若执化工之柄阴符，曰天地在乎手，宇宙生乎心。悟此者，可与论诗文也。

（明）王文禄《诗的》，据《丛书集成》本

诗以洗心

设教无非引人入道，故圣人神道设教，随时变易。从道也，贵引伸触类而长。时尚游说以尊王引，时尚战以仁勇引，时尚仙以存神引，时尚佛以见性引，时尚文以养气引，时尚诗独无引乎？文之精为诗，洗心清明，发之诗必无尘俗烟火之气，而有空朗飘逸之音。晋唐作者皆然，非可袭取也。

（明）王文禄《诗的》，据《丛书集成》本

文以气为主

或曰：后世无《孟子》七篇，何也？曰：孰养浩然之气也。故曰：文以气为主。有塞天地之气而后有垂世之文。

（明）王文禄《文脉》卷一，据《丛书集成》本

文以载道；诗以陶性情，道在中矣

文显于目也，气为主。诗咏于口也，声为主。文必体势之壮严，诗必音调之流转，是故文以载道；诗以陶性情，道在中矣。

（明）王文禄《文脉》卷一，据《丛书集成》本

因文见道，道成而文自忘

无文则道曷见也，是以因文见道，道成而文自忘。今未见道而先舍文，文非文，道非道。

（明）王文禄《文脉》卷三，据《丛书集成》本

作文不在词句之工，而在性情之正

乙亥季春灯下看杜诗而悟作文之法。盖作文不在词句之工，而在性情之正。杜先悟之曰：文章有神。神，主意正也。杜值天宝之季，兵乱世危，其爱君忧民之心，经国匡时之略，每于诗中见之。所谓有神，非苟作者，宜其垂世不朽云。故曰：一切惟心造也。今作诗文而无主意，空谈则虚见伪，说铃耳，安得垂（世）？

（明）王文禄《诗的》，据《丛书集成》本

朱厚熄

朱厚熄（1506—1550），明英宗朱祁镇曾孙，嘉靖五年（1526）袭封徽王，谥号恭王，史称徽恭王。朱厚熄为明代琴家，于嘉靖十八年辑出琴谱《风宣玄品》。该书共十卷，首卷为指法、调式等文字六十二则，手势图一百五十四幅，文字多取自《太音大全集》。

德不在手而在心，乐不在声而在道，兴不在音而在趣

尝谓"琴者，禁也"。禁邪归正，以和人心。是故圣人之制，将以制身，育其情性，和其天倪，抑乎淫荡，去乎奢侈，以抱吾道。此琴之所以为乐也。凡鼓琴必择净室高堂，或升层楼之上，或于林石之间，或登山巅，或游水湄，值二气高明之时，清风明月之夜，焚香净坐，心不外驰，气血和平，方可与神合灵，与道合妙。不遇知音则不弹也。如无知音，宁对清风明月、苍松怪石、颠猿老鹤而鼓耳，是为自得其乐也。然如是鼓琴，须要解意。知其意则有其趣，有其趣则有其乐。不知意趣，虽熟何益，徒多无补。先要人物风韵标格清楚，又要指法好，取声好，胸次要有德，口上要有髯，肚里要有墨，六者兼备，方无忝于琴道。

如欲鼓琴，先须衣冠整肃，或鹤氅，或深衣，要如古人之仪表，方可雅称圣人之器。然后盥手焚香，方才就榻。以琴案近座，第五徽当对其心，则两手指法俱便。置于膝亦然。其身必欲正，无得左右倾欹，前后仰合。其足履地，若射步之状。目宜左顾徽弦，不宜右视其手。手腕宜低平，不宜高昂。左手要对徽，右手要近岳。指甲不可长，只留一米许，甲肉相半，其声不枯，清润得宜。打令断弦，按令入木。擘、托、抹、挑、勾、剔、吟、猱、触、撞、锁、历之法，皆令极尽其力，不宜飞舞作势轻薄之态。欲要手势花巧，以为好看，莫若推琴而起舞。若要声音艳丽，以为好听，莫若弃琴而弹筝。此为琴家之大忌也。务使轻重疾徐卷舒自若，体态尊重，方能心与妙会，神与道融。故曰：德不在手而在心，乐不在声而在道，兴不在音而在趣，可以感天地之和，可以合神明之德。又曰：左手吟猱绰注，右手轻重疾徐，更有一般难说，其人须是读书。

（明）朱厚熽《风宣玄品》，《琴曲集成》第二册，中华书局1980年版

何良俊

何良俊（1506—1573），字元朗，号柘湖居士，松江华亭（今上海松江）人。嘉靖中贡生，荐授南京翰林孔目。曾聘请著名老曲师顿仁，研讨戏曲音律。后因仕途屡不得意，辞去官职，归隐著述。自称与庄周、王维、白居易为友，题书房名为"四友斋"。著有《柘湖集》《何氏语林》

《四友斋丛说》等。

填词须用本色语

盖填词须用本色语，方是作家。苟诗家独取李、杜，则沈、宋、王、韦、柳、元、白，将尽废之耶？

（明）何良俊《四友斋丛说》，中华书局1959年版

必待神迈识高，情超心慧，然后知画

非夫神迈识高，情超心慧者，岂可议乎知画？呜呼，夫必待神迈识高，情超心慧，然后知画，宜乎历数百代而难其人也。

（明）何良俊《四友斋丛说》，中华书局1959年版

情辞易工

大抵情辞易工。盖人生于情，所谓"愚夫愚妇可以与知者"。观十五国风，大半皆发于情，可以知矣。是以作者既易工，闻者亦易动听。即《西厢记》与今所唱时曲，大率皆情词也。至如《王粲登楼》第二折，摹写羁怀壮志，语多慷慨，而气亦爽烈。至后《尧民歌》《十二月》，记物寓意，尤为妙绝，岂作调脂弄粉语者可得窥其堂庑哉！

（明）何良俊《四友斋丛说》，中华书局1959年版

诗以性情为主

诗以性情为主，《三百篇》亦只是性情。今诗家所宗，莫过于《十九首》，其首篇"行行重行行"，何等情意深至而辞句简质。其后或有托讽者，其辞不得不曲而婉，然终始只一事，而首尾照应，血脉连属，何等妥帖。今人但模仿古人词句，饾饤成篇，血脉不相接续，复不辨有首尾，读之终篇，不知其安身立命在于何处，纵学得句句似曹、刘，终是未善。

（明）何良俊《四友斋丛说》，中华书局1959年版

要在本之性情

况六义者，既无意象可寻，复非言筌可得。索之于近，则寄在冥邈；求之于远，则不下带衽。又何怪乎今之作者之不知之耶？然不知其要则在于本之性情而已。不本之性情，则其所谓托兴引喻与直陈其事者，又将安

从生哉？今世人皆称盛唐风骨，然所谓风骨者，正是物也。学者苟以是求之，则可以得古人之用心，而其作亦庶几乎必传。若舍此而但求工于言句之间，吾见其愈工而愈远矣。

（明）何良俊《四友斋丛说》，中华书局1959年版

费　瀛

费瀛（1506—1579），字汝登，号丰山、艺林剩夫，浙江慈溪人，幼随父居湖湘间。功名失意，究心艺文。肆力于古文辞，子史百家，旁通书学，尤精署书。丰坊称其书"当与文衡山小楷、祝枝山草书称三绝"。著有《大书长语》。

学书自作人始，作人自正心始

杨子云以书为心画，柳诚悬谓心正则笔正，皆书家名言也。大书笔笔从心画出，必端人雅士，胸次光莹，胆壮气完，肆笔而书，自然庄重温雅，为世所珍。故学书自作人始，作人自正心始，未有心不正而能工书者。即工，随纸墨渝灭耳。正德中，江右李士实以大书名，然用偏锋法，予眼已知其脉理不正，后以宁庶人败，所书扁署刊落殆尽。颜鲁公、朱文公遗笔，几经翻刻，亦皆潢治宝藏，莫敢亵视，断碑只字，世以永存。苏文忠公论字，必稽其人之生平，有以也。呜呼，宁独书也与哉！

（明）费瀛《大书长语·卷上·正心》，卢辅圣主编《中国书画全书》第四册，上海书画出版社1992年版

惟通灵感物之君子，乃可与谈书法

虞永兴云："机巧由于心悟，而不可以力取；玄妙资于神遇，而不可以强求。"书法既得其传，必有所悟，乃能造微而自得，要在念念不忘。昔人观舞剑荡桨，听鼓吹江涛而触彼通我，遂臻神解，此最上乘也。吾辈留心于大书，须博采名山胜境精刻金石大字，名人手书真迹，遍揭楣壁及出入经行之处，朝夕览观。先求其骨力，骨力既得，形势自生。又默会其运用、转换、起伏，照应精意之所存。得其意矣，心追目极，精诚孚感，

恍若亲见其人，披云雾而下之，挥霍于吾前，忽若电驰，倏疑星坠，可喜可愕，奇怪百出。夫然后探彼意象，入我笔端，纵横阖辟，惟吾所用，自有超世绝俗之趣。或疑伯喈、羲、献神授笔法，事涉夸诞，愚谓不然。思而思之，俨然形于有形，是亦夫子学琴之法也。惟通灵感物之君子，乃可与谈斯道。

（明）费瀛《大书长语·卷上·心悟》，卢辅圣主编《中国书画全书》第四册，上海书画出版社1992年版

天下清事，须乘兴趣

天下清事，须乘兴趣，乃克臻妙耳。书者舒也，襟怀舒散，时于清幽明爽之处，纸墨精佳，役者便慧，乘兴一挥，自有潇洒出尘之趣。倘牵俗累，情景不佳，即有仲将之手，难逞径丈之势。是故善书者风雨晦暝不书，精神恍惚不书，服役不给不书，几案不整洁不书，纸墨不妍妙不书，匾名不雅不书，意违势绌不书，对俗客不书，非兴到不书。

（明）费瀛《大书长语·卷上·乘兴》，卢辅圣主编《中国书画全书》第四册，上海书画出版社1992年版

唐顺之

唐顺之（1507—1560），字应德，一字义修，号荆川。武进（今属江苏常州）人。嘉靖八年（1529）会试第一，官翰林编修，后调兵部主事。学者称其为"荆川先生"。在军事上，他主张抗倭，对实战经验进行了总结；在文学上，主张"本色论""师法唐宋"，是明代中后期"唐宋派"的领袖；在思想上，主张"道器不二""技艺与德岂可分两事"，重新整合王学左、右两派思想，为阳明心学的发展开辟了新的阶段。著有《荆川先生文集》《右编》《史纂左编》等。

其陈之则足以观其风，其歌之则足以贡其俗

西北之音慷慨，东南之音柔婉，盖昔人所谓系水土之风气，而先王律之以中声者，惟其慷慨而不入于猛，柔婉而不邻于悲，斯其为中声焉已矣。若其音之出于风土之固然，则未有能相易者也。故其陈之则足以观其

风；其歌之则足以贡其俗。

（明）唐顺之《东川子诗集序》，《荆川先生文集》卷十，据《四部丛刊》本

诗与史，为教一

古者既有左右史以记言动矣，而又为之诗。诗之于史同于籍善事以镜来世，而咨嗟咏叹之，则其味尤长，而其风益远。盖诗者，其助史之不及乎？然左右史所载，惟其朝廷邦国王公巨人殊熏绝德，非此不列，而其载之诗者，大半多闺闼房帷之间以及伐桑采葛、氂笄膏涉、家人琐屑之事……岂史主于纪大而略小，诗主于阐幽探赜，其为教一，而其为体则异耶？

（明）唐顺之《吴孺人挽诗序》，《荆川先生文集》卷十，据《四部丛刊》本

若皆胸中流出，虽用他人字句，亦是自己字句

文章稍不自胸中流出，虽若不用别人一字一句，只是别人字句，差处只是别人的差，是处只是别人的是也。若皆胸中流出，则炉锤在我，金铁尽熔，虽用他人字句，亦是自己字句，如《四书》中引《诗》之类是也。

（明）唐顺之《与洪方洲书》，《荆川先生文集》卷七，据《四部丛刊》本

诗文一事，只是直写胸臆

近来觉得诗文一事，只是直写胸臆，如谚语所谓开口见喉咙者，使后人读之如真见其面目，瑜瑕俱不容掩，所谓本色，此为上乘文字。扬子云闪缩谲怪，欲说不说，不说又说，此最下者，其心术亦略可知。

（明）唐顺之《与洪方洲书》，《荆川先生文集》卷七，据《四部丛刊》本

本色高，信手写出，便是宇宙间第一等好诗；本色卑，则文不能工也

吾岂欺鹿门者哉！其不语人以求工文字者，非谓一切抹杀，以文字绝不足为也，盖谓学者先务，有源委本末之别耳。文莫犹人，躬行未得，此一段公案，姑不敢论，只就文章家论之。虽其绳墨布置，奇正转折，自有

专门师法，至于中一段精神命脉骨髓，则非洗涤心源，独立物表，具今古只眼者，不足以与此。今有两人，其一人心地超然，所谓具千古只眼人也；即使未尝操纸笔呻吟，学为文章，但直据胸臆，信手写出，如写家书，虽或疏卤，然绝无烟火酸馅习气，便是宇宙间一样绝好文字。其一人犹然尘中人也，虽其专学为文章，其于所谓绳墨布置，则尽是矣，然番来覆去，不过是这几句婆子舌头语，奈其所谓真精神与千古不可磨灭之见，绝无有也，则文虽工而不免为下格。此文章本色也。即如以诗为谕，陶彭泽未尝较声律，雕句文，但信手写出，便是宇宙间第一等好诗。何则？其本色高也。自有诗以来，其较声律，雕句文，用心最苦而立说最严者，无如沈约，苦却一生精力，使人读其诗，只见其绷缚龌龊，满卷累牍，竟不曾道出一两句好话。何则？其本色卑也。本色卑，文不能工也，而况非其本色者哉？

（明）唐顺之《答茅鹿门知县二》，《荆川先生文集》卷七，据《四部丛刊》本

归有光

归有光（1507—1571），字熙甫，又字开甫，别号震川，又号项脊生，世称"震川先生"。汉族，苏州府昆山县（今江苏昆山）宣化里人。明朝中期散文家、官员。归有光崇尚唐宋古文，其散文风格朴实，感情真挚，是明代"唐宋派"代表作家，被称为"今之欧阳修"，后人称赞其散文为"明文第一"。与唐顺之、王慎中并称为"嘉靖三大家"。著有《震川先生集》《三吴水利录》等。

文章以理为主

文章以理为主，理得而辞顺，文章自然出群拔萃。如程伊川《周易传序》、王阳明《博约说》，此皆义理之文卓见乎圣道之微者。

（明）归有光《归震川先生论文章体则》，王水照编《历代文话》第二册，复旦大学出版社2007年版

为文必在养气

为文必在养气，气充于中而文溢于外，盖有不期然而然者。如诸葛孔

明《前出师表》、胡澹庵《上高宗封事》，皆沛然腑肺中流出。不期文而自文，谓非正气之所发乎？孔明《后出师表》亦可参看。

（明）归有光《归震川先生论文章体则》，王水照编《历代文话》第二册，复旦大学出版社2007年版

文章不足阐世教，虽工无益也

文章不足阐世教，虽工无益也。如李太伯《袁州学记》议论臣子之分，恳恻切至，读者辄起忠孝之心，谓非文之关世教者乎？王阳明《象祠记》颇有感发人处，可以参看。

（明）归有光《归震川先生论文章体则》，王水照编《历代文话》第二册，复旦大学出版社2007年版

道胜则文不期少而自少，道不胜则文不期多而自多

文者，道之所形也。道形而为文，其言适与道称，谓之曰：其旨远，其辞文。曲而中，肆而隐，是虽累千万言，皆非所谓出乎形，而多方骈枝于五脏之情者也。故文非圣人之所能废也。虽然，孔子曰：天下有道则行有枝叶，天下无道则言有枝叶。夫道胜则文不期少而自少，道不胜则文不期多而自多。

（明）归有光《雍里先生文集序》，《震川先生集》卷二，据《四部丛刊》本

诗者，出于情而已矣

盖《三百篇》之后，未尝无诗也。不然，则古今人情无不同，而独于诗有异乎？夫诗者，出于情而已矣。

（明）归有光《沈次谷先生诗序》，《震川先生集》卷二，据《四部丛刊》本

王慎中

王慎中（1509—1559），字道思，号遵岩居士，后号南江，称王仲子，晋江（今属福建）人。王慎中为文，初钩章棘句，吞剥秦汉散文，

认为"文必秦汉,汉后散文无可取之处";后读欧阳修、曾巩等人的散文,大为钦佩。遂乃尽焚旧作,一意效仿。他提倡文章要"道其中之所欲言","卒归于自为其言",要"直抒胸臆,信手写出",以表达作者内心真实的思想感情。著有《王遵岩集》。

人之性情形以有声,而得失邪正之言所由以出

刚柔舒促,淫滥泰约之变,人之性术情好,动于其中,而美恶之形成矣。因形以有声,而得失邪正之言所由以出。人之居处有养,而践历有习,拘焉而不备,则于物之变有所未尝,性情之动亦曲而不中。羡蔡舍糗者,固不可语膏粱之半旨;而饫于珍滋之豢者,亦岂知蔬菇之为甘。栉风沐雨,劳筋惫骨之夫,熟知广厦细毡、安坐徐行之为适;而雍容都雅、堕弛其四体者,与之谈郊野道途勤动之故,则不省其为何。佚乐恍勤之境,士大夫居养践习之所阅,盖有终身由于此而不适乎彼者矣。故人之为言,其出于刚悍苛促、困滥苦约而无聊者,必其阅于忧勤之所为,而狎于佚乐之习养者,尝柔弩舒漫、泰肆淫靡而不知节。如是者,莫审于诗久矣。

(明)王慎中《顾洞阳诗集序》,《王遵岩集》卷二,据清康熙郢雪书林刊本

言之所寄,必出于不平

不得志于时,而寄于诗,以宣其怨忿而道其不平之思,盖多有其人矣。所谓不得志者,岂以贫贱之故也,材不足以用于世,而沮于贫贱,宜也,又何怨焉?才足以用于世,贱且贫焉,其怨也,宜也。言之所寄,必出于不平。烟云木石虫鱼鸟兽草木之见者,皆可怨之物;写而为诗,皆不乐之旨。是其人于中虽未宏而亦其情之所不免欤?

(明)王慎中《碧梧轩诗集序》,《王遵岩集》卷二,据清康熙郢雪书林刊本

怨与怒交于中,于是有刺讥之微言

先生固务立大节而亦不忽乎细,然竟以见斥,岂非其细者不胜其奇乎?好而不得泄则怨,挟而无试则怒,怨与怒交于中,于是有刺讥之微言,愤怼之大声,亦其势之所然。豪傥失志者,往往蹈此。

(明)王慎中《田间集序》,《王遵岩集》卷二,据清康熙郢雪书林刊本

咏其所志也，莫善于诗

余少而喜为诗，以为文之穷情极变，引物连类，指近而寓远，陈显而寄微，足以感人动物。咏其所志也，莫善于诗。

（明）王慎中《陈少华诗集序》，《王遵岩集》卷二，据清康熙郢雪书林刊本

茅　坤

茅坤（1512—1601），字顺甫，号鹿门，湖州府归安（今浙江吴兴）人。茅坤文武兼长，雅好书法，提倡学习唐宋古文，反对"文必秦汉"的观点，至于作品内容，则主张必须阐发"六经"之旨。编选《唐宋八大家文钞》，对韩愈、欧阳修和苏轼尤为推崇。与王慎中、唐顺之、归有光等，同被称为"唐宋派"。有《白华楼藏稿》，刻本罕见。行世者有《茅鹿门集》。

其言虽工，而要非《三百》之遗也

世所谓能诗者，大由迁臣羁旅，幽人骚客。不然，彼或其挟隽材，负盛气者之士，出而曳龟佩鱼，按节拥旄，内之则省闼，外之则边缴，而悲歌慷慨，宴酣淋漓，以诗声相雄长。故其言虽工，而要非《三百》之遗也。

（明）茅坤《龚秀州尚友堂诗序》，《茅鹿门集》卷一，据清康熙刊本

贤人君子，即其穷愁，自著文采

仆尝念春秋以来，其贤人君子，间遭废斥，未尝不即其穷愁，自著文采，以表见于后，何者？耻心有所知，与腐草同没也。

（明）茅坤《与蔡白石太守论文书》，《茅鹿门集》卷三，据清康熙刊本

文以载道

文以载道。道也者，伏羲氏以来不易之旨也。孔孟没而圣学微，于是

六艺之旨，散逸不传。

（明）茅坤《与王敬所少司寇书》，《茅鹿门集》卷四，据清康熙刊本

文应本之六籍以求圣人之道

文不本之六籍以求圣人之道，而顾沾沾焉浅心虚气，竞为拮据其间，譬之剪采而花，其所炫耀熠爚者，若或目眩而心掉，而要之于古作者之旨，或背而驰矣。

（明）茅坤《谢陈五岳序文刻书》，《茅鹿门集》卷四，据清康熙刊本

得其物之情而肆于心

今人读游侠传，即欲舍生；读屈原贾谊传，即欲流涕；读庄周鲁仲连传，即欲遗世；读李广传，即欲力斗；读石建传，即欲俯躬；读信陵平原君传，即欲好士。若此者何哉？各得其物之情而肆于心故也。

（明）茅坤《与蔡白石太守论文书》，《茅鹿门集》卷三，据清康熙刊本

李攀龙

李攀龙（1514—1570），字于鳞，号沧溟，山东济南府历城（今山东济南）人。其论诗主张，与"前七子"相倡和，形成一个新的文学流派，史称"后七子"。主张文必秦汉，诗规盛唐，继"前七子"的文学复古运动，为彻底改变"台阁体"统治文坛的局面而斗争。著有《沧溟先生集》。

诗言志

夫诗言志也。士有不得其志而言之者，俟知已于后也。

（明）李攀龙《比玉集序》，《沧溟先生集》卷十五，据明万历重刊本

诗可以怨

诗可以怨。一有嗟叹，即有永歌。言危则性情峻洁，语深则意气激

烈，能使人有孤臣孽子摒弃而不容之感，遁世绝俗之悲。泥而不滓，蝉蜕滋垢之外者，诗也。

（明）李攀龙《送宗子相序》，《沧溟先生集》卷十六，据万历重刊本

徐师曾

徐师曾（1517—1580），字伯鲁，号鲁庵，南直隶苏州府吴江（今属江苏）人。幼先习儒，长而博学，兼通医卜、阴阳等。将其友沈承之（子禄）所著关于经络之书稿续编成《经络全书》两卷。又撰有《医家大法》《周易演义》《文体明辨》《大明文钞》《宦学见闻》《吴江县志》《湖上集》等，共数百卷行于世。生平行状见王世懋《王奉常集》文部卷二十《徐鲁庵先生墓表》。

动荡乎天机，感发乎人心，而兼出于六义，然后得赋之正体，合赋之本义

然则学古者奈何？曰：发乎情止乎礼义。其赋古也，则于古有怀；其赋今也，则于今有感；其赋事也，则于事有触；其赋物也，则于物有况。以乐而赋，则读者跃然而喜；以怨而赋，则读者愀然以呼；以怒而赋，则令人欲按剑而起。以哀而赋，则令人欲掩袂而泣。动荡乎天机，感发乎人心，而兼出于六义，然后得赋之正体，合赋之本义。苟为不然，则虽能脱乎俳律，而不知其又入于文矣，学者宜细求之。

（明）徐师曾《文体明辨序说·赋》，据人民文学出版社1962年版

杨表正

杨表正（约1520—约1590），字本直，号西峰山人，又号巫峡主人，福建永安市贡川人。杨表正自述，他不关心功名利禄，专心音乐，勤学古琴，对琴学"苦志究心三十余年"，终于成为出类拔萃的古琴大师。著有《重修正文对音捷要真传琴谱大全》。

凡鼓琴，择地择时，坐定，心不外驰，气血和平，方与神合，灵与道合

凡鼓琴，必择净室高堂，或升层楼之上，或于林室之间，或登山巅，或游水湄，或观宇中；值二气高明之时，清风明月之夜，焚香静室，坐定，心不外驰，气血和平，方与神合，灵与道合。如不遇知音，宁对清风明月、苍松怪石、巅猿老鹤而鼓耳，是为自得其乐也。

（明）杨表正《弹琴杂说》，引自明刊本《重修正文对音捷要真传琴谱》卷一

徐 渭

徐渭（1521—1593），初字文清，后改字文长，号天池山人，或田水月、田丹水、青藤居士等，绍兴府山阴（今浙江绍兴）人。徐渭诗、书、画、文皆有成就，自认"书法第一，诗第二，文第三，画第四"。著有杂剧集《四声猿》《歌代啸》，曲论《南词叙录》，诗文集《徐文长三集》等。

北曲，所谓"其声噍杀以立怨"是已

听北曲使人神气鹰扬，毛发洒淅，足以作人勇往之志，信胡人之善于鼓怒也。所谓"其声噍杀以立怨"是已。南曲则纤徐绵眇，流丽婉转，使人飘飘然丧其所守而不自觉，信南方之柔媚也，所谓"亡国之音哀以思"是已。夫二音鄙俚之极，尚足感人如此，不知正音之感（人）何如也。

（明）徐渭《南词叙录》，《中国古典戏曲论著集成》，中国戏剧出版社1959年版

选诗一事，可兴、可观、可群、可怨一诀尽之矣

公之选诗，可谓一归于正，复得其大矣。此事更无他端，即公所谓可兴、可观、可群、可怨一诀尽之矣。试取所选者读之，果能如冷水浇背，陡然一惊，便是兴观群怨之品。如其不然，便不是矣。

（明）徐渭《答许北口》，《徐文长集》，中华书局1983年版

曲本取于感发人心，歌之使奴、童、妇、女皆喻，乃为得体

以时文为南曲，元末、国初未有也，其弊起于《香囊记》。《香囊》乃宜兴老生员邵文明作，习《诗经》，专学杜诗，遂以二书语句匀入曲中。宾白亦是文语，又好用故事作对子，最为害事。夫曲本取于感发人心，歌之使奴、童、妇、女皆喻，乃为得体；经、子之谈，以之为诗且不可，况此等耶？直以才情欠少，未免裨补成篇。吾意：与其文而晦，曷若俗而鄙之易晓也？

（明）徐渭《南词叙录》，《中国古典戏曲论著集成》，中国戏剧出版社1959年版

摹情弥真则动人弥易，传世亦弥远

人生堕地，便为情使。聚沙作戏，拈叶止啼，情昉此已。迨终身涉境触事，夷拂悲愉，发为诗文骚赋，璀璨伟丽，令人读之喜而颐解，愤而眦裂，哀而鼻酸，恍若与其人即席挥麈，嬉笑悼唁于数千百载之上者，无他，摹情弥真则动人弥易，传世亦弥远，而南北剧为甚。

（明）徐渭《选古今南北剧序》，《徐渭集》，中华书局1983年版

论书者云，多似其人

论书者云，多似其人。苏文忠人逸也，而书则庄。文忠书法颜，至比杜少陵之诗，昌黎之文，吴道子之画，盖颜之书，即庄亦未尝不逸也。《金刚》《楞伽》二经，并达磨首举以付学人者，而文忠并两书之，《金刚》此帖是也，《楞伽》以付金山参寥。余过金山，问文忠玉带所传镇山门者，亦为顽僧质钱充口腹矣，况经乎？倪得如此帖，摹勒传人间，亦幸也，惜过时失问。

（明）徐渭《徐渭论书》，《徐渭集》，中华书局1983年版

天机自动，触物发声，以启其下段欲写之情

今之南北东西虽殊方，而妇女儿童，耕夫舟子，塞曲征吟、市歌巷引，若所谓竹枝词，无不皆然。此真天机自动，触物发声，以启其下段欲写之情，默会亦自有妙处，决不可以意义说者，不知夫子以为何如？

（明）徐渭《奉师季先生书》，《徐渭集》，中华书局1983年版

有诗而无诗人，有诗人而无诗

古人之诗本乎情，非设以为之者也。是以有诗而无诗人。迨于后世，则有诗人矣。乞诗之目，多至不可胜应，而诗之格，亦多至不可胜品，然其于诗，类皆本无是情，而设情以为之。夫设情以为之者，其趋在于干诗之名。干诗之名，其势必至于袭诗之格而剽其华词。审如是，则诗之实亡矣！是之谓有诗人而无诗。

（明）徐渭《萧甫诗序》，《徐文长集》卷二十，据宣统刊本

张佳胤

张佳胤（1526—1588），初号泸山，号崌崃山人（一作居来山人），重庆府铜梁县（今重庆铜梁）人。张佳胤工诗文，为明文坛"嘉靖后五子"之一，著有《崌崃集》。

诗依情，情发而葩，约之以韵；文依事，事述而核，衍之以篇

乃至岐诗与文而对称之，则未有兼出媲美者何也？诗文之用异而气不备完也。诗依情，情发而葩，约之以韵；文依事，事述而核，衍之以篇。葩不易约而核不易衍也。于其体固难之，葩与核左而不相为用也，则又工言者之所不易兼也。

（明）张佳胤《李沧溟先生集序》，《沧溟先生集》卷首，据明万历重刊本

王世贞

王世贞（1526—1590），字元美，号凤洲，又号弇州山人。太仓（今属江苏）人。明代文学家、史学家。明嘉靖二十年（1541）进士。历官至兵步右侍郎、刑部尚书。以诗文著名，与李攀龙等号称"后七子"。著述甚丰，有《弇州山人四部稿》《弇山堂别集》《觚不觚录》《艺苑卮言》等。

南北曲殊异

曲者词之变。自金、元入中国，所用胡乐，嘈杂凄紧，缓急之间，词不能按，乃更为新声以媚之。而诸君如贯酸斋、马东篱、王实甫、关汉卿、张可久、乔梦符、郑德辉、宫大用、白仁甫辈，咸富有才情，兼喜声律，以故遂擅一代之长，所谓宋词、元曲，殆不虚也。但大江以北，渐染胡语，时时采入，而沈约四声遂阙其一。东南之士，未尽顾曲之周郎，逢掖之间，又稀辨挝之王应。稍稍复变新体，号为"南曲"。高拭则成遂掩前后。大抵北主劲切雄丽，南主清峭柔远，虽本才情，务谐俚俗。譬之同一师承，而顿、渐分教；俱为国臣，而文武异科。今谈曲者往往合而举之，良可笑也。

凡曲，北字多而调促，促处见筋；南字少而调缓，缓处见眼。北则辞情多而声情少，南则辞情少而声情多。北力在弦，南力在板。北宜和歌，南宜独奏。北气易粗，南气易弱。此吾论曲之三昧。

（明）《艺苑卮言》，《弇州山人四部稿》，据文渊阁《四库全书》本

李 贽

李贽（1527—1602），初姓林，名载贽，后改姓李，名贽，字宏甫，号卓吾，别号温陵居士、百泉居士等。福建泉州人。嘉靖三十一年举人，不应会试。历共城教谕、国子监博士，万历中为姚安知府。后弃官讲学，从者数千人。李贽在社会价值导向方面，批判重农抑商，扬商贾功绩，倡导功利价值，符合明中后期资本主义萌芽的发展要求。著有《藏书》《续藏书》《焚书》《续焚书》《李氏文集》等。

天下之至文，未有不出于童心焉者也

夫既以闻见道理为心矣，则所言者皆闻见道理之言，非童心自出之言也。言虽工，于我何与，岂非以假人言假言，而事假事、文假文乎？盖其人既假，则无所不假矣。由是而以假言与假人言，则假人喜；以假事与假人道，则假人喜；以假文与假人谈，则假人喜；无所不假，则无所不喜。满场是假，矮人何辩也？然则虽有天下之至文，其湮灭于假人

而不尽见于后世者，又岂少哉！何也？天下之至文，未有不出于童心焉者也。

（明）李贽《杂述·童心说》，《焚书》卷三，中华书局1959年版

琴者心也

《白虎通》曰："琴者禁也。禁人邪恶，归于正道，故谓之琴。"余谓琴者心也，琴者吟也，所以吟其心也。人知口之吟，不知手之吟；知口之有声，而不知手亦有声也。如风撼树，但见树鸣，谓树不鸣不可也，谓树能鸣亦不可。此可以知手之有声矣。听者指谓琴声，是犹指树鸣也，不亦泥欤！

（明）李贽《读史·琴赋》，《焚书》卷五，中华书局1959年版

声须出于自然

……

由此言之，有声之不如无声也审矣，尽言之不如尽意又审矣。然则谓手为无声，谓手为不能吟亦可。唯不能吟，故善听者独得其心而知其深也，其为自然何可加者，而孰云其不如肉也耶！

吾又以是观之，同一琴也，以之弹于袁孝尼之前，声何夸也？以之弹于临绝之际，声何惨也？琴自一耳，心固殊也。心殊则手殊，手殊则声殊，何莫非自然者，而谓手不能二声可乎？而谓彼声自然，此声不出于自然可乎？故蔡邕闻弦而知杀心，钟子听弦而知流水，师旷听弦而识南风之不竞，盖自然之道，得心应手，其妙固若此也。

（明）李贽《读史·琴赋》，《焚书》卷五，中华书局1959年版

声色之来，发于情性，由乎自然

淡则无味，直则无情。宛转有态，则容冶而不雅；沉着可思，则神伤而易弱。欲浅不得，欲深不得。拘于律则为律所制，是诗奴也，其失也卑，而五音不克谐；不受律则不成律，是诗魔也，其失也亢，而五音相夺伦。不克谐则无色，相夺伦则无声。盖声色之来，发于情性，由乎自然，是可以牵合矫强而致乎？故自然发于情性，则自然止乎礼义，非情性之外复有礼义可止也。惟矫强乃失之，故以自然之为美耳，又非于神性之外复有所谓自然而然也。故性格清彻者，音调自然宣畅，性格舒徐者，音调自

然疏缓，旷达者自然浩荡，雄迈者自然壮烈，沉郁者自然悲酸，古怪者自然奇绝。有是格，便有是调，皆情性自然之谓也。莫不有情，莫不有性，而可以一律求之哉！然则所谓自然者，非有意为自然而遂以为自然也。若有意为自然，则与矫强何异。故自然之道，未易言也。

（明）李贽《杂述·读律肤说》，《焚书》卷三，中华书局1959年版

文非感时发己，不能工

文非感时发己，或出自家经画康济，千古难易者，皆是无病呻吟，不能工。

（明）李贽《书汇·复焦漪园》，《续焚书》卷一，中华书局1959年版

种种禅病皆语文，而皆不可以语于天下之至文

追风逐电之足，决不在于牝牡骊黄之间；声应气求之夫，决不在于寻行数墨之士；风行水上之文，决不在于一字一句之奇。若夫结构之密，偶对之切；依于理道，合乎法度；首尾相应，虚实相生：种种禅病皆所以语文，而皆不可以语于天下之至文也。

（明）李贽《杂述·杂说》，《焚书》卷三，中华书局1959年版

世未有人不能卓立而能文章垂不朽者

苏长公何如人，故其文章自然惊天动地。世人不知，只以文章称之，不知文章直彼余事耳。世未有人不能卓立而能文章垂不朽者。弟于全刻抄出作四册，俱世人所未取。世人所取者，世人所知耳，亦长公俯就世人而作也。至其真洪钟大吕，大扣大鸣，小扣小应，俱系精神骨髓所在，弟今尽数录出，时一披阅，心事宛然，如对长公披襟面语。

（明）李贽《书答·复焦弱侯》，《焚书》卷二，中华书局1959年版

世之真能文者，比其初皆非有意于为文也

且夫世之真能文者，比其初皆非有意于为文也。其胸中有如许无状可怪之事，其喉间有如许欲吐而不敢吐之物，其口头又时时有许多欲语而莫可所以告语之处，蓄极积久，势不能遏。一旦见景生情，触目兴叹；夺他人之酒杯，浇自己之垒块；诉心中之不平，感数奇于千载。既已喷玉唾

珠，昭回云汉，为章于天矣，遂亦自负，发狂大叫，流涕恸哭，不能自止。宁使见者闻者切齿咬牙，欲杀欲割，而终不忍藏于名山，投之水火。余览斯记，想见其为人，其当时必有大不得意于君臣朋友之间者，故借夫妇离合因缘以发其端。于是焉喜佳人之难得，羡张生之奇遇，比云雨之翻覆，叹今人之如土。其尤可笑者，小小风流一事耳，至比之张旭、张颠、羲之、献之而又过之。尧夫云："唐虞揖让三杯酒，汤武征诛一局棋。"夫征诛揖让何等也，而以一杯一局觑之，至眇小矣！

（明）李贽《杂述·杂说》，《焚书》卷三，中华书局1959年版

古之贤圣，不愤则不作矣

太史公曰："《说难》《孤愤》，贤圣发愤之所作也。"由此观之，古之贤圣，不愤则不作矣。不愤而作，譬如不寒而颤，不病而呻吟也，虽作何观乎？《水浒传》者，发愤之所作也。盖自宋室不竞，冠履倒施，大贤处下，不肖处上。驯致夷狄处上，中原处下，一时君相犹然处堂燕鹊，纳币称臣，甘心屈膝于犬羊已矣。施、罗二公身在元，心在宋；虽生元日，实愤宋事。是故愤二帝之北狩，则称大破辽以泄其愤；愤南渡之苟安，则称灭方腊以泄其愤。敢问泄愤者谁乎？则前日啸聚水浒之强人也，欲不谓之忠义不可也。是故施、罗二公传《水浒》而复以忠义名其传焉。

（明）李贽《焚书》卷三《杂述·忠义水浒传序》，据中华书局本

忠臣侠忠，则扶颠扶危，九死不悔

许中丞片时计取柳姬，使玉合重圆，昆仑奴当时力取红绡，使重关不阻：是皆天地间缓急有用人也，是以谓之侠耳。忠臣侠忠，则扶颠扶危，九死不悔；志士侠义，则临难自奋，之死靡他。古今天下，苟不遇侠而妄委之，终不可用也。或不知其为侠而轻置之，则亦不肯为我死，为我用也。

侠士之所以贵者，才智兼资，不难于死事，而在于成事也。使死而可以成事，则死真无难矣；使死而不足以成事，则亦岂肯以轻死哉！……若昆仑奴既能成主这事，又能完主之身，则奴愿毕矣，纵死亦有何难，但郭家自其酬对这语可见矣。况彼五十人者自谓囊中之物，不料其能出此网矣。一夫敢死，千夫莫当，况仅仅五十人而肯以活命换死命乎？直溃围出，本自无阻，而奈何以剑术目之！谓之剑术且不可，而乃谓之剑侠，不

益伤乎！剑安得有侠也？人能侠剑，剑又安能侠人？人而侠剑，直匹夫之雄耳，西楚霸王所谓"学剑不成，去，学万人敌"者是也。夫万人之敌，岂一剑之任耶！彼以剑侠称烈士者，真可谓不识侠者矣！呜呼！侠之一字，岂易言哉！自古忠臣孝子，义夫节妇，同一侠耳。夫剑之有术，亦非真英雄者之所愿也。何也？天下无不破之术也。

（明）《杂述·昆仑奴》，李贽《焚书》卷四，中华书局1959年版

张凤翼

张凤翼（1527—1613），字伯起，号灵墟，别署灵墟先生、冷然居士。长洲（今江苏苏州）人。为人狂诞，擅作曲。所著戏曲，有传奇《红拂记》《祝发记》《窃符记》《灌园记》《扊扅记》《虎符记》（以上六种，合题《阳春集》）。诗文有《处实堂集》八卷，及《梦占类考》《海内名家工画能事》《文选纂注》《四书句解》《瑞兰阁景行录》《清河逸事》《自订年谱》《国朝诗管花集》等。

曲之兴也发舒乎性情，而节宣其欣戚者也

曲之兴也发舒乎性情，而节宣其欣戚者也。自习于道德者，俚而不文；偏于炫博者，窒而弗达，失之均矣。

（明）张凤翼《江东白苎小序》，俞为民、孙蓉蓉编《历代曲话汇编：明代编》第一集，黄山书社2009年版

艾 穆

艾穆（1533—1600），字和甫，号熙亭，湖广平江县东阳乡二十五都羊坊里（今大坪乡普安村）人。嘉靖四十年（1561）辛酉科举人，官至右佥都御史。

非有逸尘之抱，则化境莫臻

环天壤间，皆声诗之府，而猎奇振藻者之所必资也。故情以遇迁，景

缘神会，本之王窍，吐为完音。夫固意匠之自然，而性灵之妙解也。然非有逸尘之抱，则化境莫臻，诗可易易言乎？

（明）艾穆《大隐楼集》卷首《十二吟稿原序》，据1922年甘氏刊本

袁 黄

袁黄（1533—1606），初名表，后改名黄，字庆远，又字坤仪、仪甫，初号学海，后改了凡，后人常以其号"了凡"称之，浙江嘉兴府嘉善县魏塘镇人。晚年辞官后曾隐居吴江芦墟赵田村，故一作吴江人。对天文、术数、水利、军政、医药等无不研究。一生著述颇丰，著有《祈嗣真诠》《皇都水利考》《评注八代文宗》《春秋义例》《论语笺疏》《袁氏易传》《史记定本》等。

大矣哉，诗之为义也

大矣哉，诗之为义也。情感天地，化动鬼神，声被丝竹，气变冬春。其得意而咏物也，游寸心于千古，收八埏于一掬，漱芳藻，采遗榖，志翼翼以凌云，心竞竞而刻鹄，拟去浮而肖形，期得髓而遗肉。其因咏而成诗也，选文入象，就韵摹心，发新声于奇磬，谢落叶于故林。

（明）袁黄《诗赋》，《古今图书集成》638册，201卷

随性情而敷陈，视礼义为法度，衍事类而逼真，然后可以为赋

是以抱硕德，秉孤忠，咏闺情兮远赓圣功，铺王化兮近指草虫，词能动物兮色象俱空，美刺无迹兮斯谓之风。正语是非，庄言真假，文而不摩，质而不野，言关世教，斯谓之雅。肃雕布声，清庙展诵，扬休功而信征，赞祖德而情洞，不诡不浮，若劝若讽，形容曲尽，斯谓之颂。情见乎词，志触乎遇，微者达于宏，逖者使之悟，随性情而敷陈，视礼义为法度，衍事类而逼真，然后可以为赋。假幻传真，因人喻己，或以卷石而况泰山，或以浊泾而较清济，或有义而可寻，或无情而难指，意在物先，斯谓之比。感事触情，缘情生境，物类易陈，衷肠莫罄，可以起愚顽，可以发聪听，飘然若羚羊之挂角，悠然若天马之行径，寻之无

踪，斯谓之兴。

（明）袁黄《诗赋》，据《古今图书集成》文学典，第二〇一卷

吕　坤

吕坤（1536—1618），字叔简，一字心吾、新吾，自号抱独居士，明代归德府宁陵（今河南商丘宁陵县）吕大庄人。官至刑部左、右侍郎。刚正不阿，为政清廉，与沈鲤、郭正域被誉为明万历年间天下"三大贤"。作品内容涉及政治、经济、刑法、军事、水利、教育、音韵、医学等各个方面，其思想对后世有很大影响，主要作品有《实政录》《夜气铭》《招良心诗》等，除《呻吟语》《实政录》外，还有《去伪斋集》等十余种，其代表作《吕坤全集》是文化典籍整理中的原创性之作。

诗词文赋都要有个忧君爱国之意，济人利物之心

诗词文赋都要有个忧君爱国之意，济人利物之心，春风舞雩之趣，达天见性之精。不为赘言，不袭余绪，不道鄙迂，不言幽僻，不事刻削，不徇偏执。

（明）吕坤《呻吟语》，王国轩、王秀梅整理《吕坤全集》（中），中华书局2008年版

古今载籍之言，率有七种，此语之外，皆乱道之谈也

古今载籍之言，率有七种：一曰天分语，身为道铸，心是理成，自然而然，毫无所为，生知安行之圣人。二曰性分语，理所当然，职所当尽，务满分量，毙而后已，学知利行之圣人。三曰是非语，为善者为君子，为恶者为小人，以劝贤者。四曰利害语，"作善降之百祥，作不善降之百殃"，以策众人。五曰权变语，托词画策以应务。六曰威令语，五刑以防淫。七曰无奈语，五兵以禁乱。此语之外，皆乱道之谈也。学者之所务辨也。

（明）吕坤《呻吟语》，王国轩、王秀梅整理《吕坤全集》（中），中华书局2008年版

诗之功

疏狂之人多豪兴，其诗雄，读之令人洒落，有起懦之功。清逸之人多芳兴，其诗俊，读之令人自爱，脱粗鄙之态。沉潜之人多幽兴，其诗澹，读之令人寂静，动深远之思。冲淡之人多雅兴，其诗老，读之令人平易，消童稚之气。

（明）吕坤《呻吟语》，王国轩、王秀梅整理《吕坤全集》（中），中华书局2008年版

艰语深辞，险句怪字，文章之妖而道之贼也

艰语深辞，险句怪字，文章之妖而道之贼也，后学之殃而木之灾也。路本平而山溪之，日月本明而云雾之，无异理有异言，无深情有深语，是人不诚而是书不焚，有世教之责者之罪也。若曰其人学博而识深，意奥而语奇，然则孔、孟之言，浅鄙甚矣。

（明）吕坤《呻吟语》，王国轩、王秀梅整理《吕坤全集》（中），中华书局2008年版

圣人不作无用文章

圣人不作无用文章，其论道则为有德之言，其论事则为有见之言，其叙述歌咏则为有益世教之言。

（明）吕坤《呻吟语》，王国轩、王秀梅整理《吕坤全集》（中），中华书局2008年版

字要任其自然，不事造作

真字要如圣人燕居，危坐端庄而和气自在；草字要如圣人应物，进退存亡、辞受取予、变化不测，因事异施而不失其中。要之，同归于任其自然，不事造作。

（明）吕坤《呻吟语》，王国轩、王秀梅整理《吕坤全集》（中），中华书局2008年版

圣人垂世则为持衡之言，救世则有偏重之言

圣人垂世则为持衡之言，救世则有偏重之言。持衡之言，达之天下万

世者也，可以示极。偏重之言，因事因人者也，可以矫枉。而不善读书者，每以偏重之言垂训，乱道也夫！诬圣也夫！

（明）吕坤《呻吟语》，王国轩、王秀梅整理《吕坤全集》（中），中华书局2008年版

圣人之言，无一字不可为训

圣人之言，简淡明直中有无穷之味，大羹玄酒也。贤人之言，一见便透而理趣充溢，读之使人豁然，脍炙珍馐也。

圣人终日信口开阖，千言万语，随事问答，无一字不可为训。贤者深沉而思，稽留而应，平气而言，易心而语，始免于过。出此二者而恣口放言，皆狂迷醉梦语也，终日言，无一字近道，何以多为？

（明）吕坤《呻吟语》，王国轩、王秀梅整理《吕坤全集》（中），中华书局2008年版

诗辞以情真切、语自然者为第一

诗辞要如哭笑，发乎情之不容已，则真切而有味。果真矣，不必较工拙。后世只要学诗辞，然工而失真，非诗辞之本意矣。故诗辞以情真切、语自然者为第一。

（明）吕坤《呻吟语》，王国轩、王秀梅整理《吕坤全集》（中），中华书局2008年版

古人因文见道，后世则专为文章，是道之贼也

古人无无益之文章。其明道也，不得不形而为言；其发言也，不得不成而为文。所谓因文见道者也，其文之古今工拙无论。唐、宋以来渐尚文章，然犹以道饰文，意虽非古而文犹可传。后世则专为文章矣，工其辞语，涣其波澜，炼其字句，怪其机轴，深其意指，而道则破碎支离、晦盲否塞矣。是道之贼也，而无识者犹以文章崇尚之，哀哉！

（明）吕坤《呻吟语》，王国轩、王秀梅整理《吕坤全集》（中），中华书局2008年版

文章八要：简、切、明、尽、正、大、温、雅

文章有八要：简、切、明、尽、正、大、温、雅。不简则失之繁冗，

不切则失之浮泛，不明则失之含糊，不尽则失之疏遗，不正则理不足以服人，不大则失冠冕之体，不温则暴厉刻削，不雅则鄙陋浅俗。庙堂文要有天覆地载，山林文要有仙风道骨，征伐文要有吞象食牛，奏对文要有忠肝义胆。诸如此类，可以例求。

（明）吕坤《呻吟语》，王国轩、王秀梅整理《吕坤全集》（中），中华书局2008年版

因文可得其心，因心可知其人

因文可得其心，因心可知其人。其文爽亮者，其心必光明，而察其粗浅之病。其文劲直者，其人必刚方，而察其豪悍之病。其文藻丽者，其人必文采，而察其靡曼之病。其文庄重者，其人必端严，而察其寥落之病。其文飘逸者，其人必流动，而察其浮薄之病。其文典雅者，其人必质实，而察其朴钝之病。其文雄畅者，其人必挥霍，而察其跅弛之病。其文温润者，其人必和顺，而察其巽软之病。其文简洁者，其人必修谨，而察其拘挛之病。其文深沉者，其人必精细，而察其阴险之病。其文冲澹者，其人必恬雅，而察其懒散之病。其文变化者，其人必圆通，而察其机械之病。其文奇巧者，其人必聪明，而察其怪诞之病。其文苍老者，其人必不俗，而察其迂腐之病。有文之长而无文之病，则其人可知矣。

（明）吕坤《呻吟语》，王国轩、王秀梅整理《吕坤全集》（中），中华书局2008年版

文贵理胜

《左传》《国语》《战国策》，春秋之时文也，未尝见春秋时人学三代。《史记》《汉书》，西汉之时文也，未尝见班、马学《国》《左》。今之时文安知非后世之古文，而不拟《国》《左》则拟《史》《汉》，陋矣，人之弃己而袭人也！《六经》《四书》，三代以上之古文也，而不拟者何？习见也。甚矣，人之厌常而喜异也。余以为文贵理胜，得理何古何今？苟理不如人而摹仿于句字之间，以希博洽之誉，有识者耻之。

（明）吕坤《呻吟语》，王国轩、王秀梅整理《吕坤全集》（中），中华书局2008年版

诗家令人放旷；词家令人淫靡；道学自有泰而不骄、乐而不淫气象

诗家无拘鄙之气，然令人放旷；词家无暴戾之气，然令人淫靡。道学

自有泰而不骄、乐而不淫气象，虽寄意于诗词，而缀景言情皆自义理中流出，所谓吟风弄月，有"吾与点也"之意。

（明）吕坤《呻吟语》，王国轩、王秀梅整理《吕坤全集》（中），中华书局2008年版

德性之有资于礼乐，极重大，极急切

使人收敛庄重莫如礼，使人温厚和平莫如乐。德性之有资于礼乐，犹身体之有资于衣食，极重大，极急切。人君治天下，士君子治身，惟礼乐之用为急耳。自礼废而惰慢放肆之态惯习于身体矣，自乐亡而乖戾忿恨之气充满于一腔矣。

（明）吕坤《呻吟语》，王国轩、王秀梅整理《吕坤全集》（中），中华书局2008年版

焦 竑

焦竑（1540—1620），字弱侯，号漪园、澹园，生于江宁（今南京），祖籍山东日照（今日照市东港区西湖镇大花崖村），祖上寓居南京。明神宗万历十七年（1589）会试北京，得中一甲第一名进士（状元），官翰林院修撰，后曾任南京司业。博览群书，精研文史，著作甚丰，著有《澹园集》（正、续编）、《焦氏笔乘》《焦氏类林》《国朝献徵录》《国史经籍志》《老子翼》《庄子翼》等。

诗非他，人之性灵之所寄也

古之称诗者，率羁人怨士，不得志之人，以通其郁结，而抒其不平，盖《离骚》所从来矣。岂诗非在势处显之事，而常与穷愁困悴者直邪？诗非他，人之性灵之所寄也。苟其感不至，则情不深，情不深则无以惊心而动魄，垂世而行远。

（明）焦竑《雅娱阁集序》，《澹园集》卷十五，据《金陵丛书》本

君子之学，凡以致道也

窃谓君子之学，凡以致道也。道致矣，而性命之深窅与事功之曲折，

无不了然于中者，此岂待索之外哉。吾取其了然者而抒写之，文从生焉。故性命事功，其实也，文特所以文之而已。惟文以文之，则意不能无首尾，语不能无呼应，格不能无结构者，词与法也，而不能离实以为词与法也。

（明）焦竑《与友人论文》，《澹园集》卷十二，据《金陵丛书》本

情动于中而言以导之

古者贤士之咏叹，思妇之悲吟，莫不为诗。情动于中而言以导之，所谓诗言志也。后世摛词者，离其性而自托于人伪，以争须臾之誉，于是诗道日微。

（明）焦竑《陶靖节先生集序》，《澹园集》卷十六，据金陵丛书本

诗也者，率其自道所欲言而已

诗也者，率其自道所欲言而已，以彼体物指事，发乎自然，悼逝伤离，本之襟度，盖悲喜在内，啸歌以宣，非强而自鸣也。

（明）焦竑《竹浪斋诗集序》，《澹园续集》卷二，据金陵丛书本

王骥德

王骥德（1540—1623），字伯良，一字伯骏，号方诸生，别署秦楼外史、玉阳仙使、鹿阳仙史，会稽（今浙江绍兴）人。祖、父均精于戏曲，家藏元人杂剧数百种。王骥德受家庭熏陶，自幼即嗜戏曲。弱冠承父命改写祖父《红叶记》为《题红记》，早负才子之名。神宗万历初年，师事徐渭，在曲学方面深得指点。王骥德精于戏曲批评，主张文辞、格律两擅其美。著有曲论《曲律》，戏曲传奇《题红记》、杂剧《男王后》等，散曲集《方诸馆乐府》。

不关风化，纵好徒然

古人往矣，吾取古事，丽今声，华衮其贤者，粉墨其慝者，奏之场上，令观者藉为劝惩兴起，甚或扼腕裂眦，涕泗交下而不能已，此方为有关世教文字。若徒取漫言，既已造化在手而又未必有新奇可喜，亦何贵漫

言为耶？此非腐谈，要是确论。故不关风化，纵好徒然，此《琵琶》特大头脑处，《拜月》只是宣淫，端士所不与也。

（明）王骥德《曲律》，《中国古典戏曲论著集成》，中国戏剧出版社1959年版

曲以模写物情，体贴人理

夫曲以模写物情，体贴人理，所取委曲宛转，以代说词，一涉藻缋，便蔽本来。

（明）王骥德《曲律》，《中国古典戏曲论著集成》，中国戏剧出版社1959年版

汤有光

汤有光（1548—?），字慈明，北京通州人。明朝诗人。邑诸生，负才隽，主要活动在万历年间。万历五年从沈明臣学，并为明臣选诗。工书，并善弈。《山茨社诗品》称其诗"如西人造神仙酒"，"味则近市，难餍兰陵之口"。著有《汤慈明诗集》。

体贴人情，描写物态，有发前人所未发

乐府，诗之变也，而调谐律吕，字变阴阳，较诗实难为之。至以诗韵为曲韵者十常八九，竟不知曲韵毫不可假借于诗韵也。其说平与先生论之详矣。自金、元迄我国家，以南北曲名者亡虑千百辈。乃今三星逸客，按拍花前，两京教坊，弹丝樽畔，才一开口便度陈大声诸曲，直令听者神动色飞。此何以故？正以大声之韵发而意新，声婉而辞艳，其体贴人情，描写物态，有发前人所未发者。

（明）《精订陈大声乐府全集序》，万历三十九年环翠堂刊本坐隐先生精订陈大声乐府全集卷首。

周之标

周之标，生卒年不详。字君建，号宛瑜子，别署梯月主人、来虹阁主

人。长洲（今江苏苏州）人。精通音律。与冯梦龙、沈自晋等相交。辑有戏曲、散曲选集《吴歈萃雅》《珊珊集》《赛征歌集》《兰咳集》《兰咳二集》等。

寓情咏歌

词之于人甚矣哉！或扶筇于月下，或携酒于花前，触景有怀，形诸感叹，无非寓彼咏歌，抒吾胸中忧生失路之感而已。故骚人逸士，每每借纸上之墨痕，摹闺中之情思，意犹含而未吐，笔代口以先传。顾盼徘徊，宛如面对，柔情媚态，都宣泄于字形句拟之间，而知天下之有情，莫此为甚。

（明）周之标《吴歈萃雅小引》，《吴歈萃雅》卷首，明万历四十四年长洲周氏刊本

惟是闺中思妇，塞外征人，情真境真，尚堪摹画

世道日衰，人心日下，毋论真文章，真事业，不可多得。即最下如淫词艳曲，求其近真者绝少，惟是闺中思妇，塞外征人，情真境真，尚堪摹画，而骚人以自己笔端，代他人口角，或灯之前，或月之下，或花之旁，或柳之畔，或山水之间，洋洋出之，宛然真也；歌之者亦宛然真也。然则八股何如十三腔，而学士家虽谓读烂时文，不如读真时曲也可。

（明）周之标《吴歈萃雅题辞》，《吴歈萃雅》卷首，明万历四十四年长洲周氏刊本

诗三百篇，褒美刺恶，劝惩凛然

自古忠臣之忠，烈士之烈，义士之义，节妇之节，以至于佞臣之口，逸人之舌，昏主之丧国，荡子之丧家，冶妇之丧节，何一不具？何一不真？令观之者忽而眦尽裂，忽而颐尽解，又忽而若醉若狂，又忽而若醒若悟，曷故哉？真故也。余尝谓，戏场面目，差足代涕笑一二者是也。然则诗三百篇，褒美刺恶，劝惩凛然，何独传奇而不然？又何独传奇之一二折而不然？

（明）周之标《吴歈萃雅又题辞》，《吴歈萃雅》卷首，明万历四十四年长洲周氏刊本

紫柏真可

紫柏真可（1543—1603），俗姓沈，法名达观，中年后改名为真可，号紫柏老人，后世尊称他为紫柏尊者，明代南直苏州人，为明末四大高僧之一，因为陷入东林党争，在第二次妖书案中，被东厂拷打，伤重圆寂。著有《紫柏尊者全集》等。

以我就人，人虽欲不我就，不可得

夫养怀抱，端在以理治情，情消则寸虚若青天之廓布，文章自秀朗矣。此之谓"以我就人，人虽欲不我就，不可得"者也。

（明）紫柏真可《紫柏老人集》，孔宏点校《紫柏老人集》，北京图书馆出版社 2005 年版

屠　隆

屠隆（1543—1605），字长卿，一字纬真，号赤水，别号由拳山人、娑婆主人等，浙江鄞县人。屠隆是个怪才，好游历，博学，精通曲艺，家中自办戏班，聘请名角。戏曲主张"针线连络，血脉贯通"，"不用隐僻学问，艰深字眼"，编导过整出戏无曲，宾白演出始终（话剧的雏形），广受欢迎。著有《彩毫记》《昙花记》《修文记》《白榆集》《由拳集》《鸿苞集》《观音考》等。

画须以天生活泼为法

人能以画寓意，明窗净几，描写景物或观佳山水处，胸中便生景象，或观名花折枝，想其态度绰约，枝梗转折，向日舒笑，迎风欹斜，含烟弄雨，初开残落。布置笔端，不觉妙合天趣，自是一乐。若不以天生活泼为法，徒窃纸上形似，终为俗品。古之高尚士夫，如李公麟、范宽、李成、苏长公、米家父子辈，靡不尽臻神品。赏鉴大雅，须学一二名家，方得深知画意。

（明）屠隆《画笺》，《中国书画全书》第 3 册，上海书画出版社 1992 年版，标点有所改动

李山人之诗歌，根之性情者深哉

余友李山人宾甫，少而辞荣，中岁石隐，家幸不乏负郭，弛于负担，所居有林皋泉石之胜，灌园垂钓，与禽鱼亲。发为诗歌，力去雕饰，天然冲夷，语必与情冥，意必与境会，音必与格调，文必与质比，非独其材过人，盖根之性情者深哉！则其所得于丘壑之助不小也。

（明）屠隆《李山人诗集序》，《白榆集》卷三，据明万历刊本

性灵为文之根

夫文者，华也，有根焉，则性灵是也。士务养性灵而为文有不巨丽者，否也。是根固华茂者也。

（明）屠隆《文章》，《鸿苞节录》卷六，据清咸丰刊本

文章之极，必要诸人品

夫草木之华，必归之本根。文章之极，必要诸人品。延清、澒涊君子赏其文而薄其人，襄阳清远，则此道益贵也。

（明）屠隆《梁伯龙鹿城集序》，《白榆集》卷二，据明万历刊本

君子不务饰其声，而务养其气；不务工其文字，而务陶其性情

造物有元气，亦有元声，钟为性情，畅为音吐，苟不本之性情，而欲强作假设，如楚学齐语、燕操南音、梵作华言、鸦为雀鸣，其何能肖乎？故君子不务饰其声，而务养其气；不务工其文字，而务陶其性情。古之人所以藏之京师，副在名山，金函玉箧，日月齐光者，匪其文传，其性情传也。

（明）屠隆《诗文》，《鸿苞节录》卷三，据清咸丰刊本

黄虞以后，周孔以前，文道为一；秦汉而下，文道为二

黄虞以后，周孔以前，文与道合为一。秦汉而下，文与道分为二。六经理道既深，文辞亦伟；秦汉六朝工于文，而道则舛戾；宋儒合乎道，而文则浅庸。

（明）屠隆《文章》，《鸿苞节录》卷六，据清咸丰刊本

六经者，孔子所以载道者也，非孔子之所以为道者也

孔子之道，为万世师说者，多归功于其六经。六经者，孔子所以载道

者也,非孔子之所以为道者也。譬之藏珠于椟,道则珠也,六经则椟也。道生天地,天地生万物,而孔子畅明之以开万世,使不失其所以生者也。而又取而笔之六经,使其所以生者,不磨灭也。

(明)屠隆《刘鲁桥先生文集序》,《白榆集》卷一,据明万历刊本

诗由性情生

夫诗由性情生者也。诗自《三百篇》而降,作者多矣,乃世人往往好称唐人,何也? 则其所托兴者深也。非独其所托兴者深也,谓其犹有风人之遗也。非独谓其犹有风人之遗也,则其生乎性情者也。

(明)屠隆《唐诗品汇选释断序》,《由拳集》卷十二,据明刻本

综物为象,述事宣情,则此道为胜

夫综物为象,述事宣情,则此道为胜;若求之性命,则此特其皮毛耳。

(明)屠隆《刘子威先生澹思集序》,《白榆集》卷二,据明万历刊本

哀声至于今不废也,其所不废者可喜也

夫性情有悲有喜,要之乎可喜矣。五音有哀有乐,和声能使人欢然而忘愁,哀声能使人凄怆恻恻而不宁。然人不独好和声,亦好哀声,哀声至于今不废也,其所不废者可喜也。

(明)屠隆《唐诗品汇选释断序》,《由拳集》卷十二,据明刻本

古诗多在兴趣,微辞隐义,有足感人

古诗多在兴趣,微辞隐义,有足感人。而宋人多好以诗议论,夫以诗议论,即奚不为文而为诗哉?《诗三百》多出于忠臣孝子之什,乃闾阎匹妇童子之歌谣,大意主吟咏,抒性情,以风也,固非传综诠次以为篇章者也,是诗之教也。

(明)屠隆《文论》,《由拳集》卷二十三,据明刻本

士须务养神

士不务养神而务工诗,刻画斧藻,肌理粗具,气骨索然,终不诣

化境。

（明）屠隆《王茂大修竹亭稿序》，《白榆集》卷三，据明万历刊本

憨山德清

憨山德清（1546—1623），俗姓蔡，字澄印，号憨山，法号德清，谥号弘觉禅师，安徽全椒人，明朝佛教出家众，为临济宗门下。复兴禅宗，与紫柏真可为至交，被认为是明末四大高僧之一。憨山德清精通释、道、儒三家学说，主张三家思想的融合。倡导禅净双修，教人念自性佛，其思想见解颇与禅宗六祖惠能大师相契。著有《憨山老人梦游集》。

诗乃真禅

昔人论诗，皆以禅比之，殊不知诗乃真禅也。

（明）憨山德清《憨山老人梦游集》，孔宏点校《憨山老人梦游集》（下），北京图书馆出版社2005年版

诗皆梦语

集称"梦游"，何取哉？曰：三界梦宅，浮生如梦，逆顺苦乐，荣枯得失，乃梦中事时。其言也，乃纪梦中游历之境，而诗又境之亲切者，总之皆梦语也。或曰："佛戒绮语。若文言已甚，况诗又绮语之尤者。且诗本乎情，禅乃出情之法也。若然者，岂不堕于情想耶？"予曰："不然！佛说：'生死涅槃，犹如昨梦。'故佛祖亦梦中人，一大藏经，千七百则，无非呓语，何独于是？"

（明）憨山德清《憨山老人梦游集》，孔宏点校《憨山老人梦游集》（下），北京图书馆出版社2005年版

李维桢

李维桢（1547—1626），字本宁，湖北京山人。隆庆二年（1568），举进士，由庶吉士授编修。万历朝，参修《穆宗实录》，进修撰。李维桢

善古诗、绝句，主张师心无成法。著有《太泌山房集》《史道译释》。

师心者无成法

夫诗有音节，抑扬开阖，文情浅深，可谓无法乎？意象风神，立于言前，而浮于言外，是宁尽法乎？师古者有成心，而师心者无成法，譬之驱市人而战，与能读父书者，取败等耳。

（明）李维桢《来使君诗序》，《大泌山房集》卷十九，据明刻本

项　穆

项穆（约1550—约1600），初名德枝，易为纯，最后更名穆，字德纯，号贞元，亦号无称子，秀水人，著名收藏家项元汴之子。官中书。工书法，于晋唐名家，无不会。与世父元淇齐名，有《双美帖》行世。著有《贞元子诗草》及《书法雅言》。

书之为功，同流天地，翼卫教经者也

然书之作也，帝王之经纶，圣贤之学术，至于玄文内典，百氏九流，诗歌之劝惩，碑铭之训戒，不由斯字，何以纪辞。故书之为功，同流天地，翼卫教经者也。

（明）项穆《书法雅言》，《历代书法论文选》，上海书画出版社1979年版

心之所发，蕴之为道德，显之为经纶

夫人灵于万物，心主于百骸。故心之所发，蕴之为道德，显之为经纶，树之为勋猷，立之为节操，宣之为文章，运之为字迹。爰作书契，政代结绳，删述侔功，神仙等妙。苟非达人上智，孰能玄鉴入神？但人心不同，诚如其面，由中发外，书亦云然。所以染翰之士，虽同法家，挥毫之际，各成体质。考之先进，固有说焉。孙过庭曰：矜敛者，弊于拘束；脱易者，失于规矩；躁勇者，过于剽迫；狐疑者，溺于滞涩。此乃舍其所长，而指其所短也。夫悟其所短，恒止于苦难；恃其所长，多画于自满。孙子因短而攻短，予也就长而刺长。使艺成独擅，不安于一得之能；学出

专门，益进于通方之妙。理工辞拙，知罪甘焉。夫人之性情，刚柔殊禀；手之运用，乖合互形。谨守者，拘敛杂怀；纵逸者，度越典则；速劲者，惊急无蕴；迟重者，怯郁不飞；简峻者，挺掘鲜遒；严密者，紧实寡逸；温润者，妍媚少节；标险者，雕绘太苛；雄伟者，固愧容夷；婉畅者，又惭端厚；庄质者，盖嫌鲁朴；流丽者，复过浮华；驶劲者，似欠精深；纤茂者，尚多散缓；爽健者，涉兹剽勇；稳熟者，缺彼新奇。此皆因夫性之所偏，而成其资之所近也。他若偏泥古体者，塞钝之迂儒；自用为家者，庸僻之俗吏；任笔骤驰者，轻率而逾律；临池犹豫者，矜持而伤神；专尚清劲者，枯峭而罕姿；独工丰艳者，浓鲜而乏骨。此又偏好任情，甘于暴弃者也。第施教者贵因材，自学者先克己。审斯二语，厌倦两忘。与世推移，量人进退，何虑书体之不中和哉。

（明）项穆《书法雅言》，《历代书法论文选》，上海书画出版社1979年版

帝王之典谟训诰，圣贤之性道文章，皆托书传，垂教万载，所以明彝伦而淑人心

天圆地方，群类象形，圣人作则，制为规矩。故曰规矩方圆之至，范围不过，曲成不遗者也。《大学》之旨，先务修齐正平；皇极之畴，首戒偏侧反陂。且帝王之典谟训诰，圣贤之性道文章，皆托书传，垂教万载，所以明彝伦而淑人心也。岂有放辟邪侈，而可以昭荡平正直之道者乎？

（明）项穆《书法雅言》，《历代书法论文选》，上海书画出版社1979年版

书法贵中和

书有性情，即筋力之属也；言乎形质，即标格之类也。真以方正为体，圆奇为用。草以圆奇为体，方正为用；真则端楷为本，作者不易速工；草则简纵居多，见者亦难便晓。不真不草，行书出焉。似真而兼乎草者，行真也；似草而兼乎真者，行草也。圆而且方，方而复圆，正能含奇，奇不失正，会于中和，斯为美善。中也者，无过不及是也。和也者，无乖无戾是也。然中固不可废和，和亦不可离中，如礼节乐和，本然之体也。礼过于节则严矣，乐纯乎和则淫矣，所以礼尚从容而不迫，乐戒夺伦而皦如。中和一致，位育可期，况夫翰墨者哉。方圆互成，正奇相济，偏

有所着，即非中和。使楷与行真而偏，不拘纯即棱峭矣；行草与草而偏，不寒俗即放诞矣。不知正奇参用，斯可与权。权之谓者，称物平施，即中和也。

（明）项穆《书法雅言》，《历代书法论文选》，上海书画出版社1979年版

神化者，不过曰相时而动，从心所欲云尔

书之为言散也，舒也，意也，如也。欲书必舒散怀抱，至于如意所愿，斯可称神。书不变化，匪足语神也。所谓神化者，岂复有外于规矩哉？规矩入巧，乃名神化，固不滞不执，有圆通之妙焉。况大造之玄功，宣泄于文字，神化也者，即天机自发，气韵生动之谓也。日月星辰之经纬，寒暑昼夜之代迁，风雷云雨之聚散，山岳河海之流峙，非天地之变化乎？高士之振衣长啸，挥麈谈玄；佳人之临镜拂花，舞袖流盼。如艳卉之迎风泫露，似好鸟之调舌搜翎，千态万状，愈出愈奇。更若烟雾林影，有相难着；潜鳞翔翼，无迹可寻，此万物之变化也。人之于书，形质法度，端厚和平，参互错综，玲珑飞逸，诚能如是，可以语神矣。世之论神化者，徒指体势之异常，毫端之奋笔，同声而赞赏之，所识何浅陋者哉。约本其由，深探其旨，不过曰相时而动，从心所欲云尔。宣尼、逸少，道统书源，匪不相通也。乡党之恂恂，在朝之侃侃，执圭之蹜蹜，私觌之怡怡。于鲁而章甫，适宋而逢掖。至夫汉《方朔赞》，意涉瑰奇；燕《乐毅论》，情多抑郁；《修禊集叙》兴逸神怡；《私门誓文》情拘气塞。此皆相时而动，根乎阴阳舒惨之机，从心所欲，溢然《关雎》哀乐之意，非夫心手交畅，焉能美善兼通若是哉。相时而动，或知其情，从心所欲，鲜悟其理。盖欲正而不欲邪，欲熟而不欲生，人之恒心也。规矩未能精谙，心手尚在矜疑，将志帅而气不充，意先而笔不到矣。此皆不能从心之所欲也。至于欲既从心，岂复矩有所逾者耶？宣尼既云从心欲，复云不逾者，恐越于中道之外尔。譬之投壶引射，岂不欲中哉？手不从心，发而不中矣。然不动则不变，能变即能化，苟非至诚，焉有能动者乎？澄心定志，博习专研，字之全形，宛尔在目，笔之妙用，悠焉忘思，自然腕能从臂，指能从心，潇洒神飞，徘徊翰逸。如庖丁之解牛，掌上之弄丸，执笔者自难揣摩，抚卷者岂能测量哉。《中庸》之"为物不贰"，"生物不测"，孟子曰"深造""自得"，"左右逢源"。生也，逢也，皆由不贰、深造得

之。是知书之欲变化也，至诚其志，不息其功，将形著明，动一以贯万，变而化焉，圣且神矣。噫，此由心悟，不可言传。字者孳也，书者心也。字虽有象，妙出无为，心虽无形，用从有主。初学条理，必有所事，因象而求意。终及通会，行所无事，得意而忘象。故曰由象识心，徇象丧心，象不可着，心不可离。未书之前，定志以帅其气，将书之际，养气以充其志。勿忘勿助，由勉入安，斯于书也，无间然矣。夫雨粟鬼哭，感格神明，征往俟来，有为若是。法书仙手，致中极和，可以发天地之玄微，宣道义之蕴奥，继往圣之绝学，开后觉之良心。功将礼乐同休，名与日月并曜，岂惟明窗净几，神怡务闲，笔砚精良，人生清福而已哉。

（明）项穆《书法雅言》，《历代书法论文选》，上海书画出版社1979年版

人正则书正

柳公权曰：心正则笔正。余则曰：人正则书正。取舍诸篇，不无商、韩之刻；心相等论，实同孔、孟之思。六经非心学乎？传经非六书乎？正书法，所以正人心也；正人心，所以闲圣道也。子舆距杨、墨于昔，予则放苏、米于今。垂之千秋，识者复起，必有知正书之功，不愧为圣人之徒矣。

（明）项穆《书法雅言》，《历代书法论文选》，上海书画出版社1979年版

心正则书正

盖闻德性根心，晬盎生色，得心应手，书亦云然。人品既殊，性情各异，笔势所运，邪正自形。书之心，主张布算，想像化裁，意在笔端，未形之相也。书之相，旋折进退，威仪神彩，笔随意发，既形之心也。试以人品喻之：宰辅则贵有爱君容贤之心，正直忠厚之相；将帅则贵有尽忠立节之心，智勇万全之相；谏议则贵有正道格君之心，謇谔不阿之相；隐士则贵有乐善无闷之心，遗世仙举之相。由此例推，儒行也，才子也，佳人也，僧道也，莫不有本来之心，合宜之相者。所谓有诸中，必形诸外，观其相，可识其心。柳公权曰：心正则笔正。余今曰：人正则书正。心为人之帅，心正则人正矣。笔为书之充，笔正则事正矣。人由心正，书由笔正，即《诗》云"思无邪"，《礼》云"毋不敬"，书法大旨，一语括之

矣。尝见古迹，聊指前人，世不俱闻，略焉弗举。如桓温之豪悍，王敦之扬厉，安石之躁率，跋扈刚愎之情，自露于毫楮间也。他如李邕之挺竦，苏轼之肥瓠，米芾之弩肆，亦能纯粹贞良之士，不过啸傲风骚之流尔。至于褚遂良之遒劲，颜真卿之端厚，柳公权之庄严，虽于书法，少容夷俊逸之妙，要皆忠义直亮之人也。若夫赵孟頫之书，温润闲雅，似接右军正脉之传，妍媚纤柔，殊乏大节不夺之气。所以天水之裔，甘心仇敌之禄也。故欲正其书者，先正其笔，欲正其笔者，先正其心。若所谓诚意者，即以此心端己澄神，勿虚勿贰也。

致知者，即以此心审其得失，明乎取舍也。格物者，即以此心，博习精察，不自专用也。正心之外，岂更有说哉。由此笃行，至于深造，自然秉笔思生，临池志逸，新中更新，妙之益妙，非惟不奇而自奇，抑亦己正而物正矣。夫经卦皆心画也，书法乃传心也。如罪斯言为迂，予固甘焉勿避矣。

（明）项穆《书法雅言》，《历代书法论文选》，上海书画出版社1979年版

论书如论相，观书如观人

姑以鉴书之法，诏后贤焉。大要开卷之初，犹高人君子之远来，遥而望之，标格威仪，清秀端伟，飘飘若神仙，魁梧如尊贵矣。及其入门，近而察之，气体充和，容止雍穆，厚德若虚愚，威重如山岳矣。迨其在席，器宇恢乎有容，辞气溢然倾听。挫之不怒，惕之不惊，诱之不移，陵之不屈，道气德辉，蔼然服众，令人鄙吝自消矣。又如佳人之艳丽含情，若美玉之润彩夺目，玩之而愈可爱，见之而不忍离，此即真手真眼，意气相投也。故论书如论相，观书如观人，人品既殊，识见亦异。

（明）项穆《书法雅言》，《历代书法论文选》，上海书画出版社1979年版

温而厉，威而不猛，恭而安，评鉴书迹之要诀也

评鉴书迹，要诀何存？温而厉，威而不猛，恭而安。宣尼德性，气质浑然，中和气象也。执此以观人，味此以自学，善书善鉴，具得之矣。

（明）项穆《书法雅言》，《历代书法论文选》，上海书画出版社1979年版

汤显祖

汤显祖（1550—1616），字义仍，号海若、若士、清远道人，临川（今江西抚州临川区）人。少有文名，所撰"临川四梦"名重于世，尤以《还魂记》（即《牡丹亭》）极享厚誉。高扬"情"之主张，认为"世总关情，情生诗歌"。著有诗集《红泉逸草》，诗文集《问棘邮草》《玉茗堂集》，戏曲传奇《紫钗记》《还魂记》《南柯记》《邯郸记》。

天下文章所以有生气者，令在奇士

天下文章所以有生气者，令在奇士，士奇则心灵，心灵则能飞动，能飞动则下上天地，来去古今，可以屈伸长短生灭如意，如意则可以无所不如。

（明）汤显祖《序丘毛伯稿》，《汤显祖集》诗文集，上海人民出版社 1973 年版

因情成梦，因梦成戏

弟之爱宜伶学二《梦》，道学也。性无善无恶，情有之。因情成梦，因梦成戏。戏有极善极恶，总于伶无与。伶因钱学《梦》耳。弟以为似道。

（明）汤显祖《玉茗堂尺牍之四·复甘义麓》，《汤显祖集》，上海人民出版社 1973 年版

士不穷愁，不能著书

故王氏之声，怨而多思，其节婉以悲，殆与骚近。有风人小雅之意焉，怨而无诽，悲而无伤。子云之声，何其多怨也。语云：士不穷愁，不能著书。天亦穷子云以发其声。

（明）汤显祖《王生借山斋诗帙序》，《汤显祖集》诗文集，上海人民出版社本

离骚之作，自怨生也

太史公以屈平"正直忠智以事其君，信而见疑，忠而被谤，能无怨

乎？离骚之作，盖自怨生也。国风好色而不淫，小雅怨诽而不乱，若离骚者，可谓兼之矣"。嗟夫，此有道者之言也。天下英豪奇瑰之士，苟有意乎世容，非好色者乎？君父不见知，而有不怨其君父者乎？彼夫好色而至于淫，怨其君父而至于乱者，则有意乎世之极，而不得夫道者也。

（明）汤显祖《骚苑笙簧序》，《汤显祖集》诗文集卷，上海人民出版社1973年版

万物之情，各有其志

《书》曰："诗言志，歌永言，声依永，律和声。"志也者，情也。先民所谓发乎情，止乎礼义者，是也。嗟乎，万物之情，各有其志。

（明）汤显祖《董解元西厢题辞》，《汤显祖集》诗文集，上海人民出版社1973年版

情生诗歌，而行于神

世总为情，情生诗歌，而行于神。天下之声音笑貌大小生死，不出乎是。因以澹荡人意，欢乐舞蹈，悲壮哀感鬼神风雨鸟兽，摇动草木，洞裂金石。其诗之传者，神情合至，或一至焉；一无所至，而必曰传者，亦世所不许也。

（明）汤显祖《耳伯麻姑游仙诗序》，《汤显祖集》诗文集，上海人民出版社1973年版

诗乎，机与禅言通，趣与游道合

诗乎，机与禅言通，趣与游道合。禅在根尘之外，游在伶党之中。要皆以若有若无为美。通乎此者，风雅之事可得而言。

（明）汤显祖《如兰一集序》，《汤显祖集》诗文集，上海人民出版社1973年版

赵南星

赵南星（1550—1628），字梦白，号侪鹤，别号清都散客，北直隶真定府高邑（今河北高邑）人。赵南星对明代后期政治改革提出了一些富

有见地的思想主张，并付诸实践，在当时取得明显成效。在文学上造诣颇深，作品涉及诗词、散曲等，题材种类之多为明代作家之少有。有《芳茹园乐府》等传世。

诗也者，兴之所为也

诗也者，兴之所为也。兴生于情，人皆有之，唯愚人无兴，俗人无兴。天下唯俗人多，俗人之兴在乎轩冕财贿，而不可以发之于诗，其所为诗率剿袭模拟，若优孟之于孙叔敖也。

（明）赵南星《三溪先生诗序》，《赵忠毅公文集》卷八，据明刊本

胡应麟

胡应麟（1551—1602），字元瑞，更字明瑞，号少室山人，又号石羊生，浙江兰溪人。嗜藏书、阅读和著述，广涉书史，学问渊博。深谙浙东学术之真谛，汲取宇内文章之精华，终为一代学术巨匠，是明中后期"末五子"之一。尝筑室兰溪山中，题其书屋曰"二酉山房"，藏书四万余卷，专事著述。《诗薮》为他论诗专著，共二十卷。著作还有《少室山房笔丛》《少室山房类稿》等。

屈原因牢骚愁怨之感，发沈雄伟博之辞

屈原氏兴，以瑰奇浩瀚之才，属纵横艰大之运，因牢骚愁怨之感，发沈雄伟博之辞。上陈天道，下悉人情，中稽物理，旁引广譬，具纲兼罗，文词巨丽，体制闳制，兴寄超远，百代而下，才人学士，追之莫逮，取之不穷，史谓争光日月，讵不信夫！

（明）胡应麟《诗薮》内编卷一，上海古籍出版社1979年版

语浅意深，语近意远，则最上一乘

乐天诗世谓浅近，以意与语合也。若语浅意深，语近意远，则最上一乘，何得以此为嫌！《明妃曲》云："汉使却回频寄语，黄金何日赎蛾眉？君王若问妾颜色，莫道不如宫里时。"《三百篇》《十九首》不远过也。

（明）胡应麟《诗薮》内编卷六，上海古籍出版社1979年版

江盈科

江盈科（1553—1605），字进之，号渌萝山人，湖南桃源人。万历二十年（1592）进士，历任长洲县令、四川提学副使等职。江盈科是"公安派"的核心人物，著有《雪涛小说》《谈丛》《谈言》《闻纪》《谐史》等。

诗言志

诗言志。志者，心之所之，即性情之谓也。

（明）江盈科《雪涛诗评》，黄仁生辑校《江盈科集》（下），岳麓书社1997年版

善论诗者，问其诗之真不真

或问："诗必汉魏盛唐，自严沧浪已持此论，今之三尺童子能言之。子乃谓研究中晚，方尽诗家之变，何也？"余曰："善论诗者，问其诗之真不真，不问其诗之唐不唐，盛不盛。盖能为真诗，则不求唐，不求盛，而盛唐自不能外。苟非真诗，纵摘取盛唐字句，嵌彻点缀，亦只是诗人中一个窃盗掏摸汉子。盖凡为诗者，或因事，或缘情，或咏物写景，自有一段当描当画见前境界，最要阐发玲珑，令人读之，耳目俱新。"

（明）江盈科《雪涛诗评》，黄仁生辑校《江盈科集》（下），岳麓书社1997年版

诗本性情

诗本性情。若系真诗，则一读其诗，而其人性情，入眼便见。大都其诗潇洒者，其人必酋快。其诗庄重者，其人必敦厚。其诗飘逸者，其人必风流。其诗流丽者，其人必疏爽。其诗枯瘠者，其人必寒涩。其诗丰腴者，其人必华赡。其诗凄怨者，其人必拂郁。其诗悲壮者，其人必磊落。其诗不羁者，其人必豪宕。其诗峻洁者，其人必清修。其诗森整者，其人

必谨严。

(明) 江盈科《雪涛诗评》，黄仁生辑校《江盈科集》(下)，岳麓书社 1997 年版

诗贵真

夫为诗者，若系真诗，虽不尽佳，亦必有趣。若出于假，非必不佳，即佳亦自无趣。试观我辈缙绅褒衣博带，纵然貌寝形陋，人必敬之，敬其真也。有优伶于此，貌俊形伟，加之褒衣博带，俨然贵客，而人贱之，贱其假也。

(明) 江盈科《雪涛诗评》，黄仁生辑校《江盈科集》(下)，岳麓书社 1997 年版

董其昌

董其昌 (1555—1636)，字玄宰，号思白、香光居士，松江华亭 (今上海) 人。擅于山水画，师法于董源、巨然、黄公望、倪瓒，笔致清秀中和，恬静疏旷；用墨明洁隽朗，温敦淡荡；青绿设色，古朴典雅。以佛家禅宗喻画，倡"南北宗"论，为"华亭画派"杰出代表，兼有"颜骨赵姿"之美。强调"文家要养精神"。著有《画禅室随笔》《容台文集》等。

文家要养精神

文家要养精神。人一身只靠这精神干事。精神不旺，昏沉到老。只是这个人须要养起精神，戒浩饮，浩饮伤神；戒贪色，贪色灭神；戒厚味，厚味昏神；戒饱食，饱食闷神；戒多动，多动乱神；戒多言，多言损神；戒多忧，多忧郁神；戒多思，多思挠神；戒久睡，久睡倦神；戒久读，久读苦神。人若调养得精神完固，不怕文字无解悟，无神气，自是矢口动人。此是举业最上一乘。

(明) 董其昌《画禅室随笔》，印晓峰点校《画禅室随笔》，华东师范大学出版社 2012 年版

目击而道存

临帖如骤遇异人,不必相其耳目、手足、头面,当观其举止、笑语、精神流露处,庄子所谓"目击而道存"者也。

(明)董其昌《画禅室随笔》,印晓峰点校《画禅室随笔》,华东师范大学出版社2012年版

书家妙在能会,神在能离

盖书家妙在能会,神在能离。

(明)董其昌《画禅室随笔》,印晓峰点校《画禅室随笔》,华东师范大学出版社2012年版

作文要得解悟

作文要得解悟。时文不在学,只在悟。平日须体认一番,才有妙悟。妙悟只在题目腔子里,思之思之,思之不已,鬼神将通之。到此将通时,才唤做解悟。了解时,只用信手拈来,头头是道,自是文中有神,动人心窍。理义原悦人心,我合着他,自是合着人心。

(明)董其昌《画禅室随笔》,印晓峰点校《画禅室随笔》,华东师范大学出版社2012年版

气韵亦有学得处

画家六法,一气韵生动。气韵不可学,此生而知之,自有天授。然亦有学得处,读万卷书,行万里路,胸中脱去尘浊,自然丘壑内营,成立鄞鄂,随手写生,皆为山水传神矣。

(明)董其昌《画禅室随笔》,印晓峰点校《画禅室随笔》,华东师范大学出版社2012年版

范允临

范允临(1558—1641),字长倩,号长白,南直隶苏州府吴县(今属江苏)人。万历二十三年进士,授工部主事,不久改云南推学佥事。万

历三十二年（1604），迁福建参议，未至任而归。工书画，时与董其昌齐名。著有《轮廖馆集》。

胸中有书，故能自具丘壑

学书者不学晋辙，终成下品，惟画亦然。宋元诸名家，如荆、关、董、范，下逮子久、叔明、巨然、子昂，矩法森然画家之宗工巨匠也。此皆胸中有书，故能自具丘壑。今吴人目不识一字，不见一古人真迹，而辄师心自创。惟涂抹一山一水，一草一木，即悬之市中，以易斗米，画那得佳耶！

（明）范允临《输蓼馆集》，俞剑华主编《中国画论类编》，人民美术出版社2016年版

袁宗道

袁宗道（1560—1600），字伯修，号玉蟠、又号石浦，湖北公安人，明代文学家。万历十四年（1586）进士，选庶吉士，授编修，官至太子右庶子。"公安派"的发起者和领袖之一，与弟袁宏道、袁中道并称"公安三袁"，反对复古拟古，主张"从学生理，从理生文"。其诗文创作不事模拟，率真自然。著有《白苏斋集》。

达不达，文不文之辨也

口舌代心者也，文章又代口舌者也。展转隔碍，虽写得畅显，已恐不如口舌矣，况能如心之所存乎？故孔子论文曰："辞达而已。"达不达，文不文之辨也。

（明）袁宗道《论文》，《白苏斋类集》卷二十，据明刻本

士先器识而后文艺

故君子者，口不言文艺，而先植其本。凝神而敛志，回光而内鉴，锷敛而藏声。其器若万斛之舟，无所不载也；若乔岳之屹立，莫撼莫震也；若大海之吐纳百川，弗涸弗盈也。其识若登泰巅而瞭远，尺寸千里也；若镜明水止，纤芥眉须无留形也；若龟卜蓍筮，今古得失，凶吉修短，无遗

策也。故方其韬光养默，退然不胜，如田畯野夫之胸无一能，而比其不得已而鸣，则矢口皆经济，吐咳成谟谋，振球琅之音，炳龙虎之文，星日比光，天壤不朽，岂比夫操觚属辞，矜骈俪而夸月露，拟之涂粻土羹，无裨缓急之用者哉！

盖昔者咎、禹、尹、龁、召、毕之徒，皆备明圣显懿之德，其器识深沉浑厚，莫可涯涘，而乃今读其训诰谟典诗歌，抑何尔雅闳伟哉！千古之下，端拜颂哦，不敢以文人目之，而亦争推为万世文章之祖。则吾所谓其本立，其用自不可秘者也。譬之麟之仁，凤之德，日为陆离炳焕之文，是为天下瑞。……

信乎器识文艺，表里相须，而器识狷薄者，即文艺并失之矣。虽然，器识先矣，而识尤要焉。盖识不宏远者，其器必且浮浅。而包罗一世之襟度，固赖有昭晰六合之识见也。大其识者宜何如？曰：豁之以致知，养之以无欲，其庶乎？此又足补行俭未发之意也。

（明）袁宗道《士先器识而后文艺》，《白苏斋类集》卷七，据明刻本

古修词皆谈理

沧溟《赠王序》谓"视古修词，宁失诸理"。夫孔子所云"辞达"者，正达此理耳，无理则所达为何物乎？无论典谟《语》《孟》，即诸子百氏，谁非谈理者？道家则明清净之理，法家则明赏罚之理，……汉、唐、宋诸名家，如董、贾、韩、柳、欧、苏、曾、王诸公，及国朝阳明、荆川，皆理充于腹，而文随之。彼何所见，乃强赖古人失理耶？

（明）袁宗道《论文》，《白苏斋类集》卷二十，据明刻本

庄元臣

庄元臣（1560—1609），字忠甫，一作忠原，号方壶子，归安（今浙江湖州）人。又自署松陵（今江苏吴江）人。万历三十二年（1604）甲辰科中三甲二名进士。著有《曼衍斋文集》《庄忠甫杂著》《叔苴子》等多种，又编有《三才考略》。

文，心声也

夫文，心声也。意积于心而声冲于口，如泉之必达，如火之必爇，如疾痛之必鸣号，不待思之而后得也。然虽不思而性灵之所抒泄，天真之所吐露，自有伦有次，有文有理，斐然可观，不待饰之而后工也。今观阳和动而草木发，青者、碧者、红者、紫者，大者如盘，小者如钱。旖旎者富贵，轻盈者芳妍，斯非天下之至文哉？果孰思之而孰饰之？又尝观孔子之书，其言简而明，微而婉，精邃而弘博，骤而观之，即愚夫儒子，亦能臆度其仿佛，而至欲穷其旨归，则巨儒宿师，白首兀兀而曾未能窥测其涯涘者，斯又非天下之至文哉？又孰思之而孰饰之？故夫知造化圣人之文者，始可以论文矣。盖造化不求观，圣人不求名，皆本乎自然而发乎不得已，故其文独至也。次惟老子《道德》五千言，奥衍弘深，粹然一出于正，而子思、孟子之言，方之为烦，庶几圣人之津吻。若夫《左氏》之浮夸，《国策》之雄奇，两汉之闳肆，六朝之艳丽，文愈灿而体愈漓矣！何也？至文不思而此以思，至文不饰而此以饰。缘思而得者，意之靡也。缘饰而工者，词之淫也。譬之学鸟语者，其宛转声音，与鸟无异，然使杂之鸟声之中听之，则不待审音者而可别也。何也？鸟之声发于无心，而人之声出于有意也。故夫《典》《谟》而下无文章，《六经》以后无著述。道丧千载，夫复何言！

（明）庄元臣《论学须知》，王水照编《历代文话》（三），复旦大学出版社2007年版

陶望龄

陶望龄（1562—1609），字周望，号石篑，明会稽（今浙江绍兴）人。因以"歇庵"二字名其居室，亦被称为歇庵先生。生平笃信王守仁"自得于心"学说，认为这是最切实际的"著名深切之教"。工诗善文，著有《制草》若干卷、《歇庵集》20卷、《解庄》12卷、《天水阁集》13卷。

诗人之赋，外见而传诸情；文人之作，内见而阐诸理

仆闻之曰："发言为诗者，咏所志也；登高能赋者，颂所见也。"故

诗人之赋，外见而传诸情；文人之作，内见而阐诸理。由此言之，文生于见己，词乃决之耳。夫文以足言，实犹言也。今人有身历之、目见之而言者，有徒传听而言者，有意揣想决，曰是将然而遂强言者。生燕而言燕，长楚而言楚，无待饰，其犹善也。传说者，直之则漏，饰之则溢，如盲者之说日月，彼殆声化焉。况于意揣想决，从事于冥冥之间者哉！夫妄听之、而妄臆之、而妄言之者，文章家多然也。博引旁合，祇益为妄，知道者未始一盼焉。……凡文之组缀藻绣，矜饰乎外者，皆其中之无有者也。

（明）陶望龄《拟与友人论文书》，《明文授读》卷二十二，据味芹堂刻本

论文以内外分好恶

今人不晓作文，动言有奇平二辙。言奇言平，诖误后生。吾论文亦有二种，但以内外分好恶，不作奇平论也。凡自胸膈中陶写出者，是奇是平，为好；从外剽贼沿袭者，非奇非平，是为劣。骨相奇者以面目，波涛奇者以江河。风恬波息，天水澄碧，人曰：此奇景也。西子双目两耳，人曰：此奇丽也，岂有二哉！但欲文字佳胜，亦须有胜心。老杜言："语不惊人死不休。"陆平原云："谢朝华于既披，启夕秀于未振。"昌黎曰："惟陈言之务去，戛戛乎难哉！"自古不新不足为文，不平不足为奇。镕范之工，归于自然，何患不新、不古、不平、不奇乎？

（明）陶望龄《寄君奭弟书》，《明文授读》卷二十二，据味芹堂刻本

许学夷

许学夷（1563—1633），字伯清，又称许山人，明南直隶常州府江阴县人。早厌弃帖括，惟文史是好。自小能诗，论诗三百首，辨其源流，析其正变。为人高洁自爱。诗文主张本乎情之正。著有《许山人诗集》《许伯清诗稿》《澄江诗选》《诗源辨体》等。

汉魏五言，虽本乎情之真，未必本乎情之正

汉魏五言，虽本乎情之真，未必本乎情之正，故性情不复论耳。或欲

以国风之性情论汉魏之诗，犹欲以六经之理论秦汉之文，弗多得矣。

（明）许学夷《诗源辨体》卷三，人民文学出版社 1987 年版

风人之诗，既出乎性情之正，而复得于声气之和，为万古诗人之经

风人之诗，既出乎性情之正，而复得于声气之和，故其言微婉而敦厚，优柔而不迫，为万古诗人之经。世之习举兴者，牵于义理，狃于穿凿，于风人性情声气，了不可见，而诗之真趣泯矣。

（明）许学夷《诗源辨体》卷一，人民文学出版社 1987 年版

汉、魏五言，为情而造文；颜、谢五言，为文而造意

汉、魏五言，为情而造文，故其体委婉而情深。颜、谢五言，为文而造意，故其语雕刻而意冗。《吕氏童蒙训》云："读古诗十九首及曹子建诸诗，如'明月照高楼，流光正徘徊'之类，皆思深远而有余意，言有尽而意无穷。学者当以此等诗常自涵养，自然下笔高妙。"吕氏之所谓意，即予之所谓情也。

（明）许学夷《诗源辨体》卷三，人民文学出版社 1987 年版

风者，美刺风化者也；雅、颂者，形容盛德者也

《三百篇》有六义，曰风、雅、颂、赋、比、兴。风、雅、颂为三经，赋、比、兴为三纬。风者，王畿列国之诗，美刺风化者也；雅、颂者，朝廷宗庙之诗，推原王业，形容盛德者也。故风则比、兴多，雅颂则赋体为众。风则委婉而自然，雅、颂则齐庄而严密；风则专发乎性情，而雅、颂则兼主乎义理，此诗之源也。

（明）许学夷《诗源辨体》卷一，人民文学出版社 1987 年版

汉魏人诗，本乎情兴

汉魏人诗，本乎情兴，学者专习凝领，而神与境会，即情兴之所至，否则不失之袭，又未免苦思，以意见为诗耳。如阮籍《咏怀》之作，亦渐以意见为诗矣。予学汉魏二十年，始悟入焉。

（明）许学夷《诗源辨体》卷三，人民文学出版社 1987 年版

学韦、柳诗，须先养其性气

学韦、柳诗，须先养其性气。倘峥嵘之气未化，豪荡之性未除，非但

不能学，且不能读。试观于鳞、元美，于韦、柳多不相契。

（明）许学夷《诗源辨体》卷二十三，人民文学出版社1987年版

汉魏同者，以情为诗；魏人异者，以意为诗

汉魏同者，情兴所至，以情为诗，故于古为近。魏人异者，情兴未至，以意为诗，故于古为远。同者乃风人之遗响，异者为唐古之先驱。陈绎曾云：东都以上主情，建安以下主意。此前人未尝道破。

（明）许学夷《诗源辨体》卷四，人民文学出版社1987年版

顾起元

顾起元（1565—1628），字太初，一作璘初、瞒初，号遁园居士，应天府江宁（今南京）人。万历二十六年进士，官至吏部左侍郎，兼翰林院侍读学。乞退后，筑遁园，闭门潜心著述。朝廷曾七次诏命为相，均婉辞之，卒谥文庄。著有《金陵古金石考》《客座赘语》《说略》等。

绮靡者，情之所自溢也

昔士衡《文赋》有曰："诗缘情而绮靡。"玷斯语者，谓为六代之滥觞，不知作者内激于志，外荡于物，志与物泊然相遭于标举兴会之时，而旖旎佚丽之形出焉。绮靡者，情之所自溢也；不绮靡不可以言情。彼欲饰情而为绮靡，或谓必汰绮靡而致其情，皆非工于缘情者矣。范蔚宗言："情致所托，要当以意为主，然而抽其芬芳，振其金石。"夫苟不谓芬芳为意之萌芽，金石为意之节族，乃于以文传意之后，旁举而益之，至使雕缋襞积之工，掩其真美，矫枉者遂疑雅颂之平典，非陶咏性情者之所庶几也，岂不陋哉！

（明）顾起元《锦研斋次草序》，《明文授读》卷三十六，据味芹堂刊本

诗以诗人之性情，天地之神理寄焉

诗以诗人之性情，天地之神理寄焉。古人之为诗也，无亦惟是取真情与真境缘饰之而已矣。晋、宋、齐、梁最称浮靡，然其一时人物

之风华，情态之艳冶，可按而求，则神理犹未尽离也。自摹拟剽敚之道胜，称诗者往往以其所不必感之情，与其所未尝涉之境，傅而成之，其音响肤泽，岂不自谓为汉魏，为盛唐，然而神理之存焉者或寡矣。夫所谓神理者，固亦不出乎音响肤泽之间，然是音响肤泽者，神理之变化也。

（明）顾起元《刘成斋先生诗序》，《明文授读》卷三十六，据味芹堂刻本

李日华

李日华（1565—1635），字君实，一字九疑，号竹懒、痴居士等，浙江嘉兴人。万历二十年（1592）进士，任至太仆寺少卿。能书画，善鉴赏。家有"鹤梦轩""六研斋""紫桃轩"等，作为其收藏书画之所。著述颇多，有《竹懒画媵》《紫桃轩杂缀》《又缀》《味水轩日记》《六研斋笔记》《竹懒墨君题语》等。

古者图书并重，以存典故，备法戒，非浪作者

古者图书并重，以存典故，备法戒，非浪作者，故有《建章千门万户图》，晋张茂先犹及见之。汉成帝视《纣踞妲己图》，班姬因进忠言。又有图蜀道山水归献，而将帅藉以成功者。

（明）李日华《竹嬾论画》，俞剑华编著《中国古代画论类编》，人民美术出版社2007年第2版

学书须胸中先有古今

余尝泛论，学画必在能书，方知用笔。其学书又须胸中先有古今。欲博古今作淹通之儒，非忠信笃敬，植立根本，则枝叶不附，斯言也苏、黄、米集中著论，每每如此，可检而求也。

（明）李日华《紫桃轩杂缀》，俞剑华编著《中国古代画论类编》，人民美术出版社2007年第2版

点墨落纸，必须胸中廓然无一物

姜白石论书曰："一须人品高。"文征老自题其《半山》曰："人品不高，

用墨无法。"乃知点墨落纸，大非细事，必须胸中廓然无一物，然后烟云秀色，与天地生生之气，自然凑泊，笔下幻出奇诡。若是营营是念，澡雪未尽，即日对丘壑，日摹妙迹，到头只与髹采圬墁之工，争巧拙于毫厘也。

（明）李日华《恬致堂集·书画谱》，俞剑华编著《中国画论类编》，人民美术出版社2016年版

绘事必以微茫惨淡为妙境，非性灵廓彻者，未易证入

绘事必以微茫惨淡为妙境，非性灵廓彻者，未易证入，所谓气韵必在生知，正在此虚淡中所含意多耳。其他精刻逼塞，纵极功力，于高流胸次间何关也。

（明）李日华《竹嬾论画》，俞剑华编著《中国古代画论类编》，人民美术出版社2007年版第2版

绘事要在胸中实有吐出

古人绘事，如佛说法，纵口极谈，所拈往劫因果，奇诡出没，超然意表，而总不越实际理地，所以人天悚听，无非议者。绘事不必求奇，不必循格，要在胸中实有吐出便是矣。

（明）李日华《竹嬾论画》，俞剑华编著《中国古代画论类编》，人民美术出版社2007年版第2版

凡状物者，得其形，不若得其势；得其势，不若得其韵；得其韵，不若得其性

凡状物者，得其形，不若得其势；得其势，不若得其韵；得其韵，不若得其性。形者方圆平扁之类，可以笔取者也。势者转折趋向之态，可以笔取，不可以笔尽取，参以意象，必有笔所不到者焉。韵者生动之趣，可以神游意会，陡然得之，不可以驻思而得也。性者物自然之天，技艺之熟，熟极而自呈，不容措意者也。

（明）李日华《竹嬾论画》，俞剑华编著《中国古代画论类编》，人民美术出版社2007年版第2版

绘事必须多读书

绘事必须多读书，读书多，见古今事变多，不狃狭劣见闻，自然胸次

廓彻，山川灵奇，透入性地时一洒落，何患不臻妙境？此语曩曾与沈无回言之，可相证入也。

（明）李日华《墨君题语》，俞剑华编著《中国画论类编》，人民美术出版社2016年版

汪廷讷

汪廷讷（1573—1619），字昌朝，自号无如，别号坐隐先生、无无居士、全一真人等，安徽休宁人。以写戏、刻书自娱，好诗词歌赋，尤善度曲。著有《环翠堂集》《人镜阳秋》等。所作传奇《长生记》《同升记》《狮吼记》《三祝记》《种玉记》《义烈记》《天书记》等十三种，总称《环翠堂乐府》。另著有杂剧《广陵月》《太平乐事》《青梅佳句》等八种。

诗不可以有心求

无如子曰：夫诗以言志也，声发乎气也。志、气与天地万物为一，则天地万物皆吾之声诗也。诗之义大矣哉！然不可以有心求，故《三百篇》之足尚也，出之自然者也。汉魏之最近也，有意而真者也，犹不失乎自然也。六朝而竟于华矣，稍离其真，然而情景时合也。唐盛而衰矣，法胜而本亡也，然而意象符，风调高也，则何以殊汉魏哉！有心于符，有心于高，谐乎真而非真，自谐者也。再降而宋，无足论矣。今自古乐府、古诗及唐近体，录其尤，凡若干首，而独于六朝以上去四言，无四言也；于唐去五言古，无五言古也。此何足以尽诗，而聊以识诗之慨耳。

（明）汪廷讷《文坛列俎·评文》，王水照编《历代文话》第三册，复旦大学出版社2007年版

袁宏道

袁宏道（1568—1610），字中郎，一字无学，号石公，又号六休，湖广公安（今湖北荆州公安）人。在"公安三袁"中排行第二，成就最大，

为公安派的领军人物。反对"文必秦汉，诗必盛唐"的风气，提出"独抒性灵，不拘格套"的思想，著有诗文集和杂著多种，合为《袁中郎全集》。

情随境变，字逐情生

盖弟既不得志于时，多感慨。又性喜豪华，不安贫窘；爱念光景，不受寂寞。百金到手，顷刻都尽，故尝贫；而沉湎嬉戏，不知樽节，故尝病。贫复不任贫，病复不任病，故多愁。愁极则吟，故尝以贫病无聊之苦，发之于诗，每每若哭若骂，不胜其哀生失路之感。余读而悲之。大概情至之语，自能感人，是谓其诗可传也。而或者犹以太露病之，曾不知情随境变，字逐情生，但恐不达，何露之有？且《离骚》一经，忿怼之极，党人偷乐，众女谣啄，不揆中情，信谗赍怒，皆明示唾骂，安在所谓怨而不伤者乎？穷愁之时，痛哭流涕，颠倒反覆，不暇择音怨矣，宁有不伤者？且燥湿异地，刚柔异性，若夫劲质而多怼，峭急而多露，是之谓楚风，又何疑焉。

（明）袁宏道《叙小修诗》，《袁中郎全集》据世界书局本

小修诗多从自己胸臆流出

足迹所至，几半天下，而诗文亦因之以日进。大都独抒性灵，不拘格套，非从自己胸臆流出，不肯下笔。有时情与境会，顷刻千言，如水东注，令人夺魄。其间亦有佳处，亦有疵处。佳处自不必言，即疵处亦多本色独造语。

（明）袁宏道《叙小修诗》，《袁中郎全集》，据世界书局本

余与退如所同者真而已

余与退如所同者真而已，其为诗异甘苦，其直写真性情则一。其为文异雅朴，其不为浮词滥语则一。此余与退如之气类也。

（明）袁宏道《序曾太史集》，《袁中郎全集》，据世界书局本

恽 向

恽向（1586—1655），原名本初，字道生、曙臣，号香山，武进（今

江苏常州武进区）人。崇祯末举贤良方正，授内阁中书舍人。擅诗文，工山水，早年学董源、巨然，以悬肘中锋作画，骨力圆劲，浓墨润湿，纵横淋漓，自成一派，晚年敛笔于倪瓒、黄公望的风格，惜墨如金，挥洒自如，妙合自然。传世画作有《秋林平远图》（上海博物馆藏）。著有《画旨》，已佚。

画亦以意为主，而气附之

元人之画，不论是某家某家，不论意多于象，展卷便可令人作妙诗。又或令人一字不能言者，乃是渠真种子耳。然余每画元人，尽有元人不能到处。

诗文以意为主，而气附之，惟画亦云。无论大小尺幅，皆有一意，故论诗者以意逆志，而看画者以意导意。古人格法，思乃过半。

（明）恽向《道生论画山水》，俞剑华编著《中国画论类编》，人民出版社2016年版

袁中道

袁中道（1570—1623），字小修、一字少修，湖广公安（今湖北荆州公安）人，"公安三袁"中排行第三。少即能文，长愈豪迈。其在文风上反对复古拟古，认为文学是随时代的变化而变化的，"天下无百年不变之文章"；提倡真率，抒写性灵。晚年针对多俚语纤巧的流弊，提出以性灵为中心兼重格调的主张。创作以散文为佳，游记、日记、尺牍各有特色。著有《珂雪斋集》《游居柿录》。

以前视今，故者复新，以后视今，新者又故

天地间之景，与慧人才士之情，历千百年来，互竭其心力之所至，以呈工角巧意，其余无蕴矣。然景虽写，而其未写者如故也，情虽泄，而其未泄者如故也。有苞含，即有开敷，有开敷，又有苞含。前之人以为新矣，而今视之即故。今之人以为新矣，而后视之又故。……以前视今，故者复新，以后视今，新者又故。

（明）袁中道《牡丹史序》，《珂雪斋文集》，据上海杂志公司本

情穷而遂无所不写，景穷而遂无所不收

古人论诗之妙，如水中盐味，色里胶青，言有尽而意无穷者，即唐已代不数人，人不数首。彼其抒情绘景，以远为近，以离为合，妙在含里，不在披露。其格高，其气浑，其法严，其取材甚俭，其为途甚狭。无论其势不容不变为中为晚，即李、杜诸公，已不能不旁畅以极其意之所欲言矣，而又何怪乎宋、元诸君子欤！宋元承三唐之后，殚工极巧，天地之英华，几泄尽无余。为诗者处穷而必变之地，宁各出乎眼，各为机局，以达其意所欲言，终不肯雷同剿袭，拾他人残唾，死前人语下。于是乎情穷而遂无所不写，景穷而遂无所不收。无所不写，而至写不必写之情，无所不收，而至收不必收之景。

（明）袁中道《宋元诗序》，《珂雪斋文集》，据上海杂志公司本

予神愈静，则泉愈喧；泉愈喧，则吾神愈静

玉泉初如溅珠，注为修渠，至此忽有大石横峙，去地丈余，邮泉而下，忽落地作大声，闻数里。予来山中，常爱听之。泉畔有石，可敷蒲，至则趺坐终日。其初至也，气浮意嚣，耳与泉不深入，风柯谷鸟，犹得而乱之。及暝而息焉，收吾视，返吾听，万缘俱却，嗒焉丧偶，而后泉之变态百出。初如哀松碎玉，已如鹍弦铁拨，已如疾雷震霆，摇荡川岳。故予神愈静，则泉愈喧也。泉之喧者，入吾耳，而注吾心，萧然泠然，浣濯肺腑，疏瀹尘垢，洒洒乎忘身世，而一死生。故泉愈喧，则吾神愈静也。

（明）袁中道《爽籁亭记》，《珂雪斋文集》，据上海杂志公司本

杨士修

杨士修［1577—1644（1645）］，字长倩，号无寄生，云间（今上海松江）人，晚明著名印论家，幼年即嗜印学，得顾氏《集古印谱》，潜心研讨，著成《印母》，对后世印学颇有影响。

所谓神也，非印有神，神在人也

情者，对貌而言也。所谓神也，非印有神，神在人也。人无神，则印

亦无神,所谓人无神者,其气奄奄,其手龙钟,无饱满充足之意。譬如欲睡而谈,既呕而饮,焉有精彩?若神旺者,自然十指如翼,一笔而生息全胎,断裂而光芒飞动。

(明)杨士修《印母》,韩天衡编订《历代印学论文选》(上),西泠印社出版社1999年版

兴不高则百务俱不能快意

兴之为物也无形,其勃发也莫御,兴不高则百务俱不能快意。印之发兴高者,时或宾朋浓话,倏尔成章,半夜梦回,跃起落笔,忽然偶然而不知其然,即规矩未违。譬如渔歌樵唱,虽罕节奏,而神情畅满,不失为上乘之物。

(明)杨士修《印母》,韩天衡编订《历代印学论文选》(上),西泠印社出版社1999年版

高　濂

高濂(1573—1620),字深甫,号瑞南,浙江钱塘(今浙江杭州)人,以戏曲名于世。曾任鸿胪寺官,后隐居西湖。爱好广泛,藏书、赏画、论字、侍香、度曲等情趣多样。能诗文,兼通医理,更擅养生。所作传奇剧本有《玉簪记》《节孝记》,诗文集有《雅尚斋诗草二集》《芳芷栖词》,其养生著作《遵生八笺》是中国古代养生学的集大成之作,另有《牡丹花谱》《兰谱》传世。

琴为君子雅业

高子曰:琴者,禁也,禁止于邪,以正人心。故《礼记》曰:君子无故不去琴瑟。孔门之瑟,今则绝响,信可贵矣。古人鼓琴,起风云而来玄鹤,通神明而阜民财者,以和感也。今徒存其器,古意即亡。欧阳公云:"器存而意不存者",此耳。

夫和而鸣者声也;参叙相应者,韵也;韵中成文,谓之为音。故意之哀乐邪正、刚柔喜怒,发乎人心,而国之理乱,家之废兴,道之盛衰,俗之成败,听于音声可先知也,岂他乐云乎?知琴者,以雅音为正,按弦须

用指分明，求音当取舍无迹，运动闲和，气度温润，故能操高山流水之音于曲中，得松风夜月之趣于指下，是为君子雅业，岂彼心中无德，腹内无墨者，可与圣贤共语！

（明）高濂《遵生八笺·燕闲清赏笺》，王大淳等整理《遵生八笺》，人民卫生出版社 2007 年版，校以《美术丛书》本《燕闲清赏笺》和李嘉言点校《燕闲清赏笺》，浙江人民美术出版社 2012 年版。个别标点有所修改

钟　惺

钟惺（1574—1624），字伯敬，一作景伯，号退谷、止公居士，湖广竟陵（今湖北天门）人。万历三十八年（1610）进士。曾任工部主事、福建提学佥事等职。倡导幽峭诗风，并且参以禅旨，令人莫测高深，有"诗妖"之名，被奉为"深幽孤峭之宗"。他与同里谭元春共选《唐诗归》和《古诗归》，名扬一时，形成"竟陵派"，世称"钟谭"。

诗道性情

夫诗道性情者也，发而为言，言其心之所不能不有，非谓其事之所不可无而必欲有言也。以为事之所不可无而必欲有言者，声誉之言也。不得已而有言，言其心之所不能不有者，性情之言也。……今之言诗者，始以为事之所不可无，无故而诗以之兴；终诎于心之所未必有，无故而诗以之自废。其兴其废不出于性情，而出于声誉，于诗何与哉？

（明）钟惺《陪郎草序》，《隐秀轩文集》卷十七，上海古籍出版社 1992 年版

性情所至，作者不自知其工，诗已传于后

古诗人曰风人，风之为言无意也。性情所至，作者不自知其工，诗已传于后，而姓氏或不著焉。今诗人皆文人也，文人为诗则欲有诗之名，欲有诗之名，则其诗不得不求工者，势也。

（明）钟惺《董存相诗序》，《隐秀轩文集》卷十七，上海古籍出版社 1992 年版

冯梦龙

冯梦龙（1574—1646），字犹龙，又字子犹、耳犹，别署绿天馆主人、龙子犹、詹詹外史、墨憨斋主人、顾曲散人、词奴等，长洲（今江苏苏州）人。出身世家，曾任寿宁知县。编著极富，主要有短篇小说集"三言"（《喻世明言》《警世通言》《醒世恒言》），以及民歌集《挂枝儿》《山歌》等。著有长篇小说《平妖传》《新列国志》，戏曲传奇《双雄记》《万事足》等。

文之善达性情者，无如诗

文之善达性情者，无如诗，三百篇之可以兴人者，唯其发于中情，自然而然故也。自唐人用以取士，而诗入于套；六朝用以见才，而诗入于艰；宋人用以讲学，而诗入于腐。而从来性情之郁，不得不变而之词曲。胜国尚北，皇明专尚南，盖易弦索而箫管，陶激烈于和柔。令听者解烦释滞，油然觉化日之悠长，此亦太平鸣豫之一征已。

（明）冯梦龙《太霞新奏序》，魏同贤主编《冯梦龙全集》第十册，凤凰出版社2007年版

山歌不与诗文争名，故不屑假

今所盛行者，皆私情谱耳。虽然，桑间、濮上，国风刺之，尼父录焉，以是为情真而不可废也。山歌虽俚甚矣，独非郑、卫之遗欤？且今虽季世，而但有假诗文，无假山歌，则以山歌不与诗文争名，故不屑假。苟其不屑假，而吾藉以存真，不亦可乎？……若夫借男女之真情，发名教之伪药，其功于《挂枝儿》等，故录《挂枝词》而次及《山歌》。

（明）冯梦龙《序山歌》，魏同贤主编《冯梦龙全集》第十册，凤凰出版社2007年版

小说之资于选言者少，而资于通俗者多

大抵唐人选言，入于文心；宋人通俗，谐于里耳。天下之文心少而里耳多，则小说之资于选言者少，而资于通俗者多。试令说话人当场描写，

可喜可愕，可悲可涕，可歌可舞；再欲捉刀，再欲下拜，再欲决脰，再欲捐金；怯者勇，淫者贞，薄者敦，顽钝者汗下。虽小诵《孝经》《论语》，其感人未必如是之捷且深也。

（明）冯梦龙《古今小说序》，魏同贤主编《冯梦龙全集》第一册，凤凰出版社2007年版

唐志契

唐志契（1579—1651），字敷五，又字玄生、元生，号天放懒人，海陵（今江苏泰州）人。精于绘事，主张画要明理，并有高旷之气。著有《绘事微言》。

写画须要自己高旷

写画须要自己高旷，张伯雨题倪迂画云："无画史纵横习气。"又迂翁自题《狮子林图》云："此画真得荆、关遗意，非王蒙辈所能梦见也。"其高自标置如此。顾谨题倪迂画云："初以董源为宗，及乎晚年，画益精诣，而北苑笔法渺乎脱矣。"盖迂翁聚精于画，虽从北苑筑基，然借荆、关而兼河阳，专以幽深为宗者也。若纵横习气，即黄子久犹有焉，然则赵吴兴之逊于迂翁，乃胸次之别耳。

画须从容自得，适意时对明窗净几，高明不俗之友为之，方能写出胸中一点洒落不羁之妙。

（明）唐志契《绘事微言》，俞剑华编著《中国古代画论类编》，人民美术出版社2007年第2版，校以《中国书画全书》第四册

画要明理

凡文人学画山水，易入松江派头，到底不能入画家三昧。盖画非易事，非童而习之，其转折处必不能周匝。大抵以明理为主。若理不明，纵使墨色烟润，笔法遒劲，终不能令后世可法可传。郭河阳云："有人悟得丹青理，专向茅茨画山水。"正谓此。

（明）唐志契《绘事微言》，俞剑华编著《中国古代画论类编》，人民美术出版社2007年第2版，校以《中国书画全书》第四册

天资与画近，嗜好亦与画近

昔陈姚最品画谓："立万象于胸中，传千祀于毫翰。"夫毫翰固在胸中出也。若使泯泯然依样葫芦，那得名流海内？大抵聪明近庄重便不佻，聪明近磊落便不俗，聪明近空旷便不拘，聪明近秀媚便不粗，盖言天资与画近，自然嗜好亦与画近。古人云："笔力奋疾，境与性会。"言天资也。《贞观公私画史》评吴道玄为天付劲毫，幼抱神奥。后有作者，皆莫过之。岂非天性耶？

（明）唐志契《绘事微言》，俞剑华编著《中国古代画论类编》，人民美术出版社 2007 年第 2 版，校以《中国书画全书》第四册

凌濛初

凌濛初（1580—1644），字玄房，号初成，又名凌波，别号即空观主人，浙江乌程（今浙江湖州）人。工诗文，尤精小说和词曲，著有短篇小说《拍案惊奇》两集，《蓦忽姻缘》《莽择配》杂剧等；又曾改编《玉簪记》传奇为《乔合衫襟记》；评选南曲，编为《南音三籁》；《谭曲杂札》是他的论曲之作，原题"即空观主人撰"。

曲贵本色

盖传奇初时本自教坊供应，此外止有上台构拦，故曲白皆不为深奥。其间用诙谐曰"俏语"，其妙出奇拗曰"俊语"。自成一家言，谓之"本色"，使上而御前、下而愚民，取其一听而无不了然快意。今之曲既斗靡，而白亦竞富。甚至寻常问答，亦不虚发闲语，必求排对工切。是必广记类书之山人，精熟策段之举子，然后可以观优戏，岂其然哉？又可笑者：花面丫头，长脚髯奴，无不命词博奥，子史淹通，何彼时比屋皆康成之婢、方回之奴也？总来不解"本色"二字之义，故流弊至此耳。

（明）凌濛初《谭曲杂札》，《中国古典戏曲论著集成》，中国戏剧出版社 1959 年版

顾凝远

顾凝远（约 1580—约 1645），号青霞，吴县（今江苏苏州）人。少负惊才，长而好学，于古今坟典艺志无所不窥，爱好收藏，又精于画理。著有《画引》一卷。

深情冷眼，求其幽意之所在，而画之生意出

当兴致未来，腕不能运时，径情独往，无所触则已，或枯槎顽石，勺水疏林，如造物所弃置，与人装点绝殊，则深情冷眼，求其幽意之所在，而画之生意出矣。此亦锦囊拾句之法。

（明）顾凝远《画引》，卢辅圣主编《中国书画全书》第四册，上海书画出版社 1992 年版，标点有所改动

陈仁锡

陈仁锡（1581—1636），字明卿，号芝台，长洲（今江苏苏州）人。天启二年（1622）进士，授翰林编修，因得罪权宦魏忠贤被罢职。崇祯初复官，官至国子监祭酒。讲求经济，性好学，喜著述，著有《四书备考》《经济八编类纂》《重订古周礼》《陈太史无梦园初集》《潜确居类书》等。

以定志立品为第一义

士不立品，才思索然，文章千古，寸心自知。无人品则寸心安在？谁与较失得哉？才解士绅而归之，俾读十年书肆，有德有造。士生其间，不以定志立品为第一义，岂不负遭遇哉？

（明）陈仁锡《明文奇赏序》，据明天启三年刻本

徐上瀛

徐上瀛（约 1582—1662），别名青山，号石泛山人，江苏娄东（太

仓）人。虞山琴派代表人物。辑成《大还阁琴谱》一书。在严澂《松弦馆琴谱》提倡的"清、微、淡、远"四字琴学理论的基础上，又取诸家之长，作《溪山琴况》。

圣人制琴以理天下人之性情

稽古至圣，心通造化，德协神人，理一身之性情，以理天下人之性情，于是制之为琴。

（明）徐上瀛《溪山琴况》，《琴曲集成》第十四册，中华书局1981年版，校以康熙十二年蔡毓荣刻本《溪山琴况》

琴有时古之辨

《乐志》曰："琴有正声，有间声。其声正直和雅，合于律吕，谓之正声，此雅颂之音，古乐之作也；其声间杂繁促，不协律吕，谓之间声，此郑卫之音，俗乐之作也。雅颂之音理而民正，郑卫之曲动而心淫。然则如之何而可就正乎？必也黄钟以生之，中正以平之，确乎郑卫不能入也。"按此论，则琴固有时古之辨矣！

（明）徐上瀛《溪山琴况》，《琴曲集成》第十四册，中华书局1981年版，校以康熙十二年蔡毓荣刻本《溪山琴况》

操至妙来则可淡，淡至妙来则生恬，恬至妙来则愈淡而不厌

诸声淡则无味，琴声淡则益有味。味者何？恬是已。味从气出，故恬也。夫恬不易生，淡不易到，唯操至妙来则可淡，淡至妙来则生恬，恬至妙来则愈淡而不厌。故于兴到而不自纵，气到而不自豪，情到而不自扰，意到而不自浓。及睨其下指也，具见君子之质，冲然有德之养，绝无雄竞柔媚态。不味而味，则为水中之乳泉；不馥而馥，则为蕊中之兰茝。吾于此参之，恬味得矣。

（明）徐上瀛《溪山琴况》，《琴曲集成》第十四册，中华书局1981年版，校以康熙十二年蔡毓荣刻本《溪山琴况》

所为得之心而应之手，听其音而得其人，此逸之所征也

先正云："以无累之神合有道之器，非有逸致者则不能也。"第其人必具超逸之品，故自发超逸之音。本从性天流出，而亦陶冶可到。如道人弹

琴，琴不清亦清。朱紫阳曰："古乐虽不可得而见，但诚实人弹琴，便雍容平淡。"故当先养其琴度，而次养其手指，则形神并洁，逸气渐来，临缓则将舒缓而多韵，处急则犹运急而不乖，有一种安闲自如之景象，尽是潇洒不群之天趣。所为得之心而应之手，听其音而得其人，此逸之所征也。

（明）徐上瀛《溪山琴况》，《琴曲集成》第十四册，中华书局1981年版，校以康熙十二年蔡毓荣刻本《溪山琴况》

真雅者修其清静贞正，而藉琴以明心见性，遇不遇听之也

古人之于诗则曰"风""雅"，于琴则曰"大雅"。自古音沦没，即有继空谷之响，未免郢人寡和，则且苦思求售，去故谋新，遂以弦上作琵琶声，此以雅音而翻为俗调也。惟真雅者不然，修其清静贞正，而藉琴以明心见性，遇不遇听之也，而在我足以自况。斯真大雅之归也。

（明）徐上瀛《溪山琴况》，《琴曲集成》第十四册，中华书局1981年版，校以康熙十二年蔡毓荣刻本《溪山琴况》

必胸次磊落，而后合乎古调

但宏大而遗细小，则其情未至；细小而失宏大，则其意不舒，理固相因，不可偏废。然必胸次磊落，而后合乎古调。彼局曲拘挛者，未易语此。

（明）徐上瀛《溪山琴况》，《琴曲集成》第十四册，中华书局1981年版，校以康熙十二年蔡毓荣刻本《溪山琴况》

音之取轻属于幽情，归乎玄理

盖音之取轻属于幽情，归乎玄理，而体曲之意，悉曲之情，有不期轻而自轻者。

（明）徐上瀛《溪山琴况》，《琴曲集成》第十四册，中华书局1981年版，校以康熙十二年蔡毓荣刻本《溪山琴况》

用重之妙，非浮躁乖戾者之所比也

诸音之轻者，业属乎情，而诸音之重者，乃由乎气。情至而轻，气至而重，性固然也。第指有重轻，则声有高下，而幽微之后，理宜发扬，倘指势太猛，则露杀伐之响，气盈胸臆，则出刚暴之声，惟练指养气之士，则抚下当求重抵轻出之法，弦上自有高朗纯粹之音，宣扬和畅，疏越神

情，而后知用重之妙，非浮躁乖戾者之所比也。

（明）徐上瀛《溪山琴况》，《琴曲集成》第十四册，中华书局 1981 年版，校以康熙十二年蔡毓荣刻本《溪山琴况》

政在声中求静耳

一曰"静"。抚琴卜静处亦何难，独难于运指之静。然指动而求声，恶乎得静？余则曰：政在声中求静耳。声厉则知指躁，声粗则知指浊，声希则知指静，此审音之道也。盖静籁中出，声自心生，苟心有杂扰，手有物挠，以之抚琴，安能得静？惟涵养之士，淡泊宁静，心无尘翳，指有余闲，与论希声之理，悠然可得矣。所谓希者，至静之极，通乎杳渺，出有入无，而游神于羲皇之上者也。约其下指功夫，一在调气，一在练指。调气则神自静，练指则音自静。……取静音者亦然。雪其躁气，释其竞心，指下扫尽炎嚣，弦上恰存贞洁，故虽急而不乱，多而不繁，渊深在中，清光发外，有道之士，当自得之。

（明）徐上瀛《溪山琴况》，《琴曲集成》第十四册，中华书局 1981 年版，校以康熙十二年蔡毓荣刻本《溪山琴况》

欲入希声之妙境者，必要探其迟趣

一曰"迟"。古人以琴能涵养情性，为其有太和之气也，故名其声曰"希声"。未按弦时，当先肃其气，澄其心，缓其度，远其神，从万籁俱寂中，冷然音生；疏如寥廓，寅若太古，优游弦上，节其气候，候至而下，以叶厥律者，此希声之始作也。或章句舒徐，或缓急相间，或断而复续，或幽而致远，因候制宜，调古声澹，渐入渊源，而心志悠然不已者，此希声之引伸也。复探其迟之趣，乃若山静秋鸣，月高林表，松风远沸，石涧流寒，而日不知晡，夕不觉曙者，此希声之寓境也。

（明）徐上瀛《溪山琴况》，《琴曲集成》第十四册，中华书局 1981 年版，校以康熙十二年蔡毓荣刻本《溪山琴况》

要之神闲气静，蔼然醉心，太和鼓鬯，心手自知

要之神闲气静，蔼然醉心，太和鼓鬯，心手自知，未可一二而为言也。

（明）徐上瀛《溪山琴况》，《琴曲集成》第十四册，中华书局 1981 年版，校以康熙十二年蔡毓荣刻本《溪山琴况》

清者，大雅之原本，而为声音之主宰

……故清者，大雅之原本，而为声音之主宰。……试一听之，则澄然秋潭，皎然寒月，湱然山涛，幽然谷应。始知弦上有此一种情况，真令人心骨俱冷，体气欲仙矣。

（明）徐上瀛《溪山琴况》，《琴曲集成》第十四册，中华书局1981年版，校以康熙十二年蔡毓荣刻本《溪山琴况》

琴之为音，使听之者游思缥缈，娱乐之心不知何去，斯之谓澹

弦索之行于世也，其声艳而可悦也。独琴之为器，焚香静对，不入歌舞场中。琴之为音，孤高岑寂，不杂丝竹伴内，清泉白石，皓月疏风，倏倏自得，使听之者游思缥缈，娱乐之心不知何去，斯之谓澹。

（明）徐上瀛《溪山琴况》，《琴曲集成》第十四册，中华书局1981年版，校以康熙十二年蔡毓荣刻本《溪山琴况》

艾南英

艾南英（1583—1646），字千子，号天佣子，抚州府临川东乡（今江西抚州东乡区）人。自幼聪慧好学，长大后入国子监为诸生，好学不倦，无书不读，好欧阳修文。曾受教于古文名家、戏剧大师汤显祖，后与章世纯、罗万藻、陈际泰一起致力于八股文的改革，人称"临川四才子"。著作今存《禹贡图注》。

当周之盛，士虽有怨诽无所用之

太史公曰：诗三百篇，大抵圣贤发愤之所为作也。以予论之，当周之盛，刑赏明于上而公道昭，治化休明，士生其世，虽有怨诽无所用之。《诗》三百篇非皆变风变雅，如诗人所谓怨也。……上之赏罚不明，而后下之人乃有以怨行其私，如《檀弓》所载居父母兄弟之仇，及《周礼》调人之篇者，虽传记所不废。

（明）艾南英《野园诗稿序》，《天佣子集》卷四，据清艾舟重刊本

谭友夏

谭友夏（1586—1637），名元春，字友夏，湖广竟陵（今湖北天门）人。幼时即显出超人的艺术才华，以博学多闻而称道于乡里。明末竟陵文学派领袖之一，曾参加复社。认为作诗"一情独往，万象俱开"。有《谭友夏合集》传世。

手口原听我胸中之所流，胸中原听我手口之所止

夫作诗者一情独往，万象俱开，口忽然吟，手忽然书，即手口原听我胸中之所流。手口不能测，即胸中原听我手口之所止。胸中不可强，而因以候于造化之毫厘，而或相遇于风水之来去。诗安往哉？汪子抚予臂大呼曰：然则子试观予近诗何如也？

（明）谭友夏《汪子戊巳诗序》，《谭友夏合集》卷八，据《中国文学珍本丛书》本

张 琦

张琦（约1586—?），字楚叔，号骚隐，别署骚隐生、骚隐居士、西湖居士、白雪斋主人等。武林（今杭州）人。工词曲，精音律，富收藏。曾选辑元、明散曲，编为《吴骚》和《吴骚合编》，另有《南九宫订谱》。

诗、书、乐，宅神省性之术也

人，情种也。人而无情，不至于人矣，何望其至人乎？情之为物也，役耳目，易神理，忘晦明，废饥寒，穷九州，越八荒，穿金石，动天地，率百物，生可以生，死可以死，死可以生，生可以死，死又可以不死，生又可以忘生，远远近近，悠悠漾漾，杳弗知其所之。而处此者之无聊也，借诗书以闲摄之，笔墨馨泻之，歌咏条畅之，按拍纡迟之，律吕镇定之，俾飘摇者返其居，郁沉者达其志，渐而浓郁者几乎于淡，

岂非宅神省性之术欤！

（明）张琦《衡曲麈谭》，《中国古典戏曲论著集成》，中国戏剧出版社 1959 年版

曲也者，达其心而为言者也

心之精微，人不可知，灵窍隐深，忽忽欲动，名曰心曲。曲也者，达其心而为言者也，思致贵于绵渺，辞语贵于迫切。

（明）张琦《衡曲麈谭》，《中国古典戏曲论著集成》，中国戏剧出版社 1959 年版

陆时雍

陆时雍（1588—1642），字仲昭，桐乡（今浙江桐乡）人。崇祯六年（1633）贡生。编选《古诗镜》三十六卷、《唐诗镜》五十四卷，二集前有总论一篇，述论诗大旨，单行称《诗镜总论》。

诗之可以兴人者，以其情也，以其言之韵也

诗之可以兴人者，以其情也，以其言之韵也。夫献笑而悦，献涕而悲者，情也；闻金鼓而壮，闻丝竹而幽者，声之韵也。是故情欲其真，而韵欲其长也，二言足以尽诗道矣。乃韵生于声，声出于格，故标格欲其高也；韵出为风，风感为事，故风味欲其美也；有韵必有色，故色欲其韶也；韵动而气行，故气欲其清也。此四者，诗之至要也。夫优柔悱恻，诗教也，取其足以感人已矣。而后之言诗者，欲高欲大，欲奇欲异，于是远想以撰之，杂事以罗之，长韵以属之，俶诡以炫之，则骈指矣。此少陵误世，而昌黎复惎其波也。心托少陵之藩，而欲追《风》《雅》之奥，岂可得哉？

（明）陆时雍《诗镜总论》，丁福保辑《历代诗话续编》（下），中华书局 1983 年版

诗之真趣，在意似之间

诗贵真，诗之真趣，又在意似之间；认真则又死矣。柳子厚过于真，

所以多直而寡委也。《三百篇》赋物陈情，皆其然而不必然之词，所以意广象圆，机灵而感捷也。

（明）陆时雍《诗镜总论》，丁福保辑《历代诗话续编》（下），中华书局1983年版

吴应箕

吴应箕（1594—1645），原字风之，改字次尾，号楼山，南直隶贵池县兴孝乡（今属安徽省池州市石台县大演乡高田）人。明末著名社会活动家、文学家、复社领袖和抗清英雄。吴应箕喜交游、工书法、爱著述。著有《国朝记事本末》《东林本末》《嘉朝忠节传》《留都见闻录》等，今传有《楼山堂集》二十七卷。

吾非悲夫竟陵也，恶夫学竟陵者之流失也

予观先生之诗，大要取法于今之所谓竟陵尔。夫竟陵之诗，果何法哉？其言有以性情浮出纸上者为真。呜呼，果若此，是《三百篇》之后，惟竟陵独矣。乃今承袭其风者，以空疏为清，以枯涩为厚，以率尔不成语者为有性情，而诗人沉著、含蓄、直朴、澹老之致以亡。……吾非悲夫竟陵也，恶夫学竟陵者之流失也。

（明）吴应箕《曾学博诗序》，《楼山堂集》卷十六，据粤雅堂丛书本

若本非其具，即老死沟壑，方求一言之几于道不可得

诗非穷不工，是言也，果遂为定论哉？陶靖节怀用世之志，杜子美有忠君爱国之心，而时位不称，率多寄意于篇什，于是而谓诗以穷工亦宜。若本非其具，即老死沟壑，方求一言之几于道不可得，其诗又安问工拙哉？

（明）吴应箕《卷园诗集序》，《楼山堂集》卷十六，据粤雅堂丛书本

祁彪佳

祁彪佳（1602—1645），字弘吉，一字幼文，号虎子，又号世培，别署远山堂主人，山阴（今浙江绍兴）人。天启二年（1622）进士。曾任兴化府推官等职。清兵南下，祁彪佳自沉殉国。著有《救荒全书》《祁忠敏公日记》《祁忠惠公遗书》，戏曲批评专著《远山堂曲品》《远山堂剧品》等。

情至之语，气贯其中，神行其际

只是淡淡说去，自然情与景会，意与法合。盖情至之语，气贯其中，神行其际。肤浅者不能，镂刻者亦不能。

（明）祁彪佳《远山堂剧品》，《中国古典戏曲论著集成》，中国戏剧出版社1959年版

彭 宾

彭宾（1604—1661），字燕又，一字穆如，江苏华亭人。明崇祯三年（1630）举人。入清，官汝宁府推官。与夏允彝、陈子龙友善，而文章则各成一格。死后，遗稿散佚，其孙士超掇拾残剩，为《搜遗稿》四卷，凡文三卷，诗一卷。

诗者，志之所之也

余固未知善诗之乐也，若不善诗之苦则固知之矣。意有所期，哑然不能吐，身之所历，如梦往还，觉而逝矣。周行巡步，爽心流妍及深林迥溪怪峰幽泉之眺览，记忆隐隐，及操笔欲下，羞涩自止。且情滞一族，不相连引，遇悲愤亢疾狂叫呼吁无所借以自寄，则虽刚直侠烈之气上干云霓，而一发不中，郁郁焉难向妻子道，亦已病矣。故诗者，志之所之也。

（明）彭宾《岳起堂稿序》，《陈忠裕公全集》卷首，据清嘉庆刊本

诗随其闻见睹记、情绪感遇之浅深以递进

诗之为道，本于性生；而亦随其闻见睹记、情绪感遇之浅深以递进。

（明）彭宾《岳起堂稿序》，《陈忠裕公全集》卷首，据清嘉庆刊本

陈子龙

陈子龙（1608—1647），字人中、懋中，更字卧子，号轶符，晚号大樽，松江华亭（今上海松江）人。崇祯十年（1637）进士。选绍兴推官，弘光朝任兵科给事中。早年加入复社，又与夏允彝等结幾社，后抗清兵败，投水而死。擅长七律、七言歌行、七绝，被公认为"明诗殿军"，是云间诗派首领之一。著有《诗问略》《陈忠裕公全集》《安雅堂稿》等。

言之者无罪，而使人深长思，足以兴善而达情

夫深永之致皆在比兴，感慨之衷丽于物色，故言之者无罪，而使人深长思，足以兴善而达情，此托意之微也。

（明）陈子龙《李舒章古诗序》，《安雅堂稿》卷四，据民国排印本

诗虽颂皆刺也

夫居今之世，为颂则伤其行，为讥则杀其身，岂能复如古之诗人哉。虽然颂可已也。事有所不获于心，何能终郁郁耶？我观于诗，虽颂皆刺也。时衰而思古之盛王，《崧高》之美申，《生民》之誉甫，皆宣王之衰也。至于寄之离人思妇，必有甚深之思，而过情之怨，甚于后世者。故曰皆贤圣发愤之所为作也。后之儒者，则曰忠厚，又曰居下位不言上之非，以自文其缩。然自儒者之言出，而小人以文章杀人也日益甚。

（明）陈子龙《诗论》，《陈忠裕公全集》卷二十一，据清嘉庆刊本

情以独至为真，文以范古为美

若今之言诗者，体象既变，源流复殊。故情以独至为真，文以范古为

美。今子之诗，大而悼感世变，细而驰赏闺襟，莫不措思微茫，俯仰深至，其情真矣。

（明）陈子龙《佩月堂诗稿序》，《陈忠裕全集》卷二十五，据清嘉庆刊本

词非意则无所动荡而盼倩不生；意非词则无所附丽而姿制不立

《记》有之："情动于中，故形于声；声成文，谓之音。"盖古者民间之诗，多出于纤织井臼之余，劳苦怨慕之语，动于情之不容已耳。至其文辞，何其婉丽而隽永也，得非经太史之采，欲以谱之管弦，登之燕享，而有所润饰其间欤？若夫后世之诗，大都出于学士家，宜其易于兼长而不逮古者何也？贵意者率直而抒写则近于鄙朴；工词者黾勉而雕绘则苦于繁褥。盖词非意则无所动荡而盼倩不生；意非词则无所附丽而姿制不立。此如形神既离，则一为游气，一为腐材，均不可用。……故二者不可偏至也。

（明）陈子龙《佩月堂诗稿序》，《陈忠裕公全集》卷二十五，据清嘉庆刊本

诗贵导扬盛美，刺讥当时，托物联类而见其志

夫作诗而不足以导扬盛美，刺讥当时，托物联类而见其志，则是《风》不必列十五国，而《雅》不必分大小也。虽工而余不好也。

（明）陈子龙《六子诗序》，《陈忠裕公全集》卷二十五，据清嘉庆刊本

陈 瑚

陈瑚（1613—1675），字言夏，号确庵、无闷道人、七十二潭渔父，尝居江苏太仓小北门外。少时与陆世仪等交，论学相辩驳，贯通五经，务为实学。又善横槊、舞剑、弯弓、注矢，其击刺妙天下。陈瑚对人生际遇与诗文风格之演变有独到看法。著有《条教》《条议》《开江书》等。

少年初学诗，宜工整华丽

少年初学诗，宜工整华丽，如唐人应制体，有富贵福泽之气，但不可

涉淫奔浮艳耳。中年为诗，须慷慨激昂，发扬蹈厉，以见才学，不可不学李、杜。晚年为诗，则平稳冲淡，或如陆放翁之闲雅，或如陶、白之陶写性情，可也。

（明）陈瑚《诗因年进》，《陈确庵先生遗书》卷六，据太仓图书馆刊本

邓云霄

邓云霄（1566—1631），字玄度，东莞人。万历二十六年（1598）进士，除长洲县。累官至广西布政使参政。著有《百花洲集》二卷，《解韬集》一卷，《漱玉斋集》《镜园集》《冷邸小言》等并行于世。

真者，音之发，而情之原

诗者，人籁也，而窍于天。天者，真也。王叔武之言曰：真诗在民间。而空同先生有味其言，至引之以自叙。夫空同先生跨辗千古，力敌元化，乃犹称真诗在民间。而吾夫子亦曰："斯民也，三代之所以直道而行也。"以吾夫子之圣，不能外于斯民之直。空同先生，固圣于诗也，孰能外民间真音而徒为韵语？

……故真者，音之发，而情之原。从原而触情，从情而发音，故赴响应节，悠悠然光景屡新，与天同其气。徐而歌之，畅然愀然，足以感耳人心，移风易俗。

（明）邓云霄《重刻空同先生集叙》，《空同子集》卷首，据明万历刻本

汤传楹

汤传楹（1620—1644），字子翰，一字子辅，更字卿谋，斋名"荒荒斋"，南直隶苏州府吴县（今属江苏）人。美风姿，性高洁，才思敏妙，诗似李长吉，浓艳仿西昆；古文辞亦纵横爽迈；工词曲，沈雄谓其小词多秀发之句。年二十五值明亡伤心而死。著有《湘中草》，又有《闲余笔

话》《曲录》并行于世。

文章能乱世，不如朴诚

文章能乱世，不如朴诚。

（明）汤传楹《闲余笔话》，清代虫天子编《香艳丛书》二集卷四，团结出版社2005年版（改书名为《中国香艳全书》）第一册

王　彝

王彝（1336—1374），字常宗，其先世东蜀人，本姓陈氏，后徙嘉定（今属上海）。少孤贫，读书于天台山。明初以布衣召修《元史》，旋入翰林，以母老乞归，赐金币遣还。洪武七年（1374），因魏观事，与高启同诛于南京。著有诗文集《三近斋稿》《妫蜼子集》，辑成《王常宗集》四卷，补遗一卷，续补遗一卷。

会稽杨维桢之文，狐也，文妖也

文者，道之所在，抑曷为而妖哉？浙之西，有言文者，必曰杨先生。余观杨之文，以淫词怪语裂仁义，反名实，浊乱先圣之道，顾乃柔曼倾衍，黛绿朱白，而狡狯幻化，奄焉以自媚，是狐而女妇，则宜乎世之男子者之惑之也。余故曰：会稽杨维桢之文，狐也，文妖也。

（明）王彝《文妖》，《王常宗集》卷三，据明抄本

蔡　羽

蔡羽（？—1541），字九逵，自号林屋山人，又称左虚子、消夏居士。南直隶苏州府吴县（今属江苏）人，"吴门十才子"之一。十二岁能操笔作文，富有奇气。后师从王鏊。嘉靖十三年（1534）六十四岁获贡生，授南京翰林院孔目。好古文，师法先秦、两汉，自视甚高，所作洞庭诸记，欲与柳宗元争胜。善书法，长于楷、行，以秃笔取劲，姿尽骨全。

辞无因，因乎情，情无异，感乎遇

辞无因，因乎情，情无异，感乎遇。遇有不同，情状形焉。是故达人之情纾以纵，其辞喜；穷士之情隘以戚，其辞结；羁旅之情怨以孤，其辞慕；远游之情荒以惧，其辞乱；去国丧家者思以深，其辞曲。此无他，遇而已矣。

（明）蔡羽《顾全州七诗序》，《明文授读》，据味芹堂刻本

吴从先

吴从先，约生于明嘉靖年间，卒于明崇祯末，字宁野，号小窗，明南直隶常州府人氏。为人豪爽重义，而又洒脱纯真。平日好为俳谐杂说及诗赋文章，颇有影响。曾与明末文人陈继儒等交游，毕生博览群书，醉心著述。著有《小窗自纪》四卷，《小窗艳纪》十四卷，《小窗清纪》五卷，《小窗别纪》四卷。

文章之妙

文章之妙：语快令人舞，语悲令人泣，语幽令人冷，语怜令人惜，语险令人危，语慎令人密；语怒令人按剑，语激令人投笔，语高令人入云，语低令人下石。

（明）吴从先《小窗自纪》，郭征帆评注《小窗自纪》，中华书局2008年版

雅俗共倾，莫如音乐

雅俗共倾，莫如音乐。琵琶叹于远道，箜篌引于渡河，羌笛弄于梅花，鹅笙鸣于彩凤。不动催花之羯鼓，则开拂云之素琴；不调哀响之银筝，则御繁丝之宝瑟。磬以云韶制曲，箫以天籁著闻，无不入耳会心，因激生感。今也冯欢之铗，弹老无鱼；荆轲之筑，击来有泪。岂独声韵之变，抑亦听者易情。

（明）吴从先《小窗自纪》，郭征帆评注《小窗自纪》，中华书局2008年版

冷 谦

冷谦，明初道士，生卒年不详，字启敬，或曰起敬，道号龙阳子，钱塘人，或曰嘉兴人，精于音乐、绘画、养生。曾著《太古遗音》琴谱一卷，已佚，又著《琴声十六法》。

调气则心自静，陶洗则声自虚

八曰"虚"。抚琴着实处亦何难，独难于得虚。然指动而求声，乌乎虚？余则曰：正在声中求耳。声厉则知躁，声粗则知浊，声静则知虚，此审音之道也。盖下指功夫，一在调气，一在陶洗。调气则心自静，陶洗则声自虚。故虽急而不乱，多而不繁。深渊自居，清光发外，山高水流，于此可以神会。

（明）冷谦《琴声十六法》，据《丛书集成》本

清者，音之主宰

清者，音之主宰。地僻则清，心静则清，气肃则清，琴实则清，弦洁则清。必使群清咸集，而后可求之指上。两手如鸾凤和鸣，不染丝毫浊气。厝指如击金戛石，缓急绝无客声。试一听之，则澄然秋潭，皎然月洁，湛然山涛，幽然谷应。真令人心骨俱冷，体气欲仙。

（明）冷谦《琴声十六法》，《琴曲集成》第十二册，中华书局1994年版，校以丛书集成本《蕉窗九录》，商务印书馆1937年版

品系乎人，幽繇于内

音有幽度，始称琴品。品系乎人，幽繇于内。故高雅之士，动操便有幽韵。洵知幽之在指，无论缓急，悉能安闲自如，风度盎溢，纤尘无染，足觇潇洒胸次，指下自然写出一段风情。所谓得之心而应之手，听其音而得其人。此幽之所微妙也。

（明）冷谦《琴声十六法》，《琴曲集成》第十二册，中华书局1994年版，校以丛书集成本《蕉窗九录》，商务印书馆1937年版

和为五音之本

和为五音之本，无过不及之谓也。当调之在弦，审之在指，辨之在音。弦有性，顺则协，逆则矫。往来鼓动，有如胶漆，则弦与指和。音有律，或在徽，或不在徽，具有分数，以位其音。要使婉婉成吟，丝丝叶韵，以得其曲之情，则指与音和。音有意，意动音随，则众妙归。故重而不虚，轻而不浮，疾而不促，缓而不弛。若吟若猱，圆而不俗，以绰以注，正而不差，纡回曲折，联而无间，抑扬起伏，断而复连，则音与意和。因之神闲气逸，指与弦化，自得浑合无迹。吾是以和其太和。

（明）冷谦《琴声十六法》，《琴曲集成》第十二册，中华书局1994年版，校以丛书集成本《蕉窗九录》，商务印书馆1937年版

古人以琴涵养性情

古人以琴涵养性情，故名其声曰希。

（明）冷谦《琴声十六法》，《琴曲集成》第十二册，中华书局1994年版，校以丛书集成本《蕉窗九录》，商务印书馆1937年版

蒋大器

蒋大器（1455—1530），名玑，字大器，号庸愚子，成化十一年（1475）始任大名府浚县主簿。在任期间发现原始手本《三国志通俗演义》，将其刻印出版，并作序言。该序被视为中国文学史上第一篇通俗小说专论。

史非独纪历代之事

夫史非独纪历代之事，盖欲昭往昔之盛衰，鉴君臣之善恶，载政事之得失，观人才之吉凶，知邦家之休戚，以至寒暑、灾祥、褒贬、予夺，无一而不笔之者，有义存焉。吾夫子因获麟而作《春秋》。《春秋》，鲁史也。孔子修之，至一字予者褒之，否者贬之。然一字之中，以见当时君臣父子之道，垂鉴后世，俾识某之善，某之恶，欲其劝惩警惧，不致有前车

之覆。此孔子立万万世至公至正之大法，合天理，正彝伦，而乱臣贼子惧。故曰："知我者其惟《春秋》乎！罪我者其惟《春秋》乎！"亦不得已也。孟子见梁惠王，言仁义而不言利；告时君必称尧、舜、禹、汤；答时臣必及伊、傅、周、召。至朱子《纲目》，亦由是也。岂徒纪历代之事而已乎？

（明）蒋大器《三国志通俗演义序》，朱一玄编《明清小说资料选编》，齐鲁书社1990年版

诵其诗，读其书，识其人

予谓诵其诗，读其书，不识其人，可乎？读书例曰：若读到古人忠处，便思自己忠与不忠；孝处，便思自己孝与不孝。至于善恶可否，皆当如此，方是有益。若只读过，而不身体力行，又未为读书也。

（明）蒋大器《三国志通俗演义序》，朱一玄编《明清小说资料选编》，齐鲁书社1990年版

汤临初

汤临初，生平事迹不详，著有《书指》。

心手相资

大凡天地间至微至妙，莫如化工，故曰神，曰化，皆由合下自然，不烦凑泊。物物有之，书固宜然。今观执笔者手，运者心，赋形者笔，虚拳实指，让左侧右，意在笔先，字居心后，此心手相资之说。

（明）汤临初《书指·卷上》，卢辅圣主编《中国书画全书》第四册，上海书画出版社1992年版

论画者先观气，次观神，而后论其笔之工拙

论画者先观气，次观神，而后论其笔之工拙。世固有笔工而神气不全者，未有神气既具而笔犹拙者也。作书既工于用笔，以渐至熟，则神采飞扬，气象超越，不求工而自工矣。神生于笔墨之中，气出于笔墨之外。神可拟议，气不可捉摸，在观者自知之，作者并不得而自

知之也。

（明）汤临初《书指·卷上》，卢辅圣主编《中国书画全书》第四册，上海书画出版社1992年版

黄龙山

黄龙山，生卒事迹不详，金陵琴派代表人物。

琴音之所由生也，其本则吾心之出之也

君子之于琴也，观其深矣。夫琴音之所由生也，其本则吾心之出之也。是故节物以和心，和心以协声，协声以协音，协音以著文。文之达也，天地将为昭焉。不但适情性，舒血脉，理吾之身而已也，夫斯之谓深。

（明）黄龙山《新刊发明琴谱序》，《琴曲集成》第一册，中华书局1963年版

徐树丕

徐树丕（1596—1683），字武子，号活埋庵道人，长洲（今江苏苏州）人，明末秀才，明亡后隐居不出。著有《识小录》《活埋庵集》等。

士先器识

陆务观曰："唐人曰：'士先器识而后文艺。'是不得为知文者，天下岂有器识卑陋而文词超然者哉！"此言深得文章大旨。古今来非无文章美瞻而人多卑污者，然其文必无超拔之气。

（明）徐树丕《士先器识》，《识小录》卷一，据涵芬楼秘籍本

沈 襄

沈襄，字叔成，号小霞，山阴（今浙江绍兴）人。沈炼之子。

古人寄情物外，意在笔先

古人寄情物外，意在笔先，兴致飞跃，得心应手。

（明）沈襄《梅谱》，俞剑华主编《中国画论类编》，人民美术出版社2016年版

黄子肃

黄子肃，生卒事迹不详。

意在于闲适，则全篇以雅淡之言发之；意在于哀伤，则全篇以凄惋之情发之；意在于怀古，则全篇以感慨之言发之

是以妙悟者，意之所向，透彻玲珑，如空中之音，虽有所闻，不可仿佛；如象外之色，虽有所见，不可描摹；如水中之珠，虽有所知，不可求索。洞观天地，眇视万物，是为高古；剖出肺腑，不借语言，是为入神；超达虚空，了悟生死，是为离众；寄兴悠扬，因彼见此，是为造巧；隔关写景，不露形迹，是为不俗。故意在于闲适，则全篇以雅淡之言发之；意在于哀伤，则全篇以凄惋之情发之；意在于怀古，则全篇以感慨之言发之。此诗之悟意也。

（明）黄子肃《诗法》，《诗学指南》卷一，据乾隆敦本堂刊本

大凡作诗，先须立意

大凡作诗，先须立意。意者，一身之主也。如送人则言离别不忍相舍之意，寄赠则言相思不得相见之意，题咏花木之类，则用《离骚》花草之意。故诗如马，意如善驭者，折旋操纵，先后徐疾，随意所之，无所不可，此意之妙也。

（明）黄子肃《诗法》，《诗学指南》卷一，据乾隆敦本堂刊本

刘仕义

刘仕义，生卒事迹不详。

诗之用字当主于理

昔人谓"诗有别才，非关学也"，诚然矣。其谓"诗有别趣，非关理也"，则殊未是。杜子美诗所以为唐诗冠冕者，以理胜也。彼以风容色泽放荡情怀为高而吟写性灵为流连光景之辞者，岂足以语《三百篇》之旨哉！近唐寅送人下第诗曰："王家空设网，儒子尚怀珍"，唐荆川以为是有怨意，因举唐人诗曰："明主既不遇，青山胡不归"，如此胸次，方无系累也。此见诗之命意当主于理矣。都穆咏节妇诗曰："白发真心在，青灯泪眼枯"，沈石田以为诗则佳矣，有一字未稳，《礼经》曰寡妇不夜哭，"灯"字宜改作"青"字。此见诗之用字当主于理矣。若谓诗有别趣，非关于理，岂不谬哉。

（明）刘仕义《新知录·诗有别趣》，《古今图书集成》文学典一九四卷，据中华书局影印本

张蔚然

张蔚然，生卒事迹不详。

唐诗偏近风，故动人易；宋诗偏近雅颂，故动人难

唐诗偏近风，故动人易；宋诗偏近雅颂，故动人难。唐人之于风也，即雅颂体，亦以风焉，所以偏也。宋人之于雅颂也，即风体，亦以雅颂焉，所以偏也。

（明）张蔚然《西园诗麈》，《说郛》续集卷三十四，据宛委山堂本

祝廷心

祝廷心，生卒事迹不详。

因其文章而考其所遇，亦可以观当世之变也

传曰：见其礼而知其政，闻其乐而知其德。后世之礼乐不足征矣，因

其文章而考其所遇，盖亦可以观当世之变也。夫士之生也，以万事所集之身而行乎是非得丧祸福之途，自非离世绝俗，不接乎事。与居乎至盛有道之世，焉能使忧劳悲愤不介于其中？有以触乎中矣，焉能使怨怼咨叹不形乎其言？夫以三代之际，道术政教莫此为盛也，贤士君子莫此为多也。然考乎风雅之所录，和平愉乐之音，不能胜乎忧戚，颂美称誉之词，不能当乎疾刺，而况数千载之下，时殊而事远者乎？

（明）祝廷心《药房居士集序》，《皇明文衡》卷四十，据《四部丛刊》本

黄　漳

黄漳，生卒事迹不详

翁之诗，非向之所谓飘洒出尘者所能尽也

……方得是集。时置几案，玩复不厌。然后知翁之诗，非向之所谓飘洒出尘者所能尽也。盖翁为南渡诗人，遭时之艰，其忠君爱国之心，愤郁不平之气，恢复宇宙之念，往往发之于声诗。昔人称老杜为诗之史，老杜遭天宝之乱，居蜀数载，凡其所作，无非发泄忠义而已。

（明）黄漳《书陆放翁先生诗卷后》，据中华书局本古典文学研究资料汇编《陆游卷》一二

刘　风

刘风，生卒事迹不详。

诗发于情性

夫诗发于情性者也，作者孰不由斯？三代之诗，发乎情，止乎礼义，故著以为经。汉以来，专以质胜，犹古之遗风也。黄初而降，以接晋之正始，其文浸开，下及六代，而靡丽极矣。盖其志溺，故其气卑；其情荒，故其声散。以是而求古之淳质，其可得乎？

（明）刘凤《陈子昂文集序》，《明文奇赏》卷三十，据明天启三年刻本

周立勋

周立勋，生卒事迹不详。

诗者，性情之作而有学问之事焉

诗者，性情之作而有学问之事焉。凡论美刺非，感微记远，皆一时托寄之言。学士大夫赋以见志。一经之士，不能独知其辞，岂固可以不学哉！

（明）周立勋《岳起堂稿序》，《陈忠裕公全集》卷首，据清嘉庆刊本

躬历山川，意驰草木，眺曩迹本土风，览十宫阙之嵯峨，极边庭之萧瑟，为情与境雄也

予观卧子新诗而重有感焉，士当不得志而寄情篇什，忧闷悲袭，隽词遥旨，往往有之。然未若躬历山川，意驰草木，眺曩迹本土风，览十宫阙之嵯峨，极边庭之萧瑟，为情与境雄也。

（明）周立勋《白云草序》，《陈忠裕公全集》卷首，据清嘉庆刊本

意义格力能兼昔人之所专者，必称子美

唐兴，沈宋之流，研练精切，号为律诗。而意义格力能兼昔人之所专者，必称子美。亦由其博极群书，周行万里，观览之际，哀乐交贯，不自知其所变化，而才无拘长也。

（明）周立勋《岳起堂稿序》，《陈忠裕公全集》卷首，据清嘉庆刊本

王梦简

王梦简，生卒事迹不详。

初学诗者，先须澄心端思，然后遍览物情

夫初学诗者，先须澄心端思，然后遍览物情。所以昼公云："放意须险，定句须难。虽取由我意，而得若神授。"

（明）王梦简《诗要格律》，《诗学指南》卷四，据乾隆敦本堂刊本

徐 沁

徐沁，字野公，号委羽山人，会稽（今浙江绍兴）人，著有《谢皋羽年谱》等。

能以笔墨之灵，开拓胸次，而与造物争奇者，莫如山水

能以笔墨之灵，开拓胸次，而与造物争奇者，莫如山水。当烟雨灭没，泉石幽深，随所遇而发之，悠然会心，俱成天趣；非若体貌他物者，殚心毕智，以求形似，规规乎游方之内也。

（明）徐沁《明画录》，俞剑华主编《中国画论类编》，人民美术出版社2016年版

无碍居士

无碍居士，生卒事迹不详。

事赝而理真

野史尽真乎？曰：不必也。尽赝乎？曰：不必也。然则，去其赝而存其真乎？曰：不必也。《六经》《语》《孟》，谭者纷如，归于令人为忠臣，为孝子，为贤牧，为良友，为义夫，为节妇，为树德之士，为积善之家，如是而已矣。经书著其理，史传述其事，其揆一也。理著而世不皆切磋之彦，事述而世不皆博雅之儒。于是乎村夫稚子，里妇估儿，以甲是乙非为喜怒，以前因后果为劝惩，以道听途说为学问。而通俗演义一种，遂足以佐经书史传之穷。而或者曰："村醪市脯，不入宾筵，乌用是齐东娓娓者为？"呜呼！《大人》《子虚》，曲终奏雅，顾其旨何

如耳！人不必有其事，事不必丽其人。其真者可以补金匮石室之遗，而赝者亦必有一番激扬劝诱，悲歌感慨之意。事真而理不赝，即事赝而理亦真，不害于风化，不谬于圣贤，不戾于诗书经史，若此者其可废乎？里中儿代庖而创其指，不呼痛，或怪之。曰："吾倾从玄妙观听说《三国志》来，关云长刮骨疗毒，且谈笑自若，我何痛为！"夫能使里中儿有刮骨疗毒之勇，推此说孝而孝，说忠而忠，说节义而节义，触性性通，导情情出。视彼切磋之彦，貌而不情。博雅之儒，文而丧质，所得而未知孰赝而孰真也。

（明）无碍居士《警世通言序》，人民文学出版社1994年版

无名氏

无名氏，生卒事迹不详。

小说者，无过消遣于长夜永昼，或解闷于烦剧忧悉，以豁一时之情怀耳

夫小说者，乃坊间通俗之说，固非国史正纲，无过消遣于长夜永昼，或解闷于烦剧忧悉，以豁一时之情怀耳。

（明）无名氏《新刻续编三国志引》，朱一玄编《明清小说资料选编》，齐鲁书社1990年版

无名氏

无名氏，生卒事迹不详。

著书立言，必有关于人心世道者为贵

著书立言，无论大小，必有关于人心世道者为贵。

（明）无名氏《隋炀帝艳史凡例》，朱一玄编《明清小说资料选编》，齐鲁书社1990年版

小史以劝惩后世

历代明君贤相，与夫昏主佞臣，皆有小史。或扬其芳，或播其秽，以劝惩后世。

（明）无名氏《隋炀帝艳史凡例》，朱一玄编《明清小说资料选编》，齐鲁书社1990年版

清　代

　　清朝（1636—1911）是中国历史上最后一个封建王朝，这一时期的政治情况十分复杂；经济则快速发展；历经"康乾盛世"，国力逐渐强盛；然自鸦片战争起，被动之势渐浓，终至走向灭亡而转入民主共和时期。清朝的艺术伦理理论与当时的政治局势密切相关，大致可以分为两个阶段。虎门销烟之前，国家局势相对稳定，人们的物质生活相对富足，艺术理论家更多关注的是人的精神与性情表征，其中，李渔的"务存忠厚之心，勿为残毒之事"，顾炎武的"文须有益于天下"，王夫之的"人之有志，志之必言"，叶燮的"诗之为道，可以理性情、善伦物、感鬼神、设教邦国、应对诸侯，用如此其重也"，郑板桥的"慎题目，端人品，历风教"等均为这一时期的代表性观点。虎门销烟之后，清朝国力走向衰落，艺术伦理的思考转向对古代圣贤思想的推崇，对"道统"和"文统"的捍卫，以及对形势的忧虑。总体来看，清朝的艺术伦理思想离不开其政治动向，具有一定的流变性，在物质充裕时期表现为对性情、精神的关注，在国力衰落时期则表现为对国家、善恶的重视。

钱谦益

钱谦益（1582—1664），字受之，号牧斋，晚号蒙叟，东涧老人。学者称虞山先生。苏州府常熟县鹿苑奚浦（今张家港市塘桥镇鹿苑奚浦）人。钱谦益是明万历三十八年（1610）探花（一甲三名进士），后为东林党的领袖之一，官至礼部侍郎，因与温体仁争权失败而被革职。学界对钱谦益的评价富于争议，然若就文学地位而言，钱谦益仍应得到肯定。著有《牧斋诗抄》《有学集》《初学集》等。

文饰

其不然者，不乐而笑，不哀而哭，文饰雕缋，词虽工而行之不远，美先尽也。

（清）钱谦益《虞山诗词序》，《牧斋初学集》，上海古籍出版社1985年版

愤书

苏子瞻叙《南行集》曰："昔之为文者，非能为之为工，乃不能不为之为工也。"古之人，其胸中无所不有，天地之高下，古往今来，政治之污隆，道术之淳驳，苞罗旁魄，如数一二。及其境会相感，情伪相逼，郁陶骀荡，无意于文而文生焉，此所谓不能不为者也。古之善为诗者，搜奇抉怪，刻肾擢腑，鉴锵足以发金石，幽眇足以感鬼神，尝试诵读而歌咏之，平心而思，其所怀来，皆发抒其中之所有，而邂会其境之所不能无。求其一字一句出于安排而成于补缀者，无有也。如其不然，而以能为之为工，则为剽贼，为涂抹，为掊拾补缀，譬诸穷子乞儿，沾人之残膏冷炙，自以为厌饫，而终身不知大庖为何味也，可不悲哉！

（清）钱谦益《瑞芝山房初集序》，《牧斋初学集》卷三十三，据《四部丛刊》本

诗穷而后工

古之为诗者，必有独至之性，旁出之情，偏诣之学，轮囷逼塞，偃

謇排奡，人不能解而己不自喻者，然后其人始能为诗，而为之必工。是故软美圆熟，周详谨愿，荣华富厚，世俗之所叹羡也，而诗人以为笑；凌厉荒忽、敖僻清狂、悲忧穷蹇，世俗之所诟姗也，而诗人以为美。人之所趋，诗人之所畏；人之所憎，许人之所爱。人誉而许诗人以为忧，人怒而诗人以为喜。故曰："诗穷而后工。"诗之必穷，而穷人之必工，其理然也。

（清）钱谦益《冯定远诗序》，《牧斋初学集》卷三十三，据《四部丛刊》本

情志

佛言众生为有情，此世界为情世界。儒者之所谓五性，亦情也。性不能不动而为情，情不能不感而缘物，故曰："情动于中而形于言。"诗者，情之发于声音者也。

（清）钱谦益《牧斋有学集·陆敕先生诗稿序》，据《四部丛刊》本

诗者志之所之

夫诗者，言其志之所之也。志之所之，盈于情，奋于气，而击发于境，风识浪奔昏交凑之时世。于是乎朝庙亦诗，房中亦诗，吉人亦诗，棘人亦诗，燕好亦诗，穷苦亦诗，春哀亦诗，秋悲亦诗，吴咏亦诗，越悲亦诗，劳歌亦诗，相舂亦诗。穷尽其短长高下、抑抗清浊、吐含曲直、乐淫怨诽之极致，终不偭背乎五声六律七音八风九歌之伦次，诗之教如是而止。古之为诗者，学溯九流，书破万卷，要归于言志永言，有物有则，宣导情性，陶写物变，学诗之道，亦如是而止。

（清）钱谦益《牧斋有学集·爱琴馆评选诗慰序》，据《四部丛刊》本

志、情、气足乃真诗也

诗言志，志足而情生焉，情萌而气动焉。如土膏之发，如候虫之鸣，欢欣噍杀纾缓促数穷于时，迫于境，旁薄曲折而不知其使然者，古今之真诗也。

（清）钱谦益《牧斋有学集·题燕市酒人篇》，据《四部丛刊》本

诗言志，歌永言

《记》曰："人生而静，天之性也；感于物而动，性之欲也。"性不能以无感，感不能以无欲，物与性相摩，感与欲相荡，四轮三劫，迫促于外，七情八苦，煎煮于内，身世轨戛，心口交躩，萌于志，发于气，冲击于音声，而诗兴焉。故曰："诗言志，歌永言。""长言之不足，则嗟叹之，嗟叹之不足，则咏歌之。"畅其趣，极其致，可以哀乐而乐哀，穷通而通穷，死生而生死。性情之变穷，而诗之道尽矣。今之论诗者忖度格调，剽鉥肌理，奇神幽鬼，旁行侧出，而不知原本性情。

（清）钱谦益《定山堂诗集旧序》，《定山堂诗集》，据光绪癸未重校本

邹式金

邹式金（1596—1677），字仲悄，号木石、香眉居士。无锡人，明清戏曲作家。崇祯十三年庚辰魏藻德榜二甲33名进士。历任南户部主事、户部郎中等。他工古文词，晓通声律，思致艳逸，作有杂剧《风流》，写宋代词人柳永与名妓谢天香悲欢离合故事。另著有《香眉亭诗集》《香眉词录》《宋遗民录》等。而其一生最大贡献是编纂杂剧剧本总集《杂剧新编》。

淫哇相袭，大雅沦亡

诗亡而后有骚，骚亡而后有乐府，乐府亡而后有词，词亡而后有曲，其体虽变，其音则一也。声音之道，本诸性情，所以协幽明，和上下，在治忽，格鸟兽，故《卿云》歌而凤凰仪，《淋铃》作而马嵬走。夫子删《诗》曰："雅颂得所，然后乐正。"未尝分诗乐为二。其后士大夫高谈诗学，不复稽古永言和声之旨，遂专以抑扬抗坠清浊长短责之优伶。淫哇相袭，大雅沦亡，而五音、六律、九宫、十三调渐作广陵散。虽以铁崖之才，酸斋之学，不得与王、白、关、郑辈并驱争先，而张打油、胡钉铰几几乎厕足词坛，亦可哂矣！

（清）邹式金《杂剧三集小引》，《杂剧三集》，据中国戏剧出版社1958年版

贺贻孙

贺贻孙（1605—1688），字子翼，江西永新人。贺贻孙九岁能文，被称为神童。既有经学研究和文艺评论，又有诗词散文作品，著述甚富。后人评曰"于史有论，于经有文，于士有传，于时有评"。主张养气以安文。其著有《易经触义》《诗经触义》《骚筏》《诗筏掌录》《激书》《水田居文集》及《浮玉馆藏稿》等。

和而不流，独而能群

凡我诗人之聪明，皆天之似鼻似口者也；凡我诗人之讽刺，皆天之叱吸叫嚎者也；凡我诗人之心思肺肠、啼笑癯歌，皆天之唱喁唱于刁刁调调者也；任天而发，吹万不同，听其自取，而真诗存焉。得其趣者，其陶靖节先生乎？其为人也，解体世纷，游趣区外；其涉物也，和而不流，独而能群；其为诗也，悠然有会，命笔成篇，取适己意，不为名誉，倘所谓天籁者耶。

（清）贺贻孙《陶邵陈三先生诗选序》，《水田居遗书·水田居诗文集》卷三，据道光丙午敕书楼藏版本

不平焉乃平也

兵燹后，得焚余若干首。今取视之，悲愤之中，偶涉柔艳，柔艳乃所以为悲愤也。以须眉而作儿女呢喃，岂无故而然哉？李太白云："五岳起方寸，隐然讵可平？"今人文章不及古人，只缘方寸太平耳。风雅诸什，自今诵之以为和平，若在作者之旨，其初皆不平也！若使平焉，美刺讽谏何由生，而兴、观、群、怨何由起哉？鸟以怒而飞，树以怒而生，风水交怒而相鼓荡，不平焉乃平也。观余诗余者，知余不平之平，则余之悲愤尚未可已也。

（清）贺贻孙《诗余自序》，《水田居遗书·水田居诗文集》卷三，据道光丙午敕书楼藏版本

克而不止，是在善养

然吾谓安世诗文之胆，亦皆侠烈之气所克也。克而不止，是在善养。

昔吾先君子尝以养气养胆之学训诒孙矣。其言曰：养气者养之使老，养胆者养之使壮；气老欲其常翕，胆壮欲其常张；以气驭胆，以老用壮，以翕主张，天下无难事矣。间尝窃取其言，以衡人衡文，鲜不合者。今安世诗文具在，虽其旨激，其魄昌，然其行文之势，则如春水弥漫，盈科后进，渐放乎大壑，此其于养固不习而自得，不符而自合者。

（清）贺贻孙《皆园集序》，《水田居遗书·水田居诗文集》卷三，据道光丙午敕书楼藏本

凡哀乐颠倒之事，皆性情所适耳

丧乱以后，余诗多哀怨之旨。或谓诗以陶其性情耳，如子所吟，是亦不可已乎！余应之曰：此乃吾所以陶写也！忆昔年避乱禾山，有老父夜半叩床而歌。其妪詈曰："汝妻子不食三日矣，汝不知哭，夜半呕哑何为乎？"老父笑曰："吾以歌为哭也。"彼老父以歌为哭，吾以哭为歌。凡哀乐颠倒之事，皆性情所适耳。壮士之战而怒也，适于喜；美人之病而颦也，适于笑；然则溺人之笑，未必非溺人之适也。吾求吾适而已，若并吾哀怨而禁绝之，亦不适甚矣。后之观是集者，倘不以吾为哀怨，而以为吾适焉，则吾诗或可比于溺人之笑也。

（清）贺贻孙《自书近诗后》，《水田居遗书·水田居文集》卷五，据道光丙午敕书楼藏版本

金圣叹

金圣叹（1608—1661），一说原姓张，名采，字若采。明亡后改名人瑞，字圣叹，自称泐庵法师。明末清初苏州吴县人，著名的文学家、文学批评家。其主要成就在于文学批评，对《水浒传》《西厢记》等书及杜甫诸家唐诗都有评点。充分肯定小说、戏曲等通俗文学具有与传统经传诗歌同样重要的伦理功能。

圣人作书以德

原夫书契之作，昔者圣人所以同民心而出治道也。其端肇于结绳，而其盛殷而为六经。其秉简载笔者，则皆在圣人之位而又有其德者也。在圣人之位，则有其权；有圣人之德，则知其故。有其而权而知其故，则得作

而作，亦不得不作而作也。是故《易》者，导之使为善也；《礼》者，防之不为恶也；《书》者，纵以尽天运之变；《诗》者，衡以会人情之通也。故《易》之为书，行也；《礼》之为书，止也；《书》之为书，可畏；《诗》之为书，可乐也。故曰《易》圆而《礼》方，《书》久而《诗》大。又曰《易》不赏而民劝，《礼》不怒而民避，《书》为庙外之几筵，《诗》为未朝之明堂也。若有《易》而可以无《书》也者，则不复为《书》也。有《易》有《书》而可以无《诗》也者，则不复为《诗》也。有《易》有《书》有《诗》而可以无《礼》也者，则不复为《礼》也。有圣人之德，则知其故；知其故，则知《易》与《书》与《诗》与《礼》各有其一故，而不可以或废也。有圣人之德而又在圣人之位，则有其权；有其权，而后作《易》，之后又欲作《书》，又欲作《诗》，又欲作《礼》，咸得奋笔而遂为之，而人不得而议其罪也。无圣人之位，则无其权；无其权，而不免有作，此仲尼是也。仲尼无圣人之位，而有圣人之德；有圣人之德，则知其故；知其故，而不能已于作，此《春秋》是也。顾仲尼必曰："知我者，其惟《春秋》乎？罪我者，其惟《春秋》乎？"斯其故何哉？知我惟《春秋》者，《春秋》一书，以天自处学《易》，以事系日学《书》，罗列与国学《诗》，扬善禁恶学《礼》；皆所谓有其德而知其故，知其故而不能已于作，不能已于作而遂兼四经之长，以合为一书，则是未尝作也。

夫未尝作者，仲尼之志也。罪我惟《春秋》者，古者非天子不考文，自仲尼以庶人作《春秋》，而后世巧言之徒，无不纷纷以作。纷纷以作既久，庞言无所不有；君读之而旁皇于上，民读之而惑乱于下，势必至于拉杂燔烧，祸连六经。夫仲尼非不知者，而终不已于作，是则仲尼所为引罪自悲者也。或问曰：然则仲尼真有罪乎？答曰：仲尼无罪也。仲尼心知其故，而又自以庶人不敢辄有所作，于是因史成经，不别立文，而但于首大书"春王正月"。若曰：其旧则诸侯之书也，其新则天子之书也。取诸侯之书，手治而成天子之书者，仲尼不予诸侯以作书之权也。仲尼不肯以作书之权予诸侯，其又乌肯以作书之权予庶人哉！是故作书，圣人之事也。非圣人而作书，其人可诛，其书可烧也。作书，圣人而天子之事也。非天子而作书，其人可诛，其书可烧也。何也？非圣人而作书，其书破道；非天子而作书，其书破治。破道与治，是横议也。横议，则乌得不烧？横议之人，则乌得不诛？故秦人烧书之举，非直始皇之志，亦仲尼之志。乃仲尼不烧而始皇烧者，仲尼不但无作书之权，是亦无烧书之权者也。若始皇烧书而并烧圣经，则是虽有其权而实无其德；实无其德，则不知其故；不知其故，斯尽烧矣。故并烧圣经者，始皇之罪也；烧书，始皇之功也。无何汉兴，又大求遗书。当时在廷诸臣，以献书进者多有。于是四方功名之士，无人不言有书，一时得书之多，反更多于未烧之日。

今夫自古至今，人则知烧书之为祸至烈，又岂知求书之为祸之尤烈哉！烧书，而天下无书；天下无书，圣人之书所以存也。求书，而天下有书，天下有书，圣人之书所以亡也。烧书，是禁天下之人作书也。求书，是纵天下之人作书也。至于纵天下之人作书矣，其又何所不至之与有！明圣人之教者，其书有之；叛圣人之教者，其书亦有之。申天子之令者，其书有之；犯天子之令者，其书亦有之。夫诚以三代之治治之，则彼明圣人之教与申天子之令者，犹在所不许。何则？恶其破道与治，黔首不得安也。如之何而至于叛圣人之教，犯天子之令，而亦公然自为其书也？原其由来，实惟上有好者，下必尤甚。父子兄弟，聚族撰著，经营既久，才思溢矣。夫应诏固须美言，自娱何所不可？刻画魑魅，诋讪圣贤，笔墨既酣，胡可忍也？是故，乱民必诛，而"游侠"立传；市会辱人，而"货殖"名篇。意在穷奇极变，皇惜刳心呕血，所谓上薄苍天，下彻黄泉，不尽不快，不快不止也。

如是者，当其初时，犹尚私之于下，彼此传观而已，惟畏其上之禁之者也。殆其既久，而上亦稍稍见之，稍稍见之而不免喜之，不惟不之禁也。夫叛教犯令之书，至于上不复禁而反喜之，而天下之人岂其复有忌惮乎哉！其作者，惊相告也；其读者，惊相告也。惊告之后，转相祖述，而无有一人不作，无有一人不读也。于是而圣人之遗经，一二篇而已；诸家之书，坏牛折轴不能载，连阁复室不能庋也。天子之教诏，土苴之而已；诸家之书，非缥缃不为其题，非金玉不为其签也。积渐至于今日，祸且不可复言。民不知偷，读诸家之书则无不偷也；民不知淫，读诸家之书则无不淫也；民不知诈，读诸家之书则无不诈也；民不知乱，读诸家之书则无不乱也。夫吾向所谓非圣人而作书，其书破道，非天子而作书，其书破治者，不过忧其附会经义，示民以杂；测量治术，示民以明。示民以杂，民则难信；示民以明，民则难治。故遂断之破道与治，是为横议，其人可诛，其书可烧耳；非真有所大诡于圣经，极害于王治也，而然且如此。若夫今日之书，则岂复始皇燔烧之时之所得料，亦岂复始皇燔烧之时之所得料哉？是真一诛不足以蔽其辜，一烧不足以灭其迹者。而祸首罪魁，则汉人诏求遗书，实开之衅。故曰烧书之祸烈，求书之祸尤烈也。烧书之祸，祸在并烧圣经。圣经烧，而民不兴于善，是始皇之罪万世不得而原之也。求书之祸，祸在并行私书。私书行而民之于恶乃至无所不有，此汉人之罪亦万世不得而原之也。然烧圣经，而圣经终大显于后世，是则始皇之罪犹可逃也。若行私书，而私书遂至灾害蔓延不可复救，则是汉人之罪终不活也。

呜呼！君子之至于斯也，听之则不可，禁之则不能，其又将以何法治之与哉？曰：吾闻之，圣人之作书也以德，古人之作书也以才。知圣人之作书以德，则知六经皆圣人之糟粕，读者贵乎神而明之，而不得栉比字句，以为从事于经学也。知古人之作书以才，则知诸家皆鼓舞其菁华，览者急须搴裳去之，而不得掇拾齿牙以为谭言之微中也。于圣人之书而能神而明之者，吾知其而今而后始不敢于《易》之下作《易》传，《书》之下作《书》传，《诗》之下作《诗》传，《礼》之下作《礼》传，《春秋》之下作《春秋》传也。何也？诚愧其德之不合，而惧章句之未安，皆当大拂于圣人之心也。于诸家之书而诚能搴裳去之者，吾知其而今而后始不肯于《庄》之后作广《庄》，《骚》之后作续《骚》，《史》之后作后《史》，《诗》之后作拟《诗》，种官之后作新稗官也。何也？诚耻其才之不逮，而徒唾沫之相袭，是真不免于古人之奴也。夫扬汤而不得冷，则不如且莫进薪；避影而影愈多，则不如教之勿趋也。恶人作书，而示之以圣人之德，与夫古人之才者，盖为游于圣门者难为言，观于才子之林者难为文，是亦止薪勿趋之道也。

然圣人之德，实非夫人之能事；非夫人之能事，则非予小子今日之所敢及也。彼古人之才，或犹夫人之能事；犹夫人之能事，则庶几予小子不揣之所得及也。夫古人之才也者，世不相延，人不相及。庄周有庄周之才，屈平有屈平之才，马迁有马迁之才，杜甫有杜甫之才，降而至于施耐庵有施耐庵之才，董解元有董解元之才。才之为言材也。凌云蔽日之姿，其初本于破核分荚；于破核分荚之时，具有凌云蔽日之势；于凌云蔽日之时，不出破核分荚之势，此所谓材之说也。又才之为言裁也。有全锦在手，无全锦在目；无全衣在目，有全衣在心；见其领，知其袖；见其襟，知其裾也。夫领则非袖，而襟则非裾，然左右相就，前后相合，离然各异，而宛然共成者，此所谓裁之说也。今天下之人，徒知有才者始能构思，而不知古人用才乃绕乎构思以后；徒知有才者始能立局，而不知古人用才乃绕乎立局以后；徒知有才者始能琢句，而不知古人用才乃绕乎琢句以后；徒知有才者始能安字，而不知古人用才乃绕乎安字以后。此苟且与慎重之辩也。言有才始能构思、立局、琢句而安字者，此其人，外未尝矜式于珠玉，内未尝经营于惨淡，隤然放笔，自以为是，而不知彼之所为才实非古人之所为才，正是无法于手而又无耻于心之事也。言其才绕乎构思以前、构思以后，乃至绕乎布局、琢句、安字以前以后者，此其人，笔有左右，墨有正反；用左笔不安换右笔，用右笔不安换左笔；用正墨不现换反墨；用反墨不现换正墨；心之所至，手亦至焉；心之所不至，手亦至焉；心之所不至，手亦不至焉。心之所至手亦至焉者，文章之圣境也。心之所不至手亦至焉者，文章之神境也。心之所不至手亦不至焉者，文章之化境也。夫文章至于心手皆不至，则是其纸上无字、无句、无局、无思者也。而独能令千万世下人之读吾文者，其心头眼底乃窅窅有思，乃摇摇有局，乃铿铿有句，而烨烨有字，则是其提笔临纸之时，才以绕其前，才以绕其后，而非陡然卒然之事也。故依世人之所谓才，则是文成于易者，才子也；依古人之所谓才，则必文成于难者，才子也。依文成于易之说，则是迅疾挥扫，神气扬扬者，才子也。依文成于难之说，则必心绝气尽，面犹死人者，才子也。故若庄周、屈平、马迁、杜甫，以及施耐庵、董解元之书，是皆所谓心绝气尽，面犹死人，然后其才前后缭绕，得成一书者也。庄周、屈平、马迁、杜甫，其妙如彼，不复具论。若夫施耐庵之书，而亦必至于心尽气绝，面犹死人，而后其才前后缭绕，始得成书，夫而后知古人作书，其非苟且也者。而世之人犹尚不肯审己量力，废然歇笔，然则其人真不足诛，其书真不足烧也。夫身为庶人，无力以禁天下之人作书，而忽取牧猪奴手中之一编，条分而节解之，而反能令未作之书不敢复作，已作之书一旦尽废，是则圣叹廓清天下之功，为更奇于秦人之火。故于其首篇叙述古今经书兴废之大略如此。虽不敢自谓斯文之功臣，亦庶几封关之丸泥也。

（清）金圣叹《第五才子书施耐庵〈水浒传〉评点·序一》，《贯华堂第五才子书水浒传》，《金圣叹全集》（第一卷），曹方人、周锡山整理标点，江苏古籍出版社1985年版

忠义之文

观物者审名，论人者辨志。施耐庵传宋江，而题其书曰《水浒》，恶之至，迸之至，不与同中国也。而后世不知何等好乱之徒，乃谬加以"忠义"之目。呜呼！忠义而在《水浒》乎哉？忠者，事上之盛节也；义者，使下之大经也。忠以事其上，义以使其下，斯宰相之材也。忠者，与人之大道也；义者，处己之善物也。忠以与乎人，义以处乎己，则圣贤之徒也。若夫耐庵所云"水浒"也者，王土之滨则有水，又在水外则曰浒，远之也。远之也者，天下之凶物，天下之所共击也！天下之恶物，天下之所共弃也。若使忠义而在水浒，忠义为天下之凶物、恶物乎哉！且水浒有忠义，国家无忠义耶？夫君则犹是君也，臣则犹是臣也，夫何至于国而无忠义？此虽恶其臣之辞，而已难乎为吾之君解也。父则犹是父也，子则犹是子也，夫何至于家而无忠义？此虽恶其子之辞，而已难乎为吾之父解也。故夫以忠义予《水浒》者，斯人必有怼其君父之心，不可以不察也。且亦不思宋江等一百八人，则何为而至于水浒者乎？其幼，皆豺狼虎豹之姿也；其壮，皆杀人夺货之行也；其后，皆敲朴劓刖之余也；其卒，皆揭竿斩木之贼也。有王者作，比而诛之，则千人亦快，万人亦快者也。如之何而终亦幸免于宋朝之斧锧？彼一百八人而得幸免于宋朝者，恶知不将有若干百千万人，思得复试于后世者乎？耐庵有忧之，于是奋笔作传，题曰《水浒》，意若以为之一百八人，即得逃于及身之诛戮，而必不得逃于身后之放逐，君子之志也。而又妄以忠义予之，是则将为戒者而反将为劝耶？豺狼虎豹而有祥麟威凤之目，杀人夺货而有伯夷、颜渊之誉，劓刖之余而有上流清节之荣，揭竿斩木而有忠顺不失之称，既已名实牴牾，是非乖错，至于如此之极，然则几乎其不胥天下后世之人，而惟宋江等一百八人，以为高山景行，其心向往者哉！是故由耐庵之《水浒》言之，则如史氏之有《梼杌》是也，备书其外之权诈，备书其内之凶恶，所以诛前人既死之心者，所以防后人未然之心也。由今日之《忠义水浒》言之，则直与宋江之赚入伙、吴用之说撞筹无以异也。无恶不归朝廷，无美不归绿林，已为盗者读之而自豪，未为盗者读之而为盗也。呜呼！名者，物之表也；志者，人之表也。名之不辨，吾以疑其书也；志之不端，吾以疑其人也。削忠义而仍《水浒》者，所以存耐庵之书其事小，所以存耐庵之志其事大。虽在稗官，有当世之忧焉。后世之恭慎君子，苟能明吾之志，庶几不易吾言矣哉！

(清) 金圣叹《第五才子书施耐庵〈水浒传〉评点·序二》，《贯华堂第五才子书水浒传》，《金圣叹全集》（第一卷），曹方人、周锡山整理标点，江苏古籍出版社1985年版

书以抒心胸

大凡读书，先要晓得作书之人，是何心胸。如《史记》，须是太史公一肚皮宿怨发挥出来，所以他于游侠货殖传，特地着精神，乃至其余诸记传中，凡遇挥金杀人之事，他便啧啧赏叹不置。一部《史记》，只是"缓急人所时有"六个字，是他一生著书旨意。

《水浒传》却不然，施耐庵本无一肚皮宿怨要发挥出来，只是饱暖无事，又值心闲，不免伸纸弄笔，寻个题目，写出自家许多锦心绣口，故其是非皆不谬于圣人。后来人不知，却于《水浒》上加"忠义"字，遂并比于史公发愤著书一例，正是使不得。

(清) 金圣叹《读第五才子书法》，据中华书局《第五才子书施耐庵水浒传》本

黄宗羲

黄宗羲（1610—1695），字太冲，一字德冰，号南雷，别号梨洲老人、梨洲山人、蓝水渔人等，学者称"梨洲先生"，浙江余姚人。明末清初经学家、史学家、思想家、地理学家、天文历算学家、教育家。"东林七君子"之一黄尊素长子。黄宗羲提出"天下为主，君为客"的民主思想，抨击了封建君主专制制度，有极其重要的政治、伦理意义，对其后反专制斗争起了积极的推动作用。黄宗羲学问极博，思想深邃，著作宏富，一生著述多至50余种，300多卷，其中最为重要的有《明儒学案》《宋元学案》《明夷待访录》《孟子师说》等。

孤愤

盖其为人，劲直而不能屈己，清刚而不能善世，介特寡徒，古之所谓隘人也。隘则胸不容物，并不能自容。其以孤愤绝人，彷徨痛哭于山巅水

滋之际，此耿耿者，终不能下，至于鼓胀而卒，宜矣！独怪古之为文章者，及其身而显于世者，无论矣。即或憔悴终生，其篇章未有不流传身后，亦是荣辱屈伸之相折。泽望死十二年矣，所有篇章，亦与其骨俱委于草莽，无敢有明其书者。盖惊世骇俗之言，非今之地上所宜有也。苏子瞻所谓，能折困其身，而不能屈其言者，至泽望而又为文人之一变焉。

（清）黄宗羲《缩斋文集序》，《南雷文定》卷一，商务印书馆1936年版

文质

苏洵曰："忠之变而入于质，质之变而入于文，其势便也。及夫文之变而又欲反之于忠也，是犹欲移江河而行之山也。人之喜文而恶质与忠也，犹水之不肯避下而就高也。"余以为不然。夫自忠而之于文者，圣王救世之事也；喜质而恶文者，凡人之情也。逮其相趋而之于质，虽圣贤亦莫如之何矣。

（清）黄宗羲《文质》，《黄宗羲全集》第十一册，浙江古籍出版社1986年版

喜文而恶质与忠

人徒见宫室棺椁舆服俎豆之制，吉凶相见馈食之礼，殷之时备于夏，周之时备于殷，遂以为自忠而入质，自质而入文，由人之喜恶而然也。人诚喜文而恶质与忠，则宫室棺椁舆服俎豆之制宜日趋于烦，吉凶相见馈食之礼宜有加而无已，何以皮弁回废为巾帻，鼎彝废为陶甋，易车以乘马，易贽为门状？

（清）黄宗羲《文质》，《黄宗羲全集》第十一册，浙江古籍出版社1986年版

文质

古者天子之棺四重，诸公三重，诸侯再重，大夫一重，士不重。今天子之棺不重，则是古者士之制矣。古者设折俎，荐脯醢，酒清肴乾，宾主百拜，而后脱屦升堂乃羞。今宾至而羞，则是古者燕饮之事矣。古者设奠于奥，迎尸于前，谓之阴厌；尸谡之后，改馔于西北隅，谓之阳厌，殇则不备。今无尸而厌，则是古者祭殇之礼也。唐有孙昌胤者独行冠礼，明日

造朝至外廷，荐笏言于卿士曰："某子冠毕。"京兆尹郑叔则怫然曳笏却立曰："何预我耶？"廷中皆大笑。岂惟冠礼乎哉？凡礼之存于今者，皆苟然而已。是故百工之所造，商贾之所鬻，士女之所服者日益狭陋。吾见世运未有不自文而趋夫质也。

当周之盛时，要荒之人，其文画革旁行，未尝有《诗》《书》《易》《春秋》也；其法斗杀，未尝有礼、乐、刑、政也；其民射猎禽鲁为生业，未尝有士、农、工、贾也，其居随畜牧转移，未尝有官室也，其形科头露紒，未尝有冕服也；其食污尊抔饮，未尝有俎豆也；其居处若鸟售，未尝有长幼男女之别也。然则同是时也，中国之人既喜文而恶质与忠，彼要荒之人何独不然与？是故中国而无后圣之作，虽周之盛时，亦未必不如要荒；要荒之人而后圣有作，亦未必不如鲁、卫之士也。其谓喜文而恶质与忠者，然乎否耶？以三代圣人相续而治，圣功不可为不久矣。其末王不能守其教者，彼帝辛使男女裸逐，厉王发龙漦而使妇人裸而噪之，夫非喜质之过乎？然则先王使忠之变而为质，质之变而为文，其势若此之难也。昔者由余之语秦缪公曰："尧有天下，饭于土簋，饮于土铏，其地南至交趾，北至幽都，东西至日月之所出入者，莫不宾服。虞舜作为食器，国之不服者十三。禹作酒器，缦帛为茵，蒋席颇缘，觞酌布采，而樽俎有饰，国之不服者三十三。殷人作为大辂而建九旒，食器雕琢，觞酌刻镂，四壁垩墀，茵席雕文，国之不服者五十三。君子皆知文章矣，而欲服者弥少。臣故曰俭其道也。"呜呼！由余之所谓道，戎狄之道也，而缪公以为圣人。天下之为文者劳，而为质者逸，人情喜逸而恶劳，故其趋质也，犹水之就下，子游曰："直情而径行者，戎狄之道也。"缪公之谥为"缪"，不亦宜乎！

（清）黄宗羲《文质》，《黄宗羲全集》第十一册，浙江古籍出版社1986年版

感物

夫诗之道甚大，但人之性情，天下之治乱，皆所藏纳。

（清）黄宗羲《诗历题辞》，《黄梨洲文集》，中华书局2009年版

文章之元气

夫文章，天地之元气也。元气之在平时，昆仑旁薄，和声顺气，发自

廊宇，而幽狭于幽退，无所见奇。逮夫厄运危时，天地闭塞。无气鼓荡而出，拥勇郁遏，坌愤激汗，而后至文生焉。故文章之盛，莫盛于亡宋之日，皋羽之尤也。然而世之知之者鲜矣。

（清）黄宗羲《谢翱年谱游录注序》，《黄梨洲文集》，中华书局2009年版

情之至真，时不我限

孚先论诗，大意谓声音之正变，体制之悬殊，不特中、晚不可为初、盛，即风、雅、颂亦自有迥然不同者。若身之所历，目之所触，发于心，著于声，迫于中之不能自已，一唱而三叹，不啻金石悬而宫商鸣也；斯亦奚有今昔之间，盖情之至真，时不我限也。斯论美矣。然而正自有说，嗟乎，盖难言之矣！情者，可以贯金石，动鬼神。古之人情与物相游，而不能相舍，不但忠臣之事其君，孝子之事其亲，思妇劳人结不可解，即风云月露，草木虫鱼，无一非真意之流通，故无溢言曼辞以入章句，无谄笑柔色以资应酬，唯其有之，是以似之。今人亦何情之有，情随事转，事因世变，干啼湿哭，总为肤受，即其父母兄弟亦若败梗飞絮，适相遭于江湖之上。劳苦倦极，未尝不呼天也；疾痛惨怛，未尝不呼父母也。然而习心幻结，俄倾销亡，其发于心著于声者，未可便谓之情也。由此论之，今人之诗非不出于性情也，以无性情之可出也。孚先情意真挚，不随世俗波委。余避地海滨，孚先悯其流离，形诸梦寐，作诗见怀："旅月仍圆夜，秋风独卧身。"读之恍然见古人之性情焉。是故有孚先之性情，而后可以持孚先之议论耳。不然，以不及情之情与情至之情较，其离合于长吟高啸之间，以为同出于情也，窃恐似之而非矣。

（清）黄宗羲《黄孚先诗序》，《南雷文定》卷二，据《四部丛刊》本

诗以道性情

周伯弼之注三体诗也，以景为实，以意为虚，此可论常人之诗，而不可以论诗人之诗。诗人萃天地之清气，以月露风云花鸟为其性情，其景与意不可分也。

（清）黄宗羲《景州诗集序》，《南雷文案》，据《四部丛刊》本

以五美论诗，使人之自悟

昔宋文宪以五美论诗，诗之道尽矣。余以为此学诗之法，而诗之原本反不及焉，盖欲使人之自悟也。夫人生天地之间，天道之显晦，人事之治否，世变之污隆，物理之盛衰。吾与之推荡磨励于其中，必有不得其平者。故昌黎言物不得其平则鸣。此诗之原本也。幽人离妇，羁臣孤客。私为一人之怨愤，深一情以拒众情，其词亦能造于微。至于学道之君子，其凄楚蕴结，往往出于穷饿愁思一第之外，则其不平愈甚，诗直寄焉而已。吾于吾友人远见之。……文宪之所谓五美者，人远咸备。然而人远之所以为诗者，似别有难写之情，不欲以快心出之。其所历之江山，必低徊于折戟沉沙之处；其所询之故老，必比昵于吞声失职之人。诗中哀愁怨抑之气，如听连昌宫侧老人津阳门俚叟语，不自觉其陨梯也。嗟乎！人远悲天悯人之怀，岂为一己之不遇乎？……

铭曰：大化流行，波涛百折；发而为声，微扬呜咽。钟遇霜明，剑从狱缺。中有愤盈，联耿不灭。嗟夫人远，墓门虽闭，时有大声，稼轩一辙。

（清）黄宗羲《朱人远墓志铭》，《黄梨洲文集》，中华书局2009年版

诗以道性情

若景州公者，乃可谓之诗人矣。夫诗以道性情，自高廷礼以来，主张声调，而人之性情亡矣。然使其说之足以胜天下者，亦由天下之性情汩没于纷华污惑之往来，浮而易动。声调者浮物也，故能挟之而去，是非无性情也，其性情不过如是而止，若是者不可谓之诗人。……诗人萃天地之清气，以月露风云花鸟为其性情，其景与意不可分也。月露风云花鸟之在天地间，俄顷灭没，而诗人能结之不散；常人未尝不有月露风云花鸟之咏，非其性情，极雕绘而不能亲也。景州之诗，咽噱于冷汰，缠绵于绮靡，江滨山畔，至今性情恍然犹在，其斯谓之诗人之诗乎。

（清）黄宗羲《景洲诗集序》，《南雷文定》据《四部丛刊》本

言诗者，必知性

诗以道性情，夫人而能言之。然自古以来，诗之美者多负，而知性者何其少也！盖有一时之性情，有万古之性情，夫吴歈越唱，怨女逐臣，触

景感物，言乎其所不得不言，此一时之性情也。孔子删之以合乎兴、观、群、怨、思无邪之旨，此万古之性情也。吾人诵法孔子，苟其言诗，亦必当以孔子之性情为性情。如徒逐逐于怨女逐臣，逮其天机之自露，则一偏一曲，其为性情亦末矣。故言诗者不可以不知性。夫性岂易知也？先儒之言性者，大略以镜为喻：百色妖露，镜体澄然，其澄然不动者为性。此以空寂言性。而吾人应物处事，如此则安，不如此则不安。若是乎有物于中，此安不安之处，乃是性也。镜是无情之物，不可为喻。又以人、物同出一原，天之生物有参差，则恶亦不可不谓之性。遂以疑物者疑及于人。夫人与万物并立于天地，亦与万物各受一性。如姜桂之性辛，稼穑之性甘，鸟之性飞，曾之性走，或寒成热，或有毒无毒。古今之言性者，未有及于木草者也。故万物有万性，类同则性同，人之性则为不忍，亦犹万物所赋之专一也。物尚不与物同，而况同人于物乎？程子言"性即理也"，差为近之。然当其澄然在中，满腔子皆恻隐之心，无有条理可见，感之而为四端，方可言理，理即"率性之为道也"，宁可竟指道为性乎？晦翁以为天以阴阳五行化生万物，而理亦赋焉，亦是兼人、物而言。夫使物而率其性，则为触为啮为蠢为婪，万有不齐，齐可谓之道乎？故自性说不明，后之为诗者，不过一人偶露之性情。彼知性者，则吴、楚之色泽，中原之风骨，燕、赵之悲歌慷慨，盈天地间，皆恻隐之流动也，而况于所自作之诗乎！秣陵马雪航介余族象一请序其诗，余读之，清裁骏发，焕映篇流，不为雅而为风。余从象一得其为人，以心之安不安者定其出处，其得于性情者深矣。

（清）黄宗羲《马雪航诗序》，《南雷文定》，据《四部备要》本

文以理为主，理以情为基

文以理为主，然而情不至则亦理之郭席耳。庐陵之志交友，无不鸣咽；子厚之言身世，莫不凄怆。郝陵川之处真州，戴剡源之入故都，其言皆能恻恻动人。古今自有种文章不可磨灭，真是"天若有情天亦老"者。而世不乏堂堂之阵，正正之旗，皆以大文目之。顾其中无可以移人之情者，所谓劐然无物者也。

（清）黄宗羲《南雷文定》卷三，《论文管见》，据《四部备要》本

兴、观、群、怨论诗

昔吾夫子以兴、观、群、怨论诗。孔安国曰："兴，引臂连类。"凡

景物相感，以彼言此，皆谓之兴。后世咏怀游览、咏物之类是也。郑康成曰："观风俗之盛衰。"凡论世采风，皆谓之观。后世吊古、咏史、行祗、祖德、郊庙之类是也。孔曰："群居相切磋。"群是人之相聚。后世公宴、赠答、送别之类是也。孔曰："怨刺上政。"怨亦不必专指上政。后世哀伤、挽歌、遣谪，讽谕皆是也。盖古今事物之变虽纷若，而以此四者为统宗。

自毛公之六义，以风、雅、颂为经，以赋、比、兴为纬。后儒因之，比、兴强分，赋有专属。及其说之不通也，则又相兼。是使性情之所融结，有鸿沟南北之分裂矣。

古之以诗名者，未有能离其四者。然其情各有至处。其意句境中宜出者，可以兴也；言在耳目，赠寄八荒者，可以观也；善于风人答赠者，可以群也；凄戾为骚之苗裔者，可以怨也。

（清）黄宗羲《汪扶晨诗序》，《南雷文定》卷一，据耕余楼本

李　渔

李渔（1611—1680），原名仙侣，字谪凡，号天徒，后改名渔，字笠鸿，号笠翁，别号觉世稗官、笠道人、随庵主人、湖上笠翁等。金华兰溪（今属浙江）人。明末清初文学家、戏剧家、戏剧理论家、美学家。素有才子之誉，世称"李十郎"。李渔创立了较为完善的戏剧理论体系，一生著述五百多万字。其戏曲论著《闲情偶寄》对中国古代戏曲理论有较大的丰富和发展。另有《笠翁十种曲》等作品。他还批阅《三国志》，改定《金瓶梅》，倡编《芥子园画传》等。其戏曲理论中包含了丰富的伦理思想。

务存忠厚之心，勿为残毒之事

凡作传奇者，先要涤去此种肺肠，务存忠厚之心，勿为残毒之事。以之报恩则可，以之报怨则不可。以之劝善、惩恶则可，以之欺善、作恶则不可。（余澹心云："文人笔舌，菩萨心肠，直欲以填词作太上感应篇矣。"）人谓：《琵琶》一书，为讥王四而设。因其不孝于亲，故加以入赘豪门、致亲饿死之事。何以知之？因"琵琶"二字，有四"王"字冒

于其上，则其寓意可知也。噫！此非君子之言，齐东野人之语也。（尤展成云："《杜甫游春》一剧，终是文人轻薄。"）凡作伟世之文者，必先有可以传世之心，而后鬼神效灵，予以生花之笔，撰为倒峡之词，使人人赞美，百世流芬——传非文字之传，一念之正气使传也。《五经》、《四书》、《左》、《国》、《史》、《汉》诸书，与大地山河同其不朽，试问当年作者有一不肖之人、轻薄之子厕于其间乎？但观《琵琶》得传至今，则高则诚之为人，必有善行可予，是以天寿其名，使不与身俱没，岂残忍刻薄之徒哉！（曹顾菴云："盛名必由盛德，千古至论，有功名教不浅。"）即使当日与王四有隙，故以不孝加之；然则彼与蔡邕未必有隙，何以有隙之人止暗寓其姓，不明叱其名，而以未必有隙之人，反蒙李代桃僵之实乎？此显而易见之事，从无一人辩之。创为是说者，其不学无术可知矣。予向梓传奇，尝埒誓词于首，其略云："加生、旦以美名，原非市恩于有讬；抹净、丑以花面，亦属调笑于无心；凡以点缀词场，使不岑寂而已。但虑：七情以内，无境不生；六合之中，何所不有。幻设一事，即有一事之偶同；乔命一名，即有一名之巧合。"

（清）李渔《闲情偶寄·卷之一·词曲部·结构第一·戒讽刺》，《中国古典戏曲论著集成·七》，中国戏剧出版社1982年版

言者，心之声

言者，心之声也，欲代此一人立言，先宜代此一人立心。若非梦往神游，何谓设身处地。无论立心端正者我当设身处地，代生端正之想，即遇立心邪辟者，我亦当舍经从权，暂为邪辟之思。务使心曲隐微，随口睫出，说一人肖一人，勿使雷同，弗使浮泛，若《水浒传》之叙事，吴道子之写生，斯称此道中之绝技。果能若此，即欲不传，其可得乎？

（清）李渔《闲情偶寄·语求肖似》，《中国古典戏曲论著集成》，中国戏剧出版社1982年版

人情物理

王道本乎人情，凡作传奇，只当求于耳目之前，不当索诸闻见之外，无论词曲，古今文字皆然。凡说人情物理者，千古相传；凡涉荒唐怪异者，当日即朽。《五经》《四书》《左》《国》《史》《汉》，以及唐宋诸大家，何一不说人情？何一不关物理？及今家传户颂，有怪其平易而废之者

乎？《齐谐》，志怪之书也，当日仅存其名，后世未见其实。此非平易可久、怪诞不传之明验欤？人谓家常日用之事，已被前人做尽，穷微极隐，纤芥无遗，非好奇也，求为平而不可得也。予曰不然。世间奇事无多，常事为多，物理易尽，人情难尽。

（清）李渔《闲情偶寄·词曲部·结构第一·戒荒唐》，单锦珩点校《李渔全集》卷三，浙江古籍出版社1991年版

审虚实

传奇无实，大半皆寓言耳。欲劝人为孝，则举一孝子出名，但有一行可纪，则不必尽有其事，凡属孝亲所应有者，悉取而加之，亦犹纣之不善，不如是之甚也，一居下流，天下之恶皆归焉。其余表忠表节，与种种劝人为善之剧，率同于此。

（清）李渔《闲情偶寄·词曲部·结构第一·审虚实》，单锦珩点校《李渔全集》卷三，浙江古籍出版社1991年版

曲文之词采

曲文之词采，与诗文之词采非但不同，且要判然相反。何也？诗文之词采贵典雅而贱粗俗，宜蕴藉而忌分明；词曲不然，话则本之街谈巷议，事则取其直说明言，凡读传奇而有令人费解，或初阅不见其佳，深思而后得其意之所在者，便非绝妙好词，不问而知为今曲，非元曲也。

（清）李渔《闲情偶寄·词曲部·词采第二·贵显潜》，单锦珩点校《李渔全集》卷三，浙江古籍出版社1991年版

填词以机趣为要

机趣二字，填词家必不可少。机者传奇之精神，趣者传奇之风致，少此二物，则如泥人土马，有生形而无生气。因作者逐句凑成，遂使观场者逐段记忆，稍不留心，则看到第二曲不记头一曲是何等情形，看到第二折不知第三折要作何勾当。是心口徒劳，耳目俱涩，何必以此自苦，而复苦百千万亿之人哉？故填词之中，勿使有断续痕，勿使有道学气。所谓无断续痕者，非止一出接一出，一人顶一人，务使承上接下，血脉相连，即于情事截然绝不相关之处，亦有连环细笋伏于其中，看到后来方知其妙，如藕于未切之时先长暗丝以待，丝于络成之后才知作茧之精，此言机之不可

少也。所谓无道学气者，非但风流跌宕之曲、花前月下之情当以板腐为戒，即谈忠孝节义与说悲苦哀怨之情，亦当抑圣为狂，寓哭于笑，如王阳明之讲道学，则得词中三昧矣。

（清）李渔《闲情偶寄·词曲部·词采第二·重机趣》，单锦珩点校《李渔全集》卷三，浙江古籍出版社1991年版

戒浮泛

填词义理无穷，说何人肖何人，议某事切某事，文章头绪之最繁者，莫填词若矣。予谓总其大纲，则不出情景二字。景书所睹，情发欲言，情自中生，景由外得，二者难易之分，判如霄壤。以情乃一人之情，说张三要像张三，难通融于李四；景乃众人之景，写春夏尽是春夏，止分别于秋冬。

（清）李渔《闲情偶寄·词曲部·词采第二·戒浮泛》，单锦珩点校《李渔全集》卷三，浙江古籍出版社1991年版

忌俗恶

科诨之妙，在于近俗，而所忌者又在于太俗。不俗则类腐儒之谈，太俗即非文人之笔。吾于近剧中取其俗而不俗者，《还魂》而外，则有《粲花五种》，皆文人最妙之笔也。《粲花五种》之长，不仅在此。才锋笔藻，可继《还魂》，其稍逊一筹者，则在气与力之间耳。《还魂》气长，《粲花》稍促；《还魂》力足，《粲花》略亏。虽然，汤若士之《四梦》，求其气长力足者，惟《远魂》一种，其余三剧，则与《粲花》比肩。使粲花主人及今犹在，奋其全力，另制一种新词，则词坛赤帜，岂仅为若士一人所攫哉。所恨予生也晚，不及与二老同时。他日追及泉台，定有一番倾倒，必不作"妒而欲杀"之状，向阎罗天子掉舌，排挤后来人也。

（清）《闲情偶寄·卷之三·词曲部·科诨第五·忌俗恶》，单锦珩点校《李渔全集》卷三，浙江古籍出版社1991年版

于嬉笑谈谐之处，包含绝大文章

科诨二字，不止为花面而设，通场脚色皆不可少。生旦有生旦之科诨，外末有外末之科诨，净丑之科诨则其分内事也。然为净丑之科诨易，为生旦外末之科诨难。雅中带俗，又于俗中见雅；活处寓板，即于板处证

活。此等虽难，犹是词客优为之事。所难者，要有关系。关系维何？曰：于嬉笑诙谐之处，包含绝大文章；使忠孝节义之心，得此愈显。如老莱子之舞斑衣，简雍之说淫具，东方朔之笑彭祖面长，此皆古人中之善于插科打诨者也。作传奇者，苟能取法于此，是科诨非科诨，乃引人入道之方便法门耳。

(清)《闲情偶寄·词曲部·科诨第五·重关系》，单锦珩点校《李渔全集》卷三，浙江古籍出版社1991年版

传奇只怕不合人情

予谓传奇无冷热，只怕不合人情。如其离合悲欢，皆为人情所必至，能使人哭，能使人笑，能使人怒发冲冠，能使人惊魂欲绝，即使鼓板不动，场上寂然，而观者叫绝之声，反能震天动地。是以人口代鼓乐，赞叹为战争，较之满场杀伐，钲鼓雷鸣，而人心不动，反欲掩耳避喧者为何如？岂非冷中之热，胜于热中之冷；俗中之雅，逊于雅中之俗乎哉？

(清)《闲情偶寄·演习部·选剧第一·剂冷热》，单锦珩点校《李渔全集》卷三，浙江古籍出版社1991年版

面目性情

面为一身之主，目又为一面之主，相人必先相面，人尽知之，相面必先相目，人亦尽知，而未必尽穷其秘。吾谓相人之法必先相心，心得而后观其形体。形体维何？眉发口齿，耳鼻手足之类是也。心在腹中，何由得见？曰：有目在，无忧也。察心之邪正，莫妙于观眸子，子舆氏笔之于书，业开风鉴之祖。予无事赘陈其说，但言情性之刚柔，心思之愚慧。四者非他，即异日司花执爨之分途，而狮吼堂与温柔乡接壤之地也。目细而长者，乘性必柔；目粗而大者，居心必悍；目善动而黑白分明者，必多聪慧；目常定而白多黑少，或白少黑多者，必近愚蒙。然初相之时，善转者亦未能遽转，不定者亦有时而定。何以试之？曰：有法在，无忧也。其法维何？一曰以静待动，一曰以卑瞩高。目随身转，未有动荡其身，面能胶柱其目者；使之乍往乍来，多行数武，而我回环其目以视之，则秋波不转而自转，此一法也。妇人避羞，目必下视，我若居高临卑，彼下而又下，永无见目之时矣。必当处之高位，或立台坡之上，或居楼阁之前，而我故降其躯以瞩之，则彼下无可下，势必环转其睛以避我。虽云善动者动，不

善动者亦动，而勉强自然之中，即有贵贱妍媸之别，此又一法也。

……

　　眉之秀与不秀，亦复关系情性，当与眼目同视。然眉眼二物，其势往往相因。眼细者眉必长，眉粗者眼必巨，此大较也，然亦有不尽相合者。如长短粗细之间，未能一一尽善，则当取长恕短，要当视其可施人力与否。张京兆工于画眉，则其夫人之双黛，必非浓淡得宜，无可润泽者。短者可长，则妙在用增；粗者可细，则妙在用减。但有必不可少之一字，而人多忽视之者，其名曰"曲"，必有天然之曲，而后人力可施其巧。"眉若远山"，"眉如新月"，皆言曲之至也。即不能酷肖远山，尽如新月，亦须稍带月形，略存山意，或弯其上而不弯其下，或细其外而不细其中，皆可自施人力。最忌凭空一抹，有如太白经天；又忌两笔斜冲，俨然倒书八字。变远山为近瀑，反新月为长虹，虽有善画之张郎，亦将畏难而却走。非选姿者居心太刻，以其为温柔乡择人，非为娘子军择将也。

　　（清）《闲情偶寄·声容部·选姿第一·眉眼》，单锦珩点校《李渔全集》卷三，浙江古籍出版社1991年版

贵活变

　　幽斋陈设，妙在日异月新。若使古董生根，终年鲍系一处，则因物多腐象，遂使人少生机，非善用古玩者也。居家所需之物，惟房舍不可动移，此外皆当活变。何也？眼界关乎心境，人欲活泼其心，先宜活泼其眼。即房舍不可动移，亦有起死回生之法。譬如造屋数进，取其高卑广隘之尺寸不甚相悬者，授意匠工，凡作窗棂门扇，皆同其宽窄而异其体裁，以便交相更替。同一房也，以彼处门窗挪入此处，便觉耳目一新，有如房合管迁者；再入彼屋，又换一番境界，是不特迁其一，且迁其二矣。房舍犹然，况器物乎？或卑者使高，或远者使近，或二物别之既久而使一旦相亲，或数物混处多时而使忽然隔绝，是无情之物变为有情，若有悲欢离合于其间者。但须左之右之，无不宜之，则造物在手，而臻化境矣。人谓朝东夕西，往来仆仆，何许子之不惮烦乎？予曰：陶士行之运甓，视此犹烦，未有笑其多事者；况古玩之可亲，犹胜于甓，乐此者不觉其疲，但不可为饱食终日无所用心者道。

　　古玩中香炉一物，其体极静，其用又妙在极动，是当一日数迁其位，片刻不容胶柱者也。人问其故，予以风帆喻之。舟行所挂之帆，视风之斜

正为斜正，风从左而帆向右，则舟不进而且退矣。位置香炉之法亦然。当由风力起见，如一室之中有南北二牖，风从南来，则宜位置于正南，风从北入，则宜位置于正北；若风从东南或从西北，则又当位置稍偏，总以不离乎风者近是。若反风所向，则风去香随，而我不沾其味矣。又须启风来路，塞风去路。如风从南来而洞开北牖，风从北至而大辟南轩，皆以风为过客，而香亦传舍视我矣。须知器玩之中，物物皆可使静，独香炉一物，势有不能。"爱之能勿劳乎？"待人之法也，吾于香炉亦云。

（清）《闲情偶寄·器玩部·位置第二·贵活变》，单锦珩点校《李渔全集》卷三，浙江古籍出版社1991年版

其止崇俭啬，不导奢靡者

吾观人之一身，眼耳鼻舌，手足躯骸，件件都不可少。其尽可不没而必欲赋之，遂为万古生人之累者，独是口腹二物。口腹具，而生计繁矣；生计繁，而诈伪奸险之事出矣；诈伪奸险之事出，而五刑不得不设。君不能施其爱有，亲不能逢其恩私，造物好生，而亦不能不进行其志者，皆当日赋形不善，多此二物之累也。草木无口腹，未尝不生，山石土壤无饮食，未闻不长养。何事独异其形，而赋以口腹？即生口腹，亦当使如鱼虾之饮水，蝴蝶之吸露，尽可滋生气力，而为潜跃飞鸣。若是则可与世无求，而生人之患熄矣。乃既生以口腹，又复多其嗜欲，使如溪壑之不可厌。多其嗜欲，又复洞其底里，使如江海之不可填。以致人之一生，竭五官百骸之力，供一物之所耗而不足哉！吾反复推详，不能不于造物是咎。亦知造物于此，未尝不自悔其非，但以制定难移，只得终遂其过。甚矣！作法慎初，不可草草定制。吾辑是编而谬及饮馔，亦是可已不已之事。其止崇俭啬，不导奢靡者，因不得已而为造物饰非，亦当虑始计终，而为庶物弭患。如逞一己之聪明，导千万人之嗜欲，则匪特禽兽昆虫无噍类，吾虑风气所开，日甚一日，焉知不有易牙复出，烹子求荣，杀婴儿以媚权奸，如亡隋故事者哉！一误岂堪再误，吾不敢不以赋形造物视作覆车。

声音之道，丝不如竹，竹不如肉，为其渐近自然。吾谓饮食之道，脍不如肉，肉不如蔬，亦以其渐近自然也。草衣木食，上古之风，人能疏远肥腻，食蔬蕨而甘之，腹中菜园不使羊来踏破，是犹作羲皇之民，鼓唐虞之腹，与崇尚古玩同一致也。所怪于世者，弃美名不居，而故异端其说，谓佛法如是，是则谬矣。吾辑《饮馔》一卷，后肉食而首蔬菜，一以崇

俭，一以复古；至重宰割而惜生命，又其念兹在兹，而不忍或忘者矣。

（清）《闲情偶寄·饮馔部·蔬食第一·蔬食第一》，单锦珩点校《李渔全集》卷三，浙江古籍出版社1991年版

"风流树"

种杏不实者，以处子常系之裙系树上，便结子累累。予初不信而试之，果然。是树性喜淫者，莫过于杏，予尝名为"风流树"。噫！树木何取于人，人何亲于树木，而契爱若此动乎情也？情能动物，况于人乎？其必宜于处子之裙者，以情贵乎专；已字人者，情有所分而不聚也。予谓此法既验于杏，亦可推而广之，凡树木之不实者，皆当系以美女之裳；即男子之不能诞育者，亦当衣以佳人之裤。盖世间慕女色而爱处子，可以情感而使之动者，岂止一杏而已哉！

（清）《闲情偶寄·种植部·本木第一·杏》，单锦珩点校《李渔全集》卷三，浙江古籍出版社1991年版

睹萱草则能忘忧，睹木槿则能知戒

木槿朝开而暮落，其为生也良苦。与其易落，何如弗开？造物生此，亦可谓不惮烦矣。有人曰：不然。木槿者，花之现身说法以儆愚蒙者也。花之一日，犹人之百年。人视人之百年，自觉其久，视花之一日，则谓极少而极暂矣。不知人之视人，犹花之视花，人以百年为久，花岂不以一日为久乎？无一日不落之花，则无百年不死之人可知矣。此人之似花者也。乃花开花落之期虽少而暂，犹有一定不移之数，朝开暮落者，必不幻而为朝开午落，午开暮落；乃人之生死，则无一定不移之数，有不及百年而死者，有不及百年之半与百年之二三而死者；则是花之落也必焉，人之死也忽焉。使人亦知木槿之为生，至暮必落，则生前死后之事，皆可自为政矣，无如其不能也。此人之不能似花者也。人能作如是观，则木槿一花，当与萱草并树。睹萱草则能忘忧，睹木槿则能知戒。

（清）《闲情偶寄·种植部·本木第一·木槿》，单锦珩点校《李渔全集》卷三，浙江古籍出版社1991年版

觅应得之利，谋有道之生

藤本之花，必须扶植。扶植之具，莫妙于从前成法之用竹屏。或方其

眼，或斜其榍，因作葳蕤柱石，遂成锦绣墙垣，使内外之人隔花阻叶，碍紫间红，可望而不可亲，此善制也。无奈近日茶坊酒肆，无一不然，有花即以植花，无花则以代壁。此习始于维扬，今日渐近他处矣。市井若此，高人韵士之居，断断不应若此。避市井者，非避市井，避其劳劳攘攘之情，锱铢必较之陋习也。见市井所有之物，如在市井之中，居处时见，能移性情，此其所以当避也。即如前人之取别号，每用川、泉、湖、宇等字，其初未尝不新，未尝不雅，后商贾者流家效而户则之，以致市肆标榜之上，所书姓名非川即泉，非湖即宇，是以避俗之人，不得不去之若浼。迩来缙绅先生悉用斋、庵二字，极宜；但恐用者过多，则而效之者又人从前标榜，是今日之斋、庵，未必不是前日之川、泉、湖、宇。虽曰名以人重，人不以名重，然亦实之宾也。已噪寰中者仍之继起，诸公似应稍变。人间植花既不用屏，岂遂听其滋蔓于地乎？曰：不然。屏仍其故，制略新之。虽不能保后日之市廛，不又变为今日之园圃，然新得一日是一日，异得一时是一时，但愿贸易之人，并性情风俗而变之。变亦不求尽变，市井之念不可无，垄断之心不可有。觅应得之利，谋有道之生，即是人间大隐。若是则高人韵士，皆乐得与之游矣，复何劳扰锱铢之足避哉？

（清）《闲情偶寄·种植部·藤本第二·藤本第二》，单锦珩点校《李渔全集》卷三，浙江古籍出版社1991年版

兰生幽谷，无人自芳

"兰生幽谷，无人自芳"，是已。然使幽谷无人，兰之芳也，谁得而知之？谁得而传之？其为兰也，亦与萧艾同腐而已矣。"如人芝兰之室，久而不闻其香"，是已。然既不闻其香，与无兰之室何异？虽有若无，非兰之所以自处，亦非人之所以处兰也。吾谓芝兰之性，毕竟喜人相俱，毕竟以人闻香气为乐。文人之言，只顾赞扬其美，而不顾其性之所安，强半皆若是也。然相俱贵乎有情，有情务在得法；有情而得法，则坐芝兰之室，久而愈闻其香。兰生幽谷与处曲房，其幸不幸相去远矣。兰之初着花时，自应易其座位，外者内之，远者近之，卑者尊之；非前倨而后恭，人之重兰非重兰也，重其花也，叶则花之舆从而已矣。居处一定，则当美其供设，书画炉瓶，种种器玩，皆宜森列其旁。但勿焚香，香薰即谢，匪炉也，此花性类神仙，怕亲烟火，非忌香也，忌烟火耳。若是则位置堤防之道得矣。然皆情也，非法也，法则专为闻香。"如入芝兰之室，久而不闻

其香"者，以其知入而不知出也，出而再入，则后来之香倍乎前矣。故有兰之室不应久坐，另设无兰者一间以作退步，时退时进，进多退少，则刻刻有香，虽坐无兰之室，若依倩女之魂。是法也，而情在其中矣。如止有此室，则以门外作退步，或往行他事，事毕而入，以无意得之者，其香更甚。此予消受兰香之诀，秘之终身，而泄于一旦，殊可惜也。

此法不止消受兰香，凡属有花房舍，皆应若是。即焚香之室亦然，久坐其间，与未尝焚香者等也。门上布帘必不可少，护持香气，全赖乎此。若止靠门扇开闭，则门开尽泄，无复线之留矣。

（清）《闲情偶寄·种植部·草本第三·兰》，单锦珩点校《李渔全集》卷三，浙江古籍出版社1991年版

行乐

劝贵人行乐易，劝富人行乐难。何也？财为行乐之资，然势不宜多，多则反为累人之具。华封人祝帝尧富寿多男，尧曰："富则多事。"华封人曰："富而使人分之，何事之有？"由是观之，财多不分，即以唐尧之圣，帝王之尊，犹不能免多事之累，况德非圣人而位非帝王者乎？陶朱公屡致千金，屡散千金，其致而必散，散而复致者，亦学帝尧之防多事也。兹欲劝富人行乐，必先劝之分财；劝富人分财，其势同于拔山超海，此必不得之数也。财多则思运，不运则生息不繁。然不运则已，一运则经营惨淡，坐起不宁，其累有不可胜言者。财多必善防，不防则为盗贼所有，而且以身殉之。然不防则已，一防则惊魂四绕，风鹤皆兵，其恐惧戮觫之状，有不堪目睹者。且财多必招忌。语云："温饱之家，众怨所归。"以一身而为众射之的，方且忧伤虑死之不暇，尚可与言行乐乎哉？甚矣！财不可多，多之为累亦至此也。然则富人行乐，其终不可冀乎？曰：不然。多分则难，少敛则易。处比户可封之世，难于售恩；当民穷财尽之秋，易于见德。少课锱铢之利，穷民即起颂扬；略蠲升斗之租，贫佃即生歌舞。本偿而子息未偿，因其贫也而贳之，一券才焚，即噪冯骧之令誉；赋足而国用不足，因其匮也而助之，急公偶试，即来卜式之美名。果如是，则大异于今日之富民，而又无损于本来之故我。觊觎者息而仇怨者稀，是则可言行乐矣。其为乐也，亦同贵人，不必于持筹握算之外别寻乐境，即此宽租减息，仗义急公之日，听贫民之欢欣赞颂，即当两部鼓吹；受官司之奖励称扬，便是百年华衮。荣莫荣于此，乐亦莫乐于此矣。至于悦色娱声，

眠花藉柳，构堂建厦，啸月嘲风诸乐事，他人欲得，所患无资，业有其资，何求不遂？是同一富也，昔为最难行乐之人，今为最易行乐之人。即使帝尧不死，陶朱现在，彼丈夫也，我丈夫也，吾何畏彼哉？去其一念之刻而已矣。

(清)《闲情偶寄·颐养部·行乐第一·富人行乐之法》，单锦珩点校《李渔全集》卷三，浙江古籍出版社1991年版

家庭，世间第一乐地

世间第一乐地，无过家庭。"父母俱存，兄弟无故，一乐也。"是圣贤行乐之方，不过如此，而后世人情之好向，往与圣贤相左。圣贤所乐者，彼则苦之；圣贤所苦者，彼反视为至乐而沉溺其中。如弃现在之天亲而拜他人为父，撇同胞之手足而与陌路结盟，避女色而就娈童，舍家鸡而寻野鹜，是皆情理之至悖，而举世习而安之。其故无他，总由一念之恶旧喜新，厌常趋异所致。若是则生而所有之形骸，亦觉陈腐可厌，胡不并易而新之，使今日魂附一体，明日又附一体，觉愈变愈新之可爱乎？其不能变而新之者，以生定故也。然欲变而新之，亦自有法。时易冠裳，迭更帏座，而照之以镜，则似换一规模矣。即以此法而施之父母兄弟骨肉妻孥，以结交滥费之资，而鲜其衣饰，美其供奉，则居移气，养移体，一岁而数变其形，岂不犹之谓他人父，谓他人母，而与同学少年互称兄弟，各家美丽共缔姻盟者哉？有好游狭斜者，荡尽家资而不顾，其妻迫于饥寒而求去。临去之日，别换新衣而佐以美饰，居然绝世佳人。其夫抱而泣曰："吾走尽章台，未尝遇此娇丽。由是观之，匪人之美，衣饰美之也。倘能复留，当为勤俭克家，而置汝金屋。"妻善其言而止。后改荡从善，卒如所云。又有人子不孝而为亲所逐者，鞠于他人，越数年而复返，定省承欢，大异畴昔。其父讯之，则曰："非予不爱其亲，习久而生厌也。兹复厌所习见，而以久不睹者为可亲矣。"众人笑之，而有识者怜之。何也？习久而厌其亲者，天下皆然，而不能自明其故。此人知之，又能直言无讳，盖可以为善之人也。此等罕譬曲喻，皆为劝导愚蒙。谁无至性，谁乏良知，而俟予为木铎？但观孺子离家，即生哭泣，岂无至乐之境十倍其家者哉？性在此而不在彼也。人能以孩提之乐境为乐境，则去圣人不远矣。

(清)《闲情偶寄·颐养部·行乐第一·家庭行乐之法》，单锦珩点校《李渔全集》卷三，浙江古籍出版社1991年版

听琴观棋

弈棋尽可消闲，似难借以行乐；弹琴实堪养性，未易执此求欢。以琴必正襟危坐而弹，棋必整槊横戈以待。百骸尽放之时，何必再期整肃？万念俱忘之际，岂宜复较输赢？常有贵禄荣名付之一掷，而与人围棋赌胜，不肯以一着相饶者，是与让千乘之国，而争箪食豆羹者何异哉？故喜弹不若喜听，善弈不如善观。人胜而我为之喜，人败而我不必为之忧，则是常居胜地也；人弹和缓之音而我为之吉，人弹噍杀之音而我不必为之凶，则是长为吉人也。或观听之余，不无技痒，何妨偶一为之，但不寝食其中而莫之或出，则为善弹善弈者耳。

（清）《闲情偶寄·颐养部·行乐第一·听琴观棋》，单锦珩点校《李渔全集》卷三，浙江古籍出版社1991年版

止忧

不测之忧，其未发也，必先有兆，现乎蓍龟，动乎四体者，犹未必果验。其必验之兆，不在凶信之频来，而反在吉祥之事之大过，乐极悲生，否伏于泰，此一定不移之数也。命薄之人，有奇福，便有奇祸。即厚德载福之人，极祥之内，亦必酿出小灾。盖天道好还，不敢尽私其人，微示公道于一线耳。达者处此，无不思患预防，谓此非善境，乃造化必忌之数，而鬼神必瞯之秋也。萧墙之变，其在是乎？止忧之法有五：一曰谦以省过，二曰勤以砺身，三曰俭以储费，四曰恕以息争，五曰宽以弥谤。率此而行，则忧之大者可小，小者可无；非巡环之数，可以窃逃而幸免也。只因造物予夺之权，不肯为人所测识，料其如此，彼反未必如此，亦造物者颠倒英雄之惯技耳。

（清）《闲情偶寄·颐养部·止忧第二·止身外不测之忧》，单锦珩点校《李渔全集》卷三，浙江古籍出版社1991年版

善咏物者，即景生情

从来游戏神通，尽出文人之手。或寄情草木，或托兴昆虫，无口而使之言，无知识情欲而使之悲欢离合，总以极文情之变，而使我胸中磊块唾出殆尽而后已。然卜其可传与否，则在三事，曰情，曰文，曰有裨风教。情事不奇不传。文词不警拔不传。情文俱备而不轨乎正道，无益于劝惩，

使观者听者哑然一笑而遂已者，亦终不传。是词幻无情为有情，既出寻常视听之外，又在人情物理之中，奇莫奇于此矣。而词华之美，音节之谐，与予昔著《闲情偶寄》一书所论填词意义，鲜不合辙，有非"警拔"二字足以概其长者。三美俱擅，词家之能事毕。

（清）李渔《李笠翁一家言文集·香草亭传奇序》，据芥子园刊本

雅、俗同欢，智、愚共赏

插科打诨，填词之末技也。然欲雅、俗同欢，智、愚共赏，则当全在此处留神。文字佳，情节佳，而科诨不佳，非特俗人怕看，即雅人韵士，亦有瞌睡之时。作传奇者，全要善驱睡魔，睡魔一至，则后乎此者，虽有《钧天》之乐，《霓裳羽衣》之舞，皆付之不见、不闻，如对泥人作揖、土佛谈经矣。予尝以此告优人，谓：戏文好处，全在下半本。只消三两个瞌睡，便隔断一部神情。瞌睡醒时，上文下文已不接续，即使抖起精神再看，只好断章取义作零龅观。若是，则科诨非科诨，乃看戏之人参汤也。养精益神，使人不倦，全在于此，可作小道观乎？

（清）李渔《闲情偶寄·卷之三·词曲部·科诨第五》，《中国古典戏曲论著集成·七》，中国戏剧出版社1982年版

善戏谑兮，不为虐兮

戏文中花面插科，动及淫邪之事，有房中道不出口之话，公然道之戏场者。无论雅人塞耳，正士低头，惟恐恶声之污听，且防男女同观，共闻亵语，未必不开窥窃之门，郑声宜放，正为此也。不知科诨之设，止为发笑。人间戏语尽多，何必专谈欲事？即谈欲事，亦有"善戏谑兮，不为虐兮"之法，何必以口代笔，画出一幅春意图，始为善谈欲事者哉。人问善谈欲事，当用何法？请言一二以概之。予曰："如说口头俗语，人尽知之者，则说半句，留半句，或说一句，留一句，令人自思。则欲事不挂齿颊，而与说出相同，此一法也。如讲最亵之话，虑人触耳者，则借他事喻之，言虽在此，意实在彼，人尽了解，则欲事未入耳中，实与听见无异，此又一法也。得此二法，则无处不可类推矣。"

（清）李渔《闲情偶寄·卷之三·词曲部·科诨第五·戒淫亵》，《中国古典戏曲论著集成·七》，中国戏剧出版社1982年版

吴 乔

吴乔（1611—1695）又名吴殳，字修龄，本江苏太仓人，早年入赘到昆山，遂占籍昆山。吴殳是明朝灭亡后坚守志节的遗民，虽年寿很高，并且"高才博学"，但一生没有任何功名仕履可述。其学识主要得自"于书无所不窥"。但一生游踪甚广，多次往返于南北之间，与顺治、康熙年间的文坛人物多有交往，经历和学术活动都十分复杂。著有《手臂录》《围炉诗话》等。

国风好色而不淫，小雅怨诽而不乱

诸君又问曰："《三百篇》之意渺矣，请更详言之。"答曰："'国风好色而不淫，小雅怨诽而不乱。'发乎情，止乎礼义。所谓性情也。兴、赋、比、风、雅、颂，其体格也。优柔孰厚，其立言之法也。于六义中，姑置风、雅、颂而言兴、赋、比，此三义者，今之村歌俚曲，无不暗合，矫语称诗者自失之耳。如'月子弯弯照九州'，兴也。'逢桥须下马，有路莫登舟'，赋也。'南山顶上一盆油'，比也。行之而不著者也。明人多赋，兴、比则少，故论唐诗亦不中窍。"

（清）吴乔《答万季野诗问》，据上海古籍山版社《清诗话》本

优者以乐，喜者以悲

又问："诗与文之辨？"答曰："二者意岂有异？唯是体制辞语不同耳。意喻之米，文喻之炊而为饭，诗喻之酿而为酒；饭不变米形，酒形质尽变；噉饭则饱，可以养生，可以尽美，为人事之正道；饮酒则醉，优者以乐，喜者以悲，有不知其所以然者。如《凯风》《小弁》之意，断不可以文章之道平直出之，诗其可以已于世平乎？"

（清）吴乔《答万季野诗文》，据上海古籍出版社《清诗话》本

黄周星

黄周星（1611—1680），本姓周，名星，字九烟，又字景明，改字景

虞，号圃庵、而庵，别署笑仓子、笑仓道人、汰沃主人、将就主人等，晚年变名黄人，字略似，别署半非道人。湖南湘潭人，生于上元（今南京），为江西布政使周之屏曾孙，廪生周应之孙，颍州学正周逢泰长子。著有《夏为堂集》《制曲枝语》《试官述怀》等。

制曲之诀，雅俗共赏

制曲之诀，虽尽於"雅俗共赏"四字，仍可以一字括之，曰"趣"。古云："诗有别趣。"曲为诗之流派，且被之弦歌，自当专以趣胜。今人遇情境之可喜者，辄曰"有趣、有趣"。则一切语言文字，未有无趣而可以感人者。趣非独於诗酒花月中见之，凡属有情，如圣贤、豪杰之人，无非趣人；忠、孝、廉、节之事，无非趣事。知此者可与论曲。

（清）黄周星《制曲枝语》，《中国古典戏曲论著集成》，中国戏剧出版社1982年版

周亮工

周亮工（1612—1672），字元亮，又有陶庵、减斋、缄斋、适园等别号，学者称栎园先生、栎下先生。河南祥符（今河南开封祥符区）人，明末清初文学家、篆刻家、收藏家。周亮工博学多才，诗文、金石、书画皆有很深造诣。著有《赖古堂集》《读画录》，辑有《尺牍新钞》。

作诗之法，性情

枨闑司出入，而户则有枢；轮辐行遐迩，而车则有轴。性情者，诗与文之枢与轴也。车有轴，而轮辐可夷可险；户有枢，而枨闑可启可闭。故人有性情，而诗文归于一致矣。

（清）周亮工《尺牍新钞》，岳麓书社1986年版

诗之道，以气格为上

大抵诗之道，以气格为上，而结构亦不可遂轻；以性情为先，而声响亦不可遂废。词莫陋于缛赘，而轻率之句亦不可谓之自然；境莫名于目前，而凡理之言又不可名为真至。韵而不靡，朴而不粗，淡而不枯，工面

不诡，使事而不流于杂，谈理而不堕于迂，模古而不伤于痕，踏空而不病于凿，情文兼至，格调双谐，虽有作者，不能易此也。

（清）周亮工《尺牍新钞》，岳麓书社1986年版

情理并至，诗与文所不能外也

作诗之法，情胜于理；作文之法，理胜于情。乃诗未尝不本理以纬夫情，文未尝不因情看以宣乎理，情理并至，此盖诗与文所不能外也。

（清）周亮工《尺牍新钞》，岳麓书社1986年版

文从实处入

文有虚神，然当从实处入，不当从虚处入。尊作满眼觑着虚处，所以遮却实处半边，还当从实上用力耳。凡凌虚仙子，俱于实地修行得之，可悟为文之法也。

（清）周亮工《尺牍新钞》，岳麓书社1986年版

徐 增

徐增（1612—1690），字子益，又字无减、子能，别号而庵、梅鹤诗人。江南长洲人。清初诗人、批评家。明崇祯间诸生。能诗文，工书画。崇祯八年（1635）秋访钱谦益，少作《芳草诗》三十首深为牧斋所叹赏，由是才名鹊起。论诗讲究"心闲""情正"。他的诗文作品后来编为《九诰堂全集》。

欲学诗，先学道

夫作诗必须师承；若无师承，必须妙悟。虽然，即有师承，亦须妙悟；盖妙悟、师承，不可偏举者也。是故由师承得者，堂构宛然；由妙悟得者，性灵独至。……窃见今之诗家，俎豆杜陵者比比，而皈依摩诘者甚鲜。盖杜陵严于师承，尚有尺寸可循；摩诘纯乎妙悟，绝无迹象可即。作诗者能于师承妙悟上究心，则诣唐人之域不难矣。

（清）徐增《而庵诗话》，据上海古籍出版社《清诗话》本

学道则性情正，性情正则原本得

欲学诗，先学道。学道则性情正，性情正则原本得。而后加之以《三百篇》、汉、魏、六朝、三唐之学问，则与古人并世矣。

（清）徐增《而庵诗话》，据上海古籍出版社《清诗话》本

夫作诗，必心闲

夫作诗必须心闲，顾心闲惟进乎道者有之。进乎道者，于其中之所有，无不尽知尽见。夫既力能为之，便将此事放下，成木鸡之德；然后临作诗时，则我无不达之情，而诗亦无不合之法矣。昔昭文弹琴为绝调而口不言琴，是盖有得于闲之一字者。

（清）徐增《而庵诗话》，据上海古籍出版社《清诗话》本

作诗必心平

作诗如抚琴，必须心和气平，指柔音淡，有雅人深致为上乘。若纯尚气魄，金戈铁马，乘斯下矣。

（清）徐增《而庵诗话》，据上海古籍出版社《清诗话》本

学乐天之难，难于如其人

夫学乐天之难，不难于如其诗，而难于如其人；乐天胸怀淡旷，意致悠然，诗如水流云逝，无聱牙诘曲之累；能如其人，则庶几矣。

（清）徐增《又与申勖庵》，据上海杂志公司《尺牍新钞》本

高　珩

高珩（1612—1697），始祖高全十世孙，字葱佩，号念东，晚号紫霞道人，山东淄川人。明崇祯十六年（1643）进士。选翰林院庶吉士。顺治朝授秘书院检讨，升国子监祭酒，后晋吏部左侍郎、刑部左侍郎。珩工诗，体近元、白，生平所著不下万篇。著有《劝善》《栖云阁集》《栖霎阁诗》等。

读天下之奇书，明天下之大道，以人伦大道

志而曰异，明其不同于常也。然而圣人曰："君子以同而异。"何耶？其义广矣、大矣。夫圣人之言，虽多主于人事，而吾谓三才之理，六经之文，诸圣之义，可一以贯之。则谓异之为义，既易之冒道，无不可也。夫人但知居仁由义，克己复礼，足为善人君子矣。而陟降而在帝左右，祷祝而感召风雷，乃近于巫祝之说者，何耶？神禹创铸九鼎，而山海一经，复垂万世，岂上古圣人而喜语怪乎？抑争子虚乌有之赋心，而预为分道扬镳之地乎？后世拘墟之士，双瞳如豆，一叶迷山，目所不见，率以仲尼"不语"为辞，不知鹡飞石陨，是何人载笔尔尔也？倘概以左氏之诬蔽之，无异掩耳者高语无雷矣。引而申之，即"阊阖九天，衣冠万国"之句，深山穷谷中人，亦以为欺我无疑也。余谓：欲读天下之奇书，须明天下之大道，盖以人伦大道，淑世者圣人之所以为木铎也。然而天下有解人，则虽言孔子之"不语"者，皆足辅功令教化之所不及，而诸皋、夷坚，亦可与六经同功。……

或又疑而且规之曰：异事，世间固有之矣，或亦不妨抵掌；而竞驰想天外意，幻迹人区，无乃为齐谐滥觞乎？曰：是也。然子长列传，不厌滑稽；卮言寓言，蒙庄嚆矢。且二十一史果皆实录乎？仙人之议李郭也，固有遗憾久矣。而况勃窣文心，笔补造化，不止生花，且同炼石。佳狐佳鬼之奇俊也，降福既以孔皆，敦伦更复无斁，人中大贤，犹有愧焉。是在解人不为法缚，不死句下可也。

（清）高珩《聊斋志异序》、《聊斋志异》一，据上海古籍出版社校会注会评本

顾炎武

顾炎武（1613—1682），本名顾绛，字宁人，人称亭林先生，南直隶昆山（今江苏昆山市）人。明末清初的杰出的思想家、经学家、史地学家和音韵学家，与黄宗羲、王夫之并称为明末清初"三大儒"。崇祯十六年（1643），成为国子监生，加入复社。顾炎武学问渊博，对于国家典制、郡邑掌故、天文仪象、河漕、兵农及经史百家、音韵训诂之学，都有

研究。著有《日知录》《天下郡国利病书》《肇域志》《音学五书》《韵补正》《金石文字记》《亭林诗集》等。

文之天道

文之不可绝于天地间者，曰明道也，纪政事也，察民隐也，乐道人之善也。若此者，有益于天下，有益于将来，多一篇，多一篇之益矣。若夫怪力乱神之事，无稽之言，剿袭之说，谀佞之文，若此者，有损于己，无益于人，多一篇，多一篇之损矣。

（清）顾炎武《日知录集释》，黄汝成集释，栾保群、吕宗力校点，上海古籍出版社2006年版

文须有益于天下

典谟、爻象，此二帝三王之言也。《论语》《孝经》，此夫子之言也。文章在是，性与天道亦不外乎是。故曰："有德者必有言。"善乎游定夫之言曰："不能文章而欲闻性与天道，譬犹筑数仞之墙，而浮埃聚沫以为基，无是理矣。"后之君子，于下学之初即谈性道，乃以文章为小技而不必用力。然则夫子不曰"其旨远，其辞文"乎？不曰"言之无文，行而不远"乎？曾子曰："出辞气，斯远鄙倍矣。"尝见今讲学先生从语录入门者，多不善于修辞，或乃反子贡之言以讥曰："夫子之言性与天道，可得而闻。夫子之文章，不可得而闻也。"

（清）顾炎武《修辞》，黄汝成集释，栾保群、吕宗力校点，《日知录集释》，上海古籍出版社2006年版

为学以明道

君子之为学，以明道也，以救世也，徒以诗文而已，所谓雕虫篆刻，亦何益哉？

（清）顾炎武《与人书》之二十五，《亭林文集》卷四，据《四部丛刊》本

作诗之旨，诗言志

舜曰："诗言志。"此诗之本也。《王制》："命太师陈诗以观民风。"此诗之用也。《荀子》论《小雅》曰："疾今之政以思往者，其言有文焉，

其声有哀焉。"此诗之情也。故诗者王者之迹也。建安以下，泊乎齐、梁，所谓"辞人之赋丽以淫"，而于作诗之旨失之远矣。

唐白居易《与元微之书》曰："年齿渐长，阅事渐多，每与人言，多询时务，每读书史，多求理道。始知文章合为时而著，歌诗合为事而作。"又自叙其诗，关于美刺者谓之讽谕诗，自比于梁鸿《五噫》之作，而谓："好其诗者，邓鲂、唐衢俱死，吾与足下又困踬，岂六义四始之风，天将破坏不可支持邪？又不知天意不欲使下人病苦闻于上邪？"嗟乎，可谓知立言之旨者矣。

晋葛洪《相朴子》曰："古诗刺过失，故有益而贵。令诗纯虚誉，故有损而贱。"

（清）顾炎武《作诗之旨》，黄汝成集释，栾保群、吕宗力校点，《日知录集释》，上海古籍出版社2006年版

古人以乐从诗，今人以诗从乐

古人以乐从诗，今人以诗从乐。古人必先有诗，而后以乐合之。舜命夔教胄子，"诗言志，歌永言，声依永，律和声。"是以登歌在上，而堂上堂下之器应之，是之谓以乐从诗。古之诗，大抵出于中原诸国，其人有先王之风，讽诵之教，其心和，其辞不侈，而音节之间，往往合于自然之律。楚辞以下，即已不必尽谐；降及魏晋，羌戎杂扰，方音递变，南北各殊，故文人之作，多不可以协之音。而名为乐府，无以异于徒诗者矣。人有不纯，而五音，十二律之传于古者，至今不变，于是不得不以五音正人声，而谓之以诗从乐。以诗从乐，非古也，后世之失，不得已而为之也。

（清）顾炎武《日知录·乐章》，据乾隆乙卯年官刻本

巧言令色鲜为仁，刚毅木讷为近仁

《诗》云："巧言如簧，颜之厚矣。"而孔子亦曰："巧言令色鲜矣仁。"又曰："巧言乱德。"夫巧言不但言语，凡今人所作诗、赋、碑、状，足以悦人之文，皆巧言之类也。不能不足以为通人。夫惟能之而不为，乃天下之大勇也，故夫子以刚毅木讷为近仁。学者所用力之途，在此不在彼矣。

（清）顾炎武《日知录》卷十九，据商务印书馆本

归 庄

归庄（1613—1673），一名祚明，字尔礼，又字玄恭，号恒轩，又自号归藏、归来乎、悬弓、园公、鏖鏊钜山人、逸群公子等，昆山（今属江苏）人。明末清初书画家、文学家。明末诸生，与顾炎武相友善，有"归奇顾怪"之称，顺治二年在昆山起兵抗清，事败亡命，善草书、画竹，文章胎息深厚，诗多奇气。著有《玄弓》《恒轩》《归玄恭文钞》《归玄恭遗著》等。

诗以娱性情

余尝论作诗与古文不同：古文必静气凝神，深思精择而出之，是故宜深室独座，宜静夜，宜焚香啜茗。诗则不然，本以娱性情，将有待于兴会。夫兴会则深室不如登山临水，静夜不如良辰吉日，独坐焚香啜茗不如与高朋胜友飞觥痛饮之为欢畅也。于是分韵刻烛，争奇斗捷，豪气狂才，高怀深致，错出并见，其诗必有可观。南皮之游，兰亭之集，诸名胜之作，一时欣赏，千古美谈。虽邺下、江左之才，非后世之可及，亦由兴会之难再也。

（清）归庄《吴门唱和诗序》，《归庄集》卷三，上海古籍出版社2010年版

穷诗而后工

太史公言："诗三百篇，大抵圣贤发愤之作。"韩昌黎言："愁思之声要妙，穷苦之言易好。"欧阳公亦云："诗穷而后工。"故自古诗人之传者，率逐臣骚客，不遇于世之士。吾以为一身之遭逢，其小者也，盖亦视国家之运焉。诗家前称七子，后称杜陵，后世无其伦比。使七子不当建安之多难，杜陵不遭天宝以后之乱，盗贼群起，攘窃割据，宗社甈甀，民生涂炭，即有慨于中，未必其能寄托深远，感动人心，使读者流连不已如此也。然则士虽才，必小不幸而身处厄穷，大不幸而际危乱之世，然后其诗乃工也。

（清）归庄《吴余常诗稿序》，《归庄集》卷三，上海古籍出版社2010年版

诗以道性情

传曰:"诗言志",又曰:"诗以道性情。"古人之诗,未有不本于其志与其性情者也。故读其诗,可以知其人。后世之多作伪,于是有离情与志而为诗者。离情与志而为诗,则诗不足以定其人之贤否。故当先论其人,后观其诗。

(清)归庄《天启崇祯两朝遗诗序》,《归庄集》卷三,上海古籍出版社2010年版

集者读诗,方增华

然世之读是集者,知玉山之多才,安知无文人名士如杨、张辈者,闻风而至,唱和流连,而诸君兴会益到,才藻益发,则他日玉山之诗,或与昔人竞爽而增华,未可知也!

(清)归庄《玉山诗集序》,《归庄集》卷三,上海古籍出版社2010年版

陈　忱

陈忱(1615—约1670),字遐心,一字敬夫,号雁宕山樵、默容居士。乌程(今浙江湖州)人。明末清初小说家。自幼博览群书,经史之外,稗说野乘,无不涉猎,又好作诗文,引用典故,如数家珍,而笔端常有一股不平之气。曾与顾炎武、归庄、顾樵等40余人组织惊隐诗社,以民族气节相激励。他在《阅罗隐诗》中,以唐末诗人罗隐依附钱镠而不免降于朱温一事,讥讽南明抗清不终的人。著有《水浒后传》《雁宕杂著》等。

愤书

《水浒》,愤书也,宋鼎既迁,高贤遗老,实切于中,假宋江之纵横,而成此书,盖多寓言也。愤大臣之覆悚,而许宋江之忠;愤群工之阴狡,而许宋江之义;愤世风之贪,而许宋江之疏财;愤人情之悍,而许宋江之谦和;愤强邻之启疆,面许宋江之征辽;愤潢池之弄兵,而许宋江之灭方

腊也。

后传为泄愤之书：愤宋江之忠义，而见鸩于奸党，故复聚余人，而救驾立功，开基创业；愤六贼之误国，而加之以流贬诛戮；愤诸贵幸之全身远害，而特表草野孤臣，重围冒险；愤官宦之嚼民饱壑，而故使其倾倒宦囊，倍偿民利；愤释道之淫奢诳诞，而有万庆寺之烧，还道村之斩也。

（清）陈忱《水浒后传论略》，据清绍裕堂刻《水浒后传》本

尤 侗

尤侗（1618—1704），字展成，一字同人，早年自号三中子，又号悔庵，晚号艮斋、西堂老人等，苏州府长洲（今江苏苏州）人。明末清初诗人、戏曲家，曾被顺治誉为"真才子"，被康熙誉为"老名士"。尤侗在诗、文、词、曲等多个领域均有建树。他论诗、论文尚性情、尚真。尤侗影响最大的是曲，主张能为曲者方能为诗词，见解独到。他的戏曲创作熔史识、议论、曲唱于一炉，为顺治帝所赏识。尤侗著作浩繁，大都收入《西堂全集》和《余集》中。

文生于情，情生于境

文生于情，情生于境。哀乐者，情之至也。莫哀于湘累《九歌》、《天问》，江潭之放为之也。莫乐于蒙庄《逍遥》、《秋水》，濠上之游为之也。推而龙门之史，茂陵之赋，青莲、浣花之诗，右军、长史之书，虎头、龙眠之画，无不由哀乐而出者。

（清）尤侗《苍桐词序》，《西堂杂俎三集》卷三，据康熙刊本

古之人不得志，发诗以鸣不平

古之人，不得志于时，往往发为诗歌，以鸣其不平。顾诗人之旨，怨而不怒，哀而不伤。仰扬含吐，言不尽意，则优愁抑郁之思，终无自而申焉，既又变为词曲，假托故事，翻弄新声，夺人酒怀，浇己块垒，于是嬉笑怒骂，纵横肆出，淋漓极致而后已。

（清）尤侗《西堂杂俎二集》卷三，《叶九来乐府序》，据康熙刊本

诗者道性情

诗之至者，在乎道性情。性情所至，风格立焉，华采见焉，声调出焉。无性情而矜风格，是鸷集翰苑也；无性情而炫华采，是雉窜文囿也；无性情而夸声调，亦鸦噪词坛而已。

（清）尤侗《曹德培诗序》，《西堂杂俎三集》卷三，据康熙刊本

诗无古今，惟其真尔

诗无古今，惟其真尔。有真性情，然后有真格律；有真格律，然后有真风调。勿问其似何代之诗也，自成其本朝之诗而已。勿问其似何人之诗也，自成其本人之诗而已。晋人有云："我与我，周旋久。"宁作我也。

（清）尤侗《吴虞升诗序》，《西堂杂俎二集》卷三，据康熙刻本

王夫之

王夫之（1619—1692），字而农，号姜斋，人称"船山先生，湖广衡阳县（今湖南省衡阳市）人。明末清初思想家，与顾炎武、黄宗羲并称"明清之际三大思想家"。其文质观、情景观、艺术功能观等，均对后世产生了很大影响。著有《周易外传》《黄书》《尚书引义》《永历实录》《春秋世论》《噩梦》《读通鉴论》《宋论》等。

道与德

道，体乎物之中以生天下之用者也。物生而有象，象成而有数，数资乎动以起用而有行，行而有得于道而有德。因数以推象，象自然者也，道自然而弗籍于人。乘利用以观德，德不容已者也，致其不容已而人可相道。道弗籍人，则物与人俱生以俟天之流行，而人废道；人相道，则择阴阳之粹以审天地之经，而《易》统天。故《乾》取象之德而不取道之象，圣人所以扶人而成其能也。盖历选于阴阳，审其起人之大用者，而通三才之用也。天者象也，乾者德也，是故不言天而言乾也。

（清）王夫之《船山全书》第一册，《周易外传·卷一·乾》，岳麓书社 2011 年版

太虚

说圣人者曰："与太虚同体。"夫所谓"太虚"者，有象乎？无象乎？其无象也，耳目心思之所穷，是非得失之所废，明暗枉直之所不施，亲疏厚薄之所不设，将毋其为圣人者，无形无色，无仁无义，无礼无学，流散澌灭，而别有以为"涤除玄览"乎？若夫其有象者，气成而天，形成而地，火有其热，水有其濡，草木有其根茎，人物有其父子，所统者为之君，所合者为之类，有是故有非，有欲斯有理，仁有其泽，义有其制，礼有其经，学有其效，则固不可以"太虚"名之者也。

故夫《乾》之六阳，《乾》之位也；《坤》之六阴，《坤》之位也；《乾》始交《坤》而得《复》，人之位也。天地之生，以人为始。故其吊灵而聚美，首物以克家，聪明睿哲，流动以人物之藏，而显天地之妙用，人实任之。人者，天地之心也。故曰："《复》，其见天地之心乎！"圣人者，亦人也；反本自立而体天地之生，则全乎人矣；何事堕其已生，沦于未有，以求肖于所谓"太虚"也哉？

（清）王夫之《船山全书》第一册，《周易外传·卷二·复》，岳麓书社2011年版

天下无象外之道

天下无象外之道。何也？有外，则相与为两，即甚亲，而亦如父之于子也；无外，则相与为一，虽有异名，而亦若耳目之于聪明也。父生子而各自有形，父死而子继；不曰道生象，而各自为体，道逝而象留。然则象外无道，欲详道而略象，奚可哉？

今夫象，玄黄纯杂，因以得文；长短纵横，因以得度；坚脆动止，因以得质；大小同异，因以得情；日月星辰，因以得明；坟埴垆壤，因以得产；草木华实，因以得材；风雨散润，因以得节。其于耳启窍以得聪，目含珠以得明，其致一也。象不胜多，而一之于《易》。《易》聚象于奇偶，而散之于参伍错综之往来，相与开合，相与源流。开合有情，源流有理。故吉凶悔吝，舍象而无所征。乾非六阳，无以为龙；坤非六阴，无以为马。中实外虚，颐无以养；足欹铉断，鼎无以烹。推此而言，天下有象，而圣人有《易》，故神物兴而民用前矣。

汉儒说象，多取附会。流及于虞翻，而约象互卦，大象变爻，曲以象

物者，繁杂琐屈，不可胜纪。王弼反其道而概废之，曰："得象而忘言，得意而忘象。"乃《传》固曰："《易》者，象也。"然则汇象以成《易》，举《易》而皆象，象即《易》也。何居乎以为兔之蹄、鱼之筌也？

夫蹄非兔也，筌非鱼也。鱼、兔、筌、蹄，物异而象殊，故可执蹄筌以获鱼兔，亦可舍筌蹄而别有得鱼兔之理。畋渔之具伙矣，乃盈天下而皆象矣。《诗》之比兴，《书》之政事，《春秋》之名分，《礼》之仪，《乐》之律，莫非象也，而《易》统会其理。舍筌蹄而别有得鱼得兔之理，舍象而别有得《易》之涂耶？

若夫言以说象，相得以彰，以拟筌蹄，有相似者。而象所由得，言固未可忘已。鱼自游于水，兔自窟于山，筌不设而鱼非其鱼，蹄不设而兔非其兔。非其鱼兔，则道在天下而不即人心，于己为长物，而何以云"得象""得意"哉？故言未可忘，而奚况于象？况乎言所自出，因体因气，因动因心，因物因理。道抑因言而生，则言、象、意、道，固合而无畛，而奚以忘耶？

盖王弼者，老、庄之支子，而假《易》以文之者也。老之言曰："言者不知。"庄之言曰："言隐于荣华。"而释氏亦托之以为教外别传之旨。弃民彝，绝物理，胥此焉耳。

呜呼！圣人之示人显矣。因像求象，因象成《易》。成而为材，动而为效。故天下无非《易》而无非道，不待设此以掩彼。俱无所忘以皆备，斯为善言《易》者与！若彼泥象忘理以支离附会者，亦观象以正之而精意自显，亦何必忘之而始免于"小言破道"之咎乎？

（清）王夫之《周易外传·系辞下传》，《船山全书》第一册，岳麓书社2011年版

阴阳不孤行于天地之间

夫阴阳者呼吸也，刚柔者燥湿也。呼之必有吸，吸之必有呼，统一气而互为息，相因而非反也。以燥合燥者，裂而不得刚，以湿合湿者，流而不得柔，统二用而听乎调，相承而无不可通也。呼而不吸，则不成乎呼；吸而不呼，则不成乎吸。燥之而刚，而非不可湿；湿之而柔，而非不可燥。合呼吸于一息，调燥湿于一宜，则既一也。分呼分吸，不分以气，分燥分湿，不分以体，亦未尝不一也。

……

是故《易》以阴阳为卦之仪，而观变者周流而不可为典要；以刚柔为爻之撰，而发挥者相杂而于以成文；皆和顺之谓也。和顺者性命也，性命者道德也。以道德徙义，而义非介然；以道德体理，而理非执一。大哉和顺之用乎！

故位无定也：《坤》位西南而有东北之丧，《小畜》体《乾》《巽》而象西郊之云，《解》体《震》《坎》而兆西南之利，《升》体《坤》《巽》而得南征之吉；行六十四象于八方之中，无非其位矣。序无定也：继《乾》《坤》以《屯》《蒙》，而消长无端，纯《屯》《蒙》以《需》《讼》，而往来无迹；运六十四数于万变之内，无非其序矣。

盖阴阳者，终不如斧之斯薪，已分而不可复合；沟之疏水，已去而不可复回；争豆区铢累之盈虚，辨方四圆三之围径，以使万物之性命分崩离析，而终无和顺之情。然而义已于此著矣。秩其秩，叙其叙，而不相凌越矣。则穷理者穷之于此而已矣。

今夫审声者，辨之于五音，而还相为宫，不相夺矣。成文者，辨之于五色，而相得益彰，不相掩矣。别味者，辨之于五味，而参调以和，不相乱矣。使必一宫一商，一徵一羽，序而间之，则音必暗；一赤一玄，一青一白，列而纬之，则色必黯；一苦一咸，一酸一辛，等而均之，则味必恶。取人禽鱼兽之身，而判其血气魂魄以各归，则其生必死；取草木果谷之材，而齐其多少华实以均用，则其效不成。子曰："使回多财，吾为尔宰。"假令邵子而为天地宰也，其成也毁，其生也死，又将奚赖哉？

……

阴阳不孤行于天地之间。其孤行者，献危幻忽而无体，则灾眚是已。行不孤，则必丽物以为质。质有融结而有才，才有衰王而有时。为之质者常也；分以为才，乘之为时者变也。常一而变万，其一者善也，其万者善不善俱焉者也。才纯则善，杂则善不善俱；时当其才则善，不当其才则善不善俱。才与时乘者万，其始之因阴阳之翕辟者一，善不善万，其始之继善以成者一。故常一而变万，变万而常未改一。是故《乾》《坤》六子，取诸父母男女，取诸百十有二之象，无不备焉。

呜呼！象之受成于阴阳，岂但此哉：而略括其征，则有如此者。大为天地而无惭，小为蟹蚌苇薐而无损；贵为君父而非僭，贱为盗妾而非抑；美为文高而不夸，恶为臭眚毁折而不贬；利为众长而非有缺，害为寡发耳痛而弗能瘳；皆阴阳之实有而无所疑也。

实有无疑，而昧者不测其所自始，而惊其变。以为物始于善，则善不善之杂进，何以积也？必疑此不善之所从来矣。以为始一而后不容有万，则且疑变于万者之始必非一也；故荀悦"三品"之说以立。其不然者，以不善之无所从来，抑且疑善所从来之无实，故释氏之言曰："三界惟心，万法惟识。"如束芦之相交，如蕉心之无实，触目皆非，游心无据，乃始别求心识消亡之地，亿为净境，而斥山林瓦砾之乡以为浊土。则甚矣，愚于疑者之狂惑以喙鸣也！

夫天下之善，因于所继者勿论已。其不善者则饮食男女以为之端，名利以为之缘。非独人有之，气机之吐茹匹合，万物之同异攻取皆是也。名虚而阳，利实而阴；饮资阳，食资阴；男体阳，女体阴。无利不养，无名不教；无饮食不生，无男女不化；若此者岂有不善者乎？才成于抟聚之无心，故融结偶偏而器驳；时行于推移之无忧，故衰王偶争而度舛。乃其承一善以为实，中未亡而复不远，是以圣人得以其有心有忧者裁成而辅相之。

故瞽者非无目也，蹇者非无足也，盗之憎主非无辞也，子之谇母非无名也；枭逆而可羹，堇毒而可药；虽凶桀之子，不能白昼无词而刃不相知之人于都市。有所必借于善，则必有所缘起于善矣。故曰常一而变万，变万而未改其一也。

是以君子于一得善焉，于万得善不善之俱焉，而皆信以为阴阳之必有。信而不疑，则即有不善者尘起泡生于不相谋之地，坦然不惊其所从来，而因用之以尽物理。奚况山林瓦砾，一资生之利用，而忍斥之为浊乎！

是故圣人之教，有常有变。礼乐，道其常也，有善而无恶，矩度中和而侧成不易，而一准之于《书》；《书》者，礼乐之宗也。《诗》《春秋》兼其变者，《诗》之正变，《春秋》之是非，善不善俱存，而一准之于《易》；《易》者，正变、是非之宗也。

《鹑之奔奔》《桑中》诸篇，且有疑其录于《国风》者矣。况于唐太子弘者，废读于商臣之弑，其能免于前谇而后贼也哉？天下之情，万变而无非实者，《诗》《春秋》志之。天下之理，万变而无非实者，《易》志之。故曰：《易》言其理，《春秋》见诸行事。是以君子格物而通变，而后可以择善而执中。贞夫一者，所以异于执一也。

（清）王夫之《周易外传·说卦传》，《船山全书》第一册，岳麓书社2011年版

文之忠信

夫情无所豫而自生,则礼乐不容阕也。文自外起而以成乎情,则忠信不足与存也。故哀乐生其歌哭,歌哭亦生其哀乐。然而有辨矣。哀乐生歌哭,则歌哭止而哀乐有余;歌哭生哀乐,则歌哭已而哀乐无据。然则当其方生之日,早已倘至无根,而徇物之动矣。此所谓"物至知知,而与俱化"者矣。故曰:《贲》者,非所饰也。非所饰也,其可以为文乎!

天虚于上,日星自明;地静于下,百昌自荣;水无质而流漪,火无体而章景;寒暑不相侵,玄黄不相间;丹垩丽素而发采,俯管处寂以起声。文未出而忠信不见多,文已成而忠信不见少。何分可来!何文可饰!老氏固未之知,而得摘之曰"乱之首"与?

(清)王夫之《周易外传·贲》,《船山全书》第一册,岳麓书社2011年版

诗言志 歌永言

诗所以言志也,歌所以永言也,声所以依永也,律所以和声也。以诗言志而志不滞,以歌永言而言不郁,以声依永而永不荡,以律和声而声不波。君子之贵于乐者,贵以此也。

且夫人之有志,志之必言,尽天下之贞淫而皆有之。圣人从内而治之,则详于辨志;从外而治之,则审于授律。内治者,慎独之事,礼之则也。外治者,乐发之事,乐之用也。故以律节声,以声叶永,以永畅言,以言宣志。律者哀乐之则也,声者清浊之韵也,永者长短之数也,言则其欲言之志而已。

律调而后声得所和,声和而后永得所依,永依而后言得以永,言永而后志著于言。故曰:"穷本知变,乐之情也。"非志之所之、言之所发而即得谓之乐,审矣。藉其不然,至近者人声,自然者天籁,任其所发而已足见志,胡为乎索多寡于羊头之黍,向修短于嶰谷之竹哉?朱子顾曰:"依作诗之语言,将律和之;不似今人之预排腔调,将言求合之,不足以兴起人。"则屈元声自然之损益,以拘桎于偶发之话言,发即乐而非以乐乐,其发也奚可哉!

(清)王夫之《尚书引义·舜典三》,《船山全书》第二册,岳麓书社2011年版

礼乐正天下志

先王之教，以正天下之志也，礼也。礼之既设，其小人恒佚于礼之外，则辅礼以刑；其君子或困于礼之中，则达礼以乐。礼建天下之未有，因心取则而不远，故志为尚。刑画天下以不易，缘理为准而不滥，故法为侧。乐因天下之本有，情合其节而后安，故律为和。舍律而任声则淫，舍永而任言则野。既已任之，又欲强使合之。无修短则无抑扬抗坠，无抗坠则无唱和。未有以整截一致之声，能与律相协者。故曰："依诗之语言，将律和之"者，必不得之数也。

《记》曰："乐者，音之所由生也。其本在人心之感于物也。"此言律之即于人心，而声从之以生也。又曰："知声而不知音，禽兽是也。知音而不知乐，众庶是也。惟君子为能知乐。"此言声永之必合于律，以为修短抗坠之节，而不可以禽兽众庶之知为知也。

今使任心之所志，言之所终，率尔以成一定之节奏，于喁呕哑，而谓乐在是焉，则蛙之鸣，狐之啸，童稚之伊吾，可以代圣人之制作。然而责之以"直温宽栗，刚无虐，简无傲"者，终不可得。是欲即语言以求合于律吕，其说之不足以立也，明甚。

朱子之为此言也。盖徒见《三百篇》之存者，类多四言平调，未尝有腔调也，则以谓《房中之歌》，笙奏之合，直如今之吟诵，不复有长短疾徐之节。乃不知长短疾徐者，阖辟之枢机，损益之定数；《记》所谓"一动一静，天地之间"者也，古今《雅》《郑》，莫之能远。而乡乐之歌，以瑟浮之，下管之歌，以笙和之，自有参差之余韵。特以言著于《诗》，永存于《乐》，《乐经》残失，言在永亡，后世不及知焉。岂得谓歌、永、声、律之尽四言数句哉！

汉之《铙歌》，有有字而无义者，收中昏之类。《铙歌》之永也。今失其传，直以为赘耳。当其始制，则固全凭之以为音节。以此知升歌、下管、合乐之必有余声在文言之外，以合声律，所谓永也。删《诗》存言而去其永，乐官习永而坠其传，固不如《铙歌》之仅存耳。

晋、魏以上，永在言外。齐、梁以降，永在言中。隋、唐参用古今，故杨广《江南好》，李白《忆秦娥》《菩萨蛮》之制，业以言实永；而《阳关三叠》《甘州人破》之类，则言止二十八字，而长短疾徐，存乎无言之永。言之长短同，而歌之衬叠异，固不可以《甘州》之歌歌《阳关》

矣。至宋而后，永无不言也。永无不言而古法亡。岂得谓古之无永哉！

以理论之，永在言外，其事质而取声博；以言实永，其事文而取声精。文质随风会以移，而求当于声律者，一也。是故以腔调填词，亦通声律之变而未有病矣。"依"之为言，如其度数而无违也，声之抑扬依永之曼引也。浸使言有美刺，而永无舒促，则以《板》《荡》《桑柔》之音节，诵《文王》《下武》之诗，声无哀乐，又何取于乐哉！

徒以言而已足也，则求兴起人好善恶恶之志气者，莫若家诵刑书，而人读礼策，又何以云"兴于诗，成于乐"邪？今之公宴，亦尝歌《鹿鸣》矣。傲辟邪侈之心，虽无感以动；肃雍敬和之志，亦不足以兴。盖言在而永亡，孰为黄钟，孰为大吕，颓然其不相得也。古之洋洋盈耳者，其如是夫？《记》曰："歌咏其声也。"歌咏声，岂声咏歌之谓邪？歌咏声，歌乃不可废。声咏歌，声以强人不亲而可废矣。

若夫俗乐之失，则亦律不和而永不节。九宫之律非律也，沈约、周伯琦之声非声也。律亡而声乱，声乱而永淫，永淫而言失物，志失纪。欲正乐者，求元声，定律同，俾声从律，俾永叶声，则南北九宫，里巷之淫哇，夷狄之秽响，见晛自消，而乐以正。倘惩羹吹齑，并其长短、疾徐、阖辟、阴阳而尽去之，奚可哉！

故俗乐之淫，以类相感，犹足以生人靡荡之心；其近雅者，亦足动志士幽人之歌泣。志虽不正，而声律尚有节也。故闻《何满子》而肠断，唱"大江东去"而色飞。下至九宫之曲，《梁州序》《画眉序》之必欢，《小桃红》《水下山虎》之必悲，移宫易用而哀乐无纪。

若夫闾巷之谣，与不知音律者之妄作，如扣腐木，如击湿土，如含辛使泪而弄腋得笑；稚子腐儒，摇头倾耳，稍有识者，已掩耳而不欲闻。彼固率众庶之知，而几同于禽兽，其可以概帝舜、后夔之格天神，绥祖考，赏元侯，教胄子，移风易俗之大用哉？

圣人之制律也，其用通之于历。历有定数，律有定声。历不可以疏术测，律不可以死法求。任其志之所之，限其言之必诎，短音朴节，不合于管弦，不应于舞蹈，强以声律续其本无而使合也，是犹布九九之算以穷七政之纪，而强盈虚、进退、朒朓、迟疾之忽微以相就。何望其上合于天运，下应于民时也哉？

不以浊则清者不激，不以抑则扬者不兴，不以舒则促者不顺。上生者必有所益，下生者必有所损。声之洪细，永之短长，皆损益之自然者也。

古人审于度数，倍严于后人，故黄钟之实，分析之至于千四百三十四万八千九百七，而率此以上下之。岂章四句，句四言，概哀乐于促节而遂足乎？志有范围，待律以正；律有变通，符志无垠；外合于律，内顺于志，乐之用大矣。

何承天、沈约以天地五方之数为言之长短者，诬也。宋源、詹同之以院本九宫填郊庙朝会乐歌者，陋也。朱子据删后之《诗》，永去言存，而谓古诗无腔调者，固也。司马公泥《乐记》"动内"之文，责范蜀公之不能舍末以取原者，疏也。重志轻律，谓声无哀乐，勿以人为滑天和，相沿以迷者，嵇康之陋倡之也。古器之慭遗，一毁于永嘉，再毁于靖康，并京房、阮逸之师传而尽废，哀哉！吾谁与归！

（清）王夫之《尚书引义·舜典三》，《船山全书》第二册，岳麓书社2011年版

五色五声五味之人性

老氏曰："五色令人目盲，五声令人耳聋，五味令人口爽。"是其不求诸己而徒归怨于物也，亦愚矣哉！

色、声、味之在天下，天下之故也。故谓之已然之迹。色、声、味之显于天下，耳、目、口之所察也。故告子之以食色言性，既未达于天下已然之迹；老氏之以虚无言性，抑未体夫辨色、审声、知味之原也。

由目辨色，色以五显；由耳审声，声以五殊；由口知味，味以五别。不然，则色、声、味固与人漠不相亲，何为其与吾相遇于一朝而皆不昧也！故五色、五声、五味者，性之显也。

天下固有五色，而辨之者人人不殊；天下固有五声，而审之者古今不忒；天下固有五味，而知之者久暂不违。不然，则色、声、味惟人所命，何为乎胥天下而有其同然者？故五色、五声、五味，道之撰也。

夫其为性之所显，则与仁、义、礼、智互相为体用；其为道之所撰，则与礼、乐、刑、政互相为功效。劣者不知所择，而兴怨焉，则噎而怨农人之耕，火而怨樵者之薪也。人之所供，移怨于人；物之所具，移怨于物；天之所产，移怨于天。故老氏以为盲目、聋耳、爽口之毒，而浮屠亦谓之曰"尘"。

夫欲无色，则无如无目；欲无声，则无如无耳；欲无味，则无如无口；固将致忿疾夫父母所生之身，而移怨于父母。故老氏以有身为大患，

而浮屠之恶，直以孩提之爱亲，为贪痴之大惑。是其恶之淫于桀、跖也。

始以愚惰之情不给于经理，而委罪于进前之利用以分其疚恶；继以忿戾之气危致其攻击，而侥幸于一旦之轻安以谓之天宁；厚怨于物而恕于己，故曰："小人求诸人。"洵哉，其为小人之无忌惮者矣！知然，则《顾命》之言曰："夫人自乱于威仪"，斯君子求已之道也。

威仪者，礼之昭也。其发见也，于五官四支；其摄持也惟心；其相为用也，则色、声、味之品节也。色、声、味相授以求称吾情者，文质也。视、听、食相受而得当于物者，威仪也。文质者，著见之迹，而以定威仪之则。威仪者，心身之所察，而以适文质之中。文质在物，而威仪在己，己与物相得而礼成焉，成之者己也。故曰："克己复礼为仁，为仁由己，而由人乎故！"君子求诸己而已，故曰"自乱"也。

己有礼，故可求而复，非吾之但有甘食、悦色之情也。天下皆礼之所显，而求之者由己，非食必使我甘，色必使我悦也。故乱者自乱，乱，不治也。乱之者自乱之，乱，治也。而色、声、味其何与焉！狂荡佻达先生于心而征于色，淫声美色因与之合。非己求之，物不我致，而又何怨焉？

色、声、味自成其天产、地产，而以为德于人者也。己有其良贵，而天下非其可贱；己有其至善，而天下非其皆恶。于己求之，于天下得之，色、声、味皆亹亹之用也。求己以己，则授物有权；求天下以己，则受物有主。授受之际而威仪生焉，治乱分焉。故曰："威仪所以定命。"命定而性乃见其功，性见其功而物皆载德。优优大哉！威仪三千，一色、声、味之效其质以成我之文者也。至道以有所丽而凝矣。

是故丽于色而目之威仪著焉，丽于声而耳之威仪著焉，丽于味而口之威仪著焉。威仪有则，惟物之则；威仪有章，惟物之章。则应乎性之则，章成乎道之章，入五色而用其明，入五声而用其聪，入五味而观其所养，乃可以周旋进退，与万物交，而尽性以立人道之常。色、声、味之授我也以道，吾之受之也以性。吾授色、声、味也以性，色、声、味之受我也各以其道。乐用其万殊，相亲于一本，昭然天理之不昧，其何咎焉！

故五色不能令盲也，盲者盲之，而色失其色矣。五声不能令聋也，聋者聋之，而声失其声矣。五味不能令口爽也，爽者爽之，而味失其味矣。冶容、淫声、醲甘之味，非物之固然也。目不明，耳不聪，求口实而不贞者，自乱其威仪，取色、声、味之所未有而揉乱之也。

若其为五色、五声、五味之固然者，天下诚然而有之，吾心诚然而喻之；天下诚然而授之，吾心诚然而受之；吾身诚然而授之，天下诚然而受之。礼所生焉，仁所显焉，非是而人道废，虽废人道，而终不能舍此以孤存于天下，徒以丧其威仪，等人道于马牛而已矣。故君子非不求之天下也，求天下以己，则天下者其天下矣。

君子之求己，求诸心也。求诸心者，以其心求其威仪，威仪皆足以见心矣。君子之自求于威仪，求诸色、声、味也。求诸色、声、味者，审知其品节而慎用之，则色、声、味皆威仪之章矣。目历玄黄，耳历钟鼓，口历肥甘，而道无不行，性无不率。何也？惟以其不盲、不聋、不爽者受天下之色、声、味而正也。

藉如彼说，则是天生不令之物以诱人而乱之，将衣冠阀阅无君子，则陋巷深山无小人。充其义类，必且弃君亲，捐妻子，剃须发，火骸骼，延食息于日中树下，而耳目口体得以灵也。庶物不明，则人伦不察，老释异派而同归，以趋于乱，无他，莫求诸己而已矣。

柳下见饴，曰可以养老；盗跖见馆，曰可以粘社。弗求请执酱、馈酳、授筵、设几之威仪，以善怡之用，则是天下之为饴者，皆可以盗跖之罪罪之也，失饴之理，妄计以为盗媒，盲、聋、狂、爽，莫有甚焉者矣。

故求诸己，则天下之至乱，皆可宰制以成大治；设宫悬，广嫔御，四饭太牢，而非几不贡。求诸天下，则于天下之无不治者，而皆可以乱。将瓮牖、绳枢、疏食、独宿之中，而庭草、溪花，亦眩其目，鸟语、蛙吹，亦惑其耳，一微、半李，亦失口腹之正。如露卧驱蚊，扑之于额而已嗜其膂，屏营终夕，而曾莫安枕，则惟帷幛不施而徒为焦苦也。故曰"君子坦荡荡，小人长戚戚。"老、释之于天下，日构怨而未有宁，故喻世法于火宅之内，哀有生在羿彀之中，心劳日拙，岂有瘳与！

黼黻文章，大禹之明也。琴瑟钟鼓，《关雎》之化也。食精、脍细，孔子之节也。优优大哉！威仪三千，以行于天下而复礼于己，待其人而后行也。成王凭玉几，扬末命，惟此之云，其居要也夫！

（清）王夫之：《尚书引义·顾命》，《船山全书》第二册，岳麓书社2011年版

衣食足而后礼义兴

鲁两生责叔孙通兴礼乐于死者未葬、伤者未起之时，非也。将以为休息生养而后兴礼乐焉，则抑管子"衣食足而后礼义兴"之邪说也。子曰：

"自古皆有死。民无信不立，"信者，礼之干也；礼者，信之资也。有一日之生，立一日之国，唯此大礼之序、大乐之和，不容息而已。死者何以必葬？伤者何以必恤？此敬爱之心不容昧焉耳。敬焉而序有必顺，爱焉而和有必浃，动之于无形声之微，而发起其庄肃乐易之情，则民知非苟于得生者之可以生，苟于得利者之可以利，相恤相亲，不相背弃，而后生养以遂。故晏子曰："唯礼可以已乱。"然则立国之始，所以顺民之气而劝之休养者，非礼乐何以哉？譬之树然，生养休息者，枝叶之荣也；有序而和者，根本之润也。今使种树者曰：待枝叶之荣而后培其本根。岂有能荣枝叶之一日哉？故武王克殷，驾甫脱而息贯革之射，修禋祀之典，成《象武》之乐。受命已末，制作未备，而周公成其德，不曰我姑且休息之而以待百年也。

秦之苛严，汉初之简略，相激相反，而天下且成乎鄙倍。举其大纲，以风起于崩坏之余，亦何遽不可？而非直无不可也；非是，则生人之心、生人之理、日颓靡而之于泯亡矣。惟叔孙通之事十主而面谀者，未可语此耳。则苟且以背于礼乐之大原，遂终古而不与于三王之盛。使两生者出，而以先王安上治民、移风易俗之精意，举大纲以与高帝相更始，如其不用而后退，未晚也。乃必期以百年，而听目前之灭裂。将百年以内，人心不靖，风化未起，汲汲于生养死葬之图；则德色父而詈语姑，亦谁与震动容与其天良，而使无背死不葬、捐伤不恤也哉？

卫辄之立，乱已极矣。子曰："礼乐不兴，则刑罚不中，民无所措手足。"务本教也。汉初乱虽始定，高帝非辄比也。辄可兴而谓高帝不可，两生者，非圣人之徒与？何其与孔子之言相刺谬也！于是而两生之所谓礼乐者可知矣，谓其文也，非其实也。大序至和之实，不可一日绝于天壤；而天地之产，中和之应，以瑞相佑答者，则有待以备乎文章声容之盛，未之逮耳。然草创者不爽其大纲，而后起者可借，又奚必人之娴于习而物之给于用邪！故两生者，非不知权也，不知本也。

（清）王夫之《读通鉴论·汉高帝》，《船山全书》第十册，岳麓书社2011年版

以壮丽示威

萧何曰："天子以四海为家，非壮丽无以示威。"其言鄙矣，而亦未尝非人情也。游士之屦，集于公卿之门，非必其能贵之也；蔬果之馈，集

于千金之室，非必其能富之也。释、老之宫，饰金碧而奏笙钟，媚者匍伏以请命，非必服膺于其教也，庄丽动之耳。愚愚民以其荣观，心折魂荧而戢其异志，抑何为而不然哉！特古帝王用之之怀异耳。

古之帝王，昭德威以柔天下，亦既灼见民情之所自戢，而纳之于信顺已。奏九成于圜丘，因以使之知天；崇宗庙于七世，因以使之知孝；建两观以县法，因以使之知治；营灵台以候气，因以使之知时；立两阶于九级，因以使之知让。即其歆动之心，迪之于至德之域，视之有以耀其目，听之有以盈其耳，登之、降之、进之、退之，有以诒其安。然后人知大美之集，集于仁义礼乐之中，退而有以自惬。非权以诱天下也；至德之荣观，本有如是之洋溢也。贤者得其精意，愚不肖者矜其声容，壮丽之威至矣哉！而特不如何者徒以宫室相夸而已。

不责何之弗修礼乐以崇德威，而责其弗俭。徒以俭也，俭于欲亦俭于德。萧道成之鄙吝，遂可与大禹并称乎？

（清）王夫之《读通鉴论·汉高帝》，《船山全书》第十册，岳麓书社2011年版

毁宝器正人心

耳目口体之各有所适而求得之者，所谓欲也；君子节之，众人任之，任之而不知节，足以累德而损于物。虽然，其有所适而求得之量以任之而取足，则亦属厌而止，而德不至于凶，物不蒙其害；君子节情正性之功，未可概责之夫人也。况乎崇高富贵者，可以适其耳目口体之需，不待损于物而给，且以是别尊卑之等，而承天之佑，则如其量而适焉，于德亦未有瑕也。

天下有大恶焉，举世贸贸然趋之，古今相狃而不知其所以然，则溢乎耳目口体所适之量，而随流俗以贵重之，所谓宝器者是已。耳目口体不相为代者也，群趋于目，而口失其味、体失其安，愚矣。群趋于耳，而目亦不能为政，则其愚愈不可言也。宝之为宝，口何所甘、体何所便哉？即以悦目，而非固悦之也。惟天下之不多有，偶一有之，而或诧为奇，于是腾之天下，传之后世，而曰此宝也；因而有细人者出，摘其奇瑰以为之名，愚者歆其名，任耳役目口四体以徇传闻之说，震惊而艳称之曰此宝也。是举五官百骸心肾肺肠一任之耳，而不自知其所以贵之重之、思得而藏之之故。呜呼！其愚甚矣。

传曰："匹夫无罪，怀璧其罪。"孟子曰："宝珠玉者殃必及身。"何

也？愚已甚，耳目口四肢不足以持权，则匹夫縻可衣可食之赕产以求易之；或且竞之于人，而戕天伦、凌孤寡，皆其所不恤。崇高富贵者，则虚府库、急税敛、夺军储以资采觅，流连把玩，危亡不系其心；"殃必及身"，非虚语也。乃试思之，声音可以穆耳乎？采色可以娱目乎？味可适口，而把玩之下，四体以安乎？于阗之玉，驰人于万里；合浦之珠，杀人于重渊；商、周之鼎彝，毁人之邱墓；岂徒累德以黩淫哉？其贻害于人也，亦已酷矣！从吠声之口，荡亡藉之心，以祸天下，而旋殃其身，愚者之不可致诘，至此而极矣。郭氏始建国，取宫中宝器悉毁之，尽万亿之值，碎之为泥沙，不知者且惜之，抑知其本与泥沙也无以异；不留之于两间以启天下之愚，亦快矣哉！

夫岂徒宝器为然乎？书取其合六书之法，形声不舛而已；画取其尽山川动植之形，宫室器服之制，知所考仿而已；典籍取其无阙无讹，俾读者不疑其解而已。晋人之字，宋、元之画，澄心堂之典籍，尽取而焚之，亦正人心、端好尚之良法也。

（清）王夫之《读通鉴论·五代下》，《船山全书》第十册，岳麓书社2011年版

大乐必简

古乐之亡，自暴秦始。其后大乱相寻，王莽、赤眉、五胡、安、史、黄巢之乱，遗器焚毁，不可复见者多矣。至于柴氏之世，仅有存者，又皆汉以后之各以意仿佛效为者；于是周主荣锐意修复，以属之王朴。朴之说非必合于古也，而指归之要，庶几得之矣。至宋而胡安定、范蜀公、司马温公之聚讼又兴，蔡西山掇拾而著之篇，持之确，析之精。虽然，未见其见诸行事者可以用之也。

孔子曰："大乐必简。"律吕之制，所以括两间繁有之声而归之于简也。朴之言曰："十二律旋相为宫，以生七调，为一均；凡十二均、八十四调而大备。"朴之所谓八十四调者，其归十二调而已。计其鸿细、长短、高下、清浊之数，从长九寸径三分之律，就中而损之，旋相生以相益，而已极乎繁密。九九之数，尽于八十一，过此则目不能察，手不能循，耳不能审，心不能知，虚立至密至赜之差等，亦将焉用之也？蔡氏黄钟之数，十七万七千一百四十七，推而施之大钟大镈，且有不能以度量权衡分析之者，而小者勿论矣。尽其数于九九八十一而止，升降损益，其精

极矣。取其能合之调为十二均足矣。故王朴律准从九寸而下，次第施柱，以备十二律，未为疏也。然自唐以降，能用此者犹鲜。过此以推之于十七万七千一百四十七之密，夫谁能用之哉？大乐必简，繁则必乱，况乎其徒繁而无实邪！

……

天地之生，声也、色也、臭也、味也、质也、性也、才也，若有定也，实至无定也；若有涯也，实至无涯也。惟夫人之所为，以范围天地之化而用之者，则虽至圣至神、研几精义之极至，而皆如其量。圣者之作，明者之述，就其量之大端，约而略之，使相叶以成用，则大中、至和、厚生、利用、正德之道全矣。其有残缺不修，纷杂相间，以成乎乱者，皆即此至简之法不能尽合耳。故古之作乐者，以人声之无涯也，则以八音节之，而使合于有限之音。抑以八音之无准也，则以十二律节之，而合于有限之律。朴之衍为七调，合为十二均，数可循，度可测，响可别，目得而见之，耳得而审之，心得而知之，物可使从心以制，音可使大概而分，其不细也，乃以不淫人之心志也；过此以往，奚所用哉？

呜呼！王朴极其思虑，裁以大纲，乐可自是而兴矣。至靖康之变，法器复亡，淫声胡乐，爁乱天下之耳，且不知古乐之为何等也。有制作之圣、建中和之极者出焉，将奚所取正哉？如朴之说，固可采也。九寸之黄钟，以累黍得其度数，有一定之则矣。而上下损益，尽之十二变而止。而用黄钟以成众乐也，不限于九寸，因而高之，因而下之，皆可叶乎黄钟之律。则九其九而黄钟之繁变皆在焉，则十一律、七调、十二均之繁变皆在焉。巧足以制其器，明足以察其微，聪足以清其纪，心足以穷其理，约举之而义自弘，古乐亦岂终不可复哉？若苛细烦密之说，有名有数，而不能有实，祇以荧人之心志，而使不敢言乐，京房以下之所以为乐之赘疣也。折中以成必简之元声，尚以俟之来哲。

（清）王夫之《读通鉴论·五代下》，《船山全书》第十册，岳麓书社2011年版

爱敬之同如质，父君之异如文

资于事父以事君而敬同，同以敬，而非以敬父者敬君。以敬父施之君，则必伤于草野，而非所以敬君。非所以敬君，不可为敬。不可为敬，是不能资于事父而同敬矣。资于事父以事母而爱同，同以爱，而非以爱父

者爱母。以爱父者施之母，则必嫌于疏略，而非所以爱母。非所以爱母，不可为爱。不可为爱，是不能资于事父而同爱矣。爱敬之同，同以质也。父与君、母之异，异以文也。文如其文而后质如其质也。故欲损其文者，必伤其质。犹以火销雪，白失而雪亦非雪矣。

故统文为质，乃以立体；建质生文，乃以居要。体无定也，要不可扼也。有定体者非体，可扼者非要，文离而质不足以立也。

（清）王夫之《尚书引义·毕命》，《船山全书》第二册，岳麓书社2011年版

文质

文之靡者非其文，非其文者非其质。犹雪失其白而后失其雪。夫岂有雪去白存之忧！辞之善者，集文以成质。辞之失也，吝于质而萎于文。集文以成质，则天下因文以达质，而礼乐刑政之用以章。文萎而质不昭，则天下莫劝于文，而礼乐刑政之施如啖枯木、扣败鼓，而莫为之兴。盖离于质者非文，而离于文者无质也。惟质则体有可循，惟文则体有可著。惟质则要足以持，惟文则要足以该。故文质彬彬，则体要立矣。

（清）王夫之《尚书引义·毕命》，《船山全书》第二册，岳麓书社2011年版

神理相取

以神理相取，在远近之间，才著手便煞，一放手飘又忽去，如"物在人亡无见期"，捉煞了也。如宋人《咏河豚》云："春洲生荻芽，春岸飞杨花。"饶他有理，终是于河豚没交涉。"青青河畔草"与"绵绵思远道"，何以相因依，相含吐？神理凑合时，自然恰得。

（清）王夫之《姜斋诗话》，人民文学出版社1961年版

书法之风度

昔人谓书法至颜鲁公而坏，以其著力太急，失晋人风度也。文章本静业，故曰"仁者之言蔼如也"，学术风俗皆于此判别。着力急者心气粗，则一发不禁；其落笔必重，皆嚣陵竞乱之徵也。俗称欧苏等为"大家"，试取欧阳公文与苏明允并观，其静躁，雅俗，贞淫，昭然可见。

（清）王夫之《姜斋诗话》，人民文学出版社1961年版

情中景、景中情

情、景名为二,而实不可离。神于诗者,妙合无垠。巧者则有情中景,景中情。景中情者,如"长安一片月",自然是孤相忆运之情;"影静千官里"自然是喜达行在之情。情中景尤难曲写,如"诗成珠玉在挥毫",写出才人翰墨淋漓、自心欣赏之景。凡此举,知者过之;非然,亦鹘突看过,作等闲语耳。

(清)王夫之《姜斋诗话》,人民文学出版社1961年版

诗话

含情而能达,会景而生心,体物而得神,则自有灵通之句,参化工之妙。若但于句求巧,则性情先为外荡,生意索然矣。

(清)王夫之《姜斋诗话》,人民文学出版社1961年版

比兴

句句叙事,句句用兴用比,比中生兴,兴外得比,宛转相生,逢原皆给。故人患无心耳,苟有血性有真情如子山者,当无忧其不淋漓酣畅也。

(清)王夫之《船山古近体诗评三种·古诗评选》(卷一之庾信《燕歌行》),据船山学社本

真情取于诗

唯此宵宵摇摇之中,有一切真情在内,可兴可观可群可怨,是以有取于诗。然因此而诗,则又往往缘景缘事缘已往缘未来,终年苦吟而不能自道。以追光蹑景之笔,写通天尽人之怀,是诗家正法眼藏。钟嵘源出小雅之评,真鉴别也。

(清)王夫之《船山古近体诗评选三种·古诗评选》,据船山学社本

人之好恶,兴于诗成于乐

徒以言而已足也,则求兴起人好善恶恶之志气者,莫若家诵刑书,而人读礼策。又何以云"兴于诗,成于乐"邪?今之公宴,亦尝歌《鹿鸣》矣。放辟邪侈之心,虽无感以动;肃雍敬和之志,亦不足以兴。盖言在而永亡,孰为黄钟,孰为大吕,颓然其不相得也。古之洋洋盈耳者,其如是

夫。《记》曰："歌咏其声也。"歌咏声，岂声咏歌之谓邪？歌咏声，歌乃不可废。声咏歌，声以强入不亲而可废矣。

（清）王夫之《舜典三》，《尚书引义》卷一，据中华书局2009年版

抒情在己

所思为何者，终篇求之不得，可性可情，乃《三百篇》之妙用，盖唯抒情在己，弗待于物发思，则虽在淫情，亦如正志，物自分而已自合也。呜呼！哭死而哀，非为生者，圣化之通于凡心不在斯乎！

（清）王夫之《船山古近体诗评选三种·古诗评选》（卷一之曹丕《燕歌行》），据船山学社本

诗之兴观群怨

议论入诗，自成背戾。盖诗立风旨以生议论，故说诗者于兴观群怨而皆可。若先为之论，则言未穷而意已先竭，在我已竭，而欲以生人之心，必不任矣。以鼓击鼓，鼓不鸣，以桴击桴，亦搞木之音而已。

（清）王夫之《船山古近体诗评选三种·古诗评选》卷四，张载《招隐》，据船山学社本

"诗可以兴，可以观，可以群，可以怨。"尽矣。辨汉、魏、唐、宋之雅俗得失以此，读《三百篇》者必此也。"可以"云者，随所"以"而皆"可"也。于所兴而可观，其兴也深；于所观而可兴，其观也审。以其群者而怨，怨愈不忘；以其怨者而群，群乃益挚。出于四情之外，以生起四情；游于四情之中，情无所窒。作者用一致之思，读者各以其情而自得。故《关雎》，兴也；康王晏朝，而即为冰鉴。"讦谟定命，远猷辰告"，观也；谢安欣赏，而增其遐心。人情之游也无涯，而各以其情遇，斯所贵于有诗。是故延年不如康乐，而宋、唐之所繇升降也。谢叠山、虞道园之说诗，并画而根掘之，恶足知此！

（清）王夫之《姜斋诗话·卷一·诗绎·二》，《姜斋诗话笺注》（戴鸿森笺注），人民文学出版社1981年版

兴、观、群、怨，诗尽于此

兴、观、群、怨，诗尽于是矣。经生家析《鹿鸣》《嘉鱼》为群，《柏舟》《小弁》为怨，小人一往之喜怒耳，何足以言诗？"可以"云者，

随所"以"而皆"可"也。《诗三百篇》而下,唯《十九首》能然。李杜亦仿佛遇之,然其能俾人随触而皆可,亦不数数也。又下或一可焉,或无一可者。故许浑允为恶诗,王僧孺、庾肩吾及宋人皆尔。

(清)王夫之《姜斋诗话·卷二·夕堂永日绪论内编·一》,《姜斋诗话笺注》(戴洪森笺注),人民文学出版社1981年版

唯此宦宦摇摇之中,有一切真情在内,可兴可观,可群可怨,是以有取于诗。然因此而诗,则又往往缘景缘事,缘已往、缘未来,经年苦吟而不能自道,以追光蹑影之笔,写通天尽人之怀,是诗家正法眼藏。钟嵘"源出小雅"之评,真鉴别也!(阮籍《咏怀》评语)

(清)王夫之《古诗评选》(张国星校点),文化艺术出版社1997年版

神理相取,自然恰得

以神理相取,在远近之间。才着手便煞,一放手又飘忽去:如"物在人亡无见期",捉煞了也;如宋人咏河鲀云:"春洲生荻芽,春岸飞杨花。"饶他有理,终是于河鲀没交涉。"青青河畔草"与"绵绵思远道",何以相因依,相含吐?神理凑合时,自然恰得。

(清)王夫之《姜斋诗话·卷二·夕堂永日绪论内编·一一》,《姜斋诗话笺注》(戴洪森笺注),人民文学出版社1981年版

魏　禧

魏禧(1624—1680),字冰叔,一字凝叔,号裕斋,亦号勺庭先生。江西宁都人。明末清初著名的散文家。与侯朝宗、汪琬合称"明末清初散文三大家"。与兄魏祥、弟魏礼并美,世称"三魏"。三魏兄弟与彭士望、林时益、李腾蛟、邱维屏、彭任、曾灿等合称"易堂九子"。他的文章多颂扬民族气节人事,表现出浓烈的民族意识。还善于评论古人的业迹,对古人的是非曲直、成败得失都有一定的见解,著有《魏叔子文集》《诗集》《日录》《左传经世》《兵谋》《兵法》《兵迹》等。散文作品有《邱维屏传》和《大铁椎传》等。

天地事物之变

今天下治古文众矣。好古者株守古人之法，而中一无所有，其弊为优孟之衣冠。天资卓荦者师心自用，其弊为野战无纪之师，动而取败。蹈是二者，而主以自满假之心，辅以流俗谀言，天资学力所至，适足助其背驰，乃欲卓然并立于古人，呜呼难哉！虽然，师心自用，其失易明；好古而终无所有，其故非一二言尽也。……然文章格调有尽，天下事理日出而不穷，识不高于庸众，事理不足关系天下国家之故，则虽有奇文与《左》《史》韩、欧阳并立无二，亦可无作。古人具在，而吾徒似之，不过古人之再见，顾必多其篇牍，以劳苦后世耳目，何为也？且夫理固非取办临文之顷，穷思力索，以求其必得。钟太傅学书法曰：每见万汇，皆画象之。韩退之称张旭书，变动犹鬼神不可端倪，天地事物之变，可喜可愕，一寓于书。人生平耳目所见闻，身所经历，莫不有其所以然之理，虽市会优倡大猾逆贼之情状，灶婢丐夫米盐凌杂鄙亵之故，必皆深思而谨识之，酝酿蓄积，沈浸而不轻发。及其有故临文，则大小浅深，各以类触，沛乎若决陂池之不可御。辟之富人积财，金玉布帛竹头木屑粪土之属，无不豫贮，初不必有所用之。而当其必需，则粪土之用，有时与金玉同功。

（清）魏禧《宗子发文集序》，《魏叔子文集》卷八，据易堂刻本

集义养气

气之静也，必资于理，理不实则气馁。其动也，挟才以行，才不大则气狭隘。然而才与理者，气之所凭，而不可以言气。才于气为尤近，能知乎才与气者之为异者，则知文矣。吹毛而驻于空，吹不息，则毛不下。土石至实，气绝而朽壤，则山崩。夫得其气则泯小大，易强弱，禽兽木石可以相为制，而况载道之文乎！视之以形而不见，诵之以声而不闻，求之规矩而不得其法，然后可以举天下之物，而无所挠败。

（清）魏禧《论世堂文集序》，《魏叔子文集》卷八，据易堂刻本

吾则以为养气之功，在于集义；文章之能事，在于积理。

（清）魏禧《宗子发文集序》，《魏叔子文集》卷八，据易堂刻本

文章之本，必先正性情

门下恳恳问古文之学，意良善。其言曰：文章之道，必先立本，本丰

则末茂。仆览此，慨然有大哉之叹。今日留意文学不数人，立本以学古未一二得，向门下开说详至，然此皆本中之末，非本中之本。文章之本，必先正性情，治行谊，使吾之身不背于忠孝信义，则发之言者，必笃实而可传。昌黎所谓"仁义之人，其言蔼如也"，黄鲁直《与洪甥驹父书》根本之说，最为真切，其与徐师川论孙思邈胆大心小语，仆读之数年，玩绎不能已。其次则考古论今，毅然自见识力，窥人之所不及窥，言人之所不敢言，轨于义理，而无隐怪之失。如此则本立矣。于是博观史传以桓古今人情事物之变，读古人书卓然成一家言者，以辨文章之体，或综其要会，自立机轴，不必求合古人，或资学所近，诵而法者一人，冥心以求其合，则固惟人之所自处也。

（清）魏禧《答蔡生书》，《魏叔子文集》卷六，据易堂刻本

叶燮

叶燮（1627—1703），字星期，号己畦。江苏苏州府吴江（今江苏苏州吴江区）人，清初诗论家。曾以浙江嘉善学籍补诸生。晚年定居江苏吴江之横山，世称横山先生。叶绍袁、沈宜修幼子。康熙九年（1670）进士。康熙十四年（1675）任江苏宝应知县。在任参与镇压三藩之乱和治理境内被黄河冲决的运河。不久因耿直不附上官意，被借故落职。由此绝意仕途，纵游海内名胜，诵经撰述、设馆授徒。著有《原诗》《江南星野辨》《己畦集》等。

诗之风雅

诗始于《三百篇》，而规模体具于汉。自是而魏，而六朝、三唐，历宋、元、明，以至昭代，上下三千余年间，诗之质文体裁格律声调辞句，递升降不同。而要之，诗有源必有流，有本必达末；又有因流而溯源，循末以返本。其学无穷，其理日出。乃知诗之为道，未有一日不相续相禅而或息者也。但就一时而论，有盛必有衰；综千古而论，则盛而必至于衰，又必自衰而复盛。非在前者之必居于盛，后者之必居于衰也。乃近代论诗者，则曰：《三百篇》尚矣；五言必建安、黄初；其余诸体，必唐之初、盛而后可。非是者，必斥焉。如明李梦阳不读唐以后书；李攀龙谓"唐无古诗"，又谓"陈子昂以其古诗为古诗，弗取也"。自若辈之论出，天

下从而和之，推为诗家正宗，家弦而户习。习之既久，乃有起而捄之，矫而反之者，诚是也；然又往往溺于偏畸之私说。其说胜，则出乎陈腐而入乎颇僻；不胜，则两敝。而诗道遂沦而不可救。由称诗之人，才短力弱，识又矇焉而不知所衷。既不能知诗之源流本末正变盛衰，互为循环；并不能辨古今作者之心思才力深浅高下长短，孰为沿为革，孰为创为因，孰为流弊而衰，孰为救衰而盛，一一剖析而缕分之，兼综而条贯之。徒自诩矜张，为郛廓隔膜之谈，以欺人而自欺也。于是百喙争鸣，互自标榜，胶固一偏，剿猎成说。后生小子，耳食者多，是非淆而性情汩。不能不三叹于风雅之日衰也！

（清）叶燮《原诗·一瓢诗话·说诗晬语》（内篇上·一）（霍松林等校注），人民文学出版社1979年版

天道之变，在于理势

盖自有天地以来，古今世运气数，递变迁以相禅。古云："天道十年而一变。"此理也，亦势也，无事无物不然；宁独诗之一道，胶固而不变乎？今就《三百篇》言之：《风》有《正风》，有《变风》；《雅》有《正雅》，有《变雅》。《风》《雅》已不能不由正而变，吾夫子亦不能存正而删变也；则后此为风雅之流者，其不能伸正而诎变也明矣。

（清）叶燮《原诗·一瓢诗话·说诗晬语》（内篇上·二）（霍松林等校注），人民文学出版社1979年版

时变而诗亦变

且夫风雅之有正有变，其正变系乎时，谓政治、风俗之由得而失、由隆而污。此以时言诗；时有变而诗因之。时变而失正，诗变而仍不失其正，故有盛无衰，诗之源也。吾言后代之诗，有正有变，其正变系乎诗，谓体格、声调、命意、措辞、新故升降之不同。此以诗言时；诗递变而时随之。故有汉、魏、六朝、唐、宋、元、明之互为盛衰，惟变以救正之衰，故递衰递盛，诗之流也。从其源而论，如百川之发源，各异其所从出，虽万派而皆朝宗于海，无弗同也。从其流而论，如河流之经行天下，而忽播为九河；河分九而俱朝宗于海，则亦无弗同也。

（清）叶燮《原诗·一瓢诗话·说诗晬语》（内篇上·三）（霍松林等校注），人民文学出版社1979年版

诗之基为胸襟

今有人焉，拥数万金而谋起一大宅，门堂楼庑，将无一不极轮奂之美。是宅也，必非凭空结撰，如海上之蜃，如三山之云气。以为楼台，将必有所托基焉。而其基必不于荒江、穷壑、负郭、僻巷、湫隘、卑湿之地；将必于平直高敞、水可舟楫、陆可车马者，然后始基而经营之，大厦乃可次第而成。我谓作诗者，亦必先有诗之基焉。诗之基，其人之胸襟是也。有胸襟，然后能载其性情、智慧、聪明、才辨以出，随遇发生，随生即盛。千古诗人推杜甫，其诗随所遇之人之境之事之物，无处不发其思君王、忧祸乱、悲时日、念友明、吊古人、怀远道，凡欢愉、幽愁、离合、今昔之感，一一触类而起，因遇得题，因题达情，因情敷句，皆因甫有其胸襟以为基。如星宿之海，万源从出；如钻燧之火，无处不发；如肥土沃壤，时雨一过，天矫百物，随类而兴，生意各别，而无不具足。即如甫集中《乐游园》七古一篇：时甫年才三十余，当开宝盛时；使今人为此，必铺陈扬颂，藻丽雕缋，无所不极；身在少年场中，功名事业，来日未苦短也，何有乎身世之感？乃甫此诗，前半即景事无多排场，忽转"年年人醉"段，悲白发、荷皇天，而终之以"独立苍茫"，此其胸襟之所寄托何如也！余又尝谓晋王羲之独以法书立极，非文辞作手也。兰亭之集，时贵名流毕会；使时手为序，必极力铺写，谀美万端，决无一语稍涉荒凉者。而羲之此序，寥寥数语，托意于仰观俯察，宇宙万汇，系之感忆，而极于死生之痛。则羲之之胸襟，又何如也！由是言之，有是胸襟以为基，而后可以为诗文。不然，虽日诵万言，吟千首，浮响肤辞，不从中出，如剪彩之花，根蒂既无，生意自绝，何异乎凭虚而作室也！

（清）叶燮《原诗·一瓢诗话·说诗晬语》（内篇下·三）（霍松林等校注），人民文学出版社1979年版

作诗道曰理、曰事、曰情

曰理、曰事、曰情，此三言者足以穷尽万有之变态。凡形形色色，音声状貌，举不能越乎此。此举在物者而为言，而无一物之或能去此者也。曰才、曰胆、曰识、曰力，此四言者所以穷尽此心之神明。凡形形色色，音声状貌，无不待于此而为之发宣昭著。此举在我者而为言，而无一不如此心以出之者也。以在我之四，衡在物之三，合而为作者之文章。大之经

纬天地,细而一动一植,咏叹讴吟,俱不能离是而为言者矣。

(清)叶燮《原诗·一瓢诗话·说诗晬语》(内篇下·四)(霍松林等校注),人民文学出版社1979年版

事、理、情之所为用,气为之用地

或曰:"今之称诗者,高言法矣。作诗者果有法乎哉?且无法乎哉?"

余曰:法者,虚名也,非所论于有也;又法者,定位也,非所论于无也。子无以余言为惝恍河汉,当细为子晰之。

自开辟以来,天地之大,古今之变,万汇之赜,日星河岳,赋物象形,兵刑礼乐,饮食男女,于以发为文章,形为诗赋,其道万千。余得以三语蔽之:曰理、曰事、曰情,不出乎此而已。然则,诗文一道,岂有定法哉!先揆乎其理;揆之于理而不谬,则理得。次征诸事;征之于事而不悖,则事得。终絜诸情;絜之于情而可通,则情得。三者得而不可易,则自然之法立。故法者,当乎理,确乎事,酌乎情,为三者之平准,而无所自为法也。故谓之曰"虚名"。又法者,国家之所谓律也。自古之五刑宅就以至于今,法亦密矣。然岂无所凭而为法哉!不过揆度于事、理、情三者之轻重大小上下,以为五服五章、刑赏生杀之等威、差别,于是事理情当于法之中。人见法而适惬其事理情之用,故又谓之曰"定位"。

乃称诗者,不能言法所以然之故,而哓哓曰:"法!"吾不知其离一切以为法乎?将有所缘以为法乎?离一切以为法,则法不能凭虚而立。有所缘以为法,则法仍托他物以见矣。吾不知统提法者之于何属也?彼曰:"凡事凡物皆有法,何独于诗而不然!"是也。然法有死法,有活法。若以死法论,今誉一人之美,当问之曰:"若固眉在眼上乎?鼻口居中乎?若固手操作而足循履乎?"夫妍媸万态,而此数者必不渝,此死法也。彼美之绝世独立,不在是也。又朝庙享燕以及士庶宴会,揖让升降,叙坐献酬,无不然者,此亦死法也。而格鬼神、通爱敬,不在是也。然则,彼美之绝世独立,果有法乎?不过即耳目口鼻之常,而神明之。而神明之法,果可言乎!彼享宴之格鬼神、合爱敬,果有法乎?不过即揖让献酬而感通之。而感通之法,又可言乎!死法,则执涂之人能言之。若曰活法,法既活而不可执矣,又焉得泥于法!而所谓诗之法,得毋平平仄仄之拈乎?村塾中曾读千家诗者,亦不屑言之。若更有进,必将曰:律诗必首句如何起,三四如何承,五六如何接,末句如何结;古诗要照应,要起伏。析之

为句法，总之为章法。此三家村词伯相传久矣，不可谓称诗者独得之秘也。若舍此两端，而谓作诗另有法，法在神明之中，巧力之外，是谓变化生心。变化生心之法，又何若乎？则死法为"定位"，活法为"虚名"。"虚名"不可以为有，"定位"不可以为无，不可为无者，初学能言之；不可为有者，作者之匠心变化，不可言也。

夫识辨不精，挥霍无具，徒倚法之一语，以牢笼一切。譬之国家有法，所以做愚夫愚妇之不肖而使之不犯；未闻与道德仁义之人讲论习肄，而时以五刑五罚之法恐惧之而迫胁之者也。惟理、事、情三语，无处不然。三者得，则胸中通达无阻，出而敷为辞，则夫子所云"辞达"。"达"者，通也。通乎理、通乎事、通乎情之谓。而必泥乎法，则反有所不通矣。辞且不通，法更于何有乎？

曰理、曰事、曰情三语，大而乾坤以之定位、日月以之运行，以至一草一木一飞一走，三者缺一，则不成物。文章者，所以表天地万物之情状也。然具是三者，又有总而持之，条而贯之者，曰气。事、理、情之所为用，气为之用也。譬之一木一草，其能发生者，理也。其既发生，则事也。既发生之后，夭矫滋植，情状万千，咸有自得之趣，则情也。苟无气以行之，能若是乎？又如合抱之木，百尺干霄，纤叶微柯以万计，同时而发，无有丝毫异同，是气之为也。苟断其根，则气尽而立萎。此时理、事、情俱无从施矣。吾故曰：三者藉气而行者也。得是三者，而气鼓行于其间，絪缊磅礴，随其自然，所至即为法，此天地万象之至文也。岂先有法以驭是气者哉！不然，天地之生万物，舍其自然流行之气，一切以法绳之，夭矫飞走，纷纷于形体之万殊，不敢过于法，不敢不及于法，将不胜其劳，乾坤亦几乎息矣。

草木气断则立萎，理、事、情俱随之而尽，固也。虽然，气断则气无矣，而理、事、情依然在也。何也？草木气断，则立萎，是理也；萎则成枯木，其事也；枯木岂无形状？向背、高低、上下，则其情也。由是言之：气有时而或离，理、事、情无之而不在。向枯木而言法，法于何施？必将曰：法将析之以为薪，法将斫之以为器。若果将以为薪、为器，吾恐仍属之事理情矣；而法又将遁而之他矣。

（清）叶燮《原诗·一瓢诗话·说诗晬语》（内篇下·三）（霍松林等校注），人民文学出版社1979年版

作诗之道，在情、景、事

原夫作诗者之肇端而有事乎此也，必先有所触以兴起其意，而后措诸辞，属为句，敷之而成章。当其有所触而兴起也，其意、其辞、其句劈空而起，皆自无而有，随在取之于心，出而为情、为景、为事，人未尝言之，而自我始言之，故言者与闻其言者，诚可悦而永也。

（清）叶燮《原诗·一瓢诗话·说诗晬语》（内篇上）（霍松林等校注），人民文学出版社1979年版

胆识

惟有识，则是非明；是非明，则取舍定。不但不随世人脚跟，并亦不随古人脚跟。非薄古人为不足学也；盖天地有自然之文章，随我之所触而发宣之，必有克肖其自然者，为至文以立极。我之命意发言，自当求其至极者。昔人有言："不恨我不见古人，恨古人不见我。"又云："不恨臣无二王法，但恨二王无臣法。"斯言特论书法耳，而其人自命如此。等而上之，可以推矣。譬之学射者，尽其目力劳力，审而后发；符能百发百中，即不必学古人，而古有后羿、养由基其人者，自然来合我矣。我能是，古人先我而能是，来知我合古人欤？古人合我欤？高适有云："乃知古时人，亦有如我者。"岂不然哉！故我之著作与古人同，所谓其揆之一；即有与古人异，乃补古人之所未足，亦可言古人补我之所未足。而后我与古人交为知己也。惟如是，我之命意发言，一一皆从识见中流布。识明则胆张，任其发宣而无所于怯，横说竖说，左宜而右有，直造化在手，无有一之不肖乎物也。

且夫胸中无识之人，即终日勤于学，而亦无益，俗谚谓为"两脚书橱"。记诵日多，多益为累。及伸纸落笔时，胸如乱丝，头绪既纷，无从割择，中且馁而胆愈怯，欲言而不能言。或能言而不敢言，矜持于铢两尺蠖之中，既恐不合于古人，又恐贻讥于今人。如三日新妇，动恐失体。又如跛者登临，举恐失足。文章一道，本攄写挥洒乐事，反若有物焉以桎梏之，无处非碍矣。于是，强者必曰："古人某某之作如是，非我则不能得其法也。"弱者亦曰："古人某某之作如是，今之闻人某某传其法如是，而我亦如是也。"其黠者心则然而秘而不言；愚者心不能知其然，徒夸而张于人，以为我自有所本也。更或谋篇时，有言已尽，本无可赘矣，恐方

幅不足，而不合于格，于是多方拖沓以扩之：是蛇添足也。又有言尚未尽，正堪抒写，恐逾于格而失矩度，戛阁而已焉：是生割活剥也。之数者，因无识，故无胆，使笔墨不能自由，是为操觚家之苦趣，不可不察也。

（清）叶燮《原诗·一瓢诗话·说诗晬语》（内篇下·四）（霍松林等校注），人民文学出版社1979年版

成事在胆，文章亦如此

昔贤有言："成事在胆"，"文章千古事"，苟无胆，何以能千古乎？吾故曰：无胆则笔墨畏缩。胆既诎矣，才何由而得伸乎？惟胆能生才，但知才受于天，而抑知必待扩充于胆邪！吾见世有称人之才，而归美之曰："能敛才就法。"斯言也，非能知才之所由然者也。夫才者，诸法之蕴隆发现处也。若有所敛而为就，则未敛未就以前之才，尚未有法也。其所为才，皆不从理、事、情而得，为拂道悖德之言，与才之义相背而驰者，尚得谓之才乎？夫于人之所不能知，而惟我有才能知之，于人之所不能言，而惟我有才能言之，纵其心思之氤氲磅礴，上下纵横，凡六合以内外，皆不得而囿之；以是措而为文辞，而至理存焉，万事准焉，深情托焉，是之谓有才。若欲其敛以就法，彼固掉臂游行于法中久矣。不知其所就者，又何物也？必将曰："所就者，乃一定不迁之规矩。"此千万庸众人皆可共趋之而由之，又何待于才之敛耶？故文章家止有以才御法而驱使之，决无就法而为法之所役，而犹欲诩其才者也。吾故曰：无才则心思不出。亦可曰：无心思则才不出。而所谓规矩者，即心思之肆应各当之所为也。盖言心思，则主乎内以言才；言法，则主乎外以言才。主乎内，心思无处不可通，吐而为辞，无物不可通也。夫孰得而范围其心，又孰得而范围其言乎！主乎外，则囿于物而反有所不得于我心，心思不灵，而才销铄矣。

（清）叶燮《原诗·一瓢诗话·说诗晬语》（内篇下·四）（霍松林等校注），人民文学出版社1979年版

才、识、胆、力

大约才、识、胆、力，四者交相为济。苟一有所歉，则不可登作者之坛。四者无缓急，而要在先之以识；使无识，则三者俱无所托。无识而有胆，则为妄、为鲁莽、为无知，其言悖理、叛道，蔑如也。无识而

有才，虽议论纵横，思致挥霍，而是非淆乱，黑白颠倒，才反为累矣。无识而有力，则坚僻、妄诞之辞，足以误人而惑世，为害甚烈。若在骚坛，均为风雅之罪人。惟有识，则能知所从、知所奋、知所决，而后才与胆力，皆确然有以自信；举世非之，举世誉之，而不为其所摇。安有随人之是非以为是非者哉！其胸中之愉快自足，宁独在诗文一道已也！然人安能尽生而具绝人之姿，何得易言有识！其道宜如《大学》之始于"格物"。诵读古人诗书，一一以理事情格之，则前后、中边、左右、向背，形形色色、殊类万态，无不可得；不使有毫发之罅，而物得以乘我焉。如以文为战，而进无坚城，退无横阵矣。若舍其在我者，而徒日劳于章句诵读，不过剿袭、依傍、摹拟、窥伺之术，以自跻于作者之林，则吾不得而知之矣！

（清）叶燮《原诗·一瓢诗话·说诗晬语》（内篇下·四）（霍松林等校注），人民文学出版社1979年版

诗之陈熟、生新

陈熟、生新，二者于义为对待。对待之义，自太极生两仪以后，无事无物不然：日月、寒暑、昼夜以及人事之万有——生死、贵贱、贫富、高卑、上下、长短、远近、新旧、大小、香臭、深浅、明暗，种种两端，不可枚举。大约对待之两端，各有美有恶，非美恶有所偏于一者也。其间惟生死、贵贱、贫富、香臭，人皆美生而恶死，美香而恶臭，美富贵而恶贫贱。然逄比之尽忠，死何尝不美！江总之白首，生何尝不恶！幽兰得粪而肥，臭以成美。海木生香则萎，香反为恶。富贵有时而可恶，贫贱有时而见美，尤易以明。即庄生所云"其成也毁，其毁也成"之义。对待之美恶，果有常主乎！生熟、新旧二义，以凡事物参之：器用以商周为宝，是旧胜新；美人以新知为佳，是新胜旧；肉食以熟为美者也；果食以生为美者也。反是则两恶。推之诗，独不然乎！舒写胸襟，发挥景物，境皆独得，意自天成，能令人永言三叹，寻味不穷，忘其为熟，转益见新，无适而不可也。若五内空如，毫无寄托，以剿袭浮辞为熟，搜寻险怪为生，均为风雅所摈。论文亦有顺、逆二义，并可与此参观发明矣。

（清）叶燮《原诗·一瓢诗话·说诗晬语》（内篇上·二）（霍松林等校注），人民文学出版社1979年版

诗品

由是言之，之数者皆必有质焉以为之先者也。彼诗家之体格、声调、苍老、波澜，为规则、为能事，固然矣；然必其人具有诗之性情、诗之才调、诗之胸怀、诗之见解以为其质。如赋形之有骨焉，而以诸法傅而出之；犹素之受绘，有所受之地，而后可一一增加焉。故体格、声调、苍老、波澜，不可谓为文也，有待于质焉，则不得不谓之文也；不可谓为皮之相也，有待于骨焉，则不得不谓之皮相也。吾故告善学诗者，必先从事于"格物"，而以识充其才，则质具而骨立，而以诸家之论优游以文之，则无不得，而免于皮相之讥矣。

（清）叶燮《原诗·一瓢诗话·说诗晬语》（内篇上·三）（霍松林等校注），人民文学出版社1979年版

古人之诗，必有古人之品量

古人之诗，必有古人之品量。其诗百代者，品量亦百代。古人之品量，见之古人之居心；其所居之心，即古盛世贤宰相心也。宰相所有事，经纶宰制，无所不急，而必以乐善、爱才为首务。无毫发媢嫉忌忮之心，方为真宰相。百代之诗人亦然。如高适、岑参之才，远逊于杜；观甫赠寄高岑诸作，极其推崇赞叹。孟郊之才，不及韩愈远甚；而愈推高郊，至低头拜东野，愿郊为龙身为云，四方上下逐东野。卢仝、贾岛、张籍等诸人，其人地与才，愈俱十百之；而愈一一为之叹赏推美。史称其"奖借后辈，称荐公卿间，寒暑不避"。欧阳修于诗，极推重梅尧臣、苏舜钦。苏轼于黄庭坚、秦观、张耒等诸人，皆爱之如己，所以好之者无不至。盖自有天地以来，文章之能事，萃于此数人，决无更有胜之而出其上者；及观其乐善爱才之心，竟若歉然不自足。此其中怀阔大，天下之才皆其才，而何媢嫉忌忮之有！不然者，自炫一长，自矜一得，而惟恐有一人之出其上，又惟恐人之议己，日以攻击诋毁其类为事：此其中怀狭隘，即有著作，如其心术，尚堪垂后乎！昔人惟沈约闻人一善，如万箭攒心；而约之所就，亦何足云！是犹以李林甫、卢杞之居心，而欲博贤宰相之名，使天下后世称之，亦事理所必无者尔！

（清）叶燮《原诗·一瓢诗话·说诗晬语》（内篇上·九）（霍松林等校注），人民文学出版社1979年版

诗之志

《虞书》称"诗言志"。志也者，训诂为"心之所之"，在释氏，所谓"种子"也。志之发端，虽有高卑、大小、远近之不同，然有是志，而以我所云才、识、胆、力四语充之，则其仰观俯察、遇物触景之会、勃然面兴，旁见侧出，才气心思，溢于笔墨之外。志高则其言洁，志大则其辞弘，志远则其旨永。如是者，其诗必传，正不必斤斤争工拙于一字一句之间。乃俗儒欲炫其长以鸣于世，于片语只字，辄攻瑕索疵，指为何出；稍不胜，则又援前人以证。不知读古人书，欲著作以垂后世，贵得古人大意；片语只字，稍不合，无害也。必欲求其瑕疵，则古今惟吾夫子可免。《孟子》七篇，欲加之辞，岂无微有可议者！孟子引《诗书》，字句恒有错误，岂为子舆氏病乎！诗圣推杜甫，若索其瑕疵而文致之，政自不少，终何损乎杜诗！俗儒于杜，则不敢难；若今天为之，则喧呶不休矣。今偶录杜句，请正之俗儒，然乎否乎？

（清）叶燮《原诗·一瓢诗话·说诗晬语》（内篇上·四）（霍松林等校注），人民文学出版社1979年版

作诗有性情必有面目

"作诗者在抒写性情"。此语夫人能知之，夫人能言之；而未尽夫人能然之者矣。"作诗有性情必有面目"。此不但未尽夫人能然之，并未尽夫人能知之而言之者也。如杜甫之诗，随举其一篇，篇举其一句，无处不可见其忧国爱君，悯时伤乱，遭颠沛而不苟，处穷约而不滥，崎岖兵戈盗贼之地，而以山川景物友朋杯酒抒愤陶情：此杜甫之面目也。我一读之，甫之面目跃然于前。读其诗一日，一日与之对；读其诗终身，日日与之对也。故可慕可乐而可敬也。举韩愈之一篇一句，无处不可见其骨相棱增，俯视一切；进则不能容于朝，退又不肯独善于野，疾恶甚严，爱才若渴：此韩愈之面目也。举苏轼之一篇一句，无处不可见其凌空如天马，游戏如飞仙，风流儒雅，无入不得，好善而乐与，嬉笑怒骂，四时之气皆备：此苏轼之面目也。此外诸大家，虽所就各有差别，而面目无不于诗见之。其中有全见者，有半见者。如陶潜、李白之诗，皆全见面目。王维五言，则面目见；七言，则面目不见。此外面目可见不可见，分数多寡，各各不同；然未有全不可见者。读古人诗，以此推之，无不得也。余尝于近代一

二闻人，展其诗卷，自始至终，亦未尝不工；乃读之数过，卒未能睹其面目何若，窃不敢谓作者如是也。

（清）叶燮《原诗·一瓢诗话·说诗晬语》（内篇上·六）（霍松林等校注），人民文学出版社 1979 年版

作诗者在抒写性情

作诗者在抒写性情，此语夫人能知之，夫人能言之，而未尽夫人能然之者矣。作诗有性情，必有面目，此不但未尽夫人能然之，并未尽夫人能知之而言之者也。如杜甫之诗，随举其一篇与其一句，无处不可见其忧国爱君，悯时伤乱，遭颠沛而不苟，处穷约而不滥，崎岖兵戈盗贼之地，而以山川景物、友朋杯酒、抒愤陶情，此杜甫之面目也。我一读之，甫之面目，跃然于前；读其诗一日，一日与之对，读其诗终身，日日与之对也，故可慕可乐而可敬也。举韩愈之一篇一句，无处不可见其骨相稜嶒，俯视一切，进则不能容于朝，退又不肯独善于野，疾恶甚严，爱才若渴，此韩愈之面目也。举苏轼之一篇一句，无处不可见其凌空如天马，游戏如飞仙，风流儒雅，无人不得，好善而乐与，嬉笑怒骂，四时之气皆备，此苏轼之面目也。此外诸大家，虽所就各有差别，而面目无不于诗见之。其中有全见者，有半见者。如陶潜、李白之诗，皆全见面目；王维五言则面目见，七言则面目不见。此外面目可见不可见，分数多寡，各各不同，然未有全不可见者。读古人诗，以此推之，无不得也。

（清）叶燮《原诗·一瓢诗话·说诗晬语》（外篇）（霍松林等校注），人民文学出版社 1979 年版

诗必以心声而出

诗是心声，不可违心而出，亦不能违心而出。功名之士，决不能为泉石淡泊之音；轻浮之子，必不能为敦庞大雅之响。故陶潜名素心之语，李白有遗世之句，杜甫兴"广厦万间"之愿，苏轼师"四海弟昆"之言。凡如此类，皆应声而出。其心如日月，其诗如日月之光。随其光之所至，即日月见焉。故每诗以人见，人又以诗见。使其人其心不然，勉强造作，而为欺人欺世之语；能欺一人一时，决不能欺天下后世。究之阅其全帙，其陋必呈。其人既陋，其气必荼，安能振其群乎！故不取者中心而浮慕著

作，必无是理也。

（清）叶燮《原诗·一瓢诗话·说诗晬语》（外篇上·八）（霍松林等校注），人民文学出版社1979年版

论画、诗之技艺

滁阳朱君朴庵，今之有道明理之士也。吾尝见其画矣。天地无心，而赋万事万物之形，朱君以有心赴之，而天地万事万物之情状，皆随其手腕以出，无有不得者。余于是深叹其艺之绝，知其于事物之理，洞照于中，而运以己之神明，此能为摩诘之画，必能为摩诘之诗，无疑也。

（清）叶燮《赤霞楼诗集序》，《已畦文集》卷八，据清戊午孟夏梦篆楼刊本

文之为用，实以载道

夫文之为用，实以载道。要先辨其源流本末，而徐以察其异轨殊途，因不可执一而论。然又不可以二三其旨也，是在正其源而反求其本已矣。今有文于此，必先征其美与不美，其美者则人共誉之曰美。彼文而美，固可誉也。夫固有其文之美者矣，然而未可即谓之通也。固有其文之通者矣，然而未可即谓之适于道也。今试举其大者言之，以例其余。彼美而未尝通者，六朝之文类是也。通而未尝是者，庄周、列御寇之文类是也。是而未尝适于道者、司马迁等之文类是也。夫由文之美，而层累进之，以至适于道而止。道者，何也？六经之道也。为文必本于六经，人人能言之矣。人能言之，而实未有能知之，能知之而实未有能变而通之者也。夫能言之，更能进而变通之，要能识夫道之所由来，与推夫道之所由极，非能明天下之理，达古今之事，穷万物之情者，未易语乎此也。仆尝有《原诗》一编，以为盈天地间，万有不齐之物之数，总不出乎理事情三者。故圣人之道自格物始。盖格夫凡物之无不有理事情也。为文者，亦格之文之为物而已矣。夫备万物者，莫大于天地，而天地备于六经。六经者，理事情之权舆也。合而言之，则凡经之一句一义，皆各备此三者，而互相发明。分而言之，则《易》似专言乎理，《书》《春秋》《礼》似专言乎事，《诗》似专言乎情。此经之本原也。而推其流之所至，因《易》之流而为言，则议论辨说等作是也。因《书》《春秋》《礼》之流而为言，则史传记述典制等作是也。因《诗》之流而为言，则辞赋诗歌等作是也。数者

条理各不同，分见于经，虽各有专属，其适乎道则一也。而理者与道为体，事与情总贯乎其中。惟明其理，乃能出之而成文。六经之后，其德其意者，则庶乎唐宋以来诸大家之文，为不悖乎道矣。

（清）叶燮《与友人论文书》，《己畦文集》卷十一，据金昌刘承芳刊本

诗之亡也，亡于好名

诗之亡也，亡于好名。没世无称，君子羞之，好名宜哑哑矣。窃怪夫好名者，非好垂后之名，而好目前之名。目前之名，必先工邀誉之学，得居高而呼者倡誉之，而后从风者群和之，以为得风气。于是风雅笔墨，不求之古人，专求之今人，以为迎合。其为诗也，连卷累帙，不过等之揖让周旋、羔雁筐篚之具而已矣！及闻其论，则亦盛言《三百篇》、言汉、言唐、言宋，而进退是非之，居然当代之诗人；而诗亡矣。

（清）叶燮《原诗·一瓢诗话·说诗晬语》（外篇上·一零）（霍松林等校注），人民文学出版社1979年版

诗之亡也，亡于好利

诗之亡也，又亡于好利。夫诗之盛也，敦实学以崇虚名；其衰也，媒虚名以网厚实。于是以风雅坛坫为居奇，以交游朋盍为牙市，是非淆而品格滥，诗道杂而多端，而友朋切劘之义，因之而衰矣。昔人言"诗穷而后工"，然则，诗岂救穷者乎！斯二者，好名实兼乎利。好利，遂至不惜其名。夫"三不朽"，诗亦"立言"之一，奈何以之为垄断名利之区！不但有愧古人，其亦反而问之自有之性情可矣！

（清）叶燮《原诗·一瓢诗话·说诗晬语》（外篇上·一一）（霍松林等校注），人民文学出版社1979年版

朱彝尊

朱彝尊（1629—1709），字锡鬯，号竹垞，又号醧舫，晚号小长芦钓鱼师，别号金风亭长，浙江秀水（今属浙江省嘉兴市）人。清朝词人、学者、藏书家。康熙十八年（1679），举博学鸿词科，除翰林院检讨。康熙二十二年（1683），入直南书房。博通经史，参加纂修《明史》。作词

风格清丽，是"浙西词派"的创始人，与陈维崧并称"朱陈"，与王士禛称南北两大诗宗（"南朱北王"）。著有《曝书亭集》《日下旧闻》《经义考》等。所辑成《词综》是中国词学方面的重要选本。

诵其诗，可以知其志

《书》曰："诗言志。"……古之君子，其欢愉悲愤之思感于中，发之为诗。今所存三百五篇，有美有刺，皆诗之不可已者也。夫惟出于不可已，故好色而不淫，怨悱而不乱，言之者无罪，闻之者足以戒。后之君子诵之，世治之污隆，政事之得失，皆可考见。……魏晋而下，指诗为缘情之作，专以绮靡为事，一出乎闺房儿女子之思，而无恭俭好礼廉静疏达之遗，恶在其为诗也？

（清）朱彝尊《与高念祖论诗书》，《曝书亭集》卷三十一，据《四部丛刊》本

诗以言志

诗以言志。诵其诗，可以知其志矣。顾有幽忧隐痛，不能自明，漫托之风云月露、美人花草，以遣其无聊，则志之所存，而工拙亦在文字之外。后之人欲想见其为人，得其么篇短韵，相与传而宝之。洵乎诵其诗，尤必论其世也。

（清）朱彝尊《天愚山人诗集序》，《曝书亭集》卷三十六，据《四部丛刊》本

王士禛

王士禛（1634—1711），原名王士禛，字子真，一字贻上，号阮亭，又号渔洋山人，世称王渔洋。山东新城（今山东桓台县）人。清初诗人、文学家、诗词理论家。王士禛主张"神韵说"；重视和高度评价小说、戏曲、民歌等通俗文学、文体。他的主要成就在诗文创作与理论方面，著有《渔洋山人精华录》《池北谈偶》《渔洋诗集》等。

兴会发于性情

夫诗之道，有根柢焉，有兴会焉，二者率不可得兼。德中之像，水中

之月，相中之色；羚羊挂角，无迹可求，此兴会也。本之风雅，以导其源；泝之楚骚、汉、魏乐府诗，以达其流；博之九经、三史、诸子以其变；此根柢也。根柢原于学问，兴会发于性情，于斯二者兼之，又斡以风骨，润以丹青，谐以金石，故能衔华佩实，大放厥词，自名一家。

（清）王士禛《渔洋文》，《带经堂诗话》卷三，据乾隆刻本

诗之"定位"

或曰：今之称诗者，高言法矣。作诗者果有法乎哉？且无法乎乎哉？余曰：法者，虚名也，非所论于有也；又法者，定位也，非所论于无也。子无以余言为惝恍河汉，当细为子晰之。自开辟以来，天地之大，古今之变，万汇之赜，日星河岳，赋物象形，兵刑礼乐，饮食男女，于以发为文章，形为诗赋，其道万千，余得以三语蔽之：曰理，曰事，曰情，不出乎此而已。然则，诗文一道，岂有定法哉！先揆乎其理，揆之于理而不谬，则理得；次徵诸事，徵之于事而不悖，则事得；终絜诸情，絜之于情而可通，则情得。三者得而不可易，则自然之法立。故法者，当乎理，确乎事，酌乎情，为三者之平准，而无所自为法也。故谓之曰"虚名"。又法者，国家之所谓律也。自古之五刑宅就以至于今，法亦密矣。然岂无所凭而为法哉！不过揆度于事、理、情三者之轻重、大小、上下，以为五服五章，刑赏生杀之等威差别，于是事理情当于法之中。人见法而适惬其事理情之用，故又谓之曰"定位"。

（清）王士禛等《诗友诗传录》，据上海古籍出版社《清诗话》本

作诗之学力与性情

问："作诗，学力与性情，必兼具而后愉快。愚意以为学力深，始能见性情。若不多读书，多贯穿，而遽言性情，则开后学游腔滑调，信口成章之恶习矣。近时风气颓波，惟夫子一言以为砥柱。"

阮亭答："司空表圣云：'不著一字，尽得风流。'此性情之说也；扬子云云：'读千赋则能赋。'此学问之说也。二者相辅而行，不可偏废。若无性情而侈言学问，则昔人有讥点鬼簿，獭祭鱼者矣。学力深，始能见性情，此一语是造微破的之论。"

历友答："严羽沧浪有云：'诗有别才，非关学也；诗有别趣，非关理也。'此得于先天者，才性也；'读书破万卷，下笔如有神。''贯穿百

万众，出入由呎尺。'此得于后天者，学力也。非才无以广学，非学无以运才，两者均不可废。有才而无学，是绝代佳人唱《莲花落》也；有学而无才，是长安乞儿著宫锦袍也。近世风尚，每苦前人之拘与隘，而转途于'长庆'、'剑南'，甚且改辙于宋、元，是以愈趋而愈下也。有心者急欲挽之以开宝，要不必藉口于宗历下，转令攻之者树帜纷纷耳。"

萧亭答："有问王荆公者，杜诗何以妙绝古今？公曰：老杜固尝言之矣，'读书破万卷，下笔如有神。'黄山谷谓：'不读书万卷，不可看杜诗。'看尚不可，况作诗乎？韩文公《进学解》：'上规姚、姒，浑浑无涯。周《诰》殷《盘》，诘屈聱牙。《春秋》谨严，《左氏》浮夸。《易》奇而法，《诗》正而葩。下逮《庄》《骚》，太史所录。子云、相如，同工异曲。'熟此其庶几乎？夫曰：'诗有别才，非关学也；诗有别趣，非关理也。'为读书者言之，非为不读书者言之也。"

（清）王士禛等《师友诗传录》，据上海古籍出版社《清诗话》本

宋荦

宋荦（1634—1713），字牧仲，号漫堂、西陂、绵津山人，晚号西陂老人、西陂放鸭翁，今河南商丘人。清代诗人、画家、政治家。"后雪苑六子"之一。宋荦为官正直，被康熙帝誉为"清廉为天下巡抚第一"。宋荦笃学博闻，能诗文，工书画，精鉴赏，尤以诗享盛誉于清初文坛，一时文士多与之交游。并与朱彝尊、施闰章等人同称"康熙年间十大才子"。编著有《西陂类稿》《漫堂说诗》《江左十五子诗选》等。

诗者，性情之所发

诗者，性情之所发，《三百篇》、《离骚》尚已。汉、魏高古，不可骤学；元嘉、永明以后，绮丽是尚，大雅寖衰；独唐人诸体咸备，铿鏘轩昂为风雅极致。顾篇什浩繁，别裁不易，高廷礼《品汇》，庶几大观；廷礼又拔其尤者为《正声》一编，近代庶常馆课与文章正宗并诵习之，盖诗家之正轨也。学者从此入门，趋向已定？更尽览《品汇》之全编，考镜三唐之正变。然后上则溯源于曹、陆、谢、阮、鲍六七名家，又探索于李、杜大家，以植其根柢；下见则泛滥于宋、元、明诸家，所谓取材富而用意新者，不妨浏览以广其波澜、发其才气。久之，源流洞然，自有得于

性之所近，不必橅唐，不必橅古，亦不必橅宋、元、明，而吾之真诗触境流出，释氏所谓信手拈来，庄子所谓蝼蚁、稊稗、瓦壁无所不在，在此谓悟后境。悟则随吾兴会所之，汉、魏亦可，唐亦可，宋亦可，不汉、不魏、不唐、不宋亦可，无暇橅古人，并无暇避古人，而诗候熟处矣。不则胸无定见，随波而靡；譬一盲之导于前，群盲随之于后，曰左曰右，莫敢自必。乌乎！可哀也已。

（清）宋荦《漫堂说诗》，据上海古籍出版社《清诗话》本

邵长衡

邵长衡（1637—1704），字子湘，号青门山人，江苏武进人。康熙中曾应博学鸿词之召，报罢，入太学，再应京兆试，卒不遇，益纵情山水。著有《八大山人传》《青门剩稿》，编纂《古今韵略》《韵略》《阎典史传》《侯方域传》。

读书养气

闻之先辈曰：夫文者，非仅辞章之谓也，圣贤之文以载道，学者之文蕲弗畔道。故学文者必先浚文之源，而后究文之法。浚文之源者何？在读书，在养气。夫文经道之渊薮也，故读书先于治经。……韩愈氏有言："气，水也，言，浮物也，水大而物之浮者大小毕浮。是故其气盛者，其文畅以醇；其气舒者，其文疏以达；其气矜者，其文砺以纰；其气恶者，其文诐以刓；其气挠者，其文剽以瑕。是故涵泳道德之涂，葡畬六艺之圃，以充吾气也；泊乎寡营，浩乎自得，以舒吾气也；植声气，急标榜，矜吾气者也；投贽干谒，蝇附蚁营，恶吾气者也；应酬辎轄，谀墓攫金，挠吾气者也。此养气之说也。二者所以浚文之源也。

（清）邵长衡《与魏叔子论文书》，据终南山馆校刊《国朝文录》本

石　涛

石涛（1642—1708），原姓朱，名若极，小字阿长，别号很多，如大涤子、清湘老人、苦瓜和尚、瞎尊者，法号有元济、原济等。广西桂林

人,清代著名画家。与弘仁、髡残、朱耷合称"清初四僧"。石涛是中国绘画史上一位十分重要的人物,他既是绘画实践的探索者、革新者,又是艺术理论家。工书法,能诗文。存世作品有《石涛罗汉百开册页》《竹石图》等。著有《苦瓜和尚画语录》。名言有"一画论""搜尽奇峰打草稿""笔墨当随时代"等。

乾旋坤转

规矩者,方圆之极则也;天地者,规矩之运行也。世知有规矩,而不知夫乾旋坤转之义,此天地之缚人于法。人之役法于蒙,虽攘先天后天之法,终不得其理之所存。所以有是法不能了者,反为法障之也。古今法障不了,由一画之理不明。一画明,则障不在目而画可从心。画从心而障自远矣。夫画者,形天地万物者也。舍笔墨其何以形之哉!墨受于天,浓淡枯润随之;笔操于人,勾皴烘染随之。古之人未尝不以法为也。无法则于世无限焉。是一画者,非无限而限之也,非有法而限之也,法无障,障无法。法自画生,障自画退。法障不参。而乾旋坤转之义得矣,画道彰矣,一画了矣。

(清)石涛《画语录·了法章第二》,《石涛画语录》,俞剑华标点注释,人民美术出版社1962年版

无法而法

(清)石涛《画语录·变化章第三》,《石涛画语录》,俞剑华标点注释,人民美术出版社1962年版

受与识

受与识,先受而后识也。识然后受,非受也。古今至明之士,借其识而发其所受,知其受而发其所识。不过一事之能,其小受小识也。未能识一画之权,扩而大之也。夫一画含万物于中。画受墨,墨受笔,笔受腕,腕受心。如天之造生,地之造成,此其所以受也。然贵乎人能尊,得其受而不尊,自弃也;得其画而不化,自缚也。夫受:面者必尊面守之,强而用之,无间于外,无息于内。《易》曰:"天行健,君子以自强不息。"此乃所以尊受之也。

(清)石涛《画语录·尊受章第四》,《石涛画语录》,俞剑华标点注释,人民美术出版社1962年版

物随物蔽 尘随尘交

人为物蔽，则与尘交。人为物使，则心受劳。劳心于刻画而自毁，蔽尘于笔墨而自拘。此局隘人也。但损无益，终不快其心也。我则物随物蔽，尘随尘交，则心不劳，心不劳则有画矣。画乃人之所有，一画人所未有。夫画贵手思，思其一则心有所著而快，所以画则精微之，人不可测矣。想古人未必言此，特深发之。

（清）石涛《画语录·远尘章第十五》，《石涛画语录》，俞剑华标点注释，人民美术出版社1962年版

愚与俗

愚者与俗同识。愚不蒙则智，俗不溅则清。俗因思受，愚因蒙昧。故至人不能不达，不能不明。达则变，明则化。受事则无形，治形则无迹。运墨如已成，操笔如无为。尺幅管天地山川万物而心淡若无者，愚去智生，俗除清至也。

（清）石涛《画语录·脱俗章第十六》，《石涛画语录》，俞剑华标点注释，人民美术出版社1962年版

授与知

墨能栽培山川之形，笔能倾覆山川之势，未可以一丘一壑而限量之也。古今人物无不细悉，必使墨海抱负，笔山驾驭，然后广其用。所以八极之表，九土之变，五岳之尊，四海之广，放之无外，收之无内。世不执法，天不执能，不但其显于画而又显于字。字与画者，其具两端，其功一体。一画者字画先有之根本也，字画者一画后天之经权也。能知经权而忘一画之本者，是由子孙而失其宗支也。能知古今不泯而忘其功之不在人者，亦由百物而失其天之授也。天能授人以法，不能授人以功；天能授人以画，不能授人以变。人或弃法以伐功，人或离画以务变。是天之不在于人，虽有字画，亦不传焉。天之授人也，因其可授而授之，亦有大知而大授，小知而小授也。所以古今字画，本之天而全之人也。自天之有所授而人之大知小知者，皆莫不有字画之法存焉，而又得偏广者也。我故有兼字之论也。

（清）石涛《画语录·兼字章第十七》，《石涛画语录》，俞剑华标点注释，人民美术出版社1962年版

无为而有为

古之人寄兴于笔墨，假道于山川，不化而应化，无为而有为，身不炫而名立，因有蒙养之功，生活之操，载之寰宇，已受山川之质也。以墨运观之，则受蒙养之任；以笔操观之，则受生活之任；以山川观之，则受胎骨之任；以鞟皴观之，则受画变之任；以沧海观之，则受天地之任；以坳堂观之，则受须臾之任；以无为观之，则受有为之任；以一画观之，则受万画之任；以虚腕观之，则受颖脱之任。有是任者，必先资其任之所任，然后可以施之于笔。如不资之，则局隘浅陋，有不任其任之所为。且天之任于山无穷。山之得体也以位，山之荐灵也以神，山之变幻也以化，山之蒙养也以仁，山之纵横也以动，山之潜伏也以静，山之拱揖也以礼，山之纡徐也以和，山之环聚也以谨，山之虚灵也以智，山之纯秀也以文，山之蹲跳也以武，山之峻厉也以险，山之逼汉也以高，山之浑厚也以洪，山之浅近也以小。此山受天之任而任，非山受任以任天也。人能受天之任而任，非山之任而任人也。由此推之，此山自任而任也，不能迁山之任而任也。是以仁者不迁于仁而乐山也。山有是任，水岂无任耶？水非无为而无任也。夫水：汪洋广泽也以德，卑下循礼也以义，潮汐不息也以道，决行激跃也以勇，潆洄平一也以法，盈远通达也以察，沁泓鲜洁也以善，折旋朝东也以志。

（清）石涛《画语录·资任章第十八》，《石涛画语录》，俞剑华标点注释，人民美术出版社1962年版

处处通情，处处醒透，处处脱尘而生活

写画凡未落笔先以神会，至落笔时，勿促迫，勿怠缓，勿陡削，勿散神，勿太舒，务先精思天蒙，山川步伍，林木位置，不是先生树，后布地，入于林出于地也。以我襟含气度，不在山川林木之内，其精神驾驭于山川林木之外。随笔一落、随意一发，自成天蒙。处处通情，处处醒透，处处脱尘而生活，自脱天地牢笼之手归于自然矣。

（清）石涛《石涛画语录》，据人民美术出版社1962年版

廖　燕

廖燕（1644—1705），初名燕生，字梦醒，号柴舟，曲江人。清初具有异端色彩的思想家、文学家，因一介布衣，既无显赫家世，又乏贤达奥援，所以生前死后，均少人知。待道光年间，阮元主修《广东通志》，其集已难寻觅。他一生潦倒，在文学上却颇有成就。其著书收辑为《二十七松堂集》。

性情散而为万物，万物复聚而为性情

余阅十九秋诗，不下数十百卷，最后得山阴李君谦三卷，读之而击节焉。夫四时之序，至秋而一变，万物在秋之中，而吾人又在万物之中，其殆将与秋俱变者欤？虽然，秋，人所同也，物，亦人所同也，而诗则为一人所独异。借彼物理，抒我心胸。即秋而物在，即物而我之性情俱在。然则物非物也，一我之性情变幻而成者也。性情散而为万物，万物复聚而为性情，故一捻髭搦管，即能随物赋形，无不尽态极妍，活现纸上。此则谦三之所为工也。岂非其性情有大异于人者耶？至其与秋为缘，有不与秋而俱尽者，又从可知也已。或曰："十九首皆物耳，曷言秋？"余曰："不然，众人见物而不见秋，吾人则见秋而不见物；非忘物也，物尽变而为秋也。况天地之秋一入吾人胸中，又尽变而为妙理也哉。"噫！可以悟谦三十九秋之诗矣。

（清）廖燕《李谦三十九秋诗题词》，《二十七松堂集》卷八，据廖景黎家藏版本

孔尚任

孔尚任（1648—1718），字聘之，又字季重，号东塘（《随园诗话》作东堂），别号岸堂，自称云亭山人。山东曲阜人，孔子六十四代孙，清初诗人、戏曲家。孔尚任与《长生殿》作者洪昇被并称为"南洪北孔"，被誉为康熙时期照耀文坛的双星。孔尚任继承了儒家的思想传统与学术，

自幼即留意礼、乐、兵、农等学问，还考证过乐律，为戏曲创作打下了音乐知识基础。主要作品有传奇剧《桃花扇》《小忽雷传奇》（与顾彩合作）和杂剧《大忽雷》等。

风、雅、正、变

既得《葛庄诗》，吟不去口，常展案头，拉客共读而指之曰："此诗真，无一皮毛语；此诗新，无一窠臼调；此诗雅，无一粗鄙声；此诗清，无一短订字；此诗趣，无一板腐气。凡古今诗家，平熟无味之意，含糊不了之辞，一概洗除，令读者动心变志，啼笑无端，真如声之震耳，色之眩目，五味之沁舌，兴、观、群、怨，逐首感发而可为学诗准的者。"余适选《长留集》，遂以此冠其端焉。

客曰："温柔敦厚，诗人之旨也。诗虽主于感发，而尤贵乎涵蓄。盛唐以后，此境荡然！操觚者不可不更有以进之也。"余曰："诗存乎人，患其人不文耳，文则未有不温柔者；患其人不质耳，质则未有不敦厚者。至于性灵日新，生意无穷，凡情触于景而无所不言者，感发之谓也；景缠于情而不能尽言者，涵蓄之谓也。非谓平熟含糊剿袭陈腐之语，不痒不痛，自欺欺人，而遽谓之涵蓄也。若持盛唐而薄近代，则人亦将持雅、颂以薄汉、魏。总之，一画以后，文明渐启，自然之运也；虽有圣哲，不敢以一画之浑沦，而薄六经之详明，风、雅变迁，亦若是耳……"

（清）孔尚任《长留集序》，《孔尚任诗文集》卷六，据中华书局1962年版

论诗二道，工和佳

予尝论诗有二道：曰工，曰佳。工者，多出苦吟；佳者，多由快咏。古人谓诗穷而后工，特为工者言耳；而佳诗，则必风流文采，翩翩豪迈，能发庙朝太平之音，较之穷而后工者，有风、雅、正、变之殊焉。盖诗以言性情也，变者之情易见，正者之情难知。吾读储君之诗，丰腴典丽，而更有真气流注其中。他日载笔彤庭，鼓吹休和，必能上追三百篇之旨趣，使学诗者既不沦于穷愁枯寂，又不习为靡缛无生气之言，后此十五国风气，将以海陵为宗矣！不然，海陵之诗虽多，亦奚以为？

（清）孔尚任《山涛诗集序》，《孔尚任诗文集》卷六，据中华书局1962年版

词须乐之文也

夫词，乃乐之文也。情生于文，而声即生于情；凡不能入歌者，皆无情之文也。宫子素所为诗，声调高朗，吾犹把之过日，每行吟于海雾苍茫中；况所谓词，吞吐抑扬情余于文，声溢乎情，虽不解宋人歌词之法，吾以意为其音节，口以传口，耳以传耳，成一代之乐，将自《蘅皋词》始。

（清）孔尚任《蘅皋词序》，《孔尚任诗文集》卷六，据中华书局1962年版

人如桃花

传奇者，传其事之奇焉者也，事不奇则不传。桃花扇何奇乎？妓女之扇也，荡子之题也，游客之画也，皆事之鄙焉者也；为悦己容甲，甘赘面以誓志，亦事之细焉者也；伊其相谑，借血点而染花，亦事之轻焉者也；私物表情，密缄寄信，又事之猥亵而不足道者也。桃花扇何奇乎？其不奇而奇者，扇面之桃花也；桃花者，美人之血痕也；血痕者，守贞待字，碎首淋漓不肯辱于权奸者也；权奸者，魏阉之余孽也；余孽者，进声色，罗货利，结党复仇，隳三百年之帝基者也。帝基不存，权奸安在？惟美人之血痕，扇面之桃花，啧啧在口，历历在目，此则事之不奇而奇，不必传而可传者也。人面耶？桃花耶？虽历千百春，艳红相映，问种桃之道士，且不知归何处矣。较之时优，自然迥别。变死音为活曲，化歌者为文人，只在"能解"二字，解之时义大矣哉！

（清）孔尚任《桃花扇小识》《桃花扇》（王季思、苏寰中校注），人民大学出版社1959年版

君子小人之别

脚色所以分别君子小人，亦有时正色不足，借用丑净者。洁面花面，若人之妍媸然，当赏识于牝牡骊黄之外耳。

（清）孔尚任《桃花扇凡例》《桃花扇》（王季思、苏寰中校注），人民大学出版社1959年版

歌而善

制曲必有旨趣，一首成一首之文章，一句成一句之文章。列之案头，

歌之场上，可感可兴，令人击节叹赏，所谓歌而善也。若勉强敷衍，全无意味，则唱者听者，皆苦事矣。

（清）孔尚任《桃花扇凡例》《桃花扇》（王季思、苏寰中校注），人民大学出版社1959年版

有始有卒，气足神完

全本四十出，其上本首试一出，末闰一出，下本首加一出，末续一出，又全体四十出之始终条理也。有始有卒，气足神完，且脱去离合悲欢之熟径，谓之戏文，不亦可乎？

（清）孔尚任《桃花扇凡例》《桃花扇》（王季思、苏寰中校注），人民大学出版社1959年版

宁不通俗，不肯伤雅

说白则抑扬铿锵，语句整练，设科打诨，俱有别趣。宁不通俗，不肯伤雅，颇得风人之旨。

（清）孔尚任《桃花扇凡例》《桃花扇》（王季思、苏寰中校注），人民大学出版社1959年版

优俗之文之别

旧本说白，止作三分，优人登场，自增七分；俗态恶谑，往往点金成铁，为文笔之累。今说白详备，不容再添一字。篇幅稍长者，职是故耳。

（清）孔尚任《桃花扇凡例》《桃花扇》（王季思、苏寰中校注），人民大学出版社1959年版

费锡璜

费锡璜（1664—1723），字滋衡，一作滋蘅，四川新繁（今新都）人，清代诗人。侨居江都，费密子，子费轩。康熙三十五年（1696）随父会友，作《江舫唱和》诗，满座皆惊，称"凤毛"。与黄叔威、刘静伯结诗社，颇有影响，性格豪放，诗如其人。著有《道贯堂文集》《北征哀叹曲》等。

诗主言情，文主言道

诗主言情，文主言道；诗一言道，则落腐烂。然诗亦有言道者，陆机云："我静如镜，民动如烟。"陶潜云："此中有真意，欲辨已忘言。"杜甫云："舜举十六相，身尊道何高？"各有怀抱。至于宋人则益多，如"月到天心处，风来水面时"，"一阳初动处，万物未生时"，流入卑俗。惟汉人二韦诗及"瓜田不纳履，李下不正冠"为典则也。

（清）费锡璜《汉诗总说》，据上海古籍出版社《清诗话》本

何世璂

何世璂（1666—1729），字澹庵，又字坦园，号铁山，山东新城县陈庄人。五岁日诵千言，邑宿儒王士缇字宛西见而奇之曰：此国器也！是有圣童之誉。七岁即工制艺，经史过目成诵。由廪膳生中康熙甲子第四名经魁。安贫力学。常慕范文正公先忧后乐之言，慨然以经济（经世济民）为己任，授莒州学正。训士以通经砥行，莒人皆知向学。著有《谈志堂文集》《燃灯记闻》等。

时时著意，事事留心

"为诗须要多读书，以养其气；多历名山大川，以扩其眼界；宜多亲名师益友，以充其识见。"璂问曰："是则然矣。但寒士僻处穷巷，无书可读，而又无缘游历名山大川，常憾不得好友之切磋。奈何？"曰："只是当境处莫要放过。时时著意，事事留心，则自然有进步处。"说毕叹曰："吾县风雅衰极，澹庵汝当努力！"

（清）何世璂《然灯记闻》，据上海古籍出版社《清诗话》本

张竹坡

张竹坡（1670—1698），名道深，字自德，号竹坡。徐州人。祖籍浙江绍兴，明代中叶迁居徐州。张竹坡自幼聪颖好学，然而屡试不第。但年

仅二十六便以其超人的文学才华在徐州家中评点《金瓶梅》，写下了十余万余字的评论。后寄居金陵、扬州等地，贫病交加。康熙三十四年（1695）刊刻《皋鹤堂批评第一奇书金瓶梅》，其友张潮化名"谢颐"作序。著有《金瓶梅评点》和诗集《十一草》，《中国通俗小说书目》。

《金瓶梅》乃忠臣孝子之文

做《金瓶梅》之人，若令其做忠臣孝子之文，彼必能又出手眼，摹神肖影，追魂取魄，另做出一篇忠孝文字也。我何以知之？我于其摹写奸夫淫妇知之。

（清）张竹坡《批评第一奇书〈金瓶梅〉读法·五四》，王汝梅、李昭恂、于凤树校点《张竹坡批评金瓶梅》，齐鲁书社1991年版

真者伦常，假者时色

闲尝论之：天下最真者，莫若伦常；最假者，莫若财色。然而伦常之中，如君臣、朋友、夫妇，可合而成；若夫父子、兄弟，如水同源，如木同本，流分枝引，莫不天成。乃竟有假父、假子、假兄、假弟之辈。噫！此而可假，孰不可假？将富贵，而假者可真；贫贱，而真者亦假。富贵，热也，热则无不真；贫贱，冷也，冷则无不假。不谓"冷热"二字，颠倒真假一至于此！然而冷热亦无定矣。今日冷而明日热，则今日真者假，而明日假者真矣。今日热而明日冷，则今日之真者，悉为明日之假者矣。悲夫！本以嗜欲故，遂迷财色，因财色故，遂成冷热，因冷热故，遂乱真假。因彼之假者，欲肆其趋承，使我之真者皆遭其荼毒。所以此书独罪财色也。嗟嗟！假者一人死而百人来，真者一或伤而百难赎。世即有假聚为乐者，亦何必生死人之真骨肉以为乐也哉！

（清）张竹坡《批评第一奇书〈金瓶梅〉·竹坡闲话》，王汝梅、李昭恂、于凤树校点《张竹坡批评金瓶梅》，齐鲁书社1991年版

作者不幸，身遭其难，吐之不能，吞之不可，搔抓不得，悲号无益，借此以自泄。其志可悲，其心可悯矣。故其开卷，即以"冷热"为言，煞末又以"真假"为言。其中假父子矣，无何而有假母女；假兄弟矣，无何而有假弟妹；假夫妻矣，无何而有假外室；假亲戚矣，无何而有假孝子。满前役役营营，无非于假景中提傀儡。噫！识真假，则可任其冷热；守其真，则可乐吾孝悌。然而吾之亲父子已荼毒矣，则奈何？吾之亲手足

已飘零矣,则奈何?上误吾之君,下辱吾之友,且殃及吾之同类,则奈何?是使吾欲孝,而已为不孝之人;欲弟,而已为不悌之人;欲忠欲信,而已放逐谗间于吾君、吾友之则。日夜咄咄,仰天太息,吾何辜而遭此也哉?曰:以彼之以假相聚故也。噫嘻!彼亦知彼之所以为假者,亦冷热中事乎?假子之子于假父也,以热故也。假弟、假女、假友,皆以热故也。彼热者,盖亦不知浮云之有聚散也。未几而冰山颓矣,未几而阀阅朽矣。当世驱已之假以残人之真者,不瞬息而已之真者亦漂泊无依。所为假者安在哉?彼于此时,应悔向日为假所误。然而人之真者,已黄土百年。彼留假傀儡,人则有真怨恨。怨恨深而不能吐,日酿一日,苍苍高天,茫茫碧海,吾何日而能忘也哉!眼泪洗面,椎心泣血,即百割此仇,何益于事!是此等酸法,一时一刻,酿成千百万年,死而有知,皆不能坏。此所以玉楼弹阮来,爱姐抱阮去,千秋万岁,此恨绵绵无绝期矣。故用普净以解冤偈结之。夫冤至于不可解之时,转而求其解,则此一刻之酸,当何如含耶?是愤已百二十分,酸又百二十分,不作《金瓶梅》,又何以消遣哉?甚矣!仁人志士、孝子悌弟,上不能告诸天,下不能告诸人,悲愤鸣唈,而作秽言,以泄其愤。自云含酸,不是撒泼,怀匕囊锤,以报其人,是亦一举。乃作者固自有志,耻作荆、聂,寓复仇之义于百回微言之中,谁为刀笔之利不杀人于千古哉!此所以有《金瓶梅》也。

(清)张竹坡《批评第一奇书〈金瓶梅〉·竹坡闲话》,王汝梅、李昭恂、于凤树校点《张竹坡批评金瓶梅》,齐鲁书社1991年版

又娇儿色中之财,看其在家管库,临去拐财可见。王六儿财中之色,看其与西门交合时,必云做买卖,骗丫头房子,说合苗青。总是借色起端也。

(清)张竹坡《批评第一奇书〈金瓶梅〉读法·一九》,王汝梅、李昭恂、于凤树校点《张竹坡批评金瓶梅》,齐鲁书社1991年版

批《金瓶梅》之桂、银、月儿

然则写桂姐、银儿、月儿诸妓,何哉?此则总写西门无厌,又见其为浮薄立品,市井为习。而于中写桂姐,特犯金莲;写银姐,特犯瓶儿;又见金、瓶二人,其气味声息,已全通娼家。虽未身为倚门之人,而淫心乱行,实臭味相投,彼娼妇犹步后尘矣。其写月儿,则另用香温玉软之笔,见西门一味粗鄙,虽章台春色,犹不能细心领略,故写月

儿,又反衬西门也。

(清)张竹坡《批评第一奇书〈金瓶梅〉读法·二二》,王汝梅、李昭恂、于凤树校点《张竹坡批评金瓶梅》,齐鲁书社1991年版

月娘之罪

《金瓶》写月娘,人人谓西门氏亏此一人内助。不知作者写月娘之罪,纯以隐笔,而人不知也。何则?良人者,妻之所仰望而终身者也。若其夫千金买妾为宗嗣计,而月娘百依百顺,此诚《关雎》之雅,千古贤妇人也。若西门庆杀人之夫,劫人之妻,此真盗贼之行也。其夫为盗贼之行,而其妻不涕泣而告之,乃依违其间,视为路人,休戚不相关,而且自以好好先生为贤,其为心尚可问哉!至其于陈敬济,则作者已大书特书,月娘引贼入室之罪可胜言哉!至后识破奸情,不知所为分处之计,乃白日关门,便为处此已毕。后之逐敬济,送大姐,请春梅,皆随风弄柁,毫无成见;而听尼宣卷,胡乱烧香,全非妇女所宜。而后知"不甚读书"四字,误尽西门一生,且误尽月娘一生也。何则?使西门守礼,便能以礼刑其妻;今止为西门不读书,所以月娘虽有为善之资,而亦流于不知大礼,即其家常举动,全无举案之风,而徒多眉眼之处。盖写月娘,为一知学好而不知礼之妇人也。夫知学好矣,而不知礼,犹足遗害无穷,使敬济之恶归罪于己,况不学好者乎!然则敬济之罪,月娘成之,月娘之罪,西门庆刑于之过也。

(清)张竹坡《批评第一奇书〈金瓶梅〉读法·二四》,王汝梅、李昭恂、于凤树校点《张竹坡批评金瓶梅》,齐鲁书社1991年版

文之情理

做文章,不过是"情理"二字。今做此一篇百回长文,亦只是"情理"二字。于一个人心中,讨出一个人的情理,则一个人的传得矣。虽前后夹杂众人的话,而此一人开口,是此一人的情理;非其开口便得情理,由于讨出这一人的情理方开口耳。是故写十百千人皆如写一人,而遂洋洋乎有此一百回大书也。

(清)张竹坡《批评第一奇书〈金瓶梅〉读法·四三》,王汝梅、李昭恂、于凤树校点《张竹坡批评金瓶梅》,齐鲁书社1991年版

书写人情

其书凡有描写，莫不各尽人情。然则真千百化身现各色人等，为之说法者也。

（清）张竹坡《批评第一奇书〈金瓶梅〉读法·六二》，王汝梅、李昭恂、于凤树校点《张竹坡批评金瓶梅》，齐鲁书社1991年版

各尽人情，各得天道

其各尽人情，莫不各得天道。即千古算来，天之祸淫福善，颠倒权奸处，确乎如此。读之，似有一人亲曾执笔，在清河县前，西门家里，大大小小，前前后后，碟儿碗儿，一记之，似真有其事，不敢谓为操笔伸纸做出来的。吾故曰：得天道也。

（清）张竹坡《批评第一奇书〈金瓶梅〉读法·六三》，王汝梅、李昭恂、于凤树校点《张竹坡批评金瓶梅》，齐鲁书社1991年版

《金瓶》处处体贴人情天理，此是其真能悟彻了，此是其不空处也。

（清）张竹坡《批评第一奇书〈金瓶梅〉读法·一零三》，王汝梅、李昭恂、于凤树校点《张竹坡批评金瓶梅》，齐鲁书社1991年版

沈德潜

沈德潜（1673—1769），字确士，号归愚，江苏苏州府长洲（今江苏苏州）人。清代大臣、诗人、著名学者。作为叶燮门人，沈德潜论诗主"格调"，提倡温柔敦厚之诗教。其诗多歌功颂德之作，但少数篇章对民间疾苦有所反映。所著有《沈归愚诗文全集》，又有《古诗源》《唐诗别裁》《明诗别裁》《清诗别裁》等，流传颇广。

比兴互陈

事难显陈，理难言馨，每托物连类以形之；郁情欲舒，天机随触，每借物引怀以抒之；比兴互陈，反覆唱叹，而中藏之欢愉惨戚，隐跃欲传，其言浅，其情深也。倘质直敷陈，绝无蕴蓄，以无情之语而欲动人之情，难矣。王子击好《晨风》，而慈父感悟；裴安祖讲《鹿鸣》，而兄弟同食；

周盘诵《汝坟》，而为亲从征。此三诗别有旨也，而触发乃在君臣、父子、兄弟，唯其可以兴也。读前人诗而但求训诂，猎得词章记问之富而已，虽多奚为？

（清）沈德潜《说诗晬语》卷上，据上海古籍出版社《清诗话》本

以言载道

或谓八家之文，果皆以言载道，有醇有驳者乎？应之曰："文之与道为一者，理则天人性命，伦则君臣父子，治则礼乐刑政，欲稍增损而不得者，六经四子是也。后此宋五子庶能表章之。余如贾、董、匡、刘、马、班犹且醇驳相参，奈何于唐宗八家遽求其备乎？今就八家言之，固多因事立言，因文见道者，然如昌黎上书时相，不无躁急；柳州论封建，挟私意窥测圣人；庐陵弹狄青，以过激没其忠爱；老泉杂于霸术；东坡论用兵，颍滨论理财，前后发议，自相违背；而南丰、半山于扬雄之仕莽，一以为合于箕子明夷，一以为得乎圣人无可无不可之至意，此尤缪戾之显然者，然则八家之文，亦醇驳参焉者也。"或谓如子言，后之学者，唯应于宋五子书是求，而乃问途于唐宋八家之文则何也？应之曰："宋五子书，秋实也。宋八家之文，春华也。天下无骛春华而弃秋实者。亦即无舍春华而求秋实者。惟从事于韩、柳以下之文而熟复焉，而深造焉，将怪怪奇奇，浑涵变化与夫纡余深厚、清峭遒折，悉融会于一心一手之间，以是上窥贾、董、匡、刘、马、班，庶可纵横贯穿而摩其垒者，夫而后去华就实，归根返约宋五之学行，且徐驱而輗其庭矣。若舍华就实，而徒敝敝焉约取夫朴学之指归，穷其流弊，恐有等于兽皮之鞲者，吾未见兽皮之鞲或贤于虚车之饰者也。"

（清）沈德潜《唐宋八家文序》，《归愚文钞》卷十一，据乾隆刻本

意中有不言，借韵语以传之

古人意中有不得不言之隐，借有韵语以传之。如屈原"江潭"、伯牙"海上"、李陵"河梁"、明妃"远嫁"，或慷慨吐臆，或沉结含凄，长言短歌，俱成绝调。若胸无感触，漫尔抒词，纵辩风体，枵然无有。

（清）沈德潜《说诗晬语》卷上，人民文学出版社1979年版

薛　雪

薛雪（1681—1770），字生白，号一瓢，又号槐云道人、磨剑道人、牧牛老朽。江苏吴县人，与叶桂同时而齐名。早年游于名儒叶燮之门，诗文俱佳，又工书画，善拳技。后因母患湿热之病，乃肆力于医学，技艺日精。所著《湿热病篇》即成传世之作，于温病学贡献甚大，另有《膏丸档子》（专刊稿）、《伤科方》、《薛一瓢疟论》（抄本）等。

胸襟载性情智慧

作诗必先有诗之基，基即人之胸襟是也。有胸襟然后能载其性情智慧，随遇发生，随生即盛。千古诗人推杜浣花，其诗随所遇之人、之境、之事、之物，无处不发其思君王、忧祸乱、悲时日、念友朋、吊古人、怀远道，凡欢愉、忧愁、离合、今昔之感，一一触类而起，因遇得题，因题达情，因情敷句，皆因浣花有其胸襟以为基。如时雨一过，夭矫百物，随地而兴，生意各别，无不具足。

（清）薛雪《一瓢诗话·三》，人民文学出版社 1979 年版

学问深，品量高，心术正

好浮名不如好实学。岂有实学而名不远者乎？师今人不如师古人。岂有古人而今人能胜之者乎？古人学问深，品量高，心术正，其著作能振一时，垂万世。今人万万不及古人者，即据一端可见矣。古人爱才如命，其人稍有一长，即推崇赞叹，不避寒暑。今人则惟恐一人出我之上，媢嫉挤排，不遗余力。

（清）薛雪《一瓢诗话·五六》，人民文学出版社 1979 年版

李重华

李重华（1682—1755），字实君，号玉洲，江苏吴江人，清代进士。少有俊才，从张大受游。生平游迹，历蜀秦齐楚，登临凭吊，发而为诗，

颇得江山之助。重华颇长于诗，能推求言外之意。时以古文名，重华以诗名，当时莫能轩轾。著有《贞一斋集》，及《诗话》二卷，《三经附义》六卷，（均清史列传）等。

诗之性情

诗之音节，不外哀乐二端。乐者定出和平，哀者定多感激。更辨所关巨细，分其高下洪纤，使兴会胥合，自然神理，胥归一致。即乐者使人起舞，哀者使人泣下，所谓"意惬关飞动"也。

（清）李重华《贞一斋诗说》，据上海古籍出版社《清诗话》本

诗之境，读万卷，皆可明

诗之淳古境地，必至读破万卷后含蕴出来；若袭取之，终成浅薄家数。多读书非为搬弄家私，震川谓善读书者，养气即在其内，故胸多卷轴，蕴成真气，偶有所作，自然臭味不同。

（清）李重华《贞一斋诗说》，据上海古籍出版社《清诗话》本

诗之性情

诗有性情，有学问。性情须静功涵养，学问须原本六经。不如此，恐浮薄才华，无关六义。

（清）李重华《贞一斋诗说》，据上海古籍出版社《清诗话》本

邹一桂

邹一桂（1686—1772），字原褒，号小山，又号让卿，晚号二知老人，江苏无锡人。清代画家。雍正五年二甲第一名进士，授翰林院编修。历官云南道监察御史、贵州学政、太常寺少卿、大理寺卿、礼部侍郎，官至内阁学士。擅画花卉，学恽寿平画法，风格清秀。曾作《百花卷》，每种赋诗，一经进呈，皇上亦赐题绝句百篇，一桂复写一卷，恭录御制于每种之前，而书己作于后，藏于家。著有《小山画谱》《大雅续稿》。

以万物为师，以生机为运

昔人论画，详山水而略花卉，非轩彼而轻此也。花卉盛于北宋，而徐

黄未能立说，故其法不传。

要之画以象形，取之造物，不假师传。自临摹家专事粉本，而生气索然矣。今以万物为师，以生机为运，见一花一萼，谛视而熟察之，以得其所以然，则韵致风采，自然生动，而造物在我矣。譬如画人，耳目口鼻须眉，一一俱肖，则神气自出，未有形缺而神全者也。

（清）邹一桂《小山画谱》，据《历代论画名著汇编》本

知人

三曰知人。天地化育，人能赞之。凡花之人画者，皆剪裁培植而成者也。菊非删植则繁衍而潦倒，兰非服盆则叶蔓而纵横。嘉木奇树，皆由裁剪，否则权枒不成景矣。或依阑傍砌，或绕架穿篱，对节者破之，狂直者曲之。至染药以变其色，接根以过其枝。播种早晚，则花发异形；攀折损伤，则花无神采。欲使精神满足，当知培养功深。

（清）邹一桂《小山画谱》，据《历代论画名著汇编》本

知物

四曰知物。物感阴阳之气而生，各有所偏：毗阳者花五出，枝叶必破节而奇；毗阴者花四出六出，枝叶必对节而偶。此乾道坤道之分也。春花多粉色，阳之初也；夏花始有蓝翠，阴之象也。花之苞蒂须心，各各不同：有有苞无蒂者，有有苞有蒂者，有有蒂无苞者，有无苞无蒂者，有有心无须者，有有心有须者。花叶不同，干亦各异，梅不同于杏，杏不同于桃，推之物物皆然。一树之花千朵千样，花之瓣瓣瓣不同。千叶不过数群，纵阔宜加横小。刺不加于花项，禽岂集于棘丛？草花有方干之不同，折枝无蜂蝶之来采。牡丹开时，不宜多生萌蘖；蜡梅放候，偶然干叶离披。新枝方可着花，老干从无附萼。欲穷神而达化，比格物以致知。

（清）邹一桂《小山画谱》，据《历代论画名著汇编》本

笔之雅俗，本于性生

笔之雅俗，本于性生，亦由于学习。生而俗者不可医，习而俗者犹可救。俗眼不识，但以颜色鲜明繁华、富贵者为妙，而强为知识者，又以水墨为雅，以脂粉为俗，二者所见略同。不知画固有浓脂艳粉而不伤于雅，

淡墨数笔而无解于俗者，此中得失，可为知者道耳。

（清）邹一桂《小山画谱》，据《历代论画名著汇编》本

程廷祚

程廷祚（1691—1767），初名默，字启生，号绵庄，又号清溪居士，上元（今江苏南京）人。清代学者、史学家。初识武进恽鹤生，始闻颜元、李塨之学。康熙庚子岁，塨南游金陵，廷祚屡过问学。读颜氏《存学编》后谓："为颜氏其势难于孟子，其功倍于孟子。"于是力秉异说，以颜氏为主，而参以顾炎武、黄宗羲。故其读书极博，而皆归于实用。著有《易通》《尚书通议》《青溪诗说》等。

风雅之变

声韵之文，诗最先作，至周而体分六义焉。其二曰赋。战国之季，屈原作《离骚》，传称为贤人失志之赋。班孟坚云："赋者，古诗之流也。"然则诗也，骚也，赋也，其名异也，义其同乎？古之为诗也，风行于邦国，雅颂施于朝廷。情动于中而形于言，其用有赋与比兴之分。总其大要，有陈情与志者焉，有体事与物者焉。屈子之作，称尧、舜之耿介，讥桀、纣之昌披，以寓其规讽；誓九死而不悔，嗟黄昏之改期，以致其忠怨；近于诗之陈情与志者矣。若夫体事与物，风之《驷铁》，雅之《车攻》、《吉日》，畋猎之祖也，《斯干》、《灵台》，宫殿苑囿之始也；《公刘》之"豳居允荒"，《绵》之"至于岐下"，京都之所由来也。至于鸟兽草木之咏，其流浸以广矣。故诗者，骚赋之大原也。

（清）程廷祚《骚赋论上》，《青溪集》卷三，据《金陵丛书》本

风雅以民风君德而变

或曰：风雅中之有变也，非以有刺诗之故耶？曰：风雅有变，以民风君德而言，可也。民风君德变矣，而有刺诗，则变而不失其正。《葛屦》之诗曰："维是褊心，是以为刺。"然则诗人自不讳刺，而诗之本教，盖在于是矣。胡可以不察耶？王、魏、唐、秦四国无刺淫之篇，魏与唐皆始之以俭啬，其继也，魏亡于虐政，晋乱于争篡，是俭啬之无害于人国也。

琴有岐西，获周之遗民遗俗，《驷铁》《小戎》《终南》诸篇，骎骎乎由风而升于颂矣。季子曰："此之谓夏声。"能夏则大。至其盛衰之本，则君子于《小戎》《无衣》见秦之招八州而朝同列；于《黄鸟》《北林》见秦之二世而亡。诗可以观，诚哉圣人之言与！

（清）程廷祚《诗论六·刺诗之由》，《青溪集》卷一，据《金陵丛书》本

汉儒言诗，美刺二端

汉儒言诗，不过美刺二端。国风小雅为刺者多，大雅则美多而刺少，岂其本原固有不同者与？夫先王之世，君臣上下有如一体。故君上有令德令誉，则臣下相与诗歌以美之。非贡谀也，实爱其君有令德令誉而欣豫之情发于不容已也。或于颂美之中，时寓规谏，忠爱之至也。其流风遗韵，结于士君子之心，而形为风俗，故遇昏主乱政，而欲救之，则一托之于诗。《序》曰："主文而谲谏，言之者无罪，闻之者足以戒。"然则刺诗之作，亦何往而非忠爱之所流播乎？是故非有爱君之心，则天保既醉，只为奉上之谀词。诚有爱君之心，则虽国风之刺奔刺乱，无所不剀，亦犹人子孰谏父母而涕泣随之也。

晦庵于刺诗尤恶《小序》之论国风，以为使人疑其轻躁险薄，害于温柔敦厚之教。此不揣其本而欲齐其末也。夫圣人以诗为教，必曰三百，则必唯二雅方为温柔教厚也。以今考之，晦庵所为嘻笑怨怼者，小雅已多有之。若《民劳》《板》《荡》之篇、《瞻卬》《召旻》之作，其在大雅者，有犯无隐，初未逞问其君之可受也。至列国封土，厚薄缓急不齐，其诗固不能无纯驳。然先王之泽未远，贤人君子莫不怀忠君爱国之心。《序》曰："国史明乎得失之迹，伤人伦之废，哀刑政之苛，吟咏性情，以风其上，达于事变而怀其旧俗者也。"其论不亦善乎！而何轻躁险薄之可疑。

（清）程廷祚《诗论十三·再论刺诗》，《青溪集》卷二，据《金陵丛书》本

赋与骚原于诗

或曰：赋与骚异，则吾既得闻教矣。然则赋不可以宗骚乎哉？曰：不然也。赋与骚虽异体，而皆原于诗。骚出于变风雅而兼有赋比兴之义，故

于诗也为最近。其声宜于衰晚之世，宜于寂寞之野，宜于放臣弃子之愿悟其君父者。至于赋之为用，固有大焉，以其作于骚之后，故体似之，而义则又裁乎诗人之一义也。昔商、周之作者，以圣贤之才，作为篇咏，盛则宜其平和之响，变则发其哀愤之音，下起于闺门之私，而上荐于郊庙，千古以来，有能五"四始"而七"六义"者乎？不能也。骚由乎是，赋亦由乎是，又何疑乎赋之不可以宗骚也。

且骚之近于诗者，能具恻隐，含风谕。故观其述逸邪之害，则庸主为之动色；叙流离之苦，则悼夫为之改容；伤公正之陵迟，则义士莫不于邑。至于赋家，则专于侈丽闳衍之词，不必裁以正道，有助于淫靡之思，无益于劝戒之旨，此其所短也。

善乎！扬子云曰："诗人之赋丽以则，词人之赋丽以淫。"以理胜者，虽则弗丽；以词胜者，虽丽弗则；不则不丽，作者不为也。长卿《上林》终以颓墙填堑，子云《甘泉》称屏玉女而却宓妃，虽云曲终雅奏，犹有讽谏之遗意焉。后之君子，详其分合之由，察其升降之故，辨其邪正之归，上祖风雅，中述《离骚》，下尽乎宋玉、相如、扬雄之美，先以理而后以词，取其则而戒其淫，则可以继诗人之来，而列于作者之林矣。

（清）程廷祚《骚赋论下》，《青溪集》卷三，据金陵丛书本

黄子云

黄子云（1691—1754），字士龙，号野鸿。江苏昆山人，居吴县。少有俊才，诗名甚著，与吴嘉纪、徐兰、张锡祚合称为"四大布衣"。著有《四书质疑》《诗经评勘》《野鸿诗稿》《长吟阁诗集》。

情志者，诗之根柢也

一曰诗言志，又曰诗以导情性。则情志者，诗之根柢也；景物者，诗之枝叶也。根柢，本也；枝叶，末也。《三百篇》下迄汉、魏、晋，言情之作居多，虽有鸟兽草木，藉以兴比，非仅描摹物象而已。迨元嘉时，鲍、谢二公为之倡，风气一变；嗣后仿效者情景参半，历梁、陈而专尚月露风云。及唐初沈、宋诸君子出，相与振兴元古，崇尚清真，风气复一

变。沿至中、晚，又转而为梁、陈矣。宋以后无讥焉。

（清）黄子云《野鸿诗稿》，《清诗话》下册，据中华书局本

郑板桥

郑板桥（1693—1766），原名郑燮，字克柔，号理庵，又号板桥，人称板桥先生，江苏兴化人，祖籍苏州。清代书画家、文学家。康熙秀才，雍正十年举人，乾隆元年（1736）进士。官山东范县、潍县县令，政绩显著，后客居扬州，以卖画为生，是"扬州八怪"重要代表人物。郑板桥一生只画兰、竹、石，自称"四时不谢之兰，百节长青之竹，万古不败之石，千秋不变之人"。其诗书画，世称"三绝"，是清代比较有代表性的文人画家。代表作品有《修竹新篁图》《清光留照图》《兰竹芳馨图》《甘谷菊泉图》《丛兰荆棘图》等，著有《郑板桥集》。

画竹之法，不为俗屈

画竹之法，不贵拘泥成局，要在会心深神，所以梅道人能超最上乘也。盖竹之体，瘦劲孤高，枝枝傲雪，节节干霄，有似乎士君子豪气凌云，不为俗屈。故板桥画竹，不特为竹写神，亦为竹写生。瘦劲孤高，是其神也；豪迈凌云，是（其）生也；依于石而不囿于石，是其节也；落于色相而不滞于梗概，是其品也。

（清）郑板桥《题兰竹石二十三则》，《郑板桥集》，中华书局1962年版

慎题目，端人品

作诗非难，命题为难。题高则诗高，题矮则诗矮，不可不慎也。少陵诗高绝千古，自不必言，即其命题，已早据百尺楼上矣。通体不能悉举，且就一二言之：《哀江头》、《哀王孙》，伤亡国也；《新婚别》、《无家别》、《垂老别》、《前后出塞》诸篇，悲戍役也；《兵车行》、《丽人行》，乱之始也；《达行在所》三首，庆中兴也；《北征》、《洗兵马》，喜复国望太平也。只一开卷，阅其题次，一种忧国忧民忽悲忽喜之情，以及宗庙丘墟，关山劳戍之苦宛然在目。其题如此，其此有不痛心入骨者乎！至于往来赠答，杯酒淋漓，皆一时豪杰，有本有用之人，故其诗信当时，传后

世，而必不可废。……近世诗家题目，非赏花即宴集，非喜唔即赠行，满纸人名，某轩某园，某亭某斋，某楼某岩，某村某墅，皆市井流俗不堪之子，今日才立别号，明日便上诗笺。其题如此，此诗可知；其诗如此，其人品可知。吾弟欲从事于此，可以终岁不作，不可以一字苟吟。慎题目，所以端人品，历风教也。

（清）郑板桥《范县署中寄舍弟墨第五书》，《郑板桥集》，中华书局1962年版

得志则加之于民，不得志则独善其身

文章有大乘法，有小乘法。大乘法易而有功，小乘法劳而无谓。《五经》、《左》、《史》、《庄》、《骚》、贾、董、国、刘、诸葛武乡侯、韩、柳、欧、曾之文，曹操、陶潜、李、杜之诗，所谓大乘法也。理明词畅，以达天地万物之情，国家得失兴废之故。读书深，养气足，恢恢游刃有余地矣。六朝靡丽，徐、庾、江、鲍、任、沈，小乘法也。取青配紫，用七谐三，一字不合，一句不酬，拈断黄须，翻空二酉。究何与于圣贤天地之心，万物生民之命？凡所谓锦绣才子者，皆天下之废物也，而况未必锦绣者乎！此真所谓劳而无谓者矣。

且夫读书作文者，岂仅文之云尔哉？将以开心明理，内有养而外有济也。得志则加之于民，不得志则独善其身；亦可以化乡党而教训子弟。切不可趋风气，如扬州人学京师穿衣戴帽，才赶得上，他又变了。何如圣贤精义，先辈文章，万世不祧也。

（清）郑板桥《与江宾谷、江禹九书》，《郑板桥集补遗》，中华书局1962年版

徐大椿

徐大椿（1693—1771），原名大业，字灵胎，号洄溪，江苏吴江（今苏州市吴江区）人。性通敏，喜豪辩。自《周易》《道德》《阴符》家言，以及天文、地理、音律、技击等无不通晓，尤精于医。大椿著书颇多，有《兰台轨范》《医学源流论》《论伤寒类方》等，都为医学之籍。他的歌曲有《洄溪道情》三十余首。

古之帝王圣哲，所以象功昭德，陶情养性之本

又数十年来，学士大夫全不究心，将来不知何所底止，嗟夫！乐之道久已丧失，犹存一线于唱曲当中，而又日即消亡，余用悯焉，爰作传声法若干篇，借北曲以立论，从其近也；而南曲之口法，亦不外是焉。古人作乐，皆以人声为本，书曰："诗言志；歌咏言；声依咏；律和声。"人声不可辨，虽律吕何以和之，故人声存而乐之本自不没于天下。传声者，所以传人声也，其事若微而可缓，然古之帝王圣哲，所以象功昭德，陶情养性之本，实不外是。此学问之大端，而盛世之所必讲者也。

（清）徐大椿《乐府传声·序》，《中国古典戏曲论著集成·七》，中国戏曲出版社1982年版

作词之道法

古人分立宫调，各有凿凿不可移易之处。其渊源不可得而寻，而其大旨，犹可按词而求之者，如：黄钟调，唱得富贵缠绵；南吕调，唱得感叹悲伤之类。其声之变，虽系人之唱法不同，实由此调之平仄阴阳，配合成格，适成其富贵缠绵，感叹悲伤，而词语事实，又与之合，则宫调与唱法须得矣。故古人填词，遇富贵缠绵之事，则用黄钟宫，遇感叹悲伤之事，则用南吕宫，此一定之法也。后世填词家，不明此理，将富贵缠绵之事，亦用南吕调，遇感叹悲伤之事，亦用黄钟调，使唱者从调则与事违，从事则与调违，此作词者之过也。若词调相合，而唱者不能寻宫别调，则咎在唱者矣。近来传奇，合法者虽少，而不甚相反者尚多，仍宜依本调如何音节，唱出神理，方不失古人配合宫调之本，否则尽忘其所以然，而宫调为虚名矣。

（清）徐大椿《乐府传声·宫调》，《中国古典戏曲论著集成·七》，中国戏曲出版社1982年版

刘大櫆

刘大櫆（1698—1779），字才甫，一字耕南，号海峰，安徽桐城人。清代中期古文家、诗人，被誉为"桐城三祖"之一，是继方苞之后桐城派的中坚人物。刘大櫆早年抱"明经致用"之志，后在江畔故居聚徒讲

学。著有《海峰先生文集》《论文偶记》《海峰先生诗集》等。

行文之道，神为主，气辅之

行文之道，神为主，气辅之。曹子桓、苏子由论文，以气为主，是矣。然气随神转，神浑则气灏，神远则气逸，神伟则气高，神变则气奇，神深则气静，故神为气之主。至专以理为主者，则犹未尽其妙也。盖人不穷理读书，则出词鄙倍空疏；人无经济，则言虽累牍，不适于用。故义理、书卷、经济者，行文之实；若行文自另是一事。譬如大匠操斤，无土木材料，纵有成风尽垩手段，何处设施？然即土木材料，而不善设施者甚多，终不可为大匠。故文人者，大匠也；神气音节者，匠人之能事也；义理、书卷、经济者，匠人之材料也。

古人文字最不可攀处，只是文法高妙。

神者，文家之宝。文章最要气盛，然无神以主之，则气无所附，荡乎不知其所归也。神者气之主，气者神之用。神只是气之精处。

古人文章可告人者惟法耳。然不得其神而徒守其法，则死法而已。要在自家于读时微会之。李翰云："文章如千军万马；风恬雨霁，寂无人声。"此语最形容得气好。论气不论势，文法总不备。

文章最要节奏；譬之管弦繁奏中，必有希声窈渺处。

神气者，文之最精处也；音节者，文之稍粗处也；字句者，文之最粗处也。然论文而至于字句，则文之能事尽矣。盖音节者，神气之迹也；字句者，音节之矩也。神气不可见，于音节见之；音节无可准，以字句准之。

音节高则神气必高，音节下则神气必下，故音节为神气之迹。一句之中，或多一字，减少一字；一字之中，或用平声，或用仄声；同一平字仄字，或用阴平、阳平、上声、去声、入声，则音节迥异，故字句为音节之矩。积字成句，积句成章，积章成篇，合而读之，音节见矣；歌而咏之，神气出矣。

（清）刘大櫆《论文偶记》舒芜校点，据人民文学出版社排印本

吴敬梓

吴敬梓（1701—1754），字敏轩，号粒民，安徽全椒人，祖籍浙江温

州。晚年自称"文木老人""秦淮寓客"。清代文学家。吴敬梓出身缙绅世家，幼年聪颖，善于记诵。早年生活豪纵，初入学为生员，后屡困科场，家业衰落，经历世态炎凉之苦。乾隆初荐举博学鸿词，托病不赴，晚年研究经学，穷困以终。精熟《文选》，工诗词散文，诗赋援笔立成。著有《儒林外史》《文木山房诗文集》《文木山房诗说》等。

《儒林外史》摹绘世故人情

士人束发受书，经史于集，浩如烟海，博观约取，曾有几人？惟稗官野史，往往爱不释手。其结构之佳者，忠孝节义，声情激越，可师可敬，可歌可泣，顾足兴起百世观感之心；而描写奸佞，人人唾骂，视经籍牖人为尤捷焉。至或命意荒谬，用笔散漫，街谈巷语，不善点化，斯亦不足观也已！

《儒林外史》一书，摹绘世故人情，真如铸鼎象物，魑魅魍魉，毕现尺幅；而复以数贤人砥柱中流，振兴世教。其写君子也，如睹道貌，如闻格言；其写小人也，窥其肺肝，描其声态，画图所不能到者，笔乃足以达之。评语尤为曲尽情伪，一归于正。其云："慎勿读《儒林外史》，读之乃觉身世酬应之间，无往而非《儒林外史》。"斯语可谓是书的评矣！

余素喜披览，辄加批注，屡为友人攫去。近年原版已毁，或以活字排印，惜多错误。偶于故纸摊头得一旧帙，兼有增批，闲居无事，复加补辑，顿成新观，坊友请付手民。余惟是书善善恶恶，不背圣训。先贤不云乎"见贤思齐焉，见不贤而内自省也"。读者以此意求之《儒林外史》，庶几稗官小说亦如经籍之益人，而足以兴起观感，未始非世道人心之一助云尔。

（清）吴敬梓《儒林外史序》，据增补齐省堂《儒林外史》本

袁守定

袁守定（1705—1782），字叔论，号易斋，晚号渔山翁，丰城县（今江西丰城市）人。袁守定擅诗，以五言律见长，题材以为民疾、勤劳之事，其《莅民诗》多体察民情与咏赞乡村生活。蒋士铨评其《游岳麓寺》诗为"炼字大方，是老杜本事"。著有《雪上诗说》《图民录》《占

毕丛谈》等。

文章之道，遭际兴会，摅发性灵

文章之道，遭际兴会，摅发性灵，生于临文之顷者也。然须平日餐经馈史，霍然有怀，对景感物，旷然有会，尝有欲吐之言，难遏之意，然后拈题泚笔，忽忽相遭，得之在俄顷，积之在平日，昌黎所谓有诸其中是也。舍是虽刳精竭虑，不能益其胸中之所本无，犹谈珠于渊而渊本无珠，采玉于山而山本无玉，虽竭渊夷山以求之，无益也。

（清）袁守定《谈文》，《占毕丛谈》卷五，据光绪重校刻本

汪师韩

汪师韩（1707—1774），字抒怀，号韩门，浙江钱塘（今杭州）人。师韩年少时就工诗善文，名闻四方。通籍后，习国书，作《龙书赋》五十韵，李绂极为叹异，携入《八旗志》书馆存档。中年以后，一意穷经，诸经皆有著述，于易尤邃。著有《观象居易传笺》《孝经约义》《诗学纂闻》《诗四家故训》等。

诵其诗，知其人

古今人说诗多端，约举之则惟三有已耳：其始作也有感焉；诗以言志，而理性情也；后人兢兢于五忌八病，或日课一篇，或共叠一韵，有无病而呻吟者矣，有在戚而嘉容者矣，志不存，性情不见也。其方作也有义焉，《周官》大师教六诗：曰风，曰赋，曰比，曰兴，曰雅，曰颂；大序谓之六义。有是义，则兴于诗、学夫诗，汉、魏、唐、宋之诗，皆可兴，皆可学也；无其义，则赋之言铺，颂之言诵，两言尽矣，比、兴、风、雅阙如也。六阙其四，未有其两独存者也。……其既成章也有我焉，一人有一人之诗，一时有一时之诗，故诵其诗，可以知其人，论其世也，若彼我之无分，后先之如一，阐阓混混，诗奚以进于经史哉？

（清）汪师韩《诗学纂闻》，据中华书局《清诗话》本

爱新觉罗·弘历

爱新觉罗·弘历（1711—1799），清朝第六位皇帝，定都北京之后的第四位皇帝。年号"乾隆"，寓意"天道昌隆"。在位六十年，禅位后又继续训政，实际行使最高权力长达六十三年零四个月，是中国封建社会一位赫赫有名的皇帝。乾隆帝在位期间，实行"因俗而治"的民族政策。汉学得到了很大的发展，开博学鸿词科，修《四库全书》；同时民间艺术有很大发展，如京剧就开始形成于乾隆年间。著有《乐善堂全集》《御制诗》《御制文》等。

世道人心

观乎人文，以化成天下，文之时义大矣哉！……至唐起八代之衰，彬彬郁郁，以文辅治，用昭立言极则，非徒猎取科名之具也。世道人心，日流日下，舍正取邪者，不可胜数，良可慨也。故予辑斯全唐文，示士林之准则，正小民之趋向也。书内存释、道诸文四十余卷，非二氏之学乎？殊不知今日奸恶之徒，创为邪书，蛊惑痴愚，并二氏之不若也。文章为政事之大本，从身心性命中发出，所谓言者心之声也。正人所言皆正，所行皆正。

（清）爱新觉罗·弘历（清高宗）《读全唐文》，据中华书局《全唐文纪事》本

曹雪芹

曹雪芹（约1715—约1763），名霑，字梦阮，号雪芹，又号芹溪、芹圃，祖籍存在争议（辽宁辽阳、河北丰润或辽宁铁岭），出生于江宁（今南京），曹雪芹出身清代内务府正白旗包衣世家，他是江宁织造曹寅之孙，曹頫之子（一说曹顒之子）。其作《红楼梦》规模宏大，结构严谨，塑造了丰富的人物形象，在伦理选择、伦理禁忌、伦理环境等方面体现出其强烈的伦理责任。著有小说《红楼梦》。

取事体情理

但我想，历来野史，皆蹈一辙，莫如我这不借此套者，反倒新奇别致，不过只取其事体情理罢了，又何必拘拘于朝代年纪哉！再者，市井俗人喜看理治之书者甚少，爱适趣闲文者特多。历来野史，或讪谤君相，或贬人妻女，奸淫凶恶，不可胜数。更有一种风月笔墨，其淫秽污臭，屠毒笔墨，坏人子弟，又不可胜数。至若佳人才子笔书，则又千部共出一套，且其中终不能不涉于淫滥，以致满纸潘安、子建、西子、文君，不过作者要写出自己的那两首情诗艳赋来，故假拟出男女二人名姓，又必旁出一小人其间拨乱，亦如剧中之小丑然。且鬟婢开口即者也之乎，非文即理。故逐一看去，悉皆自相矛盾、大不近情理之话，竟不如我半世亲睹亲闻的这几个女子，虽不敢说强似前代书中所有之人，但事迹原委，亦可以消愁破闷；也有几首歪诗熟话，可以喷饭供酒。至若离合悲欢，兴衰际遇，则又追踪蹑迹，不敢稍加穿凿，徒为供人之目而反失其真传者。

（清）曹雪芹《红楼梦》第一回，人民文学出版社 2000 年版

取形勿失其神

取形勿失其神，写其前须知舍其后。画其左不能兼其右，动者动之，静者静之，轻重有别，失之必倾。高低不等，违之乱形。近者清晰，纤毫可辨；远者隐约，涵蓄适中，理之必然也。

（清）曹雪芹《山由里湖中琐艺》，据上海古籍出版社《红楼梦学刊》1979 年第一辑

袁　枚

袁枚（1716—1798），字子才，号简斋，晚年自号仓山居士、随园主人、随园老人。钱塘（今浙江杭州市）人，祖籍浙江慈溪。清朝乾嘉时期代表诗人、散文家、文学批评家和美食家。袁枚少有才名，擅长写诗文。倡导"性灵说"，主张诗文审美创作应该抒写性灵，要写出诗人的个性，表现其个人生活遭际中的真情实感，与赵翼、蒋士铨合称为"乾嘉三大家"（或"江右三大家"），又与赵翼、张问陶并称"性灵派三大家"，

为"清代骈文八大家"之一。文笔与大学士直隶纪昀齐名,时称"南袁北纪"。主要传世的著作有《小仓山房文集》《随园诗话》及《随园诗话补遗》《随园食单》等。

格律

杨诚斋曰:"从来天分低拙之人,好谈格调,而不解风趣。何也?格调是空架子,有腔口易描;风趣专写性灵,非天才不办。"余深爱其言。须知有性情,便有格律;格律不在性情外。《三百篇》半是劳人思妇率意言情之事;谁为之格?谁为之律?而今之谈格调者,能出其范围否?况皋、禹之歌,不同乎《三百篇》;《国风》之格,不同乎《雅》《颂》:格岂有一定哉?许浑云:"吟诗好似成仙骨,骨里无诗莫浪吟。"诗在骨不在格也。

(清)袁枚《随园诗话》卷一,人民出版社1982年版

有我与无我

为人,不可以有我,有我,则自恃恨用己病多,孔丁所以"无固""无我"也。作诗,不可以无我,无我,则剿袭敷衍之弊大,韩昌黎所以"惟古于词必己出"也。北魏祖莹云:"文章当自出机杼,成一家风骨,不可寄人篱下。"

(清)袁枚《随园诗话》卷七,人民出版社1982年版

诗需有干有华,有骨有肉

诗有干无华,是枯木也。有肉无骨,是夏虫也。有人无我,是傀儡也。有声无韵,是瓦缶也。有直无曲,是漏卮也。有格无趣,是土牛也。

(清)袁枚《随园诗话》卷七,人民出版社1982年版

诗之性情

无题之诗,天籁也;有题之诗,人籁也。天籁易工,人籁难工。《三百篇》《古诗十九首》,皆无题之作,后人取其诗中首面之一二字为题,遂独绝千古。汉、魏以下,有题方有诗,性情渐漓。至唐人有五言八韵之试帖,限以格律,而性情愈远。且有"赋得"等名目,以诗为诗,犹之以水洗水,更无意味。从此,诗之道每况愈下矣。余幼有句云:"花如有

子非真色,诗到无题是化工。"略见大意。

(清)袁枚《随园诗话》卷七,人民出版社1982年版

诗难之真雅

诗难其真也,有性情而后真;否则敷衍成文矣。诗难其雅也,有学问而后雅;否则俚鄙率意矣。太白斗酒诗百篇,东坡嬉笑怒骂,皆成文章;不过一时兴到语,不可以词害意。若认以为真,则两家之集,宜塞破屋子;而何以仅存若干?且可精选者,亦不过十之五六。人安得恃才而自放乎?惟糜惟芑,美谷也,而必加舂揄扬簸之功;赤堇之铜,良金也,而必加千辟万灌之铸。

(清)袁枚《随园诗话》卷七,人民出版社1982年版

东坡之诗有才而无情

东坡诗有才而无情,多趣而少韵,由于天分高,学力浅也。有起而无结,多刚而少柔,验其知遇早晚景穷也。

(清)袁枚《随园诗话》卷七,人民出版社1982年版

兴观群怨,温柔敦厚

孔子论诗,但云:"兴观群怨。"又云:"温柔敦厚。"足矣。孟子论诗,但云:"以意逆志。"又云:"言近而指远。"足矣。不料今之诗流,有三病焉:其一,填书塞典,满纸死气,自矜淹博。其一,全无蕴藉,矢口而道,自夸真率。近又有讲声调而圈平点仄以为谱者,戒蜂腰、鹤膝、叠韵、双声以为严者,栩栩然矜独得之秘。不知少陵所谓:"老去渐于诗律细。"其何以谓之律?何以谓之细?少陵不言。元微之云:"欲得人人服,须教面面全。"其作何全法,微之亦不言。盖诗境甚宽,诗情甚活,总在乎好学深思,心知其意,以不失孔、孟论诗之旨而已。必欲繁其例,狭其径,苛其条规,桎梏其性灵,使无生人之乐,不已慎乎!唐齐已有《风骚旨格》,宋吴潜溪有《诗眼》,皆非大家真知诗者。

(清)袁枚《随园诗话》补遗卷一,人民出版社1982年版

诗须写景言情

诗家两题,不过"写景言情"四字。我道:景虽好,一过目而已忘;

情果真时，往来于心而不释。孔子所云"兴观群怨"四字，惟言情者居其三。若写景，则不过"可以观"一句而已。因取闲时所录古人言情佳句，如吴某云："平生不得意，泉路复何如。"《赠友》云："乍见还疑梦，相悲各问年。"《寄远》云："路长难计日，书远每题年。无复生还想，还思未别前。"七言如："相见或因中夜梦，寄来都是隔年书。""重来未定知何日，欲别殷勤更上楼。""凉月不知人散尽，殷勤还下画帘来。""钱虽难忍临期泪，诗尚能传别后情。""三尺焦桐七条线，子期师旷两沉沉。""最怕酒阑天欲晓，知君前路宿何村。""愿将双泪啼为雨，明日留君不出城。""垂老相逢渐难别，大家期限各无多。""若比九原泉路隔，只多含泪一封书。"

每见今人知集中诗缺某体，故晚年必补作此体，以补其数；往往吃力而不讨好。不知唐人：五言工，不必再工七言也；古体工，不必再工近体也；是以得情性之真，而成一家之盛。试观李、杜、韩、苏全集，便见大概。

（清）袁枚《随园诗话》补遗卷一〇，人民出版社1982年版

欲作好诗，先要好题

欲作好诗，先要好题，必须由川关塞，离合悲欢，才足以发抒情性，动人观感，若不过今日赏花，明日饮酒，同僚争逐，吮墨挥毫，剔蟏无休，多多益累，纵使李杜复生，亦不能有惊人之句。

（清）袁枚《答祝藏塘太史》，《小仓山房尺牍》卷十，据《四部丛刊》本

诗人之诗，可以养心

余常谓：美人之光，可以养目；诗人之诗，可以养心。自格律严而境界狭矣；议论多而性情漓矣。

（清）袁枚《随园诗话》卷十六，人民文学出版社1982年版

言诗之必本乎性情

千古善言诗者，莫如虞舜，教夔典乐曰："诗言志。"言诗之必本乎性情也。曰："歌永言。"言歌之不离乎本旨也。曰："声依永。"言声韵之贵悠长也。曰："律和声。"言音之贵均调也。知是四者，于诗之道尽

之矣。

(清) 袁枚《随园诗话》卷三，人民文学出版社 1982 年版

夫诗者，心之声也

若夫诗者，心之声也，性情所流露者也。从性情而得者，如水出芙蓉，天然可爱；从学问而来者，如元黄错采，绚染始成。阁下之性情可谓真矣。卷中有感叹鱼门瘦桐两诗，结古欢于九泉，托深心于遐契，此种风义，可泣可歌，宜其笔舌所宣，加人一等也。

(清) 袁枚《答何水部》，《小仓山房尺牍》卷七，湖南文艺出版社 1987 年版

诗之性情

阮亭主修饰不主性情，观其到一处必有诗，诗中必用典，可以想见其喜怒哀乐之不真矣。

(清) 袁枚《随园诗话》卷三，人民文学出版社 1982 年版

诗之本

夫诗无所谓唐宋也。唐宋者，一代之国号耳，与诗无与也。诗者，各人之性情耳，与唐宋无与也。若拘拘焉持唐宋以相敌，是子之胸中有已亡之国号，而无自得之性情，于诗之本旨已失矣。

(清) 袁枚《小仓山房文集》卷十七《答施兰垞论诗书》，据清乾隆蒋士铨序本

诗者，有情生者

且夫诗者，由情生者也。有必不可解之情，而后有必不可朽之诗。情所最先，莫如男女。古之人屈平以美人比君，苏李以夫妻喻友，由来尚矣。

(清) 袁枚《答蕺园论诗书》，《小仓山房文集》卷三十，据乾隆蒋士铨序本

作诗者，写景易，言情难

凡作诗写景易，言情难。何也？景从外来，目之所触，留心便得；情

从心出，非有一种芬芳悱恻之怀，便不能哀感顽艳。

（清）袁枚《随园诗话》，人民文学出版社1982年版

不学诗，无以言

诗始于虞舜，编于孔子。吾儒不奉两圣人之教，而远引佛老，何耶？阮亭好以禅悟比诗，人奉为至论。余驳之曰："《毛诗三百篇》，岂非绝调？不知尔时禅在何处？佛在何方？"人不能答。因告之曰："诗者，人之性情也。近取诸身而足矣。其言动心，其色夺目，其味适口，其音悦耳，便是佳诗。孔子曰：'不学诗，无以言。'又曰：'诗可以兴。'两句相应。惟其言之工妙，所以能使人感发而兴起；倘直率庸腐之言，能兴者其谁耶？"

（清）袁枚《随园诗话》补遗卷一，人民文学出版社1982年版

文章体制，不妨互异

或问：有八家则六朝可废欤？曰：一奇一偶，天之道也；有散有骈，文之道也。文章体制，如各朝衣冠，不妨互异，其状貌之妍媸，固别有在也。天尊于地，偶统于奇，此亦自然之理。然而学六朝不善，不过如纨绔子弟熏香剃面，绝无风骨止矣；学八家不善，必至于村媪呶呶，顷刻万语而斯文滥焉。读八家者当知之。

（清）袁枚《书茅氏八家文选》，《小仓山房文集》卷三十，据《四部备要》本

新花枝胜旧花枝

圣人称诗"可以兴"，以其最易感人也。王孟端友某在都娶妾，而忘其妻。王寄诗云："新花枝胜旧花枝，从此无心念别离。知否秦淮今夜月？有人相对数归期。"其人泣下，即挟妾而归。

（清）袁枚《随园诗话》卷十二，人民文学出版社1982年版

迩之事父，远之事君

至所云诗贵温柔，不可说尽，又必关系人伦日用。此数语有褒衣大袑气象，仆口不敢非先生，而心不敢是先生。何也？孔子之言，载经不足据也，惟《论语》为足据。子曰："可以兴，可以群"，此指含蓄者言之，

如《柏舟》《中谷》是也。曰"可以观，可以怨"，此指说尽者言之，如"艳妻煽方处""投畀豺虎"之类是也。曰"迩之事父，远之事君"，此诗之有关系者也。曰"多识于鸟兽草木之名"，此诗之无关系者也。仆读诗常折衷於孔子，故持论不得不小异于先生，计必不以为僭。

（清）袁枚《答沈大宗伯论诗书》，《小仓山房文集》卷十七，据《四部备要》本

戴 震

戴震（1724—1777），字东原，又字慎修，号杲溪，休宁隆阜（今安徽黄山屯溪区）人，清代哲学家、思想家。戴震治学广博，在音韵、文字、训诂等方面均有成就，在将推动考据学发展同时拓荒近现代科学领域，是"乾嘉学派"的代表人物之一、皖学的集大成者。其《孟子字义疏证》极力批判程朱理学，对之后的学术思潮产生了深远影响。著有《毛郑诗考证》《孟子字义疏证》《声韵考》等，后人将其著作编辑成《戴氏遗书》。

成道

余始为《原善》之书三章，惧学者蔽以异趣也，复援据经言疏通证明之，而以三章者分为建首，次成上、中、下卷。比类合义，灿然端委毕著矣。天人之道，经之大训萃焉。以今之去古圣哲既远，治经之士，莫能综贯，习所见闻，积非成是，余言恐未足以振兹坠绪也。藏之家塾，以待能者发之。

善：曰仁，曰礼，曰义，斯三者，天下之大衡也。上之见乎天道，是谓顺；实之昭为明德，是谓信；循之而得其分理，是谓常。道，言乎化之不已也；德，言乎不可渝也；理，言乎其详致也；善，言乎知常、体信、达顺也；性，言乎本天地之化，分而为品物者也。限于所分曰命；成其气类曰性；各如其性以有形质，而秀发于心，征于貌色声曰才。资以养者存乎事，节于内者存乎能，事能殊致存乎才，才以类别存乎性。有血气，斯有心知，天下之事能于是乎出，君子是以知人道之全于性也。呈其自然之符，可以知始；极于神明之德，可以知终。由心知而底于神明，以言乎

事，则天下归之仁；以言乎能，则天下归之智。名其不渝谓之信，名其合变谓之权，言乎顺之谓道，言乎信之谓德，行于人伦庶物之谓道，侔于天地化育之谓诚，如听于所制者然之谓命。是故生生者，化之原；生生而条理者，化之流。动而输者，立天下之博；静而藏者，立天下之约。博者其生，约者其息；生者动而时出，息者静而自正。君子之于问学也，如生；存其心，湛然合天地之心，如息。人道举配乎生，性配乎息；生则有息，息则有生，天地所以成化也。生生者，仁乎！生生而条理者，礼与义乎！何谓礼？条理之秩然有序，其著也；何谓义？条理之截然不可乱，其著也。得乎生生者谓之仁，得乎条理者谓之智。至仁必易，大智必简，仁智而道义出于斯矣。是故生生者仁，条理者礼，断决者义，藏主者智，仁智中和曰圣人；智通礼义，以遂天下之情，备人伦之懿。至贵者仁，仁得，则父子亲；礼得，则亲疏上下之分尽；义得，则百事正；藏于智，则天地万物为量；同于生生条理，则圣人之事。

《易》曰："形而上者谓之道，形而下者谓之器。""形而下"者，成形质以往者也。"形而上"者，阴阳鬼神行是也，体物者出，故曰："鬼神之弗德，其盛矣乎！视之而弗见，听之而弗闻，体物而不可遗。"《洪范》曰："五行：一曰水，二曰火，三曰木，四曰金，五曰土。"五行之成形质者，则器也；其体物者，道也，五行、阴阳，得之而成性者也。

《易》曰："一阴一阳之谓道，继之者善也，成之者性也。"一阴一阳，盖言天地之化不已也，道也。一阴一阳，其生生乎，其生生而条理乎！以是见天地之顺，故曰"一阴一阳之谓道"。生生，仁也，未有生生而不条理者。条理之秩然，礼至著也；条理之截然，义至著也；以是见天地之常。三者咸得，天下之懿德也，人物之常也；故曰"继之者善也"，言乎人物之生，其善则与天地继承不隔者也。有天地，然后有人物；有人物而辨其资始曰性。人与物同有欲，欲也者，性之事也；人与物同有觉，觉也者，性之能也。欲不失之私，则仁；觉不失之蔽，则智。仁且智，非有所加于事能也，性之德也。言乎自然之谓顺，言乎必然之谓常，言乎本然之谓德。天下之道尽于顺，天下之教一于常，天下之性同之于德。性之事，配五行、阴阳；性之能，配鬼神；性之德，配天地之德。人与物同有欲，而得之以生也各殊；人与物同有觉，而喻大者大、喻小者小也各殊；人与物之一善同协于天地之德，而存乎相生养之道，存乎喻大喻小之明昧也各殊；此之谓本五行、阴阳以成性，故曰"成之者性也"。善，以言乎天下之大共也；性，言乎成于人人之举凡自为。性，其本也。所谓善，无他焉，天地之化，性之事能，可以知善矣。君子之教也，以天下之大共正人之所自为，性之事能，合之则中正，违之则邪僻，以天地之常，俾人咸知由其常也。明乎天地之顺者，可与语道；察乎天地之常者，可与语善；通乎天地之德者，可与语性。

《易》曰："天地之大德曰生。"气化之于品物，可以言尽也，生生之谓与！观于生生，可以知仁；观于其条理，可以知礼；失条理而能生生者，未之有也，是故可以知义。礼也，义也，胥仁之显乎！若夫条理得于心，其心渊然而条理，是为智；智也者，其仁之藏乎！生生之呈其条理，显诸仁也，惟条理，是以生生，藏诸用也。显也者，化之生于是乎见；藏也者，化之息于是乎见。生者，至动而条理也；息者，至静而用神也。卉木之株叶华实，可以观夫生；果实之白，全其生之性，可以观夫息。是故生生之谓仁，元也；条理之谓礼，亨也；察条理之正而断决于事之谓义，利也；得条理之准而藏主于中之谓智，贞也。

《记》曰："夫民有血气心知之性，而无哀乐喜怒之常；应感起物而动，然后心术形焉。"凡有血气心知，于是乎有欲，性之征于欲，声色臭味而爱畏分；既有欲矣，于是乎有情，性之征于情，喜怒哀乐而惨舒分；既有欲有情矣，于是乎有巧与智，性之征于巧智，美恶是非而好恶分。生养之道，存乎欲者也；感通之道，存乎情者也；二者自然之符，天下之事举矣。尽美恶之极致，存乎巧者也，宰御之权由斯而出；尽是非之极致，存乎智者也，贤圣之德由斯而备；二者，亦自然之符，精之以底于必然，天下之能举矣。《记》又有之曰："人生而静，天之性也；感于物而动，性之欲也；物至知，然后好恶形焉。好恶无节于内，知诱于外，不能反躬，天理灭矣。"人之得于天也一本，既曰"血气心知之性"，又曰"天之性"，何也？本阴阳、五行以为血气心知，方其未感，湛然无失，是谓天之性，非有殊于血气心知也。是故血气者，天地之化；心知者，天地之神；自然者，天地之顺；必然者，天地之常。

孟子曰："尽其心者，知其性也；知其性，则知天矣。"耳目百体之所欲，血气资之以养，所谓性之欲也，原于天地之化者也。是故在天为天道，在人，咸根于性而见于日用事为，为人道。仁义之心，原于天地之德者也，是故在人为性之德。斯二者，一也。由天道而语于无憾，是谓天德；由性之欲而语于无失，是谓性之德。性之欲，其自然之符也；性之德，其归于必然也。归于必然适全其自然，此之谓自然之极致。《诗》曰："天生烝民，有物有则，民之秉彝，好是懿德。"凡动作威仪之则，自然之极致也，民所秉也。自然者，散之普为日用事为；必然者，秉之以协于中，达于天下。知其自然，斯通乎天地之化；知其必然，斯通乎天地之德；故曰"知其性，则知天矣"。天人道德，靡不豁然于心，故曰"尽其心"。

孟子曰："口之于味也，目之于色也，耳之于声也，鼻之于臭也，四肢之于安佚也，性也，有命焉，君子不谓性也；仁之于父子也，义之于君臣也，礼之于宾主也，知之于贤者也，圣人之于天道也，命也，有性焉，君子不谓命也。存乎材质所自为，谓之性；如或限之，谓之命，存乎材质所自为也者，性则固性也，有命焉，君子不以性而求逞其欲也；如或限之也者，命则固命也，有性焉，君子不以命而自委弃也。"

《易》曰："成性存存，道义之门。"五行、阴阳之成性也，纯懿中正，本也；由是而事能莫非道义，无他焉，不失其中正而已矣。民不知所以存之，故君子之道鲜矣。

《中庸》曰："天命之谓性，率性之谓道，修道之谓教。"莫非天道也，其曰"天命"，何也？《记》有之："分于道，谓之命；形于一，谓之性。"言分于五行、阴阳也。天道，五行、阴阳而已矣，分而有之以成性。由其所分，限于一曲，惟人得之也全。曲与全之数，判之于生初。人虽得乎全，其间则有明暗厚薄，亦往往限于一曲，而其曲可全。此人性之与物性异也。言乎其分于道，故曰"天命之谓性"。耳目百体之欲，求其故，本天道以成性者也。人道之有生则有养也；仁以生万物，礼以定万品，义以正万类，求其故，天地之德也，人道所由立也；咸出于性，故曰"率性之谓道"。五行、阴阳者，天地之事能也，是以人之事能与天地之德协。事与天地之德协，而其见于动也亦易。与天地之德违，则遂己之欲，伤于仁而为之；从己之欲，伤于礼义而为之。能与天地之德协，而其有所倚而动也亦易。远于天地之德，则以为仁，害礼义而有不觉；以为礼义，害仁而有不觉。皆道之出乎身，失其中正也。君子知其然，精以察之，使天下之欲，一于仁，一于礼义，使仁必无憾于礼义，礼义必无憾于仁，故曰"修道之谓教"。

《中庸》曰："修身以道，修道以仁。仁者，人也，亲亲为大；义者，宜也，尊贤为大；亲亲之杀，尊贤之等，礼所生也。"仁，是以亲亲；义，是以尊贤；礼，是以有杀有等。仁至，则亲亲之道得；义至，则尊贤之道得；礼至，则于有杀有等，各止其分而靡不得。"修身以道"，道出于身也；"修道以仁"，三者至，夫然后道得也。

《易》曰："乾以易知，坤以简能；易则易知，简则易从。""易"也者，以言乎乾道，生生也，仁也；"简"也者，以言乎坤道，条理也，智也。仁者无私，无私，则猜疑悉泯，故易知；易知则有亲，有亲则可久，可久则贤人之德，非仁而能若是乎！智者不凿，不凿，则行所无事，故易从；易从则有功，有功则可大，可大则贤人之业，非智而能若是乎！故曰"易简而天下之理得矣"，于仁无不尽也，于礼义无不尽也。

（清）戴震《原善·卷上》，《戴震全书》第六册，黄山书社1995年版

天地之仁心

物之离于生者，形存而气与天地隔也。卉木之生，接时能芒达已矣；飞走蠕动之俦，有觉以怀其生矣；人之神明出于心，纯懿中正，其明德与天地合矣。是故气不与天地隔者生，道不与天地隔者圣，形强者坚，气强者力，神强者巧，知德者智。气之失，暴；神之失，凿；惑于德，愚。是故一人之身，形得其养，不若气得其养；气得其养，不若神得其养；君子理顺心泰，霨然性得其养。人有天德之知，有耳目百体之欲，皆生而见乎才者也，天也，是故谓之性。天德之知，人之秉节于内以与天地化育俦者也；耳目百体之欲，所受中而不可逾也。是故义配明，象天；欲配幽，法地。五色五声，五臭五味，天地之正也。喜怒哀乐、爱隐感念、愠操怨愤、恐悸虑叹、饮食男女、郁悠蹙咨、惨舒好恶之情，胥成性则然，是故谓之道。心之精爽以知，知由是进于神明，则事至而心应之者，胥事至而以道义应，天德之知也。是故人也者，天地至盛之征也，惟圣人然后尽其盛。天地之德，可以一言尽也，仁而已矣；人之心，其亦可以一言尽也，仁而已矣。耳目百体之欲喻于心，不可以是谓心之所喻也，心之所喻则仁也；心之仁，耳目百体之欲莫不喻，则自心至于耳目百体胥仁也。心得其常，于其有觉，君子以观仁焉；耳目百体得其顺，于其有欲，君子以观仁焉。

《传》曰："心之精爽，是谓魂魄。"凡有生则有精爽，从乎气之融而灵，是以别之曰"魄"；从乎气之通而神，是以别之曰"魂"。《记》有

之："阳之精气曰神，阴之精气曰灵；神灵者，品物之本也。"有血气，夫然后有心知，有心知，于是有怀生畏死之情，因而趋利避害。其精爽之限之，虽明昧相远，不出乎怀生畏死者，血气之伦尽然。故人莫大乎智足以择善也，择善则心之精爽进于神明，于是乎在。是故天地之化，呈其能，曰"鬼神"；其生生也，珠其用，曰"魂魄"。魂以明而从天，魄以幽而从地；魂官乎动，魄官乎静；精能之至也。官乎动者，其用也施；官乎静者，其用也受。天之道施，地之道受；施，故制可否也；受，故虚且听也。魄之谓灵，魂之谓神；灵之盛也明聪，神之盛也睿圣；明聪睿圣，其斯之谓神明与！

孟子曰："形色，天性也；惟圣人然后可以践形。"血气心知之得于天，形色其表也。由天道以有人物，五行、阴阳，生杀异用，情变殊致。是以人物生生，本五行、阴阳，征为形色。其得之也，偏全厚薄，胜负杂糅，能否精粗，清浊昏明，烦烦员员，气衍类滋，广博裒僻，闳鉅琐微，形以是形，色以是色，咸分于道。以顺则煦以治，以逆则毒。性至不同，各呈乎才。人之才，得天地之全能，通天地之全德。从生，而官器利用以驭；横生，去其畏，不暴其使。智足知飞走蠕动之性，以驯以豢；知卉木之性，[以生以息]，良农[任]以莳刈，良医任以处方。圣人神明其德，是故治天下之民，民莫不育于仁，莫不条贯于礼与义。

《洪范》曰敬用"五事：一曰貌，二曰言，三曰视，四曰听，五曰思"。道出于身，此其目也。"貌曰恭，言曰从，视曰明，听曰聪，思曰睿。"幼者见其长，知就敛饬也，非其素习于仪者也；鄙野之人或不当义，可诘之使语塞也。示之而知美恶之情，告之而然否辨；心苟欲通，久必豁然也。观于此，可以知人之性矣，此孟子之所谓"性善"也。由是而达诸天下之事，则"恭作肃，从作义，明作哲，聪作谋，睿作圣"。

孟子曰："心之所同然者何也？谓理也，义也。圣人先得我心之所同然耳。"当孟子时，天下不知理义之为性，害道之言纷出以乱先王之法，是以孟子起而明之。人物之生，类至殊也。类也者，性之大别也。孟子曰："凡同类者举相似也，何独至于人而疑之！圣人与我同类者。"诰告子"生之谓性"，则曰："犬之性犹牛之性，牛之性犹人之性与？"盖孟子道性善，非言性于同也；人之性相近，胥善也。明理义之为性，所以正不知理义之为性者也；是故理义，性也。由孟子而后，求其说而不得，则举性之名而曰理也，是又不可。耳之于声也，天下之声，耳若其符节也；目之于色也，天下之色，目若其符节也；鼻之于臭也，天下之臭，鼻若其符节也；口之于味也，天下之味，口若其符节也；耳目鼻口之官，接于物，而心通其则。心之于理义也，天下之理义，心若其符节也；是皆不可谓之外也，性也。耳能辨天下之声，目能辨天下之色，鼻能辨天下之臭，口能辨天下之味，心能通天下之理义，人之才质得于天，若是其全也。孟子曰："非天之降才尔殊"。曰"乃若其情，则可以为善矣，乃所谓善也；若夫为不善，非才之罪也"。惟据才质为言，始确然可以断人之性善。人之于圣人也，其才非如物之与人异。物不足以知天地之中正，是故无节于内，各遂其自然，斯已矣。人有天德之知，能践乎中正，其自然则协天地之顺，其必然则协天地之常，莫非自然也，物之自然不足语于此。孟子道性善，察乎人之才质所自然，有节于内之谓善也；告子谓"性无善无不善"，不辨人之大远乎物，概之以自然也。告子所谓"无善无不善"也者，静而自然，其神冲虚，以是为至道；及其动而之善之不善，咸目为失于至道，故其言曰"生之谓性。"及孟子诘之，非豁然于孟子之言而后语塞也，亦穷于人与物之灵蠢殊绝，犬牛类又相绝，遂不得漫以为同耳。主才质而遗理义，荀子、告子是也。荀子以血气心知之性，必教之理义，逆而变之，故谓"性恶"，而进其劝学修身之说。告子以上焉者无欲而静，全其无善无不善，是为至矣；下焉者，理义以梏之，使不为不善。荀子二理义于性之事能，儒者之未闻道也；告子贵性而外理义，异说之害道者也。凡远乎《易》《论语》《孟子》之书者，性之说大致有三：以耳目百体之欲为说，谓理义从而治之者也；以心之有觉为说，谓其神独先，冲虚自然，理欲皆后也；以理为说，谓有欲有觉，人之私也。三者之于性也，非其所去，贵其所取。彼自贵其神，以为先形而立者，是不见于精气为物，秀发乎神也；以有形体则有欲，而外形体，一死生，去情欲，以宁其神，冥是非，绝思虑，以苟语自然。不知归于必然，是为自然之极致，动静胥得，神自宁也。自孟子时，以欲为说，以觉为说，纷如矣；孟子正其遗理义而已矣。心得其常，耳目百体得其顺，纯懿中正，如是之谓理义。故理义非他，心之所同然也。何以同然？心之明之所止，于事情区以别焉，无几微爽失，则理义以名。专以性属之理，而谓坏于形气，是不见于理之所由名也。以有欲有觉为私者，荀子之所谓性恶在是也；是见于失其中正之为私，不见于得其中正。且以验形气本于天，备五行、阴阳之全德，非私也，孟子之所谓性善也。人之材质良，其本然之德违焉而后不善，孟子谓之"放其良心"，谓之"失其本心"。虽放失之余，形气本于天，备五行、阴阳之全德者，如物之几死犹可以复苏，故孟子曰："其日夜之所息，平旦之气，其好恶与人相近也者几希。"以好恶见于气之少息犹然，是以君子不罪其形气也。

孟子曰："耳目之官不思而蔽于物，物交物，则引之而已矣。心之官则思，思则得之，不思则不得也，（比）[此]天之所与我者，先立乎其大者，则其小者弗能夺也。"人之才，得天地之全能，通天地之全德，其见于思乎！诚，至矣；思诚，则立乎其大者矣。耳目之官不思，物之未交，冲虚自然，斯已矣。心之官异是。人皆有天德之知，根于心，"自诚明"也；思中正而达天德，则不蔽；不蔽，则莫能引之以人于邪，"自明诚"也。耳之能听也，目之能视也，鼻之能臭也，口之知味也，物至而迎而受之者也；心之精爽，驯而至于神明也，所以主乎耳目百体者也。声之得于耳也，色之得于目也，臭之得于鼻也，味之得于口也，耳目百体之欲，不得则失其养，所谓养其小者也；理义之得于心也，耳目百体之欲之所受裁也，不得则失其养，所谓养其大者也。"人之所以异于禽兽者几希"，虽犬之性、牛之性，当其气无乖乱，莫不冲虚自然也，动则蔽而罔罔以行。人不求其心不蔽，于是恶外物之感已而强御之，可谓之所以异乎？是以老聃、庄周之言尚无欲，君子尚无蔽。尚无欲者，主静以为至；君子动静一于仁。人有欲，易失之盈；盈斯悖乎天德之中正矣。心达天德，秉中正，欲忽失之盈以夺之，故孟子曰"养心莫善于寡欲"。禹之行水也，使水由地中行；君子之于欲也，使一于道义。治水者徒恃防遏，将塞于东而道行于西，其甚也，决防四出，泛滥不可救；自治治人，徒恃遏御其欲亦然。能苟焉以求静，而欲之翦抑窜绝，君子不取也。君子一于道义，使人勿悖于道义，如斯而已矣。

（清）戴震《原善·卷中》，《戴震全书》第六册，黄山书社1995年版

人之不尽其才，患私与蔽

人之不尽其才，患二：曰私，曰蔽。私也者，生于其心为溺，发于政为党，成于行为慝，见于事为悖，为败，其究为私己。蔽也者，其生于心也为惑，发于政为偏，成于行为谬，见于事为凿，为愚，其究为蔽之以己。凿者，其失诬；愚者，其失为固，诬而罔省，施之事亦为固。私者之

安若固然为自暴，蔽者之不求牖于明为自身，自暴自弃，夫然后难与言善，是以卒之为不善，非才之罪也。去私莫如强恕，解蔽莫如学，得所主莫大乎忠信，得所止莫大乎明善。是故谓之天德者三：曰仁，曰礼，曰义，善之大目也，行之所节中也。其于人伦庶物，主一则兼乎三，一或阙焉，非至善也。谓之达德者三：曰智，曰仁，曰勇；所以力于德行者三：曰忠，曰信，曰恕。竭所能之谓忠，履所明之谓信，平所施之谓恕。忠则可进之以仁，信则可进之以义，恕则可进之以礼。仁者，德行之本，体万物而与天下共亲，是故忠其属也。义者，人道之宜，裁万类而与天下共睹，是故信其属也。礼者，天则之所止，行之乎人伦庶物而天下共安，于分无不尽，是故恕其属也。忠近于易；恕近于简；信以不欺近于易，信以不渝近于简。斯三者，驯而至之，夫然后仁且智。仁且智者，不私不蔽者也。得乎生生者仁，反是而害于仁之谓私；得乎条理者智，隔于是而病智之谓蔽。用其知以为智，谓施诸行不缪矣，是以道不行；善人者信其行，谓见于仁厚忠信为既知矣，是以道不明。故君子克己之为贵也，独而不咸之谓己。以己蔽之者隔于善，隔于善，隔于天下矣；无隔于善者，仁至，义尽，知天。是故一物有其条理，一行有其至当，征之古训，协于时中，充然明诸心而后得所止。君子独居思仁，公言言义，动止应礼。达礼，义无弗精也；精义，仁无弗至也；至仁尽伦，圣人也。易简至善，圣人所欲与天下百世同之也。

（清）戴震《原善·卷下》，《戴震全书》第六册，黄山书社1995年版

性相近也，习相远也

《论语》曰："性相近也，习相远也，惟上知与下愚不移。"人与物，成性至殊，大共言之者也；人之性相近，习然后相远，大别言之也。凡同类者举相似也，惟上智与下愚，明暗之生而相远，不因于习。然曰上智，曰下愚，亦从乎不移，是以命之也。"不移"者，非"不可移"也，故曰："生而知之者，上也；学而知之者，次也；困而学之，又其次也；困而不学，民斯为下矣。"君子慎习而贵学。

（清）戴震《原善·卷下》，《戴震全书》第六册，黄山书社1995年版

道也者，不可须更离也

《中庸》曰："道也者，不可须更离也；可离非道也。是故君子戒慎乎其所不睹，恐惧乎其所不闻。""《诗》云：'相在尔室，尚不愧于屋漏。'故君子不动而敬，不言而信。"睹、闻者，身之接乎事物也；言、动者，以应事物也；道出于身，其孰能离之！虽事物末至，肆其心而不检柙者，胥失道也。纯懿中正，道之则也。事至而动，往往失其中（至）[正]，而可以不虞于疏乎！

《中庸》曰："莫见乎隐，莫显乎微。故君子慎其独也。""《诗》云：'潜虽伏矣，亦孔之昭。'故君子内省不疚，无恶于志。君子之所不下可及者，其惟人之所不见乎！""独"也者，方存乎志，未著于事，人之所不见也。凡见之端在隐，显之瑞在微，动之端在独。民多显失德行，由其动于中，悖道义也。动之端疚，动而全疚；君子内正其志，何疚之有！此之谓知所慎矣。

（清）戴震《原善·卷下》，《戴震全书》第六册，黄山书社1995年版

极高明而道中庸

《中庸》曰："喜怒哀乐之未发，谓之中；发而皆中节，谓之和。中也者，天下之大本也；和也者，天下之达道也。致中和，天地位焉，万物育焉。"人之有欲也，通天下之欲，仁也；人之有觉也，通天下之德，智也。恶私之害仁，恶蔽之害智，不私不蔽，则心之精爽，是为神明。静而未动，湛然全乎天德，故为"天下之大本"；及其动也，粹然不害于私，不害于蔽，故为"天下之达道"。人之材质良，性无有不善，见于此矣。"自诚明"者，于其中和，道义由之出；"自明诚"者，明乎道义中和之分，可渐以几于圣人。"惟天下至诚，为能尽其性；能尽其性，则能尽人之性；能尽人之性，则能尽物之性"，自诚明者之致中和也。"其次致曲，曲能有诚，诚则形，形则著，著则明，明则动，动则变，变则化"，自明诚者之致中和也。天地位，则天下无或不得其常者也；万物育则天下无或不得其顺者也。

《中庸》曰："君子尊德性而道问学，致广大而尽精微，极高明而道中庸，温故而知新，敦厚以崇礼。"凡失之蔽也，必狭小；失之私也，必

卑暗；广大高明之反也。"致广大"者，不以己之蔽害之，夫然后能"尽精微"；"极高明"者，不以私害之，夫然后能"道中庸"。"尽精微"，是以不蔽也；"道中庸"，是以不私也。人皆有不蔽之端，其"故"也，问学所得，德性日充，亦成为"故"；人皆有不私之端，其"厚"也，问学所得，德性日充，亦成为"厚"。"温故"，然后可语于致"广大"；"敦厚"，然后可语于"极高明"；"知新"，"尽精微"之渐也；"崇礼"，"道中庸"之渐也。

《中庸》曰："思修身，不可以不事亲；思事亲，不可以不知人；思知人，不可以不知天。"君子体仁以修身，则行修也；精义以体仁，则仁至也；达礼以精义，则义尽也。

（清）戴震《原善·卷下》，《戴震全书》第六册，黄山书社1995年版

致其知

《论语》曰："弟子入则孝，出则弟，谨而信，泛爱众，而亲仁；行有余力，则以学文。"《大学》言致知、诚意、正心、修身，为目四；言齐家、治国、平天下，为目三。弟子者，履其所明，毋怠其所受，行而未成者也。身有天下国家之责，而观其行事，于是命曰"大学"。或一家，或一国，或天下，其事必由身出之，心主之，意先之，知启之。是非善恶，疑似莫辨，知任其责也；长恶遂非，从善不力，意任其责也；见夺而沮丧，漫散无检柙，心任其责也；偏倚而生惑，身任其责也。故《易》曰："君子永终知弊。"绝是四弊者，天下国家可得而理矣。其曰"致知在格物"，何也？事物来乎前，虽以圣人当之，不审察，无以尽其实也，是非善恶未易决也；"格"之云者，于物情有得而无失，思之贯通，不遗毫末，夫然后在己则不惑，施及天下国家则无憾，此之谓"致其知"。

（清）戴震《原善·卷下》，《戴震全书》第六册，黄山书社1995年版

饮食男女，人之大欲存焉

《记》曰："饮食男女，人之大欲存焉"。《中庸》曰："君臣也，父子也，夫妇也，昆弟也，朋友之交也，五者，天下之达道也。"饮食男女，生养之道也，天地之所以生生也。一家之内，父子昆弟，天属也；夫妇，胖合也。天下国家，志纷则乱，于是有君臣；明乎君臣之道者，无往

弗治也。凡势孤则德行行事，穷而寡助，于是有朋友；友也者，助也，明乎朋友之道者，交相助而后济。五者，自有身而定也，天地之生生而条理也。是故去生养之道者，贼道者也。细民得其欲，君子得其仁。遂己之欲，亦思遂人之欲，而仁不可胜用矣；快己之欲，忘人之欲，则私而不仁。饮食之贵乎恭，贵乎让，男女之贵乎谨，贵乎别，礼也；尚廉耻，明节限，无所苟而已矣，义也。人之不相贼者，以有仁也；人之异于禽兽者，以有礼义也。专欲而不仁，无礼无义，则祸患危亡随之，身丧名辱，若影响然。为子以孝，为弟以悌，为臣以忠，为友以信，违之，悖也；为父以慈，为兄以爱，为君以仁，违之，亦悖也。父子之伦，恩之尽也；兄弟之伦，洽之尽也；君臣之伦，恩比于父子，然而敬之尽也；朋友之伦，洽比于昆弟，然而谊之尽也；夫妇之伦，恩若父子，洽若昆弟，敬若君臣，谊若朋友，然而辨之尽也。孝悌、慈爱、忠信，仁所务致者也；恩、洽、敬、谊、辨，其自然之符也；不务致，不务尽，则离、怨、凶、咎随之；悖，则祸患危亡随之。非无憾于仁，无憾于礼义，不可谓能致能尽也。智以知之，仁以行之，勇以始终夫仁智，期于仁与礼义俱无憾焉，斯已矣。

（清）戴震《原善·卷下》，《戴震全书》第六册，黄山书社1995年版

日宣三德，夙夜浚明有家

《虞夏书》曰："日宣三德，夙夜浚明有家。"宽也，柔也，愿也，是谓三德。宽，言乎其容也；柔，言乎其顺也；愿，言乎其悫也。宽而栗，则贤否察；柔而立，则自守正；愿而恭，则表以威仪。人之材质不同，德亦因而殊科。简也，刚也，强也，是谓三德。简，言乎其不烦也；刚，言乎其能断也；强，言乎其不挠也。简而廉，则严利无废怠；刚而塞，则侧怛有仁恩；强而义，则坚持无违悖。此皆修之于家者，其德三也。《书》之言又曰："日俨祗敬六德，亮采有邦。"乱也，扰也，直也；或以宽、柔、愿而兼之者是谓六德，或以简、刚、强而兼之者是谓六德。乱，言乎其得治理也；扰，言乎其善抚驯也；直，言乎其无隐匿也。乱而敬，则事无或失；扰而毅，则可以使民；直而温，则人甘听受。此用之于邦者，其德六也。以三德知人，人各有所近也；以六德知人之可任，其人有专长也。自古知人之难，以是观其行，其人可知也，故曰"亦行有九德"；以是论官，则官必得人也，故曰"亦言其人有德，乃言曰载采采"；德不求

备于一人，故曰"翕受敷施，九德咸事，俊乂在官，百僚师师"，此官人之至道也。

（清）戴震《原善·卷下》，《戴震全书》第六册，黄山书社1995年版

为政在人，取人以身

《论语》曰："君子怀德，小人怀土；君子怀刑，小人怀惠。"其君子，喻其道德，嘉其典刑；其小人，咸安其土，被其惠泽。斯四者，得士治民之大端也。《中庸》论"为政在人，取人以身"，自古不本诸身而能取人者，未之有也。明乎怀德怀刑，则礼贤必有道矣，《易》曰："安土敦乎仁，故能爱。《书》曰："安民则惠，黎民怀之。"《孟子》论"民无恒产，因无恒心"；论"施仁政于民，省刑罚，薄税敛，深耕易耨；壮者以暇日修其孝悌忠信，入以事其父兄，出以事其长上"；论"死徙无出乡，乡田同井，出入相友，守望相助，疾病相扶持，则百姓亲睦"，明乎怀土怀惠，则为政必有道矣。

（清）戴震《原善·卷下》，《戴震全书》第六册，黄山书社1995年版

无反无侧，王道正直

《洪范》曰："无偏无党，王道荡荡，无党无偏，王道便便。"言无私于其人而党，无蔽于其事而偏也。无偏矣，而无党，则于天下之人，大公以与之也；无党矣，而无偏，则于天下之事，至明以辨之也。《洪范》之言又曰："无反无侧，王道正直。""反侧"云者，窃阖辟之机而用之，非与天地同其刚柔、动静、显晦也。

（清）戴震《原善·卷下》，《戴震全书》第六册，黄山书社1995年版

君子日见惮，小人日见亲

《易》曰："大君有命，开国承家，小人勿用。"自古未闻知其人而目之曰"小人"而用之者。《易》称"小人"，所以告也。言乎以小利悦上，以小知自见；其奉法似谨，其奔走似忠；惟大君灼知其小，知乱之恒由此起，故曰"必乱邦"也。《论语》曰，"巧言，令色，鲜矣仁"，亦

谓此求容悦者也。无恻隐之实,故避其恶闻而进其所甘,迎之以其所敬而远其所慢。所为似谨似忠者二端:曰刑罚,曰货利。议过则亟疾苛察,莫之能免;征敛则无遗锱铢,多取者不减,寡取者必增,已废者复举,暂举者不废,民以益困而国随以亡。乱生于甚细,终于不救,无他故,求容悦者,为之于不觉也。是以君子难进而易退,小人反是;君子日见惮,小人日见亲。

《诗》曰:"惠此中国,以绥四方;无纵诡随,以谨无良,式遏寇虐,僭不畏明。"言小人之使为国家,大都不出"诡随""寇虐"二者,无纵诡迎阿从之人,以防御其无良;遏止寇虐者,为其曾不畏天而毒于民。斯二者,悖与欺,是以然也。凡私之见为欺也,在事为诡随,在心为无良;私之见为悖也,在事为寇虐,在心为不畏天明。无良,鲜不诡随矣;不畏明,必肆其寇虐矣。

(清)戴震《原善·卷下》,《戴震全书》第六册,黄山书社1995年版

民之所为不善

《诗》曰:"民之罔极,职凉善背;为民不利,如云不克,民之回遹,职竞用力;民之未戾,职盗为寇。"在位者多凉德而善欺背,以为民害,则民亦相欺而罔极矣;在位者行暴虐而竞强用力,则民巧为避而回遹矣;在位者肆其贪,不异寇取,则民愁苦而动摇不定矣。凡此,非民性然也,职由于贪暴以贼其民所致。乱之本,鲜不成于上,然后民受转移于下,莫之或觉也,乃曰"民之所为不善",用是而雠民,亦大惑矣!

《诗》曰:"河酌彼行潦,挹彼注兹,可以餴饎。岂弟君子,民之父母。"言君子得其性,是以锡于民也。《诗》曰:"敦彼行苇,牛羊勿践履,方苞方体,维叶泥泥。"仁也。

(清)戴震《原善·卷下》,《戴震全书》第六册,黄山书社1995年版

情理

理者,察之而几微必区以别之名也,是故谓之分理;在物之质,曰肌理,曰腠理,曰文理;亦曰文缕。理、缕,语之转耳。得其分则有条而不紊,谓之条理。孟子称"孔子之谓集大成"曰:"始条理者,智之事也;

终条理者，圣之事也。"圣智至孔子而极其盛，不过举条理以言之而已矣。《易》曰："易简而天下之理得。"自乾坤言，故不曰"仁智"而曰"易简"。"以易知"，知一于仁爱平恕也；"以简能"，能一于行所无事也。"易则易知，易知则有亲，有亲则可久，可久则贤人之德"，若是者，仁也；"简则易从，易从则有功，有功则可大，可大则贤人之业"，若是者，智也；天下事情，条分缕析，以仁且智当之，岂或爽失爽几微哉！《中庸》曰："文理密察，足以有别也。"《乐记》曰："乐者，通伦理者也。"郑康成《注》云："理，分也。"许叔重《说文解字序》曰："知分理之可相别异也。"古人所谓理，未有如后儒之所谓理者矣。

问：古人之言天理，何谓也？

曰：理也者，情之不爽失也；未有情不得而理得者也。凡有所施于人，反躬而静思之："人以此施于我，能受之乎？"凡有所责于人，反躬而静思之："人以此责于我，能尽之乎？"以我絜之人，则理明。天理云者，言乎自然之分理也；自然之分理，以我之情絜人之情，而无不得其平是也。《乐记》曰："人生而静，天之性也；感于物而动，性之欲也。物至知知，然后好恶形焉。好恶无节于内，知诱于外，不能反躬，天理灭矣。"灭者，灭没不见也。又曰："夫物之感人无穷，而人之好恶无节，则是物至而人化物也。人化物也者，灭天理而穷人欲者也；于是有悖逆诈伪之心，有淫佚作乱之事；是故强者胁弱，众者暴寡，知者诈愚，勇者苦怯，疾病不养，老幼孤独不得其所。此大乱之道也。"诚以弱、寡、愚、怯与夫疾病、老幼、孤独，反躬而思其情。人岂异于我！盖方其静也，未感于物，其血气心知，湛然无有失，扬雄《方言》曰："湛，安也。"郭璞《注》云："湛然，安貌。"故曰"天之性"；及其感而动，则欲出于性。一人之欲，天下人之（之）[所]同欲也，故曰"性之欲"。好恶既形，遂已之好恶，忘人之好恶，往往贼人以逞欲。反躬者，以人之逞其欲，思身受之情也。情得其平，是为好恶之节，是为依乎天理。《庄子》：庖丁为文惠君解牛，自言"依乎天理，批大郤，导大窾，因其固然，技经肯綮之未尝，而况大軱乎！"天理，即其所谓"彼节者有间，而刀刃者无厚，以无厚入有间"，适如其天然之分理也。古人所谓天理，未有如后儒之所谓天理者矣。

问：以情絜情而无爽失，于行事诚得其理矣。情与理之名何以异？

曰：在己与人皆谓之情，无过情无不及情之谓理。《诗》曰："天生悉民，有物有则；民之秉彝，好是懿德。"孔子曰："作此诗者，其知道乎！"孟子申之曰："故有物必有则，民之秉彝也，故好是懿德。"以秉持为经常曰则，以各如其区分曰理，以实之于言行曰懿德。物者，事也；语其事，不出乎日用饮食而已矣；舍是而言理，非古贤圣所谓理也。

问：孟子云："心之所同然者，谓理也，义也；圣人先得我心之所同然耳。"是理又以心言，何也？

曰：心之所同然始谓之理，谓之义；则未至于同然，存乎其人之意见，非理也，非义也。凡一人以为然，天下万世皆曰"是不可易也"此之谓同然。举理，以见心能区分；举义，以见心能裁断。分之，各有其不易之则，名曰理；如斯而宜，名曰义。是故明理者，明其区分也，精义者，精其裁断也。不明，往往界于疑似而生惑；不精，往往杂于偏私而害道。求理义而智不足者也，故不可谓之理义。自非圣人，鲜能无蔽；有蔽之深，有蔽之浅者。人莫患乎蔽而自智，任其意见，执之为理义。吾惧求理义者以意见当之，孰知民受其祸之所终极也哉！

问：以意见为理，自宋以来莫敢致斥者，谓理在人心故也。今曰理在事情，于心之所同然，洵无可疑矣；孟子举以见人性之善，其说可得闻与？

曰：孟子言"口之于味也，有同嗜焉；耳之于声也，有同听焉；目之于色也，有同美焉；至于心独无所同然乎"，明理义之悦心，犹味之悦口，声之悦耳，色之悦目之为性。味也、声也、色也在物，而接于我之血气；理义在事，而接于我之心知。血气心知，有自具之能：口能辨味，耳能辨声，目能辨色，心能辨夫理义。味与声色，在物不在我，接于我之血气，能辨之而悦之；其悦者，必其尤美者也；理义在事情之条分缕析，接于我之心知，能辨之而悦之；其悦者，必其至是者也。子产言"人生始化曰魄，既生魄，阳曰魂"；曾子言"阳之精气曰神，阴之精气曰灵，神灵者，品物之本也"。盖耳之能听，目之能视，鼻之能臭，口之知味，魄之为也，所谓灵也，阴主受者也；心之精爽，有思辄通，魂之为也，所谓神也，阳主施者也。主施者断，主受者听，故孟子曰："耳目之官不思，心之官则思。"是思者，心之能也。精爽有蔽隔而不能通之时，及其无蔽隔，无弗通，乃以神明称之。凡血气之属，皆有精爽。其心之精爽，巨细不同，如火光之照物，光小者，其照也近，所照者不谬也，所不照（所）［斯］疑谬承之，不谬之谓得理；其光大者，其照也远，得理多而失理少。且不特远近也，光之及又有明暗，故于物有察有不察；察者尽其实，不察斯疑谬承之，疑谬之谓失理。失理者，限于质之昧，所谓愚也。惟学可以增益其不足而进于智，益之不已，至乎其极，如日月有明，容光必照，则圣人矣。此《中庸》"虽愚必明"，《孟子》"扩而充之之谓圣人"。神明之盛也，其于事靡不得理，斯仁义礼智全矣。故礼义非他，所照所察者之不谬也。何以不谬？心之神明也。人之异于禽兽者，虽同有精爽，而人能进于神明也。理义岂别若一物，求之所照所察之外；而人之精爽能进于神明，岂求诸气禀之外哉！

……

问：声色臭味之欲亦宜根于心，今专以理义之好为根于心，于"好是懿德"固然矣，抑声色臭味之欲徒根于耳目鼻口与？心，君乎百体者也，百体之能，皆心之能也，岂耳悦声，目悦色，鼻悦臭，口悦味，非心悦之乎？

曰：否。心能使耳目鼻口，不能代耳目鼻口之能，彼其能者各自具也，故不能相为。人物受形于天地，故恒与之相通。盈天地之间，有声也，有色也，有臭也，有味也；举声色臭味，则盈天地间者无或遗矣，外内相通，其开窍也，是为耳目鼻口。五行有生克，生则相得，克则相逆，血气之得其养、失其养系焉，资于外足以养其内，此皆阴阳五行之所为，外之盈天地之间，内之备于吾身，外内相得无间而养道备。"民之质矣，日用饮食"，自古及今，以为道之经也，血气各资以养，而开窍于耳目鼻口以通之，既于是通，故各成其能而分职司之。孔子曰，"少之时，血气未定，戒之在色；及其长也，血气方刚，戒之在斗；及其老也，血气既衰，戒之在得。"血气之所为不一，举凡身之嗜欲根于气血明矣。非根于心也，孟子曰："理义之悦我心。犹刍豢之悦我口"，非喻言也。凡人行一事，有当于理义，其心气必畅然自得；悖于理义，心气必沮丧自失，以此见心之于理义，一同乎血气之于嗜欲，皆性使然耳。臣道也，心之耳目鼻口之官，君道也；臣效其能而君正其可否。理又非他，可否之而当，是谓理义。然又非心出一意以可否之也，若心出一意以可否之，何异强制之乎！是故就事物言，非事物之外别有理义也；"有物必有则"，以其则正其物，如是而已矣。就人心言，非别有理以予之而具于心也；心之神明，于事物咸足以知其不易之则，譬有光皆能照，而中理者，乃其光盛，其照不谬也。

……

问：乐记言灭天理而穷人欲，其言有似于以理欲为邪正之别，何也？

曰：性，譬则水也；欲，譬则水之流也；节而不过，则为依乎天理，为相生养之道，譬则水由地中行也；穷人欲而至于有悖逆诈伪之心，有淫泆作乱之事，譬则洪水横流，泛滥于中国也。圣人教之反躬，以己之加于人，设人如是加于己，而思躬受之之情，譬则禹之行水，行其所无事，非恶泛滥而塞其流也。恶泛滥而塞其流，其立说之工者且直绝其源，是遏欲无欲之喻也。"口之于味也，目之于色也，耳之于声也，鼻之于臭也，四肢之于安佚也"，此后儒视为人欲之私者，而孟子曰"性也"，继之曰"有命焉"。命者，限制之名，如命之东则不得而西，言性之欲之不可无节也。节而不过，则依乎天理；非以天理为正，人欲为邪也。天理者，节其欲而不穷人欲也。是故欲不可穷，非不可有；有而节之，使无过情，无不及情，可谓之非天理乎！

（清）戴震《孟子字义疏证·理·十五条》，《戴震全书》第六册，黄山书社1995年版

天之降才

才者，人与百物各如其性以为形质，而知能遂区以别焉，孟子所谓"天之降才"是也。气化生人生物，据其限于所分而言谓之命，据其为人物之本始而言谓之性，据其体质而言谓之才。由成性各殊，故才质亦殊。才质者，性之所呈也；舍才质安睹所谓性哉！以人物譬之器，才则其器之质也；分于阴阳五行而成性各殊，则才质因之而殊。犹金锡之在冶，冶金以为器，则其器金也；冶锡以为器，则其器锡也；品物之不同如是矣。从而察之，金锡之精良与否，其器之为质，一如乎所冶之金锡，一类之中又复不同如是矣。为金为锡，及其金锡之精良与否，性之喻也；其分于五金之中，而器之所以为器即于是乎限，命之喻也；就器而别之，孰金孰锡，孰精良与孰否，才之喻也。故才之美恶，于性无所增，亦无所损。夫金锡之为器，一成而不变者也；人又进乎是。自圣人而下，其等差凡几？或疑人之才非尽精良矣，而不然也。犹金之五品，而黄金为贵，虽其不美者，莫与之比贵也，况乎人皆可以为贤为圣也！后儒以不善归气禀；孟子所谓性，所谓才，皆言乎气禀而已矣。其禀受之全，则性也；其体质之全，则才也。禀受之全，无可据以为言；如桃杏之性，全于核中之白，形色臭味，无一弗具，而无可见，及萌芽甲坼，根干枝叶，桃与杏各殊；由是为华为实，

形色臭味无不区以别者，虽性则然，皆据才见之耳。成是性，斯为是才。别而言之，曰命，曰性，曰才；合而言之，是谓天性。故孟子曰："形色，天性也，惟圣人然后可以践形。"人物成性不同，故形色各殊。人之形，官器利用大远乎物，然而于人之道不能无失，是不践此形也；犹言之而行不逮，是不践此言也。践形之与尽性，尽其才，其义一也。

问：孟子答公都子曰："乃若其情，则可以为善矣，乃所谓善也。若夫为不善，非才之罪也。"朱子云："情者，性之动也。"又云："恻隐、羞恶、辞让、是非，情也；仁义礼智，性也。心，统性情者也，因其情之发，而性之本然可得而见。"夫公都子问性，列三说之与孟子言性善异者，乃舍性而论情，偏举善之端为证。彼荀子之言性恶也，曰："今人之性，生而有好利焉，顺是，故争夺生而辞让亡焉；生而有疾恶焉，顺是，故残贼生而忠信亡焉；生而有耳目之欲，有好声色焉，顺是，故淫乱生而礼义文理亡焉。然则从人之性，顺人之情，必出于争夺，合于犯分乱理而归于暴。故必将有师法之化，礼义之导，然后出于辞让，合于文理而归于治。用此观之，然则人之性恶明矣。"是荀子证性恶，所举者亦情也，安见孟子之得而荀子之失与？

曰：人生而后有欲，有情，有知，三者，血气心知之自然也。给于欲者，声色臭味也，而因有爱畏；发乎情者，喜怒哀乐也，而因有惨舒；辨于知者，美丑是非也，而因有好恶。声色臭味之欲，资以养其生；喜怒哀乐之情，感而接于物；美丑是非之知，极而通于天地鬼神。声色臭味之爱畏以分，五行生克为之也；喜怒哀乐之惨舒以分，时遇顺逆为之也；美丑是非之好恶以分，志虑从违为之也；是皆成性然也。有是身，故有声色臭味之欲；有是身，而君臣、父子、夫妇、昆弟、朋友之伦具，故有喜怒哀乐之情。惟有欲有情而又有知，然后欲得遂也，情得达也。天下之事，使欲之得遂，情之得达，斯已矣。惟人之知，小之能尽美丑之极致，大之能尽是非之极致。然后遂己之欲者，广之能遂人之欲；达己之情者，广之能达人之情。道德之盛，使人之欲无不遂，人之情无不达，斯已矣。欲之失为私，私则贪邪随之矣；情之失为偏，偏则乖戾随之矣；知之失为蔽，蔽则差谬随之矣。不私，则其欲皆仁也，皆礼义也；不偏，则其情必和易而平恕也；不蔽，则其知乃所谓聪明圣智。孟子举恻隐、羞恶、辞让、是非之心谓之心，不谓之情。首云"乃若其情"，非性情之情也。孟子不又云乎："人见其禽兽也，而以为未尝有才焉，是岂人之情也哉！"情，犹素也，实也。孟子于性，本以为善，而此云"则可以为善矣"。可之为言，因性有等差而断其善，则未见不可也。下云"乃所谓善也"，对上"今曰性善"之文；继之云，"若夫为不善，非才之罪也"。为，犹成也，卒之成为不善者，陷溺其心，放其良心，至于梏亡之尽，违禽兽不远者也；言才则性见，言性则才见，才于性无所增损故也。人之性善，故才亦美，其往往不美，未有非陷溺其心使然，故曰"非天之降才尔殊"。才可以始美而终于不美，由才失其才也，不可谓性始善而终于不善。性以本始言，才以体质言也。体质戕坏，究非体质之罪，又安可咎其本始哉！倘如宋儒言"性即理"，言"人生以后，此理已随在形气之中"，不全是性之本体矣。以孟子言性于陷溺梏亡之后，人见其不善，犹曰"非才之罪"者，宋儒于"天之降才"即罪才也。

问：天下古今之人，其才各有所近。大致近于纯者，慈惠忠信，谨（原）[厚] 和平，见善则从而耻不善；近于清者，明达广大，不惑于疑似，不滞于习闻，其取善去不善亦易。此或不能相兼，皆才之美者也。才虽美，犹往往不能无偏私。周子言性云："刚：善为义，为直，为断，为严毅，为干固；恶为猛，为隘，为强梁。柔：善为慈，为顺，为巽；恶，为懦弱，为无断，为邪佞。"而以"圣人然后协于中"，此亦就才见之而明举其恶。程子云："性无不善，而有不善者才也。性即理，理则自尧、舜至于涂人，一也。才禀于气，气有清浊，禀其清者为贤，禀其浊者为愚。"此以不善归才，而分性与才为二本。朱子谓其密于孟子，朱子云："程于此说才字，与孟子本文小异。盖孟子专指其发于性者言之，故以为才无不善；程子专指其禀于气者言之，则人之才固有昏明强弱之不同矣。二说虽殊，各有所当；然以事理考之，程子为密。"犹之讥孟子"论性不论气，不备"，皆足证宋儒虽尊孟子，而实相与龃龉。然如周子所谓恶者，岂非才之罪与？

曰：此偏私之害，不可以罪才，尤不可以言性。"孟子道性善"，成是性斯为是才，性善则才亦美，然非无偏私之为善为美也。人之初生，不食则死；人之幼稚，不学则愚；食以养其生，充之使长；学以养其良，充之至于贤人圣人；其故一也。才虽美，譬之良玉，成器而宝之，气泽日亲，久能发其光，可宝加乎其前矣；剥之蚀之，委弃不惜，久且伤坏无色，可宝减乎其前矣。又譬之人物之生，皆不病也，其后百病交侵，若生而善病者。或感于外而病，或受损于内身之阴阳五气胜负而病；指其病则皆发乎其体，而曰天与以多病之体，不可也。如周子所称猛隘、强梁、懦弱、无断、邪佞，是摘其才之病也；才虽美，失其养则然。孟子岂未言其故哉？因于失养，不可以是言人之才也。夫言才犹不可，况以是言性乎！

（清）戴震《孟子字义疏证·才·三条》，《戴震全书》第六册，黄山书社1995年版

仁义礼智

仁者，生生之德也；"民之质矣，日用饮食"，无非人道所以生生者。一人遂其生，推之而与天下共遂其生，仁也。言仁可以赅义，使亲爱长养不协于正大之情，则义有未尽，亦即为仁有未至。言仁可以赅礼，使无亲疏上下之辨，则礼失而仁亦未为得。且言义可以赅礼，言礼可以赅义；先王之以礼教，无非正大之情；君子之精义也，断乎亲疏上下，不爽几微。而举义举礼，可以赅仁，又无疑也。举仁义礼可以赅智，智者，知此者也。《易》曰："立人之道，曰仁与义。"而《中庸》曰："仁者，人也，亲亲为大；义者，宜也，尊贤为大；亲亲之杀，尊贤之等，礼所生也。"益之以礼，所以为仁至义尽也。语德之盛者，全乎智仁而已矣，而《中庸》曰："智仁勇三者，天下之达德也。"益之以勇，盖德之所以成也。就人伦日用，究其精微之极致，曰仁，曰义，曰礼，合三者以断天下之事，如权衡之于轻重，于仁无憾，于礼义不忒，而道尽矣。若夫德性之存乎其人，则曰智，曰仁，曰勇，三者，才质之美也，因才质而进之以学，皆可至于圣人。自人道溯之天道，自人之德性溯之天德，则气化流行，生生不息，仁也。由其生生，有自然之条理，观于条理之秩然有序，可以知礼矣；观于条理之截然不可乱，可以知义矣。在天为气化之生生，在人为其生生之心，是乃仁之为德也；在天为气化推行之条理，在人为其心知之通乎条理而不紊，是乃智之为德也。惟条理，是以生生；条理有失，则生生之道绝。凡仁义对文及智仁对文，皆兼生生、条理而言之者也。

问：《论语》言"主忠信"，言"礼与其奢也宁俭，丧与其易也宁戚"；子夏闻"绘事后素"，而曰"礼后乎"；朱子云"礼以忠信为质"，引《记》称"忠信之人，可以学礼"证之；老氏直言"礼者，忠信之薄，而乱之首"，指归几于相似。然《论语》又曰："十室之邑，必有忠信如丘者焉，不如丘之好学也。"曰："克己复礼为仁。"《中庸》于礼，以"知天"言之。《孟子》曰："动容周旋中礼，盛德之至也。"重学重礼如

是，忠信又不足言，何也？

曰：礼者，天地之条理也，言乎条理之极，非知天不足以尽之。即仪文度数，亦圣人见于天地之条理，定之以为天下万世法。礼之设所以治天下之情，或裁其过，或勉其不及，俾知天地之中而已矣。至于人情之漓，犹饰于貌，非因饰貌而情漓也，其人情渐离而徒以饰貌为礼也，非恶其饰貌，恶其情漓耳。礼以治其俭陋，使化于文；丧以治其哀戚，使远于直情而径行。情漓者驰骛于奢与易，不若俭戚之于礼，虽不足，犹近乎制礼所起也，故以答林放问礼之本。"忠信之人，可以学礼"，言质美者进之于礼，无饰貌情漓之弊，忠信乃其人之质美，犹曰"苟非其人，道不虚行"也。至若老氏，因俗失而欲并礼去之，意在还淳反朴，究之不能必天下尽归淳朴，其生而淳朴者，直情径行；流于恶薄者，肆行无忌，是同人于禽兽，率天下而乱者也。君子行礼，其为忠信之人固不待言；而不知礼，则事事爽其条理，不足以为君子。林放问"礼之本"，子夏言"礼后"，皆重礼而非轻礼也。《诗》言"素以为绚"，"素"以喻其人之娴于仪容；上云"巧笑倩"美目盼"者，其美乃益彰，是之谓"绚"；喻意深远，故子夏疑之。"绘事后素"者，郑康成云："凡绘画，先布众色，然后以素分布其间以成文。"何平叔《景福殿赋》所谓"班间布白，疏密有章"，盖古人画绘定法。其注《考工记》"凡画缋之事后素功"云："素，白采也；后布之，为其易渍污也。"是素功后施，始五采成章烂然，貌既美而又娴于仪容，乃为诚美，"素以为绚"之喻昭然矣。子夏触于此言，不特于《诗》无疑，而更知凡美质皆宜进之以礼，斯君子所贵。若谓子夏后礼而先忠信则见于礼，亦如老氏之仅仅指饰貌情漓者所为，与林放以饰貌情漓为俗失者，意指悬殊，孔子安得许之？忠信由于质美，圣贤论行，固以忠信为重，然如其质而见之行事，苟学不足，则失在知，而行因之谬，虽其心无弗忠弗信，而害道多矣。行之差谬，不能知之，徒自期于心无愧者，其人忠信而不好学，往往出于此，此可以见学与礼之重矣。

（清）戴震《孟子字义疏证·仁义礼智·二条》，《戴震全书》第六册，黄山书社1995年版

权，所以别重也

权，所以别轻重也。凡此重彼轻，千古不易者，常也，常则显然共见其千古不易之重轻；而重者于是乎轻，轻者于是乎重，变也，变则非智之

尽，能辨察事情而准，不足以知之。《论语》曰："可与共学，未可与适道；可与适道，未可与立；可与立，未可与权。"盖同一所学之事，试问何为而学，其志有去道甚远者矣，求禄利声名者是也，故"未可与适道"；道责于身，不使差谬，而观其守道，能不见夺者寡矣，故"未可与立"；虽守道卓然，知常而不知变，由精义未深，所以增益其心知之明使全乎圣智者，未之尽也，故"未可与权"。孟子之辟杨墨也，曰："杨、墨之道不息，孔子之道不著，是邪说诬民，充塞仁义也；仁义充塞，则率兽食人，人将相食。"今人读其书，孰知所谓"率兽食人，人将相食"者安在哉！孟子又曰："杨子取为我，拔一毛而利天下，不为也；墨子兼爱，摩顶放踵利天下，为之；子莫执中，执中为近之，执中无权，犹执一也。所恶执一者，为其贼道也，举一而废百也。"今人读其书，孰知"无权"之故，"举一而废百"之为害至巨哉！孟子道性善，于告子言"以人性为仁义"，则曰"率天下之人而祸仁义"，今人读其书，又孰知性之不可不明，"戕贼人以为仁义"之祸何如哉！老聃、庄周"无欲"之说，及后之释氏所谓"空寂"，能脱然不以形体之养与有形之生死累其心，而独私其所谓"长生久视"，所谓"不生不灭"者，于人物一视而同用其慈，盖合杨、墨之说以为说。由其自私，虽拔一毛可以利天下，不为；由其外形体，溥慈爱，虽摩顶放踵以利天下，为之。宋儒程子、朱子，易老、庄、释氏之所私者而贵理，易彼之外形体者而咎气质；其所谓理，依然"如有物焉宅于心"。于是辨乎理欲之分，谓"不出于理则出于欲，不出于欲则出于理"，虽视人之饥寒号呼，男女哀怨，以至垂死冀生，无非人欲，空指一绝情欲之感者为天理之本然，存之于心。及其应事，幸而偶中，非曲体事情，求如此以安之也；不幸而事情未明，执其意见，方自信天理非人欲，而小之一人受其祸，大之天下国家受其祸，徒以不出于欲，遂莫之或寤。凡以为"理宅于心"，"不出于欲则出于理"者，未有不以意见为理而祸天下者也。人之患，有私有蔽；私出于情欲，蔽出于心知。无私，仁也；不蔽，智也；非绝情欲以为仁，去心知以为智也。是故圣贤之道，无私而非无欲；老、庄、释氏，无欲而非无私；彼以无欲成其自私者也；此以无私通天下之情，遂天下之欲者也。凡异说皆主于无欲，不求无蔽；重行，不先重知。人见其笃行也，无欲也，故莫不尊信之。圣贤之学，由博学、审问、慎思、明辨而后笃行，则行者，行其人伦日用之不蔽者也，非如彼之舍人伦日用，以无欲为能笃行也。人伦日用，圣人以通天下之情，遂天下之欲，权之而分理不爽，是谓理。宋儒乃曰"人欲所蔽"，故不出于欲，则自信无蔽。古今不乏严气正性、疾恶如雠之人，是其所是，非其所非；执显然共见之重轻，实不知有时权之而重者于是乎轻，轻者于是乎重。其是非轻重一误，天下受其祸而不可救。岂人欲蔽之也哉？自信之理非理也。然则孟子言"执中无权"，至后儒又增一"执理无权"者矣。

……

问：孟子辟杨、墨，韩退之辟老、释，今子于宋以来儒书之言，多辞而辟之，何也？

曰：言之深入人心者，其祸于人也大而莫之能觉也；苟莫之能觉也，吾不知民受其祸之所终极。彼杨、墨者，当孟子之时，以为圣人贤人者也；老、释者，世以为圣人所不及者也；论其人，彼各行所知，卓乎同于躬行君子，是以天下尊而信之。而孟子、韩子不能已于与辨，为其言入人心深，祸于人大也。岂寻常一名一物之讹舛比哉！孟子答公孙丑问"知言"曰："诐辞知其所蔽，淫辞知其所陷，邪辞知其所离，遁辞知其所穷。生于其心，害于其政；发于其政，害于其事。圣人复起，必从吾言矣。"答公都子问"外人皆称夫子好辩"曰："邪说者不得作。作于其心，害于其事；作于其事，害于其政。圣人复起，不易吾言矣。"孟子两言"圣人复起"，诚见夫诐辞邪说之深入人心，必害于事，害于政，天下被其祸而莫之能觉也。使不然，则杨、墨、告子其人，彼各行所知，固卓乎同于躬行君子，天下尊而信之，孟子胡以恶之哉？杨朱哭衢途，彼且悲求诸外者歧而又歧；墨翟之叹染丝，彼且悲人之受染，失其本性。老、释之学，则皆贵于"抱一"，贵于"无欲"；宋以来儒者，盖以理（之说）[说之]。其辨乎理欲，犹之执中无权，举凡饥寒愁怨，饮食男女、常情隐曲之感，则名之曰"人欲"，故终其身见欲之难制；其所谓"存理"，空有理之名，究不过绝情欲之感耳。何以能绝？曰"主一无适"，此即老氏之"抱一""无欲"，故周子以一为学圣之要，且明之曰，"一者，无欲也"。天下必无舍生养之道而得存者，凡事为皆有于欲，无欲则无为矣；有欲而后有为，有为而归于至当不可易之谓理；无欲无为又焉有理！老、庄、释氏主于无欲无为，故不言理；圣人务在有欲有为之咸得理。是故君子亦无私而已矣，不贵无欲。君子使欲出于正，不出于邪，不必无饥寒愁怨、饮食男女、常情隐曲之感，于是逸说诬辞，反得刻议君子而罪之，此理欲之辨使君子无完行者，为祸如是也。以无欲然后君子，而小人之为小人也，依然行其贪邪；独执此以为君子者，谓"不出于理则出于欲，不出于欲则出于理"，其言理也，"如有物焉，得于天而具于心"，于是未有不以意见为理之君子；且自信不出于欲，则曰"心无愧怍"。夫古人所谓不愧不怍者，岂此之谓乎！不寤意见多偏之不可以理名，而持之必坚；意见所非，则谓其人自绝于理：此理欲之辨，适成忍而残杀之具，为祸又如是也。夫尧、舜之忧四海困穷，文王之视民如伤，何一非为民谋其人欲之事！惟顺而导之，使归于善。今既截然分理欲为二，治己以不出于欲为理，治人亦必以不出于欲为理，举凡民之饥寒愁怨、饮食男女、常情隐曲之感，咸视为人欲之甚轻者矣。轻其所轻，乃"吾重天理也，公义也"，言虽美，而用之治人，则祸其人。至于下以欺伪应乎上，则曰"人之不善"，胡弗思圣人体民之情，遂民之欲，不待告以天理公义，而人易免于罪戾者之有道也！孟子于"民之放辟邪侈无不为以陷于罪"，犹曰"是罔民也"；又曰"救死而恐不赡，奚暇治礼义"！古之言理也，就人之情欲求之，使之无疵之为理；今之言理也，离人之情欲求之，使之忍而不顾之为理。此理欲之辨，适以穷天下之人尽转移为欺伪之人，为祸何可胜言也哉！其所谓欲，乃帝王之所尽心于民；其所谓理，非古圣贤之所谓理；盖杂乎老、释之言以为言，是以弊必至此也。然宋以来儒者皆力破老、释，不自知杂袭其言而一一傅合于经，遂曰六经、孔、孟之言；其惑人也易而破之也难，数百年于兹矣。人心所知，皆彼之言，不复知其异于六经、孔、孟之言矣；世又以躬行实践之儒，信焉不疑。夫杨、墨、老、释，皆躬行实践，劝善惩恶，救人心，赞治化，天下尊而信之，帝王因尊而信之者也。孟子、韩子辟之于前，闻孟子、韩子之说，人始知其与圣人异而究不知其所以异。至宋以来儒书之言，人咸曰："是与圣人同也；辨之，是欲立异也。"此如婴儿中路失其父母，他人子之而为其父母，既长，不复能知他人之非其父母，虽告以亲父母而决为非也，而怒其告者，故曰"破之也难"。呜呼，使非害于事、害于政以祸人，方将敬其为人，而又何恶也！恶之者，为人心惧也。

（清）戴震《孟子字义疏证·权·五条》，《戴震全书》第六册，黄山书社1995年版

纪 昀

纪昀（1724—1805），字晓岚，别字春帆，号石云，道号观弈道人、孤石老人，清朝直隶献县（今河北省献县）人。乾隆十九年（1754），考中进士，官至礼部尚书、协办大学士、太子少保。曾任《四库全书》总纂官。因其"敏而好学可为文，授之以政无不达"（嘉庆帝御赐碑文），谥号"文达"，乡里世称文达公。强调文以载道，"诗本性情"，诗以言志。著有《纪文达公遗集》。

诗之本

故善为诗者，其思浚发于性灵，其意陶熔于学问。凡物色之感于外，与喜怒哀乐之动于中者，两相薄而发为歌咏，如风水相遭，自然成文；如泉石相舂，自然成响。刘勰所谓"情往似赠，兴来如答"，盖即此意。岂步步趋趋，摹拟刻画，寄人篱下者所可拟哉！

（清）纪昀《清艳堂诗序》，《纪文达公遗集》卷九，据清嘉庆刊本

诗以人品心术为根柢

其《大序》篇，出自圣门之授受，反复申明，仍不出言志之意，则诗之本义可知矣。故后来沿作，千变万化，而终以人品心术为根柢。人品高，则诗格高；心术正，则诗体正。

（清）纪昀《诗教堂诗集序》，《纪文达公遗集》卷九，据清嘉庆刊本

诗穷而后工

夫欢愉之辞难工，愁苦之音易好，论诗家成习语矣。然以龌龊之胸，贮穷愁之气，上者不过寒瘦之词，下而至于琐屑寒气，无所不至。其为好也，亦仅甚至激忿牢骚，怼及君父，裂名教之防者有矣。兴观群怨之旨，彼且乌识哉？是集以不可一世之才，困顿偃蹇，感激豪宕，而不乖乎温柔敦厚之正，可谓发乎情，止乎礼义者矣！穷而后工，斯其人哉！

（清）纪昀《俭重堂诗序》，《纪文达公遗集》卷九，据清嘉庆刊本

托诗以抒哀怨

斯真穷而后工，又能不累于穷，不以酸恻激烈为工者，温柔敦厚之教，其是之谓乎？三古以来，放逐之臣、黄馘牖下之士，不知其凡几；其托诗以抒哀怨者，亦不知其凡几。平心而论，要当以不涉怨尤之怀，不伤忠孝之旨为诗之正轨。昌黎送孟东野序称"以得其平则鸣"，乃一时有激之言，非笃论也。

（清）纪昀《月山诗集序》，《纪文达公遗集》卷九，据清嘉庆刊本

文以载道

文以载道，非濂溪之创论也。"理扶质以立干，文垂条以结繁"。陆平原实先发之。要皆孔子所谓言有物也。

（清）纪昀《明皋文集序》，《纪文达公遗集》卷九，据清嘉庆刊本

诗本性情者也

诗本性情者也。人生而有志，志发而为言，言出而成歌咏，协乎声律。其大者，和其声以鸣国家之盛，次亦足抒愤写怀。举日星河岳、草秀珍舒，鸟啼花放，有触乎情，即可以宕其性灵。是诗本乎性情者然也，而究非性情之至也。夫在天为道，在人为性，性动为情，情之至由于性之至，至性至情不过本天而动，而天下之凡有性情者，相与感发于不自知，咏叹于不容已，于此见性情之所通者大而其机自有真也。

（清）纪昀《冰瓯草序》，《纪文达公遗集》，据清嘉庆刊本

诗言志

钟嵘以后，诗话冗杂如牛毛，而要其本旨，不出圣人之一语，《书》称"诗言志"是也。盖志者，性情之所之，亦即人品学问之所见。富贵之场，不能为幽冷之句，躁竞之士，不能为恬淡之词。强而为之，必不工；即工，亦终有毫厘差。

（清）纪昀《郭落山诗集序》，《纪文达公遗集》卷九，据清嘉庆刊本

在心为志，发言为诗

在心为志，发言为诗。古之风人，特自写其悲愉，旁抒其美刺而已。

心灵百变，物色万端，逢所感触，遂生寄托。寄托既远，兴象弥深，于是缘情之什，渐化为文章。如食本以养生，而八珍五鼎缘以讲滋味；衣本以御寒，而纂组锦绣缘以讲工巧。相沿而至，莫知其然，而亦遂相沿不可废。故体格日新，宗派日别，作者各以其才力学问智角贤争，诗之变态，遂至于隶首不能算。

（清）纪昀《鹤街诗稿序》，《纪文达公遗集》卷九，据清嘉庆刊本

钱大昕

钱大昕（1728—1804），字晓征，又字及之，号辛楣，晚年自署竹汀居士，江苏太仓州嘉定县望仙桥河东宅（今属上海市嘉定区望新乡）人。清代史学家、文学家、教育家，乾嘉学派代表人物。钱大昕是18世纪中国渊博和专精的学术大师，其学以"实事求是"为宗旨，其治学范围广博精深，在史学、经学、小学、算学、校勘学及金石学等学术领域，均有建树和创见。一生著述甚富，后世辑为《潜研堂丛书》刊行。

其为人也，孝于亲，驾于朋友，以古人为师

别于科举之文而谓之古文，盖昉于韩退之，而宋以来因之。夫文岂有古今之殊哉？科举之文，志在利禄，徇世俗所好而为之，而性情不属焉。非不点窜尧典，涂改周诗，如剪采之花，五色具备，索然无生意，词虽古犹今也。唯读书谈道之士，以经史为菹醢，以义理为溉灌，胸次洒然，天机浩然，有不能已于言者，然后假于笔以传，多或千言，少或寸幅，其言不越日用之恒，其理不违圣贤之旨，词虽今犹古也。文之古，不古于袭古人之面目而古于得古人之性情，性情之不古，若微独貌为秦汉者非古文，即貌为欧曾，亦非古文也。退之云：唯古于词必己出。即果由己出矣，而轻佻侠荡自诡于名教之外，阳五古贤人，今岂有传其片语者乎？余持此论久矣，试以语人，多有怒于言色者，独戈子小莲闻面悦之。小莲负隽异之才，多愁善病，日以诗酒自娱，而尤好古文。所作皆直抒胸臆，卓然有得，而脱去俚俗浮艳之习。其为人也，孝于亲，驾于朋友，以古人为师，而无慕乎荣利。故其下笔劲健，立论醇正，得古人之神的而不为苟作。使为之不已，其蕲至于古人无疑也。加

其膏而希其光，古人岂远哉！

(清) 钱大昕《半树斋文稿序》，《潜研堂文集》卷二十六，据《四部丛刊》本

姚　鼐

姚鼐（1732—1815），字姬传，一字梦谷，室名惜抱轩（在今桐城中学内），世称惜抱先生，安庆府桐城（今安徽桐城市）人。清代散文家，与方苞、刘大櫆并称为"桐城派三祖"。姚鼐治学以经学为主，兼及子史、诗文。他文宗方苞，师承刘大櫆，主张"有所法而后能，有所变而后大"，在方苞重义理、刘大櫆长于辞章的基础上，提出"义理、考据、辞章"三者不可偏废，发展和完善了桐城派文论。为桐城派散文之集大成者。著有《惜抱轩诗文集》，编有《古文辞类纂》等。

道有是非，文有工拙

论辨类者，盖原于古之诸子，各以所学著书诏后世。孔孟之道与文，至矣。自老庄以降，道有是非，文有工拙。今悉以子家不录，录自贾生始。盖退之著论，取于六经、《孟子》。子厚取于韩非、贾生。明允杂以苏、张之流。子瞻兼及于《庄子》。学之至善者，神合焉；善而不至者，貌存焉。惜乎子厚之才，可以为其至，而不及至者，年为之也。

(清) 姚鼐《古文辞类纂序目》，周中明选注评点《姚鼐文选》，苏州大学出版社2001年版

天地之道

鼐闻天地之道，阴阳刚柔而已。文者，天地之精英，而阴阳刚柔之发也。惟圣人之言，统二气之会而弗偏。然而《易》《诗》《书》《论语》所载，亦间有可以刚柔分矣。值其时其人，告语之体，各有宜也。自诸子而降，其为文无弗有偏者。其得于阳与刚之美者，则其文如霆，如电，如长风之出谷，如崇山峻崖，如决大川，如奔骐骥；其光也，如杲日，如火，如金镠铁；其于人也，如冯高视远，如君而朝万众，如鼓万勇士而战之。其得于阴与柔之美者，则其文如升初日，如清风，如云，如霞，如

烟，如幽林曲涧，如沦，如漾，如珠玉之辉，如鸿鹄之鸣而入廖廓；其于人也，谬乎其如叹，邈乎其如有思，暖乎其如喜，愀乎其如悲。观其文，讽其音，则为文者之性情形状，举以殊焉。

且夫阴阳刚柔，其本二端，造物者糅，而气有多寡进绌，则品次亿万，以至于不可穷，万物生焉。故曰："一阴一阳之为道。"夫文之多变，亦若是已。然而偏胜可也，偏胜之极，一有一绝无，与夫刚不足为刚，柔不足为柔者，皆不可以言文。今夫野人孺子闻乐，以为声歌弦管之会尔；苟善乐者闻之，则五音十二律，必有一当，接于耳而分矣。夫论文者，岂异于是乎？宋朝欧阳、曾公之文，其才皆偏于柔之美者也。欧公能取异己者之长而时济之，曾公能避所短而不犯。观先生之文，殆近于二公焉。抑人之学文，其功力所能至者，陈理义必明当，布置取舍、繁简廉肉不失法；吐辞雅驯，不芜而已。古今至此者，盖不数数得，然尚非文之至。文之至者，通乎神明，人力不及施也。先生以为然乎？

（清）姚鼐《复鲁絜非书》，周中明选注评点《姚鼐文选》，苏州大学出版社2001年版

阴阳刚柔皆为文章之美

吾尝以谓文章之原，本乎天地；天地之道，阴阳刚柔而已。苟有得乎阴阳刚柔之精，皆可以为文章之美。阴阳刚柔，并行而不容偏废。有其一端而绝亡其一，刚者至于偾强而拂戾，柔者至于颓废而闇幽，则必无与于文者矣。然古君子称为文章之至，虽兼具二者之用，亦不能无所偏优于其间。其故何哉？天地之道，协合以为体，而时发奇出以为用者，理固然也。其在天地之用也，尚阳而下阴，伸刚而绌柔，故人得之亦然。文之雄伟而劲直者，必贵于温深而徐婉；温深徐婉之才，不易得也。然其尤难得者，必在乎天下之雄才也。夫古今为诗人者多矣，为诗而善者亦多矣，而卓然足称为雄才者，千余年中数人焉耳。甚矣，其得之难也。

（清）姚鼐《海愚诗钞序》，周中明选注评点《姚鼐文选》，苏州大学出版社2001年版

学问三端

余尝论学问之事，有三端焉，曰：义理也，考证也，文章也。是三者，苟善用之，则皆足以相济，苟不善用之，则或至于相害。今夫博学强

识而善言德行者，固文之贵也；寡闻而浅识者，固文之陋也。然而世有言义理之过者，其辞芜杂俚近，如语录而不文；为考证之过者，至繁碎缴绕，而语不可了当。以为文之至美，而反以为病者，何哉？其故由于自喜之太过，而智昧于所当择也。夫天之生才，虽美不能无偏，故以能兼长者为贵。而兼之中又有害焉，岂非能尽其天之所与之量，而不以才自蔽者之难得与？

（清）姚鼐《述庵文钞序》，周中明选注评点《姚鼐文选》，苏州大学出版社2001年版

知为人之重于为诗者，即为诗重矣

古之善为诗者，不自命为诗人者也。其胸中所蓄，高矣，广矣，远矣，而偶发之于诗，则诗与之为高广且远焉，故曰善为诗也。曹子建、陶渊明、李太白、杜子美、韩退之、苏子瞻、黄鲁直之伦，忠义之气，高亮之节，道德之养，经济天下之才，舍而仅谓之一诗人耳，此数君子岂所甘哉？志在于为诗人而已，为人虽工，其诗则卑且小矣。余执此以衡古人之诗之高下，亦以论今天下之为诗者，使天下终无曹子建、陶渊明、李、杜、韩、苏、黄之徒则已，苟有之，告以吾说，其必不吾非也。……能知为人之重于为诗者，其诗重矣。

（清）姚鼐《荷塘诗集序》，《惜抱轩文集》卷四，据《四部备要》本

翁方纲

翁方纲（1733—1818），字正三，一字忠叙，号覃溪，晚号苏斋，顺天大兴（今北京大兴区）人。清代书法家、文学家、金石学家。精通金石、谱录、书画、词章之学，书法与同时的刘墉、梁同书、王文治齐名。论诗创"肌理说"，著有《粤东金石略》《苏米斋兰亭考》《复初斋诗文集》《小石帆亭著录》等。

诗教之神韵

盛唐之杜甫，诗教之绳矩也，而未尝言及神韵。至司空图、严羽之

徒，乃标举其概，而今新城王氏畅之。非后人之所诣，能言前古所未言也。天地之精华，人之性情，经籍之膏腴，日久而不得不一宣泄之也。自新城王氏一倡神韵之说，学者辄目此为新城言诗之秘，而不知诗之所固有者，非自新城始言之也。且杜云"读书破万卷，下笔如有神"，此神字即神韵也。杜云"熟精文选理"，韩云"周诗三百篇，雅丽理训诰"，杜牧谓"李贺诗使加之以理，奴仆命骚可矣"，此理字即神韵也。神韵者，彻上彻下，无所不该。其谓"羚羊挂角，无迹可求"，其谓"镜花水月，空中之像"，亦皆即此神韵之正旨也，非坠入空寂之谓也。其谓"雅人深致"，指出"訏谟定命，远猷辰告"二句以质之，即此神韵之正旨也，非所云理字不必深求之谓也。然则神韵者，是乃所以君形者也。昔之言格调者，吾谓新城变格调之说而衷以神韵，其实格调即神韵也。今人误执神韵，似涉空言，是以鄙人之见，欲以肌理之说实之。其实肌理亦即神韵也。昔之人未有专举神韵以言诗者，故今时学者若欲目神韵为新城王氏之学，此正坐在不晓神韵为何事耳。知神韵之所以然，则知是诗中所自具，非至新城王氏始也。其新城之专举空音镜像一边，特专以针灸李、何一辈之痴肥貌袭者言之，非神韵之全也。且其误谓理字不必深求其解，则彼新城一叟，实尚有未喻神韵之全者，而岂得以神韵属之新城也哉？

（清）翁方纲《神韵论》上，《复初斋文集》卷八，据光绪刻本

李调元

李调元（1734—1803），字羹堂，号雨村，别署童山蠢翁，四川罗江县（今四川省德阳市罗江县调元镇）人，清代戏曲理论家、诗人。李调元与张问陶（张船山）、彭端淑合称"清代蜀中三才子"。李调元与遂宁人张问陶（张船山）、眉山的彭端淑合称"清代四川三大才子"。嘉庆本《四川通志》认为李调元："其自著诗文集，不足存也。"丁绍仪《听秋声馆词话》认为："其自著童山诗文集亦不甚警策，词则更非所长。"编有《四川李氏藏书薄》等，著有《雨村诗话》等，辑有《全五代诗》等。

达乎情而止乎礼义者也

刘念台《人谱类记》："今之院本，即古之乐章。每演戏时，见有孝

子、悌弟、忠臣、义士，虽妇人牧竖，往往涕泗横流。此其动人最切，较之老生拥皋比、讲经义，老衲登上坐、说佛法，功效百倍。"

（清）李调元《剧话》，《中国古典戏曲论著集成》，中国戏剧出版社1959年版

夫曲为道，达乎情止于礼

夫曲之为道也，达乎情而止乎礼义者也。凡人心之坏，必由于无情，而惨刻不衷之祸，因之而作。若夫忠臣、孝子、义夫、节妇，触物与怀，如怨如慕，而曲生焉，出于绵渺，则入人心脾；出于激切，则发人猛省。故情长、情短，莫不于曲寓之。人而有情，则士爱其缘，女守其介，知其则而止乎礼义，而风醇俗美；人而无情，则士不爱其缘，女不守其介，不知其则而放乎礼义，而风不淳，俗不美。故夫曲者，正鼓吹之盛事也。

（清）李调元《雨村曲话·雨村曲话序》，《中国古典戏曲论著集成》，中国戏剧出版社1982年版

剧者本戏也

剧者何？戏也。古今一戏场也；开辟以来，其为戏也，多矣。巢、由以天下戏，逢、比以躯命戏，苏、张以口舌戏，孙、吴以战阵戏，萧、曹以功名戏，班、马以笔墨戏，至若偃师之戏也以鱼龙，陈平之戏也以傀儡，优孟之戏也以衣冠，戏之为用大矣哉。孔子曰："《诗》可以兴，可以观，可以晕，可以怨。"今举贤奸忠佞，理乱兴亡，搬演于笙歌鼓吹之场，男男妇妇，善善恶恶，使人触目而惩戒生焉，岂不亦可兴、可观、可奉、可怨乎？夫人生，无日不在戏中，富贵、贫贱、夭寿、穷通，攘攘百年，电光石火，离合悲欢，转眼而毕，此亦如戏之倾刻而散场也。故夫达而在上，衣冠之君子戏也；穷而在下，负贩之小人戏也。今日为古人写照，他年看我辈登场。戏也，非戏也；非戏也，戏也。

（清）李调元《剧话·剧话序》，《中国古典戏曲论著集成》，中国戏剧出版社1982年版

沈宗骞

沈宗骞（1736—1820），字熙远，号芥舟，又号研湾老圃，浙江乌程

(今湖州）人，庠生。早岁能书、画，小楷、章草及盈丈大字，皆具古人神致魄力。画山水、人物、传神，无不精妙。痛斥俗学，阐扬正法，足为画道指南。生平杰作《汉宫春晓》《万竿烟雨》二图，为赏鉴家所宝，有神品之目。著有《芥舟学画编》。

笔墨之道本乎性情

笔墨之道本乎性情，凡所以涵养性情者则存之，所以残缺性情者则去之，自然俗日离而雅可日几也。夫刻欲求存未必长存，力欲求去未必尽去，彼纷纷于内，逐逐于外者，亦思从事于兹，以几大雅，其可得乎！故欲求雅者，先于平日平其争竞躁戾之气，息其机巧便利之风。揣摩古人之能恬淡冲和，潇洒流利者，实由摆脱一切纷更驰逐，希荣慕势，弃时世之共好，穷理趣之独腴，勿忘勿助，优柔渐渍，将不求存而自存，不求去而自去矣。

（清）沈宗骞《避侮》，《芥舟学画编》卷二，据《中国画论丛书》本

可垂后世而无忝，质诸古人而无悖

天下之物本气之所积而成，即如山水自重岗复岭以至一木一石无不有生气贯乎其间，是以繁而不乱，少而不枯，合之则统相联属，分之又各自成形。万物不一状，万变不一相，总之统乎气以呈其活动之趣者，是即所谓势也。论六法者首曰气韵生动，盖即指此。所谓笔势者，言以笔之气势，貌物之体势，方得谓画。故当伸纸洒墨，吾腕中若具有天地生物光景，洋洋洒洒，其出也无滞，其成也无心，随手点拂而物态毕呈，满眼机关而取携自便。心手笔墨之间，灵机妙绪凑而发之，文湖州所谓急以取之，少纵即逝者，是盖速以取势之谓也。或以老杜十日五日之论，似与速取之旨相左，不知老杜但为能事不受迫促而发，若时至兴来，滔滔汩汩，谁可遏抑？吴道子应诏图嘉陵山水，他人累月不能就者，乃能一日而成，此又速以取势之明验也。山形树态，受天地之生气而成，墨渖笔痕托心腕之灵气以出，则气之在是亦即势之在是也。气以成势，势以御气，势可见而气不可见，故欲得势必先培养其气。气能流畅则势自合拍，气与势原是一孔所出，洒然出之，有自在流行之致，回旋往复之宜。不屑屑以求工，能落落而自合。气耶？势耶？并而发之。片时妙意，可垂后世而无忝，质

诸古人而无悖，此中妙绪难为添凑而成者道也。

（清）沈宗骞《取势》，《芥舟学画编》（卷一），据《中国画论丛书》本

章学诚

章学诚（1738—1801），原名文镳、文酕，字实斋，号少岩，会稽（今浙江绍兴）人，清代史学家、思想家，中国古典史学的终结者，方志学奠基人。章学诚倡六经皆史之论，治经治史，皆有特色。他一生颠沛流离，穷困潦倒，曾先后主修《和州志》《永清县志》《亳州志》《湖北通志》等十多部志书，创立了一套完整的修志义例。著有《文史通义》《校雠通义》《史籍考》等。其《文史通义》与唐代刘知几的《史通》齐名，并为中国古代史学理论的"双璧"。

政教典章

六经皆史也。古人不著书，古人未尝离事而言理，六经皆先王之政典也。或曰：《诗》《书》《礼》《乐》《春秋》，则既闻命矣。《易》以道阴阳，愿闻所以为政典，而与史同科之义焉。曰：闻诸夫子之言矣。"夫《易》开物成务，冒天下之道。""知来藏往，吉凶与民同患。"其道盖包政教典章之所不及矣。象天法地，"是兴神物，以前民用。"其教盖出政教典章之先矣。《周官》太卜掌三《易》之法，夏曰《连山》，殷曰《归藏》，周曰《周易》，各有其象与数，各殊其变与占，不相袭也。然三《易》各有所本，《大传》所谓庖羲、神农与黄帝、尧、舜，是也。《归藏》本庖羲，《连山》本神农，《周易》本黄帝。由所本而观之，不特三王不相袭，三皇、五帝亦不相沿矣。盖圣人首出御世，作新视听，神道设教，以弥纶乎礼乐刑政之所不及者，一本天理之自然；非如后世托之诡异妖祥，谶纬术数，以愚天下也。

（清）章学诚《文史通义·易教上》，《文史通义校注》，叶瑛校注，中华书局1985年版

《易》之象《诗》之兴

《易》之象也，《诗》之兴也，变化而不可方物矣。《礼》之官也，

《春秋》之例也，谨严而不可假借矣。夫子曰："天下同归而殊途，一致而百虑。"君子之于六艺，一以贯之，斯可矣。物相杂而为之文，事得比而有其类。知事物名义之杂出而比处也，非文不足以达之，非类不足以通之，六艺之文，可以一言尽也。夫象欤，兴欤，例欤，官欤，风马牛之不相及也，其辞可谓文矣，其理则不过曰通于类也。故学者之要，贵乎知类。

象之所包广矣，非徒《易》而已，六艺莫不兼之；盖道体之将形而未显者也。雎鸠之于好逑，樛木之于贞淑，甚而螽蛇之于男女，象之通于《诗》也。五行之征五事，箕毕之验雨风，甚而傅岩之人梦赍，象之通于《书》也。古官之纪云鸟，《周官》之法天地四时，以至龙翟章衣，熊虎志射，象之通于《礼》也。歌协阴阳，舞分文武，以至磬念封疆，鼓思将帅，象之通于《乐》也。笔削不废灾异，《左氏》遂广妖祥，象之通于《春秋》也。《易》与天地准，故能弥纶天地之道。万事万物，当其自静而动，形迹未彰而象见矣。故道不可见，人求道而恍若有见者，皆其象也。

有天地自然之象，有人心营构之象。天地自然之象，《说卦》为天为圜诸条，约略足以尽之。人心营构之象，睽车之载鬼，翰音之登天，意之所至，无不可也。然而心虚用灵，人累于天地之间，不能不受阴阳之消息；心之营构，则情之变易为之也。情之变易，感于人世之接构，而乘于阴阳倚伏为之也。是则人心营构之象，亦出天地自然之象也。

《易》象虽包六艺，与《诗》之比兴，尤为表里。夫《诗》之流别，盛于战国人文，所谓长于讽喻，不学《诗》，则无以言也。详《诗教》篇。然战国之文，深于比兴，即其深于取象者也。《庄》《列》之寓言也，则触蛮可以立国，蕉鹿可以听讼。《离骚》之抒愤也，则帝阙可上九天，鬼情可察九地。他若纵横驰说之士，飞箝揣阖之流，徙蛇引虎之营谋，桃梗土偶之问答，愈出愈奇，不可思议。然而指迷从道，固有其功；饰奸售欺，亦受其毒。故人心营构之象，有吉有凶；宜察天地自然之象，而衷之以理，此《易》教之所以范天下也。

诸子百家，不衷大道，其所以持之有故而言之成理者，则以本原所出，皆不外于《周官》之典守。其支离而不合道者，师失官守，末流之学，各以私意恣其说尔。非于先王之道，全无所得，而自树一家之学也。至于佛氏之学，来自西域，毋论彼非世官典守之遗，且亦生于中国，言语不通，没于中国，文字未达也。然其所言与其文字，持之有故而言之成理者，殆较诸子百家为尤盛。反复审之，而知其本原出于《易》教也。盖其所谓心性理道，名目有殊，推其义指，初不异于圣人之言。其异于圣人者，惟舍事物而别见有所谓道尔。至于丈六金身，庄严色相，以至天堂清明，地狱阴惨，天女散花，夜叉披发，种种诡幻，非人所见，儒者斥之为妄，不知彼以象教，不啻《易》之龙血玄黄，张弧载鬼。是以阎摩变相，皆即人心营构之象而言，非彼造作诳诬以惑世也。至于末流失传，凿而实之，夫妇之愚，偶见形于形凭于声者，而附会出之，遂谓光天之下，别有境焉。儒者又不察其本末，攘臂以争，愤若不共戴天，而不知非其实也。令彼所学，与夫文字之所指拟，但切人于人伦之所日用，即圣人之道也。以象为教，非无本也。

《易》象通于《诗》之比兴；《易》辞通于（春秋）之例。严天泽之分，则二多誉，四多惧焉。谨治乱之际，则阳君子，阴小人也。杜微渐之端，姤一阴，而已惕女壮。临二阳，而即虑八月焉。慎名器之假。，五戒阴柔，三多危惕焉。至于四德尊，元而无异称，享有小享，利贞有小利贞，贞有贞吉贞凶，吉有元吉，悔有悔亡，咎有无咎，一字出人，谨严甚于《春秋》。盖圣人于天人之际，以谓甚可畏也。《易》以天道而切人事，《春秋》以人事而协天道，其义例之见于文辞，圣人有戒心焉。

（清）章学诚《文史通义·易教下》，《文史通义校注》，叶瑛校注，中华书局1985年版

离文见道

周衰文弊，六艺道息，而诸子争鸣。盖至战国而文章之变尽，至战国而著述之事专，至战国而后世之文体备。故论文于战国，而升降盛衰之故可知也。战国之文，奇邪错出，而裂于道，人知之；其源皆出于六艺，人不知也。后世之文，其体皆备于战国，人不知；其源多出于《诗》教，人愈不知也。知文体备于战国，而始可与论后世之文。知诸家本于六艺，而后可与论战国之文，知战国多出于《诗》教，而后可与论六艺之文；可与论六艺之文，而后可与离文而见道；可与离文而见道，而后可与奉道而折诸家之文也。

战国之文，其源皆出于六艺，何谓也？曰：道体无所不该，六艺足以尽之。诸子之为书，其持之有故而言之成理者，必有得于道体之一端，而

后乃能恣肆其说，以成一家之言也。所谓一端者，无非六艺之所该，故推之而皆得其所本；非谓诸子果能服六艺之教，而出辞必衷于是也。《老子》说本阴阳，《庄》《列》寓言假象，《易》教也。邹衍侈言天地，关尹推衍五行，《书》教也。管、商法制，义存政典，《礼》教也。申、韩刑名，旨归赏罚，《春秋》教也。其他杨、墨、尹文之言，苏、张、孙、吴之术，辨其源委，挹其旨趣，九流之所分部，《七录》之所叙论，皆于物曲人官，得其一致，而不自知为六典之遗也。

（清）章学诚《文史通义·诗教上》，《文史通义校注》，叶瑛校注，中华书局1985年版

文，虚器也。道，实指也。文欲其工，犹弓矢欲其良也。弓矢可以御寇，亦可以为寇，非关弓矢之良与不良也。文可以明道，亦可以叛道，非关文之工与不工也。

（清）章学诚《文史通义·言公》，《文史通义校注》，叶瑛校注，中华书局1985年版

阴阳不测，不离乎阴阳

《易》曰："阴阳不测之为神。"又曰："神也者，妙万物而为言者也。"孟子曰："大而化之之谓圣，圣而不可知之之谓神。"此神化神妙之说所由来也。夫阴阳不测，不离乎阴阳也；妙万物而为言，不离乎万物也；圣不可知，不离乎充实光辉也。然而曰圣、曰神、曰妙者，使人不滞于迹，即所知见以想见所不可知见也。学术文章，有神妙之境焉。末学肤受，泥迹以求之；其真知者，以谓中有神妙，可以意会而不可以言传者也。不学无识者，窒于心而无所入，穷于辨而无所出，亦曰可意会而不可言传也；君子恶夫似之而非者也。

（清）章学诚《文史通义·辨似》，《文史通义校注》，叶瑛校注，中华书局1985年版

诗之阴阳之理，性情之法

《易》奇而法，《诗》正而葩，《易》以道阴阳，《诗》以道性情也。其所以修而为奇与葩者，则固以谓不如是则不能以显阴阳之理与性情之发也。

（清）章学诚《文史通义·言公》，《文史通义校注》，叶瑛校注，中华书局1985年版

气动人，情入人

凡文不足以动人，所以动人者，气也；凡文不足以入人，所以入人者，情也。气积而文昌，情深而文挚，气昌而情挚，天下之至文也。然而其中有天有人，不可不辨也。气得阳刚，而情合阴柔，人丽阴阳之间，不能离焉者也。气合于理，天也，气能违理以自用，人也；情本于性，天也，情能汩性以自恣，人也。史之义出于天，而史之文不能不藉人力以成之。人有阴阳之患，而史文即忤于大道之分，其所感召者微也。夫文非气不立，而气贵于平，人之气，燕居莫不平也，因事生感，而气失则宕，气失则激，气失则骄，昆于阳矣。

（清）章学诚《文史通义·史德》，《文史通义校注》，叶瑛校注，中华书局1985年版

情本于性，才率于气

夫情本于性也，才率于气也，累于阴阳之间者，不能无盈虚消息之机；才情不离乎血气，无学以持之，不能不受阴阳之移也。

（清）章学诚《文史通义·质性》，《文史通义校注》，叶瑛校注，中华书局1985年版

文以气行，亦以情至

文以气行，亦以情至。人之于文，往往理明事白，于为文之初指，亦若可无憾矣；而人见之者，以谓其理其事不过如是，虽不为文可也。此非事理本无可取，亦非作者之文不如其事其理，文之情未至也。今人误解辞达之旨者，以谓文取理明而事白，其他又何求焉！不知文情未至，即其理其事之情亦未至也。……昔人谓文之至者，以为不知文生于情，情生于文。夫文生于情，而文又能生情，以谓文人多事乎？不知使人由情而恍然于其事其理，则辞之于事理，必如是而始可称为达尔。

（清）章学诚《文史通义·杂说》，《文史通义校注》，叶瑛校注，中华书局1985年版

文德

凡言义理，有前人疏而后人加密者，不可不致其思也。古人论文，

惟论文辞而已矣。刘勰氏出，本陆机氏说而昌论文心，苏辙氏出，本韩愈氏说而昌论文气，可谓愈推而愈精矣。未见有论文德者，学者所宜深省也。

夫子尝言"有德必有言"，又言"修辞立其诚"，孟子尝论"知言养气本乎集义"，韩子亦言"仁义之途"，"诗书之流"，皆言德也。今云未见论文德者，以古人所言，皆兼本末，包内外，犹合道德文章而一之；未尝就文辞之中言其有才、有学、有识、又有文之德也。凡为古文辞者，必敬以恕。临文必敬，非修德之谓也。论古必恕，非宽恕之谓也。敬非修德之谓者，气摄而不纵，纵必不能中节也。恕非宽容之谓者，能为古人设身而处地也。嗟乎！知德者鲜，知临文之不可无敬恕，则知文德矣。

（清）章学诚《文史通义·文德》，《文史通义校注》，叶瑛校注，中华书局1985年版

道不远人

足下所向节目虽多，其要则可一言而蔽曰：学以求心得也。韩昌黎之论文也，则曰："文无难易，惟其是耳。"明道先生之论学曰："凡事思所以然，天下第一学问。"二公所言，圣人复生不能易也。夫文求是而学思其所以然，人皆知之，而人罕能之，非其才之罪也，直缘风气锢其习，而毁誉不能无动于中也……

足下欲进于学，必先求端于道。道不远人，即万事万物之所以然也。道无定体，即如文之无难无易，惟其是也。人生难得全才，得于天者必有所近，学者不自知也。博览以验其趣之所入，习试以求其性之所安，旁通以究其量之所至，是亦足以求进乎道矣。今之学者则不然，不问天质之所近，不求心性之所安，惟逐风气所趣而徇当世之所尚；勉强为之，固已不若人矣。世人誉之，则沾沾以喜；世人毁之，则戚戚以忧；而不知天质之良日已离矣。夫风气所在，毁誉随之，得失是非，岂有定哉？辞章之习既盛，辄诋马郑为章句；性理之焰方张，则嗤韩、欧为文人；循环无端，莫知所底，而好名无识之徒，乃谓托足于是，天下莫能加焉，不亦惑欤！由风尚之所成言之，则曰考订、词章、义理；由吾人之所具言之，则才、学、识也；由童蒙之初启言之，则记性、作性、悟性也。考订主于学，辞章主于才，义理主于识，人当自辨其所长矣。记性积而成学，作性扩而成才，悟性达而为识，虽童蒙可与入德，又知斯道之不远人矣。夫风气所

趋，偏而不备，而天质之良，亦曲而不全。专其一则必缓其二，事相等也。然必欲求夫质之良而课戒以趋风气者，固谓良知良能，其道易人，且亦趋风气者未有不相率而入于伪也，其所以入于伪者，毁誉重而名心亟也。故为学之要，先戒名心，为学之方，来端于道。苟知求端于道，则专其一，缓其二，乃是忖己之长未能兼有。必不入主而出奴也。扩而充之，又可内此以及彼。风气纵有循环，而君子之所以自树，则固毁誉不能倾，而盛衰之运不足为荣瘁矣。岂不卓欤！……

（清）章学诚《文史通义·答沈枫墀论学》，《文史通义校注》，叶瑛校注，中华书局1985年版

文武之道，未坠于地，贤者识大，不贤者识小

夫考订，辞章，义理，虽曰三门，而大要有二，学与文也。理不虚立，则固行乎二者之中矣。学资博览，须兼阅历，文贵发明，亦期用世，斯可与进于道矣。夫博览而不兼阅历，是发策决科之学也；有所发明而于世无用，是雕龙谈天之文也。然而不求心得而形迹取之，皆伪体矣。

比见今之杰者，多偏于学文，则诗赋骈言亦极其工，至古文辞，则议之者鲜矣。夫文非学不立，学非文不行，二者相须若左右手，而自古难兼，则才固有以自限，而有所重者意亦有所忽也。陶朱公曰："人弃我取，人取我与。"学业将以经世，当视祖业所忽者而施挽救焉，亦轻重相权之义也。今之宜急务者，古文辞也，攻文而仍本于学，则即可以持风气，而他日又不致为风气之弊矣。足下于此，岂有意乎？语云："太上立德，其次立功，其次立言。"人生不朽之三，固该本末兼内外而言之也。鄙人则谓著述一途，亦有三者之别：主义理者，著述之立德者也；主考订者，著述之立功者也；主文辞者，著述之立言者也。"言之无文，行而不远。"宋儒语录，言不雅驯，又腾空说，其义虽有甚醇，学者罕诵习之。则德不虚立，即在功言之中，亦犹理不虚立，即在学文二者之中也。足下思鄙人之旧话，而欲从事于立言，可谓知所务矣。然而考索之家，亦不易易，大而《礼》辨郊社，细若《雅》注虫鱼，是亦专门之业，不可忽也。阮氏《车考》，足下以谓仅究一车之用，是又不然。治经而不究于名物度数，则义理腾空，而经术因以卤莽，所系非浅鲜也。子贡曰："文武之道，未坠于地，贤者识大，不贤者识小。"皆夫子之所师也。人生有能有不能，耳目有至有不至，虽圣人有所不能尽也。立言之士，读书但观大

意，专门考索，名数究于细微，二者之于大道，交相为功，殆犹女余布而农余粟也。而所以不能通乎大方者，各分畛域而交相诋也。

（清）章学诚《文史通义·答沈枫墀论学》，《文史通义校注》，叶瑛校注，中华书局1985年版

持其志，无暴其气

孟子曰："持其志，无暴其气。"学问为文言之主，犹之志也；文章为明道之具，犹之气也。求自得于学问，固为文之根本；求无病于文章，亦为学之发挥。故宋儒尊道德而薄文辞，伊川先生谓工文则害道，明道先生谓记诵为玩物丧志，虽为忘本而逐末者言之；然推二先生之立意，则持其志者不必无暴其气，而出辞气之远于鄙倍，辞之欲求其达，孔曾皆为不闻道矣。但文字之佳胜，正贵读者之自得，如饮食甘旨，衣服轻暖，衣且食者之领受，各自知之，而难以告人。如欲告人衣食之道，当指脍炙而令其自尝，可得旨甘，指狐貉而令其自被，可得轻暖，则有是道矣；必吐己之所尝而哺人以授之甘，搂人之身而置怀以授之暖，则无是理也。

（清）章学诚《文史通义·文理》，《文史通义校注》，叶瑛校注，中华书局1985年版

不知古人之世，不可妄论古人之文

是则不知古人之世，不可妄论古人文辞也。知其世矣，不知古人之身处，亦不可以遽论其文也。身之所处，固有荣辱、隐显、屈伸、忧乐之不齐，而言之有所为而言者，虽有子不知夫子之所谓，况生千古以后乎？

（清）章学诚《文史通义·文德》，《文史通义校注》，叶瑛校注，中华书局1985年版

立德、立功、立言

"太上立德，其次立功，其次立言"。立言与功德相准，盖必有所需而后从而给之，有所郁而后从而宣之，有所弊而后从而救之，而非徒夸声音采色以为一己之名也。《易》曰："神以知来，智以藏往。"知来，阳也；藏往，阴也；一阴一阳，道也。文章之用，或以述事，或以明理。事溯已往，阴也；理阐方来，阳也。其至焉者，则述事而理以昭焉，言理而事以范焉，则主适不偏，而文乃衷于道矣。迁、固之史，董、韩之文，庶

几哉有所不得已于言者乎！不知其故而但溺文辞，其人不足道已。即为高论者，以谓文贵明道，何取声情色采以为愉悦！亦非知道之言也。夫无为之治而奏《熏风》，灵台之功而乐钟鼓，以及弹琴遇文，风等言志，则帝王致治，贤圣功修，未尝无悦目娱心之适，而谓文章之用，必无咏叹抑扬之致哉！但溺于文辞之末，则害道已。

（清）章学诚《文史通义·原道下》，《文史通义校注》，叶瑛校注，中华书局1985年版

性灵，诗之质也

性灵，诗之质也，魂梦于虚无飘渺，岂有质乎！音节，诗之文也，桎梏于平反双单，岂成文乎！三百之旨，五种之流，三家之学，虚实侈约，平奇雅俗，何者非从六义中出，但问胸怀志趣有得否耳！而世人论诗，纷纷攘攘，昧原逐流，离跂攘臂于醯瓮之间，以谓诗人别有怀抱，鸣呼！诗千万，一言以蔽之，曰惑而已矣。

（清）章学诚《韩诗编年笺注书后》，《校雠通义》外篇，据古籍出版社本

义理

学于道也，道混沌而难分，故须义理以析之；道恍惚而难凭，故须名数以质之；道隐晦而难宣，故须文辞以达之；三者不可有偏废也。义理必须探索，名数必须考订，文辞必须闲习，皆学也，皆求道之资而非可执一端谓尽道也。君子学以致其道，亦从事于三者，皆无所忽而已矣。今足下之于义理，不能不加探索之功；名数不能不加考订之功；独于文辞，乃谓不须闲习，将俟道德至而发为自然之文。不知闲习文辞，亦学以致道之一事，致之之功不尽，道亦安能遽至乎？是则欲求文之大原，即于其原先受受病也。道由粗以致精，足下未涉其粗，岂可躐等而言神化耶？

（清）章学诚《与朱少白论文》，《章氏遗书》，据嘉业堂刊本

崔 述

崔述（1740—1816），字武承，号东壁，直隶大名府魏县人。清朝著名的辨伪学者。乾隆二十八年（1763）举人。历任上杭罗源知县等。他

发愤自励，专心撰写《考信录》。著作由门人陈履和汇刻为《东壁遗书》，内以《考信录》三十二卷最令学者注目。

刺时刺君之外，亦可言情

诗序好以诗为刺时，刺其君者。无论其词何如，务委曲而归其故于所刺者。夫诗生于情，情主于境，境有安危享困之殊，情有喜怒哀乐之异，岂刺时刺君之外，遂无可言之情乎？且即衰世，亦何尝无贤君贤士大夫。在尧舜之时，亦有四凶；殷商之末，尚有三仁。乃见有称述颂美之语，必以为陈古刺今，然则文武成康以后，更无一人可免于刺者矣。况邶风之《雄雉》，王风之《君子于役》，皆其夫行役于外，而其妻念之之诗，初未尝有怨君之意，而以为刺平王、宣公，抑何其锻炼也。尤无理者，郑昭公忽虽非英主，亦无失道，而连篇累牍皆以为刺忽之诗，其所关于名教者岂浅哉！

（清）崔述《通论诗序》，《读风偶识》卷一，据《丛书集成》本

恽　敬

恽敬（1757—1817），字子居，号简堂，江苏阳湖（今常州）人，清乾隆四十八年（1783）举人，阳湖文派创始人之一。恽敬自幼饱读诗书，8岁会写诗，11岁会作文，15岁通汉魏赋颂、六朝文章及宋元小词，17岁精通大家文章，稍长又治经史百家，广泛涉猎天文地理，他不仅勤勉好学，更善于思考，持论独具眼光、独出己见，于乾隆五十二年开创了被后人美誉的"阳湖文派"。主要著作有《大云山房文稿》。

性之至者，体自正；情之至者，音自余也

夫诗有六义焉，兼之者善也。其不兼者，必有所偏至，而诗之患生焉。六义者，天下人之性情也。性情者，给于万事，周于万形。故得性情之至者，六义附性情，而各见于诗，虽合古今而契勘之，何虞乎蹈袭，何畏乎规摹哉？且夫性情者，撢之而愈深，窒之而愈挚者也。石农先生自髫年及于中岁，室家之近，羁旅之远，科名之所际，仕宦之所值，多处忧患之中，即偶有恬适之时，亦思往念来，不可终日，其胸中郁然勃然之气，悠然缭然之思，要以矞然确然之志，而又南极滇海，西穷檬氾，久留幽燕冠盖之场，远托吴越山水之地，故其为诗清而不浮，坚而不冽，不求肆于

意之外，不求异于辞之中，反复以发其腴，揉摩以去其滓，何也？性之至者，体自正；情之至者，音自余也。

（清）恽敬《坚白石斋诗集序》，《大云山房文稿》卷三，据《四部丛刊》本

张惠言

张惠言（1761—1802），清代词人、散文家。原名一鸣，字皋文，一作皋闻，号茗柯，武进（今江苏常州）人。乾隆五十一年举人，嘉庆四年进士，官编修。少为词赋，深于易学，与惠栋、焦循一同被后世称为"乾嘉易学三大家"。又尝辑《词选》，为常州词派之开山，著有《茗柯文编》。张惠言作为经学家，其主要贡献是对《易》和《礼》的研究，他以惠栋的方法治《易》，立说专宗虞翻，参以郑玄、荀爽诸家之言。著有《周易虞氏义》。

赋统志，志归正

论曰：赋乌乎统？曰：统乎志。志乌乎归？曰：归乎正。夫民有感于心，有概于事，有达于性，有郁于情，故有不得已者而假于言。言，象也。象必有所寓。其在物之变化，天之漻漻，地之嚣嚣，日出月入，一幽一昭，山川之崔蜀吉伏，畏佳林木，振硪溪谷，……人事老少，生死倾植，礼乐战斗，号令之纪，悲愁劳苦，忠臣孝子，羁士寡妇，愉佚愕骇，有动于中，久而不忘，然后形而为言，于是错综其词，回悟其理，铿锵其音，以求理其志。

（清）张惠言《七十家赋钞目录序》，《茗柯文初编》，据《四部丛刊》本

意内而言外

词者，盖出于唐之诗人，采乐府之音以制新律，因系其词，故曰词。传曰："意内而言外谓之词。"其缘情造端，兴于微言，以相感动，极命风谣里巷男女哀乐，以道贤人君子幽约怨悱不能自言之情，低徊要眇，以喻其致。盖诗之比兴、变风之义、骚人之歌，则近之矣。

（清）张惠言《词选序》，《词选》，中华书局2007年版

焦　循

焦循（1763—1820），字理堂，一字里堂，江苏扬州黄珏镇人，清哲学家、数学家、戏曲理论家。焦循博闻强记，于经史、历算、声韵、训诂之学都有研究。著有《里堂学算记》《易章句》《易通释》《孟子正义》《剧说》等。

虎狼中犹有仁义者

元曲止正旦、正末唱，余不唱。其为正旦、正末者，必取义夫、贞妇、忠臣、孝子，他肖小市井，不得而于之。

（清）焦循《剧说·卷一》，《中国古典戏曲论著集成》，中国戏剧出版社1982年版

虎中亦有仁义

顾景星《虎媒》序云："封邵宣城太守不仁则化虎，左飞龙编工曹不职则化虎，郑龙为门下驹无状则化虎，游章、范端为里役等人受钱则化虎，谯平不孝则化虎，牛哀不弟则化虎，蔺庭妹、袁州曾好盗窃则化虎，李积私孀杀命则化虎，人之不忠孝、诈伪无厌者，往往形未化而心已兽矣。至于本虎也，反若知仁义，邑有贤吏，则渡江出境；有高士，则负篚受骑，衔鹿供食；襄阳秦孝子病，则往乳之。今黔峡间虎媒神祠者，相传乾元初张镐尚书女事也。又天宝末漳浦勤自励妻杜氏，大历中郑元方妻卢氏，亳州人，聘舅氏女，皆父母夺志，磨笄待死，向非虎驮，必至玉碎。而镐女不过远谪怨期，何劳于菟？惟是时，猪龙作祸，士女仳离，堕虎狼之口，不可枚举，而神灵变化，使人知虎狼中犹有仁义者，此造化之用心，而吾友卜子传奇所由作也。"

（清）焦循《剧说·卷四》，《中国古典戏曲论著集成》，中国戏剧出版社1982年版

忠、孝、志、节

法章以亡国之余，父死人手，身为人奴，此正孝子枕戈、志士卧薪

之日，不务愤悱忧思，而汲汲焉一妇人之是获，少有心肝必不乃尔。且五六年间，音耗隔绝，骤尔黄袍加身，而父仇未报也，父骨未收也，都不一置问，而惓惓焉讯所思得之太傅，又谓有心肝乎？君王后千古女侠，一再见而遂失身，即史所称阴与之私，谈何容易！而王孙贾子母忠义，为嗣君报终天之恨者，乃弃不录。若是，则灌园而已，私偶而已！灌园、私偶，何奇乎？而何传乎？伯起先生云："吾率吾儿试玉峯，舟中无聊，率尔弄笔，遂不暇致详。"诚然欤？诚然欤？自余加改窜，而忠、孝、志、节，种种具备，庶几有关风化而奇可传矣。

（清）焦循《剧说·卷五》，《中国古典戏曲论著集成·八》，中国戏剧出版社1982年版

李黼平

李黼平（1770—1833），字绣子，又字贞甫，梅城东郊人。14岁作《桐花凤传奇》，为嘉应州知州戴求仁及社会名流所赏识。19岁以诗赋补弟子员。清嘉庆三年中举，十年中进士，入翰林。后告假南归，先后主讲广州粤华书院、东莞宝安书院。馆散后，由翰林院庶常改任江苏昭文知县。公余之暇，手不释卷，故民间称之为"李十五书生"。他治汉学，工考证，精通乐律音韵，诗歌造诣甚深。著有《易刊误》《花庵集》《小学樗言》等。

文之至者，倾肺腑而出

盖文之至者，倾肺腑而出，其词明白坦易，虽妇人孺子莫不通晓，故闻忠、孝、节、义之事，或轩鬐而舞，或垂涕泣而道；而南北曲者，复以妙伶登场，服古冠巾，与其声音笑貌而毕绘之，则其感人尤易人也。

（清）李黼平《曲话序》，《中国古典戏曲论著集成》，中国戏剧出版社1982年版

方东树

方东树（1772—1851），字植之，别号副墨子。安徽桐城人。清代中期文学家及著名思想家。他取蘧伯玉五十知非、卫武公耄而好学之意；

以"仪卫"名轩，自号"仪卫"老人，故后世学者称仪卫先生。著有《仪卫轩文集》《昭昧詹言》等。

诗道性情

诗道性情，只贵说本分语。如右丞、东川、嘉州、常侍，何必深于义理，动关忠孝，然其言自足自有味，说自己话也；不似放翁、山谷矜持虚也，四大家绝无此病。

（清）方东树《昭昧詹言》卷一，人民文学出版社1961年版

兴、观、群、怨论诗

论诗之教，以兴、观、群、怨为用。言中有物，故闻之足感，味之弥旨，传之愈久而常新。臣子之于君父、夫妇、兄弟、朋友、天时、物理、人事之感，无古今一也。故曰：诗之为学，性情而已。

（清）方东树《昭昧詹言》卷一，人民文学出版社1961年版

合于兴、观、群、怨，足人感人

诗不可堕理趣，固也。然使非义丰理富，随事得理，灼然见作诗之意，何以合于兴、观、群、怨，足人感人，而使千载下诵者流连讽咏而不置也。

（清）方东树《昭昧詹言》卷十四，人民文学出版社1961年版

无志可言，强学他人说话

诗以言志，如无志可言，强学他人说话，开口即脱节。此谓言之无物，不立诚。若又不解文法变化精神措注之妙，非不达意，即成语录腐谈。是谓言之无文无序。若夫有物有序矣，而德非其人，又不免鹦鹉、猩猩之消。庄子曰："真者，精诚之至也。"不精不诚，不能动人。尝读相如、蔡邕文，了无所动于心。屈子则渊渊理窟，与《风》《雅》同其精蕴。陶公、杜公、韩公亦然。可见最要是一诚，不诚无物。诚身修辞，非有二道。试观杜公，凡寄赠之作，无不情真意挚，至今读之，犹为感动。无他，诚焉耳。彼以料语妆点敷衍门面，何曾动题秋毫之末。

（清）方东树《昭昧詹言》卷一，人民文学出版社1961年版

包世臣

包世臣（1775—1855），字慎伯，晚号倦翁、小倦游阁外史。安吴（今安徽泾县）人。清代学者、书法家。包世臣是北宋名臣——包拯二十九世孙。包世臣学识渊博，喜兵家言，治经济学。对农政、货币以及文学等均有研究。包世臣的主要历史功绩在于通过书论《艺舟双楫》等倡导碑学，对清代中、后期书风的变革影响很大，至今为书界称颂。

圣道即王道

足下谓圣道即王道，研究世务，擘画精详，则道已寓于文，故更无道可言，固非世臣所任，而亦非世臣意也。……而足下乃取文以载道之危言，致其推崇前书，方以言道自张为前哲之病。而足下更为此说，是重吾过也。

（清）包世臣《再与杨季子书》，《艺舟双楫》，据清咸丰刊本

潘德舆

潘德舆（1785—1839），字彦辅，小字三巳，号四农，别号艮庭居士、三录居士、念重学人、念石人，江苏山阳（今淮安）人。清中叶诗文家、文学评论家，性至孝，屡困州举。道光八年（1828），年四十余，始举乡榜第一。诗文精深，为嘉、道间一作手。潘德舆从教近40年，弟子以鲁一同最著名。课生之余，潜心力学，著作等身，著有《养一斋集》。

此禅宗之余唾，非风雅之正传

阿谀诽谤、戏谑淫荡、夸诈邪诞之诗作而诗教息，理语不必入诗中，诗境不可出理外。谓"诗有别趣，非关理也"，此禅宗之余唾，非风雅之正传。

《三百篇》之体制音节，不必学，不能学；《三百篇》之神理意境，

不可不学也。神理意境者何？有关系寄托，一也；直抒己见，二也；纯任天机，三也；言有尽而意无穷，四也。不学《三百篇》，则虽赫然成家，要之纤琐摹拟、饾饤浅尽而已。

（清）潘德舆《养一斋诗话》，中华书局 2010 年版

天地万物之性情可见

"辞达而已矣"，千古文章之大法也。东坡尝拈此示人。然以东坡诗文观之，其所谓"达"，第取气之滔滔流行，能畅其意而已。孔子之所谓"达"不止如是也。盖达者，理义心术，人事物状，深微谁见，而辞能阐之，斯谓之达。达则天地万物之性情可见矣。此岂易事，而徒以滔滔流行之气当之乎？以其细者论之，"杨柳依依"，能达杨柳之性情者也，"蒹葭苍苍"能达蒹葭之性情者也。任举一境一物，皆能曲肖，神理托出豪素，百世之下，如在目前，此达之妙也。《三百篇》以后之诗，到此境者，陶乎？杜乎？坡未尽逮也。

（清）潘德舆《养一斋诗话》，中华书局 2010 年版

梅曾亮

梅曾亮（1786—1856），字伯言，江苏上元（今南京）人。中国清代散文家。道光二年（1822）进士。梅曾亮少喜骈文，与同邑管同交好，转攻古文。姚鼐主讲钟山书院，二人俱出其门。管同早卒，曾亮居京师 20 余年，承姚鼐余势，文名颇盛，治古文者多从之问义法，有继主文坛之势。著有《柏枧山房文集》《诗集》等。

见其文而知其人，见其人而知其心

见其人而知其心，人之真者也；见其文而知其人，文之真者也。人有缓急刚柔之性，而其文有阴阳动静之殊，譬之查梨橘柚，味不同而各符其名，肖其物；犹裘葛冰炭也，极其所长，而皆见其短。使一物而兼众味，与众物之长，则名与味乖；而饰其短，则长不可以复见：皆失其真者也。

（清）梅曾亮《太乙舟山房文集序》，《柏枧山房文集》，上海古籍出版社 2005 年版

魏　源

魏源（1794—1857），名远达，字默深、墨生、汉士，号良图，湖南省邵阳市隆回县司门前（原邵阳县金潭）人。清代启蒙思想家、政治家、文学家。魏源是近代中国"睁眼看世界"的首批知识分子的代表，提出了"师夷长技以制夷"的主张，开启了了解世界、向西方学习的新潮流，这是中国思想从传统转向近代的重要标志。魏源学识渊博，著作诸多，主要有《海国图志》《老子本义》等。

依诗取兴，引类譬喻

《离骚》之文，依诗取兴，引类譬喻。词不可径也，故有曲而达；情不可激也，故有譬而喻焉。善鸟香草，以配忠贞；恶禽臭物，以比谗佞；灵修美人，以媲君王；宓妃佚女，以譬贤臣；虬龙鸾凤，以托君子；飘风雷电，以喻小人；以珍宝为仁义，以水深雪雾为谗构。荀卿赋蚕，非赋蚕也，赋云，非赋云也。诵诗论世，知人阐幽，以意逆志，始知《三百篇》皆仁圣贤人发愤之所作焉，岂第藻绘虚车已哉？

（清）魏源《诗比兴笺序》，《魏源全集》，岳麓书社2004年版

梁廷楠

梁廷楠（1796—1861），字章冉，号藤花亭主人，广东顺德人，清代学者、史学家、地理家。他出身于一个封建士大夫的家庭，父、叔都是当地的名士，受父亲影响，自小就对书画金石之道甚口嗜好。其后由于屡次参加科考落弟，遂转而致力于训诂考据，撰写了《金石称例》《藤花亭曲话》等十多部著述，涉及文学、历史、词章、戏剧等领域，其中不乏振聋发聩之见，颇为时人所推崇。

庄而不腐，奇而不诡，艳而不淫，戏而不虐

言情之作，贵在含蓄不露，意到即止。其立言，尤贵雅而忌俗。然所

谓雅者，固非浮词取厌之谓。

（清）梁廷楠《曲话》，据《中国古典戏曲论著集成》本

曲音，有情，有理

红友之论曰："曲音，有情，有理。不通乎音，弗能歌；不通乎情，弗能作；理则贯乎音与情之间，可以意领而不可以言宣。悟此，则如破竹、建瓴，否则终隔一膜也。"今观所著，庄而不腐，奇而不诡，艳而不淫，戏而不虐，而且宫律谐协，字义明晰，尤为惯家能事。情、理、音三字，亦惟红友庶乎尽之。

（清）梁廷楠《曲话》卷三，《中国古典戏曲论著集成》，中国戏剧出版社1982年版

何绍基

何绍基（1799—1873），字子贞，号东洲，别号东洲居士，晚号蝯叟，湖南道州（今道县）人，晚清诗人、画家、书法家。道光十六年进士。咸丰初简四川学政，曾典福建等乡试。历主山东泺源、长沙城南书院。通经史，精小学金石碑版。据《大戴记》考证《礼经》，著有《惜道味斋经说》《东洲草堂诗・文钞》《说文段注驳正》等。李志敏评价："何绍基自成一家，从魏碑得力不少。"

明理养气，于孝弟忠信大节

凡学诗者，无不知要有真性情，却不知真性情者，非到做诗时方去打算也。平日明理养气，于孝弟忠信大节，从日用起居及外间应务，平平实实，自家体贴得真性情；时时培护，字字持守，不为外物摇夺，久之，则真性情方才固结到身心上，即一言语一文字，这个真性情时刻流露出来。然虽时刻流露，以之作诗作文，尚不能就算成家者，以此真性情虽偶然流露，而不能处处发现，因作诗文自有多少法度，多少工夫，方能将真性情般运到笔墨上。又性情是浑然之物，若到文与诗上头，便要有声情气韵，波澜推荡，方得真性情发见充满，使天下后世见其所作，如见其人，如见其性情。若平日不知持养，临提笔时要它有真性情，何尝没得几句惊心动魄，可知道这性情不是暂时撑支门面的，就是从人借来的，算不得自己

真性情也。

（清）何绍基《与汪菊士论诗》，《东洲草堂文钞》卷五，上海古籍出版社 2002 年版

温柔敦厚，诗教也

子史百家皆以博其识而长其气，但论古人宜宽厚，不宜刻责，非故为仁慈也，养此胸中春气，方能含孕太和。若论史务刻，则读经书难得力，盖圣人用心，未有不从其厚者。知此意则经史之学可做成一贯矣。积理养气，皆从此为依据。至于作诗，则吾尝谓天下吝啬人刻薄人狭隘人黏滞人俱不会作诗，由先不会读书也。孔子曰："温柔敦厚，诗教也。"

（清）何绍基《与汪菊士论诗》，《东洲草堂文钞》卷五，上海古籍出版社 2002 年版

诵六经之感，随时而变

即六经之文，童年诵习时，知道甚么文字，壮后见道有得，再一吟讽，神理音节之妙，可以涵养性情，振荡血气，心头领会，舌底回甘，有许多消受。

（清）何绍基《与汪菊士论诗》，《东洲草堂文钞》卷五，上海古籍出版社 2002 年版

做好诗之道

诗要有字外味，有声外韵，有题外意；又要扶持纲常，涵抱名理。非胸中有余地，擎下有余情，看得眼前景物都是古茂和蔼，体量胸中意思全是恺悌慈祥，如何能有好诗做出来。

作诗文必须胸有积轴，气味始能深厚，然亦须读书。看书时从性情上体会，从古今事理上打量。于书理有贯通处，则气味在胸，握笔时方能流露。盖看书能贯通，则散者聚，板者活，实者虚，自然能到擎下；如恆钉零星，以强记为工，而不思贯串，则性灵滞塞，事理迂隔，虽填砌满纸，更何从有气与味来。故诗文中不可无考据，却要从源头上悟会。有谓作诗文不当考据者，由不知读书之诀，因不知诗文之诀也。

（清）何绍基《题冯鲁川小像册论诗》，《东洲草堂文钞》卷五，上海古籍出版社 2002 年版

丁 佩

丁佩（约1800—?），字步珊，松江府华亭县（今上海松江）人。清代刺绣名家、诗人、画家，著有《十二梅花连理楼诗集》《萝窗小牍》《绣谱》等。所著《绣谱》一书对刺绣制作工艺特点、针法等进行了系统的研究，并强调刺绣者的美德，认为绣可陶性情。

绣以陶性情

工居四德之末，而绣又特女工之一技耳。古人未有谱之者，以其无足重轻也。然而闺阃之间，借以陶淑性情者，莫善于此。以其能使好动者静，好言者默，因之戒慵惰，息纷纭，一志凝神，潜心玩理。固不特大而施之庙堂，小而饰之罄悦，莫不瞻黼黻之光，得动植之趣也。至于师造化以赋形，究万物之情态，则又与才人笔墨、名手丹青同臻其妙。顾习之者因无成法可宗，难究其趋，辄复厌而弃去，何惑乎工于此艺之罕觏其人哉？

（清）姜畎《绣谱·自序》，中华书局2012年版

刺绣者之美德

《诗》之美后妃，曰"幽闲贞静"。闲与静为女子之美德，而刺绣者尤当首及也，故继闲而论静。静则其志专，而心无物扰；静则其神定，而目无他营。试观瞽者必聪，聋者必明，遂知五官不能并用必凝注于一，而后能运灵明于针与指之间，辨其出入、疏密、浓淡、浅深，庶无毫发之憾。今使置身于喧哗纷逐之场，虽灵芸复出其能收视返听，而作一花一叶否耶？

（清）姜畎《绣谱·静》，中华书局2012年版

刺绣之好恶，见于绣者之心

不袭窠臼，别具天机，在人意中，出人意表，是必资性独殊、襟怀潇洒者能之，不可以形迹求也。古人于翰墨，可以觇人情性，惟绣亦然。眉目分明，楚楚有致，必其道理通达者也；一丝不苟，气静神恬，必其赋性

贞淑者也；肌理浑融，精神团聚，必其秉气纯和者也。否则蒙头盖面，挛曲支离，即使针神复生，亦未如之何已。相从心生，隐微毕见，又岂特绣之一端而已哉。

（清）姜畋《绣谱·高超》，中华书局 2012 年版

绣理

刺绣古无成书，兼之闺阁见闻浅隘，偶有所得，亦第师心自用而已，挂一漏万，难免贻讥。是在慧心人触类旁通，即以此为秕糠之导可耳。

（清）姜畋《绣谱·例言》，中华书局 2012 年版

刺绣之道，理本相通

是编专指刺绣而言，他如结子、铺绒、盘金、穿纱之类，偶一及之，理本相通，无烦觊缕。

（清）姜畋《绣谱·例言》，中华书局 2012 年版

曾国藩

曾国藩（1811—1872），初名子城，字伯涵，号涤生，宗圣曾子七十世孙。中国晚清时期政治家、战略家、理学家、文学家、书法家，湘军的创立者和统帅。其一生奉行为政以耐烦为第一要义，修身律己，以德求官，礼治为先，以忠谋政。与胡林翼并称"曾胡"，与李鸿章、左宗棠、张之洞并称"晚清中兴四大名臣"。官至两江总督、直隶总督、武英殿大学士，封一等毅勇侯，谥号"文正"，后世称"曾文正"。

先王之道，性情而出

西汉文章，如子云、相如之雄伟，此天地遒劲之气，得于阳与刚之美者也！此天地之义气也。刘向、匡衡之渊懿，此天地温厚之气，得阴与柔美者也！此天地之仁气也。

（清）曾国藩《圣哲画像记》，《曾文正公文集》，中国书店出版社 2011 年版

书道如心所载之道

故国藩窃谓今日欲明先王之道，不得不以精研文字为要务。……即书籍而言道，则道犹人心所载之道也，文字犹人身之血气也。血气诚不可以名理矣，然舍血气则性情亦胡以附丽乎？今世雕虫小夫即溺于声律缋藻之末，而稍知者又谓读圣贤书当明其道，不当究其文字，是犹论观人者当观其心所载之理，不当观其耳目言动血气之末也，不亦诬乎？

（清）曾国藩《致刘孟容》，《曾文正公全集》，中国书店出版社2011年版

诗之道，从性情而出

诗之为道，从性情而出。性情之中，海涵地负，古人不能尽其变化，学者无从窥其隅辙，此处受病，则注目抽心，无非绝港。而徒声响字脚之假借，曰此为风雅正宗，曰此为一知半解，非愚则妄矣。上天下地曰宇，古往今来曰宙，自有此宇，便不能无宙。今以其性情下徇家数，是以宙灭宙也；又障其往来者，而使之索是非于黄尘，是以宙灭宙也。今人论诗，大概如是。寒村之性情，渊汰秋水，表里霜雪，故其为诗，不必泥唐而自与唐合。

（清）曾国藩《致刘孟容》，《曾文正公全集》，中国书店出版社2011年版

刘熙载

刘熙载（1813—1881），字伯简，号融斋，晚号寤崖子，江苏兴化人。清代文学家、文艺理文艺学家和语言学家，被称为"东方黑格尔"。他出生于一个"世以耕读传家"的清寒知识分子家庭。刘熙载的著作有《艺概》《昨非集》等。其中以《艺概》最为著名，是近代一部重要的文学批评论著。该书论述文、诗、赋、词、书法及八股文等的体制流变、性质特征、表现技巧和评论重要作家作品等，是刘熙载多年来玩味品鉴传统文化艺术的心得之谈。

哀乐中节

不发乎情，即非礼义，故诗要有乐有哀；发乎情，未必即礼义，故诗要哀乐中节。

天之福人也，莫过于予以性情之正；人之自福也，莫过于正其性情。从事于诗而有得，则乐而不荒，忧而不困，何福如之！

（清）刘熙载《诗概》，《艺概》，上海古籍出版社1978年版

诗格

诗格，一为品格之格，如人之有智愚贤不肖也；一为格式之格，如人之有贫富贵贱也。

诗品出于人品。人品悃款朴忠者最上，超然高举、诛茅力耕者次之，送往劳来、从俗富贵者无讥焉。

言诗格者必及气。或疑太炼伤气，非也。伤气者，盖炼辞不炼气耳。气有清浊厚薄，格有高低雅俗。诗家泛言气格，未是。

林艾轩谓："苏、黄之别，犹丈夫女子之应接。丈夫见宾客信步出将去，如女子则非涂泽不可。"余谓此论未免诬黄而易苏。然推以论一切之诗，非独女态当无，虽丈夫之贵贱贤愚，亦大有辨矣。

诗以悦人为心与以夸人为心，品格何在？而犹譊譊于品格，其何异溺人必笑耶？

（清）刘熙载《诗概》，《艺概》，上海古籍出版社1978年版

性情论艺本

诗要超乎"空""欲"二界。空则入禅，欲则入俗。超之之道无他，曰"发乎情止乎礼义"而已。

或问诗何为富贵气象？曰：大抵富如昔人所谓"函盖乾坤"，贵如所谓"截断众流"便是。

诗质要如铜墙铁壁，气要如天风海涛。

诗不可有我而无古，更不可有古而无我。典雅、精神，兼之斯善。

钟嵘谓阮步兵诗可以陶写性灵，此为以性灵论诗者所本。杜诗亦云："陶冶性灵存底物？新诗改罢自长吟。"

（清）刘熙载《诗概》，《艺概》，上海古籍出版社1978年版

学书之二观，观物与观我

学书者有二观：曰观物，曰观我。观物以类情，观我以通德。如是则书之前后莫非书也，而书之时可知矣。

（清）刘熙载《书概》，《艺概》，上海古籍出版社1978年版

笔墨性情以人之性情为本

笔墨性情，皆以其人之性情为本。是则理性情者，书之首务也。

（清）《诗概》，《艺概》，上海古籍出版社1978年版

词之情

词家先要辩得情字。《诗序》言"发乎情"，《文赋》言"诗缘情"，所贵于情者，为得其正也。忠臣孝子，义夫节妇，皆世间极有情之人。流俗误以欲为情，欲长情消，患在世道。倚声一事，其小焉者也。

（清）刘熙载《词曲概》，《艺概》，上海古籍出版社1978年版

谢章铤

谢章铤（1820—1903），字枚如，号药阶退叟，福建长乐江田人。光绪二年（1876）考取进士，官内阁中书。第二年，以57岁高龄，不殿试而离京南归，大吏聘为致用书院山长，谢章铤深于情，好游山水，尝至岭南、秦赣诸地。工诗词，有《赌棋山庄集》传于世。

五伦出体裁

五伦非情不亲、情之用大矣，世徒以儿女之私当之，误矣，然君父之前，语有体裁，观情者要必自儿女之私始，故余于诸家著作，凡寄内及艳体，每喜观之。

（清）谢章铤《赌棋山庄词话》卷二，据词话丛编本

兴者有感所寄

夫人心不能无所感，有感不能无所寄；寄托不厚，感人不深；厚而不

郁，感其所感，不能感其所不感。

(清) 陈廷焯《白雨斋词话》，人民文学出版社1959年版

调兴者归于忠厚

所调兴者，意在第先、神余言外，极虚极活，极沉极郁，若远若近，可喻不可喻，反复缠绵，都归忠厚。

(清) 陈廷焯《白雨斋词话》卷七，据光绪刻本

邓 绎

邓绎（1831—1900），又名辅绎，字葆之，又字辛眉、纬龙，小名洪生，湖南武冈人。邓绎诗作甚丰，今存诗仅千首，多感，时抚事之作，风格朴素自然，体现了"与古为新"的艺术追求。其诗论集中表现在《谭艺》一书，主张"诗法自然"，"诗为乐心"，"乐以动情"。著有《藻川堂文集》等。

文章之生于道德

文章之生于道德，犹木本之有花叶然。绚烂之极，归于平淡；花叶之盛，还生果实；文章之茂，还为道德。是以孔门施教，博文约礼，循环无穷。两汉通儒，至于唐宋，能此者，不过数人而已。

(清) 邓绎《藻川堂谭艺》，据光绪刻本

王闿运

王闿运（1833—1916），字壬秋，又字壬父，号湘绮，世称湘绮先生。晚清经学家、文学家。咸丰二年（1852）举人，曾任肃顺家庭教师，后入曾国藩幕府。1880年入川，主持成都尊经书院。后主讲于长沙思贤讲舍、衡州船山书院、南昌高等学堂。授翰林院检讨，加侍读衔。辛亥革命后任清史馆馆长。著有《湘绮楼诗集》《湘绮楼文集》《湘绮楼笺启》等。

诗，承人心性而持之

"诗缘情而绮靡"。诗，承也，持也，承人心性而持之，以风上化下，使感于无形，动于自然。故贵以词掩意，托物寄兴，使吾志曲隐而自达，闻者激昂而欲赴；其所不及设施，而可见施行，幽旷窈眇，朗抗犹心，远俗之致，亦于是达焉；非可快意骋词，自仗其偏颇，以供世人之喜怒也。……晋人浮靡，用为谈资，故入于玄理；宋、齐游宴，藻绘山川；梁、陈巧思，寓言闺闼：皆知情不可放，言不可肆，婉而多思，寓情于文，虽理不充周，犹可讽诵。……近代儒生，深讳绮靡，乃区分奇偶，轻低六朝，不解缘情之言，疑为淫哇之语，其原出于毛、郑，其后成于里巷，故风雅之道息焉。

（清）王闿运《湘绮楼论诗文体法》，《湘绮楼诗集》，据长沙湘绮楼诗别集本

杨恩寿

杨恩寿（1835—1891），字鹤俦，名坦园，号蓬海、朋海、颉父，别署蓬道人，湖南长沙人。清代晚期著名诗人、书画理论家、戏曲家及戏曲理论家。杨恩寿一生著述颇丰，有《坦园丛书》等14种作品问世。

化民善俗

王阳明先生《传习录》："古乐不作久矣。今之戏孚，尚与古乐意思相近，《韶》之九成，便是舜一本戏孚。《武》之九变，便是武王一本戏孚。圣人一生实事，俱播在乐中，所以有德者闻之，便知其尽善尽美与尽美未尽善处。若后世作乐，只是作词调，于民俗风化绝不干涉，何以化民善俗！今要民俗反朴还淳，取今之戏本，将妖淫词调删去，只取忠臣孝子故事，使愚俗人人易晓，无意中感发他良知起来，却于风化有益。"

（清）杨恩寿《词余丛话·卷二》，《中国古典戏曲论著集成·九》，中国戏曲出版社1982年版

戏曲虽戏，有益于人

刘念台先生《人谱类记》曰："梨园唱剧，至今日而滥觞极矣。然而

敬神宴客，世俗必不能废；但其中所演传奇，有邪正之不同。主持世道者，正宜从此设法立教。虽无益之事，未必非转移风俗之一端也。先辈陶石梁曰：'今之院本，即古之乐章也。每演戏时，见有孝子、悌弟、忠臣、义士，激烈悲苦，流离患难，虽妇人、牧竖，往往涕泗横流，不能自已。旁观左右，莫不皆然。此其动人最恳切、最神速，较之老生拥皋比讲经义，老衲登上座说佛法，功效百倍。至于《渡蚁》、《还带》等剧，更能使人知因果报应，秋毫不爽。盗、杀、淫、妄，不觉自化；而好生乐善之念，油然生矣。此则虽戏而有益者也。'"

（清）杨恩寿《词余丛话·卷二》，《中国古典戏曲论著集成·九》，中国戏曲出版社1982年版

朱庭珍

朱庭珍（1841—1903），字小园，一作筱园、晓园。云南石屏县人，光绪十四年举人。在诗歌创作上，朱庭珍强调"宗正法"，诗人作诗需要"养气、积理"。著《筱园诗话》《穆清堂诗钞》《续集》等。

诗言志，道性情

诗所以言志，又道性情之具也。性寂于中，有触则动，有感遂迁，而情生矣。情立则意立，意者志之所寄，而情流行其中，因托于声以见于词，声与词意相经纬以成诗，故可以章志贞教、怡性达情也。是以诗贵真意。真意者，本于志以树骨，本于情以生文，乃诗家之源，即诗家之先天。至修词工夫，如选声配色之类，皆后起粉饰之事，特其末焉耳。诗人首重炼意以此。惨淡经营于方寸之中，以思引意，以才辅意，以气行意，以笔宣意，使意发为词，词足达意。而意中意外，志隐跃其欲现，情悱恻其莫穷，斯言之有物，衷怀几若揭焉。故可以感动后人，以意逆志，虽地隔千里，时阅百代，而心心相印，如见其人，所谓言为心声，人各有真是也。后人不肯称情而言，意与心违，匿情激志，以形于言，不惟喜怒哀乐，均失其真，即言与人，亦迥不相符。"言伪而辨"，亦安用之！此古人所以多真君子，而后人所以多伪君子也。岂非速朽之道，安望传哉！

（清）朱庭珍《清诗话续编》（下），《筱园诗话》卷四，据上海古籍出版社本

自然

陶诗独绝千古，在"自然"二字。《十九首》苏、李五言亦然。元气浑沦，天然入妙，似非可以人力及者。……盖自然者，自然而然，本不期然而适然得之，非有心求其必然也。此中妙谛，实费功夫。盖根底深厚，性情真挚，理愈积而愈精，气弥炼而弥粹。酝酿之熟，火色俱融；涵养之纯，痕迹进化。天机洋溢，意趣活泼，诚中形外，有触即发，自在流出，毫不费力。故能兴象玲珑，气体超妙，高浑古淡，妙合自然，所谓绚烂之极，归于平淡是也。此可以渐臻，而不可以强求。学者以为诗之进境，不得以为诗之初步，当于熔炼求之，经百炼而渐归自然，庶不致蹈空耳。

（清）朱庭珍《清诗话续编》（下），《筱园诗话》卷一，据上海古籍出版社本

林　纾

林纾（1852—1924），字琴南，号畏庐，别署冷红生，福建闽县（今福州市）人。近代文学家。早年曾从同县薛锡极读欧阳修文及杜甫诗。后读同县李宗言家所藏书，不下三四万卷，博学强记，能诗，能文，能画，有狂生的称号。所作古文，为桐城派大师吴汝纶所推重。著有《畏庐文集》《畏庐诗集》《春觉斋论文》等。

文章本之于仁义

文章唯能立意，方能造境。境者，意中之境也。……意者，心之所造；境者，又意之所造也。朱子曰："国初文字，皆严重老成，其词谨勅，有欲工不能之意，所以风俗浑厚。至欧公文字，好底便十分好，犹有甚拙底。"此即后文采而先意境之说也。

文字之谨严，不能伪托理学门面，便称好文字，须先把灵府中淘涤干净，泽之以《诗》、《书》，本之以仁义，除之以阅历，驯习久久，则意境自然远去俗氛，成独造之理解。朱子又言："作文字须是靠实，说得有条理。"可见唯有理解，始能靠实。理解何出？即出自《诗》《书》、仁义及世途之阅历。有此三者为之立意，则境界焉有不佳者？

……

故主理之说，实行文之所不能外。凡无意之文，即是无理。无意与理，文中安得有境界？譬诸画家，欲状一清风高节之人，则茅舍枳篱，在在咸有道气；若加之以豚棚鸡栖，便不成为高人之居处。讲意境者由此着想，安得流于凡下？

虽然，有意矫揉，欲自造一境，固亦可以名家；唯舍刍豢而餍螺蛤，究不是正宗文字。……

须知意境中有海阔天空气象，有清风明月胸襟。须讲究在未临文之先，心胸朗彻，名理充备，偶一着想，文字自出正宗；不是每构一文，立时即虚构一境。盖临时之构，局势也。一篇有一篇之局势，意境即寓局势之中。此亦无难分别，但观立言之得体处，即本意境之纯正。故《丽泽文说》倪正父曰："文章以体制为先。"试问若无意者，安能造境？不能造境，安有体制到恰好地位？方望溪《与孙以宁书》曰："古之晰于文律者，所载之事，正与其人之规模相称。"此何谓也？非意为之经，还他恰好地位，求称难矣。

综言之，意境者，文之母也，一切奇正之格，皆出于是间。不讲意境，是自塞其途，终身无进道之日矣。

（清）林纾《意境》，《春觉斋论文》，人民文学出版社1998年版

情者发之于性，韵者流之于辞

《玉篇》："声音和曰韵。"《正韵》："风度也。"然必有性情，然后始有风度。脱性情暴烈严激，出语多含肃杀之气，欲来其情韵之绵远，难矣。……须知情者发之于性，韵者流之于辞，然亦不能率焉挥洒，情韵遂见。

……故世之论文或恒以风神推六一，殆即服其情韵之美。顾不治性情，但治笔求六一仿佛，茅鹿门即坐此病。……

总言之欲使韵致动人，非本之真情，万无能动之理。

（清）林纾《情韵》，《春觉斋论文》，人民文学出版社1998年版

严 复

严复（1854—1921），原名宗光，字又陵，后改名复，字几道，汉族，福建侯官县人，近代极具影响力的资产阶级启蒙思想家，著名的翻译

家、教育家，新法家代表人物。严复提出"信、达、雅"的翻译标准，并翻译了《天演论》、创办了《国闻报》，系统地介绍西方民主和科学，宣传维新变法思想，是清末极具影响的资产阶级启蒙思想家。译著有《原富》《天演论》《法意》等。

善者必昌，不善者必亡

若其事为人心所虚构，则善者必昌，不善者必亡，即稍存实事，略作依违，亦必嬉笑怒骂，托迹鬼神，天下之快，莫快于斯，人同此心，书行自远。故书之言实事者不易传；而书之言虚事者易传。……有人身所作之史，有人心所构之史，而今日人心之营构，即为他日人生之所作，则小说者又为正史之根矣。若因其虚而薄之，则古之号为经史者，岂尽实哉？岂尽实哉？

（清）严复、夏管佑《〈国阳报〉附印说部缘起》，据中华书局《晚清文学丛钞·小说戏曲研究卷》本

康有为

康有为（1858—1927），原名祖诒，字广厦，号长素，又号明夷、更甡、西樵山人、游存叟、天游化人，广东省南海县丹灶苏村人，人称康南海，晚清重要的政治家、思想家、教育家，资产阶级改良主义的代表人物。强调诗文当积极介入社会，发挥济世之功能。著有《新学伪经考》《广艺舟双楫》等。

凡人情志郁于中，境遇交于外

诗者，言之有节文者耶！凡人情志郁于中，境遇交于外，境遇之交压也壤异，则情志之郁积也深厚。情者阴也，境者阳也；情幽幽而相袭，境娉娉相发。阴阳愈交迫，则愈变化而旁薄，又有礼俗文例以节奏之，故积极而发；泻如江河，舒如行云，奔如卷潮，怒如惊雷，咽如溜滩，折如引泉，飞如骤雨。其或因境而移情，乐喜不同，哀怒异时，则又玉磬铿铿，和管锵锵，铁笛裂裂，琴丝愔愔；皆自然而不可以已者哉！

（清）康有为《诗集自序》，《康有为诗文选》，华东师范大学出版社1995年版

蔡元培

蔡元培（1868—1940），字鹤卿，又字仲申、民友、子民，乳名阿培，并曾化名蔡振、周子余，浙江绍兴府山阴县（今浙江绍兴）人。教育家、革命家、政治家。蔡元培对近代与现代中国教育、革命作出了不可磨灭的贡献，著有《伦理学原理》《蔡元培美学文选》等。

美育

纯粹之美育，所以陶养吾人之感情，使有高尚纯洁之习惯，而使人我之见、利己损人之思念，以渐消沮者也。盖以美为普遍性，决无人我差别之见能参入其中。……所谓独乐乐不如人乐乐，与寡乐乐不如与众乐乐，以齐宣王之惛，尚能承认之，美之为普遍性可知矣。且美之批评，虽间亦因人而异，然不曰是于我为美，而曰是为美，是亦以普遍性为标准之一证也。美以普遍性之故，不复有人我之关系，遂亦不能有利害之关系。……而附丽于崇闳之悲剧，附丽于都丽之滑稽，皆足以破人我之见，去利害得失之计较，则其所以陶养性灵，使之日进于高尚者，固已足矣。

（清）蔡元培《以美育代宗教说》，《蔡元培选集》，中华书局 1959 年版

梁启超

梁启超（1873—1929），字卓如，一字任甫，号任公，又号饮冰室主人、饮冰子、哀时客、中国之新民、自由斋主人。中国近代思想家、政治家、教育家、史学家、文学家，戊戌变法（百日维新）领袖之一、中国近代维新派、新法家代表人物。大力提倡通俗艺术，主张艺术发挥社会功能。著有《饮冰室合集》。

小说支配人道

欲新一国之民，不可不先新一国之小说。故欲新道德，必新小欲；欲

新宗教，必新小说；欲新政治，必新小说，欲新风俗，必新小说；欲新学艺，必新小说；乃至欲新人心，欲新人格，必新小说。何故也？小说有不可思议之力支配人道故。

（清）梁启超《小说与群治之关系》，《饮冰家文集》，《饮冰室合集》，中华书局1989年版

情感陶养

情感的作用固然是神圣，但他的本质不能说他都是善的都是美的。他也有很恶的方面，他也有很丑的方面。他是盲目的，到处乱碰乱迸，好起来好得可爱，坏起来也坏得可怕，所以古来大宗教家大教育家，都最注意情感的陶养。老实说，是把情感教育放在第一位。情感教育的目的，不外将情感善的美的方面尽量发挥，把那恶的丑的方面渐渐压伏淘汰下去。这种工夫做得一分，便是人类一分的进步。

（清）梁启超《中国韵文里头所表现的情感》，《饮冰家文集》，《饮冰室合集》，中华书局1989年版

王国维

王国维（1877—1927），初名国桢，字静安，亦字伯隅，初号礼堂，晚号观堂，又号永观，谥忠悫。浙江省海宁州（今浙江省嘉兴市海宁）人。王国维在教育、哲学、文学、戏曲、美学、史学、古文学等方面均有深诣和创新。著有《人间词话》《海宁王静安先生遗书》《红楼梦评论》等。

境界为诗人设

山谷云："天下清景，不择贤愚而与之，然吾特疑端为我辈设。"诚哉是言！抑岂独清景而已，一切境界，无不为诗人设。世无诗人，即无此种境界。夫境界之呈于吾心而见于外物者，皆须臾之物。惟诗人能以此须臾之物，镌诸不朽之文字，使读者自得之。遂觉诗人之言，字字为我心中所欲言，而又非我之所能自言，此大诗人之秘妙也。境界有二：有诗人之境界，有常人之境界。诗人之境界，惟诗人能感之而能写之，故读其诗

者，亦高举远慕，有遗世之意。而亦有得有不得，且得之者亦各有深浅焉。若夫悲欢离合、羁旅行役之感，常人皆能感之，而惟诗人能写之。故其入于人者至深，而行于世也尤广。

（清）王国维《人间词话附录》，《人间词话》，人民文学出版社2018年版

景情寓于文学

文学中有二原质焉：曰景，曰情。前者以描写自然及人生之事实为主，后者则吾人对此种事实之精神的态度也。故前者客观的，后者主观的也；前者知识的，后者感情的也。自一方面言之，则必吾人之胸中洞然无物，而后其观物也深，而其体物也切；即客观的知识，实与主观的情感为反比例。自他方面言之，则激烈之情感，亦得为直观之对象、文学之材料；而观物与其描写之也，亦有无限之快乐伴之。要之，文学者，不外知识与感情交代之结果而已。苟无锐敏之知识与深邃之感情者，不足与于文学之事。此其所以但为天才游戏之事业，而不能以他道劝者也。

（清）王国维《文学小言》，《王国维文集》，中国文史出版社1997年版

美与利害

美之为物有二种：一曰优美，一曰壮美。苟一物焉，与吾人无利害之关系，而吾人之观之也，不观其关系，而但观其物；或吾人之心中，无丝毫生活之欲存，而其观物也，不视为与我有关系之物，而但视为外物，则今之所观者，非昔之所观者也。此时吾心宁静之状态，名之曰优美之情，而谓此物曰优美。若此物大不利于吾人，而吾人生活之意志为之破裂，因之意志遁去，而知力得独立之作用，以深观其物，吾人谓此物曰壮美，而谓其感情曰壮美之情。普通之美，皆属前种。至于地狱变相之图，决斗垂死之象，庐江小吏之诗，雁门尚书之曲，其人固氓庶之所共怜，其遇虽庆夫为之流涕，讵有子颓乐祸之心，宁无尼父反袂之戚，而吾人观之，不厌千复。格代之诗曰："凡人生中足以使人悲者，于美术中则吾人乐而观之。"此之谓也。此即所谓壮美之情。而其快乐存于使人忘物我之关系，则固与优美无以异也。

至美术中之与二者相反者，名之曰眩惑。夫优美与壮美，皆使吾人离

生活之欲，而人于纯粹之知识者。若美术中而有眩惑之原质乎，则又使吾人自纯粹之知识出，而复归于生活之欲。如粗粝蜜饵，《招魂》、《七发》之所陈；玉体横陈，周昉、仇英之所绘；《西厢记》之《酬柬》，《牡丹亭》之《惊梦》；伶元之传飞燕，杨慎之膺《秘辛》：徒讽一而劝百，欲止沸而益薪。所以子云有"靡靡"之诮，法秀有"绮语"之词。虽则梦幻泡影，可作如是观，而拔舌地狱，专为斯人设者矣。故眩惑之于美，如甘之于辛，火之于水，不相并立者也。吾人欲以眩惑之快乐，医人世之苦痛，是犹欲航断港而至海，入幽谷而求明，岂徒无益，而又增之。则岂不以其不能使人忘生活之欲，及此欲与物之关系，而反鼓舞之也哉！眩惑之与优美及壮美相反对，其故实存于此。

（清）王国维《红楼梦评论》，《海宁王静安先生遗书》，商务印书馆1940年版

古雅之价值

然则古雅之价值遂远出优美及宏壮下乎？曰：不然。可爱玩而不可利用者，一切美术品之公性也，优美与宏壮然，古雅亦然。而以吾人之玩其物也，无关于利用故，遂使吾人超出乎利害之范围外，而惝恍于缥缈宁静之域。优美之形式使人心和平。古雅之形式使人心休息，故亦可谓之低度之优美。宏壮之形式，常以不可抵抗之势力唤起人钦仰之情。古雅之形式则以不习于世俗之耳目，故而唤起一种之惊讶，惊讶者，钦仰之情之初步，故虽谓古雅之低度之宏壮，亦无不可也。

（清）王国维《古雅之在美学上之位置》，《海宁王静安先生遗书》，商务印书馆1940年版

唯美之为物

吾人于此桎梏之世界中，竟不获一时救济欤？曰：有。唯美之为物，不与吾人之利害相关系；而吾人观美时，亦不知有一己之利害。何则？美之对象，非特别之物，而此物之种类之形式；又观之之我，非特别之我，而纯粹无欲之我也。夫空间时间，既为吾人直观之形式；物之现于空间皆并立，现于时间者皆相续，故现于空间时间者，皆特别之物也。既视为特别之物矣，则此物与我利害之关系，欲其不生于心，不可得也。若不视此物为与我有利害之关系，而但观其物，则此物已非特别之物，而代表其物

之全种；叔氏谓之曰"实念"。故美之知识，实念之知识也。而美之中，又有优美与壮美之别。今有一物，令人忘利害之关系，而玩之而不厌者，谓之曰优美之感情。若其物直接不利于吾人之意志，而意志为之破裂，唯由知识冥想其理念者，谓之曰壮美之感情。然此二者之感吾人也，因人而不同；其知力弥高，其感之也弥深。独天才者，由其知力之伟大，而全离意志之关系，故其观物也，视他人为深，而其创作之也，与自然为一。故美者，实可谓天才之特许物也。若夫终身局于利害之桎梏中，而不知美之为何物者，则滔滔皆是。且美之对吾人也，仅一时之救济，而非永远之救济，此其伦理学上之拒绝意志之说，所以不得已也。

（清）王国维《叔本华之哲学及其教育学说》，《静庵文集》，《海宁王静安先生遗书》，商务印书馆1940年版

《红楼梦》之美学与伦理学

由叔本华之说，悲剧之中，又有三种之别：第一种之悲剧，由极恶之人，极其所有之能力，以交构之者。第二种，由于盲目的运命者。第三种之悲剧，由于剧中之人物之位置及关系而不得不然者；非必东蛇端之性质，与意外之变故也，但由普遍之人物，普遍之境遇，逼之不得不如是；彼等明知其害，交施之而交受之，各加以力而各不任其咎。此种悲剧，其感人贤于前二者远甚。……若《红楼梦》，则正第三种悲剧也。兹就宝玉、黛玉之事言之：贾母爱宝钗之婉嫕，而惩黛玉之孤僻，又信金玉之邪说，而思厌宝玉之病；王夫人固亲于薛氏；凤姐以持家之故，忌黛玉之才而虞其不便于己也；袭人惩尤二姐、香菱之事，闻黛玉"不是东风压倒西风，就是西风压倒东风"之语（第八十一回），惧祸之及，而自同于凤姐，亦自然之势也。宝玉之于黛玉，信誓旦旦，而不能言之于最爱之之祖母，则普通之道德使然；况黛玉一女子哉！由此种种原因，而金玉以之合，木石以之离，又岂有蛇蝎之人物，非常之交故，行于其间哉？不过通带之道德，通常之人情，通信之境遇为之而已。由此观之，《红楼梦》者，可谓悲剧中之悲剧也。

（清）王国维《红楼梦评论》，《静庵文集》，《海宁王静安先生遗书》，商务印书馆1940年版

艺术之美与个人之美

夫自然界之物，无不与吾人有利害之关系；纵非直接，亦必间接相

关系者也。苟吾人而能忘物与我之关系而观物，则夫自然界之山明水媚，鸟飞花落，固无往而非华胥之国、极乐之土也。岂独自然界而已？人类之言语动作，悲欢啼笑，孰非美之对象乎？然此物既与吾人有利害之关系，而吾人欲强离其关系而观之，自非天才，岂易及此？于是天才者出，以其所观于自然人生中者复现之于美术中，而使中智以下之人，亦因其物之与己无关系，而超然于利害之外。是故观物无方，因人而变：濠上之鱼，庄、惠之所乐也，而渔父袭之以网罟；舞雩之木，孔、曾之所憩也，而樵者继之以斤斧。若物非有形，心无所住，则虽殉财之夫，贵私之子，宁有对曹霸、韩干之马，而计驰骋之乐，见毕宏、韦偃之松，而思栋梁之用，求好述于雅典之偶，思税驾于金字之塔者哉？故美术之为物，欲者不观，观者不欲。而艺术之美所以优于自然之美者，全存于使人易忘物我之关系也。

（清）王国维《红楼梦评论》，《静庵文集》，《海宁王静安先生遗书》，商务印书馆1940年版

《红楼梦》之价值

《红楼梦》之为悲剧也如此。昔雅里大德勒于《诗论》中，谓悲剧者，所以感发人之情绪而高上之，殊如恐惧与悲悯之工者，为悲剧中固有之物，由此感发，而人之精神于焉洗涤。故其目的，伦理学上之目的也。叔本华置诗歌于美术之顶点，又置悲剧于诗歌之顶点；而于悲剧之中，又特重第三种，以其示人生之真相，又亦解脱之不可已故。故美学上最终之目的，与伦理学上最终之目的合。由是《红楼梦》之美学上之价值，亦与其伦理学上之价值相联络也。

（清）王国维《红楼梦评论》，《静庵文集》，《海宁王静安先生遗书》，商务印书馆1940年版

哲学家与美术家

披我中国之哲学史，凡哲学家无不欲兼为政治家者，……诗人亦然。"自谓颇腾达，立登要路津，致君尧舜上，再使风俗淳"，非杜子美之抱负乎？"胡不上书自荐达，坐令四海如虞唐，非韩退之之忠告乎？""寂寞已甘千古笑，驰驱犹望两问平"，非陆务观之悲愤乎？如此者，世谓之大诗人矣。至诗人之无此抱负者，与夫小说、戏曲、图画、音乐诸家，皆以

侏儒倡优自处，世亦以侏儒倡优畜之。所谓"诗外尚有事在"，"一命为文人便无足观"，我国人之金科玉律也。呜呼！美术之无独立之价值也久矣，此无怪历代诗人多托于忠君爱国、劝善惩恶之意以自解免，而纯粹美术上之著述，往往受世之迫害而无人为之昭雪者也。此亦我国哲学美术不发达之一原因也。

夫然，故我国无纯粹之哲学，其最完备者唯道德哲学与政治哲学耳。……更转而观诗歌之方面，则咏史、怀古、感事、赠人之题目，弥满充塞于诗界，而抒情叙事之作，什佰不能得一，其有美术上之价值者，仅其写自然之美之方面耳。甚至戏曲小说之纯文学，亦往往以惩劝为旨，其有纯粹美术上之目的者，世非惟不知贵，且加贬焉。于哲学则如彼，于美术则如此，岂独世人不具眼之罪哉？抑亦哲学家美术家自忘其神圣之位置与独立之价值，而蒽然以听命于众故也。

（清）王国维《论哲学家与美术家之天职》，《静庵文集》，《海宁王静安先生遗书》，商务印书馆1940年版

吴 梅

吴梅（1884—1939），字瞿安，号霜厓，江苏长洲（今苏州）人，戏曲理论家、教育家和诗词曲作家。度曲谱曲皆极为精通，对近代戏曲史有很深入的研究。吴梅在文学上有多方面成就，在戏曲创作、研究与教学方面成就尤为突出，被誉为"近代著、度、演、藏各色俱全之曲学大师"。著有《顾曲麈谈》《曲学通论》《中国戏曲概论》等。

传奇之文，俾社会上有所裨益

传奇为警世之文，固宜彰善瘅恶，俾社会上有所裨益。顾注全力于劝善果报，则又未免有头巾腐气。传奇而有腐气，尚何文字之足论。欲免腐气，全在机趣二字。机者传奇之精神，趣者传奇之风致。少此二物，则如泥人土马，有生形而无生气。作者逐出凑成，观者逐段记忆，此病犯者孔多。由于下笔之先，未将全部情迹布置，而复贪作曲文之故也。局机不整，通本减色矣。至于趣之一事，最难形容。无论花前月下密约幽欢之曲，不可带道学气；即如谈忠说孝，或摹写节烈之事，所作曲白，亦不可

走人呆板一路,要使其人须眉如生,而又风趣悠然,方是出色当行之作。

(清)吴梅《顾曲麈谈》,上海古籍出版社2010年版

姚　光

姚光(1891—1945),一名后超,字凤石,号石子,又号复庐。张堰人。读书、藏书、著书,几乎每年都有所作,至老不衰。著有《复庐文稿》《荒江樵唱》等。

作诗独写情怀真性灵

昔越女之论剑也,曰:"巨非有所受于人也,而忽然得之。"姚子之为诗,亦犹是也。夫诗,性灵之物也。人各有情,感乎心而发乎声谓之诗。故苦思力索,非诗也;摩章练句,非诗也;步武古人,非诗也;唐宋分疆,非诗也。姚子性喜诗而未尝学诗,其为诗也,多于酒后梦醒之余,吹箫说剑之顷,晓风残月之时,山光波影之间,闲吟低唱,忽然而得之。亦未尝伏案抇韵,含毫吮墨,拘拘于为诗也。尝作论诗绝句曰:"作诗无用分唐宋,独写情怀真性灵。我是天机随意唓,荒江樵唱有谁听。"盖自谓也。

(清)姚光《荒江樵唱集序》,《姚光集》,社会科学文献出版社2000年版

沈云龙

沈云龙(1909—1987),字耘农,江苏东台人。著名历史学家。日本明治大学、日本新闻学院毕业。曾任上海《国论月刊》编辑,《中华时报》社论委员。后去台湾,参与《台湾月刊》、台湾《新生报》《公论报》《征信新闻》编辑社务活动。任"国大代表",《传记文学》杂志社编辑顾问,文海出版社总主编。长期从事中国近代史研究,成果颇丰。著有《台湾指南》《台湾开拓史》《近代史事与人物》等。

祭天祭神之礼

上谕:我满洲,禀性笃敬,立念肫诚,恭祀天、佛与神,厥礼均重,

惟姓氏各殊，礼皆随俗。凡祭神、祭天，背灯诸祭，虽微有不同，而大端不甚相远。若我爱新觉罗姓之祭神，则自大内以至王公之家，皆以祝词为重，但昔时司祝之人，俱生于本处，幼习国语，凡祭神、祭天、背灯、献神、报祭、求福，及以面猪，祭天去祟，祭田苗神，祭马神，无不斟酌事体，编为吉祥之语，以祷祝之。厥后，司祝者，国语俱由学而能，互相授受，于赞祝之原字、原音，渐至淆舛，不惟大内分出之王等，累世相传，家各异词，即大内之祭神、祭天诸祭，赞祝之语，亦有与原字、原韵不相吻合者。若不及今改正，垂之于书，恐日久讹漏滋甚。爰命王大臣等，敬谨详考，分别编纂，并绘祭器形式，陆续呈览，朕亲加详复酌定，凡祝词内字韵不符者，或询之故老，或访之土人，朕复加改正。至若器用内楠木等项，原无国语者，不得不以汉语读念，今悉取其意，译为国语，共纂成六卷。庶满洲享祀遗风，永远遵行弗坠。而朕尊崇祀典之意，亦因之克展矣。书既告竣，名之曰《满洲祭神祭天典礼》，所有承办王大臣官员等职名，亦著叙入，钦此。

（清）沈云龙《钦定满洲祭神祭天典礼·上谕》，《近代中国史料丛刊第三十辑》，文海出版社1966年版

祭天之礼

至于祭天之礼，满洲人等于所至之地皆可举行。但寻洁净之木以为神杆，或置祭斗，或缚草把，购猪洒米以祭。自王、贝勒、贝子、公等以至宗室觉罗满洲，各姓大臣官员、闲散满洲，凡遇喜庆之事，各以财物献神。如有应祷祝之事，亦以财物献神求福。再大臣官员满洲人等，聘女先期取婿家财物献于神位，以之献神祭天。而满洲内亦有神位前不设抽屉桌，仅在神板上供献香碟者。凡祭祀行礼时，主祭之人皆免冠以致诚敬。至于供糕之礼，大内每岁春秋二季立杆大祭，则以打糕搓条饽饽供献。

（清）沈云龙《钦定满洲祭神祭天典礼·卷一》，《近代中国史料丛刊第三十辑》，文海出版社1966年版

朱一玄

朱一玄（1912—2011），山东淄博人。先后就读于济南中学、北京师

范大学、西北大学。毕生致力于中国古典小说资料的搜集、整理与研究。著有《红楼梦脂评校录》《聊斋志异资料汇编》等。

寄兴于情

"施主,你把这有命无运、累及爹娘之物,抱在怀内作甚"一段。

甲戌眉:八个字屈死多少英雄?屈死多少忠臣孝子?屈死多少仁人志士?屈死多少词客骚人?今又被作者将此一把眼泪洒与闺阁之中,见得裙钗尚遭逢此数,况天下之男子乎?

又:看他所写开卷之第一个女子便用此二语以订终身,则知托言寓意之旨,谁谓独寄兴于一情字耶!

又:武侯之三分,武穆之二帝,二贤之恨,及今不尽,况今之草芥乎!

又:家国君父事有大小之殊,其理其运其数则略无差异。知运知数者则必谅而后叹也。

(清)朱一玄《红楼梦》辑评,(第一回评语),《红楼梦脂评校录》,齐鲁书社1986年版

凤姐也不接茶,也不抬头。

甲戌侧:神情宛肖。

只管拨手炉内的灰,慢慢的问道:"怎么还不请进来?"

甲戌侧:此等笔墨,真可谓追魂摄魄。

蒙府:"还不请进来"五字,写尽天下富贵人待穷亲戚的态度。

(清)朱一玄《红楼梦》辑评(第六回评语),《红楼梦脂评校录》,齐鲁书社1986年版

林黛玉见他如此珍重。带在里面。

己卯夹:按理论之,则是"天下本无事,庸人自扰之"。若以儿女女子之情论之,则是必有之事,必有之理,又系今古小说中不能写到写得,谈情者亦不能说出讲出,情痴之至文也。

(清)朱一玄《红楼梦》辑评,(第十七至十八回评语)《红楼梦脂评校录》,齐鲁书社1986年版

吴雷发

吴雷发,生卒年不详,字起蛟,号夜钟、寒塘。清震泽(今江苏苏

州吴江区）人。与钮学乾、龚昇友，好游荒村野寺。论诗学非道学，须抒性灵。诗文清矫拔俗，为李重华称赏。中年后潜心理学，立《功过格》以检点举止，录嘉言懿行裨益学者。著有《香天谈薮》《说诗菅蒯》《晨钟录》《琴余集》《寒塘诗话》《夜琴诗稿》等。

诗本性情，不必强

作诗固宜搜索枯肠，然着不得勉强。故有意作诗，不若诗来寻我，方觉下笔有神。诗固以兴之所至为妙，唐人云："几处觅不得，有时还自来。"进乎技矣。

（清）吴雷发《说诗菅蒯》，据上海古籍出版社《清诗话》本

笔端随性情

胸明眼高，每觉前无古人，后无来者，则笔端自然磊落而雄放。虚心下气，每觉街谈巷议，助我见闻，牧竖耕夫，益我神智，则笔端自然深细而温和。

（清）吴雷发《说诗菅蒯》，据上海古籍出版社《清诗话》本

诗本性情，遂不可强

诗本性情，固不可强，亦不必强，近见论诗者，或以悲愁过甚为非；且谓喜怒哀乐，俱宜中节。不知此乃讲道学，不是论诗。诗人万种苦心，不得已而寓之于诗。诗中之所谓悲愁，尚不敌其胸中所有也。《三百篇》中岂无哀怨动人者？乃谓忠臣孝子贞夫节妇之反过甚乎？金罍兕觥，固是能节情处，然惟怀人则然，若乃处悲愁之境，何尝不可一往情深！

（清）吴雷发《说诗菅蒯》，据上海古籍出版社《清诗话》本

文以养气，诗以洗心

文要养气，诗要洗心。子由推司马子长之文有奇气，而归功于游览，是亦气之一助也。至于诗，则必洗涤俗肠而后可以作。向谓诗自诗而人自人者，因别有说，不得以荆公藉口也。夫诗可以医俗，而所以医诗之俗者，亦必有道。盖其俗在心，未有不俗于诗；故欲治其诗，先治其心。心最难于不俗，无已，则于山水间求之。

（清）吴雷发《说诗菅蒯》，据上海古籍出版社《清诗话》本

诗道性情，性情各异，则人各有诗耳

诗以道性情，人各有性情，则亦人各有诗耳。俗人党同伐异，是欲使人之性情，无一不同而后可也。东坡云："王氏之文，患在于好使人同己。"若今人之才，远不及王氏，而必欲使人同己，尤为不知量矣。昌黎以沈雄博大之才，发之于诗，而遇郊、岛之寒瘦者，亦从而津津叹赏之。盖古之具异才者，未有不爱才者也。

（清）吴雷发《说诗菅蒯》，《清诗话》下册，据中华书局本

后　　记

　　2018年，基于学院学科的整体布局与学科发展的需要，我在山西大学哲学社会学学院招收了第一批伦理学方向的博士与硕士研究生，继而又招收了三批伦理学方向的硕士研究生与两批美学方向的博士研究生；由于本人的学术兴趣在美学、艺术哲学和艺术学理论，因此便有了让学生将伦理学和艺术结合起来加以研究的初步想法，然而问题在于学生的学术背景相对复杂，有旅游的，有农业的，有外语的，有计算机的，不一而足。攻读学位期间，伦理学原理与伦理学史是学生务必要接触和深入学习的基础课，且有课题组定期交流的敦促，故学生在伦理学方面的进步还是比较明显的；然而对于艺术，他们却仅有一些感性的接触和粗浅的认识，知识储备显然缺乏；再者，从美学、艺术学理论研究的角度讲，艺术伦理学方向的研究尚鲜有人涉略，关于艺术伦理文献方面的整理也尚乏人来做，尽管本人后期也许不一定着力于此，然而这方面的思考定然是很有意义的，于是，我便想到了让学生从中国古代艺术伦理文献的整理入手，加强他们对于艺术的感知，也使艺术伦理学方向的研究成为顺理成章之事。后来，由于其中两位着手做艺术伦理学的学生相继进行美学方向的硕博连读，因此未能很好地完成"魏晋艺术伦理思想研究"和"北宋艺术伦理思想研究"的相应选题，颇为遗憾，然而有关中国古典艺术伦理文献的整理却一直在有条不紊地进行。经过两年多时间的认真整理，多卷本九十余万字的《中国古典艺术伦理文献》的整理工作终于尘埃落定。欣喜之余，颇多感慨，于是有了此后记。

　　"艺术"与"伦理"结合起来的"艺术伦理"其实是一个不受欢迎的语汇，美学与伦理学、审美与道德之间的关系问题，也一直是中西方哲学、美学、艺术学理论界难以回避却又纠缠不清的问题。由于近代西方美学思想的影响，人们对于艺术形成了一定的惯性理解，认为艺术更多地关涉人的审美，它的终极目标应当是"美"，而非"善"。然而事实是，无论是在中国还是其他国家，"美"与"善"其实一直是一对孪生姐妹，中国古代一直有着"美善相兼"的哲思传统，以伦理为基础建立的儒家美学思想尤其重视对二者关系的思索，自孔子提出"尽善尽美"后，荀子从"性"本体出发，由"性""伪"推衍出"情""欲""礼""乐"，并通过不同范畴之间关系的论证，构想出"礼行乐修"著名命题，提出"美善相乐"的理想世界，较早地将伦理、审美和艺术统一了起来，其弥合双方冲突的理论努力正在为今天的人们进行着积极的价值重估和理论重构。在西方，柏拉图对于理想国的建构与亚里士多德对于悲剧的理解中，也早已蕴含了艺术伦理的传统，尽管由于学科建构的需要，美学与伦理学各持一途，然而，两者的关联却一直未断，而艺术作为人类情感与思想的重要载体，其中不仅彰显着对于人们对于"美"的寻找与渴望，同样承载着人们对于"善"的呼唤与表达。无论是古典艺术，还是当代艺术，都在为人带来美的愉悦的同时，也都不忽视对于伦理关系的思考、对于知、情、意的传递和对于良善道德的建构。

艺术伦理、审美伦理提出的前提是认为，审美与伦理常常是合一的，纯粹的审美或纯粹的伦理其实是鲜见的，诚如黑格尔所提出的"伦理世界"，实乃个体与群体、意识与形态完美结合的和谐的整体。西方美学和艺术学理论，从巴托"美的艺术"、康德的审美无利害始而获得了"自律"之维，然"美的艺术"的内涵实际一直在不断变化，在康德的纯粹审美理想之外，仍存在着艺术以种种不同方式指向理性、指向伦理之善的客观事实，即如在康德这里，美也是"道德的象征"。艺术至尼采和海德格尔而获得了本体意义与终极价值，在马克斯·韦伯那里获得了社会伦理意蕴，在法兰克福学派那里，通过对于社会和个体异化的批判而拥有了新的伦理内涵。因此，既看到艺术的自律特性，又不断突破艺术自律，既是艺术自身的需要，也是美学和艺术理论的应有之途。

2018年8月，国家正式提出高等教育的"四新"建设，指出"高等教育要努力发展新工科、新医科、新农科、新文科"，所谓"新文科"，指相较于传统的躲进小楼成一统式的、壁垒又过于分明的文科教育理念而言，它更强调教育对于社会的主动回应，强调开阔而有针对性的问题意识、灵活而广博的学术视角以及深厚而多元的学术积累；强调超越传统文科相对单一的思维模式，打破专业壁垒和学科障碍，注重通过文科内部交融、文理交叉而进行学术研究。"新文科"是适应当代社会快速发展而做出的一种关于教育和科研的积极调整，艺术伦理文献的整理工作恰好也契合这一时代之需。

中国古典艺术伦理文献主要依据历史朝代而分，具体的任务分工如下：先秦、秦汉、魏晋南北朝艺术伦理文献由冯倩雯博士整理，隋、唐、宋、元艺术伦理文献由张宏博博士整理，明代艺术伦理文献由徐瑶硕士（近来喜获中山大学博士录取的喜讯）整理，清代艺术伦理文献由王晋玲博士整理，梁晓萍进行文献整理工作的整体安排、凡例的设定与整体文献的统稿。

整理的过程中，几位学生一直保持着浓厚的学术热情和严谨的学术态度，甘于寂寞，踏实前行。其间，恰逢人类历史上非常沉重的新冠肺炎疫情灾难，居家隔离，我们不能当面交流，便通过线上联系，进行及时沟通。经过两年多在浩如烟海的中国古代文献中的爬梳、甄别和整理，终成此稿。对于学生的认真付出，以及其间经历的辛劳，在此一并致谢。

还要感谢中国社会科学出版社的宫京蕾老师，以及其他为此书校对付出辛劳的老师，没有出版社老师的认真负责，本书的质量就会大打折扣。

终稿之时，已是春暖花开之时，草长莺飞，烂漫无限，人们可以自由走出庭院，尽情地呼吸新鲜的空气。

是为记。

辛丑　龙城
2021 年 4 月 30 日